LES MERVEILLES
DE LA SCIENCE

CORBEIL. — IMPRIMERIE CRÉTÉ.

LES MERVEILLES
DE LA SCIENCE

OU

DESCRIPTION POPULAIRE DES INVENTIONS MODERNES

PAR

LOUIS FIGUIER

ÉCLAIRAGE — CHAUFFAGE — VENTILATION — PHARES
PUITS ARTÉSIENS — CLOCHE A PLONGEUR — MOTEUR A GAZ
ALUMINIUM — PLANÈTE NEPTUNE

✶✶✶✶

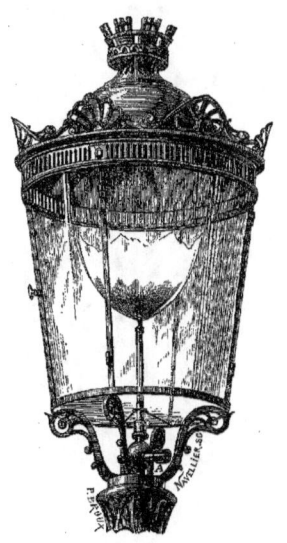

PARIS
LIBRAIRIE FURNE
JOUVET ET Cⁱᵉ, ÉDITEURS
5, RUE PALATINE, 5

Droits de traduction réservés

L'ART
DE L'ÉCLAIRAGE

Dans les premières soirées de la présente année 1869, je revenais le long des quais de Paris, l'œil distrait et la pensée errante, comme un philosophe songeur, lorsque, près du Pont-Royal, je m'arrêtai, ébloui par une clarté subite. J'étais en face du chantier de construction des bâtiments du nouveau *Journal officiel de l'Empire français*, éclairés en ce moment par la lumière électrique, afin d'accélérer les travaux. Au milieu d'une forêt de poutres et d'échafaudages, un foyer étincelant de lumière, concentrait ses rayons sur des groupes d'ouvriers de divers états. Rien ne peut rendre le magique effet de cette région illuminée d'une clarté sidérale, et qui se détachait avec vigueur sur les ténèbres profondes où restaient ensevelis les objets environnants. Réfléchie par les murs des maisons situées au bord de l'eau, la lueur électrique rayonnait dans l'air en mille sens opposés, et formait comme un voile éthéré et radieux, qui remplissait l'espace de son auréole d'argent.

Les yeux encore remplis de ces prestiges et la vue fatiguée de la dangereuse contemplation de cet éblouissant spectacle, je continuai ma route, et, pour gagner les hauteurs de l'Arc-de-triomphe, où je demeure, je traversai la vieille rue de l'ancien Chaillot. Dans ce quartier, encore arriéré sur la civilisation parisienne, quelques pauvres boutiques étaient à peine éclairées par la chandelle classique, dont la pâle clarté ne parvenait pas à triompher des épaisseurs de l'ombre. Mon esprit fut alors frappé du singulier contraste que présentaient ces deux modes d'éclairage, produits d'époques si différentes, et, rapprochant le resplendissant éclat de la lumière électrique, qui brillait au Pont-Royal, de l'humble lueur de la chandelle séculaire, qui tremblotait en ce pauvre carrefour, je repassai dans ma mémoire les transformations graduelles qui ont opéré, dans la suite des temps, ce perfectionnement merveilleux. Si vous le voulez, cher lecteur, je vous communiquerai mon petit savoir sur cette intéressante question ; je vous redirai ce que m'ont appris, sur ce sujet, quelques vieux livres peu connus. Pendant que, les pieds sur vos chenets, vous contemplez d'un œil satisfait la bûche qui se consume en votre foyer, avec sa gaieté pétillante, je vous raconterai cette longue histoire de l'ombre qui, à force de bonne volonté, s'est faite lumière, de cette lumière qui, à force de science et de progrès, s'est faite soleil !

CHAPITRE PREMIER

L'ÉCLAIRAGE PAR LES CORPS GRAS LIQUIDES. — L'ÉCLAIRAGE CHEZ LES ANCIENS ET AU MOYEN AGE. — LES LANTERNES. — HISTOIRE DE L'ÉCLAIRAGE EN FRANCE DEPUIS LE MOYEN AGE JUSQU'A L'ANNÉE 1783. — L'INVENTION DES RÉVERBÈRES EN 1783.

Personne n'ignore que, chez les anciens, les moyens d'éclairage se réduisaient à l'emploi de la lampe alimentée par l'huile. La lampe des anciens était si mal combinée que l'on peut dire que son pouvoir éclairant était à peu près nul. Elle se composait généralement d'un vase métallique formant le réservoir d'huile, sur lequel on pratiquait un bec saillant, d'où sortait une mèche de coton, composée de quelques fils entortillés. Quelquefois la mèche était placée au centre du réservoir.

Les formes extérieures de la lampe des anciens variaient beaucoup ; bizarres chez les Égyptiens, elles étaient de formes très-élégantes en Grèce et à Rome. Beaucoup d'ouvrages ont été consacrés par les archéologues, depuis Passori et Fortunio Liceti, à décrire les lampes de l'antiquité.

Fig. 2. — Lampe antique.

Nous donnons ici (*fig.* 1, 2, 3) quelques-uns des modèles les plus connus, ceux que l'on trouve habituellement dans les musées, et par exemple au cabinet des antiques de la Bibliothèque impériale, au Musée du Louvre, etc.

Ces différents modèles de la lampe se réduisent, pour le physicien, à un bassin de

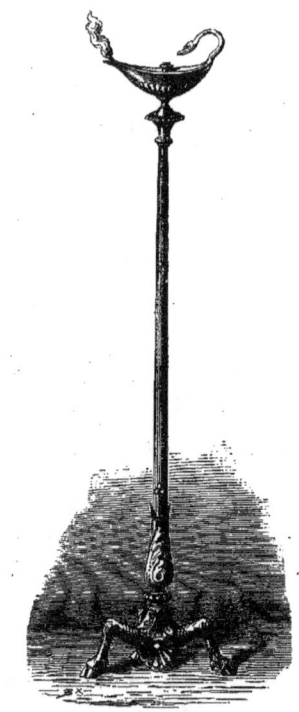

Fig. 3. — Lampe antique sur un support de bronze.

métal contenant une mèche placée plus haut que ce réservoir. Par suite de cette construction, les lampes présentaient le double inconvénient d'être peu économiques, eu égard à la quantité de lumière produite, et de donner constamment un filet de fumée et une lumière rougeâtre. L'huile n'était jamais fournie à la mèche en quantité suffisante, car la capillarité du coton était le seul moyen de l'élever jusqu'à la flamme. En outre, la masse du réservoir gênait l'afflux de l'air autour de la mèche ; dès lors, l'air étant insuffisant, l'huile ne brûlait pas entièrement, une partie de ce liquide se réduisait en vapeurs, mêlée à des produits de distillation d'une odeur âcre et irritante. La lampe des Romains et des Grecs, comme celle de tous les peuples anciens, était donc, nous le répétons, un déplorable appareil d'éclairage.

Pendant le Moyen-âge, aucune modification ne fut apportée à la lampe des premiers âges de la société. Cet ustensile conservait toujours les mêmes dispositions que chez les anciens ; seulement l'usage de la chandelle se généralisa.

On attribue aux Celtes l'invention de la chandelle. On prétend que les premiers, ils trouvèrent l'usage de s'éclairer avec la graisse de leurs troupeaux. Seulement, comme l'origine des Celtes est aussi ignorée que celle des Indiens et des Chinois, nous ne sommes pas très-avancés sur la date réelle de cette invention.

Rien n'était plus facile que de fabriquer la chandelle : il suffisait de prendre du suif de mouton, de le fondre, et de le couler dans des moules cylindriques, pourvus d'avance, dans leur intérieur, d'une mèche de coton. Grossièrement façonnée au début, la chandelle acquit une certaine perfection, quand on apprit à fabriquer à la *baguette*, c'est-à-dire par l'immersion des mèches de coton dans le suif fondu.

La chandelle remplaça donc souvent la lampe au Moyen-âge. Le palais des rois, comme la chaumière du vilain, s'éclairait au moyen de la fumeuse et infecte chandelle.

Ce moyen d'éclairage se répandit surtout dans les pays du nord de l'Europe ; car dans le midi de la France, en Italie, en Espagne, etc., l'abondance et le bas prix de l'huile rendaient l'éclairage au moyen du suif à peu près inutile.

En France les bouchers fondaient eux-mêmes les graisses, et avec ce suif fabriquaient les chandelles. Une corporation de *chandeliers* fut établie en France vers 1016, sous le roi Philippe Ier, et régularisée vers 1470.

La *lanterne* fut imaginée vers les premiers temps du Moyen âge. C'était une enveloppe de métal, pourvue d'une lame transparente de corne et renfermant une chandelle ou une petite lampe. Les lanternes se fabriquaient chez les *peigniers-tabletiers*, qui avaient le privilége de travailler la corne.

Les lanternes se portaient à la main. Quelques-unes étaient placées, pendant la nuit, sous une statuette de la Vierge, à la porte de certains couvents. On ne pouvait songer à les placer aux coins des rues, pour dissiper les ténèbres de la nuit, car les voleurs et larrons n'auraient pas tardé à faire disparaître ces indiscrets témoins et dénonciateurs de leurs crimes et méfaits.

Sous Louis XI, le prévôt avait fait commandement aux Parisiens, par ordre du roi, « d'avoir armures dans leurs maisons, de faire le guet dessus les murailles, de mettre flambeaux ardents et lanternes aux carrefours des rues et aux fenêtres des maisons (1). » Mais cette ordonnance était restée sans effet. Quelques promenades du guet, plutôt disposé à demander grâce aux voleurs qu'à les poursuivre, voilà tout ce qu'on faisait, au XVIIe siècle, pour la sécurité des rues de la capitale pendant la nuit. Quand le couvre-feu était sonné, les détrousseurs étaient les maîtres de la grande ville, les rues devenaient un coupe-gorge, et le guet, se promenant de loin en loin, avec un grand attirail de flambeaux et de hallebardes (*fig.* 4), n'était bon qu'à avertir les voleurs d'avoir à disparaître pour un moment.

Les récits du temps ont suffisamment fait connaître les dangers que présentaient encore au XVIIe siècle, dès les premières heures de la soirée, les rues de la capitale, désertes, obscures et infestées de voleurs. Ce n'est pas par une amplification poétique que Boileau a dit, dans sa sixième satire :

Le bois le plus funeste et le moins fréquenté
Est, au prix de Paris, un lieu de sûreté.

(1) Gilles Corrizet, *Antiquités de Paris*, p. 224.

Malheur donc à celui qu'une affaire imprévue
Engage un peu trop tard au détour d'une rue !
Bientôt quatre bandits, lui serrant les côtés :
« La bourse ! il faut se rendre !..... »

L'ordre donné, à cette époque, aux directeurs de spectacles publics, d'avoir terminé à quatre heures de l'après-midi leurs représentations, de crainte que les bourgeois ne fussent dévalisés à leur sortie ; — le mot de La Fontaine aux voleurs qui le débarrassaient de son manteau : « Messieurs, vous ouvrez de bonne heure ; » — l'idée plaisante de l'abbé Terrasson, qui datait la décadence des lettres de l'établissement des lanternes, attendu, disait-il, qu'avant cette époque, chacun rentrait de bonne heure, de peur d'être assassiné, ce qui tournait au profit de l'étude : — tout cela prouve bien que les efforts tentés jusqu'au XVIIe siècle, pour veiller à la sécurité de Paris, étaient demeurés inutiles.

Nous allons donner un précis rapide de l'histoire de l'établissement et des perfectionnements de l'éclairage public à Paris, car c'est la capitale de la France qui donna le signal des améliorations sous ce rapport, et son exemple fut bientôt suivi dans les autres pays de l'Europe.

Les premiers essais de l'éclairage public commencèrent à Paris en 1524. A cette époque, des bandes incendiaires jetaient le désordre et l'effroi dans plusieurs villes du royaume. Le 24 mai 1524, le tiers de la ville de Meaux avait été détruit par un incendie allumé par des malfaiteurs. C'est pour prévenir ces malheurs qu'un arrêt du parlement de Paris, du 7 juin 1524, ordonna aux bourgeois de cette dernière ville de mettre des lanternes à leur fenêtre, et de tenir chaque soir, près de leur porte, un seau rempli d'eau, afin d'être prêts à toute menace d'incendie.

« Pour éviter, est-il dit dans cet acte, aux périls et inconvéniens du feu qui pourraient advenir en cette ville de Paris, et résister aux entreprises et conspirations d'aucuns boutefeux étant ce présents en ce royaume, qui ont conspiré mettre le feu ès bonnes villes de cedit royaume, comme jà ils ont fait en aucunes d'icelles villes ; la Cour a ordonné et enjoint derechef à tous les manans et habitans de cette ville, privilégiés et non privilégiés, que par chacun jour ils ayent à faire le guet de nuit... Et outre, icelle Cour enjoint et commandea tous lesdits habitans et chacun d'eulx, qu'ils ayent à mettre à neuf heures du soir à leurs fenestres respondantes sur la rue une lanterne garnie d'une chandelle allumée en la manière accoutumée, et que ung chacun se fournisse d'eau en sa maison afin de remédier promptement audit inconvénient, se aucun en survient. »

En 1525, une bande de voleurs appelés *mauvais garçons* exerçait à Paris des pillages, que l'autorité demeurait impuissante à réprimer. Elle détroussait les passants, battait le guet, volait les bateaux sur la rivière, et, à la faveur de la nuit, se retirait hors de la ville, avec son butin. A ces brigands se joignaient des *aventuriers français*, des bandes italiennes et corses, troupes mal payées, qui ne vivaient que de vol, et désolaient Paris et ses environs, sans que l'on pût mettre un terme à leurs ravages. Le 24 octobre 1525, le parlement fit publier de nouveau *l'ordonnance des lanternes et du guet*, « pour les adventuriers, gens vagabonds et sans aveu qui se viennent jeter en cette ville. » Par une nouvelle ordonnance du 16 novembre 1526, il fut enjoint « que, en chacune maison, y eust lanternes et chandelles ardentes comme il fut fait l'an passé, pour éviter aux dangers des mauvais garçons qui courent la nuit par cette ville. » Un lieutenant criminel de robe courte fut institué en même temps, pour juger les coupables pris en flagrant délit.

Malgré l'ordonnance des lanternes, en dépit du lieutenant criminel et de sa robe courte, les *mauvais garçons* continuèrent à désoler la ville, et l'on dut prendre de nouvelles mesures pour essayer de réprimer ces désordres. Par un arrêt rendu le 29 octobre 1558, la chambre du conseil donna au guet de Paris une organisation nouvelle. On ordonna que dans toutes les rues où le guet était établi, un homme veillerait avec du feu et de la lu-

L'ART DE L'ÉCLAIRAGE.

Fig. 4. — Le guet aux flambeaux dans les rues de Paris, au XVIIe siècle.

mière, *pour voir et escouter de fois à autre*. Il fut en même temps prescrit, qu'au lieu des lanternes que chaque habitant était tenu, avant cette époque, de placer à sa fenêtre, il y aurait au coin de chaque rue, un falot allumé depuis dix heures du soir jusqu'à quatre heures du matin.

Voici le texte de cette nouvelle ordonnance, en date du 29 octobre 1558.

Guet extraordinaire établi par provision et réglement contre les vols de nuit.

« Du samedi 29 octobre. La Chambre ordonnée pour obvier aux larcins, pilleries et voleries nocturnes qui se commettent en cette ville et faux bourgs, a ordonné et ordonne par provision, et jusqu'à ce qu'autrement y soit pourvu que, outre le guet ordinaire, qui a coutume être fait de nuit, en cette dicte ville, se sera encore faict, tant en icelle ville que faux bourgs, autre guet en la forme et manière qui ensuit.

« Premièrement, que en chacune rue se fera ledict guet en deux maisons, l'une du côté dextre et l'autre du côté senestre, l'un desdits guets commençant à l'un des bouts de ladite rue et l'autre à l'autre bout d'icelle rue, changera ledict guet chacune nuit selon l'ordre et la situation desdictes maisons et continuera selon le même ordre; et après que chacun habitant de la maison, tant du côté dextre que du côté senestre, aura fait ou fait faire le guet à son tour, recommencera l'ordre dudict guet, où il aura premièrement commencé.

« Ordonne ladite Chambre qu'à la maison où se

devra faire le guet, y aura un homme veillant sur la rue, ayant feu et lumière par devers lui, pour voir et escouter de fois à autre s'il appercevra ou orra aucuns larrons ou volleurs, effracteurs de portes et huis, et à cette fin aura une clochette que l'on puisse voir par toute la rue, et pour d'icelle sonner et éveiller les voisins quand il appercevra ou orra aucuns larrons et volleurs, effracteurs de portes et huis. Et sera tenu, celui qui fera le guet à la maison de l'autre côté de la rue, lui répondre de sa clochette, et ainsi les uns aux autres de rue en rue et de quartier en quartier, affin s'il est possible de surprendre lesdits larrons et volleurs et les mener en justice. A cette fin permet à chacun habitant, à faute de sergent, les mener en prison ou autres lieux, pour les représenter à justice le lendemain.

« ..... Plus ordonne ladicte Chambre que au lieu des lanternes que l'on a ordonné auxdicts habitants mettre aux fenêtres, tant en cette dicte ville que faux bourgs s'y aura un coing de chacune rue ou autre lieu pour commode, un falot ardent depuis les dix heures du soir jusques à quatre heures du matin, et où lesdictes rues seront si longues que ledict fallot ne puisse éclairer d'un bout à l'autre en sera mis un au milieu desdictes rues, et plus souvent la grandeur d'icelles, le tout à telle distance qu'il sera requis et par l'avis des commissaires quarteniers (chefs d'un quartier), dizainiers (chefs de dix maisons) de chacun quartier, appelés avec eux deux bourgeois notables de chacune rue pour adviser aux frais desdicts falots. »

Par un nouvel arrêt du parlement de Paris, rendu quinze jours après, ce règlement fut modifié, et l'on enjoignit de substituer des lanternes aux falots suspendus au coin des rues.

Quatre ans après, sur la réclamation des bourgeois de Paris, la durée de l'éclairage des rues au moyen des lanternes, fut prolongée. Voici le texte de l'arrêt du parlement de Paris qui décide que le temps de l'éclairage des rues sera prolongé, et que les lanternes seront allumées pendant cinq mois et dix jours de l'année, au lieu de quatre mois seulement :

« Du 23 mai 1562. Ce jour, les gens du Roy, M. Hierosme Bignon, advocat dudit seigneur Roy, portant la parole ; ont dit que le lieutenant de police et substitut du procureur général du Roy estoient au parquet des huissiers ; et ayant été faits entrer, et s'estant mis en leurs places ordinaires au premier bureau, debout et couverts, le lieutenant de police a représenté que, depuis quatre années, les rues de cette ville de Paris, ayant été éclairées la nuit pendant quatre mois des hyvers passés, les habitants y avoient trouvé une telle commodité que, toutes les fois qu'elle a cessé, ils n'avoient pu s'empêcher de luy en porter leurs plaintes, et quelques personnes mal intentionnées ayant cette année dans les premières nuits du mois de mars entrepris de troubler la tranquillité publique, ce désordre avoit excité de nouvelles plaintes, et obligé plusieurs bourgeois de demander avec beaucoup d'instance que les rues fussent éclairées plus longtemps, avec offre de fournir à la dépense qui seroit nécessaire..... Comme ces instances étoient faites au nom des habitans, il avoit cru important de savoir, avant d'en informer la Cour, si ce qui étoit demandé en leur nom étoit également désiré de tous ; et par cet effet, les bourgeois des seize quartiers de Paris, ayant été assemblés chacun dans le leur chez les directeurs et en la présence des commissaires en la manière ordinaire ; après avoir examiné la proposition de continuer d'éclairer plus longtemps les rues de Paris pour la commodité et la sûreté publiques et d'augmenter pour cela les taxes ! ils avoient été d'avis, en dix quartiers, suivant les procès-verbaux, de commencer à l'avenir depuis le 1er octobre jusqu'au 1er avril, et qu'il fust ajouté aux taxes ce qu'il seroit nécessaire pour la dépense des deux mois d'augmentation ; que aux autres six quartiers, cinq d'entre eux avoient estimé que ce seroit assez d'ajouter un mois seulement, et de commencer à mettre les lanternes la nuit dans les rues dès le 15 octobre, au lieu qu'on n'a accoutumé de les mettre que le 1er novembre, et de les continuer jusqu'au 15 mars, au lieu du dernier febvrier. Il auroit été proposé, dans un seul quartier, de ménager quelque chose pendant les clairs de lune des mois de novembre, décembre, janvier, février. Mais comme cet avis étoit unique, et ne sembloit pas assez digne, il n'y avoit plus apparence de s'y arrêter.

« La Cour ordonne qu'à l'avenir on commencera d'éclairer les rues dès le 20 octobre, et que l'on continuera jusques aux derniers jours de mars, et que la dépense sera ajoutée aux rôles des taxes qui se levoient auparavant au sel la livre à proportion de ce que chacun en payoit ou devoit pour les quatre mois. »

Mais ces règlements paraissent avoir rencontré des difficultés, qui rendirent leur application impossible. Aussi, pendant le siècle suivant, les Parisiens accueillirent-ils comme une innovation des plus heureuses, la création d'un service public, composé d'un certain nombre d'individus, que l'on nommait *porte-flambeaux*, ou *porte-lanternes*, et qui se chargeaient, moyennant rétribution, de conduire et d'éclairer par la ville, les personnes obligées de parcourir les rues pendant la nuit.

C'est un certain abbé Laudati, de la noble maison italienne de Caraffa, qui créa cette entreprise, après avoir obtenu du jeune roi Louis XIV, au mois de mars 1662, des lettres patentes qui lui en accordaient le privilége. Le 26 août 1665, le parlement enregistra ces lettres, en réduisant à vingt ans le privilége qui était perpétuel, « aux charges et conditions que tous les flambeaux dont se serviraient les commis seraient de bonne cire jaune, achetés chez les épiciers de la ville, ou par eux fabriqués et marqués des armes de la ville. »

Ces cierges étaient divisés en dix portions, et l'on payait cinq sous chaque portion, pour se faire escorter dans les rues. Les porte-lanternes étaient distribués par stations, éloignées chacune de cent toises; on payait un sou pour la distance d'un poste à l'autre. Pour se faire éclairer en carrosse, on payait aux porte-lanternes cinq sous par quart d'heure. A pied, on payait seulement trois sous pour se faire escorter le même espace de temps.

A une époque où l'éclairage public était si imparfait encore, l'entreprise de l'abbé Laudati de Caraffa rendit d'incontestables services, en assurant au passant attardé quelque sécurité dans sa marche nocturne. On ne peut, d'ailleurs, tenir le fait en doute, d'après le témoignage d'une personne digne d'être écoutée en pareille matière, le sieur Desternod, poëte gentilhomme, qui avoue avec franchise qu'il avait le projet de voler les passants. « J'aurais, nous dit-il, exécuté ce projet,

« Si l'on ne m'eût cogneu au brillant des lanternes. »

C'est le succès de l'entreprise de Laudati de Caraffa qui amena l'établissement de l'éclairage public de la capitale. Louis XIV, après avoir arrêté l'organisation de la police de Paris, avait créé une charge de lieutenant de police, et appelé La Reynie à ce poste. L'organisation générale de l'éclairage fut un des premiers actes de ce lieutenant de police. Le 2 septembre 1667, date importante à enregistrer, puisqu'il s'agit d'une institution fondamentale dans l'histoire de Paris, on vit paraître l'ordonnance qui prescrivait d'établir des lanternes dans toutes les rues, places et carrefours de la ville. En même temps qu'il inventait l'espionnage, La Reynie instituait l'illumination publique : l'œuvre de civilisation et de progrès peut faire pardonner l'œuvre de délation et de ténèbres.

L'établissement général de l'éclairage fut accueilli, à Paris, comme un bienfait public. La reconnaissance des citoyens fut telle, que l'on fit frapper une médaille pour la consacrer. Cette médaille porte pour légende : *Urbis securitas et nitor.*

Les poëtes ne manquèrent pas de célébrer cette institution nouvelle. Dans ses *Rimes redoublées*, le sieur d'Assoucy vante les résultats de la mesure établie par le lieutenant de police. Le poëte La Monnaie, mort en 1728, a célébré l'établissement des lanternes, par le sonnet suivant, qui ne vaut pas un long poëme, mais qui, étant en bouts rimés, a le droit de ne pas être sans défauts :

Des rives de Garonne aux rives du *Lignon*,
France, par ordre exprès que l'édit *articule*,
Tu construis des falots d'un ouvrage *mignon*
Où l'avide fermier peut bien ferrer la *mule*.

Partout dans les cités, j'en excepte *Avignon*,
Où ne domine point la royale *férule*,
Des verres lumineux, perchés en rang d'*oignon*,
Te remplacent le jour quand la clarté *recule*.

Tout s'est exécuté sans bruit, sans *lanturlu* :
O le charmant spectacle ! En a-t-on jamais *lu*
Un plus beau dans *Cyrus*, *Pharamond* ou *Cassandre* ?

On dirait que, rangés en tilleuls, en *cyprès*,
Les astres ont chez toi, France, voulu *descendre*,
Pour venir contempler tes beautés de plus *près*.

On plaçait les lanternes aux extrémités et au milieu de chaque rue; dans les rues d'une certaine longueur, le nombre de ces luminaires était augmenté. On les garnissait de chandelles de suif de quatre à la livre, poids de marc.

Le service et l'entretien de l'éclairage public

furent confiés aux bourgeois de chaque quartier, qui étaient tenus d'allumer eux-mêmes les chandelles, aux époques et aux heures fixées par les règlements. On nommait ceux qui étaient chargés de ce soin *commis allumeurs;* ils étaient élus chaque année dans une réunion des bourgeois du quartier.

Ces fonctions de *commis allumeurs,* disons-le en passant, déplaisaient aux bourgeois, dont elles dérangeaient les habitudes ; aussi chacun cherchait-il à se soustraire à cette corvée. Les élections de ces préposés volontaires devenaient, dans beaucoup de quartiers, une occasion de désordres. Les bourgeois anciennement établis se liguaient entre eux, pour faire élire les bourgeois nouveaux venus, et la malheureuse victime de leurs cabales était encore de leur part l'objet d'insultes et de marques de dérision.

Une sentence de police, du 3 septembre 1734, rendue contre quelques bourgeois récalcitrants, fait connaître les abus auxquels donnaient lieu ces élections :

« Plusieurs bourgeois, est-il dit dans cet arrêt, font travestir leurs compagnons et ouvriers en bourgeois, pour augmenter le nombre de voix en faveur de leur parti, et nommer les personnes nouvellement établies, s'exemptant annuellement, par cette surprise, de faire ce service public. Non contents d'échapper ainsi frauduleusement à ce devoir si essentiel, ils insultent témérairement à ceux qu'ils ont nommés, soit par des chansons injurieuses, soit par un cliquetis de poêles et de chaudrons, soit enfin en leur envoyant par dérision des tambours et des trompettes. »

C'est pour obvier à ces abus que la sentence précédente ordonna qu'à l'avenir, les électeurs désigneraient pour remplir les fonctions d'allumeur public, un des six plus anciens bourgeois demeurant dans chaque circonscription, et qui n'aurait pas encore exercé ; que si lesdits bourgeois ne nommaient pas quelqu'un qui se trouvât dans les conditions prescrites, on y pourvoirait d'office. On choisit, en outre, quelques habitants notables, qui, sous le titre de *directeurs,* s'assemblaient, avec un commissaire, pour surveiller tout ce qui concernait l'éclairage et le nettoiement des rues. Ces assemblées portaient le nom de *directions des quartiers.*

L'importance de cette partie de l'administration publique fut promptement comprise : aussi vit-on les principaux magistrats, le chancelier d'Aligre, dans la rue Saint-Victor ; le premier président de Bellièvre, dans le quartier de la Cité ; Nicolaï, premier président en la chambre des comptes, dans le quartier Saint-Antoine, ainsi que les présidents, maîtres des requêtes, conseillers ou avocats généraux du Parlement, de la Chambre des comptes et de la Cour des aides, accepter le titre de chef de ces *directions.*

Cependant ces sortes d'inspecteurs privés n'exerçaient pas leur surveillance avec une telle rigueur, qu'ils réussissent toujours à empêcher les fraudes de s'introduire dans ce service public. Les bourgeois préposés à l'entretien des lanternes des rues et carrefours, avaient recours à toutes sortes de subterfuges pour s'approprier une partie des chandelles destinées à l'éclairage. De nombreuses sentences de police ont été rendues à ce propos. Desessarts cite, entre autres pièces du même genre, un arrêt porté contre Laurent Feimingre, marchand de vins, demeurant rue Saint-Thomas du Louvre, bourgeois préposé pour allumer toute l'année les quatre lanternes qui étaient placées sous les deux premiers guichets du Louvre. Ce commis allumeur, peu scrupuleux, plaçait dans ses lanternes des chandelles coupées par la moitié, pour s'en approprier le reste :

« De quoi le sieur Pasquier, inspecteur de police, et le sieur Laurent, sergent du guet, faisant ronde avec son escouade audit quartier, s'étant aperçus, ils auroient informé sur-le-champ maître Daminois, commissaire au Châtelet, préposé pour la police du quartier du Palais-Royal, et fait comparoître devant lui la femme dudit sieur Feimingre. »

Et sur l'aveu de la dame du délit dont son époux s'était rendu coupable, ledit époux est condamné à 40 livres d'amende.

L'ART DE L'ÉCLAIRAGE.

Fig. 5. — Les bourgeois de Paris contemplant les premiers réverbères à chandelle.

Cette économie de bouts de chandelle s'opérait quelquefois par un moyen assez curieux, qui avait quelque chose de scientifique et qui mérite d'être signalée à ce titre. Quand les bourgeois allumeurs, préférant leur profit particulier à l'utilité publique, voulaient faire provision de bouts de chandelle, tout en s'évitant la peine de se lever la nuit, pour aller souffler les lanternes, voici le moyen dont ils faisaient usage. Avec un poinçon chaud, ils perçaient de part en part la chandelle, à l'endroit où ils voulaient la faire éteindre; ils bouchaient un côté du trou avec du suif, introduisaient quelques gouttes d'eau dans la cavité, qu'ils fermaient ensuite pareillement; de telle sorte que la goutte d'eau se trouvait, sans qu'il y parût, contenue dans la chandelle. Lorsque la lumière était parvenue au point où la goutte d'eau se trouvait placée, elle ne manquait pas de s'éteindre. Le lendemain, à son lever, le bourgeois faisait sa récolte de bouts de chandelle.

Nous devons la révélation de cette fraude ingénieuse à la sagacité du sieur Moitrel d'Élément, qui nous la dénonce dans sa brochure publiée en 1725, sous ce titre : *Nou-*

velle manière d'éteindre les incendies, avec plusieurs autres inventions utiles à la ville de Paris. Poussant plus loin encore les services qu'il veut rendre à l'édilité parisienne, Moitrel d'Élément, dans son chapitre intitulé : *Moyen pour que les chandelles des lanternes restent toujours allumées malgré la pluie, la neige et les grands vents,* nous apprend qu'il a découvert le moyen de prévenir ces fraudes coupables; mais, réflexion faite, il préfère en réserver le secret, de peur que le public n'en abuse.

C'était d'ailleurs un homme fertile en expédients utiles que ce Moitrel d'Élément, et son imagination n'était jamais à bout quand il s'agissait de rendre service à la ville de Paris, dont il avait « l'honneur d'être natif. » Voici la liste abrégée de ses inventions, rapportées à la fin de sa brochure :

« 1° Nouvelle construction de bornes qui ne rompront point les essieux de carrosses, ni ne pourront les accrocher ;

« 2° La manière de faire parler les cloches, c'est-à-dire qu'au lieu de les user à incommoder le public, on ne les sonneroit que très-peu, ce qui suffiroit pour faire entendre tout ce qu'on voudrait, même le nom de la fête, la qualité de la personne morte, et tous autres sujets pour lesquels on sonne ordinairement ;

« 3° Moyen sûr pour qu'il n'y ait point de pauvres mendiants dans le royaume, principalement à Paris, et avoir une parfaite connaissance des mauvais pauvres et libertins qui viennent s'y réfugier pour s'abandonner à plusieurs mauvaises choses ;

« 4° Cadran d'horloge, fort commode et très-curieux, pour connaître les heures d'une lieue de loin aux grosses horloges des églises ; d'un bout à l'autre d'une longue galerie aux pendules ordinaires ; et d'un côté à l'autre d'une grande chambre aux montres de poche ; c'est-à-dire qu'on connaîtroit les heures de quatre fois plus loin qu'à l'ordinaire ;

« 5° Moyen facile et extraordinaire pour raser la montagne qui borne la vue des Tuileries (1). »

(1) C'est le même physicien que M. Hœfer, dans son *Histoire de la chimie* (tome II, page 340), cite comme ayant le premier trouvé le moyen et enseigné la manière de manier les gaz. La petite brochure, aujourd'hui très-rare, dans laquelle Moitrel d'Élément décrit les expériences à faire sur les gaz, ou plutôt sur l'air, a pour titre : *La manière de rendre l'air visible et assez sensible pour le mesurer par pintes, ou par telle autre mesure que l'on voudra ; pour faire des jets d'air qui sont aussi visibles que des jets d'eau.*

Jusqu'à la fin du XVII° siècle, Paris fut la seule ville de France où il existât un éclairage public ; il fut établi après cette époque, dans les autres villes du royaume. Au mois de juin 1697, un édit royal, « considérant « que de tous les embellissements de Paris « il n'y en avait aucun dont l'utilité fût plus « sensible et mieux reconnue que l'éclairage « des rues, ordonne que, dans les princi- « pales villes du royaume, pays, terres et « seigneuries, dont le choix serait fait par le « roi, il serait procédé à l'établissement des « lanternes conformément à Paris. » Ces lanternes, comme celles dont la forme venait d'être adoptée à Paris, avaient vingt pouces de haut sur douze de large. Elles renfermaient une chandelle de suif, et étaient posées au milieu des rues, sur un poteau, à une distance de cinq à six toises l'une de l'autre.

L'éclairage public de la capitale demeura à peu près tel que l'avait institué La Reynie, jusqu'à l'année 1758, époque à laquelle le roi ordonna qu'il fût posé des lanternes dans toutes les rues de la ville et faubourgs de Paris où l'on n'en avait pas encore établi. L'arrêt du 9 juillet 1758, qui prescrivit cette mesure, délivra en même temps les bourgeois de l'obligation à laquelle ils étaient assujettis pour l'entretien de l'éclairage : les dépenses de ce service furent portées à la charge de l'État.

Les réverbères à chandelle que La Reynie avait fait établir dans presque toutes les rues de la capitale, firent fortune. Les bons bourgeois s'amusaient beaucoup à les voir, dès que la sonnette du veilleur en avait donné le signal, s'élever, éclairés d'une grosse chandelle, faisant briller sur leurs parois l'image d'un coq, symbole de la vigilance (*fig.* 5).

Pourtant l'éclairage des rues n'était pas jugé suffisant par tout le monde, car les *éclaireurs publics* établis par Laudati de Ca-

Cette brochure fut réimprimée en 1777, dans la seconde édition, publiée par Gobet dans les Anciens Minéralogistes, de l'ouvrage de Jean Rey sur la pesanteur de l'air.

raffa fonctionnaient toujours. On trouvait le soir, dans les principales rues, des hommes munis de falots, numérotés comme nos fiacres, et que l'on prenait à l'heure ou à la course, quand on avait à sortir.

L'éclairage de Paris faisait l'admiration des étrangers. Voici ce qu'en disait, en 1700, l'auteur de la *Lettre italienne sur Paris*, insérée dans le *Saint-Evremoniana* :

« L'invention d'éclairer Paris, pendant la nuit, par une infinité de lumières, mérite que les peuples les plus éloignés viennent voir ce que les Grecs et les Romains n'ont jamais pensé pour la police de leurs républiques. Les lumières enfermées dans des fanaux de verre suspendus en l'air et à une égale distance sont dans un ordre admirable, et éclairent toute la nuit. Ce spectacle est si beau et si bien entendu qu'Archimède même, s'il vivait encore, ne pourrait rien ajouter de plus agréable et de plus utile. »

Lister, dans la relation de son *voyage en France*, écrite en 1698, ne le cède pas pour l'admiration à l'enthousiaste Italien ; seulement il la raisonne mieux ; il la justifie par des détails très-précis et très-curieux sur les lanternes :

« Les rues, dit Lister, sont éclairées tout l'hiver et même en pleine lune ; tandis qu'à Londres on a la stupide habitude de supprimer l'éclairage quinze jours par mois, comme si la lune était condamnée à éclairer notre capitale à travers les nuages qui la voilent.

« Les lanternes sont suspendues au milieu de la rue à une hauteur de vingt pieds et à vingt pas de distance l'une de l'autre. Le luminaire est enfermé dans une cage de verre de deux pieds de haut, couverte d'une plaque de fer ; et la corde qui les soutient, attachée à une barre de fer, glisse dans sa poulie, comme dans une coulisse scellée dans le mur. Ces lanternes ont des chandelles de quatre à la livre qui durent encore après minuit. Ce mode d'éclairage coûte, dit-on, pour six mois seulement, 50,000 livres sterling (1,500,000 francs). Le bris des lanternes publiques entraîne la peine des galères. J'ai su que trois jeunes gentilshommes, appartenant à de grandes familles, avaient été arrêtés pour ce délit et n'avaient pu être relâchés qu'après une détention de plusieurs mois, grâce aux protecteurs qu'ils avaient à la cour. »

C'étaient donc des chandelles qui garnissaient les quatre splendides fanaux que le duc de La Feuillade avait fait placer autour de la statue de Louis XIV, sur la place des Victoires, et qui lui valurent cette plaisanterie gasconne :

La Feuillade, sandis ! jé crois qué tu mé bernes
D'éclairer le soleil avec quatré lanternes !

Louis XIV, on le sait, avait pris le soleil pour emblème.

Il y avait néanmoins une catégorie d'individus qui ne trouvaient pas leur compte à cette innovation : c'étaient les filous, voleurs et tireurs de laine.

Une pièce de vers, qui courut tout Paris, avait pour titre : *Plaintes des filous et écumeurs de bourse à nosseigneurs les réverbères*. On nous permettra de citer les premiers vers de ce poëme burlesque :

A vos genoux, puissant Mercure,
Tombent vos clients les filous.
Vous, leur patron, souffrirez-vous
Qu'à leur trafic on fasse injure ;
Qu'on éclaire leur moindre allure ;
Enfin qu'un mécanicien,
Au détriment de notre bien,
Ait fait hisser ces réverbères,
Qui n'illuminent que trop bien
L'étranger et le citoyen ;
De la police les cerbères,
Qui ne nous permettent plus rien ?
Grâce à ces limpides lumières,
Qui rendent les âmes si fières,
D'écumer il n'est plus moyen,
Ni la bourse du mauvais riche
A pied qui revient de souper
Où de bons mots il fut plus chiche
Que de manger bien et lamper ;
Ni les poches d'une marchande
Allant le soir, à petit bruit,
Trouver dans un simple réduit
Son grand cousin de la demande ;
Le gousset garni d'un plaideur,
Descendu nuitamment du coche,
Courant porter au procureur
Ce qu'un écumeur lui décoche ;
La valise d'un bon fermier,
Non celui qui dans un jour gagne
Dix mille écus sur son palier
Et qu'un grand cortège accompagne
(Ne serait-il que financier),
Mais un fermier, loyal rentier,

D'un bon seigneur qui l'indemnise,
S'il a souffert du vent de bise,
A son maître qu'il vient payer
De sa ferme quelque quartier
Qu'un de tes sujets dévalise.
Seigneur Mercure, le métier
Se faisoit si bien sans lanternes
Pour notre profit toujours ternes !
D'entre nous, le moindre écolier
Presto savoit s'approprier
Bourse, montre, autres balivernes,
Du cou détacher le collier....
Plus.... Ah ! maudit *réverbérier !*
Aujourd'hui c'est toi qui nous bernes.
Il faut que tu sois grand sorcier......
Marchand qui perdra ne rira ;
Et qui plus qu'un filou perdra
Dans cet océan de lumière ?
Qui jouera de la gibecière ?
Autant vaudrait à l'Opéra,
Quand du jour le père suprême
Et de Phaéthon le papa,
Son fou de fils émancipa
Sous son lumineux diadème,
Aller sur le théâtre même,
Tout rayonnant de sa splendeur
Filouter Phœbus sur son trône....
Et détacher en écumeur,
Les diamants de sa couronne.
— Mes enfants, quel affreux malheur !
— Mon général, qu'allons-nous faire,
Dit le capitaine *Écureuil,*
Les réverbères sont l'*écueil*
De toute affaire solitaire.

Les lanternes pourvues d'une chandelle, qui constituaient l'éclairage des rues, avaient pourtant de graves inconvénients. Le principal était la nécessité de couper, d'heure en heure, la mèche charbonnée et fumeuse, qui ne tardait pas à leur ôter toute clarté.

Les inconvénients attachés à l'usage des chandelles des rues, étaient si nombreux, que l'on ne tarda pas à sentir la nécessité de trouver un autre système. M. de Sartine, lieutenant de police, proposa donc une récompense à celui qui trouverait un moyen nouveau pour éclairer Paris, en réunissant les trois conditions de la facilité dans le service, de l'intensité et de la durée de la lumière. On confia à l'Académie des sciences l'examen des appareils proposés.

Le problème fut résolu par l'invention des réverbères, ou lanternes à huile munies d'un réflecteur métallique. C'est à Bourgeois de Châteaublanc que cette découverte est due. Il la présenta, en 1765, au jugement de l'Académie des sciences, dont elle réunit les suffrages.

Fig. 6. — Lavoisier.

Le célèbre et infortuné chimiste Lavoisier avait pris part à ce concours. Il avait adressé à l'Académie des sciences un mémoire très-remarquable, dans lequel étaient discutées, surtout au point de vue de la physique et de la géométrie, les meilleures dispositions à donner aux réverbères publics, pour produire un éclairage efficace. Le mémoire de Lavoisier *sur les différents moyens qu'on peut employer pour éclairer une grande ville*, fut présenté à l'Académie des sciences en 1765, concurremment avec beaucoup d'autres. Les commissaires de l'Académie des sciences, chargés de décerner le prix, jugèrent que la question avait été traitée dans le mémoire de Lavoisier, à un point de vue trop scientifique, trop éloigné des données de la pratique.

En conséquence, la récompense proposée fut partagée entre trois concurrents, Bourgeois de Châteaublanc, Bailly et Leroy, qui obtinrent chacun une gratification de 2,000 livres.

Le mémoire de Lavoisier a été imprimé dans le tome III du recueil des *OEuvres de Lavoisier*, publié en 1855, par le ministère de l'instruction publique, c'est-à-dire aux frais de l'État, sous la direction de M. Dumas. Ce mémoire est accompagné de beaucoup de planches gravées représentant les dispositions que Lavoisier propose de donner aux réverbères. On admire, en parcourant ce travail, le soin avec lequel ce sujet avait été traité par le célèbre chimiste.

Un extrait des registres de l'Académie des sciences, qui fait suite à ce mémoire, dans le recueil des *OEuvres de Lavoisier*, publié par l'État, nous explique l'origine et le but de ce travail. Voici cet extrait :

« L'Académie avait proposé, en 1764, un prix extraordinaire, dont le sujet était : *Le meilleur moyen d'éclairer pendant la nuit les rues d'une grande ville, en combinant ensemble la clarté, la facilité du service et l'économie.*

« Elle annonça, l'année dernière, que ce prix, proposé par M. de Sartine, conseiller d'État et lieutenant général de police, serait remis à cette année avec un prix double, c'est-à-dire de 2,000 francs.

« Aucune des pièces qui avaient été envoyées pour concourir à ce prix n'ayant offert des moyens généralement applicables et qui ne fussent sujets à quelques inconvénients, l'Académie a cru devoir les distinguer en deux classes : les unes remplies de discussions physiques et mathématiques, qui conduisent à différents moyens utiles, dont elles exposent les avantages et les inconvénients ; les autres contenant des tentatives variées et des épreuves assez longtemps continuées pour mettre le public en état de comparer les différents moyens d'éclairer Paris dont on pourra faire usage.

« Dans ces circonstances, et de concert avec M. le lieutenant général de police, l'Académie a cru devoir convertir, en faveur de cette dernière classe, le prix de 2,000 francs en trois gratifications, qui ont été accordées aux sieurs Bailly, Bourgeois et Leroy, et distinguer, dans les mémoires de la première classe, la pièce n° 36, qui a pour devise : *Signabitque viam flammis* dont l'auteur est M. Lavoisier. L'Académie a résolu de publier cette pièce, et M. de Sartine a engagé le roi à gratifier M. Lavoisier d'une médaille d'or, qui lui a été remise par M. le président dans l'assemblée publique du 9 avril de cette année 1766 (1). »

Cependant le lieutenant de police se prononça en faveur du système de Bourgeois de Châteaublanc, et le modèle de réverbère qu'il avait proposé fut adopté pour l'éclairage de la capitale.

Un simple ouvrier vitrier, nommé Goujon, reçut du lieutenant de police 200 livres de récompense. Bourgeois de Châteaublanc, qui avait, comme nous l'avons dit, reçu par décision de l'Académie des sciences, la somme de 2,000 livres, la partagea avec l'abbé Matherot de Preigney, qui l'avait aidé de ses conseils.

Là se bornèrent, d'ailleurs, les récompenses accordées à l'homme utile, à qui la capitale a dû d'être éclairée depuis l'année 1769 jusqu'à l'adoption du gaz. L'entreprise de l'éclairage de Paris fut accordée, en 1769, non à l'inventeur du réverbère, mais à un financier, nommé Tourtille-Segrain. Quant à Bourgeois de Châteaublanc, bien que son nom figure sur le privilége accordé à Tourtille-Segrain, il n'eut aucune part dans les bénéfices. On eut beaucoup de peine à lui faire accorder une modique rente par les entrepreneurs, qui lui contestaient sa découverte. Sa pension ne fut même pas servie avec exactitude, car il avait eu le tort de vivre longtemps.

Le 1ᵉʳ août 1769, Tourtille-Segrain commença l'exploitation de l'éclairage de Paris, qui lui fut concédé par M. de Sartine pour un espace de vingt ans. Les clauses suivantes de la convention proposée par Tourtille-Segrain, et acceptée par le lieutenant de police, font connaître les dispositions des réverbères qui ont été si longtemps en usage pour l'éclairage de Paris et de toutes les autres villes de France :

« La forme des lanternes sera hexagone, la cage sera en fer brasé sans soudures, et montée à vis et écrous.

(1) *Histoire de l'Académie royale des sciences*, 1766, page 165.

« Celles destinées pour cinq becs de lumière auront deux pieds trois pouces de hauteur, y compris leur chapiteau ; vingt pouces de diamètre par le haut, et dix pouces par le bas.

« Celles pour trois et quatre becs de lumière auront deux pieds de hauteur, y compris le chapiteau, dix-huit pouces de diamètre par le haut, et neuf pouces par le bas.

« Celles pour deux becs de lumière auront vingt-deux pouces de hauteur, toujours compris le chapiteau, seize pouces de diamètre par le haut et huit pouces par le bas.

« Toutes ces lanternes auront chacune trois lampes de différentes grandeurs, à proportion du temps qu'elles devront éclairer.

« Chaque bec de lampe aura un réverbère de cuivre argenté mat, de six feuilles d'argent, et chaque lanterne avec un grand réverbère placé horizontalement au-dessus des lumières, lequel entreprendra toute la grandeur de la lanterne, pour dissiper les ombres ; ce réverbère sera également de cuivre argenté mat, de six feuilles d'argent ; tous les réverbères auront un tiers de ligne d'épaisseur. »

Fig. 7. — Le premier réverbère.

La figure 7 représente la lanterne, munie de sa lampe et de son réflecteur, qui fut adoptée à la fin du siècle dernier, pour l'éclairage des rues en France, et qui a été conservée sans aucune modification jusqu'à nos jours.

L'entreprise de l'illumination de Paris n'était pas la seule dont fût chargé Tourtille-Segrain. Il fournissait à l'éclairage de plusieurs villes du royaume, et ses marchés lui procuraient des bénéfices assez considérables. Le bail de vingt ans, qui lui avait été concédé à Paris par M. de Sartine, fut, quelques années après, prolongé du double.

Après l'innovation provoquée par M. de Sartine, c'est-à-dire les réverbères, ou lampes munies de réflecteurs métalliques, les successeurs de ce lieutenant de police ne parurent rien trouver à y ajouter. On ne peut citer, en effet, comme extension de l'éclairage public à cette époque, que la futilité administrative consistant à placer une lanterne à la fenêtre des commissaires de police de chaque quartier. C'est ce qui amena cette épigramme :

Le commissaire Baliverne
Aux dépens de qui chacun rit,
N'a de brillant que sa lanterne,
Et de terne que son esprit.

CHAPITRE II

DÉCOUVERTE DE LA LAMPE A DOUBLE COURANT D'AIR PAR ARGAND. — VIE ET TRAVAUX DE CE PHYSICIEN. — RECHERCHES FAITES ANTÉRIEUREMENT PAR LE CAPITAINE DU GÉNIE MEUNIER SUR LA LAMPE A COURANT D'AIR.

Nous voici parvenus à l'époque où va s'accomplir, dans les procédés d'éclairage public et privé, une transformation fondamentale.

En 1783, Lenoir, qui avait succédé à Sartine, comme lieutenant de police, reçut la visite de deux hommes qui occupaient un rang distingué parmi les savants de la capitale : Le Sage, de l'Académie des sciences, et Cadet de Vaux. Les deux savants lui demandèrent l'autorisation de lui présenter un physicien étranger, qui venait de découvrir un système tout nouveau pour la construction des lampes, système dont l'application à l'éclairage public semblait devoir offrir des avantages immenses. Lenoir accéda avec empressement à ce désir. Dans une réunion qui fut tenue chez lui, on fit l'essai des nouvelles lampes, qui étonnèrent beaucoup les assistants, et par l'intensité de la lumière, et par l'absence complète de fumée pendant la combustion.

Ce physicien étranger s'appelait Argand.

Né à Genève le 5 juillet 1750, Ami Argand était le fils d'un horloger de cette ville (1). Ses parents, sans être riches, n'étaient pas dans une position gênée, et ils avaient pu seconder, par une éducation libérale, les goûts studieux que le jeune homme avait manifestés de bonne heure. Quand il fut sorti du collége, on le fit entrer à l'*auditoire des belles-lettres*, qui correspond au *gymnase actuel* de Genève. Il eut pour condisciples Frédéric-Guillaume Maurice, l'un des fondateurs de la *Bibliothèque britannique*; François Huber, que ses observations sur les abeilles ont immortalisé, et Nicolas Chenevière, qui fut pasteur, en même temps que l'un des poëtes populaires de la Suisse.

Deux années plus tard, Ami Argand entra dans la classe de philosophie; car ses parents auraient désiré qu'il embrassât la carrière ecclésiastique. Il eut pour professeur le célèbre Horace-Bénédict de Saussure, physicien illustre, auteur du *Voyage dans les Alpes*, et l'un des fondateurs de la météorologie. C'est dans les leçons de ce savant qu'Argand puisa un goût prononcé pour les sciences physiques.

Pourvu de connaissances scientifiques déjà assez étendues, Ami Argand se rendit à Paris, vers 1775, pour s'y perfectionner dans les études de physique et de chimie. Bientôt il fut en état d'enrichir la science de travaux originaux.

En 1776, il lut à l'Académie des sciences de Paris, un mémoire sur les *Causes de la grêle attribuées à l'électricité*. Deux ans après, il donna, dans le recueil de l'abbé Rozier, intitulé *Observations sur la physique, sur l'histoire naturelle et les arts*, une *Description du cabinet de physique et d'histoire naturelle du grand-duc de Toscane à Florence*, traduite de l'italien. Ce n'était pas là toutefois une simple traduction. Argand y avait ajouté un grand nombre de notes résultant de ses conversations avec l'abbé Fontana, sous la direction duquel on devait publier, en plusieurs volumes in-folio, la description du cabinet de physique du grand-duc Léopold.

Ami Argand avait été recommandé à Paris, par Bénédict de Saussure, à Lavoisier et à Fourcroy. Devenu le disciple de ces deux hommes célèbres, il se livra, sous leurs auspices, à l'enseignement public de la chimie, et fit, en particulier, un cours sur la distillation.

Quelques propriétaires de vignobles du Bas-Languedoc, qui suivaient le cours que donnait sur la distillation le jeune physicien de Genève, furent frappés de la justesse de ses idées. Argand faisait ressortir avec beaucoup de force, les vices du système alors usité pour distiller, ou, comme on le disait, pour *brûler* les vins, dans le Bas-Languedoc, et il proposait une méthode nouvelle pour cette opération. Ces propriétaires, intéressés au succès d'une telle méthode, proposèrent à Argand de se rendre à Montpellier, et sous la direction du trésorier de la province, M. de Joubert, d'y faire l'essai de son système de distillation. On lui promettait, en cas de succès, la formation d'une association de capitalistes, pour mettre en pratique ses procédés pour la distillation.

Argand, ayant accepté ces offres, partit pour Montpellier, le 20 mars 1780. Il fit venir près de lui l'un de ses deux frères, nommé Jean, et ils essayèrent ensemble chez M. de Joubert, dans le village de Calvisson, près de Montpellier, la nouvelle méthode de distillation des vins, pour en retirer l'eau-de-vie.

Ce premier essai ayant parfaitement réussi, les deux frères furent appelés à répéter plus en grand la même expérience, dans un autre domaine de M. de Joubert, à Valignac. Ils y passèrent les années 1781 et 1782.

L'*Académie royale des sciences de Mont-*

---

(1) Les détails qui vont suivre sont tirés d'une biographie d'Argand publiée à Genève par M. Th. Heyer, sous ce titre : *Ami Argand, inventeur des lampes à courant d'air ; notice lue à la classe d'industrie et de commerce de la Société des arts de Genève, et extraite du Bulletin de cette société* (in-8, Genève, 1861).

pellier reçut un rapport très-favorable, émanant d'une commission dont Chaptal faisait partie, sur les *nouvelles distilleries* d'Argand. Un autre rapport émanant d'une commission d'hommes spéciaux, fut rédigé par l'abbé Rozier, pour être remis au contrôleur des finances de Louis XV, M. d'Ormesson. Ce ministre en parla au Roi, qui désigna le vicomte de Saint-Priest, intendant de la province du Bas-Languedoc, qui résidait à Montpellier, pour procéder à un examen définitif de l'industrie nouvelle fondée par Argand.

Le résultat de cette dernière enquête fut concluant. Le nouveau système de distillation, les appareils, les plans des ateliers, tout cela constituait un ensemble irréprochable, qui avait eu pour résultat d'augmenter considérablement le produit des vins passés à l'alambic, et qui avait enrichi le Bas-Languedoc et la France. M. de Saint-Priest demandait au Roi, pour les deux frères Argand, une récompense de 300,000 livres. Le contrôleur des finances préféra leur offrir quelque chose de moins coûteux, c'est-à-dire une décoration.

Le trésorier de la province, M. de Joubert, qui avait largement profité des travaux des deux frères, leur acheta alors, moyennant 120,000 livres, leurs droits d'inventeur.

Après la conclusion de cet arrangement Ami et Jean Argand revinrent à Genève. Ils s'y reposèrent quelque temps des fatigues de cette longue campagne.

Au milieu de ses occupations dans les distilleries du Bas-Languedoc, Argand avait fait une découverte fondamentale, qui était appelée à révolutionner l'éclairage. Il avait imaginé une disposition toute particulière de la mèche pour accroître considérablement le pouvoir éclairant des lampes à huile, et il avait fait l'essai de ce système nouveau pour l'éclairage de ses vastes ateliers.

En quoi consistait la lampe d'Argand, et par quels principes l'auteur avait-il été conduit à son invention ?

Un travail scientifique de Meunier avait dirigé ses premiers pas dans cette voie.

Les découvertes chimiques, accomplies à la fin du dernier siècle, ont ce caractère admirable, que, non-seulement elles ont contribué à la constitution de la science théorique, mais que, transportées dans les faits journaliers et communs, elles sont devenues une source inépuisable de précieuses découvertes. En créant la doctrine générale de la combustion, en apportant une explication complète de l'ensemble et des particularités de ce grand phénomène, Lavoisier, en même temps qu'il élevait l'édifice nouveau de la chimie moderne, ouvrait aussi la porte à toute une série d'applications de cette science, dont la chaîne infinie se déroule encore sous nos yeux. Celle de ces applications qui fut saisie la première, parce qu'elle était la plus directe, fut l'analyse et l'explication rationnelle des phénomènes lumineux qui accompagnent la combustion. Dès que Lavoisier eut montré, dans la série de ses mémoires publiés de 1774 à 1780, en quoi consiste la combustion, et mis en évidence les conditions qui la favorisent ou nuisent à son accomplissement, les physiciens firent aussitôt l'application de ces principes à l'étude de l'éclairage et du chauffage. Meunier, officier d'un grand mérite, enlevé de trop bonne heure aux sciences, comprit le premier les applications que l'on pouvait faire des principes de Lavoisier à la combustion des corps éclairants.

Les *Mémoires de l'Académie des sciences pour 1784* renferment un travail de Meunier qui a jusqu'ici attiré à peine l'attention, bien qu'il présente, comme on va le voir, le germe des modifications apportées par Argand à l'art de l'éclairage. Ce travail a pour titre : *Mémoire sur les moyens d'opérer une entière combustion de l'huile, et d'augmenter la lumière des lampes, en évitant la formation de la suie à laquelle elles sont ordinairement sujettes.*

A Cherbourg, où il était retenu par ses

fonctions de capitaine du génie, Meunier avait construit un petit alambic pour distiller. Dans son installation improvisée, il était dépourvu des ustensiles et des appareils qui constituent un laboratoire de physique ; mais son esprit ingénieux savait parer à tout. N'ayant pu se procurer de fourneau pour son alambic, il imagina de s'en passer, et il fit usage, pour le remplacer, de lampes alimentées par de l'huile, qu'il plaçait sous la chaudière.

Cependant les lampes, employées comme moyen de chauffage, avaient des inconvénients, qu'il est facile de pressentir. Le peu de chaleur qui accompagne la combustion de l'huile, faisait de la chaudière un vrai réfrigérant, contre lequel la suie venait se condenser en abondance. La couche épaisse, qui se formait ainsi, obligeait de prendre continuellement le soin de l'enlever. Meunier essaya donc de construire une lampe exempte de suie et qui pût chauffer avec intensité.

Il savait, par les expériences de Lavoisier, que la suie des lampes, comme celle des cheminées, pouvait disparaître, brûlée par l'action de l'air. — Considérant en outre, ainsi qu'il nous le dit : « que la cheminée qui fait toujours partie des fourneaux, et que les premiers inventeurs ne regardèrent sans doute que comme une issue nécessaire aux vapeurs et à la fumée, a surtout pour objet d'augmenter considérablement la rapidité du courant d'air ascensionnel, en donnant une grande largeur à cette colonne d'air chaud et léger qui tend d'autant plus à monter que la pesanteur est moindre par rapport à une colonne égale d'air froid ; » — remarquant enfin, que Lavoisier, alimentant une flamme avec un courant d'oxygène, avait réussi à mettre en fusion les substances les plus réfractaires, Meunier construisit sa lampe d'après les dispositions suivantes, fondées sur les principes que nous venons de rappeler.

Plusieurs mèches baignaient dans un réservoir commun d'huile. Ces mèches étaient plates et en forme de ruban, pour présenter plus de surface à l'air. La lampe était surmontée d'un tuyau métallique, et, à sa partie inférieure, elle était munie d'un tuyau semblable. Le tout étant placé sous la chaudière, le tirage provoqué par la cheminée de tôle, faisait continuellement arriver dans l'intérieur de la lampe, un courant d'air, qui alimentait les flammes avec activité.

L'opérateur obtint ainsi une flamme d'une température fort élevée. Mais il ne tarda pas à reconnaître qu'un courant d'air trop rapide refroidirait la chaudière. Pour faire varier et pour régler le courant d'air, Meunier établit donc, au sommet de la cheminée, une sorte de robinet, qu'il ouvrait plus ou moins, de manière à graduer à volonté la quantité d'air introduite. Il n'avait d'abord fait usage de ce robinet que comme moyen de recherche, pour mesurer la quantité d'air nécessaire à la combustion, et connaître les dimensions qu'il fallait donner à l'orifice supérieur du fourneau. Mais il reconnut bientôt qu'il fallait conserver ce robinet, parce que le courant d'air variait selon la longueur de la mèche et la température extérieure.

Cependant, dans un appareil ainsi construit, l'air qui s'échauffait par son contact avec la flamme, s'en éloignait aussitôt, étant devenu plus léger. Ainsi, tout l'oxygène apporté par le courant d'air ne servait pas à la combustion, et il fallait mettre en mouvement plus d'air qu'il n'était nécessaire pour l'entretien des lampes, ce qui avait pour résultat de refroidir l'appareil.

C'est comme conséquence des remarques précédentes, que Meunier fut conduit à remplacer l'appareil compliqué que nous venons de décrire, par un système plus simple, et qui consistait à entourer toutes les mèches de la lampe d'autant de tuyaux de cuivre, qui allaient se terminer à quelques lignes au-dessous du fond de la chaudière. L'air, emprisonné par ce moyen dans ces petites cheminées artificielles, ne pouvant plus se dilater que dans le sens de la longueur des tuyaux, ne s'éloignait pas de la flamme et servait alors tout entier à entretenir la combustion.

Par cette suite de perfectionnements, Meunier fut donc amené, en définitive, à disposer autour de la mèche des lampes à huile, un tuyau métallique, destiné à activer la combustion. Ce moyen ne s'appliquait qu'à la combustion, considérée comme moyen de chauffage.

Tel fut le premier pas fait dans la direction qui nous occupe. Argand fit le second, en appliquant, avec un succès de beaucoup supérieur, les mêmes principes à l'éclairage.

Bien avant qu'Humphry Davy eût exécuté ses recherches sur la constitution physique et les propriétés de la flamme, Argand avait parfaitement analysé le phénomène chimique de la combustion éclairante. Il avait reconnu que la flamme n'est autre chose qu'un gaz, dont la température est élevée au point de rendre ce gaz lumineux. Il avait constaté ce fait capital, que, dans un gaz enflammé, les parties extérieures seules, c'est-à-dire celles qui se trouvent en contact immédiat avec l'air, servent à la combustion; et que les parties qui forment l'axe intérieur du cône lumineux, passent sans éprouver l'action de l'oxygène atmosphérique. C'est sur ce dernier fait qu'Argand fit reposer la disposition, qui constitue la première partie de son ingénieuse invention. Au lieu d'employer, pour ses lampes, les grosses mèches de coton anciennement en usage, et qui ne présentaient à l'air qu'une surface insuffisante pour l'entière combustion de l'huile, il fit usage de mèches plates, qu'il enroula de manière à en former un large canal, destiné à donner accès à l'air. Ainsi il réalisait ces deux conditions, de mettre en contact avec l'air la surface presque tout entière de la flamme, et de diminuer assez l'épaisseur de cette dernière pour qu'aucune de ses parties ne pût échapper à l'action de l'oxygène atmosphérique.

La seconde idée qui présida à la construction des lampes d'Argand, consista dans l'emploi d'une cheminée, destinée à provoquer, dans l'espace occupé par la flamme, un courant d'air considérable.

Les premières lampes construites par Argand, portaient une cheminée de métal, comme celle dont Meunier avait fait usage pour chauffer sa chaudière. Cette cheminée était placée à une certaine distance au-dessus de la flamme, pour ne pas trop nuire à la lumière. Mais dès qu'il fut parvenu à faire construire des cheminées de verre, qui n'éclatassent point par l'impression de la chaleur, il se hâta de les substituer au cylindre métallique.

C'est à Montpellier qu'Argand fit construire ses premières lampes. En 1780, il en avait placé un premier modèle dans une de ses distilleries de Valignac, sur les terres de M. de Joubert, trésorier des États du Languedoc. M. de Saint-Priest, intendant de la province, avait suivi et encouragé les essais de l'inventeur. En 1782, M. de Saint-Priest présenta la lampe d'Argand aux États du Languedoc. Bien que fort imparfaite encore, puisqu'elle n'était munie que d'une cheminée métallique, elle fut admirée par tous les membres des États.

Ayant réussi à faire construire des cheminées de verre qui ne se brisaient point par la chaleur de la flamme, Argand apporta le dernier sceau à sa découverte, et réalisa la véritable *lampe à double courant d'air et à cheminée de verre*, c'est-à-dire la plus grande découverte qui ait été faite dans aucun temps parmi les moyens d'éclairage, et qui révolutionna toute cette branche de l'industrie.

Sa découverte étant ainsi complète, Argand songea à revenir à Paris, pour lui donner l'extension qu'elle méritait, et en retirer les profits qu'il avait le droit d'en attendre.

Les frères Montgolfier venaient d'exécuter, à Annonay, la célèbre expérience de l'ascension du premier ballon à feu, et l'Académie des sciences s'était empressée d'appeler à Paris les auteurs de cette découverte remarquable. Lié d'amitié avec les frères Montgolfier, Argand se décida à partir avec eux pour la capitale.

Dès leur arrivée à Paris, les frères Montgolfier allèrent s'établir au faubourg Saint-Antoine, dans les jardins de leur ami Réveillon, pour y construire leur machine aérostatique. C'est là que furent préparées, ainsi que nous l'avons dit dans la Notice sur les *aérostats* qui fait partie du deuxième volume de cet ouvrage, les expériences qui devaient fournir à la curiosité des Parisiens un aliment inépuisable. Prenant part à leurs travaux, en contact chaque jour avec les savants et les principaux industriels de la capitale, Argand trouvait là réunies toutes les conditions qu'il était venu chercher à Paris. C'est ainsi qu'il se lia avec Faujas de Saint-Fond, qui, dans le second volume de son ouvrage, intitulé *Expériences aérostatiques*, a pris soin de constater la date de sa découverte.

C'est encore grâce aux deux frères Montgolfier, que le physicien de Genève fut mis en relation avec Cadet de Vaux et Lesage, de l'Académie des sciences. Argand communiqua à ces deux physiciens la découverte fondamentale qu'il avait faite, d'une lampe « éclairant à elle seule comme dix ou douze bougies réunies. » Ainsi que nous l'avons dit au début de ce chapitre, Lesage et Cadet de Vaux s'empressèrent de le présenter au lieutenant de police, Lenoir, comme l'inventeur d'un système qui devait apporter une révolution complète dans les procédés d'éclairage.

Dans l'audience qui fut accordée par le lieutenant de police à nos trois physiciens, le nouvel appareil d'Argand fut exhibé. On alluma la lampe dans le cabinet de ce magistrat ; on la plaça à différentes hauteurs, et l'on n'eut pas de peine à constater son grand pouvoir éclairant.

Lenoir fut tellement satisfait de ces résultats, qu'il désira appliquer aussitôt à l'éclairage des rues les lampes du physicien de Genève. Mais Argand, qui n'était parvenu à réaliser son invention que par de longues et pénibles recherches, désirait, avant de la livrer au public, s'assurer la juste récompense de ses travaux. Il ne voulut donc pas permettre un examen trop attentif de sa lampe, désirant, avant d'en dévoiler entièrement le mécanisme, faire ses conditions avec le ministre.

Lenoir trouva cette prétention d'Argand exagérée ; et, sur le refus de ce dernier de faire connaître sans réserve le mécanisme de sa lampe, il rompit toute négociation ; ce qui était de sa part une injustice et une faute.

N'ayant pu réussir à s'entendre avec le lieutenant de police de Paris, Argand se rendit en Angleterre. Il y fut mieux accueilli, car une *patente*, qui porte la date de 1783, lui fut accordée, avec l'autorisation d'exploiter à son profit ses appareils d'éclairage.

Ayant obtenu ce privilége pour l'Angleterre, Argand revint à Paris.

CHAPITRE III

QUINQUET DISPUTE A ARGAND LA DÉCOUVERTE DES LAMPES A DOUBLE COURANT D'AIR. — LANGE ET QUINQUET. — INFORTUNES D'ARGAND. — SA MORT.

En persistant, comme il le faisait, à ne dévoiler qu'à demi le mécanisme de sa lampe, en continuant à faire mystère de son invention, Argand s'exposait à un danger qu'il eût aisément conjuré avec un peu plus d'habileté ou de prudence. La cupidité éleva sur sa route des écueils qu'il ne sut point discerner et dont il fut la victime [1].

[1] Les documents sur l'histoire de l'invention des lampes à courant d'air, et sur les discussions entre Argand, Lange

Il y avait à cette époque, dans le corps honorable et savant des pharmaciens de Paris, un homme, distingué sans doute par ses connaissances, mais que l'amour de la renommée et du bruit avait quelquefois écarté des routes ordinaires. C'était Quinquet, dont l'officine était établie dans le quartier des halles, rue du Marché-aux-Poirées, vis-à-vis la rue de la Cossonnerie, et qui faisait alors beaucoup de bruit avec ses pilules de *crème de tartre dissoluble*. Quinquet comprit toute l'importance de la découverte du savant genevois ; il voulut à tout prix en faire jouir sans retard, et le public, et lui-même par occasion. Il se mit donc à fréquenter la maison de Réveillon, où Argand s'était logé avec son ami Montgolfier. Il entoura de ses obsessions le physicien de Genève, et essaya, par tous les moyens, d'obtenir de lui des renseignements précis sur le mécanisme de sa lampe.

Argand demeura impénétrable.

Pour rester historien impartial dans un débat qui a beaucoup ému, à cette époque, les oisifs et les savants, nous rapporterons les termes mêmes dans lesquels Quinquet a expliqué et essayé de justifier sa conduite. Il s'exprimait ainsi, dans une lettre adressée, le 20 janvier 1785, au *Journal de Paris* :

« Quand M. Argand vint à Paris avec M. de Montgolfier, il me dit qu'il avait imaginé une lampe économique qui produisait la plus belle lumière. Je l'interrogeai sur le mécanisme de cette lampe. Il me répondit qu'il était sur le point de traiter de sa découverte avec le Gouvernement ; que dans le cas où cet arrangement n'aurait pas lieu, il porterait sa découverte en Angleterre, et que, dans cette position, son intérêt le forçait au silence.

et Quinquet, sont rares et très-peu connus. Nous avons mis à profit pour cette partie de notre notice :

1° La biographie d'Argand, par M. Heyer, déjà citée ;

2° Une brochure intitulée : *Découverte des lampes à courant d'air et à cylindre par Argand*, Genève, in-8, 1785, mémoire composé, non par Argand, comme pourrait le faire croire le titre, mais par Paul Abeille, qui fut inspecteur des manufactures en France. Nous n'avons pas eu entre les mains cette brochure, qui est excessivement rare, mais nous en avons fait prendre une copie manuscrite, grâce à l'obligeance d'un de nos amis de Genève ;

3° La collection du *Journal de Paris*.

« Piqué, je l'avoue, de tant de réserve envers moi, je lui répondis que jusqu'alors j'avais respecté ses motifs, mais que s'il portait sa découverte à l'étranger, je me croirais libre de faire des recherches sur le même objet ; que j'y travaillerais d'autant plus volontiers qu'il m'assurait que son procédé tenait à des principes de physique, et que, comme les problèmes de physique se résolvaient par des lois connues, je croyais pouvoir lui garantir qu'à son retour de Londres, il me trouverait mieux éclairé.

« — Vaine tentative, me dit-il, mon moyen est trop simple pour que vous puissiez jamais le trouver.

« M. Argand m'avait prié de lui procurer la connaissance de M. Lange, marchand épicier, parce qu'il espérait, par son moyen, vendre son secret au corps des épiciers. Cette proposition, et le mystère qui l'accompagna, émurent aussi la curiosité de M. Lange, qui se proposa de travailler sur cet objet. Nous nous communiquâmes nos idées. Nos travaux et nos recherches se firent en commun. »

Il est impossible de prêter la moindre créance à l'explication donnée ici par Quinquet, pour couvrir le plagiat qu'il exerça contre l'inventeur des lampes à cylindre de verre et à double courant d'air. Argand avait montré ses appareils à un assez grand nombre de personnes, pour qu'il ne fût pas difficile, avec un peu d'intelligence et de soin, d'en construire de semblables.

Pour bien éclaircir ce point fondamental de l'histoire de l'invention des *lampes à courant d'air et à cheminée de verre*, nous rapporterons les quelques pages qui terminent le mémoire de Paul Abeille, intitulé *Découverte des lampes à courant d'air et à cylindre*, publié à Genève en 1785, et qui nous a fourni une partie des renseignements contenus dans les pages qui précèdent.

« Avant le départ de M. Argand pour Londres, et par conséquent dès le mois d'octobre 1783, écrit M. Paul Abeille, M. de Joubert, lié avec M. Lesage, proposa à ce dernier de recommander à M. Lenoir, conseiller d'État, alors lieutenant général de police, la lampe dont il s'agit, et son inventeur M. Lesage s'y prêta de très-bonne grâce ; et ce magistrat, qui avait connu M. Argand à l'occasion des expériences aérostatiques faites à Versailles et à Paris, l'accueillit avec sa bonté et son affabilité ordinaires. M. Argand lui présenta sa lampe. La vivacité de la lumière qu'elle répandit dans une chambre où elle fut placée à différentes hauteurs, et dans différents points de vue, pour mieux juger de son effet, devint à la fois un objet de satisfaction et d'étonnement pour M. Lenoir. Rapportant tout à l'utilité publique, il fit appeler le sieur Saugrain, chargé de l'entreprise de l'illumination de la ville de Paris.

« Comme un coup d'œil sur cette lampe eût suffi pour découvrir le secret de M. Argand, M. Saugrain jugea de l'effet, mais sans entrer dans la pièce où la lampe était en expérience, et, quoique ce ne fût,

Fig. 8. — Argand de Genève.

pour ainsi dire, qu'un modèle grossièrement exécuté par un ferblantier de Montpellier, cet entrepreneur fut aussi surpris de la grande clarté qu'elle répandait que si elle ne lui eût pas été annoncée.

« M. Argand insista à plusieurs reprises sur la défectuosité de cette lampe, quant à la fabrication ; il dit que, se proposant d'aller voir l'Angleterre, il profiterait de son séjour à Londres pour y faire construire, par de bons ouvriers, non-seulement des lampes, mais, ce qui n'était pas moins essentiel, les outils propres à mettre un ouvrier ordinaire en état de les exécuter. M. Lenoir, désirant que cette découverte fût portée à toute sa perfection, le fortifia dans le dessein de faire ce voyage, et l'exhorta à le faire promptement.

« Quelque temps après son départ, MM. Quinquet et Lange présentèrent une lampe à ce magistrat, qui, malgré quelque différence dans les formes, leur dit sur-le-champ que c'était, quant au fond, la lampe de M. Argand.

« La justesse de ce coup d'œil et de ce jugement

détermina MM. Quinquet et Lange à déclarer, comme un hommage qu'ils rendaient avec plaisir à la vérité, qu'en effet ils devaient la connaissance du principe physique de leur lampe au rapprochement de diverses phrases qu'ils avaient obtenues de M. Argand, en lui faisant des questions ; qu'ayant appris ensuite qu'il avait commandé des tubes ou cylindres de verre, ils avaient suivi cette trace, et qu'en combinant ce qu'ils purent recueillir à l'égard de ces cylindres avec ce que leur avait dit M. Argand, ils croyaient pouvoir se flatter d'être parvenus à faire des lampes pareilles à celles que ce physicien avait inventées.

« M. Lenoir avertit alors MM. Quinquet et Lange qu'il remarquait une différence considérable entre le modèle et la copie, en ce que la lampe de M. Argand pouvait s'éteindre à volonté et sur-le-champ, au lieu que la leur ne s'éteignait que par degrés, et donnait de la fumée pendant la durée de l'extinction.

« Cependant M. Lenoir, toujours impatient de faire jouir les habitants de la capitale de ce qui peut leur être utile, fit essayer dans la rue des Capucines une lampe que MM. Quinquet et Lange firent faire exprès. Il tombait alors beaucoup de neige : cette circonstance influa sur la diminution de son effet ; mais les réverbères qui éclairaient la même rue partagèrent cette influence ; et il fut constaté qu'ils répandaient autant de lumière que la lampe fournie par MM. Lange et Quinquet.

« M. Lenoir, de qui l'on tient ces faits, a permis de le nommer et de les rendre publics.

« Voilà des faits *articulés positivement*. MM. Quinquet et Lange n'auront pas besoin, sans doute, qu'on les aide à en tirer les justes conséquences. On cesse de tâtonner dans les ténèbres lorsque la vérité se manifeste dans tout son éclat.

« Que reste-t-il donc de clair et de constant à travers les petits nuages, les petites adresses, les petites subtilités, les petites restrictions mentales qui composent l'arsenal d'attaque et de défense de MM. Quinquet et Lange ? Il reste que, dès 1780, M. Argand fit la découverte de sa lampe et en fit usage pour sa propre utilité dans le plus grand établissement de distillation qui ait jamais existé en France, et qu'il venait d'établir en Languedoc ;

« Qu'il fit une addition à ce modèle fondamental en 1782, pendant la tenue des États, lequel attira l'attention des personnes distinguées qui se rassemblent alors à Montpellier ;

« Qu'au mois de janvier 1783, M. de Joubert fit construire, par un ferblantier de Paris, une lampe semblable à celle qu'il avait si souvent vue en Languedoc, et que, dans la même année, il la présenta à deux ministres ;

« Que ce fut aussi en 1783, que messieurs les intendants du commerce la firent examiner par M. Macquer, de l'Académie des sciences ;

« Que M. Argand, prêt à faire en Angleterre un

voyage qu'il méditait depuis longtemps, le suspendit pour seconder M. Montgolfier dans les expériences aérostatiques qu'il fit pendant les mois de septembre et d'octobre de la même année;

« Que ce fut dans le même temps et à la même occasion, que MM. Quinquet et Lange, invités à partager les fatigues de ces expériences, employèrent toute l'adresse, toute la persévérance imaginables pour parvenir à dérober à M. Argand un secret et un mécanisme qui n'étaient pas pour eux un simple objet de curiosité ;

« Que M. Faujas, M. Montgolfier, M. Réveillon, et beaucoup de personnes qu'attirait l'étonnant spectacle de l'aérostat, ont été témoins de l'infatigable opiniâtreté de MM. Quinquet et Lange dans leurs questions sur les lampes de M. Argand ;

« Que ce fut à cette époque que l'inventeur s'expliqua sur cette découverte avec M. Assier Perricat, le pria de lui faire des tubes ou cylindres de verre, et lui annonça qu'il lui en faudrait un très-grand nombre ;

« Que M. Meunier de l'Académie des sciences et M. Argand se firent alors la mutuelle confidence de l'idée nouvelle d'adapter une cheminée à des lampes pour augmenter l'activité du feu ;

« Que M. le marquis de Cabières, admirant le prodigieux effet d'une lampe encore incomplète, reconnut que l'inventeur avait pourvu à tout, lorsque M. Argand lui eut expliqué la forme et les effets de la cheminée, ou cylindre de verre antérieurement commandé à M. Assier Perricat ;

« Qu'avant d'aller à Londres pour y faire exécuter avec précision une lampe complète, M. Argand présenta celle qu'il avait fait faire par un ferblantier de Montpellier à M. Lenoir ; et que ce magistrat, en ayant vu l'effet, appela M. Saugrain, entrepreneur de l'illumination de Paris, pour être témoin de la grande lumière qu'elle répandait ;

« Que, dans le mois de janvier 1784, la cheminée ou cylindre de cristal fut adaptée, dans les ateliers de MM. Huster père et fils, à la lampe de M. Argand; qu'elle fut vue et applaudie par des personnes savantes, par plusieurs membres de la Société royale, et notamment par M. Tibérius Cavallo, qu'il suffit de nommer ;

« Que le comte de Milly, de l'Académie des sciences, s'occupant vers la fin de 1783 de recherches sur les moyens les plus faciles de soutenir les aérostats, apprit de M. Faujas la découverte de M. Argand, en fit honneur au dernier dans un mémoire lu à l'Académie le 21 janvier 1784, et prévint qu'il ne citait l'auteur de cette *ingénieuse* lampe, que pour lui conserver le mérite de la *découverte contre des personnes* qui ont voulu le copier et tâchent de la disputer ;

« Que c'est postérieurement à tant de faits que MM. Quinquet et Lange ont présenté leur informe et défectueuse copie à M. Lenoir ;

« Que M. Lenoir leur dit sur-le-champ : *C'est la lampe de M. Argand* ; qu'ils se dénoncèrent eux-mêmes à ce magistrat, en avouant qu'ils tenaient de ce physicien le principe de cette lampe, et qu'ils en devaient l'exécution aux perquisitions qu'ils avaient faites au sujet de tubes ou cylindres de verre qu'il avait commandés.

« Des dates, des faits de l'espèce de ceux-ci, sont plus que surabondamment constatés par un si grand nombre de témoins. Et quels témoins !

« Le Gouvernement n'a pas dédaigné d'entrer dans ces détails. C'est après s'être assuré de la vérité, qu'il leur a donné l'authenticité la plus respectable par un arrêt du Conseil, et des lettres patentes ; et M. le garde des sceaux a bien voulu donner son agrément à la grâce distinguée de l'enregistrement, *même en temps de vacation*.

« Un succès si imposant, si complet, doit effacer jusqu'aux plus légères traces des contradictions blessantes qu'a éprouvées M. Argand. Son unique vœu doit être aujourd'hui de justifier, par des travaux utiles, les grâces que daigne lui accorder le plus juste des souverains, et l'appui d'un ministre aussi sage qu'éclairé (1). »

Il est donc parfaitement démontré que Quinquet s'était borné à imiter la lampe d'Argand, d'après les renseignements qu'il avait pu recueillir, tant auprès de l'inventeur qu'auprès des personnes au courant de ses travaux.

Le *bec d'Argand*, tel qu'il fut découvert et perfectionné par lui, est formé de deux tuyaux concentriques A, B (*fig.* 9). L'intervalle qui sépare ces deux cylindres est fermé inférieurement, et communique par un tuyau C, avec le réservoir d'huile, dont le niveau doit être à peu près à la même hauteur que les bords supérieurs des cylindres. Dans l'espace qui sépare ces deux cylindres se place une mèche, formée d'un tissu lâche, en coton. La circonférence inférieure de cette mèche, D, est fixée dans un anneau de métal I, attaché à une tige EF, tige qui s'élève à une hauteur plus grande que celle du bec, descend, et se termine par un crochet. Cette tige, qui se place dans la coulisse G, est destinée à faire monter ou descendre la mèche.

Un cylindre de verre H (*fig.* 10), dont le

(1) *Découverte de la lampe à double courant d'air et à cylindre*, par Paul Abeille.

diamètre est plus grand que celui de l'enveloppe extérieure de la mèche, est soutenu par

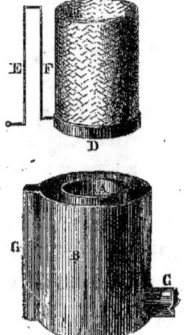

Fig. 9. — Bec d'Argand.

le cylindre K, qui est fixé au bec. Le tube de verre et son support doivent être disposés verticalement et de manière à ce que leurs axes soient les mêmes que celui du cylindre métallique intérieur. Dans la figure 10, la tige recourbée, EF, qui sert à faire mouvoir la mèche, comme on l'a représenté sur la figure 9,

Fig. 10. — Verre du bec d'Argand.

est supposée derrière, et par conséquent n'est point visible.

Voici les résultats de cette disposition. La flamme, grâce à sa forme circulaire, n'a qu'une très-faible épaisseur, et ses deux surfaces, intérieure et extérieure, reçoivent chacune un courant d'air : de là le nom, bien justifié, de *lampe à double courant d'air*. Les différentes parties de la flamme, en rayonnant mutuellement, s'échauffent les unes les autres. Enfin la cheminée de verre, étant prolongée au delà de la flamme, augmente la rapidité des deux courants d'air.

Toutes ces circonstances sont extrêmement favorables à la combustion, et provoquent un grand développement de lumière. Aussi la lampe d'Argand produisait-elle beaucoup plus de lumière, et une lumière beaucoup plus blanche, que tous les appareils qui avaient été employés jusque-là.

Les premières cheminées essayées par Argand, avons-nous dit, étaient en tôle ; elles se plaçaient au-dessus de la flamme, où elles étaient maintenues par un collier soutenu en l'air au moyen d'une tige. La lampe qui est connue dans les laboratoires, sous le nom de *lampe d'Argand*, qui sert à chauffer énergiquement les creusets de platine, et à effectuer toutes les calcinations, donnera aux chimistes l'idée parfaite du modèle primitif de la lampe d'Argand, car elle n'est autre chose que ce premier modèle.

Argand substitua des cheminées de verre à celles de tôle, dès qu'il fut parvenu à faire exécuter dans les verreries, des cheminées de verre qui ne volassent pas en éclats dès la première impression de la chaleur. Il fallut un certain temps pour que les verreries réussissent à fabriquer ces cheminées cylindriques, car à cette époque, l'art de travailler le verre était fort peu avancé ; cette industrie n'a fait des progrès sérieux que dans notre siècle.

Quoi qu'il en soit, les cheminées de verre qui furent substituées à celles de tôle, par Argand, étaient droites et d'un diamètre égal dans toute leur longueur comme le représente la figure 10. Lange et Quinquet eurent l'idée de rétrécir le diamètre de la cheminée de verre, immédiatement au-dessus de la portion occupée par la mèche. On dirigeait ainsi sur la flamme une plus grande quantité d'air, parce qu'on l'obligeait à se réfléchir sur la partie coudée du tube ; et l'air ainsi réfléchi, se trouvant déjà échauffé, cette circonstance ajoutait encore aux avantages de la combustion.

La figure 11 représente le verre de la

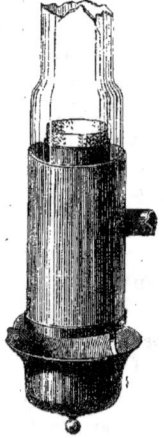

Fig. 11. — Bec d'Argand muni d'un verre coudé.

lampe imaginée par Lange et Quinquet, en 1784. Cette modification est, d'ailleurs, la seule que l'on ait apportée à la lampe d'Argand, depuis qu'elle est sortie des mains de l'inventeur.

Ce perfectionnement parut à Quinquet et à Lange, suffisant pour constituer une invention nouvelle, et tout aussitôt, les deux associés se mirent à répandre dans le public l'annonce de la découverte des lampes à courant d'air, en s'en attribuant tout l'honneur, et en évitant de prononcer jamais le nom du physicien de Genève. L'absence de ce dernier, alors retenu en Angleterre, assurait le succès de leurs manœuvres.

Dans son premier volume de 1785, la *Bi-* *bliothèque physico-économique* annonçait à ses lecteurs les nouveaux appareils d'éclairage, dans un article intitulé : *Description de la lampe physico-pneumatique à cylindre, inventée par M. Lange, distillateur du Roi.* Après avoir passé en revue les procédés d'éclairage usités chez les anciens peuples; après avoir parlé de Salomon, des Égyptiens, des Grecs et des Romains, rappelé les lampes de Cicéron, Plutarque, Pythéas et Démosthènes ; signalé, à une époque moins reculée, la lampe de Calliodore, perfectionnée par Cardan et par Boyle, l'auteur de l'article ajoutait :

« Cependant il s'en faut bien que ces dernières ressemblassent à celles dont nous donnons la description. C'est aux veilles de M. Lange que nous sommes redevables des précieux avantages qui résultent de ces lampes. Sans moyens empruntés, elles donnent une lumière qui équivaut à celle de sept ou huit bougies. Il faut joindre à cela le très-grand mérite de ne laisser échapper aucune fumée ni odeur. On doit savoir gré à ce physicien de la bonne foi avec laquelle il présente ses idées sur cette matière. »

Lange et Quinquet présentaient avec *bonne foi* leurs appareils, en ce sens qu'ils n'avaient point demandé au Gouvernement de privilége pour la vente de ces lampes. La demande d'un privilége en leur faveur aurait rencontré, en effet, des difficultés sérieuses : le témoignage unanime du public aurait constaté que l'invention appartenait à un autre. La même bonne foi n'avait pas présidé à la manière dont Lange et Quinquet s'étaient approprié les idées de l'inventeur.

Les deux associés s'étaient empressés de créer un atelier pour la construction de nouvelles lampes. L'article du journal que nous venons de citer, renfermait cette note significative :

« M. Lange se chargera avec plaisir de faire construire ces lampes pour les personnes qui les lui demanderont, ayant soin d'affranchir la lettre d'avis. Ces lampes sont généralement en usage à Paris dans les palais des grands, chez les marchands et artistes, aux spectacles, etc. »

En gens habiles et qui pensaient à tout,

Lange et Quinquet s'étaient pourvus, auprès des corps savants, de témoignages à leur appui. Au mois d'avril 1784, ils avaient lu, sur leur prétendue découverte, un mémoire à l'Académie des sciences. En février 1785, ils avaient présenté à la même compagnie, leurs appareils perfectionnés; et le 6 septembre de la même année, une approbation signée de Brisson, Leroy et de Fouchy, constatait le suffrage de ces savants, qui concluaient, mais à grand tort, que l'invention de Quinquet consistait dans l'adjonction, au bec d'Argand, d'une cheminée de verre.

Comme nous l'avons déjà dit, la cheminée de verre était l'invention propre du physicien de Genève. Il n'est pas raisonnable d'admettre que l'inventeur, voulant ajouter à la puissance éclairante d'une flamme, eût voulu la cacher derrière un écran opaque, c'est-à-dire mettre littéralement la lumière sous le boisseau. Cette disposition n'était bonne que pour le chauffage; elle a été conservée dans la *lampe d'Argand des laboratoires*, improprement nommée quelquefois *lampe de Berzélius;* mais il est absurde, nous le répétons, de supposer qu'Argand se fût arrêté un seul instant à la pensée de conserver ce tube opaque, quand il s'agissait d'éclairage.

Informé du plagiat effronté de Lange et de Quinquet, Argand se hâta de quitter Londres, pour venir réclamer ses droits si ouvertement méconnus. Un arrêt du conseil d'État, du 30 août 1785, enregistré le 18 octobre suivant au parlement de Bourgogne, le reconnut seul inventeur, et lui accorda un privilége exclusif de quinze années, pour fabriquer et vendre les lampes à cheminée de verre sous le nom de *lampes d'Argand*. Il entreprit alors d'attaquer ses adversaires en justice. Mais Lange et Quinquet, parfaitement appuyés, étaient peu disposés à se relâcher de leurs prétentions. Après des différends prolongés, Argand, fatigué des lenteurs des voies judiciaires, consentit à partager avec ses audacieux compétiteurs, les bénéfices de son invention. *Sic vos non vobis*. Le 5 janvier 1787, Argand et Lange, désormais associés, obtinrent des lettres patentes données sur arrêt, et portant en leur faveur, *permission exclusive de fabriquer et vendre, dans tout le royaume, des lampes de leur invention pendant quinze ans*.

Lange et Quinquet établirent à Paris des ateliers pour la fabrication des nouvelles lampes : Lange dirigeait le travail, Quinquet fournissait les fonds de l'entreprise. Argand alla se fixer à Versoix, près de Genève. Il y créa un établissement qui, pendant plusieurs années, répandit ses produits en Suisse et dans le midi de la France.

Les lampes construites par Argand à Versoix, et par Lange à Paris, étaient assez semblables à celles que l'on désigne encore sous le nom de *lampe de bureau* ou *lampe à tringle*. Le bec offrait la disposition ordinaire des becs d'Argand, le réservoir d'huile était supérieur au bec. Le réservoir consistait en un vase métallique fermé par une petite soupape de fer-blanc, et renversé dans un autre vase plein d'huile. Par une application du principe mis en usage dans l'appareil de physique connu sous le nom de *vase de Mariotte*, à mesure que la combustion faisait baisser le niveau de l'huile dans le bec, une bulle d'air, s'introduisant dans le réservoir, faisait descendre une nouvelle quantité d'huile, et l'orifice de l'entrée de l'air se trouvant ainsi obturé par le liquide, l'écoulement de l'huile s'arrêtait jusqu'à ce que la combustion dans la mèche eût de nouveau découvert l'orifice et laissé entrer une nouvelle bulle d'air. Nous donnerons plus loin l'explication complète et les figures de ce mécanisme, qui n'avait rien de commun avec le *bec d'Argand*, et qui ne servait qu'à alimenter régulièrement d'huile la mèche de la lampe.

Les lampes d'Argand avaient de si nombreux avantages, elles étaient tellement supérieures à tout ce que l'industrie avait produit jusque-là, dans ce genre d'appareils, qu'elles devinrent bientôt en France et en Angleterre, d'un usage universel. Aussi les fabricants de Paris et de Londres firent-ils tous leurs efforts pour obtenir l'annulation du privilége d'Argand. En 1789, les ferblantiers de Paris attaquèrent judiciairement le brevet accordé à Lange et Argand ; de même qu'en 1786, les fabricants de cristal, à Londres, avaient cité Argand, dans la même intention, devant le banc du roi. Les ferblantiers de Paris publièrent, contre l'inventeur, un Mémoire dans lequel l'injure occupait la place laissée vide par le raisonnement. On prétendait pouvoir contester la découverte aux détenteurs du brevet, parce que Quinquet et Argand s'en étaient disputé le mérite. « Peut-on répondre sérieusement, répliqua le physicien de Genève, à un raisonnement pareil ? On ne l'a pas imaginé lorsque Newton et Leibnitz se disputaient l'invention du calcul différentiel. »

Les prétentions de ses adversaires, les ferblantiers, furent enfin écartées.

Mais Argand ne devait pas jouir longtemps du fruit tardif de ses efforts. La révolution de 1789 étant survenue, tous les priviléges précédemment accordés à l'industrie, furent annulés, et la fabrication des lampes à double courant d'air et à cheminée de verre, tomba dans le domaine public.

Après ce coup funeste, Argand se retira en Angleterre ; mais tous les efforts qu'il tenta demeurèrent impuissants, et le chagrin altéra bientôt sa santé. Il n'avait pas rencontré dans le mariage une âme sympathique, nous dit M. Heyer, son biographe (1). De cette union, peu assortie par les caractères, il n'était issu qu'un enfant, qui, né en 1794, était mort, quatre ou cinq ans plus tard, par accident, dans la fabrique de son père.

Argand rentra à Genève, pauvre et découragé. Pour dissiper les atteintes d'une mélancolie sombre qui assiégeait son esprit, il essaya de revenir aux sciences physiques, dont l'étude avait occupé et charmé sa jeunesse. Mais sa raison résistait mal aux souvenirs des revers pénibles qui avaient arrêté sa carrière. Devenu visionnaire, il se perdit dans les sciences occultes. On raconte qu'il s'introduisait, la nuit, dans le cimetière de Genève, pour y ramasser des ossements et recueillir la poudre des tombeaux ; il les soumettait ensuite à des expériences chimiques, voulant chercher dans ces tristes débris de la mort la clef des mystères de la vie.

Ami Argand mourut à Genève, le 14 octobre 1803, âgé de 53 ans à peine, dans un état voisin de la misère, laissant un exemple nouveau des malheureuses destinées de la plupart des grands inventeurs, qui semblent devoir acheter au prix de leur propre bonheur, les avantages et les bienfaits qu'ils lèguent à l'humanité.

Citons comme dernier trait, et comme l'atteinte la plus douloureuse portée à la mémoire d'Argand, que cette consolation lui fut refusée de laisser son nom attaché au souvenir de son œuvre. Lange et Quinquet fabriquaient ses lampes à Paris ; on les désigna sous le nom de lampes *à la Quinquet*, et plus tard, sous le simple nom de *quinquet*. Ainsi le nom de l'inventeur s'effaça peu à peu de la mémoire du public.

Les savants se sont montrés un peu moins oublieux. On désigne dans les laboratoires, sous le nom de *lampe d'Argand*, la lampe à alcool à double courant d'air, munie d'une cheminée métallique, qui sert à produire de hautes températures. Seulement, tel est l'empire de l'usage, que le même savant qui aura, le matin, dans son laboratoire, demandé sa *lampe d'Argand*, donnera le soir, dans son antichambre, l'ordre d'allumer le *quinquet*. Ce qui prouve que le langage ne varie pas seulement selon les classes de la société, mais selon les circonstances dans lesquelles les mêmes personnes se trouvent placées.

Cependant, au temps même d'Argand,

(1) *Ami Argand*, p. 48.

la poésie, qui écoute aux portes des ateliers, aussi bien qu'à celles des ruelles et des salons, avait pris soin de conserver à la postérité les droits méconnus du physicien de Genève. Le quatrain suivant a été composé à cette époque :

Voyez-vous cette lampe où, muni d'un cristal,
Brille un cercle de feu qu'anime l'air vital ?
Tranquille avec éclat, ardente sans fumée,
Argand la mit au jour et Quinquet l'a nommée.

CHAPITRE IV

PERFECTIONNEMENTS APPORTÉS A LA LAMPE D'ARGAND. — LA CRÉMAILLÈRE. — LE PORTE-MÈCHE. — NOUVELLE DISPOSITION DES LAMPES A BEC D'ARGAND. — LA LAMPE SINOMBRE. — LA LAMPE ASTRALE.

Suivons maintenant la série d'inventions qui ont marqué les progrès de l'art de l'éclairage, depuis la découverte d'Argand.

Le système employé dans les lampes d'Argand, pour manœuvrer la mèche, péchait par trop de simplicité. Il consistait seulement en une tige recourbée attachée à un anneau métallique, autour duquel la base de la mèche était fixée ; cette tige, enfoncée dans le bec, se repliait horizontalement au dehors, de manière à venir former un manche que l'on saisissait avec la main pour élever et faire descendre la mèche. C'est ce que l'on a vu dans la figure 9 (page 23). Cette disposition avait l'inconvénient de produire un mouvement brusque, et dès lors de ne pas lutter avec avantage contre le frottement ; en outre elle ne s'harmonisait pas commodément avec le placement du verre. On a imaginé un nombre considérable de procédés pour remplacer ce système mécanique. Le mode le plus avantageux, celui qui est resté dans la pratique, consiste à lier la tige de traction à une autre tige dentée : on fait mouvoir cette dernière au moyen d'une roue dentée. Un bouton, extérieur au bec, est fixé sur l'axe de cette roue et sert à la manœuvrer.

La figure 12 montre cette disposition, aujourd'hui bien connue.

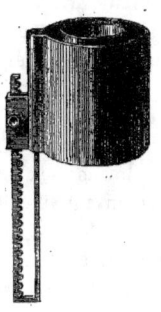

Fig. 12. — Crémaillère des lampes d'Argand.

La manière la plus ingénieuse de fixer la mèche a été imaginée par un lampiste de Paris, M. Gagneau. Deux ou trois petites lames métalliques, faisant fonction de ressort, sont fixées, par leur extrémité inférieure, au porte-mèche. Leur extrémité supérieure est libre, et forme une portion de cercle dentée qui se tient naturellement écartée du tube intérieur lorsque le porte-mèche se trouve hors du bec. On insère la mèche entre ces griffes et le porte-mèche ; lorsque celui-ci descend avec elle dans l'intérieur du bec, ces griffes venant à se rapprocher, saisissent la mèche, et la font descendre avec elles dans l'intérieur du bec.

L'invention d'Argand, c'est-à-dire le bec à double courant d'air et à cheminée de verre, a révolutionné l'industrie de l'éclairage par les corps gras liquides. La flamme à double courant d'air et la cheminée de verre, imaginées par Argand en 1784, ont été conservées dans toutes les lampes construites depuis cette époque. Le rétrécissement de la cheminée à peu de distance de la flamme, proposé par Quinquet, ainsi que nous l'avons dit, est le seul perfectionnement que l'on ait à signaler dans cet admirable système. Encore est-il vrai de dire que cette dernière disposition n'est pas indispensable.

Les modifications qui ont été introduites

depuis Argand jusqu'à nos jours, dans les lampes à huile, ont consisté uniquement dans la manière de faire arriver l'huile jusqu'au bec. La diversité et le grand nombre des procédés qui ont été imaginés à cet égard, se comprennent, quand on considère combien il était difficile de répondre à toutes les conditions qu'il y avait à réunir ici. Pour assurer une bonne combustion, la rendre très-régulière, en conservant un vif éclat à la lumière, il fallait : 1° que le bec fût constamment alimenté d'huile; 2° que l'huile ne débordât jamais par-dessus le bec, pour ne pas salir les objets environnants ; 3° que la lampe éclairât partout, dans un cercle complet d'illumination, sans projeter aucune ombre.

Les lampes qui ont été construites pendant notre siècle, ne répondaient pas toutes à ces conditions du problème. Nous allons successivement passer en revue les divers systèmes qui ont été employés dans ce but depuis Argand jusqu'à nos jours.

La lampe dont on faisait usage en France au temps d'Argand, était la *lampe à niveau constant*, dans laquelle l'arrivée de l'huile était assurée et maintenue à un même niveau, grâce à l'appareil connu en physique sous le nom de *vase de Mariotte*. C'est vers 1780 que Proust avait imaginé cette ingénieuse application du principe du *vase de Mariotte* à l'alimentation des lampes.

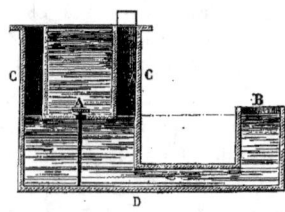

Fig. 13. — Mécanisme de la lampe à niveau constant.

La figure 13 fera comprendre cette disposition. Prenons deux vases B et C communiquant l'un avec l'autre par un tuyau commun, D. Prenons un troisième vase A, exactement plein de liquide, et qui ne puisse s'ouvrir que lorsqu'on soulèvera une petite soupape, dont il est pourvu. Cette soupape est armée d'une petite tige, qui, lorsqu'elle rencontre le fond du vase C, est soulevée en l'air, et découvre ainsi l'orifice du vase A. Les vases étant tous les deux remplis, aucun mouvement ne s'opère dans le liquide, mais si l'on vient à enlever une partie du liquide que renferme le vase B, le niveau baissera dans le vase C. Dès lors, le trou percé dans le vase intérieur A, sera découvert ; une bulle d'air s'introduira par l'orifice percé dans ce même vase A, traversera le liquide, et venant presser ce liquide à sa partie supérieure, en fera couler une partie. L'écoulement s'arrêtera lorsque le trou sera de nouveau bouché par l'élévation du liquide dans les vases B et C.

Ainsi dans cet appareil, qui n'est autre chose que le *vase de Mariotte*, le niveau du liquide se maintiendra constamment à la même hauteur dans le vase B.

Si donc, on remplit d'huile les vases A, B et C, et que l'on place le bec ou la mèche d'une lampe à l'extrémité du vase B, l'huile s'écoulera régulièrement du vase A dans le vase C, à mesure que la combustion qui s'opère dans le bec détruira une partie de ce liquide, et elle se maintiendra toujours au même niveau indiqué par la ligne pointée que l'on voit sur la figure 13.

Tel est le principe de la *lampe à niveau constant et à réservoir latéral* inventée par Proust. Nous n'avons pas besoin de dire que, pour rendre l'écoulement régulier et ne pas faire arriver trop ou trop peu d'huile, il faut placer la soupape du vase A à une hauteur exactement égale à celle du tube B, ce qui est facile en donnant à la petite tige qui supporte la soupape la même hauteur que le tube B.

C'est, avons-nous dit, le chimiste Proust qui imagina cette ingénieuse application du vase de Mariotte aux lampes à huile. Telle était, en effet, la disposition de la lampe que contenaient les réverbères, à l'époque où

Argand commença ses travaux. Nous avons déjà représenté (*fig.* 7, page 14) la lanterne pour l'éclairage des rues, avec son réflecteur et sa lampe. Nous donnons ici à part (*fig.* 14)

Fig. 14. — La lampe des réverbères.

la forme exacte de la lampe contenue dans cette lanterne.

A l'intérieur de la boîte prismatique de fer-blanc est un vase renversé plein d'huile, et muni d'une soupape à tige comme on l'a vu sur la figure 13. Un réflecteur, placé derrière la flamme de cette lampe, appliqua ce système, non aux lanternes publiques, qui ont conservé jusqu'à nos jours, leur forme traditionnelle, mais aux lampes de salon qui étaient alors en usage, c'est-à-dire aux *lampes de Proust à niveau constant*.

La figure 15 représente une de ces lampes, qui étaient en usage au temps d'Argand.

La figure 16 représente une lampe toute semblable, qui reçut et qui a conservé le nom de *quinquet*, parce que Quinquet la fabriqua le premier en quantités considérables. Comme le réservoir, dans la lampe représentée par la figure 15, projetait une ombre, Quinquet eut l'idée d'aplatir un des côtés du réservoir, et d'appliquer cette face contre le mur. L'ombre était ainsi

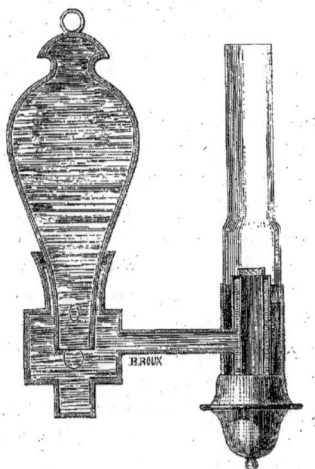

Fig. 15. — Lampe de Proust en usage à la fin du dernier siècle.

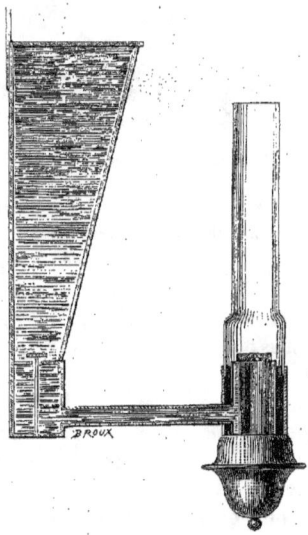

Fig. 16. — Quinquet.

disséminait la lumière dans l'espace. La mèche de cette lampe était plate et non à double courant d'air, puisque le bec d'Argand n'était pas encore inventé.

Dès que le bec d'Argand fut découvert, on évitée, et la clarté, réfléchie par les murs, se disséminait mieux dans le reste de la pièce. Mais, on le voit, dans cet appareil, auquel il donna son nom, Quinquet n'avait rien inventé. Le bec était le bec d'Argand, et le réservoir, le réservoir à niveau constant de Proust.

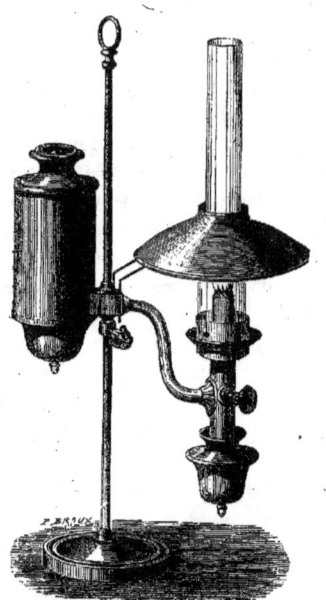

Fig. 17. — Lampe de cabinet à niveau constant.

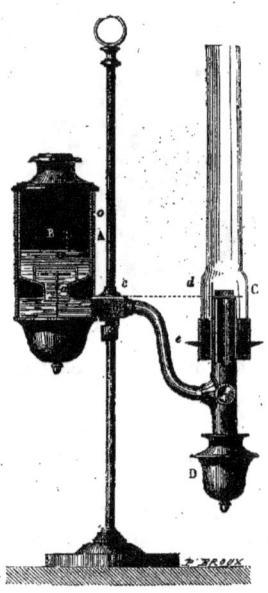

Fig. 18. — Coupe de la lampe à niveau constant.

On a construit, au commencement de notre siècle, sous le nom de *lampe de cabinet*, une *lampe à réservoir latéral et à niveau constant* qui est encore en usage et qui est fondée sur les mêmes principes. La figure 17 représente cette lampe.

Le mécanisme de l'arrivée de l'huile est toujours le même que dans la lampe de Proust. La figure 18, qui donne une coupe extérieure du réservoir et du bec, fera comprendre ce mécanisme, en rappelant les faits physiques exposés plus haut.

Dans le vase extérieur, A, se trouve contenu un second vase, B, plein d'huile, renversé et pourvu d'une soupape à tige, a. Ce vase communique par le conduit e avec le bec C. L'huile ne peut s'écouler du vase B, puisque ce vase est plein, et qu'il n'existe pas d'air pour chasser ce liquide par sa pression. Mais, à mesure que l'huile se consume dans le bec, elle diminue dans le vase B. Quand le niveau s'est abaissé suffisamment pour découvrir l'ouverture de la soupape a, l'air s'introduit à travers l'huile, et vient presser le liquide par sa partie supérieure, de manière à faire couler une certaine quantité de liquide. Afin que l'air puisse entrer librement dans le réservoir B, on a percé dans ce réservoir une petite ouverture, o. Un godet, D, reçoit la petite quantité d'huile qui descend du bec sans être brûlée.

Pour remplir d'huile cette lampe, il faut retirer du vase A le vase B, et le retourner, en plaçant la tubulure et la tige a en haut. Quand on a rempli d'huile ce vase B, on le renverse de nouveau pour le replacer comme il l'était d'abord, c'est-à-dire l'introduire dans le vase A, la tubulure et la soupape en bas.

Ce genre de lampe a l'avantage d'entretenir constamment l'huile à la même hauteur dans le bec, et de donner une lumière d'une grande régularité. Mais le réservoir se trouvant plus haut que la mèche, l'ombre de ce réservoir est projetée dans l'espace, de sorte que ces lampes n'éclairent pas circulairement. En outre, l'horizontalité de la ligne cd (*fig.* 18) n'est pas toujours assurée ; car, dans les mouvements que l'on fait pour déplacer ou transporter la lampe d'un lieu à un autre, on incline le réservoir, et le niveau de l'huile dans le bec n'est plus maintenu au même point. Dès que la lampe penche du côté du bec, l'huile arrive avec abondance de ce côté et remplit le godet; souvent elle se répand ainsi au dehors.

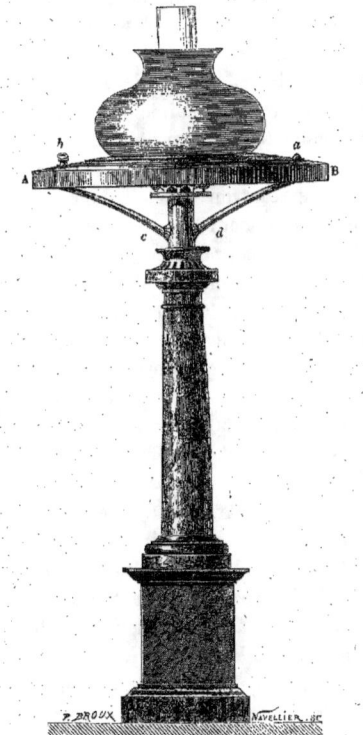

Fig. 19. — Lampe sinombre de Philips.

C'est pour éviter ces deux inconvénients qu'un lampiste, nommé Philips, imagina la lampe dite *sinombre* (du latin *sine umbrâ*). Philips disposa le réservoir circulairement autour du bec, en plaçant ce réservoir au même niveau que le bec. Le bec était ainsi placé au centre du réservoir d'huile. Ici, le vase de Mariotte était supprimé ; l'huile arrivait au bec par le seul effet physique des vases communiquants.

La figure 19 représente la *lampe sinombre*. L'huile est contenue dans le réservoir circulaire AB; deux conduits inclinés, c, d, l'amènent à la partie inférieure du bec. Une ouverture, a, est pratiquée sur le réservoir circulaire, pour faire agir la pression de l'air : un bouchon, b, ferme l'ouverture par laquelle on remplit ou on vide la lampe.

On comprend tout de suite, d'après le principe physique des *vases communiquants*, que le niveau de l'huile doit baisser continuellement, à mesure que l'huile se consume. Cependant, comme le réservoir a très-peu de hauteur, et que c'est dans le sens horizontal qu'il est surtout étendu, cet abaissement du niveau n'est bien sensible que vers la fin de la combustion de l'huile. La capillarité de la mèche élève l'huile d'une manière très-notable, et suffit pour assurer l'alimentation régulière du combustible, quand le niveau commence à baisser. Un godet adapté à la partie inférieure du bec, reçoit l'huile, qui s'écoule sans être brûlée. Ce godet est percé de trous à sa partie supérieure, pour que l'air puisse arriver au bec, et passer au milieu de la flamme.

Par cette disposition, Philips résolut très-bien la difficulté consistant à éviter l'ombre du réservoir. Les deux petits conduits c, d donnaient, à la vérité, leur ombre ; mais comme ils étaient fort étroits, l'inconvénient était peu sensible. Ces lampes étaient excellentes pour les salons et pour les tables de salle à manger.

Bordier-Marcet, qui était devenu l'associé d'Argand, dans la manufacture de Versoix, adopta cette disposition pour ses lampes. Seulement, il imagina de poser, sur le contour du réservoir circulaire, un abat-jour, ou réflecteur en verre dépoli. Il neutralisait ainsi presque entièrement l'ombre des deux petits conduits latéraux, et en même temps il concentrait la lumière sur la table à éclairer.

Fig. 20. — Lampe astrale de Bordier-Marcet.

La figure 20 représente la lampe de Bordier-Marcet, qui a joui d'une grande faveur au commencement de notre siècle, et qui fut décorée du nom de *lampe astrale*. Ce nom, qui paraît fort ambitieux aujourd'hui, n'est qu'un témoignage de l'admiration qu'excita la lampe de Bordier-Marcet à une époque où l'on n'avait pas encore appris à se montrer exigeant pour le pouvoir éclairant des divers luminaires.

CHAPITRE V

GUILLAUME CARCEL INVENTE LA LAMPE A MOUVEMENT D'HORLOGERIE. — VIE ET TRAVAUX DE CARCEL. — LA LAMPE A POMPE DU MIDI DE LA FRANCE SERT DE PRÉLUDE A L'INVENTION DE CARCEL. — DESCRIPTION DE CETTE LAMPE.

Cependant, le seul moyen qui pût permettre de parer au vice capital de la projection de l'ombre du réservoir, c'était de placer ce réservoir à la partie inférieure de la lampe, afin que la flamme éclairât à la manière d'une chandelle, c'est-à-dire circulairement et sans produire aucune ombre. Outre l'inconvénient de ne pas éclairer partout uniformément, les lampes *astrales* et les lampes *sinombres* présentaient, comme nous l'avons dit, un défaut : le niveau de l'huile ne pouvait s'y maintenir rigoureusement constant ; aussi l'intensité de la lumière décroissait-elle à mesure que l'huile s'abaissait dans le réservoir. Il était donc devenu indispensable, pour ces deux motifs, de construire des lampes dans lesquelles le réservoir, placé au-dessous du bec, pût fournir constamment à la mèche toute la quantité d'huile nécessaire à la combustion, et qui éclairassent sans projeter aucune ombre.

Guillaume Carcel, horloger de Paris, né le 11 novembre 1750, mort le 13 novembre 1812, résolut admirablement ce problème, en imaginant de placer à la partie inférieure d'une lampe à bec d'Argand, un mécanisme d'horlogerie, faisant mouvoir une petite pompe foulante, dont le piston élevait constamment jusqu'à la mèche, l'huile contenue dans le réservoir. L'huile ainsi élevée est plus abondante que celle qui est nécessaire à la combustion ; il y a donc une circulation constante d'huile autour de la mèche. Cet afflux continuel du liquide a l'avantage de refroidir le bec, et d'empêcher par conséquent l'huile de s'échauffer, comme cela arrive dans les lampes ordinaires, où l'huile, par suite du voisinage de la flamme, se trouve vaporisée sans profit pour la combustion, et répand dans l'air des vapeurs irritantes.

Dans la lampe Carcel, la mèche *brûle à blanc*, comme on dit, ce qui signifie qu'une partie de la mèche reste sans se consumer, parce qu'elle est constamment humectée d'huile fraîche. Dès lors, elle ne donne pas ces champignons fumeux, qui, absorbant à leur profit une portion de la chaleur de la flamme, diminuent la production de la lumière.

La découverte de la lampe Carcel a marqué un progrès fondamental dans l'histoire de l'éclairage par les corps gras liquides. Il sera donc nécessaire d'entrer dans quelques détails sur l'histoire de cette invention mémorable.

Dans la rue de l'Arbre-Sec, derrière l'église Saint-Germain l'Auxerrois, on voit encore une modeste boutique, qui porte pour enseigne : *Carcel inventeur*. C'est là qu'a pris naissance et que s'est développée lentement la lampe mécanique.

Dans les derniers mois de l'an de grâce et de victoire 1800, trois personnes achevaient un repas, dans l'arrière-boutique de ce même établissement. Le repas était silencieux, malgré le babil d'une jeune fille et les récriminations de la ménagère, qui ne cessait de provoquer à la conversation, son mari, Bernard-Guillaume Carcel, petit homme de cinquante ans, maigre et pâle, aux cheveux grisonnants et aux formes anguleuses.

« Enfin, Guillaume, s'écria la maîtresse du logis, il est dit que tu resteras muet ou à peu près, tout le reste de ta vie !

— Tu te trompes, femme, répondit celui-ci, je cherchais...

— Ah ! oui, tu cherchais, comme toujours, et comme toujours tu ne trouves pas. Tu ferais mieux de songer à tes montres et à tes pendules, que de te rompre la tête à ta maudite invention. »

Un long silence suivit ces paroles. Puis, tout à coup, on vit l'horloger se lever brusquement de table, et se précipiter vers son établi, situé dans le fond de l'arrière-boutique, en s'écriant, comme le mathématicien de Syracuse : « *J'ai trouvé ! j'ai trouvé !* »

Fig. 21. — Guillaume Carcel.

La ménagère haussa les épaules ; car ce n'était pas la première fois que cette exclamation retentissait à ses oreilles, et elle s'occupa de faire disparaître les traces du repas, en maugréant contre le fatal entêtement que mettait son mari à poursuivre une chimère ruineuse.

Quelques instants après, une personne entra dans la boutique, d'un air familier, et demanda le maître.

Le nouveau venu était un pharmacien du voisinage, nommé Carreau.

« Il est à l'atelier, travaillant à son invention, comme toujours, » lui répondit-on, d'un accent un peu aigrelet.

Le bruit des pas du visiteur entrant dans l'atelier, fit lever la tête au travailleur, qui s'écria :

« Ah ! c'est vous, citoyen Carreau ? Vous ne douterez plus maintenant, car j'ai enfin levé le dernier obstacle, pour l'application aux lampes du mouvement des horloges. Voyez plutôt. »

Et il présenta au pharmacien une petite pièce de cuivre, véritable miniature de pompe aspirante et foulante, qui, en effet, contenait la solution sans réplique du problème de l'éclairage par les huiles. Carreau examina longtemps ce chef-d'œuvre de l'art, le fit adapter devant lui au tuyau de la lampe, préparé à cet effet, et put se convaincre de la perfection du mécanisme.

« Bravo! s'écria-t-il enfin; il n'y a plus rien à désirer. A compter d'aujourd'hui notre association commence, et à bientôt la fortune! Vous recevrez demain les fonds nécessaires pour le commencement de la fabrication, et pour la prise du brevet qui portera nos deux noms. »

Ayant dit, le citoyen Carreau sortit de la boutique, non sans jeter sur la ménagère un regard de triomphe, qui se croisa avec le regard courroucé que cette dernière lui lançait.

Huit jours après, on lisait sur l'enseigne de la boutique :

B.-G. CARCEL
Inventeur des lycnomènes ou lampes mécaniques,
FABRIQUE LESDITES LAMPES.

Comment Carcel avait-il eu l'idée d'appliquer un mouvement d'horlogerie à mettre en action le piston d'une petite pompe foulante, pour élever constamment l'huile, du pied de la lampe, où se trouve le réservoir, jusqu'au bec où elle se consume? Il nous semble qu'il dut concevoir cette idée, en considérant les effets d'une lampe populaire, à bas prix, fort en usage dans le midi de la France, et qui était connue sous le nom de *lampe à pompe*, et, par abréviation, de *pompe*. Dans cette lampe, une petite pompe aspirante et foulante sert à élever dans un réservoir cylindrique, placé non loin du bec, l'huile contenue dans le pied. La *lampe à pompe*, encore très-répan-

due aujourd'hui dans le midi de la France, n'est pas d'origine récente ; elle était connue et fort en usage bien avant les travaux d'Argand. On peut dire qu'elle constitue le seul perfectionnement que la lampe à huile ait reçu depuis l'antiquité. Nous l'aurions décrite avant de parler de l'invention d'Argand, si nous n'avions jugé plus utile à la clarté de ce récit, de renvoyer à cette place sa description. La *lampe à pompe* de nos pays méridionaux va, en effet, nous servir à faire comprendre le mécanisme et les avantages de la *lampe à mouvement d'horlogerie* : ce sera comme la transition naturelle, par voie de perfectionnement, à la lampe de Carcel.

La figure 22 représente la *lampe à pompe*.

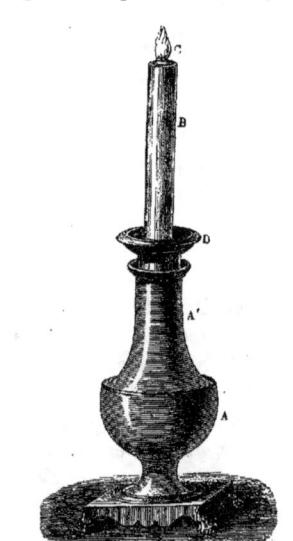

Fig. 22. — Lampe à pompe du midi de la France.

Construite en étain pour les parties extérieures, et en fer-blanc pour le mécanisme intérieur, elle ressemble à un chandelier qui porterait une chandelle d'étain. Dans le pied de la lampe A, est le réservoir d'huile, ainsi que la petite pompe foulante qui sert à amener dans le réservoir une certaine quantité d'huile, quand la quantité est épuisée ou diminuée. La partie supérieure, B, est un cylindre creux renfermant le réservoir cylindrique, que la pompe doit remplir d'huile par intervalles. Le bec, C, porte une mèche plate, car le bec d'Argand n'était pas encore connu quand cette lampe fut inventée. D'ailleurs, cette lampe populaire et économique tire tout son mérite de sa simplicité, et le verre, la cheminée mobile, etc., lui ôteraient son caractère d'ustensile commun (1). Le cylindre B est soudé au piston de la petite pompe foulante ; de sorte que, pour faire monter l'huile, pour la *pomper*, il suffit de presser avec le doigt la bobèche, D. Le cylindre B s'enfonce dans le vase AA', et l'huile est refoulée dans le tuyau d'ascension, et de là dans le réservoir B. Un petit ressort à boudin, placé sous le piston, le relève chaque fois que la pression du doigt vient de l'abaisser ; quelques pressions répétées du doigt sur la bobèche D, ont donc pour effet de remplir le réservoir d'huile. Quand cette provision d'huile est consumée, ce que l'on reconnaît à ce que la mèche se charbonne, et que la lumière perd de son éclat, on renouvelle la pression, on *pompe*, et le réservoir se remplit de nouveau.

Une coupe verticale de la lampe à pompe (*fig. 23*) va faire parfaitement comprendre ce mécanisme ingénieux et simple.

Le corps de pompe, c, placé dans le pied de la lampe, A, est en fer-blanc. Il plonge dans l'huile et est soudé au fond du réservoir. Au-dessous du piston est un ressort à boudin, RR, qui relève le piston quand le doigt l'a abaissé, et qui complète ainsi le mouvement alternatif d'élévation et d'abaissement, nécessaire au jeu d'une pompe aspirante et foulante. Dans le piston de cette pompe en miniature, est une soupape qui s'ouvre de bas en haut, et qui se referme quand le piston est poussé, comme cela a lieu dans toutes les pompes foulantes. Le corps de pompe est

(1) On a construit, de nos jours, des lampes à pompe pourvues du *bec à double courant d'air*, mais elles n'ont pas trouvé faveur

soudé à un tuyau recourbé, *ab*, qui est lui-même fixé au grand cylindre extérieur, ou à la *chandelle d'étain* B destinée à contenir la pe-

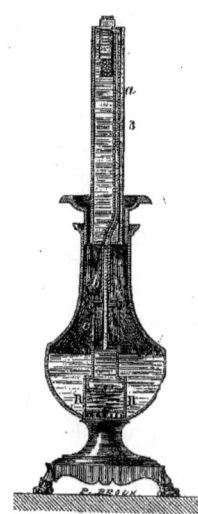

Fig. 23. — Coupe de la lampe à pompe.

tite provision d'huile. Ce tuyau *ab* s'ouvre à l'extrémité et dans l'intérieur du cylindre B. Quand l'huile s'élève dans le tuyau *ab*, elle se déverse dans le réservoir B et le remplit. L'excédant d'huile pompée redescend dans le pied de la lampe A, par l'espace libre qui existe entre la bobèche D et l'extrémité du cylindre B. Le bec qui supporte la mèche est mobile. Posé sur le cylindre B, il est garni d'un rebord, recouvrant le réservoir B ; ce qui empêche que l'huile refoulée ne soit projetée au dehors quand on *pompe* ce liquide.

Tel est le mécanisme fort ingénieux, on le voit, de la lampe populaire des habitants du midi de la France. Nous ne pouvons nous empêcher d'admettre que c'est par la considération de ses effets que Carcel fut amené à créer l'admirable système dont on lui doit l'invention. Refouler l'huile par une petite pompe aspirante et foulante, mais d'une manière continue, au lieu de ne le faire que par intervalles, comme dans la lampe de la France méridionale, tel était le problème à résoudre pour obtenir une alimentation d'huile continuelle, et pour supprimer l'ombre du réservoir, c'est-à-dire pour éclairer circulairement.

Le ressort et le mouvement d'une pendule appliqués à faire mouvoir les tiges du piston d'une petite pompe, ressort que l'on remontait au moyen d'une clef, et qui pouvait fonctionner toute une soirée sans s'arrêter, tel fut le système auquel Carcel eut recours pour construire la *lampe mécanique*, que nous avons maintenant à décrire.

Le mécanisme qui sert à refouler continuellement l'huile dans le tuyau d'ascension, est renfermé dans le pied de la lampe.

Ce mécanisme se compose de deux éléments: 1° le mouvement d'horlogerie, faisant mouvoir une tige qui actionne les petits pistons de la pompe foulante; 2° le système de cette pompe foulante.

Le mouvement d'horlogerie n'exige aucune description particulière : c'est un mouvement de pendule ordinaire, que l'on installe dans le pied de la lampe, au-dessus du réservoir d'huile. Il est séparé de ce réservoir par une paroi de métal, qui ne laisse passer que la tige motrice. Sans entrer dans aucun détail sur cet appareil, de pure horlogerie, qui ne trouverait pas ici sa place, nous décrirons seulement le système de pompe qui est mis en action par ce mécanisme.

La figure 24 représente la petite pompe foulante de la lampe de Carcel. Elle se compose d'une boîte quadrangulaire, placée dans le réservoir d'huile, au milieu duquel se trouve un tuyau de pompe, avec son piston P. Au-dessus du corps de pompe, est un espace, B, communiquant avec le *tuyau d'ascension*, A, lequel aboutit au bec. La paroi commune au corps de pompe et à cet espace, est percée, à ses extrémités, de deux ouvertures, *a* et *b*, garnies de soupapes, qui s'ouvrent de bas en haut. Il existe au-dessous du corps de pompe, deux autres cavités, C et D, sans aucune communication l'une avec l'autre. La paroi supérieure de ces deux chambres est percée de deux ouvertures libres, *e* et *f*; enfin, la paroi inférieure de ces deux dernières chambres est percée de deux ouvertures, *c* et *d*, garnies

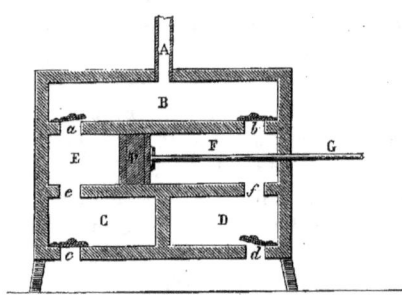

Fig. 24. — Mécanisme de la pompe foulante de la lampe Carcel.

de soupapes qui s'ouvrent de bas en haut. C'est le mouvement d'horlogerie, dont nous supprimons les détails dans cette figure, qui fait agir la tige GF du piston P. Nous représentons seulement la tige GF, qui, venant du mouvement d'horlogerie, fait agir ce piston, en passant à travers une boîte à cuir. Cette tige est pourvue d'une manivelle coudée, ce qui imprime au piston un mouvement de va-et-vient continuel dans le sens horizontal.

Quand le piston se meut de gauche à droite, l'huile contenue dans la cavité, F, ne pouvant pénétrer dans la chambre D, puisque cette chambre est pleine d'huile, et que la soupape *d* est fermée par la pression même que le liquide éprouve, passe dans la chambre B, en soulevant la soupape *b*. En même temps le vide que tend à produire dans la cavité E le mouvement du piston, fait fermer la soupape *a* et ouvrir la soupape *c*, de sorte que les chambres E et C se remplissent d'huile. Quand le piston revient, c'est-à-dire se meut de droite à gauche, la soupape *a* se lève, et l'huile de la chambre E passe dans la chambre B. Ainsi, l'introduction de l'huile dans la cavité B et dans le tuyau d'ascension, a lieu pendant les deux mouvements d'aller et de retour du piston, et par conséquent, l'ascension de l'huile a lieu sans intermittence.

Le remontoir du mouvement d'horlogerie est placé à la partie inférieure de la lampe.

Un brevet d'invention pour cette lampe mécanique, fut pris au nom de Carcel et Carreau, le 24 octobre 1800. Le pharmacien Carreau, dont le nom figure sur ce brevet, n'avait pris aucune part à cette découverte. Il avait seulement fourni des fonds, et il se retira plus tard de l'association. Son intervention dans l'entreprise ne fut pas cependant entièrement sans résultats. Carcel, tourmenté par de graves infirmités, se serait laissé détourner de ses travaux, et n'aurait pu atteindre peut-être le but qu'il s'était proposé, sans les incitations et les encouragements de son ami.

Carcel introduisit dans la lampe d'Argand un autre perfectionnement utile, et qui ne se trouve point consigné dans son brevet. C'est lui qui imagina de rendre le porte-verre mobile sur le bec, de manière à faire varier à volonté la situation du verre autour de la flamme, et à placer ce verre au point le plus convenable pour le courant d'air et la production de la lumière. Avant l'adoption de ce système, le hasard seul pouvait décider de l'éclat d'une lampe, l'immobilité du porte-verre obligeant de laisser la cheminée à une hauteur invariable, et qui était rarement le point le plus convenable pour la meilleure combustion.

Les lampes Carcel peuvent recevoir des formes très-élégantes, parce que le cylindre creux qui porte le bec et le verre, ne devant renfermer qu'un petit tuyau, on peut lui donner les dimensions que l'on désire. La figure 25 montre, à l'extérieur, la *lampe mécanique* de Carcel.

Ainsi la lampe mécanique était créée. Grâce à une longue série de patientes études, de tâtonnements et de recherches, le modeste horloger de la rue de l'Arbre-Sec avait accompli pièce par pièce le chef-d'œuvre de patience et d'industrie qui transmettra son nom à la postérité. A l'exception du bec d'Argand, cet incomparable trait de génie, auquel rien n'a

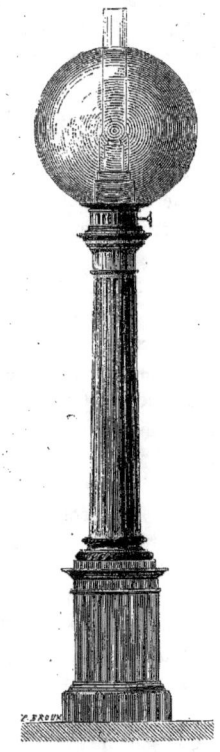

Fig. 25. — Lampe Carcel.

pu ni ne pourra être ajouté, Carcel avait tout inventé, tout innové : l'idée d'appliquer le mouvement d'horlogerie à provoquer l'ascension de l'huile dans le tuyau des lampes; les corps de pompe en miniature qui réalisent cet effet dans la pratique, la mobilité du verre de la lampe sur la cheminée, et jusqu'à l'huile, dont Carcel trouva, avec le pharmacien Carreau, son associé, un mode d'épuration alors inconnu et encore en usage aujourd'hui. Aussi que d'espérances remplissaient l'âme de l'inventeur, que de rêves de for-

tune, aux premiers temps de sa découverte !
Hélas ! toutes ces espérances devaient s'évanouir ; ces rêves de bonheur ne devaient pas tarder à faire place aux tristes déceptions de la réalité. Les lampes Carcel, — car le public avait bientôt fait justice du nom barbare de *lycnomènes*, c'est-à-dire *lumière fixe* (du mot grec λύχνος, lumière, et μένος, fixe), que Carcel leur avait donné, et baptisé la nouvelle invention du nom de son inventeur, — les lampes Carcel coûtaient fort cher. Or, les guerres de la République n'avaient enrichi personne, en France. Aussi les premières années de la durée du brevet Carcel et Carreau, s'écoulèrent-elles sans amener beaucoup d'acheteurs à la nouvelle invention. Le pharmacien Carreau, fatigué d'avancer de l'argent en pure perte, s'était retiré de l'association, et Carcel, resté seul et fort découragé, était au moment d'abandonner lui-même son œuvre. L'ouverture d'une Exposition de l'industrie aux Champs-Élysées, ordonnée par Napoléon Ier, pour continuer l'institution décrétée, peu d'années auparavant, par la République, vint heureusement réveiller les espérances de l'inventeur. Guillaume Carcel transporta à l'Exposition des Champs-Élysées toutes les lampes qui garnissaient ses ateliers.

Ce fut un véritable coup de théâtre, qui le sauva. Chaque jour une foule immense se pressait pour jouir du spectacle nouveau de douze lampes allumées qui répandaient un éclat dont rien auparavant n'avait pu fournir l'idée. Carcel, se tenant au milieu de cette illumination splendide, expliquait à tout venant le mécanisme nouveau, et chacun saluait l'inventeur et son invention du témoignage d'une admiration sans réserve. Il n'y a qu'un moment dans la vie d'un inventeur, mais ce moment est sublime ; il paye à lui seul les souffrances, les amertumes, les angoisses de toute une vie. C'est ce moment de bonheur indicible que dut éprouver, pendant la seconde Exposition de l'industrie nationale, l'inventeur de la lampe mécanique.

Cependant ces beaux jours n'eurent pas les lendemains que l'inventeur devait attendre. Sans doute les lampes Carcel acquirent dès ce moment une certaine vogue ; mais la période du premier Empire était peu favorable à tout ce qui se rapportait aux progrès des sciences comme aux arts du luxe. La France n'était alors qu'un vaste camp militaire, dans lequel généraux, ministres, employés supérieurs, n'étaient jamais certains de rester à la même place, et ne pouvaient répondre de ne pas partir le lendemain pour quelque point éloigné de notre immense territoire. Dans de pareilles conditions, personne ne pouvait songer à l'achat d'un appareil coûteux d'éclairage. Carcel ne tira donc qu'un médiocre parti de sa découverte. Il mourut en 1812, pauvre et accablé d'infirmités. La vie n'avait été pour lui qu'une longue et pénible lutte. Comme la plupart des auteurs des inventions utiles, auxquels nous devons les facilités de notre bien-être actuel, il laissa à d'autres le profit et le bénéfice de ses travaux.

Si Carcel eût vécu quelques années encore, c'est-à-dire jusqu'à la Restauration, il aurait été témoin du succès extraordinaire qui finit par couronner son invention. C'est en effet, à partir de 1815, que commença la grande vogue des lampes Carcel. Avec Louis XVIII, était revenue la noblesse française. Les émigrés rentrés en France, tous ces hommes amoureux du luxe et de l'ostentation, marquis ou comtes, ducs ou princes, savouraient à longs traits les jouissances que le pays leur rendait, et dont ils avaient été si longtemps sevrés. Tout ce qui tenait au luxe, tout ce qui coûtait cher, fut alors à la mode, et comme la lampe Carcel était le *nec plus ultra* pour l'éclairage des salons, toute la noblesse de France passa dans la boutique du modeste horloger de la rue de l'Arbre-Sec, humble boutique s'il en fut jamais, qui était restée sous la Restauration ce qu'elle était sous la République, et qui est encore aujourd'hui ce qu'elle était autrefois.

Le brevet d'invention de Carcel expira à la même époque, c'est-à-dire en 1816, et la lampe mécanique tomba dans le domaine public. C'est alors que la fièvre des fabricants s'en donna à cœur joie, pour perfectionner la lampe mécanique, c'est-à-dire pour créer quelque modification secondaire, plus ou moins efficace, qui, sauvegardée par un brevet de perfectionnement, leur permettait de vendre à leur profit exclusif le nouveau type. Ainsi naquirent les lampes de Carreau, de Gagneau, des frères Levasseur, de Rimberg, de Dalli, de Gotten, etc. De toutes ces modifications, trois seulement ont survécu : la lampe de Gagneau, que fabriquent encore les fils de Gagneau, l'inventeur des suspensions pour les salles à manger, et la lampe de Gotten, véritable perfectionnement du mécanisme de la lampe Carcel ; nous parlerons plus loin de ces deux appareils. On peut leur adjoindre la lampe de Rimberg, qui rendit millionnaires les lampistes qui l'exploitaient, pendant que l'inventeur mourait sans fortune à Villers-Cottrets.

La lampe primitive de Carcel, la lampe originaire, invention vivace, est néanmoins toujours debout. La noblesse et la riche bourgeoisie lui sont restées fidèles. Dans tous les châteaux de France, la lampe Carcel éclaire encore le whist de la douairière ou le trictrac du marquis. Dans la bourgeoisie, la lampe Carcel est un meuble de famille, qui se transmet de père en fils, et auquel se rattachent quelques souvenirs de noce, de baptême ou de réjouissance. Les enfants conservent et entretiennent avec respect le vieux carcel, souvenir précieux d'une mémoire chérie.

Nous avons dit que l'ancienne boutique de Guillaume Carcel, telle qu'elle existait sous le premier Empire et sous la Restauration, se trouve encore aujourd'hui dans la rue de l'Arbre-Sec. Elle est dirigée par le gendre de Carcel, M. Hippolyte Châtelain. On voit dans l'étalage un instrument qui présente un grand intérêt pour l'histoire des inventions de notre époque. C'est le premier modèle de la lampe mécanique que Carcel avait essayée. L'air chaud, qui se dégage du verre de la lampe, y sert à mettre en mouvement le mécanisme par lequel l'huile est élevée jusqu'au bec. Sur une autre lampe, se trouve une horloge, construite également par Carcel, et dont les aiguilles sont mises en action par le même mécanisme qui sert à élever le liquide combustible.

On ne peut voir sans ressentir un attendrissement secret, ces curieux témoignages historiques des premiers efforts de l'inventeur de la lampe mécanique. Il existe au Ministère de l'intérieur, un *Comité de conservation des monuments historiques*, qui a pour mission de veiller à la conservation des restes mutilés des monuments antiques. Un temps viendra où les nations se feront un pieux devoir de recueillir et d'honorer les débris précieux où revivra le souvenir des inventions utiles de la science et des arts. Et combien ces vestiges matériels de travaux qui ont concouru au progrès de l'humanité, seraient plus touchants à contempler que les monuments de l'antiquité romaine ou grecque, époque barbare et justement oubliée !

CHAPITRE VI

MODIFICATION APPORTÉE A LA LAMPE CARCEL PAR GAGNEAU.

Les dispositions mécaniques employées par Carcel pour élever l'huile jusqu'au bec, étaient aussi ingénieuses qu'élégantes ; aussi n'a-t-on rien changé, depuis l'inventeur, au principe de sa lampe. Le mouvement d'horlogerie qu'il avait adopté, a toujours été conservé ; les perfectionnements qui furent apportés à ce système, quand il tomba, à l'expiration du brevet, en 1816, dans le domaine public, ne concernaient, on va le voir, que des points secondaires du mécanisme.

Les lampes de Carcel ne contenaient qu'une seule pompe à double effet, pour produire l'élévation de l'huile. Cependant le mouvement du liquide ne pouvait être régulier avec une seule pompe. Aussi dans la plupart des systèmes perfectionnés qui se sont produits depuis que l'invention de Carcel est tombée dans le domaine public, a-t-on fait usage de deux pompes, chassant l'huile dans le même conduit.

La première lampe mécanique pourvue de ce perfectionnement, est celle que l'on connaît sous le nom de *lampe Gagneau*, et qui fut brevetée en 1817. Dans cette lampe, un mouvement d'horlogerie fait mouvoir alternativement deux tampons, qui, venant frapper le fond de deux petits sacs de caoutchouc, en font sortir, par une soupape, l'huile, qui s'y est introduite par son propre poids, en ouvrant une autre soupape. Mais, au lieu de se rendre directement au bec, comme dans la lampe Carcel, l'huile pénètre dans un petit réservoir plein d'air, et l'air, comprimé par l'arrivée de l'huile dans ce réservoir, oblige celle-ci à s'élever dans l'intérieur d'un tube vertical, qui la conduit au bec. L'ascension du liquide s'opère ainsi par un mouvement égal, continu, et ne présente aucune de ces intermittences que l'on remarque quelquefois dans la lampe Carcel lorsque, le ressort s'étant affaibli, la pompe ne fonctionne plus qu'avec lenteur.

C'est à peu près de la même manière qu'est construite la lampe de M. Gotten, qui, en raison de l'extrême simplicité de son mécanisme, de la régularité de sa marche, et de son prix, comparativement peu élevé, est aujourd'hui assez répandue.

On continue de désigner sous le nom de *lampe Carcel*, les lampes à mouvement d'horlogerie dans lesquelles deux sacs de caoutchouc remplacent les petits corps de pompe métalliques employés par Carcel. Comme le mécanisme de cette pompe sans piston ni soupape, est d'une espèce particulière, et d'ailleurs fort curieux en lui-même, nous le décrirons, avec le secours du dessin.

La figure 26 représente les petits sacs de

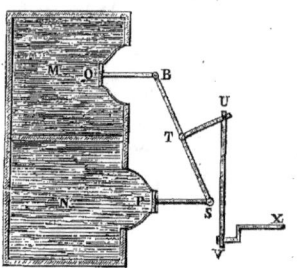

Fig. 26. — Mécanisme du refoulement de l'huile dans la lampe de Gagneau et de Gotten.

caoutchouc M, N, qui sont employés dans les lampes de Gagneau et de Gotten, pour remplacer le corps de pompe de la lampe de Carcel. Ces deux petites ampoules, M, N, pleines d'huile et entièrement fermées, sont munies de deux petits tampons, O, P. En agissant sur ces tampons, on peut repousser ou tirer en avant les membranes qui ferment les capacités M et N. En effet, à ces deux petits tampons O, P, sont attachés deux leviers BO, PS, attachés eux-mêmes à un levier articulé, SB. Le levier VU, qui porte cette tige SB, est mis en action par le mouvement d'horlogerie, dont l'axe de rotation est représenté sur cette figure par la tige VX, pourvue d'une manivelle. Quand le mouvement d'horlogerie met en action la tige VU, le levier SB est alternativement poussé à l'intérieur du liquide et retiré en dehors, et, par conséquent, les tampons O et P, sont alternativement enfoncés dans le liquide, puis retirés. Ces deux mouvements suffisent, grâce à l'élasticité du caoutchouc, pour que la capacité de l'ampoule soit alternativement diminuée ou augmentée, ce qui produit le même effet que si le piston d'une pompe foulante parcourait cette ampoule, en frottant contre ses parois. Dans cette capacité alternativement comprimée et rendue à ses dimensions primitives, il se produit un vide semblable à celui qui serait déterminé par le jeu d'une pompe aspirante.

Tel est l'ingénieux mécanisme, grâce auquel on a réussi à supprimer la petite pompe aspirante et foulante des lampes de Carcel. Une simple membrane, alternativement comprimée et rendue à son élasticité naturelle, fait l'office de la pompe atmosphérique.

Nous n'avons pas besoin de dire que, comme dans la lampe Carcel, une soupape permet à l'huile du réservoir de pénétrer dans chacune des ampoules de caoutchouc, lorsque leur capacité augmente. Quand leur capacité diminue, cette soupape se ferme, et l'huile, ouvrant une autre soupape, est refoulée dans le tuyau d'ascension.

Le mouvement ascendant de l'huile s'exécute régulièrement, parce que le jeu des deux ampoules se fait en sens contraire l'un de l'autre, de sorte que l'huile est toujours refoulée par l'un ou par l'autre, dans le tuyau d'ascension, avec lequel communiquent les deux ampoules.

Dans les lampes mécaniques de Carcel, l'huile arrive au bec en quantité beaucoup plus considérable qu'il ne le faut pour entretenir la combustion. L'excédant de cette huile redescend dans le réservoir, où agit le mécanisme propulseur. C'est cet excès d'huile qui rafraîchit constamment la mèche, et qui, comme nous l'avons dit, la fait *brûler à blanc*.

CHAPITRE VII

LAMPE MÉCANIQUE DE PHILIPPE DE GIRARD. — LES LAMPES HYDROSTATIQUES. — LAMPE DE KEIR, DE LANGE ET VERZI. — LAMPE DE THILORIER AU SULFATE DE ZINC.

Malgré les perfectionnements qu'elle a reçus à notre époque, la lampe Carcel présente certains inconvénients. Sous le rapport de l'intensité de la lumière et de la beauté de l'éclairage, elle est irréprochable; mais elle est toujours d'un prix élevé. Son mécanisme est délicat et fragile, ce qui oblige, presque annuellement, à un nettoyage coûteux. Quand on la livre à plus bas prix, elle exige des réparations fréquentes, qui ne peuvent être exécutées que par des ouvriers spéciaux, dans quelques grandes villes. Le mouvement d'horlogerie appliqué aux lampes, est sujet aux mêmes dérangements que celui des pendules, puisqu'il est presque identique avec ce dernier. Les inconvénients sont même plus grands dans cette application particulière. Dans une horloge, en effet, il suffit que le mouvement ait la force nécessaire pour vaincre le frottement des rouages, et faire mouvoir les aiguilles, qui n'opposent, en raison de leur légèreté, qu'une résistance à peu près nulle. Dans la lampe Carcel, le mécanisme doit mettre en jeu, au lieu d'aiguilles, qui n'offrent aucune résistance, des pompes, qui absorbent presque toute la force du moteur. Aussi, au moindre obstacle produit par l'épaississement de l'huile contenue dans le réservoir, ou par celle qui peut suinter à travers la couche de métal et de cire qui sépare l'huile du mouvement d'horlogerie, la résistance survenue dépasse-t-elle la puissance, et le mouvement s'arrête-t-il.

Il est impossible de remédier à cet inconvénient, car il est lié, d'une manière nécessaire, au mécanisme d'horlogerie. On a toujours inutilement essayé de le combattre, et l'on peut avancer, sans hardiesse, que la lampe Carcel, où l'on emploie un mécanisme qui a été depuis longtemps perfectionné pour l'usage des pendules, jouit aujourd'hui de tous les perfectionnements que comporte son système.

On a fait de très-nombreuses recherches pour substituer aux lampes Carcel, d'un mécanisme compliqué et délicat, et par conséquent d'un prix élevé, un système plus économique, et pouvant atteindre le même but, c'est-à-dire susceptible de produire une vive lumière, par un grand afflux d'huile, et de distribuer la lumière sans projeter aucune ombre. On a essayé, par divers moyens, de conserver le réservoir d'huile à la partie inférieure de la lampe, tout en simplifiant le mécanisme destiné à provoquer l'ascension du liquide. La lampe *hydraulique* construite par Philippe de Girard, l'inventeur de la filature mécanique du lin, et qui était fondée sur le principe de la *fontaine de Héron*, obtint peu de succès. Mais il en fut autrement de la *lampe hydrostatique* qui, surtout entre les mains de Thilorier, obtint, pendant quelque temps, un succès de vogue, en raison de l'éclat de sa lumière et de la modicité de son prix.

Ce succès, toutefois, ne fut point durable. Les lampes hydrostatiques, si elles étaient économiques, étaient tout aussi sujettes que les lampes Carcel à des dérangements, et, par suite de la complication de leur mécanisme, il était difficile d'y faire exécuter des réparations quand elles devenaient nécessaires. Nous dirons quelques mots de la *lampe hydraulique* de Philippe de Girard, avant d'arriver à la *lampe hydrostatique*.

Philippe de Girard avait emprunté l'idée de sa *lampe hydraulique* à un inventeur bien ancien, puisque ce n'était rien moins que le mathématicien Héron, qui vivait deux siècles avant Jésus-Christ et enseignait les sciences mécaniques à l'École d'Alexandrie. Héron, dans un ouvrage qui nous a été conservé, décrit deux lampes pour la combustion de l'huile, qui sont fondées sur le principe de l'appareil connu dans la physique moderne, sous le nom de *fontaine de Héron*. Les anciens ne mirent pas à profit l'idée de Héron : les deux lampes qui sont décrites dans son ouvrage, ne furent pas exécutées, et ne passèrent point dans les usages pratiques, puisque toutes les lampes des anciens ont la forme primitive et simple que nous avons représentée au commencement de cette notice. Cependant la lampe hydrostatique, fondée sur le principe de la fontaine de Héron, est très-nettement décrite dans l'ouvrage du philosophe de l'École d'Alexandrie, et c'est à cette source que Philippe de Girard puisa l'idée de sa *lampe hydraulique*.

La première lampe décrite par le philosophe dans ses *Pneumatiques* est plus simple : c'est le prélude de la *lampe hydrostatique* du même auteur. On pourrait la désigner sous le nom simple de *lampe hy-*

Fig. 27. — Lampe hydraulique de Héron.

draulique. Elle se compose de deux vases superposés, M et N, et communiquant entre eux par deux tubes, dont l'un ACB, ouvert à la partie supérieure de l'appareil, descend presque au fond du vase inférieur, tandis que l'autre, D, très-court, établit seulement une communication entre les deux fonds superposés. Quand on verse de l'huile par le grand tube ACB, cette huile emplit d'abord le vase inférieur N, puis s'élève dans l'autre vase, M, où se trouve la mèche. À mesure que la combustion fait baisser le niveau de l'huile, on verse de l'eau dans le grand tuyau ACB, par la coquille A ; l'eau descend à la partie inférieure du vase, en raison de sa densité, élève l'huile, et la pousse jusqu'au bec.

Cette manœuvre offre peu d'avantages sur la lampe antique ordinaire.

La seconde lampe décrite par Héron, dans ses *Pneumatiques*, est l'application directe, à l'éclairage, de l'appareil qu'on appelle aujourd'hui *fontaine de Héron*, du nom de son inventeur, le mécanicien de l'École d'Alexandrie.

Le P. Schott, dans sa *Mécanique hydraulico-pneumatique*, a rétabli, comme il suit, le texte de l'ouvrage de Héron, mal interprété jusque-là, dans les éditions des *Pneumatiques* du géomètre grec. Nous donnons ici (*fig.* 28),

et triangulaire à l'instar d'une pyramide. Cette base creuse, ABCD, porte un diaphragme, EF. Le corps de la lampe est GH, creux lui-même, et surmonté d'une coupe, KL, remplie d'huile. Du diaphragme EF part un tube, MN, qui touche presque le couvercle de la coupe KL, de manière à laisser tout juste le passage de l'air. C'est dans ce couvercle qu'est fixée la mèche. Un autre tube, XO, traverse l'opercule KL sans s'élever beaucoup au-dessus, et va jusqu'au fond de la coupe sans le toucher, pour que le liquide puisse passer. Un autre tube P est attaché par en haut au

Fig. 28. — Lampe hydrostatique de Héron (coupe).

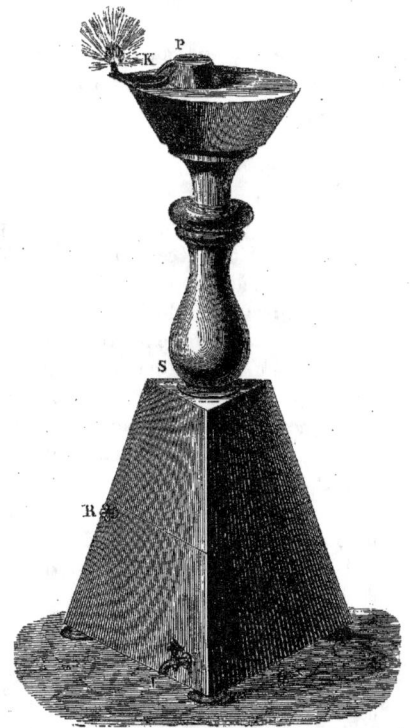

Fig. 29. — Lampe hydrostatique de Héron (élévation).

une coupe de cet appareil, qui fera comprendre la description de l'auteur.

« *Construction d'une lampe telle que, la mèche y étant adaptée, quand l'huile manque, il en coule de nouvelle sur la mèche avec autant d'abondance qu'on le veut, sans que l'on emploie aucun vase d'un niveau plus élevé que l'orifice de la lampe.*

« Soit construite une lampe ayant une base creuse

couvercle. A ce tube P en est adapté un autre de petit diamètre dont l'extrémité inférieure aboutit à l'orifice où est fixée la mèche. Au-dessous du diaphragme EF, il y a un robinet, R, qui établit la communication avec l'espace CDEF, de sorte qu'en l'ouvrant l'eau passe du compartiment ABEF en CDEF. Un orifice pareil, S, par lequel on peut remplir d'eau l'espace ABEF, est pratiqué dans l'opercule AB, et l'air que contient cet espace s'échappera par cet orifice lui-même. Cela posé, lorsqu'en enlevant le couvercle P on remplira la coupe d'huile par le tube XO, l'air s'échappant par le tube MN et encore par le robinet ouvert placé au fond CD, l'eau qui est dans le compartiment CDEF s'écoulera en même temps. Alors, posant le couvercle P, quand on aura besoin d'alimenter l'huile, nous ouvrirons le robinet R qui est au fond CD, et l'eau se retirant de l'espace ABEF dans l'espace CDEF, l'air qui est dans ce dernier, passant dans la coupe par le tube MN, chassera l'huile qui parviendra jusqu'à la mèche par le tube PO. Quand on voudra arrêter l'écoulement, on fermera le robinet R et on le fera recommencer en ouvrant ce robinet à volonté. »

La figure 28, que nous avons fait graver pour faciliter l'intelligence de cet appareil antique, représente la coupe de la lampe de Héron. La figure 29 donne l'élévation de cet appareil, tel qu'on le trouve figuré dans l'ouvrage du P. Schott.

Philippe de Girard construisit une lampe à peu près semblable à celle qui vient d'être décrite. Dans cette lampe, l'huile, placée dans un réservoir au pied de la lampe, s'élevait jusqu'au bec par suite de la pression qu'exerçait sur elle un liquide d'une densité supérieure à la sienne. Mais ce système était si compliqué, les ouvriers en concevaient si rarement le mécanisme, qu'il était difficile de faire exécuter des réparations aux lampes, quand elles devenaient nécessaires. Il fallait en outre, pour cette opération, dessouder les pièces de la lampe, et détruire ses ornements extérieurs. Ces raisons empêchèrent les lampes de Girard de se répandre dans le commerce.

Un autre système de lampe fut imaginé ensuite pour produire l'élévation de l'huile jusqu'au bec. Ces lampes, auxquelles ont attaché leurs noms, Keir, en 1787, et dans notre siècle, Lange, Verzi et Thilorier, sont toutes fondées sur le même principe, et peuvent être réunies dans un groupe commun sous le nom de *lampes hydrostatiques*.

Le principe physique sur lequel sont fondées les lampes hydrostatiques est le suivant. Prenons un tube en forme d'U (*fig.* 30), ouvert à ses deux extrémités et renfermant deux liquides différents, qui n'aient aucune action chimique l'un sur l'autre, et qui ne puissent se mélanger entre eux, enfin qui présentent une

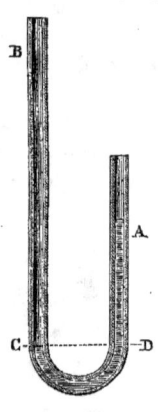

Fig. 30.

notable différence de pesanteur spécifique. L'eau et l'huile, le mercure et l'huile, une dissolution saline et de l'huile, sont dans ce cas. Par la surface de séparation des deux liquides, C, menons une ligne horizontale, CD. Les hauteurs BC et AD des liquides d'inégale densité, seront en raison inverse de leur densité. Si, par exemple, le liquide renfermé dans le tube AD, est deux fois plus pesant que celui qui est contenu dans le tube BC, la colonne BC sera deux fois plus longue que la colonne AD.

D'après cela, si l'on dispose un appareil (*fig.* 31) composé d'un réservoir GH, communiquant avec la partie inférieure d'un autre réservoir DC, au moyen d'un tube EF, et si l'on adapte à la partie supérieure du réservoir GH, un petit tube, *a*, plus haut que le réservoir GH; si l'on remplit le réservoir GH et le tube EF, qui lui fait suite, d'un liquide plus pesant que l'huile, de mercure par exemple, et que l'on mette de l'huile dans le réservoir CD, le liquide du réservoir GH descendra dans le réservoir CD, et fera monter l'huile dans le tube AB à une hauteur telle que le poids de la colonne d'huile, AB, soit égal au poids de la colonne liquide, EF. Si l'huile vient à disparaître par une cause quelconque, à l'extrémité A, une quantité correspondante de mercure descendra dans le réservoir CD et maintiendra

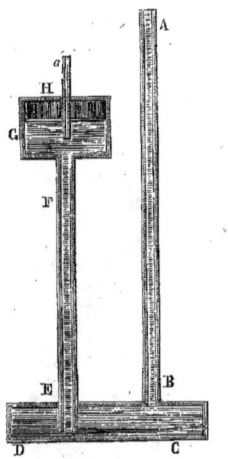

Fig. 31. — Principe de la lampe hydrostatique.

l'extrémité de la colonne d'huile à peu près au même point. Le niveau ne sera pas absolument le même, car à mesure que le mercure contenu dans le réservoir GH tombe dans le réservoir CD, le niveau supérieur du mercure baisse en GH, et par conséquent la longueur de la colonne de ce liquide qui pèse sur l'huile se raccourcit. Cependant si l'on ferme exactement le vase GH, et que l'on y adapte un tube, a, communiquant avec l'air extérieur, on peut rendre fixe le haut de cette colonne. Ce tube a jouant le rôle d'un vase de Mariotte laissera entrer de l'air dans le réservoir, et le niveau du liquide y demeurera constant.

L'idée de construire des lampes fondées sur ce principe physique, appartient à un Anglais, nommé Keir, qui prit une patente (brevet d'invention) à Londres en 1787, peu de temps après l'arrivée d'Argand en Angleterre.

Lange obtint, à Paris, en 1804 un brevet d'invention pour le même objet : il espérait remplacer ainsi les mouvements d'horlogerie de la lampe Carcel.

Un autre artiste, nommé Verzi, prit, en 1810, un brevet pour une lampe analogue.

Le liquide pesant employé par Keir, était une dissolution de sel marin ; Lange employait de la mélasse, Verzi du mercure.

Aucune de ces lampes n'obtint la faveur du public. Le mécanisme employé pour faire remonter l'huile, était trop compliqué ; ou bien les liquides pesants étaient mal choisis. La mélasse n'avait pas assez de fluidité, le mercure et le sel marin attaquaient le métal des lampes.

Thilorier, physicien français, réussit à rendre la lampe hydrostatique d'un usage pratique, en perfectionnant certains détails de son mécanisme, et surtout grâce à la dissolution saline dont il fit usage. Il adopta pour liquide plus pesant que l'huile une dissolution aqueuse concentrée de sulfate de zinc, qui n'attaque aucunement le métal des lampes, et ne cristallise pas par un abaissement de température allant jusqu'à — 8°.

La lampe Thilorier se composait de deux vases principaux superposés. Le réservoir, ou vase supérieur, se terminait par un tube assez long pour descendre jusqu'à la partie moyenne du vase inférieur, où se trouvait l'huile. Le vase supérieur contenait une dissolution de sulfate de zinc, dont le poids était à celui de l'huile comme 1,50 est à 1. On avait donc ainsi deux colonnes verticales, dont la longueur, pour qu'elles se fissent équilibre, devait être dans un rapport inverse à celle de leur densité. Le vase supérieur était toujours placé à une hauteur plus grande qu'il n'était nécessaire, et la différence du niveau était réglée à sa juste mesure par un petit tube vertical, prenant jour à l'extérieur, et plongeant dans la dissolution saline au point convenable. Un vase intermédiaire, ou *dégorgeoir*, que l'on vidait chaque jour, recevait l'huile qui avait échappé à la combustion. L'introduction des liquides se faisait au moyen d'un entonnoir spécial, par l'espace annulaire du bec destiné à recevoir la mèche.

Nous donnons ici (*fig.* 32) une coupe de la *lampe hydrostatique de Thilorier*, qui en fera comprendre le mécanisme.

à air destiné à maintenir constant, d'après le principe du vase de Mariotte, le niveau de la dissolution saline contenue dans le réservoir A : en soulevant ce tube, on met en communication ce réservoir avec l'air extérieur. F est le bec de la lampe ou bec terminal. C'est par l'intervalle qui existe entre le bec F et le

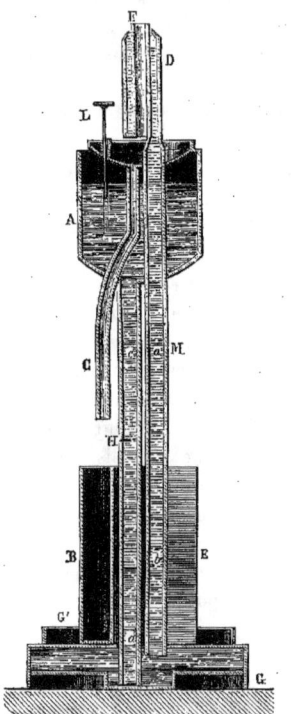

Fig. 32. — Coupe de la lampe hydrostatique.

Fig. 33. — Lampe hydrostatique de Thilorier.

A est le réservoir supérieur contenant la dissolution aqueuse de sulfate de zinc; GG', le réservoir d'huile ; *cd*, le tube par lequel descend sur le réservoir d'huile la dissolution de sulfate de zinc ; *ab*, le tube dans lequel l'huile, pressée par la dissolution de sulfate de zinc, s'élève au bec de la lampe ; C est un tube qui conduit l'huile qui s'extravase dans un réservoir mobile circulaire, BE, espèce de vaste godet qu'il faut vider chaque jour. L est le *tube*

tube d'ascension de l'huile, DM, que l'on introduit l'huile dans le réservoir GG', à l'aide d'un entonnoir qui se termine par un collet embrassant exactement l'extérieur du bec F.

Le mécanisme compliqué que nous venons de décrire, n'était pas apparent à l'extérieur. On l'enfermait dans un cylindre de tôle, ou de fer-blanc, qui, peint ou ornementé, présentait l'aspect que montre la figure 33.

CHAPITRE VIII

LA LAMPE A MODÉRATEUR. — LA LAMPE SOLAIRE. — LA LAMPE JOBARD, OU **LAMPE DU PAUVRE.**

Ce qui contribua surtout à arrêter le succès des lampes hydrostatiques, ce fut la découverte de la lampe dite *à modérateur.* On avait cherché vainement, pendant toute la durée du brevet de Carcel, un agent moteur différent de celui que Carcel avait si heureusement appliqué. On pensa enfin au ressort à boudin, au *ressort des tapissiers;* puis on eut l'idée de l'artifice particulier consistant dans l'emploi d'une fine aiguille, qui, engagée plus ou moins dans le tuyau d'ascension, gêne ou facilite le passage de l'huile ; et les lampes *à modérateur* furent inventées.

L'idée de ce genre de lampe est assez ancienne; mais la difficulté de construire économiquement le piston avait empêché de donner suite à cette idée. L'obstacle fut levé le jour où l'on réussit à fabriquer cet organique mécanique avec du cuir *embouti,* c'est-à-dire recouvert d'une enveloppe métallique.

Nous expliquerons d'abord en termes généraux, le mécanisme de la lampe à modérateur. Nous en donnerons ensuite, avec le secours des figures, une description détaillée.

Le réservoir d'huile est placé à la partie inférieure de la lampe, dans une enveloppe cylindrique. A l'intérieur de ce réservoir et occupant toute sa capacité, est un piston qui joue à frottement contre ses parois, comme le piston d'une pompe à eau. Ce piston est en cuir, recouvert d'une enveloppe métallique. Un ressort d'acier en spirale, c'est-à-dire un *ressort à boudin,* est fixé à la tête de ce piston. Lorsque, à l'aide d'une clef extérieure, on a tendu ou monté ce ressort, ce dernier, se détendant peu à peu, par l'effet de son élasticité, fait descendre lentement le piston dans l'intérieur du corps de pompe. A mesure que le piston s'abaisse, il exerce sur l'huile contenue dans le réservoir, une pression continuelle, qui force le liquide à s'élever dans le tuyau d'ascension, et le porte ainsi jusqu'à la mèche où la combustion s'effectue.

Mais à mesure que le piston descend dans le corps de pompe, la tension du ressort diminue, et par conséquent, la pression exercée sur l'huile devient plus faible. D'un autre côté, par suite du même abaissement du piston, la hauteur à laquelle il faut élever l'huile devient plus grande, puisque la longueur du tuyau est augmentée. Ces deux causes concourent à diminuer à chaque instant la vitesse d'ascension du liquide dans le tuyau, ce qui rend inégale l'arrivée de l'huile au bec de la lampe.

Il fallait remédier, par une disposition particulière, à cet inconvénient capital ; il fallait régulariser et rendre uniforme le mouvement ascensionnel de l'huile pendant toute la durée de la détente du ressort. L'artifice mécanique qui fut imaginé pour arriver à ce résultat est des plus ingénieux, et voici en quoi il consiste. *Dans l'intérieur même du tube d'ascension de l'huile,* on place une tige métallique très fine, en d'autres termes, une simple aiguille de bas, qui est soudée au piston, et qui, par conséquent, marche avec lui et suit tous ses mouvements. Pendant les premiers temps de la détente du ressort, cette aiguille remplit presque toute la capacité intérieure du tube d'ascension de l'huile ; elle offre, par conséquent, au passage du liquide, un obstacle, qui a pour résultat de diminuer la quantité d'huile portée à la mèche. Mais, à mesure que le piston descend, l'aiguille qui s'abaisse avec lui, laisse au passage de l'huile un espace qui devient progressivement plus grand, et permet l'arrivée d'une quantité d'huile de plus en plus considérable. Ainsi l'abaissement successif de cette aiguille dans l'intérieur du tube d'ascension, dont elle occupait d'abord presque toute la capacité, a pour résultat de compenser l'affaiblissement que subit la force du ressort moteur à mesure qu'il se détend. Cette aiguille, cette tige métallique porte donc, à juste titre, le nom de *compensateur* ou de *modérateur*. De là est venu le nom de *lampe à modérateur*.

le piston, force ce liquide à s'élever dans le tuyau AA', qui la conduit au bec. Le ressort à boudin est tendu au moyen d'une clef extérieure H, qui fait tourner un pignon, E, engrenant avec une crémaillère, C. Dans cette même figure D représente le bouton au moyen duquel on agit sur la mèche pour la faire monter ou descendre dans le bec G.

Mais, à mesure, avons-nous dit, que le piston

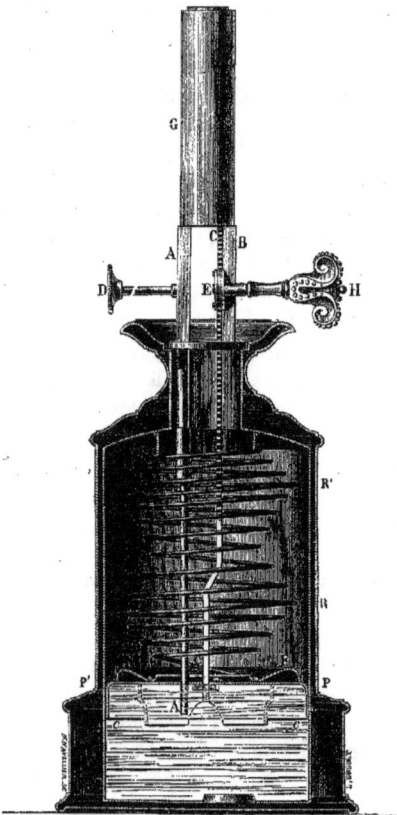

Fig. 34. — Coupe de la lampe à modérateur.

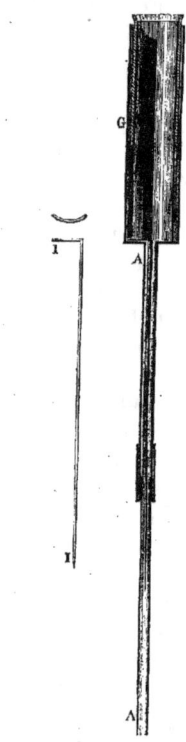

Fig. 35. — Aiguille de la lampe à modérateur.

La figure 34 donne la coupe d'une lampe de ce genre.

Le corps de pompe qui sert de réservoir d'huile, est occupé et parcouru dans toute son étendue, par un piston PP'. Ce piston est attaché à un ressort à boudin RR', qui est également attaché à la partie supérieure du réservoir. La pression exercée sur l'huile par

s'abaisse, la force du ressort diminue, tandis que la hauteur à laquelle l'huile doit être élevée, augmente sans cesse. L'huile arriverait donc au bec avec moins de vitesse à la fin de la course du piston que dans les premiers moments. La tige dite *modérateur* rend le mouvement ascendant du liquide très-sensiblement régulier.

Une figure spéciale sera nécessaire pour faire comprendre le jeu de l'aiguille modératrice.

Le tuyau d'ascension, AA', que l'on voit sur la figure 34, est composé de deux parties rentrant l'une dans l'autre. La partie inférieure est fixée au piston, qu'elle traverse, et descend avec lui sous l'action du ressort moteur. La partie supérieure, au contraire, reste immobile et sert, pour ainsi dire, de gaîne à l'autre, qui glisse à son intérieur en descendant avec le piston. Une tringle II (*fig.* 35) se trouve placée suivant l'axe du tuyau d'ascension AA' et descend jusque dans sa partie inférieure. Comme cette tringle remplit presque tout l'espace annulaire qui existe entre les parois du tuyau d'ascension et le contour de cette tringle, l'huile, ayant à traverser cet espace, subit un retard sensible dans son mouvement d'ascension. Le passage qui existe tout autour de la tringle II, est d'autant plus étroit que le piston est descendu plus bas, et que le ressort est plus détendu. Ainsi, la résistance opposée au mouvement du liquide, par le modérateur GG, diminue de plus en plus, à mesure que le piston descend, c'est-à-dire à mesure que s'affaiblit la force du ressort et qu'augmente la hauteur à laquelle l'huile doit être portée par la pression. Par des tâtonnements, on arrive à donner au modérateur les dimensions nécessaires pour que le mouvement d'ascension du liquide soit rendu bien égal.

Le bec reçoit toujours un très-grand excès d'huile, qui refroidit ce bec, et fait brûler la mèche *à blanc*. Cette huile, qui n'est pas brûlée, retombe dans le réservoir, au-dessus du piston. C'est également là que tombe l'huile que l'on y introduit pour remplir la lampe. Il reste à expliquer comment l'huile ainsi introduite, et placée par-dessus la tête du piston, peut se rendre par-dessous ce même piston, pour pouvoir ensuite être poussée jusqu'au bec, et entretenir cette circulation continue du liquide combustible qui est

l'avantage essentiel des lampes mécaniques. Reportons-nous à la figure 34. Lorsque la lampe est pleine d'huile, cette huile ayant été versée en dessus du piston, si l'on tourne

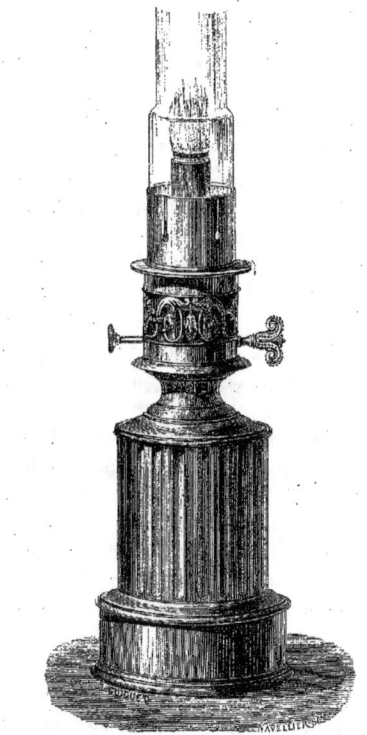

Fig. 36. — Lampe à modérateur.

la clef H, qui fait tourner le pignon E (*fig.* 34), ce pignon, en tournant, fait monter la tige à crémaillère CC', avec laquelle il engrène, et soulève le piston, qui est fixé à cette tige. Or, ce piston est composé d'un morceau de cuir recouvert d'une feuille de cuivre ; ses bords en cuir sont recourbés vers le bas, et ils s'appliquent contre les parois du réservoir, en raison de la pression exercée contre le cuir par l'huile. Lorsque le piston s'élève, un vide se forme nécessairement sous la face inférieure de ce piston ; la pression étant ainsi plus forte au-dessus qu'au-dessous du piston, l'huile qui le surmonte, pressée par le poids de l'air, avec lequel elle communique librement, fait fléchir la bande de cuir *cc*, et descend dans le compartiment inférieur, en passant autour du piston.

Voilà comment, en remontant avec la clef, le ressort à boudin, on fait passer au-dessous du piston, l'huile qui, introduite dans la lampe, s'était placée au-dessus de ce même piston. La même chose arrive lorsque le réservoir n'est vide qu'en partie, et lorsque la lampe brûle, aussi bien que quand elle ne brûle pas. Alors, en remontant le ressort, on fait toujours passer l'huile dans le compartiment inférieur. Quand on entend un gargouillement à l'intérieur de la lampe, c'est que l'huile est presque entièrement consumée, et que c'est de l'air, au lieu d'huile, qui passe au-dessous du piston.

Les lampes à modérateur sont aujourd'hui d'un usage universel. La régularité de leur marche, la facilité avec laquelle les lampistes ordinaires peuvent les construire, enfin leur bas prix, qui résulte de la simplicité de leur mécanisme, les ont fait accepter non-seulement en France, mais dans tous les autres pays de l'Europe. Elles remplacent presque universellement, aujourd'hui, les lampes Carcel, et les lampes d'une construction plus simple, c'est-à-dire celles où le réservoir est supérieur au bec, telles, par exemple, que les lampes dites *de bureau*. Une lampe à modérateur n'est pas plus chère que la lampe la plus ordinaire appartenant à ce dernier système ; on n'a donc pu hésiter à lui accorder la préférence. La fabrication des lampes à modérateur se fait aujourd'hui sur une échelle immense ; elle constitue une des branches les plus florissantes du commerce de Paris.

Quel est l'inventeur de la lampe à modérateur ? La réponse à cette question n'est pas facile. Quand il s'agit de découvertes remontant à une époque antérieure à la nôtre, on peut toujours rendre équitablement à chacun ce qui lui appartient. Autrefois, en effet, un inventeur restait longtemps attaché isolément à son œuvre. Il la poursuivait en silence, et ne la laissait sortir de ses mains que lorsqu'elle avait reçu le sceau de la perfection. L'absence à cette époque de communications régulières entre les savants, explique ce travail isolé et continu, éminemment propre à l'exécution des découvertes importantes. Ainsi avaient agi Argand et Carcel, les deux grands initiateurs dans l'art de l'éclairage, et il n'est pas possible de s'égarer quand on parle de leurs inventions : elles leur appartiennent en propre, nul ne peut les leur contester. Mais les choses sont bien changées de nos jours. Il existe maintenant en tout pays, une foule de journaux de sciences et d'industrie, ainsi qu'un grand nombre de sociétés savantes, qui répandent avec une prodigieuse rapidité, les découvertes nouvellement écloses. Aussi, à peine un inventeur a-t-il produit son œuvre, qu'aussitôt une nuée d'hommes, d'ailleurs fort distingués par leurs talents et leurs lumières, s'emparent de cette idée, la perfectionnent, la modifient, la tournent et la retournent de cent façons. Comme plusieurs intelligences viennent s'exercer, avec leurs aptitudes diverses, sur l'œuvre de l'inventeur primitif, il arrive nécessairement que cet inventeur est bientôt dépassé, et que la découverte créée par lui, prend en dehors de lui ses développements et sa perfection. C'est ce que l'on a vu pour la photographie, pour la machine à vapeur, pour la galvanoplastie et pour une foule d'inventions de notre temps. C'est ce qui est arrivé en particulier pour la lampe à modérateur. La concurrence des inventeurs était d'autant plus naturelle, en ce qui regarde la lampe à modérateur, qu'il y a dans cet appareil trois organes essentiels, qui comptent chacun plus d'un inventeur : le ressort à boudin, le piston, qui pouvait être fabriqué de bien des manières, et l'idée fondamentale de la petite tige engagée dans le tuyau d'ascension de l'huile et qui porte le nom de modérateur. Les inventeurs de ces différents organes ont voulu revendiquer pour leur propre compte la découverte même de la lampe à modérateur, et ainsi s'est élevé entre eux un conflit de prétentions, une guerre de priorité, que l'intérêt mercantile s'est appliqué encore à obscurcir, de sorte qu'il est presque impossible aujourd'hui de débrouiller ce chaos.

L'Académie des sciences de Paris qui eut à se prononcer en 1854, sur la question de l'invention de la lampe à boudin, la résolut, en décernant le *prix de mécanique*, de la fondation Monthyon, à M. Franchot, mécanicien de Paris, « pour sa découverte de la lampe à modérateur et pour ses travaux sur les machines à air chaud. »

Aux termes de cette décision de l'Académie des sciences, M. Franchot devrait donc être proclamé le seul inventeur de la lampe à modérateur. C'est là une conclusion que M. Franchot lui-même n'accepterait pas. Ce mécanicien eut le mérite de réunir en un ensemble harmonieux différents organes que plusieurs lampistes avaient imaginés avant lui, et de faire de cette réunion l'appareil ingénieux et simple qui est aujourd'hui entre les mains de tout le monde. Mais l'idée du ressort à boudin avait été réalisée bien longtemps avant lui, et d'autre part Mallebouche et Joanne avaient déjà fabriqué des lampes munies d'un piston de cuir embouti. Le modérateur même avait été imaginé par un autre lampiste, M. Allard.

Au reste, les travaux des inventeurs des principaux organes de la lampe à modérateur ont été résumés avec clarté, et en les subordonnant sans cesse d'ailleurs à ceux de M. Franchot, dans une excellente publication périodique, *le Génie industriel*, de M. Armengaud. A l'époque où l'Académie des sciences décerna à M. Franchot le prix dont nous parlions plus haut, M. Armengaud écrivit, pour justifier cette décision académique, les pages qui vont suivre, et qui feront suffisamment connaître les travaux des différents inventeurs qui ont précédé M. Franchot dans la même voie.

On allègue, contre les droits de M. Franchot, plusieurs raisons ; néanmoins il n'en est que trois qu'on ait opposées sérieusement à son brevet ; ce sont les suivantes :

« M. Mallebouche, a-t-on dit, breveté le 9 juin 1832 (brevet déchu par ordonnance royale du 13 avril 1836), a employé le ressort que revendique M. Franchot.

« De même M. Joanne a employé en 1833 le piston de cuir embouti.

« Enfin M. Allard a décrit en 1827 un régulateur analogue à celui que M. Franchot a employé dans sa lampe à modérateur. »

Ces assertions fussent-elles rigoureusement vraies, on ne pourrait méconnaître que les divers organes très-simples, réunis pour la première fois par M. Franchot, dans sa lampe à modérateur, ont constitué une lampe plus pratique qu'aucune de celles connues antérieurement, et par conséquent une invention utile.

Nous allons cependant essayer d'établir une comparaison entre lesdits brevets et celui de M. Franchot.

BREVET MALLEBOUCHE *pour un nouveau système d'éclairage à l'huile.* — M. Mallebouche a effectivement décrit un ressort à double fusée, dit *élastique de tapissier*, pour comprimer l'huile sous un piston. L'huile s'élève par un tube central fixé au fond du corps de la lampe.

M. Franchot a employé le même ressort, en y apportant le perfectionnement de la triple fusée *qui a été exclusivement adopté*.

Ici la similitude est presque complète.

BREVET JOANNE *pour une lampe dite astéare.* — Dans son brevet primitif, l'inventeur s'exprime assez vaguement au sujet du piston.

« Ce piston, dit-il, est composé de quatre pièces; lorsque je lève le tube, le piston s'ouvre, et il se referme quand je le laisse tomber. Ces quatre pièces sont :

« Une rondelle en cuir ajustée à frottement doux contre le cylindre ;

« Une rondelle en plomb ou en cuivre, conique à l'intérieur ;

« Une rondelle en cuir conique à l'extérieur et ajustée à frottement doux sur le tube central ;

« Un poids qui a dans le cylindre un jeu facile. Si je laisse retomber ce poids, il entraîne la troisième rondelle sur la deuxième ; les deux cônes s'adaptant parfaitement ensemble, toute communication se trouve interrompue. »

Ce piston ne présente aucune analogie avec le

piston en cuir embouti, et là n'était même pas l'objection que l'on faisait à M. Franchot. Un brevet d'addition obtenu par M. Joanne le 17 mai 1833, paraît avoir donné lieu à l'assertion mentionnée plus haut.

La lampe de M. Joanne se compose d'un corps cylindrique dans lequel se meut librement un piston. « Le *piston*, dit l'auteur, se compose actuellement d'un poids en plomb dont la pesanteur surpasse celle de la colonne d'huile, assez pour la porter au-dessous du bec et pour combattre le frottement du piston ; 2° d'un piston en cuir bouilli offrant, au centre, une ouverture à bords rentrants, puis une surface *sphérique plate*, puis un rebord extérieur aussi recourbé et rentrant. Ce piston, dès qu'il est abandonné sur l'huile qui retrousse son bord extérieur, est tenté de s'ouvrir et de s'agrandir, ce qui le rend toujours parfaitement juste avec le cylindre. »

La lampe est traversée verticalement par un tube central terminé au bas par une partie mobile montée à baïonnette et qui sert à régler ou à fermer au besoin l'ouverture servant à l'introduction de l'huile de la lampe dans ce tube.

La pièce mobile se termine à sa partie inférieure par une partie cassée en une pyramide tronquée, s'adaptant dans un évidement de même forme pratiqué dans le fond de la lampe. En appuyant sur le tube, on fait pénétrer la pièce dans son évidement, ce qui l'arrête solidement, et, en faisant tourner le tube, on ouvre ou ferme l'ouverture.

Pour remonter la lampe, on saisit l'extrémité supérieure d'un tube que l'on soulève. Ce tube en montant saisit par deux crochets, le dessous du piston et l'entraîne avec lui de bas en haut. L'huile versée au-dessus du piston passe au-dessous. On abandonne alors le piston à lui-même, et on repousse le tube. Le poids du piston presse sur l'huile qui remonte dans le tube par le trou.

A l'intérieur du tube est disposée une soupape qui se ferme lorsqu'on remonte la lampe, et s'ouvre lorsque le piston agit. La tige de cette soupape porte à son extrémité inférieure une éponge qui vient alors s'appliquer contre le siège de la soupape et modère l'ascension de l'huile.

On voit, d'après ce qui précède, qu'en effet M. Joanne a eu l'idée d'appliquer à sa lampe *astéare* ou lampe-chandelle, un piston à bords retroussés analogue au piston en cuir embouti déjà employé dans quelques pompes et notamment dans les presses hydrauliques, en raison de ses propriétés étanches.

Or, on remarquera que, si le piston en cuir retroussé et bouilli de M. Joanne permet de supprimer la soupape d'aspiration, l'auteur paraît ne pas y avoir songé, puisque, au lieu d'utiliser la flexibilité des bords du cuir, pour le passage de l'huile du dessus au-dessous du piston, il a ménagé à la pièce du tube un étranglement qui, ne remplissant plus entièrement le trou central du piston, lorsqu'on remonte la lampe, laisse passer toute l'huile par ce trou.

Supprimer une soupape, était une simplification assez importante pour que l'auteur en fît mention et donnât à ce sujet quelques explications. On ne peut donc lui donner le bénéfice de son silence, en tirant du vague et de l'incorrection de son dessin des simplifications peut-être faciles à imaginer, mais auxquelles il n'est pas vraisemblable que l'auteur ait songé, puisqu'il n'a pas su en tirer les conséquences pratiques.

M. Franchot peut donc avec raison maintenir que, le premier, il a employé dans sa lampe à modérateur le *piston-soupape* disposé *ad hoc*.

Nous ferons en outre observer que, même à première vue, la disposition du piston de M. Franchot diffère de celle du piston en cuir bouilli de M. Joanne.

Une autre simplification importante introduite par M. Franchot dans la lampe à piston, est la suppression de la soupape de retenue employée par M. Joanne.

L'huile, dit M. Franchot dans son brevet, ne cesse pas d'arriver au bec tandis qu'on remonte le piston, au contraire, elle surabonde en ce moment. Cet effet est dû à la tige du piston, laquelle, en raison de son épaisseur, foule l'huile en montant beaucoup plus vite qu'elle ne pourrait s'écouler dans le conduit rétréci du régulateur.

Brevet Allard. — *Lampe à huile ascendante au moyen d'air comprimé, et qui se régularise en faisant filtrer l'huile à travers une éponge.*

Le tuyau d'ascension de l'huile que décrit l'inventeur dans son brevet primitif est en effet muni, à son extrémité inférieure, d'une boîte contenant une éponge serrée entre des morceaux de toile métallique. On peut, dit l'inventeur, remplacer ce tuyau par un jonc poreux.

La pression produite sur l'huile ascendante par un coussin d'air comprimé agit sur l'éponge en resserrant les pores qui ne laissent passer l'huile qu'en retardant la marche.

A mesure que le coussin d'air se détend, et que par suite il tend à faire monter l'huile avec moins de force, l'éponge moins comprimée offre à cette dernière une résistance moindre. L'ascension de l'huile se trouve ainsi régularisée à un certain degré.

Dans une première addition du 25 juillet 1828, M. Allard dit que l'éponge et le jonc filtrant, s'obstruant au bout de quelque temps par l'accumulation des impuretés de l'huile, il les remplace par un tube capillaire, « l'expérience ayant démontré que, pour un même orifice de tube, et une même pression, la quantité d'huile fournie dans un temps donné est en raison inverse de la longueur du tube. »

Telle est en effet la théorie du *régulateur* de M. Franchot, mais il reste à trouver la manière de faire varier la longueur de ce canal capillaire pendant la détente du ressort. C'est ce que M. Allard n'indique nullement.

On a surtout opposé à M. Franchot le quatrième brevet d'addition obtenu par M. Allard le 31 décembre 1828. Voici la copie textuelle de l'exposé de cette addition :

« Je ferai remarquer ici que la loi suivant laquelle l'huile s'écoule à travers les tuyaux capillaires, ou à très-petits orifices, et qui a été expliquée dans le deuxième brevet de perfectionnement et d'addition, a également lieu pour tous les autres fluides et même pour les fluides élastiques, et qu'elle donne des résultats proportionnels à la longueur des tubes, au diamètre de leur orifice et à la densité spécifique des fluides avec de légères variations.

« Il résulte de là qu'on peut aussi bien se servir de tubes capillaires pour régler l'écoulement de l'huile que pour celui de l'air qui vient peser sur sa surface et faire même concourir les deux effets vers un même but : celui d'alimenter convenablement le bec. Il suffit pour cela d'employer comme moyen de communication, entre l'air et l'huile, un tube capillaire d'un calibre plus petit que *l'on peut rétrécir au besoin en y introduisant et étendant, dans toute sa longueur, soit un fil de métal d'un diamètre convenable à l'effet qu'on se propose, soit un ou plusieurs fils de soie, etc.* »

L'auteur n'indique rien de plus sur la manière de faire varier la longueur du canal suivant la décroissance de la pression. Il décrit un dispositif de réservoir, sorte de piston gazomètre, et qui n'a point pour effet de faire varier cette longueur.

Ainsi, M. Allard a réellement posé les conditions d'un bon régulateur, mais il n'a donné aucune solution applicable du problème qu'il s'est posé. Il s'est vraisemblablement borné, comme il le dit autre part dans son brevet, à régler son modérateur sur la pression la plus faible, ce qui ne constitue nullement un *régulateur*. En admettant que M. Franchot ait eu connaissance du brevet de M. Allard, il s'est borné à résoudre le problème posé, mais laissé sans solution par ce dernier.

Indépendamment de l'action régulatrice obtenue par la fixité de la tringle de fer de M. Franchot, combinée avec le mouvement du piston dans la tige duquel cette tringle pénètre, le va-et-vient relatif continuel de ladite tringle dans la tige creuse désobstrue ce canal rétréci. Le modérateur de M. Franchot sert donc à la régularisation et au dégagement tout à la fois (1).

Il ressort de cette discussion, que les divers organes de la lampe à modérateur avaient été, non-seulement trouvés, mais employés

(1) *Génie industriel*, par Armengaud. In-8, Paris, 1854.

avant M. Franchot, et que le rôle de ce mécanicien se borna à réunir en un seul tous ces divers organes, en les perfectionnant dans leurs dispositions pratiques.

Si l'on voulait même rechercher l'inventeur fondamental de ce système de lampes,

Fig. 37. — Franchot

il faudrait remonter aux temps du premier Empire, et dire que cet inventeur primitif fut Astéar, qui avait imaginé la *lampe-chandelle*, c'est-à-dire une lampe dans laquelle l'huile était poussée dans le tuyau d'ascension par un ressort à boudin, ce qui permettait d'éclairer circulairement à la manière des chandelles, car c'était là le grand problème que l'on se posait alors. Les inventions que nous avons successivement passées en revue, se sont exercées, en définitive, sur la lampe d'Astéar; elles avaient pour but de réaliser dans des conditions pratiques, l'idée de la *lampe-chandelle* du premier Empire.

Il nous reste à dire que les inventeurs de la lampe à modérateur, c'est-à-dire, Astéar, Joanne, Mallebouche, Allard, Franchot, n'ont retiré aucun profit de leurs travaux. M. Franchot céda, pour une somme de 10,000 francs son brevet d'invention de la lampe à modérateur à un lampiste, M. Jac, qui, associé avec M. Hadrot, réalisa plus d'un million de bénéfices en fabriquant et vendant la nouvelle lampe pendant toute la durée du brevet de M. Franchot. Ce dernier, avons-nous dit, obtint de l'Académie des sciences, en 1854, le *prix de mécanique*, récompense de 1,500 francs, insignifiante par sa banalité, et ce fut tout. Quant aux autres inventeurs qui avaient précédé M. Franchot et lui avaient préparé la voie, MM. Astéar, Joanne, Mallebouche, Allard, leur nom ne fut pas prononcé à l'Académie, et le public ne les connaît même pas aujourd'hui.

C'est là, d'ailleurs, l'éternelle histoire des inventeurs dans la société moderne. C'est un fait inouï que l'auteur d'une découverte importante pour l'avenir et le progrès de l'humanité, en ait retiré le moindre avantage. La calomnie, la persécution, la misère, lui font expier le tort qu'il a eu d'être utile à ses semblables.

Ces réflexions attristantes nous viennent en repassant dans notre esprit l'histoire des principales inventions qui ont été accomplies depuis la fin du dernier siècle, dans l'art de l'éclairage. Nous avons vu Argand, le créateur de la lampe moderne, épuiser ses forces en luttes inutiles contre les contrefacteurs, puis être obligé d'aller vivre à l'étranger pour y continuer l'exploitation de sa découverte, enfin, aux derniers jours de son existence, perdre la raison. Nous avons vu Carcel mourir pauvre et peu connu. Les inventeurs de la lampe à modérateur n'ont pas été mieux traités. Et nous ajouterons que tous ces hommes, auxquels leur siècle a refusé l'obole de la reconnaissance publique, fondaient l'une des industries les plus importantes de l'univers, l'industrie de l'éclairage, dont les produits annuels se chiffrent aujourd'hui par des millions en tous pays, et surtout en France.

L'histoire des inventions scientifiques, que nous écrivons dans cet ouvrage, n'est que trop souvent l'histoire des souffrances des inventeurs et le martyrologe du génie.

CHAPITRE IX

LA LAMPE SOLAIRE. — LA LAMPE JOBARD OU LAMPE DU PAUVRE.

Pour compléter cette étude sur l'éclairage par les corps gras liquides, il nous reste à dire quelques mots d'une lampe qui fut assez remarquée pendant quelque temps, et qui méritait, en effet, d'attirer l'attention, par la nouveauté de son principe. Nous voulons parler de la lampe dite *solaire*.

Dans cette lampe, qui fut imaginée vers 1840, par M. Neuburger, on obtient un très-vif éclat lumineux, sans employer aucune espèce de mécanisme, sans prendre la peine d'élever l'huile jusqu'à la mèche, et en se contentant de poser la mèche au milieu du réservoir d'huile, en la surmontant d'une cheminée de verre.

L'avantage essentiel de la *lampe solaire*, c'est qu'elle permet de brûler toutes sortes de combustibles, des corps gras sans valeur, comme des huiles rances, des graisses, du suif, de l'oléine, etc.

La lampe solaire consiste en un simple réservoir circulaire plein d'huile, sur lequel on place un bec d'Argand, c'est-à-dire une cheminée de cuivre, mais sans aucun verre, en faisant dépasser d'un centimètre à peine la mèche du niveau de l'huile. Dans ces conditions, la combustion ne tarderait pas à devenir imparfaite par suite de l'abaissement de niveau de l'huile. Mais le porte-cheminée étant disposé d'une manière toute particulière, la flamme subit, un peu au-dessus de la mèche, un étranglement dans lequel elle se mélange avec l'air. Elle s'allonge et s'élève alors un peu au-dessus du niveau de l'huile, en dégageant une lumière extrêmement vive (*fig.* 38). Grâce à ce moyen, les dépôts charbonneux qui, dans les flammes ordinaires, donnent une teinte rougeâtre, sont entièrement consumés.

Fig. 38. — Lampe solaire.

La figure 39, qui donne une coupe de cette lampe, en fera comprendre le principe et le mécanisme.

A est le vase contenant l'huile. Un tube central B se prolongeant jusque dans le pied qui supporte le réservoir A, sert à amener l'air au centre de la flamme.

C'est le long de ce tube qui porte une cannelure hélicoïdale que monte et descend la mèche, qui est faite d'un tissu de coton très-épais, et qui est maintenue par une bague comme dans les lampes ordinaires.

Un second tube, C, enveloppe le premier. Il est percé de trous, pour laisser arriver l'huile à la mèche.

Une enveloppe, DD, de la même forme que le dessus du vase A, recouvre celui-ci sans le toucher et repose sur une galerie à jour FF, qui permet de laisser arriver un courant d'air autour de la flamme. Cette espèce de couverture est fixée par des vis de pression, elle est percée d'un orifice, E, plus petit lui-même que le diamètre de la mèche.

Enfin des tiges à crémaillère sont disposées sur cette enveloppe, pour engrener avec la

Fig. 39. — Coupe de la lampe solaire.

bague qui maintient la mèche, et la faire monter ou descendre en la tournant à droite ou à gauche.

Par cette disposition du couvercle l'huile qui arrive en contact avec le point d'ignition de la mèche y entre en vapeur, et cette vapeur forcée de sortir par un trou bien plus petit que la mèche, se mélange d'une grande quantité d'air, et se brûle en entier. Aussi la combustion est-elle si complète que, quelle que soit l'huile employée, on ne sent aucune odeur. C'est là en réalité un appareil destiné à produire de la vapeur d'huile, et à la brûler à une certaine distance de son point de production, en la mettant en contact avec la plus grande quantité d'air possible.

La lampe solaire est restée en faveur pendant quelques années, mais elle est aujourd'hui entièrement délaissée.

Nous n'avons parlé jusqu'ici que des lampes de salon. La lampe intermédiaire, la lampe de la petite propriété, ne doit pourtant pas être oubliée dans la série d'inventions dont nous traçons le tableau.

Jobard, né à Dijon, et qui vécut surtout à Bruxelles, où il avait obtenu le poste de directeur du Musée de l'Industrie, homme d'un esprit inventif, mais trop souvent paradoxal, s'était appliqué à résoudre ce problème, et il y avait réussi en créant une petite lampe à huile, qui figura à l'Exposition de 1855. Ce modeste luminaire n'avait d'autre ambition que de remplacer la chandelle.

Les paysans du midi de l'Europe, ceux de l'Espagne et de l'Italie, quelquefois même

Fig. 40. — Lampe des pays méridionaux.

ceux du midi de la France, se servent, pour s'éclairer, d'un globe de verre rempli d'huile, dans lequel plonge une mèche placée au centre du réservoir comme le représente la figure 40. Ce réservoir, peut avoir plusieurs becs, et l'on peut alors, en brûlant trois ou quatre mèches sur la même lampe, obtenir une illumination plus vive : c'est l'éclairage des soirs de fêtes, des réunions de famille, ou des longues soirées de travail en commun. Ce mode d'éclairage, qui doit remonter aux temps les plus anciens, est essentiellement économique et simple. Seulement, lorsque, par le progrès de la combustion,

l'huile vient à baisser dans le réservoir, la capillarité devient insuffisante pour élever jusqu'à la mèche la quantité nécessaire du liquide combustible ; l'éclairage languit, et il se forme des champignons sur la mèche ; l'huile est dès lors dépensée sans profit, car elle est détruite et se consume sans éclairer.

C'est ce patriarcal système que Jobard a perfectionné. Sa lampe n'est autre chose que la veilleuse, mais la veilleuse améliorée par un physicien observateur. Elle se compose tout simplement d'un verre à pied, dans lequel on verse de l'huile. Un porte-mèche, fixé aux parois du verre, par une queue élastique en fer, fait plonger la mèche dans le liquide. Le vase de verre est fermé à sa partie supérieure, par un couvercle métallique, percé d'un trou à son centre et de plusieurs trous à sa circonférence. Cette espèce de chapeau-régulateur modère et dirige le courant d'air. Ainsi l'air d'alimentation s'introduit dans l'appareil *per descensum*, à l'inverse de toutes les lampes.

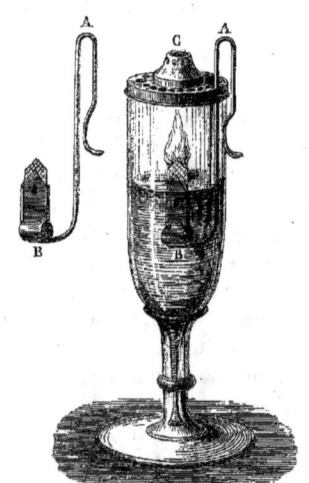

Fig. 41. — Lampe du pauvre.

Nous avons fait dessiner (*fig.* 41) la *lampe du pauvre* de Jobard, d'après un modèle que l'inventeur laissa entre nos mains après l'Exposition universelle de 1855, et qui est peut-être le seul qui existe encore, car cette invention, comme il était facile de s'y attendre, vu son peu d'importance, n'a pas fait fortune, en dépit des espérances enthousiastes de l'auteur.

B est le porte-mèche que l'on peut élever ou abaisser, grâce à l'élasticité de la queue de fer, A, qui pince le verre à la hauteur que l'on désire ; C, est le couvercle en laiton : il est percé d'une grande ouverture centrale et de trous plus petits sur sa circonférence. La mèche est plate et taillée en angle aigu comme on le voit sur le dessin séparé, représentant ce dernier organe.

Ce petit luminaire ne brûle que pour un centime d'huile par heure. Quand on veut s'absenter ou dormir, on pose sur l'ouverture du couvercle un obturateur quelconque, une pièce de monnaie, par exemple : la lampe se transforme alors en veilleuse, et sa lumière est réduite à son minimum; on ne brûle plus qu'un centime d'huile par nuit. Pour rendre à l'éclairage toute sa puissance, il suffit d'enlever l'obturateur.

Quand on couvre cette lampe d'un réflecteur de papier, on obtient, malgré sa faible consommation d'huile, un éclairage qui est encore suffisant pour lire, écrire, travailler. Mais faisons bien remarquer qu'une seule personne peut profiter de cette clarté, car la quantité d'huile consumée et celle de lumière produite sont réduites aux plus faibles proportions possibles, et calculées pour suffire exactement, mais non au delà, à l'éclairage d'une personne : c'est pour cela que la lampe Jobard avait été baptisée par Froment, du nom de *lampe pour un*. Je proposai, en 1855, à l'inventeur de l'appeler la *lampe du pauvre*, et ce nom lui est resté.

La *lampe Jobard*, qui brûle pendant une nuit entière sans laisser former de champignons sur la mèche, a donné lieu de découvrir la cause de la formation de ces champignons qui étouffent les veilleuses ordinaires. Il a été reconnu, d'après le fait de leur non-apparition sur les mèches de la *lampe du pauvre*, dans laquelle la combustion se fait en un vase fermé, que c'est à l'agitation de l'air qu'il faut attribuer la formation de ces champignons. Lorsque, par suite de l'agitation de la flamme, un point du lumignon d'une veilleuse se trouve exposé à l'air, ce point découvert rougit au contact de l'oxygène atmosphérique, et le carbone prove-

Fig. 42. — Jobard.

nant de la combustion de l'huile, s'y accumule. Mais si le lumignon n'est jamais en contact direct avec l'oxygène atmosphérique, s'il reste toujours enveloppé par la flamme, c'est-à-dire par le gaz qui résulte de la combustion, aucune accumulation de carbone, c'est-à-dire aucune production de champignon, ne s'observe. La lampe Jobard a donc permis de reconnaître la cause physique de ce petit phénomène, dont les anciens, dans leur impuissance à l'expliquer, avaient fait un mauvais présage :

Testâ cum ardente viderent
Scintillare oleum et putres concrescere fungos,

dit Virgile.

En résumé, la petite lampe dont nous parlons, a été imaginée pour réduire à la plus petite fraction possible la dépense de l'éclairage. Ce but a été parfaitement atteint.

Jobard, cet ingénieux et fertile inventeur qui semblait s'attacher à donner à son nom de perpétuels démentis, avait encore présenté à l'Exposition de 1855, une petite invention se rapportant à l'art de l'éclairage.

Les verres qui servent de cheminées à nos lampes, se cassent fréquemment, par les variations de température. Cet accident est une grande source de dépenses. Dans les lanternes à gaz consacrées à l'éclairage public, il y aurait un grand avantage à employer ces cheminées de verre, qui économisent une grande quantité de gaz, parce qu'elles rendent sa combustion complète. Mais on ne peut s'en servir en plein air, parce que le vent occasionne leur rupture. Il était donc utile de chercher à prévenir un accident si fâcheux. Tel est le résultat qui fut obtenu par Jobard.

Voulez-vous empêcher les verres de lampe de se casser, a dit Jobard, cassez-les. Ce qui signifie : la rupture des verres de lampe provient de leur refroidissement subit par un courant d'air, ou par un brusque abaissement de température, et cet accident arrive parce que la mauvaise conductibilité du verre pour la chaleur, provoque entre ses molécules une contraction rapide et inégale, un retrait subit, qui a pour résultat de produire la fêlure. D'après cela, si l'on pratique d'avance sur le verre, une fente légère, dans le sens de sa longueur, le retrait produit par un refroidissement subit, ne pourra plus occasionner de fêlure, parce que la matière du verre, jouissant alors d'un certain jeu, pourra varier librement dans ses dimensions, sans qu'il en résulte d'accident.

Ainsi avait raisonné Jobard, et cette idée, qui n'était qu'une prévision de la théorie, il parvint à la faire passer dans la pratique. Jobard avait imaginé une douzaine de procédés différents pour pratiquer sur les verres de lampe une fêlure longitudinale. Un seul ouvrier en fendait 1,500 par jour presque sans déchet. Nous ne pouvons donc que répéter avec Jobard : « Voulez-vous empêcher vos verres de se casser, cassez-les. » En d'autres termes, ayez des verres *pré-fendus*, pour ne pas les voir *post-fendus*.

CHAPITRE X

L'ÉCLAIRAGE PAR LES CORPS GRAS SOLIDES. — LES CHANDELLES ET LEUR FABRICATION. — EXTRACTION DES SUIFS. — FABRICATION DES CHANDELLES PAR LA FONTE A FEU NU ET PAR L'ACIDE OU L'ALCALI. — MOULAGE DES CHANDELLES. — FABRICATION DES CHANDELLES A LA BAGUETTE.

Jusqu'à l'année 1830, environ, l'éclairage par les corps gras solides se réduisait à la chandelle et à la bougie de cire d'abeilles purifiée. La bougie de cire était un éclairage de luxe, nécessairement interdit à la classe pauvre. Quant à la chandelle, elle fut longtemps considérée elle-même comme dispendieuse. Madame de Maintenon s'en servait encore lorsqu'elle était simple marquise, et cet éclairage était un véritable luxe à une époque où certains magistrats profitaient pour leur travail du soir, du feu et de la lampe de la cuisine.

Nous n'avons pas besoin de rappeler les inconvénients de la chandelle : son odeur désagréable ; — sa fusibilité, qui est si grande, que, dans les chaleurs de l'été, elle se ramollit à un tel point, que l'on peut à peine la toucher, et que, pendant sa combustion, au moindre obstacle, à la plus légère obstruction partielle des pores de la mèche, le suif déborde, et, en se répandant, salit tout ce qu'il rencontre ; — enfin, la nécessité de couper périodiquement la mèche, sous peine de voir la lumière perdre les quatre cinquièmes de son éclat.

Grâce aux progrès de la chimie et à l'application des arts mécaniques, le dispendieux éclairage à la cire est complétement abandonné. On ne confectionne plus aujourd'hui une seule bougie de cire pour l'éclairage des salons, et si la fabrication des cierges d'église ne faisait conserver encore, dans un petit nombre de pays, pour cette destination, l'usage de la cire, imposé par le rite catholique, le mot d'éclairage à la cire serait rayé du vocabulaire industriel.

L'éclairage par les corps gras solides ne comprend donc aujourd'hui que la chandelle et la bougie stéarique. En Angleterre et en Amérique, on leur ajoute les bougies de *paraffine*, et le *blanc de baleine*, qui servent à confectionner des bougies de luxe.

Pour traiter de l'éclairage par les corps gras solides, nous avons donc à parler de la chandelle et de la bougie stéarique, et à compléter ces données par quelques mots sur la préparation des bougies de paraffine et de blanc de baleine.

Tout le monde sait que la chandelle n'est autre chose que la graisse d'animaux herbivores (le bœuf et le mouton), modelée en longs cylindres, et pourvue d'une mèche de coton. On nomme *suif* la matière grasse extraite de la chair du bœuf ou du mouton, et *axonge* la graisse du cochon, graisse qui n'entre jamais, d'ailleurs, dans la composition des chandelles.

Le suif est acheté, dans les abattoirs, par les fabricants de chandelles. Détachée de l'animal par le boucher, cette graisse est livrée à ces fabricants, sous le nom de *suif en branches*, parce que la matière grasse n'est pas encore séparée des membranes qui la recèlent.

Le fabricant de chandelles doit donc commencer par séparer la graisse de l'animal, des cellules qui la renferment.

La première opération consiste à diviser le suif en fragments, qui permettront de le soumettre plus facilement à l'action de la chaleur; la seconde, à retirer, par la chaleur, la matière grasse contenue dans ce tissu.

Pour diviser le suif en branches, un ouvrier place la matière brute venant de l'abattoir, sur une table, dans laquelle est fixé, par un anneau, un large couteau, dont la pointe est immobile, et dont l'extrémité mobile est pourvue d'un manche, comme le couteau du boulanger. Tenant de la main droite le manche de ce couteau, l'ouvrier élève et abaisse la lame tranchante; tandis que, de la main gauche, il présente le suif à découper. Les fragments reçus dans une manne d'osier, sont portés de là dans la chaudière.

Cette chaudière est en fonte ou en cuivre. Elle est chauffée à feu nu, et non par la vapeur; car la température de l'ébullition de l'eau ne serait pas suffisante pour chasser la matière grasse des cellules dans lesquelles elle est très-exactement enfermée. Un ouvrier remue constamment la matière chauffée, pour l'empêcher de se brûler au contact du métal trop chaud. L'action de la chaleur brise, ouvre les cellules adipeuses, et la chaudière se remplit peu à peu de graisse liquide; tandis que les membranes qui constituaient les cellules et le tissu adipeux, se contractent et se réunissent à la surface du bain fondu, en produisant ce que l'on nomme des *crettons* dans le nord de la France, et des *graillons* dans le midi.

Quand tout le suif est fondu, un ouvrier le puise avec une cuiller de bois, et le verse sur une sorte de filtre, qui consiste en un simple panier d'osier, ou une écumoire en cuivre, et que l'on nomme *baratte*. Quelquefois un tamis de crin sert à opérer cette filtration, c'est-à-dire à séparer du suif fondu les crettons tenus en suspension dans la matière grasse liquide.

Quand le produit liquide ainsi filtré, est au moment de se figer, par le refroidissement, on le coule dans de petits tonneaux de bois, nommés *caques*, ou *tinettes*, et qui renferment environ 24 kilogrammes de suif fondu.

Les crettons, c'est-à-dire les membranes séparées du suif de mouton et de bœuf, pendant la fusion, retiennent emprisonnée une quantité notable de matière grasse. On la retrouve en jetant ces crettons dans une chaudière chauffée, qui en fait écouler la plus grande partie à l'état de liquide; puis on porte le résidu à la presse.

Cependant les graillons, même après l'action de la presse, retiennent encore 5 à 6 pour 100 de suif. Ce résidu est excellent pour l'engraissement des bestiaux.

Quelques fabricants, après avoir fondu le suif une première fois, le purifient en le refondant avec de l'eau, et en y projetant un peu de sel marin, d'alun ou de tartre. On sépare, avec une écumoire, les impuretés qui se réunissent à la surface du bain. On puise ensuite le suif purifié, et on le laisse refroidir lentement dans un panier très-serré, où il s'égoutte. Avant de l'employer, on le fond une troisième fois, et on le maintient fondu, jusqu'à ce que toute l'eau qu'il peut retenir encore ait complétement disparu. Sans cette précaution, les chandelles fabriquées avec ce suif humide, couleraient et brûleraient en pétillant.

Tel est le moyen qui est encore suivi dans la plupart des pays de l'Europe, pour préparer les suifs destinés à la confection des chandelles. Un procédé plus savant, dû au chimiste d'Arcet, est suivi dans les villes manufacturières au courant du progrès industriel : c'est la *fonte à l'acide*.

Les *crettons* retiennent, avons-nous dit, malgré les meilleurs moyens d'expression, 5 à 6 pour 100 de graisse. D'un autre côté, les suifs chauffés à feu nu, répandent aux alentours de la fabrique, une odeur infecte, qui est même parfois dangereuse pour les habitants du voisinage. C'est pour remédier à ces inconvénients que le chimiste d'Arcet inventa, en 1820, la *fonte des suifs à l'acide*.

D'Arcet reconnut que l'acide sulfurique étendu d'eau, chauffé avec le suif en branches, dissout toutes les matières animales, en laissant surnager le suif parfaitement pur et non altéré.

Voici comment l'opération s'exécute. On se sert d'une chaudière *autoclave*, c'est-à-dire exactement fermée, et ne laissant pas échapper la vapeur au dehors. Dès lors, nous n'avons pas besoin de le dire, les parois de cette chaudière doivent être extrêmement résistantes. On remplit cette chaudière de 1,000 kilogrammes de suif en branches, que l'on arrose avec 10 kilogrammes d'acide sulfurique, étendu dans une quantité d'eau, qui varie de 200 à 500 litres, selon la qualité du suif. On ferme la chaudière; puis on y dirige un courant de vapeur, qui entretient le liquide intérieur à la température de l'ébullition. On laisse agir l'acide bouillant pendant plusieurs heures. La température s'élève souvent dans cet espace clos, à 105 ou 110 degrés. Les membranes animales se dissolvent dans la liqueur acide, le suif se sépare, et vient former une couche au-dessus du bain acide. A la partie inférieure du liquide aqueux, se dépose une très-faible quantité de chairs, plus ou moins altérées. On retire de la chaudière le suif fondu, au moyen d'un robinet placé sur un côté de cette chaudière, et qui communique avec un tube à genouillère, dont l'extrémité aboutit à un flotteur assez léger pour se maintenir toujours à la séparation des deux couches liquides. Le suif liquide est dirigé de là, dans une vaste cuve, de 2 à 3 mètres cubes, en bois doublé de plomb, où il se refroidit. Quand il est au moment de se solidifier, on le verse dans les *tinnes*.

Grâce à ce procédé, on retire du suif en branches 85 pour 100 de suif fondu très-blanc; tandis que la fonte du suif à feu nu, ne donne que 80 pour 100 d'un suif souvent coloré.

Ce procédé présente néanmoins un inconvénient sérieux. Les *graillons* étant imprégnés d'acide sulfurique, n'ont plus de valeur, car ils ne peuvent servir à engraisser

Fig. 43. — Un fondoir de suif.

les bestiaux, comme ceux qui sortent des anciennes fonderies de suif à feu nu.

Le même inconvénient a empêché d'adopter généralement un procédé d'extraction du suif à peu près semblable à celui que nous venons de décrire, et qui consiste à traiter la matière brute, au lieu d'acide sulfurique, par un alcali, la soude caustique, étendue d'eau.

Ce procédé, dû à M. Évrard, de Douai, s'exécute de la manière suivante. Dans une chaudière cylindrique ordinaire, et *non autoclave*, on place le suif brut, avec une dissolution de soude caustique, marquant 1° ou 1°,5 pour 100 kilogrammes de suif. On porte le liquide à l'ébullition. La liqueur alcaline bouillante pénètre dans les membranes, les gonfle, les rend perméables, en dissolvant les parties qui ont le moins de cohésion ; en sorte que la matière grasse fondue peut sortir facilement de ses enveloppes. Ce mode de traitement des suifs n'exige pas que la température du liquide dépasse 100 degrés. Il est donc inutile de recourir à la pression d'une chaudière autoclave, dont les dangers sont manifestes. Mais avec ce mode d'extraction des suifs, pas plus qu'avec le précédent, les résidus ne peuvent être donnés aux bestiaux ; ils ne sont bons qu'à être mis au fumier.

La figure 43 représente six cuves pour la fusion du suif au moyen de la vapeur, secondée par l'action des liqueurs alcalines. Le tuyau de vapeur qui sert à porter à l'ébullition la masse liquide, est visible sur les trois cuves du plancher supérieur. Il pénètre par le bas de ces cuves dans la masse à échauffer.

Quel que soit le moyen qui ait servi à extraire le suif des membranes animales, les opérations qui viennent d'être décrites fournissent un produit très-blanc, qui sert à confectionner les chandelles.

La matière qui sert à la confection des chandelles se compose de parties égales de suif, de mouton et de bœuf.

Les chandelles se font de deux manières différentes. Elles sont *moulées*, ou bien faites à la *baguette*.

Quel que soit le procédé suivi pour confectionner les chandelles, il faut commencer par préparer la mèche. Disons donc tout de suite la manière de s'y prendre.

Pour préparer les mèches de chandelles, il faut choisir du coton qui ne renferme aucun corps étranger, aucun nœud, aucun brin cassé, car la présence de tous ces corps dans la mèche, ferait couler les chandelles. On les dévide en écheveaux sur une planche, sur l'un des bords de laquelle on pratique une rainure, destinée à couper toutes les mèches de longueur égale. Les mèches sont ordinairement formées de neuf fils, qu'on attache ensemble au moyen d'un nœud de coton. Quand on les a ainsi assemblées par paquets, on coupe avec un couteau, tout le coton qui est dévidé sur la planche, ce qui donne à la fois une grande quantité de mèches.

Les moules sont faits ordinairement d'une partie d'étain et de deux parties de plomb. Ils présentent le *corps du moule*, cylindre creux bien poli à l'intérieur, et le chapeau, petit cône percé d'une ouverture à son sommet, par lequel passe la mèche (*fig.* 44).

Pour placer une mèche dans un moule, on munit l'extrémité de la mèche d'un petit morceau de bois ou de fil de fer, qui repose en travers sur les bords du chapeau, de sorte que la mèche arrêtée dans le chapeau, par cette traverse, pend dans l'intérieur et sort par la petite ouverture qui se trouve à la partie inférieure. On saisit le bout de mèche qui passe par la petite ouverture, et on le tire de manière à tendre fortement la mèche. On le fixe et on le maintient dans cet état, avec un petit morceau de bois qu'on passe par ce trou, et qui fait office de coin. C'est ce que représente la figure 45. AB, est la coupe du chapeau du moule, sur lequel on pose la traverse qui arrête l'un des bouts de la mèche. C, est la pointe du moule dans laquelle l'autre bout de la mèche est fixé par l'éclat de bois ; D est une pièce circulaire qui s'applique sur le chapeau. Comme les bords de ce disque sont tranchants, un demi tour qu'on lui imprime, coupe le bout de la mèche.

Pour fabriquer les chandelles par le *moulage*, on commence par placer les mèches dans les moules, comme il vient d'être indi-

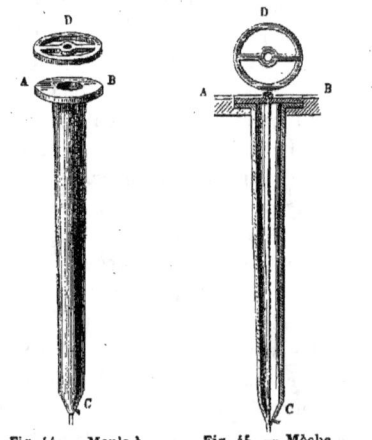

Fig. 44. — Moule à chandelles. Fig. 45. — Mèche dans le moule.

Fig. 46. — Moulage des chandelles.

qué. Ensuite on dépose ces moules verticalement dans les trous d'une table, leur extrémité pointue tournée en bas, et le chapeau du moule placé en haut, au niveau d'un canal qui est creusé dans la table. On verse le suif dans ces moules, à l'aide d'une cuiller ou d'un pot de fer-blanc, pourvu d'un bec (*fig.* 46). On a soin de ne le verser dans les moules que lorsqu'il commence à se figer. Si, en effet, on versait le suif trop chaud dans les moules, la matière grasse adhérerait au métal et les chandelles ne s'en retireraient pas facilement.

Fig. 47. — Fabrication des chandelles à la baguette.

La fabrication des chandelles à la *plonge* ou à la *baguette*, ne se fait plus que dans les fabriques arriérées. Quelques consommateurs, surtout dans les campagnes, les recherchent encore, parce qu'elles coûtent moins, et brûlent un peu plus longtemps. Quoi qu'il en soit, voici comment on les confectionne.

On suspend à une baguette de bois les mèches, en les tenant à une certaine distance les unes des autres, puis on les passe dans un bain de suif fondu, pour leur donner une certaine rigidité, et on les roule entre les mains ou sur une table. On attache ces baguettes à un châssis circulaire suspendu par une corde, au-dessus d'une chaudière, dans laquelle le suif est tenu en fusion ; puis avec une cuiller l'ouvrier prend un peu de suif, et le verse sur chaque cylindre (*fig.* 47).

Souvent on rend mobile le cercle porteur des mèches. A cet effet, une poutre fixée au plafond et équilibrée par un contre-poids, sert à faire descendre et à relever le châssis qui supporte les mèches. En abaissant ce châssis, on trempe les mèches dans le bain de suif fondu ; puis on les retire. A chaque immersion, suivie d'une sortie, le suif en se refroidissant, forme une nouvelle couche solide, et la superposition de ces couches finit par donner la chandelle avec la grosseur voulue. Un calibre est placé à la portée de l'ouvrier. De temps en temps, il fait passer la chandelle par le trou de ce calibre, et il arrête enfin ses plongées lorsque la chandelle ne glisse plus qu'avec difficulté.

Il ne reste plus qu'à former le bout effilé de la chandelle. L'ouvrier y parvient en rognant avec une espèce de couteau le suif autour de l'extrémité de la chandelle de manière à la terminer en cône.

Si l'on veut remédier à l'extrême fusibilité du suif, et obtenir des chandelles perfectionnées, on ajoute au suif une petite quantité de cire, qui augmente la consistance de la chandelle et l'empêche de couler. Quelquefois, au lieu de mêler le suif à la cire, on fond la cire à part, et on l'introduit dans le moule à chandelle, que l'on roule ensuite horizontalement, jusqu'à ce que ses parois soient couvertes de cire. Ensuite on coule du suif à la manière ordinaire dans le moule, et l'on obtient ainsi une chandelle entièrement revêtue de cire, dont l'aspect est agréable et le prix peu élevé. Ces chandelles *enrobées* de cire, qui furent d'abord une véritable falsification, quand on les vendait comme de véritables bougies, ont été un perfectionnement très-avouable, quand on les a vendues sans dissimuler leur mode de fabrication.

Les chandelles, au sortir des moules, sont jaunâtres. Pour les décolorer, il suffit de les exposer au grand air, à la rosée et au serein, dans des lieux à l'abri du soleil.

CHAPITRE XI

LA BOUGIE STÉARIQUE. — THÉORIE DE LA FABRICATION DES ACIDES GRAS DESTINÉS A L'ÉCLAIRAGE. — HISTOIRE DES TRAVAUX CHIMIQUES QUI ONT AMENÉ A LA DÉCOUVERTE DES ACIDES GRAS. — RECHERCHES DE BRACONNOT ET DE CHEVREUL.

Depuis la loge du portier jusqu'à la mansarde, en passant par les aristocratiques salons du premier étage, la bougie stéarique se trouve aujourd'hui partout. Il sera donc utile d'entrer dans quelques détails au sujet de son invention.

La bougie stéarique n'est autre chose, en définitive, que la partie la plus concrète du suif, séparée et moulée comme la chandelle. Comment les chimistes sont-ils parvenus à effectuer cette séparation par des procédés simples et économiques? Quelle est la véritable nature de ce corps gras concret? Pour répondre avec clarté à ces questions, il faut commencer par rappeler les différences qui existent entre la bougie stéarique et la chandelle.

La bougie stéarique diffère de la chandelle par sa consistance physique. La matière qui la compose est bien moins fusible que le suif; il en résulte qu'elle ne coule pas pendant sa combustion. On peut ajouter qu'elle ne salit pas les objets sur lesquels elle vient à se répandre; ou du moins que les taches qu'elle laisse par le refroidissement de la matière fondue, disparaissent par un simple frottement.

La bougie stéarique n'a pas besoin d'être mouchée. Cet avantage provient de la structure particulière de la mèche, que l'on forme de trois fils de cotons tressés, c'est-à-dire tordus en sens opposé. A mesure que la bougie brûle, cette torsion est détruite, et par suite de plus grande longueur et de la tension plus forte donné à l'un des brins, la mèche s'infléchit légèrement; elle parvient ainsi dans la partie extérieure, ou

L'ART DE L'ÉCLAIRAGE.

dans le blanc de la flamme. Mis, de cette manière, en contact avec l'air extérieur, le charbon qui provient de la mèche, y brûle, et se trouve bientôt réduit en cendres, ce qui dispense de moucher la bougie.

Nous ferons remarquer, en passant, que cet ingénieux artifice n'aurait pu s'appliquer à la chandelle. Si l'on eût courbé la mèche de côté, pour la faire consumer hors de la flamme, l'extrême fusibilité du suif aurait eu pour résultat de faire fondre une telle quantité de corps gras, qu'il en serait résulté un coulage considérable de la chandelle.

En tout cela, le fait essentiel, c'est, on le voit, d'avoir transformé le suif en une matière sèche et peu fusible. Faire connaître l'invention de la bougie stéarique, c'est donc exposer les moyens à l'aide desquels on a pu atteindre ce dernier résultat. Il sera nécessaire de commencer cet exposé par quelques considérations chimiques ; on comprendra sans peine ensuite les procédés de fabrication que met en œuvre l'industrie qui va nous occuper.

Tous les corps gras sans exception, ceux qui proviennent d'origine végétale comme ceux qui sont fournis par les animaux, sont toujours constitués par le mélange de deux substances, dont l'une est solide et l'autre liquide. La prédominance du produit solide ou de la matière liquide, dans ce mélange naturel, détermine l'état physique particulier du corps gras, et c'est à la variation de ces deux principes qu'est due la différence de consistance, ou d'état physique, que nous présentent les *huiles*, les *beurres* et les *suifs*, les premiers étant toujours liquides, les seconds demi-fluides et les derniers affectant la forme solide.

Un savant auquel la chimie est redevable de beaucoup d'idées originales et de découvertes utiles, Braconnot, mort, en 1854, à Nancy, sa ville natale, a le premier saisi et mis en évidence ce grand fait scientifique. Pour en démontrer la réalité, Braconnot fit l'expérience suivante, qui porte avec elle ses conclusions. A l'aide d'une forte presse, il comprima, entre des doubles de papier *joseph*, de la graisse de mouton, et il parvint, par cette simple opération mécanique, à séparer ce corps gras en

Fig. 48. — Braconnot.

deux produits : l'un, constamment liquide à la température ordinaire, l'autre toujours solide. En soumettant à une opération semblable de l'huile d'olive, préalablement solidifiée par l'action du froid, on arrive au même résultat, et l'on peut partager cette huile en deux corps gras, dont l'un est toujours liquide et l'autre toujours solide à la température ordinaire.

Le produit liquide, qui fait partie de la plupart des corps gras, a reçu des chimistes le nom d'*oléine*, le corps solide celui de *stéarine*. Un autre produit solide, qui joue le même rôle que la stéarine, et qui l'accompagne dans beaucoup de corps gras naturels, porte le nom de *margarine*. Avant que ces dénominations fussent connues, Braconnot avait appelé la partie solide du suif, *suif absolu*, et la partie liquide, *huile absolue*.

Nous avons dit que l'inconvénient principal qui s'oppose à l'emploi général de la chandelle, comme moyen d'éclairage, c'est sa fusibilité extrême, qui fait qu'à la température ordinaire, elle salit tout ce qu'elle touche, et que, pendant sa combustion, elle coule avec une facilité déplorable. On voit donc que le fait découvert par Braconnot, concernant la constitution générale des corps gras, pouvait conduire à perfectionner, d'une manière avantageuse, l'éclairage au moyen du suif. Puisque le suif est un mélange de deux substances, dont l'une est liquide et l'autre solide à la température ordinaire, il suffisait, pour faire disparaître la plus grande partie des inconvénients que les graisses présentent dans leur application à l'éclairage, de les priver de leur élément liquide, en les réduisant à la partie solide qu'ils renferment.

Dans une notice biographique sur Braconnot, remplie de faits intéressants et peu connus, M. Nicklès, professeur de chimie à la Faculté des sciences de Nancy, nous apprend que Braconnot essaya de fabriquer industriellement, avec l'aide d'un pharmacien de Nancy, F. Simonnin, des bougies composées de la partie solide du suif.

« Dès 1815, dit M. Nicklès, Braconnot avait entre ses mains l'acide stéarique, qui ne fut réellement découvert qu'en 1820 par M. Chevreul. Braconnot avait cependant reconnu que ce corps pouvait s'obtenir en traitant les corps gras soit par l'acide sulfurique, soit par les alcalis; il avait remarqué qu'il s'unissait facilement avec les acides et qu'il était très-soluble dans l'alcool ; cependant, il ne sut pas reconnaître sa nature et se borna à le considérer comme une espèce de cire. Un pas de plus, et il constatait le véritable caractère de ce composé, qui a donné le jour à une grande et belle industrie, celle de la bougie de l'acide stéarique.

« Toutefois, il songeait à ce mode d'éclairage plus commode et moins insalubre, et un chimiste de ses amis, pharmacien à Nancy, M. F. Simonnin, avait pris l'initiative de la fabrication en grand. Dès 1818 il fabriqua de la bougie avec de la stéarine et en livra une assez grande quantité au commerce, mais ce n'était pas encore de l'acide stéarique, ou, si l'on veut, c'était, comme l'a fait voir M. Chevreul, cet acide, plus de la glycérine, moins de l'eau ; les bougies de stéarine avaient donc encore une grande partie des inconvénients de la chandelle, elles ne se mouchaient pas toutes seules, car les mèches tressées et imprégnées d'acide borique n'étaient pas inventées ; les temps, comme on le voit, n'étaient pas encore venus, la question n'était pas encore mûre ; aussi, pour l'amener à maturité, n'a-t-il fallu rien moins qu'une vingtaine d'années de travaux accomplis dans les divers centres civilisés (1). »

M. Nicklès cite le texte du brevet d'invention qui fut décerné à Braconnot et Simonnin, pour l'exploitation de la bougie composée de stéarine et d'un peu de cire, que les inventeurs nommaient *céromimène*. Comme le fait remarquer M. Nicklès, cet épisode de l'histoire de la bougie stéarique est complétement ignoré des chimistes. Aussi rapporterons-nous le texte de cet important brevet.

Certificat de demande d'un brevet d'invention délivré aux sieurs Simonnin et Braconnot, domiciliés à Nancy (Meurthe).

La demande a été faite le 1ᵉʳ juillet 1818, le certificat a été délivré le 29 du même mois.

Voici la description des procédés relatés dans ce certificat.

« Le nouvel art que veulent créer les sieurs Braconnot et Simonnin, et pour lequel ils demandent à être brevetés par Sa Majesté, consiste dans la fabrication en grand d'une matière analogue à la cire et pouvant la remplacer dans plusieurs de ses usages, particulièrement pour l'éclairage. Cette matière, trouvée par le premier de ces chimistes dans toutes les graisses animales, en est retirée par le procédé suivant :

« On étend la graisse ou le suif dont on veut extraire la matière concrète avec une quantité variable d'une huile volatile, ordinairement celle de térébenthine. Le mélange est placé dans des boîtes circulaires, revêtues intérieurement de feutre et dont les parois latérales ainsi que le fond sont percés d'une multitude de petits trous, et soumis à une pression graduée et très-forte qui en exprime l'huile volatile ajoutée, et avec elle la partie la plus fluide de la graisse employée. La substance solide restée dans les boîtes en est retirée, on la fait bouillir longtemps avec de l'eau pour lui enlever l'odeur de l'huile volatile. Tenue ensuite en fusion pendant quelques heures avec du charbon animal récemment préparé, elle est filtrée bouillante. Refroidie, cette substance est

(1) *Braconnot, sa vie et ses travaux*, par J. Nicklès, professeur de chimie à la Faculté des sciences de Nancy, in-8. Paris, 1853, p. 56.

d'un blanc éclatant; elle est demi-transparente, sèche, cassante, sans saveur ni odeur.

« Cette matière très-propre à l'éclairage ne peut cependant dans cet état être employée à cet usage à cause de sa trop grande fragilité qui n'en permet ni le roulage ni le transport; il est indispensable de lui faire subir quelques modifications, on parvient à lui donner une sorte d'élasticité et de ténacité par un léger contact avec du chlore ou de l'hydrochlore : son alliage avec un cinquième de cire d'abeilles donne le même résultat, alors son emploi est facile et on en moule des bougies d'un usage aussi agréable que celui de celles faites avec de la cire. A raison de ses propriétés, cette substance a été nommée *Céromimène* ou qui imite la cire.

« L'huile exprimée, ou la partie la plus fluide de la graisse employée contenant, outre l'huile volatile que l'on peut séparer par la distillation, une quantité assez considérable de matière concrète qu'elle entraîne et tient en solution, étant épurée et blanchie par le charbon d'os, est éminemment propre à la fabrication de savon excellent pour les arts et l'usage domestique, son odeur étant faible et point trop désagréable. Cette huile animale, saponifiée d'abord par la potasse des Vosges, est transformée ensuite en savon dur à base de soude, par le sulfate de soude, de peu de valeur et très-abondant dans les eaux salées du département. Ce procédé a l'avantage d'offrir au commerce du sulfate de potasse recherché pour les fabriques d'alun. Les travaux longs et multipliés des sieurs Braconnot et Simonnin, sur cet objet, leur permettant de donner à cette nouvelle branche d'industrie une grande extension, ils pourront utiliser beaucoup de matières grasses jusques alors rejetées comme n'étant propres à peu ou point d'usages, telles que les graisses de chevaux, de chiens, d'os, celles gâtées, les beurres rances, etc., etc. L'échantillon de *céromimène* ci-joint a été extrait du suif de mouton.

« Paris, le 26 juillet 1818.

Le Sous-secrétaire d'État au département de l'intérieur. »

Braconnot ne poussa pas plus loin ses recherches sur les corps gras, parce qu'il savait que M. Chevreul s'occupait alors de cette étude. En effet, M. Chevreul commençait à cette époque, une longue série de travaux chimiques sur les corps gras.

L'application pratique des travaux de M. Chevreul, fut de donner le moyen de séparer plus facilement que ne l'avait fait Braconnot, les deux principes, solide et liquide, que l'on peut retirer de la plupart des corps gras.

Voici comment les recherches théoriques de M. Chevreul ont conduit à cette application pratique.

Par l'ensemble de ses analyses, M. Chevreul a réussi à dévoiler la véritable constitution chimique des divers principes immédiats, *stéarine, oléine, margarine*, dont Braconnot avait, le premier, découvert l'existence, et qu'il avait désignés sous les noms de *suif absolu* et d'*huile absolue*. M. Chevreul a prouvé que la stéarine, l'oléine, la margarine, peuvent être considérées comme une espèce de sel organique, renfermant une base, qui est la même pour tous, la *glycérine*, unie à un acide gras : l'acide *stéarique*, quand il s'agit de la stéarine; l'acide *oléique*, quand il s'agit de l'oléine, etc. La stéarine est donc un stéarate de glycérine, l'oléine un oléate de glycérine (1). On peut mettre ce fait hors de doute en soumettant à l'action des alcalis caustiques, tels que la potasse ou la soude, les principes immédiats retirés des corps gras naturels. Si l'on fait bouillir de la stéarine, par exemple, avec de la soude caustique, ce produit est décomposé; la glycérine, mise en liberté, se dissout dans l'eau, et l'acide stéarique, se combinant avec la soude, forme du stéarate de soude, qui se sépare du liquide.

Mais l'opération qui consiste à décomposer les corps gras par les alcalis caustiques, est bien connue dans les arts : c'est celle qui donne naissance au savon, c'est la saponification. Ainsi, les recherches théoriques de M. Chevreul ont eu pour résultat de dévoiler la constitution chimique, la composition du savon, produit en usage depuis des siècles, et dont rien n'avait pu, jusqu'à nos jours, expliquer la nature et le mode de formation. On sait, d'après les travaux de ce chimiste, que le savon ordinaire, par exemple le savon obtenu au moyen de l'huile d'olive, est un mélange de deux sels à base minérale et à

(1) Il faudrait, pour être très-exact, au point de vue chimique, dire que les éléments d'un équivalent d'eau interviennent dans la réaction.

acide gras, un mélange d'oléate et de stéarate de soude.

Puisque l'on donne naissance à de l'acide stéarique, c'est-à-dire au principe solide du suif, par la saponification des corps gras, il suffit d'exécuter cette opération pour préparer industriellement de l'acide stéarique applicable à l'éclairage. En saponifiant le suif à l'aide d'un alcali, tel que la potasse, la soude ou la chaux, et décomposant ensuite ce savon par un acide minéral, on peut mettre en liberté les acides stéarique et oléique, c'est-à-dire le produit solide et le produit liquide qui existent dans le suif. En séparant ensuite, ce qui n'offre aucune difficulté, l'acide stéarique solide, de l'acide oléique, qui est liquide, on peut consacrer l'acide stéarique à la confection des bougies.

Par cette série d'inductions théoriques, on était donc conduit à créer une branche toute nouvelle d'industrie, la fabrication de bougies composées d'acide stéarique offrant tous les avantages que l'on cherchait dans les bougies de cire.

Cette conclusion ne pouvait échapper à l'auteur de ces découvertes. Aussi M. Chevreul se mit-il en devoir d'appliquer à l'éclairage le résultat de ses observations scientifiques.

M. Chevreul avait commencé, en 1813, à publier ses travaux sur les corps gras. Ses mémoires sont au nombre de huit, et le dernier parut en 1823. C'est aussi en 1823 que fut publié l'ouvrage intitulé *Recherches chimiques sur les corps gras d'origine animale*, qui résumait dix années de travaux. Deux ans après, au mois de janvier 1825, M. Chevreul prenait, de concert avec Gay-Lussac, des brevets, en France et en Angleterre, pour l'application des acides gras à la fabrication des bougies. Le contenu de ces brevets témoigne des prévisions habiles et de la sagacité des deux auteurs, qui comprirent dans la spécification de leurs procédés, une foule de moyens, dont plusieurs sont restés infructueux ou sans application, mais dont un grand nombre, modifiés par l'expérience et la pratique, ont trouvé place dans les opérations manufacturières.

Cependant, entre une donnée scientifique et son application efficace à l'industrie, il existe un intervalle immense, et les qualités du savant sont loin d'être une garantie de réussite dans une opération industrielle. L'échec complet qu'éprouvèrent MM. Gay-Lussac et Chevreul, dans leur essai de fabrication des acides gras, serait une preuve suffisante de cette vérité, si elle avait besoin de démonstration. Conformément à leur brevet, MM. Gay-Lussac et Chevreul entreprirent de saponifier le suif par la soude; ils décomposaient ensuite par l'acide chlorhydrique le savon ainsi formé. Indépendamment de la pression employée pour séparer les acides concrets de l'acide oléique, on faisait usage d'alcool, pour enlever ce dernier acide. De tels moyens n'avaient rien de manufacturier, aussi ne purent-ils être mis en œuvre industriellement.

Peu de temps après, un autre essai fut tenté pour la fabrication industrielle des acides gras, par un ingénieur des ponts et chaussées, M. Jules de Cambacérès, qui fut plus tard préfet du département du Bas-Rhin. Le père de M. de Cambacérès était à la tête d'une manufacture pour l'éclairage. S'inspirant des leçons et des conseils de MM. Chevreul et Gay-Lussac, le jeune ingénieur voulait obtenir l'honneur d'appliquer à l'industrie les données récemment acquises à la science.

Mais cette tentative n'eut aucun succès. Elle fut, de la part de son auteur, plutôt un essai de fabrication sur une petite échelle, qu'une fabrication manufacturièrement organisée. Ses procédés pratiques demeurèrent à l'état d'ébauche. A l'exemple de MM. Chevreul et Gay-Lussac, M. de Cambacérès saponifiait le suif par un alcali caustique. Ses bougies étaient d'une couleur jaunâtre, qui provenait en partie de l'impureté de l'acide stéarique, et en partie du cuivre enlevé au vase dans lequel l'opération s'exécutait. Elles étaient grasses au toucher et d'une odeur désagréable. Les mèches, qui avaient été plongées dans de l'acide sulfurique étendu, pour faciliter leur combustion, étaient sensiblement altérées par cet agent chimique ; elles disparaissaient quelquefois au sein de la bougie, qui ne pouvait plus brûler faute de mèche. M. de Cambacérès renonça à continuer l'essai qu'il avait entrepris.

Cependant, cette tentative du jeune ingénieur ne fut pas tout à fait inutile aux progrès futurs de l'industrie stéarique. C'est M. de Cambacérès qui eut, le premier, l'idée d'employer pour les bougies stéariques les mèches nattées et tressées dont on se sert aujourd'hui, et qui reconnut qu'il est indispensable de traiter préalablement la mèche par un acide. L'acide sulfurique fut employé par M. de Cambacérès, pour approprier les mèches de coton à la combustion des acides gras. Plus tard on substitua à l'acide sulfurique l'acide borique.

Les mèches de coton, telles qu'on les emploie pour les chandelles, ne pouvaient servir pour les bougies stéariques. Quand on allumait une de ces bougies portant une mèche de coton ordinaire, comme l'acide stéarique charbonne beaucoup en brûlant, il se formait bientôt, à l'extrémité de la mèche, un champignon, qui arrêtait l'ascension de la matière fondue. Dès lors, le liquide, ne pouvant parvenir jusqu'au point où s'effectuait la combustion, dégorgeait et coulait le long de la bougie. Après avoir essayé de parer à cet inconvénient par l'emploi d'une mèche creuse à l'intérieur, et présentant à l'extérieur le tissu d'une étoffe, M. de Cambacérès imagina la mèche actuellement en usage, et qui se compose de trois brins de fil de coton tressés et tissus au métier. MM. Gay-Lussac et Chevreul avaient bien, il est vrai, indiqué, dans leur brevet, l'usage de mèches ou creuses, ou tissées, ou filées ; mais on ne trouve pas dans ces désignations la natte telle qu'elle fut employée par M. de Cambacérès, et telle qu'elle est encore appliquée à la bougie stéarique. On n'y trouve pas surtout indiquée la

Fig. 49. — Chevreul.

nécessité de traiter la mèche par un acide, avant de la placer dans le moule à bougie.

Cette modification à la contexture et à la préparation des mèches, était d'une importance de premier ordre. Sans cette remarque, si peu importante en apparence, mais fondamentale en réalité, l'industrie stéarique aurait été arrêtée dès ses premiers pas. C'est ce qui nous engage à rapporter ici le passage très-curieux d'un mémoire que M. de Cambacérès a présenté à l'Académie des sciences, le 17 janvier 1838, et dans lequel l'auteur raconte par quels tâtonnements successifs il fut amené à reconnaître la nécessité de traiter les mèches par des procédés particuliers, et de leur imprimer une courbure pendant la combustion.

« Donnant en 1821, dit M. Jules de Cambacérès, quelques conseils à une fabrique qui s'occupait de ces applications, je fus conduit à examiner sous ce rapport les diverses transformations des corps gras que la science avait fait connaître, et en particulier les acides gras solides, dont l'identité avec l'adipocire avait été constatée. Mais je fus longtemps arrêté par un inconvénient que présentaient, dans leur combustion, les acides stéarique et margarique confectionnés en bougies, inconvénient d'autant plus grave que, s'il n'avait pas été levé, l'emploi de ces substances dans l'éclairage aurait été impossible.

« La fabrication des bougies ne présentait aucune difficulté; mais, lorsqu'on allumait une de ces bougies faites avec une mèche ordinaire de coton, la mèche, après quelques instants, se resserrait dans sa partie supérieure, en se charbonnant et en se réduisant promptement en cendres. Dans sa partie moyenne, au milieu de la flamme, elle n'était presque pas noircie; et, dans sa partie inférieure, elle était trop imbibée de la substance en fusion pour être même attaquée par la chaleur. L'ascension de cette substance étant ainsi ralentie par le resserrement de la mèche dans la partie supérieure, l'engorgement du liquide se produisait dans la partie inférieure, et l'intervalle le long duquel s'opérait la combustion, devenait trop court. Une partie du liquide était bientôt projetée dans cet espace par l'ébullition, et donnait lieu à des jets de lumière, jusqu'à ce que l'excédant coulât en dehors de la bougie. La combustion reprenait alors son activité, mais pour être arrêtée un instant après par le renouvellement du même effet.

« Cet inconvénient dans la combustion des acides gras solides au moyen d'une mèche ne se présentait pas toujours au même degré. Il variait selon que la quantité d'acide oléique était plus ou moins grande dans les bougies, et selon que la matière grasse saponifiée était restée plus ou moins de temps, sa préparation, en contact avec l'eau. Ayant reconnu qu'il était impossible de l'éviter, si l'on voulait fabriquer économiquement les acides gras solides, nous fûmes conduit à chercher, dans les moyens de combustion plutôt que dans les moyens de préparation de ces substances, la solution de la difficulté qui arrêtait leur emploi dans l'éclairage.

« L'acide oléique surtout ne pouvait être brûlé dans une lampe avec une mèche ordinaire ou tissée. La mèche était presque instantanément détruite. Il n'en était plus de même, lorsqu'elle était faite, non avec une substance végétale, telle que le coton, mais avec une substance minérale, telle que l'amiante. La combustion s'opérait alors comme une huile ordinaire. Mais comme, dans les bougies ou chandelles, la mèche doit être brûlée à mesure qu'elle est mise à découvert par la combustion du corps qui l'alimente, on ne pouvait employer, pour la confection de cette mèche, qu'une substance végétale. Il fallait donc régler son incinération, de manière à empêcher le resserrement trop prompt des fils.

« Dans ce but, nous fîmes l'essai de petites mèches tissées creuses, telles qu'on les employe dans l'éclairage des lampes. Ces mèches creuses favorisaient la transformation en vapeur de la substance grasse, façonnée en bougies, et suppléaient ainsi au défaut de tirage provenant du resserrement du tissu, au moins pendant le temps nécessaire pour la combustion du corps gras.

« Mais des mèches pleines, dont les fils étaient très-rapprochés, soit par la torsion, soit par le tissage, s'opposaient plus efficacement aux inconvénients reconnus. Elles participaient en quelque sorte par la fixité des fils de la nature des mèches d'amiante. Aussi furent-elles préférées dès que l'obstacle provenant de la roideur, qui s'opposait à leur incinération, eut été levé par une courbure, qui leur permettait de sortir de la partie supérieure de la flamme.

« C'est ainsi que nous avons proposé, dans le temps, pour la combustion de l'acide oléique des mèches d'amiante, et, pour celle des bougies faites avec les acides gras, d'abord une mèche tissée creuse, puis une mèche pleine, et de préférence une mèche tressée, qui se courbait d'elle-même pendant la combustion. Par sa confection très-simple, cette mèche devait avoir la préférence sur toutes celles qui remplissaient le même but, mais qui auraient présenté plus de difficultés dans la fabrication et l'usage; telles sont les mèches dont les fils auraient été roulés en spirales, comme les cordes métalliques de musique, ou auraient été façonnées en zigzag, etc.

« A mesure que la fabrication fut établie sur une plus grande échelle, nous ne tardâmes pas à reconnaître que, dans les limites qu'il fallait accorder au degré de pureté des substances grasses, les effets d'une combustion incomplète pouvaient ne pas être toujours détruits par l'action des mèches tissées, surtout pour les bougies qui contenaient une quantité sensible d'acide oléique. Il fallait donc s'opposer par une autre action au resserrement des fils.

« Une remarque nous avait frappé d'autant plus vivement, qu'elle avait donné lieu de croire, dès l'origine, que l'inconvénient signalé dans la combustion des acides gras était purement accidentel, et ne se reproduirait pas constamment dans la pratique, lorsque la préparation de ces acides serait perfectionnée. Le phénomène ne se montrait pas toujours au moment même où la bougie était allumée, mais souvent plusieurs minutes après, lorsque la partie de la mèche, d'abord enflammée, avait été incinérée et remplacée par la partie suivante que la combustion avait mise à découvert.

« Ce fait, dont nous n'avions pas su d'abord tirer toutes les conséquences, nous fit penser plus tard qu'en charbonnant par un agent chimique les fils dont la mèche était composée, nous empêcherions par ce moyen leur rapprochement qui supprimait la longueur des intervalles capillaires ; nous fûmes ainsi conduit, dix-huit mois après les premiers essais, à imbiber les mèches dans une dissolution acide, telle que l'alcool ayant quelques gouttes d'acide sulfurique, pour rendre leur carbonisation immédiate aux premières impressions de la chaleur, et dès ce moment toutes les difficultés de combustion furent levées dans la pratique.

« On conçoit, du reste, pourquoi il est nécessaire de charbonner ainsi la mèche. Dans l'acte de la saponification, le principe colorant, inhérent à la partie huileuse du corps gras, absorbe plus ou moins d'eau. Cette eau, ainsi fixée dans les acides gras, forme un composé qui brûle avec émulsion en montant le long des fils de la mèche. Dès lors ces fils, dans la partie supérieure, n'étant pas entièrement imbibés, se rapprochent les uns des autres par l'effet de la chaleur résultant en partie de leur combustion ; car on sait que les substances végétales, une fois enflammées, développent par leur propre combustion la chaleur nécessaire pour que le phénomène continue, pourvu qu'elles aient le contact de l'air. La mèche, ainsi brûlée dans sa partie supérieure, ne suffit plus au tirage du liquide ; et de là la combustion imparfaite des bougies d'acide stéarique. Mais si, avant d'allumer ces bougies, on charbonne rapidement les fils de la mèche sans altérer leur forme, la vive combustion de cette mèche ne peut plus avoir lieu ; par conséquent le resserrement des fibres charbonnées n'est plus possible au même degré, et les canaux capillaires étant conservés, l'ascension du liquide n'éprouve plus d'obstacle. Cette prompte carbonisation de la mèche a lieu naturellement lorsqu'on allume une bougie, parce que la mèche est soumise d'abord à l'action de la chaleur sans être encore imbibée de liquide. C'est ce qui explique pourquoi, dans cette circonstance, avec une mèche ordinaire, les effets de combustion avec jets de lumière et écoulement de liquide sont retardés. Elle est favorisée en partie par les tissus ou les fils fortement tordus, qui sont moins imbibés par les corps gras que les mèches ordinaires, et qui s'opposent d'ailleurs à un resserrement trop inégal des fils le long de la partie de la mèche où s'opère la combustion, ou, ce qui revient au même, sont brûlés moins facilement que les fils des mèches ordinaires.

« On a substitué plus tard, dans la préparation des mèches, à l'acide sulfurique divers acides, et en dernier lieu, l'acide borique qu'on emploie aujourd'hui partout. L'acide borique et tous ses analogues, tels que l'acide arsénieux, etc., agissent d'une manière différente de celle de l'acide sulfurique. Ce n'est pas en charbonnant rapidement la mèche au moment de la combustion qu'ils s'opposent au resserrement des fils de la partie supérieure de cette mèche ; c'est en rendant le coton moins combustible qu'ils empêchent la destruction trop rapide de cette partie supérieure. On remarque, en effet, que le coton imbibé d'acide borique brûle sans flamme, et en se charbonnant seulement. Il en est de même, si l'on trempe ce coton dans une dissolution d'un sel, tel que le sel marin, le chlorure de chaux, etc. Peut-être aussi que ces substances donnent aux fils d'une mèche imbibée, de la roideur et de la fixité, et qu'elles maintiennent ainsi les canaux capillaires : c'est une espèce d'apprêt que recevraient les fils de cette mèche. Mais elles agissent surtout en retardant la combustion du coton, qui se charbonne à sa partie supérieure sans brûler avec flamme. Ainsi l'action de ces acides solides, dont une fausse analogie a fait substituer à l'acide sulfurique, est tout à fait différente de celle de ce dernier acide.

« La courbure que prend la mèche tressée pendant la combustion, et qui est nécessaire pour que cette mèche sortant de la flamme soit frappée par l'air et réduite en cendres, est due à l'enlacement des brins de fil les uns dans les autres ; mais au premier abord on ne voit pas très-bien comment l'inflexion se produit. En examinant attentivement la tresse à trois brins, par exemple, la plus simple de toutes, et celle dont on fait usage pour les mèches des bougies, on remarque que sur chacune des deux faces les brins forment une série d'angles dont les côtés sont parallèles, et présentent, dans l'une, leurs sommets en bas comme des V, et dans l'autre, leurs sommets en haut comme des V renversés (A). Sur cette dernière face, si l'on considère les côtés parallèles à droite ou à gauche de l'axe, il est facile de voir qu'ils sont formés par des brins dont le supérieur est croisé par l'inférieur, et peut, par conséquent, tourner autour de lui comme autour d'un point fixe, tandis que sur l'autre face le brin supérieur s'enroule bien autour de l'inférieur, mais c'est en passant de l'autre côté de l'axe. Il en résulte qu'il est tout à fait indépendant du brin parallèle, qui est placé immédiatement au-dessous de lui, et qu'il ne peut tourner autour de ce brin, comme autour d'un point fixe au moment de la combustion. La mèche, en brûlant, doit donc s'incliner du côté de l'autre face, c'est-à-dire du côté où l'on remarque les V renversés » (1).

M. J. de Cambacérès avait donc découvert la meilleure mèche à adapter aux bougies composées d'acide stéarique. Cependant, il ne put, comme nous l'avons dit, parvenir à trouver un procédé régulier pour la fabrication des acides gras. Il n'alla pas plus loin dans cette direction que MM. Chevreul et Gay-Lussac.

(1) *Mémoire sur l'application des acides gras à l'éclairage.* (Comptes rendus de l'Académie des sciences, janvier 1858.)

CHAPITRE XII

M. DE MILLY CRÉE L'INDUSTRIE DE LA FABRICATION DES ACIDES GRAS. — PROCÉDÉS IMAGINÉS PAR M. DE MILLY POUR LA PRÉPARATION DE L'ACIDE STÉARIQUE.

Après les deux tentatives infructueuses de MM. Gay-Lussac et Chevreul, d'une part, de M. de Cambacérès, de l'autre, l'application des acides gras à l'éclairage semblait ne devoir jamais fournir des résultats industriels. Cette fabrication fut donc abandonnée. C'est dans ces circonstances, et cinq années après la délivrance du brevet de M. Chevreul, que M. de Milly commença à s'occuper de la production manufacturière des acides gras, et à poser les premiers fondements d'une industrie qui devait prendre en France et à l'étranger un développement extraordinaire.

M. de Milly était, avant la révolution de 1830, gentilhomme ordinaire de la chambre du roi Charles X. La chute de la branche aînée des Bourbons lui ayant ravi son avenir, il se voua à une existence nouvelle et indépendante. Il profita des connaissances qu'il avait acquises pour entrer dans la carrière industrielle, et, secondé par un de ses amis, M. Motard, docteur en médecine, il commença à s'occuper de la fabrication industrielle des acides gras. M. Chevreul avait découvert l'acide stéarique, M. de Milly entreprit d'en établir la production sur des bases économiques.

C'est en 1831, époque à laquelle on avait renoncé à tout essai de fabrication des bougies stéariques, que M. de Milly commença cette tâche ardue. Quoique les difficultés d'une telle entreprise fussent graves et nombreuses, il ne se laissa pas rebuter, et en quelques années, il parvint à élever l'industrie stéarique sur des bases définitives et durables.

La première usine de M. de Milly fut établie près de la barrière de l'Étoile, à Paris : de là le nom de *bougie de l'Étoile*, qu'a reçu et que porte quelquefois encore, en France, la bougie stéarique.

La découverte la plus importante de M. de Milly, celle qui permit de procéder tout aussitôt industriellement à la fabrication des acides gras, fut la substitution de la chaux à la soude caustique, pour la saponification du suif. L'emploi des alcalis caustiques, proposé pour cette opération, par MM. Gay-Lussac et Chevreul, était, comme nous l'avons dit plus haut, impraticable industriellement. La chaux, matière à vil prix, substituée à la dissolution caustique, détermina véritablement la création de l'industrie stéarique. Traité par la chaux, le suif donne un savon calcaire, lequel, décomposé ensuite par l'acide sulfurique, laisse en liberté les deux acides gras, stéarique et oléique. Par la pression, exercée d'abord à froid, ensuite à chaud, on sépare, sans aucune difficulté, l'acide stéarique concret de l'acide oléique liquide.

Mais la combustion des bougies formées d'acides gras, présentait une difficulté particulière. La chaux employée dans la fabrication, restait retenue en très-petite quantité, dans l'acide stéarique. Pendant la combustion de la bougie, elle se réunissait et s'accumulait sur la mèche ; engagée entre les fils, elle finissait, en diminuant la capillarité, par engorger la mèche, et la combustion languissait. M. de Cambacérès, qui avait, le premier, reconnu cet obstacle, avait essayé d'y parer en immergeant préalablement, comme nous l'avons dit, les mèches dans l'acide sulfurique ; mais le coton était corrodé par cet acide. C'est M. de Milly qui imagina le moyen employé aujourd'hui pour débarrasser la mèche de la chaux provenant des opérations de fabrique, comme aussi des cendres laissées par la combustion du coton. Avant d'être placée dans la bougie, la mèche est immergée dans une dissolution d'acide borique. Pendant la combustion, cet acide joue le rôle suivant. A mesure que le corps gras brûle, et laisse des cendres, l'acide borique, dont les affinités chimiques sont puissantes surtout à une température élevée, se combine avec la chaux et les autres bases minérales qui font partie des cendres. Ces borates, étant très-fusibles, se convertissent, à l'extrémité de la mèche, en une petite perle brillante, qui tombe, après l'entière combustion de la mèche. L'addition de l'acide borique a ce grand avantage, qu'il réduit considérablement le volume des cendres laissées par la mèche. Ainsi converties en borates fusibles, les cendres, sous la forme d'un imperceptible globule, tombent dans le godet de la bougie. Chacun peut constater, en regardant pendant quelque temps la marche de la combustion d'une bougie stéarique, la formation, à certains intervalles, de ce très-petit globule fondu, qui finit par tomber dans le godet de la bougie, quand il a acquis un volume un peu plus grand.

La combustion d'une bougie stéarique, qui, au premier abord, paraît fort simple, se compose donc, en réalité, de plusieurs effets délicats, et le résultat qui, seul, frappe nos yeux, est la conséquence d'une série d'artifices ingénieux, rassemblés par une science prévoyante.

Parmi les nombreuses difficultés que l'industrie stéarique eut à surmonter dans ses débuts, on peut signaler encore celle qui provenait de la cristallisation de l'acide stéarique, pendant le moulage des bougies. Dans les premiers temps de la fabrication, les bougies n'offraient point l'aspect uni et mat qu'on leur voit aujourd'hui. Après avoir été coulé dans les moules, l'acide stéarique y cristallisait en fines aiguilles entre-croisées. La matière refroidie présentait dès lors une texture cristalline et une demi-translucidité, qui la différenciait trop, par son aspect, de la bougie de cire qu'elle était destinée à remplacer.

Cette difficulté arrêta pendant assez longtemps l'essor de la naissante industrie. Le premier essai que l'on avait tenté pour conjurer l'effet fâcheux dont nous parlons, avait été malheureux. On avait reconnu que l'acide arsénieux, ajouté en petite proportion à l'acide stéarique fondu, a le privilége d'empêcher sa cristallisation par le refroidissement.

Fig. 50. — De Milly.

On avait donc fait usage d'acide arsénieux pour obtenir des bougies d'un aspect mat. Mais la présence au sein des bougies, d'un poison aussi actif que l'arsenic, avait pour l'hygiène publique de grands inconvénients. Quelque faible que fût la proportion du toxique employé, il pouvait se répandre, par suite de sa volatilité, dans l'atmosphère des appartements, et la rendre dangereuse à respirer. L'autorité dut intervenir pour interdire l'emploi de l'arsenic dans cette fabrication.

Le créateur de l'industrie stéarique se trouva alors dans un cruel embarras, car il ne voyait aucune matière propre à remplir le rôle du composé proscrit, et il était ainsi menacé d'échouer au port, après mille traverses heureusement franchies. M. de Milly découvrit heureusement que l'addition d'une faible quantité de cire à l'acide stéarique fondu, trouble et empêche sa cristallisation.

La pratique a permis, plus tard, d'atteindre, sans aucuns frais, au même résultat. C'est M. de Milly qui a reconnu lui-même ce fait important, que pour s'opposer à la cristallisation de l'acide stéarique, il suffit de le laisser refroidir jusqu'à une température voisine de son point de solidification, avant de le verser dans le moule, que l'on a, d'ailleurs, préalablement chauffé. Le refroidissement de l'acide stéarique, que l'on a soin d'agiter pendant ce refroidissement, donne une sorte de pâte, assez liquide pour être versée dans le moule, où elle se concrète sans aucun effet de cristallisation.

La bougie stéarique, alors désignée sous le nom de *bougie de l'Étoile*, parut, pour la première fois, en 1834, dans nos Expositions publiques. M. de Milly en était encore seul fabricant; sa production était même assez bornée, et ses bougies à peine connues hors de la capitale. Cependant, deux années après, la *bougie de l'Étoile* était adoptée dans l'économie domestique. Les procédés de fabrication s'étaient perfectionnés, et M. de Milly avait trouvé pour l'emploi de l'acide oléique, jusque-là sans usage, le débouché qui lui manquait, en le consacrant à la préparation des savons. Ces deux circonstances avaient permis d'abaisser d'une matière notable le prix, jusque-là trop élevé, de la nouvelle bougie.

A l'Exposition de 1839, les fabriques de bougies stéariques se présentèrent au nombre de neuf; elles étaient toutes situées à Paris ou dans la banlieue. D'autres fabriques semblables avaient été fondées dans plusieurs départements : M. de Milly avait donc cessé d'être le seul fabricant.

C'est à partir de cette époque que l'industrie stéarique a pris en France et dans le monde entier, un développement immense. En Autriche, on vit s'établir la fabrique connue sous le nom d'*Apollo-Reisen*, et en Angleterre s'éleva la puissante Société *Price et Cie*. Chaque centre de population voulut dès lors avoir sa fabrique de bougies stéariques. On en rencontre aujourd'hui dans les contrées les plus reculées du globe, à Sydney (Nouvelle-Hollande), à Calcutta, et jusqu'au fond de la Sibérie.

A l'Exposition universelle de 1855, on comptait, pour la France seule, plus de trente fabricants de bougies stéariques. Nous renonçons à dénombrer la quantité d'exposants de la même industrie et de ses débouchés innombrables, qui figuraient à l'Exposition universelle de 1867.

Les questions de priorité, tant scientifique qu'industrielle, se rattachant à la découverte et à l'emploi des acides gras, ont été l'objet, dans ces dernières années, de beaucoup de contestations; l'opinion des savants eux-mêmes n'est que très-imparfaitement fixée sur ce point de l'histoire de l'industrie. Nous nous sommes efforcé, dans les pages qui précèdent, de rendre à chacun, avec la plus rigoureuse impartialité, la part qui lui revient dans cette suite de découvertes utiles. Pour mettre encore plus de précision dans cet exposé, nous croyons nécessaire de présenter, dans une sorte de tableau, le résumé de ce qui vient d'être dit.

Ce résumé peut se formuler par les propositions suivantes :

I. C'est Braconnot, de Nancy, qui, le premier, a découvert ce fait général, que les graisses se composent de deux principes immédiats, organiques, l'un solide, la *stéarine*, ou la *margarine*, l'autre liquide, l'*oléine*, principes que Braconnot désignait sous les noms de *suif absolu* et d'*huile absolue*.

II. Les recherches de M. Chevreul ont fait connaître les modifications profondes que les graisses subissent par l'action des alcalis; et les travaux de ce savant ont donné lieu d'espérer que les graisses, ainsi modifiées dans leur constitution chimique et physique, pourraient un jour être avantageusement appliquées à la fabrication des bougies.

La part étant faite à la science, passons à l'industrie.

I. C'est en 1813 que fut découvert l'acide stéarique; c'est en 1831 que ce produit commença à être heureusement appliqué à la fabrication. Les dix-huit années qui s'écoulèrent entre la découverte et son application, indiquent assez qu'il existait de sérieuses difficultés à vaincre, pour faire sortir de ces données scientifiques une industrie nouvelle.

II. M. Jules de Cambacérès a eu le mérite de se livrer le premier, avec quelque suite, à la fabrication industrielle des acides gras.

III. Les difficultés de toute sorte que présente la production manufacturière des nouvelles bougies, ont été surmontées par M. de Milly, qui, le premier, est parvenu à fonder, en France, la fabrication stéarique, et qui a propagé ensuite cette fabrication dans toute l'Europe.

IV. Les principales bases de fabrication posées par M. de Milly ont été les suivantes :

1° La saponification au moyen de la chaux. Cette opération était sans précédent dans les opérations manufacturières, et présentait de grandes difficultés d'exécution. Substituée à la saponification par la soude, elle permit d'abaisser sensiblement le prix des bougies.

2° La décomposition du savon calcaire, pratiquée dans des vases de bois, au moyen du chauffage à la vapeur.

3° La pression dans les presses hydrauliques, les unes verticales, les autres horizontales, ces dernières construites d'une manière toute spéciale et chauffées pendant la pression. C'est en Angleterre que M. de Milly fut obligé de faire exécuter les premières presses dont il fit usage.

4° L'emploi de l'acide borique dans la préparation des mèches, moyen indispensable à une bonne combustion des bougies.

5° Enfin, le moulage des bougies pratiqué avec la matière à demi solidifiée, et au moyen d'une égalité de température entre le moule et l'acide stéarique qui va être converti en bougies, ce qui empêche la cristallisation de l'acide stéarique, et produit des bougies lisses, unies et parfaitement moulées.

CHAPITRE XIII

PROCÉDÉS ACTUELLEMENT SUIVIS POUR LA PRÉPARATION DES ACIDES GRAS DESTINÉS A L'ÉCLAIRAGE. — LA SAPONIFICATION CALCAIRE.

Après cet historique de la découverte des acides gras et de leur application à l'éclairage, nous décrirons les divers procédés qui servent à préparer l'acide stéarique, dans les manufactures actuelles.

Le plus ancien en date de ces procédés, celui qui est encore suivi dans beaucoup de fabriques, c'est le procédé de la saponification au moyen de la chaux.

Dans un vaste cuvier en bois, doublé en plomb et chauffé par une circulation de vapeur, on introduit le suif qui doit servir à la préparation de l'acide stéarique. Quand la masse est bien fondue, on y verse peu à peu de la chaux vive délayée dans l'eau : on emploie de 14 à 15 parties de chaux pour 100 parties de suif. Ce mélange étant maintenu à l'ébullition pendant environ huit heures, le suif se trouve entièrement saponifié par la chaux, et l'on obtient un *savon de chaux*, c'est-à-dire un mélange d'oléate, de stéarate et de margarate de chaux.

La figure 51 représente plusieurs de ces *cuves à saponification*. La vapeur d'une chaudière s'introduit par un tube conducteur de cette vapeur, quand on tourne un robinet. Autrefois on disposait dans ces cuves des agitateurs mécaniques mus par une machine à vapeur, mais on préfère aujourd'hui remuer la masse à bras d'homme, à l'aide d'une simple pelle de bois.

Par le refroidissement, le savon calcaire se prend en une masse dure et solide. Dans les

Fig. 51. — Cuves pour la saponification du suif par la chaux.

premiers temps de cette fabrication, on retirait cette masse du cuvier, et on la brisait en petits fragments, en la faisant passer entre des cylindres concasseurs. Mais il fallait détacher, à coups de pioche, la masse compacte du savon, et ce travail prenait beaucoup de temps. Aujourd'hui on laisse le savon calcaire dans le cuvier même où il s'est formé, et l'on y ajoute directement l'eau étendue d'acide sulfurique, qui doit décomposer le savon calcaire et mettre les acides gras en liberté, en formant du sulfate de chaux.

L'intervention de la chaleur est nécessaire pour que cette décomposition par l'acide sulfurique s'effectue rapidement. On introduit donc, au moyen du tube adducteur, de la vapeur d'eau bouillante, qui porte bientôt le mélange à l'ébullition.

Le savon calcaire est attaqué peu à peu par l'acide sulfurique. Le sulfate de chaux résultant de cette combinaison, se précipite au fond de la cuve, tandis que les acides margarique, stéarique et oléique, ainsi rendus libres, remontent à la surface.

Au bout de six à sept heures, le savon calcaire a disparu. On laisse reposer la liqueur, et le lendemain, au moyen d'un monte-jus, on retire les acides gras encore liquides, et on les envoie aux cuves de lavage.

Il faut plusieurs jours pour que ces deux opérations soient terminées. Aussi place-t-on dans le même atelier plusieurs cuves, comme on l'a représenté dans la figure 51. Pendant que l'action se termine dans l'une des cuves, on commence, dans une autre, l'attaque par l'acide.

Les acides gras arrivés aux cuves de lavage sont lavés à l'eau pure, pour les débarrasser

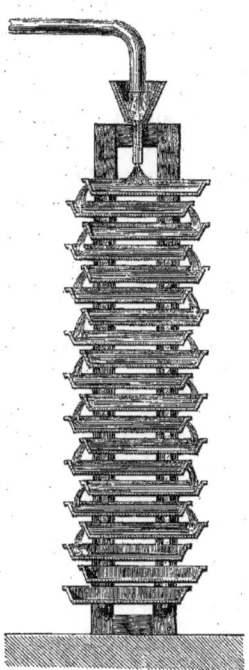

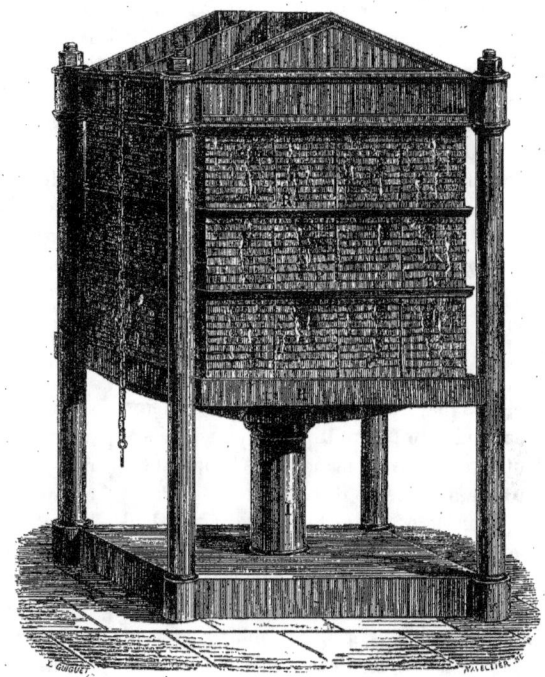

Fig. 52. — Moulage des acides gras en pains

Fig. 53. — Pressage à froid des acides gras, au moyen de la presse hydraulique verticale.

de l'acide sulfurique libre qui les imprègne. On les verse alors, à l'état de fusion, dans de petites caisses de fer-blanc, superposées dans un tel ordre, qu'il suffit de verser la matière fondue dans les caisses supérieures, pour qu'elle se répande, par cascades uniformes, dans les caisses placées inférieurement. Les acides gras se refroidissent dans ces sortes de moules et s'y concrètent en un gâteau solide.

La figure 52 représente l'ingénieuse disposition adoptée pour remplir les moules d'acides gras. Ce système est de l'invention de M. Binet.

Pour séparer l'acide stéarique solide de l'acide oléique, les gâteaux d'acides gras sont retirés du moule, après leur entier refroidissement, et on les soumet, à froid, à l'action de la presse, en les enveloppant dans des tissus de laine, les étageant les uns au-dessus des autres, et les séparant par des plaques de tôle. La plus grande partie de l'acide oléique s'écoule par cette pression à froid, exercée par une forte presse hydraulique.

La figure 53 représente le *pressage à froid* des acides gras. I est la tige du piston de la presse hydraulique, dont le canal et la pompe de compression sont établis dans une pièce séparée; P,P, sont les sacs de laine contenant les acides gras, et qui forment trois étages séparés par des plaques de tôle. H, est la table, pourvue d'une rigole, par laquelle l'acide oléique s'écoule à mesure qu'il exsude de la matière comprimée. R,R, sont deux autres rigoles. L'acide oléique se rend, de ces rigoles, dans le bassin qui sert à le recueillir et qui est en contre-bas de la pièce.

Il faut cinq ou six heures pour que le pressage à froid soit terminé.

Pour le débarrasser des dernières portions d'acide liquide, l'acide concret est soumis à une seconde pression, laquelle se fait à chaud. A cet effet, on revêt les gâteaux d'acides gras d'une bonne enveloppe de crin, et on les place entre des plaques de fer autour desquelles circule un courant de vapeur.

La figure 54 représente la disposition employée dans plusieurs fabriques, pour effectuer le pressage à chaud des acides gras. A, est le tuyau de pression de la presse hydraulique ; C, le corps de pression de la même presse hydraulique, c'est-à-dire la capacité pleine d'eau qui reçoit et multiplie la pression partant du tuyau A. Un manomètre, S, indique à l'extérieur le degré de cette pression. P, est le piston de la presse hydraulique qui vient comprimer horizontalement les gâteaux d'acides gras, E, E, contenus dans la bâche.

Pour que les pains d'acides gras soient maintenus chauds, pendant qu'ils sont ainsi comprimés par la presse hydraulique horizontale, on fait circuler dans la bâche qui les renferme, un courant de vapeur d'eau bouillante. Cette vapeur arrive par le tube V. Quand on ouvre la valve qui lui donne accès, en abaissant la manivelle RR', elle pénètre dans les tubes T, T, et vient circuler autour des plaques E, E renfermant les pains d'acides gras. L'articulation dont sont munis les tubes, permet de les changer de place ou de les mouvoir en différents sens. L'acide oléique qui exsude des pains d'acides gras s'écoule par le fond de la bâche.

Après un temps de pression suffisant, les tourteaux sont débarrassés de leur enveloppe. Ils présentent alors une masse sèche et friable qui se compose d'acides stéarique et margarique, c'est-à-dire de la matière de la bougie dite stéarique.

M. de Milly, le créateur de l'industrie stéarique, a réalisé une importante amélioration dans le procédé de saponification du suif par la chaux. Nous avons dit plus haut que, pour saponifier le suif au moyen de la chaux, il faut employer de 14 à 15 pour 100 de chaux vive. En modifiant le mode opératoire dans cette partie de la fabrication, M. de Milly est parvenu à réduire à 4 ou 5 pour 100, la quantité de chaux nécessaire pour la saponification. Ce résultat est d'une grande importance économique, non-seulement parce qu'il permet de supprimer les deux tiers de la chaux employée jusqu'ici, mais surtout parce que la quantité d'acide sulfurique qu'il faut faire agir plus tard pour saturer cette chaux, se trouve réduite dans la même proportion. Voici en quoi consiste ce nouveau mode de saponification calcaire, qui n'est que depuis peu de temps en usage dans l'usine de M. Milly.

Mélangé à 4 ou 5 pour 100 seulement de chaux préalablement délayée dans une petite quantité d'eau, le suif est placé dans une chaudière fermée, dans laquelle on fait arriver un courant de vapeur d'eau, à la tension de 3 ou 4 atmosphères. Par suite de l'état particulier du savon ainsi formé (lequel est sans doute un stéarate acide), ou simplement par l'effet de la haute température de la matière, le savon calcaire est plus fluide, plus fusible, plus facilement émulsionné par l'eau, que celui que l'on obtient dans l'opération telle qu'on la pratique d'ordinaire, c'est-à-dire à l'air libre. Cette fluidité du savon calcaire permet de le verser directement dans la cuve où se trouve l'acide sulfurique destiné à le décomposer. On n'est donc plus obligé, comme dans les premiers temps de la fabrication, de passer par cette longue opération qui consiste à laisser refroidir le savon de chaux, à le détacher de la cuve à coups de pioche, à le diviser en fragments, et à le transporter dans la cuve à acide sulfurique. Il suffit d'ouvrir le robinet de la chaudière où la saponification s'est opérée, pour faire couler directement le savon cal-

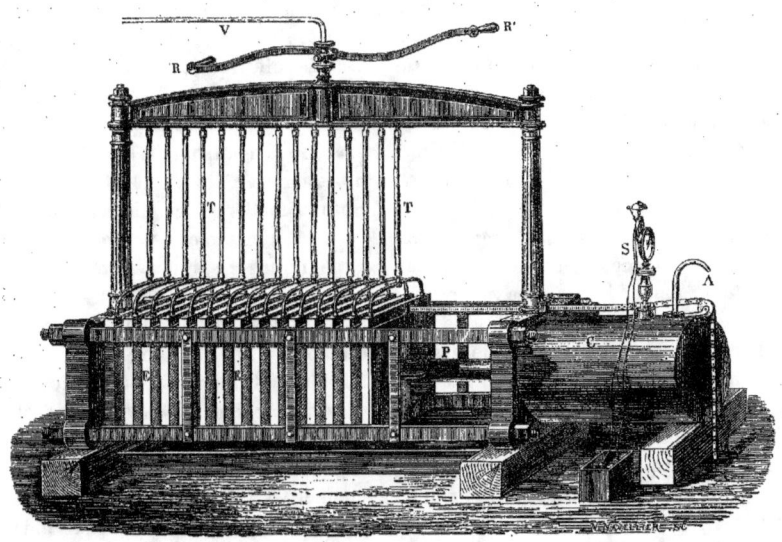

Fig. 54. — Pressage à chaud des acides gras, au moyen de la presse hydraulique horizontale.

caire, émulsionné et fondu, dans la cuve à acide où il doit être décomposé. Cette simplification dans la main-d'œuvre, jointe à l'économie de deux tiers de la quantité de chaux et d'acide sulfurique, a permis de réaliser dans la fabrication des acides gras au moyen de la saponification calcaire une économie notable.

CHAPITRE XIV

PRÉPARATION DES ACIDES GRAS PAR LA DISTILLATION. — HISTOIRE DE CETTE DÉCOUVERTE. — PROCÉDÉ PRATIQUE DE LA PRÉPARATION DES ACIDES GRAS PAR LA DISTILLATION. — PROCÉDÉ PAR L'ACIDE SULFURIQUE SOLIDE. — PROCÉDÉ PAR L'EAU SEULE.

Nous avons maintenant à étudier un mode nouveau de préparation des bougies, plein d'intérêt à divers titres, et qui, différant essentiellement du procédé par la saponification calcaire, est venu apporter à l'industrie stéarique des ressources et un complément de la plus haute importance. Nous voulons parler de la fabrication des bougies au moyen de la *distillation*.

La saponification des matières grasses par la chaux, donne d'excellents produits, quand on opère avec des matières pures ou peu altérées, avec le suif par exemple. Mais, indépendamment du suif, dont le prix est élevé, il existe un grand nombre de matières grasses, d'origine animale ou végétale, qui peuvent fournir des acides gras concrets, propres à l'éclairage. Telles sont les graisses altérées, — les huiles de poisson, — les graisses retirées des os, ou celles qui proviennent des eaux grasses des cuisines et des restaurants ; — les matières grasses que l'on retire du désuintage des draps, — les résidus et dépôts des huiles d'olive de France, d'Italie et d'Espagne, — les graisses dites de *boyaux* provenant des raclures d'intestins, — les dépôts des huiles de foie de morue et de baleine. Telle est enfin et surtout, cette substance demi-solide, que l'Afrique fournit en si grande abondance, et qui porte le nom d'*huile de palme*. Tous ces produits, qui sont à bas prix dans le commerce, si on les soumettait au procédé ordinaire de saponification par la chaux, ne donneraient que de fort mauvais résultats. L'huile de palme même ne saurait par aucun moyen être avantageusement traitée par la saponification calcaire. La découverte d'un procédé spécial pour le traitement de ces diverses matières grasses, et pour leur conversion en acides gras, était donc d'une haute importance pour l'industrie stéarique. C'est ce résultat que permet d'atteindre l'emploi du procédé désigné sous le nom de *distillation*. Traités par cette méthode, les produits les plus altérés, les graisses les plus rances, les résidus noirs et impurs des fabriques, enfin l'huile de palme, fournissent des acides concrets, qui ne diffèrent en rien de ceux que donne le suif soumis à la saponification calcaire.

Les brevets pris en France pour la préparation des acides gras par la distillation, étant tombés depuis l'année 1856, dans le domaine public, tous nos fabricants sont en libre possession de ce procédé, et partout on le met en pratique. Il sera donc nécessaire de l'exposer ici avec quelques détails. Comme la question de priorité dans l'invention de cette méthode a fait naître beaucoup de discussions, et soulevé des contestations de toute nature, nous essaierons, en même temps, de fixer, avec toute impartialité, les titres qui nous semblent revenir à chacun dans sa découverte et dans son application pratique.

Pour plus de clarté, nous commencerons par établir en quoi consiste la méthode de préparation des acides gras par la distillation, ou plutôt par l'action réunie de l'acide sulfurique et de la distillation.

Si l'on traite les corps gras par 6 à 15 pour 100 de leur poids, d'acide sulfurique concentré, et que l'on élève, à l'aide de la vapeur, la température du mélange, on produit, par l'action chimique de l'acide sulfurique, le même effet auquel les alcalis donnent naissance en réagissant sur les graisses, c'est-à-dire qu'on *saponifie* ces graisses. L'acide sulfurique peut provoquer à lui seul, et sans le concours d'une base, le dédoublement d'un corps gras en glycérine et en acides gras. Seulement, tandis que, dans la saponification par les alcalis, la glycérine reste libre et inaltérée, ici elle est détruite. Mais cette dernière circonstance ne peut être d'aucune influence sur le résultat de la fabrication, car la glycérine, dans les manufactures d'acides gras, est un produit sans importance, du moins jusqu'à ce jour ; on ne se donne pas la peine de la recueillir, on la rejette avec les eaux qui proviennent de la saponification, où elle se trouve à l'état de dissolution. Ainsi, l'emploi de l'acide sulfurique permet de saponifier les matières grasses sans recourir à aucune base alcaline, comme la soude, la potasse ou la chaux.

Cette curieuse action de l'acide sulfurique sur les corps gras, a été étudiée de nos jours par l'un de nos meilleurs chimistes, M. Frémy, qui, dans un mémoire remarquable, publié en 1836, démontra que l'action des acides puissants sur les matières grasses, et en particulier celle de l'acide sulfurique, présente la plus grande analogie avec celle des alcalis.

La connaissance du fait général de la saponification des corps gras par l'acide sulfurique, est pourtant beaucoup plus ancienne qu'on ne le croit ; elle remonte à l'année 1777. Achard, de l'Académie de Berlin, Cornette et Molluet de Souhey, ont étudié et décrit sous le nom de *savons acides* le produit qui résulte de l'action de l'acide sulfurique sur les graisses, produit qui est formé d'acides gras, mais dont la véritable nature était nécessairement ignorée à la fin du dernier siècle.

On trouve dans le *Dictionnaire de chimie* de Macquer, à l'article SAVONS ACIDES, l'analyse des travaux d'Achard, de Berlin, sur la saponification par l'acide sulfurique. La citation qui va suivre, montrera suffisamment que le fait de la décomposition des corps gras par l'acide sulfurique, avait été signalé par les anciens chimistes.

« Le procédé qui a réussi à M. Achard, pour faire des savons acides en combinant l'acide vitriolique avec les huiles, tant concrètes que fluides, tirées des végétaux par expression ou par ébullition, a consisté à mettre deux onces d'acide vitriolique concentré et blanc dans un mortier de verre, à y ajouter peu à peu, et en triturant toujours, trois onces de l'huile dont il voulait faire un savon, et qu'il avait fait chauffer presque jusqu'à l'ébullition. M. Achard a obtenu par ce procédé, des masses noires, qui, refroidies, avaient la consistance de la térébenthine.

« Suivant la remarque de l'auteur, ces composés sont déjà de véritables savons ; mais, pour les réduire en une combinaison plus parfaite et plus neutre, il faut les dissoudre dans environ six onces d'eau distillée bouillante. Cette eau se charge de l'acide surabondant qui pourrait être (et qui est probablement toujours) dans le savon, et les parties savonneuses se rapprochent par le refroidissement, et se réunissent en une masse brune de la consistance de la cire, qui quelquefois occupe le fond du vase, et quelquefois nage à la surface du fluide, suivant la pesanteur de l'huile qu'on a employée. Si le savon contenait encore trop d'acide, ce que l'on peut facilement distinguer au goût, il faudrait le dissoudre encore une fois dans l'eau distillée bouillante, et réitérer cette opération, jusqu'à ce qu'il ait entièrement perdu le goût acide : de cette manière on obtient un savon dont les parties composantes sont *dans un état réciproque de saturation parfaite.*

« M. Achard remarque encore, que l'acide vitriolique concentré agit très-fortement sur les huiles, et avertit qu'il faut avoir attention de ne pas y ajouter l'huile trop subitement et en trop grande quantité, parce que dans ce cas l'acide devient trop fort, décompose l'huile, et la change en une substance charbonneuse ; on s'aperçoit de cette décomposition à l'odeur d'acide sulfureux volatil qui s'en dégage.

« Lorsque ces savons sont faits avec exactitude, ajoute M. Achard, ils se durcissent en vieillissant ; mais s'ils contiennent de l'acide surabondant, ils s'amollissent à l'air, parce qu'ils prennent l'humidité.

« Ce chimiste a composé des savons acides vitrioliques par ce procédé, avec diverses huiles, telles que celles d'amandes douces, d'olives, de beurre de cacao, la cire, le blanc de baleine, l'huile d'œuf par expression....

« L'auteur avertit que la trop grande chaleur occasionne la décomposition de l'huile par l'acide vitriolique, et la convertit en un corps demi-charbonneux et demi-résineux ; ce qu'on reconnaît toujours, comme dans les mélanges du même acide avec les mêmes huiles non volatiles, à l'odeur d'acide sulfureux volatil, qui ne manque pas de se faire sentir quand l'acide agit sur l'huile jusqu'à la décomposer : c'est là la raison de toutes les précautions de refroidissement qu'il faut prendre lorsqu'on fait ces combinaisons, et qu'il faut porter jusqu'à ne point faire bouillir l'eau qu'on ajoute au savon après qu'il est fait, pour lui enlever ce qu'il contient d'acide surabondant....

« On ne peut douter, comme le dit fort bien l'auteur, que toutes ces combinaisons d'acide vitriolique et de différentes espèces d'huiles, ne soient de vrais composés savonneux, des savons acides bien caractérisés, quand la combinaison a été bien faite ; car il s'est assuré par l'expérience qu'il n'y a aucun de ces composés qui ne soit entièrement dissoluble, soit par l'eau, soit par l'esprit de vin, et décomposable par les alcalis fixes ou volatils, les terres calcaires, par plusieurs matières métalliques. Toutes substances qui s'emparent de l'acide vitriolique de ces savons, forment avec lui les nouveaux composés qui doivent résulter de leur union réciproque, et dégagent l'huile, de même que les acides séparent celle des savons alcalins (1). »

Plus tard, en 1821, quand la véritable nature des corps gras eut été dévoilée par les travaux de M. Chevreul, M. Caventou signala le premier, l'analogie que présente l'action de l'acide sulfurique sur les graisses, avec celle que les alcalis exercent sur le même groupe de corps.

Voici comment s'exprimait à cet égard M. Caventou, dans une *Lettre adressée à M. Boullay, rédacteur du* Journal de Pharmacie, *relativement à la priorité de la découverte de l'acidification des corps gras par l'acide sulfurique concentré :*

« .... Je désirais ardemment, dit M. Caventou, étudier quels phénomènes pouvaient se passer dans cette opération et produire un tel résultat, car, d'après les nombreux travaux de M. Chevreul sur la saponification des corps gras par les alcalis, il m'était impossible de me satisfaire par une explication convenable à l'égard de la saponification par l'acide sulfurique ; ce n'est cependant qu'en février 1821 que je pus faire les premières expériences propres à m'éclairer sur cet objet.

(1) Macquer, *Dictionnaire de chimie*, t. II, in-4, p. 358-361.

« Je fis d'abord un savon acide, d'après la méthode indiquée depuis près de trente-huit ans par M. Camini, mais j'employai l'huile d'amandes douces au lieu d'huile d'olives ; je parvins à faire un savon qui, sans se dissoudre précisément dans l'eau, ainsi que l'indique l'auteur italien, s'y délayait assez parfaitement pour former une espèce d'émulsion ; c'est alors que, désirant connaître la modification qu'avait pu éprouver le corps gras dans cette circonstance, je traitai à froid la liqueur acide savonneuse par le sous-carbonate de chaux en excès afin de saturer tout l'acide sulfurique ; j'évaporai le tout avec précaution jusqu'à siccité, et je soumis le résidu à l'action de l'alcool bouillant ; j'obtins une liqueur alcoolique *sensiblement acide*, et qui, par l'évaporation, laissa un corps gras, dans lequel il me fut impossible de découvrir aucune trace d'acide sulfurique.

« Je répétai l'expérience d'une autre manière. Après avoir saturé à froid, par le sous-carbonate de chaux, la liqueur acide savonneuse, je filtrai et reçus sur le filtre l'excès de sous-carbonate de chaux, la plus grande partie du sulfate formé de la même base, ainsi que le corps gras éliminé : je mis à part la *liqueur aqueuse* filtrée, pour l'examiner. Ultérieurement, je portai toute mon attention sur le corps gras que j'isolai par l'alcool absolu. Après avoir évaporé la solution alcoolique, j'obtins encore un *corps gras acide*, dans lequel je ne pus distinguer aucune trace d'acide sulfurique, et en tout semblable au précédent.

« D'après ces expériences, je conclus donc, contre toute attente et à mon grand étonnement, que l'acide sulfurique concentré agissait sur l'huile d'amandes douces, et probablement sur tous les corps gras, d'*une manière analogue* à celle des alcalis ; et il me parut très-curieux d'avoir obtenu *un même résultat par des moyens aussi opposés* (1). »

Les travaux postérieurs de MM. Chevreul et Frémy sur le même sujet, ont donné une sanction définitive et scientifique aux faits antérieurement observés par les chimistes que nous venons de nommer.

Les acides gras, qui sont formés à la suite du traitement des matières grasses par l'acide sulfurique concentré, sont noirs et comme charbonneux. Aussi serait-il très-difficile de purifier ces produits par une opération chimique. Mais si on les place dans un alambic, et qu'on les soumette à la distillation, en ayant le soin de faciliter leur volatilisation par un courant de vapeur d'eau, qui traverse incessamment cette masse, les acides gras se volatilisent parfaitement, grâce au courant continu de vapeur d'eau, qui renouvelle sans cesse pour eux l'espace où ils peuvent se répandre. On obtient donc dans le récipient où les produits de la distillation viennent se condenser et se concréter, des acides gras, oléique, stéarique, etc., qui sont sans couleur et sans odeur sensibles. Ce mélange d'acides gras est soumis ensuite à la pression, comme à l'ordinaire, pour séparer les produits liquides de l'acide gras concret ; et ce dernier peut servir, comme celui qui provient de la saponification calcaire, à confectionner des bougies.

Tel est le procédé pour la préparation des acides gras, que l'on désigne sous le nom de *procédé par distillation*, ou de *préparation par voie sèche*. Essayons maintenant de rechercher à qui l'on doit rapporter la découverte de cette méthode.

C'est un fait assez remarquable que le procédé de préparation des acides gras au moyen de la distillation, soit mentionné, du moins en partie, dans le brevet qui fut pris en Angleterre, en 1825, par MM. Chevreul et Gay-Lussac, pour la préparation des bougies stéariques. Nous disons que ce moyen n'est mentionné qu'en partie dans ce brevet. En effet, Gay-Lussac y signale la possibilité d'obtenir les acides gras par distillation, mais il ne dit rien du traitement préalable par l'acide sulfurique. Or, cette opération est la base et le point de départ de ce procédé, car la simple distillation ne pourrait fournir aucun résultat utile, sans l'action préalable de l'acide sulfurique, qui met à nu les acides gras.

Le mérite d'avoir décrit, le premier, une méthode de saponification par l'acide sulfurique, appartient à un industriel anglais, M. George Gwinne, qui exposa avec détails, dans un brevet pris en mai 1840, un procédé consistant à traiter les matières grasses par

---

(1) *Journal de pharmacie*, t. X, p. 552-554.

l'acide sulfurique, et à distiller ensuite dans le vide le produit de cette opération, au moyen d'un appareil semblable à celui dont on se sert dans les raffineries de sucre pour évaporer les dissolutions sucrées.

Mais la nécessité de faire et de maintenir un vide exact dans un vase de dimensions considérables, apportait un tel obstacle à l'exécution de ce procédé, que l'on ne put réussir à le mettre en pratique.

Un autre industriel anglais, M. George Clarke, avait, de son côté, essayé de tirer parti, pour les manufactures, du fait scientifique signalé par M. Frémy; mais il n'avait pas eu recours à la distillation. La difficulté de retirer l'acide stéarique pur des corps gras traités par l'acide sulfurique concentré, devait faire échouer la tentative de M. Clarke.

Cette importante question, qui avait été abordée sans succès en Angleterre, devint ensuite l'objet des études de l'industrie française.

En 1841, M. Dubrunfaut prit un brevet pour la distillation des corps gras. Il opérait, comme Gay-Lussac, en provoquant la volatilisation des acides gras par un courant de vapeur, qui traversait les matières distillées. Mais, pas plus que Gay-Lussac, M. Dubrunfaut n'avait songé à faire intervenir l'action préalable de l'acide sulfurique, car la purification des huiles était surtout l'objet qu'il avait en vue. La question n'était donc pas plus avancée qu'auparavant.

La méthode qui nous occupe ne pouvait exister qu'à la condition de faire marcher concurremment la saponification par l'acide sulfurique et la distillation par l'intermédiaire de la vapeur. Or, la combinaison de ces deux moyens a été pour la première fois réalisée en Angleterre par M. Wilson.

Une patente prise en 1842, par MM. William Coley, Jones et George Wilson, spécifie, en effet, l'emploi combiné de l'acide sulfurique et de la distillation.

La préparation des acides gras au moyen de cette méthode nouvelle, fut établie en Angleterre, vers 1844, par M. Wilson, dans les ateliers de la *Société Price*. A partir de cette époque, elle fut employée industriellement chez M. Wilson. Ce procédé était appelé à jouer un rôle de la plus haute importance en Angleterre, puisque l'huile de palme, qui ne peut être traitée par la saponification calcaire, est le produit presque exclusivement exploité dans ce pays.

La fabrication des bougies au moyen de la distillation, a été établie en France, pour la première fois, par deux manufacturiers de Neuilly, MM. Masse et Tribouillet, cessionnaires du brevet Dubrunfaut. Leur exploitation commença vers 1846. Mais ces industriels, qui eurent à combattre tous les obstacles que rencontre une fabrication établie sur des données toutes nouvelles, furent obligés de s'arrêter en présence de difficultés financières. MM. Moinier et Jaillon, qui se chargèrent de la suite de leur établissement, continuèrent avec succès la fabrication des bougies au moyen de la distillation.

A partir de l'année 1856, époque à laquelle expiraient les brevets d'invention, la préparation des acides gras au moyen de l'acide sulfurique et de la distillation, s'est répandue d'une manière générale dans les fabriques de Paris. Voici comment on opère aujourd'hui, en suivant le procédé pratique dû à M. Knabb.

On commence par traiter le corps gras par l'acide sulfurique, en ne laissant s'exercer qu'un temps fort court. L'acide sulfurique provoque la décomposition du corps gras en glycérine et en acides sulfo-gras, décomposables par l'eau bouillante, qui met en liberté les acides gras.

La figure 55 représente l'appareil qui sert dans l'industrie, pour cette opération. A, est un réservoir en bois doublé de plomb, et contenant l'acide sulfurique. Cet acide est maintenu à la température de 90 degrés, par un courant de vapeur d'eau amené d'une

Fig. 55. — Appareil pour la saponification des corps gras par l'acide sulfurique

chaudière à vapeur par un tube qui se replie en serpentin. B, est un cuvier en bois doublé de plomb, contenant le corps gras à saponifier. Comme le réservoir d'acide sulfurique, le cuvier à graisse est parcouru grâce à un tube et à un serpentin, par un courant de vapeur d'eau, qui maintient le corps gras à la température de 90 degrés. La cuve F, dans laquelle doit se faire le traitement par l'acide sulfurique, est placée au-dessous du réservoir, B, des matières grasses. Un ouvrier introduit dans la petite caisse, D, placée au-dessus de la cuve à décomposition, F, 50 kilogrammes de matières grasses (huile de palme, graisses vertes, résidus gras, etc.), en ouvrant le robinet adapté à cette cuve. Puis il recueille dans un vase de plomb, C, qui peut basculer sur lui-même au moyen d'une tige qui le supporte et autour de laquelle il peut osciller, D, 15 kilogrammes d'acide sulfurique (30 p. 100) en ouvrant le robinet du tonneau à acide, B. Il mélange rapidement le corps gras et l'acide dans la caisse C et agite ce mélange, au moyen d'un râteau. Une réaction très-vive s'établit, et la masse se colore en noir. Au bout d'une minute environ de contact, l'ouvrier fait basculer la caisse C, et jette le mélange acide dans la cuve F, qui est remplie d'eau tenue en ébullition par un courant de vapeur. Les acides sulfo-gras qui viennent d'être formés par l'action de l'acide sulfurique, sont décomposés par l'eau bouillante, en acide sulfurique, en acides gras et en glycérine.

Quand la cuve est laissée en repos, deux couches liquides se séparent, en raison de la différence de leur pesanteur spécifique. La couche inférieure, H', est formée d'eau, chargée

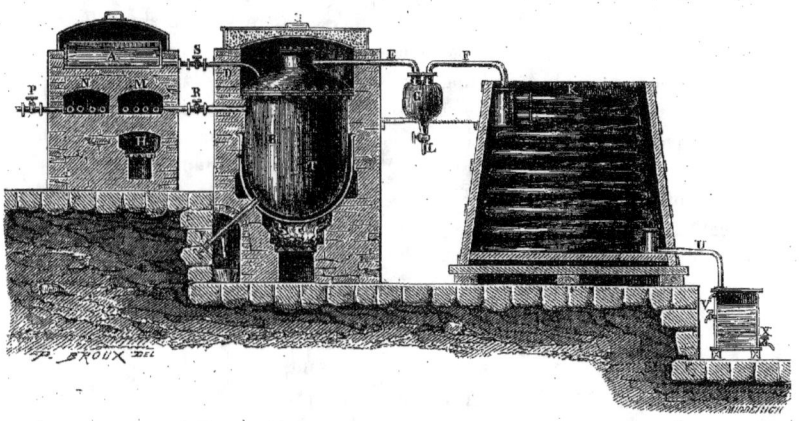

Fig. 56. — Appareil pour la distillation des acides gras.

d'acide sulfurique et de glycérine ; la couche supérieure, H, constitue les acides gras (stéarique, margarique, oléique). On sépare la couche inférieure à l'aide d'un robinet E, placé dans la cuve à la hauteur convenable, et on la dirige dans une autre cuve, où on lave à l'eau chaude, les acides gras ainsi isolés.

Comme ces acides gras sont noirs et chargés d'impuretés, provenant de l'action de l'acide sulfurique sur les matières étrangères contenues dans les graisses, il faut, comme nous l'avons dit, les distiller pour les obtenir purs.

La distillation des acides gras exige certaines précautions. Si on chauffait ces produits à feu nu, ils ne distilleraient qu'en se décomposant en partie. Mais si on les distille en faisant passer sur la masse chauffée un courant de vapeur d'eau, ils passent, sans s'altérer, avec la vapeur d'eau qui parcourt l'alambic.

On a trouvé avantage à surchauffer la vapeur, avant de l'introduire dans l'appareil distillatoire, c'est-à-dire à lui communiquer une température de 250 degrés environ, au lieu de la température de 100 degrés, propre à la vapeur d'eau bouillante formée à la pression ordinaire. A cet effet, on fait passer le tuyau de vapeur dans un fourneau où il se replie plusieurs fois sur lui-même, de manière à communiquer à la vapeur qu'il renferme, à peu près la température de 250 degrés.

La figure 56 représente l'appareil distillatoire employé dans les fabriques d'acide stéarique.

B, est une chaudière de cuivre contenant les acides gras qu'il s'agit de distiller. Elle est fermée par un couvercle boulonné, et pourvue d'un *trou d'homme*, C, à la partie supérieure du couvercle. Les acides gras maintenus à l'état liquide par la chaleur, dans le réservoir, A, s'introduisent dans cette chaudière, par le tube D, quand on ouvre le robinet S. Le corps gras est chauffé, dans cette chaudière, par un foyer F, et par l'intermédiaire d'un banc de sable, c'est-à-dire d'une couche de sable, déposée dans une calotte de fonte, qui enveloppe la chaudière à l'extérieur. Un thermomètre T placé à l'intérieur de la chaudière, et dont la tige dépasse à l'extérieur de cette chaudière, permet d'apprécier la température de la masse ainsi chauffée. Quand cette température est arrivée à 250 degrés, on fait arriver le courant de vapeur, en ouvrant le robinet R, et en veillant à ce que la température de cette vapeur soit toujours de 250 à 300 degrés. La vapeur formée dans une chaudière chauffée par le foyer, H, se surchauffe en traversant les carneaux M, N. Un thermomètre, placé sur le trajet du tube de vapeur, près du robinet R, indique, à chaque instant, cette température.

Dans ces conditions les acides gras sont entraînés en vapeurs, avec le courant de vapeur d'eau surchauffée. Ils passent, avec cette vapeur d'eau, dans le tube E, de là dans le récipient G. Ce vase est une sorte de premier condenseur, analogue à celui qui sert à recevoir le goudron et les matières empyreumatiques, dans les usines à gaz. En ouvrant un robinet, L, dont ce vase est pourvu, on peut recueillir et séparer les premières portions distillées, qui se composent d'acide sulfurique, d'acroléine, et de produits étrangers aux acides gras.

Les vapeurs d'acides gras, mélangées d'eau, traversent ensuite le double serpentin, K, qui est refroidi par un courant d'eau continu, et elles s'y condensent. Les liquides condensés arrivent à l'extrémité du serpentin par le tube U, et sont recueillis dans un récipient. Les acides gras, plus légers, s'écoulent par le robinet V, placé au niveau supérieur de ce récipient, et l'eau par le robinet X, placé plus bas.

La distillation dure de douze à quinze heures, avec un alambic chargé de 1,000 kilogrammes environ de matière à distiller.

Il reste dans la cucurbite, un résidu brun fluide, qu'il faut extraire, pour pouvoir procéder à une opération nouvelle. Comme on ne pourrait démonter la chaudière, on fait usage d'un appareil particulier, appelé *vidange à soupape*. C'est une sorte de pompe aspirante, Y, pourvue d'une soupape s'ouvrant par le poids du liquide, lequel s'introduit dans la pompe quand on la fait manœuvrer. Comme on le voit sur la figure, ce *tube de vidange* est placé à la partie inférieure de la chaudière.

Par le refroidissement, le résidu extrait de la chaudière, se concrète, et forme une masse noire, semblable à de l'asphalte. Le résidu, laissé par la distillation, est de 6 à 7 pour 100 du poids de la matière distillée.

Telle est la méthode d'extraction des corps gras par la saponification sulfurique et la distillation. Si l'on demande quelle quantité d'acide gras fournit ce procédé, nous répondrons qu'il donne environ 75 pour 100 d'acides gras, en opérant sur l'huile de palme. Ces 75 pour 100 d'acides gras, soumis à la pression, pour en séparer l'acide oléique, laissent, en définitive, 50 pour 100 d'acide stéarique. Ainsi, par ces traitements et après la séparation de l'acide oléique, l'huile de palme fournit la moitié de son poids d'acide stéarique propre à la confection des bougies.

Appliqué au suif, ce mode de traitement fournit un rendement en acide stéarique supérieur à celui que donne la saponification par la chaux. On peut, en effet, obtenir par la méthode de la distillation, jusqu'à 60 pour 100 d'acide stéarique avec le suif, tandis que la saponification par la chaux ne donne que 45 pour 100 du même produit.

L'opération de la distillation est pourtant difficile et coûteuse ; elle exige des soins attentifs. Il était donc important d'essayer de supprimer cette dernière partie de l'opération, et, tout en conservant la saponification par l'acide sulfurique, de pouvoir purifier les acides gras sans avoir recours à la distillation. M. de Milly a cherché pendant bien des années à résoudre ce problème fondamental, et le succès a fini par couronner ses efforts. Aujourd'hui, M. de Milly prépare par la saponification sulfurique, des acides gras, qui n'ont pas besoin d'être distillés, et qui, par les simples opérations du lavage et de la pression, sont assez blancs, assez purs, pour servir directement à la confection de la bougie.

Comment M. de Milly est-il arrivé à ce dernier résultat ? En employant, pour effectuer la saponification, de l'acide sulfurique concentré, mais en ne laissant l'action s'exercer que deux ou trois minutes, et l'arrêtant tout aussitôt, en jetant la matière dans l'eau bouillante.

Cette méthode nouvelle de traitement des suifs par la saponification sulfurique sans distillation, a été décrite dans un rapport présenté le 12 juillet 1867, à la *Société d'encouragement pour l'industrie*, par M. Balard, professeur de chimie à la Faculté des sciences de Paris. Voici comment s'exprime M. Balard :

« Dans son usine, que nous avons visitée en compagnie de plusieurs savants étrangers, désireux de profiter, pour leur pays, de cette communication que M. de Milly nous a faite sans réticences d'aucun genre, du suif chauffé à 120° s'écoule et se mêle avec 6 pour 100 de son poids d'acide sulfurique concentré. Le mélange devient intime au moyen d'une agitation dans une baratte en fonte. L'action se produit, mais au bout de deux ou trois minutes on l'arrête entièrement en faisant couler le mélange dans un grand cuvier plein d'eau bouillante où se délaye la glycérine, inaltérée ou régénérée, et où se séparent, à la surface de l'eau, des acides gras extrêmement colorés. Mais, contrairement à ce qui était arrivé dans les tentatives qui ont eu lieu il y a quatorze ans, ces acides sont colorés par une matière complètement soluble dans l'acide liquide. On conçoit donc qu'en pressant cette matière à froid, puis à chaud, on parvienne à en extraire des acides gras d'une blancheur parfaite et propres à être immédiatement coulés en bougies. L'opération entière ne dure pas plus d'une heure. Cependant il est préférable, quand la pression a donné un acide gras déjà solide mais encore impur, de le refondre de nouveau et de le couler en pains plus épais qui, à la pression dernière, donnent des plaques plus épaisses aussi d'acides gras épurés, identiques avec ceux que fournit la saponification par la chaux, et propres dès lors à la fabrication des bougies de luxe ; 100 parties de suif donnent ainsi 52 pour 100 d'acides gras, fusibles à 54°.

« On conçoit que, par ce mode d'opération, une certaine quantité d'acide gras solide doit se concentrer dans sa partie liquide et colorée, et rester empâtée par ce magma oléagineux comme le sucre cristallisable dans la mélasse. M. de Milly soumet cet acide à la distillation et en retire, outre l'acide oléique distillé, 9 à 10 pour 100 d'acides gras solides. Il subit ainsi, sans doute, les inconvénients attachés à cette opération, mais il les concentre sur un cinquième au plus des produits solides qu'aurait fournis par la distillation la matière première sur laquelle il a agi.

« On voit que, grâce à cette méthode, qui réunit à la fois les avantages de la saponification calcaire et de la distillation, on obtient les quatre cinquièmes au moins du rendement maximum en acide propre à la fabrication des bougies de luxe, et l'autre cinquième avec les défauts de l'acide obtenu par la distillation, et qui le rendent propre seulement à la fabrication des bougies économiques.

« Votre comité des arts chimiques a été heureux de constater que cette nouvelle et importante amélioration dans la production de l'acide stéarique était encore due à l'industriel éminent, que l'on peut regarder comme le principal créateur de cette fabrication. »

Nous ne terminerons pas ce sujet sans dire quelques mots d'un mode de préparation des acides gras, qui a été mis en usage en Angleterre et en France, vers 1865, mais auquel le nouveau procédé de M. de Milly, que nous venons de décrire, a enlevé beaucoup de son utilité. Nous voulons parler de la préparation des acides gras par la seule action de l'eau, portée à une très-haute température.

Nous venons de voir que les corps gras neutres (stéarine, oléine, margarine), qui sont constitués chimiquement par l'union des acides stéarique, oléique et margarique avec la glycérine, peuvent être décomposés en glycérine et en acides gras de bien des manières, c'est-à-dire par la saponification au moyen d'un alcali, et par l'acide sulfurique. Ce dédoublement des corps gras neutres que l'on provoque par l'action des acides puissants, peut aussi s'effectuer par l'action de l'eau seule.

Un chimiste américain, M. Tilgman, a trouvé, en effet, le moyen de provoquer, par la seule action de l'eau, la saponification des corps gras. M. Tilgman prit un brevet, en Amérique, pour l'application d'un procédé qui consiste à émulsionner, c'est-à-dire à mélanger intimement, par une agitation convenable, la matière grasse avec l'eau, et à introduire ce mélange dans les tubes de fer, que l'on expose à une température de 330 à 340 degrés. Mais l'emploi de cette méthode, qui exposait à la rupture des tubes et à l'incendie, présentait trop de dangers pour qu'elle fût adoptée dans l'industrie.

Un chimiste belge, M. Melsens, a reconnu ensuite que l'addition d'une petite quantité d'acide à la matière grasse émulsionnée par l'eau, favorise singulièrement la saponification de la graisse par le calorique. M. Melsens fait usage d'une eau contenant des traces d'un acide puissant, comme l'acide sulfurique, ou des quantités un peu plus fortes d'un acide faible, tel que l'acide borique. Il renferme ce mélange dans un *autoclave*, c'est-à-dire dans un vase métallique aux parois épaisses, extrêmement résistant et hermétiquement clos. Cet autoclave étant exposé à l'action du calorique, la vapeur formée à l'intérieur, acquiert la pression et la température suffisantes pour déterminer la saponification du corps gras. On sépare ensuite, selon le procédé ordinaire, l'acide liquide de l'acide concret.

Mais cette méthode expose aux mêmes dangers que la précédente, et l'on trouverait difficilement un industriel osant faire fonctionner un autoclave qui renfermerait de la vapeur portée à la pression de 12 à 15 atmosphères.

Le résultat des tentatives nouvelles qui avaient pour but la préparation des acides gras au moyen de l'eau et d'une température élevée, a conduit le directeur de la Société *Price*, M. Wilson, à une nouvelle modification de cette méthode de distillation des corps gras. M. Wilson supprime l'eau, et distille directement l'huile de palme, à une température, toujours fixe, de 400 degrés. Ce mode fort simple de traitement des corps gras paraît fournir de très bons résultats ; mais il ne faut pas oublier qu'il s'agit de l'Angleterre, c'est-à-dire d'un pays où le public se montre peu difficile sur la qualité des bougies. Tout corps gras qui brûle sans odeur, qui est peu coloré, et qui peut recevoir une mèche se mouchant toute seule, est, en Angleterre, réputé de bon usage.

Ces procédés, qui sont peut-être suffisants pour traiter l'huile de palme, et qui ne constituent guère qu'un moyen de blanchir ce produit et de le solidifier, donnent des produits qu'il serait difficile de faire accepter en France.

Cette méthode constitue une brillante application des théories modernes de la chimie organique. Mais les pressions énormes auxquelles il faut avoir recours pour saponifier les graisses par l'eau seule, inspirent, avec raison, de sérieuses craintes aux fabricants. Il est difficile de croire d'ailleurs, que ce procédé continue d'être suivi en présence de l'importante modification apportée en 1867 par M. de Milly, à la fabrication des acides gras, et qui permet de produire du premier coup, par la seule action de l'acide sulfurique, et sans distillation, de l'acide stéarique pur.

CHAPITRE XV

PRÉPARATION DES BOUGIES STÉARIQUES. — MOULAGE. — BLANCHIMENT. — ROGNAGE, ETC.

Quel que soit le moyen qui ait servi à obtenir l'acide stéarique, ce produit chimique se présente sous l'aspect de masses solides, blanches et cassantes. Nous avons à décrire, pour terminer cette partie de notre sujet, la fabrication des bougies avec l'acide stéarique. Comme leur fabrication ne diffère que par quelques détails, de celle des chandelles, qui a été exposée plus haut, nous pourrons abréger cette description.

La première chose à faire, quand on fabrique la bougie stéarique, c'est de préparer les mèches, et de les disposer dans les moules. Nous rappellerons ce que nous avons déjà dit, dans un des chapitres précédents, à savoir que la mèche est en coton natté avec trois fils. La mèche en coton simplement tordu employée dans les chandelles, aurait nécessité le mouchage, absorbé une trop grande quantité de matière, et trop abrégé la durée de la bougie.

Cette mèche de coton natté exige elle-même une préparation. Les cendres qu'elle laisse par sa combustion, l'empêcheraient de brûler entièrement, et laisseraient un résidu demi-charbonneux. Ce résidu, tombant dans le petit godet que forme la bougie en brûlant, ferait fondre l'acide stéarique, et par conséquent couler la bougie. M. de Cambacérès, comme nous l'avons dit, avait essayé de traiter la mèche par l'acide sulfurique. M. d'Arcet avait proposé l'acide azotique, et mieux l'azotate d'ammoniaque, pour brûler entièrement la mèche; mais M. de Milly résolut le problème en imprégnant la mèche d'acide borique ou phosphorique, qui, formant avec les cendres de la mèche, un borate ou un phosphate fusible, vitrifie les cendres, et forme un globule, lequel fond, coule et tombe dans le godet de la bougie, sous la forme d'un grain imperceptible. Le poids de ce petit globule à l'extrémité de la mèche, favorise, d'ailleurs, son incurvation. La cause première de cette incurvation de la mèche, c'est le tressage de trois fils qui la composent, et dont l'un étant plus long, plus fort, plus incliné que les autres, se redresse quand la mèche brûle et que le coton est ainsi détordu.

Ainsi les cendres de la mèche, sont éliminées sans inconvénient, et la mèche se coupant toute seule, par sa combustion, n'a pas besoin d'être mouchée.

Pour préparer les mèches on les fait tremper, pendant trois heures, dans une dissolution aqueuse d'acide borique, contenant 2 kilogrammes d'acide borique pour 100 litres d'eau. Quand on les a retirées du bain, on les exprime, et on les fait sécher dans une étuve.

Les mèches sont placées dans les moules, comme nous l'avons expliqué en parlant des chandelles. Une douille percée d'un trou, du côté de l'entonnoir du moule, reçoit un bout de la mèche ; l'autre bout est arrêté dans la partie conique, par un petit tampon de bois, comme nous l'avons expliqué et figuré en parlant des chandelles.

Pour couler, dans ces moules, les acides gras, il faut certaines précautions. Si on les versait chauds, ils cristalliseraient dans le moule, et donneraient une bougie feuilletée et cassante. Il ne faut verser la matière que lorsqu'elle est à demi figée par le refroidissement, c'est-à-dire quand elle présente un aspect laiteux. On prend, dans des poêlons métalliques, pourvus d'un bec, une certaine quantité de cette matière à demi figée, et on la verse dans les moules.

Pour que le refroidissement ne soit pas trop brusque, ces moules doivent être maintenus chauds. A cet effet, la caisse qui les renferme, est elle-même contenue dans une autre caisse de métal; et l'on fait circuler dans leur intervalle un courant de vapeur à la température de 50 à 60 degrés.

La figure 57 représente la caisse contenant les moules. PP est la caisse extérieure, NN

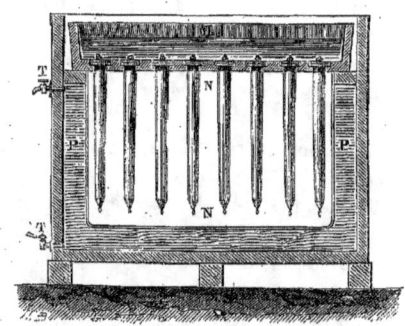

Fig. 57. — Moulage des bougies stéariques.

la caisse intérieure. Autour de la caisse NN circule la vapeur d'eau. Un robinet, T, laisse sortir l'air. Un robinet, T', placé au bas de la caisse, fait écouler l'eau liquide provenant de la condensation de la vapeur. M est la *masse-*

lotte, c'est-à-dire la masse des acides gras qui surmonte les bougies moulées.

Quand les moules sont refroidis, on ôte la cheville qui retient chaque mèche, et, saisissant à deux mains la *masselotte*, on retire d'un seul coup toutes les bougies. On casse la masselotte, et l'on obtient la bougie. Les déchets et la masselotte sont renvoyés à la fonte.

Les bougies moulées ne seraient pas assez blanches. On les blanchit en les exposant à l'air et à la lumière. On les dispose une à une, sur des grillages, et on les abandonne ainsi, pendant une ou deux semaines, à l'action de l'air. La lumière détruit le principe colorant brun qui existait dans la matière grasse, et l'air s'interposant entre les particules cristallines de la substance, la rend moins transparente et la fait ainsi paraître plus blanche (1).

Les bougies sont, après cette exposition à l'air, un peu salies par des corps étrangers. Pour les nettoyer, il faut les laver dans une dissolution de carbonate de soude, puis les placer sur une toile sans fin : le frottement mutuel de ces petits cylindres achève leur nettoyage.

Mais pour communiquer à la bougie le lustre et le poli tout particuliers qu'on lui connaît, il faut faire usage d'une machine que rien ne peut remplacer, la *machine à polir et à rogner les bougies*, inventée par M. Binet.

La figure 58 représente, en coupe, cette machine.

Les bougies sont placées horizontalement dans une caisse M. Un rouleau N, muni de cames, les fait arriver au devant d'une scie circulaire, P, qui les rogne. De là elles tombent sur un drap de laine sans fin, supporté par de petits rouleaux V, V, V, V et de plus grands T, T', et passant sous les cylindres ou tambours, S, S', S″. Pendant que le drap de laine circule, trois gros tambours S, S', S″, recouverts d'un drap semblable, sont mus dans le sens horizontal par les trois pignons des roues dentées R, R', R″. Les bougies, roulant sur elles-mêmes, avancent ainsi sous cette double impulsion, et elles arrivent au dernier rouleau, d'où elles tombent dans le récipient B. Ainsi frottées longitudinalement durant tout leur trajet entre deux draps de laine, les bougies sont parfaitement polies et lustrées quand elles tombent dans le récipient B, où on les prend pour les mettre en paquets.

Telle est la série d'opérations nécessaires pour confectionner les bougies d'acide stéarique, extrait des corps gras de diverses provenances.

Peu d'industries ont été favorisées d'un succès aussi complet et aussi rapide que la *stéarinerie*, comme on l'appelle quelquefois. Destinée à remplacer la bougie de cire, la bougie stéarique a, comme on le sait, atteint ce but d'une manière absolue, car on ne confectionne plus aujourd'hui une seule bougie de cire pour l'éclairage des salons.

Sous le rapport de l'élégance, de la propreté et de tous les avantages de ce genre, la bougie stéarique ne laisse rien à désirer; on regrette seulement la faible intensité de son pouvoir éclairant. Ce défaut provient surtout de la suppression, que font aujourd'hui nos fabricants, d'une certaine quantité de cire, que, dans l'origine, on ajoutait aux acides gras, au moment de les couler dans les moules pour confectionner les bougies. Cette addition de cire, qui était, au premier temps de la fabrication, de 25 à 30 pour 100, a été ensuite réduite à 10, plus tard à 5, et enfin entièrement supprimée. On a pu, de cette manière, abaisser le prix de la bougie, et satisfaire aux exigences du public sur le prix de ce genre d'éclairage. La bougie stéarique est donc moins chère qu'autrefois, mais elle éclaire beaucoup moins. Pour compenser la dimi-

---

(1) On n'ignore pas que les bougies conservées trop longtemps dans les armoires, ou dans un appartement, jaunissent. Pour les décolorer, il suffit de les exposer pendant quelques jours, à l'air et à la lumière.

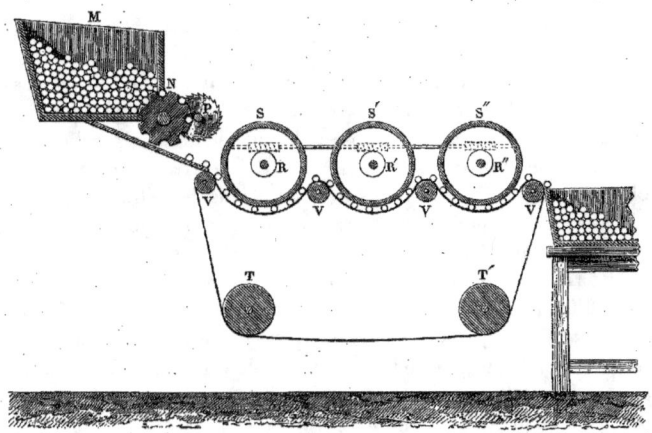

Fig. 58. — Machine à polir et à rogner les bougies.

nution de ce pouvoir éclairant, le consommateur est obligé de brûler un plus grand nombre de bougies, quand il veut obtenir le même effet lumineux. Pour s'éclairer comme avec une bougie de cire ou une chandelle, il faut aujourd'hui brûler deux ou trois bougies. Ce résultat s'explique d'ailleurs. Qu'est-ce, en effet, que la bougie stéarique? C'est du suif que l'on a dépouillé de sa partie liquide, l'oléine, qui était l'élément le plus éclairant de cette graisse animale. En transformant le suif en acide stéarique, on a rendu la chandelle plus sèche, moins fusible, plus élégante, mais on l'a privée, à poids égal, d'une bonne partie de sa puissance d'éclairage.

CHAPITRE XVI

LES BOUGIES DE BLANC DE BALEINE ET DE PARAFFINE.

La bougie de cire est complétement abandonnée aujourd'hui, et les rares fabricants de cire qui existent en Europe, n'ont plus à s'occuper de confectionner des bougies pour les salons. Sans parler davantage de la bougie de cire, nous terminerons l'étude de l'éclairage par les corps gras solides, en disant quelques mots des bougies de blanc de baleine et de paraffine, qui sont aujourd'hui en usage en Angleterre et en Amérique, concurremment avec les bougies stéariques.

On appelle *blanc de baleine*, une matière grasse, solide à la température ordinaire, mais qui existe, à l'état fluide, autour du cerveau des grands cétacés, principalement du cachalot. Les chimistes appellent *cétine* la matière solide pure du *blanc de baleine*. Chez le cachalot, elle est unie à une certaine quantité d'oléine.

Pour extraire la *cétine* pure de l'huile brute, qui est contenue dans le crâne du cachalot, on filtre cette huile à travers des sacs de toile serrée. L'oléine traverse le tissu; et la cétine, c'est-à-dire le blanc de baleine plus ou moins pur, reste dans le sac. On presse plusieurs fois la matière, pour la séparer de l'oléine qu'elle retient; puis on la fait fondre, et on la laisse cristalliser par le refroidissement. Cette cristallisation donne la *cétine* dans une assez grande pureté. Il suffit de l'exprimer sous des presses, pour la débarrasser de l'oléine qu'elle retient encore, enfin de la faire bouillir avec du carbonate de soude, pour lui enlever les dernières traces de cette huile liquide.

Le produit, pressé et fondu de nouveau, est une matière blanche très-pure. Elle sert à confectionner des bougies, qui tirent leur mérite, aux yeux des consommateurs, de leur remarquable transparence. Les bougies de blanc de baleine sont des bougies diaphanes, d'un aspect reluisant, que l'on admire beaucoup en Angleterre; mais nous sommes en France assez indifférents à cette qualité.

Pour que la bougie de paraffine ait une grande transparence, il faut, quand on la coule, empêcher sa cristallisation, qui donnerait de l'opacité à la matière, par l'entrelacement intérieur des aiguilles des cristaux. On a donc soin, avant de couler dans les moules les bougies de *spermaceti*, d'agiter la masse, pour la brouiller et empêcher les cristaux de se former. L'addition de 3 pour 100 de cire blanche, empêche également la cristallisation, et donne un produit extrêmement diaphane.

Les bougies de blanc de baleine, que l'on colore quelquefois des nuances bleu tendre, rose, violet, etc., sont d'une admirable pureté. Elles brûlent avec une flamme très-vive et très-claire. Seulement leur point de fusion est très-bas. Elles fondent à 44 degrés, tandis que la bougie stéarique fond à 54 degrés. Il en résulte qu'elles coulent plus facilement que les bougies stéariques.

La bougie de blanc de baleine est un éclairage de luxe. Elle coûte 6 francs le kilogramme, tandis que les bougies stéariques ne dépassent guère le prix de 2 fr. 50 le kilogramme. En Angleterre, la classe riche peut donc se procurer un éclairage d'une élégance irréprochable. Mais comme la bougie stéarique est assez peu répandue chez nos voisins d'Outre-Manche, la classe peu aisée est, sous ce rapport, beaucoup moins favorisée qu'elle ne l'est parmi nous, où le plus pauvre ménage peut s'éclairer avec le même luxe qu'un ministre ou un financier.

La paraffine est une matière grasse que l'on trouve dans beaucoup de produits naturels, ou dans les résidus de différentes industries. On la retire en abondance des composés qui se forment pendant la distillation de la houille, pour la préparation du gaz de l'éclairage. Elle existe dans divers pétroles, et surtout dans le pétrole de Rangoon (Empire birman), qui est importé par grandes masses en Angleterre.

M. Aimé Girard, dans le *Dictionnaire de chimie industrielle*, décrit comme il suit, le procédé suivi en Angleterre, pour l'extraction de la paraffine du goudron de Rangoon.

« On commence par distiller à la vapeur soit le goudron de Rangoon, soit l'huile de schiste contenant la paraffine ; on élimine de cette façon tous les hydrocarbures aisément volatils. Le résidu de la distillation qui, pour le goudron, ne s'élève pas à moins de 75 pour 100 est fondu, puis traité par 2, 4, 6 ou même 8 pour 100 d'acide sulfurique, qui produit un abondant précipité noir. La matière liquide surnageante est lavée soigneusement à l'eau, puis introduite dans un alambic où elle est distillée au moyen de la vapeur surchauffée. Les produits de la distillation sont fractionnés soigneusement ; jusqu'à 150°, ils ne renferment pas de paraffine ; à 150°, celle-ci apparaît dans les produits, et la proportion en augmente jusqu'à la température de fusion du plomb (330°) ; à ce moment la paraffine devient très-abondante, les matières distillées se solidifient par le refroidissement et deviennent susceptibles d'être pressées comme les pains d'acides gras. Les produits distillant près de 150°, et qui sont encore liquides, sont soumis à des distillations fractionnées successives, de manière à isoler la paraffine et à l'amener au même état que les produits distillés depuis 200 et quelques degrés jusqu'au point de fusion du plomb.

« La paraffine brute est fondue et abandonnée à un refroidissement très-lent, qui lui fait prendre l'état cristallin ; on la presse alors lentement, de manière à exprimer la plus grande partie de l'huile qu'elle renferme. On la refond de nouveau, et on la traite par 50 pour 100 d'acide sulfurique à la température de 180°. En deux heures, la paraffine se sépare de l'acide ; on la lave deux fois à l'eau bouillante, on la coule en gâteaux, puis on la presse une dernière fois entre les étreindelles, en chauffant légèrement les plaques de la presse. On la refond alors, on lui ajoute 5 pour 100 de stéarine, et on la coule dans les moules à la manière ordinaire.

« Cette méthode a été modifiée d'une manière aussi heureuse qu'élégante par MM. Cogniet. Ces habiles industriels ont remarqué que si l'on mélange la paraffine impure avec du sulfure de carbone, celui-ci exerce son action dissolvante sur les goudrons noirs qui la souillent, avant d'agir sur la paraffine. Partant de cette observation, ils prennent la paraffine brute et colorée, l'empâtent avec une petite quantité de sulfure de carbone, puis soumettent le tout à une pression modérée ; le sulfure de carbone s'écoule et entraîne avec lui les matières colorantes (brai et goudron) qui souillent la paraffine, de telle sorte qu'en répétant deux ou trois fois cette opération, on obtient la paraffine dans un état de pureté et de blancheur parfaites. MM. Cogniet emploient d'ailleurs des hydrocarbures légers et volatils, comme le pétroléum, aussi bien que le sulfure de carbone. Il ne reste plus alors qu'à refondre la paraffine et à la couler pour la transformer en bougies d'une translucidité remarquable (1). »

Comme la bougie de blanc de baleine, la bougie de paraffine est d'un prix élevé ; elle ne peut donc figurer que dans les éclairages de luxe.

CHAPITRE XVII

L'ÉCLAIRAGE AU GAZ. — LES EFFLUVES GAZEUSES NATURELLES. — LES SOURCES DE FEU EN ASIE, EN AMÉRIQUE, EN EUROPE. — OBSERVATIONS SCIENTIFIQUES DE CE MÊME PHÉNOMÈNE FAITES EN ANGLETERRE. — JAMES HALES ET CLAYTON. — PHILIPPE LEBON CRÉE EN 1798 L'ÉCLAIRAGE PAR LE GAZ RETIRÉ DU BOIS CALCINÉ. — LE THERMO-LAMPE. — TRAVAUX DE PHILIPPE LEBON. — SA VIE ET SA MORT.

Pendant que l'éclairage par les lampes à huile marchait lentement vers sa perfection, un rival s'élevait à côté de lui, qui devait bientôt le reléguer à une place inférieure, par suite des avantages immenses qu'allaient offrir et ses qualités lumineuses et l'économie de sa fabrication. Tout le monde a nommé le *gaz* (gaz hydrogène bicarboné).

L'éclairage par le gaz n'est qu'une suite très-simple des découvertes chimiques accomplies au siècle dernier. On savait depuis longtemps, que la combustion de certains fluides aériformes s'accompagne d'un dégagement de lumière et de chaleur, et dès la fin du XVIIe siècle, l'expérience avait appris que la houille, soumise, en vases clos, à une haute température, fournit un gaz susceptible de brûler avec éclat. Mais jusqu'à la fin du siècle dernier, personne n'avait songé à tirer parti de ce fait. L'idée d'appliquer à l'éclairage les gaz combustibles qui se forment pendant la décomposition de certaines substances organiques, appartient incontestablement à un ingénieur français, nommé Philippe Lebon. Les moyens employés par notre compatriote pour appliquer à l'éclairage les gaz qui résultent de la décomposition du bois reçurent, en France, un commencement d'exécution ; mais ils ne furent pas poussés très-loin : la mort de l'inventeur arrêta cette industrie naissante. L'idée de Philippe Lebon fut reprise en Angleterre par l'ingénieur W. Murdoch, et les procédés imaginés alors pour l'extraction du gaz, eurent pour effet de créer définitivement cette industrie, qui se répandit bientôt en France, en Allemagne et dans toute l'Europe.

Telle est, en un trait général, l'histoire de l'invention qui va nous occuper. Examinons maintenant avec détails, les faits historiques qui se rapportent à cette question.

Le gaz hydrogène carboné qui sert à l'éclairage, et que l'industrie humaine fabrique aujourd'hui en quantités immenses, est fourni, depuis des siècles, par la nature, dans un certain nombre de pays, particulièrement en Perse, dans le Caucase, dans l'Inde et la Chine, enfin dans le Nouveau Monde.

C'est dans les environs de Bakou, port de la mer Caspienne, en Perse, que se trouvent les effluves les plus curieux de gaz inflammable.

Ce gaz naturel provient de l'intérieur de la terre, qui recèle, dans ces contrées, d'abondantes sources d'huile de pétrole. Cette huile, dont le centre de production est situé aux environs de Bakou, est utilisée par les habi-

---

(1) *Dictionnaire de chimie industrielle*, par MM. Barreswil et Aimé Girard, tome II, in-8, Paris, 1862, p. 236-238.

tants des environs, qui la font brûler dans des plats de fer peu profonds, et remplis de sable imprégné d'huile.

A 4 kilomètres de ces sources de pétrole, est un lieu nommé *Ateschjah* (la Demeure du feu), qui présente le plus curieux exemple connu d'effluves gazeux inflammables. A mesure qu'on approche de ce lieu, on sent une odeur sulfureuse, qui se répand dans un rayon d'un demi-kilomètre. Au centre de cet espace, quand le temps est sec, on voit s'élever une longue flamme, d'un blanc bleuâtre, dont l'intensité s'accroît à l'approche de la nuit.

Au pied d'une colline voisine, se trouve une source d'huile de pétrole, qui s'enflamme très-facilement et brûle même sur l'eau.

En été, lorsque l'atmosphère est échauffée par le vent du sud, qui règne presque continuellement sur ces rivages pendant la saison chaude, la quantité de gaz résultant du voisinage des sources d'huile volatile est considérable, et leur inflammation accidentelle produit de magnifiques phénomènes.

Aux jours de réjouissance publique, et par un temps calme, les gens du pays versent quelques tonneaux de cette huile dans une petite baie de la mer Caspienne, et vers le soir, ils y mettent le feu. Le faible balancement des vagues n'éteint pas cette flamme, qui s'étend peu à peu à perte de vue, ce qui donne bientôt le spectacle étonnant d'une mer couverte de feux (figure 59, page 97).

Les traditions du pays font remonter à plusieurs millions d'années ce feu, qui a ses adorateurs et ses prêtres, nommés *Guèbres*, ou *prêtres du feu sacré*.

Ce *feu sacré* n'est autre chose que la vapeur de l'huile de pétrole mélangée d'une proportion plus ou moins considérable d'hydrogène bicarboné. Cette vapeur sort de terre lorsqu'on y pratique un trou, et elle s'allume alors de la même manière que notre gaz d'éclairage.

A quelque distance de ce curieux foyer naturel, c'est-à-dire près *Ateschjah*, des Indiens adorateurs du feu se sont construit de petites maisons de pierre. Le terrain sur lequel reposent les murs de ces maisons, est recouvert d'un lit d'argile, de l'épaisseur de $0^m,50$, afin que la vapeur ne puisse percer cette couche; mais des ouvertures, bouchées par un tampon, sont laissées çà et là. Lorsqu'un des habitants a besoin de feu pour sa cuisine, ou de lumière, le soir, il enlève un de ces tampons, et présente une allumette enflammée à l'ouverture ; aussitôt la vapeur s'allume. Quelle que soit la largeur de l'ouverture, la flamme a le même diamètre que cette ouverture, mais sa hauteur et son intensité augmentent à mesure qu'elle est plus resserrée.

La nuit, pour obtenir une lumière qui soit à la hauteur des objets que l'on veut éclairer, on enfonce, dans de petits trous faits dans le sol, des roseaux, dont l'intérieur a été barbouillé d'eau de chaux. On obtient, par ce moyen, à telle place qu'on le veut, une sorte de bec de gaz, qui donne une flamme de $0^m,15$ à $0^m,16$, de hauteur, avec une lumière très-vive et toujours égale.

Les tisserands qui habitent ces contrées, éclairent de cette manière les deux côtés de leurs métiers, et ils n'éprouvent aucun embarras pour entretenir et renouveler leur lumière, qui ne leur coûte aucuns frais. Tout autre feu leur est inutile, car la chaleur du gaz naturel est si grande, qu'elle les force à tenir les croisées et la porte ouverte.

Les habitants d'*Ateschjah* emploient ce gaz non-seulement aux usages domestiques, mais encore à chauffer les fours à chaux, et à consumer les corps de leurs parents, après leur mort.

Fait bien curieux! Les Persans de la secte des *adorateurs du feu* font commerce de ce gaz inflammable. Ils le recueillent dans des bouteilles, et l'expédient dans des provinces éloignées de la Perse. Le contenu de ces bouteilles brûle encore parfaitement après des mois entiers, et ce prestige sert aux prêtres de ce pays à entretenir la superstition de leurs sectateurs.

Il existe en Chine des feux naturels tout semblables. Ils sortent des puits d'eau salée qui sont répandus dans les districts de Young-Hian et de Wer-Yuan-Hian, où ils occupent une étendue considérable. Les Chinois, savent diriger ce gaz naturel au moyen de tuyaux de bambous. Ils s'en servent pour chauffer et éclairer les usines dans lesquelles le chlorure de sodium est extrait des sources salées. Le gaz enflammé sert à évaporer ces eaux; et les ateliers sont éclairés par le même moyen.

Dans la presqu'île de Java, on a signalé des feux naturels tout semblables.

Beaucoup de sources brûlantes existent dans les États-Unis, surtout près de Canandaigne, capitale du comté d'Oritano; à Bristol et à Middlessex, dans la partie sud-ouest de l'État de New-York. Ces effluves naturels sont composés d'un gaz qui sort des lacs ou des rivières, et qui s'enflamme dès qu'on en approche un corps en ignition. Rien de plus curieux que ce feu qui court sur les eaux des rivières ou des lacs. Mais c'est surtout quand la neige couvre la campagne, que ce spectacle est bizarre et magnifique. Du sol tapissé de neige où des cours d'eau recouverts d'une couche de glace, on voit s'élancer des gerbes de feu. La nuit, ces illuminations naturelles éclairant des espaces infinis, revêtus d'un manteau de neige, sont d'un effet saisissant.

Les Américains savent mettre à profit cette source économique de chaleur. Ils disposent des tubes qui conduisent le gaz jusqu'au foyer de leur cuisine ou de leur atelier. Ce feu sert à cuire leurs aliments ou à favoriser le travail de leur industrie.

En Europe, on trouve ces sources brûlantes dans diverses localités. Citons, par exemple, la *Fontaine ardente* du Dauphiné, les feux de Pietra-Maia, situés sur la route de Bologne, à Florence; ceux de Barigazzo, près de Modène, etc.

Les anciens connaissaient ce phénomène, qu'ils avaient signalé comme un prodige inexplicable. C'est ainsi que Pline parle avec admiration des feux naturels du mont Chimère, sur la côte de l'Asie Mineure, feux qui ont été reconnus, de nos jours, dans le même lieu, par le capitaine Beaufort, en 1811.

La première observation véritablement scientifique qui ait été faite sur ces feux naturels, remonte à l'année 16*n*9. Elle est consignée dans les *Transactions philosophiques de Londres*, dans les termes suivants:

Description d'un puits et d'une terre situés dans le Lancashire, qui prennent feu à l'approche d'une lumière, par Thomas Shirley, esq., témoin oculaire.

« Vers la fin du mois de février 1659, revenant de voyage dans mon habitation à Wigan, on me parla d'une source singulière située, si je ne me trompe, sur la propriété d'un M. Hawkley, à environ un mille de la ville, sur la route qui mène à Warrington et Chester.

« Le public de cette ville assurait hardiment que l'eau de cette source brûlait comme de l'huile; c'est une erreur dans laquelle on tombait, faute d'avoir observé les particularités suivantes.

« Quand nous arrivâmes, en effet, près de ladite source (nous étions alors cinq ou six personnes) et que nous eûmes approché une lumière de la surface de l'eau, il est vrai qu'une large flamme se produisit subitement en brûlant avec énergie; à sa vue, ils se mirent tous à se moquer de moi, parce que j'avais nié ce qu'ils m'avaient positivement affirmé; mais moi, qui ne me regardais pas comme battu par des plaisanteries sans fondement, je me mis à examiner ce que je voyais, et, observant que la source jaillissait au pied d'un arbre croissant sur un talus voisin, et que l'eau remplissait un trou qui se trouvait à l'endroit même où brûlait la flamme, j'approchai la chandelle allumée de la surface de l'eau contenue dans le trou, et je trouvai, comme je m'y attendais, que la flamme s'éteignait au contact de l'eau.

« Puis, je pris une certaine quantité d'eau à l'endroit où la flamme se produisait et j'y plongeai la chandelle allumée qui s'éteignit aussitôt; j'observai cependant qu'au même endroit l'eau bouillonnait et écumait comme un pot-au-feu, bien qu'en y plongeant la main je ne pusse découvrir la moindre élévation de température.

« Je pensai que cette ébullition devait provenir du dégagement de vapeurs bitumineuses ou sulfureuses, d'autant plus qu'à moins de trente ou quarante yards de distance se trouvait l'orifice d'une mine de houille ; et, en effet, Wigan, Ashton, et toute la contrée à quelques milles à l'entour, sont riches en houillères. Alors, approchant ma main de la surface de l'eau, à l'endroit où la flamme s'était manifestée, je sentis un souffle analogue à un courant d'air.

« Je fis faire alors un barrage pour empêcher l'arrivée d'une nouvelle quantité d'eau dans le trou, et fis puiser toute celle qui s'y trouvait ; puis, approchant la chandelle allumée de la surface du terrain sec à l'endroit même où l'eau brûlait auparavant, les vapeurs prirent feu en produisant une flamme forte et brillante ; cette flamme s'élevait à un pied au-dessus du sol, en forme d'un cône dont la base était de la dimension du bord d'un chapeau. Je fis alors jeter un seau d'eau sur la flamme qui s'éteignit, et mes compagnons, qui commençaient à croire que ce n'était pas l'eau qui brûlait, cessèrent de me plaisanter.

« Je ne remarquai pas que la flamme eût la couleur de celles produites par les corps sulfureux, ni qu'elle manifestât aucune odeur. Les vapeurs sortant de la terre ne présentaient pas d'élévation de température sensible à la main, à ce que je me rappelle. »

En 1664, le docteur Clayton observa un phénomène tout semblable, à la surface d'une mine de houille. En approchant un corps en ignition de certaines fissures de la veine de charbon, on voyait aussitôt apparaître une flamme. Clayton attribua ce fait à une vapeur spontanément dégagée du charbon, et pour vérifier sa conjecture, il soumit le charbon de cette mine à la distillation.

Il reconnut que la houille décomposée par la chaleur, fournissait de l'eau, une substance noire, qui n'était autre chose que du goudron, et un gaz (*spirit*) qu'il ne put parvenir à condenser. Enflammé au bout d'un tube placé à l'extrémité de l'appareil, ce gaz brûlait, en émettant beaucoup de lumière. Clayton désigna ce produit sous le nom d'*esprit de houille*, s'imaginant que ce combustible était le seul corps qui pût lui donner naissance.

Hales, qui répéta, cinq ans après, cette expérience fondamentale de James Clayton, reconnut que le charbon de terre soumis à la calcination, fournit un tiers de son poids de vapeurs inflammables (1).

Le savant évêque de Landaff, le docteur Watson, qui s'occupa, en 1769, des produits de la distillation du charbon et du bois, annonça également qu'il avait retiré de ces matières un gaz inflammable, une huile épaisse ressemblant à du goudron et un résidu de charbon poreux et léger (2).

En 1786, lord Dundonald avait établi plusieurs fours pour la distillation de la houille, afin d'en retirer du goudron. On reconnut que les vapeurs dégagées pendant l'opération, étaient très-inflammables. Mais, loin de tirer parti de ces produits comme agents lumineux ou combustibles, on les laissait échapper par toutes les ouvertures des appareils, on les brûlait à la bouche des fourneaux. On imagina seulement de disposer des tuyaux métalliques pour conduire hors de l'atelier le gaz, que l'on fit brûler à l'extrémité de ces tubes. On produisait ainsi de la lumière à une certaine distance des fours.

Cependant on ne voyait, en tout cela, qu'un phénomène curieux, qui servit longtemps de jeu aux ouvriers de l'usine. Un Allemand, nommé Diller, jugea à propos d'en faire à Londres, une exhibition publique, sur le théâtre du Lycée. Il faisait brûler des flambeaux alimentés par les gaz provenant de la distillation de la houille : on désignait ce phénomène sous le nom de *lumière philosophique*.

Le pouvoir éclairant du gaz qui prend naissance pendant la calcination de la houille, a donc été observé de bonne heure en Angleterre ; mais le gaz qui se forme dans cette circonstance, était regardé comme un produit exclusivement propre au charbon de mine. Ce fait, découvert par hasard et en dehors de toute idée scientifique, n'avait conduit à aucune vue générale ; il ne peut rien enlever

(1) *Statique des végétaux*, t. I.
(2) *Essais chimiques*, t. II.

L'ART DE L'ÉCLAIRAGE.

Fig. 59. — Feux de pétrole à la surface de la mer Caspienne le soir d'une journée de réjouissance publique.

au mérite des travaux de Philippe Lebon, qui reposent, au contraire, sur un ensemble de déductions théoriques, et représentent toute une série d'applications de la science, longuement raisonnées.

Philippe Lebon, dit d'Humbersin, pour le distinguer de l'un de ses frères, était né à Brachay, près de Joinville (Haute-Marne), le 29 mai 1767. Son père, ancien officier de la maison de Louis XV, eut quatre enfants. L'aîné, dit Lebon d'Embrout, était, pendant le siège de Lyon, en 1792, aide de camp du général de Précy, qui osa disputer à la Convention, au nom du roi, la seconde capitale de la France. Lebon d'Embrout fut tué pendant le siège.

Son frère, le jeune Philippe Lebon d'Humbersin, avait été envoyé à Paris, pour compléter ses études. Jusque-là, il n'avait eu pour maître que l'instituteur de Brachay. Il se distingua bientôt parmi ses camarades.

Au sortir du collège, Philippe Lebon se rendit à Châlon-sur-Saône. Il y étudia le dessin et les mathématiques, dans le lieu même où devait s'élever plus tard l'École des arts et métiers de cette ville. Il retourna ensuite à Paris.

Le 10 avril 1787, Philippe Lebon d'Humbersin fut admis à l'École des ponts et chaussées, avec le numéro 10, d'après l'examen d'entrée. A l'examen de sortie, il obtint le premier numéro, avec le titre de *major*. C'est en cette qualité, d'après une pièce de son dossier, qui existe dans les archives de l'École des ponts et chaussées, qu'on lui confia le soin « de professer successivement toutes les parties des sciences suivies dans l'école. »

Les succès obtenus à l'École des ponts et chaussées, par Philippe Lebon, n'étaient que le prélude de plus sérieuses conquêtes de son esprit investigateur.

L'histoire de l'industrie n'a conservé jusqu'ici le nom de Lebon que pour la découverte de l'éclairage par le gaz ; mais il est maintenant établi que Philippe Lebon avait travaillé avec grand succès au perfectionnement de la machine à vapeur, alors à ses débuts. Nous n'entrerons pas dans les détails de ses travaux sur ce point.

L'ensemble des projets de Philippe Lebon sur la machine à vapeur, lui mérita le prix du concours, qui avait été institué à cette époque, entre les élèves sortis de l'École des ponts et chaussées. Bientôt après, une récompense nationale de 2,000 livres lui fut accordée, sur la proposition de MM. Borda, Périer, Hassenfratz et Detrouville, comme témoignage de la reconnaissance publique pour ses travaux sur la machine à vapeur. L'acte qui décerne cette récompense au jeune ingénieur des ponts et chaussées « pour continuer des expériences qu'il a commencées sur l'amélioration des machines à feu, » est daté du 18 avril 1792.

C'est vers 1791 que Philippe Lebon porta son attention sur la possibilité d'extraire, du bois soumis à la calcination en vase clos, un gaz susceptible de servir tout à la fois à l'éclairage et au chauffage. C'est chez son père, à Brachay, que cette pensée lui était venue, dans des circonstances qui méritent d'être rapportées.

Pendant son séjour à la campagne, Philippe Lebon étudiait les propriétés de la fumée. Un jour, il remplit une fiole de verre d'une certaine quantité de sciure de bois, et plaça sa fiole sur des charbons. Il vit alors que de la fumée se dégageait par l'orifice de ce vase de verre : cette fumée s'enflammait à l'approche d'une bougie allumée. Ce phénomène n'était peut-être pas ignoré des chimistes, mais personne ne l'avait encore sérieusement étudié, surtout dans les applications que l'on pouvait en attendre.

Le gaz qui se dégage du bois calciné, est accompagné de vapeurs noires ; son odeur empyreumatique annonce la présence de substances huileuses et goudronneuses. Pour que ce gaz pût servir à l'éclairage, il fallait donc le débarrasser de tous ces produits étrangers. Pour y parvenir, Lebon fit passer le tuyau de dégagement du gaz dans un vase rempli d'eau. L'eau condensait les vapeurs acides et les matières bitumineuses, tandis que le gaz se dégageait plus pur.

Une telle opération nous paraît aujourd'hui fort simple ; mais à l'époque dont nous parlons, il fallait le coup d'œil d'un esprit supérieur pour créer de pareils procédés. On ne saurait assez admirer la force de tête et la justesse d'appréciation dont Lebon fit preuve, en comprenant, dès l'origine même de ses expériences sur le gaz extrait du bois, toute l'extension que devait prendre un jour cette opération exécutée en grand. Philippe Lebon vit parfaitement et du premier coup la possibilité d'obtenir du gaz éclairant, en se servant de tous les corps combustibles. Il comprit que ce gaz pourrait servir à la fois d'agent de chauffage et de moyen d'éclairage. Il aperçut, en même temps, les avantages que l'on trouverait, au point de vue industriel, à tirer parti du goudron et de l'acide pyroligneux, qui sont les autres produits de la distillation du bois.

C'était toute une révolution dans l'industrie de l'éclairage. Lebon le sentait parfaitement ; aussi son esprit s'exaltait-il, à ce propos, jusqu'à l'enthousiasme. On se rappelle encore, dans son village natal, le délire de sa joie : « Mes amis, disait-il aux paysans, je vous chaufferai, je vous éclairerai de Paris à Brachay. » Et les bonnes gens haussaient les épaules, en disant : « Il est fou. »

Lebon continua, à la campagne, ses expériences, qui ne tardèrent pas à prendre une véritable importance. Dans la cour de la maison de son père, il bâtit un petit appareil en briques, qu'il remplit de bois, et qu'il chauffa fortement, au moyen d'un fourneau placé par-dessous cette espèce de cornue. Un tuyau était ménagé, pour recueillir les vapeurs et les gaz dégagés du bois. Ce tuyau arrivait dans une cuve pleine d'eau, qui s'élargissait de manière à former une sorte de gazomètre. Par l'action de la chaleur, le bois se carbonisait; les vapeurs et les gaz provenant de sa décomposition, une fois parvenus dans la cuve d'eau, se purifiaient, en abandonnant le goudron et l'acide pyroligneux. A la sortie de cette cuve, le gaz était assez pur pour donner une lumière très-vive, ce qui faisait espérer un véritable succès après une épuration plus complète.

Ayant fait ce premier pas dans une carrière aussi nouvelle, Philippe Lebon revint à Paris, et communiqua ses idées à Fourcroy, qui l'engagea à persévérer dans ses études. Il fit ses premières expériences sérieuses dans la maison qui lui appartenait et qu'il occupait rue et île Saint-Louis, en face de l'hôtel de Bretonvilliers. C'est là qu'il recevait les visites et les conseils de Fourcroy, de Prony et d'autres savants de cette époque. Il fut amené à faire des dépenses considérables pour perfectionner son invention. En l'an VII, ses expériences étaient assez avancées pour qu'il pût lire à l'Institut un mémoire sur ses travaux.

L'année suivante Lebon demanda un brevet d'invention, qui lui fut accordé le 6 vendémiaire an VIII (28 septembre 1799). Il est bon de dire que les brevets d'invention ne s'accordaient pas alors, comme aujourd'hui pour des objets insignifiants. Un examen sérieux présidait aux demandes des inventeurs, de sorte qu'un brevet était un titre sérieux et réel. Le brevet accordé à Philippe Lebon, est inséré dans le *Recueil des brevets d'invention* (tome V, p. 121). Il est délivré « pour de nouveaux moyens d'employer les combustibles plus utilement, soit pour la chaleur, soit pour la lumière, et d'en recueillir les différents produits. »

Dans la description qui accompagne ce brevet, l'inventeur établit qu'en distillant du bois on obtient « du gaz hydrogène dans un état de pureté plus ou moins grande, suivant les moyens employés pour le purifier, des acides, de l'huile et divers produits analogues aux combustibles qui se réduisent en charbon. »

Après avoir indiqué les divers genres d'applications que peut recevoir le *thermolampe*, Lebon ajoute les réflexions suivantes :

« Je ne parle pas des effets que l'on pourrait obtenir en appliquant encore la chaleur produite aux chaudières de nos machines à feu ordinaires, ni des applications sans nombre de la force qui se déploie dans ces nouvelles machines. Tout ce qui est susceptible de se faire mécaniquement est l'objet de mon appareil, et la simultanéité de tant d'effets précieux rendant la dépense proportionnellement très-petite, le nombre possible d'applications économiques devient infini. Dans les forges on néglige et l'on perd tout le gaz inflammable, qui offre cependant des effets de chaleur et de mouvement si précieux pour ces établissements. La quantité de combustible que l'on y consomme est si énorme, que je suis persuadé qu'en le diminuant considérablement, on pourrait, en suivant les vues que j'indique, non-seulement obtenir les mêmes effets de chaleur, mais même donner surabondamment la force que l'on emprunte du cours d'eau, souvent éloigné des forêts et mines, et dont la privation donne lieu, dans les sécheresses, à des chômages d'autant plus nuisibles qu'ils laissent sans travail une classe nombreuse d'ouvriers. En général, tous les établissements qui ont besoin de mouvement, ou de chaleur, ou de lumière, doivent retirer quelque avantage de cette méthode d'employer le combustible à ces effets.

« Cependant le plus grand nombre des applications du thermolampe devant avoir pour objet de chauffer et d'éclairer, je vais les considérer particulièrement sous ce point de vue.

« La forme des vases dans lesquels le combustible est soumis à l'action décomposante du calorique peut varier à l'infini, suivant les circonstances, les besoins et les localités. Je me contenterai d'indiquer quelques dispositions qui me paraissent intéressantes à connaître, et qui d'ailleurs donneront une idée de la multiplicité des formes dont ces vases sont susceptibles. »

Ici Lebon indique les dispositions les plus convenables à donner au cylindre destiné à contenir le bois soumis à la distillation sèche. Il termine en ces termes :

« Le gaz qui produit la flamme, bien préparé et purifié, ne peut avoir les inconvénients de l'huile ou du suif ou de la cire employés pour nous éclairer. Cependant l'apparence d'un mal étant quelquefois aussi dangereuse que le mal même, il n'est pas inutile de faire remarquer combien il est facile de ne répandre dans les appartements que la lumière et la chaleur, et de rejeter à l'extérieur tous les autres produits, même celui résultant de la combustion de ce gaz inflammable. Voici, pour cet objet, ce qui est exécuté chez moi.

« La combustion du gaz inflammable se fait dans un globe de cristal, soutenu par un trépied et mastiqué de manière à ne rien laisser échapper au dehors des produits de la combustion. Un petit tuyau y amène l'air inflammable; un second tuyau y introduit l'air atmosphérique, et un troisième tuyau emporte les produits de la combustion. Celui de ces tuyaux qui conduit l'air atmosphérique, le prend dans l'intérieur de l'appartement quand on veut le renouveler, ou autrement il le tire de dehors. Comme ces tuyaux s'unissent au-dessous du globe, il est nécessaire que celui du tirage s'élève verticalement dans une autre partie de sa course, et qu'il y soit un peu échauffé au commencement de l'opération, pour déterminer le tirage. D'ailleurs, chacun de ces tuyaux peut avoir un robinet ou une soupape, afin que l'on puisse établir le rapport que l'on peut désirer entre les fournitures du gaz et le tirage.

« On conçoit, sans qu'il soit besoin de l'expliquer, que le globe peut être suspendu et descendu du plafond ; que dans tous les cas, il est facile, par la disposition des tuyaux, de rendre prompte et immédiate la combinaison des deux principes de la combustion, de distribuer et modeler les surfaces lumineuses, et de gouverner et suivre l'opération ; et qu'enfin, par ce moyen, la chaleur et la lumière nous sont données après avoir été filtrées à travers du verre ou du cristal, et qu'elles ne laissent rien à craindre des effets des vapeurs sur les métaux. Il n'est point indispensable cependant, pour absorber les produits de combustion, qu'elle ait lieu dans un globe exactement fermé ; un petit dôme ou capsule de verre ou de cristal, de porcelaine ou d'autres matières, peut les recevoir pour les introduire dans un tuyau qui, par son tirage, les pousserait continuellement (1). »

(1) *Addition au brevet d'invention de quinze ans, accordé le 28 septembre 1799 à M. Lebon de Paris.* (Description des machines et procédés spécialisés dans les brevets d'invention et de perfectionnement et d'importation dont la durée est expirée, t. V, p. 124.)

Philippe Lebon signale dans son brevet, les matières grasses et la houille comme propres à remplacer le bois. Cependant, dans son *thermolampe*, le bois seul était employé. Il plaçait dans une grande caisse métallique des bûches de bois, qui étaient soumises à la distillation sèche. En se décomposant par l'action du feu, la matière organique donnait naissance à des gaz inflammables, à diverses matières empyreumatiques, à de l'acide acétique et à de l'eau. Il restait du charbon, comme résidu de la distillation. Lebon consacrait le gaz à l'éclairage, et il utilisait la chaleur du fourneau pour le chauffage des appartements. De là le nom de *thermolampe* pour cet appareil, qu'il voulait faire adopter comme une sorte de meuble de ménage.

Cependant Philippe Lebon n'était pas entièrement libre de consacrer son temps à ses expériences particulières, ni de demeurer à Paris autant que l'exigeaient les travaux industriels qu'il avait entrepris. Il appartenait au corps des ingénieurs des ponts et chaussées, et il faisait partie d'un service public. Il dut se rendre, comme *ingénieur ordinaire* des ponts et chaussées, à Angoulême. Il avait alors une telle passion pour les études scientifiques, qu'il voulait faire des mathématiciens de tous ses amis, y compris le gendre de son ingénieur en chef. Il les poursuivait de ses leçons; toutes les rencontres étaient pour lui une occasion de conférences.

L'ingénieur en chef finit par trouver que son subordonné était trop savant. Bien qu'il eût reçu de lui quelques services pendant les orages révolutionnaires, il se plaignait sans cesse au ministre des défauts ou des inexactitudes du service de Lebon. Tantôt il proposait de l'interner à Saintes, loin des chantiers de travaux, dans une désolante sinécure; tantôt, par une de ces habiletés diplomatiques, qui servent à se débarrasser d'un confrère gênant, ses rapports, pleins d'estime apparente, ne sollicitaient rien moins qu'une destitution.

« Lorsque, disait-il, la nécessité de ses affaires qui sont d'importance majeure, permettra au citoyen Lebon de reprendre ses fonctions, on pourra proposer au ministre de le placer dans un autre département, où les talents mûris par l'expérience de cet ingénieur, pourront être très-utiles au service. »

Fig. 60. — Philippe Lebon.

Les dénonciations de son chef parurent mériter une enquête contre Lebon. Une commission qui fut nommée pour examiner les griefs articulés contre lui, déclara « l'ingénieur Lebon à l'abri de tous reproches. »

Il est certain que tout occupé de son projet pour la création de l'éclairage au moyen du gaz extrait du bois, Lebon quittait trop souvent les chantiers de la Charente, et qu'il allait tantôt à Paris, tantôt dans sa retraite de Brachay, perfectionner sa découverte. C'est ce que l'on peut reconnaître dans la lettre suivante, qu'il adressait au Ministre, à l'occasion des plaintes que continuait de formuler contre lui son ingénieur en chef. Cette lettre passionnée peint parfaitement le caractère de notre inventeur, et donne, en même temps, un digne spécimen du style en usage dans ces temps d'agitation et de fièvre publique.

« Ma mère, écrit Philippe Lebon au Ministre, venait de mourir ; par suite de cet événement, j'ai été forcé de me rendre précipitamment à Paris... Tel est le caractère de ma faute. L'amour des sciences et le désir d'être utile l'a encore aggravée. J'étais tourmenté du besoin de perfectionner quelques découvertes... Enfin j'avais eu le bonheur de réussir, et d'un kilogramme de bois j'étais parvenu à dégager, par la simple chaleur, le gaz inflammable le plus pur, et avec une énorme économie et une abondance telle, qu'il suffisait pour éclairer pendant deux heures avec autant d'intensité de lumière que quatre à cinq chandelles. L'expérience en a été faite en présence du citoyen Prony, directeur de l'École des ponts et chaussées ; du citoyen Lecamus, chef de la troisième division ; du citoyen Besnard, inspecteur général des ponts et chaussées : du citoyen Perard, un des chefs de l'École polytechnique..... J'étais heureux, parce que je me promettais de faire hommage au Ministre du fruit de mes travaux ; un mémoire, qui avait déjà obtenu l'approbation du citoyen Prony et de plusieurs savants, sur la direction des aérostats, devait également vous être présenté lorsque les mêmes affaires m'ont rappelé à Paris. Il fallait qu'elles fussent bien impérieuses pour m'arracher d'occupations qui faisaient mes délices ! Mais qu'elles seraient affreuses, si elles me forçaient d'abandonner un corps dans lequel les chefs ont bien voulu couronner mes premiers efforts par les divers prix, et me confier le soin d'y professer successivement toutes les parties des sciences suivies dans l'École des ponts et chaussées ! Je ne puis me persuader que les circonstances où je me trouve, la fureur de cultiver les sciences, d'être utile à la patrie et de mériter l'approbation d'un ministre qui ne cesse de les cultiver, d'exciter, d'appeler et d'encourager les sciences, et qui m'a même rendu en quelque sorte coupable, puisse me faire encourir une peine aussi terrible. Je vais me rendre à Paris : la plus affreuse inquiétude m'y conduit, mais l'espérance m'y accompagne. »

Le Ministre de l'intérieur, à qui Lebon s'adressait, comprit que la fièvre d'esprit d'un inventeur ne lui permet pas toujours de plaire à tout le monde. Il rendit à Philippe Lebon la justice qu'il méritait, et le renvoya à son poste, avec de bonnes paroles.

Mais les chantiers de la Charente étaient à peu près déserts. Les fonds pour les travaux du canal, ne venaient plus, car la guerre les absorbait. C'était au moment de l'admirable campagne de Bonaparte en Italie. Les travaux publics s'accordent mal avec ces crises glorieuses. Aussi Philippe Lebon, l'ingénieur d'Angoulême, n'avait-il plus autre chose à faire qu'à contrôler le travail des cantonniers de route. Triste besogne pour une imagination aussi ardente! La République ne payait pas mieux ses ingénieurs que ses ouvriers. C'est en vain que Lebon écrivait des lettres pressantes, pour obtenir qu'on lui envoyât les sommes dues sur ses émoluments. Rien n'arrivait. Sa femme vint à Paris, pour obtenir satisfaction, et elle eut enfin l'avis que, vu sa détresse, elle recevrait bientôt l'ordonnancement d'une petite somme. Madame Lebon, fière comme une républicaine, répondit à cet avis par une lettre qui existe aux archives de l'École des ponts et chaussées. Au-dessous du triangle égalitaire, on lit ce qui suit, écrit d'une main virile :

Liberté, égalité. — *Paris, 22 messidor an VII de la République française une et indivisible. — La femme du citoyen Lebon au citoyen ministre de l'intérieur.*

« Ce n'est ni l'aumône ni une grâce que je vous demande, c'est une justice. Depuis deux mois, je languis à 120 lieues de mon ménage. Ne forcez pas, par un plus long délai, un père de famille à quitter, faute de moyens, un état auquel il a tout sacrifié... Ayez égard à notre position, citoyen; elle est accablante et ma demande est juste. Voilà plus d'un motif pour me persuader que ma démarche ne sera pas infructueuse auprès d'un ministre qui se fait une loi et un devoir d'être juste.

« Salut et estime. Votre dévouée concitoyenne,

« Femme Lebon, née de Brambilla. »

Peu de temps après, Lebon, fatigué de son oisiveté dans la Charente, demanda à venir à Montargis, où devaient commencer des travaux de canalisation, et à se rapprocher ainsi de Paris, « l'incomparable foyer d'étude. »

C'est à Paris même qu'on l'appela. Il fut attaché au service de M. Blin, ingénieur en chef du pavage.

Deux mois après, il obtint le grade d'ingénieur en chef du département des Vosges. Il ne crut pas devoir accepter ce nouveau poste, préférant demeurer à Paris, pour continuer à y poursuivre son projet d'éclairage au gaz.

Il prit en 1801 un nouveau brevet d'invention, trois ans après celui qu'il avait déjà obtenu pour ses procédés de distillation. Selon M. J. Gaudry, ce *brevet d'addition* est un véritable mémoire scientifique, plein de faits et d'idées.

« Là, dit M. J. Gaudry, sont spécifiés l'hydrogène, le thermolampe, leurs divers produits et leurs applications nombreuses, sans oublier les machines motrices, le chauffage des chaudières à vapeur et les aérostats. Toute une fabrique de gaz est décrite avec fourneau de distillation, appareils condenseur et épurateur, y compris les brûleurs de gaz dans des globes fermés, pour empêcher les émanations de se répandre dans les appartements. »

Le 30 novembre an VIII, Lebon proposa au gouvernement de construire un appareil pour le chauffage et l'éclairage publics. Mais cette proposition ne fut pas adoptée.

Pour convaincre le public de la réalité et des avantages de sa découverte, Philippe Lebon loua l'hôtel Seignelay, situé rue Saint-Dominique-Saint-Germain, près de la rue de Bourgogne. Il y établit des ateliers et un vaste *thermolampe* qui « distribuait la lumière et la chaleur dans de grands appartements, dans les cours, dans les jardins décorés de milliers de jets de lumière sous la forme de rosaces et de fleurs. » La foule se pressait dans les jardins de l'hôtel Seignelay éclairés par le gaz extrait du bois. On admirait surtout une fontaine illuminée par des jets lumineux. Des urnes déversaient l'eau, au milieu des flammes.

Au mois d'août 1801 (an X), Lebon fit paraître une sorte de prospectus, destiné à annoncer sa découverte au public. Ce mémoire, que nous avons sous les yeux, et qui se compose de douze pages d'impression in-quarto, présente un grand intérêt, comme retraçant la première tentative pratique de l'éclairage au gaz. Il a pour titre : *Thermolampes, ou poêles qui chauffent et éclairent avec économie et offrent avec plusieurs produits précieux, une force motrice applicable à toutes sortes de machines.* L'auteur y expose sans emphase, et avec un accent de sincérité qui est un sûr garant de la force de ses convictions, les résultats avantageux que sa découverte doit assurer au public :

« Il est pénible, dit-il, et je l'éprouve en ce moment, d'avoir des effets extraordinaires à annoncer ; ceux qui n'ont point vu, se récrient contre la possibilité ; ceux qui ont vu, jugent souvent de la facilité d'une découverte par celle qu'ils ont à en concevoir la démonstration. La difficulté est-elle vaincue, avec elle s'évanouit le mérite de l'invention ; au reste, j'aime mieux détruire toute idée de mérite, plutôt que de laisser subsister la plus légère apparence de mystère ou de charlatanisme. »

Lebon énumère ensuite les avantages que doit présenter, sous le double rapport de l'éclairage et du chauffage, l'emploi du gaz inflammable obtenu par la distillation du bois :

« Ce principe aériforme, nous dit-il, est dépouillé de ces vapeurs humides, si nuisibles et désagréables aux organes de la vue et de l'odorat, de ce noir de fumée qui ternit les appartements. Purifié jusqu'à la transparence parfaite, il voyage dans l'état d'air froid, et se laisse diriger par les tuyaux les plus petits comme les plus frêles ; des cheminées d'un pouce carré, ménagées dans l'épaisseur du plâtre des plafonds ou des murs, des tuyaux même de taffetas gommé, rempliraient parfaitement cet objet. La seule extrémité du tuyau, qui, en livrant le gaz inflammable au contact de l'air atmosphérique, lui permet de s'enflammer et sur lequel la flamme repose, doit être de métal.

« Par une distribution aussi facile à établir, un seul poêle peut dispenser de toutes les cheminées d'une maison. Partout le gaz inflammable est prêt à répandre immédiatement la chaleur et la lumière, les plus vives ou les plus douces, simultanément ou séparément suivant vos désirs : en un clin d'œil, vous pouvez faire passer la flamme d'une pièce dans une autre ; avantage aussi commode qu'économique, et que ne pourront jamais avoir nos poêles ordinaires et nos cheminées. Point d'étincelles, point de charbons, point de suie qui puissent vous inquiéter, point de cendres, point de bois qui salissent l'intérieur de vos appartements, ou exigent des soins. Le jour, la nuit, vous pouvez avoir du feu dans votre chambre sans qu'aucun domestique soit obligé d'y entrer pour l'entretenir, ou surveiller ses effets dangereux. Rien ici, pas même la plus petite portion d'air inflammable, ne peut échapper à la combustion ; tandis que, dans nos cheminées, des torrents s'y dérobent, et même nous enlèvent la plus grande partie de la chaleur produite. Quelle abondance d'ailleurs de lumière ! Pour vous en convaincre, comparez un instant le volume de la flamme de votre foyer à celle de votre flambeau. La vue de la flamme récrée, celle des thermolampes a surtout ce mérite ; douce et pure, elle se laisse modeler et prend la figure de palmettes, de fleurs, de festons. Toute position lui est bonne : elle peut descendre d'un plafond sous la forme d'un calice de fleurs, et répandre, au-dessus de nos têtes, une lumière qui n'est masquée par aucun support, obscurcie par aucune mèche, ou ternie par la moindre nuance de noir de fumée. Sa couleur, naturellement si blanche, pourrait aussi varier et devenir ou rouge, ou bleue, ou jaune : ainsi cette variété de couleurs, que des jeux du hasard nous offrent dans nos foyers, peut être ici un effet constant de l'art et du calcul...

« Pourrait-on ne pas aimer le service d'une flamme si complaisante ? Elle ira cuire vos mets, qui, ainsi que vos cuisinières, ne seront point exposées aux vapeurs du charbon ; elle réchauffera ces mêmes mets sur vos tables, séchera votre linge, chauffera vos bains, vos lessives, votre four, avec tous les avantages économiques que vous pouvez désirer. Point de vapeurs humides ou noires, point de cendres, de braises qui salissent et s'opposent à la communication de la chaleur, point de perte inutile de calorique ; vous pouvez, en fermant une ouverture qui n'est plus nécessaire pour introduire le bois dans votre four, comprimer et coërcer des torrents de chaleur qui s'en échappaient. »

Lebon termine en annonçant qu'il veut soumettre au public, le seul juge dont il recherche le témoignage et l'approbation, les avantages de sa découverte. A cet effet, il annonce que sa maison sera ouverte une fois par décade au public, moyennant un droit d'entrée.

« Ce moyen, dit-il, n'est aujourd'hui à ma disposition qu'après de nombreux sacrifices : c'est avec mon patrimoine que j'ai subvenu aux frais de tant d'essais, d'expériences et souvent d'écoles; aujourd'hui ce sont des résultats que j'offre au public. J'ouvrirai incessamment une souscription pour l'acquisition des thermolampes; mais, quoiqu'elle soit mon but essentiel, elle n'aura lieu que du moment où l'opinion publique l'aura d'elle-même provoquée. En conséquence, ma maison sera ouverte une fois par décade. Il serait certainement impossible de présenter, dans une séance, tous les effets que j'ai obtenus dans le courant de plusieurs années; j'aurai soin seulement que, dans chacune d'elles, on puisse apprécier les effets de chaleur, de lumière, d'économie, et les beautés dont ce genre d'illumination est susceptible pour décorer l'intérieur des appartements ou pour embellir les jardins. De puissants motifs ne me permettent point de faire gratuitement les expériences; ceux que cette découverte peut intéresser pourraient-ils exiger que j'ajoutasse à tant d'avances déjà faites, une dépense considérable, si elle portait sur moi seul, et qui, subdivisée, devient presque insensible? D'ailleurs, me sauraient-ils gré de cette épargne mesquine, qui les exposerait aux inconvénients d'une foule moins attentive aux avantages solides et économiques que curieuse des effets que peut offrir une illumination extraordinaire? Le prix des billets sera de 3 francs. On aura l'attention d'en proportionner le nombre à l'étendue du local. »

Le public fut admis pendant plusieurs mois dans l'hôtel Seignelay. On payait 3 fr. le billet d'entrée, et 9 francs pour un abonnement. On se porta en foule chez l'inventeur, pour être témoin de ce spectacle nouveau, et l'on put se convaincre de la réalité des faits curieux qu'il avait avancés.

Il était pourtant impossible, dès le début, de parer à tous les inconvénients que devait présenter un tel système. Le gaz était enflammé tel qu'il sortait des appareils distillatoires, et sans avoir subi de purification; aussi répandait-il une odeur fétide. Le public qui, surtout en France, approuve ou condamne sur ses impressions premières, décida que ce mode d'éclairage était impraticable, et qu'il ne fallait le considérer que comme une bagatelle brillante, comme un essai ingénieux, mais sans portée. Il ne restait cependant que bien peu à faire pour perfectionner l'invention de l'ingénieur français. En soumettant le gaz à des lavages avec une liqueur alcaline, dans un appareil qu'il était facile d'imaginer, on l'aurait débarrassé de toute odeur désagréable, et l'on aurait fait ainsi disparaître le défaut qui avait excité tant de critiques.

Le 30 messidor an XI, après les illuminations de l'hôtel Seignelay, l'Athénée des arts invita Lebon à sa séance publique « pour être présent aux témoignages d'estime que l'on voulait rendre à ses talents. » Le Ministre de la marine, Forfait, nomma ensuite une commission pour examiner ses appareils. Le général de Saint-Aouën, rapporteur, déclara dans ce rapport que « les résultats avantageux qu'ont donnés les expériences du citoyen Lebon ont comblé et même surpassé les espérances des amis des sciences et des arts. »

L'éclairage par le gaz hydrogène, était assurément bien loin encore d'être parvenu à son degré de perfection. Mais l'inventeur s'en occupait avec la plus grande ardeur, et les produits secondaires de la carbonisation, c'est-à-dire le goudron et l'acide pyroligneux, promettaient des bénéfices qui auraient assuré le succès de la découverte, joints à la production du gaz inflammable.

Pour justifier cette dernière partie de son programme, Philippe Lebon sollicita l'adjudication d'une portion de pins de la forêt de Rouvray, près du Havre, afin d'y fabriquer du goudron. La concession lui fut accordée le 9 fructidor an XI, à la condition de fabriquer cinq quintaux de goudron par jour. La délivrance de la concession eut lieu le 1er vendémiaire an XII.

Lebon se mit à l'œuvre immédiatement, associé avec des Anglais, que la paix d'Amiens, du 6 germinal an X, avait attirés en France, et que la rupture du 2 pluviôse an XI, n'avait pas encore forcés de retourner en Angleterre.

De vastes appareils, consacrés à la distillation du bois, furent établis au cœur de la

Fig. 61. — Le corps de Philippe Lebon percé de treize coups de couteau aux Champs-Élysées, est relevé le matin du 2 décembre 1804.

forêt de Rouvray ; ils livraient, à la marine, des quantités notables de goudron. L'usine de cette forêt fut visitée à deux reprises par les princes russes Galitzin et Dolgorowki. Après leur seconde visite, ces nobles étrangers proposèrent à Lebon, au nom de leur gouvernement, de transporter en Russie son invention et ses procédés, en le laissant maître de fixer les conditions. C'était pour lui une fortune assurée ; mais son patriotisme lui fit refuser ces offres brillantes. Lebon répondit que sa découverte appartenait à son pays, qui seul devait profiter du fruit de ses labeurs.

Cependant, combien son existence à Rouvray était pénible ! Une mauvaise cabane était sa demeure. Pendant une nuit d'orage, la toiture fut emportée, et la famille se réveilla sous la voûte du ciel. Peu de temps après, le feu dévora une partie de l'usine. Une autre fois, des enfants chargés de rapporter le seul argent qui pût alors venir à la maison, le perdirent en route.

Les affaires de Philippe Lebon étaient,

néanmoins, en voie de prospérité. La fabrique avait à peu près couvert ses frais de fondation, et elle entrait dans la période des bénéfices. Mais une mort mystérieuse et tragique vint tout à coup changer ces espérances en désastre.

Lebon avait conservé son titre d'ingénieur en chef des ponts et chaussées. Il fut invité, en cette qualité, à venir assister au sacre de l'Empereur. Il se rendit donc à Paris le jour de la cérémonie du sacre, et il reçut de ses camarades des ponts et chaussées un chaleureux accueil.

Le soir même, c'est-à-dire le 2 décembre 1804, après avoir assisté, dans l'église Notre-Dame, à la cérémonie officielle, avec le corps des ingénieurs des ponts et chaussées, Lebon traversait les Champs-Élysées, qui n'étaient alors qu'un cloaque désert. Que se passa-t-il en ces ténèbres? Qui rencontra le malheureux ingénieur? On l'ignore. Tout ce que l'on peut dire, c'est que le lendemain, au point du jour, quelques personnes relevèrent, dans les quinconces des Champs-Élysées, le corps d'un homme percé de treize coups de couteau. C'était celui de Philippe Lebon. On le rapporta chez lui. Ni sa famille ni ses amis ne purent recevoir ses dernières paroles, et l'on pensa qu'il avait été frappé par des malfaiteurs qui en voulaient à sa bourse. Au milieu des préoccupations du moment, la cause de la mort de Lebon ne fut point, d'ailleurs, sérieusement recherchée, et son nom grossira la liste de ces inventeurs malheureux qui n'ont trouvé auprès de leurs contemporains que l'indifférence ou l'oubli.

« Si l'on veut son portrait, dit M. Jules Gaudry, qu'on regarde celui de Bonaparte à l'époque de Marengo. L'analogie est frappante : c'est la même figure, pâle, méditative, illuminée par des yeux de feu; ce sont les mêmes cheveux tombants et plaqués sur le front, le même habit boutonné et à grands revers; la même taille mince, plus élevée chez l'ingénieur Lebon, mais un peu courbée par l'habitude du travail assis. Son caractère était ardent, confiant et généreux; il était de ces hommes dont l'avidité du spéculateur abuse facilement, et même, avant les dépenses du thermolampe, il avait conquis plus d'estime que de fortune. »

La veuve de Lebon restait avec un fils mineur et sans fortune, car son patrimoine avait été compromis et presque anéanti par des essais et des expériences de six années. Un associé infidèle fit disparaître les bénéfices déjà obtenus sur la fabrication du goudron dans la forêt de Rouvray. L'opération fut abandonnée, et sa famille resta sans ressources, exposée aux poursuites du Domaine, pour une somme de 8,000 francs, qui restait due sur le prix de la concession.

Cependant madame Lebon s'arma de courage pour conserver les travaux de son mari. Elle proposa au Ministre de la marine d'établir un thermolampe au Havre, et le Ministre, dans une lettre datée du 16 messidor an XIII, lui annonçait l'intention de faire *établir un thermolampe au Havre, aux frais du gouvernement, dans le cas où la dépense serait reconnue peu considérable, pour favoriser, dans l'intérêt public, une invention qui commençait à se répandre.* Mais après examen plus approfondi, ce projet fut rejeté par le Ministre. Quand on parcourt l'histoire des inventions scientifiques en France, on trouve toujours quelque ministre intelligent, qui se trouve, comme à point nommé, pour arrêter les progrès d'une découverte utile.

La veuve de Lebon, dont l'intelligence égalait l'énergie, se mit alors à l'œuvre elle-même, aidée de quelques personnes sur la fidélité desquelles elle croyait pouvoir compter. En 1811, sept ans après la mort de Philippe Lebon, elle loua au faubourg Saint-Antoine, rue de Bercy, n° 11, une maison avec cour et jardin. Elle y établit un thermolampe, décora de jets de lumière les appartements, les cours et les jardins, comme son mari avait décoré et chauffé, en 1801, l'hôtel Seignelay de la rue Saint-Dominique. Elle appela le public à venir, comme la première fois, admirer les merveilles de l'éclairage et du chauffage par le gaz hydrogène extrait du bois.

En 1811, comme en l'an X, l'invention reçut les plus honorables approbations.

Le 1ᵉʳ février de cette année, le *Courrier de l'Europe* écrivait ce qui suit :

« Le 22 du mois de janvier, le prince Repnin, accompagné de plusieurs personnes de haute distinction, a honoré de sa présence, pour la troisième fois, les travaux de madame Lebon sur l'éclairage au moyen du gaz hydrogène, porté par cette dame au plus haut point de perfection. S. A. ayant témoigné ensuite le désir de voir une épreuve de simple carbonisation, madame Lebon s'est empressée de la satisfaire... Le prince a été entièrement satisfait. »

Le 10 février 1811, la *Société d'encouragement pour l'industrie nationale* avait annoncé qu'elle proposait un prix de 1,200 francs, « *pour des expériences faites en grand sur les divers produits de la distillation du bois.* » C'était un appel fait à l'une des parties accessoires de l'industrie qui s'étaient développées par l'inventeur du thermolampe, et pourtant cette partie seule excitait, on le voit, l'intérêt de la *Société d'encouragement*.

Madame Lebon s'empressa de répondre à cet appel. Le 29 avril 1811, elle remit à la Société un mémoire remarquable sur la distillation du bois et des houilles, d'après les procédés de son mari, tout en réservant les principaux avantages du chauffage et de l'éclairage par le gaz qui prend naissance pendant la même opération.

D'Arcet fut chargé par la *Société d'encouragement* d'apprécier les travaux de madame Lebon ; son rapport fut une constatation publique des services rendus par Lebon à la science et à l'industrie.

« Le conseil, dit-il, a entre les mains une foule de pièces qui prouvent bien authentiquement l'application en grand du thermolampe de M. Lebon...
« Nous savons, 1° avec quel succès les Anglais ont appliqué chez eux l'heureuse idée qu'a eue M. Lebon de faire servir à l'éclairage le gaz hydrogène, qui se dégage pendant la conversion du charbon de terre en coke. Ce procédé si économique est appliqué dans un grand nombre de fabriques anglaises, et il paraît même que l'on commence à en faire usage pour éclairer les rues de Londres, et pour l'éclairage des phares et fanaux. Il est donc hors de doute que M. Lebon est l'inventeur de ces nouveaux procédés ; 2° que les mêmes procédés sont aujourd'hui portés, en Angleterre, au plus haut point de perfection, et que sous ce rapport il ne reste rien à chercher ; 3° qu'il ne faut plus, en France, que les appliquer en grand pour en retirer les mêmes bénéfices que les Anglais en retirent. »

A l'occasion du prix proposé pour la distillation du bois, d'Arcet avait examiné tout ce qui se rattachait à cette invention, et il n'hésitait pas à proclamer les droits d'inventeur de Philippe Lebon.

Le Conseil d'administration de la Société proposa de décerner le prix à madame Lebon, et demanda, en outre, « que les services ren-
« dus par Philippe Lebon à notre industrie,
« et la position malheureuse de sa famille
« fussent mis sous les yeux de Son Excellence
« le Ministre de l'intérieur, pour lui faire
« obtenir la bienveillance du gouvernement,
« et pour la mettre à portée de pouvoir sol-
« liciter l'application en grand de ses nou-
« veaux moyens d'éclairage. »

Le prix fut décerné à madame Lebon, le 4 septembre 1811.

Trois mois après, le Ministre de l'intérieur, M. de Montalivet, adressait à madame Lebon un décret, qui lui accordait une pension viagère de 1,200 francs. « M. Lebon, disait
« le ministre, a enrichi les arts d'une décou-
« verte d'un grand intérêt ; il m'a été agréa-
« ble d'appeler l'attention de Sa Majesté sur
« ses services, et de la prier de faire jouir la
« veuve d'une récompense qu'elle mérite à
« tant de titres. »

Le décret porte, en effet, ces mots : *Il est accordé une pension viagère de 1,200 francs à Françoise-Thérèse-Cornélie de Brambilla, veuve du sieur Lebon, inventeur du thermolampe.*

La veuve de Philippe Lebon ne jouit pas longtemps de cette pension. Elle mourut en 1813. Dès 1811, trompée par des hommes qui lui avaient offert leurs dangereux services, elle avait été obligée d'abandonner les travaux de son mari.

Nous signalerons, en terminant ce chapitre, un fait que nous n'avons trouvé consigné dans aucun des documents que nous avons consultés pour les récits que l'on vient de lire (1). En 1811, un industriel belge, nommé Ryss-Poncelet, qui avait essayé d'éclairer par le gaz extrait de la houille l'usine de Poncelet, à Liége, proposa à la veuve Lebon d'unir à son propre procédé celui de Philippe Lebon. Ryss-Poncelet avança une petite somme pour faire ces essais, et il appliqua ce mode d'éclairage, c'est-à-dire le gaz extrait de la houille, dans deux ou trois boutiques du passage Montesquieu, à Paris. Mais Ryss-Poncelet, homme de peu de mérite, avait mal établi ses appareils. Placés dans la cave d'une maison, ils laissaient dégager des vapeurs dangereuses. Le chimiste d'Arcet qui les visita, par ordre de la *Société d'encouragement*, à l'occasion du rapport dont nous venons de parler, ne put que les blâmer.

C'est ce qui résulte du passage suivant des *Mémoires de la Société d'encouragement* publiés à la fin de 1811 :

« Dans le *Bulletin* du mois d'octobre dernier nous rendîmes compte des succès obtenus à Liége par M. Ryss-Poncelet, de l'éclairage par le gaz hydrogène extrait de la houille, et nous annonçâmes en même temps qu'incessamment l'un des passages de la capitale serait éclairé par ce nouveau moyen. Ce mode d'éclairage est établi depuis un mois dans les galeries Montesquieu, Cloître-Saint-Honoré. Dans chacun de ces passages, trois lampes à double courant d'air, garnies de réflecteurs paraboliques et suspendues dans des lanternes de verre, répandent une lumière blanche très-éclatante ; le gaz hydrogène obtenu de la houille dans un appareil placé dans la cave, arrive à ces lampes par des tuyaux en fer-blanc disposés le long des murs du passage. Le public se porte en foule pour jouir de cet éclairage, et son opinion commence à se former sur son utilité. En effet, il réunit tous les avantages qu'on peut désirer : économie de dépense, facilité de service et intensité de lumière. On peut le regarder dès à présent comme une branche active de notre industrie, et l'on éprouve déjà les heureux effets qu'a produits le prix que la Société a décerné à madame Lebon dans sa séance générale du 4 septembre 1811, pour le thermolampe inventé par feu son mari. Le gouvernement a senti toute l'importance des services rendus à l'industrie par cet habile ingénieur et les avantages que ne peut manquer de produire sa découverte. La Société ayant recommandé sa veuve à la bienveillance de S. Exc. le Ministre de l'intérieur, il lui a été accordé une pension de 1,200 francs annuellement.

« Les commissaires nommés par la Société pour examiner l'appareil de M. Ryss-Poncelet, se sont assurés que l'odeur qui s'est fait sentir parfois dans le passage ne doit pas être attribuée au gaz hydrogène qui pourrait échapper à la combustion dans le tube de la lampe, mais seulement à la fumée du charbon de terre provenant des fourneaux qui sont placés dans les caves, et qui ont été construits à la hâte.

« On doit un juste tribut d'éloges à M. Marcel, qui a construit les lampes et les réflecteurs employés par M. Ryss-Poncelet, et qui a ainsi contribué au succès de cette entreprise, et en général à l'adoption de ce nouveau moyen d'éclairage, qui n'est sujet à aucun accident, comme on paraissait le craindre.

« Les commissaires de la Société rendront un compte plus détaillé des travaux de M. Ryss-Poncelet, et établiront, d'après des expériences comparatives, le rapport d'intensité de lumière qui existe entre la lampe au gaz hydrogène, la lampe à huile, la chandelle et la bougie. »

Le rapport annoncé dans cette note, rédigée par d'Arcet, ne parut pas. C'est que les appareils que Ryss-Poncelet avait établis dans la cave d'une maison du passage Montesquieu, répandaient, comme nous l'avons dit, des vapeurs de charbon ou d'hydrogène sulfuré qui incommodaient les voisins. Après l'examen qu'en fit d'Arcet, ces appareils

---

(1) Les détails qui précèdent sont empruntés à trois notices, publiées à des époques différentes, à savoir :

1° *Note sur l'invention de l'éclairage par le gaz hydrogène carboné et sur Philippe Lebon d'Humbersin*, par M. Gaudry, ancien bâtonnier de l'ordre des avocats à la Cour impériale de Paris (in-8, 10 pages, Paris, 1856). Extrait du journal *l'Invention* ;

2° *Notice sur les travaux de M. Lebon d'Humbersin, ingénieur, inventeur des thermolampes* (in-8, 8 pages, Paris, 1862), extrait du journal *l'Invention* ;

3° *Lebon d'Humbersin, ses travaux dans l'invention du gaz et des machines à vapeur*, par M. J. Gaudry, ingénieur au chemin de fer de l'Est (*Revue contemporaine*, 30 septembre 1865, pages 224-246).

furent enlevés, par ordre de la police. Ryss-Poncelet, sans fortune, ne put reprendre ces essais; de sorte que ce ne fut qu'en 1816 que l'on vit faire à Paris, ainsi que nous le dirons plus loin, les premiers essais de l'éclairage au gaz de la houille, par l'Anglais Winsor.

CHAPITRE XVIII

WILLIAM MURDOCH CRÉE EN ANGLETERRE L'ÉCLAIRAGE PAR LE GAZ EXTRAIT DE LA HOUILLE. — L'ÉCLAIRAGE AU GAZ DANS L'USINE DE WATT A SOHO ET DANS LA FILATURE DE MM. PHILLIPS ET LEE A MANCHESTER. — PROGRÈS DE L'ÉCLAIRAGE AU GAZ EXTRAIT DE LA HOUILLE EN ANGLETERRE. — WINSOR POPULARISE CETTE INVENTION. — LUTTES QUE SOUTIENT, EN ANGLETERRE, LA NOUVELLE INDUSTRIE.

Pendant que Philippe Lebon échouait dans ses tentatives, et ne trouvait en France aucun encouragement pour le développement de ses idées, un ingénieur d'un grand mérite, William Murdoch, qui avait eu connaissance des résultats obtenus à Paris, par Philippe Lebon, mettait en pratique les mêmes idées, en substituant au bois, qui est rare et cher en Angleterre, la houille, qui abonde dans ces contrées. Les écrivains anglais prétendent que, dès l'année 1792, Murdoch aurait fait dans le comté de Cornouailles, sa patrie, quelques expériences relatives aux gaz éclairants fournis par différentes matières minérales ou végétales.

On lit ce qui suit dans le *Traité pratique de l'éclairage au gaz* par Samuel Clegg :

« Le berceau de l'éclairage par le gaz fut Redruth, dans le duché de Cornouailles, et tout le mérite de cette invention, l'application pratique du gaz de houille à l'éclairage artificiel, appartient à M. William Murdoch. On ne sait pas l'époque précise à laquelle ce gentleman commença ses expériences sur la distillation de la tourbe, du bois, de la houille et d'autres substances inflammables. Mais, en 1792, nous le voyons fabriquer du gaz avec un appareil construit par lui-même, et éclairer sa maison et ses bureaux. Non content de cela, il étonne bien davantage encore ses voisins en appliquant le gaz à l'éclairage d'une petite voiture à vapeur, qui lui servait à se rendre aux mines qui se trouvaient à une distance considérable de son habitation et de la direction desquelles il s'occupait tous les jours. Lorsqu'il partit en Écosse, M. Murdoch continua ses expériences, et, en 1797, il éclaira sa propriété à Old-Gunnoch, en Ayrshire, comme il l'avait fait cinq ans auparavant en Cornouailles (1). »

Bien que l'auteur anglais que nous venons de citer fasse remonter à l'année 1792 les premières tentatives de Murdoch pour l'éclairage au moyen du gaz extrait de la houille, aucun document authentique ne peut être invoqué, concernant les expériences de Murdoch avant l'année 1798.

Ce n'est en effet qu'à la fin de l'année 1798 que Murdoch établit dans la manufacture de James Watt, à Soho, près de Birmingham, un appareil destiné à l'éclairage du bâtiment principal. Ce système ne fut pas même adopté alors dans l'usine de Soho ; les expériences y furent souvent abandonnées et reprises.

Nous avons raconté dans le premier volume de cet ouvrage, que Watt avait fondé avec Boulton, une fabrique de machines à vapeur, à Soho, près de Birmingham. Cette usine, d'où sortirent les premières machines à vapeur, fut donc aussi le théâtre du premier essai de l'éclairage par le gaz de la houille.

D'après un écrivain allemand, M. Schilling, auteur d'un excellent *Traité d'éclairage par le gaz*, la rencontre et l'abouchement de Murdoch avec James Watt, pour l'essai de l'éclairage par le gaz dans la manufacture de Soho, auraient été accompagnés de quelques circonstances romanesques. Cet écrivain s'exprime en ces termes :

« Watt, qui avait travaillé trente ans auparavant avec Robinson à Glasgow, comme mécanicien de l'université, à résoudre le problème de la locomotion à vapeur, entendit parler des voitures à vapeur de Murdoch ; de son côté, Murdoch eut connaissance de

(1) *Traité pratique de la fabrication et de la distribution du gaz d'éclairage et de chauffage*, par Samuel Clegg, traduit de l'anglais. Paris, 1860, in-4, page 12.

l'établissement de Watt à Soho, qui lui parut le terrain propre à la réalisation de ses idées sur l'éclairage au gaz. Par une de ces coïncidences merveilleuses, qu'on est plus habitué à trouver dans les romans que dans la vie réelle, tous deux, qui ne se connaissaient pas personnellement, furent réciproquement poussés à se rechercher. Ils quittèrent le même jour leur maison, s'arrêtèrent à moitié chemin pour passer la nuit dans la même auberge, et là, en causant comme deux voyageurs au coin du feu, ils se racontèrent l'objet de leur voyage. Le résultat de cette rencontre curieuse et de l'entente réciproque de ces deux penseurs fut l'émigration de Murdoch, qui partit à la fonderie de Soho pour y continuer ses essais sur une grande échelle, et y appliquer l'éclairage au gaz (1). »

La figure 62 représente la cornue dont

Fig. 62. — Premier appareil de Murdoch pour la distillation de la houille.

Murdoch fit usage en 1798, pour essayer, dans l'usine de Soho, l'application à l'éclairage du gaz extrait de la houille. C'est tout simplement un creuset de fonte, E, rempli de charbon, et placé dans le foyer, F. Le gaz se dégageait par le tube D. On rechargeait la

(1) *Traité d'éclairage par le gaz*, par N. H. Schilling, ingénieur-directeur de la Compagnie du gaz de Munich, traduit de l'allemand par Ed. Servier, ingénieur sous-chef du service des usines de la Compagnie parisienne du gaz. Paris, 1868, in-4.

cornue, après chaque opération, par l'orifice du creuset refroidi. Rien, on le voit, n'était plus grossier. Aussi l'essai fait en 1798 dans l'usine de Soho, ne reçut-il alors aucune suite.

Ce ne fut qu'en 1803 que l'on songea sérieusement, dans la fabrique de Watt et Boulton, à éclairer les ateliers par le gaz. On avait préludé à cette entreprise par une illumination extérieure de la façade de la maison, à l'occasion de la paix d'Amiens (mars 1802). Murdoch s'était contenté de placer dans un fourneau une cornue semblable à celle que nous avons figurée plus haut, et de diriger le gaz à l'extérieur, au moyen d'un tube. Il produisait ainsi aux deux bouts de la façade, deux grosses flammes, pareilles à ce que nous appelons en France *feux de Bengale*.

En 1802, l'usine de Soho n'était donc nullement éclairée au gaz, comme l'ont dit si souvent les écrivains anglais. On s'y servait, de l'aveu de Samuel Clegg, de lampes à huile, et non de gaz. En 1803 seulement la fonderie de Soho commença, comme nous venons de le dire, à être éclairée au gaz extrait de la houille. Les appareils de fabrication et de distribution qui furent employés, étaient, d'ailleurs, fort grossiers. Le gaz, au sortir de la cornue, était conduit directement et sans recevoir aucune purification, dans un gazomètre, contenant à peine 8 mètres cubes. Il se rendait de là, à travers des tuyaux de cuivre soudés, dans des becs, qui donnaient une flamme en forme d'*ergot de coq*.

La figure 63 représente l'appareil que Murdoch employa dans l'usine de James Watt, à Soho, pour distiller la houille. Il ne diffère, on le voit, du premier, qu'en ce que la cornue est placée horizontalement dans le fourneau au lieu d'y être posée verticalement. Seulement, la cornue M est divisée en deux parties, réunies par des boulons. Pour retirer le coke et recharger la cornue, on enlevait la partie antérieure. Le gaz se dégageait par le tube N.

Comme le gaz, mal préparé et non purifié, avait toutes sortes d'inconvénients, ce ne fut

Fig. 63. — Appareil pour la distillation de la houille dans l'usine de Soho.

M, cornue; B, foyer; P, tuyau de cheminée; N, conduit donnant issue au gaz.

qu'en 1805 que l'éclairage par le gaz fut adopté définitivement dans la fabrique de James Watt. Peu de temps après, le bel établissement pour la filature du lin de MM. Phillips et Lée, à Manchester, fut éclairé à son tour par ce moyen nouveau.

Cette usine avait été construite sous la direction de Murdoch, qui était alors attaché à cet établissement. Ce travail suscita beaucoup de difficultés et dura près de deux ans. Plusieurs parties des appareils étaient très-défectueuses. On fut obligé de placer des poches à goudron, sur tout le parcours des tuyaux, pour recueillir le goudron qui s'y condensait. Le gaz n'étant pas épuré, car l'emploi de la chaux était encore inconnu pour cet usage répandait une odeur infecte.

Il ne sera pas sans intérêt de reproduire ici un compte rendu écrit au début de cet entreprise par Murdoch, sur les appareils établis chez MM. Phillips et Lée. Murdoch lut ce travail à la *Société royale de Londres* le 25 février 1805. C'est le premier document scientifique qui se rapporte à l'éclairage au gaz extrait de la houille.

Compte rendu de l'application pratique du gaz extrait de la houille, par M. William Murdoch.

« Les faits qui sont exposés dans cette note résultent d'observations faites pendant l'hiver dernier à la filature de coton de MM. Phillips et Lée, à Manchester, où l'usage du gaz extrait de la houille, comme éclairage, a lieu sur une très-grande échelle. Les appareils de fabrication et de distribution ont été construits par moi dans les ateliers de MM. Boulton, Watt et Cie, à Soho.

« Tous les ateliers de cette filature, qui est, je crois, la plus considérable du Royaume-Uni, ses bureaux et ses magasins, et la maison d'habitation de M. Lée, qui est contiguë, sont éclairés par le gaz de houille. La quantité de la lumière totale produite pendant les heures d'éclairage, déterminée par la comparaison des ombres, a été trouvée égale à la lumière donnée par 2,000 chandelles moulées, de six à la livre ; chacune des chandelles, prises pour termes de comparaison, brûlait 4/10 d'once (11^{gr},375) de suif à l'heure.

« La quantité de lumière est nécessairement sujette à quelques variations, à cause de la difficulté de régler toutes les flammes de manière à ce qu'elles restent parfaitement constantes ; mais la précision et l'exactitude admirables avec lesquelles cette filature est conduite, m'ont fourni un excellent moyen de faire les essais comparatifs que j'avais en vue, pour me rendre compte de ce qui devait arriver en grand, et les expériences ayant été faites sur une si grande échelle et dans une période de temps considérable, on peut les regarder, je crois, comme suffisamment précises pour déterminer les avantages qu'on doit attendre de l'emploi de l'éclairage au gaz dans des circonstances favorables.

« Je n'ai pas l'intention, dans cette note, d'entrer dans la description détaillée des appareils employés pour la fabrication du gaz ; mais je dirai seulement que le charbon est distillé dans de larges cornues de fonte, qui sont constamment en travail pendant l'hiver, sauf les intervalles nécessaires pour les changer ; le gaz qui s'en échappe est conduit par des tuyaux de fonte dans de grands réservoirs ou gazomètres, où il est lavé et purifié avant d'être porté par d'autres tuyaux ou conduites jusqu'à la filature.

« Ces conduites se divisent en une infinité de ramifications formant une longueur totale de plusieurs milles dont le diamètre diminue à mesure que la quantité de gaz qui doit y passer devient moins considérable. Les becs, où le gaz est brûlé, sont en communication avec ces tuyaux par de petits tubes, dont chacun est muni d'un robinet pour régler le passage du gaz dans chaque bec, et le fermer au besoin tout à fait. Cette dernière opération peut aussi s'opérer instantanément sur l'ensemble des becs d'une pièce, en manœuvrant un robinet dont chaque tuyau est muni à son entrée dans cette pièce.

« Les becs sont de deux espèces ; les uns sont construits sur le principe de la lampe d'Argand, et lui ressemblent en apparence ; les autres se composent d'un petit tube coudé terminé par un cône percé de trois trous ronds d'environ un trentième de pouce de diamètre (8/10 de millimètre), l'un au sommet du cône, et les deux autres latéralement ; le gaz sort de ces trous en produisant trois jets de flamme divergents qui présentent l'aspect d'une fleur de lis. La forme et l aspect de ce tube lui ont fait donner par les ouvriers le nom de bec en *ergot de coq*.

« Le nombre des becs de tout l'établissement est de 271 becs d'Argand et 633 en *ergot de coq* ; chacun des premiers donne une lumière égale à celle de quatre chandelles et chacun des autres une lumière égale à 2 1/4 des mêmes chandelles. Ainsi réglés, la totalité de ces brûleurs consomme par heure 1,250 pieds cubes (35,393 litres) de gaz extrait du cannel-coal; la qualité supérieure et la quantité du gaz produit par cette matière lui ont fait donner la préférence sur toutes les autres sortes de charbon, malgré son prix élevé. . . . .

« L'introduction de ce mode d'éclairage dans l'usine de MM. Phillips et Lée s'est faite graduellement ; on a commencé, dans l'année 1805, par éclairer deux salles de la filature, les bureaux et les appartements de M. Lée ; on a étendu ensuite ce système à toute la manufacture et aussi vite que le permettait l'établissement des appareils. Tout d'abord quelques inconvénients résultèrent de l'imparfaite combustion et de l'incomplète épuration du gaz, qu'on peut attribuer, en grande partie, aux travaux que nécessitèrent les modifications successives apportées dans les appareils. Mais quand les appareils furent terminés, et à mesure que les ouvriers se familiarisèrent avec leur maniement, cet inconvénient disparut, non-seulement dans la filature, mais aussi dans la maison de M. Lée, qui est brillamment éclairée au gaz, à l'exclusion de toute autre lumière artificielle.

« La douceur et l'éclat propres à cette lumière, ainsi que la constance de son intensité, l'ont mise en grande faveur auprès des ouvriers ; et, comme elle est exempte du danger que présentent les chandelles par les étincelles qu'elles produisent, et de l'inconvénient qu'elles ont de devoir être mouchées fréquemment, elle offre l'avantage énorme de diminuer les chances d'incendie, auxquelles les filatures de coton sont si exposées.

« Ces faits montrent, comme on le voit, les avantages principaux que l'on peut attendre de l'éclairage au gaz. »

La figure 64 représente l'appareil qui fut employé dans l'usine de MM. Phillips et Lée. La cornue, E, était assez grande pour contenir 762 kilogrammes de houille. Le tube D donnait issue au gaz. Pour recharger la cornue, on l'avait munie d'un tube latéral, G. Pour introduire la houille dans la cornue, on plaçait les morceaux de charbon dans une cage de bois, que l'on soulevait au moyen d'une grue. Le même moyen servait à retirer le coke, après chaque opération, et quand la cornue s'était refroidie. On reconnut pourtant que la forme de cette cornue la rendait incommode et coûteuse, et on adopta une cornue en fonte beaucoup plus longue.

A la même époque où Murdoch installait ses appareils chez MM. Phillips et Lée, c'est-à-dire en 1805, Samuel Clegg, alors élève de MM. Boulton et Watt, commença à s'occuper de l'éclairage au gaz. Il entreprit d'éclairer

Fig. 64. — Appareil pour la distillation de la houille employé par Murdoch dans la fabrique de MM. Phillips et Lée à Manchester.

par ce moyen la filature de M. Henry Lodge, à Sowerby-Bridge, près de Halifax.

Mais, dans ces divers établissements, le gaz

L'ART DE L'ÉCLAIRAGE.

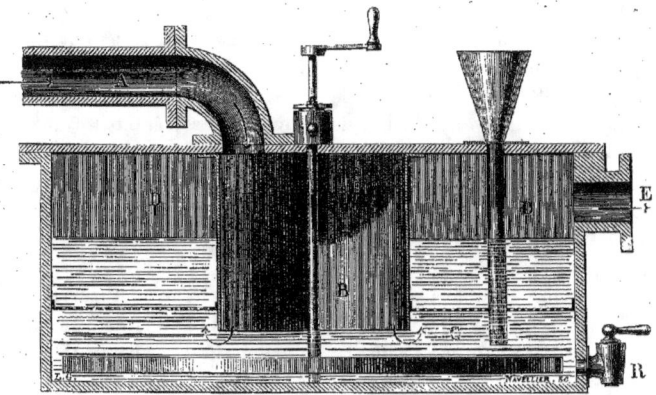

Fig. 65. — Le premier dépurateur de Samuel Clegg.

était brûlé sans être aucunement purifié. Il devint bientôt évident qu'à moins de faire usage de moyens puissants de purification, le gaz ne pourrait être introduit sans inconvénient dans des habitations privées. Les émanations insalubres provenant de sa combustion dans des pièces closes, causaient des maux de tête et irritaient les poumons.

Samuel Clegg essaya un moyen très-efficace pour purifier le gaz. Dans la première usine qu'il fut appelé à éclairer (celle de M. Harris, de Coventry), il ajouta de la chaux éteinte à l'eau de gazomètre, et au moyen d'un agitateur, il mit le gaz en contact avec la chaux. Le gaz arrivait dans l'eau qui remplissait le bassin du gazomètre, à 1 ou 2 pouces ($0^m,025$ à $0^m,050$) au-dessous de la surface de l'eau, y trouvait un lait de chaux, dans lequel il barbottait, et se trouvait ainsi débarrassé de l'acide carbonique et de l'hydrogène sulfuré.

Samuel Clegg fit encore usage ici, pour la première fois, d'un appareil qu'il nomma *condenseur*. C'est une série de tuyaux verticaux, placés sur le parcours du gaz, entre les cornues et le gazomètre, et qui sert à refroidir le gaz qui sort brûlant des cornues.

La purification au moyen d'un lait de chaux, répondait assez bien aux besoins; mais il était très-difficile de renouveler le lait de chaux quand il était placé dans la citerne même du gazomètre.

En 1807 Samuel Clegg appliqua le gaz dans le *Collége catholique* de Stonghurst, dans le Lancashire. La coûteuse expérience qu'il venait de faire dans l'usine de M. Harris, à Coventry, lui avait démontré que l'épuration du gaz, au moyen de la chaux délayée dans l'eau de la citerne du gazomètre, était un système fort peu satisfaisant, à cause de la difficulté de se débarrasser du lait de chaux qui avait servi à l'opération. Il songea alors à placer le lait de chaux dans un appareil distinct du gazomètre, et dans lequel ce liquide pût être facilement renouvelé après l'opération. Le *dépurateur* fut alors inventé. Le gaz traversait cet appareil avant de se rendre au gazomètre.

La figure 65 représente le premier appareil dépurateur dont Samuel Clegg fit usage.

Le lait de chaux était renfermé dans une caisse cylindrique de fonte, P, P, P', P'. Dans cette même caisse se trouve une boîte cylindrique en tôle, BB, fixée de telle sorte que son bord inférieur soit distant d'environ un décimètre du fond de la caisse de fonte PPP'P'. Le gaz, arrivant par le tuyau A, se répand dans la boîte BB, puis, surmontant la pression du liquide, il traverse le lait de chaux CC, et se répand dans la partie supérieure, DD, de la caisse. Pendant qu'il traverse le lait de chaux, le gaz rencontre un diaphragme percé de trous, *dd*, et se divise ainsi en petites bulles, ce qui rend son contact aussi complet que possible avec la matière épurante. Quand il a atteint la partie supérieure de la caisse DD, le gaz s'échappe par le tuyau E, et se rend au gazomètre. Un agitateur TT, mû au sein du liquide, par la manivelle M et la tige *aa*, entretient ce liquide en mouvement et multiplie les contacts du gaz et de la matière alcaline. Après chaque opération, on renouvelait l'eau de chaux en vidant la caisse par le robinet R et la remplissant de nouveau de la liqueur alcaline au moyen de l'entonnoir G.

Tel est le premier dépurateur dont Samuel Clegg fit usage, mais nous devons dire que les embarras que présente dans les usines le maniement des liquides, rendaient cet appareil d'un emploi très-difficile dans la pratique.

Jusqu'à l'année 1808 les procédés pour l'épuration du gaz extrait de la houille, furent donc très-infidèles. Le gaz préparé à Londres par Murdoch, ne l'emportait guère sur celui que Philippe Lebon avait préparé à Paris, dix ans auparavant, au moyen du bois. Il était même nécessairement plus chargé de produits étrangers que le gaz du bois, car tout le monde sait combien sont multiples les produits de la distillation de la houille. Ce gaz, mal épuré, renfermait tous les produits qui se mêlent, pendant la distillation de la houille, à l'hydrogène bicarboné, et lui communiquent des propriétés nuisibles. Ce genre d'éclairage, dans les conditions où il se trouvait à cette époque, ne pouvait être toléré que dans une manufacture. De là à l'emploi général du gaz dans l'éclairage public et privé, il y avait un pas immense à franchir. Ce but important ne devait être atteint qu'après bien des années et par une suite de persévérants travaux.

Un Allemand, nommé F.-A. Winsor, avait traduit en allemand et en anglais, le mémoire de Philippe Lebon sur le *thermolampe*, et il parcourait différentes villes de l'Allemagne, montrant à prix d'argent, et comme une expérience digne d'attirer la curiosité de la foule, la distillation du bois et la production du gaz inflammable. En 1802, Winsor publia à Brunswick, une nouvelle édition de la traduction de l'ouvrage sur le *thermolampe*, et il la dédia au duc régnant, qui avait été témoin, avec toute sa cour, de ses expériences sur l'éclairage au moyen de la distillation des bois de chêne et de sapin.

Winsor continua à donner ses représentations publiques dans les villes de Brême, Hambourg et Altona; enfin il se rendit à Londres, et exécuta les mêmes expériences en public sur le théâtre du Lycée. Les succès obtenus par Murdoch avec le gaz retiré de la houille, attirèrent toute l'attention de Winsor. Admis auprès de l'ingénieur anglais, il obtint de prendre part à ses travaux, et le seconda dans l'établissement définitif de l'éclairage de l'établissement de Watt à Soho, et dans quelques fabriques de Birmingham. Convaincu dès lors de l'avenir réservé à cette industrie, il prit en Angleterre un brevet d'invention, et s'occupa de former une société industrielle pour appliquer le gaz à l'éclairage dans l'intérieur des habitations.

Ce n'était pas une tâche facile que de fonder, au milieu de tant d'intérêts opposés, cette entreprise nouvelle. Les industries qui existaient à cette époque, pour l'éclairage domestique, devaient susciter contre ce projet des obstacles de tout genre. Élever au milieu des villes, des réservoirs immenses d'un gaz inflammable, placer le long des rues des conduits souterrains, conduire enfin ce gaz dans l'intérieur des maisons, en présence de tant de matières sujettes à l'incendie, c'était évidemment heurter toutes les habitudes reçues, et provoquer des craintes sans nombre, assez fondées, d'ailleurs, à une époque où l'expérience n'avait encore rien appris sur l'innocuité de telles dispositions.

Ces premières difficultés auraient pu, à la rigueur, s'évanouir devant la pratique, si le gaz proposé avait offert dans ses qualités des avantages évidents. Mais, obtenu par les procédés mis en usage à cette époque, le gaz extrait de la houille présentait toutes sortes de défauts. Son odeur était fétide ; il attaquait les métaux ; il donnait naissance, en brûlant, à de l'acide sulfureux ; enfin, on ne connaissait pas les moyens de prévenir les explosions qu'il occasionne lorsqu'il se mélange accidentellement avec de l'air atmosphérique.

Toutes ces conditions si défavorables auraient fait reculer le spéculateur le plus hardi : elles n'arrêtèrent pas Winsor. En effet, tout semblait se réunir chez cet homme singulier, pour en faire le type de l'industriel audacieux, qui, loin de céder aux résistances que soulèvent contre lui les intérêts contraires, y trouve un motif de plus de persister dans ses desseins, et qui, à force de hardiesse, de persévérance et de courage, par l'exagération de ses assertions et de ses promesses, finit par contraindre l'opinion de plier à ses vues. Tout ce que Winsor avança d'affirmations téméraires, de promesses chimériques, est presque inimaginable. Cependant ne blâmons pas trop haut ces manœuvres : c'est à elles que nous devons le rapide établissement de l'éclairage au gaz en Europe.

Winsor publia à Londres, en 1804, le prospectus d'une compagnie nationale « *pour la lumière et la chaleur.* » Il promettait à ceux qui prendraient une action de 100 francs, dans sa compagnie, un revenu annuel de 12,450 francs, lequel, ajoutait-il, était probablement destiné à atteindre un jour dix fois cette somme. Comme on avait manifesté la crainte que l'extension de son système d'éclairage n'amenât peu à peu l'épuisement des mines de houille, Winsor déclarait, avec assurance, que le coke, résidu de la distillation de la houille, donnerait deux fois plus de chaleur en brûlant, que le charbon qui l'avait fourni !

Le capital de 1,250,000 francs, demandé par Winsor, fut entièrement souscrit ; mais cette somme, au lieu de produire les revenus fabuleux que l'on avait annoncés, fut tout entière absorbée par les expériences.

Winsor ne se découragea pas. Appuyé par une commission de vingt-six membres, choisis parmi ses anciens actionnaires, et qui se composait de banquiers, de magistrats, de propriétaires, d'un médecin et d'un avocat, il enchérit si bien sur ses premières affirmations, qu'il se fit accorder une somme de 480,000 francs pour continuer ses expériences.

Mais ce premier résultat ne suffisait point. Le grand but à atteindre, c'était d'obtenir une *charte royale* pour la société. Pour y parvenir, Winsor ne recula devant aucun moyen.

Le problème de l'épuration du gaz était encore bien loin d'être résolu ; les produits qu'on obtenait étaient d'une impureté extrême, leur action fâcheuse sur l'économie vivante était de toute évidence. Cependant Winsor n'hésitait pas à proclamer que le gaz hydrogène extrait de la houille, était doué d'une odeur des plus agréables, et que, loin de redouter les fuites qui pourraient se produire dans les tuyaux conducteurs du gaz, il viendrait un jour où l'on y pratiquerait tout exprès une petite ouverture, afin de pouvoir respirer continuellement son odeur. A l'entendre, le gaz était encore un remède excellent ; il jouissait de puissantes propriétés sédatives contre les irritations de poitrine.

« Les médecins habiles, disait-il, recommandent d'en remplir des vessies et de les placer sous le chevet des personnes affectées de maladies pulmonaires, afin que, transpirant peu à peu de son enveloppe, il se mêle à l'air que respire le malade, et en corrige la trop grande vivacité. »

Puis, se laissant aller sur cette pente, il ajoutait :

« Dans le foyer même de l'exploitation, l'air, au lieu d'être infecté d'une fumée nuisible, ne contient que des atomes de goudron et d'huile en vapeurs, d'acide acétique et d'ammoniaque. Or on sait que chacune de ces substances est un antiseptique. L'eau goudronnée s'emploie comme médicament à l'intérieur ; les huiles essentielles sont aussi utiles qu'agréables à respirer ; l'acide acétique ou vinaigre est un antiputride, et l'ammoniaque est, comme l'hydrogène, un puissant sédatif. »

Il terminait en disant que les navigateurs qui entreprennent des voyages de long cours, feraient bien d'emporter, à titre de substance hygiénique, quelques tonneaux des résidus provenant de la fabrication du gaz.

Winsor avait à lutter, à cette époque, à peu près contre tout le monde. Les résultats fâcheux de ses premiers essais avaient laissé dans tous les esprits une impression très-défavorable. D'un autre côté, Murdoch, irrité de se voir contester par un rival, ses droits d'inventeur, lui suscitait mille entraves. La plupart des savants, qui ne pouvaient connaître encore toutes les propriétés du gaz de l'éclairage et les moyens de parer à ses dangers, se réunissaient pour combattre le novateur, qui, assez ignorant lui-même en ces matières, ne faisait que fournir des armes à ses contradicteurs, par ses réponses erronées. Un chimiste, qui nous est connu par un *Traité des manipulations* traduit en français, Accum, se distinguait entre tous par l'insistance et la force de ses objections. Il prouvait que le gaz, tel que le préparait Winsor, était d'un emploi difficile, d'un maniement dangereux, et qu'il devait exercer sur l'économie une action très-nuisible.

Toutes ces critiques, qui agissaient de la manière la plus fâcheuse sur l'esprit du public anglais, n'ébranlèrent pas un instant les projets ni la ferme assurance de Winsor.

Le 1er mars 1808, il convoqua les actionnaires de sa compagnie. Il exposa les travaux exécutés jusque-là et l'état présent de l'exploitation. N'ayant pu obtenir l'autorisation d'éclairer les principales places de Londres, on avait dû se borner à l'éclairage de la grande rue *Pall-Mall*. Winsor annonçait en outre, qu'il avait adressé au roi un mémoire, dans lequel il demandait, pour la compagnie, le privilége exclusif de l'exploitation de sa découverte dans toute l'étendue des possessions britanniques. Le mémoire présenté à George III promettait un bénéfice de 670 pour 100 sur les fonds avancés. Mais le roi avait répondu « qu'il ne pouvait accorder la charte d'incorporation demandée par le mémoire qu'après que l'on aurait obtenu du parlement un bill qui autorisât la société. »

Sur cette déclaration, une enquête fut ouverte, le 6 mai 1809, devant la Chambre des communes. Dans cet intervalle, Winsor n'avait pas perdu son temps. Par sa remuante activité, il avait fini par multiplier singulièrement le nombre des partisans du gaz ; l'opinion publique commençait à fléchir du côté de ses idées. Ce n'est du moins que par cette conversion unanime que l'on peut expliquer ce qui se passa devant la commission d'enquête de la Chambre des communes.

Tous les témoignages invoqués, toutes les autorités consultées, se montrèrent favorables au nouveau système d'éclairage. Winsor fit comparaître d'abord des vernisseurs, qui employaient beaucoup d'asphalte étranger, et qui vinrent affirmer que le goudron, ou l'asphalte du gaz, donnait un noir d'un lustre bien supérieur ; qu'il se dissolvait et séchait plus vite, et pouvait être employé sans mélange avec la résine. Des teinturiers vinrent ensuite annoncer que les eaux ammoniacales provenant de l'épuration du gaz, l'emportaient de beaucoup sur les préparations analogues dont ils faisaient usage dans leurs ateliers. Un contre-maître de calfats déclara le goudron de Winsor bien supérieur aux produits de ce genre d'une autre origine. Un chimiste vint faire savoir que l'ammoniaque, appelée à remplacer le fumier, rendrait un jour à l'agriculture des services immenses. Enfin, les membres de la commission d'enquête ayant demandé à recueillir, sur ces différents sujets, l'avis d'un chimiste spécialement versé dans la connaissance des propriétés du gaz de l'éclairage, Winsor n'hésita pas à désigner, pour remplir cet office, Accum, c'est-à-dire précisément le savant qui jusque-là avait le plus vivement combattu ses idées par ses discours et ses écrits. A l'étonnement général, Accum déclara, en réponse aux questions qui lui furent posées par sir James Hall, président de la commission d'enquête, que le gaz obtenu par Winsor n'avait aucune mauvaise odeur, qu'il brûlait sans fumée ; enfin que le coke, formant le résidu de sa fabrication, était supérieur à tous les autres combustibles.

En dépit de ce concours inattendu de témoignages favorables, le bill d'autorisation fut refusé par la Chambre des communes.

Winsor se tourna aussitôt vers la Chambre des pairs. En 1810, les démarches qui avaient été faites auprès des membres de la Chambre des communes, recommencèrent pour les membres de la Chambre des lords. Elles eurent cette fois un résultat plus heureux, car le bill d'autorisation fut approuvé par la Chambre haute. Dès lors Georges III put délivrer la *charte royale* qui instituait le privilége de la compagnie du gaz.

En possession de ce privilége, la compagnie fixa son capital à 5 millions. Elle commença alors à entrer d'une manière étendue et régulière, dans l'exploitation de l'éclairage public. Les appareils pour l'épuration et pour la distribution du gaz, les formes les plus convenables pour la disposition des becs, tout ce qui se rattachait directement à la pratique de cette industrie nouvelle fut soumis à des expériences suivies, qui finirent par porter l'ensemble de ses procédés à un état de perfection remarquable. Samuel Clegg, le principal créateur de cette industrie, après William Murdoch, se distingua par plusieurs innovations heureuses, universellement adoptées aujourd'hui.

Pendant que tout cela se passait à Londres, quelques filatures de coton du Lancashire s'éclairaient par le gaz. Tel fut, par exemple, le grand établissement de M. Greenaway, à Manchester. C'est là que Samuel Clegg inventa et mit en usage pour la première fois, le *barillet* pour la condensation du goudron, appareil qui est resté depuis en usage dans toutes les usines à gaz.

En 1812, Clegg éclaira aussi la filature de coton de MM. Samuel Ashton et frères, à Hyde, près de Stakport, où il introduisit le dépurateur à chaux en poudre humide, moyen d'une efficacité reconnue. Il adopta des cornues cylindriques et parvint à régulariser la pression du gaz dans le gazomètre.

Dans la même année Samuel Clegg éclaira l'établissement d'Ackerman, marchand de tissus dans le Strand, à Londres.

L'éclairage au gaz, qui était alors une nouveauté, excita une surprise générale. On raconte qu'à cette occasion, une dame de haut parage fut si étonnée et si ravie de l'éclat d'une lampe qu'elle voyait fixée sur le comptoir d'un marchand de la Cité de Londres, qu'elle pria de la lui laisser emporter dans sa voiture, offrant de payer le prix qu'on lui demanderait. Cette prétention naïve prouve à quel point la nature du gaz d'éclairage était encore mal comprise à cette époque.

Il importe de remarquer ici que le gaz était préparé alors dans la maison même où il devait être employé, c'est dire qu'il n'y avait pas encore d'usine générale établie pour la fabrication du gaz, et par conséquent aucune canalisation sous le pavé des rues.

Cependant les plaintes s'élevèrent contre les appareils employés dans l'établissement d'Ackerman, à cause de l'écoulement de l'eau de chaux dans les égouts. Pour remédier à cet inconvénient, Samuel Clegg employa la chaux sèche ; mais on dut bientôt l'abandonner à cause de la quantité énorme qu'il fallait en perdre. On ne savait pas encore qu'il fallait disposer la chaux humectée d'eau en couche mince et sur une grande surface, pour obtenir, sans aucun embarras, une épuration irréprochable.

Ce n'était pas seulement dans le public anglais que régnaient de grandes préventions contre le gaz. Les savants eux-mêmes partageaient ces craintes. Le chimiste Humphry Davy, sans doute par un effet de l'humeur noire qui assombrit les derniers temps de son existence, était peu favorable à un système qu'il aurait dû, au contraire, appuyer de toutes ses forces, en sa qualité de chimiste plein d'autorité dans son pays. Il trouvait tellement ridicule le projet d'exécuter en grand l'éclairage par le gaz hydrogène, qu'il demanda si l'on avait l'intention de prendre le dôme de la cathédrale de Saint-Paul pour gazomètre. « J'espère, répondit Samuel Clegg, « qu'il viendra un jour où les gazomètres « ne seront pas plus petits que le dôme de « Saint-Paul. »

Pour triompher des résistances du public et l'édifier sur les avantages de ce mode d'éclairage, une nouvelle compagnie qui s'était formée, et qui avait pris pour ingénieur Samuel Clegg, appropria et éclaira gratuitement un certain nombre de boutiques et de maisons dans la Cité de Londres. Mais les propriétaires ne consentaient qu'avec répugnance à se prêter à ces essais. On s'imaginait que les tuyaux de conduite du gaz devaient être toujours chauds, et par conséquent, exposer à l'incendie les lambris des maisons. Lorsqu'on éclaira au gaz les couloirs de la Chambre des communes, l'architecte insista pour que les tuyaux fussent placés à 10 ou 12 centimètres de distance du mur, crainte d'incendie. On voyait souvent les curieux appliquer leur main contre ces tuyaux, pour se rendre compte de la température.

Il était si difficile alors de se procurer des tuyaux de distribution pour le gaz, qu'on était obligé de les faire avec de vieux canons de fusils, que l'on vissait les uns au bout des autres.

Les compagnies d'assurance, cela va sans dire, faisaient objections sur objections contre l'emploi du gaz dans les habitations privées.

Cependant la question faisait des progrès, les résistances commençaient à diminuer, et l'on put songer à créer une usine à gaz. Elle fut établie en 1813, à Peter-Street (Westminster) sous la direction de Samuel Clegg.

Dès que l'usine fut achevée, sir Joseph Banks et quelques autres membres de la *Société royale de Londres*, furent chargés d'examiner les appareils, et de faire un rapport sur les dangers ou l'utilité de cet établissement. La commission conclut qu'il fallait obliger la Compagnie à construire des gazomètres ne contenant pas plus de 170 mètres cubes chacun, et de plus, enfermés entre des murs très-solides.

Pendant que sir Joseph Banks et quelques autres membres de la commission, se trouvaient dans le bâtiment du gazomètre, et s'expliquaient avec vivacité sur les dangers qui résulteraient de l'approche d'une lumière près d'une fuite arrivée à un gazomètre, Samuel Clegg commanda d'apporter un foret et une chandelle. Puis il pratiqua avec le foret un trou dans l'enveloppe métallique du gazomètre, et à la grande frayeur de tous les assistants, il approcha la lumière du gaz qui s'en échappait à flots. Plusieurs des honorables savants, frappés de terreur, s'étaient empressés de se retirer loin du théâtre de cette téméraire expérience (*fig.* 66, page 121). Mais, à l'étonnement général, aucune explosion n'eut lieu.

Cette preuve matérielle de la sécurité des gazomètres ne put cependant détruire les préventions de la commission, et la Compagnie fut obligée de construire, à grands frais, de petits gazomètres, entourés de gros murs.

Du reste, dès l'origine de l'éclairage au gaz, on avait conçu de vives craintes contre les gazomètres de grande dimension. C'est ainsi que dans le *Collége catholique* de Stonghurst, dont nous avons parlé plus haut, la capacité du gazomètre était seulement de 28 mètres cubes. Le supérieur du collége complimenta Samuel Clegg sur la réussite de son appareil; seulement il l'engagea à diminuer les dimensions du gazomètre. Il trouvait la capacité de 28 mètres cubes imprudente, et insista beaucoup pour qu'on fît usage de deux gazomètres de 14 mètres cubes chacun. On était loin, on le voit, de la dimension des gazomètres actuels, qui mesurent 10,000 mètres cubes, et peuvent atteindre jusqu'à 25,000 mètres cubes.

A la fin de 1813, une explosion eut lieu dans l'usine de Westminster. Elle fut causée par le gaz qui s'échappa d'un épurateur placé dans le voisinage des ateliers de distillation, et qui vint s'enflammer au foyer des cornues. Les fenêtres des maisons voisines volèrent en éclats, et Samuel Clegg fut gravement blessé. Cet événement, qui impressionna beaucoup le public, vint justifier les appréhensions générales.

Le 31 décembre 1813, le pont de Westminster fut éclairé au gaz. Ce spectacle amusa beaucoup les promeneurs; mais les craintes persistaient dans l'esprit de tout le monde. Souvent les allumeurs refusaient de remplir leur office. Ils craignaient de provoquer, en mettant le feu dans les lanternes, une explosion, dont ils seraient les victimes; de sorte que Samuel Clegg fut obligé, pendant plusieurs soirs, d'aller lui-même allumer les réverbères sur le pont de Westminster.

Les autorités de la paroisse de Sainte-Marguerite, à Westminster, furent les premières qui firent un marché pour l'éclairage de leurs rues. Le 1er avril 1814, les vieilles lampes à huile furent mises de côté, et remplacées par de brillants becs de gaz. Des centaines d'individus suivaient les allumeurs, pour les voir faire. A cette époque, on se servait alors de torches pour l'allumage ; on leur substitua plus tard la lanterne à main, inventée par Grafton.

Pendant longtemps, il fut impossible de vaincre le préjugé des propriétaires des maisons contre les candélabres appliqués aux murs. Beaucoup de discussions et de débats eurent lieu entre la Compagnie du gaz et les autorités de la paroisse de Sainte-Marguerite, pour obtenir la permission de placer des candélabres contre les murs des maisons.

Quand la « *Chartered Company gas* », c'est-à-dire la *Compagnie du gaz autorisée par charte royale*, eut vaincu les principales difficultés, et que les oppositions contre l'usage du gaz furent un peu apaisées, d'autres compagnies se formèrent, pour construire des usines dans différentes villes de l'Angleterre. Samuel Clegg dirigea les travaux pour l'éclairage de Bristol, Birmingham, Chester, Kidderminster et Worcester.

Les illuminations qui furent faites à Londres, pour célébrer la paix de 1814, donnèrent une occasion solennelle d'étaler à tous les yeux le spectacle du gaz. Les décors, motifs et devises en becs de gaz, surpassèrent, par leur splendeur, tout ce qu'on avait vu jusque-là. Le principal sujet d'illumination figurait une pagode, qui fut dressée dans le parc de Saint-James. Elle avait 20 pieds de haut, et devait présenter l'aspect d'une masse de feu. Malheureusement, un feu d'artifice placé dans le voisinage, et que l'on avait cru devoir essayer la veille, enflamma la carcasse de la pagode, la mit hors d'usage, et dans la soirée de la fête l'illumination par le gaz ne put s'effectuer. Cet accident donna de nouvelles armes aux adversaires de l'éclairage au gaz. Le lendemain, on faisait circuler le bruit que le gaz avait mis le feu à la pagode, et il fut impossible de détruire complétement cette erreur dans l'esprit du peuple.

En 1815 *Guildhall*, c'est-à-dire l'Hôtel de ville de Londres, fut éclairé au gaz. L'inauguration avait été réservée pour le plus grand jour de fête de la ville, le 9 novembre. L'éclat de la lumière du gaz fut fort admiré.

Le gaz se vendait à cette époque, 58 centimes le mètre cube, et il ne trouvait que de rares débouchés. Comme le compteur n'était pas encore inventé, la quantité de gaz brûlé était estimée avec assez de justesse, quand on prenait les précautions convenables, mais trop souvent les estimations étaient loin de la vérité. Aussi les actionnaires de la Compagnie ne recevaient-ils aucun dividende. On était continuellement obligé de modifier ou de transformer les appareils des usines, de sorte que les revenus étaient absorbés entièrement par les changements, les réparations ou la construction de nouvelles machines, et par des essais pour arriver à de meilleurs résultats.

Tous les objets nécessaires à une usine à gaz coûtaient extrêmement cher. On ne pouvait à aucun prix se procurer des ouvriers. Il fallait les créer, c'est-à-dire que l'on avait d'abord à trouver des hommes capables et désireux d'apprendre, et ensuite à les instruire dans cet art nouveau.

En 1815, Samuel Clegg inventa et fit breveter le *compteur à gaz*. Cet appareil consista d'abord simplement en deux vessies, renfermées dans des caisses d'étain, et qui se remplissaient et se vidaient alternativement par le gaz qui les traversait avant de se rendre aux becs. Leur communication avec les becs était établie au moyen de soupapes hydrauliques à mercure. Mais les vessies étaient détruites par les impuretés que le gaz y déposait. On essaya ensuite, mais sans de meilleurs résultats, le cuir et d'autres membranes recouvertes d'un vernis et de feuilles d'or. On eut recours alors à des vases métalliques fonctionnant de la même manière que les vessies, mais on ne s'en trouva pas mieux. Le compteur sec fut alors abandonné, et le compteur à eau, chef-d'œuvre de mécanique, fut enfin imaginé par Samuel Clegg.

Cependant tous ces essais ne s'exécutaient pas sans des dépenses considérables. Jusqu'à l'année 1816 la Compagnie (*Chartered Company gas*) se traîna sans faire de pertes ni de bénéfices. Il fut reconnu, à cette époque, qu'elle allait être ruinée si l'on n'augmentait pas ses priviléges, et si on ne lui accordait à perpétuité l'exploitation de l'éclairage dans toute la Grande-Bretagne.

Pour atteindre ce but suprême, Winsor, qui faisait partie des directeurs de la Compagnie, mit tous les ressorts en jeu. Un nouveau comité d'enquête ayant été institué auprès de la Chambre des communes, il fit de nouveau passer sous les yeux de la commission, une série de témoins officiels, qui rendirent aux qualités du gaz un hommage sans réserve. Tout le monde demandait que la nouvelle industrie fût encouragée. Les marchands et les manufacturiers assuraient tous que le gaz avait des avantages bien supérieurs à ceux de l'huile. Il n'y eut pas jusqu'aux agents de police qui vinrent déclarer que le gaz était pour eux un puissant auxiliaire, et qu'à sa clarté ils apercevaient bien mieux un voleur.

Ce qu'il y avait de sérieux dans ces témoignages, et ce qui frappa surtout le parlement, c'est que l'établissement de ce système d'éclairage devait créer en Angleterre, avec de grands débouchés pour les houilles du pays, d'autres produits nouveaux, tels que du goudron, des huiles minérales, des sels ammoniacaux, etc., susceptibles de recevoir dans l'industrie des applications utiles.

Il restait néanmoins un point essentiel à éclaircir. On avait signalé des explosions dans les boutiques de Londres, et la commission d'enquête voulait être bien édifiée sur ce fait. On demanda, en conséquence, des renseignements positifs sur les chances d'explosion que présente un mélange de gaz

Fig. 66. — Effroi des savants de la *Société royale de Londres* devant une courageuse expérience de Samuel Clegg.

et d'air atmosphérique. Avec son assurance accoutumée, Winsor répondit que, dans sa propre maison, en présence de Sir Humphry Davy et de Sir James Hall, on était entré avec une bougie allumée, sans provoquer de détonation, dans une chambre bien fermée et qui avait été remplie de gaz pendant trois jours et trois nuits. Enchérissant sur cette première assertion, il ajouta que l'expérience avait été répétée sans accident après avoir rempli la chambre de gaz pendant sept jours et sept nuits. Et comme les membres de la commission, élevant quelques doutes sur ce fait, demandaient quel était l'homme assez courageux pour avoir tenté une pareille épreuve : « C'est moi! » répondit Winsor.

Avec de tels procédés, avec une manière si hardie de lever les obstacles, le succès ne pouvait être douteux. Un bill définitif, réglant les derniers privilèges de la Compagnie fut accordé le 1ᵉʳ juillet 1816, et sanctionné par Georges III. On l'autorisa à porter à 10 millions son capital, qui plus tard s'éleva jusqu'à 22 millions.

La *Compagnie royale* s'organisa dès ce moment d'une manière définitive. On établit dans le quartier de Westminster trois grands ateliers d'éclairage. Plusieurs autres usines s'élevèrent bientôt, par les soins de la même Compagnie, dans les faubourgs de Londres et dans plusieurs villes de la Grande-Bretagne. Enfin l'éclairage par le gaz prit en quelques années un tel développement en Angleterre, qu'en 1823 il existait à Londres plusieurs compagnies puissantes, et que celle de Winsor avait déjà posé à elle seule, sous le pavé des rues, un réseau de cinquante lieues de tuyaux.

CHAPITRE XIX

WINSOR IMPORTE EN FRANCE L'ÉCLAIRAGE AU GAZ EXTRAIT DE LA HOUILLE. — OPPOSITION GÉNÉRALE CONTRE CE NOUVEAU SYSTÈME D'ÉCLAIRAGE. — LUTTES ET PROGRÈS DE LA NOUVELLE INDUSTRIE.

La faveur qui commençait à accueillir en Angleterre, le *gas-light* inspira à Winsor la pensée de transporter en France cette industrie. Mais il devait rencontrer parmi nous les mêmes obstacles, et soutenir les mêmes luttes dont il avait triomphé dans son pays. Comme il y a un enseignement utile à retirer de ces faits, nous allons rappeler les circonstances principales de l'opposition, presque universelle, que rencontrèrent en France les débuts de l'éclairage au gaz. On va voir de quels obstacles fut hérissée, dans notre pays, la route de cette précieuse et utile invention.

Winsor vint à Paris en 1815. La rentrée de l'Empereur et les troubles des Cent-jours apportèrent un premier obstacle à ses projets. Ce ne fut que le 1er décembre 1815 qu'il put obtenir le brevet d'importation qu'il avait demandé. Lorsqu'il s'occupa ensuite de mettre sérieusement ses vues en pratique, il trouva à Paris une résistance générale, et qui aurait été de nature à déconcerter un homme moins habitué que lui à combattre les préjugés publics. Beaucoup de savants et d'industriels de Paris entreprirent contre les idées de l'importateur du gaz, une croisade, que nous voudrions pouvoir dissimuler ici. Ce qui rend moins excusables encore ces discussions, qui durèrent plusieurs années, c'est le peu de valeur des arguments qu'on invoquait. On prétendait que les houilles du continent seraient tout à fait impropres à la production du gaz, assertion dont la pratique ne tarda pas à démontrer l'erreur. On ajoutait que l'introduction du gaz porterait à l'agriculture française un dommage considérable, en ruinant l'industrie des plantes oléagineuses. Tous les principes de l'économie publique faisaient justice de cette dernière appréhension. Clément Désormes, manufacturier pourtant fort instruit, alla jusqu'à avancer que le gaz de l'éclairage ne pourrait jamais être adopté en France, en raison des dangers auxquels il expose. Les gens de lettres eux-mêmes se mettaient de la partie, et Charles Nodier se fit remarquer, parmi ces derniers, par la vivacité de ses attaques.

Pour combattre les préventions que jetait dans le public la résistance des savants, Winsor pensa qu'il était nécessaire de parler d'abord à l'esprit. Voulant ramener à lui l'opinion et rectifier des faits dénaturés, il publia en 1816, une traduction du *Traité de l'éclairage au gaz* que l'Anglais Accum venait de faire paraître, *augmenté*, comme il est dit sur le fontispice, par F.-A. Winsor, *auteur du système d'éclairage par le gaz en Angleterre, fondateur de la Compagnie royale de Londres, et breveté par Sa Majesté pour l'emploi de ce système en France.* Cependant cet ouvrage ne réussit qu'à demi à dissiper des erreurs trop fortement accréditées.

N'ayant pu convaincre en s'adressant à l'esprit, Winsor se décida à parler aux yeux. Il fit, à ses frais, un petit établissement, et donna un spécimen du nouvel éclairage dans un salon du passage des Panoramas. Cette exhibition eut le résultat qu'il attendait. Il reçut une offre d'association de MM. Darpentigny et Perrier, propriétaires d'une fonderie. On lui proposait de fabriquer ses appareils à Chaillot et d'y établir une usine à gaz. Mais la faillite de cette maison, survenue peu de temps après, empêcha de donner suite à ce projet.

Une seconde compagnie pour la création de l'éclairage au gaz à Paris, se présenta ; seulement les actionnaires demandaient, avant de rien conclure, que le passage des Panoramas fût éclairé tout entier. Cet essai décisif fut exécuté par Winsor, et terminé en janvier 1817. Le public put dès lors se convaincre de la supériorité de ce nouveau système d'éclairage, et l'opinion se prononça en sa faveur d'une manière non douteuse.

Les marchands du Palais-Royal suivirent l'exemple de ceux du passage des Panoramas, et Winsor reçut une demande de plus de quatre mille becs. Il y eut, en même temps, une grande émulation pour obtenir des actions dans l'entreprise. Le capital de la compagnie fut constitué au chiffre de 1,200,000 francs. Le grand référendaire de la Chambre des pairs, était à la tête des actionnaires, et il exigea, en cette qualité, que l'on commençât par éclairer le palais du Luxembourg.

Malheureusement, Winsor, dont l'esprit remuant et actif était éminemment propre à *lancer*, comme on dit aujourd'hui, une entreprise industrielle, était loin de posséder les qualités qui sont nécessaires pour administrer une exploitation importante. Au bout de deux ans, la compagnie s'affaissait sous le poids des difficultés, et elle dut se mettre en liquidation, après avoir établi seulement l'éclairage du palais du Luxembourg et celui du pourtour de l'Odéon.

Les adversaires du gaz réussirent à paralyser ce premier essai. On prétendit que les appareils du chimiste anglais inquiétaient les habitants du quartier du Luxembourg, et les mettaient dans des transes continuelles par la possibilité d'une explosion. Sur les réclamations de quelques voisins, la police fit supprimer cet éclairage, ainsi que les appareils de la Compagnie de Winsor.

L'année suivante, c'est-à-dire en 1817, un ingénieur français demanda l'autorisation de construire, rue des Fossés-du-Temple, n° 43, une usine comprenant vingt cornues seulement, et destinée à éclairer les petits théâtres du boulevard. Un projet du même genre fut conçu pour le passage Delorme, près des Tuileries. Mais l'autorisation nécessaire fut refusée à chacun de ces établissements.

Un petit café situé sur la place de l'Hôtel-de-Ville et le propriétaire des bains de la rue de Chartres, furent plus heureux, car ils obtinrent l'autorisation de s'éclairer au gaz au moyen d'un appareil établi dans les caves de la maison. La petite taverne de l'Hôtel-de-Ville portait pour enseigne, en lettres colossales, *Café du gaz hydrogène*, et le gaz hydrogène éclairait, en effet, avec magnificence, ce chétif établissement, hanté par des laquais. Les valets, il est permis de le dire, étaient, à plus d'un titre, mieux éclairés, plus clairvoyants que leurs maîtres, qui allaient, dans les salons de l'Hôtel-de-Ville, persiffler les partisans de l'invention nouvelle.

Cependant ces tentatives isolées avaient commencé d'exciter l'attention du public, et faisaient concevoir quelques espérances. Les industriels surtout paraissaient disposés à accueillir avec faveur un système d'éclairage qui avait au moins l'avantage d'être économique. C'est en vue de satisfaire à ces premières réclamations, qu'une usine à gaz, d'une certaine importance, fut construite, au commencement de l'année 1818, dans le quartier du Luxembourg. On l'installa dans une ancienne église, qui dépendait autrefois du séminaire Saint-Louis, et qui était située derrière la fontaine de Médicis du jardin du Luxembourg, c'est-à-dire près de la rue d'Enfer. Le projet de cet établissement avait été conçu, deux années auparavant, par Winsor, pour servir à l'éclairage de la Chambre des pairs, du théâtre de l'Odéon et d'une partie du faubourg Saint-Germain ; repris en 1817, il fut définitivement exécuté en 1818. En même temps on mit en activité des appareils déjà construits dans l'intérieur de l'hôpital Saint-Louis, pour l'éclairage de cet établissement. Ces appareils avaient été exécutés d'après les plans et les indications d'une commission nommée par le préfet de la Seine, M. de Chabrol, et composée de savants et de praticiens expérimentés.

En présence des notables progrès que l'éclairage par le gaz faisait dans l'opinion et dans l'estime du public, les industries diverses qui voyaient dans son adoption la cause de leur ruine, s'empressèrent de réunir leurs efforts pour l'accabler. La voie scientifique parut la plus favorable pour combattre un adversaire issu des travaux des savants. C'est dans cette vue qu'en 1819, Clément Désormes, publia, sous le titre d'*Appréciation du procédé d'éclairage par le gaz hydrogène du charbon de terre*, un mémoire, fort étudié, dans lequel il s'efforçait de mettre en évidence les inconvénients du gaz hydrogène bicarboné comme agent d'éclairage.

Nous donnerons quelques extraits de ce mémoire de Clément Désormes, afin de montrer comment les savants eux-mêmes peuvent, de très-bonne foi d'ailleurs, plaider la cause de l'obscurantisme.

« Priver, dit Clément Désormes, l'humanité de la découverte la moins importante en la repoussant injustement, serait une action bien coupable sans doute ; mais adopter tout ce qui se présente avec l'attrait de la nouveauté, recommander, exécuter tous les procédés nouveaux, sans une étude approfondie de leur utilité, ce ne serait pas discerner le bon du mauvais, ce serait courir le risque de mal faire et de diminuer la richesse au lieu de l'augmenter. Personne n'a peut-être porté plus loin que moi les espérances que l'humanité peut encore avoir, et personne n'a une plus haute idée des succès que l'avenir réserve aux hommes de génie ; mais, je sais aussi quels risques immenses leur offre la nature des choses, et je ne crois à l'utilité qu'après démonstration. Quels moyens avons-nous d'acquérir cette certitude ? L'expérience, les discussions qu'elle amène et les conséquences qu'on en peut tirer. »

Après ce préambule, Clément Désormes commence à étudier le gaz sous le rapport économique. Il conclut de l'examen du prix de sa fabrication à Paris et dans les diverses villes de l'Angleterre, que le gaz est beaucoup plus dispendieux que l'huile. Comparant ensuite l'éclairage à l'huile avec les nombreuses opérations nécessaires pour obtenir le gaz hydrogène et le purifier, il trouve bien plus d'avantages dans le système qui consiste à brûler tout simplement les corps gras dans les lampes, que dans celui qui consiste à décomposer les mêmes corps gras dans des cornues chauffées au rouge, pour en retirer du gaz hydrogène bicarboné. Clément Désormes établit, à ce propos, une comparaison très-élégante entre ces deux genres de distillation, qui conduisent, en définitive, au même résultat chimique : bien entendu qu'il met tous les avantages du côté de l'éclairage à l'huile.

« L'huile, nous dit-il, n'est-elle pas de l'hydrogène carboné liquide, plus chargé de carbone qu'aucun autre à l'état de gaz, et par cela même n'est-il pas celui qui, à égalité, donne la plus vive lumière ?

« Est-ce que l'état liquide de l'huile n'est pas infiniment plus commode dans l'usage que la forme gazeuse ?

« Est-ce que la mobilité du gaz, cette faculté qu'il a de suivre les conduits qu'on lui offre pour arriver à toutes les destinations qu'on lui indique, n'est pas plus que compensée par la dépense des conduits et par l'extrême commodité d'emporter l'huile partout où l'on a besoin de lumière ?

« La distillation est sans doute une belle opération de chimie, mais en économie, le beau n'est que l'utile ; et d'ailleurs, l'huile ne se distille-t-elle pas, quand elle brûle autour d'une mèche ardente ? En effet, figurons-nous bien ce qui se passe dans cette opération si simple, et pourtant bien belle, mais que nous n'admirons pas parce qu'elle a toujours été sous nos yeux. Un réservoir de lampe n'est-il pas l'équivalent du gazomètre ? Quand il contient un litre d'huile ne remplace-t-il pas un volume de

4,240 litres de gaz hydrogène du charbon de terre ? Cela résulte de notre calcul sur le rapport du pouvoir lumineux des gaz à celui de l'huile.

« Les conduits qui transportent le gaz sont d'une longueur immense. Dans nos lampes, c'est un petit tuyau de fer-blanc de quelques centimètres de longueur, qui sans doute paraîtra vingt mille fois moins dispendieux.

« Le fourneau de l'appareil distillateur, c'est la mèche, elle est encore à la fois la cornue incandescente d'où s'échappe le gaz lumineux dont nous recherchons l'éclat.

« Quant au charbon qui brûle sous les cornues dans les appareils à produire le gaz, quant aux machines si variées, et trop compliquées, pour le lavage du gaz, je ne peux pas en trouver les analogues dans l'ancien procédé, mais je ne suppose pas que personne veuille en faire un argument contre ce procédé.

« Ainsi, en résumant cette comparaison, nous voyons que si nous trouvons dans l'éclairage à l'huile des analogues avec l'éclairage au gaz, tout est à l'avantage du premier système. Le gazomètre, le fourneau et les conduits sont, dans ce système, mille et mille fois moins grands, moins dispendieux que dans le nouveau système.

« On a fait valoir à l'avantage de l'éclairage au gaz jusqu'aux moindres détails : il évite, dit-on, les taches d'huile et de suif. Oui, sans doute, c'est un inconvénient de l'ancien procédé de pouvoir faire des taches par maladresse ; mais la maladresse aussi, dans le nouveau procédé, n'aura-t-elle pas occasion de causer des accidents ? Est-il, par exemple, impossible que le gaz s'échappe dans un corridor, dans un cabinet peu spacieux, et qu'il s'y accumule assez pour faire explosion et causer de grands malheurs, quand on y arrivera avec une bougie à la main ? Cette chance vaut bien celle des taches d'huile et de suif. »

Clément Désormes résume dans les lignes suivantes, l'ensemble de ses réflexions :

« Si nous nous informons du prix de cet éclairage, nous le trouverons beaucoup plus cher que notre éclairage à l'huile, et avantageux seulement en Angleterre à cause du prix élevé de l'huile dans ce pays. En France, le procédé nouveau offrirait une très-grande perte.

« Si nous portons nos vues plus loin que le présent, nous rejetons le nouveau procédé, parce que nous voyons avec plus de plaisir cultiver nos champs incultes pour en obtenir de l'huile, qu'exploiter notre charbon de terre, dont nous devons être avares.

« Envisageons-nous les deux procédés comme chimiste, toute la supériorité, toute la simplicité, et par conséquent tout le génie est dans l'éclairage à l'huile.

« La nouveauté pourrait-elle nous tenter ? Mais les lampes à double courant d'air sont nouvelles ; c'est de nos jours qu'Argand a fait cette belle découverte, et nous pouvons en glorifier notre époque même ; d'ailleurs des perfectionnements dans le mécanisme et dans la forme y sont encore ajoutés tous les jours.

« Ainsi la conclusion à laquelle nous arrivons de toute manière, c'est que l'éclairage au gaz, tel qu'il est pratiqué maintenant en France et en Angleterre, est excessivement loin d'être plus économique ou plus ingénieux que celui de l'huile tel que nous le possédons (1). »

Clément Désormes termine son mémoire par une idée assez piquante, et qui fit fortune un moment. Il suppose que les hommes aient, de tout temps, connu l'éclairage au gaz, et que tout à coup, on annonce que l'on vient de découvrir le moyen de condenser le gaz en un liquide huileux et en une matière solide propre à nous éclairer. Avec quelle reconnaissance n'eût-on pas accueilli cette amélioration apportée aux procédés de l'éclairage ! Avec un tel système, plus d'usines à construire, plus de réservoirs immenses à élever, plus de dangers à craindre ! La substance éclairante peut se transporter d'un lieu à un autre, sans appareil particulier. Sous sa forme liquide, elle brûle dans les lampes avec le plus grand éclat ; sous la forme solide, on la façonne en chandelles et en bougies. Dans ces deux cas, le volume de la matière est prodigieusement diminué ; on se passe de tubes conducteurs ; on n'a plus besoin d'appareils hermétiquement clos, de conduits creusés à grands frais sous le sol, etc. Enfin les lumières n'ont plus dans l'appartement de position fixe et déterminée :

« Supposons, nous dit Clément Désormes, que l'éclairage au gaz ait été le premier connu, qu'il soit partout en usage, et qu'un homme de génie nous présente une lampe d'Argand ou une simple bougie allumée. Que notre admiration serait grande devant une si étonnante simplification ! et s'il ajou-

(1) *Appréciation du procédé d'éclairage par le gaz hydrogène du charbon de terre.* Brochure de 41 pages, Paris, 1819.

tait que la lampe si éclatante de lumière est plus économique que l'ancien éclairage au gaz, celui-ci ne serait-il pas abandonné à l'instant ? Ainsi dépouillé de la faveur de la nouveauté, ce procédé n'excite absolument aucun intérêt. »

Ce dernier argument, qui fit alors beaucoup d'impression, et que l'on a reproduit quelquefois depuis cette époque, n'avait cependant rien que de spécieux. A cet homme de génie, présentant la bougie et la lampe à l'huile comme un perfectionnement de l'éclairage au gaz, il suffisait de répondre que le pouvoir éclairant du gaz retiré de l'huile est près de trois fois supérieur au pouvoir éclairant de ce dernier combustible brûlé dans les lampes; et que, comme dans l'industrie, l'économie constitue toujours le progrès, son génie intervertissait les dates. Il avait tout juste le mérite de celui qui proposerait de remplacer les chemins de fer par les diligences.

Les critiques de Clément Désormes portèrent leurs fruits. L'usine de l'hôpital Saint-Louis avait été établie pour éclairer en même temps la maison de Saint-Lazare, les Incurables et l'hôpital Dubois; les tuyaux de conduite étaient même disposés, à cet effet, sous la voie publique. Ce projet fut réduit, et l'on se borna à l'éclairage de l'hôpital Saint-Louis.

Le succès de cet éclairage à l'hôpital Saint-Louis fut néanmoins complet, et dissipa toutes les craintes que l'on avait élevées sur sa prétendue insalubrité. Dans un rapport administratif, intéressant à consulter encore aujourd'hui, on trouve consignés les bons effets du nouvel éclairage, et les détails des dépenses d'installation des appareils dans l'hôpital Saint-Louis.

Cependant le suffrage de quelques centaines de pauvres malades ne suffisait pas pour concourir au succès d'une invention utile. Le secours que les malades de l'hôpital Saint-Louis n'avaient pu apporter à la propagation du gaz, lui vint par une source toute différente, par les danseuses de l'Opéra.

Le désir d'ajouter à l'éclat et aux magnificences de ce théâtre, inspira à la cour de Louis XVIII la pensée d'y introniser le gaz. En 1819, le ministre de la maison du roi (car l'Opéra était alors dans la dépendance de la liste civile), décida l'introduction de ce nouveau système d'éclairage dans la salle de l'Académie royale de musique. On envoya à Londres une commission, chargée de recueillir tous les renseignements nécessaires pour construire une vaste usine qui fut établie bientôt après à l'extrémité du faubourg Montmartre, rue de la Tour-d'Auvergne. D'Arcet et Cagniard de la Tour avaient répondu, avec autant de talent que de zèle, aux intentions du roi.

A la première nouvelle de l'introduction prochaine du gaz à l'Opéra, le public se montra assez inquiet. Les uns, ne comprenant rien au nouveau système d'éclairage, déclaraient qu'il était impossible de l'installer au milieu d'un théâtre; d'autres prédisaient d'épouvantables explosions et l'incendie de tout le quartier. On avait annoncé que le lustre serait un vrai soleil, illuminé par le gaz ; et chacun de se récrier contre l'imprudence et les inconvénients d'une telle innovation. La grande opposition venait des dames habituées de l'Opéra ; car on avait très-habilement répandu ce préjugé, que la lumière du gaz pâlissait le teint, accusait les moindres rides du visage et rougissait les yeux. Les dames du monde menaçaient donc de déserter l'Opéra ; et de son côté, le corps de ballet méditait d'être malade ou de s'engager à l'étranger. Le directeur, M. Lubbert, le maître du chant et de la danse, les inspecteurs des beaux-arts et l'administration supérieure, tout le monde était aux abois.

Un homme intelligent fit taire fort à propos ces scrupules. Il proposa d'adapter à tous les becs de gaz de la salle, les globes de cristal dépoli, récemment inventés. La lumière, tamisée par ces globes, sans rien perdre de son éclat, devait être assez adoucie, pour ne rien accuser avec crudité.

L'Opéra fit relâche pendant huit jours pour *réparations extraordinaires*, et une répétition générale eut lieu, dans laquelle on fit l'essai du nouvel éclairage. On jouait les *Filets de Vulcain*, ballet à grand spectacle. La répétition fut splendide.

Le soir de la représentation venu, tout marcha à la satisfaction générale. Le gaz hydrogène fit merveille. La lumière ne parut pas trop vive ; ni la beauté ni la parure ne perdaient rien à cette illumination nouvelle. Pas une dame, en effet, ne se servit du store établi dans chaque loge, ou ne s'abrita derrière son éventail. Quant aux danseuses, comme la scène était mieux éclairée que jamais, elles trouvèrent que tout était pour le mieux.

Cependant, à mesure que l'éclairage au gaz gagnait du terrain, ses adversaires redoublaient d'efforts et d'audace pour le combattre. L'introduction de cet éclairage dans la salle de l'Opéra et dans quelques autres théâtres, devint le signal de plusieurs tentatives coupables, destinées à jeter des inquiétudes dans la population sur les dangers attachés à son emploi. Les boutiques, les passages et les établissements publics, se trouvèrent plus d'une fois soudainement plongés dans l'obscurité, par suite de l'extinction subite du gaz, occasionnée par la malveillance. Quelques accidents, qui étaient inévitables à cette époque, furent démesurément grossis, et les craintes qu'ils éveillaient étaient exploitées avec une habileté perfide.

Une explosion de gaz eut lieu le 26 août 1821, au Palais-Royal, chez le restaurateur Prévost. Aucun individu ne se trouvait dans la salle au moment de l'explosion, ce qui n'empêcha pas d'affirmer que trente personnes avaient été blessées par suite de cet accident.

A la même époque, une grande cuve de bois qui servait de réservoir d'eau au gazomètre de l'usine du Luxembourg, étant venue à se rompre, par suite du poids trop considérable du liquide, les eaux se répandirent dans tout le quartier, inondèrent la rue de Tournon, et s'écoulèrent dans la rivière, par l'égout de la rue de Seine, exhalant sur leur trajet une odeur méphitique. Tout Paris retentit des plaintes qui s'élevèrent à propos de cet accident. On publia que ces eaux infectes, déversées dans la Seine, y avaient fait périr une grande partie du poisson, et que, dans la rue de Tournon, un homme était mort asphyxié par les émanations du liquide répandu sur la voie publique. L'autorité se vit même contrainte de faire démentir ce dernier bruit.

En même temps les journaux politiques, entre autres *le Drapeau blanc*, *la Gazette de France* et *la Quotidienne*, qui manifestaient, dans cette question, une hostilité toute particulière, ne perdaient pas une occasion de rapporter, en les amplifiant, les événements fâcheux qui s'étaient produits à Londres par suite de l'emploi du gaz dans l'éclairage public. Enfin, les habitants du faubourg Poissonnière adressaient une pétition au ministre de l'intérieur, pour protester contre l'autorisation accordée le 13 octobre 1821, à la *Compagnie Pauwels*, d'élever une usine à gaz dans l'ancien hôtel du comte François de Neufchâteau. Les dimensions, considérables pour cette époque, du gazomètre de cette usine, remplissaient d'effroi des habitants de ce quartier, qui conjuraient le ministre d'écarter de leur voisinage « ce foyer incen« diaire, situé au centre de sept pensions de « jeunes demoiselles, de deux maisons de « santé, d'un établissement de charité con« tenant trois cents jeunes filles, et d'une « vaste caserne. »

Les alarmes du faubourg Poissonnière obtinrent d'ailleurs une juste satisfaction : le ministre Corbière annula l'acte de société accordé par le préfet de police Anglès, à la *Compagnie Pauwels*.

Mais de toutes les attaques qui furent dirigées, à cette époque, contre le gaz de l'éclairage, aucune ne produisit autant d'impression sur l'esprit du public, qu'une brochure, ou plutôt un pamphlet, qui fut publié au mois d'août 1823. Les noms des auteurs de l'ouvrage suffisaient, d'ailleurs, à exciter l'attention ; car il portait la signature de **Charles Nodier** et d'**Amédée Pichot**, *docteur en médecine*. Nous croyons qu'il ne sera pas inutile de citer quelques passages de la curieuse préface qui sert d'introduction à l'opuscule de l'ingénieux romancier et du docteur arlésien. Bien que consacrées à la défense d'un paradoxe, ces pages peuvent encore être lues avec profit, parce qu'elles présentent le reflet des opinions du moment, sur la question de l'éclairage au gaz, et parce qu'elles font bien comprendre tous les obstacles que rencontrent, en général, les débuts des inventions les plus utiles.

Dans la préface de son *Essai critique sur le gaz hydrogène,* Charles Nodier se met en scène avec son ami, le docteur Amédée Pichot. Il arrive d'un voyage, il vient de parcourir les ruines magnifiques d'Orange, de Nîmes, d'Arles et de Saint-Remi ; mais à son retour, il est tourmenté de sensations importunes, il ne reconnaît plus Paris. Une révolution subite a sans doute changé, dans la capitale, l'ordre et les lois de la nature, car il se trouve obsédé de mille impressions fâcheuses, dont il cherche vainement la cause. Cette cause, le docteur provençal la signale sans peine à son ami attristé : c'est l'existence, à Paris, du gaz de l'éclairage.

La victime affligée de toutes ces impressions pénibles, énumère alors les divers symptômes du mal inconnu qui l'assiège ; et le docteur, rappelant la mélopée de Crispin, dans le *Légataire universel : C'est votre léthargie,* répond chaque fois : *C'est le gaz ! C'est le gaz hydrogène !* Mais laissons la parole au pauvre malade.

« Ce que j'éprouve, cher docteur, se compose d'une longue suite de légers malaises et de petites inquiétudes que je n'ai pu parvenir jusqu'ici à rattacher à une cause connue. Vous allez vous en faire une idée par les faits. Le lendemain de mon arrivée, je gagnai lentement, par le faubourg Montmartre et le boulevard du Panorama, ce petit cabinet littéraire auquel la fidélité de l'habitude me ramène tous les matins, où je parcours les journaux sans les lire, et que je quitte, après un quart d'heure d'occupation désœuvrée, aussi bien instruit que si je les avais lus. Quel est mon étonnement de trouver les rues labourées de sillons profonds et fétides, dont quelques parties sont à peine recouvertes de pavés inégaux, et au travers desquels l'esprit préoccupé de périls en périls, n'a pas même le loisir de poursuivre une rime ou de s'arrêter sur un hémistiche !

« LE DOCTEUR, à demi-voix. — C'est le gaz hydrogène.

« L'AMI. — Comme ce fâcheux désagrément se renouvelle partout, je prends la secrète résolution de borner mes promenades aux boulevards. Vous savez combien j'ai toujours aimé cette riante ceinture d'arbres qui nous tient lieu, jusqu'à un certain point, des *squares* de Londres, et qui prête à la sombre monotonie de nos rues l'attrait séduisant de la verdure. Concevez mon chagrin : l'automne n'était pas commencé, et la plupart de nos grands ormes étaient déjà dépouillés de leurs ombrages ! Que dis-je ? ils ne s'en couronneront plus, et on croirait qu'une contagion mortelle a desséché leurs racines et flétri leurs rameaux.

« LE DOCTEUR. — C'est le gaz hydrogène.

« L'AMI. — L'heure du dîner arrive ; elle est même un peu passée, et bien m'en a pris, quand j'arrive chez mon restaurateur ordinaire, au Palais-Royal. Pendant que je jette les yeux sur la carte, une explosion épouvantable brise les lustres, les quinquets, les glaces, les boiseries, et jonche des débris des solives, des poutres et du plafond la salle, heureusement déjà vide, où j'allais choisir une place.

« LE DOCTEUR. — C'est le gaz hydrogène.

« L'AMI. — Après un dîner lestement improvisé chez Vestel, je prends le chemin de mon théâtre favori, par le passage Feydeau, où la Providence me préserve d'un nouveau danger. Je me dérobe, presque miraculeusement, à la chute d'un corps de maçonnerie destiné à contenir je ne sais quel appareil.

« LE DOCTEUR. — C'est le gaz hydrogène.

« L'AMI. — Je ne fais qu'une courte station au café pour prendre un verre d'eau sucrée, que je porte à ma bouche avec une heureuse lenteur, et dont l'évaporation d'un gaz délétère trahit par hasard les propriétés homicides. Cette eau, produit d'une source voisine, connue par sa salubrité, avait été corrompue par le brisement accidentel d'un conduit qui voiture, je ne sais pour quel usage, un air méphitique et empoisonné.

« LE DOCTEUR. — C'est le gaz hydrogène.

« L'AMI. — Enfin, je viens reprendre ma place d'habitude à l'entrée de l'orchestre des Variétés, et oublier facilement, sans doute, les ennuyeuses tribula-

> Le *gaz*, poursuivant sa carrière,
> Versait des torrents de lumière
> Sur ses obscurs blasphémateurs.

Aussi, dès que son emploi dans les principaux établissements publics eut mis hors de doute ses avantages, dès que l'expérience acquise pour la fabrication et le mode de distribution du gaz, l'installation et l'entretien des appareils, eurent assuré au nouveau système la régularité et la perfection indispensables à un service public, l'autorité municipale de Paris prit-elle la résolution d'employer le gaz pour l'éclairage des rues.

C'est le 1er janvier 1819, que l'on vit réalisée à Paris la première application du gaz à l'éclairage de la capitale.

Par un beau soir d'hiver, quatre lanternes à gaz se montrèrent tout à coup, au milieu des réverbères à l'huile de la place du Carrousel. Le lendemain, une douzaine de lanternes semblables prirent rang sur la file des réverbères de la rue de Rivoli. Cette lumière, d'une blancheur éclatante, faisait rougir la clarté des réverbères placés dans son voisinage. La comparaison était aussi facile que convaincante, et la foule applaudissait. Elle ne trouvait pas, comme Charles Nodier et Amédée Pichot, que le gaz eût le défaut de trop éclairer.

Les premiers candélabres construits d'après le modèle qui devait devenir général, parurent dans la rue de la Paix et sur la place Vendôme, au mois d'avril 1819. Le 7 août, on éclaira la rue Castiglione ; le 1er septembre, le carrefour, la rue et la place de l'Odéon. Le 1er novembre, le duc d'Orléans fit établir le nouveau mode d'éclairage dans les galeries du Palais-Royal.

Pendant les années suivantes, l'administration municipale continua cette œuvre utile, avec une persévérance remarquable, et Paris vit en quelques années, la plupart de ses rues, de ses promenades, de ses places et de ses quais, s'embellir de ces élégants appareils d'illumination, qui vinrent lui donner un aspect original et nouveau. Dans son ardeur pour la diffusion de ce mode d'éclairage, M. de Rambuteau alla jusqu'à en doter un établissement où chandelle, huile et bougie, soleil même, doivent paraître, hélas! assez indifférents : l'Institution des Aveugles.

Toutefois les usines établies ne prospéraient pas. La *Compagnie Winsor* avait dû se mettre en liquidation, et la *Compagnie Pauwels* était aux prises avec de grandes difficultés. Louis XVIII, qui voulait attacher son nom au souvenir de quelque création sérieuse, voyait avec peine qu'une industrie déjà florissante en Angleterre fût languissante parmi nous. Il ne fut donc pas difficile d'obtenir de la liste civile les fonds nécessaires pour continuer l'éclairage du Luxembourg et d'autres quartiers, éclairage que les compagnies existantes ne pouvaient exécuter. Le roi devint ainsi, par le fait, entrepreneur d'éclairage. Lorsque cette circonstance fut connue à la cour, on s'empressa de souscrire des actions, et de là est venu le nom de *Compagnie royale* que porta la nouvelle société. Cependant, lorsque le but qu'il s'était proposé se trouva atteint, Louis XVIII comprit qu'il en avait assez fait, et il ordonna la vente de l'usine à gaz. Elle fut adjugée pour la moitié de la somme qu'elle avait coûté.

La compagnie qui se forma dans ces circonstances, et qui prit le nom de *Compagnie française pour l'éclairage au gaz*, établit son siége près de la barrière des Martyrs. Elle ne prospéra pas néanmoins ; elle dut se mettre en liquidation, et le résidu de son capital fut réuni à celui d'une nouvelle compagnie qui s'était fondée, la *Compagnie Manby-Wilson*.

Cette dernière compagnie, fondée en 1824, en même temps que la *Compagnie française*, commençait à faire de beaux bénéfices. La fusion de la *Société française*, avec la *Compagnie Manby-Wilson*, doubla les forces de cette dernière, et à partir de ce moment ses affaires prirent un développement énorme. Directeurs et actionnaires firent, à cette époque, des fortunes princières. L'industrie du gaz, devenue enfin très-lucrative, enrichissait tous ceux qui s'y trouvaient engagés.

Bientôt six nouvelles compagnies furent fondées pour l'éclairage de Paris. C'étaient la *Compagnie parisienne*, dont l'usine était placée à la barrière d'Italie ; la *Compagnie anglaise* (barrière de Courcelles) ; la *Compagnie française* (à Vaugirard) ; la *Compagnie de l'Ouest* (à Passy) ; la *Compagnie anglaise* (avenue de Trudaine) ; la *Compagnie Lacarrière* (rue de la Tour). Ces usines se partageaient, on le voit, les différents quartiers de la ville.

Cependant la concurrence entre ces compagnies occasionnait quelques difficultés, surtout sur les limites du parcours des conduites souterraines. La fusion entre toutes les compagnies de gaz de la ville de Paris, fut décidée, et eut lieu le 25 décembre 1855. La *Compagnie parisienne* absorba toutes les autres, et laissa son nom à la société définitive.

La *Compagnie parisienne*, qui est en possession aujourd'hui du monopole de l'éclairage de la capitale, fabrique le gaz dans six usines, réparties dans les quartiers suivants : *La Villette* (porte d'Aubervilliers), *les Ternes* (boulevard de Courcelles), *Passy* (quai de Passy), *Vaugirard* (rue Mademoiselle), *Ivry* (route de Choisy), *Saint-Mandé* (cours de Vincennes), *Belleville* (rue Rebeval). Elle fait payer le gaz aux particuliers 30 centimes le mètre cube et 15 centimes seulement à la ville de Paris. Chacun est d'accord sur l'extrême cherté du gaz à Paris. Le prix de revient de cette matière n'étant que de 4 à 5 centimes le mètre cube, on ne surprendra personne en disant que le monopole dont est en possession la *Compagnie parisienne*, est un vrai Pactole pour cette compagnie. Les habitants de la capitale réclament en vain depuis longtemps, contre cet état de choses, vraiment onéreux pour le commerce et les particuliers Le gaz n'est vendu à Londres que 20 centimes le mètre cube.

Nous n'avons pas besoin de dire qu'à partir de l'année 1855, l'éclairage au gaz fit de rapides progrès en France. La plupart des villes de quelque importance l'adoptèrent successivement.

CHAPITRE XX

L'ÉCLAIRAGE AU GAZ EN ALLEMAGNE.

Après cet historique des progrès de l'éclairage au gaz en Angleterre et en France, nous dirons quelques mots de sa propagation en Allemagne.

Ce fut une compagnie anglaise (*Imperial continental Gas Association*), qui introduisit en Allemagne cette industrie. Elle éclaira par le gaz de la houille, en 1826, la ville de Hanovre et celle de Berlin. Les industriels allemands commencèrent alors à tourner leurs vues de ce côté. Des essais furent tentés à la fois dans deux villes, à Dresde, par le conseiller Blochmann, et à Francfort-sur-le-Mein, par Knoblauch et Schiele, tous deux de Francfort. En 1825, Blochmann conclut un traité pour l'éclairage de Berlin. Le roi de Prusse le chargea d'organiser, en même temps, l'éclairage au gaz du Palais-Royal et des places environnantes. L'inauguration de cet éclairage eut lieu le 23 avril 1828, par une illumination faite en l'honneur de la naissance du prince royal.

Knoblauch et Schiele avaient essayé à Niederrad, près de Francfort, de fabriquer du gaz à l'huile. En 1828, après avoir vaincu des difficultés immenses, ils établirent ce mode de fabrication du gaz à Francfort, où, grâce à quelques modifications, il fonctionne encore aujourd'hui avec succès.

Tandis que Knoblauch et Schiele travaillaient en Prusse, Blochmann établissait des usines à gaz dans diverses villes de l'Allemagne. Il installa le gaz à Leipzig, en 1837 et 1838, et il créa, deux ans après, les usines municipales de Berlin, de Breslau et de Prague. Aidé et remplacé plus tard par son fils et par plusieurs de ses élèves, il éclaira un grand nombre de villes allemandes.

L'usine municipale de Berlin a son importance dans l'histoire de l'industrie du gaz en Allemagne, car c'est à l'occasion de cet établissement que la science allemande s'éleva, pour la première fois, au niveau de l'Angleterre et de la France. La Compagnie anglaise avait obtenu, depuis 1825 et pour vingt et un ans, le privilége exclusif de la fourniture du gaz à Berlin; mais en 1836, les autorités municipales manifestèrent l'intention de modifier ce système d'éclairage, en raison des graves inconvénients qui provenaient de l'extension de la canalisation, et surtout à cause du prix élevé du gaz pour les particuliers. Elles chargèrent Blochmann, en 1844, d'exécuter une nouvelle usine. Les travaux commencèrent au printemps de 1845, et l'établissement fut inauguré le 1ᵉʳ janvier 1847.

Pendant ce temps, la nouvelle industrie avait progressé ailleurs. En 1842, l'usine à gaz de Heilbronn était construite par Schaüffelen; en 1844, celle de Dentz par T. J. Schauste, et en 1847, celle de Carlsruhe par Spreng et Sonntag.

Le dernier établissement anglais fut créé en 1846 par Barlow et Manby; mais, à la suite de mauvaises affaires, il fut vendu aux enchères, et adjugé à une compagnie française. Celle-ci ne prospéra pas non plus, et céda ses actions à la Société Badoise (*Badisch Gesellschaft für Gasbereitung*), fondée par Spreng et Sonntag.

Les entreprises de ces deux hommes actifs furent couronnées de succès. Outre Carlsruhe, Mayence, Manheim, Fribourg, Bruchsal et Nuremberg, des villes situées en dehors de l'Allemagne furent éclairées par Spreng et Sonntag. Ce dernier créa la première usine à Pesth (Hongrie), et cette usine fut le point de départ de la *Compagnie générale autrichienne* (*Allgemeine österreichische Gasgesellschaft*), fondée par Maier-Kapferer et Stephani.

De son côté, la compagnie anglaise (*Imperial continental Gas Association*), dont nous avons parlé plus haut, redoublait d'efforts. Elle éclaira Aix-la-Chapelle, Cologne et Vienne; et tandis qu'à Berlin, on fondait les usines municipales, pour faire échec aux prétentions exagérées de cette société, on l'autorisait, en 1844, à créer à Francfort, une concurrence à l'usine bâtie par Knoblauch et Schiele.

Le gaz fut introduit à Elberfeld, en 1839, par des Belges; à Trieste, par une compagnie française; à Hambourg, par une société composée d'Allemands et d'Anglais; l'usine fut construite par les ingénieurs anglais Malam et Cresskill, qui la dirigèrent jusqu'en 1850.

En 1852, L. A. Reidinger arriva à Beyreuth. Il créa sa première usine à gaz, et posa les bases de la réputation dont il jouit aujourd'hui en Allemagne. Reidinger a construit plus de cinquante usines à gaz, tant en Allemagne qu'en d'autres pays.

Pendant la même année, Kühnell commence à Kœnigsberg une importante série de constructions du même genre.

En 1853, Unruh fonde l'usine de Magdebourg, et acquiert de la notoriété par la constitution de la *Société continentale allemande*, créée en 1854, à Dessau. Cette société possède aujourd'hui treize usines.

L'école de Blochmann s'efforçait de ne pas perdre un terrain si vivement disputé. Blochmann fils et son gendre, le docteur John, non contents d'avoir exécuté de grands travaux, sous la direction de Blochmann, construisirent, après 1850, un nombre considérable d'usines à gaz. Beaucoup d'autres de ses disciples, tels que Firle, Gruner, Schmidt, Lorenz, Franke, etc., ont établi l'éclairage au gaz dans un grand nombre de villes. Firle a construit à lui seul, en six ans, douze usines à gaz pour des villes, et huit plus petites pour des établissements industriels. W. Kombard est considéré aussi, en

Allemagne, comme un des hommes les plus compétents dans cette industrie. E. Spreng, fils d'un des fondateurs de la *Société Badoise d'éclairage par le gaz*, s'est surtout distingué par la construction d'usines indépendantes, et l'éclairage d'un certain nombre de fabriques.

Les fils de Knoblauch et de Schiele se jetèrent aussi dans les nouvelles entreprises. Ce dernier créa les usines de Hanau et de Crefeld, ainsi que la nouvelle usine de Francfort. Raup et Dölling ont construit six ou sept usines dans le Sud-Est de l'Allemagne. Kellner en a créé un plus grand nombre encore, surtout sur le Rhin, ainsi que Mayer, Franke, Ritter, Braud, Heiden et Richter, dans la Prusse Rhénane, en Westphalie et dans le Hanovre. Churstin a éclairé plusieurs villes des environs de Hambourg.

En résumé, l'Allemagne, qui dut emprunter, pour la création de ses premières usines à gaz, le secours de l'étranger, a su bientôt se passer des ingénieurs de l'Angleterre et de la France. Depuis l'année 1850, le rôle de l'étranger dans le développement de l'éclairage en Allemagne, a été insignifiant.

CHAPITRE XXI

DESCRIPTION DES PROCÉDÉS EMPLOYÉS POUR LA PRÉPARATION ET L'ÉPURATION DU GAZ DE L'ÉCLAIRAGE EXTRAIT DE LA HOUILLE.

Toutes les matières organiques qui présentent dans leur composition, une prédominance de carbone et d'hydrogène, fournissent, étant soumises à une haute température, des gaz inflammables, doués d'un certain pouvoir éclairant. Mais les substances qui peuvent se prêter avec économie à la fabrication du gaz de l'éclairage, sont peu nombreuses. La houille est le composé qui présente, à beaucoup près, les meilleures conditions sous ce rapport. Les huiles de qualité inférieure, l'huile de poisson, les graisses altérées, la résine, donnent un gaz doué d'un pouvoir éclairant considérable, mais dont le prix de revient est assez élevé. La décomposition de l'eau au moyen du fer ou du charbon, fournit un gaz qui présente, sous le rapport de la pureté, une supériorité incontestable. Enfin, certaines matières organiques constituant des résidus sans emploi, telles que les graisses impures extraites des eaux savonneuses des fabriques de drap, la tourbe, la lie de vin, les débourrages de cardes et les huiles noires de schistes, peuvent encore servir à cette fabrication. Une substance bitumineuse, d'origine étrangère, le *bog head*, est tout à fait exceptionnelle pour la production du gaz. Elle fournit une quantité considérable d'un gaz doué d'un pouvoir éclairant extraordinaire. Mais c'est une substance rare et chère, et l'on ne peut en faire usage que pour des besoins spéciaux.

En définitive, la houille est, de toutes les substances que nous venons de nommer, celle qui présente les meilleures conditions, sous le rapport économique, en raison de cette circonstance tout à fait décisive, que la vente du coke qui forme le résidu de la fabrication du gaz, suffit à couvrir le prix d'achat de ladite houille. Examinons rapidement les procédés qui servent à la préparation du gaz de l'éclairage au moyen de la houille.

Pour obtenir le gaz de la houille, on place cette matière dans de grandes *cornues*, disposées par groupes de sept, dans un large fourneau de briques. Ces cornues, qui peuvent contenir une centaine de kilogrammes de houille, ont à peu près la forme d'un demi-cylindre allongé. Leur section représente un rectangle à angles arrondis, de 66 centimètres de large et de 33 centimètres de haut. Elles sont en terre réfractaire et quelquefois en fonte. Les cornues de terre, qui coûtent environ un tiers de moins que celles de fonte, durent plus longtemps que celles-ci, et ne sont pas attaquées, à l'extérieur, par l'air et les produits de la combustion ; mais elles résistent moins que les cornues métalliques aux changements de température.

Les cornues de terre se fabriquent dans les usines mêmes, par des ouvriers potiers et cuiseurs. On se sert des débris des vieilles cornues, pour en fabriquer de nouvelles.

Au bout d'un certain temps de service, il se forme, à l'intérieur des cornues, des incrustations de charbon, provenant du goudron. On est obligé d'interrompre de temps en temps la fabrication du gaz, pour détruire ces dépôts, ce qui se fait simplement en continuant à chauffer la cornue librement ouverte à ses deux extrémités : le courant d'air fait disparaître, en les brûlant, les incrustations charbonneuses.

Les cornues sont établies à demeure dans le four ; on les charge de charbon et on les débarrasse du coke, c'est-à-dire du résidu de la distillation de la houille, en ôtant leur paroi antérieure, qui se compose d'un obtura-

Fig. 68. — Batterie de sept cornues, pour la distillation de la houille.

teur en fonte, fixé, au moyen d'une vis à large tête, au corps de la cornue en terre.

La tête en fonte, dont la cornue est munie, permet d'y ménager l'orifice de dégagement du gaz, ou plutôt des divers produits de la distillation de la houille.

La figure 68 représente un groupe de sept cornues établies dans un four, avec l'ensemble des appareils qui servent à la distillation de la houille. Les cornues, C, C, sont disposées de façon à être enveloppées par la flamme du foyer, qui se trouve au centre. La flamme et la fumée redescendent vers la sole du four, où elles trouvent un carneau, qui les conduit à un canal longitudinal qui règne sous tout le massif des fours : elles vont de là, dans le tuyau de la cheminée.

De la tête en fonte de chaque cornue, part un tube vertical, T, T, qui conduit les produits de la distillation jusqu'au barillet, BB. Le gaz arrive dans le barillet par les ajutages t. L'extrémité inférieure de ces ajutages, qui pénètre dans le barillet, plonge dans l'eau dont ce large conduit est à moitié rempli. Le gaz barbotte dans cette eau, puis remonte par le tuyau vertical X, qui le mène au grand tube, ou collecteur général, DD.

Un siphon, S, est disposé à chaque extrémité du barillet, pour extraire le goudron qui se dépose à sa partie inférieure. Ce siphon verse ses produits dans un entonnoir placé en haut d'un tuyau qui les amène dans les bas-fonds de l'usine, où se trouve le réservoir du goudron.

Le lourd système des pièces métalliques qui compose le barillet, est soutenu par une forte colonne de fonte, AA.

Nous mettons sous les yeux du lecteur (*fig.* 69) l'*atelier des cornues* de l'usine à gaz de la Villette, l'usine la plus importante de la capitale.

On a représenté sur cette figure, toutes les opérations qui s'exécutent pour la distillation de la houille. On voit les cornues disposées par groupes de sept, dans une dizaine de fourneaux. Le *barillet* se voit à la partie supérieure et longitudinale des fourneaux ;

Fig. 69. — Atelier de distillation de la houille, à l'usine de la Villette, à Paris.

le tube de sortie du gaz de chaque cornue, débouche dans ce barillet. Le gaz sort du barillet par deux grosses conduites de fonte placées aux deux extrémités droite et gauche du barillet, pour se rendre au conduit collecteur général, et de là aux condenseurs.

On voit sur cette figure un ouvrier occupé à ouvrir une cornue pour la décharger. En effet, après quatre heures de distillation, la houille a fourni les produits qu'on lui demande. Alors un ouvrier, après avoir ouvert la cornue, s'arme d'un long *ringard*, forte tige de fer terminée par un crochet, attire à l'extérieur le coke encore brûlant et flambant, et le fait tomber, directement de la cornue, dans un chariot de fer. Ce chariot plein de coke embrasé, ce véritable véhicule de fer et de feu, est traîné à bras, par deux hommes, hors de l'atelier, et déversé dans la cour de l'usine, où d'autres ouvriers s'empressent de l'éteindre, en l'arrosant avec des seaux d'eau.

Quand la cornue est ainsi vidée, l'ouvrier la recharge immédiatement de houille nouvelle, et la ferme solidement, en tournant la vis dont sa tête est munie. Cette dernière opération de la recharge d'une cornue, se voit à droite du même dessin.

Le degré de la température à laquelle on soumet la houille, influe beaucoup sur la quantité et sur la nature du gaz produit. L'expérience a montré que la température la plus convenable est le *rouge-cerise vif*. A une température trop basse, ou élevée trop lentement, une partie du goudron se volatilise sans décomposition, et se condense dans le barillet, sans produire de gaz. Si la température est trop élevée, le gaz hydrogène bicar-

Fig. 70. — Condenseur de l'usine de la Villette, à Paris.

boné dépose une partie de son carbone en touchant les parois trop échauffées des cornues, et devient moins éclairant.

Toutes les espèces de houilles ne donnent pas la même quantité de gaz. Le *cherry-coal*, ou la houille de Newcastle, que l'on emploie surtout en Angleterre, donne environ 320 litres de gaz par kilogramme ; la qualité moyenne du charbon anglais n'en fournit guère cependant que 210 litres par kilogramme. La houille dure de Mons, qui est employée dans le nord de la France, donne de 200 à 260 litres d'un gaz d'une assez grande pureté. La houille grasse de Saint-Étienne en fournit de 200 à 270 litres, mais ce charbon contient beaucoup de principes sulfureux qui altèrent la qualité du gaz.

Le *bog-head*, bitume naturel, de qualité exceptionnelle, donne, comme nous l'avons dit, un gaz doué d'un très-grand pouvoir éclairant. On n'a recours au *bog-head* que lorsqu'il s'agit de parer à l'insuffisance du pouvoir éclairant du gaz fourni par certaines houilles.

Les produits de la décomposition de la houille, sont très-nombreux. Au moment où il sort de la cornue, le mélange gazeux renferme les composés suivants : hydrogène bicarboné — hydrogène protocarboné — hydrogène pur — oxyde de carbone — acide carbonique — hydrogène sulfuré — sulfure de carbone — sels ammoniacaux — huiles empyreumatiques — goudron — et divers carbures d'hydrogène volatils.

Quand il est mêlé à ces différents produits, le gaz ne présente qu'un très-faible pouvoir éclairant. Son odeur est infecte, il exerce sur l'économie une action nuisible; il attaque et noircit les métaux et les peintures dont l'oxyde de plomb est la base ; il répand, en brûlant, beaucoup de fumée, et fait éprouver une altération sensible aux couleurs délicates des étoffes. Ces différents effets sont dus à l'ammoniaque, aux huiles empyreumatiques, au sulfure de carbone, mais surtout à l'hydrogène sulfuré (acide sulfhydrique), lequel, en outre des résultats fâcheux qu'il occasionne à l'état de liberté, donne naissance, en brûlant, à l'acide sulfureux, composé des plus nuisibles pour nos organes. Il faut donc débarrasser le gaz des produits qui le souillent, éliminer toutes les substances étrangères dont il est mêlé, et ne conserver que l'hydrogène bicarboné, le seul qui soit d'un effet utile pour l'éclairage. Voici l'ensemble des moyens employés pour cette purification.

Le long des fourneaux et à leur partie supérieure, règne le large tube de fonte, à moitié rempli d'eau, qui porte le nom de *barillet*, et que l'on a déjà vu représenté sur les figures 68 et 69. En sortant de chaque cornue, les tubes qui conduisent le gaz, se rendent dans le barillet et viennent plonger dans l'eau qu'il renferme. Le goudron et les sels ammoniacaux se déposent en partie dans ce premier réfrigérant, qui a encore pour mission d'isoler chaque cornue, afin que les divers accidents qui peuvent arriver à l'une d'elles, ne puissent influer en rien sur le travail général.

La totalité du goudron n'est pas arrêtée dans le barillet, et les composés ammoniacaux ne le sont qu'en partie. Pour enlever plus complètement ces produits, le gaz, en sortant du barillet, est amené, par un tube de fonte, dans le *condenseur*. C'est une série de tubes de fonte, d'un diamètre médiocre, disposés verticalement et très-rapprochés les uns des autres. Tous ces tubes plongent dans une boîte de fonte, sous une couche d'eau de quelques centimètres. Les sels ammoniacaux se dissolvent dans l'eau du *condenseur*, le goudron s'y arrête, et en même temps le gaz se refroidit en parcourant la surface étendue que présente la série de ces tuyaux.

La figure 70 représente le *condenseur* de l'usine à gaz de la Villette. Cet appareil est nommé quelquefois *jeu d'orgue*, en raison de sa ressemblance apparente avec les tuyaux d'un orgue.

Le gaz, en traversant cette longue suite de conduits, dont la grande surface baigne dans l'air froid, se refroidit presque totalement. La plus grande partie des matières goudronneuses et empyreumatiques entraînées par le gaz, se condense, et se dépose dans l'eau sur laquelle reposent ces tubes. Mais toutes les matières étrangères ainsi emportées par le gaz sorti brûlant des cornues, ne pourraient se déposer dans le condenseur. En effet, le gaz entraîne avec lui en suspension, des globules de substances diverses. En le forçant à traverser des corps solides, qui offrent une surface considérable et toutes sortes d'aspérités, on provoque le dépôt de presque tous ces corps étrangers à la surface de ces mêmes corps solides.

L'appareil qui produit cet effet purement physique, et que l'on désigne en Angleterre par un mot qui veut dire *rôtisseur*, s'appelle simplement en France, *colonne à coke*.

La figure 71 donne une coupe de la co‑

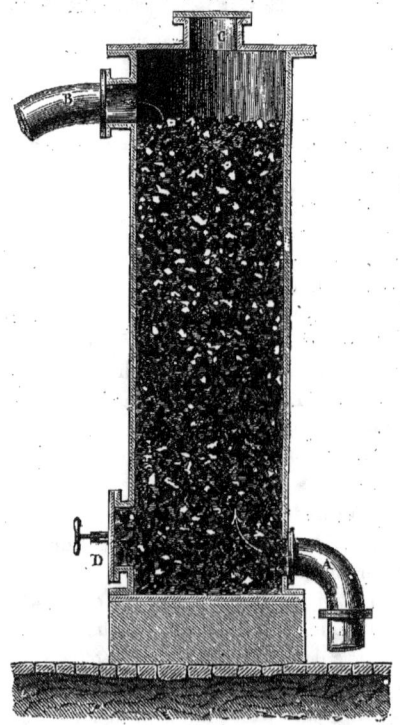

Fig. 71. — Coupe de la colonne à coke.

lonne à coke. Cet appareil consiste en un

L'ART DE L'ÉCLAIRAGE.

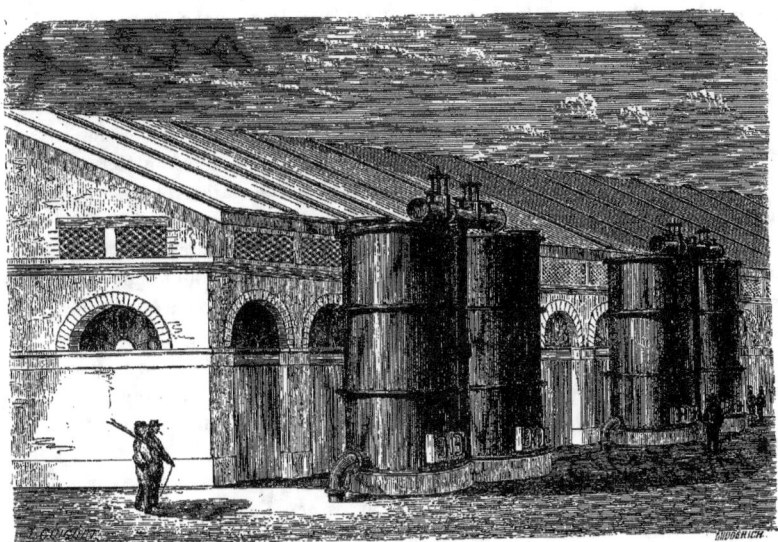

Fig. 72. — Vue des colonnes à coke de l'usine de la Villette.

grand cylindre en fonte, ayant 2 mètres de diamètre et 6 mètres de hauteur (pour une usine qui alimente 8,000 becs). Un large *trou d'homme*, C, sert à remplir le cylindre de coke. On ferme cette ouverture avec un obturateur à vis. Une ouverture pareille, D, est placée à la partie inférieure de la colonne.

Les choses ainsi disposées, le gaz arrivant du condenseur, par le tube A, passe dans le cylindre plein de coke. Il s'élève, glisse et filtre au travers des nombreux interstices que présentent les fragments de coke, en déposant dans les anfractuosités et sur les surfaces multipliées contre lesquelles il frotte, les particules globulaires qu'il entraînait avec lui comme dans un brouillard. S'engageant ensuite dans le tube B, il se rend aux *épurateurs*, dont nous décrirons plus loin les effets.

La figure 72 représente les *colonnes à coke* de l'usine de la Villette.

Cette épuration toute physique, facilite beaucoup les réactions chimiques subséquentes, et prévient l'engorgement des appareils.

Le coke employé n'est pas, d'ailleurs, perdu. On l'immerge dans l'eau, pour en extraire les sels à base d'ammoniaque; puis on le fait sécher, et il peut servir comme combustible, dans les fourneaux de l'usine.

Après cette *filtration* au travers des fragments de coke, le gaz retient encore des produits ammoniacaux et des vapeurs à l'état globulaire. Dans les grandes usines, on condense ces produits en faisant arriver le gaz dans de grandes caisses en tôle, à demi pleines d'eau, sous une plaque horizontale criblée de trous, fixée elle-même presque au niveau du liquide. La surface totale de ce liquide est de 1 mètre carré par 1000 mètres cubes de gaz passant en vingt-quatre heures.

Le gaz s'est débarrassé dans le *condenseur*, dans la *colonne à coke*, et dans les caisses à eau, quand elles existent, du goudron, d'une partie des sels ammoniacaux, et de tous les produits empyreumatiques. Mais il renferme encore de l'acide carbonique, de l'hydrogène sulfuré, du sulfhydrate d'ammoniaque et quelques vestiges de sels ammoniacaux. Après l'*épuration physique* à laquelle il vient d'être soumis, il faut lui faire subir une *épuration chimique*, qui le privera de ces divers produits étrangers. Le gaz sortant des colonnes à coke, est donc dirigé, à l'aide d'un tube, vers un nouvel appareil nommé *épurateur*.

L'épurateur employé autrefois en Angleterre, se composait de cuves à demi remplies d'un lait de chaux. Nous avons représenté dans la partie historique de cette notice, l'*épurateur à eau de chaux*, dont Samuel Clegg fit usage, dans les premiers temps de l'industrie qui nous occupe. L'eau de chaux absorbait l'hydrogène sulfuré, en produisant du sulfure de calcium ; elle s'emparait, en même temps, de l'acide carbonique, en formant du carbonate de chaux ; enfin les sels ammoniacaux étaient décomposés, et l'ammoniaque libre provenant de cette décomposition, pouvait être ensuite absorbée à son tour, en faisant passer le gaz dans une eau faiblement acidulée. Pour hâter l'absorption de l'acide carbonique, on multipliait les contacts du gaz avec la lessive calcaire, en imprimant de l'agitation au liquide.

Ce moyen d'épuration était très-efficace, mais il avait l'inconvénient d'augmenter la pression dans les cornues ; il était difficile en outre de se débarrasser des liquides provenant de l'opération. L'épuration par l'eau de chaux fut donc abandonnée, et l'on purifia le gaz en le faisant passer dans de vastes caisses de fonte remplies de foin ou de mousse, saupoudrée, couche par couche, de chaux éteinte. L'opération put s'effectuer ainsi sans augmenter la pression dans les appareils.

Dans la plupart des usines, l'épuration se fait aujourd'hui dans de grandes caisses de fonte ou de tôle, divisées en deux ou trois compartiments par deux diaphragmes horizontaux. Dans chaque compartiment on place une claie en fil de fer, sur laquelle on répand en couches de 8 à 10 centimètres de chaux éteinte en poudre, ou bien de toute autre matière capable, comme nous le verrons plus loin, de remplacer la chaux avec avantage. Le gaz arrive par la partie inférieure de la caisse, et sort par la partie supérieure : il est forcé ainsi de se tamiser à travers deux larges couches de chaux. La caisse est fermée par un couvercle, dont les bords plongent dans une gorge remplie d'eau, formant ainsi une *fermeture hydraulique*, qui donne une occlusion complète.

La figure 73 représente la coupe de l'*épurateur*, tel qu'il existe dans toutes les fabriques de gaz. G est le tube par lequel le gaz arrive dans l'appareil, en débouchant, comme on le voit, à sa partie inférieure ; H est le haut du tube de sortie du gaz ; M, la sortie. Sur les claies A', A', A", est étalée la chaux vive,

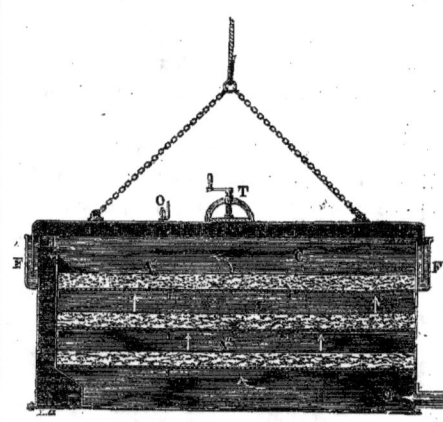

Fig. 73. — Coupe de l'épurateur.

qui absorbe l'acide carbonique et l'hydrogène sulfuré. Le mode de fermeture *hydraulique* est indiqué par la gorge pleine d'eau FF. T est l'orifice de la caisse fermé par une vis ; O, un manomètre.

La figure 74 représente l'*épurateur* vu à l'extérieur.

Fig. 74. — Épurateur vu à l'extérieur.

Pour vider les claies de leur chaux, et les recouvrir de nouvelle, on commence par soulever le couvercle en manœuvrant le petit treuil roulant, T, à l'aide de la chaîne passant sur la poulie à gorge, R. Ce treuil mobile parcourt des espèces de rails, C, disposés à la partie supérieure des salles contenant les épurateurs, et portés par des colonnes en fonte. Il vient ainsi se placer au-dessus de l'appareil qu'on veut vider, et il suffit d'y accrocher les quatre chaînes fixées au couvercle même. Une fois le couvercle enlevé, on le recule au moyen du chariot à galets qui porte le treuil, et alors les ouvriers peuvent commencer l'opération de l'enlevage de la substance épuratrice.

A, est un trou d'homme ; B, un manomètre à eau ; E, est l'arrivée du gaz provenant des colonnes à coke ; V, est la valve qui lui donne accès dans le tube F pour aller aux gazomètres.

Depuis plusieurs années, la chaux n'est plus en usage, comme agent épurateur. D'abord, elle ne débarrasse pas entièrement le gaz des substances nuisibles, car elle n'absorbe pas le sulfhydrate d'ammoniaque, et de plus elle met toujours en liberté un peu d'ammoniaque. Ajoutons que la chaux qui a servi à l'épuration, exhale une odeur infecte, qui incommode le voisinage lorsqu'on vide les caisses, ou qu'on transporte les résidus. D'ailleurs il faut employer des masses énormes de chaux pour cette opération. Or, dans les grandes usines à gaz, les résidus de chaux provenant de l'épuration seraient excessivement encombrants ; il faudrait en emporter des quantités énormes aux décharges publiques. Ce n'est donc que dans les usines des petites villes que la chaux peut encore être conservée comme agent d'épuration du gaz.

Voyons quelles sont les substances qui ont été mises en usage pour remplacer la chaux dans cette même opération.

M. Mallet, professeur de chimie à Saint-Quentin, imagina, en 1841, un nouveau procédé d'épuration du gaz. Ce procédé consiste à employer des dissolutions aqueuses de sels de peu de valeur, tels que le sulfate de fer, ou le chlorure de manganèse qui reste comme résidu de la fabrication du chlore. Le gaz vient se laver dans ces liqueurs, qui le dépouillent de l'hydrogène sulfuré, de l'acide carbonique et de l'ammoniaque. Il s'opère entre les sels métalliques d'une part, et d'autre part entre l'hydrogène sulfuré et les sels ammoniacaux, une double décomposition : il se forme un sulfate ou un chlorhydrate d'ammoniaque soluble, et il se précipite du sulfate ou du carbonate de fer ou de manganèse.

L'opération s'exécute d'une manière méthodique. La dissolution saline est placée dans trois vases de fonte ou de tôle, communiquant entre eux au moyen d'un tube. Les dissolutions sont de force inégale : la première et la seconde, provenant d'une opération antérieure, ont déjà servi à épurer le gaz et sont en partie saturées ; la troisième, destinée à compléter le lavage, n'a pas encore servi, et jouit, par conséquent, de toute son action : au bout d'un certain temps, la saturation étant achevée dans le premier laveur, on en retire le liquide, qu'on remplace par celui du second ; dans celui-ci on met la dissolution provenant du troisième laveur, lequel reçoit enfin une nouvelle quantité de chlorure de manganèse ou de sulfate de fer.

Le procédé de M. Mallet a été appliqué à Saint-Quentin et à Roubaix ; il a été l'objet d'un rapport favorable à l'Académie des sciences. La pratique a montré, en effet, que ce moyen de lavage permet de débarrasser entièrement le gaz de l'hydrogène sulfuré et de l'ammoniaque. Par suite de l'absence des produits ammoniacaux dans le gaz purifié, le matériel de l'usine se détériore moins rapidement ; la consommation de la chaux est diminuée ; enfin, le prix des sels ammoniacaux recueillis compense les frais de l'opération.

Cette méthode n'a pourtant jamais été mise en usage à Paris, en raison de la difficulté que présente dans les usines le maniement des liquides, et de l'augmentation de pression que ces dissolutions aqueuses auraient occasionnée dans les appareils.

M. de Cavaillon a fait servir le plâtre humide à l'épuration du gaz de l'éclairage. Le plâtre provenant des plâtres retirés des vieux enduits abattus dans les démolitions, est mis en poudre, réduit en pâte avec de l'eau, et placé sur des claies de fer, dans un épurateur de forme ordinaire. Le sulfate de chaux qui constitue le plâtre, enlève au gaz le carbonate d'ammoniaque, par une double décomposition chimique : il se fait du carbonate de chaux insoluble, et du sulfate d'ammoniaque, qui reste dissous dans l'eau. Le plâtre qui a servi à l'épuration, est mis à part, pour en retirer le sulfate d'ammoniaque, dont le prix est assez élevé. Il suffit de lessiver ces résidus avec de l'eau, qui se charge du sulfate d'ammoniaque. Il ne reste plus qu'à évaporer cette liqueur, pour obtenir le sel cristallisé. 1,000 kilogrammes de houille soumis à la distillation fournissent, selon M. Payen, 6 kilogrammes de sulfate d'ammoniaque.

Cependant le gaz n'est pas dépouillé ainsi de l'hydrogène sulfuré ; il faut donc le débarrasser de ce produit, en le faisant passer dans un second épurateur contenant de la chaux.

Ce procédé d'épuration au moyen du plâtre, fut mis en usage avec succès en 1846 dans l'usine de la *Compagnie parisienne*.

Un autre moyen d'épuration du gaz, fondé sur un ensemble très-curieux de réactions chimiques, a été imaginé en Angleterre. Il consiste à faire usage, sous forme sèche, de certains composés chimiques, qui, se régénérant après chaque opération, n'exigent l'introduction, dans l'usine, d'aucune substance nouvelle, ne donnent lieu à aucun résidu. Les substances dont il s'agit sont l'oxyde de fer et le chlorure de calcium. Voici comment et dans quel ordre l'opération s'exécute.

Le gaz arrive dans un premier épurateur contenant du chlorure de calcium, destiné à lui enlever, par une double décomposition chimique, le carbonate d'ammoniaque. Il passe ensuite dans un second épurateur, qui renferme un mélange d'oxyde de fer et de carbonate de chaux, divisé par de la sciure de bois. L'hydrogène sulfuré du gaz est transformé en sulfure de fer par l'oxyde de fer. Le sulfure de fer ainsi produit étant abandonné quelques heures au contact de l'air, s'y change en sulfate, par l'absorption de l'oxygène atmosphérique. Ce sulfate de fer décompose alors le carbonate de chaux qui fait partie du mélange, et, par suite d'une réaction chimique bien connue, il se produit du sulfate de chaux et de l'oxyde de fer. Ainsi l'oxyde de fer, transformé d'abord en sulfure, peut se régénérer et servir un très-grand nombre de fois à priver le gaz de son hydrogène sulfuré.

Ce procédé, qui présente une série d'applications remarquables de faits purement chimiques, est dû à M. Lamming, chimiste anglais. Un peu modifiée dans ses dispositions pratiques, il est aujourd'hui le seul employé dans les usines de la capitale. En effet, on fait usage aujourd'hui dans les usines à gaz de Paris, d'un procédé d'épuration mixte, qui consiste à employer un mélange de *sulfate de chaux et de sesquioxyde de fer hydraté*. M. Payen, dans son *Traité de chimie appliquée aux arts*, décrit ainsi ce procédé d'épuration :

« On ajoute de la chaux éteinte, en proportion équivalente, au protosulfate de fer en menus cristaux. Le mélange, humecté par un courant de vapeur, est exposé à l'air; on renouvelle la superficie par un hersage, qui hâte la formation du sesquioxyde de fer.

« La matière employée à cet état, sur des claies épurateurs, retient l'ammoniaque du carbonate à l'état de sulfate, et décompose l'acide sulfhydrique en produisant de l'eau, mettant du soufre à nu et formant du protoxyde et un peu de sulfure de fer. La lixiviation permet d'extraire le sulfate d'ammoniaque et un peu de carbonate qu'on sature ; le résidu lavé, étendu à l'air, ramène le fer à l'état de peroxyde hydraté, la portion sulfurée se changeant en sulfate et étant décomposée par le carbonate de chaux. On préfère maintenant épurer assez bien le gaz des sels ammoniacaux par le dernier laveur à diaphragme horizontal, pour se dispenser de laver les oxydes extraits des caisses d'épuration ; en tout cas, le soufre et une quantité notable d'hydrocarbures s'accumulent dans ces résidus que l'on doit renouveler après quarante ou cinquante opérations. Pour l'épuration de 1,000 mètres cubes de gaz, on emploie une quantité d'*oxyde de fer* représentée par une superficie de 4 mètres carrés et une épaisseur de 60 centimètres, en une seule couche ou en deux couches de 30 centimètres.

« Après l'épuration même méthodique dans deux séries d'épurateurs au sesquioxyde de fer, il reste dans le gaz assez d'acide carbonique pour nuire à son pouvoir éclairant. On peut éliminer cet acide gazéiforme en le faisant filtrer au travers d'une ou deux couches de chaux hydratée pulvérulente, représentant une surface horizontale de 2 mètres carrés sur une épaisseur totale de 40 centimètres pour 1,000 mètres cubes de gaz à épurer en 24 heures(1). »

Purifié par l'un quelconque des divers moyens qui viennent d'être rapportés, le gaz de l'éclairage se rend dans le *gazomètre*, ou réservoir destiné à le contenir avant sa distribution.

Cet appareil se compose de deux parties : la cuve destinée à contenir l'eau, et la cloche dans laquelle le gaz est emmagasiné.

En France, les cuves destinées à recevoir le gazomètre et l'eau, sont creusées dans le sol, revêtues d'une maçonnerie solide et d'un enduit imperméable à l'eau. En Angleterre et en Belgique, où le fer est à bas prix, les cuves des gazomètres sont des bassins circulaires, formés de plaques de fonte assemblées avec des boulons. Construites de cette manière, elles peuvent être visitées de tous les côtés, et l'on peut réparer les fuites aussitôt qu'elles se manifestent. Quant à l'énorme cloche qui constitue le gazomètre, elle est toujours formée de plaques de forte

---

(1) 5ᵉ édition, Paris, 1867, in-8°, tome II, p. 843.

Fig. 75. — Gazomètre de Pauwels.

tôle, recouvertes d'une couche épaisse de goudron.

Il est essentiel que le gazomètre puisse facilement monter et descendre, afin que le gaz qui s'y trouve contenu ne soit pas soumis à une pression trop forte. En effet, cette pression, en se propageant dans tout l'appareil, pourrait provoquer des fuites de gaz dans les conduites. Le moyen qui était autrefois employé pour la suspension du gazomètre, consistait à adapter à la cloche une chaîne de fer, qui, glissant sur deux poulies, était munie, à son extrémité, de poids de fonte, en quantité suffisante pour faire à peu près équilibre au gazomètre. Le poids de la chaîne et celui de la cloche sont calculés de manière que l'équilibre subsiste toujours et que la cloche, sortant de l'eau, et par conséquent augmentant de poids, diminue de poids dans le même rapport à l'aide de la portion de chaîne qui, s'enroulant sur les deux poulies, vient passer du côté des contre-poids de fonte et s'ajouter ainsi à leur poids primitif.

Le mode de suspension du récipient du gaz a été beaucoup simplifié de nos jours, dans les usines de Paris, par suite de l'adoption du gazomètre, dit de *Pauwels*, dans lequel le gaz arrive par le haut, au lieu d'y pénétrer par le bas, et dans lequel le tube d'introduction est articulé, de manière à pouvoir se plier en deux ou trois parties.

La figure 75 représente le *gazomètre de Pauwels* qui est aujourd'hui en usage dans toutes les usines à gaz de Paris. Le gaz arrive par le tube A et doit sortir par le tube B. Les tuyaux d'entrée et de sortie sont pourvus de trois genouillères g, g, g, en forme de T. Chaque genouillère renferme à l'intérieur deux tuyaux articulés, dont le jeu d'articulation se fait dans deux autres tuyaux qui les enveloppent entièrement; c'est le système connu sous le nom de *stuffing-box*. Grâce aux trois brisures dont ils sont pourvus, ces tubes peuvent suivre le gazomètre pendant qu'il s'abaisse par suite de la consommation, et pendant qu'il se relève quand on le remplit de gaz.

Fig. 76. — Les douze gazomètres de l'usine de la Villette.

On comprend qu'ici toute chaîne et tout contre-poids soient inutiles. A mesure que le gaz s'écoule par le tube B, le gazomètre s'abaisse, par son propre poids, dans la citerne pleine d'eau. Il est maintenu entre des piliers en fonte C, C, entre lesquels il s'élève ou s'abaisse.

Le gazomètre descend donc par son propre poids dans l'eau de la citerne DD', laquelle a autant de profondeur que le gazomètre a de hauteur. Quand le gazomètre est entièrement vide de gaz, il est immergé entièrement dans la citerne. Pour le remplir de nouveau, on fait arriver le gaz par le haut, au moyen du tube articulé. Le gazomètre se remplissant de gaz, remonte peu à peu, en vertu de la légèreté spécifique du gaz hydrogène bicarboné.

Si l'on veut prendre une idée exacte de l'importance que présente à Paris la fabrication du gaz, et mesurer pour ainsi dire d'un coup d'œil, l'immense développement de cette industrie, il faut se rendre à l'usine de la Villette, la plus considérable des sept usines de la *Compagnie parisienne*, et parcourir le vaste espace consacré à l'emplacement des gazomètres. On verra alors, dans un terrain découvert, embrassant une dizaine d'hectares, douze gazomètres rangés comme en ordre de bataille, et dont chacun accumule dans ses flancs une provision de gaz qui suffirait à l'éclairage d'une soirée dans une petite ville.

La capacité de chacun de ces douze gazomètres est de 10,000 mètres cubes. Leur hauteur est de 13 mètres, et leur diamètre de 32 mètres.

La figure 76 représente les gigantesques récipients à gaz de l'usine de la Villette.

Nous ajouterons qu'il existe à Paris des gazomètres plus vastes encore. L'usine de Saint-Mandé en a fait construire deux, renfermant, chacun, 25,000 mètres cubes de gaz, et deux autres contenant chacun 15,000 mètres cubes.

On voit que la prédiction de Samuel Clegg, que l'on fabriquerait un jour des gazomètres aussi grands que le dôme de l'église de Saint-Paul, à Londres, est maintenant réalisée.

Les gazomètres que nous venons de décrire, exigent une citerne d'une énorme profondeur, puisqu'elle doit avoir la même dimension que le gazomètre. Comme tous ces ouvrages de maçonnerie et de tôle sont fort dispendieux, on a imaginé un appareil d'un genre particulier, qui a reçu le nom de *gazomètre télescopique*, par suite de son analogie de structure avec le tube d'une lorgnette ou d'un télescope.

Le *gazomètre télescopique* (*fig.* 77) se compose de deux ou d'un plus grand nombre de cylindres rentrant les uns dans les autres. La partie inférieure de chaque cylindre, relevée en forme de rebord, à l'intérieur, s'agrafe à la partie supérieure du cylindre suivant, et en sens contraire. Quand il n'y a point de gaz dans l'appareil, toutes les parties sont emboîtées les unes dans les autres, et le cylindre supérieur est au niveau de l'eau dans la cuve. Quand le gaz arrive, il soulève, par sa pression, le premier cylindre, et le force à s'élever. Quand ce premier cylindre est plein de gaz, le second cylindre s'accroche dans le rebord plein d'eau du cylindre suivant, et s'élève à son tour, et ainsi de suite. Il ne peut jamais y avoir de perte de gaz, car il y a une fermeture hydraulique, déterminée par le rebord qui est toujours plein d'eau.

Le *gazomètre télescopique*, très-usité en Angleterre, est peu en faveur en France. On n'en voit aucun dans les usines de Paris.

Avant de terminer, nous devons mentionner un appareil que nous avons passé jusqu'à ce moment sous silence, parce que nous aurions nui à la clarté de notre description, en interrompant l'exposé que nous donnions de la préparation et de la purifica-

Fig. 77. — Gazomètre télescopique.

A. valve pour l'arrivée du gaz sous la cloche du gazomètre; B, sortie du gaz; C, galets-guides des cloches; D, assemblage disposé pour recevoir de l'eau qui forme fermeture hydraulique pour empêcher le gaz de s'échapper, lorsque les cloches en s'élevant arrivent à l'air libre.

tion du gaz. Nous voulons parler de l'appareil connu dans les usines sous le nom d'*extracteur*.

Les cornues en terre ne pourraient supporter, sans qu'il y eût une perte de 10 à 15 pour 100 de gaz, la pression de 15 à 18 centimètres d'eau qu'occasionnent l'immersion des tubes dans le barillet, les frottements et les immersions dans les condenseurs, plus celle qui résulte du poids du gazomètre que le gaz doit soulever, à laquelle s'ajoute encore la pression nécessaire pour contre-balancer le poids de la colonne atmosphérique, quand l'usine se trouve placée au-dessous des lieux où le gaz doit être distribué. Pour remédier à de si graves inconvénients, on a eu l'idée de réduire à très-peu de chose la pression, en aspirant, par des moyens mécaniques, le gaz dans le condenseur, pour le renvoyer de là, dans la série des appareils qui doivent servir à sa purification.

Pauwels, directeur de l'ancienne *Compagnie de Paris*, imagina un *extracteur* auquel il a donné son nom, et qui est resté assez longtemps en usage. Cet appareil se compose de trois cloches pleines d'eau, qui, s'élevant et s'abaissant alternativement, par l'action d'un moteur à vapeur, déterminent par leur ascension un vide, et par leur abaissement un refoulement. Par ce moyen, on aspire le gaz dans le condenseur et on le refoule dans les épurateurs. Dès lors les cornues ne sont plus soumises à la pression que leur donnerait le gaz en traversant tout le reste des appareils.

L'*extracteur Pauwels*, conception mécanique très-ingénieuse, n'est plus employé aujourd'hui que dans une seule usine de Paris, celle d'Ivry. Dans toutes les autres usines, en raison de la quantité considérable de gaz sur laquelle on opère, on a remplacé les cloches de Pauwels par une simple pompe aspirante et foulante, mue par la vapeur, et qui, aspirant le gaz dans une capacité, le refoule dans l'autre. Ces pompes à vapeur (*extracteur anglais*) ne demandent aucune description particulière. Elles ressemblent aux ventilateurs des mines. Nous dirons seulement qu'elles sont placées entre le condenseur, ou *tuyau d'orgue*, et la colonne à coke. Elles aspirent le gaz du condenseur et le refoulent dans la colonne à coke. Le gaz se répand, de là, dans la suite des appareils.

Pour résumer tous les détails descriptifs qui précèdent sur la préparation et la purification du gaz de l'éclairage, nous mettrons sous les yeux du lecteur, une planche (*fig.* 78) qui représente toute la série des appareils employés dans une usine à gaz. Cette sorte de tableau synoptique aura l'avantage de bien graver dans l'esprit les différentes opérations nécessaires pour la préparation du gaz de la houille, et le rôle de chacun des organes qui entrent en jeu dans cette fabrication. Nous ne présentons pas cette vue d'ensemble comme une peinture fidèle de la réalité, mais, encore une fois, comme une sorte de tableau théorique, groupant dans un même ensemble tout ce qui concerne la fabrication du gaz. La légende qui accompagne cette planche, suffit pour rappeler la destination de ces différents appareils.

En sortant du gazomètre, le gaz est amené par un large tuyau, aux conduits de distribution.

Les tuyaux de conduite, à la sortie de l'usine, présentant une large capacité, sont toujours en fonte ; ceux qui servent aux embranchements, peuvent être en plomb ou en tôle bituminée. Quant à ceux, d'un plus petit diamètre, qui servent à introduire le gaz dans l'intérieur des maisons, ils sont toujours en plomb.

Fig. 78. — Vue générale des appareils pour la préparation du gaz.

AA fourneau contenant les cornues pour la distillation de la houille ; C, cornue de terre contenant la houille à distiller ; N, carneau du fourneau; O, cheminée ; B, barillet ; X, tube collecteur ; T, tube amenant le gaz du barillet dans le condenseur ; Q, volant de la machine à vapeur qui fait agir l'extracteur; P, cylindre à vapeur de l'extracteur; D, pompe aspirante et foulante de l'extracteur envoyant le gaz dans le condenseur ; T', tube amenant le gaz de l'extracteur dans le condenseur ; EE, condenseur en *jeu d'orgue* ; F, tube dirigeant le gaz du condenseur dans la colonne à coke.

CHAPITRE XXII

PRÉPARATION DU GAZ DE L'ÉCLAIRAGE AU MOYEN DE L'HUILE ET DES RÉSINES. — LE GAZ HYDROGÈNE EXTRAIT DE L'EAU ET SON EMPLOI DANS L'ÉCLAIRAGE.

Les détails précédents sur l'extraction du gaz de la houille, rendront tout développement inutile pour ce qui concerne la préparation du gaz au moyen de l'*huile* ou de la *résine*.

Le gaz hydrogène bicarboné, qui prend naissance par suite de la décomposition de l'*huile*, ou d'autres corps gras soumis à l'action d'une température élevée, est d'une assez grande pureté, ou du moins il ne renferme aucun de ces gaz sulfurés ou de ces produits ammoniacaux qui rendent si difficile et si longue l'épuration du gaz extrait de la houille. Tout l'appareil nécessaire pour la préparation du gaz de l'huile, se réduit donc à la cornue, à l'épurateur à chaux destiné à absorber l'acide carbonique, et au gazomètre.

Dans la cornue, qui est d'ailleurs la même que celle qui sert à la préparation du gaz de la houille, on place des fragments de coke. Ce coke n'est nullement destiné à produire une action chimique ; il ne sert qu'à diviser l'huile qui tombe dans la cornue, et à faciliter sa décomposition par la chaleur, en multipliant les surfaces de contact. L'huile se répand dans la cornue au moyen d'un tuyau communiquant avec un réservoir supérieur, dont le niveau reste constant ; arrivée dans la cornue, elle se trouve en contact avec le coke porté au rouge, et se décompose aussitôt, en donnant naissance à du gaz hydrogène bicarboné et à une petite

Fig. 79. — Vue générale des appareils pour la préparation du gaz (suite).

F', tube amenant le gaz de l'extracteur dans la colonne à coke ; G, colonne à coke ; H, tube dirigeant le gaz de la colonne à coke dans les épurateurs chimiques ; s, siphon déversant dans les fosses à goudron les produits condensés ; I,I', épurateurs ; cc, grue soulevant les couvercles des épurateurs ; K, tube articulé muni d'un *stuffing-box* faisant arriver le gaz en haut au gazomètre ; L, gazomètre ; M, eau de bassin du gazomètre ; K', tube articulé pour la sortie et la distribution du gaz.

quantité d'oxyde de carbone et d'acide carbonique. Le gaz, s'échappant par un tube, vient plonger dans un réservoir, où il dépose la majeure partie de l'huile non décomposée qu'il avait entraînée avec lui : il passe de là dans l'épurateur, qui le dépouille de son acide carbonique, et il se rend enfin au gazomètre.

Le gaz obtenu par la décomposition de l'huile, jouit d'un pouvoir éclairant deux à trois fois supérieur à celui du gaz de houille. Cependant, en dépit de cette circonstance, la question économique condamne son emploi. Le prix élevé des matières grasses, dans la plupart des pays, ne permet point de tirer parti de ce procédé, qui ne laisse aucun produit secondaire, susceptible de couvrir, comme le coke, une bonne partie de l'achat de la matière première.

Pour diminuer l'inconvénient résultant du prix élevé de l'huile, on a essayé de distiller directement les graines oléagineuses elles-mêmes ; mais on n'a obtenu, comme il était facile de le prévoir, que de mauvais résultats. Les graines végétales produisent, en se décomposant par l'action du feu, beaucoup de gaz oxyde de carbone, dont le pouvoir éclairant est nul.

Dans certaines circonstances, lorsque des matières grasses provenant d'une fabrique, existent en abondance et forment des résidus sans emploi, on peut les consacrer à la fabrication du gaz. D'Arcet a montré que l'on peut tirer parti, de cette manière, des eaux savonneuses qui proviennent du désuintage des laines. La ville de Reims a été longtemps éclairée par ce procédé.

Le gaz de la *résine* s'obtient par des moyens en tout semblables aux précédents. La résine, qui existe en abondance et à très-bas prix, dans les contrées du Nord, étant introduite, à l'état de liquéfaction, dans des cornues qui contiennent des fragments de coke incandescent, fournit un gaz très-pur, et qui jouit d'un pouvoir éclairant double de celui du gaz de houille.

Passons au gaz éclairant obtenu par la décomposition de l'eau.

Les chimistes savent que, quand on dirige un courant de vapeur d'eau sur le charbon porté au rouge, l'eau se décompose ; il se forme de l'acide carbonique, de l'oxyde de carbone, de l'hydrogène pur et de l'hydrogène carboné. Dans ce mélange gazeux, l'hydrogène pur est le corps qui prédomine. Mais le pouvoir éclairant de l'hydrogène est presque nul, et l'on ne pourrait songer à tirer parti, pour l'éclairage, du gaz fourni par la décomposition de l'eau, s'il n'existait des moyens de communiquer artificiellement la propriété éclairante à un gaz naturellement dépourvu de cette propriété. Ces moyens existent, et ils sont assez nombreux. La propriété éclairante d'un gaz ne tient nullement à sa nature particulière, mais bien, comme l'a montré Humphry Davy, à une simple circonstance physique, au dépôt d'un corps solide dans l'intérieur de la flamme. Le gaz hydrogène bicarboné doit sa propriété éclairante à ce fait seul, que sa combustion s'accompagne d'un dépôt de charbon, lequel, restant quelque temps contenu au sein de la flamme, avant d'être brûlé, s'y trouve porté à une température assez élevée pour devenir lumineux. Tous les autres gaz, tels que l'hydrogène phosphoré, qui abandonnent également, pendant leur combustion, une substance solide fixe, jouissent de la propriété éclairante. Il résulte de là qu'il est facile de communiquer le pouvoir éclairant à un gaz qui en est naturellement dépourvu. Si l'on mélange au gaz hydrogène, par exemple, la vapeur de certains liquides très-chargés de charbon, tels que l'essence de térébenthine, l'huile de schiste, de pétrole, ou divers autres carbures d'hydrogène volatils, on peut rendre sa flamme éclairante. L'essence de térébenthine ou le pétrole produisent, en effet, en brûlant, un résidu de charbon, qui, se déposant à l'intérieur de la flamme, devient lumineux, et réalise ainsi les conditions physiques nécessaires pour prêter à un gaz la propriété lumineuse. Tel est le moyen que Jobard avait prescrit, et que Selligue avait mis en pratique dans son usine de Batignolles, pour rendre éclairant le gaz provenant de la décomposition de l'eau. Selligue décomposait l'eau dans une cornue remplie de charbon de bois. Les gaz ainsi obtenus venaient ensuite se mêler avec des vapeurs d'huile de schiste.

Cependant le procédé employé par Selligue pour décomposer l'eau, ne pouvait donner des résultats avantageux au point de vue économique, et l'inventeur lui-même avait fini par y renoncer.

Des dispositions beaucoup plus convenables pour l'extraction du gaz hydrogène de l'eau, ont été imaginées par M. Gillard. Grâce aux procédés ingénieux imaginés par cet habile industriel, la préparation du gaz extrait de l'eau peut se faire dans des conditions pratiques assez avantageuses.

M. Gillard décompose l'eau dans des cornues de fonte, à l'aide du charbon de bois. La vapeur d'eau d'un générateur est dirigée à l'intérieur de la cornue, à l'aide d'un tube qui s'étend le long de toute sa capacité. Ce tube est percé de trous très-petits, qui donnent issue à la vapeur, et la mettent en contact avec le charbon incandescent.

Comme ces orifices, au bout d'un certain temps, s'altéraient, par suite de l'oxydation, ce qui rendait très-inégal le débit de vapeur, M. Gillard les pratiqua sur de petites lames de platine encastrées sur le fer de la cornue. Par suite de l'inoxydabilité du platine, les ouvertures donnant issue à la vapeur conservent toujours les mêmes dimensions. Enfin, par une substitution très-avantageuse sous le rapport de l'économie, M. Gillard a remplacé ces lames de platine par une languette de terre réfractaire, substance inaltérable au feu. Une fente pratiquée le long de cette languette de terre, donne issue à la vapeur, et conserve toujours ses mêmes dimensions, malgré un usage prolongé.

L'hydrogène pur est le produit principal qui prend naissance par la décomposition de l'eau, dans les appareils de M. Gillard. Les rapports entre l'hydrogène et l'oxyde de carbone, sont, en effet, dans la proportion de 92 du premier sur 8 du second. La quantité d'acide carbonique produit est très-faible. Aussi l'épuration est-elle fort simple. On se contente de diriger le gaz dans un épurateur contenant de la chaux, pour le priver d'acide carbonique ; il se rend ensuite directement au gazomètre.

Pour communiquer au gaz hydrogène le pouvoir éclairant qui lui manque, M. Gillard a fait usage d'un artifice curieux, et qui constitue une application remarquable de faits empruntés à la physique. Il a substitué à l'addition des essences dans le gaz, un mince réseau de fils de platine, interposé au milieu de la flamme (*fig.* 80). La présence de ce

Fig. 80. — Corbillon de platine.

corps étranger au milieu du gaz en combustion, réalise les conditions physiques qui sont nécessaires pour provoquer l'effet lumineux.

Le *corbillon* de platine, dans le gaz hydrogène pur, produit le même effet physique que dans la flamme de l'hydrogène bicarboné, le dépôt de carbone dont sa combustion s'accompagne. La combustion du gaz extrait de l'eau présente ce fait assez curieux, que sa flamme est à peu près invisible ; on n'aperçoit que le réseau de platine porté au rouge blanc, et qui répand le plus vif éclat. Aussi la lumière n'est-elle pas sujette à vaciller ; elle reste immobile, même au milieu d'un courant d'air.

Le gaz extrait de l'eau est d'une pureté extrême ; il ne renferme aucun de ces produits sulfurés contenus trop souvent dans le gaz de la houille, et dont les effets sont si nuisibles aux métaux précieux. Aussi ce mode d'éclairage a-t-il été quelque temps adopté dans les magasins et les ateliers de M. Christofle, consacrés à la dorure et à l'argenture galvaniques. Le gaz était préparé dans la maison même, car tout l'appareil n'exige qu'un petit emplacement.

Trois ou quatre villes, en France, sont éclairées aujourd'hui par le *gaz à l'eau*. La ville de Narbonne doit être citée ici, comme ayant reçu la première ce mode particulier d'éclairage.

En résumé, les moyens imaginés par M. Gillard pour l'extraction du gaz de l'eau, constituent une découverte intéressante. Cependant il faut dire que la question du prix de revient n'est pas à son avantage. Le gaz de houille peut être livré à un prix si bas, qu'il constitue un concurrent des plus redoutables pour tout produit nouveau qui tenterait de se substituer à lui.

Ajoutons que si l'on avait à s'occuper de la canalisation, il y aurait à craindre de grandes déperditions de gaz dans les tuyaux, en raison de la prodigieuse diffusibilité du gaz hydrogène pur, qui filtre et s'échappe à travers des fentes ou des fissures incapables de donner issue à un gaz plus lourd, comme le gaz ordinaire de l'éclairage (gaz hydrogène bicarboné).

Nous avons décrit l'ensemble des procédés qui servent à l'extraction du gaz de l'éclairage au moyen des diverses substances qui peuvent s'appliquer à sa préparation. Nous n'avons pas besoin d'ajouter que le gaz de la houille est aujourd'hui presque le seul en usage. Le gaz de l'huile et celui de la résine se préparent dans un petit nombre d'usines, et le gaz extrait de l'eau est d'un prix de revient trop élevé pour avoir pris de l'extension. En Angleterre, en France, en Allemagne et en Belgique, le gaz de la houille est à peu près le seul employé.

CHAPITRE XXIII

LE GAZ PORTATIF.

Il nous reste à dire quelques mots du *gaz portatif*.

Dans les premières années de l'emploi du gaz, on redoutait beaucoup les frais considérables qu'entraîne la *canalisation*, c'est-à-dire la distribution du gaz au moyen de canaux souterrains ; on craignait de ne jamais couvrir les dépenses que nécessitaient la pose et l'achat des tuyaux. On eut donc l'idée de réduire le gaz à un petit volume, en le comprimant, à une pression considérable, dans des réservoirs susceptibles d'être transportés. Mais les désavantages de ce système ne tardèrent pas à se manifester. La difficulté de comprimer le gaz à trente atmosphères, sans amener de fuites, l'impossibilité d'obtenir, pendant la combustion, un écoulement de gaz constant, de manière que les dimensions de la flamme restassent les mêmes, enfin le danger qui résultait de l'emploi de ces appareils, obligèrent d'y renoncer. Le chimiste anglais, Faraday, a prouvé, d'ailleurs, que la compression du gaz de l'éclairage donne naissance à divers carbures d'hydrogène liquides, qui se forment aux dépens du gaz lui-même, et amènent ainsi une perte notable de produit. On a donc bien vite renoncé à ces fortes pressions.

M. Houzeau-Muiron, de Reims, a eu l'idée de transporter à domicile le gaz *non comprimé*. On renfermait le gaz dans des voitures immenses, et fort laides, composées de tôle mince, et contenant de grandes outres élastiques, munies d'un robinet et d'un tuyau. Quand il s'agissait de distribuer le gaz au consommateur, le conducteur de la voiture faisait agir une petite manivelle placée à l'extérieur ; la manivelle serrait des courroies qui comprimaient l'outre, et chassaient le gaz dans le gazomètre du particulier.

Ce système a été quelque temps adopté à Rouen, à Marseille, à Sedan, à Reims et à Paris. Il ne présente cependant aucun avantage particulier. Le réservoir de gaz comprimé dont chaque consommateur devait être muni, occupait une grande place, et l'écoulement du gaz était difficile à régler.

Le gaz non comprimé ne peut présenter, sous le rapport économique, aucune supériorité sur le système établi pour le gaz de la houille, lequel, chassé dans les tuyaux, sous une faible pression, ne coûte aucuns frais de transport. M. Dumas a dit, avec raison, à ce propos, dans son *Traité de chimie* : « L'économie revient à peu près à celle qu'on pourrait attendre en remplaçant par des porteurs d'eau les tuyaux principaux de conduite que l'on établit à grands frais dans toutes les rues. »

Le gaz portatif non comprimé avait beaucoup d'autres inconvénients. Il fallait d'abord trouver chez l'abonné, un emplacement convenable pour le gazomètre, ce qui était toujours difficile, vu ses grandes dimensions. Le consommateur n'était pas sans inquiétude pour l'incendie, avec cette masse considérable de gaz tenu en provision dans une habitation privée. La compagnie éprouvait de grandes difficultés ou de véritables pertes, lorsque, pour une raison quelconque, elle avait à interrompre cet éclai-

Fig. 81. — Voiture pour le transport du gaz comprimé.

rage, ou à cesser l'abonnement. Il fallait alors remporter le gazomètre à l'usine, ou l'établir chez un autre abonné. Ces opérations de déplacement et d'installation nouvelle, entraînaient de grands frais. Disons enfin que le gaz renfermé dans un gazomètre, perd de plus en plus de son pouvoir éclairant, par suite de la condensation, qui se fait au bout d'un certain temps, des vapeurs des divers hydrocarbures qui existent toujours dans le gaz de l'éclairage et qui ajoutent à son éclat. Une fois ces vapeurs revenues à l'état liquide, le gaz perd de son titre.

Pour toutes ces raisons, le gaz portatif n'est plus distribué aujourd'hui qu'à l'état comprimé.

Il existe à Paris, rue de Charonne, une usine de gaz portatif, d'une certaine importance. Quelques détails sur cette usine feront apprécier à sa juste valeur le rôle du gaz comprimé dans l'industrie de nos jours.

C'est le *bog-head*, cette espèce de schiste bitumineux si riche en gaz éclairant, que l'on distille à l'usine de Charonne, pour produire le gaz portatif. Le *bog-head*, que l'on extrait d'un de ses principaux gisements, situé en Écosse, aux environs de Glasgow, est un silicate d'alumine, contenant près de 60 pour 100 de bitumes divers, lesquels, par la distillation, se réduisent presque totalement en gaz éclairant. Aussi le gaz extrait du *bog-head* est-il doué d'un pouvoir éclairant quatre fois supérieur à celui du gaz retiré de la houille.

On distille le *bog-head*, à l'usine de la rue de Charonne, dans des cornues qui diffèrent peu de celles que l'on emploie pour la fabrication du gaz ordinaire. Ce sont des cornues très-plates, en terre réfractaire, munies d'une tête en fonte, portant un obturateur en fonte, fixé lui-même par une vis. La distillation se fait très-rapidement. Le résidu extrait des cornues reçoit différents usages dans l'industrie, ou bien est vendu comme coke de qualité supérieure.

Le *barillet*, dans lequel se condense la plus grande partie des produits de la distillation du *bog-head*, est placé, suivant le système ordinaire, au-dessus des cornues. Les matières bitumineuses et goudronneuses qui s'y condensent, sont beaucoup plus abondantes et plus variées que celles qui proviennent de la distillation de la houille. Soigneusement recueillies, elles constituent l'un des produits les plus importants de cette industrie.

Le gaz achève de se débarrasser des matières goudronneuses et des hydrocarbures divers, dans le *condenseur* et dans la *colonne à coke*. Puis des *épurateurs* absorbent l'acide carbonique ou l'hydrogène sulfuré, et le gaz, ainsi purifié, se rend au gazomètre.

Le gazomètre, dans les usines qui préparent le gaz portatif, n'a pas l'importance qu'il présente dans les usines ordinaires. Ce n'est plus, à proprement parler, un réservoir destiné à accumuler de grandes quantités de fluide. Ce n'est qu'une sorte d'entrepôt, une capacité de petite dimension, dans laquelle le gaz est puisé par des pompes foulantes, et refoulé par les mêmes pompes dans des réservoirs cylindriques en tôle, qui sont disposés dans les voitures mêmes qui doivent le transporter chez l'abonné.

Dans l'usine de la rue de Charonne, il y a douze pompes aspirantes et foulantes, qui agissent sur l'unique gazomètre.

C'est, disons-nous, dans les réservoirs de tôle que portent les voitures, que le gaz est immédiatement refoulé et comprimé. Voici comment sont construits ces réservoirs, ainsi que la voiture qui sert à leur transport.

La voiture est une grande caisse de 3 mètres de long sur 2 de large, pesant 1,500 kilogrammes, et renfermant trois rangées de trois cylindres en tôle, en tout neuf cylindres, ou réservoirs. On peut condenser dans chacun de ces cylindres, 400 litres de gaz, mesuré à la pression ordinaire. Ils sont composés d'une tôle assez résistante, car ils doivent renfermer du gaz comprimé à 11 atmosphères. Les cylindres pèsent autant que la voiture, ce qui donne un poids total de 3,000 à 3,500 kilogrammes.

Chaque cylindre est muni d'un tube armé d'un robinet. Ces tuyaux communiquent avec un tuyau général, nommé *rampe*, qui est placé à l'arrière de la voiture, et qui porte un manomètre, destiné à indiquer le degré de compression du gaz intérieur. Cette *rampe* est un tube en cuivre, sur lequel sont montés autant de robinets qu'il y a de cylindres ; de sorte qu'en ouvrant un de ces robinets, on fait passer dans le cylindre le gaz contenu dans la rampe, et réciproquement.

La figure 81 représente l'une des voitures pour le transport du gaz portatif ; AB est la *rampe*, qui communique, au moyen de tubes infléchis, avec chacun des neuf cylindres. C, est un robinet placé au-dessous de la rampe, et communiquant avec elle, sur lequel on adapte le tube destiné à envoyer le gaz chez l'abonné.

Lorsqu'il s'agit de remplir de gaz une de ces voitures, on l'amène près de l'atelier des pompes de compression. On adapte à la *rampe* un tuyau de caoutchouc, doublé de forte toile, partant du gazomètre, puis, ayant ouvert le robinet de la rampe et les robinets des neuf cylindres, on fait agir la pompe aspirante et foulante. Le manomètre fait connaître la pression, qui est la même dans tous les cylindres, puisqu'ils communiquent tous entre eux, par l'intermédiaire de la rampe.

On arrête l'introduction et la compression du gaz lorsque le manomètre indique 11 atmosphères. On ferme d'abord le robinet communiquant avec chaque cylindre, puis celui qui fait communiquer la rampe avec le gazomètre.

C'est dans la journée que les voitures de gaz comprimé se mettent en route, attelées de deux chevaux. Elles vont remplir les petits réservoirs existant chez chaque consommateur. Quand la voiture est arrivée devant la porte de l'abonné, le conducteur commence par appliquer un tuyau de conduite en caoutchouc, au robinet C (*fig.* 81) placé au-dessous de la rampe et des cylindres et communiquant avec eux. Il applique l'autre extrémité de ce tube sur le robinet du réservoir du particulier. Ensuite, il ouvre les deux robinets, et laisse le gaz s'écouler. Comme le gazomètre du particulier est vide, ou ne renferme guère que du gaz à 2 ou 3 atmosphères, reste de la consommation de la veille, tandis que le gaz de la voiture est comprimé à 11 atmosphères, le gaz est lancé avec force, par cette différence de pression, dans le réservoir de la maison. Le manomètre de ce dernier appareil indique la pression, au fur et à mesure de l'écoulement du gaz. On interrompt l'écoulement du gaz quand le réservoir de l'abonné est à la pression de 4 ou 5 atmosphères. Pour atteindre ce degré, il faut souvent vider plusieurs des cylindres de la voiture : le premier amène la pression à 3 ou 4 atmosphères, le second ou le troisième à 5.

Quand le réservoir de l'abonné est ainsi rempli, le conducteur de la voiture se rend chez un autre consommateur, où il exécute la même opération, en ayant soin de commencer par vider ceux de ses cylindres dont la pression est devenue la plus faible.

Les réservoirs existant chez les particuliers, sont des cylindres de tôle assez résistante. Ils ont seulement $2^m,60$ de hauteur, sur $0^m,60$ de diamètre, et par conséquent n'ont rien de gênant. Ils sont toujours munis d'un manomètre. Le gaz se dirige de ce réservoir dans les becs de la maison, par un robinet qui en règle l'écoulement.

L'établissement de Charonne dessert particulièrement les communes des environs de Paris, qui se trouvent à une trop grande distance des usines à gaz. Il va porter la lumière dans les populations de la banlieue ; telle est sa mission modeste, et on ne voit guère que le cercle de ses attributions puisse s'étendre à autre chose qu'à remplacer les conduites, quand les lieux à éclairer sont à une trop grande distance des usines. Autrefois, à Paris, un certain nombre d'administrations publiques et quelques théâtres, par exemple celui de l'Odéon, faisaient usage du gaz comprimé ; mais aucune raison particulière n'obligeant à maintenir plus longtemps ce système exceptionnel, on n'a pas tardé à y renoncer.

Il est, toutefois, une application qui pourrait être faite du gaz comprimé : nous voulons parler de l'éclairage des trains de chemin de fer. M. Hugon, directeur de l'usine de Charonne, fit, au mois de décembre 1858 et au mois de mai 1859, sur le chemin de fer de l'Est, plusieurs expériences assez concluantes sous ce rapport. Comme l'agitation de l'air pendant la marche, aurait eu pour effet d'éteindre le gaz, M. Hugon avait interposé entre le bec et les cylindres servant de réservoir de gaz, une espèce de caisse à air, dans laquelle venaient se produire et se perdre les agitations et ébranlements de l'air résultant de la marche. Le 11 décembre 1858, sur le train de Strasbourg à Paris, M. Hugon éclaira le convoi pendant treize heures, à raison de 40 centimes environ par lanterne et par heure d'éclairage.

Cette expérience était intéressante en elle-même ; mais on comprend qu'elle n'ait pas eu d'autre suite.

En Amérique, les bateaux à vapeur faisant de longs trajets nocturnes sur les fleuves ou sur l'Océan, ont été quelquefois éclairés au moyen du gaz comprimé. Les paquebots transatlantiques pourraient recevoir le même mode d'éclairage, car il paraît que le *Great-Eastern*, au bord duquel ce système a été établi, ne s'en est pas mal trouvé.

CHAPITRE XXIV

COMBUSTION DU GAZ. — LES BECS. — BECS A SIMPLE FENTE ET BECS A DOUBLE COURANT D'AIR. — LES BECS POUR L'ÉCLAIRAGE DES RUES ET LES BECS D'APPARTEMENTS. — LES COMPTEURS A GAZ. — AVANTAGES DIVERS DU GAZ DE L'ÉCLAIRAGE.

Le gaz de l'éclairage obtenu par la distillation de la houille, est brûlé dans des appareils très-simples, connus sous le nom de *becs*.

On peut les ramener à deux types : 1° le bec à un seul jet et à simple courant d'air, dans lequel le gaz, s'échappant par une fente, ou ouverture, de dimension variable, donne une flamme affectant différentes formes, comme celles d'éventail, de crête de coq, d'aile de chauve-souris, ou de simple cône allongé, comme est la flamme d'une bougie ; 2° les becs à jets multiples et à double courant d'air, c'est-à-dire le bec d'Argand réalisé au moyen d'un courant de gaz enflammé.

Le premier genre de becs est le plus répandu. La forme plate et étalée offrant à l'air une surface considérable, produit le même effet que le bec d'Argand, c'est-à-dire assure une combustion très-complète.

L'intérieur du bec à simple courant d'air, représente un cylindre déprimé, terminé par une calotte sphérique dans laquelle est pratiquée la fente, qui doit donner issue au gaz. La figure 82 représente la coupe du *bec en éventail*, qui est en usage pour l'éclairage des rues. Il est pourvu d'une fente transversale, et donne une flamme qui s'étale régulièrement en présentant la forme que retrace la figure 83.

Fig. 82. — Coupe du bec éventail.

Le *bec Manchester* (fig. 84) se compose de deux tubes inclinés l'un vers l'autre, sous un

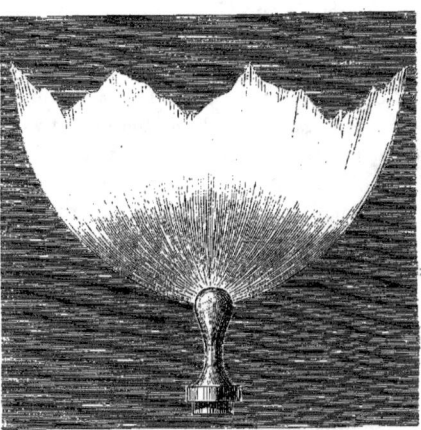

Fig. 83. — Forme de la flamme du bec éventail.

certain angle. Les deux jets de gaz se rencontrent à la sortie ; de ce choc résultent un

Fig. 84. — Bec Manchester.

aplatissement de la flamme, qui s'étale dans un plan perpendiculaire à l'orifice de sortie, et un ralentissement dans l'écoulement du gaz, qui brûle alors sous la forme d'une nappe aplatie. Ce genre de brûleur, lorsqu'il est réglé avec soin, fournit le maximum du pouvoir éclairant du gaz.

La forme de la flamme est celle qu'indique la figure 85.

Fig. 85. — Forme de la flamme du bec Manchester.

Le *bec Manchester* n'est employé dans les lanternes à gaz de Paris, que pour les candélabres de grand modèle, qui se placent aux alentours des édifices, des fontaines, des refuges, etc.

Les dimensions et la largeur de la fente du bec, ont une influence immense sur le pouvoir éclairant du gaz, si bien que l'on a pu dire : *tel bec, tel gaz*. Les dimensions de la tête du bec, et la largeur de la fente, ont une telle influence sur le pouvoir éclairant du gaz, que l'on peut arriver, par de simples modifications dans les dimensions de la fente, à faire varier ce pouvoir éclairant du simple au triple.

Ce résultat tient à ce que, en élargissant la fente du bec, on diminue la pression, et qu'en général le gaz éclaire d'autant mieux, qu'il s'écoule avec une pression plus faible.

Ce principe nouveau fut mis en évidence pour la première fois, par M. Bouyon. Cet ingénieur prouva que, pour brûler efficacement, le gaz doit s'échapper lentement, sous une faible pression et par l'ouverture la plus large possible, maintenue toutefois dans des limites qui puissent assurer à la flamme une fixité et une forme convenables.

Les résultats obtenus par M. Bouyon ont été confirmés et poussés beaucoup plus loin, par MM. Dumas et Regnault, qui sont partis de ce fait pour augmenter, avec le plus grand bonheur, le pouvoir éclairant du gaz dans les candélabres de la ville de Paris.

Fig. 86. — J. B. Dumas.

Les essais faits dans cette direction, par MM. Dumas et Regnault, par l'ordre du Conseil municipal de Paris, sont consignés dans les *Annales de physique et de chimie* (1), dans un mémoire très-savamment rédigé par MM. Audouin et Paul Bérard.

M. Schilling, dans son *Traité de l'éclairage par le gaz*, résume dans les termes suivants les expériences de MM. Dumas et Regnault.

« MM. Dumas et Regnault ont examiné dix sortes de becs à fente, dont la dimension du bouton variait de 0,5 en 0,5 de millimètre ; et chaque sorte était

(1) Troisième série, n. 65.

munie d'une fente variant de 0,1 en 0,1 de milli mètre. Dans tous les essais, on a atteint le maximum d'intensité de lumière avec le bec de 0,7 millimètre. Ce bec a donné, à consommation égale, une intensité lumineuse quadruple du bec à fente de 0,1 millimètre et sous une pression de 2 à 3 millimètres. Quant au diamètre du bouton, on a trouvé qu'il doit varier avec la consommation ; pour une dépense de 120 litres, ce diamètre doit être de 6 millimètres ; pour 150 litres, 7,5 millimètres ; pour 200 à 250 litres, 8 à 8,5 millimètres. On a essayé six sortes de bec à un trou, variant depuis 0,5 de millimètre de diamètre jusqu'à 3,5 millimètres de 0,5 en 0,5 de millimètre. Chacun de ces becs donne une dépense de gaz presque égale pour une même hauteur de flamme. En général, l'intensité augmente avec la dépense jusqu'à ce que la flamme atteigne une hauteur où elle fume. Ces essais ont donné le maximum d'intensité pour un trou de 2 millimètres de diamètre, 30 centimètres de hauteur de flamme et 123 litres de dépense à l'heure. En pratique, où l'on emploie ces becs pour imiter les flammes des bougies, la meilleure condition est 10 centimètres de hauteur de flamme et 34 litres de consommation à l'heure. Les becs-bougies d'un diamètre plus grand ne peuvent brûler que sous une pression très-faible pour ne pas fumer. Dans l'étude des becs Manchester ou à queue de poisson, on a fixé deux becs à un trou sur des genouillères mobiles, de manière à pouvoir examiner isolément chacune des flammes et les rapprocher en les inclinant de façon à obtenir une flamme unique, identique à celle du Manchester. Pour les trous les plus étroits, l'intensité des flammes réunies n'a pas été plus grande que le double d'une ou deux flammes isolées. A mesure que les trous augmentent de diamètre, la supériorité du bec Manchester sur le bec à deux bougies devient plus considérable. Enfin pour des diamètres de trous très-forts la flamme devient irrégulière et l'intensité devient inférieure à celle des deux bougies. Le maximum a lieu pour les trous de 1,7 à 2 millimètres de diamètre et une consommation de 200 litres à l'heure. Pour une consommation de 100 à 150 litres, il faut employer des becs avec trous de 1,5 millimètre. La pression la plus avantageuse est d'au moins 3 millimètres, c'est-à-dire un peu plus forte que pour les becs à fente ; avec une pression plus faible, la flamme est irrégulière et vacillante (1). »

Les becs d'Argand, ou à double courant d'air, sont beaucoup moins employés que les becs simples. Ils se composent de deux cylindres concentriques, surmontés d'un anneau en fer ou en bronze, dont la partie supérieure est percée de trous donnant passage au gaz. En brûlant, le gaz forme autant de petits jets distincts qu'il y a de trous dans l'anneau de bronze. L'intervalle de ces trous est d'ailleurs assez rapproché pour que le gaz brûle sous forme de nappe cylindrique non interrompue. La somme des trous, qui peut varier de 8 à 25 sur un même anneau, présente au dégagement du gaz un orifice de sortie total relativement plus considérable que dans le *bec-éventail* à large fente. Aussi la flamme est-elle fuligineuse et peu stable. La flamme brûlant autour de cet anneau percé de trous, manquerait donc de pouvoir éclairant. De là la nécessité d'employer la cheminée de verre. Il faut seulement, comme dans l'éclairage à l'huile au moyen du bec d'Argand, régler l'appel d'air que détermine la cheminée de verre, de manière à produire une combustion complète.

L'avantage essentiel des becs de gaz pourvus d'une cheminée de verre, c'est de permettre d'augmenter ou de diminuer l'appel de l'air suivant les besoins, tandis que dans les becs brûlant à l'air libre, la flamme se trouve trop souvent chassée par le vent, dans les candélabres publics, ou dérangée par les courants d'air, à l'intérieur des maisons. La grandeur des orifices d'entrée et la hauteur de la cheminée de verre, permettent de graduer exactement la quantité d'air qui doit

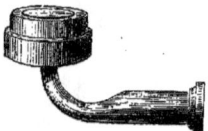

Fig. 87. — Bec sans ombre.

alimenter la flamme. Les premiers déterminent la section d'écoulement de l'air, la cheminée de verre règle la vitesse de son passage à travers la flamme.

Les becs d'Argand sont construits d'une

(1) *Traité de l'éclairage par le gaz*, traduit de l'allemand par Ed. Servier, in-4. Paris, 1868, p. 67.

manière très-différente sous le rapport de l'entrée de l'air. Ceux qu'on nomme *becs sans ombre* (*fig.* 87) ont la plus libre entrée d'air ; on les appelle ainsi parce que le corps du bec, étant très-petit, projette très-peu d'ombre. Ils ne conviennent qu'à un gaz d'un assez grand pouvoir éclairant.

On limite davantage d'ordinaire, l'entrée de l'air, en donnant à ces becs la forme représentée par la figure 88.

Dans les becs dits *économiques*, l'entrée de

Fig. 88. — Bec d'Argand.

l'air est limitée jusqu'à l'extrême. Cette disposition réduit la dépense du gaz, mais elle donne souvent une flamme rouge et fumeuse, surtout lorsque, après un long usage, la poussière a obstrué une partie des ouvertures de l'anneau.

Dans le *bec Dumas*, qui est très-usité en France, on trouve réalisés, par une foule de dispositions secondaires, les obstacles au passage de l'air ayant pour effet d'amener l'échauffement préalable de l'air avant le moment de sa combustion. La figure 89 fait voir la route compliquée que doit suivre le gaz avant de parvenir jusqu'à la flamme. Arrivant par le tube A, le gaz s'engage dans le tube bifurqué BB. Il en sort par les petits orifices a, a ; puis, il arrive dans le canal annulaire qui est formé par les parois du cylindre D et celles

de l'enveloppe dans laquelle est placé le même cylindre. Un cercle pourvu de cannelures, C, le divise et sert encore à retarder son passage, et à l'échauffer jusqu'à ce qu'il arrive enfin au contact de la flamme, qui brûle autour de la couronne *ee*.

La figure 90 représente en coupe les petites dispositions que représentait en élévation la figure 89. Les mêmes lettres indiquent les mêmes organes sur l'une et sur l'autre figure.

Nous donnons enfin (*fig.* 91) le bec Dumas dans son ensemble.

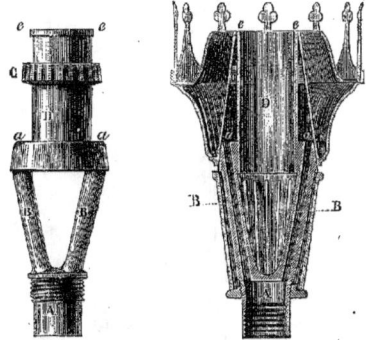

Fig. 89. Fig. 90.
Bec Dumas (partie intérieure). Coupe du bec Dumas.

Les becs à faible accès d'air produisent une flamme qui est d'un grand volume, relativement à leur faible consommation. C'est ce qui les a fait nommer *becs économiques*. Mais n'oublions pas que l'intensité lumineuse du gaz de l'éclairage diminue à mesure que la flamme s'agrandit.

On a proposé, sous différents noms, un nombre considérable de petits appareils, ayant pour but de réduire la dépense du gaz, tout en fournissant une même quantité de lumière. Presque tous ces appareils reviennent à interposer à l'intérieur de la flamme, au-dessus du bec, certaines matières, telles que de la pierre ponce, ou des disques de métal inoxydable. Ces corps étrangers n'ont d'autre résultat que d'agir comme régulateurs, en diminuant la vitesse d'écoulement du gaz.

Quoiqu'ils ne fournissent pas le maximum d'effet éclairant, leur usage est cependant avantageux, parce que les corps étrangers ainsi interposés, ont la propriété de condenser de petites quantités d'hydrocarbures, qui brûlent dans la flamme et que le gaz aurait entraînées.

C'est sur le même principe qu'est fondé l'emploi d'un anneau de platine, placé dans la flamme, très-près de la fente du bec. Le platine n'agit point ici, comme on pourrait le croire, en émettant une lumière propre,

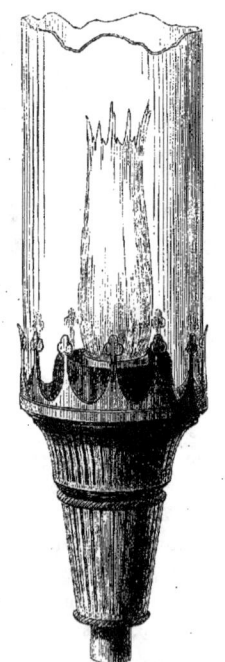

Fig. 91. — Bec Dumas avec son verre.

par suite de son incandescence, car il s'échauffe à peine. Il ne fait qu'écraser, pour ainsi dire, le gaz à sa sortie, et mettre obstacle à son écoulement. Il ne produit pas, du reste, d'effet sensible sur le bec à large fente, ni sur le bec Manchester.

Des expériences furent faites, il y a quelques années, dans les candélabres de la ville de Paris, pour s'assurer des avantages de ce dernier système. On plaça près des becs, de petits corbillons de platine. Mais on ne constata aucun avantage particulier, et l'expérience ne fut pas poussée plus loin. Le platine peut, d'ailleurs, être remplacé ici par tout autre métal.

Pour terminer ce chapitre, nous parlerons des appareils destinés à l'éclairage des rues, et de ceux qui sont en usage dans les appartements.

Pour que l'éclairage des rues soit efficace, il faut placer les lanternes à environ 30 mètres de distance les unes des autres, avec des becs consommant de 125 à 140 litres à l'heure. La distance des lanternes ne doit pas être de plus de 40 mètres. On place les lanternes alternativement de chaque côté de la rue. Lorsqu'une rue débouche sur une autre, on cherche à répartir les lanternes de telle sorte qu'une d'elles se trouve soit à l'un des angles, soit en face de cette rue, de cette manière le gaz éclaire les deux rues à la fois. Si deux rues se croisent, on place la lanterne à un des deux angles. Sur les places, on n'éclaire souvent que les trottoirs le long des maisons; mais si les places sont grandes, ou que la circulation y soit importante, il est bon d'éclairer le milieu, soit par plusieurs candélabres à une flamme convenablement répartis, soit par un seul candélabre à plusieurs flammes.

Les *refuges* pour les piétons, qui commencent à être établis dans les points de Paris où la circulation est très-active, offrent un emplacement excellent pour y établir un groupe de lanternes à gaz.

Les candélabres sont placés à quelque distance des maisons, le long du trottoir. Cependant, on commence à abandonner ce système, à Paris, pour en revenir aux consoles simplement plantées contre les façades des maisons. D'autres fois on applique un candélabre, de forme ordinaire, contre le mur même de la maison, c'est-à-dire à peine à quelques pouces de distance. Avec cette disposition, la circulation sur les trottoirs est débarrassée des colonnes des candélabres, mais la rue est moins éclairée, la flamme étant trop rapprochée du mur et, de plus, placée souvent trop bas.

une colonne creuse, en fonte, avec une base percée à jour, d'environ 0^m,60 à 0^m,90 de longueur. Le tuyau de gaz suit l'intérieur de la colonne. Leur longueur est d'environ 2^m,85 à 3^m,30 au-dessus du sol, et leur poids varie de 140 à 240 kilogrammes. Au-dessous du

Fig. 92. — Modèle carré de la lanterne à gaz de Paris.

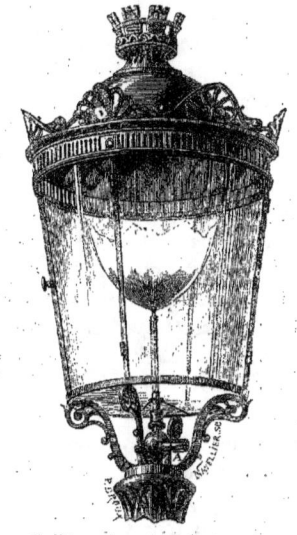

Fig. 93. — Modèle conique de la lanterne à gaz de Paris.

Dans les premiers temps, tous les candélabres de Paris avaient trop de hauteur. C'était une grande perte de pouvoir éclairant, puisque l'intensité de la lumière décroît en raison inverse du carré de la distance du foyer. La meilleure hauteur à donner à la flamme des candélabres des rues, est de 3^m,50 au-dessus du sol.

Un candélabre de rue doit présenter une certaine force de résistance, et s'enfoncer dans la terre à une profondeur suffisante pour pouvoir supporter, sans se briser ni fléchir, le poids de l'ouvrier, quand celui-ci monte sur une échelle, qu'il appuie contre la colonne, pour nettoyer la lanterne. Le candélabre doit, en outre, offrir une base commode et solide pour asseoir la lanterne.

Les candélabres, en général, consistent en

poids de 140 kilogrammes, leur résistance n'est pas suffisante; au delà de 200 kilogrammes, ils seraient trop massifs. C'est dans le pied du candélabre que se trouve le robinet donnant accès au gaz.

On munissait autrefois les candélabres d'un bras horizontal, servant à appuyer l'échelle de l'allumeur; mais cette disposition, qui ôtait à l'appareil toute élégance, commence à être abandonnée.

Les candélabres sont quelquefois remplacés, avons-nous dit, par des consoles fixées contre le mur des maisons. Les becs se trouvent à la distance de 0^m,75 à 1^m,20 de la façade. Une console doit satisfaire aux mêmes conditions qu'un candélabre; elle doit avoir la résistance nécessaire, être bien fixée au mur, et permettre d'y installer solidement la lanterne.

Les consoles sont scellées dans la maçonnerie au moyen de crampons de fer, ou bien, elles y sont appliquées au moyen de rosettes maintenues par des vis. Ce dernier moyen est celui qui offre le plus de solidité.

Les candélabres ou les consoles portent une lanterne dans laquelle la flamme du gaz est abritée contre le vent.

Les lanternes à gaz sont de forme conique, carrée ou hexagonale. Les figures 92 et 93 représentent les lanternes à gaz des rues de Paris.

La paroi inférieure de ces lanternes est à charnière et s'ouvrant de bas en haut, et du dehors en dedans. Il en résulte qu'on peut allumer le gaz au moyen d'une lampe spéciale, dite *lampe d'allumeur*, fixée au bout d'une longue perche, et sans avoir besoin de monter sur une échelle. Le carreau de vitre inférieur s'ouvre du dehors au dedans, de sorte que l'allumeur l'abaisse en introduisant sa lampe dans la lanterne. Lorsque le bec est allumé, il retire la perche et la trappe retombe par son propre poids.

La figure 94 représente la *lampe d'allu-* mèche en cuivre vissé, avec une mèche plate de $0^m,031$ de largeur. Au-dessus du porte-mèche est un capuchon en tôle ou en cuivre, C, de $0^m,122$ à $0^m,150$ de longueur, dont la partie supérieure est percée d'un grand nombre de trous qui donnent issue aux produits de la combustion de l'huile, et au moment de l'allumage du gaz laissent s'introduire le gaz, qui doit s'enflammer à la lumière de la lampe. L'air atmosphérique arrive à la lampe par des trous percés à la partie inférieure. Le capuchon se termine par un col en tôle qui va en se rétrécissant vers le bas et qui s'emmanche, en B, dans une perche de bois.

Cette lampe est quelquefois armée d'un petit bras horizontal, de $0^m,02$ ou $0^m,03$ de longueur, qui sert à ouvrir ou à fermer le robinet du bec (bascule). Avec ce bras horizontal, l'allumeur abaisse la bascule que représente la lettre A, dans la figure 92. Pour allumer, il introduit la lampe dans la lanterne, en soulevant la paroi vitrée inférieure, qui s'ouvre de bas en haut, et il présente sa lampe près du bec. Le gaz pénè-

Fig. 94. — Lampe d'allumeur.

Fig. 95. — Clef d'allumeur.

meur. Le réservoir d'huile, A, a environ $0^m,031$ de largeur et $0^m,044$ de hauteur. Il est muni, à sa partie supérieure, d'un porte-

tre à l'intérieur de la lampe et s'enflamme.

Quand la lampe d'allumeur n'a pas de bras horizontal, comme celle que nous représentons ici, l'ouvrier se sert d'une clef (*fig.* 95) portée à l'extrémité d'une perche, et qu'il introduit, pour ouvrir le robinet, dans la bascule que représente la lettre A dans la figure 93.

A Berlin, les trappes des lanternes à gaz se ferment au moyen d'un crochet, lequel est mobile autour d'une charnière et appesanti par une boule. L'allumeur repousse le crochet avec sa lanterne, et la porte n'étant plus maintenue par le crochet, s'ouvre vers le bas. Quand il a allumé le gaz, il relève la porte ; aussitôt le crochet la saisit et la maintient en place.

Autrefois l'allumeur montait à l'échelle, pour enflammer le gaz avec une lampe à main. Cet usage, peu commode sans doute, avait pourtant son utilité. L'allumeur était forcé d'approcher de la lanterne deux fois par jour, ce qui lui faisait découvrir les fuites qui pouvaient exister dans les robinets. Aujourd'hui l'allumeur ne peut atteindre à la lanterne qu'avec sa perche. La lanterne n'est donc visitée qu'au moment de la nettoyer, ce qui est une mauvaise condition.

Les allumeurs ont besoin, pour l'entretien des lanternes, d'une pince à bec, d'un flacon d'alcool, d'ustensiles de nettoyage, d'un ressort de montre pour nettoyer les becs à fente, et d'une épingle pour les becs à trous. Le flacon d'alcool sert à dissoudre la naphtaline qui s'attache quelquefois au bec. Il suffit, en effet, de quelques cristaux de naphtaline pour obstruer l'ouverture du bec. L'engorgement des lanternes n'est le plus souvent dû, selon M. Schilling, qu'à la naphtaline ; c'est cette substance qui produit presque toujours en hiver ce qu'on nomme improprement la congélation des becs.

Comme la consommation des flammes publiques n'est pas accusée par des compteurs, on les règle d'après un *gabarit* dont on a déterminé les dimensions au photomètre. On donne à chaque allumeur un de ces gabarits en tôle.

Passons aux appareils d'éclairage à gaz en usage dans l'intérieur des habitations.

Les appareils d'éclairage pour les appartements, sont fixés contre les murs, ou suspendus au plafond, par le conduit même du gaz. Par une ordonnance de police, parfaitement sage, ces conduits doivent être partout apparents à l'extérieur. Un tuyau qui s'engagerait dans une cavité inaccessible, serait une cause de dangers, car il serait impossible de reconnaître le lieu d'une fuite. Il faut donc que partout, même par-dessus les plus beaux plafonds des salons, les tuyaux de conduite demeurent accessibles à la vue. Quelquefois pourtant, les appareils d'éclairage privé jouissent d'une certaine mobilité. Un tube de caoutchouc, plus ou moins long, étant adapté au tuyau de conduite, à l'intérieur de l'appartement, permet de déplacer d'une certaine quantité la lampe à gaz.

Il y a donc trois espèces d'appareils : les lampes de murs, ou *bras*, les *lampes suspendues* (lustres, lyres, candélabres), et les *lampes mobiles*.

Un *bras* se compose d'un tuyau, plus ou moins orné, muni d'un robinet. Il est vissé d'un côté sur la muraille, et reçoit, à l'autre extrémité, le bec de gaz.

Quelquefois le tuyau d'un bras de gaz est muni d'une genouillère, pour que l'on puisse changer la direction de la lumière, éloigner ou rapprocher le bec. C'est ainsi que sont disposés les *bras* des ateliers, des cuisines, des bureaux, etc.

Les *lampes suspendues* se composent d'un tuyau descendant du plafond, et qui se termine par un bras, simple ou double, portant le bec.

Les *lampes mobiles* sont pourvues d'un tube de caoutchouc. Il faut que le caoutchouc soit *vulcanisé*. Malheureusement le caoutchouc, même vulcanisé, n'est pas toujours parfaitement imperméable au gaz, et des fuites peuvent se produire quand les tubes sont fatigués par l'usage.

Les becs que l'on pose sur les appareils d'appartements sont, comme nous l'avons déjà dit, des becs d'Argand. Nous avons déjà indiqué (p. 156-160) les différentes formes de ces becs, nous en donnerons ici une coupe (*fig.* 96).

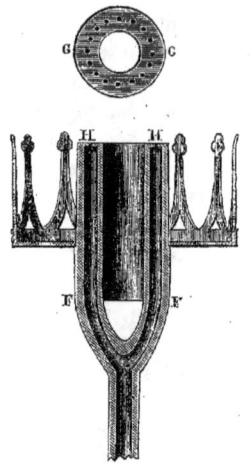

Fig. 96. — Bec d'appartement à double courant d'air.

L'extrémité d'un petit cylindre bifurqué, F, F, amène le gaz dans un double cylindre creux, H, H, surmonté d'une couronne métallique, G, G, percée de 15 à 20 trous de 1/3 de millimètre de longueur. Les becs munis de moins de 20 jets ne donnent pas une lumière proportionnelle à la dépense de gaz. L'air destiné à brûler le gaz passe à la fois à l'extérieur et à l'intérieur de la couronne métallique, comme dans le bec d'Argand des lampes à huile. Chaque bec porte une galerie, sur laquelle on pose une cheminée en verre, de 6 centimètres de diamètre sur 18 de hauteur, pour activer le tirage et défendre la flamme des courants d'air.

Cette cheminée est quelquefois recouverte d'une cloche de porcelaine, nommée *fumivore*, qui arrête la fumée de la flamme quand il s'en produit, ce qui est assez rare d'ailleurs, et témoignerait d'un défaut dans la nature du gaz ou dans les appareils d'éclairage. La figure 97 représente un

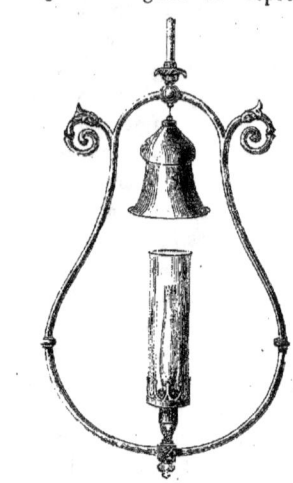

Fig. 97. — Bec en forme de lyre avec son fumivore.

fumivore adapté à l'appareil d'éclairage connu sous le nom de *lyre*.

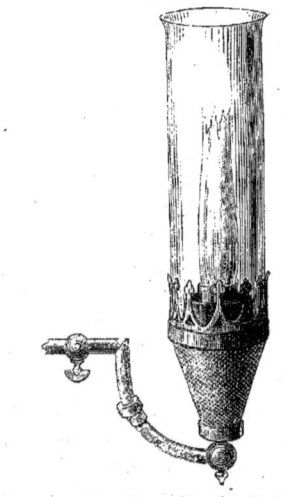

Fig. 98. — Bec Maccaud à toit métallique.

M. Maccaud a perfectionné d'une manière ingénieuse la construction des becs; il les entoure d'une toile métallique très-fine, destinée à ralentir le courant d'air, afin de remédier à l'instabilité de la flamme et d'en augmenter l'éclat. L'air étant forcé de pénétrer par les mailles de cette enveloppe, est retardé dans son mouvement, par suite du frottement qu'il éprouve dans les nombreux orifices qu'il doit traverser. La flamme devient parfaitement tranquille. En outre, l'air, échauffé d'avance par son contact avec les fils métalliques, n'enlève plus une si grande quantité de calorique à la flamme.

La figure 98 représente cette disposition de l'appareil.

La toile métallique peut être remplacée par une feuille de laiton, fendue longitudinalement et parallèlement dans tout son pourtour. L'effet est le même, avec cet avantage que la poussière s'y accumule moins. Le bec n'est autre chose alors que le *bec Dumas* que nous avons déjà représenté (page 160).

Depuis quelques années, la porcelaine a été substituée au cuivre. La figure 99 re-

Fig 99. — Bec de porcelaine.

présente le bec de gaz à double courant d'air pourvu d'une cheminée de porcelaine, et d'un godet inférieur, de la même substance, percé de trous.

La porcelaine présente de grands avantages sur le cuivre. Elle est peu conductrice de la chaleur, plus dure que le cuivre; elle est inaltérable à l'air, très-résistante au nettoyage ; elle exige moins d'entretien, et fournit une flamme plus régulière, parce que la dimension des trous reste toujours la même.

A l'origine, les compagnies basaient la vente du gaz sur la durée de l'éclairage. Mais ce système était défavorable pour elles, en ce que l'abonné pouvait clandestinement prolonger le temps de son éclairage, ou bien consommer une trop grande quantité de gaz, en employant, malgré les inconvénients qui en résultaient pour lui-même, une flamme de trop grandes dimensions. On a adopté depuis longtemps une mesure qui concilie tous les intérêts : on vend le gaz au volume.

Puisque le gaz est vendu d'après le volume de matière brûlée, il faut que les compagnies puissent, ainsi que le consommateur, déterminer exactement ce volume. Tel est l'objet des appareils connus sous le nom de *compteurs*. La disposition de ces appareils varie beaucoup, mais leur construction repose toujours sur le même principe, qui est d'ailleurs très-remarquable, comme conception mécanique.

Le *compteur à gaz*, dont l'invention est due à Samuel Clegg, consiste essentiellement en une capacité de dimensions connues, qui se remplit de gaz et s'en vide alternativement. Un tuyau amène le gaz dans un auget intérieur rempli d'eau. Cet auget se soulevant, permet au gaz de se répandre dans la partie supérieure de l'appareil, d'où il s'échappe par un tube qui le conduit aux becs. En même temps un second auget se remplit de la même manière. Pendant tout le temps de son passage, le gaz imprime un mouvement de rotation à la roue qui porte les deux augets. Le nombre des tours de cette roue est indiqué au dehors au moyen d'engrenages communiquant avec un cadran extérieur gradué. Quand on connaît la capacité des augets et le nombre de révolutions indiqué par l'aiguille du cadran, on peut déterminer le volume du gaz qui a traversé le compteur.

Les fabricants ont beaucoup modifié les dispositions secondaires du *compteur à gaz*. Nous représentons ici l'appareil qui est généralement en usage.

La figure 100 donne une coupe de la partie postérieure de cet appareil.

des fentes $f, f, f, f,$ qui sont ménagées près des ailes des hélices.

Le gaz entre dans ces chambres par les fentes du bas, c'est-à-dire sous l'eau qui remplit la caisse à moitié. Une chambre se remplit donc, et par suite de la forme des hélices, de la pression et de la légèreté spécifique du gaz, elle tourne et vient se présenter au-dessus du liquide. Le gaz s'échappe alors par le tube M pour aller à la consommation.

Tandis que cette chambre s'est vidée de son gaz, une autre s'est remplie, et l'action continuant, il en résulte un mouvement de rotation de l'axe de la caisse contenant les

Fig. 100. — Compteur à gaz, coupe de la partie postérieure.

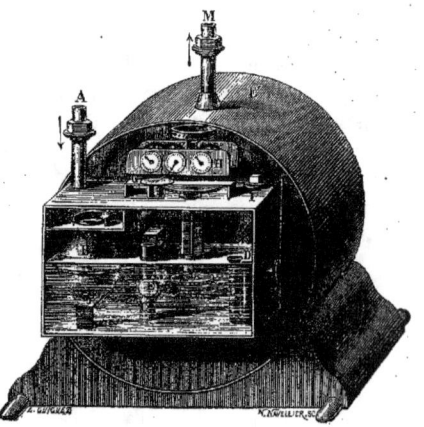

Fig. 101. — Compteur à gaz, coupe de la partie antérieure.

Le compteur proprement dit se compose, comme on le voit, d'une double caisse en tôle E'V (*fig.* 100), cette dernière tournant dans la première. En outre, la caisse V est divisée en quatre chambres, de capacités connues, par des hélices fixes. C'est cette caisse qui cube le gaz passant à travers le compteur.

Le gaz arrive par le tube A (*fig.* 101), il passe par la soupape régulatrice à flotteur B, remplit la capacité vide, et entre par le tube C, pour se rendre au compteur. Du tube C il passe dans la double enveloppe E'V (*fig.* 100), et il entre dans les chambres de jauge par

hélices. Connaissant donc la capacité des chambres à gaz, on déduit du nombre de leurs tours, la quantité qui a passé par l'appareil.

Pour pouvoir, à tout moment, connaître cette quantité, une série d'engrenages calculés inscrit le nombre des tours faits et les traduit en mètres cubes. A cet effet, l'axe de rotation se prolonge dans une caisse rectangulaire placée sur le devant du compteur (*fig.* 101). Il porte un pignon E, qui engrène avec une roue placée à l'extrémité d'un arbre vertical F, lequel communique le mouvement à l'aiguille du cadran G, qui donne les mètres cubes ayant passé par l'appareil. D'autres engrenages impriment le mouvement aux aiguilles des cadrans multiplicateurs, H, qui inscrivent les dizaines et centaines de mètres cubes. Enfin, une disposition trop longue à expliquer fait tourner le cadran horizontal L. L'objet de ce dernier cadran, c'est de montrer au consommateur les fuites qui peuvent se produire dans l'appareil. En effet, si, les robinets étant fermés, ce cadran continue de tourner, il indique par cela même, que du gaz traverse le compteur, et se perd sans arriver aux becs.

On remplit d'eau le compteur par l'orifice I, fermé par un bouchon à vis. Un siphon D, D', régulateur du niveau, empêche de trop remplir l'appareil. Quand il faut verser l'eau, on ouvre le bouchon à vis J, et tant que l'eau ne s'écoule pas par cet orifice, on peut sans crainte verser encore. Si le niveau de l'eau baissait trop dans le compteur, la soupape à flotteur B se fermerait, et le compteur cesserait de fonctionner, car le gaz ne passerait plus.

La figure 102 représente le compteur vu

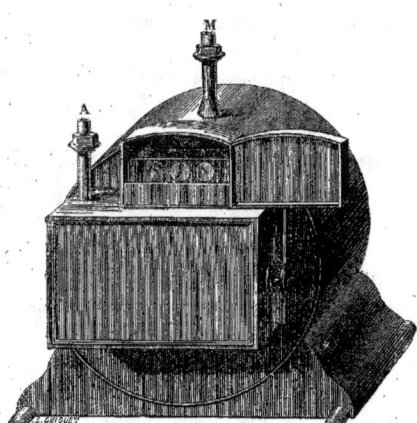

Fig. 102. — Compteur à gaz, vue extérieure.

à l'extérieur. Le gaz pénètre dans le compteur par le tube A, il en sort par le tube M.

L'ouverture J (*fig*. 101), quand on a retiré la vis qui la bouche, permet l'écoulement de l'eau versée en excès.

On doit s'assurer tous les mois, que le compteur a conservé son niveau. S'il y a une petite différence, due à l'évaporation de l'eau du compteur ou à la condensation de l'eau apportée par le gaz, on ajoute ou on retire un peu d'eau, après avoir pris la précaution de fermer le robinet de communication avec la canalisation de la rue.

Puisque l'eau est employée dans cet instrument, il doit être placé dans un lieu à l'abri de la gelée, qui arrêterait la marche de l'appareil par la congélation de l'eau. Il doit, de plus, être parfaitement de niveau, et établi plus bas que les becs qu'il doit desservir.

Chercher à démontrer la supériorité de l'éclairage au moyen du gaz sur les anciens systèmes d'éclairage, serait plaider une cause depuis longtemps gagnée. Nous nous bornerons donc à rappeler quelques chiffres qui donneront la mesure de sa supériorité.

Il est reconnu qu'un bec à gaz, de la dimension adoptée par les compagnies, et qui est équivalent à un fort bec d'Argand, consomme, par heure, terme moyen, 140 litres de gaz de houille, 58 à 60 litres de gaz de résine et 34 litres seulement de gaz d'huile. D'où il résulte que, pour une soirée d'hiver, commençant à quatre heures et finissant à onze, un bec consume : 980 litres de gaz de houille, 406 à 420 litres de gaz de résine, et 238 litres de gaz de l'huile. Or, d'après M. Péclet, le prix d'une heure d'éclairage, à lumière égale, en prenant pour terme de comparaison la lampe Carcel, qui brûle 42 grammes d'huile à l'heure, revient à Paris, savoir :

		centimes.
Celle obtenue	de la chandelle { des 12 au kilogramme........à	9,80
	des 16 au kilogramme........	12,00
	de la bougie de cire de 10 au kilogramme....	18,00
	de l'huile, dans l'appareil le plus avantageux..	5,80
	du gaz de l'huile ou de la houille............	3,90

Il résulte de là que la lumière fournie par les bougies de cire, est un peu plus de douze fois plus chère que celle du gaz, et que l'éclairage par le gaz présente une économie de près de moitié sur l'éclairage à l'huile, et des deux tiers sur celui de la chandelle. Ajoutons que les chiffres donnés ici par M. Péclet sont encore beaucoup au-dessous de la vérité, car ce physicien basait son calcul sur le prix de 72 centimes le mètre cube, prix trop élevé, attendu que les compagnies de gaz à Paris le livrent aujourd'hui aux consommateurs à 30 centimes.

D'après des évaluations plus récentes, on a établi le tableau suivant du prix comparatif des divers moyens d'éclairage, en prenant pour terme de comparaison, la lampe Carcel brûlant 42 grammes d'huile à l'heure.

Pour atteindre ce degré d'intensité lumineuse, il faut dépenser :

	centimes
En bougies stéariques, des 5 au paquet à raison de 1 fr. 80 le demi-kilog....	24,19
En chandelles moulées, des 6 au demi-kilog. à raison de 0 fr. 90 le demi-kilog..................	14,33
En huile, lampe Carcel étalon, 42 grammes à 1 fr. 70 c. le kilog............	7,17
En gaz de houille, bec fendu, première série, 148 litres à 0 fr. 30 le mètre cube...................	4,44
— bec fendu, deuxième série, 127 litres à 0 fr. 30 le kilog...............	3,71
— bec fendu, troisième série, 116 litres à 0 fr. 30 le kilog...............	3,48
— bec d'Argand, 88 litres à 0 fr. 30 le kilog..........................	2,64
En gaz portatif, bec type, 20 litres à 1 fr. le mètre cube...................	2,00

Ce n'est pas seulement sous le rapport de l'économie, que l'éclairage au moyen du gaz offre des avantages marqués. Son emploi met à l'abri d'un grand nombre d'inconvénients qui sont inséparables des anciens modes d'éclairage. Les chances multipliées d'extinction que présentaient autrefois les réverbères alimentés par l'huile, telles que la gelée, l'agitation de l'atmosphère, le défaut de mèches ou le mauvais entretien de l'appareil, n'existent plus avec le gaz. Dans l'intérieur des maisons, il permet d'éviter les ennuis du soin et de l'entretien des lampes, les pertes qu'occasionne trop souvent la mauvaise qualité du combustible, ainsi que les dangers qui résultent du coupage des mèches pendant l'ignition des lampes, et même les accidents qui peuvent arriver par l'inflammation spontanée de vieux linges ou d'étoupes imbibées d'huile, événement qui n'est pas aussi rare qu'on le pense. Il permet enfin d'éviter les vols domestiques de la substance éclairante.

Il existe encore bien des préjugés contre l'emploi du gaz ; mais quand on y regarde de près, il est facile de reconnaître que ces appréhensions sont mal fondées.

Le prétendu danger d'incendie, la crainte des explosions, voilà ce qui inquiète encore beaucoup de personnes. Mais les explosions de gaz sont extrêmement rares, et n'arriveraient jamais, si, après avoir reconnu par l'odeur l'existence d'une fuite de gaz, on ne pénétrait dans ce lieu avec une lumière. Quand une fuite s'est déclarée, ce qui est immédiatement révélé par l'odeur du gaz, ouvrir les fenêtres pour aérer la pièce dans laquelle elle s'est produite, après avoir fermé le robinet qui donne accès au gaz dans la maison, telle est la conduite à suivre. Et si l'on n'a pas l'imprudence de pénétrer dans la pièce infectée de gaz, avec une lumière, ou de chercher la fuite au moyen d'une bougie allumée, promenée le long des tuyaux, comme le font quelquefois certains ouvriers, il est impossible qu'une explosion se produise.

Le gaz est peut-être le moins dangereux de tous les modes d'éclairage. La meilleure preuve de ce fait, c'est qu'en Angleterre, les compagnies d'assurances contre l'incendie assurent les maisons éclairées au gaz aux mêmes conditions et même à des prix moins élevés, que celles qui ne font pas usage du gaz. Remarquons, en effet, que c'est déjà une grande cause de sécurité, que l'impossibilité de transporter la lumière d'un lieu dans un autre. La plupart des incendies provoqués par les bougies ou les lampes, proviennent de ce que l'on a, par distraction, transporté la lampe dans un lieu dangereux. Combien de morts d'hommes n'ont pas causées les lampes à schiste, à gazogène ou *liquide Robert*, à pétrole mal purifié ! A côté de ces liquides inflammables, le gaz est la sécurité même.

M. Schilling, dans son *Traité sur le gaz*, examine d'une manière approfondie la question de l'explosibilité d'un mélange d'air et de gaz. On ne peut, selon lui, préciser la quantité de gaz qui doit se répandre dans un espace déterminé, pour former un mélange explosif, parce que le mélange du gaz avec l'air n'est jamais que partiel, et que le hasard joue un grand rôle dans la formation de ce mélange explosif à un endroit déterminé d'une même pièce. Selon M. Schilling, un mélange de 4 volumes d'air et de 1 volume de gaz n'est pas encore explosif ; bien plus, lorsqu'on l'allume, il brûle simplement. Un mélange de 5 volumes d'air avec 1 volume de gaz est détonant, mais une proportion plus grande d'air n'offre plus aucun danger.

On reproche souvent au gaz de fatiguer la vue. Mais la lumière du gaz n'a aucune action malfaisante qui lui soit propre. C'est l'augmentation de l'intensité de la lumière qui fatigue les yeux, et non la nature même de cette lumière. Au lieu de travailler, comme on le faisait autrefois, avec une ou deux bougies, on emploie maintenant un bec de gaz, qui donne la lumière de 10 à 12 bougies stéariques. Cette lumière trop vive fatigue les yeux ; mais si l'on se contentait de la même intensité de lumière qu'autrefois, c'est-à-dire d'une clarté équivalant à deux bougies, on ne fatiguerait pas sa vue.

On peut faire la même remarque pour la chaleur que développe la combustion du gaz, et dont on se plaint souvent, surtout dans les pièces de faibles dimensions, et dans celles où l'on n'établit pas une ventilation suffisante. Pour une même intensité de lumière, le gaz ne développe pas plus de chaleur, en brûlant, que la cire ou l'huile.

Disons, toutefois, que la fixité obligée des appareils à gaz est un grand inconvénient pour l'éclairage des appartements. Sans ce défaut, à peu près irrémédiable, il est certain qu'en raison de l'économie extrême qu'offre son emploi, le gaz aurait détrôné tous les autres agents d'éclairage. La nécessité de conserver à l'intérieur des maisons les appareils mobiles d'éclairage, c'est-à-dire les lampes, flambeaux, bougies, etc., restreint seule l'usage du gaz dans l'éclairage domestique.

CHAPITRE XXV

L'ÉCLAIRAGE PAR LES HYDROCARBURES LIQUIDES. — LE GAZ LIQUIDE OU L'ÉCLAIRAGE ROBERT.

Lorsqu'une industrie importante vient à s'élever, il semble toujours, au premier aperçu, qu'elle va anéantir les industries rivales, ou du moins apporter un obstacle considérable à leurs perfectionnements ultérieurs. Cependant l'expérience a toujours démenti cette prévision. Quand les bateaux à vapeur s'établirent sur nos fleuves, il sembla que les divers transports par la voie de terre allaient disparaître à jamais. Quand la fabrication des cotonnades et celle des toiles peintes furent introduites en France, pour la première fois, toutes les villes manufacturières du royaume se liguèrent contre cette industrie, qui paraissait les menacer d'une ruine inévitable. A l'apparition des premiers quinquets, les fabricants de chandelles se crurent réduits à la mendicité. On sait néanmoins que ces créations nouvelles ont produit des effets en tout contraires à ceux que l'on redoutait. L'éclairage par le gaz n'a pas apporté d'exception à ce fait général. Au lieu de faire disparaître les anciens systèmes d'éclairage, il a imprimé à chacun d'eux une impulsion nouvelle, et provoqué dans leur outillage des perfectionnements auxquels on était loin de s'attendre. Une fois accoutumé à l'éclat de la lumière du gaz, on a voulu la retrouver partout. Chacun a compris les avantages d'une lumière pure, égale et brillante ; et le désir généralement exprimé de voir perfectionner l'éclairage au moyen du suif et de l'huile, a conduit à une découverte nouvelle : nous voulons parler de l'éclairage par les hydrocarbures liquides.

La théorie avait depuis longtemps fait connaître la possibilité de remplacer l'huile végétale, ou le gaz, par des liquides naturels, formés, comme ce dernier produit, de carbone et d'hydrogène, et pouvant donner un éclairage plus économique, en raison de leur prix peu élevé. L'essence de térébenthine, — les huiles de naphte et de pétrole, — l'huile essentielle que l'on obtient en soumettant à la distillation divers schistes bitumineux que l'on trouve dans quelques terrains, et que l'on désigne sous le nom d'*huile de schiste*, — l'huile volatile que l'on retire des résines soumises à la distillation, etc., constituent autant de produits que la nature nous fournit avec une certaine abondance, et qu'il est permis de consacrer, avec de grands avantages, à l'éclairage. Seulement, ces liquides, très-volatils, beaucoup plus combustibles que l'huile végétale, et ne renfermant que peu ou point d'oxygène, ne pouvaient être brûlés dans les lampes ordinaires qui servent à la combustion de l'huile. Il fallait imaginer des dispositions particulières pour les appliquer à l'éclairage.

Cette dernière difficulté a été facilement résolue. Les lampes pour la combustion des hydrocarbures ne laissent rien à désirer.

La figure 103 représente la lampe employée pour l'éclairage au *gazogène*. C'est le bec le plus simple de tous. Une mèche de coton, en fils qui ne sont ni tressés ni tordus, et qui est maintenue dans un tube de cuivre, plonge

Fig. 103. — Lampe pour l'éclairage au gazogène.

dans le liquide, et fait élever ce liquide par capillarité jusqu'à une certaine hauteur. De là la vapeur de ce même liquide vient s'enflammer à l'orifice.

Quelquefois on se sert, pour activer l'allumage, d'un moyen assez curieux, que la physique nous explique. On prend un anneau de cuivre, que l'on a chauffé lui-même par un moyen quelconque, par exemple en faisant brûler à sa surface un peu d'huile de schiste, et l'on applique cet anneau autour de la partie supérieure du bec. La chaleur se propage jusqu'au fond du tuyau, par la conductibilité du métal, et une partie du liquide se réduit en vapeurs qui passent à l'intérieur du tube. Cette vapeur s'enflamme, et les vapeurs continuant d'affluer au bec, la combustion continue sans interruption.

Qu'est-ce que le *gazogène*, fort mal nommé quelquefois *gaz liquide?* C'est le premier hydrocarbure liquide que l'on ait consacré à l'éclairage. Il se compose d'un mélange d'alcool et d'essence de térébenthine. Ces liquides sont très-inflammables tous les deux; leur mélange brûle dans les lampes avec un très-grand éclat. La térébenthine seule donnerait une flamme très-fuligineuse; la présence de l'alcool obvie à cet inconvénient. On appelle quelquefois ce système d'éclairage *éclairage Robert*, du nom de l'inventeur.

Le *gazogène Robert* n'est pas économique, vu la cherté de l'alcool, mais il a en sa faveur la propreté et l'absence de toute odeur pendant la combustion. Malheureusement, il est d'un usage très-dangereux, vu l'excessive inflammabilité des deux liquides qu'il renferme. Nous verrons tout à l'heure combien il faut tenir en défiance les liquides inflammables par eux-mêmes, et qui peuvent brûler sans l'interposition d'aucune mèche. Disons en attendant que, de tous les liquides dangereux comme agents d'éclairage, le liquide de Robert, c'est-à-dire le mélange d'essence de térébenthine et d'alcool, est assurément le plus à redouter.

Le *gazogène* n'est d'ailleurs aujourd'hui que d'un emploi très-limité.

L'hydrocarbure qui a d'abord remplacé le gazogène, c'est l'huile de schiste, qu'un certain nombre d'usines produisent encore aujourd'hui en quantité assez considérable, au moyen de la distillation des schistes bitumineux, qui se rencontrent dans divers terrains.

L'huile de schiste fournit un éclairage très-brillant, et qui offre, sous le rapport de l'économie, des avantages incontestables. Son prix ne dépasse pas 1 franc le litre. Aussi son usage est-il resté assez longtemps répandu dans les fabriques et dans les ateliers. On l'a même consacrée, dans quelques petites villes, à l'éclairage des rues.

Quelques renseignements sur l'extraction de l'huile de schiste, sur l'origine et sur les progrès de cette industrie, ne seront pas déplacés ici.

Les schistes bitumineux qui fournissent un carbure d'hydrogène liquide consacré à l'éclairage, se trouvent principalement dans le bassin d'Autun. Ceux que l'on trouve dans le midi de la France et dans les Alpes, sont des schistes imparfaits, c'est-à-dire des lignites, qui, par la distillation, fournissent des produits moins purs, et qu'il faut soumettre à plusieurs rectifications, pour les débarrasser de l'odeur désagréable qui les accompagne.

L'opération industrielle qui consiste à extraire les hydrocarbures éclairants des schistes bitumineux, est assez compliquée. Le fractionnement des différents produits obtenus dans les diverses périodes de la distillation, est le point difficile de cette fabrication.

Pour le retirer du sein de la terre, le minerai schisteux exige, comme premier travail, toute l'exploitation ordinaire d'une mine. Porté ensuite dans l'usine de première distillation, ce minerai y est concassé, puis jeté dans les cornues, qui sont disposées par couples dans les fourneaux. La distillation exige de douze à dix-huit heures. Les hydrocarbures en vapeur viennent successivement se condenser dans les appareils réfrigérants qui font suite aux appareils distillatoires. Ces derniers, une fois l'opération terminée, sont débarrassés du minerai épuisé, puis rechargés, et ainsi de suite.

Cette opération, qu'une usine sérieusement organisée ne peut effectuer sur moins de 25,000 kilogrammes par jour, ne procure au fabricant que le liquide brut. Il faut soumettre ce premier produit à des rectifications successives, qui ont pour but d'obtenir : 1° des essences de diverses densités, pour l'éclairage ; 2° des hydrocarbures plus consistants, qui peuvent servir à la fabrication des graisses pour les voitures, ou des goudrons asphaltiques pour les trottoirs des rues.

La production de l'huile éclairante de schiste est donc répartie dans trois centres d'exploitation : la mine, l'usine de distillation du minerai, et l'usine de rectification des liquides obtenus.

On n'a pu parvenir à trouver encore un emploi avantageux au résidu de la distillation des schistes bitumineux. Sous ce point de vue, l'extraction des hydrocarbures des schistes est loin d'offrir les avantages que présente l'extraction du gaz de la houille. La houille, en effet, laisse dans la cornue, le coke, dont les débouchés sont certains, tandis que le résidu laissé par le schiste n'a aucune valeur.

On avait proposé d'utiliser ce résidu, soit comme absorbant, soit comme désinfectant, soit comme amendement dans la culture ; mais les frais de transport deviendraient considérables ; il faudrait donc s'en servir sur place, chose impossible. La quantité de résidus résultant du travail de chaque jour est un véritable embarras ; elle finit par encombrer, en formant de petites collines, les environs des usines.

L'idée d'appliquer à l'éclairage les produits de la distillation des schistes, appartient à un manufacturier de Paris, Selligue, qui créa la première usine de ce genre. Dans l'origine, Selligue voulait consacrer l'huile de schiste à produire du gaz pour l'éclairage. La pensée lui vint plus tard de consacrer directement à l'éclairage, ce liquide, convenablement purifié. Seulement, il fallait construire des lampes d'une disposition spéciale. Selligue imagina et fit construire les premières lampes à schiste. Il fit élever l'huile jusqu'au bec par la simple capillarité de la mèche. Il adopta le bec d'Argand pour provoquer un double courant d'air, et il interposa au milieu de la flamme, un disque métallique horizontal qui étale et amincit cette flamme,

et qui multiplie assez les contacts de l'oxygène de l'air avec la vapeur combustible pour que cette vapeur brûle sans qu'aucune portion échappe à la combustion. La richesse de l'huile de schiste en carbone fait qu'elle brûle avec un éclat extraordinaire.

La figure 104 représente la lampe à schiste inventée par Selligue. On voit posé par-dessus le bec, un mince disque métallique, *a*, qui étale la flamme en une sorte de couronne évasée, forme excellente pour assurer une combustion complète. L'air arrive au bec par la galerie *bc*.

Il existe un autre modèle de lampe à schiste, dans lequel l'air arrive par la base de la lampe et suit le long trajet que l'on voit indiqué sur la figure 105. L'entrée principale de l'air se trouve à la partie inférieure de la lampe. Une règle *a*, que l'on enfonce à volonté, sert à graduer le volume d'air qui doit servir à la combustion.

Après la mort de Selligue, une compagnie s'organisa pour développer cette industrie. On opérait la distillation dans des cornues cylindriques placées verticalement dans le fourneau. Cette disposition permettait de charger et de décharger facilement les cornues, mais la partie intérieure, le noyau du milieu, n'était presque jamais distillée. Aujourd'hui, après divers essais et diverses formes données aux cornues, on a adopté une forme plate et élevée. Ces cornues se chargent par-dessus et se déchargent par devant. On se sert quelquefois de cornues de forme allongée, comme les premières qu'employa Selligue, en les plaçant obliquement dans le fourneau.

Le mode de fractionnement des hydrocarbures bruts, est d'une grande importance dans une usine de schiste. Dans l'origine, le produit de la première distillation, c'est-à-dire l'*huile brute*, recevait deux emplois : on la rectifiait, pour en retirer le liquide destiné à l'éclairage, et le résidu de cette seconde distillation servait à la fabrication

Fig. 104. — Lampes à huile de schiste. — Fig. 105.

des graisses pour les voitures. Les fabricants actuels ont modifié cette manière d'opérer. Leur hydrocarbure brut subit des fractionnements plus nombreux, ce qui permet d'obtenir une plus grande quantité de liquide propre à l'éclairage. En concentrant davantage les résidus, ils obtiennent des goudrons asphaltiques pour les trottoirs. Quelquefois, ces derniers résidus sont consacrés à la production du gaz, car cette matière fournit quinze fois plus de gaz que la houille.

Après celle de Selligue, d'autres usines se sont élevées pour la préparation de l'huile de schiste, et se sont efforcées de réaliser des perfectionnements dans la fabrication de ce produit.

Après l'huile de schiste, qui est de tous les hydrocarbures analogues le produit le plus répandu, on doit citer l'huile essentielle, extrêmement éclairante et d'un usage très-économique, que l'on obtient en soumettant à la distillation le *bog-head*, variété de houille très-précieuse par le nombre et l'utilité des produits qu'elle fournit. MM. Mallet et Knab l'obtiennent en distillant cette houille dans un bain de plomb, et par l'intermédiaire d'un courant de vapeur qui traverse l'appareil. Une fabrique de Hambourg préparait, en 1860, des quantités considérables de ce liquide, qui servait alors à l'éclairage des rues dans un certain nombre de villes de l'Allemagne.

Nous pouvons citer encore, comme propre au même objet, l'hydrocarbure que l'on retire de la distillation de la résine par des procédés particuliers. Ce liquide éclairant offre cet avantage capital, de n'être point combustible par lui-même, et par conséquent, de ne pas offrir, dans son maniement, les dangers qui ont fait repousser avec raison l'huile de schiste de l'intérieur des habitations. La source de ce liquide est d'ailleurs trop limitée pour que l'on puisse espérer le voir jamais prendre une extension importante. La résine est d'une production assez bornée, et elle ne saurait suffire aux besoins d'une consommation qui dépasserait certaines limites.

C'est ici le lieu de faire remarquer que l'emploi dans l'éclairage, du *gazogène*, de l'huile de schiste et de tous les hydrocarbures volatils, est une source continuelle de dangers. Les huiles végétales ne sont pas inflammables par elles-mêmes, elles ne peuvent brûler que par l'intermédiaire d'une mèche de coton. C'est ce qui donne une sécurité absolue pour la conservation de ces matières dans les magasins, et pour leur maniement à l'intérieur de nos maisons. Au contraire, l'huile de schiste, l'essence de térébenthine mélangée d'alcool, c'est-à-dire le *gazogène*, les huiles volatiles provenant de la distillation du *bog-head* et d'autres bitumes, s'enflamment directement par l'approche d'un corps en combustion, tel qu'une allumette. Cette fâcheuse propriété commande toutes sortes de précautions et de soins dans la conservation et l'emploi de ces substances. Une traînée d'huile qui se répand sur le sol, est un accident désagréable; mais une traînée d'huile de schiste qui coule sur le parquet, est une véritable cause de dangers, puisque le liquide peut aller s'enflammer à un foyer et mettre le feu à la maison.

Voilà le vice fondamental de tous les liquides combustibles par eux-mêmes. Aussi, dans les ateliers et les fabriques éclairés à l'huile de schiste, par exemple, a-t-on la sage précaution de fixer à demeure, les lampes contre le mur, ou de les suspendre invariablement au plafond, comme les appareils d'éclairage au gaz.

Malgré ces précautions, il se produit bien des accidents pendant le remplissage des lampes, par les bris de bouteilles, etc. Tous ces liquides sont donc une cause perpétuelle de dangers. La prudence exige qu'on leur interdise l'accès des habitations privées, qu'on les consacre uniquement à l'éclairage des rues, des cours des maisons et des lieux en plein air.

Il nous reste à dire que l'huile de schiste, et tous les hydrocarbures destinés à remplacer les huiles végétales, ont été détrônés et rejetés dans l'ombre, par un véritable coup de théâtre de la science et de l'industrie. Une huile minérale nouvelle, découverte au sein de la terre, et dont on commença à répandre dans l'industrie des masses considérables dès l'année 1863, a produit une véritable révolution subite dans l'art de l'éclairage. Nous voulons parler du pétrole. Au-dessous du sol de l'Amérique du Nord, on a trouvé d'immenses lacs de ce liquide combustible; il suffit d'un trou de sonde pour faire jaillir une colonne continue de pétrole. Le même produit naturel a été trouvé ensuite, avec une certaine abondance, en Asie et dans quelques parties de l'Europe.

C'est vers l'année 1858 que les sources jaillissantes d'huile de pétrole furent découvertes en Amérique, pour la première fois. Comme ce liquide se prête merveilleusement à l'éclairage et qu'il n'est pas inflammable par lui-même, quand on a eu la précaution de le priver, par des distillations répétées et une épuration convenable, des hydrocarbures très-volatils qu'il renferme, il donne une certaine sécurité comme agent d'éclairage. Aussi l'usage de l'huile minérale de pétrole n'a-t-il pas tardé à se répandre en Amérique. Ce produit est parvenu rapidement en Europe, où son bas prix l'a fait promptement accepter. Le pétrole a commencé par détrôner l'huile de schiste et les autres liquides combustibles à bas prix qui étaient alors en usage pour l'éclairage des ateliers, et bientôt les perfectionnements apportés à sa purification, lui ont ouvert l'accès des appartements.

Mais ce sujet mérite d'être étudié avec une attention particulière. Nous consacrerons, en conséquence, quelques chapitres à son développement.

CHAPITRE XXVI

GISEMENTS D'ASPHALTE PÉTROLIFÈRE CONNUS DANS L'ANTIQUITÉ. — LA MER MORTE ET LES SOURCES D'HUILES MINÉRALES ANCIENNEMENT CONNUES. — LES GISEMENTS D'ASPHALTE EN AMÉRIQUE. — L'HUILE DE SCHISTE EXPLOITÉE EN AMÉRIQUE ET EN EUROPE. — LE BITUME D'ASIE OU ASPHALTE DE RANGOUN. — DÉCOUVERTE ACCIDENTELLE, FAITE DANS L'AMÉRIQUE DU NORD, EN 1858, DES SOURCES JAILLISSANTES D'HUILE DE PÉTROLE.

Il est bien surprenant qu'un produit d'une aussi grande utilité pour les hommes, que l'huile de pétrole, ait été connu de tout temps et utilisé en partie par la civilisation ancienne, et que son usage ne se soit pourtant répandu que de nos jours. En ce moment, nous sommes encore loin de tirer de cette matière précieuse tout le profit qu'on doit en attendre. L'huile de pétrole s'est à peine introduite depuis quelques années dans la consommation générale, et déjà l'on comprend qu'elle constituera l'une des plus grandes richesses de l'humanité, une matière égale au moins à la houille, et qui est appelée, comme cette dernière substance, à exercer une influence fondamentale sur les progrès de l'industrie et du bien-être des nations.

Il faut remonter à une époque très-reculée pour trouver la première mention faite dans l'histoire des matières bitumineuses pétrolifères. Les mines de Ninive nous donnent ce premier témoignage historique. Les murailles de cette vieille cité de l'Asie, sont, en effet, cimentées par un mortier asphaltique, résidu de l'évaporation naturelle du pétrole. Le même ciment avait servi à l'édification de Babylone, et par conséquent aussi à la construction des fameux jardins suspendus, si toutefois cette merveille parmi les sept merveilles du monde, ne doit pas être reléguée dans le domaine de la Fable. Le pétrole était tiré des sources d'Is, qui existent encore aujourd'hui, non loin des bords de l'Is, petit affluent de l'Euphrate, qui coule à 190 kilomètres environ au-dessus de Babylone.

Les anciens Égyptiens connaissaient le pétrole; ils s'en servaient également pour la conservation des vivants et pour celle des morts. Ceux de leurs prêtres qui exerçaient l'art de guérir, administraient cette huile à leurs malades, et non sans raison, d'ailleurs, car le pétrole est un stimulant diffusible, au même titre que l'essence de térébenthine. C'est encore un excellent vermifuge, un remède héroïque contre le *tænia* ou ver solitaire, et nulle part le *tænia* n'est plus commun que dans la vallée du Nil. Le pétrole servait certainement aux embaumements; il n'est pas difficile de reconnaître cette substance à l'odeur qu'exhalent encore aujourd'hui les bandelettes des momies égyptiennes.

Hérodote parle des *puits de Zacynthe* qui fournissaient une huile minérale. Zacynthe, dont parle Hérodote, était l'île de Zante, qui fait partie des îles Ioniennes.

Plutarque cite un lac d'huile naturelle qui brûlait près d'Ecbatane.

Pline et Dioscoride mentionnent les sources huileuses d'Agrigente, en Sicile. Les habitants les utilisaient pour l'éclairage. Cependant cet usage ne se généralisa pas, bien que l'Italie soit riche en gisements de pétrole.

Les Chinois, dont la civilisation est restée immuable depuis les temps les plus reculés, ont dû rencontrer fréquemment des sources de pétrole, dans les sondages à la corde qu'ils pratiquaient pour découvrir des sources d'eau salée. Leurs puits artésiens, chefs-d'œuvre de patience, atteignent à des profondeurs de 600 et même de 800 mètres. Par suite de cette excessive profondeur, qui va confiner aux parties brûlantes de l'intérieur de notre globe, il se dégage souvent de ces puits, des flammes et des jets de gaz, qui brûlent comme des volcans en miniature. Certains puits artésiens du Céleste Empire qui, par leur ancienneté, sont de véritables monuments archéologiques, laissent couler depuis des siècles, une huile inflammable, sans que le réservoir naturel semble près de tarir.

Les bords de la mer Caspienne sont riches en sources de pétrole. Nous avons déjà parlé dans l'histoire du gaz de l'éclairage, des sources de Bakou, situées sur les bords de la mer Caspienne, qui donnent naissance à des effluves gazeux inflammables. Ces feux naturels qui doivent leur combustibilité à des vapeurs de pétrole, brûlent depuis l'antiquité la plus reculée. Nous ne reviendrons pas sur ce que nous avons dit concernant les *temples du feu* qui existent en Perse, et la secte des adorateurs de ce feu. Seulement nous présenterons (*fig.* 107) la vue de l'un de ces temples, d'après les dessins qu'a rapportés de ce pays un voyageur moderne, M. Flandin.

La mer Morte, ou *lac Asphaltite*, a tiré son nom des mêmes circonstances naturelles. Tout le monde connaît la légende biblique d'après laquelle Sodome et Gomorrhe, villes situées au bord de cette mer, périrent dans un embrasement général. Cette histoire a peut-être son origine dans quelque sinistre qui se produisit dans ces villes, par un de ces accidents dont les exemples, nous le verrons, n'ont pas de nos jours été rares en Amérique. Peut-être une source abondante et nouvelle qui vint tout à coup à surgir du sol, fut-elle enflammée par hasard, et, ruisselant en gerbes de feu parmi les campagnes et les villes, alla-t-elle répandre l'incendie et la mort dans ces malheureuses contrées. C'est sans doute par ce vulgaire accident que les débris de Sodome et de Gomorrhe dorment aujourd'hui sous les eaux tranquilles du *lac Asphaltite*.

De nos jours, en effet, l'huile semble sourdre continuellement des profondeurs de la mer Morte. Elle s'élève à sa surface, et souvent le touriste qui visite les bords solitaires de cette mer, admire les irisations de l'onde produites par la réfringence considérable du liquide bitumineux. Çà et là flottent des masses bitumineuses résultant de l'évaporation de l'huile minérale, et la plage est couverte d'épaves composées d'asphalte.

Il existe en Asie, en Afrique, en Amérique, des lacs plus riches encore en asphalte, c'est-à-dire en bitume provenant de l'évaporation de l'huile de pétrole.

Un grand nombre de sources de pétrole, peu abondantes, mais qui peut-être indiquent l'existence de grandes nappes souterraines, sont depuis longtemps connues en France et dans les autres pays de l'Europe. Nous citerons celle de Gabian, près de Pézénas (Hérault), qui avait dû sa réputation à ses vertus médicinales, — celle de Schwabwiller (Bas-Rhin), qui a été retrouvée en 1838, par M. Degousée ; — celles d'Amiano, découvertes en 1640, et qui ont longtemps servi à l'éclairage des rues de la ville de Gênes ; — enfin celles de Montechiaro, près de Plaisance ; celles de Modène ; de Lamperslock ; en Suisse ; dans le comté de Hanau ; et de Sehne, sur la frontière du Hanovre.

Mais la contrée la plus riche en pétrole, paraît être l'Amérique. L'existence de sources de pétrole, dans l'Amérique du Nord,

Fig. 106. — Un *temple du feu* à Bakou.

avait été signalée par divers naturalistes, avant l'événement considérable que nous rapporterons plus loin, c'est-à-dire avant la découverte soudaine faite, en 1858, d'une quantité énorme de sources de ce produit bitumineux.

C'est ainsi qu'Alexandre de Humboldt avait signalé, dans l'Amérique méridionale, bon nombre de points dans lesquels les sources bitumineuses sortent de terre. Telle est, au sud de la pointe de Guataro, sur la côte orientale et dans la baie de Mayari, la mine de goudron de Chapapote, qui, selon Humboldt, produit, aux mois de mars et de juin, des éruptions, souvent accompagnées de flammes et de fumée.

Au sud-est du port de Naparimo, au milieu d'un sol argileux, existe un lac de bitume renommé.

On trouve encore du pétrole sur les eaux de la mer, à trente lieues au nord de l'île de la Trinité (*la Trinidad*), île de l'archipel des Antilles, située non loin du continent américain, presque sur la ligne de l'équateur ; et autour de l'île de Grenade, autre île du même archipel, dont le sol basaltique renferme un volcan éteint.

Le docteur Nugent, qui a visité le lac de la *Trinidad*, a donné la relation suivante de ce qu'il observa dans cette excursion :

« A une certaine distance, on dirait un grand bassin d'eaux mortes, rempli d'îlots, d'ajoncs et d'arbrisseaux ; en arrivant auprès, on est tout surpris de se trouver en présence d'un lac immense de goudron minéral, ayant une couleur cendrée, et entrecoupé, çà et là, par des crevasses remplies d'eau. Lors de notre visite, la surface avait assez de consistance pour nous porter, ainsi que les quelques animaux qui nous accompagnaient et qui purent y brouter en toute sécurité. Cependant elle n'était pas tellement dure qu'elle ne conservât parfois l'empreinte de nos pas. Mais, à l'époque de la sécheresse, la résistance est moins grande et la matière doit approcher de l'état fluide, comme semblent l'indiquer les troncs et branches d'arbres récemment enveloppés de bitume et qui, auparavant, dépassaient le niveau d'une hauteur de 30 centimètres.

« Les crevasses qu'on aperçoit sont très-nombreuses ; elles se ramifient dans toutes les directions, et les eaux qui les remplissent pendant la saison des pluies sont le seul obstacle qui ne permette pas de faire la traversée à pied. La profondeur de ces crevasses est, en général, en raison de la largeur : elle a tantôt moins d'un mètre, et tantôt elle est insondable. Chose remarquable, l'eau qu'on en tire est de bonne qualité et sert à l'approvisionnement des habitants du voisinage ; on y trouve même du poisson, et particulièrement une très-bonne espèce de mulet.

« La matière n'a pas partout la même dureté : ainsi, dans certains endroits, il faut de rudes coups de marteau pour en détacher quelques morceaux, tandis que dans d'autres (et ce sont les plus nombreux) elle se laisse facilement découper avec une hachette et présente une cassure vésiculaire et huileuse. Il est un endroit où on la trouve à un état assez fluide pour qu'on puisse en puiser dans un vase, et on m'en a indiqué un autre où elle a la couleur, la consistance, la transparence et la fragilité du verre à bouteilles ou de la résine. Quelle qu'en soit la qualité, son odeur est partout la même, c'est-à-dire très-pénétrante et analogue à celle d'un mélange de soufre et de goudron. Au contact d'une lumière, la substance fond comme la cire à cacheter ; elle brûle alors avec une légère flamme et durcit de nouveau dès que cette flamme s'éteint. »

Quelle immense quantité de pétrole a dû s'évaporer, pour laisser un résidu aussi considérable ! Et qui pourrait calculer les quantités, plus grandes encore, qui se sont perdues dans les fleuves, ou déversées directement dans l'Océan !

Il n'est pas rare que les vaisseaux qui doublent le cap Vert, sur la côte occidentale de l'Afrique, presque sous l'équateur (Sénégambie), aient à traverser une nappe d'huile, qui recouvre les flots sur une surface de plusieurs centaines de lieues carrées.

Le même phénomène se montre quelquefois près de l'île de Terre-Neuve, non loin de la côte orientale de l'Amérique du Nord. Sous l'action du soleil, l'huile s'évapore en presque totalité, et le résidu de cette évaporation constitue les globules et rognons de matières solides, que l'on voit, dans ces parages, flotter sur les eaux de la mer.

Ici nous nous arrêterons un instant, pour hasarder l'explication d'un phénomène assez étrange, et qui, jusqu'à ce jour, est resté sans solution. Il s'agit de la véritable origine du produit naturel connu sous le nom d'*ambre gris*, et qui ne se trouve, comme on le sait, que dans les intestins d'un grand cétacé, le cachalot. On rencontre les masses d'ambre gris dans l'intestin de ce gigantesque mammifère souffleur, mais le plus souvent on les trouve flottant sur la mer, parmi les déjections de l'animal, ou échouées sur les plages. L'explication de la formation de cette substance a été donnée uniformément par les auteurs classiques. « L'ambre gris, dit, par exemple, Moquin-Tandon, se forme en boule dans le tube digestif du cachalot, et il est rendu avec les excréments (1). » Le même auteur ajoute : « Lorsque les pêcheurs américains découvrent l'ambre gris dans un parage, ils en concluent aussitôt qu'il doit être fréquenté par quelque cétacé (2). »

Bory de Saint-Vincent dit à ce propos :

« On prétend que les renards sont très-friands de l'ambre, qu'ils le viennent chercher sur les côtes,

(1) *Zoologie médicale.*
(2) *Ibid.*

le mangent et le rendent tel qu'ils l'ont avalé, quant à son parfum, mais altéré dans sa couleur. C'est au résultat de ce goût qu'on attribue l'existence de quelques morceaux d'ambre blanchâtre qu'on trouve à une certaine distance de la mer, dans les Landes aquitaniques et que les habitants du pays appellent *ambre renardé.* »

Les masses d'asphalte qui sont déversées dans l'Océan, par les sources naturelles de pétrole, nous paraissent fournir une explication beaucoup plus simple de l'origine de l'ambre gris. Les masses bitumineuses provenant de l'évaporation du pétrole, flottent sur la mer des côtes du nord de l'Amérique. Les grands cétacés les avalent, croyant trouver une proie. Dans l'intestin de ces animaux, le bitume s'épure, se clarifie, et subit la modification qui le transforme en ambre. Aussi l'ambre gris, si recherché des amateurs, serait, selon nous, de l'asphalte digéré par le cachalot, et l'odeur suave qui fait rechercher cette substance, proviendrait des huiles essentielles du pétrole, modifiées au sein de l'animal vivant.

Bien des fois, jusqu'à la découverte des sources d'huile de l'Amérique du Nord, événement considérable auquel nous allons arriver, on tenta de faire servir à l'éclairage le pétrole fourni par les petites sources connues. Mais ce produit naturel répandait une odeur infecte ; et comme il était chargé d'essences très-volatiles, il exposait aux dangers d'explosion et d'incendie. L'histoire fournirait beaucoup d'exemples de ce genre d'accidents. Il était donc indispensable de purifier l'huile de pétrole, pour la faire servir à l'éclairage.

Le premier essai d'une distillation, bien imparfaite encore, semble dater de 1694. A cette époque, une *patente* fut accordée en Angleterre, pour l'épuration des huiles minérales que l'on destinait à l'éclairage. Jusque-là ces huiles n'avaient servi qu'à des usages médicinaux et au graissage des machines. Cependant cette tentative d'épuration n'aboutit pas, et le silence se fit autour de l'industrie naissante.

Il faut arriver jusqu'à l'année 1850, pour trouver un nouvel essai sérieux de rectification des huiles de pétrole.

Young, industriel et savant d'un certain mérite, découvrit un gisement de pétrole dans la Nouvelle-Écosse (presqu'île du continent du nord de l'Amérique, au sud de l'île de Terre-Neuve). Après quelques tâtonnements, il parvint à en extraire une huile éclairante suffisamment pure. Il en livra une certaine quantité au commerce, et ce produit fut rapidement enlevé. Malheureusement ce gisement s'épuisa bientôt.

Young avait remarqué, à proximité de son puits tari, un dépôt d'une certaine houille grasse, nommée *boghead-coal*. Il s'imagina que le pétrole avait coulé de ce charbon, lequel semblait, en effet, imprégné de cette huile. Il chercha donc à obtenir de nouvelles quantités de pétrole, en distillant la houille ordinaire.

Le succès répondit à ses prévisions. La consommation du nouveau produit prit de si grandes proportions, qu'en une seule année, Young vendit près de 300,000 hectolitres d'*huile de houille*, ou plutôt d'*huile de schiste*. C'est ainsi que fut exploitée pour la première fois, cette huile de schiste, qui, avant la découverte du pétrole américain, a tenu une assez grande place dans l'industrie de l'éclairage.

L'éveil étant donné, la concurrence ne tarda pas à se produire. A l'exemple de l'Américain Young, les Allemands se mirent à distiller les schistes bitumineux, et cette même exploitation s'établit bientôt dans le Tyrol, en Italie, puis en France. C'est alors que se répandit en Europe l'*huile de schiste*, dont nous avons parlé dans le chapitre précédent, et qui avait contre elle, non-seulement son inflammabilité, mais encore son insupportable odeur.

L'Amérique du Nord, préludant ainsi au grand rôle que son industrie allait bientôt jouer dans l'exploitation d'une matière de même origine, le pétrole, se mit à distiller, pour en tirer un liquide éclairant, les houilles analogues au *cannel-oil* et les schistes bitumineux. Elle produisit de l'*huile de kérosène*, ainsi nommée en raison de sa limpidité et de son absence presque complète d'odeur. Ce liquide était vendu en Amérique à des prix qui variaient entre 75 centimes et 1 franc 10 centimes le litre.

Bientôt l'Angleterre vint jouer un rôle important dans la même entreprise industrielle. On savait qu'il existe dans l'Inde, sur les bords de la rivière Irawaddy, une étendue considérable de terrains tellement imprégnés de bitume, qu'il suffit d'y creuser un trou, pour qu'au bout d'un certain temps on trouve ce trou rempli d'huile. L'empereur des Birmans exploitait seul ces richesses, et il y procédait avec une intelligence médiocre ; de sorte que la plus grande partie de ce précieux liquide restait sans valeur. Vers 1845 les Anglais prirent la direction de ces travaux. Ils perfectionnèrent les moyens d'extraction de l'huile, l'exportèrent en Europe, et bientôt 100,000 litres d'*huile de Rangoun* furent annuellement introduits en Angleterre. Là on les distillait, pour les répandre sur tous les marchés de l'Europe. La *paraffine* est, comme nous l'avons dit dans l'histoire de la bougie stéarique, l'un des produits importants que l'on retire aujourd'hui du *pétrole de Rangoun*.

M. le colonel Serres, qui a parcouru, en 1857, les régions de l'empire birman d'où l'on tire ce bitume, nous donnait en ces termes, dans une lettre qu'il voulut bien nous adresser, en 1860, des renseignements *de visu* sur les lieux d'extraction de cette substance :

« Chargé par l'Empereur d'une mission auprès de S. M. Birmane en 1857, j'ai eu occasion de visiter ces puits situés à Jenhan-Ghaun, sur la rive gauche de l'Irawaddy.

« De Rangoun à la frontière birmane, j'ai dû employer 20 jours pour remonter le fleuve et 5 jours pour atteindre Jenhan-Ghaun ; total 25 jours de Rangoun aux puits.

« Des bords du fleuve aux premiers puits on compte 3 milles environ. Le terrain, que j'ai parcouru, se ressent des convulsions de la nature. La végétation y est nulle et la terre semble brûlée. On y remarque pourtant de nombreux cactus qui y atteignent la proportion d'arbres par leur croissance.

« On arrive aux puits au moyen d'une route tracée par les sillons de 250 chars attelés de bœufs qui transportent l'huile au rivage. Cette huile est retirée des puits par des moyens tout à fait primitifs, et comme il faut aller la chercher jusqu'à 200 pieds de profondeur, vous pouvez calculer le temps perdu. A sa sortie de terre elle est très-chaude. Elle ressemble à du goudron liquide, sa couleur est verdâtre ; son odeur est âcre.

« J'ai entretenu plusieurs fois l'empereur des Birmans de tout le parti qu'il pourrait tirer de ce produit dont l'a doté la nature. Mais, malgré mes conseils, l'empereur fera ce qu'on en fait depuis trois siècles, c'est-à-dire qu'il vendra ses huiles presque pour rien à des gens qui, encore, ne le payent pas. C'est le caractère du pays, et il faudrait bien des circonstances pour le changer malgré les efforts que se donnent quelques chevaliers d'industrie. »

Cependant le moment était arrivé où une découverte d'une importance sans égale, un événement économique de la plus haute portée, allait s'accomplir en Amérique. Nous voulons parler de la mise au jour des sources innombrables d'huile de pétrole, que l'on devait faire jaillir du sol du Nouveau-Monde, comme une fée, en frappant du pied la terre, en fait sortir toutes les richesses que l'imagination peut rêver.

L'huile de pétrole, d'après tout ce que l'on a lu dans les récits qui précèdent, était loin d'être une substance inconnue en Amérique. A l'époque de la découverte du Nouveau-Monde par les Espagnols, les indigènes employaient, comme nous, le pétrole à des usages médicinaux. Les sources les plus renommées étaient celles que l'on trouve encore aujourd'hui sur les bords du lac Seneca. De là était venu le nom d'*huile de Seneca*, que l'on donnait alors au pétrole, nom que ce liquide a d'ailleurs conservé, en Amérique, jusqu'à ces dernières années.

Les *Peaux rouges* qui habitaient le Canada, durent communiquer leurs croyances dans les vertus médicinales du pétrole, aux

Fig. 107. — Découverte de la première source jaillissante d'huile de pétrole par Drake en 1858.

premiers Européens qui émigrèrent dans cette partie de l'Amérique du Nord. On a retrouvé, en effet, dans les terrains bitumineux du Canada, plusieurs puits à pétrole, qui sont aujourd'hui comblés en partie, mais qui devaient être d'une grande profondeur, si l'on en juge par la masse de déblais qui les entourent. L'ancienneté de ces puits est prouvée par la grande taille des arbres qui sont venus sur ces terres transportées.

Pendant de longues années l'*huile de Seneca* vécut de sa modeste réputation thérapeutique. On s'inquiétait peu d'une drogue médicinale, plus ou moins efficace, dans cette nation ardente, enfiévrée de lucre, de négoce et d'aventures, qui ne mesure les choses qu'à leur prix de vente et à leurs débouchés commerciaux. De temps en temps, un naturaliste, un savant, un homme inutile, annonçait la découverte d'une nouvelle source d'*huile de Seneca*, en Pensylvanie, en Virginie ou ailleurs; mais personne n'y faisait attention. Les produits du lac de Seneca ne devaient-ils pas suffire à guérir tous les impotents ?

Une première découverte commença pourtant à émouvoir un peu l'indifférence des Yankees. Vers 1830, un propriétaire de Burksville, dans le Kentucky, faisait creuser un puits, pour chercher de l'eau salée. A 60 mètres de profondeur, la sonde rencontra, sous une couche de roc solide, une nappe jaillissante, dont un jet s'éleva à près de quatre mètres au-dessus du sol. Mais ce n'était point, comme on s'y attendait, de l'eau salée ! c'était une huile inflammable. Dès les premiers moments, l'écoulement fut très-abondant ; le liquide se déversa dans la rivière Cumberland, où il surnagea. Quelques badauds s'amusèrent à y mettre le feu, et l'on vit alors un vaste courant de flammes s'agiter sur la rivière, et embraser les arbres qui couvraient ses bords.

Décidément l'huile de Seneca valait la peine que l'on s'occupât un peu d'elle!

En 1853, le docteur Brewer eut une idée qui parut alors fort extraordinaire. Il voulut employer à l'éclairage l'huile de Seneca. Jusque-là l'honnête docteur n'avait ordonné qu'à ses malades le liquide nauséabond : il y faisait tremper des linges, dont il enveloppait le patient. Il voulut aller plus loin, et employer cette huile comme agent de lumière. On recueillait une assez grande quantité de cette huile dans un puits appartenant à MM. Watla, à Citersville. Le docteur Brewer fit une provision de ce liquide, et il l'essaya pour l'éclairage. Il se trouva que l'huile, sans avoir reçu aucune purification, donnait une flamme tranquille et brillante, qui ne répandait ni fumée ni odeur.

Le docteur était un homme remuant. En 1854, ayant converti quelques personnes à ses idées, il forma une société pour l'exploitation du pétrole, au capital de 1,500,000 francs. Ce chiffre ne doit pas surprendre d'ailleurs. En Amérique, il suffit de frapper du pied la terre, pour en faire sortir les capitaux, quand il s'agit d'industrie, et dans notre pays, on a trouvé beaucoup d'argent pour des idées tout aussi aventureuses.

L'entreprise tentée par le docteur Brewer, pour la vente du pétrole, échoua complètement. Le pétrole ne trouvant aucun acheteur, les actions de la société n'eurent bientôt plus que la valeur du papier sur lequel elles étaient imprimées.

Néanmoins, un célèbre professeur de chimie, Silliman, analysa le liquide extrait du puits de Citersville, et ses propriétés lui parurent extrêmement précieuses pour l'éclairage. Sur la recommandation de ce savant honorable, la compagnie se décida à continuer les recherches de gisement d'huile minérale dans les profondeurs du sol.

En 1856, elle mit en vente quelques centaines de barils d'huile tirée de Kenhaven, pays voisin de la Virginie. L'huile avait été épurée en suivant la méthode usitée en Angleterre pour la purification du pétrole de Rangoun. Aussi était-elle excellente pour l'éclairage, et trouva-t-elle un bon débit.

Dès ce moment le sens américain flaira une affaire. Des recherches furent faites sur divers points, et bientôt on annonça que les sources de pétrole se rencontraient en assez grand nombre, dans les pays du Nord.

C'est en 1858 qu'eut lieu, dans l'État de Pensylvanie, le véritable coup de théâtre de la découverte des sources jaillissantes d'huile de pétrole. Le lieu où se passa cet événement mémorable, fut une vallée solitaire qu'arrose un petit cours d'eau affluent de l'Alleghany. Ce petit cours d'eau, à peine assez fort pour porter et conduire les trains de bois des bûcherons, à l'époque de la crue des eaux, se nomme aujourd'hui l'*Oil-Creek*, et la vallée qui l'arrose a pris le même nom.

Quel est le véritable auteur de la découverte accidentelle, faite dans la vallée de l'*Oil-Creek*, de sources de pétrole jaillissantes et continues? On n'est pas entièrement d'accord sur cette question. D'après les uns, l'auteur de ce triomphant coup de sonde serait le colonel Drake, envoyé sur les lieux par la société commerciale dont nous venons de parler. D'après d'autres, ce serait un fermier du pays, qui portait également le nom de Drake. Il est facile de mettre les deux opinions d'accord, en admettant que Drake le fermier était l'ancien colonel du même nom.

Quoi qu'il en soit, Drake le fermier-colonel ou le colonel-fermier, avait fait creuser en 1858, dans la vallée de l'*Oil-Creek*, un puits artésien, profond de 20 mètres environ, pour chercher une source d'eau salée. L'eau qu'il cherchait ne vint pas; en revanche le pétrole, qui n'était pas attendu, se montra à sa place. Le jet liquide arriva si subitement et avec une telle violence, qu'il faillit noyer les cinq ou six ouvriers occupés à ce travail (*fig.* 107).

Je vous laisse à penser la surprise, l'émotion et la joie de tous les acteurs de cette scène imprévue, de ce véritable drame de la science et de l'industrie. La source ne donnait pas moins de 4,000 litres d'huile par jour! C'était pour l'heureux Drake une fortune inouïe, eu égard au prix où l'on vendait alors le litre d'*huile de Seneca*.

La nouvelle de cette miraculeuse trouvaille parcourut, comme un coup de foudre, tous les états de l'Union américaine.

On a beaucoup parlé de la *fièvre d'or* qui s'empara des Yankees, à l'annonce de la découverte des placers aurifères de la Californie. Cette fièvre ne fut qu'une affection bénigne, comparée à la *fièvre d'huile* qui commença à agiter toutes les têtes de ce même pays. On savait, en effet, que les gisements d'*huile de Seneca*, existaient avec une prodigieuse abondance, et qu'il suffisait d'un trou de sonde, d'une faible profondeur, pour faire jaillir des flots intarissables de ce précieux liquide. On partait donc sur l'heure, laissant affaires, maison et famille. On s'élançait sur les steamers ou la voie ferrée. Arrivé sur les lieux, on courait, à cheval ou à pied, vers les bienheureuses régions. Il fallait arriver à tout prix, et être les premiers, s'il était possible.

Un journal américain écrivait à cette époque :

« Une nuée d'aventuriers s'est abattue sur cette nouvelle terre promise et a entrepris des forages de tous côtés. Aucun placement en effet ne saurait être plus lucratif : la seule dépense à faire est l'achat ou la location d'un terrain dont la valeur ne tarde pas à s'accroître.

« Le centre de la région ainsi exploitée est Clintockville, à 12 milles de Titusville. M. Clintock, l'heureux possesseur de quelques centaines d'acres de terre, a fait en quelques mois une fortune considérable. Sa maison, longtemps la seule qu'il y eût à plusieurs milles à la ronde, est continuellement encombrée de voyageurs. Chaque chambre contient quatre ou cinq lits, et l'on couvre les planchers de matelas. M. Clintock fait construire un vaste établissement pour loger les explorateurs. Les prix sont assurément très-modérés, puisque la pension n'est que de 3 dollars par semaine. On se croirait au milieu des campements de la Californie ; on ne voit de tous côtés que des charpentiers occupés à construire des huttes, des hangars et des granges qui ne tarderont pas à faire place à une ville florissante. »

Les nouveaux pionniers défonçaient le sol sur tous les points où l'on avait signalé des sources d'huile minérale, et dans beaucoup de localités, on obtenait des succès extraordinaires. On découvrit successivement des nappes souterraines dans l'État de l'Ohio, le Maryland, la Virginie, la Géorgie, l'Alabama, le Tennessée, le Kentucky, et jusqu'en Californie.

Les bitumes d'Ennis-Killen, dans le Canada, étaient connus depuis 1853 ; en 1859, MM. William et Hamilton les soumettaient à la distillation. Quand la nouvelle de la découverte des innombrables gisements de pétrole de la Pensylvanie leur parvint, MM. William et Hamilton s'empressèrent, eux aussi, de forer des puits artésiens. A peine la sonde était-elle arrivée au-dessous du bitume, dans un terrain d'argile compacte, que l'on vit jaillir des sources, qui donnèrent des quantités d'huile inespérées. Aussitôt les aventuriers et les *Chercheurs d'huile* accoururent dans ces nouveaux *placers*.

Ennis-Killen dans le Canada, et la vallée de l'Oil-Creek dans la Pensylvanie, sont restés jusqu'ici les deux centres les plus importants de la production du pétrole.

Nous ne croyons pas exagérer en fixant à dix mille le nombre de puits par lesquels le sous-sol de l'Amérique du Nord vomit, en ce moment, l'huile minérale.

On sait, aujourd'hui, qu'il existe un vaste bassin souterrain d'huile minérale qui s'étend, dans la direction du nord au sud, à partir du lac Érié, et qui traverse les États de New-York, de Pensylvanie, d'Ohio, de Kentucky, de Tennessée et de la Floride. Le pétrole se trouve aussi, outre le Canada dont il vient d'être question, au Texas, en Californie, dans l'Illinois, etc.

En 1863, le seul port de New-York a exporté 218,540 barils de pétrole, tant brut que raffiné. En 1864, l'exportation s'est élevée à 496,050 barils. On peut évaluer à 2 millions de barils la quantité totale du pétrole embarqué par l'Amérique septentrionale, durant l'année 1868. Et la production va toujours croissant !

Les quatre ports principaux d'arrivage en Europe, sont, par ordre d'importance : Liverpool, Londres, Anvers et le Havre.

L'Angleterre reçoit, en outre, par quantités énormes, l'huile de Rangoun, et même du pétrole puisé sur les côtes d'Afrique.

Plusieurs régions de l'Europe, que nous signalerons plus loin, fournissent aussi du pétrole. Les immenses territoires de l'Asie, de l'Afrique, des Iles Océaniennes, renferment, sans doute, de larges réservoirs d'huile, que nous saurons un jour utiliser.

CHAPITRE XXVII

ORIGINE GÉOLOGIQUE DES HUILES MINÉRALES DE PÉTROLE.

Quelle est l'origine de ce produit liquide qui se trouve en si grande abondance dans les profondeurs du sol de divers pays? On lui attribue généralement comme provenance géologique les vastes forêts qui couvraient le globe primitif. Tout annonce que ce sont les arbres et les grands végétaux de l'ancien monde, qui nous ont laissé ce précieux héritage. En certains pays, en Europe surtout, les grandes forêts de conifères et les marécages de la *période houillère* ont fourni le produit connu sous le nom de houille ; en d'autres pays, et surtout en Amérique, ces mêmes végétaux ont fourni, en même temps que la houille, ou à sa place, des liquides bitumineux.

Ces liquides, une fois formés, cheminent sous le sol, comme les eaux d'infiltration, entre deux couches imperméables; ils peuvent donc se rencontrer en des points et sur des terrains fort éloignés des lieux où ils ont pris naissance.

Le pétrole n'est-il autre chose que le produit, à peine modifié, des résines propres aux grands végétaux conifères de l'ancien monde ? Cette origine n'aurait rien d'impossible, si l'on considère le peu d'altérabilité des résines. Dans ce cas, la matière végétale des arbres aurait disparu par le progrès des siècles, et la résine, moins altérable, se serait conservée.

Nous inclinons vers cette hypothèse, que nous émettons, d'ailleurs, d'après nos propres vues, car nous ne l'avons vue exposée nulle part.

Toutes ces hypothèses reviennent à attribuer les huiles minérales à une transformation chimique des matières organiques, opérée au sein de la terre, et c'est là, selon nous, la véritable origine de ces hydrocarbures naturels. Nous devons dire pourtant que plusieurs géologues veulent voir dans les pétroles, des produits d'éruption volcanique, c'est-à-dire attribuer à cette substance une origine toute minérale. M. de Chancourtois, géologue français, a été conduit à cette hypothèse par les alignements des principaux gîtes de naphte, de pétrole et d'asphalte, des diverses parties du globe, qui se feraient, selon lui, le long d'un tracé conforme aux théories de M. Élie de Beaumont ; mais l'explication qui attribue une origine organique aux divers bitumes, nous semble mieux d'accord avec les faits.

Il faut seulement ajouter que, quelquefois, ce sont des débris d'animaux qui ont pu fournir, en se décomposant, cette substance résineuse. En effet, les bitumes pétrolifères se rencontrent dans une assez grande diversité de terrains. On les trouve, non-seulement dans les terrains de la période houillère,

Fig. 108. — Une source d'huile de pétrole dans la vallée de l'Oil-Creek.

mais aussi dans les terrains beaucoup plus anciens, c'est-à-dire dans les terrains silurien et devonien. Ces terrains étant riches en animaux (mollusques et poissons), beaucoup plus qu'en produits végétaux, il faut admettre que la substance résineuse provient souvent de la décomposition putride du corps de ces animaux.

Dans l'Amérique du Nord, les couches les plus riches pour la production du pétrole appartiennent aux terrains les plus anciens, c'est-à-dire aux terrains silurien, devonien et carbonifère.

Le pétrole est fourni dans le Kentucky et le Tennessée, par les couches siluriennes inférieures, c'est-à-dire les roches stratifiées les plus anciennes (calcaire de Trenton et schiste d'Utica).

Un autre niveau très-productif, celui du Canada occidental, fait partie du terrain devonien inférieur. C'est au même terrain devonien, mais à son étage supérieur, qu'appartiennent les couches les plus productives, celles de la Pensylvanie occidentale et du groupe, en apparence intarissable, de la vallée de l'Oil-Creek.

A un niveau encore plus élevé, et à divers étages du terrain carbonifère se trouvent d'importantes sources. Les gisements les plus productifs de la Virginie occidentale appartiennent au terrain carbonifère supérieur.

D'autres gisements de pétrole de l'Amérique du Nord, appartiennent à des terrains moins anciens, que le terrain silurien ou devonien. Dans la Caroline septentrionale et le Connecticut, on en a trouvé de petites quantités dans le terrain secondaire (étage du trias). Dans le Colorado et l'Utah, on trouve du pétrole à proximité des lignites du terrain crétacé (terrain secondaire). Enfin les pétroles de Californie appartiennent au terrain tertiaire; mais dans cette dernière contrée, on n'a pas encore cherché à les exploiter.

En Europe le pétrole se trouve le plus souvent dans les terrains tertiaires, assises géologiques plus récentes, par conséquent, que celles dont il vient d'être question.

Le pétrole se trouve uniquement, on le voit, dans les terrains stratifiés, c'est-à-dire dans ceux qui présentent une série de couches superposées. On ne le rencontre jamais dans les couches non stratifiées, telles que le granit, par exemple.

Au Canada, comme aux États-Unis, les sources de pétrole les plus abondantes sont confinées dans les parties où les couches ont été ployées sur elles-mêmes. Dans ces parties comme disloquées, il s'est formé des cavités, des crevasses, des *failles*, comme les nomment les géologues, qui ont servi de réservoir naturel au liquide. L'huile minérale s'y est rassemblée en même temps que l'eau salée et le gaz hydrogène carboné, qui l'accompagnent presque toujours. Une couche d'argile recouvre habituellement ce réservoir, de manière à empêcher le liquide de s'échapper, jusqu'au moment où la sonde viendra percer l'enveloppe argileuse.

Quelles que soient la forme ou la disposition des couches qui les renferment, ces trois substances, c'est-à-dire le gaz, le pétrole et l'eau salée, sont nécessairement superposées dans leur ordre de densité. Selon la partie que la sonde vient frapper, elles doivent donc se présenter successivement ou simultanément. La pression qu'exerce le gaz hydrogène carboné, explique la sortie impétueuse et spontanée du pétrole par l'orifice des puits récemment ouverts.

Dans la Pensylvanie occidentale, principal centre de production, et où les puits les plus abondants sont disposés en quatre groupes, on a remarqué que la quantité de pétrole est proportionnelle à la profondeur atteinte par le forage. La sonde atteint les bassins intérieurs les plus productifs à la profondeur de 180 à 200 mètres.

La figure 109, qui est d'ailleurs toute théorique, fait comprendre la position qu'occupe en général, le pétrole, dans les terrains. Il remplit des fissures obliques, qui traversent les couches de ces terrains.

On voit dans cette figure les trois couches distinctes de substances liquides et gazeuses

Fig. 109. — Fissure contenant le pétrole.

qui remplissent les fissures : à savoir, du gaz *a* à la partie supérieure du terrain, G, puis de l'huile *bc* à la partie moyenne H, enfin de l'eau *d*, qui occupe la partie inférieure E, par suite de sa densité. Il va sans dire que des fissures peuvent n'être remplies que de l'un quelconque de ces trois fluides.

Le plus souvent un grand nombre de ces fissures communiquent entres elles, à l'aide d'une nappe inférieure d'eau, qui leur est commune. Comment expliquer, sans cela, que certaines sources paraissent inépuisables? Comment expliquer que l'écoulement par un puits vient subitement à cesser ou à s'amoindrir, quand on fore dans son voisinage un puits nouveau? Comment comprendre enfin les sources jaillissantes, s'il n'existait au-dessus de la nappe d'huile, un gaz, comme l'hydrogène carboné, qui, pressant la surface du liquide, en fait jaillir le pétrole par le trou de forage, ainsi que l'eau de Seltz jaillit du siphon par la compression de l'acide carbonique qu'il renferme? La hauteur du jet est souvent de plusieurs mètres.

Supposons le cas où une fissure ne serait pleine que de gaz. Si ce gaz, comme c'est le cas ordinaire, est enfermé sous une certaine pression, il s'écoulera dès que le forage lui permettra de s'échapper; puis, les gaz contenus dans les fissures solidaires se détendant, il passera sur la nappe d'huile, et fera remonter celle-ci jusque dans le puits d'extraction. C'est pour cela qu'on considère comme de bon augure la sortie du gaz par le trou du forage.

Le cas le plus défavorable est celui dans lequel le sondage rencontre la couche d'eau (au point, D, de la figure 109). Quelquefois, pourtant, on arrive à l'huile après avoir vu jaillir une certaine quantité d'eau.

Les sources jaillissantes de pétrole se manifestent le plus souvent à raison de la pression d'un réservoir de gaz ; mais, à moins de circonstances extraordinaires, il est difficile d'espérer que cet écoulement sera de longue durée. Dans un pays où la croûte de terrain est percée en un grand nombre de lieux, comme à l'Oil-Creek, on ne peut comprendre la continuité des jets d'huile, qu'à la condition que le point d'émergence, à la surface du sol, soit moins élevé que le réservoir général d'huile qui alimente toutes ces sources. Mais dans les cas ordinaires le jet liquide devra nécessairement s'arrêter au bout d'un certain temps.

CHAPITRE XXVIII

PROCÉDÉS POUR L'EXTRACTION DU PÉTROLE. — LE SONDAGE A LA CORDE ET LE SONDAGE AU DERRICK.

Dans les premiers temps de l'exploitation des sources de pétrole, on se servit, pour creuser les puits, dans la vallée de l'Oil-Creek, comme ailleurs, du procédé, très-simple, du *sondage à la corde*.

La disposition de cet appareil de sondage est représentée par la figure 110. La corde AB porte une tige de fer, terminée par un trépan, pour battre le roc ou désagréger le terrain. L'extrémité supérieure de cette corde est attachée à une pièce de bois BD, qui est portée par la poutre EF, et qui est mobile autour du pivot E. L'une des extrémités de la poutre BD est chargée d'un poids C, qui tend à relever la corde et le trépan. A l'autre extrémité de la même poutre est suspendu, au moyen d'une corde, un étrier G, dans lequel l'ouvrier place le pied. Agissant tout à la fois par le poids du corps et l'impulsion de la jambe, il pèse sur la poutre BD et enfonce dans la terre l'outil perforant.

Les longueurs des deux bras de la poutre horizontale BD, sont variables. L'ouvrier la place au point le plus convenable sur la poutre verticale, EF, pour que le levier ait le plus de puissance possible. Une corde, L, reliée au poteau H, limite l'étendue des mouvements dans les deux sens.

A chaque coup, la grande corde AB se détend plus ou moins brusquement, selon que le fer de l'outil frappe net sur la roche, ou selon que les matières désagrégées encombrent le fond du puits. On reconnaît à ces si-

Fig. 110. — Sondage à la corde.

gnes, quand il est nécessaire de déblayer le trou. Pour exécuter cette opération l'ouvrier remonte l'outil perforateur, à l'aide d'un petit treuil, puis il descend la *curette*.

Cet instrument consiste en un cylindre de tôle, d'un diamètre un peu inférieur à celui du puits, et dont la paroi inférieure est composée d'une soupape à boulet. On attache ce seau de tôle à la corde AB, à la place de l'outil perforateur, et la manœuvre de l'étrier fait choquer le seau contre les débris qui remplissent le trou. A chaque coup, la soupape à boulet s'ouvrant, une certaine quantité de déblais pénètre dans le seau, et le boulet en referme l'ouverture. Lorsque l'ouvrier juge au poids du cylindre et au bruit particulier du choc, que le seau est rempli, il retire la curette au moyen de la corde, il la vide et fait ensuite redescendre l'instrument d'attaque.

Ce procédé suffit dans les terrains peu profonds et peu compactes, mais il cesse d'être avantageux et économique au delà de 100 mètres de profondeur. En effet, trois ouvriers ne sont point de trop au début de l'opération, et il convient d'en ajouter un à chaque augmentation de 30 mètres de profondeur. Six ou sept ouvriers seraient donc nécessaires quand le forage a atteint 100 mètres. A cette limite, on trouve avantageux de remplacer les ouvriers par une petite machine à vapeur. On emploie même ce moteur dès le commencement, quand on juge que les travaux dépasseront la profondeur indiquée.

Le forage à l'aide de tiges de fer auxquelles on imprime un mouvement de rotation, réussit mieux quand il s'agit de percer des roches dures. C'est le procédé le plus communément employé dans la vallée de l'Oil-Creek. Ce dernier appareil de sondage est désigné en Amérique sous le nom de *derrick*.

Le *derrick* est un échafaudage de poutres en forme pyramidale, qui ressemble beaucoup aux bâtis de bois, qui se voient à l'entrée des mines. Sa hauteur varie de 6 à 12 mètres; sa base forme sur le sol un cadre carré de 2 mètres de côté, au centre duquel s'ouvre le puits.

Au haut du *derrick* est une poulie, sur laquelle passe la corde qui porte la série des tiges de fer destinées à descendre dans la terre, et se terminant par l'outil perforateur en acier trempé. A l'autre bout de la corde sont attachés un certain nombre de cordeaux. Chaque ouvrier tient à la main un de ces cordeaux, qui sert à soulever en l'air le trépan, descendu au fond du trou. Quand, par la force des hommes, le pesant outil a été soulevé à une certaine hauteur, un déclíquetage le fait retomber à l'intérieur du trou, à peu près comme on le fait pour enfoncer les pilotis dans les rivières, à l'aide du mouton.

L'extrémité supérieure de la tige est filetée, et passe dans un écrou à pas très-allongé; de telle sorte qu'en descendant, toute la tige de fer, qui porte à son extrémité inférieure le trépan perforateur, prenne un mouvement de rotation sur un axe. Le trépan, qui est attaché au bout de cette tige de fer, est de forme circulaire et de même diamètre que le puits; il n'est large que de 8 ou 10 centimètres, car il n'est pas nécessaire que le puits ait de plus grandes proportions. Les dents de la couronne du trépan sont taillées dans le sens du mouvement de rotation que reçoit l'outil.

Nous n'avons pas besoin de dire qu'avec cet appareil, comme avec le précédent, l'action des hommes peut être remplacée par une machine à vapeur employée à soulever le pesant outil.

On voit deux *derricks* dans la figure 108 (p. 185) qui représente l'exploitation d'une source de pétrole. L'échafaudage reste toujours en place après l'opération, car on en a toujours besoin pour nettoyer, déblayer le fond du puits, et le dégager des obstacles accidentels qui peuvent y arrêter le cours de l'huile. Près de l'un des *derricks*, on voit les cuves qui servent à recueillir le liquide, à mesure qu'il sort de terre. Sur l'un des puits placés au second plan de la même figure, on a représenté le jet de gaz et d'eau, qui arrive dans les premières périodes de l'opération, et qui annonce la prochaine irruption du pétrole.

La profondeur du puits à creuser pour arriver à la nappe oléifère, n'est jamais considérable, et c'est là ce qui fait la prodigieuse facilité de ce genre de travail. Cette profondeur est de 30 à 100 mètres.

Les couches traversées par l'outil, varient selon la nature du terrain. Un exemple sera nécessaire pour fixer les idées sous ce rapport. Nous citerons, à ce titre, les couches qui sont traversées par la sonde à Ennis-Killen (Canada). Le tableau suivant donne la hauteur et la nature de chaque couche que rencontra un forage de 86 mètres.

TERRES.

Argiles ordinaires (jaunes).......	4^m,85
Argiles bleues..................	11,70
Gravier noir....................	0,65

ROCHES.

Calcaire bleu...................	4,55
Talc (soapstone, pierre-savon)....	21,45
Schiste noir....................	0,35
Talc...........................	7,15
Calcaire noir...................	1,30
Talc...........................	3,90
Calcaire noir...................	1,65
Talc...........................	5,25
Schiste noir....................	4,25
Calcaire noir...................	5,25
Talc...........................	9,15
Grès...........................	4,85
Total..............	86,30

Il est nécessaire de tuber les puits, au moins dans les parties sujettes aux éboulements, autant pour prévenir les obstructions, que pour éviter les déperditions du pétrole, qui en s'élevant dans le conduit qui lui est ouvert, s'écoulerait en partie entre les couches perméables.

On a essayé les tubages de bois, mais ils rétrécissent trop le diamètre du forage, et on leur préfère les tubes en tôle.

La colonne des tubes de tôle a un diamètre un peu inférieur à celui du trépan. On la fait glisser dans le puits ; quand elle s'arrête, on fait descendre le trépan au point faisant saillie, et on taille avec le trépan cette partie du sol, pour donner passage au tubage. L'obstacle une fois supprimé, la colonne des tubes glisse de nouveau, et l'on répète cette opération jusqu'à ce que le tubage soit arrivé à la profondeur voulue.

Il arrive un moment où la proportion d'eau qui accompagne le pétrole, devient de plus en plus prédominante, et où le puits doit être abandonné, par suite de la rareté de l'huile. Dans ce cas, on fait usage, avec le plus grand succès, du *torpedo*, inventé par le colonel Robert. C'est une espèce de pétard, que l'on fait éclater au fond du puits, et qui ouvre de nouvelles fissures, ce qui détermine la réapparition du pétrole.

Le *torpedo* du colonel Robert est une espèce de cylindre de fer, divisé en compartiments, et que l'on charge avec de la poudre et de la nitroglycérine. Cet appareil est descendu au fond du puits, au moyen d'une corde ; puis on laisse tomber le long de cette même corde, un poids, qui, venant écraser une capsule disposée à la partie supérieure du *torpedo*, provoque l'explosion du pétard. L'emploi de cet artifice a beaucoup augmenté, surtout en Virginie, la production de l'huile. On a construit des *torpedo* de 30 mètres de hauteur.

Hâtons-nous de dire que tous les puits creusés, même dans les meilleures conditions, ne réussissent pas. On a calculé que 15 pour 100 seulement des forages arrivent au pétrole. A combien d'autres déceptions, l'entrepreneur n'est-il pas encore sujet ! Il y a dans ce genre de travaux, des mécomptes cruels. On perce un puits, qui fournit de l'huile et s'annonce comme devant en donner avec abondance. On se hâte donc de boucher le trou ; on rassemble les cuves pour recevoir le précieux liquide, ainsi que les barils pour l'expédier. Puis, quand tout est prêt, et qu'on se met en devoir de recueillir la richesse attendue, le capricieux liquide a disparu ; il n'en arrive pas une seule goutte.

Quelques puits ne fournissent que 8 à 12 barils d'huile par jour, et cela au prix des travaux les plus pénibles ; on est obligé de puiser le liquide, avec une pompe, à des profondeurs considérables. C'est encore là un pénible échec.

Dans ces pays éminemment libres, aucune loi n'a établi de servitude de voisinage. Il arrive donc bien des fois, que des puits sont creusés sur deux propriétés contiguës, à quelques mètres à peine l'un de l'autre.

L'exemple le plus curieux de cette concurrence s'est présenté au puits de *Tarr-Farm*. On avait creusé un puits, qui, pendant plusieurs semaines, fournissait un jet d'huile si abondant qu'il remplissait des milliers de barils par jour ; si bien que le propriétaire vendait à des prix fabuleux les terrains avoisinants. Quelques mois après, l'un des acheteurs rencontrait, au même niveau, et à moins de 50 mètres de distance du premier puits, une autre source jaillissante, qui lança en l'air, à une grande hauteur, les outils des ouvriers, et, pendant plusieurs semaines, inonda le sol d'eau salée.

Cette nouvelle issue, ouverte au liquide, amena une diminution très-notable dans le rendement du premier puits. Quand la nouvelle source s'arrêtait, la première reprenait comme auparavant ; et à l'inverse, si l'on arrêtait la première, la seconde donnait de l'huile en abondance. C'est ce qui arrive d'ailleurs pour les puits artésiens, dans nos pays. Lorsqu'un nouveau forage fournissant de l'eau, est creusé à peu de distance d'une source artésienne, ce second puits diminue aussitôt, dans des proportions notables, le rendement du premier. Le puits artésien de Passy, par exemple, a exercé cette influence d'une manière très-sensible, sur le débit du puits de Grenelle.

Les propriétaires des deux sources de

pétrole de *Tarr-Farm*, qui se nuisaient ainsi réciproquement, commencèrent par se quereller. Mais ils eurent bientôt le bon esprit de s'entendre pour partager les produits fournis par les deux sources rivales.

Les puits donnent, en général, de 40 à 100 barils de pétrole par jour. A Tidione, on compte 17,000 puits qui rendent chacun 45,000 litres par jour. A Mena, dans l'État de l'Ohio, un puits produit, dit-on, 100,000 litres par jour. Enfin, MM. Black et Matesson sont les heureux propriétaires d'un puits qui fournit l'énorme quantité de 6,000 hectolitres par jour. La colonne d'huile jaillirait à une hauteur de 10 mètres, si l'on n'avait soin de la contenir.

Quand les premières sources jaillissantes apparurent dans la vallée de l'Oil-Creek, en Pensylvanie, on ne savait comment s'y prendre pour maîtriser la puissance de leur jet, et les forcer à passer dans les tubes, munis de robinets, qui les conduisent dans les cuves. Les pertes de pétrole furent alors énormes; le liquide se répandait dans les champs, formant des lacs et des rivières. Son odeur insupportable et ses vapeurs asphyxiantes, enfin les chances de l'incendie, exposaient les ouvriers aux plus grands dangers. Beaucoup d'entre eux en furent victimes. Un exemple, choisi entre vingt autres, fera comprendre la gravité des accidents auxquels étaient exposés alors les *chercheurs d'huile*.

Le journal *le Buffalo*, du mois de mai 1862 écrivait ce qui suit :

« Pendant le forage d'un puits à Tidione (Pensylvanie), il se déclara subitement un courant d'huile jaugeant soixante-dix fûts à l'heure, s'élevant à une hauteur de 12 mètres au-dessus du sol. Cette colonne était surmontée d'un nuage de gaz et de benzine, ayant une hauteur de 15 à 18 mètres. Tous les feux du voisinage furent immédiatement éteints, excepté un seul qui était éloigné du puits d'environ 360 mètres ; mais, malgré cette précaution, le gaz s'enflamma à ce foyer, et dans un instant, toute l'atmosphère fut embrasée. Sitôt que ce gaz s'enflamma, il communiqua le feu au sommet du jet d'huile qui, dans sa chute, se répandait sur un diamètre de plus de 30 mètres en une véritable gerbe de feu. Le sol s'enflamma aussi à l'instant et le cercle de cette inflammation s'étendait continuellement, alimenté par la chute de l'huile brûlante. Il s'ensuivit une scène d'horreur indescriptible ; quantité de travailleurs furent lancés par l'explosion à plus de 7 mètres de distance : d'autres, horriblement brûlés, fuyaient cet enfer incandescent, poussant des cris de terreur et d'agonie. Toute l'atmosphère était en flammes. La colonne d'huile, haute de 12 mètres, représentait un pilier de flamme livide, tandis que le gaz en dessus, à une hauteur de plus de 30 mètres, éclatait avec fracas sur le ciel et paraissait lécher les nuages. Pendant tout le temps que dura cette affreuse conflagration, la combustion et les explosions furent d'une nature si terrible et si violente, qu'elles ne sauraient se comparer qu'à l'ouragan frayant son passage à travers la forêt. L'intensité de la chaleur était telle qu'on ne pouvait en approcher de plus de 50 mètres. Cet embrasement était le plus effrayant et en même temps le plus grandiose spectacle pyrotechnique qui ait jamais été offert à l'homme. La combustion de l'huile n'a cessé que par son épuisement. »

L'expérience a appris à prévenir ces accidents épouvantables. Aujourd'hui, dès qu'apparaît le jet liquide, on enfonce dans l'ouverture du puits, un sac rempli de graines de lin ; et l'on maintient ce sac en place avec des poids, jusqu'à ce que la graine, gonflée et ayant triplé de volume, bouche hermétiquement le passage à l'huile jaillissante. Ensuite on passe à travers le sac autant de tubes qu'on le veut. Ces tubes, donnant écoulement à l'huile, la dirigent et la répartissent dans les différentes cuves.

La première source jaillissante qui fut mise à jour au Canada, fut celle de John Shaw. L'histoire de cet événement est d'un intérêt tout particulier. Nous la rapporterons d'après le *Toronto Globe* du 5 février 1862, parce qu'il fait bien comprendre les étranges conditions du travail du chercheur d'huile américain et les péripéties qui peuvent accidenter son existence.

« Dans un certain puits profond, dit ce journal, près Victoria, sur le lot 18 de la seconde concession de la ville d'Ennis-Killen, un certain John Shaw avait concentré pendant des mois toutes ses espérances. Il creusait péniblement, forait péniblement et pompait péniblement et épuisait sa force musculaire sur sa tâche laborieuse, sans qu'il trouvât signe d'huile. Les puits de ses voisins débordaient, et lui seul ne participait pas au courant de pétrole. Vers le milieu du mois de janvier dernier, Shaw était un homme ruiné, sans avenir, raillé par ses voisins, les poches vides, ses vêtements en lambeaux, et comme disent nos voisins des États-Unis, *dead broken*, ruiné à tout jamais. La rumeur veut qu'un jour du mois de janvier il s'est trouvé dans l'impossibilité de continuer son travail, vu que ses restants de bottes abandonnaient ses pieds, et il lui en fallait absolument une paire neuve pour pouvoir patiner dans l'eau et la boue. Craintif et tremblant, comme nous pouvons le supposer, John Shaw se dirigea vers la boutique voisine et étant sans le sou, demanda, ô dure nécessité! une paire de bottes à crédit. Il ne nous a pas été donné de constater si le refus a été bienveillant, dicté par l'esprit de défense personnelle que bien des commençants doivent en certains cas adopter aussi, ou si, au contraire, il laissait percer le dédain du négociant opulent vis-à-vis de son humble voisin, toujours est-il que les bottes furent refusées à John Shaw, qui dut retourner à son puits, l'esprit plus contristé que quand il le quitta, protestant qu'il abandonnerait son travail ce jour même, si ses efforts n'étaient pas couronnés de succès, et qu'il décrotterait la boue d'Ennis-Killen de ses vieilles bottes et s'orienterait vers des parages plus propices à sa destinée. Morne et abattu, il reprend son outil perforateur et le frappe dans le roc, quand tout à coup un son liquide arriva jusqu'à ses oreilles, bouillonnant et sifflant à la sortie de sa prison séculaire; et le courant, loin de diminuer, augmente en volume à chaque minute; il remplit le tuyau, il comble le puits, et encore il ne cesse de monter. Cinq minutes, dix minutes, en quinze minutes il a atteint le sommet du puits, il déborde, il remplit une bâche qu'il finit par déborder aussi, et tous les efforts pour contrôler l'intensité de ce courant sont vains; et surmontant toute résistance, il se jette comme une rivière abondante dans le Black-Creek, où il est entraîné par les eaux vers le Saint-Clair et les lacs. Il serait impossible de décrire en ce moment l'émotion qu'éprouvait John Shaw; les spectateurs n'ont pas constaté si, à cette vue, il a versé des larmes ou s'il a élevé son chapeau et poussé des hourrahs! On aurait excusé toute démonstration extravagante dans un pareil moment. Nous sommes d'avis que, comme un philosophe yankee, il a dû se mettre en besogne pour récolter l'huile. Mais le bruit du puits jaillissant se répandit comme l'éclair, et le « territoire de John Shaw » devint bientôt un centre d'attraction. Le matin de cet heureux jour, il s'appelait encore le vieux Shaw, mais après il était salué partout *monsieur* Shaw. Il recevait des avalanches de félicitations, et pendant qu'il se tenait devant son puits tout couvert d'huile et de boue, arrive le marchand qui lui avait refusé des bottes.

L'homme de commerce sut apprécier la situation, il s'inclina devant ce soleil levant, et embrassant presque ce luminaire fangeux, il dit: « Mon cher monsieur Shaw, n'y aurait-il pas quelque chose dans mon magasin dont vous ayez besoin? Je vous prie, ne vous gênez pas pour le dire! » Quel heureux moment pour Shaw! Nous ne répéterons pas sa réponse, car elle était par trop énergique pour que nous puissions la reproduire. Le puits jaillissait déjà à une vitesse qu'il eût été impossible de constater avec précision, il produisait deux fûts de chacun 180 litres en une minute et demie, lequel, à raison de 1 fr. 40 c. l'hectolitre (le cours le plus bas), produirait 3 fr. 36 c. par minute, 201 fr. 60 c. par heure, 4,838 fr. 40 c. par vingt-quatre heures, et 1,500,000 fr. 60 c. par an, abandon fait des fractions et sans compter les dimanches. Ni les auteurs illustres quoique inconnus des *Mille et une nuits*, ni même Alexandre Dumas, n'ont pu enfanter dans leur imagination, une transformation aussi subite que celle de John Shaw, le matin un mendiant et le soir en état de satisfaire tous les besoins qu'on peut se procurer à prix d'argent. »

L'histoire finit d'une manière lugubre. Un autre journal *the Oil-Trade-Review* (dans le numéro du 4 avril 1863, date bien rapprochée de la première) racontait comment John Shaw trouva la mort dans ce même puits qui avait fait sa fortune.

Un tuyau du tubage de fonte s'était rompu. Pour réparer l'accident John Shaw se fit descendre, au moyen d'une chaîne de fer, jusqu'à la profondeur de $4^m,50$. Il se retenait d'une main à la chaîne, et avait le pied passé dans un étrier de fer. Il atteignit ainsi la surface de l'huile. La cause de l'accident reconnue, Shaw ordonna qu'on le remontât. Mais aussitôt, il parut suffoqué; ses mouvements étaient précipités et anxieux: il était évidemment menacé d'asphyxie. Il fit quelques efforts, puis sa main abandonna la chaîne. Il tomba à la renverse, et disparut dans le pétrole, trouvant ainsi la mort dans la source même de ses subites richesses.

L'ART DE L'ÉCLAIRAGE.

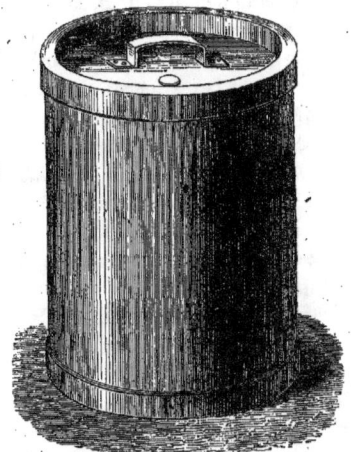

Fig. 111. — Fût métallique pour le transport du pétrole.

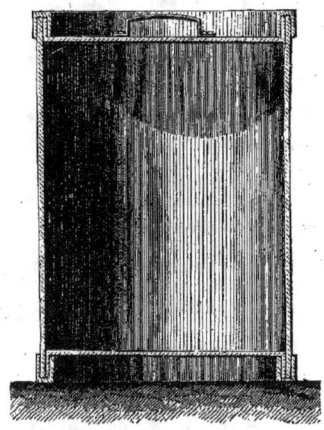

Fig. 112. — Coupe du fût métallique pour le transport du pétrole.

CHAPITRE XXIX

MODE D'EXPLOITATION DES SOURCES DE PÉTROLE. TRANSPORT ET FRET.

Dans les premiers temps de l'exploitation des gisements oléifères, le pétrole valait sur les lieux 15 centimes le litre. Le grand nombre d'exploitations nouvelles a fait baisser ce prix jusqu'à 5 centimes. Cependant on trouve encore de beaux bénéfices à recueillir 40 ou 50,000 litres par jour, de pétrole, valant 5 centimes au pied du gisement.

Aussi, certaines terres qui, en 1859, valaient à peine 125 francs l'acre, ont-elles acquis aujourd'hui une valeur de 75,000 et de 100,000 francs. Les chercheurs d'huile qui ne sont pas assez riches pour acheter un lopin d'une terre aussi précieuse, font avec le propriétaire, un bail de 99 ans, et lui cèdent le tiers des produits de la source.

Des compagnies se sont formées, pour pratiquer des sondages à forfait ; mais elles font payer leurs services assez cher : 30 francs par mètre courant, de 1 à 30 mètres, 45 francs de 30 à 60 mètres, et 60 francs pour chaque mètre, à des profondeurs plus considérables.

Les entrepreneurs français qui creusent des puits artésiens dans les bassins du nord de l'Amérique, ne demandent que 10 francs par mètre courant jusqu'aux profondeurs de 150 mètres. Leurs puits ont une section double des puits américains, bien que les terrains à traverser soient à peu près identiques.

Mais ce qui augmente le prix du pétrole, c'est le transport. Les routes qui conduisent des puits d'extraction aux ports les plus voisins, ou aux chemins de fer, ayant été improvisées, sont toujours dans un état d'entretien déplorable. En outre, les armateurs exigent un prix trois fois plus élevé pour le fret du pétrole, que pour les marchandises ordinaires. En effet, un navire qui a servi à transporter cette huile nauséabonde, est impropre à tout autre service, et il doit retourner vide en Amérique.

La plus grande partie du pétrole est encore transportée dans des barils de bois. Ce n'est que depuis fort peu de temps qu'on l'expédie dans des vases de métal. Le transport du pétrole dans des vases de bois, qui se fait encore trop souvent aujourd'hui, expose à toutes sortes d'inconvénients et de dangers. Cette huile possède une telle fluidité qu'elle traverse les bois les plus serrés. Il se produit ainsi un coulage énorme ; pendant les chaleurs, cette déperdition peut aller jusqu'au tiers de la substance. On comprend tous les dangers que court un navire, dont la cale est remplie de vapeurs inflammables. Une lumière, une allumette jetée inconsidérément par une écoutille, peuvent déterminer une explosion et l'incendie.

Ajoutons que les barils qui ont contenu l'huile de pétrole, ne peuvent plus servir à aucun usage, pas même au transport des pétroles raffinés, qu'ils laisseraient répandre, et qu'ils souilleraient de leur mauvaise odeur. Ces fûts ne sont bons qu'à brûler. Leur forme ne permet pas, d'ailleurs, d'utiliser convenablement l'espace de la cale du navire, ni de les placer avantageusement dans les wagons des chemins de fer.

On a construit, pour le transport du pétrole, des caisses de tôle, de forme rectangulaire, qui, fermant hermétiquement, ne laissent dégager aucune odeur. On a proposé d'établir des wagons-citernes, parfaitement étanches. On a même construit des navires doublés intérieurement de métal, et partagés en plusieurs cavités, indépendantes les unes des autres. Tels sont les *Iron tant ships*, qui fonctionnent depuis quelque temps et rapportent de beaux bénéfices aux armateurs.

Les figures 111 et 112 donnent l'élévation et la coupe du *tambour métallique* inventé par M. David Cope, de Liverpool, pour le transport du pétrole et des produits similaires. L'usage de ce genre de récipient tend à se multiplier de jour en jour. Ce baril métallique s'ouvre par une bonde vissée au fond supérieur. Par un agencement ingénieux, les angles qui, plus que les autres, parties craignent les chocs, sont protégés par une quadruple épaisseur de métal.

Il est une remarque importante à faire ici. Il résulte des expériences, publiées en 1869, par M. Sainte-Claire Deville, que les huiles de pétrole se dilatent extraordinairement par la chaleur. Le *coefficient de dilatation* de cette huile minérale est trois à quatre fois plus fort que celui de la plupart des liquides. Il résulte de là qu'il est essentiel de ne pas remplir entièrement les barils métalliques destinés au transport de ce pétrole. En effet, si le liquide occupait toute la capacité du vase, il arriverait nécessairement, pendant les journées chaudes, ou pendant que le navire traverserait les régions équatoriales, à température toujours élevée, que la dilatation excessive du liquide ferait éclater les fûts, au grand danger du navire ou des magasins.

Quel est le prix des huiles de pétrole ? Ce prix est sujet à de grandes variations sur les marchés européens. A Liverpool et au Havre, les huiles valent environ 40 francs les 100 kilogrammes. Elles coûtent un peu plus cher à Marseille, vu la grande longueur du trajet ; la différence est à peu près de 5 francs par 100 kilogrammes.

Le pétrole rectifié se paye à l'intérieur de Paris, 60 à 75 centimes le litre.

CHAPITRE XXX

PROCÉDÉS DE PURIFICATION DES HUILES BRUTES DE PÉTROLE.

Avant qu'on les livre à la consommation, les huiles brutes de pétrole doivent nécessairement être purifiées, c'est-à-dire séparées en plusieurs produits. De nombreuses raffineries de pétrole ont été montées dans ce but, en Amérique et dans toute l'Europe.

Le pétrole, tel qu'il sort de la source, est loin d'être un corps homogène. C'est la réunion, ou plutôt une dissolution réciproque, de plusieurs corps, analogues par leur nature, tous combustibles, mais différant les uns des autres par leur état physique et leurs qualités éclairantes.

Le pétrole brut est d'une couleur brune-verdâtre, quelquefois tout à fait noire, couleur due à l'asphalte et à des particules de charbon qu'il tient en suspension. Souvent aussi, il retient une faible partie de l'eau avec laquelle il était mêlé dans son gisement au sein de la terre.

Cette eau une fois mise à part, le pétrole est composé d'un nombre considérable de carbures d'hydrogène, produits d'autant plus légers que les chiffres représentant le nombre d'équivalents de carbone et d'hydrogène combinés, sont plus faibles, et au contraire, d'autant plus lourds, plus solides, plus difficiles à volatiliser, que les chiffres de ces équivalents de carbone et d'hydrogène sont plus élevés.

Si l'on place dans un alambic ordinaire, une certaine quantité d'huile brute de pétrole, et que l'on chauffe lentement et progressivement le liquide, de manière à recueillir les différents corps par ordre de volatilité, voici les substances qui passeront successivement à la distillation.

En premier lieu, on verra s'échapper des bulles de gaz hydrogène protocarboné et bicarboné. Ces gaz, identiques à ceux qui servent à l'éclairage, étaient retenus par simple dissolution dans le liquide, comme l'air est dissous dans l'eau potable.

Ensuite on recueillera dans le récipient de l'alambic, de l'eau, mêlée d'essences à odeur empyreumatique.

Puis viendra une huile légère, de couleur ambrée ; c'est l'*huile de naphte*, liquide qui, jusqu'à ces dernières années, n'avait guère servi qu'à conserver à l'abri de l'air, dans les laboratoires de chimie, les échantillons de potassium et de sodium, mais qui a reçu de nos jours, des applications importantes. Cette huile, en effet, peut dissoudre le caoutchouc, les gommes, les résines, et remplacer dans l'industrie le sulfure de carbone, toujours nuisible à la santé des ouvriers.

Après le naphte viendra la *benzine*, liquide précieux, qui dissout les corps gras, et sert dans l'économie domestique à nettoyer et à détacher les vêtements.

Après la benzine, on recueille l'*huile éclairante de pétrole*, c'est-à-dire le liquide particulièrement apte à servir à l'éclairage. Il passe ensuite à la distillation, l'huile lourde et onctueuse, qui est impropre à l'éclairage, mais excellente pour le graissage des machines et pour le chauffage des chaudières à vapeur.

Enfin viendront la naphtaline et la paraffine, substances solides à la température ordinaire, blanches, brillantes, translucides, et dont on fait, en Amérique et en Angleterre, les bougies diaphanes dont nous avons parlé dans le chapitre de l'éclairage par les corps gras solides.

Il restera dans la cornue, du goudron et du charbon, qui, l'un et l'autre, peuvent servir au chauffage, quand on les a agglomérés avec la poussière de charbon, produit à peu près sans valeur jusqu'ici.

Dans la pratique des raffineries d'huile de pétrole, on ne conduit pas la distillation avec autant de soins. Dans une première opération, on sépare le pétrole en trois produits : 1° les essences légères, qui communiqueraient à l'huile une trop vive inflammabilité, 2° l'huile particulièrement propre à l'éclairage, 3° les huiles lourdes. Dans une seconde opération, on distille de nouveau les huiles lourdes, pour en retirer l'huile à graisser et la paraffine.

La figure 113 représente l'appareil distillatoire employé dans l'usine de M. Deutsch à Paris. La capacité de la chaudière, qui est en fonte, varie entre 1000 et 8000 litres. Sa forme générale est un cylindre terminé en haut et en bas par deux calottes sphériques. La calotte supérieure porte un tube conique, A,

Fig. 113. — Appareil pour la distillation du pétrole.

muni d'un entonnoir et d'un robinet, pour l'introduction du pétrole brut ; elle est percée d'un trou d'homme, permettant les nettoyages. Du sommet de ce cône part un tube, L, qui conduit les vapeurs dans les appareils à condensation. En sortant des chaudières par les tubes L, les vapeurs traversent un tube enveloppé par un manchon métallique, H, parcouru lui-même dans son intérieur, par un courant d'eau, destiné à refroidir les vapeurs.

En sortant du manchon, les vapeurs débouchent dans de vastes cuves, B, dans lesquelles circule constamment de l'eau froide, et qui renferment un serpentin, où se liquéfient les vapeurs arrivant de la chaudière. Le liquide condensé se rend par le tube, E, dans le récipient, C; on le recueille dans des burettes, D, placées au-dessous de chaque récipient. F, F, sont les tubes destinés à laisser échapper des gaz qui pourraient faire éclater les appareils. G, est un manchon où se réunissent tous ces gaz, pour s'échapper au dehors.

Une fois l'huile éclairante séparée des autres produits, on la fait passer dans des cuves, où on l'agite successivement avec de l'acide sulfurique et une dissolution de carbonate de soude, afin de la débarrasser des matières colorantes et de lui ôter les odeurs étrangères. Cette opération se nomme le *lavage*.

La figure 114 montre l'appareil *laveur*. Ce sont deux cuves, C, D, dont l'une renferme l'acide sulfurique et l'autre la liqueur alcaline. Leur forme est rectangulaire, leur fond cylindrique. Elles sont superposées de manière que le pétrole qui a subi l'action de l'acide dans la cuve C, soit versé directement, à l'aide d'un robinet H, dans la cuve à alcali, D.

Le pétrole brut s'introduit par le tube A dans la chaudière C. Dans chacune des deux chaudières un arbre horizontal, armé de palettes, mélange intimement l'huile et le réactif. Le carbonate de soude est amené dans la seconde cuve par le robinet I. Un robinet, G, fait écouler l'huile épurée dans des barils.

Après ces deux traitements, il ne reste plus qu'à laver l'huile à grande eau, et à l'enfermer dans des vases métalliques pour la vente.

Les pétroles de diverses provenances, diffè-

Fig. 114. — Appareil pour laver le pétrole à l'acide et à l'alcali.

rent les uns des autres par les proportions de carbures d'hydrogène qu'ils renferment. L'huile de pétrole de Rangoun est la plus riche en paraffine ; celle du Canada est la plus riche en essences. De chacune de ces huiles brutes on retire une quantité d'huile à éclairer, qui varie entre 50 et 90 pour 100 : c'est la partie la plus importante de ce liquide naturel.

Quelle est la composition exacte des huiles de pétrole destinées à l'éclairage ? D'après M. E. Kopp, on pourrait les diviser en deux catégories. Le premier groupe comprend les *naphtes*, ou naphtes bitumineux, dont le type est l'huile de pétrole du commerce. Cette variété est peu riche en benzine et en paraffine, et le point d'ébullition des hydrocarbures qu'elle contient, est assez élevé. Ces hydrocarbures (la pétroline, le naphte, le naphtène, le naphtole, etc.) renferment de 86 à 88 parties de carbone sur 12 à 14 d'hydrogène. Telles sont les huiles de pétrole de la mer Caspienne, de Perse, de Turquie, de Chine ; celles d'Amiano (Parme), de la Calabre, de la Sicile, de l'Orbe (en Suisse), de France, de Suède, de Hongrie, de Bavière ; les bitumes de la mer Morte, en Palestine ; enfin les huiles de certaines sources du Canada.

Le second groupe comprend les *huiles minérales contenant de la paraffine*. Elles sont généralement onctueuses au toucher, renferment beaucoup de paraffine et des hydrocarbures à point d'ébullition peu élevé et isomères du gaz oléfiant. On peut considérer comme le type de cette série, l'huile minérale de Rangoun ; il faut y ranger aussi la plupart des huiles américaines.

MM. Pelouze et Cahours ont étudié chimiquement les pétroles d'Amérique, et ils ont constaté dans ces produits, l'existence d'un composé de carbone et d'hydrogène, d'une odeur éthérée, qui bout à 68 degrés, et qu'ils ont appelé *hydrure de caproylène*. L'alcool caproylique dérivé de cet hydrocarbure, comble une lacune dans l'échelle des substances organiques que l'on comprend sous le nom d'alcools.

Les huiles américaines se séparent, par des distillations répétées, en un liquide léger et volatil, comme la benzine, et une huile volatile plus lourde ; c'est cette dernière qui sert à l'éclairage. D'après M. Mowbray, l'huile brute contient 55 pour 100 d'huile éclairante de la densité de 0,77 à 0,82 ; 27 pour 100 d'essences plus légères, et 12 pour 100 d'huiles plus lourdes, chargées de paraffine. Le reste est formé d'impuretés.

Ainsi l'huile de pétrole destinée à l'éclairage, résulte du mélange d'un assez grand nombre de carbures d'hydrogène différents. Les fabricants, en distillant le pétrole, s'efforcent, autant que possible, d'empiéter sur les deux produits extrêmes, qui consistent dans les essences légères et les lourdes, parce que la portion moyenne, c'est-à-dire l'huile à éclairer, trouve un débit plus facile et se vend un prix plus élevé.

L'huile à éclairer doit satisfaire à certaines conditions. Elle doit brûler facilement, en totalité et sans fumée. Elle ne doit posséder qu'une odeur légère, et surtout, elle ne doit présenter aucun danger d'explosion entre les mains du consommateur. Les portions de l'huile brute qui distillent entre les températures de 120 et de 220 degrés, possèdent seules cette propriété.

Les huiles lourdes donnent une flamme fuligineuse. Les essences légères sont peu éclairantes, mais c'est là leur moindre défaut. A la température ordinaire, elles se répandent en vapeurs, qui sont d'une odeur insupportable, et qui, arrivant au contact d'une flamme quelconque, prennent feu, font éclater le récipient et la lampe qui contient l'essence. Le liquide embrasé, lancé par l'explosion, met le feu à tout ce qu'il rencontre.

L'huile à éclairer, privée de ces dangereuses essences, doit avoir une densité comprise entre les limites de 0,800 et 0,820 ; en d'autres termes, un litre de bon pétrole à brûler ne doit pas peser moins de 800 grammes, ni plus de 820 grammes. Il est facile aux consommateurs de faire l'épreuve de l'huile qu'ils achètent, soit au moyen de la pesée du litre, soit à l'aide d'un densimètre. Sur la tige de cet instrument, au point d'affleurement, se trouve indiquée la densité du liquide.

Nous devons dire pourtant que ce moyen de vérification n'est pas toujours certain. Il est arrivé, en effet, que des fabricants peu scrupuleux, se trouvant posséder des huiles à densité trop forte, les mélangent d'essences légères, pour obtenir la densité voulue, et trouver le débit de leur marchandise. Ainsi altérée, l'huile de pétrole réunirait à la fois les défauts des huiles lourdes et les dangers des essences.

M. Salleron, se basant sur ce principe, que le degré d'inflammabilité d'une huile est proportionnel à la quantité de vapeurs qu'elle émet à la température ordinaire, a inventé un petit appareil pour l'essai des huiles de pétrole, dans lequel on mesure la tension des vapeurs de l'huile à examiner.

Il résulte de nombreuses expériences faites par M. Salleron, que la limite maximum de tension permettant d'utiliser une huile pour l'éclairage, est celle qui répond à une pression de 64 millimètres, produite à la température de 15 degrés.

L'instrument construit par M. Salleron pour mesurer la tension des vapeurs de l'huile de pétrole, est d'un maniement assez difficile, et n'est pas entré dans la pratique. Les chimistes et les physiciens n'ont besoin, d'ailleurs, d'aucun instrument particulier pour reconnaître la valeur d'une huile de pétrole pour l'éclairage. Il leur suffit, et c'est le moyen que nous recommandons comme le seul digne de confiance, de placer le liquide à examiner dans une cornue tubulée, qui puisse recevoir la tige de verre d'un thermomètre, et de porter le liquide à l'ébullition, pour reconnaître le degré de la température de cette ébullition. Le pétrole, pour être employé avec confiance, doit bouillir entre 150 et 200°.

Un moyen d'épreuve qui a l'avantage d'être à la disposition de tout le monde, consiste à reconnaître si le pétrole est, ou non, inflammable spontanément. On verse dans une soucoupe un peu de pétrole, et on en approche une allumette-bougie enflammée, ou une allumette de bois. Si le pétrole prend feu, il faut le rejeter ; s'il ne brûle pas au contact de l'allumette-bougie, bien que la partie enflammée de cette allumette soit très-voisine de la surface du liquide, on peut consacrer avec confiance cette huile à l'éclairage. Les essences légères, placées dans ces conditions, s'enflamment comme de l'alcool ; les essences lourdes ne s'enflamment jamais. Le pétrole destiné à l'éclairage ne doit s'enflammer dans la même expérience, que lorsqu'on l'a chauffé quelque temps, soit en l'approchant du feu, soit par le voisinage, longtemps continué, d'une allumette en ignition. Dans les ateliers américains on prescrit de rejeter toute huile qui s'enflamme par l'approche d'une allumette, quand elle est chauffée à 44° centigrades.

Voilà des indications pratiques bonnes à retenir.

On s'est livré à de nombreuses expériences comparatives sur le pouvoir éclairant et sur le prix de revient de l'éclairage au pétrole. Les professeurs Booth et Garret, à Philadelphie, ont trouvé que 10 litres d'huile naturelle produisent, en moyenne, autant de lumière que 24 mètres cubes de gaz, ou bien, autant que 45 litres de *gazogène* (mélange d'essence de térébenthine et d'alcool).

La comparaison avec les bougies de paraffine et de blanc de baleine, a donné des résultats tout aussi favorables. On a déduit d'expériences comparatives, que le même pouvoir éclairant est obtenu, si l'on brûle pour 104 francs de bougies de *spermaceti*, 64 francs de bougies d'adamantine, 60 francs de bougies de paraffine, 11 francs de gaz et 5 francs 55 centimes de pétrole.

Faisons remarquer que ces résultats sont basés sur le prix de l'huile de pétrole à New-York, et qu'ils seraient moins favorables au pétrole avec le prix de cette huile en Europe, lequel est augmenté par les frais de transport.

En 1863, le professeur Frankland, de Londres, a trouvé, d'après des expériences particulières, que, pour produire l'intensité lumineuse représentée par vingt bougies de blanc de baleine, brûlant pendant dix heures, il faudrait dépenser les sommes suivantes, pour chaque substance employée à l'éclairage :

Cire	8 fr.	90 c.
Blanc de baleine	8	30
Paraffine	4	75
Chandelle de suif	3	30
Huile de blanc de baleine	2	25
Huile de paraffine	0	60
Pétrole	0	76
Gaz de houille	0	42
Gaz de cannel-coal	0	30

On voit que, sous le rapport économique, c'est le pétrole et l'huile de paraffine qui se rapprochent le plus du gaz. Par conséquent, comme tout porte à le croire, si le prix de ces huiles vient à baisser, elles entreront plus largement encore dans la consommation, et pourront faire une concurrence redoutable au gaz d'éclairage.

Quoi qu'il en soit, l'huile de pétrole est, de tous les moyens d'éclairage actuels, le plus économique, après le gaz.

CHAPITRE XXXI

LES LAMPES POUR L'ÉCLAIRAGE AU PÉTROLE.

Les lampes à pétrole sont d'une grande simplicité. Elles sont formées de trois parties essentielles : le récipient, la mèche, le verre.

Le récipient est d'une forme quelconque. Il importe cependant que la distance entre le niveau de l'huile et la flamme, n'excède jamais 10 centimètres, parce que la capillarité de la mèche aurait peine à faire monter la quantité d'huile nécessaire à un bon éclairage. Un niveau trop élevé amènerait l'effet contraire ; toute l'huile fournie au bec ne serait pas brûlée, et la lampe donnerait de l'odeur.

Le réservoir des lampes à pétrole est en cuivre ou en verre, selon que l'on veut cacher ou laisser apparaître le liquide combustible. La figure 115 montre la forme habituelle des lampes à réservoir de métal, la figure 116 celle à réservoir de cristal. Les lampes à réci-

Fig. 115. — Lampe à pétrole.

Fig. 116. — Lampe à pétrole avec globe.

pient translucide sont plus fragiles que celles construites en métal, mais il y a toujours avantage à connaître à chaque instant le niveau du liquide.

Quant aux mèches, elles sont ou plates, constituant ce que l'on nomme *bec américain*, ou cylindriques et à double courant d'air, semblables à celles des lampes à bec d'Argand. Les mèches cylindriques et à double courant d'air, donnent une flamme plus brillante que les mèches plates ; cependant ces dernières sont encore les plus usitées, parce que la construction de la lampe est plus simple, et son entretien plus facile.

Le bec à mèche plate, dit *bec américain* (*fig.* 115 et 116), se compose : 1° d'un tube aplati, dans lequel glisse la mèche, 2° d'un cylindre de cuivre, étranglé vers le milieu, et dont la base renflée supporte le verre, 3° enfin, d'un capuchon ouvert en fente à son sommet, pour le passage de la flamme. Un bouton sert à hausser ou à baisser la mèche. Il est fixé à une petite tige horizontale, munie de deux roues dentées, lesquelles mordent la mèche en s'appuyant contre le fond du tube ; suivant qu'on tourne le bouton dans un sens ou dans l'autre, celle-ci est élevée ou abaissée.

La figure 117, qui donne une coupe verticale de ce bec, fait bien comprendre ces dispositions : M, est la mèche glissant dans le tube de cuivre, pressée et poussée par le bouton B ; C, est le capuchon de cuivre, renflé à sa base pour recevoir le verre, et rétréci au sommet, pour resserrer les vapeurs à leur sortie.

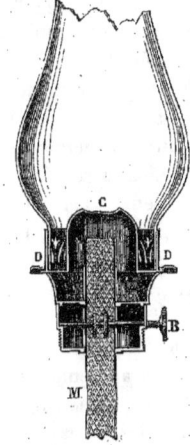

Fig. 117. — Coupe verticale de la lampe à pétrole.

L'air nécessaire à la combustion arrive dans le capuchon C par une multitude de petits trous, percés dans la partie renflée, DD, du cylindre de cuivre.

Le verre est la cheminée d'appel, cheminée qui malheureusement est sujette à se briser, surtout au moment où l'on vient d'allumer, parce qu'elle est inégalement dilatée par la chaleur. Les points les plus rapidement chauffés, sont les plus voisins de la flamme ; aussi ne donne-t-on jamais au verre la forme régulièrement cylindrique : on le renfle à sa partie inférieure. Dans ces derniers temps, on a même imaginé d'aplatir le renflement, pour que le contour du verre soit partout à égale distance de la flamme. Les tubes qui affectent cette dernière disposition sont connus dans le commerce sous le nom, hyperbolique et non grammatical, de verres *incassables*.

Il est toujours prudent de ne faire qu'une petite flamme au commencement, et de la grandir peu à peu, à mesure que le verre s'échauffe.

La flamme est d'autant plus grande et plus éclairante, que la mèche est plus élevée, et voici pourquoi. La seule force qui fasse monter l'huile jusqu'à la flamme, c'est la capillarité. Si la mèche était partout également imbibée, le mouvement ascensionnel s'arrêterait : c'est le cas de la lampe qui n'est pas allumée. Mais dès que la combustion, s'exerçant sur la portion libre de la mèche, y a détruit le pétrole, l'équilibre est rompu ; l'huile s'élève au point séché, et par conséquent, la quantité de pétrole consommée doit augmenter avec la surface d'évaporation, c'est-à-dire avec la hauteur libre de la mèche.

Le capuchon a pour effet d'amener tout l'air en contact avec l'huile vaporisée ; en outre, les deux lèvres de la fente, fortement échauffées, rayonnent sur la mèche et augmentent la vaporisation.

Le petit modèle de lampe représenté par la figure 118, dit *porte-verre à bascule*, a été imaginé en Angleterre ; il n'a d'autre avantage que de permettre d'allumer la mèche sans toucher le verre avec les doigts.

Fig. 118. — Porte-verre à bascule.

La lampe Marmet (*fig.* 119), a été inventée pour calmer les terreurs exagérées de certaines personnes à l'endroit des explosions des lampes à pétrole.

Le récipient est partagé en deux capacités concentriques, MM et NN ; ces deux capacités communiquent entre elles par le petit canal PP ; la capacité intérieure est fort petite

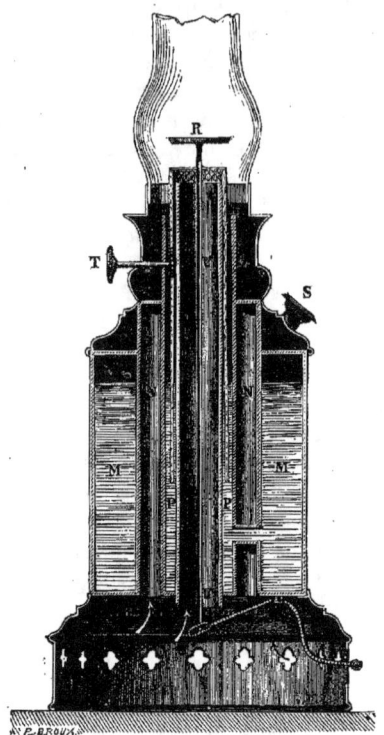

Fig. 119. — Lampe Marmet (coupe).

et réduite encore par un tube UU, plein d'air et qui en occupe le centre. Cette lampe fonctionne avec une mèche cylindrique et à double courant d'air, comme le bec d'Argand. Si, par accident, la flamme venait à pénétrer dans le récipient, elle ne pourrait allumer que l'huile contenue dans l'espace annulaire NN, et s'éteindrait bientôt faute d'air. Comme dans les lampes à schiste, un petit disque, R, surmonte le bec, pour épanouir la flamme. On peut le hausser plus ou moins, à l'aide d'un bouton T, et d'une crémaillère, comme l'indique la figure. Quand on abaisse tout à fait le disque, R, il éteint la lampe. La tubulure S sert à introduire le pétrole.

Un fabricant français, M. Boital, a appliqué d'une manière beaucoup plus simple, le bec d'Argand aux lampes à pétrole. M. Boital appelle ce bec, *cylindrique*, pour le distinguer des autres dispositions employées pour la combustion du pétrole.

Le *bec cylindrique* ou à double courant d'air, de M. Boital, est formé d'un simple tube légèrement conique, fortement évasé à la base, et qui plonge dans le réservoir contenant le liquide. Cet évasement permet l'introduction d'une mèche, plate d'abord, mais qui, prise par un petit cric, monte dans le tube, en s'arrondissant progressivement, et arrive à l'orifice du bec, sous la forme tout à fait cylindrique. Le courant d'air, dont l'action est accrue et réglée par un étranglement du verre, saisit la mèche allumée, à environ un centimètre du foyer, brûle les vapeurs sans fumée, et donne une flamme longue, excessivement blanche, d'un pouvoir éclairant considérable.

On pouvait craindre *à priori* que le verre, étranglé presque à angle aigu, ne résistât pas à la chaleur si intense du foyer ; mais l'expérience de tous les jours, faite sur une vaste échelle, a prouvé que cet amincissement, au contraire, en facilitant la dilatation du verre, réduit à des proportions insignifiantes la casse par les coups de feu, qui est une des grandes calamités de l'éclairage aux huiles de pétrole.

Les figures 120 et 121, représentent la lampe à bec cylindrique de M. Boital. La première fait voir la mèche aplatie, qui devient circulaire en s'engageant dans le cylindre. On voit sur la seconde figurer l'ensemble de la lampe. Le réservoir R (*fig.* 121) est en cristal. Grâce à la tige *t* qui descend dans le pied, et au bouton *b*, qui arrête cette tige au point désiré, on peut faire varier à volonté la hauteur de la lampe entière.

M. Boital a déjà exécuté six becs de calibres différents, dont voici la consommation et le pouvoir éclairant: n° 1, brûlant 56 grammes d'huile minérale par heure: pouvoir éclairant, 15 bougies ; n° 2, brûlant 33 grammes

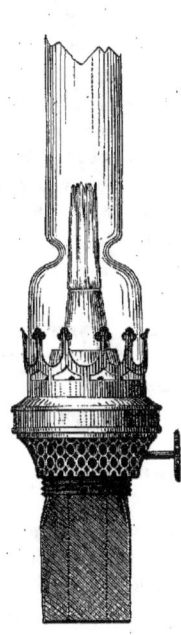

Fig. 120. — Lampe Boital.

Fig. 121. — Lampe Boital.

d'huile minérale par heure: pouvoir éclairant, 20 bougies; n° 3, 30 grammes d'huile minérale: pouvoir éclairant, 8 bougies; n° 4, 27 grammes d'huile minérale: pouvoir éclairant, 6 bougies et demie; n° 5, 22 grammes d'huile minérale: pouvoir éclairant, 4 bougies; n° 6, 28 grammes d'huile minérale : pouvoir éclairant, 3 bougies.

Dix mille lampes du nouveau système ont été appliquées par M. Boital, à l'éclairage de la ville de Moscou, et depuis environ deux ans, l'administration de la ville de Paris a confié à cet entrepreneur l'éclairage provisoire des voies nouvelles qu'elle fait ouvrir chaque jour. Les lampes de pétrole à bec cylindrique donnent une lumière fixe, blanche et brillante.

Rien ne s'opposerait à l'introduction de ces lampes dans l'intérieur des appartements. La flamme ne blesse pas le regard; elle brûle toute sa fumée, et ne dégage pas cette odeur désagréable, qui a jusqu'ici empêché l'éclairage aux huiles minérales de se généraliser.

Le pétrole rectifié et privé d'essences légères, est seul employé dans les lampes dont nous venons de parler. Certaines lampes utilisent, pour l'éclairage, les huiles légères, intermédiaires de densité entre le pétrole ordinaire et les essences. Telle est la *lampe sans liquide*, ou *à gaz Mille*.

Voici le principe de cet ingénieux appareil.

Supposons que la boîte représentée par la figure 122, soit remplie de morceaux d'éponge, D que nous y versions une certaine quantité d'huile minérale pouvant se volatiliser facilement, et qu'un courant d'air la traverse, en entrant par l'orifice A, pour sortir par le tuyau recourbé CB. L'air se chargera de vapeurs en traversant

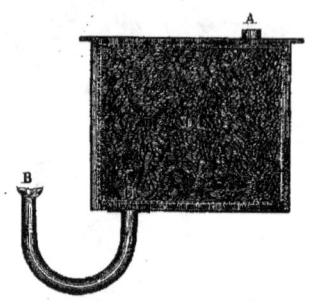

Fig. 122. — Principe de la lampe à gaz Mille.

l'essence, et deviendra inflammable. Nous pourrons donc allumer ces vapeurs à leur sortie du tube.

La figure 123 montre la *lampe à gaz Mille*,

Fig. 123. — Lampe à gaz Mille.

telle qu'elle est construite. La colonne, E, est creuse; elle donne accès au courant d'air qui doit se charger de vapeurs inflammables, en passant à travers l'éponge imbibée d'essence. Le récipient contient une éponge, D, enfermée dans un réseau à mailles de fils de fer. On imbibe l'éponge en versant de l'essence par la tubulure supérieure, A; puis on renverse la lampe, pour ôter l'excès de liquide. On allume le courant gazeux à l'extrémité du tube CC. Bientôt un appel continu se manifeste, et les vapeurs peuvent être enflammées. L'écoulement des vapeurs est réglé à l'aide d'un petit robinet dont le tube CC est muni.

D'autres lampes *à gaz Mille* sont à récipient inférieur; on les a pourvues d'une mèche, pour mieux assurer l'arrivée du gaz inflammable.

La flamme des *lampes sans liquide* est petite, mais très-éclairante. Ce procédé est plus économique encore que l'éclairage au pétrole ordinaire, puisque les essences légères de pétrole sont à plus bas prix que l'huile éclairante ordinaire.

Nous terminerons en parlant de la fabrication de gaz avec l'huile de pétrole.

M. Youle-Hind, industriel américain, a réussi à transformer l'huile minérale en gaz d'éclairage. Sa méthode est basée sur la décomposition réciproque des vapeurs de pétrole et de la vapeur d'eau, mêlées à une haute température. Dans ces conditions, l'oxygène de l'eau s'empare d'une portion du carbone de l'huile, et donne de l'oxyde de carbone, gaz combustible; et son hydrogène s'ajoutant aux éléments constituants des carbures hydrogénés, il en résulte les hydrogènes proto et bicarbonés.

L'appareil qui sert à opérer cette réaction, est assez simple. C'est une cornue allongée, à fond plat, percée de trois ouvertures à sa partie supérieure; ces deux ouvertures sont pourvues de deux tubulures. L'intérieur de la cornue est partagé en trois parties : les deux parties extrêmes sont vides, la partie moyenne est remplie de coke. On chauffe fortement la cornue dans un four, puis on fait arriver simultanément, par les deux tubulures, des filets d'eau et de pétrole. Ces liquides, tombant sur des briques inclinées et rougies par la chaleur, sont réduits en vapeurs. Le mélange traverse les fragments de coke, circule dans ces porosités ardentes, et la réaction s'achève. Enfin le gaz s'échappe dans la troisième portion de la cornue, d'où un tuyau le dirige dans le gazomètre.

Il paraît que le gaz ainsi produit, donne une flamme beaucoup plus éclairante que celle du gaz ordinaire, et que son prix de revient est moitié moindre, à égalité de lumière.

Cette question, toutefois, est encore à l'étude, et on ne saurait rien préjuger sur son avenir. Si les espérances conçues venaient à se réaliser, les petites villes qui ne sont pas assez riches pour monter une usine à gaz, pourraient utiliser la découverte de M. Youle-Hind, car les frais d'établissement des appareils sont très-faibles.

Nous possédons le pétrole depuis si peu de temps, les savants le connaissent si peu et le manient si mal, qu'il n'est pas étonnant que divers accidents se soient manifestés, et que le public ait une grande appréhension contre son usage. On en est venu à croire que l'huile minérale détone à la manière de la poudre, et qu'elle fait explosion par le simple choc. Hâtons-nous de dire qu'en dehors du mélange préalable des vapeurs de pétrole avec l'oxygène de l'air, il n'est pas d'explosion possible. L'huile convenablement rectifiée est si peu inflammable qu'on peut la verser sur une bougie sans qu'elle s'allume, qu'on peut renverser impunément la lampe à proximité d'un foyer, et que le liquide ainsi répandu, loin de causer un incendie, ne fait que s'éteindre. Aussi quand le pétrole a été bien rectifié, son usage ne s'accompagne-t-il d'aucun danger. Les accidents qui ont été signalés ont eu pour cause des huiles mal purifiées. Mais dans ces cas, disons-le bien, les dangers sont réels. Le remède, c'est de s'approvisionner de pétrole parfaitement rectifié et exempt d'essences légères. L'examen du point d'ébullition du pétrole dont on veut faire usage, est donc indispensable pour s'assurer de la bonne qualité du pétrole et garantir toute sécurité.

CHAPITRE XXXII

EMPLOI DU PÉTROLE COMME COMBUSTIBLE. — ESSAIS FAITS EN AMÉRIQUE POUR L'EMPLOI DU PÉTROLE COMME COMBUSTIBLE. — EXPÉRIENCE FAITE SUR LA SEINE EN 1868, AVEC LE YACHT LE PUEBLA POUR LE CHAUFFAGE DES CHAUDIÈRES DES MACHINES A VAPEUR AU MOYEN DU PÉTROLE. — FORME ET DISPOSITION DE LA CHAUDIÈRE. — AVANTAGES DU PÉTROLE COMME AGENT DE CHAUFFAGE SUR LES NAVIRES A VAPEUR. — EMPLOI DU PÉTROLE COMME COMBUSTIBLE DANS LES LOCOMOTIVES.

Un horizon tout nouveau s'est ouvert récemment à l'huile minérale de pétrole, que nous venons d'étudier au point de vue de l'éclairage. On a reconnu que ce liquide pourra un jour remplacer la houille comme combustible dans les chaudières à vapeur. Jusqu'ici l'Angleterre, la Belgique, et les autres nations manufacturières, ont dû la plus grande part de leur prospérité à la possession des mines de houille ; les contrées que la nature a dotées de réservoirs d'huile minérale trouveront également un jour la richesse dans les profondeurs de leur sol.

C'est par l'examen de cette nouvelle application du pétrole, que nous terminerons l'histoire de ce corps intéressant.

Chacun comprend *à priori* les avantages qu'amènerait la substitution du pétrole à la houille, comme moyen de chauffage industriel ; mais on n'apprécie pas bien, d'avance, par quelles dispositions pratiques on peut se flatter de brûler, sans danger, de l'huile de pétrole dans un foyer, sous une chaudière à vapeur. Nous donnerons donc la description de l'appareil qui a été expérimenté dans ce but à Paris, en 1868, et qui pourrait s'adapter facilement à des bateaux à vapeur et à des navires de tout tonnage.

Au mois de juin 1868, sur le yacht le

Puebla, dont la famille impériale se servait pour ses promenades sur la Seine, on fit l'essai du chauffage de la chaudière au moyen de l'huile de pétrole. L'amiral Rigault de Genouilly, ministre de la marine, le général Lebœuf, quelques officiers d'ordonnance de l'Empereur et de l'Impératrice ; M. Dupuy de Lôme, directeur du matériel du ministère de la marine ; M. Sainte-Claire Deville, professeur de chimie à la Sorbonne, que l'Empereur a chargé de s'occuper de cette question au point de vue chimique, et le commandant, M. Lefèvre, se trouvaient à bord du *Puebla*, accompagnant l'Empereur et l'Impératrice. L'expérience fut aussi longue et aussi décisive qu'on pouvait le désirer. Pendant quatre heures le *Puebla* descendit et remonta la Seine, du pont Royal à Boulogne, et les résultats constatés, tant pour la vitesse de la marche que pour l'absence de la fumée et la régularité de la combustion, ne laissèrent rien à désirer.

L'huile de pétrole dont on fait usage comme combustible, n'est point de ces huiles légères dont la grande volatilité exposerait à des dangers énormes ; c'est de l'huile lourde, d'une densité de 1,04, et qui ne peut s'enflammer spontanément, mais seulement quand elle est chauffée à une température assez élevée. Cette huile est contenue dans un réservoir, d'où elle descend, par son propre poids, dans un tuyau, muni d'abord d'un seul robinet, placé au-dessus de la grille du foyer. Arrivé en ce point, le tuyau se divise en treize petits tubes, munis chacun d'un robinet, et qui déversent un filet d'huile le long de chaque barreau d'une grille de fer, disposée verticalement dans le foyer. Le grand robinet sert à modérer ou à arrêter le débit de l'huile ; les treize petits robinets règlent l'écoulement des filets du liquide combustible.

L'huile coule donc le long des barreaux d'une grille verticale posée au milieu du foyer, et elle y brûle régulièrement. L'intérieur du foyer est composé de briques formant une voûte. Au milieu est une espèce d'autel en briques, destiné à augmenter la surface de chauffe. Cette surface de chauffe est, sur *le Puebla*, de 13 mètres carrés.

Pour mettre le foyer en train, alors qu'il n'existe encore aucun tirage, et pour amener le volume d'air nécessaire à la combustion, on fait marcher, à bras d'homme, un ventilateur, qui insuffle l'air nécessaire au commencement de la combustion. Pour produire en même temps un appel d'air, à l'intérieur de la cheminée, on dirige dans cette cheminée, le jet de vapeur qui sort des cylindres de la machine à vapeur, ainsi qu'on le fait dans les locomotives. Quand la combustion est établie, le tirage se fait naturellement, et le ventilateur devient inutile.

Toutefois, quand le bateau s'arrête, afin de maintenir le tirage du foyer, et d'empêcher que les flammes ne retournent en arrière, on fait arriver à l'intérieur de la cheminée, une sorte de *tuyau soufflant*, analogue à celui des locomotives. C'est un jet de vapeur, emprunté cette fois, non aux cylindres à vapeur, qui ne sauraient en fournir puisque la machine est arrêtée, mais à la chaudière elle-même, au moyen d'un petit tuyau partant de son dôme.

Sauf ces deux artifices, le chauffage avec le pétrole se fait tout aussi simplement et aussi régulièrement que le chauffage à la houille. Ce système a, en outre, le grand avantage de ne produire aucune fumée, ce qui n'est jamais indifférent, pas plus pour la machine d'un bateau à vapeur, que pour une machine fixe d'usine.

L'expérience du 8 juin 1868 mit en évidence l'identité de force de la machine du *Puebla*, que la chaudière soit chauffée avec de l'huile minérale ou avec de la houille. On s'était assuré que la chaudière du *Puebla* faisait développer à la machine une force de 63 chevaux, mesurée sur le piston, avec 240 tours du volant par minute, sous une pression de 5 atmosphères et demie. Avec le pétrole, la machine du *Puebla* développa une force de 65 chevaux, en tournant 240 fois par minute.

Cet essai n'était d'ailleurs que la suite et l'application de beaucoup de tentatives antérieures. On avait réuni dans une synthèse pratique intelligente, les diverses études faites jusqu'à ce jour, en divers pays, pour l'emploi de l'huile minérale comme combustible. Il y a sept ou huit ans que des essais de ce genre se poursuivent en Amérique, en Angleterre et en France. Aux États-Unis, ils ont porté non-seulement sur des bateaux à vapeur, mais sur des locomotives et des chaudières de machines fixes d'usines.

Ce serait une très-longue tâche d'énumérer tous les essais que l'on a faits en Amérique et en Angleterre, pour appliquer les huiles minérales au chauffage des machines à vapeur. Les premières tentatives faites en Angleterre, eurent lieu à l'arsenal de Woolwich, et dans une usine particulière de Londres. Le procédé, par trop élémentaire, dont on fit usage, n'était pas sans danger : le pétrole brûlait simplement à la surface d'un vase poreux, d'où le feu pouvait se communiquer au réservoir.

Les travaux faits en Amérique pour l'emploi du pétrole comme agent de chauffage des chaudières à vapeur, ont été plus nombreux et plus concluants. Aux États-Unis, plusieurs machines fixes ont déjà remplacé la houille par le pétrole. En 1866, des pompes à incendie, dont la machine à vapeur était actionnée par une chaudière chauffée au pétrole, firent leurs preuves à Boston, d'une manière si brillante, que les autorités municipales autorisèrent aussitôt l'installation de plusieurs appareils semblables.

Nous ne surprendrons personne en disant que sur les lieux mêmes où on retire le pétrole, c'est-à-dire dans les districts du nord de l'Amérique, presque toutes les usines ont remplacé la houille par l'huile minérale, recueillie sur place et à bas prix. Sur une locomotive de chemin de fer de Warren à Franklin, chemin qui traverse une partie de la contrée pétrolifère de Venango, on remplace le charbon par le pétrole. L'huile minérale, chauffée dans des tubes, vient brûler à l'extrémité du bec terminant ce tube. La flamme sert ainsi tout à la fois à distiller le pétrole et à chauffer la chaudière. Mais on comprend tous les dangers d'une pareille disposition.

Pendant l'automne de 1867, des appareils beaucoup mieux entendus furent adaptés à bord d'un navire de guerre, *le Palos*, dans le port de Boston. M. Foucou dans un article de la *Revue des Deux Mondes* (1), a donné en ces termes la description de l'appareil du *Palos* :

« L'appareil de distillation du pétrole avait été placé à une distance du foyer assez considérable pour qu'on n'eût à redouter aucune explosion. Dans ce foyer s'opérait l'inflammation des gaz. L'eau liquide ou vaporisée avait été bannie avec raison. Une puissante pompe à air insufflait d'une manière continue le gaz combustible d'une part, l'air comburant de l'autre. Tout le système était de l'invention du colonel Foote. D'après les consommations de houille et de pétrole comparées pendant un certain nombre de voyages accomplis autour de la rade de Boston, la commission officielle constata une économie très-notable en faveur du pétrole. Depuis les expériences du *Palos*, le port de Boston a vu les essais d'un bateau à vapeur du commerce, le *Island City*, chauffé au pétrole par des moyens peu différents. Dans ces essais, l'on a également atteint des chiffres de vaporisation extrêmement élevés. »

En France, c'est seulement à l'occasion de l'Exposition universelle de 1867, que l'on s'est occupé du chauffage au moyen du pétrole. M. Sainte-Claire Deville fut, à cette époque, chargé par l'Empereur d'établir les appareils nécessaires pour l'étude de cette question, et l'on voyait dans le laboratoire de chimie de l'Exposition du Champ-de-Mars, et plus tard à l'École normale, un appareil pour cette application industrielle.

(1) 1ᵉʳ juin 1868.

La chaudière pouvait être chauffée tour à tour avec du charbon ou avec du pétrole. Une petite pompe aspirait l'huile dans le réservoir où elle se trouvait contenue, et la refoulait dans un tuyau, qui l'amenait dans sept petits tubes, armés de robinets, par lesquels elle s'écoulait goutte à goutte dans le foyer. Un ventilateur établissait le courant d'air, lorsqu'il fallait commencer à chauffer le foyer.

Cet appareil, on le voit, n'est autre que celui qui fut installé à bord du *Puebla*, et qui a été soumis, au mois de juin 1868, à une expérience décisive.

Quant aux avantages qui résulteraient de l'emploi général du pétrole comme agent de chauffage, il est facile de les apprécier. Ce combustible nouveau brûle sans fumée, et ne laisse pas de cendres. Le chauffage d'une grande chaudière de navire ou d'une machine fixe, s'exécute dès lors aussi simplement, avec autant de propreté, que le chauffage d'un ballon de verre ou de métal sur une lampe à esprit-de-vin, dans un laboratoire de chimie. Le travail si pénible du chauffeur est ainsi supprimé. Le combustible s'introduit de lui-même, sans qu'il soit nécessaire d'ouvrir la porte du foyer, et sans que l'on ait à s'inquiéter des cendres.

Le pétrole produit en brûlant deux fois plus de chaleur que la houille, à poids égal, et il occupe moitié moins de place dans les magasins où on le conserve, et dans la cale des navires. Ces deux considérations assurent d'avance l'adoption du nouveau combustible à bord des bâtiments à vapeur. Quand le pétrole remplacera la houille, on accomplira des voyages d'une durée double de ceux qu'on exécute aujourd'hui avec le même poids en chargement de charbon. Dans l'hypothèse d'une guerre, la substitution du pétrole au charbon aurait des avantages particuliers. Le nouveau combustible brûle sans fumée, avons-nous dit; par conséquent un navire de guerre ne serait pas signalé, comme il l'est aujourd'hui, à d'énormes distances, par son panache de fumée noire.

Nous ajouterons qu'une expérience faite au mois de septembre 1868, au chemin de fer du Nord, avec une locomotive, dans le foyer de laquelle le pétrole remplaçait le charbon, a prouvé que ce liquide peut, dans ce cas, remplacer parfaitement la houille. Cette expérience intéressante se fit sous les yeux de l'Empereur. Bien plus, l'Empereur lui-même s'était placé près du chauffeur, pendant la marche; et l'on ne fut pas peu surpris de voir, à l'arrivée du train, le souverain descendre du tender, comme un simple mortel qui exercerait les fonctions de chauffeur de machines.

CHAPITRE XXXIII

TABLEAU DES GISEMENTS ACTUELLEMENT CONNUS DANS LES DEUX MONDES, DE L'HUILE MINÉRALE DE PÉTROLE.

On vient de voir le rôle considérable qui est réservé dans l'avenir, à l'emploi des huiles minérales, tant pour l'éclairage que pour le chauffage. Un gisement de pétrole est évidemment une source de richesse pour un pays. C'est ce qui nous engage à placer ici l'exposé de l'état actuel de nos connaissances concernant la distribution de cette précieuse substance dans les différentes parties du monde.

Nous avons déjà fait connaître la situation des principaux gisements du pétrole en Amérique. Nous ajouterons seulement ici quelques renseignements empruntés à une notice publiée en 1864, par MM. Stapfer et Sautter, à leur retour d'un voyage aux États-Unis. Ces deux explorateurs ont parcouru d'un bout à l'autre les États qui possèdent les gisements les plus abondants de pétrole, et ils ont recueilli et fait connaître les données numériques et techniques les plus précises sur l'état actuel de l'exploitation des huiles minérales.

Fig. 124. — Vue de Seyssel (département de l'Ain) et des montagnes contenant le *calcaire asphaltique*.

Les terrains houillers de l'Alleghany, où se trouvent les gisements de pétrole, couvrent une superficie d'environ 170,000 kilomètres carrés, répartis sur le territoire des huit États, parmi lesquels les plus riches sont la Pensylvanie, la Virginie, l'Ohio, le Kentucky et l'Alabama. Les sources les plus importantes se trouvent dans l'ouest de la Pensylvanie. Les monts Alleghanys, qui traversent cet État, sont formés de terrains houillers, bordés de rocs calcaires, dans les fissures desquels se rencontrent les dépôts de pétrole. C'est, comme nous l'avons déjà dit, sur le parcours de l'Oil-Creek, tributaire de la rivière Alleghany, que sont échelonnés les principaux puits. Recueillies sur les bords de l'Oil-Creek et mises en barils, les huiles sont expédiées sur Oil-City (Ville-du-Pétrole) ou sur Titusville, d'où elles prennent le chemin des marchés du littoral. New-York et Philadelphie sont les deux grands débouchés de l'Est pour l'exportation et la consommation.

On ne craint pas l'épuisement des dépôts, bien que le rendement des puits diminue au bout d'un certain temps. L'huile se vend sur place. On fixe la valeur moyenne d'un puits de pétrole à 5000 francs par baril d'huile qu'il débite par jour.

Les principales usines d'épuration du pétrole se sont établies dans le voisinage de Pittsbourg. Elles ont le charbon à leur portée, et l'huile leur arrive par l'Alleghany. Dans quelques cas, le rendement en huile d'éclairage épurée, s'élève jusqu'à 90 pour 100; on s'inquiète peu des produits secondaires de la distillation. Le rendement moyen est d'environ 75 pour 100. Souvent les naphtes et autres résidus, servent au chauffage. Il arrive beaucoup d'accidents avec les huiles de pétrole, mais cela paraît tenir uniquement aux sophistications dont l'huile épurée est l'objet de la part des spéculateurs, qui la mélangent d'essences légères.

La vallée de l'Oil-Creek, qui a été le principal centre de production du pétrole, n'est pas le seul point du bassin de l'Alleghany qui soit exceptionnellement riche en pétrole. Dans un petit territoire voisin, nommé *Wood's farm*, on a commencé, en avril 1868, à percer trente nouveaux puits, de 250 mètres de profondeur. Enfin, l'attention a été éveillée aussi, par quelques sondages heureux, sur le territoire d'Oil-City, située au confluent de l'Oil-Creek sur la rivière Alleghany.

Ces faits confirment l'opinion que la grande région de pétrole de l'Amérique du Nord n'est pas précisément la vallée qu'arrose l'Oil-Creek, mais une zone qui englobe la moitié inférieure de ce cours d'eau et les ruisseaux qui l'alimentent, et qui remonte ensuite vers le nord-nord-est, dans la direction même de la grande fracture du fleuve Saint-Laurent.

Nous ajouterons que les gisements pétrolifères ne se bornent pas aux régions de l'Amérique du Nord, dont nous venons de parler. Il existe aux Antilles, dans l'île de la Trinité, une source abondante de bitume, anciennement connue, et qui continue à envoyer ses produits en Europe. Enfin, dans la république de l'Équateur, aux environs de Guayaquil, on a découvert récemment des gîtes de pétrole qui commencent à fixer l'attention.

Passons maintenant rapidement en revue les principaux gisements d'huile minérale pétrolifère dans l'ancien continent, en commençant par l'Europe.

Il ne faut pas chercher en Europe des sources jaillissantes de pétrole, comme elles existent en Amérique. Un calcaire bitumineux, connu sous le nom de *calcaire asphaltique*, qui consiste en carbonate de chaux imprégné de substances bitumineuses, telle est la substance minérale qui fournit les bitumes. Dans des cas plus rares, on trouve le bitume à l'état liquide, à certaines profondeurs dans le sol, et il porte alors le nom de pétrole; mais jamais, en Europe, il ne sort de terre à l'état de source jaillissante, comme en Amérique.

Le *calcaire asphaltique* qui est exploité à Seyssel, dans le département de l'Ain, et appartient à l'étage néocomien du terrain crétacé, est un calcaire fortement imprégné de pétrole, c'est-à-dire contenant 12 pour 100 de ce liquide. Mais on n'en extrait pas le bitume liquide, ou pétrole. On emploie cette roche, après lui avoir fait subir quelques préparations fort simples, pour le pavage et le dallage dans les grandes villes. Elle porte le nom d'*asphalte* ou de *bitume*, et son usage pour le pavage des trottoirs des rues, est devenu universel.

L'asphalte de Val-Travers, village suisse près de Neufchâtel, est le plus renommé après celui de Seyssel. La mine de Val-Travers, plus puissante, mais moins étendue que celle de Seyssel, s'élève sous la forme d'un mamelon, sur la rive droite de la Reuss, au-dessus du vallon célèbre par le séjour qu'y fit Jean-Jacques Rousseau.

C'est cette mine qui, découverte pour la première fois en 1700, par un médecin d'origine grecque, résidant en Suisse, nommé d'Eyrinis, donna l'éveil sur la richesse des gisements que possèdent la Suisse et la Savoie. Les mêmes gisements qui sont exploités au val Travers, se prolongent, en effet, dans les départements de la Savoie et de la Haute-Savoie. A 10 kilomètres d'Annecy (Haute-Savoie) est le gisement de Chavaroche, coupé en deux par le torrent *le Fier*

Dans le département du Bas-Rhin, à Lobsann, non loin de Soultz-sous-Forêts, on exploite un calcaire asphaltique appartenant au terrain tertiaire. A 2 ou 3 kilomètres, à Bechelbronn, se trouvent des couches de sable imprégnées de pétrole. On a récemment creusé un puits et des galeries, pour exploiter ce sable bitumineux. Le sable rend de 4 à 5 pour 100 de bitume ; mais cette exploitation n'est que d'une très-faible importance, puisqu'elle ne produit annuellement que 70 à 80 tonnes de bitume. A Schwabwiller, localité à 6 kilomètres de Bechelbronn, le même bitume se présente à l'état plus liquide.

Dans le département du Haut-Rhin, à Hirtzbach, on a rencontré dans le terrain tertiaire des indices de pétrole; mais les explorations pour sa recheche ont eu peu de succès.

Dans les terrains tertiaires de la Limagne (département du Puy-de-Dôme), il existe divers gîtes bitumineux, qui paraissent remplir des *failles* d'origine éruptive, se rattachant aux produits des volcans de cette région pendant la période tertiaire. L'exploitation industrielle de ces calcaires imprégnés de bitume, s'est faite d'abord près de Dallet, entre Pont-du-Château et Clermont-Ferrand. On exploite plus particulièrement aujourd'hui les grès bitumineux à Lussat.

Les autres gisements bitumineux propres à la France, se rencontrent aux environs de Manosque (département des Basses-Alpes); aux environs d'Alais (département du Gard). Les couches de terrain tertiaire lacustre de Servas et de Saint-Jean-de-Marvejols (département de l'Hérault), qui rappellent celles de Lobsann (du département du Bas-Rhin), contiennent du calcaire bitumineux. Des produits analogues se trouvent dans le département des Basses-Pyrénées, et près de Bastennes (département des Landes). Mais ce dernier gisement est épuisé.

Nous ne devons pas oublier dans cette énumération, la source de Gabian, village du département de l'Hérault, qui se distingue de tous les gîtes bitumineux précédents en ce que le bitume y coule à l'état liquide. Il exsude, mêlé à de l'eau, de la surface du sol, en formant cette *huile de Gabian*, fort anciennement connue, qui était employée autrefois en médecine, et qui sert aux chimistes de nos jours, sous le nom d'*huile de naphte*, à conserver le potassium et le sodium.

L'Espagne et le Portugal contiennent des gisements bitumineux. Un calcaire asphaltique, qui rend de 12 à 14 pour 100 de bitume, et qui fait partie du terrain crétacé, est exploité à Maestu, province d'Alava, près de Vittoria. Le même terrain fournit du calcaire asphaltique à Burgos et à Santander.

Ce sont des grès bitumineux faisant partie de l'étage inférieur du terrain crétacé, connu sous le nom d'*étage Wealdien*, qui existent en Portugal. Ils ont un grand développement dans le district de Leiria. Le seul gîte que l'on exploite est celui de Granja, près de Monte-Real.

Les effluves gazeux d'hydrogène carboné, que l'on a si souvent signalés en plusieurs régions de l'Italie, se rattachent à des gisements de bitume et de pétrole. Aux environs de Plaisance, de Parme et de Modène, on rencontre des couches bitumineuses de quelque importance. On a creusé, vers 1860, une vingtaine de puits de pétrole dans ces diverses localités, mais leur production est très-faible. Ils fournissent à peine une vingtaine de kilogrammes de pétrole par jour. Cinq puits nouveaux ont été forés aux environs de Voghera.

Dans les Abruzzes, à Chieti (Abruzze citérieure), on a foré un puits de 60 mètres de profondeur, qui paraît devoir fournir un assez abondant produit d'un pétrole très-pur.

Les couches géologiques qui fournissent le pétrole, dans ces différentes régions de l'Italie, appartiennent à l'étage moyen (*miocène*) du terrain tertiaire. Le pétrole est souvent accompagné, dans tous les gisements italiens, de sulfate de chaux, de soufre, de sel gemme, ainsi que de lignite. Souvent des effluves de gaz hydrogène carboné annoncent, à l'extérieur, ces dépôts souterrains.

Ce n'est que dans les parties méridionales de l'Allemagne que se trouvent quelques gisements d'asphalte ou de pétrole. On exploite ces gisements bitumineux à Bantheim, Hanovre et Peine. Ils appartiennent en général au terrain crétacé (étage néocomien) et parfois au terrain jurassique. Sur quelques points, l'huile de pétrole sort du *diluvium*.

Ce dernier fait est curieux à signaler, car il prouve que le pétrole existe dans presque toute la série des terrains de notre globe, depuis les plus anciens, comme les terrains silurien et devonien, qui sont la grande source de l'huile américaine, jusqu'aux terrains tertiaires, le principal gisement du pétrole européen, et, comme on vient de le voir, jusqu'au *diluvium* même, qui n'est autre chose que le terrain contemporain. Cette variété extraordinaire d'origine rend assez difficile, il faut l'avouer, l'explication de la véritable provenance géologique de ce liquide précieux.

Pour terminer cet exposé de la distribution géographique des gîtes de bitume et de pétrole dans les deux mondes, nous aurons recours au *Rapport sur les substances minérales*, présenté au jury international de l'Exposition de 1867, par le savant professeur du Muséum d'histoire naturelle de Paris, M. Daubrée. Dans ce travail, M. Daubrée fait connaître avec beaucoup d'exactitude la distribution des gisements de pétrole actuellement connus dans la partie orientale de l'Europe, et dans plusieurs régions de l'Asie.

« *Galicie.* — La partie de la Galicie, dit M. Daubrée, que borde, vers le nord, la chaîne des Karpathes, renferme une série de gîtes de pétrole, qui s'étendent dans la région orientale de cette province et en Bukowine.

« Les localités dans lesquelles on a découvert ces gîtes, constituent une zone qui, mesurée parallèlement à la chaîne, a une longueur d'environ 250 kilomètres. Dans cette étendue, on a ouvert, depuis 1858, des exploitations régulières. D'autres, en très-grand nombre et situées surtout dans la partie orientale, consistent seulement en orifices peu profonds, que creusent les paysans. Il n'y a pas moins de 5,000 de ces petits bassins, répartis dans une douzaine de localités des environs de Boryslaw.

« La variété intéressante connue sous le nom d'*ozokérite*, a été trouvée avec une abondance remarquable, dans plusieurs mines de la Galicie, particulièrement près de Mœhrisch-OEstrau, où on l'exploite, surtout depuis trois ans, pour la fabrication de la paraffine, ainsi qu'en Roumanie.

« D'après une enquête que la chambre de commerce de Vienne a récemment faite, la production, qui appartient surtout à la Galicie orientale, s'élevait à :

tonnes.
Pétrole.................................... 9,107
Ozokérite (Erdwachs)................ 2,520

« Ces matières sont raffinées et distillées dans 36 établissements, et fournissent des huiles à brûler et à graisser, en même temps que de la paraffine, qui a donné 10,150 kilogrammes de bougies.

« Le pétrole de la Galicie se trouve dans les terrains tertiaires. Les gîtes sont disposés sur une ligne de fractures parallèles aux Karpathes et, dans quelques points, en relation avec des sources thermales. Ils sont aussi associés à du sel gemme.

« *Croatie et Dalmatie.* — Comme exploitation de bitume des provinces autrichiennes, également représentées à l'Exposition, il convient de signaler les gîtes de la Croatie, situés aux environs de Moslawina, et qui paraissent se rattacher à ceux que l'on connaît également en Dalmatie et en Albanie.

« *Albanie.* — Les gisements bitumineux de l'Albanie sont principalement concentrés entre Kanina, au sud d'Avlona, et le méridien de Bérat, notamment aux environs de Selenitza. Ils appartiennent au terrain tertiaire, et, d'après une exploration récente de M. Coquand, à l'étage le plus récent ou pliocène. Ici le bitume a été, en général, amené à l'état solide ou asphalte.

« C'est encore au même étage pliocène qu'appartiennent les couches d'où sort, dans l'île de Zante, le bitume qu'Hérodote a déjà signalé.

« *Principautés Danubiennes.* — Les dispositions géologiques de la Galicie se retrouvent dans les Principautés Danubiennes, qui forment comme leur continuation, à travers la Bukowine.

« La position heureuse de la Valachie, par rapport au Danube, lui a permis de diriger sur Marseille une partie de ses pétroles ; et si la Moldavie, moins favorisée, n'a pu emprunter le fleuve pour écouler ses produits, le voisinage des possessions autrichiennes lui a donné la possibilité de faire franchir les Karpathes à ses pétroles bruts et raffinés, et d'alimenter Cronstadt, ainsi que les centres de population les plus importants de la Transylvanie.

« Dans les Principautés Danubiennes, le pétrole,

ainsi que le sel gemme qu'on y trouve en quelques points, appartiennent également au terrain tertiaire. D'après l'étude récente qu'en a faite M. Coquand, ces deux substances paraissent y occuper deux niveaux distincts. L'un, à la partie supérieure de l'étage dit éocène, contemporain à la fois des gypses de Montmartre, du sel, du gypse et du soufre de la Sicile, des sels gemmes des hauts plateaux de l'Algérie (Outaia, Milah, etc.), est représenté, en Moldavie, par le sel gemme exploité à Okna, d'où proviennent les belles masses exposées, ainsi que par les exploitations de pétrole de Moniezti et de Teskani. L'autre, appartenant à un niveau plus élevé, au terrain tertiaire moyen ou miocène, correspond au gypse et au sel gemme de Volterra, en Toscane, et de la province de Saragosse. Ce niveau supérieur est principalement représenté en Valachie, et renferme également des lignites et du succin, dont on voit aussi de nombreux échantillons à l'Exposition.

« Ainsi, les gîtes bitumineux des Provinces Danubiennes, de même que ceux de la Galicie, qui comptent parmi les principaux de l'Europe, bordent la chaîne des Karpathes.

« On remarque, sur 100 puits forés pour recueillir le pétrole, la moitié à peine rencontrent cette substance; ce qui montre que les zones oléifères sont très-étroites et séparées par des terrains stériles. Les puits ne sont distants les uns des autres que d'un intervalle de 20 mètres, et seraient plus rapprochés encore, si les règlements l'autorisaient. Il est indispensable d'en agir ainsi pour drainer tout le pétrole; car les argiles qui le renferment ne lui permettent pas de se mouvoir facilement. En général, on considère comme excellent un puits qui donne 500 litres par jour, pendant la première année. Au-dessous de 350 litres, il est considéré comme médiocre. On voit combien ces puits sont loin de ceux des États-Unis.

« On ne connaît aucun exemple d'huile jaillissant des puits, comme aux États-Unis. Dans les Karpathes, elle suinte tranquillement des parois. La pauvreté en pétrole des terrains de la Moldavie et de la Valachie, ne permet pas d'exploiter au moyen de la sonde; on pratique un puits circulaire d'un mètre de diamètre. Quand le pic a entamé les couches pétrolifères, le dégagement du gaz hydrogène carboné est quelquefois assez abondant pour causer l'asphyxie de l'ouvrier qui travaille au fond du puits.

« *Empire russe.* — La région qui entoure le Caucase est encore plus privilégiée par l'abondance du pétrole, et paraît constituer la principale zone pétrolifère de l'Europe.

« La Russie envoie une collection des environs de Bakou et de la presqu'île d'Apschéron, localité plus remarquable encore par l'abondance du pétrole que par les feux éternels ou sacrés, qui l'ont depuis longtemps rendue célèbre.

« Le pétrole est renfermé dans les terrains tertiaires, qui bordent l'extrémité orientale du Caucase et forment le littoral occidental de la mer Caspienne, aux environs de Bakou et dans la presqu'île d'Apschéron.

« On l'exploite au moyen de puits, dans lesquels il continue à suinter depuis des temps reculés. Le plus abondant des 85 puits actuellement en exploitation, fournit par jour plus de 2,000 litres, et cela, depuis un temps très-long, sans qu'on remarque de diminution notable dans le rendement. Il importe de l'extraire chaque jour; car, si on laisse quelques jours seulement le puits abandonné à lui-même, le niveau y reste stationnaire.

« En outre, on trouve, à la surface même du sol, un revêtement formé de bitume à peu près solide ou ozokérite, que l'on exploite également, particulièrement pour la fabrication de la paraffine. Ces dépôts superficiels, qui ont la forme de coulées, partent de certains orifices et s'étendent sur plusieurs centaines de mètres, avec des épaisseurs de 2 à 3 mètres; ils paraissent provenir de l'oxydation et de la transformation du pétrole qui s'est épanché anciennement.

« Le bitume est également exploité, mais en moindre quantité, tant au nord qu'au sud et à l'ouest de Bakou, jusqu'à des distances de 130 et 150 kilomètres de ce centre principal.

« Les nombreuses sources thermales qui jaillissent dans la même région prouvent, en même temps que d'autres phénomènes, que l'activité volcanique n'y est pas éteinte.

« La production annuelle de cette région, comprenant les districts d'Apschéron, de Lenkoran et de Derbent, peut être évaluée à :

	kilogrammes.
Naphte blanc	32,000
Naphte noir	8,636,000
Total	8,668,000

« La moitié environ de cette production est employée dans le voisinage ou expédiée sur Astrakan; l'autre moitié est dirigée sur la Perse.

« Une compagnie a fondé, en 1857, une fabrique de photogène, à 14 kilomètres de Bakou, et, en 1860, une autre compagnie a établi, à la pointe de la presqu'île d'Apschéron, dans l'île de Swjetoy, une fabrique de paraffine où l'on traite surtout l'ozokérite.

« On connaît depuis longtemps les volcans boueux, et les dégagements de gaz hydrogène carboné, accompagnés d'une certaine quantité de pétrole, qui sont situés à l'extrémité occidentale de la chaîne du Caucase, des deux côtés du Bosphore cimmérien, d'une part en Crimée, dans la presqu'île de Kertch, d'autre part dans la presqu'île de Taman. Ils forment la contre-partie, en quelque sorte symétrique, des abondants gisements de pétrole qui se trouvent à l'extrémité orientale de cette grande fracture, et à environ 1,000 kilomètres de distance.

« Dans la presqu'île de Kertch, où les Tatars recueillaient, depuis un temps immémorial, du pétrole, principalement pour graisser leurs voitures et pour l'éclairage, une compagnie américaine s'est établie, en 1863, pour l'exploiter au moyen de puits. Après avoir foré jusqu'à 160 mètres, on a reconnu que la plus grande quantité se trouve à une profondeur moindre, c'est-à-dire seulement de 8 à 26 mètres.

« Plus récemment encore, l'attention s'est portée sur les indices de pétrole que l'on connaissait depuis longtemps de l'autre côté du Bosphore, dans la presqu'île de Taman et dans le bassin du Kouban, dans une partie qui n'a été définitivement conquise qu'en 1863 et 1864. On s'est empressé de faire des recherches actives, commencées par M. le colonel Novosylzeff et habilement continuées par M. le capitaine du corps des mines, de Koschkull, à l'obligeance duquel je dois une partie de ces détails, ainsi qu'au savant éminent, M. Abich, qui a récemment visité la localité.

« Dans cette région, les sources naturelles et indices de pétrole constituent quatre groupes, dont les extrêmes sont distants de 170 kilomètres : ces groupes, situés au pied du Caucase, sont disposés suivant une ligne droite, exactement parallèle à l'axe de la chaîne. Cette longue zone, en même temps jalonnée par de nombreuses sources thermales, a environ 7 kilomètres de largeur.

« Un puits foré à 12 kilomètres de la forteresse de Krysmskoyé, a atteint successivement quatre nappes de pétrole, à des profondeurs de 16, 40, 60 et 80 mètres. Ces diverses nappes, d'abord jaillissant, par l'impulsion du gaz, de même qu'aux États-Unis, jusqu'à une hauteur de 16 mètres, ont donné des quantités de pétrole différentes et croissant avec la profondeur : la quantité d'huile minérale fournie pendant 139 jours a été de 1,440,000 litres. Le bitume était mélangé à de l'eau qui formait de un neuvième à un dixième du volume total.

« A part ces deux régions principales, il en existe encore deux autres qui produisent du pétrole : l'une dans le district de Tiflis, où le puits dit du Tzar, produit 96,000 litres ; l'autre non loin de Grosnaja, où se trouvent quatre puits, remontant aussi à une époque inconnue, et fournissant annuellement 1,120,000 litres.

« Dans le prolongement du grand alignement dont il vient d'être question, et sur le bord oriental de la mer Caspienne, l'île de Naphte ou de Tschéleken, appartenant à la Perse, présente des émanations semblables. Le pétrole, également accompagné de sources salées et chaudes, est exploité par des milliers de petits bassins. Quelques-uns, au moment où ils viennent d'être foncés, fournissent jusqu'à 600 kilogrammes par jour ; mais leur rendement diminue bientôt, et quelquefois, au bout de six mois ou deux ans, ils sont abandonnés. Il en est d'autres toutefois qui sont beaucoup plus longtemps productifs.

« Il est à remarquer que le naphte est également connu au sud de la mer Caspienne, dans la province de Mazandéran.

« Enfin, il convient d'ajouter que des indices de pétrole reconnus dans la région moyenne de la Russie, dans les gouvernements de Samara et de Simbirsk, ont donné lieu à des forages qui s'exécutent depuis 1865, d'après les indications de M. le général de Helmersen.

« *Perse*. — Il est des gîtes que l'on exploite depuis une antiquité très-reculée, en Perse, dans la vallée de l'Euphrate, et à Chiraz, dans le Kurdistan. C'est toujours dans des conditions assez analogues, dans des terrains tertiaires, et ils en occupent deux étages, d'après les recherches de M. Ainsworth ; ils sont accompagnés de vastes dépôts de gypse et de soufre et associés à des sources thermales.

« *Birmanie*. — Le pétrole abonde également dans l'empire Birman, qui fournit à l'Europe des quantités considérables de cette huile, connue en Angleterre sous le nom de *Rangoun-tar* ou de *Burmèse-naphta*. Dans le bassin de la rivière Iraouaddy, on a foré des puits nombreux qui atteignent jusqu'à 60 mètres de profondeur. En 1862, ils étaient au nombre de 520 et fournissaient ensemble 18 millions de litres d'une huile minérale caractérisée par l'abondance de la paraffine qu'elle renferme.

« *Java*. — Enfin, à la suite de cette énumération des gîtes exploités, on peut citer l'île de Java, où de nombreuses sources de bitume, situées à proximité de sources thermales, jaillissent de terrains tertiaires qui contiennent du lignite dans le voisinage des volcans. »

CHAPITRE XXXIV

LES LUMIÈRES ÉBLOUISSANTES. — L'ÉCLAIRAGE ÉLECTRIQUE. — EXPÉRIENCE DE HUMPHRY DAVY. — LE RÉGULATEUR DE FOUCAULT POUR LA LAMPE ÉLECTRIQUE. — LES RÉGULATEURS DE DUBOSCQ, SERRIN ET GAIFFE.

Pour terminer cette longue notice, nous formerons un groupe à part des sources lumineuses qui constituent de puissants foyers, et qui méritent d'être désignées, à ce titre, sous le nom commun de *lumières éblouissantes*. A cette catégorie appartiennent la lumière électrique, la lumière obtenue par la combustion du magnésium, enfin la lumière résultant du gaz oxy-hydrique. Nous commencerons par la lumière électrique.

Il n'est personne qui n'ait été témoin, dans

les fêtes publiques ou dans les spectacles, des effets merveilleux de l'éclairage électrique, et qui n'ait admiré la prodigieuse puissance de cette source lumineuse, qui rappelle, par son étonnante intensité, l'éclat même du soleil. Mais comment l'électricité, qui produit tant d'importants effets, peut-elle aussi donner ce résultat extraordinaire? C'est ce que nous allons essayer de faire connaître.

Si l'on attache deux fils métalliques aux deux pôles d'une pile voltaïque en activité, et que, sans établir entre eux le contact, on maintienne l'extrémité de ces fils à une certaine distance, suffisante pour permettre la décharge électrique, c'est-à-dire la recomposition des deux électricités contraires qui parcourent les conducteurs, il se manifeste une étincelle, ou plutôt une incandescence entre les deux extrémités de ces conducteurs. Cet effet lumineux provient de la neutralisation des deux électricités contraires, dont la recomposition développe assez de chaleur pour qu'il en résulte une apparition de lumière. Avec une pile composée d'un petit nombre d'éléments, et qui ne fournit qu'un courant voltaïque d'une faible intensité, l'étincelle électrique, qui part entre les conducteurs, est d'un très-faible éclat. Mais si l'on réunit, pour cette expérience, un nombre très-considérable d'éléments voltaïques, on obtient un arc étincelant de lumière.

Le célèbre chimiste anglais Humphry Davy est le premier auteur de cette expérience admirable. Lorsque la munificence de ses concitoyens eut fait construire, pour servir à ses recherches, la grande pile de la *Société royale de Londres*, Humphry Davy observa que si l'on termine les conducteurs de la pile par des morceaux de charbon taillés en pointe, la lumière électrique prend une intensité prodigieuse. Pour exécuter cette expérience, Davy renfermait les deux pôles de la pile, terminés par deux pointes de charbon, dans un vase de verre de forme ovale, hermétiquement clos, et dans lequel on faisait le vide à l'aide de la machine pneumatique. Comme on le voit sur la figure 125, les deux conducteurs de la pile voltaïque pénétraient à l'intérieur du globe

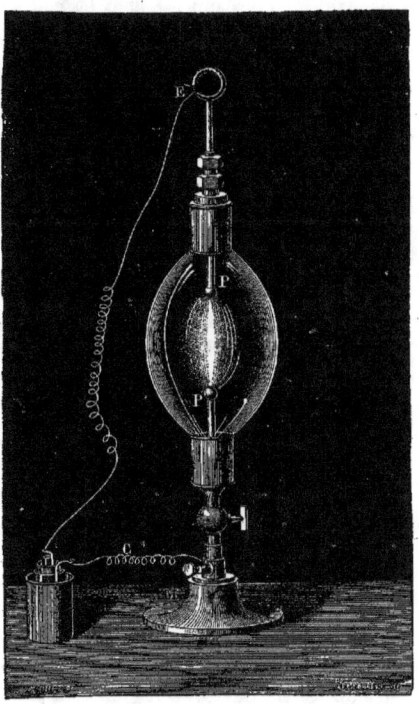

Fig. 125. — Lumière produite dans le vide par l'arc de la pile voltaïque (expérience de Davy).

verre, par deux ouvertures mastiquées avec un enduit résineux et enveloppées d'un manchon de cuivre. Les deux charbons étaient attachés à la partie renflée, PP', qui termine, de part et d'autre, chaque fil conducteur du courant, et représente chaque pôle de la pile.

Il était nécessaire, dans cette expérience, d'opérer dans le vide, parce que quand on l'exécutait à l'air libre, les deux pointes de charbon ne tardaient pas à brûler par l'élévation extrême de la température, ce qui arrêtait la production du phénomène. Grâce à la disposition employée par le chimiste anglais, on évitait la combustion du charbon, et l'on pouvait prolonger un certain temps la durée de l'arc lumineux.

Cette expérience remarquable fut répétée, pendant bien des années, dans les cours publics de physique et de chimie. Elle était nécessairement d'une durée très-courte, parce que les piles voltaïques que l'on connaissait alors, ne pouvaient produire longtemps un courant énergique, et que le charbon végétal dont on faisait usage, laissait dégager une abondante fumée, qui obscurcissait en peu d'instants les parois du globe de verre.

En 1843 parut la pile de Bunsen, modification de la pile de Grove, qui présente l'avantage inappréciable de fournir un courant continu et d'un effet énergique. La pile de Bunsen permit de tirer sérieusement parti d'une expérience qui n'avait offert jusque-là qu'un spectacle curieux.

La pensée d'utiliser pour l'éclairage, le remarquable phénomène découvert par Humphry Davy, appartient à Léon Foucault, qui, en 1844, fit, le premier, une application de la lumière fournie par l'électricité. Foucault avait réussi à rendre pratique l'usage de cette source lumineuse, grâce à un choix intelligent de l'espèce de charbon employé comme conducteur. Davy avait fait simplement usage de pointes de charbon de bois; mais la combustibilité trop vive de ce charbon, exigeait l'emploi du vide, et cette nécessité était un grand obstacle dans la pratique. A ces cônes de charbon de bois, Foucault substitua de petites baguettes taillées dans la masse du charbon, dur et très-peu combustible, que l'on trouve dans les cornues où s'exécute la distillation de la houille, pour la préparation du gaz de l'éclairage. La densité, la dureté extrême et la très-faible combustibilité de cette variété de charbon (que l'on désigne communément sous le nom de *charbon de gaz*), expliquent la supériorité qu'elle présente sur toutes les autres variétés de charbon pour la manifestation de la lumière électrique.

En 1844, Léon Foucault se servit de la lumière provoquée par cette nouvelle et curieuse *lampe électrique*, pour remplacer le soleil dans le microscope solaire. Avec cette lumière il éclairait divers objets d'histoire naturelle, de dimensions microscopiques, destinés à être amplifiés par l'instrument. C'est par ce moyen que furent obtenues les planches, gravées d'après les épreuves photographiques, qui composent l'atlas de microscopie publié par MM. Al. Donné et Léon Foucault.

Un de nos plus habiles constructeurs d'instruments de physique, M. Deleuil, a, le premier, fait usage de l'appareil de Foucault pour un essai d'éclairage public. Vers la fin de 1844, M. Deleuil exécuta cette expérience sur la place de la Concorde, à Paris. Nous faisions partie de la foule de curieux qui était accourue à cette expérience intéressante, où l'on put constater, malgré l'existence d'un épais brouillard, que la lumière émanée du foyer électrique, traversait, sans affaiblissement, toute l'étendue de cette vaste place.

Au mois de juillet 1848, la même expérience fut répétée par un autre physicien, M. Archereau. Placé dans la rue Saint-Thomas du Louvre, l'appareil de M. Archereau éclairait magnifiquement la façade des Tuileries. La lumière était douée d'une telle intensité, que l'on pouvait lire assez facilement l'écriture au guichet du Pont-Royal.

C'est à partir de cette époque que la lumière électrique, reconnue d'un usage pratique, a été, à diverses reprises, expérimentée en public, soit comme une sorte de divertissement dans des fêtes et réunions publiques, soit pour les travaux de nuit. On en fait, par exemple, beaucoup usage dans les théâtres de Paris pour illuminer les toiles et les grands effets de scène.

L'appareil que Léon Foucault avait cons-

Fig. 126. — Travaux exécutés de nuit avec la lumière électrique.

truit, pour tirer parti de l'effet lumineux de l'arc voltaïque, présentait cependant un inconvénient fort grave. Les pointes de charbon brûlaient au contact de l'air, et quoique cette combustion fût assez lente, elle n'en déterminait pas moins une usure progressive du charbon. On avait donc été obligé de munir l'appareil de deux vis, que l'on manœuvrait à la main, et qui opéraient le rapprochement des deux pointes de charbon, au fur et à mesure de leur combustion. Mais c'était là une fonction délicate et difficile à remplir; il importait d'en affranchir l'opérateur, et de rendre l'appareil capable d'exécuter seul ces mouvements.

C'est à Léon Foucault qu'est dû le perfectionnement remarquable qu'il nous reste à signaler dans l'appareil photo-électrique, et qui a permis de transporter dans la pratique l'usage de cet instrument.

Foucault est parvenu à faire régler par le courant électrique lui-même, la marche des charbons au fur et à mesure de leur combustion. La *lampe électrique* présente donc ce fait, très-remarquable, que l'agent producteur du phénomène lumineux, c'est-à-dire l'électricité, gradue et modère lui-même les phénomènes auxquels il donne naissance.

Voici par quelle ingénieuse disposition on fait régler par le courant électrique qui anime l'appareil, la marche des deux charbons lumineux.

Un ressort d'acier agit continuellement sur les deux baguettes de charbon, pour les rapprocher l'une de l'autre. Mais l'effet de ce ressort est paralysé par l'influence attractive d'un électro-aimant, qui reçoit son action électro-dynamique du courant même de la pile voltaïque qui donne naissance à l'arc lumineux. Quand les charbons viennent à s'user, par suite de leur combustion, la distance entre les deux pôles de la pile augmente, et par conséquent, le courant électrique perd de son intensité. Par suite de cet affaiblissement du courant voltaïque, l'électro-aimant, qui tire sa puissance de ce courant, perd une partie de sa force, et il ne peut plus contre-balancer, comme auparavant, l'action du ressort d'acier qui tend à rapprocher l'une de l'autre les deux baguettes de charbon. Ces dernières, obéissant dès lors à l'action de ce ressort, qui n'est plus suffisamment contre-balancé, se rapprochent l'une de l'autre jusqu'à ce que la distance qui les séparait primitivement se trouve rétablie. La répétition continue de ces influences et des mouvements qui en sont la suite, assure la fixité de l'arc lumineux.

C'est en 1849 que Léon Foucault réalisa, pour la première fois, ce perfectionnement capital de la lampe photo-électrique. A la même époque, un physicien anglais, M. Staite, imaginait un appareil analogue, et il est bien reconnu que l'invention dont il s'agit a été faite simultanément en France et en Angleterre, par Léon Foucault et M. Staite, bien que le physicien anglais ait en sa faveur l'antériorité de publication.

Les charbons entre lesquels s'élance l'arc lumineux, sont de forme prismatique et de 6 à 8 millimètres de côté; ils peuvent avoir jusqu'à 60 centimètres de longueur. Leur qualité est un élément de succès très-important. Le meilleur charbon pour la confection des pôles de la lampe électrique, est, comme nous l'avons dit, le *charbon de cornue de gaz*, resté dans les cornues après la distillation de la houille. Celui que fournit le commerce, n'est pas toujours suffisamment pur, et l'on est en droit d'espérer des améliorations sous ce rapport. Il faut, en attendant, se contenter des charbons actuels, dont le défaut d'homogénéité, joint au déplacement continuel de l'arc voltaïque, lequel se porte tantôt d'un côté des pointes, tantôt de l'autre, donne lieu à de petites intermittences de la lumière. Ces intermittences ne sont toutefois sensibles que lorsqu'on regarde le point lumineux, ou lorsqu'on essaye de mesurer l'intensité de l'éclairage au moyen du photomètre.

Depuis l'époque où Léon Foucault a fait connaître ce curieux appareil, différents constructeurs en ont modifié les dispositions mécaniques et les organes accessoires. MM. Jules Duboscq, Deleuil et Loiseau, ont exécuté des appareils de ce genre.

Le régulateur de M. Duboscq, perfectionnement pratique très-bien conçu de l'appareil Foucault, est celui de ces instruments qui a obtenu le plus de succès. Pendant dix ans, c'est avec le régulateur de M. Duboscq que l'on a fait toutes les expériences sur la lumière électrique. Nous donnerons donc ici la description de cet appareil, que représente la figure 127.

L'électro-aimant EE, destiné à rapprocher ou à éloigner les deux charbons, selon l'affaiblissement ou l'augmentation de l'intensité du courant électrique, est placé dans le pied de l'appareil, c'est-à-dire au-dessous des deux pointes de charbon, C, C, entre lesquelles s'élance l'arc lumineux. Comme tous les électro-aimants, il se compose d'une bobine sur laquelle est enroulé un long fil de cuivre. En parcourant ce fil, le courant aimante un petit cylindre de fer placé dans l'axe de la bobine. L'électro-aimant artificiel, ainsi formé, attire une plaque de même métal, F, vissée à l'extrémité d'un levier coudé, T. Un ressort, R, qui est maintenu lui-même par un levier coudé fixé à l'intérieur de la boîte métallique B, s'oppose à cette attraction, de sorte que le contact n'a lieu qu'autant que le courant a une certaine énergie. Mais le courant qui circule dans cette bobine est celui qui est formé par l'arc voltaïque; si les deux charbons s'éloignent, il perd de son intensité, et pour un certain affaiblissement de cette intensité, c'est-à-dire, pour un certain écart des charbons, le ressort l'emporte, la petite plaque de fer doux, F, quitte le contact de l'aimant, et le levier T se meut.

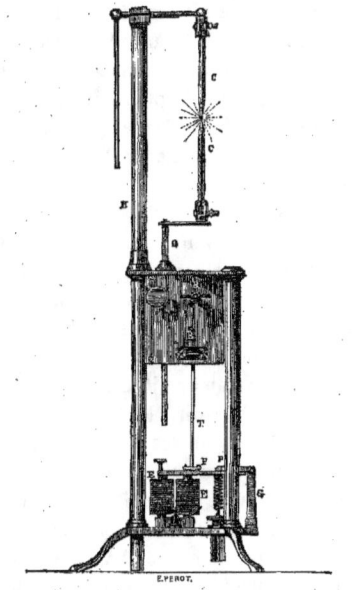

Fig. 127. — Régulateur de la lumière électrique de Foucault et Duboscq.

Or, ce levier aboutit, à l'intérieur de la boîte de cuivre B, à une roue dentée, sollicitée à se mouvoir par un ressort d'horlogerie muni de son barillet. Ainsi, tant que le courant a une certaine énergie déterminée, tant que les charbons sont à une distance plus petite qu'une limite donnée, tout le système est arrêté. Mais les charbons s'éloignent par suite de leur combustion, le courant diminue, l'électro-aimant est plus faible que le ressort d'horlogerie contenu dans la boîte B et qui tend à faire mouvoir le levier T; dès lors celui-ci s'éloigne, le bec d'acier D désengrène, et le système des roues dentées se meut à l'intérieur de la boîte B. Or, l'une de ces roues porte sur son axe deux poulies de diamètres différents, et sur les gorges desquelles sont enroulées deux chaînes : l'une se déroule et l'autre s'enroule par le mouvement des roues dentées. Celle qui se déroule permet au charbon supérieur de descendre; celle qui s'enroule fait remonter le charbon inférieur. Quand le rapprochement a été suffisant pour que le courant vienne à reprendre une énergie suffisante, la petite plaque de fer doux revient s'appliquer sur l'électro-aimant, et le mouvement cesse.

Les diamètres des deux poulies contenues dans la boîte B, doivent différer. En effet, les deux charbons ne s'usent pas l'un et l'autre avec la même rapidité; il faut donc ramener davantage celui qui s'use le plus. Bien plus, le rapport entre les rapidités différentes avec lesquelles s'usent les deux charbons n'est pas toujours le même, il dépend des qualités différentes de ces charbons, qui ne sont jamais identiques; il dépend aussi de la nature de l'électricité dont on fait usage, c'est-à-dire suivant qu'on emprunte l'électricité à la pile voltaïque ou à l'électro-magnétisme. Il faut donc pouvoir faire varier le rapport des diamètres des deux poulies. C'est ce que l'on a réalisé en rendant le diamètre de l'une des poulies variable.

L'écart que l'on peut laisser entre les charbons dépend aussi de l'intensité du courant, c'est-à-dire du nombre des éléments employés; il faut donc limiter cet écart. A cet effet, on règle la distance maximum qui peut exister entre la plaque de fer doux, F, et l'électro-aimant, E, qui l'attire. Cette plaque est vissée à l'extrémité du levier ou tige T qui la porte, et au moyen du pas de vis faisant mouvoir ce levier, on peut obtenir le résultat cherché, c'est-à-dire placer les deux charbons à la distance la plus convenable pour l'éclat lumineux.

En 1855, la Commission impériale du palais de l'Industrie fit éclairer par la lumière électrique, les ouvriers occupés au travail de la construction des gradins et de la décoration de la grande nef de l'Exposition, pour la solennité de la clôture.

Une lampe électrique avait été placée à chacune des deux extrémités de la nef. Chaque lampe était mise en action par une pile, formée de cent éléments de Bunsen. La première de ces lampes marcha de 5 à 10 heures et demie du soir ; la seconde de 10 heures et demie à 3 heures du matin, et de 3 heures à 6 heures. On réunit ensuite les deux lampes, pour les faire fonctionner ensemble, en envoyant parallèlement leurs rayons. Lorsque le jour parut, la lumière était encore dans toute son intensité. L'intervalle de 13 heures, pendant lequel la lampe électrique de M. Duboscq éclaira sans interruption était le plus long que l'on eût encore obtenu depuis que la lumière électrique était mise à contribution pour les travaux de nuit.

Un autre système de régulateur électrique, celui du professeur Way, c'est-à-dire la *lampe électrique à conducteur de mercure*, a été soumis en 1861, à Londres, à des expériences qui ont donné de bons résultats.

La lampe électrique de M. Way diffère de la lampe électrique ordinaire, en ce sens que les charbons y sont remplacés par un filet, ou une petite veine de mercure. Le filet de mercure sort de l'orifice d'un petit entonnoir en fer, et il est reçu dans une cuvette aussi en fer. Les deux pôles de la pile sont mis en communication, l'un avec le mercure de l'entonnoir ou du globe réservoir en verre qui le surmonte, l'autre avec le mercure de la cuvette inférieure. Il se produit entre les globules successifs de la veine discontinue, une série d'arcs voltaïques, comme il s'en produit entre les pointes des charbons, et l'on obtient ainsi une source assez continue de lumière électrique. La veine liquide illuminée est placée au sein d'un manchon de verre d'assez petit diamètre pour s'échauffer de manière à ne pas condenser la vapeur du mercure sur ses parois ; et comme la combustion se fait hors du contact de l'oxygène, le mercure n'est pas oxydé.

Ce qui s'est opposé pendant longtemps à l'emploi de la lumière électrique, c'était la difficulté d'empêcher les alternatives d'accroissement d'éclat et de défaillance, qui se succédaient dans la production de la lumière. Les appareils de Foucault et Duboscq que nous avons décrits, ne remédiaient pas entièrement à ces interruptions du courant, et la marche des charbons n'était jamais assez régulière pour que l'on fût certain d'éviter une extinction du foyer.

Un nouveau régulateur, construit par M. Serrin, est venu répondre parfaitement à toutes les exigences, c'est-à-dire donner un foyer toujours fixe et assurer la permanence de l'arc lumineux. Voici les effets variés que produit ce régulateur, sans que la main de l'opérateur ait à intervenir. A l'état de repos, c'est-à-dire lorsque l'électricité ne circule pas, il met les charbons en contact. Au contraire, ceux-ci s'écartent d'eux-mêmes dès qu'on ferme le circuit, et l'arc voltaïque apparaît. Ses charbons se rapprochent ensuite l'un de l'autre, de façon à ne jamais se mettre en contact. Si le vent ou toute autre cause, vient accidentellement à rompre l'arc voltaïque, l'appareil remet les charbons en contact, seulement pour fermer le circuit ; puis aussitôt il les éloigne, la lumière reparaît et le régulateur reprend sa marche normale. Si, à distance, on veut éteindre ou rallumer l'appareil, on peut le faire en agissant en un point quelconque du circuit. Enfin, ce régulateur maintient le point lumineux à une hauteur constante.

L'appareil de M. Serrin, qui permet d'obtenir ces effets multiples, est fondé sur le même principe que celui de Léon Foucault, et qui a déjà servi à construire bien des appareils analogues, c'est-à-dire sur l'aimantation temporaire d'une armature, variant d'intensité selon l'intensité du courant lui-même. Mais ce principe a été appliqué ici par un moyen assez neuf en mécanique.

L'ART DE L'ÉCLAIRAGE.

Cet appareil, que représente la figure 128, constitue une sorte de balance très-sensible, qui penche tantôt d'un côté, tantôt de l'autre, mais dans des conditions de stabilité parfaite, ou de manière à rétablir automatiquement l'équilibre nécessaire à la production d'un éclairage partant constamment d'un même point. Il est formé de deux parties distinctes, mais dépendantes l'une de l'autre, dans ce sens que l'une commence les fonctions quand l'autre les cesse, et réciproquement. La première, c'est-à-dire la *balance*, ou système oscillant MIFH, a pour destination de produire l'écart des charbons B, B' qui sont en contact dans l'état de repos, et de provoquer leur rapprochement quand leur écart, devenu anormal, amènerait l'interruption du courant ou la cessation de lumière. La seconde partie de l'appareil, commandée par la première, se borne à produire le rapprochement des charbons aussitôt qu'il est devenu nécessaire. Les deux tubes porte-charbons, D, D', placés verticalement l'un au-dessus de l'autre, communiquent, celui d'en haut au pôle positif de la pile, celui d'en bas, par l'intermédiaire du système oscillant, qui est entièrement composé de pièces métalliques, avec le pôle négatif. En descendant *par son propre poids*, le porte-charbon positif D'B fait monter d'une quantité moitié moindre le charbon négatif DB' qui s'use deux fois moins vite, et par là le foyer lumineux reste constamment à la même hauteur dans l'espace.

Le système oscillant, MIFH, forme un rectangle à angles articulés, avec deux côtés verticaux et deux côtés horizontaux. L'un des côtés verticaux, M, est fixe, l'autre mobile. Suspendu très-délicatement, il peut céder tour à tour à son propre poids qui le sollicite vers la terre, ou à un ressort à boudin, K, qui le pousse en sens contraire.

Ce même système oscillant porte à sa partie inférieure, une armature en fer doux, H, qui est placée en regard d'un électro-aimant, G, que le passage du courant de la pile rend actif. Quand le courant ne passe pas, les deux

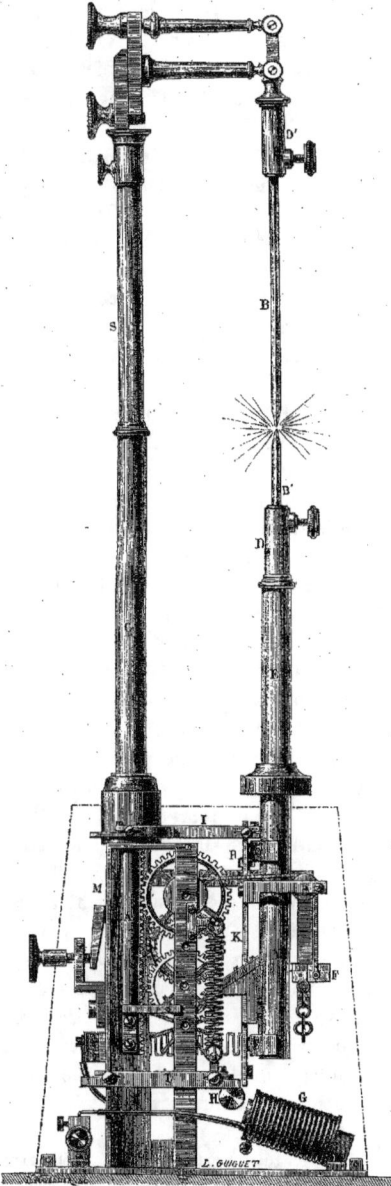

Fig. 128. — Régulateur de la lumière électrique de M. Serrin.

charbons se touchent ; mais dès que l'on ferme le courant, l'électro-aimant, G , devient actif ; il attire l'armature H ; dès lors le système oscillant MIFH s'abaisse , entraînant avec lui le porte-charbon inférieur, D, fixé sur la tige métallique E , qui s'écarte du charbon supérieur, resté immobile. L'arc et la lumière électrique apparaissent aussitôt entre les pointes. Mais à mesure que les charbons se consument, leur distance augmente, le courant devient plus faible, l'électro-aimant, G, moins puissant, l'armature H moins attirée. Aussitôt, le système oscillant remonte ; en montant il dégage le rouage R, ce qui laisse agir le ressort K, et par l'effet de l'impulsion de ce ressort, qui pousse de bas en haut, les charbons se rapprochent.

Ce sont là d'ailleurs, moins des rapprochements et des écartements réels que des tendances opposées, se neutralisant l'une l'autre à chaque instant, et maintenant les charbons à la distance voulue, pour que la lumière électrique ait son maximum d'intensité, tant qu'il n'y a en jeu que la combustion lente des charbons.

Si une cause étrangère intervient, si l'un des charbons se rompt, le courant est brusquement interrompu , l'électro-aimant est inerte, l'armature se détache et remonte avec le système oscillant ; le rouage R est dégagé, les charbons, devenus libres, se rapprochent au contact, le circuit alors se ferme, l'armature attirée descend entraînant avec elle le système oscillant ; le charbon supérieur s'arrête ; l'inférieur s'écarte, et la lampe se rallume.

Telles sont les dispositions essentielles du régulateur de la lumière électrique de M. Serrin.

Cicéron estimait *hominem unius libri* ; c'est-à-dire un homme qui ne vécût que dans un livre et par un livre. On peut dire que M. Serrin est l'homme de la lumière électrique. Depuis plusieurs années, il s'est voué tout entier à la propagation de son régulateur de la lumière électrique, qu'il a porté dans toutes les régions, dans tous les milieux possibles. Il est toujours prêt à faire resplendir son éclat pour les cérémonies publiques, pour les travaux publics, pour les fêtes, etc.

C'est en 1857 que M. Serrin parvint à construire son *régulateur automatique*. Essayé avec une pile voltaïque, le 14 septembre 1857, il fut décrit par M. Du Moncel dans son ouvrage sur *les Applications de l'électricité* (1858). Le 17 janvier 1859, ce nouvel appareil servit aux expériences de M. Becquerel, dans son cours du Muséum d'histoire naturelle. Le 10 mars il s'allumait, pour la première fois, par le courant des machines magnéto-électriques de la compagnie *l'Alliance*, à l'hôtel des Invalides.

Au mois d'octobre 1859, il fut expérimenté dans l'atelier central des phares, et l'administration, satisfaite de son mécanisme, fit construire en 1860, deux de ces instruments, qui servent encore aujourd'hui dans l'atelier des phares aux diverses expériences de la lumière électrique.

En 1862, vingt régulateurs de M. Serrin, éclairèrent pendant près de 10,000 heures de nuit, les tranchées et les mines des montagnes de Guadarrama, pour les travaux du chemin de fer du nord de l'Espagne.

Bientôt les entrepreneurs des travaux du fort Chavagnac à Cherbourg, du chemin de fer du Midi, des réservoirs de Ménilmontant, firent servir le même instrument à des travaux de nuit.

Un extrait du rapport fait à l'occasion de ces travaux, par M. Brull, ingénieur de la *Compagnie des chemins de fer du nord de l'Espagne*, permettra d'apprécier le genre d'avantages que procure la lumière électrique dans les travaux de nuit.

« Vingt régulateurs Serrin avaient été expédiés par M. Brull dans les montagnes du Guadarrama, avec les piles et les matières nécessaires pour leur alimentation... Les appareils ont fonctionné régulièrement pendant 9,417 heures... La lumière a toujours été belle et régulière ; elle éclairait les chantiers avec profusion, sans blesser pourtant les travailleurs par son intensité. La dépense par heure des matières consommées a été de 2 fr. 90. L'économie réalisée par l'application de l'éclairage électrique sur les torches est d'environ 60 pour 100. Si l'on considère en outre la gêne causée par la fumée des torches concentrée dans les profondes tranchées remplies de travailleurs, les pertes de temps pour entretenir leur combustion, leur faible clarté, on verra la grande et incontestable supériorité de la lumière électrique.... La crainte de produire dans des temps égaux moins de travail pendant la nuit que pendant le jour n'est pas fondée. En été, l'ouvrier n'étant pas accablé par la chaleur du jour, travaille avec plus d'énergie et produit davantage ; pendant les nuits froides, il travaille pour se réchauffer ; dans aucun cas, le service de nuit n'est inférieur au service de jour...

« L'éclairage électrique a rendu aussi d'importants services aux travaux souterrains des grandes usines du Guadarrama. La profondeur du puits étant de 22 mètres, chaque galerie avait 16 mètres de longueur ; l'air était tellement vicié par l'explosion des pétards et la combustion des lampes des mineurs que les maçons pouvaient à peine y séjourner pendant quelques instants, les lampes ne brûlaient plus dans l'intérieur de la mine ; allumées à l'orifice du puits, elles s'éteignaient avant d'arriver au fond. Le travail était pressant ; je n'avais sous la main aucun moyen de ventilation ; je fis descendre un régulateur Serrin dans l'intérieur de la mine. Au bout d'une heure environ, voyant que les maçons ne se plaignaient nullement d'être incommodés, et ne demandaient pas à être relevés, je descendis dans la mine, et je constatai que l'on y respirait avec autant de facilité qu'en plein air, que les lampes y restaient allumées. Le travail des maçons, éclairé par la lumière électrique, s'est prolongé pendant cent douze heures consécutives sans aucun inconvénient. »

Le 26 décembre 1860, deux régulateurs de M. Serrin furent établis à titre d'expérience, sur l'un des phares du Havre. Le 25 novembre 1865, quatre régulateurs remplacèrent les lampes à huile dans les deux phares sud et nord du cap de la Hève.

Le 20 août 1864, à l'occasion de la présence du roi d'Espagne, onze régulateurs éclairèrent *à giorno* les pièces d'eau de Versailles.

Le mode d'illumination des jardins ou des parcs, fut tour à tour appliqué avec le même succès, les 15 août 1865 et 1866, à l'éclairage de l'Arc-de-triomphe de la place de l'Etoile ; — le 30 mai 1866, dans les jardins de la princesse Mathilde ; — le 11 juin, dans le parc de l'Élysée ; — le 19 juillet, dans les jardins de l'Ambassade d'Angleterre ; — le 22 janvier 1866, sur le lac des patineurs du bois de Boulogne. A un signal donné, quinze régulateurs s'allumèrent simultanément et resplendirent pendant de longues heures. Le 10 juin 1867, trente-trois lampes électriques, habilement distribuées dans le jardin réservé du palais des Tuileries, produisirent, pendant toute la nuit, des effets magiques.

Pendant l'hiver de 1868, c'est avec les régulateurs de M. Serrin que les travaux pour la construction des bâtiments du *Journal officiel* furent éclairés par la lumière électrique. Sans cet auxiliaire, ces travaux n'auraient jamais pu être achevés au terme voulu.

Nous terminerons cette revue des principaux régulateurs de la lumière électrique, en parlant de l'appareil primitif d'Archereau, qui, construit de nos jours et perfectionné d'une manière très-remarquable par M. Gaiffe, est souvent préféré aux deux appareils précédents, en raison de son extrême simplicité. L'appareil de M. Serrin est sans doute irréprochable dans ses effets, mais sa construction est dispendieuse. L'appareil que nous allons décrire, est exempt de cette condition.

Le régulateur de la lumière électrique de M. Gaiffe, qui n'est d'ailleurs que celui d'Archereau, très-perfectionné, repose sur un principe tout autre que les régulateurs de Foucault, Duboscq et Serrin. Il est fondé sur le principe des *solénoïdes*. Un fil de cuivre enroulé autour d'un aimant est placé de manière qu'à deux ou trois sections différentes de sa hauteur, il présente une plus grande épaisseur du fil. L'électro-aimant destiné à régler l'écartement des charbons est placé verticalement au milieu de ce solénoïde. Si le courant vient à faillir, l'électro-aimant descend et se trouve placé dans la partie du solénoïde renfermant une plus grande épaisseur de fils, il est donc attiré avec plus de force, et le courant reprend son intensité. Si le courant a trop d'intensité, l'électro-aimant s'élève et se trouve en regard d'un contour moins épais de fils. En réglant par tâtonnement l'épaisseur à donner aux sections des fils, M. Gaiffe est parvenu à rendre l'usage de cet instrument d'un effet certain.

M. Du Moncel, qui se sert dans ses expériences du régulateur électrique de M. Gaiffe, l'a décrit comme il suit, dans un rapport à la *Société d'encouragement* (février 1866).

« Il n'existe aucun mécanisme à échappement pour le rapprochement ou l'éloignement des charbons. Comme dans les autres systèmes de régulateurs, les porte-charbon sont parfaitement équilibrés quant à leur poids qui n'entre pour rien dans le fonctionnement de l'appareil, et leur glissement est rendu très-facile au moyen de quadruples systèmes de galets qui empêchent toute espèce de frottements directs. C'est au moyen d'un petit barillet et par l'intermédiaire de deux roues de diamètres inégaux engrenant avec des crémaillères adaptées aux porte-charbon, que se produit l'avancement des charbons, et c'est l'attraction, par une hélice magnétique, de la tige de fer terminant le porte-charbon inférieur qui détermine l'écartement nécessaire à la production du point lumineux.

« Ces deux organes sont disposés de manière à pouvoir être réglés dans leur action, le premier, au moyen d'un ressort d'une résistance différente aux différents points de sa longueur et que l'on bande plus ou moins; le second, au moyen d'un enroulement particulier de l'hélice qui fait que, quand le fer du porte-charbon inférieur se trouve au plus bas de sa course et qu'il subit alors le moins énergiquement la force attractive de l'hélice, l'action magnétique développée par celle-ci est à son maximum. Cette disposition consiste, du reste, à échelonner les unes au-dessous des autres les différentes couches de spires de l'hélice.

« Grâce à cette double combinaison, il devient facile d'approprier l'appareil à toute espèce de pile, quelle que soit l'intensité du courant qu'elle produit, et la régularité de la marche de l'instrument se trouve maintenue, quelle que soit la longueur des charbons. On a, de plus, l'avantage que son fonctionnement est assuré dans toutes les positions qu'on lui donne, puisque la pesanteur n'intervient en rien dans son jeu.

« Un des avantages les plus importants du régulateur de M. Gaiffe résulte d'un petit dispositif qui lui a été ajouté dernièrement, et qui permet de déplacer comme on le désire le point lumineux sans extinction de lumière et sans aucun réglage ultérieur des porte-charbon ni de l'appareil. Ce dispositif consiste en un double pignon qui, en temps ordinaire, se trouve repoussé en dehors des roues conduisant les porte-charbon (par un ressort-boudin), mais qui, étant engrené avec ces roues par suite d'une légère pression, permet, à l'aide d'une clef, de hausser ou de descendre simultanément les porte-charbon sans changer en rien leur écartement. On peut, de cette manière, centrer facilement le point lumineux dans les expériences d'optique, et rendre les expériences avec la lumière électrique aussi faciles qu'avec la lumière solaire. »

Les figures 129, 130, 131, 132, représentent le *régulateur de la lumière électrique* de M. Gaiffe. La figure 129 est une vue en élévation de l'appareil, le cylindre en laiton qui enveloppe la base étant coupé pour laisser voir les organes du mécanisme. La figure 130 est une section horizontale passant par la ligne AB de la figure 129. La figure 131 est une section horizontale suivant la ligne IV, V de la figure 129. La figure 132 est une section verticale partielle correspondant à la figure 131.

La légende suivante fera comprendre le rôle et le fonctionnement des organes de cet appareil.

ABCD, cage cylindrique renfermant le mécanisme de l'appareil; elle se compose d'une platine circulaire AB, reliée à une embase ou pied tronconique CD par quatre tiges ou colonnettes verticales. Une chemise ou enveloppe F, qui s'enlève par le haut, enferme le tout et se fixe à la platine AB, au moyen de deux vis G, placées aux extrémités d'un même diamètre.

H, porte-charbon supérieur; il est formé de deux coquilles, entre lesquelles on pince et serre le charbon à l'aide d'une vis.

H', porte-charbon inférieur, disposé comme le précédent.

I, tige cylindrique en cuivre, commandant le porte-charbon H, et se mouvant dans l'intérieur d'une colonne creuse, J, fixée verticalement sur la platine AB; elle est terminée à la partie inférieure par une crémaillère, munie d'un retour d'équerre destiné à limiter la course ascendante.

K, tige en fer doux, armée d'une crémaillère, et commandant le porte-charbon H'; elle est de forme prismatique quadrangulaire, et descend verticalement dans l'intérieur de la bobine *l*.

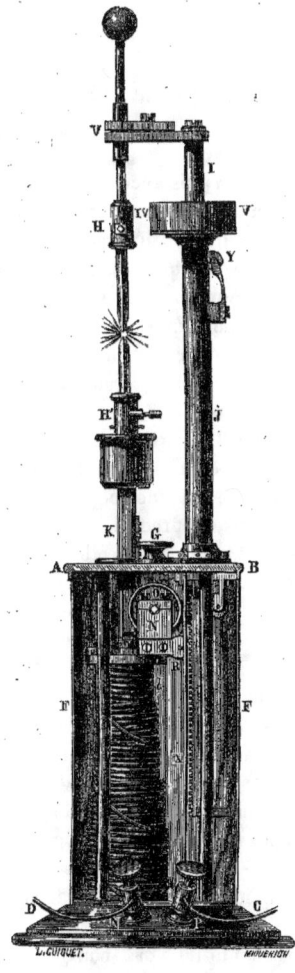

Fig. 129. — Régulateur électrique de Gaiffe.

l, bobine à axe vertical, portant un fil de cuivre roulé en spirale. Lorsque le circuit électrique est fermé, elle agit sur la tige K, qui descend alors en vertu de l'attraction à laquelle elle est soumise.

O, deux roues dentées tournant librement sur l'axe N, et isolées l'une de l'autre par une rondelle d'ivoire; les diamètres des roues sont dans le rapport de 2 à 1. La plus grande engrenant avec la crémaillère de la tige I, dont elle commande le mouvement, et la plus petite engrenant avec la crémaillère de la tige K, il s'ensuit que, lorsque la

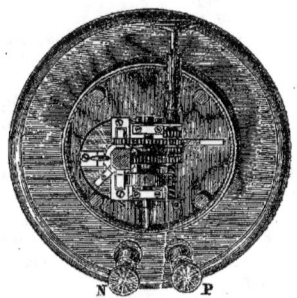

Fig. 130. — Régulateur électrique de Gaiffe, coupe horizontale.

tige K s'élève ou s'abaisse d'une certaine quantité, la tige I s'abaisse ou s'élève d'une quantité double. Cette disposition est nécessitée par l'usure inégale des deux charbons, qui se fait dans la proportion de 2 à 1.

Un barillet solidaire des roues O contient un ressort de pendule, dont l'une des extrémités est fixée au barillet lui-même et l'autre à l'axe N; le ressort, agissant sur le barillet et, par conséquent, sur les roues dentées, tend constamment à faire rapprocher les tiges I, K et, par suite, les charbons.

N, axe d'acier, sur lequel les roues O et le barillet sont librement montés; il est serré entre des coussinets, qui permettent cependant de le faire

Fig. 131.   Fig. 132.
Régulateur de Gaiffe. — Détail du guide de la tige verticale.

tourner sur lui-même pour régler la tension du ressort du barillet; pour cela, on n'a qu'à agir au moyen d'une clef sur son extrémité libre, qui est faite comme un carré de remontoir.

Une embase circulaire recouvre la bobine *l*; sur elle sont montées les pièces principales du mécanisme; elle est percée au centre pour laisser passer la tige K.

R, pignons montés sur un axe parallèle à l'axe N, et pouvant se déplacer parallèlement à eux-mêmes pour venir commander les roues O, et par conséquent agir sur les tiges I, K, pour élever ou abaisser à volonté et simultanément les deux charbons dans les expériences d'optique, où il est important de centrer le point lumineux sans interrompre la fonction de l'appareil.

Une clef à trou carré se place sur l'axe N ou sur l'axe des pignons R, lorsqu'on veut agir sur le ressort du barillet, ou lorsqu'on veut mettre les pignons en prise avec les roues O.

Un ressort-boudin placé sur l'axe des pignons R, sert à repousser ces pignons hors de prise lorsqu'on n'agit plus sur eux.

Des galets servent à guider les tiges I, K et à rendre leur mouvement très-doux.

V, pince à genouillère, permettant d'agir directement sur le porte-charbon H, de manière à mettre les deux pointes de charbon bien exactement en face l'une de l'autre.

N, borne pour le fil négatif de la pile.

P, borne pour le fil positif.

X, tige verticale conduisant le courant de la borne P à la colonne J.

Y, galet pénétrant par une ouverture dans la colonne J, et maintenu constamment en contact avec la tige I au moyen d'un ressort, de manière à assurer la communication entre cette colonne et cette tige.

Les bornes N, P, la tige X et la colonne J, sont isolées au moyen de rondelles en caoutchouc.

Voici comment marche le courant dans ces différentes pièces.

Entrant par la borne P, il suit le chemin X, J, I, V, H, H', K, passe dans la bobine l, et sort par la borne N. Quand il ne circule pas, les deux charbons sont maintenus l'un contre l'autre par l'action du ressort du barillet ; mais, aussitôt que le circuit électrique est fermé, la bobine attire la tige K, dont le mouvement combiné avec celui de l'autre tige J détermine l'écart des charbons et la production de l'arc voltaïque.

Pour que ces phénomènes se produisent, il faut que la force attractive de la bobine l'emporte un peu sur l'action du ressort antagoniste du barillet, ce qu'on obtient facilement en tendant plus ou moins celui-ci.

Lorsque le ressort est trop tendu, les deux charbons restent serrés l'un contre l'autre ou sont trop rapprochés pour produire une lumière d'une intensité suffisante ; si, au contraire, il n'est pas assez tendu, l'action de la bobine devient trop prédominante, et, par suite, l'écart des charbons étant trop grand, l'arc voltaïque est trop faible.

CHAPITRE XXXV

APPRÉCIATION ET AVENIR DE LA LUMIÈRE ÉLECTRIQUE.

En voyant la puissance de la lumière électrique, il n'est personne qui ne se demande quel est l'avenir qui lui est réservé, et qui n'espère voir bientôt les lampes électriques employées pour les besoins de l'éclairage public et privé. Cette question mérite d'être soumise à un examen attentif.

C'est une erreur de croire, avec bien des personnes, que l'obstacle qui arrête l'application de l'électricité à l'éclairage, provienne de la dépense qu'elle entraînerait. Cette dépense est médiocre. Comparée à l'effet lumineux produit, elle est même notablement inférieure à celle de nos modes habituels d'éclairage. L'obstacle qui s'oppose à l'adoption de la lumière électrique réside dans ses propriétés mêmes, qui ne se prêteraient point aux conditions habituelles de l'éclairage.

Ce qui distingue la lumière électrique de toutes les autres sources lumineuses, c'est qu'elle a pour effet de concentrer, de retenir au même point une quantité prodigieuse de rayons lumineux. Ceci exige une explication.

La lumière qui prend naissance dans les modes d'éclairage ordinaires, dans la combustion de l'huile, des bougies, etc., ne concentre pas sur un même point tous les rayons lumineux qui en émanent ; elle se dissémine dans l'air dès le moment de sa production. Une lampe à huile transporte sa lumière jusqu'à la distance d'une lieue, par exemple. Mais réunissez deux lampes à huile d'une égale intensité, elles n'éclaireront pas à deux lieues ; à peine seront-elles visibles à une lieue et quelques mètres. C'est donc parce que la lumière émanée de l'huile en combustion, est promptement disséminée dans l'air, que ces deux lampes ne peuvent, dans le cas dont nous parlons, ajouter leurs puissances l'une à l'autre et les transporter à une distance éloignée. Il est évident, en effet, que si l'on pouvait concentrer en un même point mathématique la lumière émanée de ces deux lampes, cette lumière serait visible à une distance double, à la distance de deux lieues. Cet effet de concentration de la lumière est précisément la propriété toute spéciale qui distingue la source lumineuse qui provient de l'électricité. C'est parce qu'elle concentre et accumule en un point unique une masse énorme de rayons lumineux, que la lumière électrique perce avec une facilité incroyable les brouillards et les brumes, et se transporte à de prodigieuses distances.

La qualité toute spéciale, l'avantage réel de la lumière électrique, c'est donc de transporter au loin l'effet lumineux, d'être visible à des distances très-considérables. Ce mode d'illumination est, d'après cela, éminemment utile pour l'éclairage des phares et des signaux, pour les télégraphes aériens que l'on fait fonctionner pendant la nuit, pour les signaux militaires, etc. Il présente, en particulier, pour l'illumination des phares, une supériorité immense sur tous les autres modes d'éclairage.

On verra dans la notice sur les *Phares*, qui fait partie de ce volume, que l'éclairage électrique tend partout à se substituer à la lampe à huile, pour l'illumination à grande portée. En France, en particulier, le phare du cap La Hève, près du Havre, est éclairé depuis plusieurs années par la lumière électrique, et depuis le mois de décembre 1868, le phare du cap Grisnez, sur la Manche, a été muni du même système éclairant.

Mais cette qualité spéciale que présente la lampe électrique, de transporter la lumière à des distances considérables, si utile pour le cas de l'illumination lointaine, perd la plus grande partie de son importance quand il s'agit de l'éclairage public ou privé. Cette propriété d'éclairer très-loin et de concentrer en un même point une prodigieuse intensité lumineuse, ne saurait, en effet, convenir aux cas habituels de l'éclairage. Installé au milieu d'une place publique ou dans une rue, un phare électrique ne serait d'un avantage positif qu'à la circonférence de la région illuminée ; au centre et à une certaine distance de ce point, l'effet de cet éclat serait inutile et par conséquent perdu.

On a parlé d'installer au-dessus d'une ville, et à une certaine élévation dans les airs, un phare qui rayonnerait sur la cité entière. Mais pour combattre les ombres, il faudrait donner au foyer lumineux une extraordinaire intensité. Quelle que soit la puissance éclairante de la lumière électrique, elle est bien loin d'égaler celle du soleil (1). Pour produire sur une ville, avec un foyer électrique, un effet comparable à celui de la lumière du jour, il faudrait faire usage d'une telle quantité d'électricité, que la dépense dépasserait toute mesure. Enfin, si cet éclairage artificiel produisait un résultat utile dans les points éloignés de son centre, il aurait l'inconvénient d'éblouir, d'aveugler, les personnes placées dans le voisinage du foyer.

Pour parer, dans le cas dont nous parlons, à ce dernier inconvénient, Arago avait proposé d'établir un phare unique, invisible pour les personnes placées au-dessous, et dont la lumière, allant se réfléchir sur les nuées, retomberait sur la ville. Mais le ciel

(1) La lumière électrique est inférieure à la lumière du soleil en ce qu'elle ne donne pas le demi-jour, en ce qu'elle ne rend pas visibles les lieux non éclairés directement. En d'autres termes, la lumière électrique laisse une ombre épaisse derrière la région illuminée. Cela est si vrai que, dans les travaux de nuit à la lumière électrique, si un ouvrier laisse tomber un outil dans l'ombre, il lui est impossible de le trouver : il faut qu'il allume une chandelle pour le chercher. C'est ce qui n'arrive pas, on n'a pas besoin de le dire, avec la lumière du soleil, qui éclaire partout par diffusion.

n'est pas toujours couvert de nuages, et en leur absence, où seraient les effets de ce phare gigantesque ? Ils se perdraient dans le rayonnement vers les espaces célestes ; ils n'éclaireraient que les plaines inhabitées de l'air.

De tous les projets conçus pour appliquer la lumière électrique à l'éclairage public, le seul auquel on puisse sérieusement s'arrêter, dans l'état actuel de nos connaissances, ce serait d'établir dans la ville une dizaine de phares éclairant chacun une certaine étendue. Ce projet n'a, comme on le voit, rien de commun avec la pensée d'employer la lueur d'un seul phare pour une cité entière, d'éclairer, par exemple, tout Paris à l'aide d'un phare électrique dressé sur la colline de Montmartre. Encore ce système d'éclairage, par les raisons déduites plus haut, ne satisferait-il que médiocrement aux conditions requises.

Si l'on ne peut, dans l'état actuel de nos connaissances, songer à consacrer la lumière électrique à l'éclairage public, sur nos places et dans nos rues, peut-on espérer, au moins, la faire servir à l'éclairage privé, dans l'intérieur de nos maisons ? La réponse à cette question ne sera pas plus satisfaisante que la précédente.

Pour pouvoir appliquer la lumière électrique à l'éclairage privé, il faudrait parvenir à diminuer son intensité excessive, et la réduire à ne fournir que le volume de lumière que donnent les appareils dont nous faisons habituellement usage ; il faudrait pouvoir diviser en fractions plus petites, pouvoir partager en mille petits flambeaux, l'ardent foyer lumineux que produit la lampe électrique. Or, dans l'état actuel de nos connaissances, ce résultat est impossible à réaliser. Pour donner naissance, avec la pile électrique, à un arc lumineux d'un effet convenable, il faut employer une pile formée au moins de cinquante éléments de la pile de Bunsen. Avec quarante éléments, la lumière est beaucoup moindre ; à trente, elle est plus faible encore ; à vingt, aucun effet lumineux n'apparaît plus.

Le problème de la division de la lumière électrique en un certain nombre de petits flambeaux, est donc resté insoluble, jusqu'au moment actuel ; la lumière électrique ne pouvant prendre naissance et se manifester qu'à la condition de mettre en jeu une masse énorme d'électricité et disparaissant en entier si l'on essaye de réduire le courant électrique.

Toutefois les difficultés que le passé n'a pu résoudre, il appartient sans doute à l'avenir de les surmonter. Espérons que le problème de la production de la lumière électrique avec une pile composée d'un petit nombre d'éléments, sera un jour résolu. Aucune question plus importante ne saurait s'offrir aux efforts, aux méditations des hommes pratiques et des savants.

CHAPITRE XXXVI

L'ÉCLAIRAGE AU MAGNESIUM — PROPRIÉTÉS DE CE MÉTAL. — LAMPE POUR L'ECLAIRAGE AU MAGNESIUM.— APPLICATION SPÉCIALE A LA PHOTOGRAPHIE.

En 1864, deux physiciens allemands, MM. Bunsen et Roscoë, ayant constaté le prodigieux éclat que répand, en brûlant, le magnesium réduit à l'état de fil, eurent l'idée de tirer parti pour l'éclairage, de cette précieuse propriété. Le magnesium brûle avec une flamme très-éclatante et très-tranquille, en laissant une traînée de magnésie.

Le magnesium est un métal analogue à l'aluminium par ses propriétés physiques et chimiques, et qui s'obtient, dans les laboratoires, par les mêmes procédés. Ce métal fut découvert en 1827, par M. Bussy ; mais il resta, jusqu'à notre époque, rare et peu connu. Les travaux de M. Sainte-Claire-Deville ayant révélé les propriétés inattendues de l'aluminium, et rendu pratique un procédé pour retirer ce métal des sels d'alumine, on s'empressa d'appliquer la même méthode aux composés analogues à l'alumine, tels que la magnésie, la zircone, l'yttria, la silice, etc. C'est ainsi que l'on parvint à extraire à peu de frais le magnesium de la magnésie et à constater ses curieuses propriétés physiques et chimiques, qui le rapprochent beaucoup de son congénère, l'aluminium.

Le magnesium est aussi blanc et aussi éclatant que l'argent. Sa densité est de 1,75; il pèse six fois moins que l'argent, et un peu plus que le verre. On le prépare dans les laboratoires ou dans l'industrie, en traitant par le sodium le chlorure de magnesium pur. Pour le réduire à l'état de fils, on le comprime, à l'aide d'une presse hydraulique, dans un moule en acier, chauffé et muni à sa partie inférieure d'une ouverture qui a pour diamètre celui du fil que l'on veut obtenir.

Le magnesium fond vers 425°, c'est-à-dire à peu près à la même température que le zinc. Chauffé en vases clos, il se réduit en vapeurs. Inaltérable dans l'air sec, à la température ordinaire, il se ternit au contact de l'air humide. Chauffé au contact de l'air, il brûle avec une flamme très-brillante. Un fil d'un tiers de millimètre de diamètre, répand, en brûlant, autant de lumière que soixante-quatorze bougies stéariques, du poids de 100 grammes chacune. Pour entretenir cette vive lumière pendant une minute, il suffit de brûler un fil de $0^m,9$ de longueur, pesant 12 centigrammes; pendant une heure, 72 grammes de fils de magnesium. 1 gramme de magnesium brûlant dans l'oxygène produit un éclat égal à celui de 110 bougies.

Le caractère particulier de la flamme du magnesium, c'est sa grande activité comme agent chimique. Aussi la photographie a-t-elle tiré parti de cette précieuse action.

La magnésie, qui n'était connue jusqu'à ce dernier temps que des pharmaciens, s'est donc élevée, de nos jours, au rang de luminaire.

Ce luminaire, toutefois, n'a pas pris encore grande extension. On a appliqué la combustion du fil de magnesium à remplacer la lumière naturelle pour des tirages photographiques; mais c'est là un rôle bien borné et de bien peu d'importance.

Cette application du magnesium à la photographie, a été faite pourtant, dans une occasion intéressante. M. Piazzi-Smith, astronome royal d'Écosse, la fit servir à l'éclairage de l'intérieur de la grande pyramide de Memphis, pour pouvoir photographier les particularités les plus intéressantes de cet antique monument, les étudier et les mesurer. On peut signaler à ce propos, la série de photographies du célèbre coffre de granit de la chambre royale, qui, d'après les archéologues, serait une mesure de capacité contenant exactement $1162^{lit},724$.

La lumière du magnesium est très-employée en Amérique par les photographes. La lampe qui sert à brûler ce métal, éclaire pendant une heure et demie ou deux heures, et sa consommation est de moins de 30 grammes. Le magnesium est fabriqué, à Boston, sur une assez grande échelle.

L'appareil, fort simple, que l'on a construit en France pour brûler les fils de magnesium, et appliquer l'éclat de cette flamme à la photographie, a été combiné par M. Salomon, et est construit par M. Greslé.

Conduit par deux rouleaux, que met en action un mouvement d'horlogerie, le fil traverse une boîte de métal, et arrive devant un réflecteur d'argent: c'est là qu'on l'allume. La figure 133 représente la lampe à magnesium.

A est un cylindre garni de fil de magnesium; — B le fil passant à travers la boîte D; — D est la boîte contenant deux roues garnies de gutta-percha, qui sont mises en mouvement par un système d'horlogerie. C'est entre ces deux roues que se trouve pincé le fil, qui avance ainsi à mesure que sa combustion a lieu ; — E est un récipient qui reçoit la magnésie formée par la combustion ; — F, le bouton d'une crémaillère permettant

Fig. 133. — Lampe à magnésium.

d'avancer ou de reculer le miroir réflecteur ; — F', une languette servant à mettre le mouvement d'horlogerie en marche ou à l'arrêter à la fin de l'opération ; — G, une clef pour monter le ressort du mouvement d'horlogerie.

Pour avoir plus de lumière, on peut tresser ensemble trois fils de magnésium, ou deux fils de magnésium avec un fil de zinc. Seul, le fil de zinc brûlerait mal, mais associé au magnésium, il brûle parfaitement.

Une autre application intéressante de ce même métal, devenu utile tout à coup, a été faite par le commandant Martin de Brettes, professeur à l'école d'artillerie de la garde impériale. M. Martin de Brettes avait beaucoup prôné autrefois la lumière électrique, appliquée à un système particulier de signaux militaires et à une foule d'autres usages pratiques. La lumière du magnésium devait se recommander à son attention par la simplicité des appareils qu'elle exige ; et M. Martin de Brettes s'est empressé d'en faire l'essai dans les circonstances où il avait conseillé d'employer l'éclairage électrique. Les expériences qu'il a faites dans cette direction, lui ont fait espérer que le magnesium pourra servir avec avantage à une foule d'usages dans la pyrotechnie civile et militaire, lorsqu'il s'agit d'obtenir de brillants feux d'artifice ou des signaux plus économiques et plus efficaces que les *balles à feu* dont on se sert aujourd'hui.

CHAPITRE XXXVII

L'ÉCLAIRAGE OXY-HYDRIQUE. — LA LUMIÈRE DRUMMOND. — PERFECTIONNEMENTS DE CE SYSTÈME D'ILLUMINATION. — TRAVAUX DE MM. ARCHEREAU, ROUSSEAU, CARLEVARIS, ETC. — PRÉPARATION ÉCONOMIQUE DU GAZ OXYGÈNE. — PROCÉDÉ DE M. BOUSSINGAULT PAR LA BARYTE. — PROCÉDÉ DE M. TESSIÉ DU MOTAY PAR LE MANGANATE DE SOUDE. — EXPÉRIENCES FAITES EN 1868, SUR LA PLACE DE L'HOTEL DE VILLE DE PARIS, ET EN 1869, DANS LA COUR DES TUILERIES. — DISPOSITION DES BECS. — AVENIR DE CE NOUVEAU MODE D'ÉCLAIRAGE. — PRODUCTION DE LA LUMIÈRE DRUMMOND SANS L'EMPLOI DU GAZ OXYGÈNE.

L'éclairage par le gaz oxy-hydrique consiste à brûler le gaz de l'éclairage, et mieux l'hydrogène pur, au moyen d'un courant d'oxygène. Personne n'ignore que le gaz d'éclairage, comme tous les combustibles, brûle au moyen de l'oxygène de l'air. Mais l'air ne contient que 21 pour 100 d'oxygène ; le raisonnement indique donc que si, au lieu de prendre de l'air, qui renferme 21 pour 100 d'oxygène et 79 pour 100 d'azote, on prend de l'oxygène pur, la combustion sera singulièrement activée et la lumière accrue dans la même proportion, c'est-à-dire que la lumière deviendra quatre ou cinq fois plus intense.

Il y a déjà longtemps que ce principe est connu, et il a été bien des fois soumis à l'expérience. Les physiciens et les chimistes savent qu'on appelle *lumière Drummond* le système qui consiste à faire brûler le gaz hydrogène pur ou le gaz hydrogène bicarboné, c'est-à-dire le gaz d'éclairage, au moyen d'un courant de gaz oxygène. La lumière émise dans ces circonstances, est tellement vive qu'elle vient au troisième rang après la lumière solaire et celle de l'arc électrique.

Durmmond était un officier de la marine anglaise. Il fit ses expériences au commencement de notre siècle, et comme nous l'avons dit dans l'histoire de la *Télégraphie aérienne*, qui fait partie de cet ouvrage (1), on fit l'essai de ce mode d'illumination lointaine, par l'ordre de l'empereur Napoléon Ier, dans le camp français de Boulogne, en 1804. Mais les dangers auxquels exposait le maniement de ce mélange gazeux empêchèrent de pousser plus loin les essais.

L'emploi de la *lumière Drummond* amena une découverte fondamentale. On reconnut que si, au lieu de faire brûler simplement les deux gaz, on interpose au milieu de la flamme, un corps étranger, infusible et fixe, et particulièrement un globule ou un cylindre de chaux, la lumière s'accroît dans des proportions considérables. Ce petit corps, interposé dans la flamme, devient lumineux, condense et dissémine au loin toute la lumière résultant de la combustion ; et ainsi se produit un foyer de lumière qui dépasse en intensité toutes les sources lumineuses connues, si l'on en excepte le soleil et la lumière électrique.

Les crayons de chaux appliqués à cet usage particulier, ont des inconvénients dans la pratique. Souvent ils éclatent en morceaux, surtout en se refroidissant. Un chimiste italien, M. Carlevaris, professeur à Turin, proposa de remplacer la chaux par la magnésie. M. Carlevaris prenait un morceau de coke des cornues à gaz ; il le taillait en forme de prisme triangulaire, et plaçait dans un trou creusé dans ce charbon, un fragment de chlorure de magnesium gros comme une fève. Ce morceau de coke était interposé dans la flamme du gaz oxy-hydrique.

(1) Tome II, pages 45, 46.

Par la chaleur de la flamme le chlorure de magnesium se décomposait, et laissait de la magnésie pure : ce globule devenait le centre d'une production de lumière resplendissante.

M. Carlevaris substitua ensuite au chlorure de magnesium pur, un mélange de chlorure de magnesium et de magnésie. Il donnait à ce mélange, en le comprimant, la forme de lamelles plates. Cette forme avait l'avantage de laisser, après la décomposition du chlorure par la chaleur, des lames très-minces, poreuses et transparentes, qui répandaient la lumière dans tous les sens, et ne faisaient pas ombre, comme la chaux.

La lampe oxy-hydrique de M. Carlevaris avait été imaginée pour appliquer à la photographie ce mode d'illumination, et remplacer le soleil pour les tirages photographiques, ou pour les expériences d'optique. L'auteur voulait également l'appliquer à l'illumination des phares. Pour les expériences d'optique ou de photographie, on n'employait qu'une seule lame, avec un seul bec de gaz oxy-hydrique ; mais pour l'éclairage à grande distance, on dressait verticalement au sommet de la lampe, un certain nombre de lames, de manière à former un cylindre, et l'on faisait tomber sur ces lames les jets enflammés de deux ou trois becs. On obtenait ainsi des cylindres de lumière analogues à ceux des lampes à mèches concentriques de Fresnel, mais incomparablement plus intenses. Ce mode d'éclairage par des lames de magnésie illuminées, était très-curieux à voir.

Beaucoup d'essais ont été faits pour rendre pratique l'usage de l'éclairage par le gaz oxy-hydrique. Il n'existe pas moins de quinze brevets d'invention en France, et plus de vingt en Angleterre, pour des systèmes de ce genre. Nous nous bornerons à rappeler, qu'en 1834, un industriel et physicien d'un certain mérite, M. Galy-Cazalat, fit plusieurs fois, à Paris, l'expérience de la lumière Drummond, en se servant d'un globule de chaux. En 1858, la même expérience fut répétée au bois de Boulogne. Elle fut reprise à Londres, en 1860. Enfin, en 1865, un physicien anglais, M. Parker, substituant au globule de chaux un globule de magnésie, augmenta l'intensité et la fixité de la lumière.

Déjà en 1849, un chimiste de Paris, M. Émile Rousseau, avait eu l'idée d'alimenter une lampe ordinaire à modérateur avec un courant de gaz oxygène pur. Dans ces conditions, la lumière de la lampe à modérateur devenait cinq à six fois plus intense. La *lampe à oxygène* de M. Rousseau n'obtint pas de succès, par suite de la cherté du gaz oxygène à cette époque.

C'était, en effet, le haut prix auquel le gaz oxygène revenait dans l'industrie, qui constituait le principal obstacle à la généralisation de l'éclairage par le gaz oxy-hydrique. La préparation de ce gaz était du domaine exclusif des laboratoires de chimie; elle ne s'effectuait qu'au moyen de la décomposition par le feu du bioxyde de manganèse. Dès lors son prix de revient considérable, arrêtait toute application industrielle. Il fallait trouver un procédé économique de préparation de l'oxygène, pour l'introduire dans l'industrie.

Un chimiste français, M. Boussingault, fit faire à cette question un pas immense, par la découverte d'un procédé économique de préparation du gaz oxygène. Ce procédé consiste à décomposer par la chaleur, le bioxyde de baryum, qui abandonne la moitié de son oxygène à une haute température; puis à réoxyder ce bioxyde de baryum au moyen d'un courant d'air, à une plus basse température. Le bioxyde de baryum, ainsi régénéré, abandonne de nouveau son oxygène, quand on le chauffe à une température convenable; si bien que ces désoxydations et réoxydations consécutives, donnent un excellent moyen de produire de l'oxygène pur avec économie.

Le procédé de M. Boussingault pour la préparation économique de l'oxygène, a fait époque dans l'histoire de la chimie appliquée à l'industrie. On l'a pendant vingt ans

Fig. 131. — Boussingault.

répété avec succès, dans tous les cours publics de chimie.

Cependant l'emploi du bioxyde de baryum présentait certaines difficultés dans la pratique. Un composé particulier, le manganate de soude, placé dans les mêmes conditions, est venu fournir un moyen éminemment économique d'extraire l'oxygène de l'air. C'est à un chimiste français, M. Tessié du Motay, qu'appartient la découverte de cette importante modification du procédé de M. Boussingault.

M. Tessié du Motay a reconnu que si l'on place dans une cornue de fonte, du manganate de soude, qu'on le porte à la température d'environ 450°, et qu'on fasse, en même temps, traverser la cornue de fonte par un courant de vapeur d'eau, l'acide manganique se décompose, en abandonnant une partie de

Fig. 135. — Appareil de M. Tessié du Motay, pour la préparation économique du gaz oxygène.

A, fourneau ; B, cornues ; C, foyer surchauffeur de vapeur ; D, foyer surchauffeur d'air ; E, tuyau d'air ; G, tuyau d'oxygène allant au gazomètre ; H, tuyau de vapeur pénétrant dans le foyer surchauffeur ; LL', tuyau de vapeur ; M, tuyau amenant l'oxygène ; K, tuyau de vapeur reliant le tube LL' aux batteries de gauche et de droite ; N, pénétration du tuyau M dans le tuyau G ; P, tuyau d'air ; R, orifice de charge du charbon ; S, S', foyers, cendriers ; T, tirant pour supporter la tuyauterie.

son oxygène. Si l'on dispose à l'extrémité de la cornue un tube pour le dégagement de l'oxygène, on peut recueillir et emmagasiner dans un gazomètre des quantités considérables d'oxygène.

Quand la décomposition est terminée, quand le manganate de soude a perdu une partie de son oxygène, pour passer à l'état d'oxyde de manganèse, il n'est rien de plus facile que de reconstituer le manganate de soude primitif. Il suffit de faire traverser le tube qui le contient, par un courant d'air chaud. L'oxyde de manganèse s'empare de l'oxygène de l'air, et le manganate de soude se reforme. Ainsi reconstitué, le manganate de soude peut, de nouveau, perdre son oxygène sous l'influence d'une température de 450° et d'un courant de vapeur d'eau.

Par cette succession alternative d'opérations, le même manganate de soude peut donc fournir indéfiniment de l'oxygène pur : c'est comme une éponge qui s'imbiberait d'oxygène à une certaine température, et laisserait perdre cet oxygène à une température plus élevée, et cela presque indéfiniment.

Dans les expériences qui furent faites au laboratoire de chimie de l'Exposition universelle en 1867, 50 kilogrammes de manganate de soude donnèrent 400 litres d'oxygène par heure, même après 80 réoxydations successives. Ajoutons que M. Tessié du Motay a si bien perfectionné la fabrication en grand du manganate de soude, qu'il est presque certain de pouvoir livrer ce sel au commerce au prix de 30 à 40 centimes le kilogramme.

Tel est le procédé qui a permis de transporter dans la pratique l'éclairage au moyen du gaz oxy-hydrique, c'est-à-dire le système qui consiste à brûler le gaz ordinaire de l'éclairage par un courant de gaz oxygène.

Les matières réfléchissantes que l'on doit interposer au milieu de la flamme, ont été modifiées avec avantage par MM. Tessié du Motay et Maréchal. Ces deux expérimentateurs, après avoir fait, pendant quelque temps, usage des lamelles de chlorure de magnesium et de magnésie de M. Carlevaris, leur ont substitué des disques de magnésie pure. En effet, les disques magnésiens illuminés par le jet enflammé, faisaient un effet magique, mais ils duraient à peine une soirée, et se brisaient au moment où l'on y pensait le moins. MM. Tessié du Motay et Maréchal ont réussi à fabriquer, avec un mélange de magnésie et de charbon, des crayons cylindriques, qui ne laissent rien à désirer. Illuminés par trois jets de gaz oxy-hydrogène, ils deviennent des cylindres de feu éblouissants, et peuvent servir à l'éclairage pendant plus d'une semaine.

MM. Tessié du Motay et Maréchal ont poursuivi avec une rare persévérance, leur projet de faire adopter dans l'éclairage public le gaz oxy-hydrique. Une expérience publique relative à ce nouveau mode d'éclairage, se fit pendant deux mois de l'hiver de 1868, sur la place de l'Hôtel de ville. Quatre grands candélabres à six becs répandaient une clarté dont la vivacité et l'éclat rappelaient la lumière électrique. D'une certaine distance on pouvait porter les yeux sur le centre lumineux qui rayonnait dans un grand espace, sans craindre d'avoir les yeux blessés, comme il arrive avec la lampe électrique. Nous donnerons quelques détails sur cette expérience, pour renseigner nos lecteurs sur les procédés techniques qui se rattachent à cette invention intéressante.

L'appareil était établi dans les caves de l'Hôtel de ville. Dans un fourneau de brique, s'étageaient sept cornues de fonte, longues d'environ 3 mètres, chauffées au rouge, et contenant le manganate de soude. Une chaudière à vapeur servait à diriger un courant de vapeur d'eau à l'intérieur de ces cornues. Le mélange d'oxygène et de vapeur d'eau sortant des cornues était dirigé, au moyen d'un tube, dans un réfrigérant où la vapeur d'eau se condensait, tandis qu'un tuyau supérieur servait à donner issue au gaz oxygène et à l'amener dans un gazomètre, où on le conservait pour les besoins de l'éclairage.

La seconde partie de l'opération, c'est-à-dire la reconstitution du manganate de soude aux dépens de l'air atmosphérique, se faisait à l'aide d'un ventilateur, mis en action par une locomobile. Avant de s'introduire dans les cornues chauffées, l'air traversait un *épurateur* assez semblable à celui qui est employé dans les usines à gaz, et qui consiste en un vase de fonte contenant de la chaux. Dans cet appareil, la chaux absorbe l'acide carbonique de l'air, dont la présence nuirait à la réaction.

La figure 135 représente l'appareil employé par M. Tessié du Motay, pour préparer le gaz oxygène au moyen de la décomposition par le feu, du manganate de soude. Dans les cornues B, B, que renferme le fourneau A, se trouve le manganate de soude. La vapeur d'eau, sous l'influence de laquelle ce sel est décomposé facilement par la chaleur, arrive par le tube L, après s'être surchauffée dans le foyer C, dont le cendrier est placé en contre-bas S'. Le cendrier du fourneau est également placé en contre-bas (S). Quand le courant de vapeur et la température ont été maintenus un temps suffisant pour décomposer le manganate, l'ouvrier, en ouvrant un robinet, laisse arriver par le tube P de l'air qui s'est préalablement surchauffé dans le foyer D. Cet air ayant rendu à l'oxyde de manganèse l'oxygène nécessaire pour le reconstituer, l'ouvrier ouvre de nouveau le robinet, qui donne accès à la vapeur d'eau venant du tube L, et la décomposition du manganate de soude recommence.

L'oxygène provenant de ces décompositions successives se dégage par le tube G, et se rend au gazomètre.

On estime que la lumière du gaz oxy-hydrique est environ quinze fois plus puissante que celle du gaz ordinaire. Outre sa puissance éclairante, cette source lumineuse est d'une remarquable fixité. On remarqua, par exemple, pendant toute la nuit de tempête du 18 janvier 1868, que les quatre candélabres de l'Hôtel de ville, éclairés à la lumière Drummond, ne cessèrent de briller avec éclat, tandis que presque tous les becs des réverbères ordinaires se trouvaient éteints tout à l'entour, par la violence du vent.

L'essai public du gaz oxy-hydrique qui avait été fait à Paris pendant l'hiver de l'année 1868, a été repris, pendant l'année suivante, par ordre de l'Empereur, dans la cour des Tuileries.

Le gaz de l'éclairage était emprunté à la conduite de la rue. L'oxygène arrivait tous les jours aux Tuileries, à l'état comprimé, dans des voitures semblables à celles qui servent au transport du gaz portatif.

La condition essentielle pour la permanence et l'égalité de la lumière que l'on obtient en brûlant le gaz de l'éclairage par l'oxygène, c'est que la pression soit toujours parfaitement régulière. Il est facile de régler l'émission du gaz avec les réservoirs dans lesquels l'oxygène est amené de l'usine. Mais le gaz d'éclairage, tel qu'il existe dans les conduites des rues, est soumis à une pression qui varie d'un instant à l'autre. Pour rendre cette pression régulière, on avait eu recours à des flotteurs mis en jeu par un courant d'eau d'une manière très-ingénieuse.

L'ensemble de ces dispositions était établi dans une cabane placée en avant de la grille de la cour des Tuileries, près du guichet de l'Échelle.

La cour des Tuileries, dont la longueur est de 500 mètres environ, était éclairée au moyen de cinquante becs, placés sur trois rangées, et qui étaient de portée différente. Des lentilles, à foyer plus ou moins long, et des verres plus ou moins dépolis, disséminaient la lumière dans l'espace.

Deux becs, situés à droite et à gauche du pavillon de l'Horloge, projetaient sur l'arc de triomphe du Carrousel, des rayons parallèles très-intenses, qui faisaient apparaître cet édifice comme en plein jour. Un troisième bec à faisceau parallèle, placé du côté de l'arc de triomphe, éclairait aussi *à giorno* le cadran de l'horloge. De petits becs laissés nus, çà et là, à côté des becs armés de lentilles et de verres dépolis, excitaient agréablement l'œil, en donnant à l'ensemble de l'éclairage une certaine gaieté.

Dans cette nouvelle expérience les crayons de magnésie pure avaient été remplacés par un mélange de magnésie et de zircone, terre analogue à la magnésie par ses propriétés chimiques. L'addition de cette dernière substance paraît ajouter à l'éclat de la flamme.

Il nous reste à ajouter que les expériences faites en 1869, ayant paru de tout point satisfaisantes, l'Empereur a ordonné l'établissement définitif de ce système dans la cour du palais des Tuileries. Les appareils provisoires ayant servi à l'expérience, ont été enlevés, et remplacés par de nouveaux qui serviront désormais à l'éclairage habituel.

Nous avons décrit plus haut l'appareil qui sert à la préparation du gaz oxygène; il nous reste à donner l'idée des becs dans lesquels s'effectue la combustion des deux gaz.

Ce bec se compose de trois parties : 1° le tuyau donnant issue au gaz oxygène ; 2° les tuyaux (ordinairement au nombre de trois) qui amènent le gaz de l'éclairage ; 3° le crayon de magnésie et de zircone, qui doit produire l'effet de concentration et de dissémination de la lumière.

Fig. 136. — Tessié du Motay.

La figure 137 représente ce bec.

L'oxygène arrive par les tubes O. Le gaz de l'éclairage arrive par les tubes A′, B′ qui forment par leur réunion, autour du tube

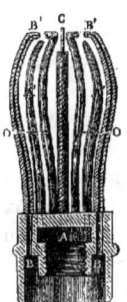

Fig. 137. — Bec à jets multiples.

central, comme une patte d'araignée, ou une couronne circulaire. Ces petits becs sont toujours en nombre pair, ou groupés deux à deux, et les orifices de sortie dans chaque couple sont exactement apposés l'un à l'autre, de sorte que les deux jets soient lancés l'un contre l'autre et neutralisent en quelque sorte leur pression. La pression du jet d'oxygène reste donc seule permanente, et de plus, dans son écoulement, l'oxygène tend à faire le vide entre les deux jets d'hydrogène. Par cela même que la pression des jets d'hydrogène est annulée, et que la pression de l'oxygène, que l'on règle à volonté, s'exerce seule, peu importe la pression à laquelle le gaz de la ville entre dans le bec, l'éclairage sera toujours parfaitement réglé. Le crayon réfléchissant C est placé au centre de tous ces petits jets gazeux.

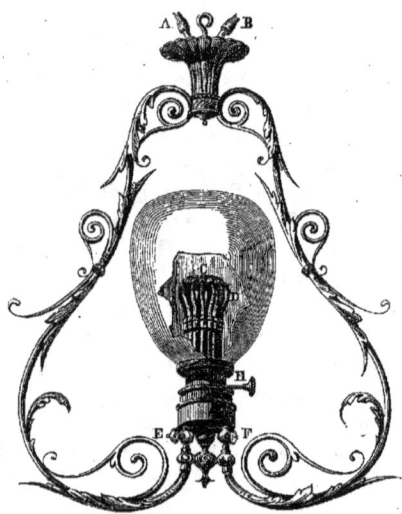

Fig. 138. — Bec oxy-hydrique à douze jets.

La figure 138 représente le bec oxy-hydrique qui vient d'être décrit, comprenant douze jets et entouré d'un globe de cristal. A est le tube conducteur du gaz oxygène, qui s'introduit dans le bec, quand on tourne le robinet E ; B, le tube conducteur du gaz de l'éclairage, qui arrive au bec quand le robinet F est ouvert. C est le crayon magné-

L'ART DE L'ÉCLAIRAGE.

sien et zirconien ; D, la réunion des tubes amenant les jets de gaz de l'éclairage ; H, la clef qui sert à régler la hauteur des tubes de sortie du gaz.

La figure 139 représente cet appareil, non

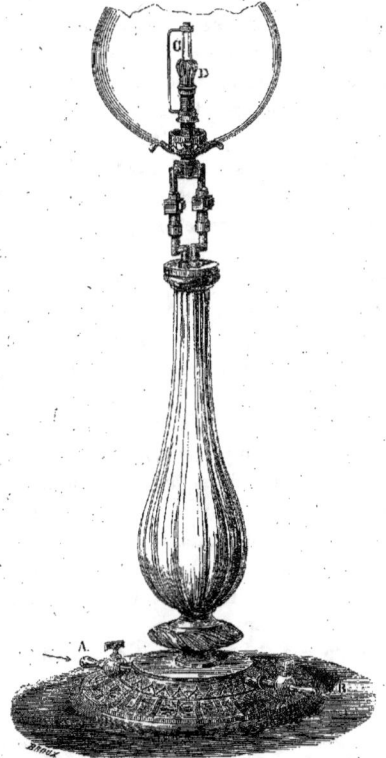

Fig. 139. — Lampe oxy-hydrique en cristal.

plus suspendu au plafond comme le précédent, mais posé sur une table à la manière d'une lampe ordinaire.

La figure 140 représente un système plus simple, dans lequel on n'emploie pas de crayon réfléchissant. Le tube C amène le gaz de l'éclairage ; le tube B apporte le gaz oxygène. A l'aide du robinet A, on règle la proportion de l'écoulement de ce dernier gaz.

La lumière du gaz oxy-hydrique est souvent employée, dans les cours de sciences physiques ou naturelles, pour opérer des agrandissements d'objets microscopiques,

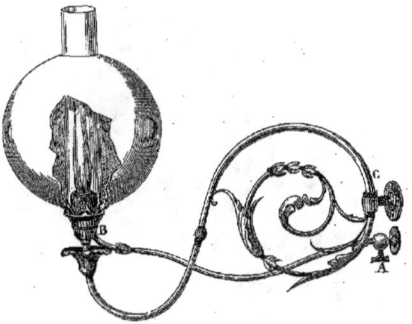

Fig. 140. — Bec à gaz oxy-hydrique, composé d'un bec d'Argand à double courant d'air.

c'est-à-dire pour remplacer l'éclairage du soleil dans le *microscope solaire*. La figure 141 fait voir cette disposition. La légende qui accompagne cette figure, montre le rôle de chacun des organes accessoires de la lampe et de l'appareil optique d'agrandissement et de projection.

Quel est le prix de revient du nouvel éclairage, comparé à celui de l'éclairage au gaz ? C'est une question sur laquelle nous n'avons pas de renseignements précis, et à vrai dire, nous n'en désirons aucun. En effet, dès l'annonce de cette tentative nouvelle, les intérêts nombreux engagés dans les compagnies du gaz, et les directeurs des grandes entreprises d'éclairage public, ont suivi avec inquiétude les progrès de l'expérience faite sur la place de l'Hôtel de ville, et recherché l'impression qu'elle produisait sur le public. Nous n'avons qu'une faible sympathie pour les compagnies d'éclairage au gaz, car elles font payer le gaz un prix exorbitant, 30 centimes le mètre cube, aux particuliers de la capitale, tandis qu'elles le livrent à moitié prix, à 15 centimes le mètre cube, à la ville de Paris, inégalité injuste et choquante, qui s'exerce aux dépens de toute la population parisienne, et qui donne la mesure des bénéfices que doivent réaliser ces entreprises. Toute in-

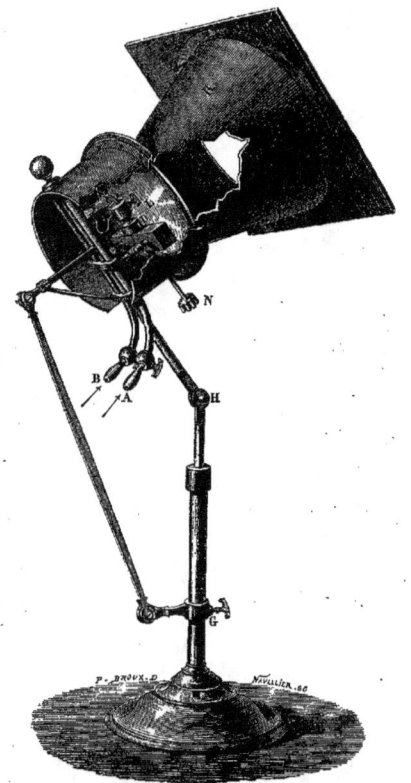

Fig. 141. — Lampe oxy-hydrique pour les projections.

A, introduction du gaz oxygène; B, introduction du gaz hydrogène; C, tube conduisant le gaz à la caisse D; E, petit tube de sortie du gaz mélangé; F, crayon de zircone; G, vis de pression pour faire varier la hauteur de l'appareil d'agrandissement et de projection; H, charnière; L, lentille de réflexion; N, robinet pour régler la combustion du gaz; R, pavillon réflecteur.

dustrie fait habituellement profiter les consommateurs des réductions qui peuvent survenir, soit dans la matière première, soit dans les progrès de sa fabrication. Seules, les compagnies du gaz, avec leur tarif fixe et inébranlable, persistent à tenir le consommateur parisien en dehors des améliorations qui peuvent résulter pour elles du progrès et des perfectionnements de leur fabrication. Nous verrions donc sans déplaisir un nouveau système d'éclairage s'offrir aux habitants de la capitale, pour les soustraire à un monopole tyrannique.

Ce rôle est-il réservé au nouveau gaz? A vrai dire, nous ne l'espérons pas. Il y a bien des dangers dans le maniement simultané de l'oxygène et du gaz de l'éclairage. Or, la première condition pour l'éclairage public ou privé, c'est une sécurité absolue. Non-seulement cette sécurité n'est point garantie avec le mélange d'oxygène et d'hydrogène, si bien désigné dans les laboratoires sous le nom de *gaz tonnant*; mais tout ferait craindre, au contraire, qu'il n'arrivât des accidents assez graves le jour où l'on abandonnerait à des mains inexpérimentées ou malhabiles le maniement d'un tel mélange. Dans nos théâtres, où l'on fait usage aujourd'hui de ce mélange gazeux, pour remplacer la lumière électrique, il est arrivé plus d'une fois des explosions, qui ont peu de gravité sans doute, en raison du faible volume de gaz employé, mais qui donnent à réfléchir pour le cas où ce mode d'éclairage se généraliserait. Une explosion qui arrive dans nos maisons, par l'effet d'une fuite de gaz d'éclairage, est déjà un accident redoutable; mais ses conséquences ont rarement beaucoup de gravité. Il en serait tout autrement, si, par une perte des deux gaz hydrogène bicarboné et oxygène, un mélange explosif venait à se produire dans une pièce fermée. L'inflammation d'un certain volume de ce mélange gazeux, c'est-à-dire de *gaz tonnant*, aurait les plus terribles conséquences. Cette éventualité suffira peut-être à faire proscrire le nouveau gaz de l'intérieur de nos demeures, et à le réserver pour l'éclairage des places et des rues.

D'un autre côté, la *canalisation*, c'est-à-dire la distribution du gaz oxygène dans des tuyaux enfouis sous le sol, donnerait lieu peut-être à de sérieuses difficultés, en raison de l'oxydation prompte que provoquerait l'oxygène humide sur les métaux composant les tuyaux de conduite.

Nous nous arrêtons dans cette critique, qui a le défaut d'être prématurée, car les éléments précis manquent en ce moment pour porter avec confiance un jugement sur l'avenir de cette question. Assurément nous ne sommes pas en présence d'une révolution dans nos moyens d'éclairage, mais rien ne prouve qu'une heureuse modification apportée à ce système nouveau, ne viendra pas faire disparaître une partie des inconvénients qui lui sont propres, et dissiper les préventions qu'il fait naître.

Cette question est à l'étude, et déjà une suggestion très-ingénieuse s'est manifestée et a pris de la consistance. Le préparateur du cours de physique de la Sorbonne, M. Bourbouze, a proposé de supprimer l'oxygène, ce qui débarrasserait tout de suite de la coûteuse installation des usines à oxygène et de la préparation quotidienne de ce gaz comburant. M. Bourbouze voudrait exécuter en grand ce qu'on fait en petit dans les laboratoires, c'est-à-dire mélanger simplement au gaz de l'éclairage un certain volume d'air ordinaire.

On fait arriver dans une même capacité du gaz d'éclairage et de l'air. Le mélange de ces deux gaz étant opéré, on lui fait traverser une plaque percée d'un grand nombre de petits trous, ce qui le divise en un grand nombre de minces filets. Pour éviter la communication de la flamme avec le mélange détonant, on n'enflamme pas directement ces petits jets ; on les fait passer à travers une toile métallique de platine, tressée d'une manière particulière, et que l'auteur appelle *point de crochet*. L'interposition de cette toile métallique empêche, comme dans la lampe de sûreté de Davy, la communication de la flamme extérieure avec le gaz tonnant contenu dans la capacité inférieure. En même temps, la toile de platine

jouant le rôle du globule de chaux ou de magnésie de l'éclairage Drummond, donne à la flamme un éclat extraordinaire et une grande fixité.

M. Bourbouze estime qu'avec cette disposition, on réaliserait une économie de 15 pour 100 sur l'emploi du gaz ordinaire.

Tout cela prouve que la question de la combustion du gaz d'éclairage par un courant de gaz oxygène, n'en est qu'à ses débuts, et qu'il faut encore attendre pour se prononcer sur son avenir. L'éclairage au gaz ordinaire a déjà trouvé dans l'huile minérale de pétrole un concurrent redoutable ; nous espérons, dans l'intérêt de tous ceux qui ont recours à l'éclairage artificiel, que la concurrence ne s'arrêtera pas là

Nous terminons avec la question de la lumière oxy-hydrique, l'examen du groupe des sources lumineuses que nous avions réunies sous le nom de *lumières éblouissantes*, c'est-à-dire la lumière électrique, l'éclairage au magnesium et la lumière oxy-hydrique. De ces trois sources lumineuses, la lumière électrique est celle qui paraît appelée à l'avenir le plus sérieux. Chaque année on met en avant un projet nouveau pour appliquer dans les villes l'éclairage au moyen de l'arc voltaïque. Il est probable que ces tentatives incessantes conduiront à faire établir un certain nombre de ces éclatants foyers électriques qui distribueront dans Paris, et plus tard dans les autres villes de la France, leur radieux éclat, comparable à celui de l'astre solaire.

Quelques personnes, plus hardies encore, adoptant la pensée d'Arago, vont jusqu'à proposer que l'on élève au-dessus de chaque ville, en un point culminant, un foyer lumineux unique, énorme gerbe d'une clarté sidérale, qui éclairerait à la fois toute l'étendue d'une cité. Les esprits enthousiastes et amoureux du progrès, aiment à devancer en imagination l'époque où un phare électrique élevé au-dessus d'une ville, projettera sur tous ses quartiers l'éclat puissant de ses rayons. Ne condamnons pas trop vite une telle espérance ; qui peut assigner une limite aux prodiges que la science nous réserve pour l'avenir ?

Si cette conception magnifique devait se réaliser un jour, si jamais un immense foyer électrique venait à se dresser au centre de Paris, illuminant la ville entière, il y aurait là l'occasion d'un rapprochement assez curieux. Sous les deux premières races de nos rois, Paris demeurait plongé, durant la nuit, dans d'épaisses ténèbres. Les grandes abbayes de Sainte-Geneviève, de Saint-Germain des Prés, de Saint-Victor et de Saint-Martin des Champs, entretenaient sur la tour la plus haute de leurs murailles, un foyer qui ne s'éteignait qu'aux premiers rayons du jour, et dont la clarté pouvait seule intimider les malfaiteurs qui désolaient la ville. Celui qui, à notre époque, verrait briller au-dessus de Paris, le nouveau phare électrique, reporterait sans doute ses souvenirs vers les temps que nous venons de rappeler, et verrait avec bonheur une pensée, due à la pieuse sollicitude de la religion de nos pères, si admirablement réalisée par la science de nos jours. Et l'humble fanal des moines du moyen âge, comparé au resplendissant éclat du flambeau voltaïque, montrerait assez de quels progrès admirables, de quelles forces nouvelles le progrès des sciences modernes a enrichi l'humanité !

FIN DE L'ÉCLAIRAGE

L'ART
DU CHAUFFAGE

Après la question de l'éclairage, nous plaçons assez naturellement celle du chauffage.

Si nous voulions embrasser cette question dans son entier, il nous faudrait des volumes pour son développement. Hâtons-nous, en conséquence, de dire que le seul objet de cette Notice — et il est déjà assez étendu — c'est le chauffage des habitations, tant privées que publiques.

Le plan de ce travail sera le plus simple possible : il fera ainsi contraste avec les classifications multiples et embarrassées, que l'on rencontre dans les ouvrages scientifiques où cette question est traitée. Nous étudierons successivement :

1° Les cheminées ;
2° Les poêles ;
3° Les calorifères ;
4° Le chauffage au moyen du gaz.

La science est en possession aujourd'hui d'excellents principes théoriques sur le chauffage des habitations ; mais ces connaissances sont encore peu répandues, malgré leur utilité manifeste. Elles sont même ignorées de beaucoup de physiciens, qui ne les comprennent que par analogie, ou par déduction d'une autre branche de la physique. Nous nous proposons de vulgariser ici ce genre de connaissances, ces conquêtes nouvelles de la science et de l'art, qui touchent si directement au bien-être matériel de l'humanité.

CHAPITRE PREMIER

LE CHAUFFAGE CHEZ LES ANCIENS HABITANTS DE L'EUROPE MÉRIDIONALE. — LE TRÉPIED GREC. — LE FOCULUS ROMAIN CONSERVÉ DANS L'ITALIE ET LE MIDI DE L'EUROPE. — LE BRASERO. — LE CHAUFFAGE CHEZ LES ANCIENS HABITANTS DU NORD DE L'EUROPE ET DE L'ASIE. — LES CHALETS SUISSES REPRODUISENT LE SYSTÈME PRIMITIF DE CHAUFFAGE DES HABITATIONS CHEZ LES ANCIENS PEUPLES DE L'ASIE DU NORD ET DE L'EUROPE.

La cheminée est une invention du Moyen âge. Les anciens ne l'ont pas connue. Les premiers peuples dont l'histoire fasse mention, dans notre hémisphère, étaient confinés en Asie, dans les régions qui avoisinent le golfe Persique, et en Europe, sur les bords de la Méditerranée. La douceur du climat, la vie active et errante de ces peuplades primitives, rendaient inutiles des moyens de chauffage perfectionnés.

Chez les Grecs et chez les Romains, la vie domestique était à peu près nulle. Le Romain passait, en toute saison, ses journées et ses soirées en plein air. Patriciens et plébéiens se réunissaient au *Forum*, rendez-vous général des habitants de chaque cité. Pendant l'hiver, l'ample manteau qui les enveloppait suffisait à les défendre des intempéries de l'air ; pendant l'été, les larges colonnades du Forum les abritaient parfaitement des brûlants rayons du soleil. Aussi chaque ville

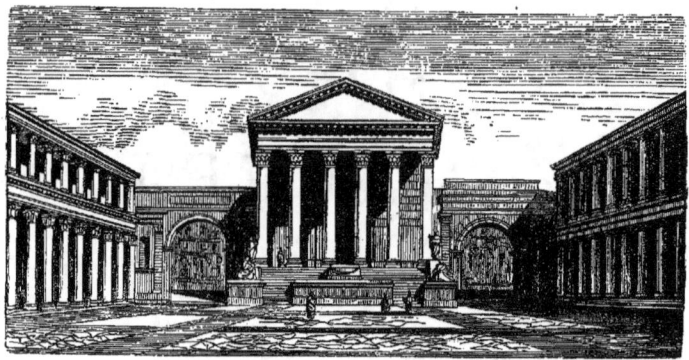

Fig. 142. — Forum de Pompeï.

romaine, petite ou grande, avait-elle son *Forum*, et les villes importantes en comptaient-elles plusieurs.

Nous représentons ici (*fig.* 142) le Forum principal de Pompéi, restitué par Mazois.

Les Grecs se chauffaient avec le *trépied*, dont parlent tous les auteurs et que nous représentons ici (*fig.* 143), les Romains avec le *foculus*. L'un et l'autre de ces ustensiles étaient des bassins de métal, toujours très-légers, et que l'on pouvait transporter d'un lieu à un autre.

L'art ancien donnait souvent à ces brasiers des formes élégantes. On en faisait des vases

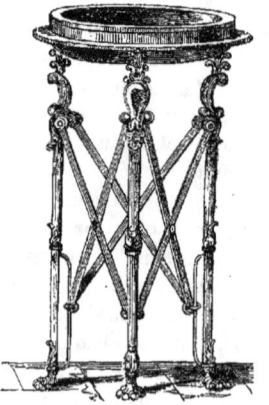

Fig. 143. — Trépied grec.

Fig. 144. — Trépied grec orné.

On les remplissait de charbon préparé avec un soin particulier, et caché sous les cendres.

aux courbes gracieuses, affectant le style étrusque, le style grec, gallo-romain, etc. La figure 144 représente le *trépied grec* tout enjolivé de dessins d'ornement ; la figure 145, le *foculus* des Romains, que l'on voit au Musée des antiques du Louvre.

Fig. 145. — Foculus romain.

Nous nous arrêterons un instant pour faire remarquer que cette manière de brûler le combustible à l'intérieur de l'appartement, sans lui ménager d'issue au dehors, créait un véritable danger. Les produits de la combustion du charbon sont du gaz acide carbonique, et dans quelques circonstances, du gaz oxyde de carbone. Dans une combustion complète, c'est-à-dire dans une combinaison avec la plus grande quantité possible d'oxygène, le charbon ne donne que de l'acide carbonique.

Ce dernier gaz est peu délétère. Il n'entretient pas, il est vrai, la respiration, mais il n'est point toxique, et la preuve qu'il n'a pas d'action particulièrement nuisible sur les tissus de notre corps, c'est que notre sang et nos poumons en contiennent toujours une certaine proportion, que l'expiration rejette. Les expériences du chimiste Leblanc ont montré qu'un animal peut vivre encore dans une atmosphère contenant presque la moitié de son volume d'acide carbonique.

Mais si l'air n'apporte pas un excès d'oxygène sur tous les points du charbon en ignition, si la combustion est incomplète, un autre gaz se forme : l'oxyde de carbone, poison terrible, qui tue, mêlé à l'air à la dose d'un centième seulement de son volume.

L'oxyde de carbone, inspiré, passé dans le sang, à travers la mince paroi des vaisseaux qui rampent dans le tissu pulmonaire, et il se combine chimiquement avec leur partie essentielle : les globules rouges. Ces corps sont paralysés dans leur fonction, et si un nombre suffisamment grand de ces globules est atteint par le gaz toxique, l'*hématose*, c'est-à-dire l'oxygénation du sang, n'a plus lieu, et la mort en est la conséquence.

Le gaz oxyde de carbone brûle avec une flamme bleue caractéristique, et se transforme en acide carbonique ; c'est ce qui produit les petites flammes bleues qui voltigent sur le charbon qui brûle. Presque toujours, en effet, sa combustion est incomplète, et de là résulte la formation d'une certaine quantité de gaz oxyde de carbone, qui se déverse dans l'air.

Telle est la cause des maux de tête dont sont fréquemment atteintes les personnes qui respirent dans un air où brûle un feu de charbon ; telle est la cause des maladies plus graves, à forme adynamique ou typhoïde, qui ne sont que l'exagération de l'état précédent, et dont nous aurons occasion de parler au sujet des poêles en fonte ; telle est enfin la cause des asphyxies que les gens du monde disent être produites par la *vapeur de charbon*.

Le bois et les autres combustibles, peuvent être considérés comme du charbon, joint à des matières organiques, lesquelles, par une combustion complète, se transforment toujours en acide carbonique et en vapeur d'eau. Mais dans le cas d'une combustion incomplète, le bois, comme le charbon, dégage de l'oxyde de carbone, et ce que nous avons dit au sujet du charbon pur est applicable au bois.

Tout mode de chauffage dans lequel les produits de la combustion sont versés directement dans l'atmosphère, est donc éminemment nuisible à la santé.

Fig. 146. — Une maison de Pompéi.

Le Trépied grec, le Foculus romain auraient été dangereux en d'autres climats que ceux des latitudes méridionales. Ils auraient causé de fréquentes asphyxies, si, en général, les salles de ces pays n'eussent été fort vastes, ouvertes à tous les vents, et si les habitants n'eussent appris, de longue date, à se prémunir contre ce danger.

La preuve la plus convaincante que les anciens peuples de l'Europe centrale, c'est-à-dire les Romains et les Grecs, ne se servaient, pour se chauffer, que de brasiers, que l'on pouvait transporter d'une pièce dans l'autre, c'est qu'il n'existe aucune cheminée dans les maisons de Pompéi, cet inappréciable et authentique magasin de tous les ustensiles de la vie domestique dans l'antiquité romaine.

Comme toutes les maisons romaines, les maisons de Pompéi se composaient d'une ou deux petites cours à ciel ouvert, entourées de chaque côté d'un certain nombre de pièces de dimensions toujours très-exiguës.

La figure 146 représente, choisie entre bien d'autres, toutes semblables, l'intérieur de la maison d'un Pompéien. On y voit deux cours, dont la première renferme le bassin plein d'eau, ou *impluvium*. Les chambres d'habitation sont placées autour de ces deux cours. Or, jamais, dans les chambres d'aucune maison de Pompéi, on n'a rien trouvé qui ressemblât à une cheminée.

Cette absence complète de cheminée que l'on constate à Pompéi, peut être également reconnue aujourd'hui dans la grande cité voisine de l'ancien Pompéi, c'est-à-dire à Naples. Dans la Naples moderne il n'y a pas plus de cheminée qu'il n'en existe dans les maisons en ruines de Pompéi ou d'Herculanum. On ne s'y chauffe, en hiver, qu'avec un petit brasier, que l'on peut transporter d'une pièce à l'autre. C'est ce que nous avons eu trop souvent l'occasion de constater, non sans déplaisir, dans un séjour à Naples au mois de février.

Ainsi le fait de l'absence des cheminées chez les anciens, est bien établi.

Il faut ajouter, pour être complètement renseigné sur les us et coutumes des anciens concernant le chauffage domestique, que l'on se servait aussi, chez les Grecs et les Romains, d'une petite chaufferette à main. Cet ustensile est, d'ailleurs, toujours en usage dans l'Italie moderne. On le nomme *focone*. La figure 147 représente le *focone* actuel des Italiens. On reconnaîtra cet ustensile sur plusieurs tableaux des peintres italiens, anciens ou modernes, qui représentent leurs personnages tenant à la main cette espèce de chaufferette. "Scaldino"

On retrouve aujourd'hui le *focone* des Italiens en Espagne et dans le midi de la France. Il n'est pas même entièrement inconnu dans le nord de la France : c'est, sous une forme grossière et populaire, le *gueux*

Fig. 148. Focone italien.

des pauvres habitants et des marchandes à la halle de la ville de Paris.

Une bonne partie de l'Italie et de l'Espagne, de l'Orient et de l'Amérique du Sud, enfin tout le midi de la France, se chauffent encore avec le foculus romain. C'est ainsi qu'à Marseille, à Montpellier, à Perpignan, etc., les marchands se servent, pour se préserver du froid, de la classique *brasière*. C'est un bassin de cuivre placé sur un support de bois circulaire, à peine haut de 1 décimètre. La brasière est au milieu de la boutique, et le chaland vient s'y chauffer un moment les pieds. C'est la braise de boulanger qui sert de combustible. On en remplit le matin la brasière, et le soir venu, le charbon n'est pas encore éteint. Le patron de la boutique fait monter dans sa chambre, la bienheureuse brasière, afin de prendre un air de feu au moment de se mettre au lit ! Ce mode de chauffage, qui suffit à toute une maison, coûte trois sous par jour !

Partie du midi de l'Europe, la civilisation s'est avancée vers le nord. C'est donc dans les pays septentrionaux de l'Europe qu'il faut aller chercher les premières traces de l'art du chauffage. Ce sont les annales de ces peuples qu'il faut consulter pour savoir quelle fut la véritable origine de la cheminée.

Les peuples du nord de l'Europe firent d'abord usage du *brasero*, emprunté aux pays méridionaux. Mais quand la rigueur du climat obligeait d'augmenter l'intensité du foyer, il fallait nécessairement, pour échapper à l'asphyxie, donner issue aux produits de la combustion du charbon.

Le moyen le plus simple, c'était de pratiquer un trou au toit de l'habitation, pour laisser échapper la fumée et les autres produits nuisibles de la combustion du bois et des branchages. Les habitations des Gaulois,

Fig. 148. — Maisons gauloises.

retrouvées ou reconstituées par les soins des archéologues modernes, nous montrent que ces habitations se réduisaient à une cabane de forme ronde, dont le toit était percé d'un trou pour le passage de la fumée. On voit ces maisons représentées ici (*fig.* 148).

Du reste, le système tout primitif qui consiste à laisser échapper par le toit la fumée et les produits de la combustion, subsiste encore, de nos jours, chez des peuples parfaitement civilisés, c'est-à-dire dans les chalets actuels des montagnes de la Savoie.

Hâtons-nous d'ajouter qu'il s'agit ici des vrais chalets, de ceux où l'on fait le fromage et le beurre et qui ne sont habités que pendant les mois les plus chauds de l'année. Leur aspect diffère beaucoup du type convenu des chalets suisses, dont l'architecture est élégante, mais qui ne se voient que dans les fermes des vallées suisses, et surtout dans l'Oberland. Les murs des véritables chalets de la Savoie, qui servent de demeure et d'atelier pour la préparation des fromages, sont peu élevés et bâtis en pierre sèche. Quelques sapins non équarris forment la charpente du toit. Ils sont munis, en guise de tuiles, d'énormes pierres plates et irrégulières, qu'aucune main ne s'est donné la peine de tailler.

L'intérieur du chalet, d'un aspect misérable, quoique très-propre, est partagé en plusieurs compartiments. On y a d'abord ménagé des resserres, fraîches et obscures, pour conserver les fromages qui doivent être gardés longtemps avant d'être portés au marché. Vient ensuite un fenil, où couchent les *chalaisans*. Dans la première pièce, qui est la plus grande, sont installés les grands chaudrons pour préparer le lait nouvellement trait et le transformer en fromage. Ces récipients, fort bien entretenus, sont de la capacité de 500 à 600 litres. Une tringle en fer les relie à un poteau fixé contre la muraille. Grâce à ce mécanisme très-simple, on peut tirer le chaudron en avant, et le placer au-dessus de l'aire où le feu est allumé.

La végétation des arbres n'arrive pas toujours dans les régions très-élevées où ces chalets sont bâtis. A défaut de bois de sapin ou de bouleau, on brûle des broussailles. A une altitude encore plus grande, et alors que le transport du combustible coûterait trop de peine, on a recours aux bouses de vaches, que l'on sèche au soleil, après les avoir précieusement récoltées.

Quelquefois plusieurs familles de montagnards forment une association, et travaillent dans le même chalet. Dans ce cas, chacun a son chaudron suspendu au poteau respectif; chacun fournit sa provision de combustible; et tour à tour, chaque récipient, plein de lait frais, est amené au-dessus de l'aire commune.

La fumée, après avoir longtemps circulé dans la pièce, et formé à la partie supérieure, une couche épaisse et noire, s'échappe par un trou béant à la toiture.

Ainsi, le chalet actuel de ces régions alpestres nous ramène aux temps reculés où la cheminée était encore inconnue.

Les habitants des contrées boréales se rapprochent des montagnards de la Suisse et de la Savoie, par les conditions physiques du milieu qu'ils habitent, comme par la simplicité de leur genre de vie. En effet, la végétation cesse au voisinage du pôle. Or l'absence de végétation met les peuples, pour ainsi dire, en dehors de la société. Les Esquimaux ou Groënlandais, par exemple, privés des ressources de l'industrie, mènent une existence dont nous avons quelque peine, dans nos climats, à nous faire une idée exacte.

Pendant la longue nuit de six mois qui règne dans ces régions déshéritées de la nature, et tandis qu'un épais manteau de neige recouvre en entier leur misérable habitation, les Esquimaux s'enferment dans leurs huttes, pêle-mêle avec leurs rennes. La température s'abaisse dans ces latitudes, jusqu'à plus de 40 degrés au-dessous de zéro. Parry et les audacieux navigateurs, qui, allant à la recherche du passage nord-ouest, se sont laissé envahir par les glaces, ont vu souvent le mercure gelé dans les thermomètres. Sans la couche glacée qui recouvre leurs demeures, les Esquimaux périraient par l'intensité du froid. En effet, la neige conduit mal la chaleur; elle doit cette propriété tant à sa nature propre qu'à l'air atmosphérique emprisonné dans sa substance, qui lui donne son état de porosité et de division. Par l'effet de sa mauvaise conductibilité, la neige isole l'intérieur de la cabane de l'air du dehors, dont la température est de 20 à 30°.

Enfermés dans leur étroite et misérable demeure, les Groënlandais sont réchauffés par leur propre chaleur, et par celle de leurs cohabitants, les rennes.

Ils ont pourtant un combustible : c'est l'huile des poissons qu'ils ont pêchés pendant l'été. Cette huile est l'élément fondamental de leur triste existence; elle leur sert à se chauffer, à s'éclairer et à cuire leurs aliments. C'est pour cela qu'une grosse lampe est toujours allumée au milieu de la hutte des Groënlandais. Au-dessus de sa flamme est posée une marmite de métal, qui suffit à la préparation de toute leur pauvre cuisine.

L'air de la hutte des Esquimaux ainsi recouverte d'un manteau de neige, ne doit donc presque jamais se renouveler. En effet, au bout de quelques jours, il est horriblement vicié par l'acide carbonique, que dégagent à la fois la combustion de l'huile de la lampe et la respiration des êtres vivants, qui est une autre espèce de combustion. L'oxygène de l'air s'épuise peu à peu, et alors hommes et animaux tombent dans une longue torpeur, parfaitement assimilable au sommeil de la marmotte et des autres mammifères hibernants. Dans cet état extraordinaire, ils respirent fort peu, et l'activité de l'organisme étant presque éteinte, la faim et les autres besoins de la vie ne viennent se faire sentir qu'à de rares intervalles.

Le temps paraît moins long quand on le passe à sommeiller presque constamment. Aussi les Samoïèdes et les Esquimaux sont-ils fort surpris quand on leur affirme que leur nuit de six mois est aussi longue que leur jour de six mois.

Nous ajouterons que cette faculté de l'hibernation n'est pas particulière à l'homme qui habite les régions du Nord. On la trouve chez les habitants de certaines parties reculées de la Savoie. Nous citerons en exemple la vallée de Bessans, sur la rivière d'Arc, à quelque distance du mont Cenis; la vallée de Tignes, sur l'Isère, etc. Il arrive souvent que les paysans de ces contrées qui ne peuvent se procurer le luxe d'une habitation d'hiver, au lieu de quitter la montagne quand vient l'automne, restent dans leurs chalets de pierre sèche, avec quelques provisions. Bientôt, dix pieds de neige les ensevelissent. Hommes et bêtes vivent resserrés dans un étroit espace, et il leur arrive alors ce qui arrive aux Esquimaux. L'air confiné qui remplit le chalet perd son oxygène, et avec ce gaz ses qualités vitales. Alors une longue somnolence s'empare des pauvres montagnards, qui ne s'éveillent qu'aux premiers jours du printemps.

CHAPITRE II.

INVENTION DE LA CHEMINÉE AU MOYEN AGE. — SES PERFECTIONNEMENTS. — TRAVAUX DE SERLIO, KESLAR, SAVOT, FRANKLIN, GAUGER, ETC.

Revenons aux anciens peuples du nord de l'Europe.

A mesure que la civilisation progressait, on dut chercher des moyens de chauffage plus commodes que l'antique brasier. Selon M. Viollet-Leduc, l'éminent architecte contemporain, qui a si bien étudié les habitations du Moyen âge, on ne voit guère apparaître en Europe, qu'au XII° siècle, la cheminée, c'est-à-dire le foyer disposé dans les intérieurs (1). Mais par quelle gradation était-on arrivé, du simple trou percé dans le toit d'une cabane, comme nous l'avons représenté dans les maisons gauloises, au foyer inté-

(1) *Dictionnaire raisonné de l'architecture française du XI° au XVI° siècle* (tome III, page 194, article *Cheminée*).

rieur, pourvu d'un conduit pour la fumée ?

Les ouvrages anglais de Tomlinson et de Hudson Turner sur le *Chauffage et la ventilation* (1), font connaître avec beaucoup d'exactitude les maisons des anciens habitants de la Grande-Bretagne. Dans les premiers temps du Moyen âge, les seigneurs bretons et leurs compagnons vivaient dans une hutte, recouverte de chaume et partagée en deux : l'une pour les serviteurs, l'autre, plus grande, réservée au maître, et qui servait à la fois de cuisine et de dortoir. Au milieu de cette dernière pièce était un foyer. Dans le toit, on ménageait une tourelle en planches, ouverte par le haut, et qui laissait échapper la fumée des feux servant tant au chauffage de la pièce qu'à la cuisson des aliments. Bientôt, sans doute, on eut l'idée de pousser le foyer contre le mur de la chaumière, et de creuser dans ce mur une ouverture oblique, pour donner issue à la fumée.

On trouve ces cheminées primitives dans les forteresses et les châteaux forts de la Grande-Bretagne, qui datent de cette époque, tels que ceux de Conisborough et de Rochester.

Il existe en France, deux grands foyers pourvus d'un de ces conduits obliques, en très-bon état de conservation, dans le mur du nord de la grande salle des gardes du vieux palais de Caen, qui fut habité par le duc de Normandie (depuis Guillaume le Conquérant).

D'après ce dernier fait, la cheminée aurait pu être introduite en Angleterre par les Normands, à l'époque de l'invasion de ce pays, par ce même Guillaume le Conquérant.

Le conduit des cheminées dont nous venons de parler, s'ouvrait obliquement à travers le mur. Celles qui ont un conduit allant percer le toit verticalement, durent être inventées à peu près vers le même temps, c'est-à-dire dans le courant du XIe siècle.

Il ne reste aujourd'hui aucune trace des maisons particulières de cette époque ; mais

(1) *Rudimentary Treatise on Warming and Ventilation.*

on trouve encore dans les monastères et les châteaux, les vestiges des habitudes domestiques, pendant la première période du Moyen âge. On possède des spécimens et des dessins des cuisines des monastères français du

Fig. 149. — Cheminée-cuisine d'une abbaye du Moyen âge.

IXe siècle. « Les cuisines primitives des abbayes et des châteaux, dit M. Viollet-Leduc,

Fig. 150. — Autre cheminée-cuisine du Moyen âge.

n'avaient pas à proprement parler de cheminées, mais n'étaient elles-mêmes qu'une

Fig. 151. — Une maison au Moyen âge.

immense cheminée, munie d'un ou deux tuyaux pour la sortie de la fumée. » C'est ce que démontre le plan de l'abbaye de Saint-Gall, qui date de l'an 820.

La figure 149 montre la disposition de l'une de ces cuisines des abbayes, au Moyen âge. La tourelle qui surmonte l'édifice se compose d'autant de petits conduits qu'il y avait de feux dans la cuisine.

La figure 150 indique une autre disposition de ces mêmes cheminées-cuisines du Moyen âge.

Après ce premier pas, c'est-à-dire après l'établissement du tuyau de cheminée, disposé soit obliquement à travers le mur, soit verticalement par-dessus le toit, on acheva l'œuvre en donnant au foyer une forme commode. Les premières cheminées du XII° siècle se composaient d'une niche prise dans l'épaisseur du mur, arrêtée par deux pieds-droits, et surmontée d'un manteau, nommé *hotte*, où s'engouffrait la fumée.

Les plus anciennes cheminées forment un véritable cercle, dont le foyer est un segment, et la hotte l'autre segment. C'est ce que l'on peut voir, selon M. Viollet-Leduc, dans de vieux bâtiments qui dépendent de la cathédrale de Puy-en-Velay.

La forme de ces cheminées était une transition toute naturelle, en partant du foyer à tuyau simplement percé dans le toit, qui est encore en usage dans les chalets suisses. Il était tout simple, en effet, de garnir l'ouverture, pratiquée au toit, d'un tuyau de maçonnerie qui protégeât la charpente contre la flamme. Quant aux pieds-droits de la cheminée, ils étaient nécessaires pour supporter la hotte.

Bientôt on dut s'apercevoir que lorsque le conduit de la fumée avait de grandes dimensions en hauteur, les produits de la combustion étaient mieux éliminés, et l'on augmenta la longueur de l'entonnoir à fumée, non plus à l'intérieur de l'appartement, où l'espace était restreint, mais au dehors, c'est-à-dire au-dessus du toit. Ces hauts ajutages en maçonnerie donnèrent, en définitive, la cheminée proprement dite, du mot *chemin*, parce que c'est, en effet, le *chemin* que la fumée doit toujours suivre (1).

Avec ces quelques modifications, la cheminée du Moyen âge fut constituée.

Le tuyau extérieur de la cheminée était démesurément long. Les maisons, ainsi flanquées des longs conduits qui donnaient issue à la fumée de plusieurs cheminées énormes, présentaient alors, vues à l'extérieur, l'aspect que retrace la figure 151 (page 249).

Les passages que l'on a recueillis dans les ouvrages des auteurs français des XIII° et XIV° siècles (2), montrent que l'usage des cheminées, et surtout des cheminées rondes, dont nous venons de parler, était alors assez répandu.

Ce n'est pourtant qu'au XV° siècle que l'on peut constater leur existence en Italie. Ce dernier fait prouve quelle confiance il faut accorder à l'ancienne opinion, qui voulait que la cheminée eût été inventée par les Piémontais, et que l'année 1327 fût la date précise de cette découverte. Laissons les Piémontais exploiter l'art du fumiste, sans vouloir leur attribuer l'invention même de cet art.

(1) Un évêque de Tours s'applaudissait beaucoup d'avoir trouvé la véritable étymologie du mot cheminée, qui, selon lui, signifiait : *chemin aux nuées*. L'étymologie est un peu tirée par les cheveux.
(2) Voir le *Dictionnaire* de Littré, au mot *Cheminée*.

La forme ronde du foyer des cheminées fut pourtant bientôt abandonnée, et c'est alors que l'on construisit ces immenses *cheminées à hotte*, que tout le monde connaît pour les avoir vues dans les musées d'antiquités, ou pour s'y être chauffé avec délices, dans les cuisines de village ou d'auberge, au fond de contrées oubliées de la civilisation.

Pendant tout le Moyen âge, en France et dans l'Europe centrale, on adopta ces vastes cheminées, sous le manteau desquelles toute une famille pouvait se réunir pour passer les longues soirées d'hiver.

Le Moyen âge avec ses craintes, ses superstitions et son ignorance, est tout entier dans cette cheminée monumentale, dans cet âtre immense, où grands et petits se groupent autour d'un vieillard, écoutant avidement de sa bouche des récits de guerre ou de sabbat ; pendant que derrière eux, dans les profondeurs de la salle, flottent leurs grandes silhouettes, agitées par les flamboiements de branches gigantesques ou de troncs d'arbres entiers !

Ces cheminées monumentales donnaient de déplorables résultats, au point de vue du chauffage. Il fallait y brûler des quantités de bois énormes.

Les notions les plus élémentaires de la science faisaient alors défaut aux architectes. Ce n'est qu'à la fin du XVII° siècle, c'est-à-dire à l'époque de la création de la physique moderne, que l'on voit apparaître les premiers perfectionnements apportés à l'art du chauffage par les cheminées, cette partie essentielle de l'économie domestique.

Au XVII° siècle, Otto de Guericke, Torricelli et Pascal avaient démontré le fait de la pesanteur de l'air. Les expériences des académiciens de Florence firent voir ensuite que la pesanteur de l'air diminue avec l'élévation de sa température.

D'autre part, les premières études sur la chaleur, faites par les physiciens du XVII° siècle, apprirent à connaître le *rayonnement* de la chaleur, c'est-à-dire les lois de sa transmission à distance, et bientôt celles de sa propagation à travers les corps solides. Ces deux principes, à savoir, la dilatation de l'air par la chaleur et le rayonnement du calorique, furent les bases sur lesquelles les physiciens et les architectes du xvii° siècle, firent reposer la science, alors nouvelle, de la *caminologie*.

Il ne faudrait pourtant pas trop exagérer les défauts des cheminées du Moyen âge. Elles avaient un excellent côté. Elles permettaient à un grand nombre de personnes de se chauffer à la fois, et elles rayonnaient beaucoup de chaleur dans la pièce, en raison de la hauteur à laquelle se trouvait placée leur hotte immense.

Seulement cette hotte occupait par trop de place dans les appartements, et gênait leur décoration. Les architectes du xvii° siècle plaidèrent donc avec force la destruction de cet immense dôme, et malgré la résistance de Philibert Delorme, qui recommandait de les conserver, les préceptes d'Alberti, de Serlio, de Perrault et de Savot, finirent par l'emporter. On supprima la hotte volumineuse des cheminées, en abaissant considérablement le manteau. La fumée ne trouvant plus dès lors une issue suffisante, il fallut garnir le manteau de la cheminée d'un rideau, et ensuite abaisser davantage encore ce même manteau, pour combattre plus efficacement la fumée.

Dans le *Traité d'architecture*, publié à Venise, en 1540, par Serlio, de Bologne, on voit déjà ces préceptes appliqués. La figure 152, que donne cet architecte, du modèle de cheminées qu'il faisait construire, donne l'idée exacte des cheminées du temps de la Renaissance. La hotte est déjà considérablement abaissée.

Toutefois, la fumée résultant de ces vastes foyers, préoccupait beaucoup les architectes. Philibert Delorme et Jérôme Cardan proposèrent divers moyens, plus ou moins rationnels, pour combattre cet ennemi domestique.

Fig. 152. — Modèle de cheminée de la Renaissance, d'après Serlio, de Bologne.

La figure 153 (page 253) représente un beau modèle de cheminée, de l'époque de la Renaissance, qui existe à l'hôtel de Cluny, à Paris.

C'est en 1619 que parut, en Allemagne, le premier ouvrage scientifique sur les appareils de chauffage : c'est le *Traité sur les poêles* (Holzsparkunst) de François Keslar. Il est vraiment extraordinaire de voir tous les principes de l'emploi des poêles si bien posés en théorie et en pratique, dès cette époque. Il faut même ajouter que les poêles décrits dès le commencement du xvii° siècle, par Keslar, sont les mêmes qui servent aujourd'hui, sans aucune modification, dans toute l'Allemagne. Rien n'a été changé aux dispositions indiquées par Keslar, c'est-à-dire l'allumage en dehors de la pièce à chauffer, les tampons de nettoyage, les registres établis à la prise d'air extérieur et aux tuyaux de fumée; enfin la circulation de la fumée dans de nombreux circuits. Nous reviendrons, dans l'histoire des poêles, sur l'important ouvrage de Keslar.

A la même époque, c'est-à-dire en 1624, parut, en France, un ouvrage important sur l'art du chauffage : *l'Architecture des bâtiments particuliers*, par Savot. C'est là que l'on trouve posé le principe le plus important dans le chauffage domestique après l'invention du tuyau des cheminées: nous voulons parler de l'isolement du foyer contre le mur, et des chambres de chaleur ménagées dans l'épaisseur des parois de la cheminée.

L'architecte François Savot, inventeur de ces dispositions fondamentales, les avait lui-même réalisées dans les cheminées du palais du Louvre, et les a décrites dans l'ouvrage dont nous avons donné le titre. C'est là que l'on trouve recommandé pour la première fois, de séparer l'âtre du mur, au moyen d'une plaque de fer, et d'ouvrir des bouches de chaleur sur le devant de la cheminée.

En 1665, Blondel, architecte du roi, fit paraître une nouvelle édition, annotée, de l'ouvrage de Savot. Avant ce dernier architecte, les cheminées étaient adossées l'une en avant de l'autre. Blondel nous fait connaître, pour la première fois, l'habitude, prise de son temps, de dévoyer les tuyaux latéralement. Il indique même l'ordonnance de police du 26 janvier 1672, enjoignant les précautions à prendre pour garantir les maisons du feu des cheminées. Cette ordonnance a été confirmée depuis, par celle du 28 avril 1719 et celle du 11 décembre 1852.

Blondel signale enfin, pour la première fois, l'apparition en France des cheminées anglaises, faites de plaques de tôle ou de fer fondu.

En 1713, parut un ouvrage, intitulé *Mécanique du feu*, dans lequel les principes du chauffage au moyen des cheminées sont posés avec une grande supériorité, et qui contient des règles très-remarquables pour tirer le meilleur parti de ces appareils. L'auteur de cet ouvrage est Gauger, avocat au Parlement de Paris.

Jusqu'à ce jour, le nom de Gauger était resté fort peu connu, et ses inventions (entre autres la cheminée dite *des Chartreux*) avaient été attribuées fautivement à d'autres personnes. Nous trouvons dans un travail récemment publié, *Du chauffage et de la ventilation des habitations privées*, dissertation inaugurale pour obtenir le grade de docteur, présentée à la Faculté de médecine de Paris, par M. Castarède Labarthe, un tableau, parfaitement tracé, des travaux de Gauger. Nous rapporterons les pages intéressantes dans lesquelles l'auteur a essayé et a accompli la réhabilitation d'un savant jusqu'ici méconnu.

M. Castarède Labarthe s'exprime ainsi, à propos de Gauger :

« Il semble, » dit Gauger dès le début de son ouvrage, « que ceux qui ont jusqu'à présent fait ou
« fait faire des cheminées, n'aient songé qu'à prati-
« quer dans les chambres des endroits où l'on pût
« brûler du bois, sans faire réflexion que ce bois, en
« brûlant, doit échauffer ces chambres et ceux qui y
« sont. » Il se propose donc le problème suivant :

« Allumer promptement du feu; le voir, si l'on
« veut, toujours flamber, quelque bois que l'on brûle,
« sans être obligé de le souffler ; échauffer une grande
« chambre avec peu de feu, et même une seconde ; se
« chauffer en même temps de tous côtés, quelque
« froid qu'il fasse, sans se brûler; respirer un air tou-
« jours nouveau, et à tel degré de chaleur que l'on
« veut ; ne ressentir jamais de fumée dans sa chambre,
« n'y avoir jamais d'humidité ; éteindre seul et en un
« moment le feu qui aurait pris dans le tuyau de la
« cheminée; » et encore trouver « des principes qui
« fourniront des moyens pour tenir les chambres tou-
« jours fraîches dans les plus grandes chaleurs, et ce-
« pendant d'y respirer un air toujours nouveau et
« toujours sain, » et cela, à l'aide de moyens tellement simples que « ceux qui ne jugent du prix des ma-
« chines que par les efforts prodigieux d'esprit qu'il
« faut faire pour les inventer; par le grand nombre de
« ressorts qui les fait jouer, par la difficulté qu'il y a
« de les construire, par le temps que l'on emploie et
« la dépense que l'on fait pour les exécuter, ne doivent
« point trouver celles que nous donnons ici de leur
« goût. »

« Tel est le problème de Gauger ; est-il possible de poser plus clairement et plus exactement à la fois les questions de chauffage et de ventilation réunies ?

« Avant de donner la description de ses appareils, il traite « du feu, de ses rayons de chaleur, et des ma-
« nières dont il échauffe. »

Fig. 153. — Cheminée de l'époque de la Renaissance, existant au Musée de Cluny.

« Dans ce chapitre, il fait connaître, longtemps avant les travaux de Leslie et de Rumford les modes de propagation de la chaleur. Il est, je crois, le premier qui ait indiqué que « le feu peut échauffer « une chambre et ceux qui y sont :

« 1° Par ses rayons directs;
« 2° Par ses rayons réfléchis;
« 3° Par une espèce de *transpiration*, en transmet-
« tant sa chaleur au travers de quelque corps solide
« dont il est environné. C'est ainsi qu'échauffe le feu
« d'un poêle. »

« Dans les cheminées ordinaires, ajoute-t-il, le feu
« n'échauffe point par *transpiration*, n'envoie que très-
« peu de rayons directs et en renvoie encore moins
« de réfléchis. »

« Il en est au contraire tout autrement dans les cheminées dont il indique la construction et pour lesquelles il conseille : 1° de donner au foyer une forme parabolique, ou plus simplement d'arrondir les coins intérieurs, afin d'augmenter la chaleur réfléchie ; 2° de disposer le derrière de la cheminée de telle sorte que de l'air venant de l'extérieur puisse y circuler, s'y échauffer et se rendre ensuite dans l'appartement. Il engage en outre à faire, ainsi que l'a recommandé plus tard Darcet, la prise d'air très-grande, d'un pied carré (environ 10 décimètres carrés) « car, dit-il, il faut forcément qu'il entre autant « d'air qu'il en sort. » Et à ce sujet il indique très-exactement le parcours qui doit être suivi : « L'air le « plus chaud monte toujours au-dessus de celui qui « l'est moins : ainsi l'air de dehors qui entre dans la « chambre, après avoir passé par les cavités de la che-

« minée, étant plus chaud que celui qui y est, y
« monte jusqu'au haut du plancher, et, comme il
« ne saurait y prendre place qu'il n'en chasse et n'en
« fasse sortir en même temps autant de la chambre,
« et qu'il n'en peut sortir que par la cheminée qui
« est la seule issue qu'il trouve et qui est en bas,
« il sort toujours de l'air d'en bas à mesure qu'il en
« entre et qu'il en monte par en haut ; or, l'air d'en
« bas est aussi le plus froid, puisque le plus chaud
« monte au-dessus de celui qui l'est moins ; .... c'est
« donc toujours l'air le plus froid qui sort de la
« chambre en même temps qu'il en entre de plus
« chaud. »

« Gauger cherche ensuite à fixer la vitesse de ce mouvement, chose qui n'a été faite que dans ces derniers temps par M. le général Morin ; et il est très-curieux de comparer les appareils de ces deux observateurs. Au lieu des anémomètres si exacts de M. Morin, Gauger employait seulement une feuille de papier, et cependant il parvint à constater qu'avec une ouverture de dimensions suffisantes on pouvait arriver à supprimer les *vents coulis*.

« Il indique enfin comment ses cheminées pouvaient être employées pour renouveler l'air dans une foule de circonstances, et en particulier dans les chambres de malades. Il avait donc très-bien compris le mécanisme et l'utilité de ce que depuis on a appelé la *ventilation*, et en lisant la *Mécanique du feu* on sent que l'auteur manque d'un mot pour exprimer sa pensée. Mais ce mot *ventilation*, que toujours nous avons au bout des lèvres, prêts à le souffler à Gauger, ne pouvait à cette époque être employé par lui. Il n'existait pas, du moins avec sa signification actuelle, dans la langue française. C'est d'Angleterre que nous est venu le terme *ventilation*, et, chose curieuse, c'est précisément. Désaguliers, le traducteur de Gauger, qui l'a employé pour la première fois

« Aussi est-ce à Gauger qu'il faut rapporter l'invention de ce mot et celle de l'application du chauffage à la ventilation, quoique cependant Rodolphe Agricola, dans son ouvrage *De re metallicâ* ait indiqué, dès le xv° siècle, de suspendre un large foyer dans les puits des mines pour les débarrasser de l'air vicié. Méthode qui depuis a toujours été pratiquée (Tomlinson).

« Gauger indique, en outre, un appareil très-simple pour éteindre les feux de cheminée ; il consiste en deux plaques de fer verticales : l'une à la partie supérieure, l'autre à la partie inférieure du tuyau, et qui, à un moment donné, peuvent être abaissées de manière à intercepter l'arrivée de l'air. Il fait en outre remarquer qu'à l'aide de ces *bascules*, on pourrait empêcher la fumée des cheminées voisines de rentrer dans nos appartements et aussi conserver pendant la nuit une certaine chaleur. « Mais il faudrait, » dit-il, « pour cela, éteindre tous les tisons et ne « conserver que du charbon qui ne fasse point de fu- « mée. » Je dois ajouter que cette recommandation n'est suffisante qu'à la condition de remplacer le mot *fumée* par *produits de la combustion*; mais n'en est-il pas moins parfaitement visible que Gauger avait compris tous les inconvénients de ne pas laisser dégager au dehors les produits de la combustion, qui, pour lui comme pour tous les hommes de son époque, étaient représentés par la fumée.

« Après avoir enseigné la construction de cheminées qui, comme il le dit lui-même, « avaient toutes les « commodités des poêles, sans en avoir les incommo- « dités, » Gauger transforma encore les poêles eux-mêmes de manière à les rendre plus salubres. On peut voir dans la collection des machines de l'Académie pour 1720 les dispositions qu'il indiquait : outre le tuyau de dégagement de la fumée, un second tuyau, partant de l'extérieur, contournait le poêle de telle sorte que l'air du dehors pénétrait dans ce second tuyau, s'y échauffait, puis était versé dans l'appartement. Il a enfin mentionné quelques inventions moins importantes, sur lesquelles je n'insisterai pas.

« On pourrait espérer, d'après ce que j'ai dit de Gauger, que le nom de ce physicien fût resté célèbre parmi nous comme un de ceux des bienfaiteurs de l'humanité; tout au contraire, il fut promptement oublié. Quoique sa *Mécanique du feu* ait été traduite en anglais et en allemand, quoique ses inventions aient été très-appréciées à l'époque où elles parurent, entre autres par Varignon, les rédacteurs du *Journal de Trévoux* et Frankin lui-même, elles ne tardèrent pas à lui être contestées. On prétendit qu'en Allemagne des cheminées analogues étaient déjà connues depuis longtemps; l'inventeur en serait le Hollandais Jean de Heiden, et elles auraient été décrites par Sturm, dans un livre imprimé à Leipsick en 1699. Je n'ai pu retrouver cet ouvrage, il n'est même pas mentionné dans la *Bibliographie* cependant si complète, de Roth ; aussi faut-il croire que très-probablement ces assertions sont erronées.

« On a encore dit que les cheminées *à double courant d'air* avaient été indiquées par Savot, et en cela on faisait allusion à la cheminée du Cabinet des livres. Mais ce que j'ai rapporté de Savot et de Perrault montre qu'aucun de ces architectes ne peut être considéré comme l'inventeur des cheminées à prise d'air extérieur.

« On ne se contenta pas, du reste, d'accuser Gauger de n'avoir indiqué que des choses connues depuis longtemps; on lui prit une à une toutes ses inventions. M. de Lagny présenta, dès 1741, à l'Académie des sciences, un appareil en tout semblable à celui que j'ai indiqué contre les incendies. Le nom de Gauger ne fut même pas attaché à ses cheminées. Un de ses frères, religieux de l'ordre des Chartreux, fit qu'elles furent appelées *Cheminées à la chartreuse*.

« En outre, beaucoup de ses imitateurs n'ayant que très-mal compris les principes qu'il avait cependant si clairement exposés et voulant introduire des améliorations, obtinrent un résultat tout contraire, et revinrent aux inventions de Savot et de Perrault. C'est ce qui eut lieu en particulier pour Pierre Hébrard, qui cependant avait si bien traité la partie historique de la question.

« Mais de tous les contemporains de Gauger, bien certainement celui qui fut le plus injuste à son égard, ce fut Genneté, qui tomba dans le défaut que je viens de signaler, non par ignorance (il était premier physicien de Sa Majesté Impériale en 1760), mais pour avoir voulu inventer des appareils qui au fond n'étaient que ceux de Gauger, dont il avait commencé par nier toutes les découvertes. — Il voulut aussi avoir trouvé la ventilation, en voyant la manière dont les ouvriers faisaient circuler l'air dans les mines du pays de Liége, et, pour cela, « il s'était rendu le disciple des noirs charbonniers, malgré le danger de s'en aller instruire si bas. »

« Quelle différence de ce style recherché avec celui au contraire si simple de la *Mécanique du feu!*

« Je serais loin d'avoir terminé, si je voulais montrer tous les emprunts qui ont été faits à ce livre. La plupart de nos inventions prétendues modernes s'y trouvent, sinon décrites, au moins indiquées ; j'aurai occasion d'en signaler quelques-unes. Je ne veux cependant pas abandonner ce sujet sans parler d'une autre espèce de spoliation dont faillit être victime notre Gauger.

« Après lui avoir pris toutes ses inventions, on voulut encore annihiler sa personnalité. En 1829, Mickleham, auteur d'un ouvrage anglais sur le chauffage et la ventilation, prétendit, sans que j'aie pu découvrir d'où venait cette version, que Gauger n'avait jamais existé, et que la *Mécanique du feu* avait été écrite sous ce nom supposé par le cardinal de Polignac. Cette opinion fut reproduite plus tard par Bernan et aussi par Tomlinson, dans sa première édition, et c'est ce dernier auteur qui, ayant eu à écrire un article pour le journal « *The Quarterly Review,* » eut occasion de rechercher dans quelles circonstances un homme de la valeur du cardinal de Polignac avait fait une si heureuse découverte. Après de nombreuses recherches à Londres et à Paris, il parvint à s'assurer qu'une erreur avait été commise, non par Bernan, comme il le dit, mais par Mickleham dont l'ouvrage parut seize ans auparavant.

« Gauger exista en effet, et je ne crois pouvoir mieux le démontrer qu'en reproduisant la notice suivante, extraite de la *Biographie universelle* de Michaud :

« Gauger (Nicolas), né auprès de Pithiviers, vint à
« Paris trouver un heureux supplément à la modi-
« cité de sa fortune, — s'attacha sans charlatanisme
« à faire des expériences en public, — trouva ensuite
« le moyen de subsister avec honneur, — devint
« intime du P. Desmolets, de l'Oratoire, et du che-
« valier de Liouville, avec lesquels il entretint
« une correspondance littéraire. — Mort en 1730,
« après avoir publié : 1° la *Mécanique du feu*, etc.

« D'après l'un des titres, nous apprenons que Gau-

« ger était avocat au Parlement de Paris et censeur
« royal de livres. »

Tel est l'homme qui, certainement, a le plus fait pour le chauffage, et qui peut-être eût été entièrement oublié, si Franklin ne l'avait mentionné dans ses écrits. Ses cheminées étaient parfaitement conçues; elles n'avaient que le défaut d'être un peu trop compliquées, surtout par l'adjonction d'accessoires dont cependant on ne peut nier l'utilité (1) ».

Dans les passages que nous venons de citer, M. Castarède Labarthe force un peu la note admirative. Ce qu'il est resté de pratique des travaux de Gauger, c'est la division des parois de la cheminée en compartiments dans lesquels l'air froid est forcé de circuler autour du foyer, et de sortir ensuite par les bouches de chaleur placées latéralement. C'est encore à Gauger qu'appartient l'idée fondamentale, et aujourd'hui trop négligée, de faire, à l'extérieur de la chambre, une prise d'air, qui vienne s'échauffer autour du foyer, et se répandre ensuite chaud dans la pièce.

En 1745, Franklin marqua une date importante dans l'histoire du chauffage domes-

Fig. 154. — Cheminée à combustion renversée.

tique, en inventant la *cheminée ou poêle à combustion renversée*, dont la figure 154 fait suffisamment comprendre le principe et la disposition.

Déjà Keslar en 1619, avait mis en pratique

(1) *Du chauffage et de la ventilation des habitations privées*, par P. Castarède Labarthe. Paris, in-8, 1869.

le principe du *tirage renversé;* mais il n'avait pas fait usage des chambres de chaleur à l'intérieur de la cheminée. Ce genre d'appareil de chauffage que Franklin appelait *poêle de Pensylvanie (Pennsylvanian fireplace)*, se répandit rapidement dans les Etats-Unis d'Amérique. Il fut importé en France par Fossé et Barbeu-Dubourg.

Franklin eut encore le mérite de prouver que les cheminées sont fort utiles, en été, comme moyen de ventilation des appartements. Il chercha à augmenter l'activité de cette ventilation, par des moyens ingénieux, que l'on trouve exposés dans une *Lettre à Baudouin*, qui fait partie de ses *Œuvres complètes*.

A cette liste des physiciens et des inventeurs qui ont contribué au perfectionnement de l'art du chauffage par les cheminées, il faut ajouter le nom du marquis de Montalembert, qui, en 1763, présenta sur cette question, à l'Académie des sciences de Paris, un mémoire plein d'intérêt.

Le marquis de Montalembert, qui avait été ambassadeur de France en Suède et en Russie, avait vu et bien apprécié les appareils de chauffage employés par les peuples du Nord. Rentré en France, il voulut en donner des descriptions exactes. Ces appareils sont les poêles de Keslar; mais le marquis de Montalembert indiqua, en outre, une modification très-ingénieuse des cheminées, basée sur les mêmes principes et permettant une économie considérable. Ces cheminées n'empêchaient pas la vue du feu, comme les poêles, et étaient dès lors, comme il le dit, « plus conformes à la coutume de notre pays. »

C'est vers cette époque, comme nous l'apprend la grande *Encyclopédie* de Diderot, qu'un architecte de Paris, nommé Decotte, eut l'idée de poser les glaces des appartements, par-dessus les cheminées, ce qui fit disparaître les ornements, plus ou moins élégants, et les décorations sculpturales, que l'on appliquait depuis le Moyen âge, au-devant du tuyau des cheminées. C'était là une idée excellente, et comme les idées excellentes, elle rencontra toutes sortes d'oppositions, et ne triompha qu'avec le secours du temps. Comment serait reçu aujourd'hui l'architecte qui proposerait de supprimer les glaces qui couvrent nos cheminées, et de les débarrasser de la pendule classique et des non moins classiques flambeaux ?

CHAPITRE III

TRAVAUX DU PHYSICIEN RUMFORD SUR LE CHAUFFAGE AU MOYEN DES CHEMINÉES. — TRAVAUX DE PÉCLET SUR LES DIVERS MODES DE CHAUFFAGE.

Nous arrivons ainsi au physicien Rumford. Ses travaux exercèrent sur l'art du chauffage une influence considérable, mais qui ne fut pas toujours heureuse. Rumford, en effet, négligea totalement les bouches de chaleur, sur lesquelles Savot et Gauger avaient, avec raison, tant insisté. Les errements de Rumford, suivis encore aujourd'hui, sont déplorables à ce point de vue. C'est à ce physicien que l'on doit de voir la plupart des cheminées en France, privées de bouches de chaleur, artifice si simple et si efficace pour accroître la proportion de calorique fournie par les cheminées.

Mais la part étant faite à un juste reproche, il faut reconnaître que Rumford a beaucoup perfectionné les détails de construction des cheminées, et qu'en particulier, sa *cheminée à foyer mobile* fut une invention d'un grand mérite.

Pour faire bien apprécier les travaux de Rumford sur le chauffage domestique, il sera nécessaire de poser ici quelques principes de physique, c'est-à-dire de bien établir en quoi consistent, d'une part, le *tirage* d'une cheminée, et d'autre part le *rayonnement* de la chaleur par les combustibles brûlant dans l'âtre.

Qu'est-ce que le tirage ? C'est l'action par

laquelle les gaz contenus dans la cheminée, plus chauds et plus légers que l'air ambiant, tendent à s'élever, et appellent à leur place

Fig. 155. — Benjamin de Rumford.

une nouvelle colonne d'air. Cette nouvelle colonne d'air alimente la combustion, s'échauffe, et s'échappe à son tour par le conduit de la fumée. L'activité du tirage, c'est le passage plus ou moins prompt de l'air par la cheminée, passage qui dépend lui-même du degré d'intensité de la combustion.

Pour mieux préciser, supposons que chaque litre des gaz contenus dans la cheminée AB (*fig.* 156), pèse un quart de litre de moins qu'un litre d'air ambiant; la force ascensionnelle de la colonne AB sera représentée par cette différence de poids, multipliée par le nombre de litres de gaz qu'elle contient; ou plus scrupuleusement, ce sera la différence du poids entre la colonne gazeuse AB, et une égale colonne d'air extérieur, CD. On comprend, d'après cela, que plus la cheminée sera haute, plus le tirage sera actif.

Diverses dispositions sont avantageuses pour activer le tirage; nous les ferons connaître en leur lieu.

En ce qui concerne la deuxième question, c'est-à-dire le rayonnement, nous dirons qu'on obtient tout l'effet utile d'un mode de chauffage quelconque, alors qu'on profite de toute la chaleur rayonnante que fournit la combustion.

Un poids défini de charbon ne peut donner qu'une quantité de chaleur rayonnante déterminée (1), et il la donne toujours, si sa combustion est complète. Il en est de même pour tout autre combustible. Les prétendus inventeurs allant à la recherche d'appareils qui, dans leur imagination, doivent faire rendre à la houille ou au bois plus de chaleur que le maximum connu, s'engagent donc dans

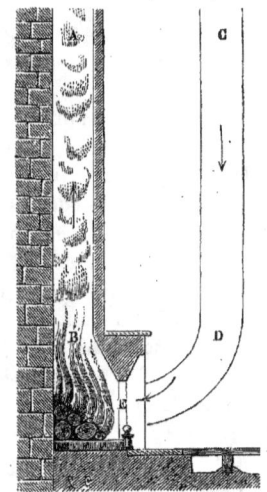

Fig. 156. — Principe du tirage des cheminées.

une voie fausse. Les seuls appareils que l'on doive chercher sont ceux qui laisseraient perdre moins de chaleur que ceux actuellement en usage, et qui rempliraient tout à la fois les conditions de l'économie dans l'installation et de la commodité dans le service.

(1) Un kilogramme de charbon théoriquement pur, produit en brûlant 30,000 calories.

Cette quantité totale, et à peu près constante, de chaleur rayonnante que peut donner un combustible, doit être divisée en deux parts : la chaleur qui rayonne directement par le foyer, — et c'est la seule qu'utilisent les cheminées ordinaires ; — et la chaleur rayonnée par les conduits de la fumée, ou les autres corps que peut chauffer le combustible. Les poêles ne réchauffent que de cette seconde manière.

La quantité de chaleur donnée par nos meilleures cheminées, ne s'élève guère qu'à 12 ou 14 pour 100 de la chaleur développée par le combustible ; un volume d'air considérable est chauffé en pure perte, au point de vue du rendement calorifique, et s'écoule à l'extérieur.

De là ce mot de Franklin : « La cheminée est le meilleur moyen de se chauffer le moins possible, en brûlant la plus grande quantité possible de bois. »

L'air appelé par la cheminée en sort, en effet, avec une température qui peut dépasser 100 degrés (1), et avec une vitesse de $1^m,40$ à 2 mètres par seconde. Les poêles, au contraire, n'admettant guère plus d'air qu'il n'en faut pour la combustion, et refroidissant la fumée au sein de leurs tuyaux, peuvent, quand ces conduits ont une longueur considérable, ne rejeter que des gaz à peu près refroidis, et utiliser par conséquent la presque totalité de la chaleur émise par le combustible.

Si les cheminées consomment beaucoup et réchauffent peu ; si elles ont, en outre, le désagrément d'appeler par tous les joints des portes et des fenêtres, des vents coulis, qui viennent glacer le dos, pendant qu'on a la face grillée par le foyer, elles présentent l'inappréciable avantage d'égayer par le spectacle d'une belle flamme et par les petits épisodes de la **combustion de la bûche**, qui, d'abord, flambe joyeusement, puis laisse un brillant tison, qui s'envole en un millier d'étincelles.

La verve des poètes a décrit de mille manières le bonheur de rêver au coin du feu, le plaisir de tisonner et d'édifier des châteaux de feu, qui croulent plus vite encore que les châteaux en Espagne ! Les gens du monde disent, plus simplement, que le feu tient compagnie, et nous sommes de leur avis. Ajoutons que l'énorme quantité d'air que le tirage appelle, renouvelle incessamment l'atmosphère de la pièce. Aussi le chauffage par les cheminées est-il le plus salubre, en même temps que le plus agréable de tous les moyens de chauffage.

Voilà les avantages certains, le côté séduisant et utile de la cheminée. Mais, hâtons-nous de le dire, pour revenir à Rumford, toutes ces qualités n'existaient pas au même degré avant le célèbre physicien français. Quelques passages extraits de son ouvrage feront comprendre, mieux que tout ce que nous pourrions en dire, quels furent les travaux de ce savant.

« Dans le cours de mes diverses expériences, et de la pratique que j'ai acquise en rectifiant la construction des cheminées qui fument, je n'ai jamais été obligé, dit Rumford, excepté dans un seul cas, d'avoir recours à un autre moyen que celui de réduire le foyer, et ce que j'appellerai la *gorge* de la cheminée, c'est-à-dire la partie inférieure du tuyau qui est immédiatement au-dessus du foyer, à de justes formes et proportions (1). »

Ici Rumford se trompe, par excès de modestie. Il fit plus que réduire les dimensions de la gorge et celles du foyer ; il avança encore le foyer du côté de la pièce, et changea la forme des pieds droits, comme le prouveront les extraits qui vont suivre, ainsi que les figures que nous reproduirons d'après son ouvrage.

« Le résultat de plusieurs expériences faites avec le plus grand soin à l'aide du thermomètre, dé-

---

(1) *Manuel pratique du chauffage et de la ventilation*, par M. le général Morin, in-8. Paris, 1868.

(1) *Essais politiques, économiques et philosophiques*, par Benjamin, comte de Rumford, traduit de l'anglais, 2 vol. in-8. Genève, 1799.

montre que l'économie du combustible provenant des changements faits aux cheminées montait ordinairement à *moitié*, quelquefois même *aux deux tiers* de la quantité consommée précédemment. »

Si les cheminées modernes perfectionnées ne donnent que 12 ou 14 pour 100 de la chaleur totale, on peut en inférer que les grandes cheminées de l'époque de la Renaissance n'arrivaient guère à utiliser que 4 à 5 pour 100 de la chaleur du combustible.

« La seule plainte, continue Rumford, que j'aie entendu faire, est que la nouvelle méthode rendait les chambres trop chaudes ; mais il est si facile d'y remédier, que j'aurais hésité à en faire mention, de crainte qu'on ne s'imaginât que c'était une insulte faite à la personne qui a inventé les changements adaptés aux cheminées.... »

Rumford distingue deux sortes de chaleur, comme nous avons distingué plus haut la chaleur par rayonnement de la chaleur par contact. C'est ce qu'il exprime ainsi, dans le langage imparfait de la physique de son temps :

« L'une est *combinée* avec la fumée, les vapeurs et l'air échauffé qui s'élèvent du combustible en feu, et passe dans les régions supérieures de l'atmosphère ; tandis que l'autre partie qui paraît *n'être point combinée*, ou, comme quelques physiciens le supposent, qui n'est combinée qu'avec la lumière, part du feu sous la forme de rayons dans toutes les directions possibles. »

Nous regrettons de ne pas pouvoir reproduire, à cause de sa longueur, tout ce passage, qui est très-curieux et qui présente très-bien l'état de la science à cette époque.

Rumford établit que la chaleur rayonnante, ou *non combinée*, pour nous servir de son expression, est seule utilisée par les cheminées, et il ne doute pas que la chaleur perdue ne soit « trois ou quatre fois » plus considérable que celle qui émane du combustible sous forme de rayons. Puis il cherche à augmenter le plus possible la quantité chaleur de rayonnante, par l'arrangement du feu et par la disposition des surfaces réfléchissantes.

« D'après un mûr examen sur la meilleure forme à donner aux côtés verticaux d'un foyer, ou ce qu'on appelle les *jambages*, on a trouvé que c'est celle d'un plan droit, faisant un angle de 135° sur la surface plane du fond de la cheminée. Suivant l'ancienne construction des cheminées, cet angle est droit ou de 90° ; mais, comme dans ce cas les jambages de la cheminée (AC, BD) sont parallèles, il est évident que cette disposition est peu propre à renvoyer dans la chambre, par voie de réflexion, les rayons qui émanent du feu. »

La figure 157, que donne Rumford dans son ouvrage, et que nous reproduisons, représente la coupe de l'ancienne cheminée ; la figure 158 est la coupe de la cheminée moderne, modifiée d'après les principes posés par Rumford.

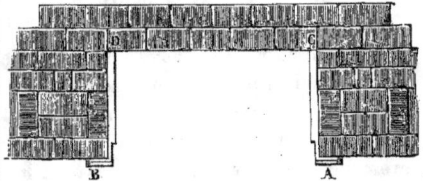

Fig. 157. — Coupe de l'ancienne cheminée.

Il conseille de recouvrir d'un enduit blanc les surfaces inclinées *bk* et *ia*, « la couleur

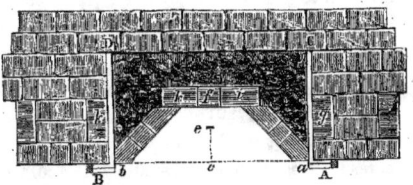

Fig. 158. — Coupe de la cheminée modifiée par Rumford.

blanche étant celle qui réfléchit le plus de chaleur et de lumière. »

Les figures 157 et 158 représentent donc, l'une la coupe verticale de la cheminée ancienne, la seconde, la cheminée, après la modification apportée par Rumford. Comme on le voit, Rumford se contente, en somme, de placer dans le fond et sur les côtés, une maçonnerie solide, qui ne laisse pour toute gorge qu'une fente (*f*) large, en moyenne, de 4 pouces (0ᵐ,11), qui avance le foyer vers la chambre, et dont les jambages, blancs et inclinés, réfléchissent la chaleur. Il diminue aussi la dimension de l'âtre *ab*.

Un point semblait fort le préoccuper : par où pourrait entrer le ramoneur, alors que la gorge du tuyau ne serait large que de 4 pouces? Rumford résolut la question par une « invention » bien simple. Vers le haut de la maçonnerie et à l'entrée de la gorge, une pierre (*ik*) est posée, sans ciment, dans un encastrement qu'elle remplit. Le ramoneur, pour entrer, ôte la pierre, et le passage est libre ; l'opération terminée, il remet la pierre en place.

Nous n'avons plus aujourd'hui pareil souci. Nos conduits de cheminées sont trop étroits pour admettre le corps du plus mince ramoneur. Les individus qui exercent cette industrie, pratiquent le ramonage à l'aide d'un fagot de minces lames métalliques, qu'on promène avec une corde, sur toute la longueur du tuyau, et de ce mode plus simple de ramonage, il résulte même une économie.

Tels furent les principes donnés par Rumford pour la disposition du foyer des cheminées. Aussi simples qu'efficaces, ils ouvrirent la voie aux nombreuses modifications qu'on n'a cessé de proposer jusqu'à nos jours. Seulement, comme nous l'avons dit, Rumford, ayant complétement négligé les bouches de chaleur dont plusieurs architectes avaient pourtant, avant lui, compris la nécessité, laissa son œuvre imparfaite.

Parmi les physiciens qui se sont occupés, dans notre siècle, de l'étude du chauffage domestique, il faut citer, comme tout à fait hors ligne, E. Péclet, professeur de physique à la Faculté des sciences de Marseille, ensuite à l'École centrale des arts et manufactures de Paris, enfin inspecteur général de l'Université, connu par un excellent *Traité de physique*, demeuré classique. Dans les derniers temps de sa vie, E. Péclet s'était consacré entièrement à l'étude expérimentale du chauffage. La chaleur considérée dans toutes ses applications, tant dans l'industrie que dans l'économie domestique, devint, entre ses mains, le sujet d'un nombre considérable de recherches, dont il consigna les résultats dans tous les recueils de sociétés savantes et industrielles, particulièrement dans le *Bulletin de la Société d'encouragement pour l'industrie nationale*.

Les immenses travaux de Péclet sur ces

Fig. 159. — E. Péclet.

diverses questions ont été résumés par lui dans son *Traité de la chaleur* (1), livre fondamental pour l'étude de toutes les questions relatives au chauffage, et que nous aurons bien souvent à invoquer dans le cours de cette Notice.

(1) *Traité de la chaleur considérée dans ses applications*, 3 vol. in-8, 3ᵉ édition. Paris, 1860.

CHAPITRE IV

CONSTRUCTION DES CHEMINÉES MODERNES. — COMPOSITION DU TUYAU. — FORME DU FOYER. — CONDUITS DE LA FUMÉE. — CHEMINÉE DITE DE RUMFORD. — TABLIER MOBILE DE LHOMOND. — CHEMINÉE A LA FRANKLIN. — FOYER MOBILE DE BRONZAC. — CHEMINÉES ANGLAISES POUR BRULER LA HOUILLE. — FOYERS A FLAMME RENVERSÉE.

Après cette histoire des perfectionnements successifs de l'art du chauffage au moyen des cheminées, nous aborderons la description des cheminées, en général, et nous ferons connaître les dispositions particulières de leurs parties essentielles, à savoir, le tuyau et le foyer.

En 1712 et 1713, le gouvernement français crut nécessaire de faire paraître des ordonnances pour fixer les dimensions à donner aux cheminées d'habitations. C'était pousser loin la fureur de réglementation administrative. Il est heureux, d'ailleurs, que ces ordonnances soient tombées en désuétude. D'après ce règlement, les gorges des cheminées d'appartement devaient avoir 4 à 5 pieds de largeur sur 10 pouces de profondeur (1^m,30 à 1^m,60 sur 0^m,27), et les cheminées des cuisines des grandes maisons 4 pieds et demi à 5 pieds de largeur sur 10 pouces de profondeur. (1^m,46 à 1^m,60 sur 0^m,27). Ces proportions exagérées données au tuyau de la cheminée faisaient naître des courants en sens différents, qui rabattaient la fumée dans les pièces. En outre les conduits occupaient une grande place dans les bâtiments.

Depuis cette époque, on a remédié en partie à ces défauts, en rétrécissant le conduit à la gorge, d'après les préceptes de Rumford, ou bien au sommet, ce qui donne à peu près le même résultat. On trouve encore à la campagne et dans les vieilles maisons de villes, bon nombre de cheminées de cette espèce, c'est-à-dire pourvues de gigantesques tuyaux, d'après les us et coutumes du dernier siècle.

Les mêmes ordonnances portaient que les conduits de la fumée devaient être bâtis en briques, soutenus, de distance en distance, par des tiges de fer. Cette dernière règle n'est pas plus appliquée aujourd'hui que la précédente.

Pendant longtemps les tuyaux furent faits exclusivement en plâtre, soit parce que leur prix de revient était peu élevé, soit parce que les changements de direction s'établissent plus facilement qu'en briques, et sans qu'il soit nécessaire de les maintenir avec des armatures métalliques. Le plâtre est peut-être pourtant, de tous les matériaux, celui qui présente les inconvénients les plus graves pour la construction des tuyaux de cheminées : la chaleur le calcine et le fend, les variations de température le disloquent, et l'eau provenant de la condensation de la vapeur du foyer, aussi bien que l'eau de la pluie, le désagrège et le détruit lentement.

Les tuyaux de fonte, quoique plus résistants, ne sont pas d'un meilleur service. Ils se dilatent, par la chaleur, plus que la maçonnerie dans laquelle ils sont engagés, et compromettent ainsi la solidité de l'édifice.

On préfère aujourd'hui, pour construire les tuyaux de cheminée, les conduites en terre cuite, soit qu'on emploie les briques creuses et moulées, dites *wagons*, dont on trouve dans le commerce cinq modèles de grandeurs différentes ; soit qu'on se serve de *boisseaux*, sorte d'anneaux qui s'emboîtent pour former les conduits, et dont six numéros correspondent à six dimensions diverses de cheminées ; soit, enfin, qu'on choisisse les briques cintrées, appelées *briques Gourlier*, du nom de leur inventeur. Ce dernier système fut, pour la première fois, mis en usage dans la construction du palais de la Bourse de Paris. Ces briques sont moulées de manière à former un canal en se juxtaposant.

Les briques Gourlier n'augmentent pas l'épaisseur de la muraille, et ne diminuent point sa solidité. Diverses formes et diverses grandeurs répondent à tous les cas de la pratique. Ce mode de construction des tuyaux de cheminées est celui qu'on adopte le plus fréquemment dans les nouvelles maisons de Paris.

La dimension du tuyau et la forme de sa section ne sont pas indifférentes pour son bon fonctionnement. M. le général Morin, dont nous aurons plusieurs fois à citer les travaux, dans le courant de cette Notice, a établi, par de nombreuses expériences, faites au Conservatoire des arts et métiers de Paris, que l'air provenant de la combustion, dans une cheminée, doit parcourir le tuyau avec une vitesse de $1^m,40$ à 2 mètres par seconde, et s'écouler avec une vitesse de 3 mètres par son sommet rétréci. De ces proportions dépendent l'activité du tirage, le renouvellement convenable de l'air dans la chambre, et l'expulsion complète de la fumée. Or, pour que les gaz qui traversent le foyer, atteignent cette vitesse, il est nécessaire qu'ils ne se refroidissent pas inutilement dans leur ascension. Il convient donc de donner à la section du tuyau une forme telle que le plus grand volume gazeux soit enfermé par la moindre surface possible. La géométrie résout ce problème en indiquant la section circulaire, c'est-à-dire celle des briques Gourlier. Et comme dans un tuyau partout cylindrique, l'air brûlé se refroidissant et diminuant de volume à mesure de son ascension, perdrait continuellement de sa vitesse, on donne au conduit une forme légèrement conique. Le tuyau se rétrécit graduellement jusqu'en haut ; puis à l'orifice extérieur, il se resserre brusquement, afin que le même volume gazeux, passant par une section plus étroite, soit alors forcé d'augmenter sa vitesse.

La surface de la section moyenne d'un tuyau de cheminée, doit être calculée d'après le volume moyen de gaz qui, pendant une combustion bien conduite, traverse l'ouverture de la cheminée. Les architectes donnent toujours au tuyau des dimensions trop larges. Il en résulte une perte de chaleur, à cause de la grande quantité d'air qui est inutilement chauffée, et une diminution du tirage, parce que le foyer ne communique pas à ce grand volume d'air une température aussi élevée qu'à un volume plus restreint.

Ce qui prouve qu'un tuyau beaucoup plus étroit que ceux que l'on adopte aujourd'hui, suffirait à un bon tirage, c'est que les poêles, dans lesquels on brûle beaucoup plus de bois ou de charbon que dans les cheminées ordinaires, n'ont pourtant qu'un conduit six ou sept fois plus étroit. M. le général Morin, dans son *Manuel pratique du chauffage et de la ventilation*, a donné des tables dans lesquelles les dimensions des conduits de fumée et toutes les autres proportions des foyers, sont calculées d'après la capacité des pièces à chauffer. Les architectes feront bien de consulter ces tables.

Après cette description du mode de construction des tuyaux de cheminées, nous parlerons des principales formes que l'on donne aujourd'hui au foyer, en d'autres termes, nous ferons connaître les différents systèmes de cheminées d'appartement.

On nomme généralement *cheminée de Rumford*, la cheminée telle qu'elle est construite dans l'immense majorité de nos appartements. La cheminée dite de *Rumford* n'a plus grande ressemblance avec le vieux modèle laissé par ce physicien. La fumée, au lieu de monter verticalement, comme le voulait Rumford, s'engage dans une gorge oblique, avant d'arriver au tuyau proprement dit. Ce tuyau est arrondi, ou se rapproche de cette forme, tandis qu'au temps de Rumford, tous les conduits de fumée affectaient la forme quadrangulaire.

La figure 160 représente la *cheminée ordinaire*, ou de Rumford.

Cette cheminée, quoique très-simple, donne d'assez bons résultats, et sa construction est peu coûteuse. Seulement on y regrette l'absence de toute bouche de chaleur

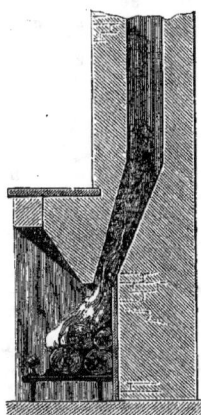

Fig. 160. — Cheminée dite de Rumford.

La plupart de nos cheminées d'appartements sont pourvues d'un tablier de tôle, mobile dans une coulisse. On abaisse ce tablier pour activer le tirage. On attribue l'ingénieuse idée de cet appareil, si commode, à Lhomond, physicien de Paris du dernier siècle, dont nous avons déjà cité le nom dans cet ouvrage, à propos des premiers essais de la télégraphie électrique (1).

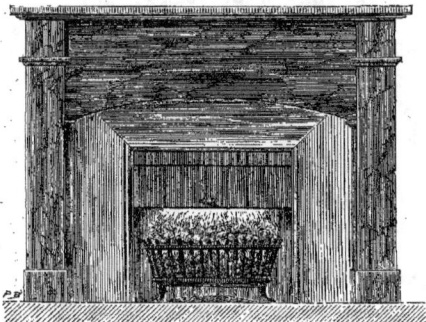

Fig. 161. — Tablier mobile de Lhomond.

Le *tablier mobile* inventé par Lhomond est représenté en élévation dans la figure 161.

(1) Tome II, p. 91, *Le Télégraphe électrique*.

Le tablier est composé de deux plaques métalliques, supportées chacune par un contre-poids, au moyen d'une chaîne de fer, et pouvant glisser dans des coulisses, qui sont ménagées sur les côtés de l'ouverture de la cheminée. La figure 162 montre le mécanisme qui permet de lever et d'abaisser les plaques de tôle composant le tablier. La plaque inférieure A porte un arrêt a, qui vient butter, quand on l'abaisse, contre un arrêt semblable, fixé à la partie inférieure de

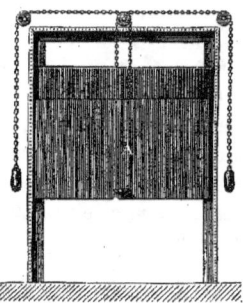

Fig. 162. — Tablier mobile (mécanisme).

l'autre plaque B. Cette seconde plaque est ainsi entraînée à son tour. Un jeu semblable sert dans le mouvement inverse.

Le tablier a pour utilité de fermer, quand on le veut, presque entièrement l'ouverture de la cheminée, en ne laissant à la partie inférieure qu'un petit espace, par lequel l'air est attiré avec force. L'air, passant ainsi forcément à travers le combustible tout entier, augmente rapidement l'activité de la combustion. Tout l'air ainsi appelé est mis à profit pour le tirage, et cet énergique appel fait l'office d'une excellente machine soufflante. Aussi l'invention du tablier mobile a-t-elle supprimé l'antique soufflet. Les fabricants de soufflets furent ruinés par la découverte de Lhomond !

Il serait superflu d'insister sur les avantages du tablier mobile. Tout le monde sait qu'il est très-utile, au moment où l'on allume le feu, ou lorsqu'il languit, comme étouffé par une nouvelle charge de combustible.

Le tablier est appliqué aujourd'hui à presque tous les systèmes de cheminées.

La cheminée dite *à la Franklin* est une petite cheminée, non plus encastrée dans la muraille, mais détachée de celle-ci, recouverte d'une enveloppe métallique, et portant un tuyau en tôle ou en cuivre, que l'on fait aboutir dans le conduit d'une autre cheminée. C'est la même invention qui a été reproduite de nos jours sous le nom de *cheminée à la prussienne* et sur laquelle nous reviendrons en parlant, dans un autre chapitre, des *cheminées-poêles*.

Vers 1830, M. Bronzac imagina, pour mieux utiliser la chaleur rayonnante du combustible, d'adapter à la cheminée de Franklin un foyer mobile. Cette disposition fut ensuite appliquée à toutes les espèces de cheminées. La figure 163 montre la disposition de cet appareil.

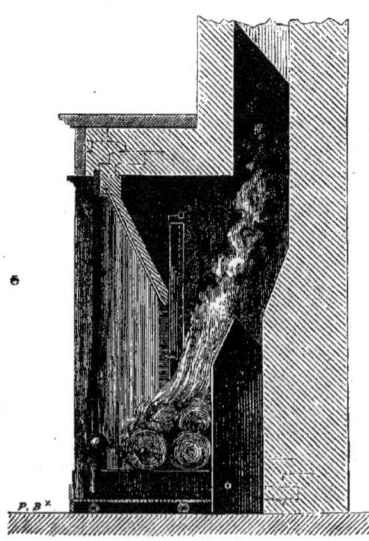

Fig. 163. — Cheminée Bronzac.

Un chariot, porté sur quatre galets g, g et muni d'une sorte de dos de fauteuil en tôle épaisse, reçoit les chenets et le bois, ou la grille et le charbon. Pour allumer le feu, on repousse le chariot au fond de la cheminée, et on abaisse le tablier. Quand le tirage a acquis l'activité suffisante, on relève le tablier et on avance peu à peu le chariot dans la chambre, sans toutefois dépasser la limite à laquelle la fumée ne se dirige plus dans le tuyau.

La quantité de chaleur rayonnante utilisée est souvent presque doublée par cette ingénieuse méthode.

A l'expiration du brevet de M. Bronzac, la construction de ces appareils tomba dans le domaine public, et leur vogue cessa presque aussitôt. C'est que les divers constructeurs qui les entreprirent, voulurent les livrer à trop bas prix, en raison de la concurrence. Dès lors ces appareils devinrent si mauvais qu'ils ne conservèrent plus la confiance publique.

A l'Exposition universelle de 1855, on voyait un appareil basé sur le même principe, mais qui l'exagérait outre mesure. Le foyer pouvait, s'il était bien allumé, être avancé de plusieurs mètres dans la chambre. Une série de tuyaux s'emboîtant les uns dans les autres, comme les tubes d'une lunette, servait à relier le foyer au conduit de la cheminée. Cette invention n'eut aucun succès.

Depuis longtemps, en Angleterre, on emploie des cheminées à houille d'une forme particulière qui n'exclut point l'élégance.

Une grille très en saillie s'abouche à une longue gorge, étroite et cylindrique, laquelle va obliquement aboutir à la cheminée proprement dite. Sur les côtés de la grille sont deux petits autels, pour y placer des vases pleins d'eau. L'intérieur de la gorge et les autels sont recouverts de fonte, et de cette manière sont très-facilement maintenus propres. Le ramonage se fait au fagot.

Une grande quantité de la chaleur rayonnante est ainsi utilisée. Ces cheminées chauffent beaucoup, à cause de cette disposition, et parce que la houille et le coke rayonnent deux fois plus de chaleur qu'un poids égal de bois. Elles commencent à se répandre en France.

Dans les pays où le coke est à bon marché, il serait commode de modifier les cheminées ordinaires en leur donnant la forme anglaise.

On a proposé, de nos jours, quelques foyers à houille, à foyer découvert et à flamme renversée, qui, à cause de la saillie qu'on peut leur donner, utilisent plus de chaleur rayonnante que les foyers ordinaires. L'ouverture de la cheminée ne présente que deux passages à l'air. Les passages sont séparés l'un de l'autre par une plaque de fonte horizontale. Sur la plaque et par l'ouverture supérieure, on introduit du menu combustible facilement inflammable, pour commencer le tirage, puis on ferme les registres. L'air est alors attiré par l'ouverture inférieure, qui n'est autre chose que la grille, et pousse dans la cheminée les gaz du charbon. Une fois le feu pris, et la colonne d'air du tuyau chauffée, le tirage marche bien et continue dans le même sens. Comme il n'entre dans la cheminée que de l'air traversant la grille, la combustion marche avec une grande vitesse, trop grande même à certains moments, mais que l'on peut régler avec le registre, en donnant un passage supplémentaire plus ou moins grand, par l'ouverture supérieure.

Avec ce système, le feu est difficile à allumer, et tant que le tirage n'a pas atteint l'activité suffisante, de la fumée peut se répandre dans la chambre. Ce sont deux défauts irrémédiables, qui nous dispensent de donner ici la figure de ces appareils.

M. Millet a imaginé plusieurs cheminées d'un mécanisme très-compliqué, qui n'ont obtenu qu'un succès d'estime. Le mieux combiné de ces appareils a pour principe de régler en même temps, et par un seul mouvement imprimé à un levier, l'arrivée de l'air sur le foyer, et la grandeur de l'orifice d'entrée de la fumée dans le tuyau. Lorsqu'on allume le feu et que le tirage est plus actif, il convient de diminuer ces deux ouvertures pour que l'air acquière une certaine vitesse ; quand le feu est bien pris, on les ouvre toutes grandes ; et on peut les refermer dans une certaine mesure vers la fin de la combustion. Le foyer est à flamme renversée.

M. Péclet a proposé un système très-simple de cheminée à flamme renversée, qui répond aux mêmes indications que la cheminée Millet. Une cloison verticale sépare le foyer du fond de la cheminée, son sommet s'élève jusqu'à la gorge, et la coupe en deux parties à peu près égales. Une ouverture qui peut être tenue fermée par une soupape, fait communiquer le foyer avec l'arrière-fond de la cheminée, et ouvre, par conséquent, une autre voie à la fumée. Quand on allume le feu, on ferme la soupape, et l'air brûlé n'a pour s'échapper que la moitié antérieure de la gorge, ce qui correspond à l'ouverture rétrécie de l'appareil de M. Millet ; et quand le feu est bien pris, on ouvre la communication, une partie de la flamme se renverse, passe dans l'arrière-fond, et toute la gorge sert au passage de la fumée.

Dans les foyers à flamme renversée, la combustion est plus complète que dans les foyers ordinaires ; mais ce principe, appliqué aux cheminées, ne donne pas de bons résultats, parce qu'une grande partie de la flamme est cachée, et que sa chaleur rayonnante n'est point utilisée. Vu le peu de succès qu'ont obtenu les appareils de cette espèce, nous nous dispenserons d'en donner les figures.

CHAPITRE V

LES CHEMINÉES VENTILATRICES. — AVANTAGES ET RENDEMENT CALORIFIQUE. — APPAREIL LERAS. — APPAREILS A TUBES VERTICAUX OU HORIZONTAUX. — CHEMINÉE FONDET. — CHEMINÉE DE M. CH. JOLY.

Dans les cheminées que nous avons étudiées jusqu'ici, la chaleur rayonnante est seule utilisée. C'est le système de Rumford, dans lequel on a supprimé toute espèce de bouches de chaleur. De nos jours, on est revenu sur la regrettable erreur de Rumford, et l'on a imaginé divers systèmes d'appareils qui ont pour objet de mettre à profit la chaleur qu'emportent les gaz provenant de la combustion. M. Péclet donne à ces cheminées le

l'extrémité supérieure débouche dans la chambre, à travers la paroi de la cheminée et tout près du plafond. L'air de ce tuyau qui communique avec celui de la pièce, ou bien avec une *ventouse* extérieure, par une bouche d'entrée A, s'échauffe au contact des gaz du foyer, et un tirage s'établit, qui amène dans la chambre, par la bouche supérieure B,

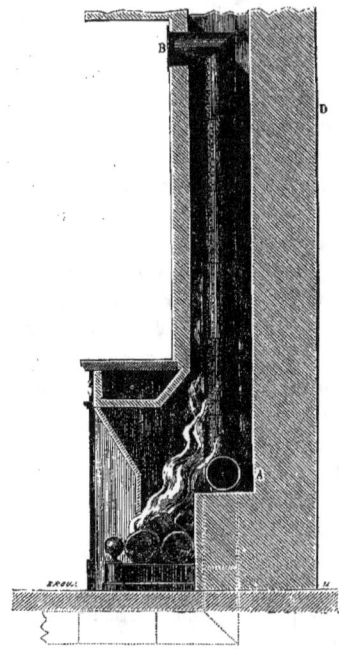

Fig. 164. — Cheminée ventilatrice.

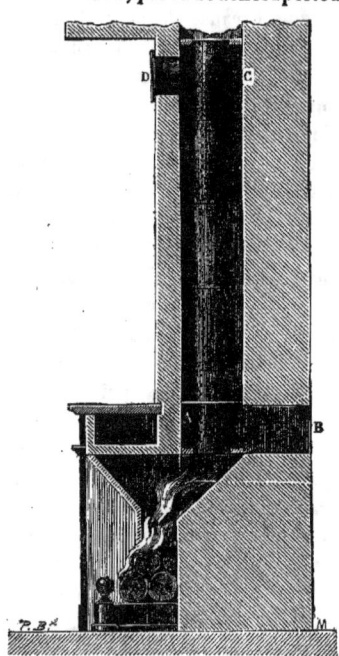

Fig. 165. — Cheminée Douglas Galton.

nom de *cheminées ventilatrices*, nom assez impropre, car il ne fait pas connaître leur objet exact. Le but de ces cheminées, c'est de chauffer un certain volume d'air, à l'aide des gaz brûlants qui existent dans le foyer, et de déverser cet air chaud dans les pièces. Ces cheminées donnent un rendement calorifique bien supérieur à celui des cheminées ordinaires.

La plus simple de ces cheminées est représentée figure 164. Dans le conduit de fumée on place un tuyau de tôle, dont l'extrémité inférieure s'ouvre à l'air du dehors, et dont

un courant d'air chaud, remplaçant celui que le tirage de la cheminée emporte.

Si cette arrivée se fait en quantité suffisante, l'aspiration d'air extérieur qui fait siffler les vents coulis aux jointures des portes et des fenêtres, est satisfaite, et l'on n'a plus, suivant les paroles de Rumford, « une partie du corps qui frissonne, tandis que l'autre est grillée par le feu de la cheminée. » Au contraire, l'air chaud s'étale en nappe à la partie supérieure de la pièce, et descend graduellement en répandant sa chaleur d'une manière uniforme, jusqu'à ce que le courant l'entraîne dans le foyer.

Dans les cheminées ordinaires, l'aspiration de l'air par le tirage produit, quand la chambre est bien fermée, une diminution de pression barométrique, qui cause une impression désagréable, comparable à la sensation qu'on éprouve avant un orage. Au contraire, dans les cheminées que Péclet appelle *ventilatrices*, la large section du tuyau d'appel maintient la pression intérieure sensiblement au niveau de la pression du dehors, et rien de semblable ne peut avoir lieu.

La disposition représentée par la figure 164 a l'inconvénient de ne permettre le ramonage de la cheminée qu'à la condition de démonter le tuyau ventilateur.

Dans l'appareil représenté par la figure 165 et que l'on connaît sous le nom de *cheminée Douglas Galton*, du nom d'un officier du génie anglais qui l'a imaginée, le tuyau de tôle AC donne passage à la fumée. L'espace compris entre ce tuyau de tôle et la maçonnerie, reçoit l'air appelé par un conduit, B, qui va le prendre au dehors, et cet air, après s'être chauffé en léchant le tuyau de fumée, AC, se répand à l'intérieur de la pièce par la bouche supérieure. Ici le ramonage au fagot est aussi facile à opérer que dans une cheminée ordinaire.

Des expériences faites au Conservatoire des arts et métiers, sur deux cheminées de ce genre, construites pour les casernes anglaises, d'après les proportions données par le capitaine Douglas Galton, montrèrent que le volume d'air apporté par la ventilation est à peu près égal au volume emporté par le tirage ; que, quand le feu marche bien, l'air chaud, à son entrée dans la chambre, a la température de 33°. Le rendement calorifique de cette cheminée est de 35 pour 100 de la chaleur totale développée par le combustible.

La cheminée Douglas Galton est très-recommandée par Péclet.

(1) Général Morin, *Manuel pratique du chauffage et de la ventilation*.

M. Leras, professeur au lycée d'Alençon, avait présenté à l'Exposition universelle de 1855, une cheminée ventilatrice, ainsi composée. Plusieurs boîtes communiquant successivement les unes avec les autres, entourent le foyer. Celui-ci est très-avancé dans la pièce, et des plaques de cuivre poli qui garnissent ses côtés, augmentent encore le rayonnement. L'air du dehors entre dans la première boîte qui se trouve sous l'âtre, puis passe derrière le foyer, circule sur les côtés, et vient enfin se dégager par plusieurs bouches percées latéralement sur les jambages.

Un appareil remarquable, et qui s'est rapidement propagé dans les nouvelles maisons de Paris, c'est l'appareil *à tubes pneumatiques* de M. Fondet, qui est d'une installation très-facile et d'un effet calorifique excellent. Dans cet appareil, l'air appelé de l'extérieur, au moyen d'ouvertures qui correspondent à un canal pratiqué dans l'épaisseur des murs, et que les architectes d'aujourd'hui appellent, assez improprement, *ventouse*, vient circuler autour d'une série de tubes semblables à ceux d'un jeu d'orgue. Après s'être échauffé en traversant ces tubes, cet air est rejeté à l'intérieur de la pièce.

La figure 166 représente cet appareil en place. Une série de tubes de fonte, F, F, appliqués sur une plaque HH, remplacent la plaque du fond de la cheminée, et se posent avec un certain degré d'inclinaison. Deux capacités horizontales, C, A, sont séparées l'une de l'autre par la série de tubes étroits, F, F. La capacité inférieure, C, communique avec une prise d'air extérieure, c'est-à-dire avec la ventouse, au moyen du canal D, placé sous le parquet. L'air attiré dans ce tuyau parcourt toute la série des petits tubes F, F, et après s'y être beaucoup échauffé, il se rend dans la capacité horizontale supérieure A, d'où il est déversé dans la chambre par une bouche de chaleur E qui s'ouvre sur le côté de la cheminée.

La figure 167 fera comprendre la marche de l'air autour de ces tubes, et la voie suivie par les gaz sortant du foyer.

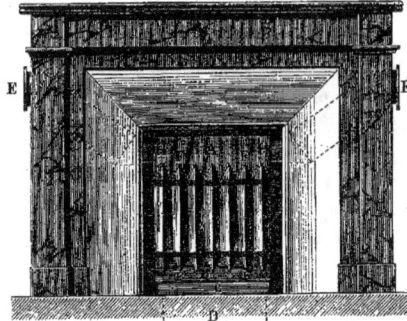

Fig. 166. — Cheminée Fondet.

Les gaz formés dans le foyer contournent les petits tubes de fonte F, F et se rendent dans le tuyau de la cheminée A, après avoir échauffé ces tubes. Les flèches b, b représentent la direction de l'air à l'intérieur des tubes ; la flèche a montre la direction des gaz qui se rendent dans la cheminée après avoir échauffé les tubes de fonte. D est le tube d'aspiration qui va puiser l'air au dehors par la ventouse. Les tubes étant prismatiques et disposés en quinconce, on les débarrasse facilement de la suie avec une petite raclette ou lame de fer, que l'on introduit dans leurs interstices.

L'appareil Fondet étant maintenant tombé dans le domaine public, est à bas prix dans le commerce, et les architectes le font établir dans presque toutes les maisons nouvelles de Paris. L'économie réalisée sur le combustible, compense rapidement le prix d'achat de l'appareil.

Nous mentionnerons une autre disposition pour l'échauffement de l'air, qui était fort appréciée par Péclet (1), car il la fit installer dans son cabinet de travail, et put juger de ses qualités par un long usage. Cet appareil peut

Fig. 167. — Coupe de la cheminée Fondet.

Fig. 168. — Cheminée ventilatrice Péclet.

être placé, sans modification à la maçonnerie, dans une cheminée ordinaire quelconque. La figure 168 représente cette cheminée.

Une série de tubes verticaux, L, disposés

(1) E. Péclet. *Traité de la chaleur*, t III, p. 95.

L'ART DU CHAUFFAGE.

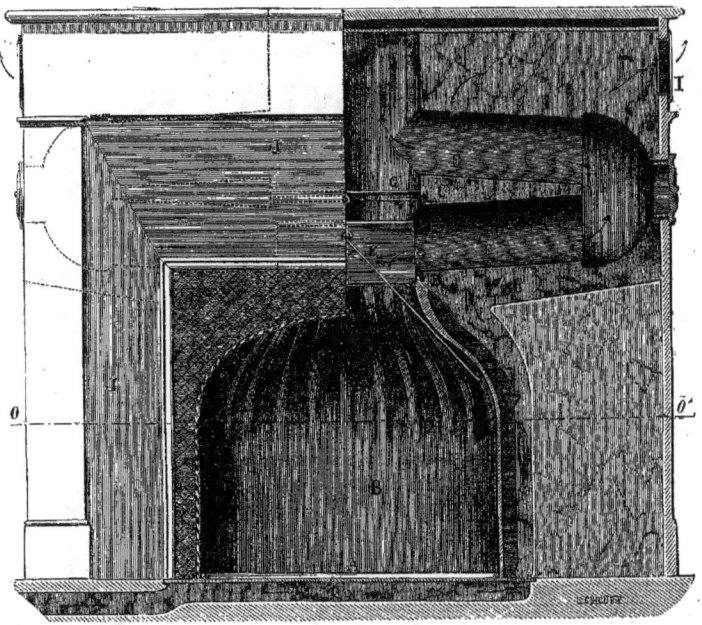

Fig. 169. — Cheminée Ch. Joly vue de face et en coupe.

en quinconce, communique d'une part avec une caisse inférieure, P, dans laquelle arrive sans cesse l'air extérieur, et d'autre part avec une boîte supérieure, N, aboutissant à une bouche de chaleur, S, c'est-à-dire à une ouverture par laquelle l'air chauffé se dégage dans l'appartement. Une plaque de fonte mobile sépare le foyer des tuyaux L. On retire cette plaque pour nettoyer les tuyaux. La plaque posée en avant des tubes, force les gaz de la combustion à se recourber par-dessus cette plaque, puis à circuler autour des tubes L, jusqu'à ce qu'ils s'écoulent dans le conduit de la cheminée, par l'ouverture T, située à la partie postérieure et inférieure de tout l'appareil. L'air froid pris à l'extérieur s'échauffe en parcourant les tubes L et se dégage par la bouche, S, pratiquée au sommet de la caisse à air chaud, N. Un tablier mobile aide à allumer le feu.

Dans un ouvrage remarquable par l'originalité des vues, publié en 1869, par un homme qui a beaucoup vu et beaucoup réfléchi par lui-même, sur les questions de chauffage, dans le *Traité du chauffage, de la ventilation et de la distribution des eaux*, par M. V.-Ch. Joly (1), nous trouvons la description d'un agencement tout particulier du sous-manteau des cheminées, qui permet de réaliser les avantages de la cheminée à tubes prismatiques de Fondet, tout en donnant une prise d'air plus large et échauffant davantage l'air dans le foyer.

Ce qui distingue la cheminée ventilatrice de M. Ch. Joly de celles qui l'ont précédée, c'est que dans ce système on fait passer la flamme et la fumée à l'intérieur des tuyaux, tandis

(1) *Traité pratique du chauffage, de la ventilation et de la distribution des eaux dans les habitations particulières.* Paris, 1869, 1 vol. in-8.

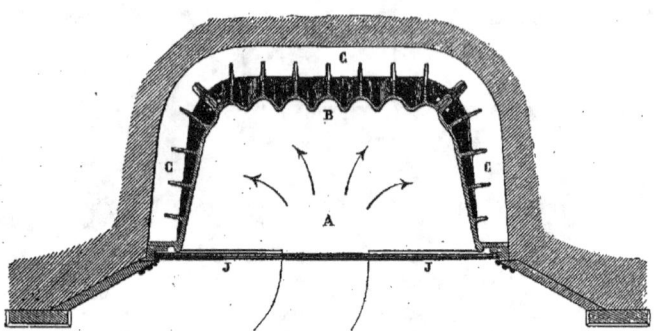

Fig. 170. — Plan de la cheminée Ch. Joly.

que dans la cheminée Fondet et les systèmes analogues, la flamme et la fumée ne font qu'entourer et lécher les surfaces de ces tuyaux.

Dans la cheminée de M. V.-Ch. Joly, on s'est proposé de mettre à profit le coffre, qui n'est utilisé en rien dans les systèmes ordinaires. La disposition adoptée par M. Joly, ingénieuse combinaison de celles qui ont paru jusqu'ici, réunit les avantages que présentent les feux apparents avec ceux des poêles : elle produit tout à la fois l'évacuation de l'air vicié et l'introduction d'un volume équivalent d'air nouveau à une température modérée, en même temps qu'un emploi économique du combustible.

Cet appareil, dont les figures 169, 170, 171, donnent la coupe et les sections transversale et longitudinale, présente les dispositions suivantes.

L'air frais extérieur arrive entre les solives du plancher par le canal de la ventouse ordinaire, ménagée dans l'épaisseur des murs. Il débouche sous la plaque de l'âtre, A. Là, il s'étale en nappe, pour envelopper tout l'appareil en fonte, B, qui, exposé au contact du combustible, est muni de nombreuses nervures, destinées à augmenter, dans des proportions considérables, les surfaces de transmission du calorique. Il résulte de cette disposition que l'air neuf pouvant circuler librement dans la chambre de chaleur, C, au con-

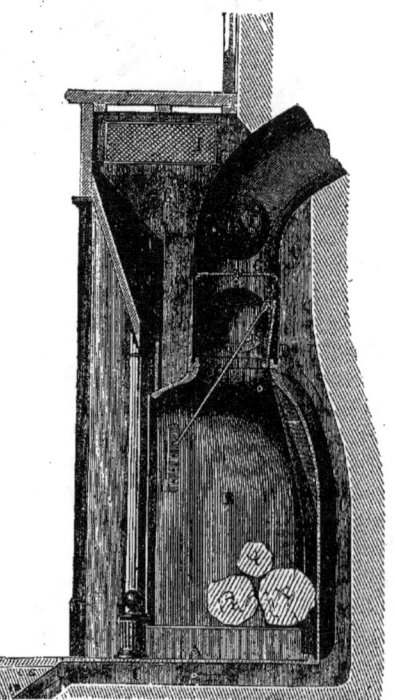

Fig. 171. — Coupe transversale de la cheminée Ch. Joly.

tact de surfaces très-multipliées, n'arrive pas

desséché et carbonisé, comme dans les anciens appareils.

La forme du foyer permet l'usage du bois placé sur des chenets ordinaires, ou de la houille et du coke, si l'on ajoute une grille.

La plaque du fond qui reçoit l'action directe de la flamme, est inclinée à un angle de 12 à 15 degrés, et le haut est disposé en forme de coquille, afin de réfléchir et d'utiliser le plus possible le calorique rayonnant. Les deux angles intérieurs, qui, dans les cheminées ordinaires, laissent passer de l'air frais, lequel ralentit le tirage, sont arrondis et abaissés pour diriger tous les gaz de la combustion vers une trappe, E, laquelle est placée très-bas et bien à portée de la main. Cette trappe sert, soit à régler le tirage, soit à empêcher, en été, les courants descendants, soit enfin à boucher hermétiquement les tuyaux, en cas de feu à la cheminée. Au-dessus, se trouve une plaque, ou *chicane*, mobile, G, qui est posée simplement sur des tasseaux, pour permettre un ramonage facile. Deux tampons latéraux donnent accès aux tuyaux de tôle, terminés par un tambour, qui servent à utiliser la fumée sur un long parcours, tandis que l'air chauffé va s'échapper dans la pièce par les grilles I, placées sur les côtés de la cheminée, aussi haut que possible. Le tablier mobile ordinaire, destiné à faciliter l'allumage, est renfermé dans une boîte en tôle, et en avant de la chambre de chaleur.

Cet appareil est d'une installation facile. Il ne change en rien l'aspect extérieur de nos cheminées ; il assure la ventilation dans des conditions d'hygiène les plus favorables, puisque la prise d'air extérieur a pour effet, non-seulement de supprimer à peu près les courants d'air froid qui se dirigent des portes et des fenêtres vers le foyer, quand cette prise n'existe pas, mais encore d'envoyer dans la pièce un courant d'air pur et modérément chaud, qui s'élève vers le plafond avant de revenir vers le foyer, c'est-à-dire de façon à traverser et à renouveler toutes les couches d'air de la pièce en assurant une bonne ventilation. Le combustible, dont on n'utilise d'habitude que 8 à 10 pour 100 comme chauffage, se trouve ici produire, selon l'inventeur, jusqu'à 30 pour 100 d'effet utile, tout en assurant une bonne ventilation.

CHAPITRE VI

POURQUOI LES CHEMINÉES FUMENT. — ACTION DE LA NATURE ET DE LA FORME DU FOYER ET DU TUYAU. — DE LA SUIE. — DES BRANCHEMENTS. — DU VENT. — DU DÉFAUT DE VENTILATION. — DE LA PRESSION BAROMÉTRIQUE. — DE LA TEMPÉRATURE. — DE L'HUMIDITÉ. — DE L'ÉLECTRICITÉ ATMOSPHÉRIQUE. — DU SOLEIL, ETC.

Nous examinerons dans ce chapitre, les causes de la production de la fumée et le moyen de remédier à ce véritable fléau.

On dit communément qu'une cheminée *fume* quand les gaz de la combustion, l'air brûlé et chargé de vapeurs empyreumatiques, au lieu de s'écouler par l'extrémité supérieure des tuyaux, s'échappent par le bas et se répandent dans la pièce.

A la fin du siècle dernier, Franklin étudia quelques-unes des causes qui font fumer les cheminées. D'autres physiciens, parmi lesquels il faut citer Péclet, ont fait, à ce sujet, de nouvelles observations. Dans l'exposé qui va suivre, nous réunirons tous ces travaux, en y ajoutant quelques considérations qui nous sont propres.

Il faut d'abord examiner, parmi les causes de production de la fumée, celles qui sont inhérentes à la cheminée elle-même.

Si le foyer est trop avancé dans la pièce, la fumée, tendant à s'élever suivant la verticale, se répandra dans l'appartement, toutes les fois que le tirage ne sera pas suffisamment actif pour l'entraîner suivant la ligne oblique qui conduit au tuyau.

Les foyers en saillie présentent généralement ce défaut, au moment où l'on allume le feu, parce que le tirage n'est pas encore établi. Rien de semblable ne se produit quand le combustible est bien enflammé, parce qu'il ne se dégage plus guère de fumée du foyer, et parce que les parois du tuyau restant échauffées, le tirage peut continuer longtemps encore.

On remarque souvent une abondante production de fumée au moment où l'on met sur un feu de houille une nouvelle charge de combustible. Cela tient à ce que la houille nouvellement apportée, couvre entièrement le feu, et bouche les interstices par lesquels passait l'air. Dès lors, la combustion étant un moment arrêtée, il n'entre plus dans la cheminée que de l'air froid, et le tirage diminue. Pendant ce temps, le nouveau charbon dégage une fumée abondante et épaisse, relativement peu chaude, et qui a peu de tendance à s'élever. Ces causes réunies expliquent la production de la fumée dans ce cas.

La grandeur exagérée de l'ouverture de la cheminée, surtout dans le sens de la hauteur, fait fumer les cheminées. Cela tient à ce qu'une grande quantité d'air passe dans le tuyau sans s'être échauffé par le contact du foyer, ce qui refroidit la colonne gazeuse et diminue l'activité du tirage.

Lorsque l'ouverture de la cheminée est trop grande, il faut, ou la rétrécir, ou y faire adapter un tablier mobile, qu'on baisse quand la fumée menace de se montrer.

Une agitation quelconque de l'air auprès du foyer, le passage rapide de vêtements de femme, par exemple, cause, pour un moment, des courants d'air irréguliers, qui suspendent le tirage et peuvent faire refluer la fumée dans la pièce.

Comme l'activité du tirage est en proportion de la hauteur du tuyau, une cheminée à tuyau peu élevé est toujours plus sujette à fumer que les autres.

La suie se dépose sur les parois intérieures du tuyau de la cheminée, en petites masses, qui forment de nombreuses et irrégulières saillies. Ces corps interposés sur le passage de l'air chaud, sont un obstacle au libre glissement de la colonne gazeuse, et diminuant le tirage, sont une autre cause de production de fumée.

Quand les tuyaux des cheminées sont construits en pierres, en briques lourdes, ou en autres matériaux à grande masse et conduisant mal la chaleur, les parois ne s'échauffent qu'au bout d'un temps assez long, et le tirage a de la peine à s'établir au commencement de la combustion. Les conduits de cette espèce conservent, il est vrai, longtemps la chaleur; mais il est sans intérêt que le tirage continue alors que le foyer est éteint. Au contraire, les conduits formés de tuyaux de tôle ou de fonte, s'échauffent rapidement, et le tirage est bientôt établi. Ainsi les tuyaux métalliques combattent la fumée.

Les coudes, les inflexions, les variations de diamètre du conduit de la fumée, sont toutes choses qui diminuent la vitesse de l'écoulement de l'air chaud, et qui sont nuisibles au tirage. La résistance est d'autant plus grande dans les tuyaux obliques, qu'ils s'éloignent plus de la verticale; cette résistance croît à peu près en proportion du sinus de l'angle d'écart.

Dans les cheminées construites avec des matériaux d'espèces différentes, il arrive presque à chaque instant de la combustion, que la colonne gazeuse parcourt des portions de conduit inégalement chaudes. Quand la colonne gazeuse arrive dans un lieu plus chaud, elle tend à se dilater. Les portions chaudes du conduit produisent donc le même effet que des rétrécissements du conduit : elles activent le tirage. Dans les parties froides au contraire, l'air se condense, augmente de poids, et le tirage diminue. De ces alternatives résultent des perturbations dans le tirage.

Bien que ces différences de température n'atteignent jamais une valeur bien grande, il convient, autant que possible, pour éviter toute perturbation, de bâtir les cheminées en matériaux d'une seule espèce.

On voit souvent de petits flots de fumée se dégager des jointures imparfaites des tuyaux des poêles. Cette action est due à ce que, par les premières fentes, l'air de la chambre se glisse dans le tuyau et diminue le tirage. Quand elle est parvenue à des fentes plus éloignées, la fumée refroidie et presque sans mouvement, cède à l'appel formé dans la pièce et pénètre dans cette pièce : le poêle fume alors par les jointures du tuyau.

Quand le tuyau d'une cheminée débouche, à grand angle, dans le conduit d'un autre foyer, disposition que l'on retrouve fréquemment dans les constructions anciennes, la cheminée est exposée à fumer. En effet, si, dans le canal vertical et rectiligne, le tirage est plus fort que dans l'autre, le courant d'air chaud bouche, pour ainsi dire, l'ouverture du second tuyau, et la fumée de ce dernier, ne trouvant pas d'écoulement, reflue dans les appartements.

La réunion de deux tuyaux dans un conduit commun, est une disposition très-vicieuse, soit que les deux foyers brûlent en même temps, soit qu'on ne fasse du feu que dans un seul. Dans le premier cas, la force des deux courants n'étant jamais parfaitement égale, l'inconvénient signalé plus haut se présente toujours dans une certaine mesure. Dans le second cas, la fumée de la cheminée en activité arrive subitement dans un espace trop grand pour elle, et s'y refroidit. Si elle conserve assez de force pour s'élever encore, elle produit un appel dans l'autre conduit, traîne après elle un fardeau inutile, et s'échappe péniblement par l'ouverture supérieure du canal commun. Si à ce point sa force ascensionnelle est épuisée, elle tombe par son propre poids dans le tuyau froid, et vient inonder l'appartement qui n'a pas de feu.

C'est pour cela qu'il arrive souvent que de la fumée arrive inopinément dans une pièce par le tuyau de la cheminée, bien qu'il n'y ait pas de feu dans cette cheminée. La fumée vient de chez le voisin.

La seule manière de remédier à ces défauts, est d'établir une séparation dans le conduit commun, pour donner à chacune des cheminées un canal qui lui soit propre.

Le vent est l'une des causes les plus fréquentes de la fumée : il agit par sa force et par sa direction.

C'est pour combattre l'effet du vent que l'on termine le sommet des cheminées par un tuyau conique comme celui que représente la figure 172. Quand il sort par un

Fig. 172. — Rétrécissement de l'extrémité du tuyau d'une cheminée.

orifice ainsi rétréci, l'air du foyer atteint une vitesse d'environ 3 mètres par seconde. Mais un vent un peu fort court avec une vitesse de 5 à 10 mètres par seconde. Par conséquent, il l'emporte sur la vitesse de la fumée à sa sortie, et il bouche le tuyau, ce qui amène de la fumée dans l'appartement.

Divers appareils ont été inventés pour remédier à cet inconvénient grave.

Le plus simple se compose d'une feuille de tôle courbée (*fig.* 173), dont on tourne l'un des flancs du côté où soufflent les vents les plus fréquents et les plus forts, afin de protéger le tuyau contre ces vents. A Paris, c'est le vent du sud-ouest qui fait le plus souvent fumer les cheminées.

On rend cet appareil plus efficace, en munissant chacun des bouts ouverts d'une plaque verticale, maintenue à quelque distance pour laisser le passage à la fumée. Cette disposition est représentée par la figure 174.

Fig. 173. — Capuchon de cheminée.

Fig. 174. — Capuchon.

La figure 175 représente une forme dérivée

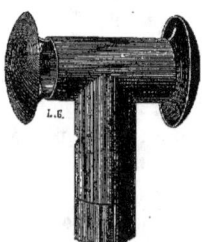

Fig. 175. — Autre capuchon de cheminée.

de la précédente, et trop simple pour avoir besoin d'explication.

M. Millet a le premier eu l'idée d'une *mitre* surmontée d'une calotte. Ce capuchon est représenté en coupe par la figure 176. C est le capuchon, AB la mitre.

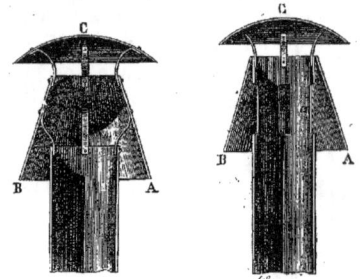

Fig. 176. — Mitre de M. Millet et Mitre à ouvertures latérales.

On a construit une *mitre* plus compliquée, qui a donné d'excellents résultats. Le sommet de la mitre est percé d'ouvertures quadrangulaires *ab*, qui donnent à la fumée un passage supplémentaire, dans le cas où le vent mettrait obstacle à sa sortie par l'orifice supérieur. Le tuyau est fermé à sa partie supérieure, et les ouvertures quadrangulaires, plus vastes, portent sur leurs côtés de petites ailettes formées avec la tôle incisée et repoussée.

Cette dernière mitre est très-efficace. Dans une expérience, on l'ajusta au sommet du tuyau d'un poêle dans lequel on brûlait de la paille mouillée, et l'on dirigea sur le tuyau le courant d'air très-violent d'un ventilateur à force centrifuge. Quelque direction qu'on donnât au vent, aucune portion de fumée ne reflua par la porte du poêle. Les ailettes entrent pour une grande part dans la bonté de cet appareil, à cause des remous protecteurs qui se forment sur leurs côtés.

Cependant ce système a le défaut d'obliger à de fréquents nettoyages, parce que la suie se dépose en filaments ayant la forme de toiles d'araignées, et qui bouchent les ouvertures.

Tous ces appareils sont *fixes*, et n'ont d'autre effet que de donner au tuyau une somme d'ouvertures assez grande, dans le cas où l'orifice unique et rétréci, étant diminué par l'action du vent, deviendrait insuffisant pour l'écoulement de la fumée.

D'autres appareils sont mobiles. Ils ont pour effet de tourner l'ouverture du côté opposé au vent. Dès lors le vent active le tirage, au lieu de s'opposer à la sortie de la fumée.

La figure 177 représente la disposition la

plus mauvaise en pratique et qu'il faut éviter d'appliquer quoiqu'elle soit la

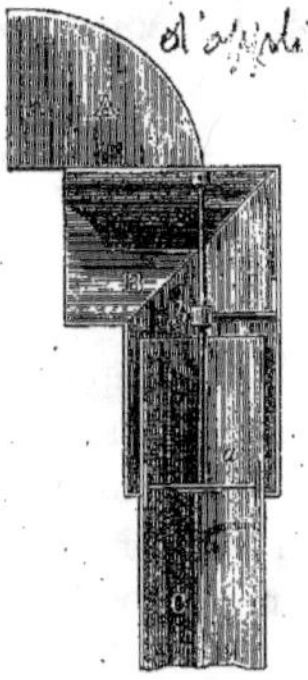

Fig. 177. — Capuchon mobile.

plus communément employée. Un tuyau B très-court et coudé à angle droit, emboîte l'extrémité du conduit C de la cheminée. Une tringle *ab* mobile autour d'un axe vertical, et fixée au tuyau d'emboîtage, porte à son sommet une girouette, A, qui l'amène dans la direction du vent.

Nous n'en finirions pas, s'il nous fallait citer tous les appareils destinés à protéger la sortie de la fumée ; nous n'avons voulu donner que les plus usités et les plus ingénieux. A ce dernier titre, nous mentionnerons encore les suivants.

L'appareil représenté (*fig.* 178), appelé *chapeau chinois*, peut s'incliner dans tous les sens, et protéger la fumée contre un vent venant d'un point quelconque de l'horizon. Le chapeau CB est fait d'une feuille de tôle repliée en cône. Il est surmonté d'une masse métallique, A, en forme d'anneau, qui lui donne quelque élégance, et qui, par son poids, place le centre de gravité de l'appareil peu au-dessous du sommet du cône. Une tige de fer *ab*, mobile, formant toute la suspension, vient s'appuyer sur une tige fixe *cbd*. Elle laisse un espace libre, d'une grandeur suffisante, entre les bords du chapeau et le sommet de la cheminée suivant la ligne CB. On comprend

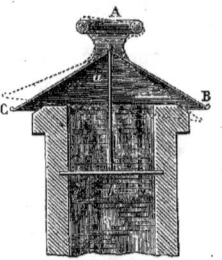

Fig. 178. — Capuchon chinois.

que le vent fasse basculer ce système et que le chapeau chinois, s'inclinant suivant la ligne pointée représentée sur la figure, débouche l'ouverture de la cheminée dans le sens opposé.

Dans un autre appareil représenté par la figure 179, l'extrémité supérieure de la cheminée est construite en brique et de forme quadrangulaire. Son sommet est fermé ; chacune des faces verticales est percée d'une ouverture, B, en regard de laquelle est une plaque, A, munie d'un manche, *a*, qui lui donne la forme d'une pelle. Au milieu du manche est une charnière horizontale, fixée à l'arête du sommet de la cheminée. Le manche se termine par une masse métallique, qui équilibre les plaques. Celles-ci sont relevées deux à deux par des

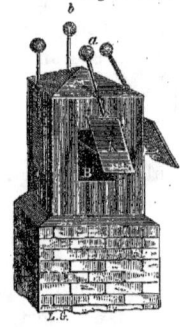

Fig. 179. — Capuchon mobile à bascule.

tringles de fer qui se croisent au centre du conduit. On voit sur la figure la tête *b* de la porte opposée à la porte A. Les deux portes opposées sont solidaires dans leur mouvement, de manière que, si le vent donne sur une face quelconque, la porte de cette face ferme l'ouverture, pousse la porte opposée et l'ouvre davantage.

Le vent n'est pas la seule cause de production de fumée. D'autres influences du même genre existent à l'intérieur des appartements.

Quand les portes et les fenêtres, qui doivent donner passage à l'air, appelé par le tirage, sont trop bien fermées, il se produit bientôt une sorte de vide dans la pièce. L'air ne trouvant pas, pour venir satisfaire à l'appel du foyer, d'autre chemin que le tuyau même de la cheminée, s'introduit par cette voie, et des courants descendants se forment dans le tuyau de la cheminée, parallèlement à l'air chaud qui s'élève. La rencontre de ces deux courants diminue le tirage, par le refroidissement de l'air qu'il détermine ; et comme les divers courants finissent par se mêler, l'air qui descend entraîne avec lui de la fumée dans la chambre.

Il convient donc de laisser toujours des ouvertures suffisantes à l'arrivée de l'air du dehors. Les appartements des anciennes maisons ne possèdent aucune disposition spéciale à cet effet. Mais dans les maisons nouvelles les architectes ont soin de ménager dans l'épaisseur des murs, des canaux, nommés *ventouses* qui s'ouvrent à l'extérieur, et débouchent sur la paroi interne du coffre de la cheminée. Ces *ventouses* sont garnies d'une grille de fer à leur ouverture extérieure. Le tirage se fait par ce canal, qui aspire l'air hors de la pièce.

Cette disposition est spécialement prise pour appliquer les appareils à circulation d'air chaud, comme l'appareil Fondet ou l'appareil de M. Ch. Joly, etc. Mais elle peut servir également en l'absence de tout système d'échauffement de l'air, pour empêcher le tirage de se faire aux dépens de l'air de la pièce, et éviter ainsi les vents coulis ou la fumée, car il faut choisir entre l'un ou l'autre de ces inconvénients.

Lorsque plusieurs cheminées sont en activité dans un appartement, et que les portes de communication entre les différentes pièces, sont ouvertes, il arrive habituellement qu'une cheminée (celle dont le tirage est le plus fort) fait fumer toutes les autres. Cela tient à ce que l'appel produit par cette cheminée fait affluer l'air du dehors, par les conduits des autres cheminées, et que ce courant, descendant à l'intérieur des tuyaux, rabat la fumée. Il convient, dans ce cas, de donner à chaque foyer, au moyen d'ouvertures suffisantes, l'air nécessaire à sa combustion, au lieu, comme on le fait, de rendre les pièces indépendantes les unes des autres, en munissant les portes de bourrelets, ou en les tenant habituellement fermées.

Les cages d'escalier des grandes maisons de Paris, qui sont d'un large diamètre, et d'une hauteur considérable, produisent à l'intérieur de la maison, un tirage puissant, qui souvent agit de cette fâcheuse manière, sur les cheminées des différents appartements. Ici encore, il est prescrit de fournir à l'appel de l'escalier tout l'air qu'il demande, et de fermer les communications de cet espace avec les appartements.

Franklin nous a appris le moyen qu'il faut employer pour reconnaître les courants d'air anormaux qui peuvent se produire dans un appartement. Il faut promener dans toutes les directions, une bougie allumée. L'inclinaison de la flamme de la bougie indique le sens des courants d'air. On arrive ainsi à reconnaître la direction des courants d'air et de l'appel, plus ou moins vicieux, auquel il faut porter remède.

Plus la température est basse, et plus la combustion est vive, parce que, l'air étant condensé par le froid, un même volume d'air qui traverse le foyer contient une plus grande quantité d'oxygène.

Le tirage des cheminées devient plus actif dans les grands froids de l'hiver, pour une seconde raison : c'est qu'il y a une plus grande différence de densité entre la colonne de gaz chauds contenus dans le tuyau de la cheminée et une égale colonne d'air prise à l'extérieur.

L'intensité des foyers varie suivant la pression atmosphérique. D'où il suit que la combustion languit à mesure que la pression de l'air diminue. Dans l'une de ses ascensions au mont Blanc, où le mercure du baromètre ne s'élevait plus qu'à une hauteur de $0^m,57$, Th. de Saussure reconnut qu'un feu de charbon de bois ne pouvait être maintenu qu'à la condition de l'alimenter continuellement par un soufflet.

L'humidité de l'air est une condition nuisible à l'activité des foyers. En effet, la transformation en vapeurs des gouttelettes d'eau, et l'élévation de cette vapeur à une haute température, causent une perte de chaleur. On reconnaît, en effet, que les foyers languissent par les temps humides.

En été, par le fait de la température, la quantité de vapeur d'eau contenue dans l'air, augmente. C'est pour cela que, dans la plupart des verreries, on est obligé de suspendre le travail pendant l'été. Dans cette saison, l'air chaud et humide ne donne plus assez de chaleur pour fondre convenablement le verre.

Les cheminées fument quand un orage se prépare. C'est parce qu'alors la pression barométrique a diminué, que l'air est humide, le vent brusque, et que la température a changé.

Mais il est encore une autre cause de fumée pendant les orages, qu'il importe de signaler ici, car elle semble n'avoir été remarquée par personne. Nous voulons parler de l'état électrique général de l'air.

Un peu avant le commencement de l'orage, avant les premières gouttes de pluie et les premiers coups de tonnerre, tout le monde a pu voir qu'une quantité considérable d'une fine poussière flotte dans l'air, poussière beaucoup plus forte qu'elle ne le serait à un autre moment, par un vent de même force. C'est que tous ces petits corps sont électrisés de la même manière, que, par conséquent, ils se repoussent, et s'élèvent en tourbillons à une grande hauteur, et que là ils se divisent et se répandent à l'infini. Dès les premières gouttes de pluie, la tension électrique cesse, et la poussière disparaît. Or, entre les molécules de la fumée, les mêmes effets de répulsion mutuelle se produisent, augmentés encore par la siccité de l'air par le foyer. Les flocons de fumée s'éparpillent donc au lieu de se réunir pour traverser la gorge de la cheminée, et se répandent ainsi dans la pièce.

Pourquoi le soleil fait-il fumer les cheminées ? C'est qu'il produit des courants d'air de deux espèces, qu'il importe de bien distinguer.

L'air chauffé au contact du toit frappé par le soleil, s'élève le long des tuyaux, qui sont plus chauds encore, et forme un courant ascendant, qui se réfléchit, sous les calottes ou les feuilles de tôle courbées formant le capuchon de la cheminée, et refoule la fumée dans le conduit. Mais là n'est pas l'action la plus énergique du soleil. Vers le milieu du jour, les faces des maisons tournées au midi, sont suffisamment chaudes pour qu'un large et puissant courant d'air ascendant se produise, qui fait appel sur toutes les ouvertures de la façade, surtout sur les fenêtres des étages supérieurs. Les joints de ces fenêtres ne fournissent plus aux foyers la même quantité d'air, et le tirage se fait péniblement. Si la fenêtre est ouverte, il pourra même arriver que de l'air descende par la cheminée pour satisfaire à l'appel du dehors, et provoque par conséquent encore plus de fumée.

Telles sont à peu près toutes les causes, d'une efficacité suffisamment prouvée, auxquelles on peut attribuer la production de la fumée, et en général, le mauvais fonctionnement des cheminées d'appartements.

CHAPITRE VII

POÊLES. — LEUR HISTOIRE ET LEUR ORIGINE. — LE POÊLE ALLEMAND. — AVANTAGES ET INCONVÉNIENTS DES POÊLES. — DÉFAUT DE VENTILATION ET DESSÉCHEMENT DE L'AIR. — DANGER DES POÊLES DE FONTE POUR LA SANTÉ. — EXPÉRIENCE DE M. LE DOCTEUR CARRET DE CHAMBÉRY. — RAPPORT DE M. LE GÉNÉRAL MORIN A L'ACADÉMIE DES SCIENCES.

Si la cheminée est le système de chauffage que rien ne pourra remplacer chez les riches, le poêle est, au contraire, à cause de l'économie de son installation et de son énorme rendement calorifique, le partage de la classe peu aisée.

Un poêle (1) est une enveloppe réfractaire quelconque, contenant un combustible, et destinée à transmettre à l'appartement la chaleur produite, tant par le rayonnement des parois, que par le contact de ces mêmes parois avec l'air ambiant.

Le poêle est une invention allemande. La date de sa découverte est assez récente, car c'est en 1619, ainsi que nous l'avons déjà dit, que l'on trouve cet appareil, déjà admirablement perfectionné, décrit dans l'ouvrage de Keslar.

Si l'on se demande comment les peuples du Nord arrivèrent à la construction du poêle, appareil qui fut totalement ignoré des anciens, on peut faire la conjecture suivante. Dans les premiers temps du Moyen âge, à l'époque où les Saxons eurent l'idée de pousser contre l'un des murs le foyer qui occupait jadis le milieu de leurs cabanes, et de constituer ainsi la première cheminée, les Germains, qui habitaient un pays froid, et brûlaient beaucoup de bois, emprunté à leurs vastes forêts, durent bientôt avoir l'idée de recouvrir le foyer d'une espèce de calotte, surmontée d'un tuyau, pour conduire au dehors la fumée.

Tel fut le premier poêle dont Alberti, en 1533, a donné la description. Plus tard on enveloppa ce foyer de briques, et l'on augmenta considérablement la longueur du tuyau. Ces perfectionnements durent se faire très-vite, car on trouve dans l'ouvrage de Keslar, écrit au XVIe siècle, la description du poêle allemand absolument tel qu'il existe de nos jours.

La figure 180 (page 281) est la copie exacte de la planche 12 du livre de Keslar, qui représente le poêle allemand, ou *Espargnebois*. Le poêle est représenté au milieu de la pièce à chauffer et assez éloigné du mur, dont une coupe, AB, est figurée sur la gravure. D est la prise d'air extérieur ; E est l'extrémité du tuyau qui sert au dégagement des produits de la combustion. Chacune de ces ouvertures est munie d'un opercule que l'on peut manœuvrer de l'extérieur, à l'aide de petites tringles : a est l'opercule qui diminue ou augmente à volonté l'entrée de l'air, b celui qui opère de la même façon sur sa sortie. Tout l'appareil est en briques ou en poterie ; C, est le cendrier, P la partie où s'opère la combustion ; en S sont deux bassins destinés à recevoir les corps que l'on veut tenir chauds, ou bien de l'eau pour rendre à l'atmosphère la vapeur d'eau nécessaire. Les produits de la combustion suivent le trajet indiqué par les flèches.

L'appareil peut se nettoyer à l'aide d'un racloir, que l'on fait entrer par les petites portes c, d, e, représentées sur la paroi latérale du poêle.

Les poêles, qui étaient communs en Allemagne au XVIIe siècle, et qui, dans ce pays, avaient déjà atteint une véritable perfection, étaient, au contraire, ignorés en France, à la même époque. C'est ce que prouve le passage suivant du livre de l'architecte Savot, qui mentionne en même temps, une détestable habitude, malheureusement conservée jusqu'à nos jours.

« Ils font en Suède, dit Savot, de petites cheminées rondes dans le coin de la chambre où ils brûlent du bois : et ils *bouchent le haut du tuyau* dans la hotte, *lorsque le bois est tout consumé*, en sorte qu'il ne fasse plus de fumée ni même de vapeur, et cela conserve une chaleur fort longtemps. »

---

(1) Ce mot à été écrit dans la langue française, avec différentes orthographes. On écrivit d'abord *pousel*, puis successivement, *pouele, pouesle, poesie*, poêle. La forme actuelle du mot ne sera peut-être pas la dernière, car déjà le Dictionnaire de l'Académie permet d'écrire *potle*.

Dans ce passage il s'agit bien certainement de poêles. Les lignes qui suivent nous fixent sur l'époque où parurent les appareils mixtes, dits *cheminées-poêles*.

« L'on commence à voir à Paris de petites cheminées à l'anglaise pour des cabinets. Elles sont faites en plaques de tôle ou fer fondu, tant pour l'âtre et le contre-cœur que pour les côtés des jambages (1). »

Les poêles actuels de l'Allemagne et de la Russie diffèrent peu du modèle que nous avons emprunté au livre de Keslar.

En Suède, en Russie et dans une grande partie de l'Allemagne, les poêles sont construits en terre cuite, préalablement épurée, ou en briques réfractaires. Ils sont énormes, et leurs parois, très-épaisses, sont encore recouvertes à l'extérieur d'une couche de terre. La fumée y circule par un grand nombre de conduits verticaux, et se refroidit presque entièrement avant de s'échapper au dehors. La masse conserve fort longtemps la chaleur du combustible. En temps ordinaire, on se contente d'allumer le feu une fois dans la journée.

Dans le centre de la Russie, chaque maison a une pièce particulière appelée le *poêle*. Ce monstrueux appareil y cache entièrement le plancher, ou plutôt celui-ci n'est autre chose que la face supérieure du poêle. C'est dans cette chambre que les habitants passent tout l'hiver. Dans une autre salle se trouvent la bouche et le conduit de dégagement de la fumée. Descartes dit dans une de ses lettres datées de la Hollande, qu'il passa tout un hiver « dans un *poêle*. » Les écrivains peu au fait des habitudes de l'Allemagne et du mode de construction de leurs appareils de chauffage, ont eu quelque peine à comprendre ce passage de l'illustre philosophe.

Les poêles construits selon l'usage allemand et russe, ne sont point nécessaires en France, où le climat est assez doux. Le célèbre Guyton de Morveau commit pourtant l'erreur de vouloir importer chez nous le poêle suédois, et l'erreur, plus grande encore, de tenter son perfectionnement par l'addition de plaques de fer destinées à transmettre à l'air la chaleur du foyer. Tredgold le lui reproche avec raison. Il serait superflu d'ajouter que cette innovation n'obtint aucun succès.

Le poêle, tel qu'il est construit en France, c'est-à-dire composé d'une enveloppe métallique ou en porcelaine et muni d'un tuyau de tôle, constitue le moyen de chauffage le plus économique, car il utilise 85 à 90 pour 100 de la chaleur dégagée, c'est-à-dire sept à huit fois plus que la cheminée ordinaire. Mais il est aussi, de tous les moyens de chauffage, le moins salubre. C'est ce que nous allons établir en examinant les défauts nombreux que ces appareils présentent.

Ces défauts peuvent se résumer ainsi :

1° Les poêles ne ventilent point les pièces.

2° Ils dessèchent l'air, au détriment de la santé.

3° Quand ils sont formés de substances métalliques et surtout de fonte, ils sont insalubres, parce qu'ils déversent dans l'air un gaz éminemment toxique, l'oxyde de carbone.

Justifions ces diverses propositions.

L'enveloppe de nos poêles ordinaires ne présente que deux ouvertures : l'une pour l'introduction du combustible, l'autre pour la sortie de la fumée. Ces deux ouvertures sont fort étroites, relativement aux ouvertures qui leur correspondent dans les cheminées communes.

M. le général Morin (1) évalue à 5 mètres cubes par kilogramme de bois brûlé, la quantité d'air qui traverse le poêle et qui s'échappe par le conduit de la fumée. Ce même volume d'air n'est que de 6 ou 7 mètres cubes par kilogramme de houille, et il varie de 10 à 12 mètres cubes par kilogramme

---

(1) *Architecture française des bâtiments particuliers* composée par M. *Louis Savot*, avec notes de *Blondel* ; Paris, MDCLXXV, in-8 (page 140). La première édition de cet ouvrage parut en 1624.

(1) *Manuel pratique du chauffage et de la ventilation*. 1 vol. in-8. Paris, 1868.

de coke, même avec un feu très-actif.

En tenant compte de la quantité moyenne de chaleur qu'il faut produire dans un local de grandeur déterminée, on trouve que l'air entier d'une pièce ne sera renouvelé qu'une fois en dix heures. L'évacuation d'air produite par une cheminée est cinquante fois plus considérable.

La ventilation que donnent les poêles dans les appartements est donc tout à fait insuffisante, et le séjour dans un lieu ainsi chauffé est nuisible à la santé, comme tout séjour prolongé dans une atmosphère confinée.

Précisément à cause du faible volume d'air qui traverse leur foyer, les poêles, avons-nous dit, utilisent jusqu'à 85 et 90 pour 100 de la chaleur totale fournie par le combustible. La plus grande portion de cette chaleur est transmise directement à l'air par contact avec les parois du poêle ou du tuyau. L'air chaud va occuper les parties supérieures de la pièce; l'air froid du dehors, au contraire, appelé pour remplacer le volume gazeux qu'emporte le tirage, s'étale sur le plancher; de telle sorte qu'un homme debout peut avoir la tête et les pieds dans des couches d'air dont la température diffère de 6 à 8 degrés. Cet état de choses est non-seulement désagréable, mais encore mauvais pour la santé, puisqu'il est prescrit par la Faculté d'avoir les pieds chauds et la tête fraîche, et que c'est ici précisément le contraire qui a lieu.

Dans une pièce chauffée par un feu de cheminée, on n'arrive jamais à noter une pareille différence de température entre les couches d'air de diverses hauteurs, parce que toute la chaleur du foyer est transmise par rayonnement, et que ce rayonnement s'exerce également dans tous les sens. L'air s'échauffe ensuite par contact avec les corps solides, qui forment la masse de la cheminée, mais cette action est si faible, et le renouvellement de l'air si rapide, qu'il n'en peut rien résulter de fâcheux.

Les poêles ont, en outre, l'inconvénient de dessécher l'air, de verser dans la pièce de l'air entièrement dépourvu de vapeur d'eau. Développons cette dernière proposition.

L'atmosphère tient toujours en suspension une certaine quantité de vapeur d'eau, qui est nécessaire à nos organes, puisqu'ils y sont habitués, et qui est variable sous l'influence de plusieurs causes, parmi lesquelles nous ne mentionnerons que la température. L'air dissout des proportions d'eau de plus en plus considérables, à mesure que sa température s'élève; en été l'air est beaucoup plus *aqueux* qu'en hiver. Nous disons *aqueux*, et non pas *humide*. L'*humidité*, c'est la vapeur d'eau rendue apparente, sensible; elle se montre lorsque l'air est saturé de vapeur d'eau, et que cette eau se dépose en gouttelettes ou particules liquides. En hiver, le point de saturation de l'eau est facilement atteint, et souvent dépassé; l'air laisse déposer à l'état liquide l'eau qu'il renfermait à l'état de vapeur, et voilà pourquoi l'on dit que l'hiver est humide. En été, comme le point de saturation de l'air par la vapeur d'eau est beaucoup plus élevé, ce point n'est presque jamais atteint. L'air est donc très-*aqueux*, mais il n'est pas *humide*. L'air chaud peut renfermer beaucoup d'eau en vapeur, puisque c'est en absorbant cette vapeur que l'air chaud sèche les corps mouillés.

Quand l'air d'une pièce dans laquelle on séjourne, est privé de la vapeur d'eau qu'il renferme naturellement et qui est nécessaire à notre santé, il tend à s'emparer de toute l'eau des corps qu'il touche. Respirée, cette atmosphère aride sèche nos membranes muqueuses, et les irrite en les forçant de sécréter davantage. De là, l'aggravation, par suite de l'inspiration d'un air trop sec, des maladies des voies respiratoires déjà existantes, et chez les individus sains, la tendance à provoquer ces mêmes maladies.

Depuis longtemps, dans certains pays, le bon sens pratique a jugé cette question. En

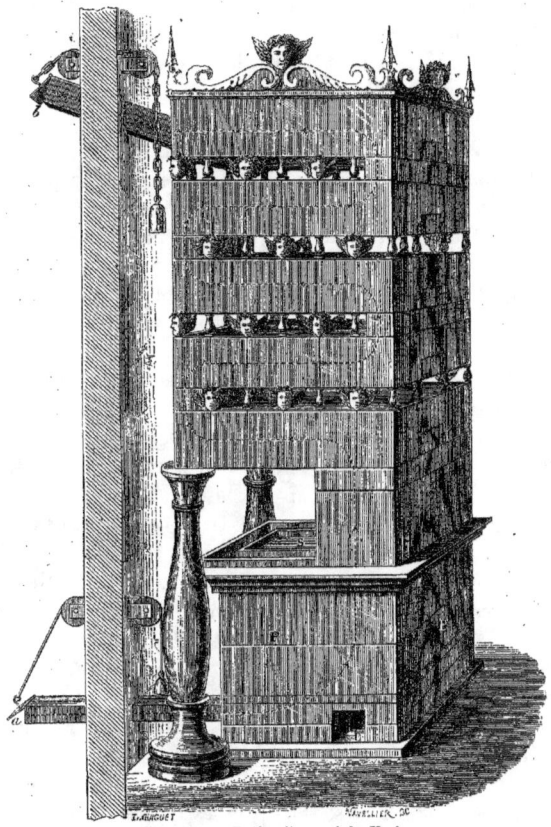

Fig. 180. — Poêle allemand de Keslar.

1823, l'ingénieur anglais Tredgold écrivait ce qui suit :

« On a nouvellement introduit en Angleterre une espèce de poêle sur lequel on place un vase rempli d'eau, afin de saturer l'air de vapeurs, et M. Murray a remarqué que dans les Apennins les Italiens placent un vaisseau de terre rempli d'eau sur leur poêle. Comme il s'informait de la raison de cet usage, on l'assura que, sans cette précaution, on serait exposé aux maux de tête et à d'autres maux, tandis qu'elle suffit pour garantir de tout inconvénient (1). »

Ainsi, la coutume de placer sur les poêles un bassin d'eau, qui rende à l'air, par l'évaporation du liquide chauffé, la vapeur d'eau qui lui manque, est une pratique excellente, et que l'on ne saurait trop recommander. Les habitudes populaires ont, d'ailleurs, devancé les recommandations de la science dans l'adoption de cette mesure, éminemment hygiénique. Dans le poêle allemand de Keslar (*fig.* 180), que nous avons déjà décrit, le bassin d'eau est représenté en S.

Les poêles, quand ils sont composés d'une substance métallique, c'est-à-dire de fonte ou de fer, tels que les poêles des corps-de-

(1) *Encyclopédie philosophique*, vol. LXVIII, p. 387.

garde, d'atelier, etc., présentent un autre inconvénient sur lequel on a beaucoup discuté et écrit dans ces derniers temps. D'après des expériences faites, pour la première fois, par un médecin de Chambéry, le docteur Carret, et répétées ensuite au Conservatoire des arts et métiers de Paris, à l'École normale, etc., il est prouvé qu'une surface de fonte ou de fer répand dans l'air une certaine proportion de gaz oxyde de carbone, qui cause une céphalalgie tenace et une dyspnée des plus pénibles.

Comme les faits sur lesquels ces propositions reposent ont beaucoup occupé récemment l'attention publique, nous en donnerons un exposé détaillé.

C'est en 1865 que M. le docteur Carret, chirurgien de l'hôtel-Dieu de Chambéry, appela pour la première fois sur ce sujet l'attention de l'Académie des sciences de Paris et celle du public. A cette époque, M. Carret rédigea un mémoire sur une épidémie qui s'était manifestée en diverses localités du département de la Haute-Savoie, épidémie que l'auteur attribuait à l'emploi des poêles en fonte.

La communication adressée en 1865 à l'Académie des sciences, par le docteur Carret, y fut assez mal accueillie. On ne s'expliquait pas comment un poêle de fonte pouvait, plus qu'un poêle de toute autre matière, occasionner des accidents. M. Regnault combattit l'opinion de l'auteur, en affirmant que le défaut de ventilation des pièces était la seule cause des accidents occasionnés par les poêles. On laissa donc tomber, sans s'en occuper davantage, la question soulevée par le médecin de Chambéry.

Cependant l'auteur ne se tint pas pour battu. Il continua ses observations, et adressa au Ministre de l'agriculture et du commerce, un second mémoire, qui fut soumis par le Ministre, à l'examen du Comité consultatif d'hygiène publique.

Dans ce nouveau mémoire, M. Carret signalait la véritable cause du mal, qu'une observation plus attentive lui avait permis de saisir. Selon M. Carret, le gaz oxyde de carbone a la propriété de passer à travers la fonte échauffée, de transpirer, pour ainsi dire, à travers les pores de ce métal.

Cette explication paraissait à l'auteur devoir rendre compte de tout ce qui avait été observé jusque-là. Si les poêles en fonte sont nuisibles à la santé, c'est que la fonte, disait M. Carret, est perméable au gaz oxyde de carbone, et que l'oxyde de carbone est une substance vénéneuse au plus haut degré. L'inspiration de l'air contenant quelques millièmes de ce gaz suffit à provoquer des accidents qui deviennent mortels si la proportion du gaz oxyde de carbone est plus considérable.

Dans ce nouveau travail, M. Carret rappelait les observations qu'il avait faites dans le département de la Haute-Savoie, relativement aux effets pernicieux des poêles en fonte. Nous les résumerons en peu de mots.

C'est dans l'hiver de 1860 que se déclara, pour la première fois, cette singulière épidémie. Elle fut observée pendant plusieurs hivers consécutifs, à partir de 1860, et jamais pendant l'été, c'est-à-dire pendant la saison où les appareils de chauffage sont supprimés. Elle ne se manifestait que chez les personnes faisant usage de poêles de fonte, et jamais dans les maisons où l'on avait recours à un autre système de chauffage, comme les cheminées, les calorifères et les poêles de faïence.

M. Carret cite un village de l'arrondissement de Chambéry, d'une population de 1400 habitants, où l'on constata 80 malades et 29 décès. Dès que les malades étaient soustraits à l'influence pernicieuse dont il s'agit, dès qu'ils étaient transportés dans un hôpital, par exemple, tout symptôme fâcheux disparaissait.

Jusqu'en 1860, le lycée de Chambéry n'avait compté presque aucun malade dans sa population scolaire. Tout à coup l'épidémie s'y manifesta et un grand nombre d'élèves entrèrent à l'infirmerie. C'est qu'en 1860 le collége, étant devenu lycée impérial, avait remplacé son antique mode de chauffage au moyen des cheminées, par des poêles en fonte. Là était la cause du mal. Les poêles de fonte ayant été supprimés, sur l'indication du docteur Carret, et remplacés par des poêles de faïence, tout rentra dans l'ordre.

M. Carret cite l'observation, très-curieuse, d'un homme qui exerçait la profession de tailleur, et qui passait par des alternatives de maladie et de santé, selon qu'il se tenait dans une pièce chauffée par un poêle de fonte, ou dans une pièce chauffée par une cheminée. Cet individu, restant indocile à tout avertissement et persistant à conserver son poêle de fonte, finit par mourir d'une congestion cérébrale.

M. Carret voulut contrôler, par une observation faite sur lui-même, la relation qu'il avait saisie entre la maladie épidémique qui sévissait dans la Haute-Savoie et le genre de chauffage si généralement usité dans ce pays. Il s'enferma dans une chambre fortement chauffée par un poêle de fonte, et ne tarda pas à éprouver les mêmes phénomènes qu'il constatait chez ses malades, à savoir : chaleur à la tête, battements des artères temporales, nausées, manque d'appétit, céphalalgie, etc., le tout après une demi-heure seulement de séjour dans la pièce ainsi chauffée. Le lendemain, il s'enferma pendant deux heures dans la même chambre, chauffée par un poêle non en fonte, mais en tôle de fer, et il n'éprouva aucune sensation pénible.

Après avoir fait cette expérience sur lui-même, le docteur Carret chercha et trouva une vingtaine de personnes assez dévouées à la science pour la répéter avec lui. Ces vingt personnes demeurèrent un certain temps dans une chambre chauffée par un poêle de tôle, sans ressentir le moindre malaise. Mais ce fut autre chose quand on remplaça le poêle de fer par le poêle de fonte. Les quatorze personnes qui s'étaient dévouées à cette expérience désagréable, furent toutes malades au bout de quelques minutes, et s'empressèrent d'aller chercher un air pur en dehors. Le plus courageux des expérimentateurs étant demeuré seul, ne put supporter le séjour de la chambre de torture plus de dix minutes. Au bout de ce temps, notre héros fut forcé de quitter en toute hâte le théâtre de l'expérience.

M. Carret termina cette série d'épreuves concluantes par des expériences sur les animaux. Dans une pièce chauffée par un poêle de fonte, il enferma un lapin, un pigeon et un serin. Au bout d'une demi-heure, le lapin et le pigeon tombèrent sur le flanc ; ils ne se ranimèrent qu'à grand'peine lorsqu'on les porta à l'air libre. Quant au serin, il était mort de congestion cérébrale. Un malheureux rat, qui se trouvait égaré dans la chambre, périt, après plusieurs heures d'agitation.

Il résulte de l'ensemble des faits recueillis par le médecin de Chambéry, que c'est bien à l'usage des poêles de fonte qu'il faut attribuer la maladie épidémique observée en Savoie. De là résulte aussi, nous n'avons pas besoin de le dire, la démonstration des dangers qui s'attachent, en général, à l'usage de ce genre de poêles.

Pour admettre le passage de l'oxyde de carbone à travers la fonte, M. Carret s'appuie surtout sur des expériences faites, en 1863, par MM. Sainte-Claire-Deville et Troost. Ces physiciens ont constaté que certains métaux portés à une température élevée, deviennent perméables à quelques gaz. D'après MM. Sainte-Claire-Deville et Troost, les tubes de fonte chauffés se laissent traverser par l'air atmosphérique, si bien qu'il est impossible de les conserver tenant le vide. Un physicien anglais, M. Graham, est allé plus loin. Il a reconnu que la fonte absorbe, par une attraction particulière, et condense, des quantités considérables d'oxyde de carbone, et que le fer rouge peut absorber plusieurs fois son volume de gaz hydrogène.

Les expériences de MM. Sainte-Claire-Deville et Troost, pas plus que celles de M. Graham, n'avaient été entreprises à l'occasion des faits signalés par le médecin de Chambéry ; elles se rattachaient à des recherches de science pure. M. Sainte-Claire-Deville voulut faire une expérience directe, applicable au cas controversé. Il s'occupa donc, de concert avec M. Troost, de vérifier le phénomène de la filtration de l'oxyde de carbone à travers les parois de la fonte.

MM. Sainte-Claire-Deville et Troost se servirent d'un poêle de corps de garde, et cherchèrent si cet appareil, chauffé à une haute température, était traversé par le gaz oxyde de carbone et l'acide carbonique résultant de sa combustion.

Un petit instrument imaginé en Angleterre, en 1866, pour reconnaître la présence du gaz oxyde de carbone dans l'air des galeries de mines de houille, leur fut d'un grand secours. Cet instrument consiste en une sorte de boîte à parois de brique, parois qui ont la propriété de se laisser traverser par l'oxyde de carbone (1). Par une sorte d'affinité physique élective, le gaz oxyde de carbone se réunit à l'intérieur de cette capacité, et s'y accumule au point d'y acquérir une pression plus forte que celle de l'atmosphère. L'augmentation de pression survenue à l'intérieur de cette capacité, est traduite et accusée au dehors par un petit ressort. Ce ressort fait agir une sonnerie, qui décèle, par son tintement, l'existence du gaz oxyde de carbone dans l'air des galeries.

En se servant de cet appareil révélateur MM. Sainte-Claire-Deville et Troost constatèrent qu'un poêle de fonte chauffé au rouge laisse exhaler dans la pièce du gaz oxyde de carbone. Ils déterminèrent même les pro-

(1) Voir la description de cet instrument dans notre *Année scientifique et industrielle*, 12ᵉ année, page 432.

portions d'oxyde de carbone qui traversent une surface donnée de poêle de fonte.

« Le poêle que nous avons employé, disent MM. Sainte-Claire-Deville et Troost, d'une forme analogue à celle des poêles de corps de garde, se compose d'un cylindre qui communique avec l'extérieur par deux ouvertures : l'une, latérale, permet l'arrivée de l'air sous la grille ; l'autre, située à la partie supérieure, aboutit au tuyau de tirage. C'est par cette dernière ouverture que l'on introduisait le combustible, coke, houille ou bois, qui est reçu sur une grille placée au-dessus de l'ouverture latérale.

« Le poêle a été successivement porté aux différentes températures entre le rouge sombre et le rouge vif. Il est entouré d'une enveloppe en fonte qui, reposant dans des rainures ménagées en haut et en bas du poêle, forme autour de lui une chambre qui ne communique avec l'air extérieur que par les interstices restés dans les rainures entre l'enveloppe et le cylindre extérieur.

« Pour étudier la nature des gaz qui pouvaient passer du poêle proprement dit dans la chambre, nous avons employé les dispositions suivantes : Les gaz puisés dans cette chambre-enveloppe sont appelés par un compteur placé à la suite des appareils d'absorption ; ils se dépouillent d'abord de l'acide carbonique et de la vapeur d'eau qu'ils contiennent en traversant des tubes en U remplis de ponce imbibée d'acide sulfurique concentré ou de potasse caustique. Quand ils ont été ainsi purifiés, ils arrivent sur de l'oxyde de cuivre chauffé au rouge. L'hydrogène et l'oxyde de carbone s'y changent en vapeur d'eau et en acide carbonique. Pour doser ces substances, on les fait passer dans des tubes tarés, contenant : les premiers, de la ponce imbibée d'acide sulfurique concentré ; les seconds, de la potasse liquide et en fragments ou de la baryte. Les gaz se rendent ensuite au compteur, qui les aspire pour les rejeter dans l'atmosphère. »

On fit des expériences d'une durée variable (de 6 à 27 heures). Nous citerons seulement le résultat de la première expérience, qui dura six heures.

Sur 90 litres d'air inspiré, on recueillit $1^{lit}, 072$ d'hydrogène, et $0^{lit}, 710$ d'oxyde de carbone avec une certaine quantité d'acide carbonique.

« L'oxyde de carbone absorbé dans notre poêle par la surface intérieure de la paroi de fonte, disent MM. Sainte-Claire-Deville et Troost, se diffuse à l'extérieur dans l'atmosphère, et l'effet se produit d'une manière continue : de là ce malaise que l'on ressent dans les salles chauffées soit à l'aide de poêles de fonte, soit par l'air chauffé au contact de plaques portées au rouge. »

Nous ajouterons qu'au mois de janvier 1868, M. Sainte-Claire-Deville ayant fait installer deux de ces petits instruments si commodes pour constater la présence de l'oxyde de carbone, près des deux poêles de fonte qui chauffent la salle du cours de chimie de la Sorbonne, ces poêles étaient allumés depuis dix minutes à peine lorsque la sonnerie électrique se mit à retentir, indiquant ainsi la présence de l'oxyde de carbone dans l'atmosphère.

Tous ces faits parurent si singuliers que l'Académie des sciences voulut recevoir un rapport sur cette question. Avec un zèle et un empressement très-louables, M. le général Morin, dans la séance suivante, c'est-à-dire le 3 février 1868, donna lecture du rapport de la commission nommée pour l'examen du mémoire de M. Carret.

Ce rapport, entièrement favorable aux idées du médecin de Chambéry, développait longuement les faits que nous avons résumés plus haut : l'épidémie observée en Savoie, les expériences faites au lycée de Chambéry, celles de M. Carret sur lui-même et sur plusieurs personnes de bonne volonté, enfin celles qui avaient été faites sur les animaux.

Le rapport de M. le général Morin n'obtint pourtant pas les suffrages de l'Académie. On trouva qu'il reflétait avec trop de fidélité les vues de l'auteur.

M. Bussy, quoique membre de la commission, déclara qu'il serait imprudent de se porter garant de tous les faits avancés par M. Carret, et que certaines de ses conclusions lui paraissaient exagérées au point de vue médical.

M. Regnault se posa en contradicteur absolu de l'opinion qui adopte la porosité de la fonte. M. Regnault fait usage, depuis plusieurs années, pour ses expériences, de manomètres à mercure composés de tubes en fonte. Ces manomètres supportent des pressions énormes, et jamais M. Regnault n'a vu la fonte laisser passer aucune trace de gaz. M. Regnault croit donc qu'il y a beaucoup d'exagération dans les faits annoncés par M. Carret. Il attribue les effets pernicieux des poêles de fonte à d'autres causes : à une ventilation insuffisante et à la destruction, par la plaque de fer rougie, des poussières et parties organiques qui flottent dans l'air, et qui, venant se brûler sur cette surface incandescente, répandent dans l'air de l'oxyde de carbone et de l'acide carbonique. Mais si l'on s'arrange de manière à obvier à ces deux inconvénients, c'est-à-dire si l'on entretient dans une pièce chauffée par un poêle de fonte, une bonne ventilation, et que l'on entoure le poêle, à une certaine distance, d'une feuille de tôle qui empêche le contact avec la surface rougie des poussières organiques flottant dans l'aire du poêle, on n'observe aucun effet fâcheux. C'est ainsi que sont disposés les poêles de fonte qui chauffent, à une très-haute température, les ateliers de séchage de la manufacture de porcelaine de Sèvres, et jamais aucun des ouvriers occupés dans ces salles n'a accusé le moindre malaise.

M. Combes fit remarquer qu'avant de jeter de la défaveur sur un appareil de chauffage d'un usage universel, il faudrait posséder des observations et des expériences directes, faites par la commission elle-même, et qui permettraient de savoir exactement si le gaz oxyde de carbone traverse ou non la substance d'un poêle de fonte.

Cette dernière opinion rallia tous les avis. L'Académie décida que le rapport rédigé par le général Morin serait renvoyé à la commission, avec prière d'entreprendre des expériences spéciales sur le phénomène de la perméabilité des poêles de fonte par les gaz provenant de la combustion du charbon.

Le nouveau rapport demandé fut présenté à l'Académie des sciences par M. le général

Morin dans la séance du 3 mai 1869. Dans ce travail, M. le général Morin confirme ses premières assertions, non en se retranchant derrière les observations du médecin de Chambéry, mais en invoquant des faits précis, des expériences personnelles, qui mettent tout à fait hors de doute le fait de l'altération chimique de l'air par les poêles de fonte ou de fer.

Les reproches que M. le général Morin adresse aux poêles de fonte, portent à la fois sur leurs effets chimiques, physiques et physiologiques.

En ce qui concerne le premier point, M. le général Morin rappelle et confirme par une nouvelle expérience, ce que MM. Sainte-Claire-Deville et Troost avaient déjà établi. Les poêles de fonte, par la rapidité avec laquelle ils s'échauffent et atteignent la température rouge, ont le défaut d'élever considérablement la température de l'air, à une certaine distance de leur surface. M. Morin a constaté des excédants de 15 à 16 degrés sur la température extérieure, en se plaçant à un demi-mètre de distance d'un poêle de fonte, quand ce poêle n'était pas rouge; et des excédants de 21 à 23 degrés quand le même poêle était au rouge sombre.

Ces chiffres donnent la mesure de l'intensité de la chaleur que peuvent percevoir des ouvriers, des soldats, qui, rentrant après avoir été exposés au froid et à l'humidité, s'approchent pendant quelque temps d'un poêle en métal chauffé au rouge. Ce danger et les graves inconvénients qui en résultent avaient été signalés de la manière la plus nette, par l'illustre Larrey, dans ses *Mémoires de chirurgie militaire*, à l'occasion des grandes campagnes de 1807, 1810 et 1812. Larrey cite de nombreux cas d'asphyxie, qui, d'après M. Morin, n'auraient pas d'autre cause que la température trop élevée des poêles.

Nous rappelons, à ce sujet, cet autre fait, que nous avons signalé, à savoir, que les poêles, de quelque matière qu'ils soient composés, ont l'inconvénient de ne produire aucun renouvellement d'air dans les pièces. Un poêle ventile, ainsi que nous l'avons dit, 40 à 50 fois moins qu'une cheminée.

Les inconvénients des poêles métalliques, sous le rapport des effets purement physiques, sont donc bien établis.

Mais l'altération chimique, c'est-à-dire la viciation de l'air par suite de la production d'oxyde de carbone, tel est le reproche fondamental qu'on est en droit d'adresser aux poêles métalliques. C'était là aussi le point essentiel, comme le plus difficile, de la question qu'avait à examiner le général Morin.

Déjà, à l'occasion du mémoire de M. le docteur Carret, MM. Sainte-Claire-Deville et Troost avaient prouvé que l'air, au contact de la surface extérieure d'un poêle de fonte, peut se charger d'une proportion d'oxyde de carbone allant jusqu'à 7 dix-millièmes et même 13 dix-millièmes de son volume. Il s'agissait de doser exactement la proportion de ce gaz toxique dans l'atmosphère considérée, ensuite de reconnaître d'où pouvait provenir le gaz oxyde de carbone ainsi produit. M. Morin, avec le concours du préparateur de l'École centrale, M. Urbain, a fait usage, pour reconnaître la présence de l'oxyde de carbone, du procédé qui consiste à faire passer l'air dans une dissolution de protochlorure de cuivre dissous dans l'acide chlorhydrique. En opérant ainsi, M. Morin a trouvé des proportions d'oxyde de carbone de 14 dix-millièmes à 18 dix-millièmes environ du volume de l'air d'une pièce dans laquelle on entretenait la combustion d'un poêle de fonte.

Cependant ce procédé, excellent pour reconnaître la présence de l'oxyde de carbone dans l'air, ne donne pas une certitude suffisante, comme moyen d'analyse quantitative. D'après les conseils de M. Claude Bernard, et en suivant la méthode prescrite par ce physiologiste, M. Morin a fait usage d'un artifice très-curieux et très-scientifique. Il a, en quelque sorte, concentré dans un organisme vivant le gaz toxique qu'il s'agissait de rechercher. Expliquons-nous. M. Morin a enfermé des lapins pendant trois jours, dans une salle chauffée par des poêles en métal, à la température de 30 à 35 degrés. Après cet intervalle, il a recueilli le sang desdits lapins, et a cherché à doser exactement la proportion d'oxyde de carbone contenue dans ce sang. D'après ses expériences, 100 centimètres cubes du sang de ces animaux, renfermaient de 1 centimètre cube à 1 centimètre et demi d'oxyde de carbone, sans parler d'une certaine quantité d'acide carbonique et d'oxygène qui existent normalement dans le sang.

Ainsi, dans cette expérience élégante, le corps d'un animal fonctionnait comme un moyen d'absorption et de concentration des gaz cherchés, et l'organisme vivant se montrait plus sensible et plus efficace que la méthode chimique, pour saisir la fugitive substance qu'il s'agissait de retenir.

Cette expérience a été variée en faisant séjourner des lapins, non dans la pièce même chauffée par le poêle de fonte, mais sous une cloche dans laquelle on faisait arriver, au moyen d'un aspirateur, l'air provenant de la salle chauffée par le poêle. Ici, la température étant celle de l'air extérieur, on éliminait l'influence que pouvait avoir, dans un sens ou dans un autre, la température de 30 à 35 degrés de la salle chauffée.

Cent centimètres cubes du sang des animaux placés dans ces conditions, contenaient près de 2 centimètres cubes de gaz oxyde de carbone, après un séjour de 30 heures sous la cloche ; et dans une autre expérience, environ 1 centimètre cube seulement du même gaz.

Il faut ajouter qu'en faisant les mêmes expériences avec des poêles en tôle de fer, et non de fonte, on n'a pas trouvé d'oxyde de carbone dans le sang des animaux examinés.

L'ensemble de ces expériences faites sur les animaux, prouve que l'usage des poêles de fonte chauffés au rouge détermine dans le sang la présence de l'oxyde de carbone. Or, l'effet extrêmement toxique de l'oxyde de carbone sur l'économie animale est depuis longtemps connu. Ce gaz, quand il circule dans les vaisseaux, paralyse en quelque sorte les fonctions vitales des globules du sang ; il leur ôte, en quelque sorte, la propriété de retenir l'oxygène, et par conséquent d'exercer la fonction chimique de la respiration, l'*hématose*, comme l'appellent les médecins qui aiment à parler grec. D'après les expériences citées par M. Morin, il suffit que l'air contienne 4 dix-millièmes d'oxyde de carbone pour que l'oxygène contenu dans le sang de ces animaux se trouve réduit de près de moitié, chassé en quelque sorte par le gaz étranger.

Ainsi, quelque faibles que soient les proportions d'oxyde de carbone qui se répandent dans l'atmosphère d'une salle chauffée par un poêle de fonte, si la ventilation est incomplète, — et c'est le cas général avec les poêles, — l'oxyde de carbone peut, à la longue, en chassant l'oxygène du sang, causer une sorte d'asphyxie chez les personnes qui séjournent dans ce lieu.

Les poêles de fer présentent, à un degré moindre, il est vrai, mais présentent aussi, d'après M. le général Morin, le même inconvénient.

Quelle est la véritable origine du gaz oxyde de carbone, qui se forme, d'une manière bien positive, quand on fait usage de poêles de fonte et même de fer? MM. Sainte-Claire-Deville et Troost, comme on l'a vu plus haut, ont cru pouvoir l'attribuer à la perméabilité de la fonte portée au rouge. A cette température, la fonte laisserait filtrer à travers sa substance une certaine portion d'oxyde de carbone.

M. Coulier, professeur de chimie au Val-de-Grâce, a également admis, à la suite d'expériences particulières, la perméabilité de la fonte portée au rouge, mais en restreignant à des proportions véritablement insignifiantes la quantité du gaz ainsi transmis.

Nous n'avons jamais accepté qu'avec répugnance cette explication théorique de l'origine du gaz oxyde de carbone, qui émane des poêles de fonte. Nous ne comprenons pas, en effet, comment, même en attribuant à la fonte la propriété étrange, anormale et presque antiphysique, de se laisser traverser par un gaz, nous ne comprenons pas, disons-nous, comment avec le tirage énergique du foyer d'un poêle allumé, le gaz oxyde de carbone, au lieu de suivre la voie toute simple et toute tracée du conduit de la fumée, pourrait se tamiser à travers les pores du métal. Le tirage doit infailliblement, il nous semble, entraîner pêle-mêle tous les gaz qui s'exhalent du charbon incandescent.

M. le général Morin ne se prononce pas nettement sur cette question. Si dans les conclusions de son mémoire, il déclare que l'oxyde de carbone peut provenir « de plu-« sieurs origines différentes et parfois con-« courantes, savoir, la perméabilité de la « fonte par ce gaz, qui passerait de l'intérieur « du foyer à l'extérieur, » nous ne trouvons dans son mémoire aucune expérience qui autorise cette conclusion. Aucune recherche spéciale ne paraît avoir été faite par le savant académicien pour constater la réalité du phénomène dont il s'agit. Dans cette circonstance, M. le général Morin paraît donc s'en référer aux expériences de MM. Sainte-Claire-Deville et Troost. Nous aurions mieux aimé qu'il eût abordé de front la difficulté, et que, par des constatations personnelles, il nous eût appris ce qu'il faut décidément penser du phénomène, si contestable et si contesté, de la perméabilité de la fonte.

Si M. le général Morin n'a apporté aucun éclaircissement nouveau sur le point fondamental de la question qui nous occupe, il faut reconnaître au moins qu'il a su éclairer d'un jour nouveau le phénomène, pris en lui-même, de la production du gaz oxyde de carbone par une surface de fonte. Des expériences remarquables auxquelles il s'est livré, il résulte ce fait, à peine soupçonné jusqu'ici, que l'oxyde de carbone peut provenir de la décomposition de l'acide carbonique de l'air par une surface de fer portée au rouge.

On trouve dans le *Traité de chimie* de Thénard que le fer chauffé au rouge, décompose l'acide carbonique, s'empare d'une partie de son oxygène et le transforme en oxyde de carbone. M. Payen a répété cette expérience dans son laboratoire, en faisant passer du gaz acide carbonique dans un tube de verre chauffé au rouge sombre, et qui contenait du fer pur. Le gaz recueilli au sortir de l'appareil, a présenté tous les caractères distinctifs de l'oxyde de carbone, savoir : combustibilité avec coloration bleu pâle de la flamme, et absorption de 0,75 de son volume par le protochlorure de cuivre dissous dans l'acide chlorhydrique.

Dans une autre expérience, on a fait passer un courant d'air, tantôt sec, tantôt humide, sur des copeaux de fonte et sur des copeaux de fer ordinaire contenus dans un tube de verre chauffé au rouge sombre. Les gaz produits traversaient ensuite des tubes contenant du protochlorure de cuivre dissous dans l'acide chlorhydrique. L'oxyde de carbone s'est formé assez abondamment dans cette expérience, car on a pu l'extraire de la dissolution de protochlorure de cuivre et doser son volume.

Il est évident que ce qui se passe dans cette expérience de laboratoire doit se reproduire dans les poêles de fonte chauffés au rouge. L'acide carbonique naturellement contenu dans l'air de la salle, ou celui qui provient de la respiration des personnes qu'elle renferme, est décomposé par le fer, et de là résulte de l'oxyde de carbone, qui reste mêlé à l'air de la pièce, toujours mal ventilée quand elle est chauffée par un poêle.

Il faut ajouter que les poussières organiques qui flottent dans l'air, et qui tombent sur la surface rougie du poêle, étant détruites par l'action du calorique, peuvent également produire de l'oxyde de carbone.

On voit, en résumé, que tous les effets nuisibles résultant de l'usage des poêles de fonte ne se manifestent que quand le métal est porté au rouge, et que ces effets sont la conséquence de la facilité avec laquelle la surface des poêles de métal peut atteindre cette haute température. M. le général Morin en conclut, avec raison, que l'on préviendrait du même coup tous les inconvénients et tous les dangers inhérents à cet appareil de chauffage, en empêchant le métal des poêles d'atteindre la température rouge. Il conseille donc de garnir l'intérieur du foyer du poêle, de briques ou de terre réfractaire, qui, par leur mauvaise conductibilité, préserveraient le métal de l'excès du calorique, l'empêcheraient d'atteindre la température rouge, et préviendraient, par conséquent, tous les fâcheux effets, tant physiques que chimiques, que nous venons d'énumérer.

C'est là une excellente conclusion. Il ne reste plus qu'à persuader à nos fabricants de poêles, à nos fondeurs et à nos fumistes, de construire ces appareils de chauffage suivant le système recommandé par M. le général Morin, c'est-à-dire de les garnir, à l'intérieur, d'une enveloppe peu conductrice. Grâce à cette modification, on pourra conserver dans les habitations et les établissements publics, le vieux et classique poêle de fonte, sans avoir à redouter des inconvénients et des dangers dont il serait désormais impossible de mettre en doute la réalité.

CHAPITRE VIII

DESCRIPTION DES DIFFÉRENTES VARIÉTÉS DE POÊLES. — POÊLE D'ANTICHAMBRE. — POÊLE D'ATELIER. — DÉTERMINATION EXACTE DE LA SURFACE DE CHAUFFE QUE DOIT PRÉSENTER UN POÊLE. — POÊLES ALLEMANDS ET RUSSES. — POÊLES PERFECTIONNÉS. — APPAREIL DE WALKER, MARTIN, HUREY, ARNOT. — LES CHEMINÉES-POÊLES. — CHEMINÉE A LA PRUSSIENNE. — CHEMINÉE A LA DÉSARNOD.

Après cette appréciation des avantages et des inconvénients des poêles en général, nous donnerons la description des différentes variétés de cet appareil de chauffage.

En France, on trouve des poêles dans les antichambres et même dans les salles à manger des appartements. D'autres sont employés dans les salles d'école, les bureaux, les casernes. Quelques-uns, enfin, par leur forme et leurs qualités, sont intermédiaires entre la chemi

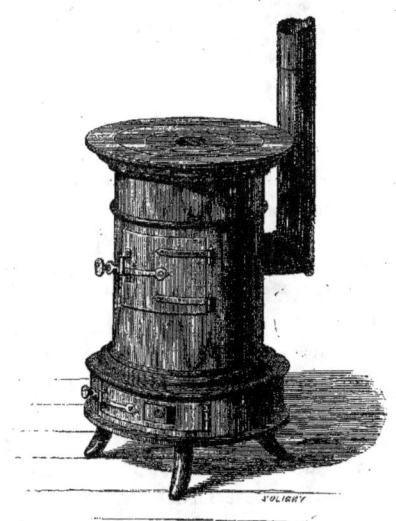

Fig. 181. — Poêle d'atelier en fonte.

née et le poêle, et pour cette raison portent le nom de *cheminées-poêles*. La description de tous ces appareils fera l'objet de ce chapitre.

Le poêle populaire, le poêle d'atelier, de casernes, de bureaux, etc., est un simple fourneau en fonte muni d'un tuyau de tôle. La figure 181 représente cet appareil banal. Souvent, comme on le voit sur cette figure, le dessus du poêle peut s'enlever, être remplacé par une marmite, et servir ainsi à la préparation des aliments.

desséché, il importe, comme nous l'avons déjà dit, de placer sur le poêle, un plat, une assiette, un bassin, que l'on maintient toujours pleins d'eau.

Le système le plus en usage à Paris et dans les grandes villes de France, pour chauffer les

Fig. 182. — Poêle d'antichambre.

Fig. 183. — Coupe du poêle d'antichambre

Le tuyau est muni d'une clef, qui sert à régler la combustion. C'est là, disons-le, un très-dangereux et très-inutile organe : il faudrait le bannir, pour assurer toute sécurité. Malheureusement, les fumistes se croient obligés de pourvoir d'une clef tout poêle d'appartement ou d'atelier. Le nombre d'accidents qu'ont déterminés ces malheureuses clefs, est pourtant incalculable. On croit pouvoir fermer le poêle quand le charbon est bien allumé, et l'on ne songe pas que le charbon continuant de brûler, l'acide carbonique qui provient de sa combustion, trouvant fermé le chemin du tuyau, doit se déverser dans l'air de la pièce. Les nombreux cas d'asphyxie de personnes qui habitaient une chambre dans laquelle on avait ainsi fermé la clef du poêle, ont prouvé suffisamment tout le danger d'une pareille pratique. On couperait court à ce danger en proscrivant absolument les clefs des poêles.

Pour que l'air de la pièce ne soit pas trop

antichambres et les salles à manger, consiste à y établir un gros poêle, construit en briques vernissées, et pourvu de bouches de chaleur (*fig.* 182). Tantôt des tuyaux destinés à alimenter le foyer, puisent l'air au dehors, c'est-à-dire dans le tuyau ménagé par les architectes dans l'épaisseur des murs, et qui est connu sous le nom de *ventouse*, et produisent une véritable ventilation ; tantôt, et c'est le cas du poêle représenté par la figure 182, ils sont alimentés par l'air de la pièce même.

Il est facile, avec les poêles, d'établir des bouches de chaleur. L'air entre par deux ouvertures, A, A, qu'on remarque dans le soubassement sur les côtés du cendrier, il passe dans des tubes verticaux environnant le foyer, et se dégage à l'extérieur par les bouches de chaleur B, B.

La figure 183 fait voir le trajet du tuyau

Fig. 184. — Poêle à tirage renversé.

de fumée à l'intérieur du poêle. Le foyer se compose d'une cloche en fonte A, recevant le combustible; il est surmonté d'un tuyau en tôle, BB, qui se recourbe à angle droit, et reçoit la fumée, laquelle se dégage par le tuyau E. Une étuve, C, est chauffée par le rayonnement du tuyau de fumée qui l'environne. Au-dessus de l'étuve sont percées deux bouches de chaleur, D, D, qui versent dans la pièce l'air qui s'est échauffé dans l'étuve C.

Le poêle d'antichambre équivaut, en somme, à un poêle métallique placé dans une enveloppe de terre cuite, et il n'a sur ce dernier que l'avantage de l'aspect. L'air chauffé est versé dans la salle à une température trop élevée et en trop petite quantité.

Il conviendrait de puiser toujours au dehors l'air destiné à entretenir la combustion, en se servant de la *ventouse* qui existe déjà dans beaucoup de maisons, mais à laquelle les architectes donnent une section beaucoup trop petite. Il faudrait adopter des tubes assez larges pour qu'il arrivât à peu près autant d'air que le tirage en entraîne. Il faudrait, en outre, ménager dans le poêle un espace particulier qui contiendrait de l'eau, destinée à rendre à l'air chaud sa vapeur normale, enfin, autant que possible, ne pas faire circuler la fumée dans des tuyaux métalliques, mais plutôt dans des conduits en terre, formés avec des briques semblables aux briques Gourlier.

On place quelquefois les poêles de cette espèce au milieu de l'appartement. Alors, pour ne pas nuire à la décoration, ou pour plus de commodité, on fait passer sous le parquet le conduit de la fumée, jusqu'à ce qu'il atteigne le tuyau caché dans l'épaisseur de la muraille.

Lorsqu'on allume le feu, le tirage n'a aucune tendance à se produire par ce conduit, et la fumée, plutôt que d'y passer, refluerait par la porte du poêle. Pour déterminer le courant, il faut disposer au bas de la cheminée verticale, un petit foyer supplémentaire, dans lequel on commence par brûler quelques menus combustibles. Dès que le tirage est établi dans le tuyau vertical, on ferme le petit foyer, et l'appel entraîne la fumée du poêle dans la direction voulue.

La figure 184 montre cette disposition. A est le petit foyer qu'il faut allumer pour provoquer le tirage dans le foyer du poêle C, le long du tuyau B.

Le système que représente la figure 184 n'est autre chose que le poêle en usage en Allemagne. Les dimensions de la maçonnerie du poêle, le trajet et les dispositions des tuyaux à fumer à l'intérieur de l'appartement, varient beaucoup, mais le principe même de la construction du poêle allemand est exactement représenté par cette figure.

Lorsque la portion verticale du conduit est courte, ou la portion horizontale très-longue, il arrive souvent qu'une diminution accidentelle du tirage fait fumer le poêle, et alors il continue de fumer, jusqu'à ce qu'en rallumant le petit foyer, on ait déterminé une nouvelle colonne d'air ascendante, qui remette toutes choses dans l'ordre.

Pour parer à cet inconvénient, M. le général Morin conseille d'établir vers le bas du tuyau vertical, un bec de gaz, qu'on maintient allumé pendant tout le temps que dure la combustion. Pour que la fumée n'éteigne pas ce bec de gaz, il faut l'entourer d'une toile métallique à mailles serrées, et l'alimenter d'air par un conduit spécial. Cette disposition compliquée ne pourrait être utilisée que pour des appareils importants de chauffage. Elle exigerait une certaine dépense et des soins d'entretien. En outre, les habitants de la maison seraient constamment placés sous le coup d'une explosion de gaz. En effet, si le tube conducteur de l'air, spécial au bec de gaz, vient à se boucher en partie, ou que la flamme du gaz vienne à s'éteindre ; ou bien enfin, si par une cause quelconque et trop probable, une certaine quantité du gaz d'éclairage se répandait dans le conduit, et se mêlait à un volume d'air suffisant, le mélange pourrait prendre feu et faire voler en éclats la muraille dans laquelle le conduit est percé.

Il est préférable, croyons-nous, dans tous les cas, de donner une plus grande hauteur au tuyau vertical, et de prendre toutes les précautions que nous avons indiquées pour assurer un bon tirage.

Tous les poêles que l'on fabrique, ont, en général, une surface de chauffe trop faible. Leurs parois sont portées à une trop haute température, ce qui, outre les défauts graves que nous avons signalés, c'est-à-dire la production de l'oxyde de carbone, qui vicie l'atmosphère, et la décomposition des poussières atmosphériques, entraîne encore la perte d'une certaine partie de la chaleur utilisable, parce que la fumée n'est pas assez refroidie.

Dans les poêles métalliques ordinaires, la surface de chauffe est communément égale à vingt fois la surface de la grille. Il conviendrait, d'après le général Morin, que cette surface fût quatre ou cinq fois plus grande. Cette proportion devrait encore être dépassée dans les poêles en brique, lesquels transmettent moins bien la chaleur que les poêles en métal.

Un constructeur d'Angleterre, M. Gurney, a

Fig. 185. — Poêle à ailettes.

trouvé une manière fort originale d'agrandir la surface de chauffe, sans augmenter beaucoup le volume du poêle. La figure 185 donne la coupe de cet appareil, que l'on peut voir à la porte d'entrée de l'église Saint-Augustin, à Paris.

La paroi cylindrique est hérissée d'une trentaine d'ailettes verticales venues de fonte. La partie inférieure de ces ailettes, plonge dans une sorte de bassin annulaire AB où l'on maintient de l'eau. La surface cylindrique du poêle est à peu près supprimée, mais la somme des ailettes fournit une surface de chauffe au moins quadruple, ce qui est fort utile pour le rayonnement.

Les constructeurs décorent du nom pompeux de *calorifères* des poêles munis de simples bouches de chaleur, et semblables à plusieurs de ceux qui précèdent. Mais on ne doit désigner sous le nom de *calorifères* que les appareils destinés à chauffer des pièces autres que le local dans lequel ils sont renfermés. C'est donc à tort que de simples poêles sont baptisés de ce nom.

La nécessité d'alimenter constamment les poêles de combustible nouveau, est un inconvénient auquel on a voulu remédier. On a récemment appliqué aux poêles la méthode de l'alimentation continue du combustible, en imitant les dispositions qui sont en usage dans certains foyers d'usines.

La figure 186 fait voir la coupe du poêle à alimentation continue, de M. Thomas Walker.

Un long cône central, fermé, à sa partie supérieure, par un couvercle TT, dont les bords saillants plongent dans un lit de sable fin, S, S, est rempli de coke, qui, par son poids, descend sur la grille, au fur et à mesure de la combustion. L'air extérieur arrive par l'ouverture A, traverse la grille C, où il brûle le charbon; puis il passe sur les côtés du cône, circule entre celui-ci et l'enveloppe extérieure, MM, et après s'être élevé jusqu'au sommet VV, redescend par le tube P, dans le conduit, O, de la cheminée.

En retirant la plaque E, on découvre une toile métallique fine, qui permet de jouir de la vue du feu. Le registre A règle l'arrivée de l'air, et par conséquent aussi, l'activité de

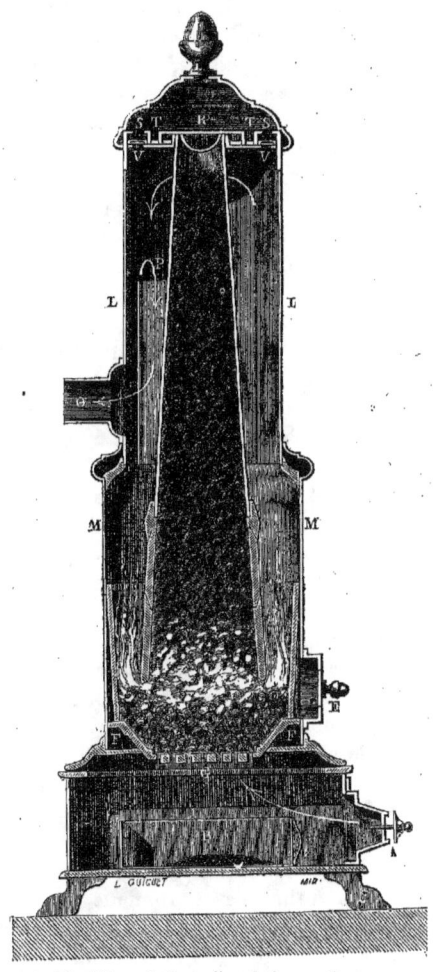

Fig. 186. — Poêle à alimentation continue.

la combustion. Les ouvertures R et V, V, favorisent le nettoyage.

Pour allumer le feu, on place sur la grille quelques menus combustibles et du charbon à la manière ordinaire, et quand tout est bien embrasé, on verse le coke dans le cône par l'ouverture supérieure, R. La combustion peut marcher ensuite pendant une journée entière.

M. Martin, ingénieur à Besançon, a imaginé un appareil semblable à celui de M. Walker, quant aux dispositions principales, mais qui possède, outre ces enveloppes, des espaces spéciaux réservés à la circulation et au chauffage de l'air appelé du dehors.

Cet air arrive par un tuyau muni d'un registre ; il passe au-dessous de la plaque du cendrier, monte dans l'espace annulaire qui environne le réservoir de coke, et s'écoule par les bouches de chaleur percées au haut de la paroi cylindrique extérieure. Quant à l'air destiné à la combustion, il entre par la porte du cendrier, traverse la grille, arrive entre la paroi du réservoir de charbon et la deuxième enveloppe ; un diaphragme percé d'un trou, le force à circuler avant qu'il trouve issue par le conduit de la cheminée.

Une boîte située au haut de l'appareil, est destinée à recevoir un vase rempli d'eau.

Quoique fort perfectionné, le poêle de M. Martin laisse encore à désirer. Ainsi le couvercle du réservoir de coke ne fermant pas, comme celui de M. Walker, par un joint à sable, l'occlusion n'est pas complète, tantôt la fumée trouve à s'écouler dans la pièce, tantôt, au contraire, l'air de la salle, appelé par un puissant tirage, pénètre dans le réservoir et fait brûler le coke ailleurs que dans le véritable foyer.

M. Hurey, d'une part, le docteur Arnott de 'autre, ont modifié ou perfectionné le système d'alimentation continue du combustible, dans des poêles particuliers, dont nous ne donnerons pas de description, parce qu'aucun n'est entré sérieusement dans la pratique, et que le premier type que nous avons représenté donne une idée suffisante de ce système.

Nous terminerons ce chapitre en parlant des *cheminées-poêles*.

Ces appareils (*fig.* 187), dont le nom seul est une définition suffisante, s'appellent aussi *cheminées à la prussienne*.

Ils se composent d'une caisse en tôle ou en fonte, renfermée dans un massif de brique, excepté à la partie antérieure, qui porte un tablier mobile. Tantôt le tuyau pour le dégagement de la fumée est court et horizontal, et verse les gaz et la fumée dans le bas d'une cheminée ordinaire, préalablement bouchée ; tantôt, au contraire, il est d'une certaine longueur, et s'élève verticalement jusqu'au haut de la pièce, comme le représente la figure 187, avant de s'aboucher dans le conduit. Dans le premier cas l'appareil se rapproche beaucoup de la cheminée, dans le second, il participe surtout du poêle.

Souvent une enveloppe métallique entoure le massif de maçonnerie. Souvent aussi la caisse intérieure contient une grille, pour l'usage de la houille ou du coke. Dans la pratique, d'autres différences peuvent encore s'établir, mais elles sont de peu d'importance.

Les cheminées *à la Désarnod* diffèrent des *cheminées à la prussienne*, en ce qu'elles utilisent une partie de la chaleur, pour chauffer l'air et produire une ventilation. Cet appareil de chauffage est, d'ailleurs, fort ancien. Il présente une certaine complication, et il faut le démonter en entier pour le nettoyer. Cependant ses dispositions sont excellentes, car des cheminées de ce genre fonctionnent encore très-bien, après soixante ans d'existence.

On construit aujourd'hui un assez grand nombre d'appareils sur le principe de la cheminée *Désarnod*, qui tient le milieu entre la cheminée et le poêle.

En résumé, les cheminées-poêles sont économiques et salubres. Elles montrent largement le feu, chauffent par rayonnement, comme les cheminées ordinaires, et donnent un rendement calorifique presque égal à celui des poêles.

Fig. 187. — Cheminée à la prussienne.

CHAPITRE IX

LES CALORIFÈRES EMPLOYÉS DANS L'ANTIQUITÉ POUR LE CHAUFFAGE DES BAINS PUBLICS. — L'HYPOCAUSTUM. — LES THERMES CHAUFFÉS PAR L'HYPOCAUSTUM. — LE CALORIFÈRE A AIR CHAUD CHEZ LES ROMAINS.

Nous passons au second groupe d'appareils de chauffage que nous avons à étudier, c'est-à-dire aux *calorifères*.

Nous avons dit, dans les premières pages de cette Notice, que les anciens, les Grecs et les Romains, n'ont pas connu la cheminée, et qu'ils ne se chauffaient qu'avec des brasiers portatifs. Arrivé au chapitre des calorifères, nous devons ajouter que les Romains avaient appliqué au chauffage de leurs bains publics (*thermes*), une disposition qui a été sans doute le prélude de nos calorifères actuels à air chaud. Nous entrerons ici dans quelques détails sur cette intéressante particularité historique.

Les Romains chauffaient le pavé de leurs bains publics en plaçant de vastes foyers au-dessous de la salle. Les pavés et les mosaïques s'échauffant par le contact du foyer, communiquaient leur chaleur à l'air de la pièce.

Les Chinois, à ce qu'il paraît, avaient déjà fait usage du même système pour le chauffage de leurs maisons; mais comme pour tout ce qui concerne les inventions en Chine, il serait très-difficile d'invoquer un texte précis à l'appui de cette assertion.

Une peinture découverte de nos jours, à Rome, dans les bains de Titus, et que nous retraçons ici (*fig.* 188), fait parfaitement comprendre le mode de chauffage dont il s'agit. On voit, dans ce dessin, les différentes salles des bains publics chez les Romains. Nous indi-

Fig. 188. — Les thermes des anciens, d'après une peinture découverte à Rome.

querons par des lettres chacune de ces parties.

AA, est le fourneau qui chauffait le pavé, c'est-à-dire l'*hypocaustum*, sur lequel nous allons revenir tout à l'heure ; B, est la salle du bain public (*balneum*) ; C, l'étuve (*camerata sudatio*). On voit au milieu de cette pièce, une étuve plus petite (*d*), chauffée par un fourneau supplémentaire : c'est le *laconicum*, ainsi nommé parce que le fourneau qui chauffait cet espace et qui était recouvert d'une sorte de bouclier, pour répartir uniformément la chaleur, avait été emprunté à la Laconie ; D, est le *tepidarium* ou *vaporarium*, salle chauffée par la vapeur, que l'on traversait en se rendant du bain chaud au bain froid, pour ménager la transition du chaud au froid ; E, est la salle d'aspersion d'eau froide (*frigidarium*) ; F, l'*elœotherium*, ou onctuaire ; c'est-à-dire la pièce où les esclaves (*unctarii*) étaient chargés d'oindre d'huile ou d'essences les gens qui venaient se baigner.

On voit à droite dans les vases *a, b, c*, les réservoirs d'eau froide, tiède et chaude.

L'*hypocauste* était, disons-nous, le fourneau souterrain destiné à chauffer le pavé des bains. Sa construction était assez remarquable. On la trouve décrite en ces termes, dans le savant et intéressant ouvrage de M. Bâtissier, *l'Art monumental* :

« Imaginez, dit M. Bâtissier, une chambre dont le fond formait un plan incliné qui s'abaissait jusqu'à l'ouverture pratiquée pour le chauffage. Elle avait de 55 à 60 centimètres de hauteur, et son plafond, qui constituait le plancher de plusieurs salles placées au-dessus de l'hypocauste, était soutenu par de petits piliers, A (*fig.* 189), le plus souvent carrés, rarement ronds, disposés à environ 2 mètres les uns des autres, et faits avec des briques séparées chacune par un lit de mortier. Ces piliers étaient surmontés de briques plus grandes, B, qui formaient la base du pavé des appartements C. La chaleur des fourneaux

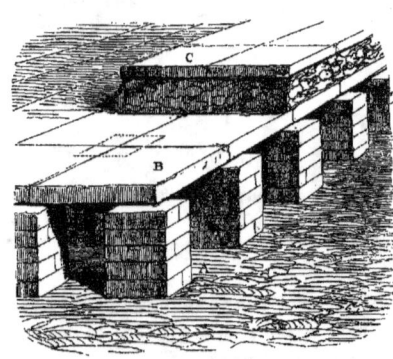

Fig. 189. — Hypocaustum des Romains.

arrivait aux chambres des bains par des tuyaux fixés dans les murs ; ces tuyaux, en terre cuite et de forme carrée, s'adaptaient les uns aux autres et étaient placés d'abord verticalement, — alors ils plongeaient dans l'hypocauste, — puis prenaient une direction horizontale et distribuaient partout le calorique. L'ouverture pour le chauffage, *præfurnium*, était très-étroite ; des esclaves, appelés *fornicatores*, étaient chargés d'entretenir le feu. Ils devaient y jeter de temps en temps des globes de métal enduits de térébenthine. Ces globes étaient lancés à l'extré-

L'ART DU CHAUFFAGE.

mité de l'hypocauste; comme l'aire de ce foyer était inclinée, les globes enflammés revenaient à l'entrée du fourneau, et répandaient ainsi partout une égale chaleur. — On a découvert plusieurs hypocaustes assez bien conservés : en France, à Saintes et à Lillebonne; en Angleterre, à Worcester, et à Hope, dans le comté de Chester.

« Telles sont les diverses parties dont se composaient les bains publics. Les empereurs et les riches patriciens de Rome avaient aussi dans leurs maisons des bains particuliers faits sur le modèle des bains publics. Les débris des *thermes de Julien*, à Paris, peuvent servir à prouver l'importance qu'on donnait à ces monuments dans l'antiquité (1). »

On a trouvé à Rome, dans un *laconicum*, c'est-à-dire dans une étuve de bains publics, un dessin fort curieux, car il nous montre l'existence dans l'antiquité, d'une disposition qui a été le prélude du *calorifère à air chaud* en usage de nos jours. La figure 190 est le fac-simile exact de ce dessin. On y voit

Fig. 190. — Calorifère romain.

de nombreux tuyaux placés dans le mur circulaire qui entoure le *laconicum*, et qui échauffe cette salle par la fumée du foyer, à travers l'épaisseur des tuyaux.

Nous ajouterons que les tuyaux placés dans l'épaisseur des murs, pour porter la chaleur à une certaine distance, n'étaient pas toujours exclusivement appliqués dans les thermes. Un passage de Sénèque le Philosophe va nous apprendre que ces calorifères en herbe étaient en usage dans les maisons.

« De mon temps, dit Sénèque, on a fait des découvertes du même genre, comme des toitures transparentes, pour laisser passer la lumière dans toute sa pureté, des bains suspendus et des tubes logés dans l'épaisseur des murs, pour diriger et répartir également dans la maison une chaleur douce et égale (1). »

En établissant que les anciens ont connu le calorifère à air chaud, nous ne voulons aucunement prétendre que les modernes leur aient emprunté cette invention. Nous avons voulu seulement, par ce coup d'œil rétrospectif, établir un fait intéressant au point de vue de l'histoire des sciences.

Rien ne nous empêche maintenant d'arriver aux calorifères modernes.

CHAPITRE X

UTILITÉ DES CALORIFÈRES. — MOUVEMENT DE L'AIR DANS LES CALORIFÈRES A AIR CHAUD. — TUYAUX, JOINTS, NATURE DES MATÉRIAUX EMPLOYÉS. — LES DIVERS SYSTÈMES DE CALORIFÈRES.

On a calculé qu'avec les cheminées du *bon vieux temps*, celles qui pouvaient abriter toute une famille sous leur respectable manteau, et recevoir quatre ramoneurs de front dans leur tuyau, plus respectable encore, on ne retirait guère que 3 à 4 pour 100 du calorique développé par la combustion du bois. Ce système élémentaire de chauffage a été un peu amélioré depuis nos aïeux : les cheminées actuelles nous font jouir du huitième ou du dixième de la chaleur produite dans le foyer. On consomme annuellement en France pour 150 millions environ de combustible, et l'on n'en utilise guère que pour 15 millions; le reste, c'est-à-dire 135 millions, s'envole sur les toits !

En se fondant sur le relevé des octrois, on a calculé que Paris reçoit annuellement, pour

---

(1) *L'Art monumental*, 1 vol. grand in-8°. Paris, 1860.

(1) *Œuvres complètes de Sénèque le Philosophe*, t. VI, lettre 90, p. 469-471.

plus de 26 millions de francs de bois à brûler (500,000 stères). Ce bois étant uniquement destiné aux cheminées, lesquelles n'utilisent guère, en moyenne, que 8 à 10 pour 100 de la chaleur produite dans le foyer, il en résulte qu'à Paris seulement, et pour cette seule espèce de combustible, on perd chaque année, on jette dans les airs, une quantité de chaleur équivalente à 23 millions de francs, ce qui donne pour chaque maison une perte annuelle de 500 francs.

Ce résultat déplorable est inhérent aux dispositions et aux principes de nos cheminées, dont nous avons déjà signalé les défauts. Contentons-nous de rappeler que la situation du foyer, placé contre l'une des parois de l'appartement, fait déjà perdre une grande partie de la chaleur rayonnante du combustible en ignition. Mais un vice plus grave encore, car il est tout à fait sans remède, c'est l'existence de cette énorme conduite, destinée à livrer passage aux produits de la combustion, et qui emporte constamment l'air, à mesure qu'il s'échauffe dans le foyer. Si l'on pouvait le conserver dans l'appartement, cet air chaud en élèverait promptement la température ; mais il s'échappe au plus vite, et se trouve tout aussitôt remplacé par l'air froid de l'extérieur, qui, se glissant par le dessous des portes et des jointures, vient, au grand détriment de l'effet calorifique, remplir incessamment ce tonneau des Danaïdes incessamment vidé. Aussi, le seul bénéfice qui résulte de nos cheminées, sous le rapport calorifique, réside-t-il dans le rayonnement du foyer qui échauffe l'air placé dans son voisinage. Mais cet air chaud ne persiste pas longtemps, car l'air du dehors vient promptement prendre sa place.

M. Péclet disait un jour : « Les archi« tectes comprennent si mal les princi« pes de l'application du calorique, que la « place la plus chaude d'une maison se « trouve sur les toits. » Ce mot n'est pas seulement un trait d'esprit, c'est aussi un trait de bon sens. Le bon sens et l'esprit sont plus proches parents qu'on ne l'imagine. On a dit : « L'esprit est la gaieté du « bon sens. »

Là n'est pas encore tout le gaspillage économique qui résulte des cheminées. *Time is money* (le temps est de l'argent), disent les Anglais. A-t-on calculé ce que vaut le temps qui est nécessaire pour allumer, plusieurs fois par jour, pendant les cinq mois que dure l'hiver, les huit cent mille cheminées parisiennes ? La place coûte cher aussi. A-t-on calculé ce que coûte l'emplacement des caves, des greniers, en un mot des resserres où chacun tient son combustible en réserve ? Enfin, peut-on estimer au juste ce que coûtent les transports de bois, les vols domestiques, les dégradations que cause la fumée, et ce qu'on a dépensé pour la construction des cheminées et des resserres dont il vient d'être question ?

Nous ne croyons pas commettre d'exagération, si, par ces motifs, nous portons au double des chiffres précédents la perte annuelle d'argent occasionnée par les cheminées, c'est-à-dire si nous chiffrons cette perte à 270 millions pour la France entière, et à 46 millions pour la seule ville de Paris, en ne comptant que le bois.

Nous ne disons rien du chauffage par les poêles, qui est économique à la vérité, mais qui est reconnu insalubre.

Il existe des appareils qui remédient aux défauts des cheminées sous le rapport économique : ce sont les calorifères. Malheureusement, ils sont peu répandus, grâce à l'esprit de routine et d'ignorance qui domine partout. Ces appareils mêmes, c'est-à-dire les calorifères à air chaud, ne sont pas eux-mêmes parfaits. Mais on les aurait mieux étudiés et ils offriraient moins de défauts, si le génie des inventeurs avait été stimulé par un usage plus général de ce mode de chauffage.

Un bon calorifère à air chaud est l'égal d'un poêle, quant au rendement calorifique.

Il utilise, en effet, jusqu'à 90 pour 100 de la chaleur du combustible. On peut y brûler les houilles de qualité inférieure et de l'anthracite, tous combustibles moins chers que le bois. Leur service est facile. Placés dans l'une des caves de la maison, ils ne sont point encombrants, puisqu'on doit les considérer comme répartis entre tous les appartements dont ils remplacent les cheminées.

Si les propriétaires des maisons nouvelles comprenaient leurs intérêts et ceux de leurs locataires, pas une maison ne serait construite sans un calorifère, soit à air chaud, soit à eau chaude; et de même qu'on loue l'eau, le gaz et le service du concierge, les locataires s'abonneraient au chauffage. Le chauffeur, dans la plupart des cas, ne serait autre chose que le concierge.

Il convient de dire, pour être juste, que ce système a été appliqué dans un certain nombre de maisons de Paris pour les calorifères à air chaud.

Il existe trois espèces de calorifères : 1° les calorifères à air chaud, ou *calorifères de cave*; 2° les *calorifères à vapeur*; 3° les *calorifères à eau chaude*. Nous verrons enfin qu'il faudrait composer un quatrième groupe de la combinaison, qui a été faite de nos jours, des deux derniers systèmes que nous venons d'énumérer.

Nous avons à traiter dans ce chapitre, des calorifères à air chaud, ou *calorifères de cave*.

Le *calorifère de cave* consiste en une vaste chambre à air, au milieu de laquelle est placé un foyer de houille. Les tuyaux qui conduisent dans la cheminée les produits de la combustion de ce foyer, se replient plusieurs fois sur eux-mêmes, à l'intérieur de la chambre à air et, par conséquent, échauffent considérablement cet espace. La chambre à air est en communication, d'une part avec une prise d'air extérieur, d'autre part avec une série de conduites en briques, qui amènent l'air, quand il est échauffé, dans les différentes pièces de la maison. Des coulisses placées au-devant de chaque bouche de chaleur, permettent d'établir ou d'intercepter à volonté, l'entrée de l'air chaud dans chaque pièce.

La figure 191, qui est toute théorique, fera

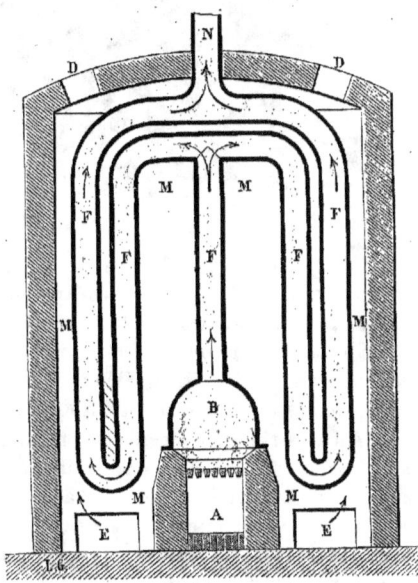

Fig. 191. — Principe du calorifère de cave.

comprendre le principe du *calorifère de cave*.

Le foyer AB est placé au milieu de la chambre à air, MM; les tuyaux, F, F, F, se recourbent plusieurs fois, et débouchent dans la conduite N, de la cheminée. D'autre part, l'air venant des prises d'air extérieur, E, E, est appelé dans la chambre à air, MM; il s'y échauffe et s'échappe par les conduits D, D, qui le dirigent dans les appartements.

Il se fait dans le conduit d'air chaud, D, un véritable tirage, tout à fait comparable au tirage qui se fait par le tuyau d'une cheminée ordinaire, et qui s'opère d'après le même principe. Mais, tandis que le conduit de la cheminée est simple, les tuyaux D, D, qui portent l'air chaud dans la maison, se divisent bientôt en un certain nombre d'autres tuyaux plus petits

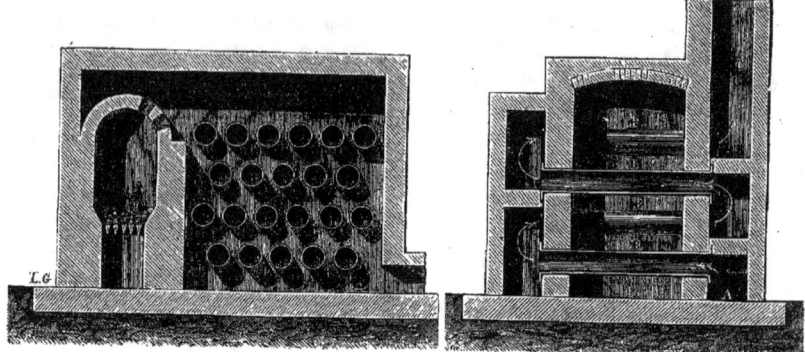

Fig. 192. — Calorifère Talabot.

et diversement infléchis, pour répartir la chaleur entre toutes les pièces de la maison.

Les calorifères à air chaud ont un inconvénient grave, c'est qu'ils distribuent dans les appartements un air tout à fait sec. Nous avons déjà fait ressortir les dangers que présente, pour la santé des personnes qui le respirent, un air entièrement desséché par la chaleur. Il est pourtant facile de donner à l'air chaud d'un calorifère la quantité de vapeur d'eau nécessaire pour ses qualités hygiéniques. Il suffit de disposer dans la chambre à air, MM, et d'une manière quelconque sur le passage de l'air chaud, un large bassin plein d'eau, dont on puisse renouveler le liquide, de l'extérieur, à l'aide d'un entonnoir, de manière à maintenir le même niveau de l'eau chaque jour. Grâce à l'interposition de ce bassin plein d'eau, qui se réduit en vapeurs par la haute température du milieu où elle se trouve, l'air chaud, quand il pénètre dans les pièces de la maison, est toujours chargé de l'humidité normale.

Les personnes qui habitent les maisons chauffées par des calorifères de cave, sont souvent frappées de l'odeur désagréable de l'air chaud. Cette odeur, qui se produit surtout au moment de la plus grande activité du foyer, amène des maux de tête, comparables à ceux que donnent les poêles de fonte. On dit alors que l'air est *brûlé*. C'est qu'en effet, les molécules organiques contenues dans l'air du dehors, entraînées au contact des parois métalliques rougies par le foyer, brûlent et donnent de l'odeur à l'air chaud.

Il faut éviter de faire rougir les tuyaux d'un calorifère de cave, d'abord pour le motif dont nous avons longuement parlé, à propos du rapport de M. le général Morin, c'est-à-dire celui de la production de l'oxyde de carbone, et aussi parce que l'air trop chaud qui circule sous les parquets, peut brûler ou roussir les boiseries. En général, il vaut mieux élever une grande quantité d'air à une température relativement basse, que de chauffer à une température élevée un faible volume d'air. Il faut donc une vaste chambre à air pour un petit foyer, et une large section pour les tubes qui conduisent l'air chaud.

Ces tubes doivent être isolés des boiseries par des couches de plâtre, peu conductrices de la chaleur, autant pour ne rien perdre de la chaleur produite, que pour éviter les voussures des bois, ou l'incendie.

Le grand inconvénient des calorifères de cave, c'est que les joints des tuyaux conducteurs de la fumée ne sont jamais parfaits. Quand ces joints se sont fendillés, l'air brûlé

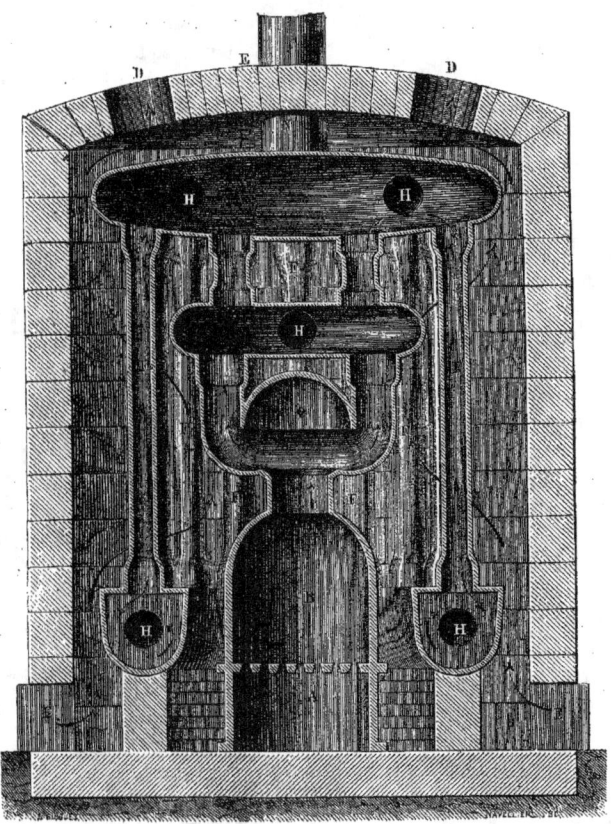

Fig. 193. — Calorifère de cave

peut passer dans les conduits d'air pur, et l'on est exposé à respirer les gaz du charbon, c'est-à-dire l'acide carbonique et l'oxyde de carbone. Les joints sont fermés d'ordinaire avec de la terre de four. Mais pour obtenir une occlusion parfaite, il faudrait les boucher avec du *mastic de fonte*, et, si on le pouvait, faire usage de conduits sans aucune jointure, c'est-à-dire de conduits coulés tout d'une pièce en fonte.

Après ces considérations générales, passons à l'examen des principaux systèmes de calorifères de cave en usage aujourd'hui.

L'appareil de M. Talabot (*fig.* 192) est disposé de telle manière que l'air à chauffer parcoure successivement plusieurs tubes horizontaux disposés dans la chambre à air.

La fumée remplit un espace à peu près cubique, BB, et s'y refroidit au contact des tuyaux d'air, avant de s'écouler dans la cheminée, C. L'ouverture de la cheminée est percée au bas de la maçonnerie. La fumée s'étale en couches de température uniforme, et descend à mesure qu'elle cède sa chaleur : la couche la plus basse et la plus fraîche est entraînée par le tirage.

Ce calorifère n'a qu'un défaut, c'est de tenir beaucoup de place.

Le calorifère le plus employé aujourd'hui à Paris, est celui qui a été imaginé par M. René Duvoir. Il doit cette préférence à une considération d'un ordre tout pratique : nous voulons parler de la facilité du ramonage.

Dans le calorifère que nous venons de décrire (*fig.* 192), la suie se répand dans tout l'espace compris à l'intérieur de l'enveloppe, excepté dans les tuyaux. On comprend combien il est difficile de nettoyer des surfaces si considérables et si diverses, formant des angles nombreux et des recoins auxquels il est difficile d'atteindre. Dans le calorifère de M. René Duvoir, la suie ne se dépose qu'à l'intérieur, régulièrement cylindrique, des tuyaux. Si l'on a eu soin de laisser un tampon à chaque extrémité rectiligne du circuit, il est facile de pratiquer le ramonage par les procédés ordinaires.

Un modèle perfectionné de ce genre de calorifère est représenté en coupe verticale dans la figure 193. Le foyer B, construit en briques réfractaires, est surmonté d'une enveloppe cylindrique en fonte, C, formant cloche à la partie supérieure. Du sommet de la cloche partent deux tuyaux horizontaux, qui bientôt se recourbent en FF. Là commencent deux circuits qui se croisent et qui sont formés de tuyaux H, H disposés horizontalement dans le fourneau, mais reliés alternativement en avant et en arrière par de petits conduits verticaux. La fumée descend dans les deux circuits, et, réunie vers le bas, s'échappe dans la cheminée, par le conduit de fumée N.

L'air extérieur arrive par les ouvertures souterraines E, E. Il chemine dans la chambre à air entre la maçonnerie et les conduits de la fumée, dans le sens indiqué par les flèches, et en sortant de la chambre à air, il est dirigé, par deux larges conduits, D, D, dans les appartements.

Ce calorifère, qui a reçu dans le commerce diverses modifications de peu d'importance, et dans lesquelles il serait inutile d'entrer, est en usage aujourd'hui dans les maisons et hôtels de la capitale, ainsi que dans les édifices publics.

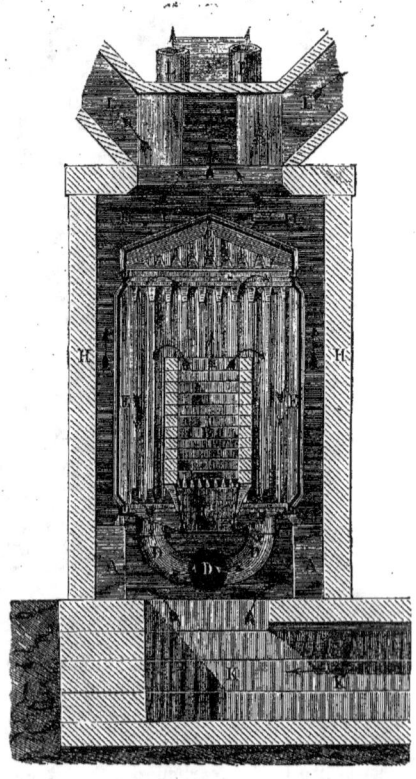

Fig. 194. — Calorifère Staib (coupe transversale).

Un calorifère de cave excellent est celui que l'on doit à M. F. Staib, de Genève.

L'inconvénient des calorifères de cave que l'on construit à Paris, c'est que la cloche de fonte rougit et *brûle* l'air, c'est-à-dire carbonise les miasmes organiques répandus dans l'air, ce qui donne une odeur désagréable et, ce qui est plus grave, expose à la formation de l'oxyde de carbone. Le calorifère de M. Staib, construit aujourd'hui par

M. Weibel, son successeur, n'a pas cet inconvénient; car la cloche dans laquelle brûle le combustible n'est pas en contact avec l'air. Elle est renfermée dans une enveloppe métallique, qui s'échauffe par le rayonnement de l'extérieur de cannelures. L'air chaud sortant du foyer s'écoule à l'intérieur de la caisse de fonte EE, et passe, de là, dans la chambre à air, HH. De là il s'échappe par le tuyau de fumée LL, pour déboucher dans la cheminée. La prise d'air pur est au bas du foyer, en K.

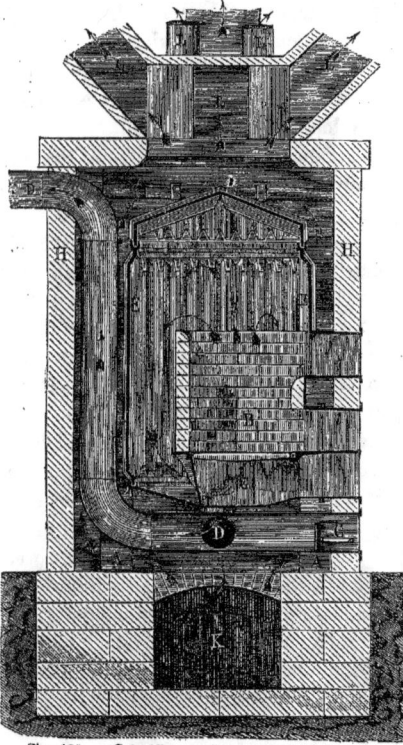

Fig. 195. — Calorifère Staib (coupe transversale).

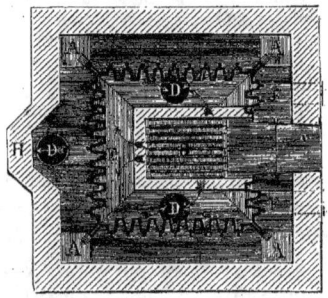

Fig. 196. — Calorifère Staib (coupe verticale à la hauteur de la grille du foyer).

la cloche, mais ne rougit jamais. Cette enveloppe seule échauffe l'air pur de la chambre à air.

Le constructeur a eu l'idée ingénieuse de multiplier la surface rayonnante de cette enveloppe en la munissant sur toutes ses faces de cannelures longitudinales.

Les figures 194, 195 et 196 représentent le calorifère de M. Staib, de Genève. B, est le foyer, construit en briques. Ce foyer est placé au milieu de la caisse de fonte EE, revêtue à

La sortie de l'air qui s'est échauffé au contact des parois extérieures de la capacité de fonte EE, est dans le large tuyau L, qui se divise en deux branches, L', L', pour se rendre dans les appartements.

Une enveloppe épaisse, en maçonnerie, recouvre le tout.

Ajoutons qu'un bassin de métal plein d'eau est placé dans la chambre à air, reposant sur les consoles R, S, placées près de la sortie de l'air chaud. Cette eau, se réduisant en vapeurs par le courant d'air chaud, rend à l'air pur son humidité normale.

M. V. Ch. Joly, dans son ouvrage sur le *Chauffage*, fait, à propos de ce dernier appareil, des réflexions très-justes.

« Ce calorifère, dit M. Joly, est disposé dans une enveloppe garnie de nombreuses nervures donnant, sous un faible volume, une très-grande surface de chauffe et de transmission; les assemblages sont disposés sur des parties planes et à bain de sable. Le foyer, placé au milieu de l'appareil, est à dilatation libre, et ne rougit jamais les surfaces métalliques en contact avec l'air extérieur; il est d'une grande simplicité de construction et de nettoyage. A la partie supérieure se trouve un réservoir d'eau alimenté par un flotteur avec siphon et trop-plein.

« Il ne faut jamais oublier de faire établir ces appareils avec enveloppes doubles isolées l'une de l'autre et en briques creuses, l'enveloppe devant toujours être aussi fraîche que la cave elle-même. Au reste, il faut bien se rappeler que pour ces appareils, comme pour les poêles-calorifères en général, il est toujours préférable d'envoyer dans les pièces à chauffer une grande quantité d'air à une température moyenne de 30 à 50° plutôt qu'une petite quantité à une température élevée, comme on le fait généralement, par des orifices trop étroits, et, jusqu'à ce que la science nous ait suffisamment éclairés sur la perméabilité de la fonte, tâchons d'employer, quand ce sera possible, les surfaces céramiques pour la transmission de la chaleur. »

Dans une autre catégorie d'appareils qu'il nous reste à décrire, il n'y a plus de tuyaux à proprement parler, mais seulement des espaces limités par des surfaces de formes et de natures diverses, dans lesquels circulent les courants des deux gaz.

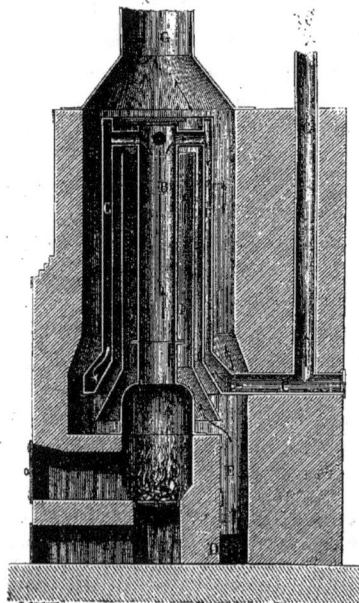

Fig. 197. — Calorifère anglais.

A cette catégorie appartient la disposition représentée par la figure 197.

Trois cylindres emboîtés et concentriques, B, F, C, donnent quatre espaces annulaires, parmi lesquels deux sont affectés à la fumée, et deux à l'air à échauffer.

Les gaz du foyer s'élèvent dans le cylindre central, B, et redescendent dans le troisième espace, C, à mesure de leur refroidissement, et par couches isothermes ; puis ils s'échappent par la cheminée G. L'air du dehors pénètre par le bas du deuxième espace EF et du quatrième, lequel est compris entre la dernière enveloppe et la maçonnerie.

Cet appareil est excellent. Les joints ne se trouvent qu'à la partie supérieure ou à la partie tout à fait inférieure. On peut les rendre suffisamment étanches, en cachant l'extrémité des tuyaux dans des bains de sable. Pour pratiquer le nettoyage, il ne s'agit que d'ôter les couvercles de la partie supérieure.

L'air qui s'élève dans le second espace marche dans le même sens que la fumée du cylindre central, et en sens inverse de la fumée du troisième espace ; l'air du quatrième espace a aussi un sens inverse de celui de la fumée. Cet agencement est très-avantageux, puisque les qualités résultant des deux manières se succèdent dans l'ordre voulu : en premier lieu, refroidissement rapide du tuyau central ; en second lieu, épuisement suffisant de la chaleur du troisième espace.

Une disposition plus extraordinaire est celle que présente la figure 198, donnant la coupe du calorifère destiné à chauffer le vaste hôpital du Derbyshire (Angleterre).

Le foyer, L, est en forme de trémie, et entièrement construit en briques réfractaires. Il est surmonté d'une grande cloche en tôle A ayant 5 millimètres d'épaisseur. Les gaz de la combustion viennent remplir cet espace, puis s'écoulent par le conduit F, pratiqué dans la maçonnerie, pour se rendre à la cheminée.

Une voûte de maçonnerie, BB, extérieure et concentrique à la cloche, est percée d'une grande quantité d'ouvertures, lesquelles reçoivent des tuyaux ouverts aux deux bouts, et dont l'extrémité intérieure vient affleurer la surface de tôle. La distance entre la maçonnerie et la cloche est de 20 centimètres, et la distance entre cette dernière et l'extrémité des tuyaux, est de 2 centimètres seulement.

Les murailles D, D, renferment tout l'appareil. Entre ces murailles et la voûte en maçonnerie, est une garniture enveloppant à l'extérieur le foyer A, et composée de tubes creux de tôle terminés par des tubes de terre dans la partie contiguë au foyer. L'air arrive du dehors par le canal C ; il s'échauffe au contact des petits tubes métalliques, monte entre les rangées de ces tubes, et arrive dans la chambre M, entre la voûte et les murs extérieurs. Une large cheminée H le distribue ensuite entre les diverses salles de l'hôpital.

Dans la figure 198 qui représente cet ap-

Fig. 198. — Calorifère de l'hôpital du Derbyshire.

pareil, L est le foyer, N la grille, F l'ouverture du fourneau pour l'introduction du combustible.

Le rendement calorifique de ce curieux appareil est inférieur à celui des calorifères ordinaires, mais aucune surface de fonte n'entrant dans sa construction, l'air chauffé ne peut jamais être vicié par la présence de l'oxyde de carbone.

Les Anglais se défient beaucoup des divers modes de chauffage préconisés pour les grands établissements d'assistance publique. Comme nous le dirons dans la Notice sur la *Ventilation*, les fenêtres de la plupart de leurs hôpitaux sont maintenues ouvertes pendant presque toute la saison d'hiver, quels que soient le temps et la température extérieure, et quelle que soit la nature des maladies à traiter. Les chirurgiens anglais attribuent une bonne part de leurs succès à cet usage. Si le calorifère de l'hôpital du Derbyshire eût donné prise au moindre reproche d'insalubrité, on l'eût depuis longtemps supprimé.

Les *calorifères à air chaud* ou *calorifères de cave*, dont nous venons de présenter les types entrés dans la pratique, sont des appareils de chauffage excellents au point de vue de l'économie. C'est pour cela qu'ils se sont généralement répandus, et qu'aujourd'hui on ne construit guère de maisons à Paris sans les munir d'un de ces appareils. Le fourneau et les tuyaux de distribution se bâtissent en même temps que les murs et les cloisons, ce qui dispose encore plus l'architecte à adopter ce système.

Cependant les calorifères de cave ne sont pas exempts d'inconvénients. Ils provoquent souvent des maux de tête, un sentiment de malaise, de sécheresse de la gorge, et même des effets de congestion. A quoi attribuer ce résultat fâcheux? Sans doute à la cause que nous avons longuement discutée à propos des poêles, c'est-à-dire à la production de l'oxyde de carbone par la fonte rougie, qui décompose l'acide carbonique de l'air. Peut-être aussi l'oxyde de carbone et l'acide carbonique provenant du foyer, peuvent ils transsuder à travers la cloche de fonte, passer dans les tuyaux d'air pur et se déverser dans les pièces. Enfin, si les joints des tuyaux de tôle, dans lesquels circule l'air brûlé sortant du foyer, sont faits négligemment, ce qui est le cas habituel, les gaz du charbon passent dans les tuyaux d'air pur, qui déversent ainsi dans les pièces de l'oxyde de carbone et de l'acide carbonique. Ces gaz produisent chez les personnes qui le respirent, les effets ordinaires de la vapeur de charbon, c'est-à-dire une sorte d'asphyxie, précédée de sécheresse à la gorge, de mal de tête et de malaise.

Quoi qu'il en soit, bien des personnes sont incommodées par les calorifères à air chaud, et si l'on nous permet de nous citer en exemple, nous dirons que nous n'avons jamais pu supporter l'effet d'un calorifère à air chaud établi dans notre maison. Au bout de quelques heures, la sécheresse de la gorge, les pesanteurs de tête, le refroidissement des pieds, la rougeur de la face, nous avertissent des inconvénients de ce système. Attribuant ces effets à la dessiccation de l'air, à l'absence de l'humidité normale, nous prîmes le parti, en 1869, de faire placer dans la chambre à air du calorifère, un bassin de tôle, capable de contenir 50 litres d'eau. M. Anez, architecte du palais de Meudon, qui s'est consacré à répandre à Paris cet excellent système, voulut bien diriger lui-même cette petite installation. L'air chaud envoyé par le calorifère pourvu du bassin plein d'eau, est devenu convenablement humide, et les effets de sécheresse ont disparu. Mais le remède n'a pas été complet, car l'air est toujours chargé de gaz nuisibles, et les maux de tête et les effets congestifs ont persisté. Nous avons donc pris le parti de supprimer l'usage du calorifère.

De tout cela, nous concluons qu'il y a dans la disposition des calorifères à air chaud, un vice fondamental, vice que la science n'explique pas encore d'une manière satisfaisante, mais qui doit provenir de l'imparfaite occlusion des tuyaux qui laissent mélanger dans le fourneau le gaz de charbon avec l'air envoyé dans les appartements, ou bien de la transpiration du gaz oxyde de carbone à travers la cloche de fonte du fourneau, ainsi que l'ont établi pour les poêles les observations du docteur Carret, de Chambéry, et les expériences confirmatives faites par M. le général Morin, en 1869.

CHAPITRE XI

PRINCIPE DU CHAUFFAGE PAR LES CALORIFÈRES A VAPEUR. — AVANTAGES DE CE SYSTÈME. — GÉNÉRATEURS, TUYAUX, JOINTS, SOUPAPES, RENIFLARD, SOUFFLEUR, COMPENSATEURS. — RETOUR DE L'EAU A LA CHAUDIÈRE. — POÊLE A VAPEUR. — POURQUOI CE MODE DE CHAUFFAGE N'A PAS PRIS GRANDE EXTENSION.

Un kilogramme d'eau à la température de 0°, qu'on élève à la température de 100 degrés, prend au combustible 100 calories, ou unités de chaleur. A ce point l'ébullition commence, la température du liquide reste stationnaire, et le kilogramme d'eau absorbera encore 540 calories, pour se transformer entièrement en vapeur possédant la même température de 100 degrés. D'autres calories pourront ensuite être employées à dilater ce volume de vapeur, ou à augmenter sa pression si elle est renfermée dans un espace clos.

Si à ce moment, on cesse de chauffer et qu'on laisse la vapeur se refroidir, elle cédera, en premier lieu, la dernière chaleur ajoutée, et perdra sa dilatation, ou sa pression; puis, arrivée à la température de 100 degrés, elle repassera à l'état liquide, et rendra les 540 calories, qui, de l'état liquide, l'avaient fait passer à l'état de vapeur. L'eau liquide possédera la température de 100 degrés; enfin, cette eau, en se refroidissant jusqu'à la température primitive de zéro, perdra les 100 calories qui lui restaient.

On aura donc retrouvé intégralement la chaleur communiquée à l'eau par le combustible du foyer.

Supposons, maintenant, qu'une certaine quantité d'eau soit chauffée dans une chaudière close, à laquelle serait adapté un tuyau qui conduirait la vapeur produite, dans un local quelconque, situé à une certaine distance. La vapeur, en se refroidissant et en se condensant dans ce local, cédera entièrement sa chaleur ; le local s'échauffera et profitera de toute la chaleur fournie par le combustible.

Tel est le principe physique du chauffage par la vapeur d'eau, principe bien simple et que connaissent déjà nos lecteurs.

Un calorifère à vapeur se compose donc : 1° d'une chaudière ordinaire, ou *générateur;* 2° d'un certain trajet de tuyaux, pourvus d'enveloppes peu conductrices, pour ne rien perdre de la chaleur qu'ils transportent dans les salles à chauffer ; 3° d'appareils divers, à surfaces rayonnantes, dans lesquels la vapeur se refroidit et se condense, et qui chauffent ainsi les pièces d'appartement. On peut encore ajouter certaines dispositions particulières, ayant pour objet de ramener à la chaudière l'eau condensée dans les appareils de chauffage.

Le système de chauffage par la vapeur d'eau, n'est point absolument nouveau. Basé sur des faits élémentaires de la physique, il a dû être mis en pratique en même temps que le chauffage des liquides au moyen de la vapeur dans les usines industrielles. Cependant cette méthode n'a pris une place sérieuse dans la science et dans l'industrie, que depuis les remarquables travaux de l'ingénieur anglais Tredgold, consignés dans son ouvrage, *Principes de l'art de chauffer et d'aérer* (1).

Les principaux avantages du calorifère à vapeur sont de tenir moins de place dans les habitations que les calorifères à air chaud, et pour cette raison, de pouvoir être installés plus facilement dans les maisons anciennement construites ; de porter la chaleur plus rapidement, plus sûrement et plus loin. On a pu chauffer par ce moyen des locaux situés à plusieurs centaines de mètres des générateurs, et il n'y a, d'ailleurs, aucune limite à cette distance, si la pression dans la chaudière est suffisante, et si les tuyaux qui transportent la vapeur sont parfaitement étanches et bien isolés.

Avec le chauffage à la vapeur les surfaces rayonnantes n'étant jamais portées à une haute température, on n'a plus à craindre l'incendie, ni surtout la viciation de l'air.

Nous lisons dans l'ouvrage de Tredgold :

« Le docteur Ure remarque que les ouvriers qui travaillent dans des séchoirs échauffés par la vapeur, jouissent d'une très-bonne santé, tandis que ceux qui étaient auparavant employés au même ouvrage dans des salles chauffées avec des poêles, devenaient bientôt maigres et valétudinaires (1). »

Tredgold montre encore, en citant quantité de faits à l'appui, que les plantes chauffées dans les serres, avec les appareils à vapeur, supportent à merveille la saison d'hiver, tandis que, chauffées au moyen des poêles, elles dépérissent bientôt, et s'étiolent, comme empoisonnées.

Depuis les travaux de Tredgold, l'usage de chauffer les serres avec des tuyaux de vapeur a prévalu. Les tuyaux de vapeur ont été presque partout adoptés pour le chauffage des serres en hiver. Les appareils qui servent à cet usage portent le nom de *thermo-siphon* dans l'art de l'horticulture. Ce mode de chauffage des plantes a été reconnu par l'expérience, supérieur à tous les autres.

Un système de chauffage manifestement propice à l'entretien des végétaux, ne peut être qu'avantageux pour l'homme, sous le rapport de la salubrité. Cette prévision a été confirmée par l'expérience, et le chauffage à la vapeur est assurément le plus salubre dans les habitations.

Quant à la question d'économie, elle est plus difficile à résoudre en sa faveur ; mais la comparaison entre les différents systèmes serait assez difficile à établir avec sûreté.

L'installation d'un calorifère à vapeur est

---

(1) *Principes de l'art de chauffer et d'aérer les édifices et les maisons d'habitation,* par Thomas Tredgold, traduit de l'anglais sur la deuxième édition par T. Duverne. Paris, 1825, un volume in-8.

(1) *Principes de l'art de chauffer et d'aérer,* p. 23.

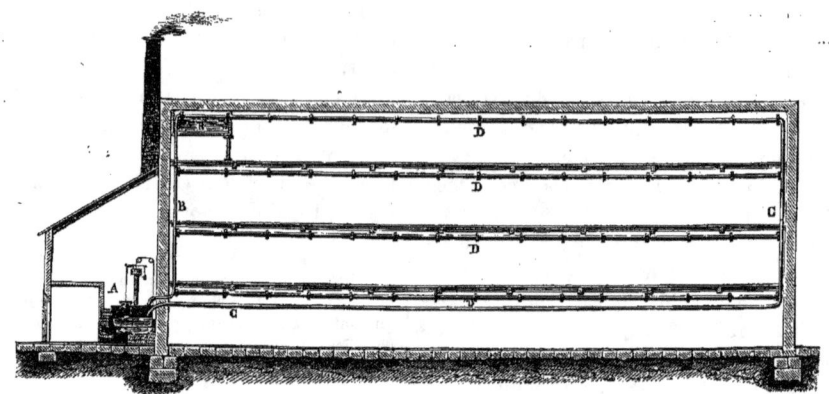

Fig. 199. — Système de chauffage à la vapeur de la fabrique de soie de Watford.

plus coûteuse que celle d'un calorifère à air chaud, et elle doit être dirigée par un architecte habile. Nous ne voyons là d'ailleurs rien à regretter. Il faut, au contraire, s'applaudir que ce système de chauffage des habitations ne soit pas tombé, comme celui des calorifères de cave, dans le domaine d'industriels ignorants, qui font plus de mal que de bien avec leurs appareils mal construits, et qui ne chauffent les appartements qu'à la condition de vicier ou d'empoisonner l'air respirable.

Nous emprunterons (*fig.* 199) à l'ouvrage de Tredgold, une planche représentant deux coupes longitudinales d'une fabrique de soie, ayant appartenu à MM. Shute et compagnie, et située à Watford, dans le comté de Hest.

Cette fabrique était d'abord chauffée par treize poêles en fer. Les nombreux tuyaux de ces poêles déversaient la fumée par les fenêtres ou par les toits. En 1817, les propriétaires firent construire le calorifère à vapeur par MM. Bailey, d'Holborn, et cet appareil marcha d'une manière très-satisfaisante.

La chaudière qui fut installée dans un hangar, était de la capacité de 1076 litres.

Un premier tuyau vertical B portait la vapeur jusqu'au haut de la maison dans le réservoir R. Quatre tuyaux, D, D, D, D, embranchés à angle droit sur ce tuyau vertical, couraient dans les quatre étages, jusqu'à l'extrémité de la fabrique. On les avait suspendus au plafond, parce que, les machines encombrant les salles, on n'avait pas trouvé d'autre place. Leurs diamètres étaient inégaux; ils décroissaient depuis l'étage le plus élevé jusqu'au rez-de-chaussée. La vapeur se condensait dans ces différents tuyaux, et grâce à une légère pente, l'eau s'écoulait dans le tuyau, CC, et retournait à la chaudière, A.

Le réservoir, R, était rempli d'eau que la vapeur chauffait, et qui servait dans la fabrique à différents usages.

« Il y avait très peu de facilité pour l'arrangement de cet appareil dans cette fabrique, depuis longtemps construite, et encombrée par des machines, dit Tredgold; cependant celui qu'on y a placé n'en a pas moins de très-grands avantages. Il a premièrement celui d'avoir diminué considérablement la prime d'assurance que les propriétaires payaient pour la fabrique; 2° celui de s'être débarrassé de la fumée, de la suie, des cendres et de la poussière qui nuisaient auparavant beaucoup à la soie; 3° d'économiser du combustible, et d'exiger moins de soin pour le feu; 4° de donner une chaleur égale au lieu de la chaleur partielle des poêles, et d'entretenir un courant régulier d'air frais dans la fabrique chauffée par le grand tuyau ; 5° l'ouvrage se fait sans interruption, et avec une chaleur convenable ; 6° les enfants n'ont plus d'engelures en hiver, ce qui, peut-être, est dû en partie à ce qu'ils peuvent se laver les mains dans l'eau chaude. »

La naïveté de ce dernier trait complète le tableau, et montre que Thomas Tredgold n'oublie rien.

Cet appareil, quoique fort ancien et assez imparfait, donne pourtant une idée suffisante de l'ensemble des dispositions qui constituent un calorifère à vapeur. Entrons maintenant dans la description plus approfondie des différentes parties de ce système de chauffage.

Nous avons peu de choses à dire de la chaudière destinée à fournir la vapeur d'eau. Le lecteur pourra se reporter à la partie de cet ouvrage où nous avons traité des machines à vapeur. Dans le cas actuel, on pourra se servir d'une chaudière à bouilleurs, ou plus simplement, d'une chaudière à fond plat. Les générateurs en cuivre sont moins sujets que ceux en tôle à l'incrustation et à l'oxydation. Il n'est pas nécessaire de leur donner une grande résistance, car ces appareils, quelle que soit la longueur, et par conséquent la résistance des tuyaux, ne marchent jamais à une pression de plus d'une demi-atmosphère.

Les tubes qui conduisent la vapeur, sont communément placés dans des conduites recouvertes de plaques de fonte mobiles, pour qu'il soit facile de les visiter et de les réparer. Pour les préserver du refroidissement, on peut les entourer d'un feutre épais, mais léger, ou les revêtir de l'enduit plastique recommandé par Tredgold et composé d'un mélange de plâtre, de bourre et de terre ; mais le mieux est de remplir les caniveaux de poils de vache, ou de toute autre matière peu conductrice de la chaleur.

Le diamètre de ces tuyaux n'est pas arbitraire. Trop étroits, ils opposeraient une grande résistance au passage de la vapeur, et nécessiteraient une augmentation de pression, qui serait nuisible au point de vue de l'économie du combustible, et augmenterait les dangers d'explosion. Trop larges, ils occasionneraient, par leur surface plus grande, une déperdition de chaleur pendant le trajet de la vapeur, malgré toutes les précautions que l'on pourrait prendre pour les bien isoler. Les tuyaux larges ont encore un autre défaut, relatif à la difficulté de l'expulsion de l'air, et sur lequel nous nous expliquerons plus loin.

M. Grouvelle pose la règle suivante : « Le diamètre intérieur du tuyau doit être égal à un minimum de 35 millimètres, augmenté de 1 millimètre et demi par force de cheval du générateur employé, ou de la vapeur qui doit passer par ce tuyau. »

Le métal qui compose ces tuyaux, ainsi que leur épaisseur, sont sans importance relativement à la déperdition de la chaleur. Les gros sont en fonte, les petits en cuivre ou en fer étiré. Des tuyaux en plomb ou en zinc, métaux trop mous, seraient bientôt hors de service.

La question importante et délicate est celle des joints. Souvent la tête renflée d'un tuyau reçoit l'extrémité du tuyau suivant, comme le montre la figure 200. L'espace annulaire

Fig. 200. — Raccordement des joints.

qui reste entre les deux parois, est rempli avec du mastic de fonte, mastic composé de fines rognures de fonte, de soufre pulvérisé et d'huile. Le soufre se combinant au fer de la fonte, donne du sulfure de fer, qui adhère très-bien aux métaux. Au bout d'un jour ou deux le joint est solide.

Cependant, ces joints peuvent se séparer par les mouvements qui résultent des dilatations du métal, ou par les tractions diverses résultant de leur poids. On conseille donc de faire l'ouverture du renflement plus étroite que le fond, et de laisser un peu d'intervalle entre les deux bouts des deux tuyaux, parce que le mastic, en se solidifiant, augmente considérablement de volume, et, sous une grande épaisseur, il ferait, en se dilatant, éclater la tête renflée du tuyau.

Divers autres moyens plus simples, ont été proposés pour opérer la jonction des tuyaux. On a conseillé de terminer les tuyaux par des collets, entre lesquels on place des rondelles, qu'on serre fortement par des boulons. Si les collets ont été tournés, on peut se contenter de placer entre eux une rondelle de papier trempé dans du sel marin; les surfaces métalliques s'oxydent, et le joint devient très-solide. Si les joints doivent être défaits de temps en temps, il faut employer des rondelles d'étoupe tressées et trempées dans du suif fondu. Mais la jointure la meilleure consiste à comprimer fortement entre les collets tournés, un anneau fait d'un fil de cuivre rouge épais de 1 à 2 millimètres; le cuivre s'écrase régulièrement sur tout le pourtour, et forme un joint hermétique.

Quand les tuyaux n'ont pas une pente régulière, et toujours dans le même sens, les eaux de condensation se réunissent dans les fonds, et ferment le passage à la vapeur. Cette vapeur s'accumulant derrière l'obstacle, la pression s'élève rapidement, l'eau est chassée avec force, et comme par un choc; puis, de nouveau, le liquide bouche le tuyau, et le choc se reproduit. Ces secousses répétées ébranlent les joints, et finissent toujours par les rompre. De tout cela résulte un bruit désagréable, et quelquefois inquiétant pour les habitants de la maison.

Lorsque la disposition des bâtiments ne permet pas de conserver aux tuyaux une pente constante, il faut munir les points où l'eau s'arrête, de robinets pour son évacuation, ou mieux embrancher à ces points les tubes de retour qui ramènent l'eau au générateur.

La direction à adopter pour les pentes en général est indiquée dans la figure 199 que nous avons empruntée à l'ouvrage de Tredgold. La chaudière est située au point le plus bas de l'appareil; un tube vertical porte, du premier coup, la vapeur à l'endroit le plus élevé de chaque circuit partiel. Là, commence la condensation. L'eau qui s'écoule marche dans le même sens que la vapeur, et celle-ci par sa pression hâte le retour de l'eau au générateur. Si les pentes douces commençaient immédiatement à la chaudière, l'eau liquide coulerait en sens inverse de la direction de la vapeur; le souffle gazeux toujours très-puissant, surtout au voisinage du foyer, tendrait à la refouler vers les parties élevées, la lumière du tube serait tout au moins diminuée, et souvent apparaîtraient les phénomènes de secousse et de vibration dont nous avons parlé.

Lorsque l'eau de condensation revient à la chaudière, par un tube qu'elle remplit incomplètement, sa rentrée dans le générateur peut se faire, parce qu'une certaine quantité de vapeur se dégage par ce même tube, et que la pression dans le générateur n'est ni augmentée ni diminuée, mais, alors, on s'expose aux inconvénients de la marche en sens inverse de deux courants. Si l'eau remplissait le tube, elle aurait à vaincre la pression de la chaudière pour y pénétrer, et l'écoulement ne se produirait que lorsque la colonne liquide serait d'une hauteur suffisante; mais, aussitôt qu'un peu d'eau aurait coulé, le poids de la colonne serait insuffisant à vaincre la pression, et le retour de l'eau serait arrêté. On aurait ainsi un écoulement intermittent, irrégulier, soumis à toutes les variations de pression; et si cette pression éprouvait un accroissement brusque, la colonne d'eau serait chassée avec force dans les tuyaux, et irait heurter les coudes, disloquer les joints. On peut dire que constamment l'eau serait en mouvement, et que pendant toute la durée du chauffage l'appareil éprouverait des vibrations désagréables et des secousses dangereuses.

A cause des difficultés du problème pour certains calorifères, les constructeurs ont préféré supprimer le retour à la chaudière, et perdre l'eau au bout du trajet ordinaire des tuyaux.

Il vaut mieux cependant, si l'on ne veut pas faire revenir l'eau de condensation dans la chaudière, ne pas la perdre entièrement. A cet effet, on la réunit dans des bâches, d'où on la prend pour servir à l'alimentation de la chaudière. Quand le chauffeur, par l'inspection du niveau d'eau, juge que le générateur a besoin d'eau, il aspire, à l'aide d'une pompe, ou à l'aide d'un *injecteur Giffard*, semblable à ceux qui sont usités dans les locomotives, l'eau chaude tenue en réserve dans les bâches.

Quand on cesse d'alimenter le foyer, que la vapeur se refroidit et se résout en eau dans les circuits, un vide se forme dans tout l'appareil, et si on ne laissait rentrer l'air dans les tubes, ils courraient le risque d'être écrasés par la pression extérieure de l'atmosphère.

La rentrée de l'air se fait par un petit mécanisme appelé *reniflard*, que représente la figure 201. Il se trouve à la partie inférieure du

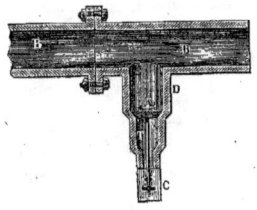

Fig. 201. — Reniflard.

tube horizontal. Le reniflard se compose d'une petite tige *t*, qui peut se mouvoir verticalement dans un tube, CD, rétréci vers le bas, et qui porte une soupape, A, à son extrémité supérieure, ainsi qu'un arrêt à son extrémité. Quand la pression est plus grande dans le tuyau BB qu'à l'extérieur, la soupape presse contre la portion rétrécie du petit tube vertical CD, et ferme le passage à la vapeur. Quand, au contraire, la pression intérieure a diminué par suite de la condensation de la vapeur, l'air presse contre la soupape, la fait remonter, et pénètre dans l'appareil.

Il y a donc presque toujours de l'air dans les tuyaux lorsqu'on commence à chauffer le calorifère. Or, cet air n'est pas sans inconvénients. Les premières bouffées de vapeur circulent dans les tubes, en mince filet, par leur portion centrale, ce qui est facile à comprendre, parce que l'air a contracté une adhérence avec la paroi métallique, et que si la vapeur arrivait au contact de cette paroi froide, elle se condenserait, et ne serait plus de la vapeur. Ce filet de vapeur chemine péniblement en comprimant légèrement les couches d'air; puis le mince courant s'élargit graduellement, presse l'air davantage, et les choses se passent comme si le diamètre du tube était diminué. Cet état dure longtemps, jusqu'à ce que, les molécules d'air ayant été détachées une à une par la force croissante du courant de vapeur, il n'en reste presque plus dans la portion du tube considéré.

D'autre part, quand on commence à chauffer l'appareil, les tubes sont pleins d'air, et il faut donner issue à cet air. A cet effet, on établit sur certains points des circuits, des

Fig. 202. — Souffleur du calorifère à vapeur.

souffleurs, semblables à celui que montre la figure 202. Ce sont, tout simplement, de petits tubes, A, pourvus d'un robinet, B, et soudés au tuyau de vapeur C. On a soin de tenir le robinet ouvert pendant les premiers instants du chauffage, et l'air sort par un jet, qui bientôt se mêle de vapeurs. Quand on voit qu'il ne sort plus que de la vapeur pure, on ferme le robinet, et tout l'air est expulsé.

Quand les tuyaux sont très-larges, il devient difficile d'en expulser l'air, parce que le volume à chasser est plus considérable, et que les tuyaux sont plus longs à chauffer. Cela est si vrai que, pour certains calorifères, on est obligé de laisser ouverts les robinets des *souffleurs* pendant toute la durée du chauffage.

L'air, quand il persiste à l'intérieur du calorifère à vapeur, a l'inconvénient d'isoler, comme nous l'avons dit, la vapeur de la paroi métallique, et d'empêcher ainsi son refroidissement et sa condensation. Un calorifère dont les tuyaux seraient constamment matelassés d'air, ne chaufferait que très-peu, et serait presque inutile.

Pour ne pas chauffer inutilement toutes les salles de l'édifice, on n'amène la vapeur que là où la chaleur est nécessaire ; les autres circuits sont fermés à l'aide de soupapes. La figure 203 montre la disposition d'un

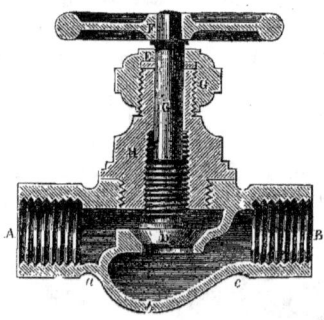

Fig. 203. — Soupape du calorifère à vapeur.

système très-commode de soupape, importé d'Amérique, et aujourd'hui fort employé. La soupape, D, est pourvue d'une vis, H, portée sur une tige C, que l'on manœuvre avec une manivelle. La tige de la manivelle traverse une boîte à étoupes EG. La lumière du tuyau AB est coupée par un diaphragme métallique élastique coudé, *abc*. Quand on veut établir la communication du tuyau avec le reste du circuit, on tourne la manivelle qui presse le diaphragme et découvre la lumière du tube. Si l'on veut interrompre la communication, on tourne la manivelle dans l'autre sens, pour laisser agir l'élasticité du diaphragme métallique, qui, se relevant, ferme le tuyau.

Ces soupapes sont reliées aux tubes, par des joints, dans les points convenables.

Sous l'influence de la chaleur, les tuyaux se dilatent et s'allongent. L'accroissement dans le sens du diamètre est insignifiant, et ne doit pas entrer en ligne de compte ; mais l'allongement vertical est fort sensible. Dans la plupart des cas, il faut y songer et y pourvoir en mettant l'appareil en place.

On calcule qu'une longueur rectiligne de 20 mètres de tuyaux de fonte, s'accroît d'un peu plus de 2 décimètres pour une différence de température de 100 degrés. La force avec laquelle cette dilatation s'opère, est énorme, et s'y opposer serait insensé. Les murs les plus solides seraient renversés, ou bien les tuyaux se briseraient. C'est ce qui arriva quand on posa les tubes du calorifère à vapeur qui fut établi au palais de la Bourse de Paris, sous la direction d'une commission dont d'Arcet faisait partie. Les tubes n'ayant pas tout l'espace voulu pour leur allongement, vinrent presser contre les bâches pleines d'eau, et les brisèrent.

Les tubes verticaux, en s'allongeant, tendent à soulever les extrémités des colonnes horizontales des tubes qui y aboutissent. Si les portions soulevées sont suffisamment longues, les tubes peuvent se rompre, ou les joints se séparer. Il faut donc absolument établir sur le trajet des tubes porteurs de vapeur des *compensateurs*.

On donne ce nom à certaines parties du circuit, destinées à subir, sans se rompre, tout l'effort de la dilatation. Tel est l'appareil représenté par la figure 204. Les deux tuyaux A et B sont reliés par les deux petits tubes de cuivre EGF et E'G'F', lesquels sont repliés de manière que leur longueur soit quatre ou cinq fois plus considérable que la distance qui sépare les tuyaux C et D. Quand ces deux tuyaux se rapprochent, la flexion est répartie à peu près également sur

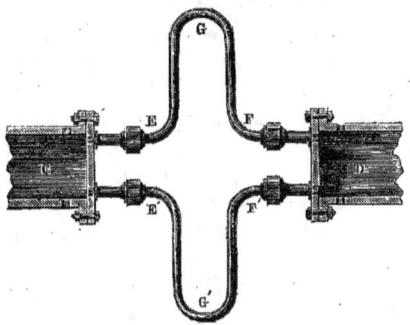

Fig. 204. — Compensateur du calorifère à vapeur.

toute la longueur des petits tubes recourbés, et l'élasticité du cuivre résiste très-bien à ces mouvements.

Le tube supérieur (EGF) conduit la vapeur, tandis que le tube inférieur (E'G'F') sert de passage à l'eau de condensation.

La figure 205 montre en coupe un com-

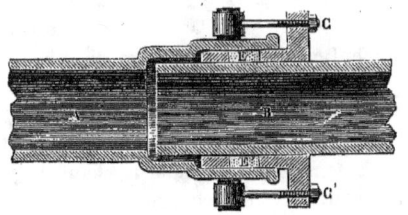

Fig. 205. — Autre compensateur.

pensateur tout aussi simple. Un bout de l'un des tuyaux, A, est renflé et alézé, pour recevoir l'extrémité de l'autre tuyau, B; celle-ci joue dans une boîte à étoupes, EE', maintenue par deux tiges à boulons, C, C'. Cette extrémité peut, de cette manière, avancer ou reculer sans compromettre l'herméticité du joint et la solidité de l'appareil.

Les boîtes à glissement doivent être fréquemment visitées et graissées à nouveau, pour que les mouvements soient toujours faciles. L'accident de la Bourse arriva parce qu'on avait négligé ces précautions, et que les compensateurs, s'étant oxydés, avaient cessé de fonctionner.

Il nous reste à parler des appareils qui, placés dans les appartements, doivent y répandre la chaleur apportée par les tuyaux de vapeur, c'est-à-dire des *poêles à vapeur*.

Les *poêles à vapeur* sont de vastes récipients affectant la forme d'un poêle ordinaire, et dans lesquels circule la vapeur.

La figure 206 représente le poêle à vapeur. Trois tubes traversent le pied du poêle, et

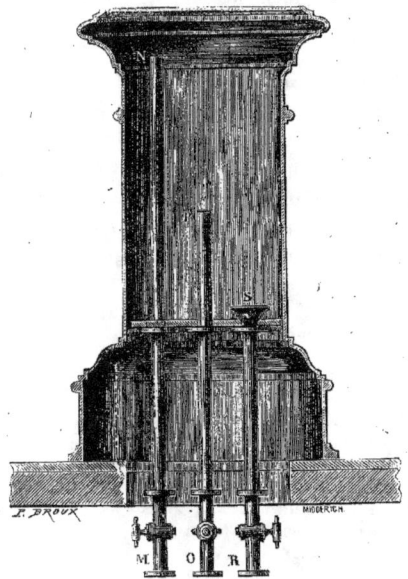

Fig. 206. — Poêle à vapeur.

pénètrent dans son intérieur. Celui du milieu, OP, amène la vapeur de la chaudière; le second, MN, sert à l'écoulement de l'eau condensée et au départ de la vapeur; le troisième, RS, est un *tube souffleur* destiné à évacuer l'air au moment où commence le chauffage.

La quantité de la chaleur transmise au poêle

dépend surtout de la grandeur de la surface rayonnante, mais aussi, dans une certaine mesure, de la nature du métal et de l'état de sa surface. La couleur, quoi qu'on en ait dit, est à peu près sans influence, puisqu'une surface déterminée condense la même quantité de vapeur, et, par conséquent, émet le même nombre de calories, qu'on l'ait noircie avec de la plombagine, ou qu'on l'ait recouverte d'une couche épaisse de colle de poisson.

Les métaux polis rayonnent moins de chaleur que les métaux rugueux.

Les tubes verticaux rayonnent plus que les tubes horizontaux, parce que tout leur pourtour est également chaud, tandis que dans ces derniers, l'eau de condensation et la vapeur froide recouvrent la paroi inférieure et diminuent son action.

Le tableau suivant montre dans quelles limites les causes précitées font varier l'efficacité des tubes chauffeurs. On a supposé toutes ces surfaces exposées librement à l'air durant une heure, et grandes de 1 mètre carré, la température ambiante étant de 15 degrés.

La fonte nue en tuyau horizontal condensera..................	1^{kil}, 81 de vapeur
La fonte noircie.............	1 70
Le cuivre nu en tuyau horizontal................................	1 47
Le cuivre noirci en tuyau vertical.............................	1 98
La tôle neuve................	1 80
La tôle rouillée.............	2 10
Le cuivre noirci en tuyau horizontal.............................	1 70

M. Péclet a fait de belles expériences sur le refroidissement des corps, dans le but de déterminer la quantité de chaleur qu'il faut donner à une salle quelconque, pour chauffer, par les plus grands froids, au moyen de la vapeur. Nous renvoyons à son ouvrage pour ces détails tout à fait techniques. De ces expériences, il résulte qu'une surface rayonnante de 1 mètre carré, chauffée intérieurement par la vapeur, peut maintenir, dans tous les cas, à une température de 15 degrés, une salle construite à la manière ordinaire, et grande de 66 à 70 mètres cubes, ou un atelier de 90 à 100 mètres cubes de capacité.

Si les calorifères à vapeur n'ont pas pris jusqu'ici une grande extension, c'est que leur installation est coûteuse et délicate et que les réparations qu'ils exigent sont difficiles. Il faut un chauffeur pour surveiller et diriger constamment l'appareil ; enfin les bruits et les vibrations que produit la condensation, sont désagréables.

A Paris le palais de la Bourse, la manufacture des Tabacs, et quelques autres établissements publics, sont chauffés par ce système. Mais on ne pourrait songer à chauffer par ce moyen les maisons particulières, parce que le foyer doit être dirigé avec un soin et une habileté que peut seul posséder un chauffeur intelligent.

Nous verrons bientôt que le chauffage par la vapeur d'eau a été combiné de la manière la plus heureuse, par M. Grouvelle, avec le chauffage par l'eau liquide. C'est le système qui fonctionne à la prison de Mazas, à l'hospice Lariboisière à Paris et dans un grand nombre d'édifices publics, ainsi que dans quelques habitations particulières. Mais avant de parler de ce système mixte qui répond à tous les besoins de chauffage des grands édifices, nous aurons à étudier le chauffage par les calorifères à eau chaude.

CHAPITRE XII

L'INVENTION DE BONNEMAIN. — PRINCIPE DU CALORIFÈRE A CIRCULATION D'EAU CHAUDE. — CALORIFÈRE A AIR LIBRE. — APPAREIL DE M. LÉON DUVOIR. — APPAREILS PERKINS A HAUTE PRESSION. — QUALITÉS ET DÉFAUTS DE CE DERNIER MODE DE CHAUFFAGE.

L'origine des calorifères à circulation d'eau chaude est fort ancienne, puisque les Romains employaient déjà des courants d'eau chaude pour le chauffage de leurs bains publics. Notons aussi que la petite ville de Chaudesaigues, dans le département du Cantal, utilise pour le chauffage des maisons et les usages domestiques, la chaleur naturelle que fournit une source s'échappant du sol, à la température de 90 degrés.

Le système qui consiste à établir comme moyen de chauffage, une circulation d'eau chaude, contenue dans un circuit métallique entièrement fermé, conception très-remarquable en elle-même, est due à l'architecte Bonnemain. Ce système fut appliqué par lui, pour la première fois, en 1777, dans un château du Pecq, près de Saint-Germain en Laye. L'appareil, que Bonnemain monta lui-même, fut construit du premier coup avec une perfection telle qu'il a continué de fonctionner jusqu'à ces dernières années, et qu'il aurait fallu peu de réparations pour le maintenir encore aujourd'hui en activité.

Le calorifère du Pecq, construit par Bonnemain, se composait d'un récipient contenant le foyer et la chaudière. De la chaudière partait un tuyau vertical, qui s'élevait jusqu'au plus haut point du circuit, se coudait à angle droit, et parcourait successivement les différents étages de la maison. Puis, l'eau refroidie rentrait au point le plus bas de la chaudière, par un tube vertical. Un tube ouvert placé au haut du circuit, mettait l'eau chaude en libre communication avec l'air, et en faisait un *calorifère à eau chaude et à air libre*, c'est-à-dire l'appareil même qui est aujourd'hui en usage.

Pour régulariser la chaleur, Bonnemain avait imaginé une disposition fort ingénieuse. Un tube de fer vertical, noyé dans l'eau de la chaudière, contenait une barre de plomb, fixée par son extrémité inférieure, et libre à son autre extrémité. Quand elle s'allongeait par la chaleur, cette barre agissait sur un levier relié à un registre qui diminuait l'arrivée de l'air dans le foyer. Si la température de l'eau venait à baisser, la tige de plomb, en se rétractant, tirait à elle le levier, et augmentait la section d'arrivée de l'air, et par conséquent l'activité du feu.

On n'a pas fait beaucoup mieux depuis Bonnemain, malgré toutes les prétendues inventions que s'attribuent nos constructeurs modernes.

La figure 207 fera comprendre en vertu de

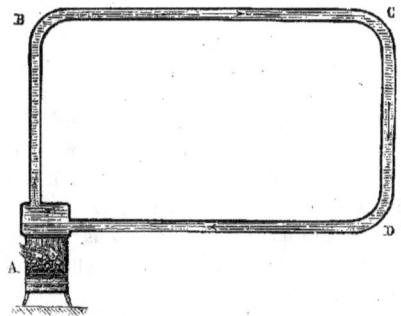

Fig. 207. — Principe du calorifère à eau chaude.

quel principe physique la circulation de l'eau s'établit dans le calorifère à eau chaude.

Supposons un circuit, ABCD, complètement fermé, et plein d'eau d'une température uniforme. Aucun mouvement ne tendra à se manifester dans le liquide, parce que les colonnes verticales AB et CD ont des poids égaux et qu'elles pressent également sur la colonne horizontale AD. Mais si, à l'aide du foyer A, on chauffe la colonne AB, l'eau, se dilatant, deviendra plus légère, le poids de la colonne AB sera inférieur à celui de la colonne froide, CD et l'équilibre sera rompu. Dès lors, la colonne AD sera poussée dans la direction du foyer, et par la continuité des pressions, l'eau sera mise en mouvement dans tout le circuit.

Le mouvement circulatoire sera d'autant plus rapide qu'il y aura une plus grande différence de poids entre les deux colonnes verticales, c'est-à-dire que la colonne AB sera plus chaude, et la colonne CD plus refroidie.

Si faible que soit la différence de température, la circulation s'établit, même quand les tuyaux sont très-petits et offrent beaucoup de résistance. On calcule que si la colonne AB avait 1 mètre de hauteur, la colonne AD 50 mètres de longueur, et les tubes 11 centimètres de diamètre, dimensions fréquemment employées pour le chauffage des serres, avec une différence de température de 3 ou 4 degrés entre les deux branches verticales, le courant dans le tube AD aurait une vitesse de 3 centimètres par seconde, ou de $1^m,80$ par minute.

Un calorifère dans les conditions ordinaires, c'est-à-dire possédant un tube vertical qui élève l'eau chaude jusqu'au sommet d'une maison de trois ou quatre étages, peut porter la chaleur dans un rayon horizontal d'une centaine de mètres, beaucoup plus par conséquent, que les calorifères à air chaud, qui n'étendent leur action que dans un cercle de 10 ou 12 mètres, toutefois, moins que les calorifères à vapeur. Ce rayon de 100 mètres est plus que suffisant pour le chauffage des habitations particulières.

L'eau est l'un des corps qui possèdent la plus grande capacité calorifique. Un volume d'eau déterminé, chauffé à 100 degrés, pourrait, s'il donnait entièrement sa chaleur, élever à la même température un volume d'air 3,200 fois plus considérable. Il n'est donc pas nécessaire d'amener dans la salle à chauffer un bien grand volume d'eau chaude, pour en obtenir l'effet calorifique voulu.

Voilà l'un des principaux avantages des calorifères à circulation d'eau chaude; mais ces appareils ont encore d'autres qualités.

Leur construction est simple et moins coûteuse que celle des calorifères à vapeur; leur service n'exige pas autant de surveillance ni autant d'habileté. S'il faut un temps assez long pour échauffer toute l'eau contenue dans les appareils, et par conséquent pour donner aux appartements la température convenable, il faut aussi un temps fort long pour que l'eau se refroidisse, et l'on obtient facilement un chauffage régulier pendant toute sa durée. A cause de la grande capacité calorifique de l'eau, et du mélange parfait donné par la circulation, tous les poêles de chauffage possèdent à peu près la même température; il n'y a pas un abaissement de plus de 3 ou 4 degrés aux extrémités d'un rayon de chauffage de 80 ou 100 mètres.

Ces calorifères constituent donc le meilleur mode de chauffage pour les maisons qui doivent être tenues chaudes également dans toutes leurs parties, et pendant un temps suffisamment long.

Il serait facile, pourtant, de chauffer une salle plus que l'autre, en donnant aux poêles un plus grand volume, ou une plus grande surface de rayonnement.

En outre, avec ce système, on peut, si on le désire, ne chauffer que très-peu les pièces, la circulation s'établissant par les moindres différences de température dans le circuit; tandis qu'avec les autres calorifères il faut le plus souvent chauffer assez fortement, ou ne pas chauffer du tout. Avec les calorifères de cave, le tirage ne s'établit dans les tuyaux ventilateurs, qu'à la condition que l'air qu'ils contiennent soit porté à une température très-élevée.

Les calorifères à circulation d'eau chaude ont l'avantage, ainsi que les calorifères à vapeur, de ne modifier, de n'altérer en rien la pureté de l'air respiré. On sait que là est le grand défaut des calorifères à air chaud.

Après Bonnemain, le premier qui fit usage du genre d'appareils qui nous occupe, fut le marquis de Chabannes, qui, vers 1820, en établit plusieurs dans des maisons particulières, et dans divers établissements publics de Paris.

Ce mode de chauffage passa en Angleterre, vers 1825. Il s'y répandit très-vite, et par la pratique, il reçut quelques améliorations. Entre 1831 et 1840, on vit reparaître en

France ce même système : en 1831, Price, de Bristol, s'était muni d'un brevet pour son importation en France.

En 1837, Perkins établissait les premiers calorifères à circulation d'eau chaude à haute pression. Enfin, M. Léon Duvoir-Leblanc imaginait plus tard un système intermédiaire entre la circulation de l'eau chaude à air libre et les appareils de Perkins.

Nous avons donc à décrire : le *calorifère à circulation d'eau chaude à air libre*, les appareils à haute pression de Perkins, et les calorifères du système mixte inventé par Duvoir-Leblanc.

Le principe du *calorifère à eau chaude à*

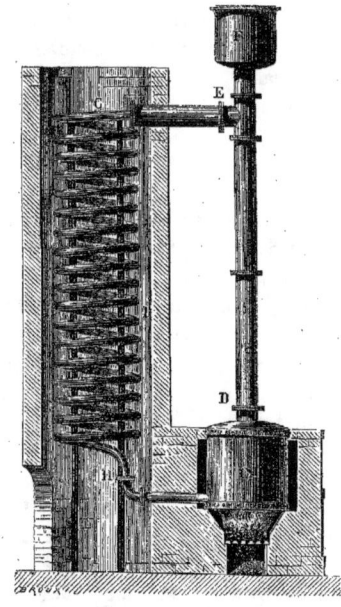

Fig. 208. — Théorie du calorifère à eau chaude et à air libre.

air libre est ce que représente, en petit, la figure 208. La chaudière, C, est surmontée de son tube vertical, DE, le serpentin, GH, placé dans son enveloppe, figure le local à chauffer.

Dès que le foyer est allumé, la circulation s'établit, lentement d'abord, parce qu'il y a peu de différence entre le poids de la colonne ascendante et celui de la colonne de retour. Puis, la différence de température s'accentue, le serpentin lui-même est plus chaud, et cède plus de chaleur. Enfin, la température dans la colonne ascendante excède-t-elle 100 degrés, le liquide bout, et la vapeur s'échappe en gros bouillons, par le *vase d'expansion* F, qui surmonte le tube vertical.

La température de 100 degrés est donc celle qu'il n'est jamais utile de dépasser, parce qu'il y aurait consommation plus grande de combustible, sans que la chaleur transmise par le tuyau DE fût augmentée. Les foyers, du reste, sont construits de telle sorte qu'on n'arrive que difficilement à ce point.

La pression dans la chaudière est représentée par la hauteur et le poids de la colonne d'eau, DE ; elle ne peut jamais être plus forte, parce que le calorifère, au total, est un vase ouvert et que la vapeur produite s'échappe par le *vase d'expansion* F.

Le *vase d'expansion* est ainsi nommé parce qu'il sert à recevoir le trop-plein de l'appareil, trop-plein qui se manifeste quand le liquide est dilaté par la chaleur. C'est aussi par le vase d'expansion que s'échappent les bulles d'air que retient l'eau non encore chauffée, ainsi que la vapeur. L'appareil étant ainsi toujours en libre communication avec l'air, aucune explosion n'est à craindre.

Il convient de laisser une certaine distance entre le tube horizontal, DE, et le vase d'expansion, F, pour que le courant n'entraîne pas facilement les bulles de vapeur dans les tuyaux du serpentin, GH, et que la circulation de l'eau chaude ne soit pas interrompue, si, par suite de l'évaporation d'une partie du liquide, le niveau venait à baisser dans le vase d'expansion et le tube vertical.

Passons maintenant du principe théorique à l'application.

La figure 209 montre la disposition générale d'un calorifère à eau chaude et à air libre. Par un premier tube vertical EE, l'eau de la chaudière monte au poêle le plus élevé D, qui fait office de *vase d'expansion*, et qui est ouvert de manière à communiquer

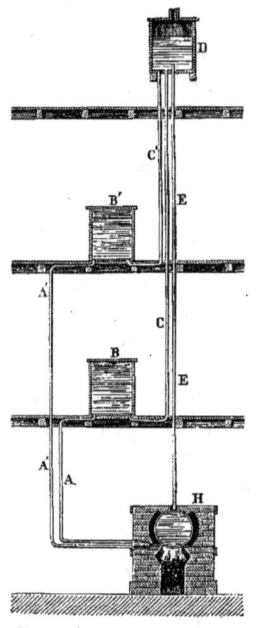

Fig. 209. — Calorifère à eau chaude à basse pression.

avec l'atmosphère. De là, l'eau redescend aux poêles inférieurs, B, B', par un nombre de tubes, C', C égal, au moins, à celui des étages. Les tubes de retour A', A, se réunissent en un seul tuyau au point le plus bas de la chaudière, et l'eau, revenant au générateur, termine de cette manière sa circulation pour la recommencer ensuite, tant que la chaudière est chauffée par le foyer.

Il est important qu'un circuit spécial soit assuré à chaque étage, ou à chaque appartement, pour qu'on ne soit pas obligé de chauffer du même coup toute la maison. Du reste, les soupapes et les robinets que nous avons décrits en parlant du chauffage à la vapeur, s'adaptent très-bien aux tuyaux des appareils à eau chaude et à air libre.

Quels que soient le nombre et le volume des tubes par lesquels l'eau descend du réservoir supérieur, le courant passe également dans tous, exerçant la même pression sur chacun d'eux, c'est-à-dire marchant avec plus de vitesse dans les tubes longs, qui offrent peu de résistance, que dans les tubes étroits.

Il est peu important que les diamètres de ces tubes soient égaux ou inégaux, parce que l'eau possède toujours à peu près la même température dans tous les poêles, et que la grandeur de la surface rayonnante de ces poêles est surtout ce qui fait la plus ou moins grande chaleur dans les appartements.

Il n'est même pas nécessaire que le tube ascendant qui part de la chaudière, ait une section égale à la somme des sections des autres tubes; s'il est plus étroit, le courant y prend une marche plus rapide que dans le reste du circuit, et la compensation est ainsi établie.

Les poêles d'eau chaude qui répandent la chaleur dans chaque appartement, avec ces calorifères, peuvent revêtir les formes les plus élégantes. On peut en faire des consoles, des piédestaux, etc. Avec quelques dispositions supplémentaires, on fournirait sans grands frais aux locataires, l'eau chaude pour la toilette ou pour le bain.

Dans les ateliers, où la décoration est la question la moins importante, et où souvent la place doit être ménagée, les poêles peuvent être remplacés par une certaine longueur de tuyaux à grand diamètre, rayonnant directement la chaleur. On les suspend au plafond ou contre les murailles.

Nous n'insisterons pas sur les diverses formes qu'on peut donner à la chaudière. Toutes les formes sont bonnes, pourvu qu'elles présentent des garanties suffisantes de durée, et qu'elles ne contiennent pas un volume d'eau extraordinaire. Seulement, le point de départ du tube vertical par lequel l'eau s'élève du générateur, doit être plus élevé que le point de branchement du tuyau de retour. Sans cela, de l'eau pourrait s'y rendre, et la tôle, à cet endroit, serait rapidement brûlée.

Les gros tuyaux, pour la circulation de l'eau à air libre, sont ordinairement en fonte; les petits, en cuivre ou en fer étiré. Les différences de température qui peuvent causer leur changement de longueur, n'étant pas aussi considérables que pour les calorifères à vapeur, il est moins souvent nécessaire de placer des *compensateurs* sur leur trajet. On les construirait, le cas échéant, comme nous l'avons indiqué plus haut (page 313).

Les joints demandent aussi moins de précautions. Des exemples fréquents de rupture doivent pourtant faire rejeter les soudures à l'étain pour les petits tubes de cuivre : le cuivre et l'étain se dilatent d'une manière différente, et ne tardent pas à se séparer. Les collets boulonnés constituent les meilleures jointures.

On pourrait redouter que, comme dans les générateurs à vapeur employés dans l'industrie, des dépôts calcaires ne viennent incruster la chaudière et les tuyaux; mais ici, l'eau, n'étant pas vaporisée, n'abandonne pas les sels qu'elle renferme en dissolution. Tout au plus, une couche fort légère et peu consistante, de carbonate de chaux, se forme-t-elle sur la surface intérieure de l'appareil, puisque ce corps est dissous dans l'eau naturelle à la faveur d'un petit excès d'acide carbonique, et que ce sel se précipite quand le gaz carbonique est chassé par la chaleur. Mais les mouvements des circulations le détachent et le font tomber au fond de la chaudière.

Dans le trajet de la chaudière aux poêles, les tuyaux doivent être enveloppés de matières peu conductrices de la chaleur, comme nous l'avons indiqué en parlant des tubes pour le chauffage à la vapeur.

Le *vase d'expansion* doit être muni d'un couvercle percé d'un trou, pour le dégagement des gaz et de la vapeur.

Comme l'air se réunit dans les poêles, il faut munir ces poêles à leur paroi supérieure d'un robinet *souffleur* semblable à celui que nous avons déjà représenté (page 311, *fig.* 202). On a soin d'en expulser l'air, si l'on veut obtenir tout l'effet utile de la surface rayonnante.

Deux tuyaux, nous l'avons vu, desservent chaque poêle. L'extrémité de celui qui apporte l'eau chaude doit monter jusqu'au haut du poêle, et l'extrémité du tuyau de retour se trouve au ras de la paroi inférieure, pour que les couches d'eau les plus chaudes et les plus légères soient toujours superposées aux plus froides qui s'écoulent vers la chaudière. Si le premier tube s'élevait moins haut, l'eau chaude en arrivant conserverait un barrage nuisible; et si l'ouverture du second tube arrivait jusqu'à une certaine hauteur dans l'intérieur, au-dessous de ce point stagnerait indéfiniment une eau froide et dense, et la partie inférieure du poêle deviendrait presque inactive et inutile.

Presque tous les poêles à eau chaude étaient autrefois construits en fonte. Ce métal est, en effet, économique, et se prête mieux que les autres à la décoration. Mais un accident déplorable survenu en 1858, à l'église Saint-Sulpice, à Paris, est venu éclairer sur les dangers de la fonte dans ce cas particulier. Un poêle de fonte se brisa, et il en sortit un terrible flot d'eau chaude, mêlée de vapeurs d'eau. Un certain nombre de personnes furent grièvement brûlées, quelques-unes succombèrent aux suites de leurs brûlures. C'est que la fonte est un métal peu résistant, et que le moindre choc peut le briser. Depuis ce moment, les poêles des calorifères à eau chaude ont été construits en tôle.

Avec la circulation d'eau chaude à air libre, les surfaces métalliques rayonnantes ne sont guère chauffées qu'à 80 degrés. Or, la quantité de chaleur émise, d'après les lois du refroidissement, est proportionnelle à la différence des températures du corps rayonnant et du corps qu'on échauffe; et tandis qu'un mètre carré de surface métallique chauffée intérieurement par la vapeur, suffirait à maintenir à une température convenable une salle de la capacité de 70 mètres cubes, on calcule que, pour chauffer cette même salle avec les poêles à circulation d'eau à air libre, il faut une surface de tôle grande de 1^m,30, ou une surface de 1^m,50 si la paroi du poêle est en cuivre.

Nous avons dit que le *vase d'expansion* D (*fig.* 209) est toujours ouvert, et qu'il est, à cet effet, terminé par un tube vertical, destiné à laisser dégager dans l'air les vapeurs d'eau et d'air. Mais nous devons ajouter que quelquefois ce tube est disposé de manière à pouvoir être fermé par une soupape, sur laquelle on puisse exercer des pressions au moyen d'un levier à poids. L'objet de cette dernière disposition, c'est de retenir la vapeur à l'intérieur de l'appareil, et d'établir un circuit fermé.

Cette disposition, hâtons-nous de le dire, s'accompagne de beaucoup d'inconvénients et même de dangers. Si elle est économique, si elle a l'avantage de pouvoir donner la même quantité de chaleur, avec la même somme de combustible, qu'un calorifère plus vaste et à tuyaux plus larges, elle a le défaut capital de ne permettre qu'un circuit unique, parce qu'à cette pression, les tubes ne peuvent pas être munis de robinets pour suspendre à volonté l'arrivée de l'eau chaude. Dans une habitation ordinaire, il faudrait donc chauffer, bon gré mal gré, tous les appartements, quand même on ne voudrait tenir chaude qu'une seule pièce.

Les joints aussi tiennent bien moins solidement avec cette pression, et déjà l'on courrait certains dangers d'explosion, si, par un hasard quelconque, la soupape venait à trop bien se fermer, et à ne pas se soulever sous l'effort qui a été calculé comme limite de la puissance de la vapeur.

Le vase d'expansion et sa soupape, quand elle existe, sont placés dans les combles du bâtiment, tandis que le chauffeur est à la cave : comment le chauffeur pourrait-il surveiller le jeu de son appareil ?

Si la soupape est rouillée, si elle n'a pas fonctionné depuis longtemps, si, par une cause quelconque, elle adhère à la surface qu'elle presse, et qu'en même temps de l'air occupe le sommet du tube vertical et empêche la circulation, il n'y a plus seulement danger, il y a certitude d'explosion. En effet, la quantité de chaleur qui eût dû être répartie sur tout le circuit et répandue dans les diverses parties de la maison, s'accumule dans la chaudière et le tube d'ascension, et tandis que le chauffeur ne peut rien soupçonner, le liquide bout, la vapeur, qui ne trouve pas d'issue, exerce une pression énorme ; enfin la rupture arrive avec tous les désastres qui en sont ordinairement la suite. Ainsi le chauffeur dispose à son gré de la charge de la soupape, et par conséquent de la vie des habitants de la maison. Il peut arriver que, pour réparer une négligence et pour chauffer rapidement, il place un gros poids sur la soupape et chauffe vigoureusement ; une explosion peut arriver par cette cause.

Le calorifère à eau chaude à circulation qui peut être fermée par la pression d'une soupape, ne doit jamais être adopté dans les maisons particulières. Il ne peut être utile que dans les édifices dont toutes les parties doivent être chauffées simultanément, et où l'on puisse exercer une surveillance active.

La disposition accessoire dont nous venons de parler, nous servira de transition pour arriver à l'*appareil de Perkins*, c'est-à-dire au calorifère à eau chaude à haute pression, dans lequel le circuit est hermétiquement fermé, et ne porte même plus de soupape, de telle sorte qu'on ne peut jamais apprécier la pres-

Fig. 210. — Ensemble du calorifère à vapeur à haute pression.

sion à laquelle les tubes sont soumis pendant le chauffage.

La figure 210 montre le circuit continu, formant par ses spirales les poêles et la chaudière.

Les gaz du foyer viennent remplir l'espace D, où se trouve une première spirale de tubes pleins d'eau. La fumée et les gaz du foyer s'échappent par le tuyau de la cheminée. Le circuit, composé de tuyaux remplis d'eau, suit la direction marquée par les flèches. Sortant de la première spirale D placée dans le foyer même, le tube EF s'élève verticalement, arrive au *vase d'expansion* V, et redescend vers le foyer, en formant, à chaque étage, de nouvelles spirales, qui constituent les poêles à eau, G, I, L. L'eau redescend à la chaudière par le tube N.

Les tubes éclateraient à coup sûr, si l'eau les remplissait entièrement. Aussi, Perkins a-t-il placé dans le vase d'expansion V, au sommet du circuit, un petit volume d'air que l'eau chaude comprime avec une force qui, parfois, dépasse 200 atmosphères.

Les tuyaux sont en fer étiré, d'un diamètre et d'une épaisseur uniformes. Leur diamètre extérieur est de 25 millimètres, leur diamètre intérieur est moitié moindre.

« Avec ces proportions, dit M. Péclet, les tubes peuvent supporter une pression de plus de 3,000 atmosphères; pression telle que l'esprit n'ose la concevoir, et sous laquelle seraient liquéfiés peut-être, les gaz de l'air réputés permanents. »

Il semblait impossible de relier ces tubes par des joints assez solides. Perkins a pourtant résolu le problème.

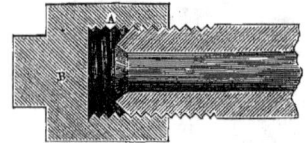

Fig. 211. — Fermeture du circuit des tubes.

Voici d'abord comment on ferme l'extrémité d'un tube. La surface extérieure de cette extrémité porte un pas de vis, A (*fig.* 211), emboîtant la vis correspondante de l'écrou B. De plus, le bord circulaire du tube est taillé en biseau tranchant, et le fond de l'écrou est plat. En serrant l'écrou avec force, le biseau vient couper le fond plat, et le fer est pénétré sur 1 millimètre environ de profondeur. La fermeture est hermétique, et les dilatations causées par la chaleur, ne peuvent plus la disjoindre, parce que le tube et l'écrou, faits de métaux de même nature, se dilatent de la même quantité.

Les figures 212 et 213 montrent comment

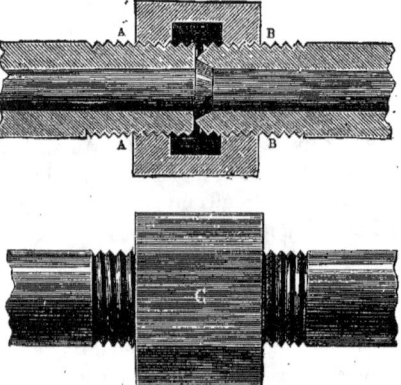

Fig. 212 et 213. — Jointure des tuyaux.

sont formés les joints des tuyaux. Les deux extrémités sont creusées de pas de vis, A, B, dirigés en sens contraire; le bord annulaire de l'un d'eux est tranchant, tandis que l'autre présente une face plate. On serre les tuyaux par un écrou taraudé, C (*fig.* 213), de manière à s'adapter aux deux pas de vis. On presse, et les tubes étant maintenus de façon à ce qu'ils ne puissent pas tourner suivant leur axe, ils avancent l'un vers l'autre et se pénètrent.

Quand il s'agit de remplir d'eau, pour la première fois, un calorifère à haute pression, on ne se contente pas de verser le liquide par l'ouverture du vase d'expansion. En effet, des bulles d'air resteraient toujours dans le circuit; cet air interromprait la circulation, et pourrait causer une explosion. On lance l'eau dans l'intérieur du circuit, en se servant d'une pompe foulante, qui agit à l'énorme pression de 200 atmosphères. L'extrémité d'un petit tube qui surmonte le vase d'expansion V (*fig.* 210) étant ouverte, l'eau dirigée dans la chaudière sort par ce tube, et l'on continue à la laisser couler par l'orifice, jusqu'à ce qu'on ne voie plus apparaître une seule bulle d'air. A ce moment le tube est fermé par le petit chapeau taraudé que nous avons représenté plus haut (*fig.* 211).

On s'imagine que, dans un appareil aussi bien fermé, l'eau devrait rester toujours, sans qu'il s'en échappât une goutte. Il n'en est rien; car, tout au contraire, chaque semaine environ, il faut remettre un demi-litre d'eau dans le vase d'expansion. On ne saurait dire exactement comment et par où l'eau s'échappe. Ce n'est pas assurément par les joints. Il est probable qu'elle traverse le métal, à l'état de vapeur, sous l'influence de la prodigieuse pression que supportent les tubes.

Si une fissure venait à se produire à certains points du circuit, à l'un des joints, par exemple, l'effet serait terrible. Aussitôt tout le liquide contenu dans le calorifère se précipiterait par l'ouverture, sous la forme d'un jet de vapeur d'une violence extraordinaire. La vapeur surchauffée détermine d'affreuses brûlures, et quand on la respire mêlée à l'air, elle produit les plus grands désordres dans la poitrine.

A cause de la chaleur des tuyaux, il faut les isoler avec soin des parquets et des boiseries. On a vu des matières combustibles, telles que des planches, des cloisons, lentement carbonisées par le contact de ces tuyaux, finir par prendre feu.

En Angleterre, on donne aux tuyaux et au poêle une surface de chauffe de 1 mètre carré pour une salle de 80 mètres cubes de capacité.

Le *calorifère de Perkins*, que nous venons de décrire, est fréquemment employé en Angleterre, dans les habitations particulières. Il a même été adopté pour le chauffage des salles du *Musée Britannique* de Londres. Chacun des fourneaux des appareils de ce bel établissement public porte un circuit. Dix-huit appareils y ont été installés : ils ont coûté ensemble 90,000 fr.

Le calorifère de Perkins a l'avantage de la simplicité et de l'économie dans l'installation; mais il a l'inconvénient de faire constamment redouter une explosion, bien que cet accident, il faut le reconnaître, soit excessivement rare. Il a aussi le défaut d'introduire dans les appartements, des tubes tellement chauds qu'ils brûleraient les mains, si l'on n'avait le soin d'isoler tuyaux et poêles derrière des grilles hors de portée.

Le calorifère à eau chaude et à air libre, peut être appliqué sans aucune difficulté dans une maison particulière, en construisant la chaudière comme l'indique M. Ch. V. Joly, dans son ouvrage sur le *Chauffage* et comme le représente la figure 214. Le foyer et les tubes parcourus par les gaz qui proviennent de la combustion du charbon sont entourés par l'eau du générateur BB, comme dans les chaudières tubulaires des locomotives. L'air chaud suit les tubes A, A, et s'échappe par le tuyau de la cheminée, D. La circulation de l'eau commence au tube C, dans le sens indiqué par la flèche; le retour de l'eau se fait par le tube E. On établit le système de tuyaux, et le *vase d'expansion*, comme nous l'avons décrit.

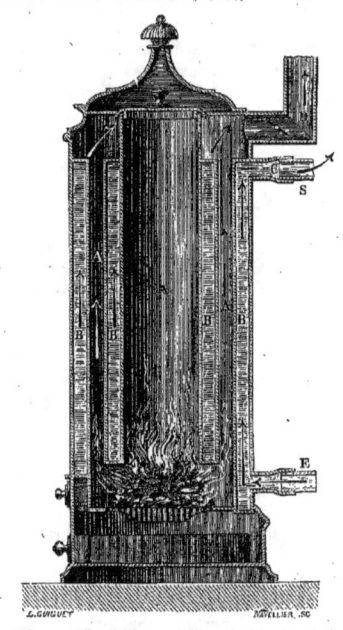

Fig. 214. — Chaudière pour l'appareil à circulation d'eau chaude à air libre.

Dans son ouvrage, M. Joly présente un résumé exact des avantages du calorifère à eau chaude et à air libre. Il s'exprime en ces termes :

« Voici les qualités et les défauts du chauffage par circulation d'eau chaude à air libre.

1° Il exige une dépense d'installation assez élevée; 2° il ne produit tout son effet qu'après un certain temps, la grande quantité d'eau à chauffer n'élevant que lentement sa température; 3° une fois les tuyaux échauffés, le refroidissement, si on le désire, est lent à se produire ; ce qui est un grand avantage pour les serres, et quelquefois un inconvénient pour l'habitation. D'où il suit qu'il faut toujours combiner ce chauffage avec une ventilation convenable et des arrêts partiels de la circulation ; 4° enfin on reproche à ce système de ne pas avoir la gaieté d'un feu apparent, d'exposer nos appartements à des fuites par les joints des tuyaux et de charger la maison d'un poids d'eau considérable.

« En revanche, et pour les climats du Nord surtout, les avantages sont nombreux :

« 1° La grande capacité calorifique de l'eau et la permanence de sa circulation, longtemps après l'extinction du feu, assurent une grande régularité de température, malgré les interruptions ou la négligence du chauffage ; 2° la température de l'air est toujours modérée ; il est même difficile de l'élever beaucoup avec de grandes surfaces de chauffe. On peut porter la chaleur à de très-grandes distances même dans le sens horizontal et malgré les coudes, ce qui n'est pas possible avec l'air chaud ; 3° les pièces sont chauffées plus également dans toutes leurs parties, tandis qu'avec nos cheminées, des courants dus à diverses causes rendent la température très-variable suivant la place qu'on occupe ; 4° ce chauffage exige très-peu de travail de la part des domestiques, et très-peu de combustible, si la chaudière est bien disposée et à surface de chauffe bien comprise ; 5° on a, dans tous les appartements et sans autres frais, de l'eau pour les bains et les lavabos ; 6° on évite toutes les impuretés et les poussières de l'atmosphère entrant constamment dans les pièces par les prises d'air pour les bouches de chaleur ; ce qui est très-important pour les objets d'art, bibliothèques, musées, etc. ; 7° on évite l'intervention des domestiques dans l'appartement pour entretenir et nettoyer les foyers ; 8° on peut placer les tuyaux soit horizontalement, soit verticalement dans des gaines ou des pilastres garantissant des fuites, et servant en même temps à assurer la ventilation ; 9° pas de cheminées qui fument et détériorent les appartements, la combustion ayant lieu en bas, et par conséquent avec un tirage meilleur ; 10° les chances d'incendie sont presque nulles, chose capitale pour les archives, musées, etc.

« Comme on le voit, dans certaines circonstances, le chauffage à l'eau, que nous appliquons rarement chez nous, peut avoir un très-heureux emploi, surtout dans les habitations où presque toutes les pièces sont occupées, et où l'on a besoin pendant longtemps d'une température douce et régulière. Dans la pratique, on combine le chauffage à l'eau avec le chauffage à air, en utilisant la chaleur de l'appareil pour les pièces contiguës et en envoyant l'eau chaude aux pièces éloignées (1). »

Des trois espèces de calorifères que nous avons examinés jusqu'ici, le calorifère à circulation d'eau chaude, à air libre, est donc le plus avantageux pour les maisons particulières. Nous faisons toutefois nos réserves pour le chauffage mixte, si heureusement combiné par M. Grouvelle, et qui se compose

(1) *Traité pratique du chauffage, de la ventilation et de la distribution des eaux dans les habitations particulières*, par V. Ch. Joly. Paris, 1869, in-8, p. 128, 129.

de la réunion du chauffage à l'eau chaude et du chauffage à la vapeur.

Ce dernier système est l'objet du chapitre qui va suivre.

CHAPITRE XIII

MÉTHODE DE CHAUFFAGE MIXTE, PAR LA VAPEUR ET PAR L'EAU. — APPLICATION DE CETTE MÉTHODE AU CHAUFFAGE DE LA PRISON MAZAS ET DE L'HOPITAL LARIBOISIÈRE A PARIS.

C'est à la prison cellulaire de Mazas, à Paris, qu'a été établi le système mixte de chauffage imaginé par M. Grouvelle. Avant de décrire ce mode de chauffage, il sera nécessaire de donner le plan de la prison Mazas. On pourra, de cette manière, apprécier quelles étaient les conditions et les difficultés du problème.

La forme générale de l'édifice qui constitue la prison Mazas, ou la *Nouvelle Force*, est celle d'une étoile octogone, dont les deux branches antérieures manqueraient et seraient remplacées par le bâtiment de l'administration.

Chacune des branches de l'étoile est un corps de bâtiment à trois étages, contenant 68 cellules par étage, ce qui ferait en tout 1,220 cellules, si certaines parties n'étaient occupées par l'infirmerie et par les bains.

Au milieu de chaque branche est un immense corridor, s'élevant depuis le sol jusqu'au toit, éclairé par des vitrines supérieures, et par un grand vitrage qui forme la paroi extérieure du corridor. Sur toute sa longueur règnent des balcons qui desservent les deux étages au-dessus du rez-de-chaussée.

Le polygone formé par la rencontre des branches, est une salle dans laquelle s'ouvrent les corridors des six corps de bâtiments. Au centre de la salle sont les postes des surveillants, N, d'où la vue s'étend dans tout l'intérieur de l'édifice.

Au-dessus du poste des surveillants est la chapelle. Tous les dimanches, quand le pré-

L'ART DU CHAUFFAGE.

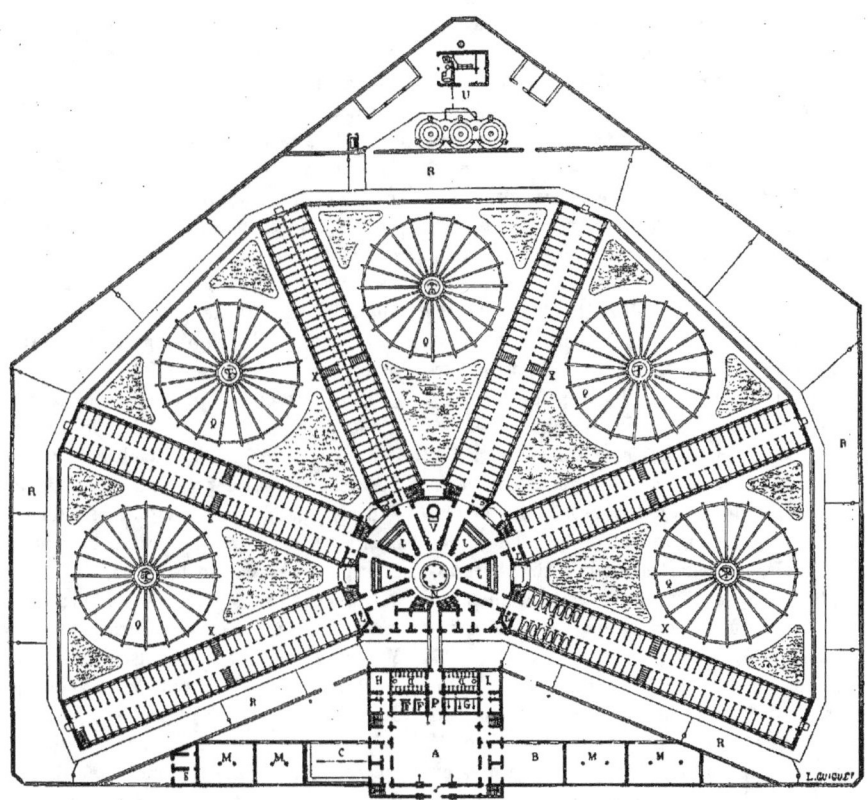

Fig. 215. — Plan de la prison cellulaire de Mazas.

A, cour de l'administration ; B, cuisine ; C, corps de garde ; D, salles provisoires de dépôt ; E, entrée ; F, salle des fouilleuses ; G, greffe ; H, panneterie ; I, cabinet du directeur ; J, parloirs ; K, descente du passage des vivres ; L, passage dans l'extérieur des voûtes pour les chariots de vivres ; M, magasins ; N, salle et bureau du surveillant ; O, cellules des bains ; P, passage du greffe ; Q, préaux cellulaires des prisonniers ; R, chemins de ronde ; S, salle des morts ; T, centre des préaux et demeure du gardien ; U, usine à gaz ; V, cheminée de ventilation ; X, escaliers des préaux cellulaires, ils y descendent un à un et sont dirigés du centre T dans chaque petite cour.

tre dit la messe, on ouvre de 6 centimètres environ la porte de chaque cellule. De cette manière les détenus peuvent voir d'un œil le prêtre, et suivre la messe, sans communiquer pourtant les uns avec les autres, et même sans se voir mutuellement.

Autour du centre de l'édifice, sont disposés les parloirs J, J, et la cheminée de ventilation générale, V.

Quelques-unes des cellules du rez-de-chaussée de la première branche de droite, sont transformées en salles de bains. L'infirmerie est placée au-dessus des bains. Elle ressemble au reste de l'établissement; seulement, les cellules sont doubles, et les malades y sont réunis deux à deux, pour qu'ils puissent se prêter, au besoin, une mutuelle assistance.

A l'entrée des six corps de bâtiments, et vers leur milieu, sont des escaliers tournants, qui font communiquer les divers étages. Les escaliers, X, donnent encore accès dans la cour, et servent à conduire les détenus aux promenoirs, Q.

La disposition de ces promenoirs est assez curieuse. Chacun est formé de deux polygones Q de vingt côtés, concentriques, dont les sommets des angles correspondants sont reliés par des murs en forme de rayons. Vingt espaces sont donc ainsi limités, longs chacun d'une quinzaine de mètres. Le polygone central est occupé par une petite tour, au premier étage de laquelle se tient un gardien, qui peut surveiller à la fois les vingt prisonniers. L'extrémité de chaque espace opposée à la tour, est fermée par une grille à solides barreaux de fer, et légèrement recouverte par un petit toit, sous lequel le détenu peut s'abriter les jours de pluie. A l'extérieur du polygone règne un chemin circulaire asphalté. Un deuxième gardien s'y promène, et inspecte tour à tour les vingt espaces à travers leurs grilles.

Les individus condamnés au régime cellulaire, vivent constamment côte à côte, sans jamais se voir ni se parler. L'heure de la promenade, au grand air, serait la seule où ils pourraient avoir entre eux quelques rapports ; mais on a pourvu à cette éventualité. Quand vient l'heure de la promenade, un gardien ouvre au prisonnier la porte de sa cellule, et lui indique la direction qu'il doit suivre sur le balcon du corridor. A la descente de l'escalier, un second gardien lui montre encore le chemin, et presse sa marche. Un troisième gardien fait le même office dans la cour. Enfin un quatrième introduit le prisonnier dans son promenoir particulier, qui est toujours vide, et en ferme la porte sur lui. Le même procédé est suivi pour faire rentrer le détenu dans sa cellule. Les prisonniers ne sont lâchés que l'un après l'autre, à mesure que le précédent a franchi le détour du corridor qui le dérobe à la vue du suivant.

On se demande combien de temps on peut supporter, sans devenir fou, ce système d'isolement effréné !

Chaque cellule est un carré de $3^m,75$ de côté et de 3 mètres de hauteur. Elle reçoit le jour par un vasistas percé, le plus haut possible, dans le mur extérieur, et muni de vitres dépolies, ou cannelées, afin que le condamné, même quand il monte sur sa table, ne puisse rien voir de ce qui se passe au dehors. Le vasistas ne peut être ouvert que dans une certaine limite, parce qu'il est retenu par une chaînette de fer.

Tout le mobilier d'une cellule se compose d'une table de bois scellée à la muraille, et d'une chaise de paille attachée à la table. La table est surmontée d'un bec de gaz.

Il n'y a pas de lit. Quand l'heure du coucher est venue, le détenu prend, sur une étagère placée à côté de la porte, un hamac, qu'il suspend au mur, suivant la longueur de la cellule, et il y dispose le reste de la literie. Mais les murs sont à une distance de moins de 2 mètres, et la longueur du hamac, à cause de la place prise par les appareils de suspension, ne s'étend pas même à tout cet espace, de sorte que les individus de taille moyenne, ont déjà peine à s'y caser, et que les hommes de plus haute stature, gênés encore par l'étroitesse du coucher, sont forcés de s'arc-bouter contre les murailles, dans la position la plus pénible.

On voit que le régime cellulaire, malgré sa couleur administrative, est plus cruel que nos anciens cachots ; car, au moins, le prisonnier avait alors un lit ou de la paille, pour étendre dans tous les sens ses membres fatigués.

Le matin, à une heure déterminée, le détenu défait le hamac, et le remet en place sur son étagère.

Inutile de dire que la surveillance est si active, qu'une évasion est impossible. Tout autour du bâtiment principal, que nous venons de décrire, règne un premier mur d'enceinte, très-élevé. Derrière est le chemin de ronde. Enfin, une seconde enceinte, semblable à la première, entoure l'établissement.

La maison de l'administration comprend : le cabinet du directeur I, le greffe G, la panneterie H, les magasins M, le corps de garde C, la salle des morts, les salles provisoires de dépôt D, où l'on enferme les arrivants dans la petite cabine en planches jusqu'à ce que leurs cellules soient disposées pour les recevoir; enfin, la cuisine B, d'où partent, sur des rails, les chariots contenant les rations alimentaires des détenus; U est une usine à gaz destinée spécialement au service de la prison.

Tel est le local immense, d'une contenance de 50,000 mètres cubes, divisé en des milliers de petites parties, qu'il s'agissait de chauffer avec une égalité complète de température, tout en maintenant l'indépendance des services, la surveillance parfaite des appareils et la centralisation du travail. Jamais problème plus difficile ne fut proposé aux entrepreneurs de chauffage.

En 1843, on ouvrit un concours pour le

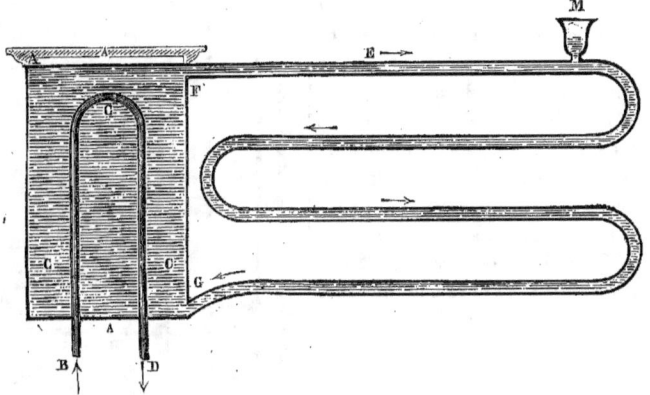

Fig. 216.— Principe du chauffage à vapeur et à eau par le système mixte de M. Grouvelle.

chauffage de la prison Mazas. Deux mémoires seulement furent présentés : l'un par M. Philippe Grouvelle, l'autre par M. Léon Duvoir-Leblanc.

Une commission de seize savants, présidée par François Arago, fut chargée de prononcer sur les plans proposés. Après des débats et des expériences qui durèrent fort longtemps, la commission donna la préférence à celui de M. Grouvelle.

Le système de M. Duvoir-Leblanc était basé sur la méthode de la circulation d'eau chaude à air libre. Il aurait fallu construire un fourneau dans chaque aile de la prison, et un autre dans les bâtiments de l'administration. On aurait eu ainsi sept calorifères à diriger et à pourvoir séparément de combustible. On comprend combien la comptabilité, la surveillance, le personnel du chauffage, auraient été compliqués : la dépense totale en aurait été fort accrue. Le plan de M. Duvoir fut donc écarté.

M. Grouvelle, dont le projet avait été accueilli, établit un seul foyer, placé sous le poste des gardiens, dans la salle centrale, et il chauffa d'un seul coup toute la maison, à l'aide des appareils que nous allons décrire.

Faisons d'abord connaître le principe de ces appareils.

Si dans un vase AA (*fig.* 216), plein d'eau et muni d'un circuit de tuyaux, FEG, à la manière des calorifères à circulation d'eau chaude, nous faisons arriver, au moyen d'un tube, BCD, qui communique avec un générateur à vapeur, un courant de vapeur, l'eau qui remplit le récipient A, s'échauffera par la liquéfaction de cette vapeur, comme si elle recevait directement sa température d'un foyer. Si le circuit des tuyaux est disposé ainsi que nous l'avons montré en parlant des calorifères à circulation d'eau chaude, à air libre, la circulation s'établira dans les tuyaux du circuit FEG, et l'eau de ces mêmes tuyaux reviendra au vase A. Un *vase d'expansion*, M, comme dans l'appareil déjà décrit, établira la communication avec l'air.

La chaleur communiquée à ces *vases chauffeurs*, ou *poêles à eau*, par le courant de vapeur, se communiquera à la pièce dans laquelle ce poêle se trouve placé.

Le *calorifère mixte* de M. Grouvelle est donc le système de chauffage à l'eau chaude et à l'air libre, mais dans lequel, au lieu de chauffer directement l'eau avec un foyer, on la chauffe par un courant de vapeur.

Un calorifère ainsi composé réunit à la fois les qualités des calorifères à vapeur et celles des calorifères à circulation d'eau chaude. En effet, les tubes à vapeur portent, s'il le faut, à une très-grande distance, la chaleur produite par le combustible, et le poêle plein d'eau la répartit dans le rayon qui lui est propre, avec la régularité et la sûreté qui sont les avantages caractéristiques de ce système.

Il est facile, maintenant, de comprendre comment fonctionne l'appareil que M. Grouvelle a installé pour le chauffage de la prison Mazas.

Deux générateurs produisent la vapeur dans un vaste foyer. Dix-huit circuits de tubes conduisent cette vapeur aux dix-huit étages des six corps de bâtiments de la prison, et l'amènent dans un nombre égal de grands vases chauffeurs, pleins d'eau. La figure 217 donne la coupe d'un de ces vases chauffeurs.

La vapeur d'eau arrive par le tube *ee*, circule dans le serpentin SS, en échauffant l'eau, E, du poêle. Cette vapeur s'échappe du serpentin par le tube *ff*, pour aller se distribuer à d'autres poêles. Quant à l'eau chaude, elle sort du vase chauffeur par le tube B. Bientôt ce tuyau se bifurque, pour chauffer des deux côtés du corridor, les cellules du même étage. Les tubes courent dans des cani-

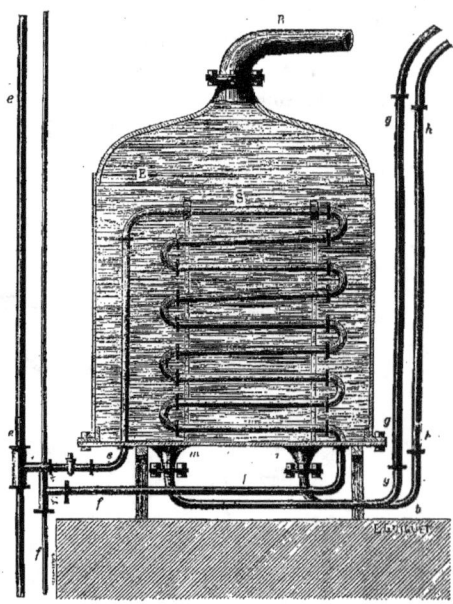

Fig. 217. — Vase chauffeur de la prison Mazas.

veaux jusqu'au bout de l'aile du bâtiment, reviennent parallèlement à eux-mêmes, et l'eau ramenée par les tubes *gg*, *hh*, rentre dans le vase chauffeur par les ouvertures *m*, *n*.

Un *vase à expansion* est placé au point le plus élevé de chaque circuit, et des *compensateurs* sont placés sur les trajets rectilignes des tuyaux, pour éviter les effets fâcheux de la dilatation.

La figure 218 fait voir les *vases chauffeurs* placés dans les trois étages de la même aile de la prison Mazas. DD, sont les *vases chauffeurs* parcourus par le courant de vapeur qui

L'ART DU CHAUFFAGE. 329

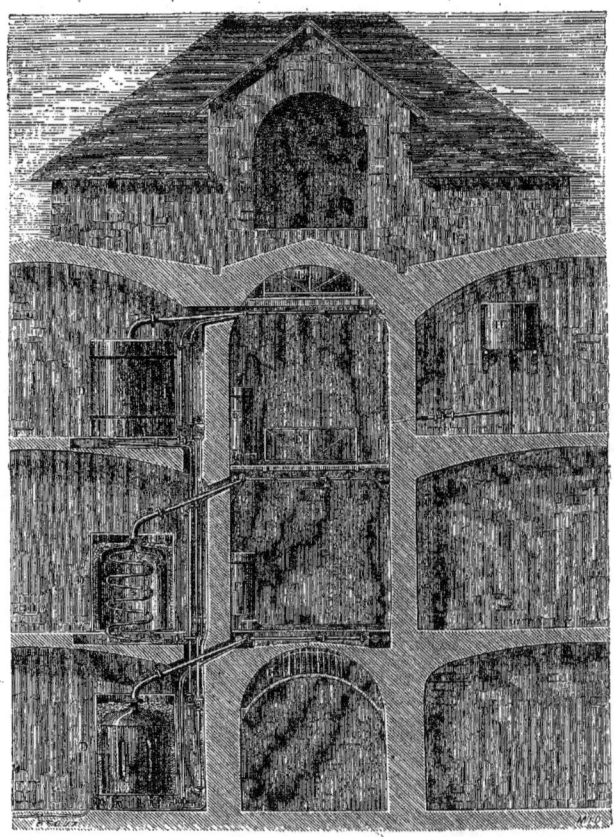

Fig. 218. — Coupe verticale de l'un des bâtiments à trois étages de la prison Mazas (coupe faite en avant des cellules, à l'extrémité du bâtiment).

alimente les tuyaux circulant sous les balcons. FF, sont des vases-communiquant avec les tuyaux d'eau chaude ; ils sont destinés à permettre la dilatation de l'eau, et à maintenir les tuyaux constamment pleins. Ils sont placés à l'extrémité opposée de la galerie. H, est un réservoir d'eau froide pour le service des détenus. EE, sont les balustrades des deux petits ponts, qui traversent le corridor, et au-dessous desquels se trouvent les tuyaux à eau chaude, qui correspondent avec la circulation d'eau chaude du côté droit.

La section représentée par la figure 218, est supposée faite au niveau du premier escalier, un peu avant le commencement de l'aile. Là, comme on vient de le voir, sont placés les vases chauffeurs. La figure 219 (page 332) montre une coupe pratiquée vers le milieu de l'aile et laissant voir l'intérieur des cellules.

C et D (1er étage), sont les sections du tube d'aller et du tube de retour de l'eau chaude ; ils sont placés dans un même canal, sous le balcon. La section de ces tubes serait aux deux autres étages. Chaque cellule a sa

T. IV. 318

bouche particulière de chauffage et de ventilation fournie par les deux tuyaux, C et D. Le canal de ces deux tubes est coupé, par des cloisons en plâtre, en autant de coffres qu'il y a de cellules. L'air du corridor, déjà chauffé par la chaleur perdue des appareils, pénètre dans le coffre, et vient se dégager dans la cellule par une bouche de chaleur, F, faisant suite à un caniveau pratiqué dans le plancher. L, est une grande grille qui ferme l'extrémité du corridor.

La surface de chauffe propre à chaque cellule, est de $1^m,20$, et possède une température moyenne de 100 degrés ; elle se compose de 2 mètres de tuyau d'aller et de 2 mètres de tuyau de retour. Si le tuyau d'aller est plus chaud aux premières cellules qu'aux dernières, la température marche en sens inverse par le tuyau de retour, et il y a à peu près compensation.

Sur la figure 219 les vasistas des cellules sont marqués par la lettre G, dans la partie gauche du bâtiment, et les cuvettes d'aisances, par la lettre E, dans la partie droite. L'air qui sert à la ventilation s'écoule par l'une ou l'autre de ces ouvertures. Une pancarte, affichée dans la cellule, recommande au prisonnier de ne point mettre le couvercle à sa cuvette s'il veut évacuer l'arrivée d'air de sa cellule, et de la fermer, au contraire, quand il ouvre le vasistas, pour ne pas déterminer un courant ascendant par le conduit.

Il conviendrait de dire aussi au prisonnier que pour avoir de l'air chaud, et par conséquent de la chaleur, il faut qu'il donne à cet air un débouché. En général le détenu ne sait pas ce que c'est que l'air vicié, et il ne comprend guère le grand mot de ventilation. Il ferme le conduit d'aisances, parce que cela lui paraît convenable ; il tient le vasistas fermé, parce qu'il fait froid, de sorte que, finalement, il gèle dans sa cellule.

Puisqu'on a adopté la disposition, assez bizarre, qui consiste à évacuer l'air par le conduit d'aisances, pourquoi ne pratiquerait-on pas, dans l'épaisseur de la cuvette, un trou grillagé, de grandeur suffisante, et à direction très-inclinée, qui resterait forcément ouvert?

Règlementairement, la cellule doit être entretenue à une température de 13 à 15 degrés. Cette température nous paraît un peu basse, surtout pour de pauvres gens mal vêtus et peu nourris, qui ne font pas d'exercice. D'après des plaintes nombreuses, il paraîtrait même que la température est plus froide encore.

Au mois de juin 1850, le journal *le Siècle* s'étant fait l'écho des réclamations des détenus, le préfet de police nomma une commission, dont le gérant du *Siècle* faisait partie, à l'effet de vérifier les fondements de ces plaintes. Des expériences furent faites, par une méthode peu scientifique, il est vrai, mais rationnelle et concluante. Pour constater l'évacuation de l'air, trois personnes, dont un membre de la commission, s'enfermèrent pendant une heure dans une cellule, et fumèrent toutes trois sans désemparer. Elles virent la fumée se diriger vers le conduit que nous savons, et constatèrent, après l'heure écoulée, que l'air de la cellule n'était nullement chargé de fumée.

Somme toute, la commission trouva les choses en bon état. Mais ne pourrait-on pas dire du chauffage de la prison Mazas ce que disait M. Péclet de la ventilation de l'hôpital Lariboisière : « Reste à savoir si cette augmentation de ventilation n'a pas uniquement lieu le jour où l'on fait des expériences ?.. »

Quoi qu'il en soit, M. Grouvelle, avec son système de chauffage mixte, a fait faire un pas immense au chauffage des grands établissements. Il n'est plus maintenant d'édifice, si vaste qu'il soit, qui, à l'aide de ce système, ne puisse être chauffé, en totalité ou en partie, d'une façon toujours régulière, et même graduée si on le veut, pour s'appliquer aux variations de la température extérieure.

Nous dirons encore comment le système

qui nous occupe a été appliqué à l'hôpital Lariboisière.

Ce vaste et bel établissement, qui a été, à juste titre, nommé le *Palais du pauvre*, sera représenté plus loin, c'est-à-dire dans la *Notice sur la Ventilation*.

L'ensemble de l'hôpital Lariboisière forme un quadrilatère de 115 mètres de longueur sur 45 de largeur, flanqué sur les côtés de dix ailes, et terminé par un corps de bâtiment massif.

Les deux premières ailes, situées sur la même ligne que l'entrée, contiennent les bureaux de l'administration, les salles de consultation, la pharmacie, les logements du directeur, des internes, etc.

Les six ailes qui suivent, sont occupées par les malades : celles de droite, par les hommes, et celles de gauche, par les femmes. Chacune est à trois étages : le rez-de-chaussée est affecté aux services de chirurgie, et les deux étages supérieurs, aux différents services de médecine.

Les deux côtés du fond renferment, l'un, celui de gauche, la communauté des religieuses, et l'autre, à droite, la buanderie et la lingerie.

Le massif du fond est occupé, au milieu, par la chapelle ; immédiatement à côté, par les salles de bains et de douches, d'une part pour les hommes, et d'autre part pour les femmes. On y trouve, enfin, les salles de clinique et d'opérations, l'amphithéâtre et la salle des morts.

Le pourtour du quadrilatère forme, du côté de la cour, une promenade continue et abritée. Les salles situées entre les pavillons servent, suivant les besoins, de réfectoire, de magasins, ou de parloir. En temps d'épidémie, on y place des lits pour les malades.

Dans les salles ordinaires les malades sont très-espacés, et bien que cet hôpital soit l'un des plus vastes de Paris, il ne contient que 612 lits.

La question du chauffage et de la ventilation de l'hôpital Lariboisière fut mise au concours par l'Administration de l'assistance publique. Quatre mémoires lui furent envoyés, parmi lesquels un de M. Léon Duvoir-Leblanc et un de M. Philippe Grouvelle. La commission se prononça pour le projet de M. Grouvelle, modifié d'après les vues de MM. Thomas et Laurens. Cependant M. Duvoir-Leblanc, appuyé par M. le général Morin, fit agréer au ministre l'idée de partager le chauffage de l'hôpital entre les deux systèmes. En conséquence, M. Duvoir eut à chauffer le côté gauche de l'établissement, et M. Grouvelle le côté droit, plus les bains et la communauté des religieuses.

M. Duvoir réalisa le chauffage et la ventilation à l'aide de son calorifère à circulation d'eau chaude et à air libre, que nous avons suffisamment décrit et sur lequel nous n'avons pas à revenir.

Le système de M. Grouvelle, c'est-à-dire le chauffage mixte par l'eau et la vapeur, ne fut pas appliqué exactement d'après ses vues; il dut subir toutes les modifications que lui imposa l'administration, guidée par MM. Thomas et Laurens. Nous ne trouvons plus à l'hôpital Lariboisière, les appareils de circulation d'eau chaude à proprement parler, mais seulement des *vases chauffeurs*, sans tuyaux d'eau chaude, chauffés purement et simplement par les conduits de la vapeur.

Deux générateurs sont établis derrière le dernier pavillon de droite ; ils alimentent directement la buanderie et les bains. Deux autres tubes se séparent bientôt à angle droit : l'un va chauffer les poêles situés dans la communauté ; l'autre passe devant les pavillons 6, 4 et 2, dans le canal souterrain qui règne sous tout l'édifice, et fournit les branchements pour chacune des salles.

Le tube apportant la vapeur, parcourt la salle dans toute sa longueur, enveloppé dans un conduit que forment au niveau du parquet des plaques de fonte. Ces plaques reçoivent une partie de la chaleur, et forment comme

Fig. 219. — Coupe de l'un des bâtiments à trois étages de la prison Mazas, montrant l'intérieur des cellules C, D coupe des deux tuyaux d'eau chaude pour le chauffage de la cellule; F, bouche de chaleur; G, fenêtre; E, tuyau d'aisances; N, tonneau d'aisances; LL, grille fermant l'extrémité du corridor.

une longue chaufferette rectiligne, sur laquelle se promènent les malades.

Chaque salle contient quatre grands poêles remplis d'eau; le tube de la vapeur les échauffé, en fournissant un serpentin à chacun. L'eau condensée retourne parallèlement aux tuyaux d'arrivée, et se réunit de toutes parts, dans un réservoir fermé placé dans la cave; on la fait ensuite repasser dans les chaudières suivant les besoins.

Les générateurs de vapeur donnent encore la force aux machines qui manœuvrent une pompe, laquelle va puiser l'eau nécessaire à l'hôpital dans le canal de ceinture, près de l'église Saint-Vincent de Paul. L'eau est ensuite refoulée dans toutes les parties de l'établissement, et les salles en sont abondamment approvisionnées.

L'air qui doit servir à la ventilation est aspiré dans les couches élevées de l'atmosphère, par de légers conduits arrivant jusqu'au sommet du clocher de la chapelle Des machines soufflantes poussent cet air dans un large tuyau, qui se divise exactement comme le tube apportant la vapeur, et le courant gazeux est amené en hiver dans les poêles où il s'échauffe avant de pénétrer dans les salles.

Nous reviendrons sur la ventilation de l'hôpital Lariboisière dans la Notice qui doit suivre celle-ci. Nous donnerons alors une planche qui représentera à la fois le système de ventilation et de chauffage de l'hôpital.

CHAPITRE XIV

CONCLUSION. — CHOIX DU CALORIFÈRE SELON LE LIEU A CHAUFFER.

L'architecte qui n'appliquerait qu'un seul système de chauffage dans tous les cas, fort nombreux, qui se présentent dans la pratique, ressemblerait au médecin qui voudrait traiter par un seul et même remède la totalité de ses malades, quels que fussent leurs tempéraments et leurs affections morbides. Il n'y a de panacée ni en médecine ni en architecture.

Quand on se propose de chauffer un local, il faut en mesurer la capacité; — calculer la déperdition de la chaleur relativement à la différence des températures intérieure et extérieure, par l'effet du rayonnement à travers les vitres, et par la conductibilité des murs; — faire entrer en ligne de compte le temps pendant lequel ce local doit être chauffé, et les intervalles plus ou moins longs qui causent un refroidissement plus ou moins complet. Toutes ces conditions étant déterminées, et d'autres encore, relatives à l'architecture, — à la disposition des lieux, — au genre de combustible que fournit le pays, — aux habitudes ou aux nécessités des individus; — il faut peser les avantages ou les inconvénients de chaque système, et en faire un total, ou, pour nous servir d'une expression mathématique qui rende bien notre pensée, construire la *résultante*, afin de choisir le calorifère le plus utile.

Le meilleur système de chauffage étant fixé, l'architecte doit encore calculer les dimensions de chacune des parties de l'appareil de chauffage, et même estimer la quantité de charbon, ou de tout autre combustible, qui sera appelée à fournir la chaleur nécessaire.

Mais là n'est pas le point difficile. Les tables que l'on trouve dans les ouvrages spéciaux, montrent suffisamment la quantité de calories que chaque espèce de poêles ou de calorifères peut transmettre avec un foyer alimenté par un combustible quelconque. Le point délicat, celui que l'arithmétique et l'algèbre ne fournissent pas, et qui ne peut être saisi que par l'intelligence et l'habileté, c'est le choix du mode particulier de chauffage.

Il est cependant de grandes lignes que l'on peut tracer à cet égard. Nous allons donc essayer de dire sommairement quels appareils doivent être appliqués, selon les cas, au chauffage des maisons particulières et des divers édifices publics.

Pour aller du simple au composé, et du cas élémentaire au cas compliqué, nous commencerons par le problème le plus facile, sinon le plus fréquent : le chauffage des serres.

Il s'agit, dans ce cas particulier, de chauffer un espace d'une manière continue pendant des semaines, et quelquefois des mois entiers, et de le chauffer plus ou moins, suivant que la température extérieure est plus ou moins basse.

Une serre présente une surface de vitrage considérable. Par les temps très-froids, on peut, il est vrai, couvrir cette surface de paillassons; mais il ne faut pas abuser de ce moyen de conserver la chaleur, car les plantes ont grand besoin de lumière, et ce n'est pas sans inconvénient qu'on les abrite trop longtemps derrière des corps opaques. Il faut donc compter sur une déperdition de chaleur énorme. La conductibilité des murs cause relativement peu de perte, et il n'est pas nécessaire d'en tenir compte. Mais la question de l'humidité de l'air est importante; car l'air chaud, quand il est trop sec, fait périr les plantes en les séchant outre mesure.

Autrefois, on chauffait les serres avec un poêle de fonte dont le tuyau débouchait à l'extérieur, après avoir couru dans toute la longueur du bâtiment. Ce système était économique, mais il était déplorable pour la santé des plantes. Les tuyaux, toujours mal joints, laissaient échapper dans la serre les gaz brûlés; ou bien, si le tirage était fort, l'air de la serre passait dans le tuyau. Il se faisait ainsi un appel de l'air froid extérieur, qui entrait par les vitrages et refroidissait l'air. Enfin, on ne pouvait maintenir la chaleur à un degré convenable, ni surtout la répartir également dans toutes les parties de la serre.

Le calorifère à air chaud remplaça d'abord l'antique poêle. Mais les résultats ne furent pas beaucoup meilleurs. Nous avons suffisamment insisté sur les défauts des calorifères de cave, et sur les gaz asphyxiants qu'ils peuvent déverser dans l'air, pour que nous ne soyons pas obligé de revenir sur ce sujet.

Au commencement de notre siècle, l'ingénieur anglais Tredgold appliqua aux serres le chauffage par la vapeur, que nous avons décrit. Les plantes s'en trouvaient à merveille, à moins qu'une négligence dans le service ne les fît périr, gelées. En effet, les tuyaux chauffés par la vapeur se refroidissent très-vite; de sorte que la moindre interruption dans le chauffage, amène le refroidissement subit de la serre.

Il fallait pour chauffer les serres un moyen qui n'obligeât pas à une surveillance aussi attentive. Le chauffage par la circulation d'eau chaude à air libre, est venu résoudre toutes les conditions du problème. C'est donc avec l'eau circulant dans des tuyaux, dans un appareil connu sous le nom de *thermosiphon*, que l'on chauffe aujourd'hui les serres. Une si grande quantité de chaleur peut être emmagasinée dans la capacité d'un calorifère à eau chaude, que l'action du foyer, lentement acquise, n'est pas diminuée plusieurs heures après qu'il est éteint.

On calcule, en général, qu'il faut donner 1 mètre carré de surface de tuyaux de chauffe par 5 mètres carrés de vitrage.

Ce rapide tableau des différents modes de chauffage des serres montre comment se pose le problème pour un lieu quelconque. L'architecte doit donc bien connaître et bien peser, avant de prendre une détermination, les qualités et les défauts de chacun des systèmes de chauffage.

Pour les cas qui vont suivre nous ne ferons plus de comparaison, nous nous bornerons à dire quel est le mode ou quels sont les modes les meilleurs à adopter.

Prenons d'abord le cas des écoles, ces véritables serres de jeunes êtres humains.

Ici deux systèmes peuvent être adoptés.

S'il s'agit d'un local vaste, et dans lequel les enfants doivent rester tout le jour, comme dans les salles d'asile, on fera bien de choisir le poêle à petite circulation d'eau chaude et à air libre, que nous avons déjà représenté (page 323, *fig.* 214). Cet appareil, chargé de coke le matin, donnera de la chaleur pendant toute la journée, sans qu'on ait autrement à s'en occuper. Il fournit, en outre, de l'eau chaude, pour les divers besoins du petit personnel de l'école.

S'il s'agit d'une école dans laquelle les élèves ne doivent rester que quelques heures chaque jour, c'est-à-dire pendant deux classes, le mieux et le plus simple sera d'installer un bon poêle de faïence. On allumera ce poêle quelques heures avant l'ouverture de la classe, afin qu'à ce moment la salle soit bien chauffée.

Nous avons supposé l'école isolée; mais si, comme cela se présente souvent dans les petites communes, l'école est placée dans la même maison que la mairie, il faut alors chauffer d'un seul coup l'école et la maison, et dans ce cas, il faut avoir recours au calorifère de cave, ou au calorifère d'eau chaude à air libre.

Les grands amphithéâtres publics, les

salles de cours de sciences et de lettres, à Paris et dans les départements, les salles de concerts et les théâtres, sont, en général, chauffés par les calorifères de cave, ou à air chaud. Les inconvénients ordinaires de ces calorifères, c'est-à-dire les maux de tête et les effets de congestion, chez les personnes qui séjournent dans ces lieux de réunion, se remarquent souvent. Cependant on se propose plutôt ici un problème de ventilation qu'une question de chauffage. Aussi ne traiterons-nous cette question que dans la *Notice sur la Ventilation*, qui suivra celle-ci.

Le chauffage des prisons exige des précautions particulières. Il faut cacher dans l'épaisseur des murs ou du plancher, les tubes porteurs de la chaleur et les autres parties de l'appareil, parce que les détenus pourraient les détériorer, ou s'en servir comme de porte-voix, de moyen de communication, etc. En outre, le chauffage doit être continu. Le calorifère à eau chaude et à air libre est le système le plus commode et le plus économique pour les petits établissements de ce genre.

Les prisons de plus grande importance ne peuvent être chauffées régulièrement qu'à l'aide du système mixte de chauffage à l'eau et à la vapeur, tel que l'a imaginé M. Philippe Grouvelle, pour la prison Mazas, à Paris.

Relativement aux hôpitaux, le problème est encore plein d'incertitudes. Le difficile n'est pas de chauffer les salles; car les calorifères de tout genre y parviennent facilement. L'important est de bien renouveler l'air et de chasser, par une ventilation suffisante, les odeurs et les miasmes. Nous nous réservons de traiter complètement cette question dans la *Notice sur la Ventilation*.

Arrivons au chauffage des maisons ordinaires d'habitation.

Les petits hôtels de Paris, occupés par une seule famille, sont, en général, pourvus d'un calorifère de cave. Le calorifère a été construit en même temps que la maçonnerie et les cloisons, par l'entrepreneur ou l'architecte. Nous avons signalé, dans un chapitre général, les inconvénients des calorifères de cave, leur action malfaisante sur la santé de bien des personnes. Il faut ajouter que, selon la disposition des lieux, selon les coudes qu'il faut imprimer aux tuyaux, selon la hauteur et le nombre des étages, etc., il y a des différences considérables dans le chauffage des différentes pièces exécuté par un calorifère de cave. L'arrivée de l'air chaud est aussi irrégulière qu'on puisse l'imaginer. Par exemple, si une fenêtre est ouverte, la chaleur de toutes les pièces diminue sensiblement par suite de l'appel considérable que fait à l'air chaud de tous les tuyaux de la maison cette large issue inopinément ouverte. Le calorifère de cave est un arbre aux cent branches qui plient au souffle de tous les vents. Ajoutons que, lorsque l'hôtel a trois étages, il est souvent impossible de faire parvenir l'air chaud jusqu'au troisième étage.

Ce mode de chauffage est donc bien insuffisant pour un hôtel. Aussi est-il indispensable d'y adjoindre le chauffage par les cheminées ordinaires. Ici, un mauvais système de chauffage en corrige un autre tout aussi mauvais.

Ce double mode de chauffage est dispendieux. Le calorifère brûle pour 3 à 4 francs de houille par jour, et les cheminées consument, en même temps, une certaine quantité de bois. Cependant, comme le propriétaire de l'hôtel ne se préoccupe que secondairement de la question d'économie, il préfère jouir du double bénéfice d'une bonne ventilation par les cheminées et d'un bon chauffage par le calorifère de cave. Le tirage d'une cheminée est, d'ailleurs, nécessaire pour activer la circulation de l'air chaud.

Pour les maisons ordinaires, dont les différents étages sont habités par divers locataires, le calorifère à circulation d'eau chaude et à air libre est celui qui présente le plus d'avantages, tant sous le rapport de l'économie que pour la salubrité.

S'il s'agit d'une maison de commerce ou d'un atelier d'industrie, dont toutes les pièces ne doivent pas être chauffées en même temps, ni aux mêmes heures, le calorifère à vapeur et à haute pression dont l'action est si rapide et l'usage si économique, est un système excellent, et supérieur au précédent.

Enfin, si, dans ces mêmes maisons, certaines parties devaient être continuellement chauffées et d'autres seulement à de rares intervalles, il conviendrait de chauffer les premières en faisant arriver la vapeur par des circuits limités, dans des vases chauffeurs, selon le procédé de M. Grouvelle.

Malheureusement le temps n'est pas encore venu où les maisons seront chauffées par les moyens rationnels que nous venons de décrire. Aujourd'hui, en France, le calorifère est l'exception, et la cheminée la règle. On se chauffe chacun à sa manière, chacun chez soi, et non collectivement. La cheminée, avec ses énormes déperditions de calorique, est à peu près le seul mode de chauffage, et dans les petits hôtels de Paris, où l'on se donne volontiers le luxe d'un calorifère, on adopte toujours le calorifère de cave, le plus vicieux de tous. Ainsi, dans l'état présent des choses, nous sommes dans l'alternative de nous asphyxier par les gaz d'un calorifère de cave, ou de jeter inutilement dans l'atmosphère, par le tuyau des cheminées, les huit dixièmes de la chaleur du combustible.

Le chauffage par les poêles serait encore préférable à ces deux systèmes, n'était son évidente insalubrité.

Nous sommes donc obligé, parvenu au terme de cette Notice, de conclure, avec tristesse, que le problème du chauffage économique dans les habitations, c'est-à-dire la question essentielle du chauffage, est encore à résoudre, au moins en France. Nous aurions à modifier cette conclusion, si nous l'étendions à tous les pays. En Angleterre, où les calorifères à circulation d'eau chaude sont assez répandus ; dans le nord de l'Allemagne et de la Russie, où les poêles sont construits avec une entente sérieuse des besoins domestiques, notre appréciation perdrait de sa justesse. Mais nous avons surtout en vue dans ce livre les us et coutumes de notre vieille France. Tant pis pour les traducteurs et contrefacteurs étrangers de nos ouvrages !

CHAPITRE XV

ORIGINE DU CHAUFFAGE PAR LE GAZ. — APPAREIL ROBISON. — QUALITÉS ET DÉFAUTS DU CHAUFFAGE PAR LE GAZ D'ÉCLAIRAGE. — CHEMINÉES ET POÊLES A GAZ. — APPAREILS DIVERS POUR LE CHAUFFAGE PAR LE GAZ. — FOURNEAUX DE CUISINE, RÔTISSOIRES, ETC. — FOURNEAUX DES PHARMACIENS, DES COIFFEURS, FERS A SOUDER. — UTILITÉ SPÉCIALE DU CHAUFFAGE AU GAZ. — LA CHERTÉ EXCESSIVE DU GAZ EMPÊCHE SON APPLICATION GÉNÉRALE AU CHAUFFAGE DES APPARTEMENTS.

Nos lecteurs savent déjà que Philippe Lebon, qui créa l'éclairage au gaz, voulait aussi consacrer le gaz au chauffage. Par son *thermolampe*, il entendait utiliser le nouvel agent pour le chauffage, aussi bien que pour l'éclairage, et il voulait même l'employer comme force motrice. Ces trois points sont spécifiés, ainsi que nous l'avons dit, dans le brevet d'invention qui fut accordé à Philippe Lebon, le 6 vendémiaire an VIII, ainsi que dans les brevets de perfectionnement et d'addition, datant du 7 fructidor an IX.

C'est donc à Philippe Lebon qu'il faut rapporter l'honneur de l'invention du chauffage au gaz.

En parlant du pétrole, nous avons dit que, de temps immémorial, dans certaines régions de la Chine riches en gisements d'huile minérale, les habitants savent se chauffer, cuire leurs aliments et utiliser dans leur industrie le gaz combustible, composé de vapeurs de pétrole et de gaz hydrogène bicarboné, qui se dégage des fissures du sol. Les

Chinois reçoivent et dirigent ces vapeurs inflammables jusque dans leurs maisons, par des tuyaux de bambou artistement ajustés.

Ce n'est là, toutefois, qu'un accident de peu d'importance, un fait tout local, qui ne peut en aucune manière autoriser à accorder aux Chinois l'invention du chauffage par le gaz, et qui ne peut rien ôter au mérite de notre compatriote Philippe Lebon.

En France et en Angleterre, on essaya, au commencement de notre siècle, d'appliquer le gaz de l'éclairage à la cuisson des aliments. Mais les résultats de cet essai furent d'un avantage douteux. Ce combustible n'était rien moins qu'économique, et il dégageait, en brûlant, une odeur désagréable, ainsi que de la fumée.

Ce n'est qu'en 1835, qu'un savant anglais, Robison, secrétaire de la *Société royale d'Édimbourg*, trouva le moyen de brûler le gaz de l'éclairage, de telle sorte qu'il ne répandît ni odeur ni fumée.

M. Payen, dans un rapport fait en 1839, à la *Société d'encouragement*, décrivait ainsi l'appareil inventé par Robison :

« L'appareil se compose d'un tube conique ouvert des deux bouts, offrant à sa partie inférieure une section de 6 pouces de diamètre, sa hauteur est d'un pied, et sa section à la partie supérieure, de 3 pouces de diamètre. Celle-ci est recouverte d'une toile métallique en cuivre offrant cinquante mailles par pouce carré; trois pieds adaptés à la partie inférieure de ce tube le supportent à 6 lignes du plan sur lequel il est posé ; trois montants en tôle, fixés sur deux cercles, peuvent à volonté envelopper le tube, et soutenir à un pouce au-dessus de la toile métallique le vase qu'on se propose de chauffer. »

On coiffait un bec de gaz d'une sorte d'entonnoir conique en métal, pourvu d'une grille. Quand on voulait avoir du feu, on ouvrait le robinet ; le gaz se mélangeait avec l'air, et on l'allumait au-dessus de la grille, sans qu'il y eût danger que l'inflammation se propageât dans l'intérieur de l'entonnoir. On obtenait ainsi une flamme bleue, courte, peu éclairante, mais fort chaude et très-différente de la flamme ordinaire des becs à éclairage.

La flamme du gaz brûlant dans les becs ordinaires, doit son éclat à ce que le gaz, se dégageant du tuyau en nappe non mêlée à l'air, ne brûle que par sa surface. Les parties internes de la flamme, qui ne sont pas en contact avec l'air, sont simplement décomposées par la chaleur, et laissent déposer du charbon en petites masses solides. Ce sont ces petites particules de charbon, que la chaleur ne peut ni fondre, ni volatiliser, qui, absorbant et réfléchissant la lumière, communiquent à la flamme un vif éclat. Ici, au contraire, le gaz ne brûle point à sa sortie du tuyau. Il se mélange, à l'intérieur de l'entonnoir, à l'air appelé par la chaleur de la combustion, et le mélange est si intime qu'aucune partie du gaz n'est décomposée avant d'être brûlée, et que le charbon ne se dépose pas, mais se transforme immédiatement en acide carbonique. C'est pour cela que la flamme est peu lumineuse mais très-chaude.

Si le vase à chauffer était posé sur la flamme éclairante d'un bec de gaz ordinaire, il refroidirait le gaz par son contact, et une partie de ce gaz échapperait à la combustion. Avec l'appareil de Robison, dans lequel le gaz se mélange à l'air avant de brûler, chaque molécule de gaz étant, pour ainsi dire, accompagnée de la molécule d'air qui doit la brûler, aucune n'échappe à la combustion, et le gaz brûle sans odeur ni fumée.

Le premier physicien qui ait proposé, dans notre pays, des appareils de chauffage du genre de ceux qui viennent de nous occuper, est M. Merle, auteur d'un *Manuel sur le gaz de l'éclairage*, publié en 1837 (1). Dans cet ouvrage, l'auteur donne la description succincte d'un fourneau de cuisine au gaz, pour lequel il avait obtenu un brevet d'invention.

(1) Un vol. in-12, page 64, chez Roret. Paris, 1837.

L'appareil de M. Merle ne se répandit pas, et resta même complétement ignoré.

En Angleterre, on se livra, postérieurement, à quelques essais pour la cuisine au gaz ; mais ces tentatives, faites sans suite, obtinrent très-peu de succès.

C'est à M. Hugueny, pharmacien à Strasbourg, que revient le mérite d'avoir résolu le problème pratique de l'emploi du gaz comme source commode et usuelle de calorique. A une époque où l'on ne connaissait encore que les imparfaites tentatives faites en Angleterre pour la cuisine au gaz, c'est-à-dire de 1846 à 1848, M. Hugueny, par une série d'expériences bien dirigées, parvint à rendre tout à fait usuel l'emploi du gaz dans les conditions générales du chauffage domestique. En 1848, M. Hugueny fut breveté pour ses procédés. Il obtint une mention à l'Exposition de l'industrie de 1849, et publia, sous le titre de *Manuel de chauffage au gaz*, une courte notice lithographiée, dans laquelle on trouve exposés tous les avantages de ce nouveau mode d'emploi du calorique, avec la description des appareils imaginés par l'inventeur. M. Hugueny se servait de robinets percés d'un grand nombre de trous, qui donnaient passage à des lames gazeuses de différentes dimensions.

L'Exposition universelle de Londres, en 1851, ne permit de constater aucun progrès notable dans l'emploi du gaz comme moyen de chauffage.

Après cette époque, M. Elssner, de Berlin, perfectionnant les dispositions proposées en France, substitua aux robinets percés de trous, employés par le pharmacien de Strasbourg, des lames métalliques, persillées d'un grand nombre de très-petits orifices, et composant une espèce de tamis métallique. Cette forme est la plus avantageuse pour la généralité des applications du gaz dans les divers cas de chauffage. M. Elssner avait envoyé tous ses modèles à l'Exposition universelle de 1855.

Les *poêles à gaz* que M. Elssner proposait pour le chauffage des appartements, se composent d'un tuyau cylindrique, en tôle, qui enveloppe de toutes parts la flamme du gaz. L'air chaud se dégage dans l'appartement, et il persiste sans trouver d'issue au dehors ; la température du lieu est ainsi promptement élevée, et elle se maintient constante.

Cette combustion du gaz dans l'intérieur des appartements, sans qu'il existe de communication avec l'extérieur, pour le dégagement de l'acide carbonique, n'est pas sans inconvénients pour la santé des personnes qui séjournent dans cet espace. On avait, dans le début, ouvert aux produits de la combustion une communication avec le dehors, en surmontant l'extrémité du tuyau du poêle à gaz, d'une sorte d'entonnoir, terminé par un tube de fer d'un diamètre médiocre, qui aboutissait au tuyau d'une cheminée ; mais cet accessoire fut supprimé à grand tort. On pensait que les communications accidentelles, qui s'établissent forcément avec l'air extérieur, dans une pièce chauffée, suffiraient pour rendre tout à fait inoffensive la quantité d'acide carbonique qui provient de la combustion du gaz. Mais l'expérience a prouvé que le gaz, en brûlant ainsi à l'air libre, et sans que les produits de sa combustion trouvent une issue au dehors, répand une odeur désagréable, et même n'est pas sans danger.

Les *fourneaux à gaz*, que M. Elssner construisait pour le service des cuisines, sont presque en tout semblables aux fourneaux qui sont en usage dans nos ménages et où l'on brûle de la houille. Ils consistent en une sorte de caisse de fer quadrangulaire, sur laquelle on a pratiqué diverses cavités circulaires, qui sont occupées par une lame métallique persillée de trous, livrant passage au gaz. Enflammé sur ce tamis métallique, le gaz sert à toutes les opérations de cuisine.

La *boîte à rôti*, qui ne fait pas partie de

ce fourneau métallique, est une boîte de fer rectangulaire : le gaz y sort, à l'intérieur, par quatre jets disposés longitudinalement sur chaque face de la boîte. On suspend entre ces quatre jets de gaz la pièce à rôtir, qui n'a pas besoin d'être retournée, comme sur nos tourne-broches, puisqu'elle est soumise à l'action du feu de tous les côtés à la fois. La petite quantité d'eau dont nos ménagères ont coutume d'arroser les pièces à rôtir, pendant leur cuisson, peut être versée par une étroite ouverture munie d'un entonnoir, situé à la partie supérieure de la boîte ; le jus de la viande est recueilli dans un petit tiroir placé au bas.

Tels étaient les appareils que M. Elssner avait envoyés, en 1855, à l'Exposition universelle.

Nous avons dit, dans l'histoire de l'*Éclairage au gaz*, que la *Compagnie parisienne pour le gaz de l'éclairage* avait obtenu, en 1856, par suite de la fusion en une seule de toutes les anciennes compagnies de la capitale, le privilége exclusif, à Paris, pendant cinquante ans, de l'application du gaz à l'éclairage et au chauffage. Après avoir régularisé l'exploitation du gaz destiné à l'éclairage, la *Compagnie parisienne* s'occupa de son application au chauffage. En 1858, elle établit, dans une boutique de la place du Palais-Royal, une sorte d'exposition permanente (qui existe encore) des divers appareils qui permettent de consacrer le gaz au chauffage domestique et industriel.

Dès ce moment la méthode de chauffage par le gaz prit à Paris, une certaine extension.

L'Allemagne, on vient de le voir, nous avait devancés dans cette voie. C'est que la houille est à plus bas prix dans ce pays qu'en France, et que, par conséquent, le gaz de l'éclairage y est moins cher.

Après ce court historique, nous allons donner la description des principaux appareils qui servent à réaliser le chauffage au gaz.

Nous commencerons par les appareils destinés à chauffer les appartements.

Le volume de gaz nécessaire pour le chauffage, est toujours considérable, parce que l'on ne pourrait songer à laisser brûler le gaz, comme celui d'un bec ordinaire d'éclairage, à l'intérieur de la pièce. La prudence exige que l'on dirige au dehors, au moyen d'un tube spécial, les produits de la combustion.

On estime à un mètre cube par heure (coûtant 30 centimes) le volume de gaz qu'il faut brûler pour entretenir à la température de 15 degrés, une pièce bien close, de la capacité de 100 mètres cubes, la température du dehors étant de 4 à 5 degrés.

C'est là une dépense considérable. Le chauffage par le gaz est plus dispendieux encore que le chauffage par les cheminées ordinaires, consommant du bois.

Les foyers à gaz que l'on trouve chez les appareilleurs, présentent à peu près les dehors d'un foyer ordinaire de cheminée. Sur des chenets sont placées des bûches en fonte ou en terre réfractaire, incombustibles, par conséquent, et imitant le bois, telles que les représente la figure 220. Le gaz traverse ces

Fig. 220. — Bûches en fonte imitant le bois.

bûches, et se dégage par une foule de pertuis percés sur les faces antérieures. Cette innocente invention, qui a pour objet d'imiter avec le gaz l'aspect des foyers ordinaires des cheminées, n'a rien d'utile.

On donne aux foyers à gaz brûlant dans les cheminées, d'autres dispositions plus élégantes. Telles sont, par exemple, celles que représentent les figures 221 et 222 et que l'on connaît sous le nom de *Foyer anglais*. Le rideau autour duquel brûle le gaz, est en toile

Fig. 221. — Foyer d'amiante.

d'amiante, matière incombustible et qui réfléchit avec vivacité la lumière.

Fig. 222. — Foyer d'amiante.

Nous représentons à part (*fig.* 223) ce rideau, qui est mobile et peut s'enlever au moyen d'une charnière et d'un anneau (A).

Fig. 223. — Rideau du foyer d'amiante.

Nous préférons à ce système le *poêle à gaz*, représenté par les figures 224 et 225. Le gaz est brûlé à l'intérieur d'une capacité cylindrique de tôle, et les produits de la combustion sont évacués par un tube, qui perce le mur, ou se rend dans une cheminée. Ce cylindre est pourvu, à l'intérieur, d'un second cylindre de tôle, qui n'est pas représenté sur cette figure

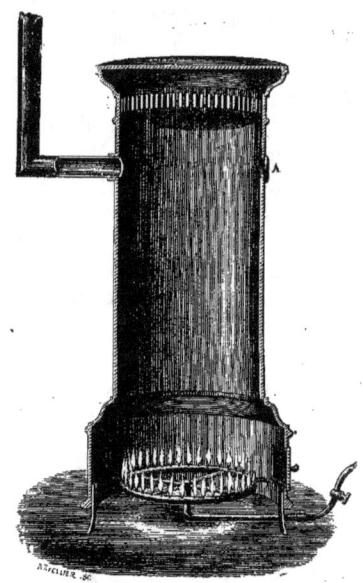

Fig. 224. — Poêle à gaz.

et qui est, lui-même, percé d'un orifice A servant de bouche de chaleur. L'air chaud s'échappe par cette bouche de chaleur, et se répand dans la pièce.

Fig. 225. — Poêle à gaz.

La figure 225 représente l'aspect extérieur de ce même poêle.

Le chauffage par le gaz de l'éclairage

L'ART DU CHAUFFAGE.

mêlé d'air, est d'un usage éminemment précieux dans les laboratoires de chimie. Cette méthode a permis de s'affranchir des pertes de temps considérables et des soins ennuyeux qu'exigeait autrefois l'allumage des fourneaux brûlant du charbon de bois. Elle a permis, en même temps, de mieux régler la direction et l'intensité de la chaleur. Il n'est pas aujourd'hui, dans le monde entier, un laboratoire de quelque importance, qui ne possède le *chalumeau à gaz* pour fondre et modeler le verre, — le fourneau à gaz pour les analyses organiques, — les lampes à gaz, munies de leur support, pour chauffer les divers récipients et préparer les réactions, etc.

La figure 226 montre la disposition du

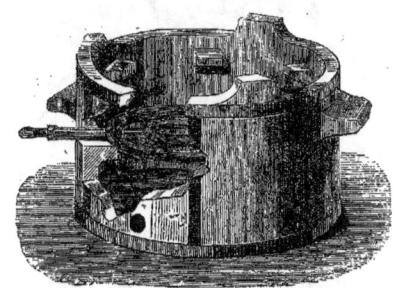

Fig. 226.— Fourneau à gaz pour les laboratoires de chimie.

fourneau à gaz en usage dans les laboratoires de chimie. La figure 227 reproduit une autre

Fig. 227. — Autre fourneau à gaz pour les chimistes.

forme de fourneau pour les laboratoires de chimie.

Les laboratoires des photographes sont aussi pourvus d'un petit appareil à gaz (*fig.* 228), propre au séchage des glaces destinées à recevoir la couche de collodion.

Fig. 228. — Fourneau à gaz des photographes.

Sur le comptoir de presque toutes les pharmacies on trouve de petits fourneaux à gaz (*fig.* 229), très-utiles pour le cachetage,

Fig. 229. — Fourneau à gaz des pharmaciens.

le chauffage des liquides, et même la confection des emplâtres et des sparadraps.

Les coiffeurs ont aussi leur fourneau (*fig.* 230) pour chauffer les fers à papillotes.

Fig. 230. — Chauffe-fers des coiffeurs.

Tous ces appareils sont trop simples pour que les dessins que nous en donnons ne suffisent pas, sans autre description, à leur parfaite intelligence.

Les plombiers et ferblantiers se servent du gaz pour chauffer les parties de zinc ou de fer-blanc qu'il s'agit de souder.

L'appareil consiste en un tube de caoutchouc terminé par un ajutage de cuivre.

Dans les bureaux de tabac, on fait usage, d'un *allume-cigare*, qui n'est autre chose qu'un tube conducteur en caoutchouc, pourvu, à l'intérieur, d'une valve. Quand on tient la poignée de l'*allume-cigare*, la valve s'ouvre et le jet de gaz, subitement agrandi, devient une flamme longue et aiguë. Quand on cesse de tenir à la main la poignée, la valve se referme et la flamme se réduit à des dimensions presque nulles.

Nous ne pouvons résister au désir de mentionner ici les principaux appareils en usage dans les cuisines où le gaz est employé.

La figure 231 représente le fourneau à gaz

Fig. 231. — Fourneau à gaz des cuisines.

dit *Cuisinière à cinq feux*. Les fourneaux A, A; B, B, reçoivent les casseroles. Le gaz brûle également à l'intérieur du four, et la chaleur perdue sert à chauffer l'eau du bouilleur, C. Le gaz est distribué à l'intérieur de ce fourneau, par un tuyau de cuivre, qui pénètre par la partie inférieure de la caisse.

La *rôtissoire* ne fait pas partie de ce fourneau. C'est un appareil à part, dont nous donnons ici la figure. Les jets de flamme, en

Fig. 232. — Rôtissoire.

forme de couronne circulaire, sont placés dans le bas de la boîte. Les courants d'air chaud circulent dans l'intérieur, échauffant, au degré convenable, la volaille ou la pièce quelconque à rôtir, et sortent par l'orifice du tube fixé à la partie supérieure. Le jus tombe dans une lèche-frite, d'où on le reprend de temps en temps avec une cuillère, pour arroser le côté.

Comme la combustion du gaz est très-complète et qu'il ne se dégage dans la boîte aucun produit nuisible, le rôti cuit de cette manière n'a aucun goût désagréable, et n'exhale que le meilleur fumet.

Sur le même principe, M. Legrand, un de nos principaux constructeurs d'appareils à gaz, a construit la *grillade pour côtelettes*, que représente la figure 233. Le gaz brûle en sortant des tubes E, persillés de trous. Ces tubes peuvent être ramenés au-devant du fourneau DD en tirant la tige G, et de cette manière, chauffer plus ou moins la côtelette. Avec cet appareil, une cuisinière exercée saura donner un feu vif au commencement de l'opération, pour coaguler l'albumine à la surface de la

Fig. 233. — Grillade à côtelettes.

chair, et empêcher que le jus ne s'écoule; puis, tournant un peu le robinet G, elle modérera la chaleur pour lui laisser le temps de bien pénétrer jusqu'au centre, et de ramollir tout le morceau sans que la surface soit charbonnée. Ces principes ont été fort clairement définis par le célèbre Brillat-Savarin. Avec une grille ordinaire à charbon, il faudrait exécuter un tour de main fort difficile pour arriver au même résultat.

On a encore imaginé une petite armoire métallique destinée à tenir les assiettes chaudes. C'est ce que représente la figure 234.

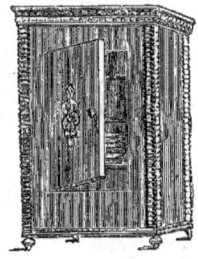

Fig. 234. — Chauffe-assiettes à gaz.

Dans le numéro du 22 mai 1869 de la *Science pour tous*, M. Jouanne a essayé d'évaluer la dépense du gaz dans les fourneaux destinés à la cuisine. Il a opéré avec des appareils perfectionnés, qui consomment moins de gaz que les fourneaux à gaz ordinaires, parce qu'ils produisent un mélange d'air et de gaz, ce qui est un grand avantage sous le rapport de l'économie.

Bien que s'écartant des données habituelles de la pratique, les évaluations auxquelles a été conduit M. Jouanne sous le rapport du prix du chauffage dans les fourneaux de gaz, sont intéressantes à recueillir, vu le peu d'expériences qui ont été faites jusqu'ici pour éclaircir cette question.

« Dans une série d'expériences que nous avons exécutées avec des fourneaux destinés à la cuisine, qui fonctionnaient avec un mélange d'air et de gaz, nous avons trouvé, dit M. Jouanne, que la dépense moyenne était :

1° Pour le grand feu	260	litres à l'heure
2° Pour le moyen feu	140	—
3° Pour le petit feu	50	—

« Si l'on voulait, par exemple, appliquer les fourneaux en question à la cuisson d'un pot-au-feu, nous avons observé que le grand feu, soutenu pendant vingt minutes environ, suffisait pour obtenir une ébullition vive, et faire écumer la viande; après ce court espace de temps, on pourrait réduire considérablement la flamme, au moyen du robinet, et entretenir l'ébullition pendant plusieurs heures avec le petit feu seulement.

« En admettant donc une durée de quatre heures pour la durée de la cuisson complète, ainsi que l'expérience nous l'a démontré, et en supposant que le prix du gaz soit, comme à Paris, de $0^f,30$ par mètre cube, il est facile de se rendre compte de la dépense de combustible qu'on a pu faire. Le grand feu maintenu pendant vingt minutes aura consommé $86^{lit},60$; la combustion du petit feu pendant le reste du temps, c'est-à-dire pendant 3 heures 40 minutes, aura consommé $953^{lit},60$; soit pour les quatre heures, en tout, $1040^{lit},20$, ce qui fait, en argent, $0^f,3120$

« Si maintenant on tient compte de la commodité et de la propreté du service, de l'économie qui résulte de l'instantanéité de l'allumage et de l'extinction, et enfin de la suppression de tous les inconvénients du charbon, il est facile de reconnaître les avantages que le chauffage au gaz est susceptible de procurer pour la cuisine, surtout dans les localités où le charbon de bois est d'un prix élevé. »

On a encore fabriqué un appareil pour

chauffer l'eau dans les salles de bains des appartements. Le gaz est disposé de manière à chauffer une certaine quantité d'eau contenue dans un manchon de large diamètre, en communication avec l'eau de la baignoire. Cette eau étant chauffée et devenue plus légère, s'élève, et est remplacée par de l'eau froide de la baignoire. Grâce à cette circulation constante du liquide, l'eau de la baignoire est promptement chauffée. Pour porter à la température de 140 degrés toute l'eau d'un bain ordinaire, il faut brûler près de 2,000 litres de gaz qui représentent à Paris une dépense de 60 centimes.

Pour terminer, nous formulerons avec précision le degré d'utilité du gaz de l'éclairage consacré au chauffage.

Les exemples que nous venons de donner, montrent combien l'emploi du gaz de l'éclairage, comme moyen de chauffage, est commode dans un grand nombre de circonstances. Il ne faut pourtant pas se faire illusion. Le gaz appliqué au chauffage ne peut être avantageux, vu le prix élevé de ce combustible, que lorsqu'on n'a besoin que d'une action de courte durée, comme pour chauffer une salle à manger, ou un cabinet de toilette, où l'on ne passe que quelques instants.

Il est d'un usage très-avantageux quand on ne s'en sert que d'une façon intermittente, comme pour les fourneaux des pharmaciens et des coiffeurs, pour les fours à souder, etc. Dans la cuisine, il est extrêmement utile pour fournir un feu ardent, subit, qu'il ne faut soutenir que peu de temps.

Mais quand le chauffage doit avoir une certaine durée, le gaz perd tous ses avantages. S'il s'agit, par exemple, de chauffer une salle un peu vaste, pendant plusieurs heures consécutives, le chauffage par le bois ou par la houille l'emporterait de beaucoup sur ce système, au prix énorme que coûte aujourd'hui le gaz qui est, comme nous l'avons dit, de 30 centimes le mètre cube à Paris. A ce prix,

ie gaz ne sera jamais qu'un combustible de luxe. C'est le plus dispendieux de tous les moyens de chauffage. Aussi n'est-il aujourd'hui employé à cet usage que d'une manière exceptionnelle.

CHAPITRE XVI

LE CHAUFFAGE AU GAZ HYDROGÈNE PUR. — SOLUTION DU CHAUFFAGE DOMESTIQUE PAR L'EMPLOI DU GAZ HYDROGÈNE PUR.

Si le gaz de houille est le plus dispendieux de tous les moyens de chauffage, cela tient à ce qu'il faut le brûler dans un foyer communiquant avec l'air extérieur, c'est-à-dire dans un poêle. Il est indispensable d'évacuer au dehors les produits de la combustion de ce gaz, qui consistent en eau et en gaz acide carbonique. Sans cela il arriverait ce qui arrive quand on brûle du charbon ou du bois dans une pièce close : le charbon en brûlant dégage de l'acide carbonique, qui altère l'air et le rend irrespirable. De là l'obligation de faire dégager au dehors les produits de la combustion. De là la nécessité de brûler le gaz dans un foyer tel que le représente la figure 235, que vendent les appareilleurs à gaz, et qui n'est qu'une cheminée ordinaire, dans laquelle le gaz remplace le charbon ou le bois.

On a essayé d'appliquer le gaz au chauffage des églises de la ville de Berlin. Le *Journal de l'éclairage au gaz*, dans son numéro du 20 avril 1869, entre dans de grands détails sur le prix de revient de ce mode de chauffage, et sur les dispositions qui ont été employées pour brûler le gaz. La dépense n'est pas considérable ; mais comme le gaz brûle simplement à l'intérieur de l'église, sans que les produits de la combustion soient évacués au dehors par un conduit particulier, on voit se produire les inconvénients que nous signalions plus haut. Les produits de la combustion vicient l'air et le chargent d'odeurs désagréables. Dans l'article de la *Science pour tous* que nous avons déjà cité,

Fig. 235. — Foyer à gaz.

M. Jouanne, après avoir rapporté ce qui s'est fait à Berlin, pour le chauffage des églises par le gaz, ajoute :

« Cette application du chauffage laisse beaucoup à désirer. Elle développe dans l'intérieur des édifices une odeur désagréable et nauséabonde, qui résulte en partie de la combustion des corpuscules organiques que l'air tient en suspension ; on n'éviterait cette odeur, par une ventilation convenable, qu'en tombant dans un autre inconvénient, puisque cette ventilation enlèverait, avec l'odeur, une notable partie du calorique.

« L'acide carbonique et la vapeur d'eau produits par la combustion contribuent encore à vicier l'atmosphère, et, si le gaz n'est pas parfaitement épuré, les petites quantités d'hydrogène sulfuré et de sulfhydrate d'ammoniaque qu'il peut contenir dégagent, par leur décomposition, des gaz qui noircissent les dorures, les vases et les chandeliers en argent. »

Il est donc de toute nécessité, quand on veut chauffer les édifices ou les appartements au moyen du gaz, d'évacuer au dehors, par un conduit, les produits de la combustion. Or, avec cette disposition, la quantité de gaz que l'on consomme est vingt fois plus forte, et la dépense d'un tel mode de chauffage dépasse toute mesure.

Mais s'il était possible, au lieu de brûler le gaz dans un foyer communiquant avec l'air extérieur et de perdre ainsi le bénéfice de l'air chaud qui s'envole au dehors, de brûler, sans inconvénient ni danger, le gaz dans une pièce entièrement close, on aurait l'avantage de conserver l'air chaud à l'intérieur de la pièce. Dès lors, il ne serait plus nécessaire de brûler un aussi grand volume de gaz, et la quantité de fluide combustible dépensé pour chauffer la pièce étant très-faible, le chauffage deviendrait économique.

Or, il est un gaz dont on peut retenir, non-seulement sans danger, mais avec avantage, les produits de la combustion dans une pièce close. Ce gaz, c'est l'hydrogène pur.

L'industrie peut produire le gaz hydrogène pur avec abondance et dans des conditions assez économiques, comme nous l'avons montré en décrivant les préparations du *gaz extrait de l'eau* par le procédé de M. Gillard.

Ce gaz serait excellent, comme moyen et comme agent de calorique ; il l'emporterait de beaucoup, sous ce rapport, sur le gaz tiré de la houille. Voici sur quels motifs nous croyons pouvoir fonder cette opinion.

Le gaz hydrogène est de tous les gaz, celui dont la puissance calorifique est la plus considérable. Il résulte de là qu'il est le plus économique comme agent de chaleur. D'un autre côté, ce gaz ne donne naissance, en brûlant, à aucun autre produit qu'à de la vapeur d'eau, résultant de la combinaison entre le gaz hydrogène et l'oxygène de l'air. Il est donc bien préférable, sous ce point de vue, au gaz extrait de la houille, ou hydrogène bicarboné, qui donne nécessairement, en brûlant, de l'acide carbonique, et qui exhale, en outre, quand il est mal épuré, de l'acide sulfureux, dont la présence dans l'atmosphère est éminemment nuisible.

Le gaz hydrogène, ne produisant que de l'eau par sa combustion, ne répand dans l'atmosphère aucun produit dangereux, car la vapeur d'eau qu'il y verse, loin d'offrir des inconvénients, présente l'avantage de rendre à l'air, desséché par la chaleur du foyer, son humidité normale. Nous avons approuvé et recommandé la coutume, bonne et sage, de placer sur les poêles de fonte un vase rempli d'eau, afin que l'évaporation de ce liquide restitue à l'atmosphère, desséchée par la chaleur du poêle, la quantité d'eau qu'elle a perdue. La combustion du gaz hydrogène dans l'air d'une chambre, produirait naturellement le même effet. Dans cette curieuse circonstance, on voit donc le feu corriger lui-même ses mauvais effets ; et comme disait la chanson, à propos de la première pompe à feu établie à Chaillot,

> On voit, ô miracle nouveau !
> Le feu devenu porteur d'eau.

Nous ajouterons une autre considération à l'appui de la même idée. Quand la vapeur d'eau résultant de la combustion du gaz hydrogène pur, se condense, une nouvelle quantité d'air s'introduit dans l'appartement, pour combler le vide laissé par le changement d'état de la vapeur. La quantité d'air ainsi appelée du dehors, serait assez considérable pour entretenir le foyer, sans produire néanmoins une ventilation exagérée, comme il arrive pour les cheminées.

Ainsi, avec le chauffage des appartements par le gaz hydrogène pur, on n'aurait qu'une faible dépense de gaz combustible ; on verserait dans l'air de la pièce de la vapeur d'eau, utile à nos organes ; enfin on provoquerait l'appel d'air nécessaire à la combustion du foyer, sans provoquer une ventilation trop énergique.

Les avantages généraux de ce mode de chauffage seraient, d'ailleurs, de plus d'un genre. Essayons de les énumérer.

Que l'on veuille bien admettre un instant avec nous, que le chauffage par le gaz hydrogène pur soit installé dans nos maisons. Supposez donc, cher lecteur, qu'au lieu de vous chauffer, devant le traditionnel foyer de votre cheminée, à l'aide d'un feu de bois qui rôtit vos tibias, pendant qu'un courant d'air froid, qui se glisse sournoisement par-dessous la porte, vient vous glacer les talons et le dos ; supposez que votre appartement soit soumis à la douce influence du calorique émané d'un jet de gaz hydrogène artistement disposé. Admettez encore que votre intelligente ménagère ait remplacé, dans sa cuisine, le dispendieux charbon de bois par le service complaisant du gaz hydrogène, et permettez-nous d'énumérer les avantages, les bénéfices, les jouissances diverses qui résulteraient pour vous de cette substitution heureuse.

Il y aurait, en premier lieu — mettons l'utile avant l'agréable — une économie importante sur la somme annuellement consacrée à l'achat du combustible. Au lieu de bois, si l'on brûlait un peu de gaz hydrogène pur, dans une chambre close, il ne faudrait qu'un faible volume de gaz pour échauffer cette enceinte et la maintenir chaude.

Nous rappellerons à l'appui de cette assertion, qu'une lampe à modérateur, ou un quinquet ordinaire, brûlant pendant une heure dans un appartement fermé, de dimensions moyennes, élève de plus de 10 degrés la température de cette enceinte. Tout le monde connaît la chaleur, vraiment insupportable, que l'on ne tarde pas à éprouver dans les magasins fermés où brûlent trois ou quatre becs de gaz. Ce dernier effet calorifique est dû à ce que l'air échauffé ne se perd point au dehors, et que la chaleur dégagée par la combustion est ainsi mise à profit dans sa totalité. On comprend donc combien on échaufferait vite une pièce en y brûlant du gaz hydrogène pur.

A cette première économie sur l'agent du chauffage pris en lui-même, il convient d'ajouter celle que l'on réaliserait, d'un autre côté, en se trouvant débarrassé de l'emmagasinage du bois et du charbon, de leur transport journalier par les domestiques, des détournements, des vols, etc.

Ce qui précède concernait l'utile, voici maintenant pour l'agréable.

On serait dispensé, avec le gaz hydrogène, de l'ennui d'allumer le feu et de l'ennui de l'éteindre. On serait affranchi de la juste préoccupation que l'on éprouve, relativement à l'incendie, quand on laisse, en sortant de chez soi, un feu allumé. Pour éteindre comme pour rallumer le feu, il suffirait de fermer ou d'ouvrir un robinet.

Il suffirait encore de fermer un robinet pour éteindre le feu dans son salon, et le rallumer aussitôt dans sa chambre à coucher. Et quel avantage de pouvoir ainsi, sans autre dépense ni embarras, transporter son chauffage de la salle à manger au salon, du cabinet de travail à la chambre à coucher, etc. !

Avec le chauffage par le gaz, on serait débarrassé de la fumée, qui, selon le proverbe latin, est un des trois fléaux de la maison (1).

Avec le gaz hydrogène, plus de fumée qui salit les rideaux, qui fane les meubles, qui noircit les papiers et les livres, et oblige à de fréquents blanchissages des housses et des rideaux, qui altère encore et salit nos poumons, chose plus difficile à nettoyer.

Enfin, la substitution du gaz hydrogène au mode actuel de chauffage permettrait d'améliorer singulièrement la construction des maisons et des édifices. On remplacerait nos lourdes cheminées par des appareils bien plus élégants. Les énormes conduites, plaquées le long des murs, qui occupent un espace si précieux, qui dépassent les combles, et sont d'un si grand embarras pour la distribution des appartements et de leurs diverses pièces, deviendraient inutiles et livreraient à l'architecte tout l'espace qu'elles absorbent aujourd'hui.

Mais il est des préjugés dans l'ordre du

(1) Sunt tria damna domûs : imber, mala fœmina, fumus. (Il y a trois fléaux domestiques : humidité, femme acariâtre, fumée.)

sentiment, et ce ne sont pas les moins rebelles. Le désir, le besoin de voir le feu, est un de ces préjugés du sentiment. On consent à sentir ses pieds gelés, et froide l'atmosphère de son appartement, mais on veut absolument voir le feu. Se griller les yeux est un besoin enraciné et irrésistible. « Le feu égaye, dit-on, le feu tient compagnie ; le feu est l'image de la vie, et sa vue récrée, comme l'aspect de la vie en action. » Or, rien ne serait plus facile que de satisfaire à ce désir avec le cauffage au gaz hydrogène. Nous ne parlons pas ici, comme l'ont proposé d'ingénieux fumistes parisiens, d'imiter, par quelques *paillons* d'oripeaux, des foyers qui ne brûleraient pas, ou de peindre, avec du vermillon, des flammes de Bengale qui ne blesseraient point les yeux. L'artifice dont il s'agit ici est tout autre. Dans le foyer où brûle le gaz hydrogène pur, placez une certaine quantité de brins d'amiante entrelacés, et la flamme du gaz hydrogène, qui ne répandait qu'une faible lueur, brillera aussitôt du plus vif éclat. Avec ces grilles d'amiante, que nous avons représentées plus haut (*fig.* 221, 222), on peut créer, à l'aide du gaz, toute espèce d'arabesques et d'ornements fantastiques, dont les traits sont des traits de feu, et dont l'artiste s'appelle Prométhée.

A cette série d'avantages auxquels donnerait lieu l'emploi du gaz dans le chauffage domestique, on peut ajouter cette dernière circonstance, que les maisons pourraient à l'avenir se louer avec le feu, comme on les loue aujourd'hui avec la lumière et l'eau, comme on les louera un jour avec la télégraphie pour les communications d'étage à étage, et avec les cadrans électriques pour la distribution des heures.

Mais on le voit, tous ces avantages sont subordonnés à l'emploi du gaz hydrogène pur. Avec le gaz ordinaire de l'éclairage, c'est-à-dire le gaz hydrogène bicarboné, fourni par la distillation de la houille, gaz qui produit en brûlant de l'acide carbonique, on ne pourrait réaliser toutes ces conditions séduisantes, par suite de l'obligation d'évacuer au dehors les produits de la combustion et, par conséquent, d'augmenter considérablement la dépense du gaz. Il faut donc former des vœux pour que la fabrication du gaz hydrogène pur, c'est-à-dire du *gaz à l'eau*, prenne de l'extension. Il est à désirer que des usines se créent en vue de cette nouvelle industrie, et qu'une canalisation de gaz hydrogène pur, établie sous le pavé des villes, permette à chacun de puiser à cette source commode la chaleur nécessaire à ses besoins.

Là est peut-être la véritable solution de ce problème difficile du chauffage domestique, problème posé depuis des siècles et qui, jusqu'à ce jour, a résisté, comme nous l'avons établi, à tous les efforts de la science et de l'art.

FIN DU CHAUFFAGE.

LA VENTILATION

La respiration d'un air pur est aussi nécessaire à l'entretien de la vie que l'alimentation même. Les maladies les plus graves que la médecine ait à combattre, proviennent de l'inspiration d'une atmosphère viciée. Les professions sédentaires, s'exerçant dans des locaux étroits, d'une capacité insuffisante, ou qui demeurent trop longtemps fermés, sont une cause fréquente de phthisie pulmonaire. La fièvre typhoïde éclate souvent, sous forme épidémique, dans les casernes, dans les hôpitaux, par suite de la viciation de l'air, résultant de l'insuffisance des dimensions du local. Les mêmes causes qui produisent ces tristes effets pour les agglomérations de personnes, dans une salle de capacité insuffisante, provoquent aussi le même résultat pour un seul individu dans son habitation privée. Dans le premier cas, c'est une épidémie qui survient ; dans le second, c'est une affection de famille qui se déclare. Un seul homme, une famille, enfermés dans une pièce de dimensions exiguës, où l'air ne se renouvelle pas, sont exposés aux mêmes dangers qu'un grand nombre de personnes qui séjournent dans une grande pièce mal aérée.

La question de la ventilation dans les habitations privées, dans les lieux de réunion publique et dans les hôpitaux, est donc une de celles qui doivent le plus préoccuper les hygiénistes et les amis de l'humanité. Il ne suffit pas d'ouvrir aux souffrances du pauvre un asile où lui sont prodigués les secours les plus assidus et les soins éclairés des maîtres dans l'art médical. Il faut encore pourvoir, dans nos hospices, au renouvellement constant et parfait de l'atmosphère des salles, où tant de causes de viciation et d'altération prennent continuellement naissance. Il faut enfin assurer à l'individu dans son habitation, les meilleures conditions hygiéniques, sous le rapport de l'air respirable.

Cette question, dont on s'embarrassait à peine, il y a quelques années, est devenue, dans ces derniers temps, l'objet des préoccupations des hygiénistes. Nous nous attacherons, dans cette Notice, à résumer les travaux des physiciens modernes sur les meilleurs moyens d'assurer une ventilation régulière et suffisante.

CHAPITRE PREMIER

VUES GÉNÉRALES. — NÉCESSITÉ D'UN AIR PUR. — CAUSES DIVERSES DE LA VICIATION DE L'AIR. — EXEMPLES A L'APPUI.

Lorsqu'un certain nombre de personnes sont réunies dans un espace clos, par exemple dans une salle fermée par nos moyens ordinaires de clôture, elles éprouvent, au bout d'un temps plus ou moins long, un malaise particulier, que l'on ne fait cesser qu'en renouvelant l'air qui les environne. Ce fait, connu de tout le monde, a pour cause la viciation de l'air. Il se produit au bout d'un temps variable, selon la capacité du local que l'on considère, selon sa clôture plus ou moins complète et le nombre des personnes qu'il contient.

Le renouvellement de l'air altéré est le seul moyen à opposer à ce fâcheux effet.

Mais quelles sont les causes de l'altération de l'air dans une salle habitée? Ces causes sont nombreuses; quelques-unes peuvent être mesurées exactement.

A cette dernière catégorie appartiennent les modifications de température, le changement de composition de l'air, ainsi que les variations dans les quantités d'humidité qu'il contient. On sait que l'homme, en respirant, prend de l'oxygène à l'air qui l'environne, et le remplace par de l'acide carbonique. La quantité d'acide carbonique produit par la respiration s'élève, en moyenne, à 500 litres par jour, pour un individu adulte. En outre, par sa respiration et sa transpiration cutanée, l'homme adulte émet, chaque jour, 1,300 grammes d'eau à l'état de vapeur, qui emporte en même temps avec elle une partie de la chaleur produite dans l'organisme.

Les autres causes de viciation, qui jusqu'à ce jour ont échappé à nos procédés de mesure, n'en sont pas pour cela moins réelles. Elles proviennent des matières animales qui s'exhalent des êtres vivants, et qui manifestent leur présence dans l'air par une odeur particulière, désagréable, même quand il s'agit d'individus sains. Cette dernière cause de viciation de l'air, augmente d'importance et domine toutes les autres, quand il s'agit d'une réunion de malades.

Le moyen le plus efficace d'éviter ou de diminuer ces inconvénients, c'est l'emploi d'un bon système de ventilation. Le problème à résoudre est celui-ci : *Enlever d'une salle l'air, soit vicié par les êtres vivants ou par toute autre cause, soit trop refroidi, soit trop échauffé et chargé de vapeurs et de substances animales; le remplacer par un air pur, chaud en hiver, frais en été, de manière à assurer dans cette salle les conditions de la plus complète salubrité.*

Il faut admettre, d'une manière générale, que l'état de l'air enfermé dans une pièce d'appartement qui doit être le plus favorable à l'entretien régulier de nos fonctions respiratoires, est celui qui se rapproche le plus de l'air ordinaire. Mais cette composition normale étant impossible à réaliser dans une enceinte où il existe une cause permanente d'altération, c'est-à-dire la réunion d'un certain nombre de personnes, les hygiénistes et les chimistes ont cherché à déterminer les limites dans lesquelles il faut entretenir la composition de l'air dans un espace habité pour qu'il ne soit pas nuisible aux personnes qui le respirent.

Des expériences, indépendantes de toute idée théorique préconçue, ont été faites pour déterminer la quantité d'air qu'il importe de fournir à un certain nombre d'individus rassemblés, afin de maintenir leur respiration dans les conditions normales. Les assistants de l'enceinte étaient établis seuls juges du manque ou de l'excès d'air sous l'influence de dosages variables. Un de nos habiles chimistes, M. Félix Leblanc, par des recherches qui remontent à plusieurs années, trouva dans l'air sortant d'une salle de réunion, après quatre heures de séjour des assistants, 2 à 3 millièmes d'acide carbonique par mètre cube, c'est-à-dire quatre à cinq fois plus qu'il n'en existe dans l'air normal. D'autre part, d'Arcet avait déjà fixé à 7 grammes de vapeur d'eau la quantité d'humidité que renferme un mètre cube d'air, lorsqu'il est capable de débarrasser nos organes de la vapeur d'eau qui leur est inutile, sans agir pourtant sur eux d'une manière pénible par sa trop grande sécheresse.

Ainsi, 2 à 3 millièmes d'acide carbonique et 7 grammes de vapeur d'eau, par mètre cube, sont les limites que l'altération de l'air ne doit pas dépasser.

Des expériences qui furent faites en 1840, à l'ancienne Chambre des députés, ont prouvé que ces conditions sont remplies, c'est-à-dire que l'air ne demeure pas chargé de ces quantités anormales d'acide carbonique et de vapeur d'eau, quand on fait passer dans une salle *vingt mètres cubes d'air par heure et par individu*.

En fournissant à une réunion de personnes en santé 20 mètres cubes d'air par heure et par individu, on satisfait donc à toutes les exigences d'une bonne hygiène. Mais, hélas ! combien peu de lieux publics présentent ces conditions salutaires !

Considérez, par exemple, nos salles de spectacle, où, pour augmenter encore les causes de viciation de l'air, des centaines de becs de gaz versent sans cesse des torrents d'acide carbonique et de vapeur d'eau, qui s'ajoutent à ceux que produisent les spectateurs. Aussi, avec quel plaisir, quelle avidité même, est-on empressé d'aller, par intervalles, respirer à pleins poumons un peu d'air frais au dehors ! La question de la ventilation des théâtres a préoccupé plusieurs directeurs des grandes scènes de la capitale, qui ont cherché à donner aux spectateurs ce bien-être qui dispose à goûter plus complétement les jouissances de l'esprit. Cependant le but est bien loin encore d'être atteint.

Examinez les ateliers de beaucoup d'industries, et vous en trouverez encore bon nombre dans lesquels l'atmosphère, lourde, mal renouvelée, est continuellement chargée de poussières de toute nature. Si vous consultez alors les statistiques, vous verrez que la mortalité est considérable chez les ouvriers occupés par ces industries, et vous comprendrez de quelle importance il serait que les directeurs des usines songeassent à améliorer les conditions dans lesquelles se trouvent placées les habitations des ouvriers et les ateliers de travail.

Mais si, au lieu de considérer une réunion de personnes bien portantes, nous cherchons ce qu'il faudrait faire pour une réunion de malades, pour une salle d'hôpital, où tant de malheureux viennent chercher la guérison de leurs maux, le problème se complique, car les causes de viciation de l'air deviennent ici plus nombreuses et plus intenses.

Au premier rang de ces causes d'altération, se placent, sans contredit, les émanations de matières animales.

Quel est le médecin, quel est l'élève, quel est le visiteur des hôpitaux, qui n'ait pas été péniblement affecté par l'odeur, si bien nommée *odeur d'hôpital*, qui s'exhale de certaines salles, quand on y entre le matin, ou seulement après quelques heures de clôture, et cela malgré les soins minutieux de propreté auxquels on a recours ? C'est probablement à cette cause qu'il faut rapporter l'aggravation de certaines affections qui n'étaient que fort légères au moment de l'entrée du malade, ainsi que la longueur des convalescences, la facilité des rechutes, et le peu de réussite, dans les hôpitaux, de certaines opérations chirurgicales pour lesquelles on compte un nombre bien supérieur de succès dans la pratique civile. Les hôpitaux consacrés à l'enfance et aux femmes en couches, sont certainement placés, sous ce rapport, dans les conditions les plus défavorables. Sur l'enfant, sur la nouvelle accouchée placés dans les hospices, ces aggravations d'un mal léger à l'origine se remarquent avec une déplorable fréquence.

Ces considérations générales sur les inconvénients et les dangers de l'air non renouvelé par une ventilation naturelle ou artificielle, acquerront une force nouvelle, si nous les appuyons par quelques faits recueillis dans les auteurs classiques.

Le plus frappant exemple des dangers de l'air *confiné*, comme l'appellent les physiciens de nos jours, par une ellipse heureuse, nous est fourni par un triste épisode de la guerre des Anglais dans les Indes, à la fin du siècle dernier.

Dans un des engagements victorieux des Indiens contre l'armée anglaise envahissante, cent quarante-six hommes avaient été faits prisonniers par les indigènes. Ces prisonniers furent renfermés dans une petite salle de vingt pieds carrés, où la lumière et l'air n'arrivaient que par deux soupiraux donnant sur un corridor. Les prisonniers ne tardèrent pas à se sentir pris de suffocation et du suprême besoin de respirer. La chaleur était devenue extraordinaire. Tous les malheureux enfermés dans cette étroite prison, éprouvaient une soif intense, un douloureux serrement à la gorge et aux tempes. Ils se pressèrent en foule vers les deux petites ouvertures qui donnaient accès sur le corridor. Quelques-uns se cramponnaient aux barreaux, se soulevaient à force de bras, et aspiraient quelques bouffées d'air pur. Mais bientôt, arrachés de ce poste de salut par leurs compagnons en délire, ils étaient repoussés et foulés aux pieds. Une lutte affreuse s'engagea entre ces hommes à demi fous, et les plus robustes triomphèrent (*fig.* 236).

Le lendemain, au bout de huit heures, quand on ouvrit la porte du cachot, vingt-trois prisonniers seulement étaient vivants. Cent vingt-trois cadavres jonchaient le sol.

Un fait analogue s'est produit en France.

Après la bataille d'Austerlitz, trois cents Autrichiens faits prisonniers, étaient dirigés vers nos frontières. On les enferma, pour leur faire passer la nuit, dans une cave très-exiguë. Chose horrible à dire ! Deux cent soixante de ces malheureux périrent asphyxiés, et les quarante qui respiraient encore, furent trouvés si faibles, qu'il fut impossible, pendant plusieurs jours, de leur faire continuer la marche.

Nos guerres d'Afrique ont offert un épisode du même genre et tout aussi douloureux. En 1845, le colonel Pélissier, le même qui devait plus tard s'illustrer en Crimée par de si glorieuses actions militaires, poursuivait une colonne d'Arabes, qui, ne trouvant d'autre refuge, alla s'enfermer dans une caverne pourvue d'une seule entrée. Pélissier, au lieu de prendre l'ennemi par la famine, eut la malheureuse idée de faire jeter à l'entrée de la caverne, des brandons de paille enflammée. On pensait que la fumée et la viciation de l'air forceraient les Arabes à sortir de leur retraite. Pas un ne sortit. Seulement, quand on pénétra, quelques heures après, dans les détours de la caverne, on y trouva 500 cadavres ! L'air, altéré par la combustion et par la respiration des prisonniers, s'était changé pour eux en un poison mortel.

Voici un autre fait, bien étrange. Les écrivains anglais assurent que dans une séance de la Cour d'assises d'Oxford, juges et accusés, gardiens et auditeurs, furent frappés d'une asphyxie subite et mortelle ! L'altération de l'air produite par une agglomération considérable d'individus dans une salle étroite, et dont toutes les issues étaient fermées, avait provoqué cet étonnant résultat. On peut donc être surpris par l'asphyxie, avant que la moindre impression douloureuse ait averti du péril. Sans cela les nombreuses personnes réunies dans la salle des assises d'Oxford, se seraient empressées de se dérober au danger.

Fig. 236. — Les souffrances et la mort de 123 prisonniers anglais, dans la guerre des Indes.

Comme contraste à ces tableaux lugubres, nous présenterons les heureux aspects, les séduisants avantages d'une bonne ventilation. Le docteur Reid, qui a écrit en 1844 un excellent ouvrage sur l'art de ventiler, va nous dire combien il est agréable de respirer à son aise.

« Il y a quelques années, écrit le docteur Reid, environ cinquante membres d'un des clubs de la *Société Royale* à Édimbourg, dînèrent dans un appartement que j'avais fait construire et d'où le produit de la combustion des becs de gaz était exclu à l'aide d'un tuyau fixé aux appareils et caché dans le pen-

dentif gothique auquel il était suspendu. Une abondante quantité d'air à une douce température, circulait dans l'appartement pendant toute la soirée, et son effet était varié de temps à autre en y mêlant des substances odoriférantes, de manière à pouvoir produire successivement les parfums d'un champ de lavande ou d'un bouquet d'oranger.

« Pendant tout le temps du dîner, les convives ne firent aucune remarque spéciale; mais le maître d'hôtel qui avait fourni le repas, et qui était familier avec leurs habitudes, parce qu'il les traitait ordinairement, fit remarquer aux commissaires que l'on avait consommé trois fois plus de vin que ne le faisait ordinairement la même société, dans la même salle éclairée au gaz et non ventilée. Il ajouta qu'il avait été surpris de voir des convives qui ne buvaient habituellement que deux petits verres de vin, consommer sans hésiter plus d'une demi-bouteille ; que d'autres, dont l'usage était de boire une demi-bouteille, en avaient pris une et demie, et qu'en définitive, à la fin du repas, il avait été obligé de faire chercher beaucoup plus de voitures qu'à l'ordinaire pour reconduire les convives chez eux (1). »

Le docteur Reid eut soin, — autant, nous voulons le croire, dans l'intérêt de la science que par devoir de politesse, — de faire prendre des nouvelles de la santé de ses convives, et il nous assure que non-seulement on n'eut à déplorer aucun accident à la suite de ce festin, mais que ses hôtes même ne s'étaient pas aperçus de l'infraction commise aux règles ordinaires de leurs repas.

Le docteur Reid fait à ce sujet une autre remarque assez piquante :

« Dans le salon où la ventilation est mauvaise, où les appareils d'éclairage versent dans l'air leurs produits de combustion, la conversation languit, elle est peu intéressante, les gens se trouvent réciproquement peu d'esprit, les dames se plaignent d'une diminution d'attentions à leur égard, et l'on consomme fort peu de vins et de gâteaux ; dans ceux, au contraire, où l'air arrive pur et en abondance, les belles phrases et la gaieté pétillent, le contentement est parfait de toutes parts, le thé est trouvé excellent, et aussi la cave du maître et son buffet. »

Sous une forme quelque peu excentrique, ces observations démontrent qu'une bonne ventilation est nécessaire au libre exercice de l'intelligence, comme à celui de toutes les fonctions. Un littérateur, un savant qui s'enferme dans un cabinet de dimensions exiguës, avec des fenêtres constamment fermées, et dans lequel l'air ne se renouvelle pas, ne peut trouver des inspirations aussi heureuses, un travail aussi facile ni aussi léger, que celui qui dispose d'une vaste pièce, largement et continuellement aérée.

Nous recommandons, comme règle hygiénique de la plus haute importance, à toutes personnes vouées aux occupations de l'esprit, de ne travailler que dans une pièce de grande capacité. Tout le monde, surtout à Paris, ne peut pas avoir un vaste cabinet de travail, mais tout le monde, en travaillant, peut ouvrir sa fenêtre, pendant huit mois de l'année. C'est là ce que nous conseillons à nos lecteurs, comme résultat d'une longue expérience personnelle.

Nous emprunterons au docteur Reid, l'observation d'un fait qui met bien en évidence l'utilité de la ventilation pour la santé des hommes occupés à des travaux corporels.

Un industriel anglais possédait une usine dont les ouvriers souffraient grandement du manque d'air. Il se décida à ventiler son établissement. Or, il arriva bientôt que la santé de ses hommes s'étant améliorée et leur appétit ayant augmenté, la paye qui subvenait auparavant à tous leurs besoins devint insuffisante. Les ouvriers réclamèrent une augmentation de salaire, et force fut au propriétaire de l'usine de leur accorder cette augmentation.

Ce que le docteur Reid n'ajoute pas, mais ce que nous devinons, c'est que les ouvriers, mieux nourris, fournirent un travail plus considérable, et que le maître de l'usine fut ainsi récompensé de sa bonne et charitable inspiration.

Au reste, il n'est pas aujourd'hui de propriétaire d'une usine importante, qui ne comprenne toute l'utilité d'une bonne ventilation de ses ateliers, et qui ne se mette en mesure de faire profiter ses ouvriers d'un avantage hygiénique qui tourne en définitive au profit de ses propres intérêts.

Une communication faite le 24 mai 1869, à l'Académie des sciences, par M. le général Morin, met cette proposition en parfaite évidence. Nous emprunterons au journal la *Science pour tous* le résumé du mémoire de M. le général Morin.

« Dans le courant du printemps de 1868, dit ce journal, M. Fournet, l'un des plus honorables industriels de Lisieux, fit établir un système de ventilation pour assainir un vaste atelier de tissage qu'il

---

1) Reid, *Illustration of the Theory and Practice of Ventilation*. London. 1844.

possède à Orival, dans lequel sont réunis, en une salle, quatre cents ouvriers et quatre cents métiers éclairés, pendant les matinées et les soirées d'automne, par quatre cents becs de gaz.

« Cet atelier, à rez-de-chaussée, du genre de ceux qui sont adoptés aujourd'hui dans l'industrie du tissage, a 61^m,20 de longueur sur 33^m,10 de largeur. Sa hauteur sous les entraits n'est que de 3^m,30. Il est partagé en dix-sept travées couvertes par autant de petits toits à deux pans inclinés : l'un à un de base, sur deux de hauteur, couvert en zinc, est plein et laisse écouler les eaux.

« La surface du plancher est de 2,025 mètres carrés, ce qui correspond à 5^m,36 seulement par ouvrier.

« La capacité totale de l'atelier est de 6,000 mètres cubes environ, déduction faite de l'espace occupé par le matériel, ce qui n'alloue que 15 mètres d'espace cubique pour chaque ouvrier.

« Enfin, cet atelier n'est pas encore chauffé l'hiver, ce qui, outre l'inconvénient d'y permettre dans cette saison un trop grand abaissement de la température, présentait alors une difficulté grave pour l'établissement de la ventilation.

« D'après les renseignements de M. le Dr Penot, de Mulhouse, les conditions hygiéniques des ateliers à rez-de-chaussée de cette ville sont beaucoup plus favorables.

« Dans les tissages à rez-de-chaussée, on alloue par ouvrier environ :

« 12 à 14 mètres carrés de surface de plancher,
« 45 à 55 mètres cubes de capacité,
et l'on assure le renouvellement de l'air par une ventilation dont nous ne connaissons malheureusement l'énergie par aucune expérience publiée jusqu'ici, et qui est produite tantôt uniquement par appel, tantôt simultanément par appel et par des moyens mécaniques.

« Le grand nombre des ouvriers, la nécessité de maintenir les chaînes des toiles à un état convenable d'humidité, l'influence des produits de la combustion du gaz, l'absence d'une ventilation suffisante et régulière, rendaient l'atelier d'Orival tellement insalubre, que le nombre des ouvriers indisposés ou malades dans la partie centrale la plus éloignée des portes d'entrée et de sortie, y était habituellement de trente à quarante, sur lesquels une douzaine, en moyenne, étaient obligés de suspendre le travail et de garder la chambre.

« Les ouvriers valides, souvent incommodés l'été par la chaleur, l'hiver par les émanations du gaz, étaient obligés de sortir pour respirer de l'air pur ; beaucoup d'entre eux éprouvaient un malaise qui leur enlevait l'appétit, la vigueur : la production de l'atelier s'en ressentait.

« Telles étaient les conditions fâcheuses auxquelles M. Fournet regardait comme un devoir de porter remède, sans se préoccuper des sacrifices à faire pour y parvenir.

« Les travaux commencés en juin n'ont été complétement terminés, et le service de la ventilation n'a fonctionné régulièrement, qu'à partir du mois d'août 1868. Dès les premiers jours, l'amélioration dans l'état de l'air de cette salle, précédemment infectée d'odeurs nauséabondes qui causaient aux ouvriers un malaise indéfinissable et leur enlevaient une partie de leur énergie, devint immédiatement sensible ; mais j'ai voulu attendre qu'un intervalle de temps suffisant se fût écoulé pour permettre d'en apprécier avec certitude les conséquences.

« Il y a maintenant près de dix mois que la ventilation, complétement mise en activité vers le milieu d'août 1868, fonctionne régulièrement. Les rapports mensuels du médecin de l'établissement et ceux du sous-directeur constatent que le nombre des malades a considérablement diminué, et que c'est à peine si, aujourd'hui, sur les 400 ouvriers, il en manque au travail 3 ou 4 par jour, au lieu de 10 à 12 en moyenne qui étaient retenus chez eux.

« Or, une diminution moyenne de 7 à 8 dans le nombre des malades par journée de travail correspondant à 2,100 ou 2,400 journées pour une année, équivaut, tant en frais de maladies qu'en pertes de salaires, pour les ouvriers seuls, à plus de 4,000 à 5,000 francs par an.

« Des indices certains et indépendants de toute prévention favorable montrent qu'en effet l'état hygiénique des ouvriers s'est notablement amélioré. L'un des plus caractéristiques est fourni par l'accroissement de la production de l'atelier, qui s'est élevée à plus de 6 pour 100 par le seul effet de la plus grande activité qu'ils apportent au travail.

« Une autre preuve plus caractéristique encore de l'amélioration de la santé des ouvriers a été fournie par le service de la boulangerie établie dans les usines de M. Fournet, pour leur livrer du pain de bonne qualité au prix de revient.

« L'administrateur de cette boulangerie, surpris d'avoir à constater un accroissement très-notable dans la consommation, en a fourni l'état suivant au chef de l'établissement.

Consommation de pain pendant les trois derniers mois de 1867 et de 1868 :
1867 (l'atelier n'est pas ventilé) : 15,656 kilogr.
1868 (l'atelier est ventilé) : 20,014 —

DIFFÉRENCE......... 4,358 kilogr.

« Ces résultats n'ont pas besoin de commentaires.
« En résumé, on voit par cet exemple quelle salutaire influence peut exercer sur la santé des nombreux ouvriers de certains ateliers un renouvellement abondant de l'air, que l'on peut obtenir sans dépenses journalières, comme dans le cas présent : les frais d'installation de la canalisation nécessaire seront toujours fort peu dispendieux, si l'on s'en occupe lors de la construction des usines ; on a même vu que, quand on ne l'établit qu'après coup,

on en est largement dédommagé par les résultats obtenus. Ainsi, dans le tissage d'Orival, où les travaux ont été exécutés sans arrêter la marche de l'atelier, et où les conditions locales présentaient d'assez grands obstacles, la dépense totale s'est élevée à 14,000 ou 15,000 fr.

« M. Fournet, en faisant cette dépense, n'avait en vue que de remédier aux défauts hygiéniques qu'il avait reconnus dans ses ateliers; mais il a trouvé en outre, sans s'y être attendu, l'avantage d'un accroissement remarquable de production de son usine. Le mérite de l'initiative qu'il a prise ne lui en reste pas moins, et nous ne saurions douter que son exemple ne soit suivi par un grand nombre d'autres industriels qui savent mettre au rang de leurs devoirs l'amélioration morale et physique de leurs ouvriers. »

En résumé, la ventilation est nécessaire dans les réunions publiques nombreuses, comme dans les ateliers industriels; elle est utile dans les salles de théâtre et les églises, comme dans les mines, les cales de vaisseaux, les casernes, les dortoirs, etc. L'objet de cette Notice, c'est de faire connaître les principes généraux et les dispositions pratiques reconnues aujourd'hui les meilleures pour assurer le renouvellement de l'air dans les salles habitées.

Nous consacrerons un chapitre à poser quelques principes généraux au point de vue de la science pure. Dans les chapitres suivants, après avoir donné un rapide historique de la question, nous ferons connaître les divers systèmes de ventilation, qui ont été proposés. Enfin nous décrirons les applications les plus remarquables, qui ont été faites de ces systèmes dans divers établissements de Paris.

CHAPITRE II

CE QUE C'EST QUE L'AIR PUR. — COMPOSITION DE L'AIR VICIÉ. — EFFETS NUISIBLES DE L'ACIDE CARBONIQUE, DES MATIÈRES ANIMALES VOLATILES ET DES FERMENTS PUTRIDES.

L'air pur est un mélange de 21 parties (en volume) de gaz oxygène et de 79 parties de gaz azote. L'air renferme, en outre, 4 à 6 dix-millièmes de son volume de gaz acide carbonique, plus une quantité de vapeur d'eau, dont la proportion varie selon la température. Enfin il tient en suspension divers corpuscules solides, qu'il est impossible de ne pas faire entrer en ligne de compte au point de vue de la santé.

Il n'est personne qui n'ait vu ces petites poussières atmosphériques se mouvoir sur le trajet rectiligne d'un rayon de soleil. L'illumination plus vive de cette partie de l'air, rend ces particules visibles dans l'espace parcouru par la traînée radieuse.

Les plus gros de ces corpuscules sont seuls visibles de cette manière. Pour les recueillir et les observer, il faut faire usage d'un moyen physique particulier.

On dépouille un grand volume d'air de ses poussières, en lui faisant traverser, soit des tubes pleins d'un liquide tel que de l'eau, ou de l'acide sulfurique concentré, ou bien encore contenant un peu de coton-poudre que l'on dissout plus tard dans un liquide approprié, pour laisser libres les particules solides.

Si l'on examine au microscope les petits corps ainsi recueillis, on les trouve formés de toutes sortes de débris. Ce sont des substances végétales ou minérales, comme des fibres ligneuses, des trachées ou vaisseaux de plantes, — des granules d'amidon, — des cellules épithéliales de feuilles séchées, — des brins de coton, — des atomes de charbon, provenant des cheminées d'usine et des foyers ordinaires, — des fragments de carbonate de chaux, que le vent soulève dans les campagnes ou sur les routes, et qu'il transporte au loin, — de petits cristaux de sel marin, disséminés dans l'air par les vagues qui se brisent sur les côtes, et dont l'eau s'est vaporisée avant d'être retombée sur le sol. Dans l'air des villes manufacturières on rencontre des substances végétales ou minérales qui dépendent du genre de travail auquel se livre l'industrie locale, des brins de laine ou de soie, des particules de minerais, des grains siliceux, etc.

Ces matières, quelque multipliées qu'elles puissent être, n'ont d'autre inconvénient que de ternir momentanément l'éclat de nos étoffes, ou la propreté de nos meubles, en se déposant à leur surface. Si, quelquefois, on a noté des maladies causées par l'entrée de poussières diverses dans les voies respiratoires, ces cas sont exceptionnels. Ils se rattachent aux industries spéciales des charbonniers, des boulangers, des aiguiseurs, des repiqueurs de meules, etc. Les accidents dus à l'introduction de ces poussières dans l'économie animale, ne se produisent que très-lentement, ces corps étrangers n'exerçant que d'une façon mécanique leur influence fâcheuse sur les poumons.

Mais, outre ces substances inoffensives et inactives, l'observateur qui examine au microscope la poussière atmosphérique, y découvre de petits corps, d'un aspect régulier, en général sphériques, d'une couleur indécise, presque transparents, peu différents les uns des autres, et qui paraissent, au premier abord, d'une seule espèce. Si l'on place ces corpuscules organiques dans certains liquides fermentescibles, on les voit manifester une vitalité particulière, grandir, quelquefois se mouvoir et se multiplier à tel point que le liquide en devient troublé. La fermentation s'établit dans ce milieu, et détermine un changement profond dans les éléments chimiques du liquide, changement qui n'est que le résultat de la nutrition et de la vie de ces petits êtres.

Ces petits êtres sont des *ferments*. Chaque ferment a la propriété de vivre et de se développer dans un milieu particulier.

Telle est la cause de la fermentation du vin, du pain, de la bière. Telle est encore l'explication du phénomène désigné mal à propos sous le nom de *génération spontanée;* ce dernier phénomène provient des germes végétaux flottants dans l'air, et qui tombent dans les liquides aptes à leur donner les conditions du développement et de la vie. Telle est enfin la cause de cette grande classe de maladies appelées *miasmatiques*. Les humeurs du corps de l'homme, ne sont point, en effet, à l'abri de l'infection de ces germes; témoin les *bactéridies* découvertes dans le sang par M. Davainne, et qui constituent le *charbon;* témoin l'*oïdium*, cause productrice du muguet; témoin enfin les organismes microscopiques, plus récemment découverts, et qui sont peut-être le véritable principe des fièvres intermittentes des marais.

Cette curieuse question de physiologie et de médecine est encore à l'étude, et nous ne pouvons anticiper sur les développements que lui donneront les travaux de la science à venir. Nous ne pousserons donc pas plus loin ce genre de considérations, qui, pour certains lecteurs, auront peut-être paru s'écarter du sujet que nous allons traiter. Nous ferons remarquer, pour aller au-devant de ce reproche, que ces considérations nous permettront de mieux apprécier les systèmes de ventilation qui ont été proposés pour les hôpitaux, les casernes et autres établissements publics.

Telle est donc, en résumé, la composition de l'air pur : oxygène, azote, acide carbonique, vapeur d'eau, débris de substances minérales ou végétales, corpuscules organiques, miasmatiques et autres. Voilà ce qu'on appelle *l'air pur*, lequel pourtant, on le voit, renferme bien des choses impures.

Voyons maintenant ce qu'il faut entendre par *air vicié*.

Supposons qu'on place un homme en bonne santé dans un espace parfaitement clos, de la capacité de 10 mètres cubes. L'espace considéré renferme à peu près 12 kilogrammes et demi d'air, à la température ordinaire, et cet air contient près de 3 kilogrammes d'oxygène, lesquels pourraient suffire à la consommation de deux jours, s'ils étaient absorbés. Mais jamais la totalité de l'oxygène de l'air ne peut être absorbée par la respiration. Dès que l'air a perdu seulement 1 pour 100 de son oxygène, la respiration de l'homme placé dans ce milieu devient pénible. Lorsque l'air a perdu 4 pour 100 d'oxygène, la difficulté de respirer et l'anxiété, sont au comble chez l'homme. Enfin la mort arrive quand l'air a perdu 5 à 6 pour 100 d'oxygène.

Or, l'homme que nous avons mis en expérience, absorbera 60 grammes d'oxygène dans sa première heure; et déjà 2 centièmes de l'oxygène manqueront à l'air. Encore une heure ou deux, et nous aurons atteint la limite extrême où la respiration devient impossible et où survient l'asphyxie, limite d'ailleurs assez difficile à fixer, parce qu'elle est variable selon les individus.

Notons en passant, que bien des personnes, en tout pays, n'ont pas à leur disposition des pièces beaucoup plus grandes que celle que nous venons de considérer par une hypothèse scientifique. Heureusement ces pièces ne sont pas absolument closes : une ventilation naturelle s'y établit par les joints des portes et des fenêtres, et l'air s'y renouvelle assez pour que la respiration ne soit pas sensiblement gênée. Mais c'est au hasard des conditions locales et non à la sagesse des prévisions individuelles, qu'il faut attribuer ce bénéfice fortuit.

Il nous sera permis toutefois de nous élever contre la déplorable exiguïté des dortoirs dans la plupart des lycées, des séminaires et des logements dits *en garni*, en un mot contre toute accumulation d'un trop grand nombre de personnes ou d'animaux dans un petit espace. Ces vicieuses dispositions ne tuent pas assurément sur l'heure, comme ces prisonniers anglais, dont nous avons raconté la triste histoire, mais l'action, pour être lente, n'en est pas moins réelle. Cette action nuisible s'exerçant chaque nuit, amène l'affaiblissement de toutes les fonctions de l'organisme, la débilitation générale, l'état lymphatique et toutes les maladies qui en sont la suite.

Pour produire les 500 litres d'acide carbonique qu'il exhale chaque vingt-quatre heures, un individu adulte brûle 140 grammes de charbon. Un professeur de chimie de la Sorbonne mettait matériellement ce fait sous les yeux des élèves, d'une façon originale et saisissante, en présentant à ses auditeurs une assiette contenant 140 grammes de charbon de bois. L'acide carbonique résultant de la respiration, quand il s'est répandu dans l'air, est attiré dans les poumons par l'inspiration, et finit par déterminer l'asphyxie, par absence d'oxygène.

On trouve, en effet, à l'autopsie des animaux asphyxiés, le cœur droit, les poumons et les veines gorgés d'un sang noir et liquide, ce qui caractérise la présence de l'acide carbonique dans les vaisseaux et l'absence de l'oxygène.

Outre l'acide carbonique, l'homme verse dans l'air, par sa respiration, une certaine quantité de vapeurs d'eau. Ce dernier fait peut être facilement constaté par l'observation. Jetez les yeux sur les murs dans une réunion nombreuse, et bien souvent vous verrez l'eau exhalée par la respiration des assistants, ruisseler le long de ces murs.

L'acide carbonique et l'eau peuvent être saisis et dosés par les moyens chimiques, mais il est plus difficile d'isoler et d'étudier les produits organiques que la respiration dégage. Jusqu'ici il n'a pas été possible de soumettre à l'analyse chimique, par les méthodes des laboratoires, ces matières organiques qui s'exhalent des poumons, ou si l'on veut, qui accompagnent les produits de la respiration de l'homme et des animaux. On peut seulement les recueillir sans trop de peine.

Si l'on fait condenser dans un vase de verre l'eau provenant de la respiration, et qu'on conserve ce liquide dans un flacon bien bouché, on ne tarde pas à le voir se troubler et se putréfier. Cette altération est due à la présence de la matière organique exhalée des poumons, et qui s'est putréfiée au sein de l'eau dans laquelle on l'avait recueillie.

Lorsqu'on entre le matin, avant l'ouverture des fenêtres, dans une salle où plusieurs personnes ont passé la nuit, par exemple, dans un dortoir de jeunes collégiens, on perçoit une odeur aigre, suffocante, particulière, qui, certainement, ne saurait être attribuée ni à l'acide carbonique ni à la vapeur d'eau provenant de la respiration.

Cette matière organique si putrescible, et dont l'existence est démontrée par l'expérience rapportée plus haut, ne peut avoir qu'une action défavorable, même quand elle émane d'individus sains. A plus forte raison s'il s'agit d'une réunion de personnes malades enfermées dans un hôpital. Il est facile de comprendre que, dans ce cas, les miasmes odorants soient plus nombreux et armés d'une action plus dangereuse. Il est donc tout naturel que les émanations miasmatiques des salles d'hôpitaux exercent une action funeste; que chaque malade augmente par ses exhalaisons, la gravité de la position de tous les autres, et que la contagion s'établisse ainsi, d'une manière toute matérielle, d'un individu à l'autre, à l'intérieur d'un hospice.

Nous avons dit qu'en général l'air est *vicié* lorsqu'il contient 1 pour 100 d'acide carbonique, c'est-à-dire quand l'air a perdu 1 pour 100 de son oxygène, puisque ces deux phénomènes sont connexes. Dans les hôpitaux, l'air est vicié, dès qu'il expose, non à l'asphyxie par la présence de l'acide carbonique, mais à des maladies, par suite de l'accumulation de particules organiques miasmatiques.

Des causes autres que la respiration ou l'encombrement des malades, peuvent encore vicier l'air; mais nous n'en parlerons que pour mémoire. Citons à ce titre : 1° les gaz toxiques produits par des industries diverses, à savoir le gaz hydrogène sulfuré, le chlore, le gaz acide chlorhydrique, auxquels il faut ajouter l'hydrogène arsénié, le plus terrible poison connu, et qui peut exister dans l'air, par suite du grillage des minerais d'argent arsénifères ; 2° les produits de la décomposition des cadavres dans les voiries ou les cimetières, et parmi ces produits, il faut citer comme dangereux l'hydrogène sulfuré et l'hydrogène phosphoré ; 3° les émanations des fosses d'aisances ; 4° les poussières végétales et animales.

Telles sont les causes bien diverses, on le voit, qui produisent la viciation de l'air.

Il n'y a que deux moyens de remédier à la viciation de l'air : détruire chimiquement, sur place, les produits nuisibles ; ou bien chasser l'air vicié, et le remplacer par de l'air pur.

Le premier de ces deux moyens est à peu près impraticable. Ce n'est que dans de rares circonstances que l'on a pu se proposer d'absorber, par la potasse ou la chaux, l'acide carbonique d'une salle où étaient réunies un grand nombre de personnes. Le moyen ne serait ni facile ni économique. On a quelquefois absorbé par la chaux, l'acide carbonique remplissant une cuve de vendange ou de brasserie. On a détruit par le chlore, l'acide sulfhydrique ou l'hydrogène arsénié. Mais cette manière de procéder n'est applicable qu'à quelques cas rares et spéciaux. Le seul moyen de remédier à la viciation de l'air, c'est de remplacer l'air altéré par de l'air frais et pur, en d'autres termes, c'est d'opérer la ventilation. Nous allons passer en revue la série des moyens que l'on a proposés jusqu'à ce jour, pour atteindre ce but.

CHAPITRE III

HISTOIRE DE LA VENTILATION. — L'AÉRATION DES MINES AU XVIIe SIÈCLE. — ORIGINE DE LA VENTILATION PAR APPEL. — LES VENTILATEURS NATURELS. — LES APPAREILS DE WATSON, DE MACKINNELL, DE MUIR, ETC. — LES MANCHES A VENT. — TRAVAUX DE D'ARCET, COMBES ET MORIN. — DÉCOUVERTE DE LA VENTILATION RENVERSÉE.

L'art de la ventilation des habitations ou des lieux de réunion publique, est tout moderne. Il y a à peine un siècle que cette question a été abordée. Les connaissances imparfaites que l'on possédait jusqu'aux travaux de Lavoisier, sur la véritable nature et la composition de l'air, empêchaient toute tentative sérieuse dans ce sens. La ventilation avait été appliquée, il est vrai, à l'intérieur des mines, pour faciliter leur exploitation, ou prévenir l'asphyxie des ouvriers ; mais en dehors de cette application spéciale, l'idée était à peine venue, avant la fin du siècle dernier, de chercher à renouveler l'air altéré par le séjour d'un certain nombre de personnes dans un lieu de réunion. Cet art, il faut le dire, est même encore fort peu avancé de nos jours. Peu de personnes en comprennent l'importance. Il résulte de là que, tout en reconnaissant les inconvénients manifestes des systèmes qui sont en usage, les inventeurs sont peu excités à entrer dans une voie où aucune émulation ne les appelle.

C'est, disons-nous, pour l'exploitation des mines que l'on s'est inquiété, pour la première fois, des moyens de renouveler l'air altéré.

Dans l'ouvrage célèbre de George Agricola, *De re metallicâ*, publié à Bâle, en 1546, et consacré à la description de l'art de la métallurgie au XVIe siècle, on trouve exposés et figurés les moyens de ventilation en usage dans les mines à l'époque de la Renaissance.

La ventilation fut donc appliquée là où elle était le plus nécessaire, c'est-à-dire dans les mines, et nous ferons remarquer à ce propos que, de tout temps, les hommes se seront moins préoccupés des moyens d'entretenir leur santé que des moyens d'augmenter leur industrie.

On trouve dans le livre d'Agricola le dessin de gros soufflets qui servaient à ventiler les mines. Ces soufflets étaient manœuvrés à bras d'hommes ou par des manéges. Ils lançaient de l'air dans une suite de tuyaux de bois qui pénétraient jusqu'au fond de la mine ; de là, l'air revenait, par les galeries, jusqu'aux ouvertures extérieures.

Presque toujours, quatre ou cinq soufflets placés côte à côte, étaient manœuvrés par des chevaux attelés à des manéges. L'air de tous ces appareils se réunissait en un seul tuyau, qui parcourait la mine, comme nous l'avons dit ci-dessus.

En Angleterre, dans le courant du XVIIIe siècle, divers ingénieurs employèrent les moyens mécaniques pour ventiler la Chambres des communes, les hôpitaux, les prisons de Newgate.

Ensuite apparut en France la ventilation, par l'appel des cheminées, en 1759. Duhamel du Monceau indiqua le moyen de désinfecter la cale des navires par l'appel des fourneaux de cuisine, et, en 1767, Genneti établit sur les mêmes principes, la ventilation des hôpitaux.

Fig. 237. — Appareil de ventilation de Genneti.

La figure 237 montre la disposition dont se servait Genneti pour la ventilation des salles d'hôpital. L'air extérieur pénétrait par l'ouverture A, située vers le bas du dessin, remplissait la première salle. Sollicité par l'appel, il glissait contre les pentes du plafond, et passait dans un canal coudé aboutissant dans la cheminée, B. Le même effet se produisait pour les salles des autres étages. Le foyer était placé dans les combles.

On ne fait pas beaucoup mieux dans nos hôpitaux modernes.

Vers la fin du siècle dernier, le marquis de Chabannes, gentilhomme français réfugié à Londres, qui s'occupait de répandre l'usage du chauffage par la vapeur d'eau, fit diverses inventions dans l'art du chauffage, inventions dont les Anglais, selon M. Ch. Joly, s'attribuèrent le mérite, et qui revinrent en France, comme importations anglaises.

Au commencement de notre siècle, l'Anglais Reid fit faire des progrès sérieux à l'art dont nous parlons. Il ventila la Chambre des lords, la prison de Pettenville à Londres, l'hôpital Guy et plusieurs autres établissements publics.

Vers le commencement de notre siècle, le chimiste d'Arcet donna aux principes de la ventilation une précision scientifique, et concourut puissamment à en faire comprendre l'importance aux savants.

Puis la nécessité d'une bonne aération étant universellement comprise, de toutes parts, et jusque dans les maisons particulières les moins riches, on chercha à s'en procurer les bénéfices. On perça les murs des salles, vers la partie supérieure, ou au niveau des planchers, pour établir des ouvertures qui pouvaient servir tantôt à l'arrivée de l'air pur, tantôt au départ de l'air vicié. On plaça dans les carreaux de vitre des fenêtres de petites hélices ventilatrices. Si l'on n'obtenait pas encore de cette manière une ventilation complète, on aidait du moins à la ventilation naturelle. qui toujours s'opère par les cheminées et par les jointures mal closes des portes ou des fenêtres.

La ventilation parfaite exige pour le passage facile et régulier de l'air, un orifice d'entrée et un orifice de sortie, entre les deux ouvertures, et, quelque part sur le trajet du courant gazeux, une force quelconque,

Fig. 238. — D Arcet.

agissant par appel, ou par pulsion, qui détermine le mouvement de l'air. La ventilation naturelle n'utilise, au contraire, comme force motrice, que la différence de densité entre l'air chaud et vicié et l'air froid venant de l'extérieur.

Divers dispositifs furent inventés pour faciliter la ventilation naturelle ; nous allons les décrire brièvement.

Supposons une salle complètement close, et sans cheminée, au plafond de laquelle serait percée une ouverture. Si la température intérieure, et c'est le cas ordinaire, est plus élevée que la température extérieure, il arrivera que l'air chaud ayant de la tendance à sortir, et ne pouvant passer au dehors qu'à la condition qu'un volume égal d'air extérieur le remplace, un double courant s'établira par l'ouverture, fort irrégulier, à la vérité, et subissant des arrêts, des alternatives de flux et de reflux, mais enfin, par cette seule ouverture, une certaine ventilation sera établie.

Si le plafond présente deux ouvertures, en général l'une d'elles servira au courant de sortie, et l'autre au courant d'entrée. On pourra noter encore le fréquent changement dans le sens des courants, et l'interversion de l'usage des ouvertures. Cependant, même dans le cas où la somme de sections des deux orifices ne serait pas plus grande que la section de l'ouverture unique déjà considérée, on remarquera que la ventilation est plus complète, qu'un plus grand volume d'air traverse la salle, et d'une façon plus régulière.

Si l'on surmontait l'un des deux orifices d'un tube ouvert aux deux bouts, la ventilation serait meilleure encore, parce que le tube ferait office de cheminée d'appel pour l'air intérieur ; et dès lors, l'ouverture portant le tube ne servirait qu'à l'expulsion de l'air vicié, l'autre servirait exclusivement à l'entrée de l'air pur.

Ainsi donc, la cause déterminante la plus faible peut régulariser le sens du courant et améliorer la ventilation.

Il sera facile, maintenant, de comprendre l'usage des *ventilateurs naturels* représentés par les figures qui suivent.

La figure 239 montre la coupe du ventilateur naturel de Watson, qui fut appliqué à bon nombre des casernes anglaises.

Ce ventilateur ressemble à la *manche à vent* des navires. Il se compose d'une ouverture quadrangulaire, surmontée d'un tuyau de même forme, lequel est partagé en deux conduits par un diaphragme vertical. Il est défectueux en ce sens que, les deux conduits étant semblables, rien ne tend à déterminer dans l'un plutôt que dans l'autre le courant d'entrée ou le courant de sortie ; cependant il fonctionne assez régulièrement dès que le mouvement est établi.

La figure 240 représente le ventilateur de Mackinnell, formé de deux tubes concentriques AB, CD. Ici le tube intérieur ayant une élévation plus grande que l'autre, c'est toujours par là que passe le courant ascendant, comme l'indique le sens des flèches.

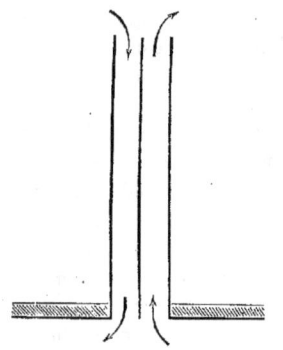

Fig. 239. — Ventilateur naturel de Watson.

Ce ventilateur présente un autre avantage : les orifices supérieur et inférieur des deux

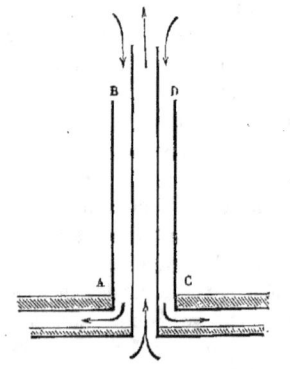

Fig. 240. — Ventilateur naturel de Mackinnell.

conduits étant séparés par une certaine distance, les courants de sens contraires ont peu de tendance à se contrarier réciproquement dans leur marche ; en outre, le courant descendant rencontre un plateau circulaire qui le disperse horizontalement dans le sens du plafond.

La figure 241 donne l'élévation et la projection horizontale du ventilateur naturel de Muir. C'est un tuyau quadrangulaire séparé en quatre compartiments, D, E, E, D, par deux diaphragmes diagonaux. Les quatre faces verticales sont percées de jalousies inclinées, de telle sorte qu'on utilise la force des vents pour l'extraction de l'air intérieur. Le sens du vent détermine le sens des courants dans le ventilateur.

Ce petit appareil est recouvert d'un toit, pour le garantir de la pluie.

Il est évident que dans le cas où, dans l'intérieur de la salle, un feu de cheminée produirait un puissant appel, les trois ventilateurs naturels, que nous venons de décrire, ne serviraient qu'à l'entrée de l'air extérieur. Dans le cas où une fenêtre de la salle serait ouverte, l'air froid entrerait par cette ouverture, et les ventilateurs ne seraient plus que des appareils d'extraction de l'air vicié.

Mentionnons encore parmi les ventilateurs naturels, la petite hélice de fer-blanc que l'on retrouve si fréquemment aux vitrages de cuisine. Si le bruit qu'elle produit est fatigant et monotone, les services qu'elle rend méritent d'être pris en considération.

Une sorte de ventilation naturelle est encore employée de nos jours, pour désinfecter la profondeur des navires. Nous voulons parler de la *manche à vent*. C'est une toile cousue en forme d'entonnoir, et recourbée de manière à présenter verticalement son ouverture au vent qui souffle. L'air s'y engouffre, et il descend jusque dans la cale, puis il s'échappe par les divers orifices du vaisseau.

Cet appareil est fort ancien, puisque Agricola le mentionne dans son livre *Sur la métallurgie*.

Sutten, Duhamel du Monceau et le docteur Reid s'occupèrent de la question de la ventilation des navires. Cependant rien d'efficace ne sortit de leurs travaux, et la vieille *manche à vent* resta toujours en usage. Elle est encore employée sur nos navires, surtout sur les navires à vapeur. On comprend qu'elle y rende des services plus grands que sur les navires à voiles, puisqu'elle reçoit le vent debout, même en temps de calme.

En 1824, M. Aribert, ingénieur civil à la Terrasse (Isère), fit faire à l'art de la ventilation un progrès capital, en inventant la *ventilation renversée*. Nous n'en donnerons ici que la définition, nous réservant d'en exposer les avantages dans un chapitre spécial.

« La ventilation renversée, dit M. Aribert, « est ainsi nommée parce que, dans ce sys- « tème, l'air se meut contrairement à son

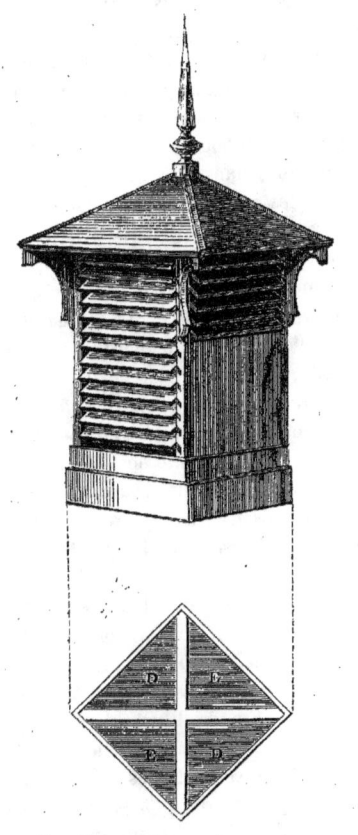

Fig. 241. — Ventilateur naturel de Muir.

« mouvement naturel, soit de haut en bas « dans la ventilation à chaud, et de bas en « haut dans la ventilation à froid (1). »

Il y a, dans l'histoire de l'art de la ventilation en France, une circonstance bien singulière et qui mérite d'être consignée ici. Ce qui fit réaliser le premier emploi de la ventilation, ce qui en fit, dans l'origine, recommander et adopter l'usage, ce n'est pas l'humanité, c'est l'industrie. Ce n'est pas aux malades des hôpitaux que l'on a songé la première fois pour le renouvellement de l'atmosphère altérée, c'est... aux vers à soie! L'observation démontra avec évidence l'utilité d'une ventilation active dans les magnaneries, et c'est là qu'elle reçut, au moins en France, sa première réalisation pratique.

La ventilation, employée d'abord dans les magnaneries, dans un but d'intérêt privé, fut réclamée bientôt par nos assemblées délibérantes. La ventilation fut appliquée, pour la première fois, au palais de l'ancienne Chambre des pairs. La nécessité de cette mesure hygiénique n'était, d'ailleurs, que trop réelle. Quand on se plaçait dans la proximité d'un conduit par où se dégageait l'air qui venait de traverser la salle des séances de nos respectables législateurs, on sentait une odeur si méphitique, qu'il était impossible de la supporter plus de quelques secondes. La tige en cuivre d'un paratonnerre passait dans le voisinage de cette partie du bâtiment : on était obligé de la renouveler chaque année, en raison de sa prompte altération par le gaz hydrogène sulfuré contenu dans l'air balayé de la salle.

Après la Chambre des pairs, ce fut à la Chambre des députés, ensuite au Conseil d'État que l'on appliqua les appareils de ventilation.

Vinrent ensuite les théâtres.

Après les théâtres on s'occupa des prisonniers : dans les nouvelles prisons cellulaires,

on s'empressa d'établir un système complet de ventilation.

Les hôpitaux ne vinrent qu'après les prisons !

Ainsi, ce n'est qu'après avoir pourvu à la salubrité des condamnés que l'on se préoccupa de celle des malades. Cet ordre de succession est assez singulier pour qu'on le note et le relève en passant. Sans doute, les améliorations dont il s'agit étaient excellentes en principe, et dans les deux cas; mais il nous semble que, dans une question de philanthropie, les honnêtes gens malades auraient dû passer avant les coupables bien portants.

L'art de la ventilation fit ensuite des progrès importants en Angleterre. C'est à la Chambre des communes et à la Chambre des lords qu'on applique d'abord la ventilation. En 1856, le Parlement anglais vota des fonds considérables pour l'étude approfondie de la ventilation. Deux rapports très-remarquables furent publiés l'un en 1857 (1), l'autre en 1861 (2). Le premier concerne la ventilation des maisons particulières, le second a trait à l'assainissement des hôpitaux et des casernes.

Nous ne devons pas oublier de mentionner parmi les savants qui ont contribué le plus aux progrès et à la vulgarisation de la ventilation dans les édifices publics, M. le général Morin, membre de l'Institut, directeur du Conservatoire des arts et métiers de Paris. Par ses études scientifiques, par la part considérable qu'il a prise à l'assainissement d'un grand nombre d'établissements publics, hôpitaux, casernes, églises, théâtres, etc., enfin par l'important ouvrage qu'on lui doit (3), M. le général Morin a attaché son nom avec

---

(1) Félix Achard, *la Réforme des hôpitaux par la ventilation renversée*, brochure in-8. Paris, 1865.

(1) Fairbairn, Glaisher and Wheatstone, *Report of the Commission appointed by the House of commons to inquire into the best practical Method of Warming and Ventilating dwelling-houses*. London, in-fol.
(2) John Sutherland, Barrel and Douglas Galton, *General Report of the Commission appointed for improving the Sanitary condition of Barracks and Hospitals*. London, 3 vol. in-fol.
(3) *Études sur la ventilation*. Paris, 1863, 2 vol. in-8.

le plus grand honneur à la question qui nous occupe.

Pour clore cet historique, il nous reste à

Fig. 242. — Combes.

parler des travaux de M. Combes, de l'Institut. On doit à ce savant l'invention de l'*anémomètre*. Cet instrument est destiné à mesurer la quantité d'air qui s'écoule par une ouverture quelconque. Sans cet appareil, a science en serait encore réduite à flotter parmi les données les plus vagues, n'ayant aucun principe certain, aucun contrôle pour juger l'utilité relative de tel ou tel appareil. Aussi, croyons-nous devoir en donner la description avant d'aller plus loin.

L'anémomètre, inventé par M. Combes, se compose d'un moulinet fort léger à quatre ailes planes, E, également inclinées et parfaitement semblables entre elles, montées sur un axe horizontal, CP, lequel est terminé par deux pivots très-fins, emboîtés dans des chapes d'agate, pour diminuer le frottement. Les chapes sont enchâssées dans les montants B, B'. Au point D l'axe porte une vis sans fin, très-déliée, qui engrène avec une roue G, à 100 dents. Cette roue avance d'une dent par chaque tour du moulinet.

L'axe de la roue G porte une came reliée au rochet I de 50 dents ; le rochet est retenu par un fin ressort d'acier J ; il saute d'une dent par chaque tour complet de la roue G.

Les deux roues sont numérotées, et des aiguilles indicatrices fixées aux montants B, B' marquent le point de départ, et donnent les éléments d'un calcul très-simple, par lequel on détermine le nombre de tours exécutés par le moulinet durant le temps qu'a duré l'expérience.

Il est facile de comprendre que plus le courant d'air sera fort, et plus le nombre de tours sera considérable pour un temps donné ; la formule

$$U = a + bn.$$

trouvée par M. Combes, exprime la relation qui existe entre la vitesse du courant et le nombre de tours exécutés par l'instrument.

Fig. 243. — Anémomètre de M. Combes.

La tige A sert à porter l'anémomètre d'un lieu à un autre, et à le fixer dans les diverses positions qu'il doit occuper. Deux cordons, *a*, *a*, sont destinés à permettre à l'observateur d'agir à distance sur l'instrument : l'un met le moulinet en mouvement, l'autre l'arrête quand l'expérience est terminée.

Il ne suffit pas d'une seule expérience pour connaître le volume d'air qui s'écoule dans un conduit de large section, parce qu'il s'y forme des veines de vitesses inégales. Il faut placer l'anémomètre à diverses hauteurs, et prendre la moyenne des vitesses obtenues. M. le général Morin a fait subir à l'anémomètre de M. Combes quelques modifications de médiocre importance, qui donnent seulement une facilité plus grande pour compter le nombre des tours décrits par le moulinet ; nous n'en parlerons pas autrement.

On a imaginé encore divers appareils destinés à rester en permanence dans les conduites d'air, et qui marquent d'une manière constante le volume gazeux mis en mouvement. Tous ces instruments ont été gradués par comparaison avec l'*anémomètre* de M. Combes.

CHAPITRE IV

LA VENTILATION PAR ASPIRATION ET LA VENTILATION PAR REFOULEMENT. — ÉTUDE DE LA VENTILATION PAR APPEL. — CHEMINÉES D'APPEL. — LEURS PROPORTIONS. — LEUR FOYER. — DIVERS MOYENS D'ÉCHAUFFER L'AIR ASCENDANT. — TEMPÉRATURE ET VITESSE DU COURANT D'AIR. — SENS DE L'APPEL. — AVANTAGES DE L'APPEL EXÉCUTÉ PAR EN BAS.

On peut diviser en deux groupes les systèmes qui sont mis en usage pour opérer la ventilation : l'aspiration de l'air vicié au moyen d'un foyer, c'est-à-dire la ventilation exécutée par appel, et le refoulement de l'air vicié produit par une masse d'air pur, qu'on lance, par l'effet d'un moteur mécanique, dans la pièce à assainir.

Ce chapitre sera consacré à la *ventilation par appel*.

Si le lecteur veut bien se reporter à ce que nous avons dit du tirage en général, dans la Notice sur le *chauffage*, il comprendra sans peine le principe de la ventilation par appel.

Supposons que l'intérieur d'un édifice communique avec un canal vertical, d'une certaine hauteur, dans lequel on puisse échauffer l'air, par un moyen quelconque. Cet air, dilaté par la chaleur, tendra à s'élever ; il produira un tirage, qui appellera l'air extérieur dans l'édifice, et de cette manière, la ventilation sera établie.

Pour que le courant persiste, il faut, évidemment, que la chaleur soit continuellement fournie à l'air de la cheminée d'appel, et que les orifices d'accès de l'air extérieur demeurent suffisamment ouverts.

La ventilation pourra être accrue ou diminuée à volonté, si, les ouvertures d'entrée n'offrant jamais de résistance notable, on chauffe plus ou moins l'air à sa sortie ; et la ventilation sera régulière et constante, si rien ne change dans les conditions que nous venons d'exprimer.

La manière la plus simple de produire l'appel consiste à faire passer l'air de la cheminée d'appel à travers une grille chargée de houille ou de coke.

Telle est la disposition représentée par la figure 244.

L'activité du tirage dépend en grande partie de la hauteur de la cheminée. Aussi y aura-t-il toujours avantage à placer le foyer dans les caves de l'édifice, et à faire monter le conduit le plus haut possible au-dessus des combles. Il faut encore éviter que l'air vicié versé dans l'atmosphère, ne puisse être repris par les ouvertures d'appel de l'air pur, ou que, rabattu par les vents, il ne puisse incommoder les voisins. Toutes ces raisons conduisent à faire donner aux cheminées ventilatrices, comme aux cheminées d'usine, une élévation considérable.

Une section trop étroite obligerait, pour expulser un certain volume d'air en un temps déterminé, à chauffer plus fort, pour augmenter la vitesse du courant. Or, le calcul et

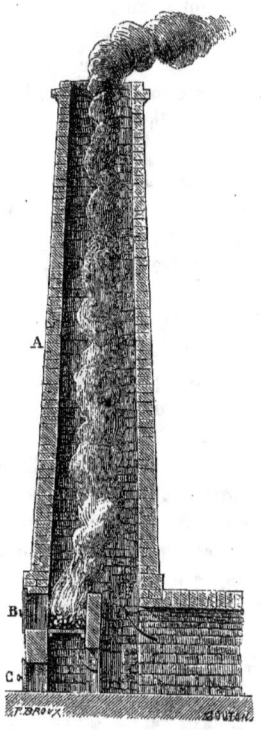

Fig. 244. — Ventilation par appel.

l'expérience montrent que la dépense en combustible s'accroît hors de proportion avec la vitesse communiquée à l'air.

Une section trop grande, et une vitesse trop faible, exposent aux courants descendants, qui se produisent très-facilement dans les cheminées larges et peu chaudes. On pourrait voir alors la ventilation diminuer, et même l'air vicié et chargé de fumée, rentrer dans les appartements et doubler l'infection.

Une vitesse convenable est celle qui ne varie qu'entre les limites de 1 mètre à $1^m,25$ par seconde. La section de la cheminée et la quantité de combustible à brûler, doivent être calculés d'après la hauteur qu'on peut donner au conduit et d'après le volume d'air à débiter. Nous renvoyons pour les formules mathématiques et leur discussion, aux ouvrages spéciaux de MM. Péclet et Grouvelle.

De même que, dans une ventilation bien entendue, la section de la cheminée et la vitesse de l'air ne peuvent varier qu'entre certaines limites; de même aussi, la température communiquée à la colonne gazeuse, ne doit varier qu'entre les limites de 20 à 25 degrés comptés en excès sur la température extérieure.

Il faut mélanger l'air sorti du foyer et le reste de l'air à expulser, le plus uniformément et le plus rapidement possible. A cet effet, M. Grouvelle a imaginé une disposition très-simple, qu'il a appliquée à la grande cheminée ventilatrice de la prison Mazas. Cette disposition est représentée par la figure 245.

Fig. 245. — Cheminée ventilatrice de la prison Mazas.

Le foyer est placé dans un petit poêle A, et la fumée s'en échappe par un tuyau de fonte B, aboutissant à une couronne circulaire, C, percée de trous à sa partie supérieure et munie de petits tubes a, de 10 centimètres de diamètre. Ces petits tubes distribuent uniformément la fumée dans toute la section du conduit, et en échauffent l'air d'une façon très-égale. L'air vicié arrive par le vaste canal D que l'on remarque à la base de la cheminée et, après avoir traversé le foyer et la couronne de petits tubes, s'écoule avec la fumée dans le tuyau de cheminée E.

Il est encore plusieurs moyens de donner la chaleur à la colonne ascendante de la cheminée d'appel.

Un des procédés que l'on peut signaler à cet égard, a une grande analogie avec les calorifères à air chaud. On fait traverser aux gaz du foyer des tubes horizontaux; une soupape ferme la cheminée, et force les gaz ascendants à passer entre les tubes et à s'y échauffer; puis la colonne d'air chaud prend sa route verticale.

Dans certains cas, c'est-à-dire quand le foyer d'appel doit être placé au haut de l'édifice, c'est-à-dire dans les combles, où il y aurait inconvénient à placer des cheminées, on a chauffé le tuyau de la cheminée d'appel avec un calorifère à circulation d'eau chaude. L'eau envoyée par la chaudière établie au bas de l'édifice, vient parcourir un serpentin placé dans la cheminée, et, échauffant cet espace, produit l'appel voulu. C'est ce qui a été fait, comme nous le verrons, dans une des ailes de l'hôpital Lariboisière, à Paris.

Cette disposition est toutefois vicieuse, car la plus grande partie de la chaleur dépensée est perdue pour le tirage. Elle peut cependant rendre quelques services lorsque l'édifice à ventiler possède un foyer qui est en activité pendant toute l'année, pour un usage quelconque, ainsi qu'il arrive dans la plupart des usines. Les frais nécessités par les soins à donner au foyer spécial à la cheminée, sont alors supprimés. Mais il n'y aurait pas économie à construire un foyer muni de ces dispositions, expressément pour cet usage; car jamais toute la chaleur du combustible ne pourrait être utilisée. Il faut toujours compter sur une perte de 30 pour 100 par la transmission de la chaleur, et si une cheminée destinée à l'évacuation de 20,000 mètres cubes d'air par heure, brûle 21 kilogrammes de houille pendant ce même espace de temps, avec le procédé ordinaire, la dépense monterait à 27 ou 28 kilogrammes de combustible avec le meilleur appareil à circulation d'eau chaude.

On avait espéré beaucoup, dans ces derniers temps, du moyen qui consiste à produire l'appel par des jets de vapeur lancés dans la cheminée. Cette idée fut mise en avant et exécutée par M. Méhu, ancien élève de l'École des mineurs de Saint-Étienne. L'appareil qu'employa M. Méhu pour ventiler un puits de charbonnage d'une mine de Saint-Étienne, se composait de six tuyaux verticaux, ouverts à leur partie supérieure, et branchés par l'autre extrémité sur le tube horizontal apportant la vapeur.

On fit de nombreuses expériences, en variant le diamètre, la longueur des tuyaux par où se dégagerait la vapeur. On lança cette vapeur en quantités variables, par jets continus ou intermittents. De cette étude, fort longue, il résulta que le travail utile ne dépassait guère les 5 ou 6 centièmes du travail dépensé. Le rendement, en somme, resta inférieur à celui des plus mauvaises machines ventilatrices.

La ventilation par appel est d'une simplicité remarquable, elle n'exige d'autre soin que celui d'entretenir le foyer. A cette condition, elle n'est jamais interrompue, et elle est suffisamment régulière, bien qu'on ait à charger par intervalles la grille de combustible nouveau, car les parois de la cheminée conservent une certaine quantité de chaleur, et la transmettent à l'air, quand l'intensité du foyer s'est ralentie.

L'air vicié appelé par le foyer est évacué de chaque étage au moyen des conduits percés dans les murs, ainsi que le montre la figure 246. On voit le foyer, B, placé dans les combles de la maison, et surmonté de la cheminée d'appel, C. Les ouvertures A, A, percées au bas de chaque pièce, laissent passer, dans un conduit latéral aboutissant à la cheminée d'appel, l'air attiré par l'appel du foyer.

La ventilation par aspiration que nous venons de décrire est très-fréquemment employée. Cependant elle a bien des inconvénients. Nous ferons connaître ses défauts quand nous aurons étudié la ventilation *par refoulement d'air*.

Fig. 246. — Tuyaux d'évacuation de l'air vicié et foyer d'appel dans la ventilation par aspiration.

CHAPITRE V

LA VENTILATION PAR REFOULEMENT. — RENDEMENT CONSIDÉRABLE DES VENTILATEURS MÉCANIQUES. — NOMBREUX CAS OÙ ILS SONT PRÉFÉRABLES AUX CHEMINÉES D'APPEL.

La ventilation par refoulement ne demande qu'une quantité de combustible bien inférieure à celle qu'exigent les foyers des cheminées d'appel, à égal volume d'air expulsé.

Cette proposition n'a pas besoin de grands développements. On comprend qu'il soit nécessaire de brûler beaucoup plus de charbon dans un foyer, pour appeler l'air et le dilater par le calorique, que pour mettre en action une machine à vapeur, dans laquelle tout est calculé pour tirer le plus grand parti possible, comme effet mécanique, du combustible brûlé sous la chaudière.

Outre la supériorité évidente que la ventilation mécanique présente, eu égard à l'économie, sur la ventilation par appel, il est des circonstances dans lesquelles on ne peut se dispenser d'en faire usage. Tel est le cas des mines de charbon qui sont exposées au dégagement du *feu grisou*, parce que les cheminées à foyer que l'air aurait à traverser, feraient courir trop de dangers d'explosion. Tel est encore le cas des puits d'aérage dans les mines à l'intérieur desquelles l'eau suinte en grande abondance. Cette eau refroidirait très-rapidement la colonne ascendante d'air chaud, et par ce refroidissement paralyserait l'effet d'aspiration.

On trouve encore avantage à employer la ventilation mécanique, toutes les fois que l'établissement possède un moteur. Le moteur peut être appliqué en même temps à faire marcher les appareils ventilateurs. C'est ce que l'on fait dans la plupart des usines manufacturières.

Les ventilateurs mécaniques sont d'une installation facile. Ils n'exigent pas la construction de hautes cheminées, comme les foyers d'appel. Mais leur principal avantage à nos yeux, c'est qu'ils peuvent produire aussi bien le refoulement de l'air pur dans les salles, que l'extraction de l'air vicié par appel.

Ce serait une tâche très-longue que de décrire les nombreux appareils qui ont été proposés, ou qui sont en usage, pour produire la ventilation mécanique. C'est surtout dans les mines que ces appareils sont employés.

Pour fixer les idées, nous décrirons le plus ancien de ces ventilateurs, c'est-à-dire la *pompe aspirante à pistons*, telle que la représente la figure 247.

Deux cylindres semblables au cylindre C C, construits en bois et cerclés de fer, recouvrent, chacun par leur fond, l'ouverture supérieure du puits d'aérage, P. Un piston A se meut de haut en bas dans chaque cylindre. Le fond du cylindre est muni de soupapes S', S', qui s'ouvrent lorsque le piston remonte et produisent l'aspiration ; elles se ferment au moment de la descente du piston. Alors, d'autres soupapes, S, S, percées dans le piston même, laissent écouler au dehors l'air contenu dans le cylindre.

Une machine à vapeur verticale, V, donne le mouvement alternatif aux pistons, par la transmission d'une chaîne plate, G, passant sur une poulie à grand rayon, H. Des contre-poids B, B équilibrant exactement le poids, font que ces soupapes s'ouvrent par la plus légère pression de l'air aspiré.

Les machines aspirantes ou soufflantes sont en usage dans plusieurs mines de l'Europe.

Nous devons ajouter que ces pompes peuvent fonctionner à volonté comme machines aspirantes ou comme machines soufflantes. Par une simple modification dans les soupapes, on peut faire servir ces pompes à injecter de l'air par refoulement, ou à attirer l'air de la mine par aspiration.

Les autres systèmes de ventilation mécanique employés dans les mines, sont les *cloches plongeantes*, qui fonctionnent dans les mines du Hartz, — la vis *aspirante* de Motte que nous décrirons en son lieu, parce qu'elle est en usage pour les ventilateurs des édifices et des habitations privées, — les vis aspirantes du même système, construites par Sabloukoff et par Lesoinne ; — le *ventilateur à ailes courbes* de M. Combes ; — la *roue pneumatique* de Fabry, etc., etc.

Nous nous bornons à mentionner par leurs noms les différents ventilateurs en usage dans les mines. Nous sortirions de notre cadre, si nous entrions dans l'examen particulier de ces appareils qui appartiennent spécialement à l'art métallurgique. Nous décrirons plus loin les appareils mécaniques qui servent à opérer par refoulement d'air la ventilation des édifices, des établissements publics et des maisons particulières. Pour le moment, nous avons dû nous contenter de poser le principe général de la ventilation par refoulement opérée au moyen d'aspirateurs mis en action par un agent mécanique, et à citer comme exemple à l'appui les machines soufflantes des mines.

CHAPITRE VI

COMPARAISON ENTRE LES DEUX SYSTÈMES DE VENTILATION PAR APPEL ET DE VENTILATION PAR REFOULEMENT D'AIR. — SUPÉRIORITÉ DU SYSTÈME PAR REFOULEMENT. — MAUVAIS EFFETS DE L'AIR ASPIRÉ ; BONS EFFETS DE L'AIR INSUFFLÉ. — RÉFUTATION DE L'OPINION DE M. LE GÉNÉRAL MORIN.

Des deux modes de ventilation que nous venons de décrire, la ventilation par appel au moyen d'un foyer, et le refoulement de l'air par un appareil mécanique, quel est celui qu'il faut préférer pour le renouvellement de l'air dans les habitations privées et les édi-

Fig. 247. — Machine aspirante ou soufflante employée pour la ventilation des mines.

fices publics? Le système le plus en faveur, il faut le reconnaître, c'est la ventilation par appel. Seulement, nous ne nous rangerons pas ici à l'opinion générale, et nous espérons que les considérations qui vont suivre, amèneront le lecteur à partager notre sentiment à cet égard.

La ventilation par appel est entachée d'une foule d'inconvénients, que nous allons énumérer.

En premier lieu, quand elle fonctionne dans une maison d'habitation, elle gêne et entrave le tirage de toutes les cheminées.

Supposons qu'une bonne cheminée d'appel, semblable à celle que nous avons représentée plus haut (fig. 244), soit adaptée à une maison, pour la ventiler. Le tirage des cheminées et des autres appareils de chauffage, sera contrarié par le tirage puissant de ce foyer d'appel. Tous les appartements de la maison se rempliront de fumée. Bien plus, si l'action de la cheminée d'appel est plus forte, le gaz des fosses d'aisances et les odeurs des cuisines, répandront partout leur infection. Les locataires seront obligés de s'abriter contre cet appel désastreux, de se préserver, en se clôturant, des bienfaits d'une malencontreuse ventilation.

Il ne faut pas croire que les choses se passent autrement partout où la ventilation est faite par appel. Dans les théâtres, où la ventilation par appel est établie, l'air froid des couloirs s'engouffre dans les loges. Dès qu'on ouvre une porte, des vents coulis sifflent continuellement par les joints. A leur tour les couloirs se remplissent des odeurs de toutes les parties de l'édifice. On répond qu'il faut chauffer l'air des couloirs pour éviter cette impression fâcheuse ; mais alors, où est l'économie ? Ce n'est qu'éloigner la difficulté, et non la résoudre (1).

Les salles des hôpitaux sont à chaque instant infectées par les émanations des fosses d'aisances ; et pourtant on tâche de ventiler ces fosses par un appel plus puissant que celui des salles.

La ventilation par refoulement écarte tous ces inconvénients. Grâce à l'excès de pression, les cheminées ne flambent que mieux et n'ont pas de tendance à fumer ; les odeurs, les émanations diverses, sont refoulées dans leurs conduits, et ne peuvent s'écouler qu'au dehors. Cette ventilation est réelle, efficace au plus haut point ; car l'air, amené de cette manière, se disperse mieux, comme nous le montrerons dans un instant. L'ouverture accidentelle des fenêtres ou des portes, n'amène aucune perturbation ; seulement la pression diminue pendant ce moment, et l'écoulement de l'air refoulé est plus rapide.

Ventiler par appel, c'est se priver des bienfaits de l'air condensé ; c'est se soumettre continuellement à la gêne de respiration que l'on éprouve quand le baromètre baisse et que le temps est à l'orage.

Tout le monde sait que l'on respire plus facilement dans une atmosphère dense que

(1) Au grand amphithéâtre du Conservatoire des arts et métiers de Paris, M. le général Morin a dû faire établir des doubles portes, et chauffer le couloir, pour éviter l'entrée dans l'amphithéâtre de l'air froid du dehors.

dans un air raréfié ; et il n'est plus douteux aujourd'hui que les pressions atmosphériques considérables n'aient une influence favorable sur la santé. C'est pour cela que M. Gubler, professeur à la Faculté de médecine de Paris, propose d'établir une station médicale dans la vallée de la mer Morte, qui se trouve à 430 mètres plus bas que le niveau de l'Océan.

L'air conduit d'autant mieux les sons qu'il est plus dense. C'est pour cela que ventiler les théâtres par appel, est, à nos yeux, une hérésie scientifique.

Les ingénieurs et les physiciens objectent que la différence de pression entre les deux systèmes est faible, et qu'elle n'équivaut pas même aux variations du baromètre. Mais, lorsqu'il s'agit d'air respirable, les petites variations acquièrent une grande importance.

La ventilation par excès de pression est, comme nous l'avons déjà dit, plus économique que celle par appel, puisqu'elle permet d'employer les appareils mécaniques mus par la vapeur, et dans lesquels la force motrice est mise à profit avec une économie remarquable.

En été, les cheminées d'appel sont médiocrement efficaces et coûtent très-cher, vu la dépense du combustible, parce que l'air à expulser est sensiblement à la température extérieure. Au contraire, les ventilateurs mécaniques agissent en toute saison avec la même régularité.

Les appareils mécaniques sont aussi ceux qui conviennent le mieux à la ventilation renversée.

Sur tous ces points nous sommes en complet désaccord avec un savant qui s'est consacré d'une manière toute spéciale à l'étude de la question qui nous occupe, M. le général Morin. L'honorable directeur du Conservatoire des arts et métiers est un partisan décidé de la ventilation par appel, et il l'a prouvé en installant ce système dans tous les établissements et édifices, théâtres et hôpitaux, pour la ventilation desquels il a été consulté. Nous ne terminerons pas ce chapitre sans essayer de réfuter les arguments que M. le général Morin a produits en faveur de son système de prédilection. Nous prouverons ainsi l'estime que nous faisons de ses opinions et de son autorité.

« La ventilation par insufflation ou par appareils mécaniques exige, dit M. le général Morin dans un *Manuel pratique du chauffage et de la ventilation*, outre les cheminées et les conduits d'évacuation communs aux deux systèmes, des machines soufflantes et des machines motrices, avec des conduits particuliers pour l'amenée de l'air insufflé. Elle nécessite l'intervention d'ouvriers spéciaux, mécaniciens et chauffeurs, et des frais d'entretien (1). »

Nous répondrons à cet argument, que le système par insufflation n'exige point « des

Fig. 248. — Le général Morin.

cheminées et des conduits d'évacuation », comme le système par les cheminées d'appel. Ces quelques lignes de l'ouvrage de M. le général Morin tendraient à montrer que le système par appel est le plus économique, ce qui est contraire aux faits.

(1) Page 35.

« Pour les hôpitaux ou pour les bâtiments ayant plusieurs étages de salles, continue M. Morin, le système de l'insufflation n'offre pas les mêmes garanties que le système de l'aspiration contre la diffusion de l'air vicié d'une salle dans une autre, ni contre les rentrées d'air vicié par les orifices des canaux d'évacuation ou par les fissures de leurs parois, quand une circonstance accidentelle, comme l'ouverture des portes ou des fenêtres, vient troubler l'état habituel de pression et de mouvement intérieur des salles. »

Nos lecteurs verront plus loin que nous n'adoptons ni l'un ni l'autre de ces systèmes pour la ventilation des hôpitaux. Le système que préconise le général Morin n'est pas autre chose que la méthode dite *naturelle*, dont nous montrerons tout à l'heure les inconvénients. C'est la ventilation par appel qui soulève les poussières et les corpuscules miasmatiques, et dont les orifices d'arrivée produisent des vents si désagréables. Que l'on y ajoute le défaut de pression, déjà par lui-même défavorable à la santé, et qui de partout attire infailliblement toutes les émanations imaginables, et l'on décidera s'il est logique de préférer la méthode de l'appel à celle de l'insufflation.

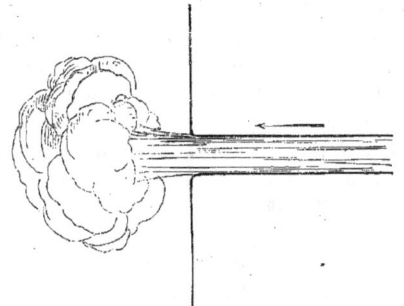

Fig. 249. — Veine d'air insufflée.

Dans un autre de ses ouvrages (1) M. le général Morin montre comment se comporte une veine d'air amenée par appel ou par insufflation dans un espace quelconque :

(1) *Études sur la ventilation*, t. I, p. 101 et suiv.

La veine d'air insufflée s'éparpille bientôt en tourbillon. C'est ce que représente la figure 249.

Appelée, au contraire, elle s'étire de loin, sans émouvoir les couches voisines, comme le montre la figure 250.

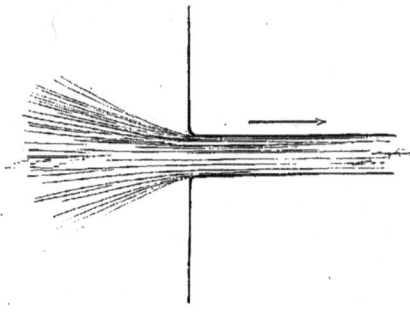

Fig. 250. — Veine d'air aspirée.

Naturellement, il y a moins de pertes de forces dans le second cas que dans le premier.

M. Morin croit pouvoir conclure de ce fait, que la ventilation par appel demande moins de travail, est plus économique, que le système par refoulement. Le savant auteur paraît oublier que pour faire passer à travers une salle un volume d'air quelconque, et cela, dans l'un ou l'autre des deux systèmes, on se sert de deux orifices; que si, à la première ouverture, il y a insufflation, il y aura appel à la seconde, et inversement; de telle sorte que la compensation est établie.

S'il pouvait y avoir supériorité d'un côté, ce serait évidemment en faveur du système par pulsion, et avec la ventilation renversée, puisqu'ici l'ouverture à effets insensibles est celle qui est la plus proche des personnes qui séjournent dans le lieu considéré, et que la dispersion opérée par la bouche éloignée qui souffle, est au moins utilisée à répandre l'air pur d'une manière plus égale.

L'expérience prouve, en effet, que l'on peut sous les pieds mêmes des personnes, et sans qu'elles s'en aperçoivent, opérer l'extraction de l'air vicié.

CHAPITRE VII

LA VENTILATION RENVERSÉE. — SES AVANTAGES SUR LA MÉTHODE DITE NATURELLE.

Après ce parallèle entre les deux systèmes rivaux de ventilation, nous avons à parler de la méthode dite de *ventilation renversée*, qui s'applique, quelle que soit la manière dont on opère la ventilation.

Les trois principes fondamentaux de l'art de ventiler, sont les suivants : 1° renouveler intégralement, en un certain espace de temps, l'air du local que l'on considère; 2° placer les bouches d'arrivée de l'air pur le plus loin possible des personnes, afin de leur éviter la sensation d'un vent très-désagréable ; 3° placer les bouches de sortie de l'air vicié le plus près possible des personnes, afin d'assurer la plus grande pureté de l'air de la salle.

La *ventilation renversée* atteint parfaitement ce triple but; et la ventilation dite *dans le sens naturel* les manque tous les trois.

Supposons une éprouvette, A (*fig.* 251), munie d'un robinet à sa partie inférieure, dans laquelle on aurait versé de l'eau, et mis, par-dessus ce liquide, une couche d'huile, qui surnagerait en vertu de sa plus grande légèreté. Qu'on vienne à ouvrir le robinet, l'eau s'écoulera dans le vase B, et l'huile descendra lentement et régulièrement jusqu'au fond du vase.

Les choses se passent exactement de la même manière dans une salle assainie par la *ventilation renversée*. L'air pur, amené par le haut, plus chaud et plus léger, représente l'huile ; l'air refroidi du bas de la salle est représenté par l'eau à expulser. Dans ce cas, les conduits de sortie étant percés vers le bas de la salle, l'air vicié s'écoule, et l'air

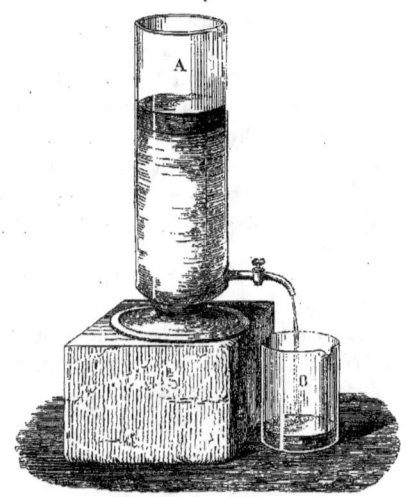

Fig. 251. — Éprouvette contenant de l'huile et de l'eau.

pur le remplace continuellement, sans se mélanger avec lui.

Le renouvellement est donc intégral, parfait, et la première condition est remplie.

Quant aux deux autres conditions, est-il nécessaire de montrer, que les personnes se trouvant plus près du parquet que du plafond, les orifices de sortie de l'air seront rapprochés d'eux, et les orifices d'arrivée aussi éloignés que possible?

Dans le système de ventilation par appel, les bouches de sortie sont au bout de la salle, et les bouches d'arrivée près du parquet. C'est le système le plus généralement appliqué. On le trouve naturel, parce qu'on pense que les gaz de la respiration et les produits de l'éclairage, étant plus chauds que l'air ambiant, ont de la tendance à monter plutôt qu'à descendre, et doivent être expulsés plus facilement par le haut de la salle que par le bas. Mais on n'a pas songé à la densité considérable de l'acide carbonique, provenant de la respiration et de l'éclairage. La densité de ce gaz est une fois et demie plus considérable que celle de l'air. On doit considérer que l'acide carbonique, quand il a perdu son excès de température, doit retomber, en vertu de son poids; de sorte que telle molécule de ce gaz, incessamment sollicitée à monter par la direction du courant de ventilation, sera successivement respirée par plusieurs personnes. Échauffée par la chaleur des poumons, elle s'élèvera, pour retomber au niveau des individus, et ainsi de suite. Elle sera donc incessamment en mouvement dans les salles, et jamais expulsée.

L'air pur et chaud arrivant par le bas, tend à se porter, du premier coup, dans les couches les plus élevées. Sollicité directement par l'appel des bouches aspirantes, il s'y dirige, en ligne droite, sans se mêler sensiblement aux autres gaz, et sans entraîner avec lui beaucoup d'air vicié. La ventilation ainsi faite est illusoire. On s'imagine renouveler l'air, et l'on ne fait que produire des courants désagréables.

Les faits vont venir à l'appui des considérations théoriques, pour démontrer combien est vicieuse la méthode de ventilation, calquée, dit-on, sur la nature.

La salle de la Chambre des communes, à Londres, était ventilée par la méthode naturelle. L'air chaud, très-divisé à son entrée, pénétrait par des bouches ouvertes sous les pieds des membres du Parlement. Or, ceux-ci se plaignirent vivement des singuliers effets de ces bouches de chaleur. On diminua la ventilation jusqu'à la limite de température la plus basse : les honorables membres continuèrent de se plaindre. On couvrit les ouvertures d'un tapis, pour mieux tamiser l'air à son arrivée, et rendre son souffle insensible. Mais cette atténuation apportée au mal parut insuffisante, et les nobles lords demandèrent un autre système de ventilation.

Au palais du Luxembourg, l'ancienne

Chambre des pairs, qui sert aujourd'hui aux réunions du Sénat, était chauffée et ventilée par de l'air chaud, qui arrivait par la base des gradins, derrière les fauteuils des membres de cette assemblée. Les plaintes des Sénateurs contre cette disposition furent tellement vives, que ce système dut être abandonné.

La salle du Corps législatif est ventilée de la même manière ; seulement les bouches de chaleur sont rares, et nos députés ont le soin de ne pas trop s'en approcher.

Ces exemples sont décisifs contre la ventilation naturelle.

En résumé, avec cette méthode, pas de renouvellement intégral de l'air, et en outre, le désagrément du voisinage des bouches d'arrivée, et le défaut de l'éloignement des bouches de départ.

On prétend qu'avec la ventilation naturelle les personnes respirent de l'air pur. Illusion ! Nous savons déjà à quoi nous en tenir sous le rapport du gaz acide carbonique. Mais est-il pur, l'air qui a frôlé les chaussures et léché les corps tout entiers, avant d'arriver aux organes olfatifs ? Est-il pur, l'air qui soulève les poussières et les maintient en suspension dans l'atmosphère ? Et s'il s'agit des hôpitaux, l'air qui porte avec lui les miasmes, et les répand d'un malade à un autre, est-il plus pur que l'air qui, arrivant par les parties supérieures, n'a rien touché dans sa marche, et rabat, au contraire, tous les corpuscules contre terre ?

On a dit que la ventilation renversée augmente les dépenses. Le fait est loin d'être établi. Qu'importerait, d'ailleurs, un léger surcroît de dépenses, si ce moyen était seul efficace ?

Concluons, que, dans la généralité des cas, la ventilation renversée, c'est-à-dire l'évacuation de l'air vicié opérée par le bas de la salle, est bien préférable à l'évacuation par le haut, c'est-à-dire à la méthode dite *naturelle*.

Terminons ce chapitre, en disant qu'il est nécessaire, comme nous l'avons établi dans la *Notice sur le Chauffage*, de donner à l'air nouveau qui doit ventiler les pièces, le degré d'humidité nécessaire à la température du lieu ventilé. Si cette température, comme c'est le cas habituel, est de 15 ou 18 degrés, l'air devra être à moitié saturé de vapeur d'eau, c'est-à-dire qu'il devra en contenir environ sept grammes par mètre cube. Telle est la proportion adoptée par les médecins qui se sont occupés de ce point particulier de la science.

Cela revient à dire que l'*hygromètre à cheveu* de Saussure doit, en tout temps, marquer à peu près 75 degrés dans les lieux de réunion et les habitations particulières soumis à un bon système de ventilation.

CHAPITRE VIII

VENTILATION DES SALLES DE BAL, DE CONCERTS, DE RÉUNIONS. — EFFET DES TOITURES VITRÉES. — LES SALONS DES TUILERIES ET DE L'HOTEL DE VILLE. — VENTILATION DU GRAND AMPHITHÉATRE DU CONSERVATOIRE DES ARTS ET MÉTIERS. — VENTILATION DES ÉCOLES. — VENTILATION DES THÉATRES. — LE THÉATRE LYRIQUE A PARIS. — LE THÉATRE DE LA GAITÉ ET CELUI DU CHATELET. — LE THÉATRE DU VAUDEVILLE.

Il nous reste à appliquer aux différents cas de la pratique les principes que nous venons d'exposer, et à apprécier ce qui a été fait en cette matière. Nous nous occuperons d'abord du cas le plus simple, c'est-à-dire des locaux dans lesquels un grand nombre de personnes se réunissent pendant un temps très-court, et qui demandent en général une ventilation énergique et de peu de durée, comme les salles de bal, de concert, de réunions publiques, les amphithéâtres des cours, les écoles et les théâtres.

Ventilation des salles de bal, de concert et de réunions publiques.—En général, les salles de bal ne sont pas ventilées. C'est pour cela que les invités ne tardent pas à être pris de vé-

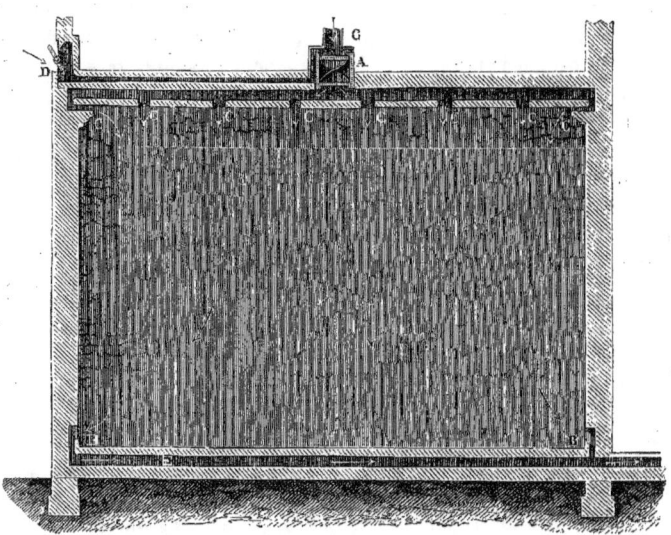

Fig. 252. — Système de ventilation des salles de réunions.

ritables souffrances, auxquelles on porte remède par le moyen, dangereux et grossier, qui consiste à ouvrir les fenêtres, quand la chaleur est devenue suffocante et l'air décidément irrespirable.

Non-seulement les salles de bal ne sont pas ventilées, mais le maître de la maison a grand soin, pour donner plus d'élégance à l'aspect du salon, de fermer le devant de la cheminée, avec des fleurs ou toute autre chose. Le tuyau de la cheminée pourrait offrir une issue tutélaire à l'air vicié par la respiration de centaines de personnes et par des centaines de bougies ; mais la fâcheuse habitude qui consiste à boucher le devant de la cheminée, ôte cette dernière planche de salut, et transforme le salon en une prison parfaitement close. Nous sommes toujours surpris quand nous voyons cette vicieuse coutume mise en pratique dans les bals et soirées donnés chez des hommes, pourtant fort instruits, des physiciens, des ingénieurs, des chimistes. Cela prouve combien les principes et l'utilité de la ventilation sont encore mal compris et peu répandus.

En raison de la poussière soulevée par les mouvements précipités des danseurs, par suite de l'augmentation de l'activité respiratoire qui est la conséquence de ces mêmes mouvements, en raison du grand nombre de personnes réunies dans le même lieu, les salles de bal devraient être soumises à une ventilation active. Mais, nous le répétons, partout on se contente d'ouvrir une fenêtre, quand les invités se plaignent du manque d'air ou de la chaleur, et tout aussitôt un courant d'air froid fait irruption dans la salle, frappant des têtes et des épaules nues, prenant à l'improviste des personnes en état de transpiration, les exposant ainsi à des maladies sérieuses.

Le même reproche est applicable à la plupart des salles de concert, de conférences et de réunions publiques.

Nous proposons d'appliquer à ces salles la disposition représentée par la figure 252.

Au-dessus de la salle, en A, est un ventilateur mécanique quelconque, une *vis de Motte*, par exemple, qui pousse, dans un conduit, G, ménagé immédiatement au-dessus du plafond, l'air chaud provenant d'un calorifère, ainsi qu'une certaine quantité, variable, d'air froid amené du dehors, et que l'on règle à l'aide d'un registre, dont est munie l'ouverture extérieure du canal G. Air chaud et air froid sont aspirés par le mouvement de la vis, et mélangés dans le parcours du conduit, lequel, par conséquent, sert aussi de chambre de mélange.

Des ouvertures nombreuses, C,C, percées dans le plafond, et autant que possible, dissimulées par les ornements, par exemple un grillage dont les orifices servent en même temps de décor, livrent passage à l'air pur. Cet air, pressé par les nouveaux volumes d'air lancés par la vis, descend en couches régulières jusqu'au bas de la salle, où il s'écoule par les ouvertures, B, B, aboutissant dans un conduit qui court sous le parquet et va s'ouvrir au dehors.

C'est, on le voit, la ventilation renversée;

Fig. 253. — Vis de Motte.

le sens du mouvement est indiqué par la direction des flèches.

Nous avons dit que l'appareil destiné à produire le refoulement de l'air doit être un ventilateur quelconque, et par exemple les *vis de Motte*. Il sera donc utile de décrire ici cet organe, très-simple, très-efficace, et qui peut être établi partout.

La *vis de Motte* se compose de deux surfaces hélicoïdales s'enroulant en sens inverses autour d'un axe. Les hélices peuvent décrire un pas entier (*fig.* 253), ou seulement un demi-pas (*fig.* 254).

La vis C ainsi construite est placée dans un cylindre fixe, DD, ouvert à ses deux bouts, et communiquant d'une part avec le conduit d'arrivée de l'air, d'autre part avec le conduit de départ.

L'axe de la vis forme l'axe géométrique du cylindre, et le diamètre intérieur de celui-ci est égal au diamètre de la vis, ou, tout au moins, très-peu supérieur pour éviter autant que possible les retours de l'air entre les bords de la vis et la paroi cylindrique.

Une force motrice quelconque donne le mouvement à la vis, par l'intermédiaire d'une poulie de renvoi qui fait tourner l'axe BB.

Cet appareil, d'une construction facile,

Fig. 254. — Vis de Motte.

peut être installé partout, même dans des canaux cylindriques fort étroits.

Nous insistons pour que les bouches d'arrivée et de sortie soient aussi nombreuses que possible, afin de rendre les courants insensibles par leur division même, et de mieux mettre en mouvement la totalité de l'air. Les ouvertures inférieures devront être percées un peu au-dessus du parquet : sans cette précaution, elles seraient rapidement encombrées par les ordures du balayage, et la ventilation en serait amoindrie ou arrêtée. Il est bon aussi, et pour la même raison, de munir leur entrée d'une grille mobile à mailles serrées.

La disposition que nous venons de décrire entraînerait d'importantes modifications dans l'architecture d'une maison. Nous indiquerons un moyen plus simple, mais naturellement beaucoup moins efficace, pour ventiler une salle de bal ou de réunion. Ce moyen consiste à placer au bas de la cheminée du salon, que l'on maintient bien ouverte, deux ou trois becs de gaz. La chaleur du gaz produit un appel, qui n'est pas suffisant sans doute pour renouveler en entier l'air vicié, mais qui produit cet effet dans une certaine mesure.

M. le général Morin emploie pendant tout l'été, dans son cabinet, au Conservatoire des arts et métiers, ce petit système. Les becs de gaz, loin de chauffer la pièce — puisque, placés à une certaine hauteur dans la cheminée, ils ne rayonnent que dans un conduit, — amènent plutôt un abaissement de la température. Ils appellent l'air des caves, au moyen d'un conduit particulier s'ouvrant à l'extrémité du cabinet opposée à la cheminée.

Nous dirons ici, en passant, que par les grands froids, les plafonds vitrés causent une déperdition de chaleur énorme, et amènent une perturbation considérable dans la ventilation. Au contact du vitrage, l'air chaud de la salle se refroidit et tombe. Il est remplacé par d'autres couches d'air chaud, qui successivement éprouvent le même effet. La chaleur de la pièce se perd ainsi continuellement.

Des salons couronnés de vitraux, ou couverts d'une coupole de verre, exigent donc une attention plus grande et des dispositions plus efficaces encore pour le chauffage et la ventilation.

Les vitrages verticaux des fenêtres ordinaires ne tendent guère à refroidir que la mince couche d'air qui passe à leur contact, en léchant la muraille. Cet air tombe, à la vérité, et de nouvelles couches froides le remplacent; mais les courants sont loin d'être aussi prononcés que dans le cas précédent. Cependant, en raison de ces circonstances, il serait très-utile de faire usage de doubles fenêtres, qui enferment un air immobile, mauvais conducteur du calorique, et sont le meilleur moyen de conserver la chaleur des appartements.

Nous disions tout à l'heure, qu'en général, les salles de bal ne sont pas ventilées. De ce fait, nous donnerons ici deux exemples éloquents.

Les grands salons du palais des Tuileries et ceux de l'Hôtel de ville de Paris, sont renommés par le luxe de leurs décors et de leur ameublement; mais ils sont un triste exemple de l'ignorance ou de l'indifférence universelle en matière de ventilation : ils ne sont aucunement ventilés.

Pendant les soirées de bal, la salle des Maréchaux, au palais des Tuileries, renferme jusqu'à six cents personnes à la fois, c'est-à-dire deux personnes par mètre carré du parquet. D'un autre côté, des milliers de bougies y versent des flots de lumière, car l'éclairage de cette salle équivaut à quatre bougies par mètre carré de parquet. Or, une bougie produit autant de chaleur, et vicie l'air autant que le fait un homme adulte. Avons-nous besoin de dire qu'au bout de quelques heures, l'air de cette salle est devenu parfaitement irrespirable? Les peintures qui décorent le plafond d'une autre salle des Tuileries, la *salle d'Apollon*, ont été presque entièrement effacées par la fumée des bougies.

Voilà quel est, en l'an de grâce 1869, l'état de la ventilation dans le palais des souverains de la France !

Fig. 255. — Système de ventilation de l'amphithéâtre du Conservatoire des arts et métiers.

L'immense salle des fêtes de l'Hôtel de ville, longue de 47 mètres, large de 10 mètres, haute de 12 mètres, reçut 420 convives, dans le dîner qui fut offert par la ville de Paris à l'Empereur, à l'occasion de son mariage. La salle était éclairée par mille bougies! A ces causes de viciation de l'air, ajoutons les émanations des mets, le nombre des domestiques de service, qui ne pouvait être moindre d'une centaine, et nous aurons la raison du chiffre énorme de 76,536 mètres cubes d'air par heure, que M. le général Morin demanderait pour ventiler cette salle, aux jours de pareilles solennités.

On a reculé devant les travaux considérables qu'exigerait ce système d'aération, de sorte que les salons de l'Hôtel de ville ne sont pas mieux ventilés que le palais des Tuileries, et que l'on continuera longtemps encore à y étouffer les jours de grand bal.

Ainsi, sous le rapport de l'insalubrité, les brillants salons du palais municipal de la ville de Paris, n'ont rien à envier à ceux du palais des souverains de la France. Il y aurait mauvaise grâce, après des exemples partis de si haut, à se montrer sévère à l'égard des simples particuliers, qui ne songent pas à ventiler leurs modestes salles de fêtes.

Ventilation des amphithéâtres des cours publics. — Nous signalerons un bon modèle de ce qui doit être fait pour la ventilation des amphithéâtres des cours publics, en décrivant le système qui a été établi dans l'amphithéâtre des cours du Conservatoire des arts et métiers de Paris, par M. Léon Duvoir-Leblanc, sur les indications de M. le général Morin.

La figure 255 fait comprendre le système de chauffage et de ventilation dont il s'agit.

Un calorifère à eau chaude, A, placé dans les caves, et correspondant au fauteuil du professeur, chauffe de l'air, qui, par un tuyau vertical, BG, arrive au-dessus du plafond. Là, il se mêle à une certaine proportion d'air froid venu directement de l'extérieur par le canal D, qui est pourvu d'un registre pour en régler l'entrée et servir à opérer le mélange dans les proportions voulues, selon l'état de la température extérieure. L'appel produit par le foyer d'une cheminée, EF, placée dans la cour, oblige l'air pur à descendre dans la salle et à se porter vers les gradins, où sont percées les ouvertures de sortie *a, a, a*. La route que suit l'air pour aller de ce point à la cheminée d'appel, E, en suivant le conduit HG, est indiquée sur la figure par des flèches.

M. Ch. Joly, dans l'ouvrage sur le *Chauffage et la ventilation* que nous avons déjà cité plus d'une fois, dit à ce propos :

« Ceux qui, dans leur jeunesse, ont fréquenté cet amphithéâtre pour écouter les Pouillet, les Dupin, les Clément Desormes, se rappelleront encore l'état de l'atmosphère viciée par 600 ou 700 auditeurs, chez lesquels la propreté était certainement l'exception. Aujourd'hui, il n'est pas de salon à Paris où l'air soit plus pur, la température plus régulière; et combien coûte cet inestimable bienfait ? D'après le rapport publié dans les *Annales du Conservatoire*, il y a plusieurs cours recevant en moyenne dans les deux amphithéâtres 2000 personnes; les frais des foyers de chauffage et de ventilation ne se sont élevés qu'à 13 ou 14 francs par jour ; ajoutez-y l'intérêt des appareils et les frais accessoires, et déduisez-en le chauffage ordinaire qui aurait lieu dans tous les cas, il restera à peine une dépense de 10 centimes par auditeur et par jour. »

Cependant, ce système est loin d'être sans défaut. Il met en œuvre, il est vrai, la ventilation renversée, mais il a pour base le système de l'appel et non le refoulement de l'air par une force motrice. Aussi, n'a-t-il pas donné tous les résultats qu'on se croyait en droit d'en attendre. A moins de soins assidus et d'une surveillance extrême, de grandes variations se produisent dans l'aération de la salle. Il paraît aussi que toutes ses parties ne sont pas également ventilées. Enfin, la diminution de pression cause une lourdeur de l'atmosphère, d'autant plus accablante que l'appel est plus actif.

Comme ce système a été exécuté par M. Duvoir-Leblanc, le mode de chauffage est le calorifère à eau chaude à haute pression. Mais les appareils à eau chaude transmettent trop lentement et conservent trop longtemps leur chaleur, pour qu'ils soient économiques dans une circonstance où l'on ne doit chauffer que deux ou trois heures par jour. Ce système est donc assez dispendieux. En outre le calorifère à eau chaude et à haute pression, est toujours dangereux. « On frémit, dit M. Péclet, en songeant aux conséquences d'une explosion qui pourrait avoir lieu au-dessous de gradins chargés de huit cents personnes. »

Ventilation des écoles. — Parmi tous les projets de ventilation des écoles, dont nous avons pris connaissance, celui qui nous paraît avoir le moins de défauts, est celui de M. Guérin, ingénieur de M. Léon Duvoir-Leblanc, qui est décrit dans l'ouvrage de M. le général Morin, *Études sur la ventilation*.

Un poêle et son tuyau sont entourés d'une enveloppe cylindrique, et aboutissant à la cheminée qui doit fonctionner comme moyen d'appel de l'air vicié, en même temps qu'elle doit donner issue à la fumée et aux gaz du foyer du calorifère.

A mesure que l'air froid du bas de la salle est aspiré par l'effet de la chaleur du poêle, les couches supérieures descendent jusqu'aux bancs des élèves, et l'air vicié est pris par des ouvertures percées à la base de ces bancs. Il passe sous le parquet, dans un canal communiquant avec la cheminée d'appel. Celle-ci loge le conduit de la fumée du poêle, et reçoit ainsi la chaleur nécessaire pour produire l'appel.

La figure 256 donne une coupe qui fera comprendre le système de ventilation des écoles proposé par M. Guérin. A, est le foyer d'un calorifère à air chaud, dont la cloche, D, et les tuyaux de fumée, H,H, sont logés au bas de la cheminée d'appel, C. L'air nou-

Fig. 256. — Ventilation des écoles

veau arrive du plafond par un conduit N creusé à l'intérieur de la corniche, et il descend dans la pièce, comme l'indiquent les flèches placées près du plafond. Au-dessous du pupitre de chaque élève, est un orifice d'évacuation de l'air. Entraîné par l'appel du poêle, l'air passe, de chaque orifice d'évacuation, dans un conduit, et va rejoindre le tuyau de la cheminée d'appel, C, qui est échauffé par le passage du tuyau B du calorifère.

Le canal sert à loger en partie l'air des tuyaux du calorifère et à déverser à l'intérieur de la salle par le petit canal M, qui court le long du plafond, une partie de cet air chaud. Ce système de ventilation est-il irréprochable? Non. En premier lieu, la ventilation se fait par appel et non par insufflation, ce qui constitue un défaut. Les avantages de la ventilation par refoulement d'air, qui assurent un excès de pression dans les lieux ainsi ventilés, sont si mal compris, que nous n'avons trouvé l'application de ce principe dans aucun des projets de ventilation des écoles que nous avons parcourus.

A notre sens, le meilleur moyen à adopter pour la ventilation des salles d'écoles, serait celui que nous avons proposé et représenté plus haut, page 377 (*fig.* 252), et qui peut s'appliquer à toutes les salles de réunion indistinctement.

Ventilation des théâtres. — L'assainissement des théâtres fut étudié sérieusement, pour la première fois, par d'Arcet. Les principes que posa ce savant hygiéniste étaient excellents pour l'époque à laquelle ils se rapportent et le genre d'éclairage qui était alors en vigueur. Les dispositions que recommandait d'Arcet, et qu'il développa dans un important mémoire publié dans les *Annales d'hygiène publique* furent mises à exécution dans plusieurs théâtres de la capitale et des départements, et les résultats furent irréprochables.

Il nous paraît utile de donner un exposé des règles posées dans cette circonstance, par d'Arcet. Nous emprunterons cet exposé à M. Philippe Grouvelle, qui, dans le *Dictionnaire des arts et manufactures*, résume en ces termes les travaux de d'Arcet sur l'assainissement des théâtres.

« Le chauffage d'un théâtre, dit M. Grouvelle, est, selon d'Arcet, lié intimement à sa ventilation; car pour pouvoir emporter au dehors des volumes considérables d'air vicié, il faut introduire dans la salle une quantité égale d'air pur, chaud en hiver et frais en été.

« Cet air, chauffé par des calorifères à air chaud, est versé à 25 ou 30 degrés centigrades dans les vestibules, dans les escaliers et dans les corridors des loges.

« Des poêles chauffés par la vapeur, ou mieux par la vapeur et l'eau, suivant le système dont nous sommes inventeurs, doivent être établis dans les corridors, dans le foyer, et sur la scène; enfin des boîtes à vapeur ou à vapeur et eau, sont logées dans le dallage des vestibules, afin de servir à sécher les pieds des personnes qui arrivent de l'extérieur.

« La combinaison de ces divers systèmes est indispensable à la bonne organisation du chauffage d'un théâtre.

« On pourrait aussi chauffer l'air destiné à la salle sur des calorifères à eau chaude et à vapeur; l'air amené dans la salle serait certainement plus salubre; mais la dépense d'établissement serait un peu plus considérable. On peut d'ailleurs ôter à l'air séché par un calorifère, comme nous l'avons dit, ses principaux défauts, en lui rendant la vapeur d'eau qui lui manque.

« Quant à la *ventilation*, les salles de spectacle ont naturellement un foyer d'appel très-puissant dans leur lustre; c'est un instrument qu'il faut utiliser, sans aller bien loin en chercher un autre. C'est ce que d'Arcet a fait avec grande raison.

« Il a d'abord déterminé les conditions à remplir :

« L'air doit y être maintenu à 16 degrés centigrades environ dans les corridors, les loges et toute la salle.

« Il faut que l'air de la salle soit continuellement renouvelé pour qu'il ne se charge pas de miasmes ni de gaz délétères, et que son oxygène ne diminue pas dans une proportion dangereuse. Il faut que cet air arrive sans donner lieu à des courants trop vifs dans la salle. Enfin, il faut que cet air soit saturé à moitié d'eau, à la température de 15 ou 16 degrés.

« Pour réaliser ces conditions, d'Arcet a fait établir au-dessus du lustre une large cheminée d'appel, B (*fig.* 257), couronnée d'un chapeau et fermée à volonté par une trappe à deux vantaux. Il a fait établir au-dessus de la scène une autre cheminée semblable, A. Nous dirons plus loin quel service font ces cheminées.

« Quant à l'air pur et chaud, c'est dans la salle même qu'il doit être introduit, afin de chasser toujours l'air vicié qui s'y trouve.

« Pour obtenir ce résultat sur des volumes considérables sans gêner en rien les spectateurs, deux dispositions ont été proposées et employées par d'Arcet, toutes deux ayant pour but de fractionner indéfiniment les courants d'air introduits et de les répartir dans toute la hauteur de la salle.

« Dans l'une, l'air chaud et pur des corridors, I (*fig.* 257), est introduit dans la salle par de petits tuyaux passant à travers le plancher des loges, et débouchant au bas de leur devanture.

« Dans le second système, qui est le plus simple, un faux plancher est établi sous le plancher de chaque loge, et on s'en sert pour prendre l'air des corridors et le faire déboucher dans la salle, un peu en arrière de la devanture. L'air, ainsi introduit dans la salle par des séries de tuyaux ou de faux planchers qui font le tour entier de chaque rang de loges, est dans les meilleures conditions pour assainir complétement la salle, sans jamais donner lieu à des courants nuisibles ou même désagréables.

« La hauteur verticale des faux planchers est calculée de manière à suffire largement à l'appel de la grande cheminée. Pour une salle qui peut contenir 2,000 spectateurs, à 10 mètres cubes l'un, le volume à ventiler est de 20,000 mètres par heure, par seconde, $5^m,55$. En comptant sur une vitesse minimum de 2 mètres par seconde, facile à obtenir ici, et qui en pratique est de beaucoup dépassée, le volume de l'air débité avec une cheminée de 3 mètres carrés sera de 6 mètres par seconde ou 21,600 à l'heure.

« Pour l'introduction de ce volume d'air, il ne faut pas compter sur une vitesse supérieure à $0^m,50$ par seconde, ce qui donnera 12 mètres carrés pour la somme des sections d'arrivée de l'air dans la salle.

« Des expériences ont été faites par MM. Dumas et Leblanc sur l'air appelé par la cheminée du lustre dans des théâtres ventilés, et on a trouvé des volumes énormes.

« Avec ces conditions d'arrivée d'air dans la salle, comme celles que nous venons de poser, les portes des loges peuvent être alors ouvertes, sans que les spectateurs se trouvent dans un courant d'air dangereux ou désagréable. Pour obtenir aussi une légère ventilation au fond de chaque loge, on a établi, dans leurs cloisons, des tuyaux d'un petit diamètre, qui vont, de la loge à la cheminée d'appel, et de plus un vasistas avec un grillage maillé, qui permet encore d'introduire insensiblement de l'air dans la loge, quand la porte est fermée.

« Enfin, l'amphithéâtre du centre, quand il en existe, est ventilé par une gaine communiquant directement, de son plafond, à la cheminée du lustre B.

« En organisant ce système, d'Arcet a donné, comme toujours, des instructions complètes sur la conduite des appareils.

« Il insiste d'abord sur la nécessité de ventiler d'une manière continue et très-puissante, les lieux d'aisances du théâtre.

« Les calorifères à air chaud doivent être chauffés deux heures au moins avant la représentation et la température de la salle portée à 15 ou 16 degrés sans ventilation.

« Une heure avant l'ouverture des portes, la vapeur arrive dans les récipients, et on conduit de front les trois modes de chauffage de manière à maintenir la température à 15 ou 16 degrés environ, ce qui est facile, en forçant soit la ventilation, soit le chauffage.

« L'air chauffé dans les calorifères et dans tout le système des appareils, monte dans les corridors, pénètre dans la salle par les tuyaux d'amenée ou les faux planchers, et, entraîné par l'appel du lustre, il échappe au dehors à travers la cheminée des combles, en ventilant la salle entière.

« Pour maintenir la même salle fraîche en été, on tient toutes les fenêtres et les portes ouvertes pendant la nuit, et soigneusement fermées le jour, alors on ventile la salle à l'ouverture des bureaux, d'abord avec l'air des souterrains, ensuite avec l'air extérieur pris au nord, quand la température extérieure est descendue à 15 degrés à peu près.

« La température des cheminées d'appel au-dessus du lustre est de 20 à 25 degrés centigrades. Pour forcer la ventilation, quand la température extérieure est à 20 degrés, il suffit de monter le lustre un peu plus haut, la température de la cheminée s'élève et la ventilation s'établit de suite dans de bonnes conditions. C'est pour cela qu'il est toujours important d'avoir des cheminées d'appel de grande section.

« Ainsi, c'est en été que la ventilation est le plus difficile, mais avec de larges cheminées, et au besoin la manœuvre du lustre, on arrivera toujours à obtenir de très-bons résultats.

« Les dispositions que l'on vient d'indiquer ont de nombreux avantages.

« Les tuyaux de ventilation directs établis dans le fond des loges, permettent d'y faire arriver à volonté la voix de l'acteur, en fermant complétement la cheminée d'appel de la scène et diminuant le passage de celle du lustre.

« Lorsque, dans une représentation, il est produit un dégagement de poudre brûlée ou de fumée, on ferme, au contraire, tous les appels de la salle, et on ouvre celui de la scène, et l'on évacue rapidement et sans gêner les spectateurs toute la fumée qui, sans cela, les incommoderait longtemps. La même cheminée d'appel permettra d'assainir aussi les loges des acteurs, en les faisant communiquer avec la scène par de petits tuyaux.

« D'Arcet a insisté sur la nécessité de faire surveiller administrativement l'assainissement des théâtres, qui aujourd'hui est facile à organiser avec des appareils simples, mais dont, trop souvent, on ne se sert pas (1). »

La figure 257 représente la disposition qui était recommandée par d'Arcet, et qui a été adoptée dans un si grand nombre de théâtres, depuis trente ou quarante ans. Le lustre est placé au-dessous d'une cheminée d'appel, B, dont on peut augmenter ou diminuer la section au moyen d'un registre. Une cheminée semblable surmonte les combles de la scène. L'air de la scène, J, et celui de la salle sont attirés vers le haut par la chaleur du lustre. De l'air frais et nouveau est fourni par des conduits placés sous le plancher de la scène.

Depuis l'époque où d'Arcet fit ces études, les conditions des théâtres ont changé, au moins dans la capitale. On a substitué le gaz à l'éclairage à l'huile. On a posé en principe (principe fort contestable) qu'il faut établir les lustres dans un espace clos, sans communication avec l'air de la salle, pour évacuer immédiatement les produits de la combustion du gaz sans les laisser se répandre dans la salle. De tout cela est résultée la nécessité de modifier les mesures anciennement consacrées pour l'assainissement des théâtres. Le trou du centre étant supprimé et remplacé par un *plafond lumineux*, c'est-à-dire une paroi transparente de verre de toutes parts, on a dû avoir recours à des dispositions

(1) *Dictionnaire des arts et manufactures*, article VENTILATION.

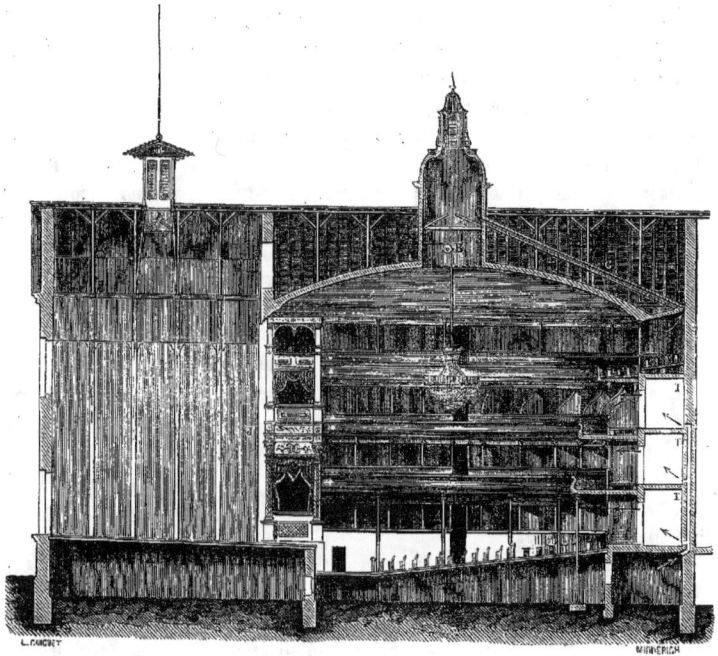

Fig. 257. — Ventilation des théâtres par l'appel, au moyen de la chaleur du lustre (système d'Arcet).

toutes particulières. Le système nouveau, dû aux ingénieurs de la ville de Paris, a été inauguré dans trois théâtres, le théâtre Lyrique, celui de la Gaîté et celui du Châtelet, enfin au théâtre du Vaudeville, en 1869. Nous parlerons surtout des deux premiers.

Le système d'assainissement et de ventilation établi au théâtre Lyrique et à celui de la Gaîté, à Paris, a été considéré comme la plus haute expression de l'état présent et des ressources de la science moderne, en fait de ventilation. M. le général Morin, chargé des projets, a trouvé là une occasion solennelle d'appliquer son système favori de la ventilation par appel, et de la méthode dite *naturelle*, c'est-à-dire à mouvement d'air de bas en haut.

L'insuccès de l'entreprise a été absolu. L'expérience de chaque soir le prouve avec évidence, et il est malheureux qu'ayant à inaugurer dans la capitale la ventilation appliquée à un grand théâtre, on ne soit arrivé qu'à un si triste échec. Cette démonstration étant acquise, éclairera sans doute à l'avenir, mais en attendant, les résultats, comme nous allons le montrer, sont déplorables.

Le système appliqué au théâtre Lyrique consiste à chauffer la salle et la scène avec des calorifères de cave, et à expulser, au moyen d'une cheminée d'appel, l'air vicié dont l'air chaud vient prendre la place. Le fourneau des cheminées d'appel est placé au bas de la salle sur le même niveau que le calorifère à air chaud.

La figure 258 représente le mode d'assainissement du théâtre Lyrique. L'air extérieur est pris dans le square de la Tour Saint-Jacques, à l'aide d'un puits circulaire mesurant

3^m,70 de diamètre. Cet air arrive sous le théâtre par les conduits C, et remplit une salle contenant les calorifères B, B, et les caisses dites de *mélange d'air*, M, M. Six gros tuyaux dirigent cet air chaud : 1° à la scène, 2° aux divers étages de la salle, 3° à la rampe. Cependant, disons tout de suite que les deux tuyaux qui aboutissaient à la rampe, durent être supprimés dès les premiers jours, parce que leurs ouvertures incommodaient les musiciens et les acteurs.

Les points d'arrivée les plus importants de l'air chaud envoyé par les calorifères, sont ceux de la salle. Ils sont percés, comme le montre la figure 258, au pourtour saillant du balcon de chaque rang de loges, et en outre dans le parquet de l'orchestre et du parterre, sous les pieds des spectateurs, partie qui n'est pas visible sur cette figure.

Tout a été calculé de manière à fournir 30 mètres cubes d'air, par heure, à chaque spectateur. Le théâtre peut contenir 1472 personnes.

Comment se fait l'évacuation de l'air vicié? La chaleur du lustre et des cheminées d'appel sont chargées d'opérer cette évacuation.

Les bouches d'aspiration de l'air vicié se trouvent : 1° sous les pieds des spectateurs de l'orchestre et du parterre; 2° à la partie postérieure du plafond de chaque loge.

L'air vicié des parties inférieures de la salle, s'écoule par des bouches d'aspiration aboutissant, grâce au conduit RR, au canal A, lequel est chauffé par le tuyau d'un poêle, F. Celui qui provient du reste de la salle est évacué au moyen des conduits, *a,a*, percés autour des loges et aboutissant à l'espace D chauffé par le lustre ou si l'on veut par le gaz qui forme l'espèce de couronne H.

L'air vicié est encore évacué vers les parties supérieures, D, par des conduits qui l'amènent dans la coupole, G, où la chaleur du lustre forme un appel très-puissant.

L'air vicié venant du parterre qui a suivi la cheminée d'appel, A, et l'air vicié venant des loges et des galeries, se réunissent ainsi dans la coupole, G, aux produits de la combustion du gaz d'éclairage, et la cheminée d'appel commune le verse au dehors.

Nous n'avons esquissé que les grands traits de ce système d'assainissement. Le cadre de cette Notice ne nous permettrait pas d'en rapporter les complications infinies, ni de dire à quelles perturbations elle est sujette, quels soins minutieux il faut prendre pour s'en préserver, et quelles précautions ont été prises pour se défendre des violents courants d'air qu'entraîne ce système. Les doubles portes dont sont munies les entrées de l'orchestre, sont un palliatif insuffisant contre ces tempêtes de l'air.

Nous ferons la critique de ce système de ventilation et d'assainissement en un seul mot : c'est la *ventilation par appel*. C'est le système qui attire l'air de partout, et qui oblige de boucher scrupuleusement toutes les ouvertures autres que celles qui donnent accès à l'air envoyé par les calorifères de cave ; — c'est le système qui diminue la pression et cause la gêne de la respiration ; — le système qui raréfie l'air, et le rend moins propre à conduire le son.

Arrêtons-nous un instant sur ce dernier défaut, capital, on le conçoit, pour un théâtre de musique.

Par la perfection même de la méthode de ventilation par appel, on est arrivé à produire au théâtre Lyrique un nombre considérable de courants de sens divers, de densités différentes, de directions variables, lesquels n'apportent à l'auditeur fatigué qu'une musique atténuée, et certainement aussi modifiée dans les valeurs de ses notes.

On sait, en effet, que les sons transmis par un milieu peu dense, acquièrent de la gravité. Lorsque Dulong se remplissait les poumons de gaz hydrogène, pour montrer à ses auditeurs de la Sorbonne, que ce gaz n'est pas toxique, et lorsqu'il parlait, sa voix devenait remarquablement basse. A l'inverse, les sons conduits par un milieu plus dense que l'air, sont plus aigus que dans l'atmosphère ordinaire. Comment veut-on que, parmi les bouffées inégalement dilatées de la salle du théâtre Lyrique, les accords de la scène et de l'orchestre conservent leur harmonie ?

Le défaut d'homogénéité des couches d'air diminue également la force du son. Le bruit de la chute du Niagara se fait entendre la nuit, à travers les forêts américaines, à une distance de 60 ou 80 kilomètres, parce que l'air, quoique coupé par les branches et les feuillages, est partout également dense. Le jour, quand le soleil donne sur les forêts, que les rayons, se partageant entre les feuilles, coupent l'air et le dilatent par traînées nombreuses, ce même bruit ne s'entend plus qu'à la distance de 8 ou 10 kilomètres.

Pendant la nuit du 7 juillet 1786, où Jacques Balmat essayait seul l'ascension du mont Blanc, et où, contraint de s'arrêter par la longueur du chemin, il se coucha sur la neige, à la hauteur des rochers du Grand-Mulet, il entendit un chien aboyer au plus profond de la vallée de Chamonix, à une distance telle que, par le plus beau soleil, son œil n'eût pas même distingué les maisons.

Les navigateurs qui ont tenté la découverte du passage Nord-Ouest, et qui, enfermés par les glaces, ont dû passer des hivers entiers dans les régions polaires, racontent combien la voix humaine s'entend de loin, portée par cet air condensé, égal et immobile.

Or, dans les théâtres soumis à la ventilation par appel, l'air est dilaté par la chaleur et par l'appel ; il est troublé par les causes diverses de viciation, rompu par les courants et les densités inégales. Il semble qu'on ait cherché à le rendre aussi impropre que possible à conduire les sons.

Ne soyons donc pas surpris si la direction du théâtre Lyrique a jugé convenable de se débarrasser du même coup des avantages et des désavantages de cette ventilation. Aujourd'hui, le système de ventilation du théâtre Lyrique est, par le fait, supprimé. On chauffe la salle par les calorifères à air chaud, lorsqu'il fait grand froid ; mais on ne se donne pas la peine de chauffer les deux poêles F, F, qui doivent faire fonctionner les deux cheminées d'appel. Le système de ventilation du théâtre Lyrique est tombé à l'état de ruine, peu après sa création.

Le théâtre Lyrique est donc tout simplement chauffé quand il fait froid ; mais il n'est plus ventilé ni par les temps froids, ni par les températures modérées. Il se trouve dès lors dans des conditions hygiéniques déplorables. L'air ne s'y renouvelle pas, et quand les calorifères sont chauffés, on éprouve tous les inconvénients ordinaires des calorifères à air chaud, c'est-à-dire l'émanation des gaz toxiques du charbon, l'acide carbonique et l'oxyde de carbone. Aussi un séjour dans ce théâtre est-il insupportable pour beaucoup de personnes.

On ne pouvait, on le voit, plus tristement échouer dans une entreprise que l'on avait annoncée, au contraire, comme devant représenter les progrès les plus récents de la science et de l'art.

La ventilation du théâtre de la Gaîté est faite un peu différemment de la précédente, mais elle est basée sur le même principe de l'appel de l'air.

L'air qui arrive dans les caves, pour s'échauffer dans les calorifères, se dégage par les entretoises des loges. Aspiré par une cheminée d'appel qui est installée au sommet de l'édifice, il passe par les orifices de sortie ouverts sous les pieds des spectateurs, traverse des conduits situés dans les entretoises, et enfin aboutit au-dessus du lustre, à l'intérieur de la coupole à la base de la cheminée d'appel.

Écoutons au sujet de la ventilation du théâtre de la Gaîté, comme aussi pour ce qui concerne le théâtre du Châtelet, dans lequel ce même système a été adopté, un architecte instruit, qui a publié récemment dans

Fig. 258. — Plan sommaire de la ventilation du théâtre Lyrique.

la *Revue moderne* (1) un excellent travail sur la ventilation des théâtres.

« Les résultats obtenus au théâtre de la Gaîté, dit M. Duplessis, auraient dû être plus satisfaisants, si MM. les directeurs n'y eussent mis bon ordre. Par une modification qui a donné d'excellents résultats, aux prises d'air à fleur de terre, on en a ajouté douze autres pratiquées dans les deux murs longitudinaux qui limitent le théâtre. Elles sont réparties sur deux rangs de chaque côté, et situées, dans l'un des murs, à 20 mètres au-dessus du sol, et dans l'autre, à 25. Grâce à ces ouvertures supplémentaires, grâce aussi à des orifices ménagés près du plafond des amphithéâtres supérieurs, l'air nouveau peut rentrer en quantité suffisante, du moins l'hiver. Mais il n'en est pas de même pendant l'été, les voies supplémentaires que demandait la commission n'ayant pas été établies dans ce théâtre non plus que dans les deux autres. Quant à l'évacuation de l'air vicié, elle s'effectue convenablement, et, sauf les vices inhérents au système, la ventilation pourrait avoir lieu d'une façon régulière, si les prises d'air des deux murs longitudinaux n'étaient tenues fermées été comme hiver, et si là, de même qu'au théâtre Lyrique, on ne négligeait d'allumer le foyer d'appel si utile pour l'évacuation de l'air vicié du rez-de-chaussée.

« Quant au théâtre du Cirque ou du Châtelet, il est le plus mal aménagé de tous, et cela en grande partie, il faut le reconnaître, par la faute de l'architecte. Ce dernier, dans son projet, avait

(1) 10 mai 1869.

eu l'idée lumineuse de supprimer les orifices d'entrée ménagés à l'air au-devant des loges et galeries, c'est-à-dire les seuls qui, dans l'application, n'eussent pas présenté de trop sérieux inconvénients. Il les avait remplacés par un agrandissement notable de l'orifice concentrique à la rampe et placé entre cette dernière et l'orchestre ; par un autre orifice ou grille également concentrique à la rampe, mais situé du côté des acteurs ; enfin, par des bouches ménagées dans le cadre du rideau. Plus tard, il est vrai, grâce à un ordre supérieur, les bouches situées au-devant des loges et galeries furent rétablies, mais seulement au premier et au deuxième étage. Tout incomplète et tardive que fût cette mesure, il n'en est pas moins fort heureux qu'elle ait été prise, car ces bouches sont actuellement le seul moyen qui subsiste de faire affluer l'air nouveau. Bientôt, en effet, on dut supprimer les deux ouvertures concentriques à la rampe, parce qu'elles gênaient les acteurs et étaient intolérables pour les musiciens de l'orchestre. Puis le directeur ayant, de son autorité privée, supprimé celles ménagées dans le cadre du rideau, il ne resta plus pour alimenter la salle que les bouches des premières et secondes loges et d'autres ouvertures, fort gênantes pour le public, pratiquées au fond du parterre, dans la paroi verticale du mur. En réalité, le renouvellement de l'air s'effectue presque uniquement par la scène. M. Morin a constaté en effet, pendant la première représentation d'une pièce militaire à grand spectacle, qu'il s'établit de ce point vers la salle un courant d'air froid dirigé, non comme autrefois vers la voûte, mais vers le fond des loges, où sont situées les bouches de sortie, — courant tellement vif qu'il agite d'une façon sensible les plumes des chapeaux des dames. Il a constaté en outre que ce même courant entraîne avec lui la fumée de la poudre, pour laquelle on n'a pas établi de cheminée d'évacuation au-dessus de la scène, et qui se répand dans les loges où elle provoque de nombreux accès de toux. Ainsi, non-seulement le théâtre du Châtelet n'est pas ventilé d'une façon régulière, mais le renouvellement de l'air s'y effectue dans des conditions moins favorables que dans les anciens théâtres.

« De pareils résultats n'expliquent que trop bien les récriminations soulevées par le travail de la commission, et tout en reconnaissant qu'elle ne doit être responsable, ni des fautes des architectes, ni des pratiques coupables des directeurs, on ne peut se dissimuler qu'une grande partie des inconvénients relevés par la critique sont inhérents au système adopté. »

Le nouveau théâtre du Vaudeville, inauguré en 1869, a été également doté de la ventilation par appel, selon les us et coutumes des architectes de la ville de Paris, à laquelle cette salle appartient. Si nous ajoutons, dès lors, que l'orchestre, le parterre et les loges du théâtre du Vaudeville, sont balayés, de minute en minute, par de véritables vents de tempête, par des ouragans, nous n'étonnerons pas nos lecteurs. Le lieu de réunion publique dans la capitale où se prennent aujourd'hui de préférence les fluxions de poitrine, les rhumatismes, ou tout au moins les rhumes et les coryzas, est le nouveau Vaudeville de la chaussée d'Antin.

S'il nous fallait faire un projet de ventilation pour un théâtre quelconque, nous nous servirions encore des mêmes moyens que nous avons proposés pour la ventilation des salles de réunion, c'est-à-dire d'un ventilateur mécanique envoyant de l'air pur au moyen d'un excès de pression. L'air arriverait dans la salle par la partie inférieure, c'est-à-dire sous les pieds des spectateurs de l'orchestre et du parterre. Nous proposerions aussi d'en revenir au système ancien d'éclairage, consistant en un lustre ordinaire, surmonté d'une large ouverture au plafond, par lequel s'évacuerait naturellement l'air vicié. Le renouvellement de l'air s'opérerait donc par deux actions différentes, par l'effet de l'impulsion de l'air envoyé par le ventilateur mécanique, et par l'appel puissant que déterminerait la chaleur du lustre.

On le voit, nous nous bornerions, pour progresser dans la question de la ventilation des théâtres, à revenir en arrière, c'est-à-dire à reprendre les idées de d'Arcet. Ce système fut vivement critiqué en 1862, dans une brochure qui portait ce titre : *Le Théâtre et l'architecte*, par M. Émile Trélat. Le travail de M. Émile Trélat porta coup. C'est grâce à l'impression qu'il fit sur beaucoup d'esprits, que l'on fut mené à voir de mauvais œil l'antique lustre. Cet appareil d'éclairage a été finalement détrôné et les plafonds lumineux l'ont remplacé dans les nouveaux théâtres de la capitale. Or, de l'adoption des plafonds lumineux date, selon nous, tout le mal. Les plafonds lumineux ont toutes sortes d'inconvénients, et c'est peut-être eux seuls qu'il faut accuser des vices du mode de ventilation, qui porte aujourd'hui de si tristes fruits, au théâtre Lyrique, au théâtre du Châtelet et à celui de la Gaîté. Le plafond lumineux a forcé de renoncer au vieux mais commode système de la ventilation par le trou du lustre. Il a obligé d'employer ces moyens artificiels de ventilation, dont les effets ne sont peut-être si désagréables que parce qu'ils sont contrariés par l'interposition de cette cloison infranchissable. Ce n'est donc, selon nous, que du jour où l'on aura mis en pièces et jeté au rebut ce déplorable rideau de verre, que l'on pourra songer à donner aux spectateurs un système de ventilation hygiénique.

Les plafonds lumineux qui transforment une salle de théâtre en une véritable prison hermétiquement fermée, où tout renouvellement d'air est impossible, les plafonds lumineux qui ferment obstinément une capacité qui devrait être, au contraire, toujours largement ouverte, et qui exposent les spectateurs à tous les dangers résultant de l'air confiné, ont encore d'autres inconvénients. Nous laisserons un écrivain compétent, M. Duplessis, que nous citons plus haut, ajouter les derniers traits à ce tableau déjà si chargé.

« En 1862, dit M. Duplessis, on inaugura au théâtre Lyrique et au Châtelet les coupoles garnies d'un nombre considérable de becs de gaz et isolées du reste de la salle par un plafond plus ou moins transparent. L'idée, toutefois, n'appartenait pas tout entière à la commission. M. Morin avait bien songé à l'enveloppe isolante, mais il voulait conserver le lustre. L'autre disposition, empruntée sans doute au projet de M. Trélat, lui fut en quelque sorte imposée, et cette immixtion administrative dans les travaux de la commission ne fut pas heureuse. Dans ces coupoles, la lumière projetée dans toutes les directions par des réflecteurs, traverse sans doute le plafond en quantité suffisante, du moins quand ce dernier n'a pas une trop grande épaisseur, comme au Châtelet. Mais, à force d'être ainsi tamisée, elle perd toute vivacité, tout éclat. Elle prend une teinte douce et uniforme, impuissante à produire ces scintillements qui donnent tant de relief et de gaieté à la flamme légèrement ondoyante du gaz brûlant à l'air libre. Aussi ne mord-elle pas assez sur les objets et est-elle loin de faire suffisamment valoir et ressortir les détails de la décoration de la salle et de la toilette des femmes. Elle a de plus l'inconvénient de tomber sur les spectateurs dans une direction trop perpendiculaire, et de produire parfois sur les visages des ombres allongées d'un effet assez désagréable. Puis ce plafond incandescent fatigue la vue, et il laisse passer une partie de la chaleur des becs de gaz, chaleur qui cause, à presque tous les étages, une sensation fort incommode, et même assez pénible quand on la perçoit directement sur la tête ; enfin il échauffe sensiblement l'air déjà si dilaté qui se trouve dans son voisinage immédiat.

« Si l'on s'est plaint avec tant de vivacité de cette disposition, on voit que ce n'est pas tout à fait sans raison. Elle ne serait pas moins inacceptable si aux becs de gaz on substituait la lumière électrique, et nous ne mentionnons que pour mémoire cette modification qui, à proprement parler, n'en est pas une, car en conservant le plafond, elle conserve le vice fondamental du système. Le mieux est encore de revenir à l'ancienne disposition et de laisser les appareils d'éclairage en communication directe avec la salle, du moins toutes les fois que la chose est possible. Le mode de distribution de la lumière est en effet toujours subordonné au mode de ventilation adopté ; il est en quelque sorte imposé par lui, et l'on ne saurait, d'une façon générale et absolue, proclamer la supériorité d'un moyen d'éclairage sur tous les autres. Le tout dépend du point de vue auquel on se place et des conditions dans lesquelles on se trouve. Tel qui serait excellent comme foyer lumineux, doit être cependant rejeté pour les perturbations qu'il apporterait dans le renouvellement de l'air.

« Il est évident toutefois que si certains modes de ventilation avaient pour conséquence inévitable un système d'éclairage par trop défectueux, ils seraient par cela même condamnés. Les inconvénients de ce plafond sont si grands qu'ils ne nous paraissent nullement compensés par les avantages, souvent fort contestables, du mode de ventilation qui les nécessite, et alors même qu'on remplacerait ce plafond et ses becs de gaz par des lustres enfermés dans une enveloppe de verre, — disposition appliquée à la Gaîté et bien préférable au point de vue de l'éclairage, — les vices subsistants seraient encore assez graves pour motiver le rejet du système. »

Nous ne pouvons qu'applaudir à cette juste philippique, venant se joindre à nos propres arguments contre la déplorable invention des plafonds lumineux appliqués à l'éclairage des théâtres.

CHAPITRE IX

VENTILATION DES ÉGLISES. — VENTILATION DES MAISONS PARTICULIÈRES. — VENTILATION DES CUISINES, DES COURS, DES LIEUX D'AISANCES. — LES LYCÉES, LES CASERNES, LES ATELIERS.

Ventilation des églises. — Est-il nécessaire de chauffer et de ventiler les églises ?

La hauteur considérable de la nef, le volume d'air énorme qu'elle contient, et la grande surface de vitrage, sont des causes de perte de chaleur tellement puissantes, qu'il faudrait consacrer de bien fortes sommes au chauffage complet d'une église. Les fabriques ne seraient pas toujours assez riches pour suffire à ces dépenses. Dès qu'un peu d'air est chauffé, par un moyen quelconque, à la base de l'église, il s'élève au sommet, et va se perdre dans les régions supérieures de la voûte. D'immenses courants portent la chaleur aux grandes fenêtres, toujours mal jointes. Ce n'est donc que dans quelques circonstances, rares et exceptionnelles, par un concours extraordinaire de fidèles, accompagné d'un éclairage à splendeurs inusitées, que les causes de chaleur surpassent la perte, dans un temps donné, et que l'air peut être chauffé dans toute la masse du vaisseau, dans les parties supérieures comme dans les parties inférieures de l'édifice.

C'est un fait inouï que la chaleur atteigne, dans une église, à de très-hautes limites. C'est pour cela que l'on peut citer comme événement exceptionnel, ce qui se passa dans la vaste basilique de Notre-Dame de Paris, le jour de la cérémonie funèbre de l'enterrement du duc d'Orléans, en 1846. Plus de six mille personnes étaient réunies pour cette cérémonie imposante, dans l'église métropolitaine, qui était éclairée par un nombre incalculable de cierges et de bougies. Les fenêtres avaient été fermées pour les besoins de la décoration, de sorte que la ventilation ne se faisait plus que par les courants d'air qui traversaient la porte centrale d'entrée, fort peu élevée, d'ailleurs. Les ordonnateurs de la cérémonie avaient oublié, ou ignoraient, tous les principes de la ventilation et de l'assainissement des lieux de réunion publique. La chaleur dégagée par la respiration des six mille personnes et la combustion des milliers de bougies et cierges, fut telle, qu'en peu d'instants la température devint insupportable, dans tout l'édifice. Les cierges qui brûlaient autour du catafalque, se courbaient de manière à faire craindre qu'ils ne missent le feu aux draperies. C'est dans le chœur que la température était le plus élevée. Là, plusieurs personnes perdirent connaissance, et si la cérémonie s'était prolongée, on aurait pu s'attendre aux plus graves accidents.

« On ne comprend pas, dit Péclet, en rapportant cet événement, comment cette conséquence inévitable de la réunion d'un si grand nombre de personnes et d'appareils d'éclairage n'avait pas été prévue par les architectes chargés de la décoration de l'église (1). »

Des effets analogues se produisaient, mais sur une plus petite échelle, aux sermons des prédicateurs célèbres, qui attirent une grande affluence à Notre-Dame de Paris, et pendant les solennités musicales de l'église Saint-Eustache. Dans tous ces cas, nous n'avons pas besoin de le dire, il suffit, pour prévenir l'excès de chaleur et le danger de l'air vicié, d'ouvrir quelques-unes des vastes fenêtres supérieures.

Cependant, nous le répétons, ce sont là des cas fort exceptionnels. Partout les églises sont froides, parce qu'il est presque impossible de les chauffer. On n'a donc pas à s'inquiéter de la ventilation dans des capacités si volumineuses.

Un petit nombre d'églises de Paris, ainsi que les temples protestants, sont chauffés par des calorifères de cave, dont les bouches de chaleur s'ouvrent au niveau des dalles. La

(1) *Traité de la chaleur*, t. III, p. 160, note.

chaleur n'est jamais suffisante, et pourtant ces calorifères coûtent fort cher à entretenir, par la raison donnée plus haut, c'est-à-dire, parce que l'air chaud se perd en s'élevant rapidement vers la voûte. Ainsi, contre-sens bizarre, la partie bien chauffée de l'église, c'est la région supérieure, c'est-à-dire le vide, tandis que le bas de l'église, où sont les fidèles, reste froid : le pavé est glacé, le plafond est brûlant.

Parmi les églises de Paris qui sont quelque peu chauffées en hiver, nous citerons Saint-Roch, la Madeleine, Saint-Vincent de Paul et Saint-Sulpice. Dans cette dernière église, le mode de chauffage est le calorifère à eau chaude. Mais dans tous ces cas, nous le répétons, la ventilation ne doit jamais préoccuper; elle se fait naturellement, par suite des vastes dimensions de l'édifice.

Ventilation des maisons. — Les maisons d'habitation seront pour nous un exemple meilleur et plus intéressant de l'application des principes de la ventilation.

En général, l'aération est produite dans les maisons, en hiver par l'appel des cheminées ordinaires, en été par l'ouverture des fenêtres. Presque toujours l'aération qui s'opère par les cheminées de chaque pièce, est suffisante ; seulement elle s'effectue par appel. Il faut donc se garder avec soin de toutes les causes d'infection qui résultent de la ventilation par appel, établie à l'intérieur d'une habitation. Comme l'air qui est appelé par le tirage des cheminées, vient de l'intérieur même de l'habitation, il en résulte qu'il arrive des cuisines, des lieux d'aisances, et de ces cours étroites et profondes des maisons de Paris, véritables puits, où l'on jette les ordures et les débris de ménage, et où l'on verse par les *plombs* des liquides infects, nauséabonds, provenant de tous les nettoyages. Ce système d'assainissement aurait, on le voit, besoin d'être lui-même quelque peu assaini.

Il est, dans les maisons, différentes parties qui exigent plus spécialement une ventilation : ce sont les cuisines et les lieux d'aisances. Il faut ventiler les cuisines, non par pression, mais par appel, dans ce cas spécial, afin d'extraire directement les odeurs et d'éviter qu'elles ne se répandent dans les appartements. L'appel ne doit pas toutefois être trop puissant, car il ferait fumer toutes les cheminées de la maison.

Le tirage des fourneaux donne habituellement un appel suffisant pour ventiler les cuisines. Mais les fourneaux n'étant pas toujours allumés et les mauvaises odeurs étant permanentes, il est bon de munir la cuisine de ces petits ventilateurs en hélice, qui s'appliquent dans un carreau de vitre, et dont nous avons parlé dans l'un des premiers chapitres de cette Notice. Si ce mode de renouvellement de l'air paraissait encore insuffisant, il conviendrait de se servir de petits ventilateurs mécaniques que l'on mettrait en mouvement à l'aide d'un poids soulevé à la main.

« Avec une ventilation convenable, dit d'Arcet, nos cuisinières travailleront devant leur fourneau sans être fatiguées par l'odeur du charbon; elles ne s'échaufferont pas, leurs têtes ne seront pas exaltées, ainsi qu'on le remarque souvent, ce qui est aussi nuisible à leur santé qu'aux domestiques de service autour d'elles, et même pour les maîtres et les enfants, qui souvent n'osent pas entrer dans la cuisine, afin d'éviter tout sujet de querelle, soit pour ne pas avoir le chagrin de voir la cuisinière hors d'elle-même, ayant le visage rouge et gonflé, les yeux hors de la tête, la figure couverte de sueur, et n'indiquant que trop le malaise qu'elle éprouve. »

Les cuisinières n'ont point changé depuis l'époque où d'Arcet écrivait ces lignes, et le portrait qu'en trace l'excellent hygiéniste, est toujours vrai. Un ventilateur mécanique établi dans la cuisine, remédierait à cette fâcheuse situation. Seulement, il serait peut-être difficile de trouver une cuisinière assez intelligente pour comprendre qu'il est de son intérêt, aussi bien que de celui de ses maîtres, de ventiler convenablement son officine, et surtout pour juger à quel moment elle doit faire jouer le ventilateur mécanique. Nous conseillons aux maîtres d'établir eux-mêmes ce ventilateur mécanique, de montrer à leur cuisinière la manière de s'en servir, et en même temps de fermer les ouvertures qui font communiquer la cuisine avec les appartements.

Beaucoup de cuisinières ont une habitude qui coupe court à tous ces inconvénients, et qui rend superflu tout système quelconque de ventilation : elles ouvrent largement les fenêtres, en tout temps et en toute saison. Le soin de leur santé leur prescrit cette sage pratique. Maîtres et domestiques n'auraient qu'à gagner à ce qu'elle fût observée constamment.

Les fosses d'aisances des maisons d'habitation sont assez mal ventilées. L'administration municipale de Paris, ayant jugé nécessaire de se mêler de la question, est intervenue, avec son éternel et vicieux système de l'appel, et elle a fait d'assez mauvaise besogne. Les fosses d'aisances des maisons de Paris, sont donc ventilées par appel, ce qui veut dire que les émanations et miasmes de ces fosses, sont attirés au dehors et déversés à l'air libre, c'est-à-dire un peu partout, à l'aveugle. Il vaudrait mieux les retenir dans les fosses, et les détruire dans cet espace même. On opère tout autrement, et comme on va le voir, l'appel que l'on veut produire est assez imparfait. Voici comment on procède.

La partie inférieure du tuyau des latrines plonge dans les matières liquides de la fosse, ou mieux, dans des cuvettes mobiles, que l'on lave de temps en temps, en jetant de l'eau par le conduit. On se sert quelquefois de l'*appareil Rogier-Mothes*, formé d'une soupape qui s'ouvre dès qu'elle est chargée d'un certain poids, et qui revient ensuite, tant bien que mal, fermer l'orifice du conduit. Grâce à la fermeture hydraulique du tuyau de descente plongeant dans le liquide de la fosse, aucun gaz ne peut remonter dans les cabinets d'aisances. Il ne pourrait tout au plus que se dégager une petite quantité de gaz des matières restées à l'intérieur du conduit, mais l'odeur ou l'émanation qui en résultent sont insignifiantes ; et d'ailleurs, si la cuvette est tenue pleine d'eau, aucun gaz ne peut s'échapper au dehors.

De l'intérieur de la fosse part un conduit d'appel, qui s'ouvre au-dessus du niveau des liquides, et qui s'élève de là jusque sur le toit de la maison. Afin de produire un appel énergique, l'architecte s'arrange pour placer ce conduit dans le voisinage des tuyaux de de la cheminée ou des cheminées de la maison.

Il y a bien des vices dans cette disposition. L'un des principaux c'est de menacer la maison d'infection dès que les conduits d'aisances cesseront de plonger dans le liquide de la fosse, ce qui arrive toutes les fois qu'on a vidé cette capacité, et que les liquides accumulés n'ont pas eu le temps de s'élever de manière à boucher l'extrémité inférieure du conduit.

Supposons, et le cas est assez fréquent, que le tuyau de descente d'un cabinet d'aisances ne soit plus immergé dans les liquides de la fosse, et qu'une cheminée quelconque placée dans les appartements, produise un appel, qu'arrivera-t-il ? L'air extérieur descendra par le conduit de ventilation de la fosse ; il se chargera des odeurs et émanations dans ladite fosse ; ensuite, remontant par ce même conduit, dans le cabinet, il infectera toute la maison, et cela beaucoup plus sûrement que si la fosse n'était pas ouverte au dehors, c'est-à-dire munie d'un tuyau d'appel débouchant sur le toit. Ce phénomène se présente, chaque fois qu'on vide la fosse, et en général tant que le niveau des liquides n'est pas remonté à un point tel que l'ouverture du tuyau de descente soit totalement immergé.

Le tuyau d'*évent*, comme on l'appelle, qui met la fosse en communication directe avec l'extérieur, au moyen d'un long conduit débouchant sur le toit, a un autre inconvénient. La présence de l'air dans les fosses, active beaucoup la fermentation putride des matières. Il semble que l'on ait cherché tous les moyens de faire rendre à ces causes d'infection la plus grande somme d'infection possible !

Ne vaudrait-il pas mieux débarrasser les maisons du hideux et barbare système des fosses permanentes, en usage à Paris? Il suffirait, pour cela, de rejeter dans l'égout toutes les matières, liquides et solides, venant des cabinets d'aisances et de toutes les autres parties de la maison. Arrivées dans l'égout, ces matières seraient abandonnées à l'administration municipale, qui en ferait ce qu'elle voudrait. Elle pourrait les recueillir dans des tinettes, où les matières solides seules demeureraient retenues, tandis que les matières liquides s'écouleraient à l'égout. Elle pourrait diriger, par des conduits particuliers, ces matières, pour en retirer les substances actives utiles à l'agriculture.

Le premier de ces systèmes, c'est-à-dire le rejet à l'égout de toutes matières et la suppression des fosses, commence, il est juste de le dire, à être suivi à Paris, et il serait à désirer qu'il prît de l'extension. Avec ce système, les matières solides seules sont retenues dans les tinettes et utilisées ; mais quelle simplicité pour l'enlèvement de ces matières, qui s'opère par l'égout, sans que ni propriétaire ni locataire aient à s'en inquiéter ! Quelle économie de place, et quelle satisfaction d'être débarrassé de ces hideuses fosses permanentes, qui déshonorent une ville. Il est, d'ailleurs, probable qu'on emploiera un jour des tinettes munies de substances chimiques, qui retiendront les principes fertilisants, et ne laisseront passer à l'égout que des eaux presque inertes.

Ventilation des casernes, des lycées et des ateliers. — Est-il nécessaire maintenant de s'appesantir sur le mode de ventilation à adopter dans les casernes, les lycées, les ateliers? Le lecteur peut leur appliquer ce que nous avons dit, à savoir : ventilation par refoulement à l'aide d'un ventilateur mécanique analogue à la vis de Mothes et d'après les dispositions que nous avons déjà représentées (page 377).

Nous dirons seulement qu'il faut veiller surtout à ce que le renouvellement de l'air soit suffisant. Dans les dortoirs des lycées et dans les chambrées des casernes, l'air fourni par les ventilateurs, ne devra jamais tomber au-dessous d'un minimum de 20 mètres cubes par heure et par personne.

On a constaté une diminution de la mortalité parmi les chevaux du gouvernement dans les écuries des casernes, depuis que les écuries sont ventilées. On peut conclure de cette expérience *in animâ vili*, que l'on verrait périr moins de jeunes enfants et de jeunes soldats, si l'on se décidait à prendre les mêmes précautions à l'égard de l'espèce humaine !

Dans les ateliers qui produisent des poussières, ou des vapeurs nuisibles, il faudra les expulser par le chemin le plus court, sinon par insufflation, au moins par appel. Nous renvoyons, pour les cas spéciaux, aux ouvrages ayant trait à chaque industrie.

Ventilation des mines. — L'aération des mines s'effectue le plus souvent d'après le mécanisme indiqué par la figure 259, qui est purement théorique. Une cheminée d'appel AB, placée à l'orifice du puits de la mine, aspire l'air vicié par le conduit C. L'air nouveau entre par les puits qui débouchent au dehors, et circule dans les galeries avant d'arriver à la cheminée d'appel.

Dans les mines de houille, où le dégagement du gaz grisou est à craindre, il y aurait grand danger d'explosion si on faisait passer l'air sur le foyer d'une cheminée d'appel. Ces mines sont donc ventilées à l'aide d'appareils mécaniques. Mieux vaudrait toutefois agir par pression que par appel, car chacun sait que le redoutable gaz inflammable, la terreur des mineurs, apparaît surtout quand la pression diminue, et que les accidents sont fréquents aux époques de grande baisse barométrique.

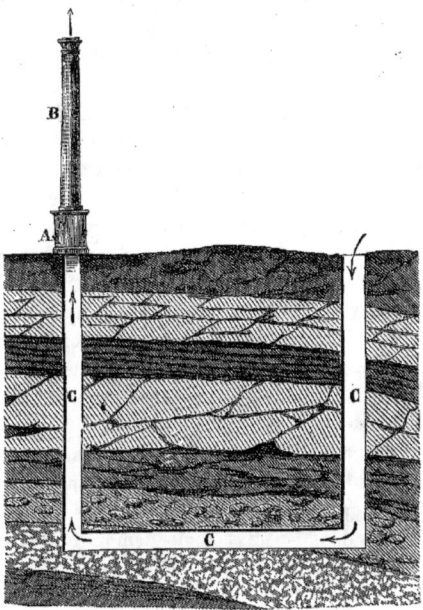

Fig. 259. — Ventilation des mines par une cheminée d'appel.

La ventilation par appel s'opère également dans les mines au moyen de machines pneumatiques à large piston, qui, par le vide qu'elles opèrent dans les galeries, attirent à l'extérieur l'air vicié. Nous avons déjà représenté (*fig.* 247, page 371) ce puissant ventilateur. On le place à l'entrée de la mine, au point où est situé le foyer dans la figure 259.

La ventilation par refoulement d'air est cependant employée dans les mines, plus souvent que la ventilation par appel. En effet, les galeries ne sont pas, comme le représente la figure qui précède, en communication facile avec l'air extérieur. Elles sont presque toujours fermées à une de leurs extrémités, à l'extrémité à laquelle est parvenu le travail d'exploitation. La ventilation par appel ne fonctionnerait pas aisément à travers les détours de ces galeries, et l'on a recours alors à la ventilation par refoulement d'air, c'est-à-dire que l'on fait intervenir des machines foulantes qui envoient des torrents d'air pur dans l'intérieur des galeries.

Les machines soufflantes des mines ont les mêmes dispositions que les machines aspirantes. Nous avons dit un mot, dans les généralités sur la ventilation, des appareils qui servent à la ventilation des mines par insufflation ou aspiration, et donné la figure d'un de ces appareils. Nous n'y reviendrons pas ici.

CHAPITRE X

VENTILATION DES PRISONS ET DES HOPITAUX. — DIFFÉRENCE ENTRE L'AIR LIBRE DU DEHORS ET L'AIR ARTIFICIELLEMENT CHAUFFÉ SERVANT A LA VENTILATION. — CE QUE DOIT ÊTRE LA VENTILATION DANS LES PRISONS. — SYSTÈME ÉTABLI A LA PRISON MAZAS A PARIS. — LA VENTILATION DES HOPITAUX. — L'ATMOSPHÈRE DES HOPITAUX. — LA VENTILATION NATURELLE EN ANGLETERRE. — SYSTÈMES DE VENTILATION APPLIQUÉS DANS LES HOPITAUX DE PARIS. — VENTILATION PAR APPEL DE M. L. DUVOIR. — VENTILATION PAR REFOULEMENT DE MM. THOMAS ET LAURENS. — SYSTÈME DE M. VAN HECKE.

Ventilation des prisons. — Nous passons à la ventilation des prisons, de ces lieux où des malheureux vivent, le jour et la nuit, pendant des mois entiers, des années même, dans des dispositions physiques et morales défavorables, et exposés à toutes les maladies que peut amener l'encombrement. C'est ici, surtout, que la ventilation doit être constante, régulière, parfaite, c'est-à-dire se rapprocher le plus des conditions d'un bon air extérieur.

Placer tout à coup et pour longtemps, un individu dans un milieu auquel il n'est pas habitué, c'est presque toujours chose mauvaise. Savons-nous, si l'air que nous échauffons à l'aide de nos procédés artificiels, auquel nous restituons après coup et à une haute température, la vapeur d'eau qui lui manquait, que nous faisons, en outre, circuler dans des tuyaux, au contact de substances diverses, n'a pas été modifié dans quelques-unes de ses propriétés ? La science ni la pratique ne nous ont jusqu'ici appris que fort peu de chose sur ce sujet. Mais ce qui est bien acquis, c'est d'abord que de l'oxyde de carbone se développe quand l'air est chauffé au contact de la fonte; ensuite, qu'une certaine quantité d'ozone se produit dans la transformation de l'eau en vapeurs. L'oxyde de carbone est un agent terrible d'intoxication ; l'ozone est une substance encore bien mystérieuse dans sa nature et dans ses effets, mais qui ne peut qu'exercer une action énergique sur l'économie animale. Il résulte de là, que l'air chauffé et chargé de vapeur d'eau par artifice, peut exercer sur nous, quand il arrive aux poumons, des effets d'autant plus fâcheux que leur action est plus prolongée.

S'il est vrai que l'air, quand il a été imprégné des rayons solaires, acquière des propriétés vivifiantes, de même que le chlore exposé à l'action du soleil, gagne des affinités chimiques plus énergiques, l'air manipulé dans nos appareils de ventilation et tenu à l'ombre, puis laminé dans de longs circuits, ne peut-il pas, à l'inverse, perdre ses qualités vivifiantes ?

Enfin l'air ne pourrait-il renfermer des principes que nous ignorons, principes actifs cependant, qui seraient détruits ou intervertis par le chauffage ?

Ce sont là des vues théoriques et des prévisions fondées sur les données récentes de la science ; mais on peut invoquer à leur appui des faits positifs et des observations certaines.

A l'époque où les cellules de la prison Mazas, à Paris, étaient hermétiquement fermées du côté du dehors, et où elles ne recevaient que l'air abondamment fourni par les ventilateurs installés par M. Grouvelle, air qui n'était chauffé pourtant que par le contact de récipients pleins d'eau chaude, on a vu des individus, détenus depuis peu, déclarer qu'ils étouffaient, tomber sérieusement malades, et réclamer l'ouverture des vasistas. Ils aimaient mieux ne pas être chauffés que d'être privés de l'atmosphère extérieure, pourtant brumeuse et froide. Les vasistas ayant été tenus ouverts, cet état de souffrance des détenus disparut aussitôt.

Ainsi, quand même l'air apporté par les tuyaux ventilateurs, aurait repris la quantité de vapeur d'eau normale à la température considérée ; quand même cet air n'entraînerait pas une seule molécule de gaz oxyde de carbone, il ne serait pas encore doué des propriétés vivifiantes de l'atmosphère naturellement chauffée par le contact des rayons solaires ou des corps insolés. Il entre sans doute dans la composition d'une atmosphère salubre, des éléments divers et complexes, que la physique et la chimie n'ont pas encore saisis, comme l'ozone et d'autres que nous ne soupçonnons pas, qui n'ont pas de nom dans la science, mais dont la physiologie démontre la présence, par les faits observés chez l'homme vivant.

Nous verrons dans un instant, à l'article des hôpitaux, quelle différence on obtient dans le traitement des maladies, suivant que l'on emploie, dans ces établissements, la ventilation artificielle, ou que, d'après la méthode des hôpitaux anglais, on laisse le vent courir librement dans les salles.

D'après ces considérations, nous réclamons, en ce qui concerne la ventilation des prisons, la ventilation naturelle, c'est-à-dire les fenêtres largement ouvertes, aussi souvent et aussi longtemps qu'on peut le faire : le jour et la nuit, pendant l'été, et le jour seulement, au printemps et à l'automne. Nous réclamons pour les prisons, de grandes ouvertures, faisant observer à ce propos, que les vasistas des cellules de la prison Mazas et des autres prisons cellulaires construites sur le même plan, ne donnent à l'air qu'un passage insuffisant.

Cependant, comme on ne peut pas, en

hiver, laisser toujours les fenêtres des prisons ouvertes, il faut nécessairement recourir à une ventilation artificielle. Nous demandons que, dans ce cas, on fasse usage des trois principes, dont nous avons démontré la supériorité : le moteur mécanique, l'excès de pression et la ventilation renversée.

Arrivons pourtant à l'examen du système de ventilation en usage aujourd'hui dans les prisons françaises. Nous parlerons surtout de la prison Mazas, qui est citée comme le type et le modèle du genre.

Nous avons décrit, dans la *Notice sur le Chauffage*, le système de ventilation de la prison Mazas, qui se rattache, qui est même intimement lié, en hiver, à celui du chauffage; nous aurons donc peu de chose de nouveau à dire ici sur la ventilation de cet établissement.

Nous avons déjà donné (*fig.* 215, page 325) le plan et la description de la prison Mazas. Le lecteur est prié de se reporter à cette figure, pour avoir présentes à l'esprit les dispositions générales que nous allons rappeler.

L'air appelé des six grandes ailes, et de toutes les cellules, se réunit en un seul conduit souterrain qui passe ensuite dans une cheminée d'appel.

Ce système, on le voit, est assez simple, mais il n'est pas irréprochable. Y aurait-il une impossibilité quelconque, ou même une plus grande difficulté, à faire suivre à l'air la marche inverse à celle qu'il suit dans la prison Mazas, c'est-à-dire à le lancer du haut de l'édifice, à l'aide d'un ventilateur mécanique et de la ventilation renversée, pour le faire arriver de ce point central aux cellules ?

Évidemment, il faudrait alors supprimer le trajet par les conduits d'aisances. Cette disposition barbare serait remplacée avec avantage, par une suite de tuyaux spéciaux affectés au passage de l'air pur. Chaque cellule serait munie d'une cuvette syphoïde, dite *à la méthode anglaise*, sur laquelle les détenus seraient en droit de mettre le couvercle, et qui ne donnerait jamais d'odeur.

Avec la ventilation par pression, substituée à la ventilation par appel, l'air de la cellule s'écoulerait directement en dehors, par une ouverture percée à une hauteur médiocre au-dessus du parquet, tandis que l'air nouveau arriverait près du plafond, et à l'autre extrémité de la pièce. Il n'y aurait pas un circuit complet de l'aller de l'air pur et du retour de l'air vicié, comme aujourd'hui, mais simplement un trajet direct, de telle sorte, que s'il s'agissait de l'établir de toutes pièces, la méthode que nous suggérons serait encore la plus économique.

Comme le système suivi à la prison cellulaire de Mazas à Paris, c'est-à-dire la ventilation par appel provoqué par une cheminée, a été reproduit dans les autres prisons cellulaires de la France, nous ne nous arrêterons pas à décrire les modes de ventilation installés dans les prisons de Tours, de Vienne, de Fontainebleau, de Montpellier, etc.

Ventilation des hôpitaux. — La principale cause de la viciation de l'air, dans les salles d'hôpitaux, n'est pas, comme nous l'avons déjà dit, la présence du gaz acide carbonique dans l'air, mais bien plutôt l'accumulation des sporules miasmatiques, qui s'exhalent du corps de certains malades comme d'autant de foyers de pestilence.

Si l'on pouvait voir dans l'air d'un hôpital, comme dans un verre d'eau trouble, les détritus organiques et les sporules miasmatiques, germes des maladies, on n'aurait pas plus, nous pouvons l'assurer, le désir de respirer l'atmosphère des salles d'un hôpital, que celui de boire le verre plein de ce liquide.

Ils ont négligé le véritable problème, ceux qui, ne se basant que sur le calcul de la quantité d'acide carbonique produit par la respiration, ont pensé que, par l'introduction, dûment ménagée, de 20 ou 30 mètres cubes d'air frais dans les salles, par heure et par malade, ils composeraient un milieu atmosphérique pur et salubre. Pour conserver notre comparaison du verre d'eau, ils ont agi moins sûrement encore que celui qui, pour chasser les impuretés lourdes tombées au fond du verre, et y formant une sorte de vase infecte, s'imaginerait purifier cette eau en versant avec précaution à sa surface, de grandes quantités d'eau fraîche. Cette eau déposée à la surface remuerait à peine la boue qui occupe le fond du verre ; elle n'en ferait pas sortir une parcelle. Les sporules organiques qui voltigent dans l'air d'une salle d'hôpital, se multiplient si vite, ces petits êtres animés sont tellement prolifiques, que la plus petite partie que l'on en laisse dans l'air, a bientôt empoisonné toutes les salles. Il ne faut donc pas se borner à aspirer, par la voie incertaine de l'appel, quelques bouffées d'air vicié ; il faut balayer largement les salles d'hôpital par des torrents d'air pur, incessamment poussé par des machines à refoulement.

Pour appuyer ce précepte par un exemple frappant, nous rappellerons ce qui est arrivé à l'hôpital Lariboisière, à Paris. On a dépensé, pour la construction de cet hôpital, des sommes considérables, et l'on y voyait, entre autres choses, le chef-d'œuvre de la ventilation moderne. Or, c'est l'un des hôpitaux de Paris les plus meurtriers ; il y périt deux fois plus de malades que dans les petits hôpitaux, non ventilés. Ces résultats n'ont point ouvert les yeux à l'administration des hospices. Elle continue à consacrer à ce mode de ventilation des sommes considérables, qui pourraient recevoir un emploi plus utile. Bien plus, le nouvel Hôtel-Dieu qui s'élève dans la Cité, sera pourvu, assure-t-on, de ce même procédé de ventilation par appel, revu et perfectionné !

Une discussion importante eut lieu, à cette occasion, en 1868, devant la *Société de chirurgie de Paris*. Les conclusions unanimes des chirurgiens furent qu'au lieu de créer et d'établir au centre des grandes villes, ces hôpitaux immenses, où l'on entasse les pauvres gens par plusieurs centaines à la fois, il faudrait établir, à quelques lieues de la ville, dans des régions reconnues très-salubres, de petits hôpitaux, composés de quelques salles seulement, et ne recevant que peu de lits.

On savait déjà combien il vaut mieux qu'un malade se fasse opérer à la ville qu'à l'hôpital, et à la campagne mieux encore qu'à la ville ; mais voici des chiffres précis qui fixeront davantage les idées sur cette question. M. Léon le Fort, pendant la discussion devant la *Société de chirurgie*, a donné les tableaux suivants, qui représentent la mortalité pour cent amputés de la cuisse ou de la jambe, considérée dans des hôpitaux de diverse capacité.

	Amputation de la cuisse.	Amputation de la jambe.
	Mortalité.	Mortalité.
Hôpitaux ne contenant pas plus de 100 malades	25,3	17,7
— renfermant de 100 à 200 malades	30,7	19,2
— 200 à 400 malades	37,5	22,4
— 400 malades et au delà	40,0	32,1
Hôpitaux de Paris en 1861	74	70

Ainsi, l'amputation de la cuisse, qui réussit 3 fois sur 4 dans les petits hôpitaux, a donné, à l'inverse, 3 morts sur 4 opérations dans les hôpitaux de Paris. Ce résultat n'est-il pas effrayant ?

Ce tableau est tiré du discours prononcé par M. Léon le Fort, le 19 octobre 1868, devant la *Société de chirurgie*. Nous pourrions puiser encore dans cette discussion remarquable, bien des documents analogues. Les membres, si compétents, de cette société, furent unanimes sur le danger des hôpitaux de Paris, tels qu'ils sont établis. Chacun apporta les faits qu'il avait observés dans sa pratique, et il résulta de tout cela un ensemble de preuves vraiment accablant, concernant la mortalité des hôpitaux de la capitale, mortalité déplorable et qui ne peut être attribuée qu'à l'*encombrement*. Or cet *encombrement* n'est lui-même que l'expression et la conséquence d'une ventilation incomplète.

M. le professeur Verneuil a montré qu'un chirurgien consciencieux doit s'abstenir, dans les hôpitaux de Paris, de plusieurs opérations, qui sont pourtant nettement indiquées, et qui devraient être tentées partout ailleurs, notamment de l'opération césarienne, de l'ovariotomie, des grandes résections articulaires de la hanche et du genou, « ces fleurons de la pratique moderne, ces triomphes de la chirurgie conservatrice, » de la kélotomie, de l'extraction du cristallin et de ces nombreuses opérations, dites de complaisance, telles que celles de la blépharoplastie, des varicocèles, des lipômes, des hygromas, des corps étrangers articulaires, des tumeurs hypertrophiques de la mamelle, des doigts ankylosés, des orteils surnuméraires, toutes opérations qui se pratiquent parfaitement ailleurs, notamment en Angleterre, avec un complet succès.

Après ce préambule peu encourageant, nous passons à la description des modes de ventilation et d'assainissement qui sont en usage dans les hôpitaux de Paris.

Disons d'abord que la plupart des hôpitaux de la capitale ne sont ventilés en aucune manière. On nous a tant recommandé, on nous a tant dit, pendant notre enfance, de ne pas prendre froid, et d'éviter les courants d'air, que nous regardons les vents coulis comme les plus terribles de nos ennemis. Nous nous calfeutrons dans nos demeures, nous inventons les bourrelets de paille, voire même les bourrelets de caoutchouc, pour mieux fermer encore nos portes et nos fenêtres. A notre tour, nous élevons nos enfants dans du coton, et nous en faisons cette petite race lymphatique et poitrinaire, dont la taille diminue d'année en année, race chétive et rabougrie, si on la compare à celle de la nation anglo-saxonne. Quand nous avons à soigner un malade, nous redoublons ces mêmes précautions ; nous l'étouffons, par bonté de cœur. Les architectes, les administrateurs des hospices et jusqu'aux médecins, sont imbus du même préjugé. La ventilation, parce qu'elle introduit quelquefois dans les salles des courants d'air qui paraissent trop forts, trop froids ou trop chauds, leur est toujours quelque peu suspecte.

Dans plusieurs villes, où des idées plus saines sont professées à l'endroit de la ventilation, les hospices ne sont pas assez riches pour ventiler leurs salles d'après le savant système de l'hôpital Lariboisière, tant prôné dans les ouvrages classiques. Ce système paraît, d'ailleurs, si compliqué, que jamais simple ingénieur de la localité n'oserait aborder un projet semblable. On se résigne donc à rester dans la règle commune. Quelques rares fenêtres ouvertes dans les beaux jours, et donnant, comme à regret, un peu d'air salubre, voilà toute la ventilation des hôpitaux de nos départements. Et pourtant, disons-le bien bas, ces mêmes hôpitaux ne sont pas les plus mal partagés, sous le rapport de la mortalité.

Le moment est venu de décrire ce qui a été fait pour la ventilation dans les hôpitaux de Paris. A l'hôpital de Lariboisière, on a établi simultanément les deux systèmes rivaux, c'est-à-dire la ventilation par appel, et la ventilation par refoulement. A l'hôpital Necker et à l'hôpital Beaujon, on a essayé un système mixte, celui de M. le docteur Van Hecke. Parlons d'abord de l'hôpital Lariboisière.

Ce fut à la suite d'un concours ouvert pour la ventilation de cet hôpital, que l'administration de l'Assistance publique prit la sage mesure de faire établir simultanément dans chaque aile de l'édifice, le système d'appel proposé par M. Léon Duvoir, et celui d'insufflation proposé par M. Grouvelle, assisté de MM. Thomas et Laurens.

Ces deux systèmes fonctionnent aujourd'hui à l'hôpital Lariboisière. Rien n'était

Fig. 260. — Ventilation par appel de l'une des ailes de l'hospice Lariboisière, à Paris.

E, cloche servant de foyer auxiliaire dans le cas de réparation au foyer F'; F, foyer; S, serpentin établi dans le corps de la cheminée; C, cheminée; B, B', étuves pour le service des salles, chauffées par l'eau chaude du bouilleur; T, tube ascensionnel partant du bouilleur et chauffant l'eau des étuves B, B'; T', tube de distribution partant du réservoir de l'étuve B' et retournant au bouilleur; R, réservoir supérieur d'eau chaude produisant l'appel; A, tube ascensionnel; A', tubes partant du réservoir R; O, cheminée d'écoulement d'air; P, poêles chauffant les salles; V, conduits de ventilation; D, bassin recevant les tuyaux de circulation de l'eau chaude pour leur retour à la chaudière.

donc plus facile que de juger les deux méthodes, et de se prononcer entre elles. Cette étude comparative a été faite en 1856, par M. le docteur Grassi, alors pharmacien en chef de l'hôpital Lariboisière. Nous allons suivre M. Grassi dans l'intéressant travail qu'il a publié sur les résultats de ses études comparatives (1).

Disons d'abord que l'hôpital Lariboisière contient six pavillons, destinés à contenir chacun cent malades : trois pavillons pour les hommes, et trois pour les femmes.

La figure 260 donne la coupe longitudinale du pavillon de cet établissement auquel a été appliquée, par M. Léon Duvoir, la ventilation par appel.

Dix-sept poêles, P, P, quatre à chaque étage, et un dans l'escalier, sont chauffés

(1) *Étude sur le chauffage et la ventilation de l'hôpital Lariboisière*, in-8. Paris, 1856.

par l'eau chaude circulant avec une certaine pression. Chacun de ces poêles est percé, à son centre, d'un espace cylindrique, vide, dans lequel arrive l'air puisé au dehors par le grand tuyau commun G. L'air chauffé par ce moyen remplit les salles; puis il est repris par les ouvertures, V, percées dans les murailles, et sous l'influence de l'appel produit par le réservoir d'eau chaude, R, placé au sommet de l'édifice, il s'élève jusque dans les combles par les conduits pratiqués dans l'épaisseur des murs, et s'échappe par l'orifice de la cheminée d'appel, O.

D'après les traités, on doit attirer au dehors un volume d'air équivalant à 90 mètres cubes par heure et par malade; mais la ventilation effective n'atteint pas un chiffre aussi élevé; car l'appel de la cheminée attire dans les salles, par les joints des portes et des fenêtres, les deux tiers du

LA VENTILATION.

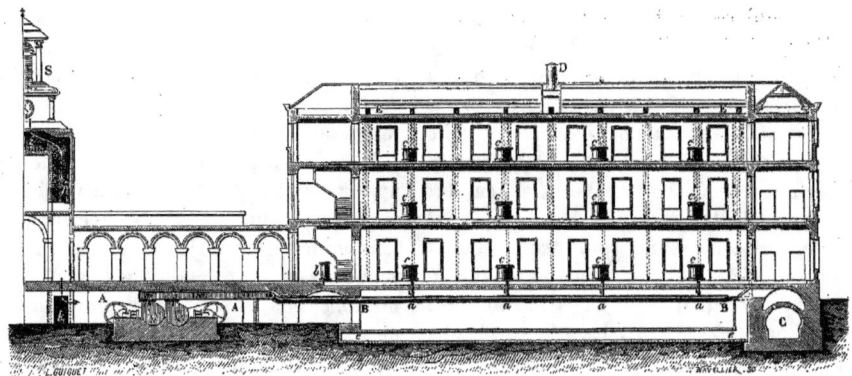

Fig. 261. — Système de ventilation par refoulement établi dans l'une des ailes de l'hôpital Lariboisière.

volume gazeux total, qui ne font que raser les parois de la salle, sans aucun profit pour la respiration des malades.

La chambre qui contient le réservoir d'eau chaude, située au haut de l'édifice, se trouve en communication, par des canaux verticaux, placés dans l'épaisseur des murs, avec les différentes salles, dans lesquelles ces divers canaux débouchent, au niveau du sol, entre les lits. L'air, qui est en contact avec le réservoir supérieur, s'échauffe, devient plus léger, monte et s'échappe par la cheminée. Il se fait ainsi un vide partiel; ce vide est comblé par l'air venant des salles, et qui monte par les canaux d'évacuation. Une partie de l'air des salles étant ainsi aspirée, doit être nécessairement remplacée par de l'air extérieur. Cet air s'introduit dans les salles par des canaux placés dans l'épaisseur du parquet, et qui aboutissent, d'un côté à l'extérieur, et de l'autre à un vide qui existe à la partie centrale des poêles; de telle sorte que cet air ne peut arriver dans la salle qu'après s'être échauffé au contact des poêles.

Mais pendant l'été, il faut ventiler les pièces sans les chauffer. Pour y parvenir, on se borne à chauffer le réservoir des com-

bles, ce qui produit un appel ascensionnel de l'air, et l'on ne chauffe point les poêles des salles. Il suffit, pour cela, de fermer leur communication avec le réservoir supérieur, et d'ouvrir un conduit qui ramène directement à la chaudière l'eau du réservoir supérieur.

Le même appareil sert encore à chauffer l'eau nécessaire aux besoins des malades.

Le système que nous venons de décrire, fonctionne très-bien pour le chauffage; il maintient une bonne température dans les salles, même par des froids très-rigoureux. Mais, selon M. Grassi, il n'a pas les mêmes avantages pour la ventilation. Cet expérimentateur a mesuré avec soin le volume d'air qui entre par les poêles et celui qui sort, dans le même temps, par la cheminée d'appel. Voici le résultat de ses mesures.

Dans les meilleures conditions, l'air entrant par les poêles est de 35 mètres cubes par heure et par malade, tandis que le volume sortant des salles par les canaux d'évacuation est de 82 mètres cubes. La différence, ou 47 mètres cubes, est nécessairement due à de l'air qui entre par des ouvertures accidentelles, par les joints des portes et fenêtres. Or (et c'est ce qu'il importe essentiellement de remarquer ici), une bonne partie de l'air qui entre ainsi par les joints des fenêtres, est, immédiatement après son entrée, attiré par les ouvertures d'appel, qui en sont très-voisines ; il s'y rend directement, sans se mélanger à l'air de la salle, et par suite sans ventiler efficacement. C'est donc de l'air qui entre dans la salle et qui en sort en pure perte, sans avoir produit d'effet utile, c'est-à-dire sans avoir balayé devant lui l'air vicié. Cet air produit infiniment moins de résultat, pour la ventilation, que celui qui, arrivant par les poêles, pénètre par l'axe de la salle, et ne peut en sortir par les ouvertures latérales qu'après avoir balayé et changé l'atmosphère de l'enceinte.

On pourrait, il est vrai, obvier à cet inconvénient en calfeutrant les joints des croisées. Cet expédient, qui ôte la faculté d'ouvrir les croisées, avait été en effet mis en pratique, pendant quelque temps, à l'hôpital Beaujon ; mais on ne l'a jamais employé à l'hôpital Necker ni à Lariboisière, non parce qu'on était satisfait de la ventilation, mais parce qu'on reculait, avec raison, devant l'emploi d'un tel moyen.

Passons au système rival, à la ventilation par refoulement d'air, qui a été installé par MM. Thomas et Laurens, dans l'aile opposée de l'hôpital Lariboisière.

Le système de ventilation que MM. Thomas et Laurens ont établi à l'hôpital Lariboisière, est lié au mode de chauffage de M. Grouvelle par l'eau et la vapeur, que nous avons décrit dans la *Notice sur le Chauffage*.

La figure 261 (page 401) donne une idée du système de ventilation par refoulement que MM. Thomas et Laurens ont établi dans l'aile de l'hôpital Lariboisière opposée à celle qui est ventilée et chauffée par le système de l'appel.

Une machine à vapeur, AA, placée dans une cave, à l'extrémité de l'hôpital, met en mouvement un ventilateur, VV, à force centrifuge. Celui-ci aspire, d'un côté, l'air qu'il puise au sommet S, du clocher de la chapelle. Cet air suit le canal *ijk*, et le ventilateur VV le pousse dans un grand tuyau, BB, qui va le porter et le distribuer aux différentes salles à ventiler.

La vapeur à quatre atmosphères, que produit la chaudière, fait marcher le ventilateur et perd ainsi une partie de sa force élastique, sans perdre presque rien de sa chaleur. Devenue vapeur à basse pression au sortir de la machine, elle est employée comme moyen de chauffage. Pour cela, elle est reçue dans un tuyau spécial, dont les ramifications se rendent dans les poêles à eau qui se trouvent placés dans les salles. Cette vapeur se condense en cédant sa chaleur aux pièces qu'elle parcourt. Revenue à l'état liquide, elle est rapportée, par le tuyau *ee*, à la machine, qui lui rendra bientôt son état gazeux et toutes ses propriétés. Ainsi, toutes ses propriétés sont utilisées, et utilisées avec une perte minime : la vapeur produit son effet mécanique, se détend, et cède ensuite sa chaleur latente en repassant à l'état liquide.

L'air, poussé par le ventilateur dans le grand tuyau porte-vent, BB, se divise en ramifications, *aa*, et se rend aux salles qu'il doit ventiler ; mais, avant de se mélanger à l'atmosphère de l'enceinte, il parcourt un conduit situé sur la ligne médiane, et s'échauffe au contact des tuyaux de vapeur et de retour d'eau. Il traverse ensuite les poêles *c,c*, auxquels il prend encore de la chaleur. L'air, sortant des poêles, monte à la partie supérieure de la salle, s'étend en nappe et descend ensuite, poussé par derrière, par de nouvelles couches qui le suivent et le remplacent. Il arrive bientôt dans la zone de la respiration, et, parvenu à la partie inférieure, il s'engage dans les conduits d'évacuation qui règnent dans les murs latéraux et suivant un conducteur commun EE, se rendent tous à une vaste cheminée, D, placée à la partie supérieure du comble, d'où il s'échappe au dehors.

L'air qui pénètre dans la salle y arrive par la ligne médiane, et, comme il en sort par les parois latérales, après avoir parcouru le trajet que nous avons indiqué, il est bien forcé de changer continuellement et complétement l'atmosphère de l'enceinte. Tout cet air produit donc ici un effet utile. Tandis que, dans la ventilation par appel, une bonne partie de l'air, dont on constate l'issue par la cheminée, est entré par les joints des croisées et a rasé le mur, pour se rendre à l'ouverture d'appel, sans se mélanger à l'air de la salle ; ici, au contraire, tout l'air qui entre produit une ventilation efficace. Aussi, à volume égal d'air débité, la ventilation mécanique, établie dans les conditions précédentes, produit-elle plus d'effet que la ventilation par appel.

Voilà donc une des différences capitales dans les résultats fournis par les deux systèmes. Ce n'est pas la seule.

M. Grassi a trouvé que, tandis que le système par appel faisait entrer par les poêles 35 mètres cubes d'air par heure et par malade, la ventilation mécanique en donnait 115. Cette quantité d'air, déjà si grande, fournie par une machine faisant marcher un seul ventilateur, pourrait encore être augmentée dans une grande proportion, si des circonstances malheureuses, une épidémie, par exemple, exigeaient une ventilation plus énergique et une augmentation du nombre des lits contenus dans les salles.

Le générateur de vapeur sert encore à chauffer l'eau nécessaire aux malades. Il dessert le service des bains ordinaires et des bains de vapeur, et fournit l'eau chaude qui alimente la buanderie de l'hôpital. Des dispositions particulières permettent d'augmenter l'humidité de l'air injecté, quand il est trop sec en hiver, ou de le rafraîchir pendant les chaleurs de l'été. On peut, à volonté, ouvrir ou fermer les croisées, sans troubler la ventilation : la même quantité d'air pur entre toujours par la partie centrale de la salle.

Le chauffage mixte par l'eau et la vapeur, selon le système de M. Grouvelle, que nous avons décrit dans la *Notice sur le Chauffage*, marche ici avec une régularité parfaite. Il réunit, comme nous l'avons déjà dit, l'avantage du chauffage à la vapeur qui assure l'instantanéité de l'effet, et celui du chauffage à l'eau, qui tient en réserve, dans les poêles, de grandes quantités de chaleur.

De toutes les recherches et expériences comparatives qu'il a faites sur les deux systèmes de ventilation qui fonctionnent à l'hôpital Lariboisière, M. Grassi conclut que la ventilation produite par un agent mécanique doit être préférée toutes les fois que l'on peut utiliser, pour des chauffages divers, la vapeur qui sert à faire marcher le ventilateur.

La troisième méthode de ventilation établie dans les hôpitaux de Paris, est fondée, comme la précédente, sur le refoulement de l'air par un moteur. Elle fut apportée de Belgique par le docteur Van Hecke, qui en fit l'application à l'hôpital Beaujon et à l'hôpital Necker. Un ventilateur mécanique puise l'air pur dans les jardins de l'hôpital, le fait passer, en hiver, au contact d'un calorifère, et le lance dans les salles.

L'appareil de M. Van Hecke fonctionnait depuis plusieurs années, dans quelques édifices publics de Bruxelles, lorsque l'administration des Hôpitaux de Paris le fit établir, par l'inventeur, dans un des pavillons de soixante lits de l'hôpital Beaujon.

Le système de M. Van Hecke a pour base la ventilation par refoulement, moyen dont la supériorité est définitivement jugée. C'est donc là un point de départ dont la valeur absolue est acquise. Mais il présente encore une supériorité marquée, au point de vue de l'économie, sur les moyens mécaniques de ventilation qui sont employés par MM. Thomas et Laurens à l'hospice Lariboisière. On peut dire qu'avec ce système, la dépense est réduite à la plus faible proportion possible. Voici, d'ailleurs, l'ensemble des dispositions qui le composent.

M. le docteur Van Hecke se sert de calorifères à air chaud, comme moyen de chauffage. Son ventilateur mécanique est une hélice de métal, assez semblable à la vis de Mothe que nous avons décrite et figurée (page 378). Cette hélice est pourvue d'ailettes, et mue par une petite machine à vapeur. La vapeur qui a servi à faire marcher l'hélice ventilatrice, est employée au chauffage de l'eau nécessaire aux besoins des malades.

Le principe de cet appareil est bon, et ses effets pouvaient être prévus d'avance. Aussi, les expériences qui ont été faites par ordre de l'administration des Hospices, ont-elles permis de constater, dans la cheminée d'évacuation, un *débit de* 60 *mètres cubes d'air par heure et par malade*. Ce résultat est surtout remarquable par la force très-minime qui le produit, car la machine n'a pour force qu'un quart de cheval-vapeur, et ne brûle pas une quantité de combustible plus grande que celle que consommaient les fourneaux de cuisine qui existaient à l'hôpital avant son établissement.

L'appareil de M. Van Hecke est muni d'un dynamomètre, dont le cadran, visible à tous les étages de l'hôpital, indique à tout moment l'état de la ventilation, et permet ainsi une vérification instantanée de ses résultats. Un compteur spécial permet de déterminer le volume d'air qui a été extrait par la machine, pendant plusieurs mois consécutifs, et cela au moyen de deux observations seulement.

Le tableau suivant, tiré du mémoire de M. Grassi, donnera la mesure de la valeur relative de ces trois systèmes.

Quantité d'air renouvelé, par heure et par malade.
Système Duvoir (en ne tenant compte que de l'air qui arrive par les canaux).......... 30me
Système Thomas et Laurens.............. 90
Système Van Hecke..................... 97

Dépense de première installation, par lit.
Système Duvoir........................ 480 fr.
Système Thomas et Laurens............ 808
Système Van Hecke.................... 236

Dépense annuelle d'entretien et de fonctionnement, par lit.
Système Duvoir........................ 51 fr.
Système Thomas et Laurens............ 101
Système Van Hecke.................... 23

Prix de revient du mètre cube fourni pendant toute l'année.
Système de Duvoir (appel)............. 3 fr. 36
Système Thomas et Laurens (refoulement) 1 fr. 76
Système Van Hecke (refoulement)....... 0 fr. 61

Évidemment, ici, l'avantage appartient tout entier au système Van Hecke.

Mais que peuvent les meilleurs de ces procédés de ventilation contre les sporules miasmatiques dont nos hôpitaux sont infectés ? Malgré la perfection évidente du dernier système que nous avons décrit, celui du docteur Van Hecke, la mortalité des hôpitaux de la capitale démontre avec une triste éloquence que l'assainissement de ces lieux de souffrance est encore un problème bien imparfaitement résolu à Paris. Combien le grand coup de balai donné par le vent vaudrait mieux, pour éliminer les miasmes organiques, que ces courants insensibles qui soulèvent à peine les poussières d'une salle, et qui n'ont d'autre effet que de porter les germes de malade à malade, pour augmenter l'infection et accroître la mortalité !

Ce coup de balai donné par le vent à travers les salles d'un hôpital, n'est pas une figure de rhétorique, que nous composons à loisir, pour les besoins de notre thèse. Ce système, fils de la nature, existe dans la Grande-Bretagne. Un rapport très-intéressant dû à MM. Blondel et Serr, publié il y a peu d'années, par les soins de l'Administration de l'assistance publique de Paris, va nous donner à cet égard des renseignements instructifs (1).

« Les Anglais, disent MM. Blondel et Serr, sont les premiers à convenir que la pureté de l'air de leurs salles tient bien plus à la ventilation qu'ils y produisent par l'ouverture courante des croisées et des portes, qu'aux dimensions de ces salles, au petit nombre de lits, à la propreté et à la simplicité du matériel.

« Nous déclarons volontiers que nous n'avons point reconnu dans les hôpitaux de Londres, l'odeur particulière aux salles de malades, si fréquente dans nos établissements.

« Vous ne sauriez, monsieur le Directeur, pour vous figurer ce que nous avons vu, donner trop d'extension à cette expression d'*ouvrir les fenêtres* : vous resterez toujours au-dessous de ce qu'elle signifie en Angleterre. Ce n'est pas çà et là, comme chez nous, une partie de croisée qui laisse entrer l'air du dehors ; ce sont toutes les croisées, toutes les portes des salles qui restent ouvertes constamment ; et, de peur que cela ne suffise pas, on ménage des communications directes ou indirectes avec l'extérieur, à travers les murs, dans les impostes des portes, au-dessus des croisées, quand celles-ci ne montent pas jusqu'au plancher haut ; on en voit ainsi dans les plafonds, dans les coffres des cheminées.....

« Certaines parties de croisées ont des carreaux percés, ou remplacés par des treillis de fer. Ailleurs on établit, au lieu de vitres, des ouvertures à soufflet qui restent béantes en toute saison, la nuit comme le jour.

« Le programme de nos voisins, en fait de ventilation, est donc des plus simples : *De l'air pur, quelle que soit la température, quels que soient les courants*.....

« Quoi qu'il doive en advenir par la suite, on peut dire, dès à présent, que les Anglais balayent leurs salles par des bourrasques de vent ; tandis que les Français tiennent à purifier les leurs sans secousses et sans courants sensibles. »

Nous avons cité ces dernières phrases *in extenso*, autant parce qu'elles expriment nettement l'état des choses, que pour montrer que les deux auteurs du *Rapport sur les hôpitaux de Londres*, malgré la fidélité de leur exposé, sont encore plutôt partisans du vicieux système de Paris, que de l'excellent usage de l'Angleterre.

(1) *Rapport sur les hôpitaux civils de la ville de Londres*. Ce volume est écrit sous forme de lettres à M. le directeur de l'Assistance publique de Paris.

L'hôpital de Glascow, qui a été longtemps cité comme un modèle, peut servir à faire comprendre la manière dont les salles d'hôpitaux sont ventilées dans la Grande-Bretagne. Chaque salle, qui contient 19 lits, est pourvue, en son milieu, d'une double et énorme cheminée, à laquelle aboutit un large tuyau de ventilation. L'air attiré de l'extérieur, par l'appel de la cheminée, suit le tuyau de ventilation et se déverse dans chaque salle. Le conduit ventilateur puise l'air à l'ouverture des fenêtres, l'amène à travers le mur et le plancher, et le verse en haut et en bas de chaque salle. Une bouche aspirante est ouverte en haut de chaque plafond, pour attirer au dehors l'air vicié.

Cependant la ventilation se fait surtout par l'ouverture fréquente des fenêtres, qui sont hautes de près de 3 mètres, et dont la largeur occupe les deux tiers de la façade de l'édifice. Tout est là. On comprend quelles prises a le vent, pendant la journée, sur des salles dont chacune est munie d'une double cheminée d'appel, et comment la nuit, une ventilation, considérable encore, s'effectue par le tirage de la même cheminée d'appel, demeurée chaude.

L'exposition au grand air est donc la grande loi du système anglais, et ainsi s'explique la faible mortalité reconnue, d'une manière irréfragable, aux hôpitaux de la Grande-Bretagne.

Nous ajouterons, à l'appui de la même idée, que, dans divers établissements hospitaliers de la Prusse, on établit les lits des opérés dans de petits pavillons, au milieu des jardins. Grâce à cette précaution, la mortalité des opérés est, dit-on, très-minime. Mon ami, le professeur Courty, de Montpellier, qui m'a rapporté ce fait, ajoutait qu'il ne pouvait revenir de sa surprise de voir les malades que l'on aurait entourés dans nos hôpitaux, de clôtures de tout genre, être ainsi largement exposés à l'influence de l'air.

Cette disposition nouvelle est, d'ailleurs,

nous devons le dire, en ce moment à l'étude. On a fabriqué et établi, en 1869, aux hospices Cochin et Saint-Louis, des tentes de toile, qui seraient placées dans les jardins, en été. Si ce système réussit, on se propose de l'introduire à l'hôpital Napoléon, qui a été inauguré le 18 juillet 1869, et qui, situé sur la plage, à sept à huit lieues de Boulogne, doit être consacré au traitement des enfants scrofuleux, que l'on y enverra de Paris, au lieu de les laisser dans les hospices insalubres de la capitale.

En résumé, de petits hôpitaux placés loin des villes, formés d'un petit nombre de pièces, garnis de trois à quatre lits tout au plus, voilà évidemment la perfection du genre. Et dans ce cas, nous n'avons pas besoin de le dire, la ventilation n'offrirait aucune difficulté. Si la ventilation par les fenêtres ouvertes en été, par les cheminées allumées en hiver, ne suffisait pas, un ventilateur mécanique agissant par refoulement d'air, et avec la ventilation renversée, assurerait une salubrité absolue.

Voilà sans nul doute ce qu'on aurait dû faire à Paris, au lieu de relever et de rebâtir le vieil Hôtel-Dieu sur les bords insalubres de la Seine. A la place du monument énorme qui s'élève dans la Cité, au cœur de la population, et au milieu des causes les plus diverses d'infection, il aurait fallu aller bâtir loin de la capitale, sur de vastes terrains, bien exposés au vent et au soleil, de petits hôpitaux, espacés et pleins d'air, des maisons de campagne, plutôt que des hospices, où la place ne serait plus mesurée parcimonieusement aux malades. Jusqu'ici, trop de malheureux ont payé de leur vie les vieilles aberrations des architectes parisiens, et l'esprit routinier de l'administration de l'Assistance publique. Il serait temps de faire entrer dans la pratique les principes que professent unanimement sur ce point les médecins et les chirurgiens instruits, tant en France qu'à l'étranger.

C'est ce qu'exprimait avec beaucoup d'énergie et de vérité, un de nos chirurgiens, M. Léon Le Fort, dans la discussion remarquable qui eut lieu en 1868, à propos de cette question, dans le sein de la *Société de chirurgie*.

« Quant au projet de l'administration municipale, disait M. Léon Le Fort, je le trouve injustifiable et dangereux... injustifiable, car avec l'argent que coûterait un Hôtel-Dieu malsain et meurtrier, il serait facile de créer au dehors de Paris quatre hôpitaux de quatre cents lits chacun ;... dangereux, parce qu'en l'exécutant malgré l'avis du corps médical, l'administration municipale assumerait sur elle la lourde responsabilité d'une mortalité qui serait son œuvre, et qui, portant sur le pauvre, ne fait pas seulement couler des larmes, mais fait encore asseoir à son foyer le désespoir, la misère et la faim. »

CHAPITRE XI

MOYENS DE RAFRAÎCHIR L'AIR EN ÉTÉ, DANS LES HABITATIONS ET LES ÉDIFICES PUBLICS. — MÉTHODES PROPOSÉES JUSQU'ICI. — APPAREIL DE PÉCLET. — EXPÉRIENCES DE M. LE GÉNÉRAL MORIN. — NOUVEAUX PROCÉDÉS.

Nous terminerons cette Notice par quelques mots sur l'art de rafraîchir, pendant l'été, les édifices publics et les habitations privées.

Il est inutile de beaucoup insister pour faire comprendre combien il serait agréable et salutaire à la fois, de pouvoir rafraîchir, en été, les édifices publics et les habitations particulières. Il y a même lieu de s'étonner que, dans une civilisation qui se prétend aussi avancée que la nôtre, rien de sérieux n'ait encore été fait dans cette direction.

L'échauffement des toitures par les rayons solaires, rend, chaque été, presque inhabitables les combles des maisons. L'élévation de température qui en résulte, persiste longtemps après le coucher du soleil, et transforme en véritables fours les ateliers établis sous les toits. La chaleur est surtout intolérable quand les couvertures sont en cuivre, en plomb ou en zinc, posées sur des voliges très-minces, et plus encore quand une partie de la couverture est simplement formée par des vitrages. Il n'est pas rare de voir, dans les ateliers relégués sous les combles, le thermomètre monter à 40 et à 45 degrés, alors que la température extérieure, à l'ombre, ne dépasse point 30 degrés.

Cet échauffement extraordinaire des logements exposés au rayonnement direct du soleil d'été, aurait dû, depuis longtemps, éveiller la sollicitude des autorités spéciales. On prodigue aux architectes les instructions et les règlements, pour assurer la salubrité des habitations, mais on a jusqu'ici oublié de s'occuper de l'aération des étages supérieurs, que les rayons solaires frappent d'aplomb pendant tout l'été. Aussi les gares des chemins de fer, par exemple, malgré les ouvertures permanentes pratiquées vers le faîtage, sont-elles, chaque été, de véritables étuves, dont le séjour n'est pas seulement très-pénible, mais dangereux pour les agents obligés de manœuvrer le matériel.

Dans l'immense gare du chemin de fer de Paris à Lyon, la température dépassa 40 degrés, aux premiers jours du mois de juillet 1865. Dans celle du chemin de fer de l'Est, elle s'est élevée à 46 degrés, et dans celle de Strasbourg, elle a même atteint 48 degrés.

En présence de ces faits, il est urgent de songer à quelque moyen pratique d'aérage et de refroidissement des toitures des édifices ou des maisons particulières. Des mesures de ce genre sont même nécessaires pour les bâtiments déjà soumis à une ventilation régulière, car l'élévation durable de température que l'insolation produit dans l'intérieur des combles, est un obstacle sérieux au bon fonctionnement des ventilateurs. On sait, en effet, que, dans la plupart des cas, il faut établir, dans les parties supérieures des édifices, des chambres de mélange où l'air chaud, fourni par les appareils de chauffage, se mêle avec une certaine quantité d'air froid, pour pénétrer ensuite par les plafonds, dans les locaux qu'il s'agit d'assainir. Mais il est clair que cette disposition, convenable pour les saisons d'hiver, de printemps et d'automne, présente, en été, le grave inconvénient de faire arriver dans les salles à ventiler, un air trop chaud, parce qu'il a traversé les combles. Cette difficulté se fit sentir à l'occasion des projets de ventilation du grand amphithéâtre du Conservatoire des arts et métiers, de la salle de séances de l'Institut, de la salle des réunions de la *Société d'encouragement*, etc., etc. Elle se reproduirait presque partout où les conditions locales ne permettent pas de faire passer par des caves suffisamment fraîches, vastes et salubres, l'air nouveau que l'on fait affluer dans les salles.

La recherche des moyens à employer pour éviter l'échauffement excessif de l'air dans les combles des édifices, n'est donc pas moins importante pour les ateliers, les salles de réunion, les gares de chemin de fer, etc., que pour les bâtiments publics ou les maisons qui doivent être ventilés d'une manière régulière.

Les solutions de ce problème d'hygiène publique peuvent être de deux sortes : on peut se proposer de rafraîchir l'air à introduire dans les salles, ou bien tenter d'empêcher l'échauffement préalable des locaux par lesquels cet air doit passer, ou dans lesquels il doit être admis. Rien n'empêcherait d'employer concurremment ces deux modes de refroidissement, s'il se trouvait que l'un et l'autre fussent praticables et peu coûteux. Nous allons, d'ailleurs, les examiner successivement l'un et l'autre.

Rafraîchissement de l'air. — Le moyen auquel on a le plus naturellement songé pour le rafraîchissement de l'air destiné à être introduit dans les appartements, c'est l'arrosage. C'est aussi le moyen le plus ancien. Dans leurs cirques et leurs amphithéâtres, les Romains tendaient le *velum*, qui n'était qu'une vaste tente, que l'on arrosait continuellement avec de l'eau.

De nos jours, on a fait usage du même moyen, en Angleterre, pour rafraîchir la salle de la Chambre des Lords. On faisait traverser à l'air, servant à la ventilation ordinaire, des capacités remplies de toiles mouillées, et continuellement arrosées par des jets d'eau nombreux. L'air qui s'introduisait dans l'enceinte de l'assemblée, était ainsi très-chargé de vapeur d'eau.

Évidemment cet air venant du dehors et chargé de vapeur d'eau, était plus frais que celui de l'intérieur de la salle, mais est-il sain de respirer une atmosphère ainsi saturée d'humidité? Et d'ailleurs obtient-on de ce moyen l'effet désiré? On n'a pas réfléchi que, le corps humain perdant naturellement sa chaleur par la transpiration cutanée et pulmonaire, cet effet sera affaibli, si l'air est déjà saturé de vapeurs d'eau ; — que les indications thermométriques ne tranchent pas la question ; — et qu'un vent chaud et sec est bien moins pénible qu'un air chaud et humide.

M. Léon Duvoir, chargé, il y a plusieurs années, de rafraîchir la salle des séances de l'Institut, à Paris, tomba dans cette même erreur. Le procédé qu'il essaya, consistait à faire arriver l'air dans la salle, par des tubes en fer, à l'intérieur desquels coulait sans cesse une nappe d'eau. Les académiciens n'eurent pas beaucoup à se louer de cette méthode, à laquelle on renonça bien vite.

M. Péclet proposa alors de perfectionner cette disposition, en faisant passer l'air à refroidir dans un appareil composé d'un grand nombre de petits tubes mouillés, non plus à l'intérieur, comme le faisait M. Léon Duvoir, mais à l'extérieur. Chaque tube aurait été entouré d'une toile toujours humide, et l'évaporation aurait été activée par l'insufflation d'un ventilateur énergique. De cette manière, l'air serait arrivé dans la salle avec la quantité de vapeur d'eau qu'il doit normalement contenir.

Un moyen plus efficace repose sur le refroidissement de l'air produit au contact de vases contenant de la glace, ou des mélanges frigorifiques. La meilleure disposition à adopter pour obtenir ce résultat est représentée par la figure 262.

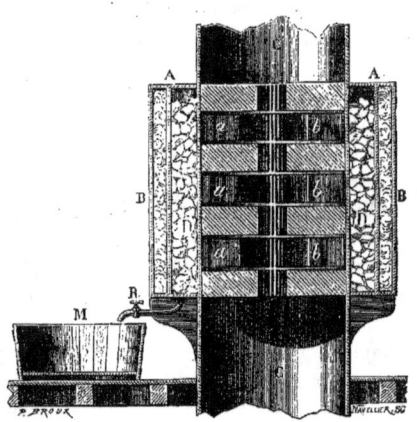

Fig. 262. — Appareil pour rafraîchir l'air.

Le conduit de l'air, CC, traverse un manchon, AB, formé d'une double enveloppe. La capacité intérieure, D, entourant le conduit d'air, renferme de la glace. La capacité suivante, B, est remplie de tan, ou mieux d'édredon ou de ouate, afin d'éviter la déperdition du froid. Un robinet, R, fait couler dans le vase, M, l'eau provenant de la fusion de la glace.

Le conduit d'air, CC, est rempli de petites ailettes métalliques a, b, qui augmentent les surfaces de contact de l'air avec les parois refroidies par la glace. Ces ailettes métalliques sont portées sur un axe vertical, et placées par rangées successives, mais dans des plans différents ; ce qui multiplie davantage encore les surfaces de contact de l'air avec les parois métalliques refroidies.

Un mélange frigorifique composé de sel

marin et de glace, est plus avantageux que la glace pure, si le prix de la glace est élevé, ou si la surface du manchon est petite, relativement à la réfrigération qu'on veut obtenir.

Ce moyen a été employé avec succès ; mais il est loin d'être économique. On a calculé que pour l'appliquer à l'hôpital Lariboisière, par exemple, il faudrait dépenser autant pour rafraîchir les salles pendant l'été, que pour les réchauffer pendant l'hiver, même en ne se basant que sur le prix, fort bas, de 5 centimes le kilogramme de glace.

Un troisième moyen de rafraîchir l'air qui doit être introduit dans les maisons ou les édifices, est celui qu'utilise pour son cabinet du Conservatoire des arts et métiers, M. le général Morin. Ce moyen consiste à puiser l'air frais dans des caves ou des souterrains. Un tel procédé est économique, à la vérité, mais il serait difficile de l'appliquer sur une grande échelle, car il faudrait des souterrains bien vastes pour fournir, à un édifice public, à un théâtre, par exemple, le volume d'air nécessaire pour une soirée.

A Paris, on pourrait se servir des Catacombes comme réservoir d'air frais. Il règne dans ces lieux souterrains, une température constante, d'environ 11 degrés. Seulement, pour que cet air fût salubre, il faudrait arrêter les suintements, qui proviennent des égouts et des cimetières, et pratiquer bien d'autres réparations encore.

On a pris quelquefois l'air frais à une grande hauteur dans l'atmosphère, grâce à des cheminées spéciales, ou en se servant des clochers et autres édifices élevés. A l'hôpital Lariboisière, où ce moyen est employé, l'appel de l'air au haut du clocher est déterminé, comme nous l'avons déjà dit, par un ventilateur mécanique, placé dans le bâtiment à ventiler.

A l'hôpital Guy, à Londres, où cette méthode paraît avoir été employée pour la première fois, on se sert, pour attirer l'air pur venant des régions élevées, d'un petit foyer placé au bas du clocher, comme le montre

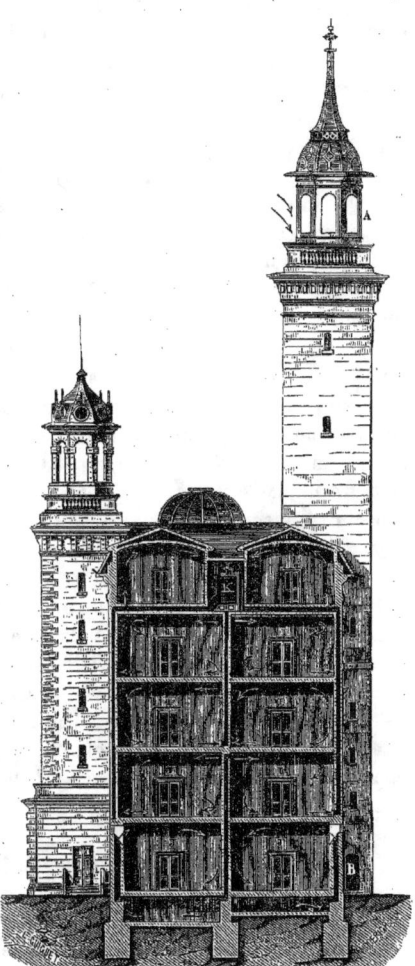

Fig. 263. — L'hôpital Guy à Londres, et son système de ventilation d'été.

la figure 263. L'air attiré du haut du clocher, A, au moyen du foyer, d'une cheminée, B, placée au bas du clocher, parcourt les salles, I, J, de l'hôpital, et est attiré à l'extérieur par une seconde cheminée, placée dans les combles, C, ce qui produit une circulation d'air continue à travers toutes les salles.

Malheureusement, les couches des régions élevées de l'atmosphère ne possèdent pas toujours, en été, une température qui diffère assez de la température ambiante, pour que ce moyen de rafraîchissement soit très-efficace.

Le dernier moyen, qui nous reste à faire connaître, est plus satisfaisant. Il repose sur le principe suivant, bien connu en physique. Quand on condense un gaz, il s'échauffe, comme le montre l'expérience connue sous le nom de *briquet à air*; quand on le dilate, au contraire, il se refroidit. Or, supposons que, dans un récipient quelconque, nous ayons condensé une certaine quantité d'air, et qu'ayant abandonné pendant quelque temps l'appareil, contenant et contenu se soient mis en équilibre avec la température ambiante. Si nous donnons issue à l'air du récipient, il se trouvera dans le cas d'un gaz qui se dilate, et pour revenir à la pression atmosphérique, il se refroidira d'autant plus qu'il aura été plus condensé.

Ce principe a été appliqué aux Indes orientales, pour la fabrication artificielle de la glace, ce qui prouve qu'au besoin, on peut obtenir, par cette méthode, un froid intense.

Malheureusement, ce procédé est à peu près impraticable, à cause de la dépense. Il faudrait employer de $\frac{3}{5}$ à $\frac{4}{5}$ de cheval-vapeur, par chaque malade d'un hôpital, pour obtenir la force motrice destinée à condenser l'air.

Tous les moyens que nous venons de décrire, pour refroidir l'air avant de l'introduire dans les pièces, ont été expérimentés en 1865, par M. le général Morin, et aucun n'a fourni des résultats satisfaisants. Dans une série d'expériences ayant pour but d'éclairer la question qui nous occupe, M. le général Morin a essayé de faire passer de l'air à travers un jet d'eau réduite à l'état pulvérulent.

L'abaissement de température obtenu de cette manière, n'était que de 2 degrés, et les frais, en revanche, étaient considérables, en raison du grand volume d'eau nécessaire pour l'opération, et de la force motrice qu'il fallait employer.

M. le général Morin a mis également en pratique le système recommandé par M. Péclet, et que M. Léon Duvoir avait tenté d'appliquer au palais de l'Institut de Paris: faire passer l'air à travers des tubes métalliques, à l'intérieur desquels circule un courant d'eau froide. Or, ce système a exigé des surfaces d'un développement énorme, par rapport au volume d'air rafraîchi, même dans le cas où l'eau était refroidie artificiellement par de la glace dont le poids, en kilogrammes, était à peu près égal au nombre de mètres cubes d'air ainsi rafraîchi ! On conviendra que la pratique devra exclure tout d'abord les moyens de cette nature, dont l'effet serait si disproportionné à la dépense qu'ils exigeraient.

Rafraîchissement direct des locaux. — Nous nous trouvons ainsi ramené, par voie d'exclusion, au système du refroidissement direct des locaux. Dans le mémoire dont nous parlions plus haut, et qui a été présenté en 1865, à l'Académie des sciences, M. le général Morin a fait connaître les deux dispositions qui, selon lui, offriraient le plus d'avantages pour préserver de l'excès de chaleur les maisons et les édifices.

Ces moyens sont: l'*aération continue* par des orifices nombreux et largement proportionnés, et l'*arrosage des toitures*.

Le premier procédé n'exige pas de dispositions particulières. Il faudra calculer les orifices d'évacuation de manière que l'air soit renouvelé au moins deux fois par heure, mais sans que la vitesse d'écoulement dépasse 40 à 50 centimètres par seconde. Les cheminées d'évacuation devront être en tôle à leur partie extérieure, afin que l'action du soleil, en les échauffant, en active le tirage; on leur donnera 3 mètres et plus de hauteur au-dessus des toits. Les orifices d'admission de l'air seront aussi nombreux que possible, et ouverts de préférence sur les côtés qui ne reçoivent pas les rayons du soleil. Leurs dimensions seront telles que l'air ne les traverse pas avec une vitesse de plus de 30 à 40 centimètres par seconde (un peu moindre que la vitesse d'écoulement de l'air évacué), et que le volume d'air introduit remplace celui qui est expulsé.

Pour les ateliers, et en général pour tous les locaux éclairés au gaz, il faudra, en outre, assurer l'évacuation des produits de la combustion, soit directement à l'extérieur, soit indirectement par les cheminées de ventilation, dont la marche sera ainsi activée. Ces cheminées devront être d'ailleurs munies de registres pour en régler l'action suivant les circonstances.

L'emploi des persiennes et des stores se recommande ici, comme moyen accessoire d'empêcher l'accès des rayons directs du soleil. Les fenêtres en forme de châssis à tabatière, pourront être recouvertes de toiles arrosées d'eau.

Le deuxième procédé, c'est-à-dire l'*arrosage*, pourra être appliqué à la plupart des édifices et des habitations dès que la nouvelle distribution d'eau de la ville de Paris sera organisée. C'est un procédé éminemment approprié aux grandes villes. Il imite les effets naturels de la pluie, et il est très-efficace. Un peu plus d'un mètre cube d'eau par heure suffirait pour mouiller 100 mètres carrés de toiture, et les mettre à l'abri de l'échauffement produit par la radiation solaire. Appliqué dès le matin et continué pendant tout le temps que le soleil agit, ce procédé non-seulement s'opposerait à l'échauffement des toits, mais il pourrait même servir à entretenir les parois intérieures des édifices à une température inférieure à celle de l'atmosphère, et à refroidir convenablement l'air qui pénètre dans les combles.

Ce service d'arrosage étant accidentel et ne devant jamais s'appliquer à plus de 60 jours par an, les frais qu'il entraînerait seraient très-modiques. Pour une vaste gare, comme celle du chemin de fer d'Orléans, qui a 138 mètres de longueur sur 28 de largeur, la dépense annuelle d'arrosage ne s'élèverait probablement pas à 1,000 francs.

Ces deux procédés proposés par M. le général Morin, à savoir, l'aération continue et l'arrosage artificiel, se recommandent donc également par leur simplicité et par la modicité de la dépense qu'ils occasionneraient. Leur emploi, qui permettrait d'assurer, en toute saison, la ventilation intérieure des lieux de réunion, constituerait pour la salubrité publique un véritable progrès.

La présentation à l'Académie des sciences, du Mémoire de M. le général Morin, donna occasion à M. Regnault de revenir sur un projet d'aérage qu'il avait soumis, en 1854, au ministère d'État, et qui devait servir pour les bâtiments de l'Exposition universelle de 1855. Dans ce projet, l'illustre académicien avait repoussé les procédés fondés sur le refroidissement de l'air des salles par les moyens physiques artificiels, aussi bien que tous ceux où la ventilation est produite par des machines. Ces moyens lui avaient paru inefficaces, embarrassants et trop coûteux, comme à M. Morin lui-même. Au lieu de recourir à des mécanismes compliqués, il suffirait, selon M. Regnault, d'emprunter la force motrice nécessaire pour la ventilation, à la chaleur même qui est engendrée par le rayonnement solaire. On n'aurait qu'à poser une toiture double en zinc, pourvue d'un certain nombre de cheminées, pour obtenir une ventilation automatique, sous l'influence du soleil lui-même, qui se chargerait de chauffer par appel, ce vaste appareil d'évacuation.

Les bâtiments de l'Exposition universelle de 1855 se composaient du Palais de l'Industrie, d'une grande galerie établie sur le Cours-la-Reine et longeant la rivière, et d'une construction provisoire faite aux Champs-Élysées.

Pour la galerie du Cours-la-Reine, M. Regnault demandait que la grande couverture demi-cylindrique en zinc, fût double, avec un intervalle de 20 centimètres entre chaque toiture. La toiture supérieure aurait reçu les rayons solaires; sur son arête supérieure se trouvaient des cheminées nombreuses en tôle, de section rectangulaire, afin de présenter leur plus large face à l'action du soleil.

L'intervalle des deux couvertures constituait donc une vaste cheminée, chauffée par le soleil, et qui puisait l'air dans la galerie à la hauteur de la naissance de la voûte et suivant une très-grande section.

M. Regnault voulait ensuite que l'air frais fût amené du dehors, par un grand nombre de petits canaux en briques, sous le sol, et terminés au dehors, par de courtes cheminées-pilastres appuyées contre le mur. A l'intérieur, l'orifice de chacun de ces canaux aurait été surmonté d'une colonne en fonte de $1^m,50$ de haut, servant à supporter les objets exposés. L'air du dehors serait ainsi venu se déverser dans la salle, à la hauteur de la tête des visiteurs, sans produire ces courants désagréables qui sont occasionnés par des orifices ouverts au niveau du sol. Ces canaux dissimulés par les colonnes, et la toiture-cheminée, chauffée par le soleil, auraient constitué un excellent appareil de ventilation et de refoulement de l'air.

Les mêmes principes furent proposés par M. Regnault pour ventiler et empêcher l'échauffement excessif du Palais de l'Industrie qui, avec les bâtiments du Cours-la-Reine, composait l'ensemble de l'Exposition universelle de 1855. Si l'on avait suivi ses indications, il est probable qu'on aurait évité la température intolérable qui régnait dans les galeries du premier étage pendant l'été. Des oppositions de tout genre entravèrent les travaux qui furent entrepris dans cette direction. Ce n'est que dans les bâtiments destinés à l'exposition de peinture et qui étaient relégués à l'avenue Montaigne, que les projets de M. Regnault purent être réalisés, grâce au bon vouloir de l'architecte, M. Lefuel. Les toitures à châssis vitrés y ont été faites doubles, et surmontées de cheminées d'aspiration. L'air du dehors se déverse dans les salles par des piédestaux creux qui portaient des objets d'art. Ce dispositif, parfaitement rationnel, s'est montré aussi efficace qu'on pouvait le désirer.

Malheureusement, comme l'a fait remarquer M. le général Morin, il conduit à l'établissement permanent d'une double couverture des bâtiments, pour remédier à des inconvénients dont la durée accidentelle n'est que de quelques semaines chaque année. Et si l'on voulait éviter les frais d'une pareille construction, il faudrait recourir à l'installation temporaire d'une doublure, c'est-à-dire d'une surface intérieure à la toiture, ce qui aurait bien aussi ses inconvénients, sans parler des dépenses qui en résulteraient dans la plupart des cas. Enfin, l'introduction de l'air nouveau par des orifices ménagés sous le sol, présente toujours de grands inconvénients dans les locaux livrés à la circulation publique, et il serait peut-être impossible d'en multiplier assez le nombre pour que la vitesse d'arrivée restât dans les limites convenables.

Ces considérations doivent nécessairement diminuer, aux yeux des praticiens, le mérite du système proposé par M. Regnault; et, en fin de compte, on donnera probablement la préférence à l'aérage continu et à l'arrosage, proposés par M. Morin, à cause de la simplicité de ces moyens.

A ce propos, nous placerons ici une suggestion assez ingénieuse, qui nous a été communiquée par M. Pradez, de Genève.

Pour vaincre les difficultés que soulèvent

dans la pratique, les problèmes en apparence les plus simples, il faut, dit M. Pradez, consulter et imiter la nature.

Or, que fait la nature pour rafraîchir la tête du nègre, appelé à vivre dans la zone torride? Elle lui donne une chevelure crépue que le soleil frappe sans parvenir jamais jusqu'au crâne. Dès que l'air emprisonné dans ses cheveux s'échauffe plus que l'air ambiant, la ventilation s'opère d'elle-même, d'une manière naturelle et régulière. Le nègre qui reste tête nue se trouve mieux protégé contre l'ardeur des rayons solaires, que l'Européen avec son chapeau.

Faisons l'application de ce principe aux gares de nos chemins de fer. Il suffirait de garantir les couvertures métalliques contre le soleil, de la même manière que nous garantissons les fleurs de nos serres contre la gelée, c'est-à-dire par des rouleaux de paille ou de chaume, d'un mètre de longueur et d'une épaisseur convenable. On établirait simplement au faîte des toits, un abri en zinc, pour préserver ces rouleaux de paille contre les intempéries de l'air, pendant la saison froide. L'abri de tôle longerait le faîte et les bords du toit ; les couvertures y resteraient enroulées jusqu'à ce qu'on en eût besoin. Dans la saison des grandes chaleurs, on enverrait des hommes d'équipe les dérouler. Il est à peu près certain qu'avec ce nouveau moyen les chaleurs de 48° ne se produiraient plus dans les gares.

« Ayant habité le Brésil pendant vingt-deux ans, dit M. Pradez, je sais ce que c'est que la chaleur du soleil. Dans les courses que j'eus l'occasion de faire dans l'intérieur, je me suis souvent arrêté sous des toits de chaume, en m'extasiant toujours sur la fraîcheur relative que procure ce genre de toiture. En effet, comme dans le cas de la chevelure du nègre, le soleil échauffe la couche extérieure de la paille, mais n'y pénètre pas, car plusieurs couches d'air s'interposent entre ses rayons et la toiture métallique, et dès que ces couches d'air deviennent plus chaudes que l'air ambiant, une ventilation naturelle les remplace et les renouvelle. »

La dépense de quelques rouleaux de paille serait peu de chose, et la toiture de zinc se conserverait mieux sous un pareil abri. Le moyen de M. Pradez, analogue dans ses effets à la double toiture proposée par M. Regnault, aurait donc l'avantage d'être plus simple et moins coûteux.

Ce qui empêche d'ordinaire l'emploi des toits de chaume, c'est la crainte de l'incendie. M. Pradez ne s'est pas dissimulé cet inconvénient. Mais il pense que si on peut rendre le bois et les tissus incombustibles par l'application de certains procédés chimiques, rien ne nous dit que ces mêmes procédés ne pourraient pas être appliqués avec avantage à la préparation des couvertures de paille. Comme, d'ailleurs, les gares sont ordinairement isolées et leurs toits assez élevés, comme les locomotives marchent toujours lentement au départ et à l'arrivée, ce qui diminue beaucoup le danger provenant de la projection des étincelles, on voit que les nattes de paille ne seraient pas fort exposées.

Au surplus, on n'aurait à se préoccuper de ces risques que pendant deux mois de l'année seulement. Les compagnies des chemins de fer, qui dépensent des sommes énormes pour l'architecture et l'embellissement des gares, pourraient bien aussi songer enfin à la question hygiénique, et faire quelques légers sacrifices dans l'intérêt des voyageurs et des employés. Pourquoi ne ferait-on pas l'essai du moyen ingénieux que propose notre correspondant? Les frais ne seraient pas considérables, et on serait bientôt fixé sur la valeur de ce moyen si simple et si commode.

En résumé, des expériences particulières seraient nécessaires, si l'on voulait fixer la valeur des différents procédés que nous venons de faire connaître pour arriver à rafraîchir les maisons et les édifices publics pendant l'été. Si l'on songe aux souffrances auxquelles le Parisien qui reste dans la ville, pendant l'été, se voit condamné chaque année, dans les théâtres, dans les salles de réunions, dans les expositions publiques, et surtout dans son propre appartement, pour peu qu'il soit exposé au soleil, on ne peut qu'appeler de tous ses vœux l'intervention efficace de la science dans cette question de salubrité publique.

Chauffer les maisons pendant la saison d'hiver, les rafraîchir pendant la saison d'été : voilà deux problèmes, en apparence fort simples, et dont la solution n'embarrasse pas le plus petit écolier; ce qui n'empêche pas que l'on n'étouffe en été et qu'on ne gèle en hiver, depuis que Paris a été bâti.

FIN DE LA VENTILATION.

LES PHARES

CHAPITRE PREMIER

LES PHARES DANS L'ANTIQUITÉ. — LEUR CONSTRUCTION ET LEUR MODE D'ÉCLAIRAGE. — LE PHARE D'ALEXANDRIE. — LA TOUR D'ORDRE, A BOULOGNE. — LA TOUR DE DOUVRES. — LES PHARES AU MOYEN AGE. — LA TOUR DE CORDOUAN. — LE PHARE DE GÊNES.

L'origine des phares remonte à l'antiquité. Dès que l'art de la navigation commença à prendre quelque importance, on dut se préoccuper des moyens de signaler aux vaisseaux arrivant du large, le voisinage des côtes, ou les écueils qui en rendent les abords difficiles. Ce n'est point, en effet, en pleine mer, ce n'est pas quand on ne voit que le ciel et l'eau, selon l'expression consacrée, que les plus grands dangers menacent le navigateur. Pour lui, les accidents sont à craindre surtout à proximité des terres et à l'entrée des ports. Il importe donc que le marin soit averti, à une assez grande distance, de l'existence d'un promontoire, d'une ligne de récifs, ou d'un banc de sable, sur lesquels il peut aller se briser ou s'échouer, faute d'une indication préalable. Les embouchures des fleuves, les passes qui donnent accès dans certains ports, doivent également être éclairées, pour qu'un navire puisse s'y engager hardiment après la chute du jour, avec le concours d'un pilote du lieu. Il y a enfin nécessité impérieuse à ce que l'entrée du port soit indiquée, de jour et de nuit, par un signal bien visible.

Dans l'antiquité, de simples fanaux signalaient les ports ou les écueils, ce qui s'explique par le peu d'importance que présentait alors la navigation. A cette époque, le Pirée, rade ou port d'Athènes, était pourvu, ainsi que beaucoup d'autres ports de la Grèce, de *tours à feu*, qui remplissaient le double rôle de bastions défensifs et de guides pour les navigateurs.

Les écrivains de l'antiquité nous ont transmis des renseignements sur les tours à fanaux placées à l'entrée des ports, mais leurs récits sont trop contradictoires pour servir de base à une description sérieuse. Comme il n'existe plus aucun vestige, aucunes ruines de ces petits édifices, on ne peut contrôler l'exactitude des récits des anciens auteurs. Il faut donc avouer que nous ne savons rien, où presque rien, sur les *tours à feu* dont faisaient usage les Grecs, les Romains, les habitants de la Phénicie, et les autres peuples des bords de la Méditerranée qui se livraient à la navigation.

Selon toute apparence, ces édifices durent être d'abord très-simples: une tour avec un feu au sommet. Pour qu'elles fussent visibles pendant le jour, ces tours étaient bâties en pierres blanches, qui sollicitaient le regard. Le mode d'éclairage était tout primitif ; il consistait en un feu de bois brûlant à l'air libre, et que l'on entretenait constamment. Mais un tel foyer devait souvent s'éteindre par les gros temps, c'est-à-dire au moment où il était le plus nécessaire.

Ces phares, tout imparfaits qu'ils fussent, rendirent d'incontestables services à la navigation.

La première tour à feu dont il soit fait mention dans l'histoire de l'antiquité grecque, est celle dont parle Leschès, poëte qui vivait dans la 30ᵉ olympiade. Cette tour que Leschès place au promontoire de Sigée, a été représentée dans la table Iliaque, d'après la description de Leschès. Le savant Montfaucon, dans son grand ouvrage, *l'Antiquité expliquée*, en a donné, d'après ce document, la figure que nous reproduisons ici.

Fig. 264. — Tour du promontoire de Sigée.

Mais le plus célèbre et, pour ainsi dire, le prince des phares de l'antiquité, est celui que Ptolémée Philadelphe, roi d'Égypte, fit élever à Pharos, petite île voisine du port d'Alexandrie.

Selon Ammien Marcellin et Tzetzès, ce monument serait l'œuvre de Cléopâtre. Cependant, d'après les témoignages de Strabon, de Pline, de Lucien, d'Eusèbe, de Suidas et de quelques autres historiens, on ne saurait contester à Ptolémée Philadelphe l'honneur d'avoir érigé ce monument célèbre. Montfaucon, dans son *Antiquité expliquée*, rapporte à ce sujet, une anecdote qui prouve que les architectes égyptiens savaient concilier le soin de leur gloire devant la postérité, avec le respect ou la crainte que leur inspiraient les rois leurs maîtres.

Sostrate de Cnide fut l'architecte du phare d'Alexandrie. Voulant faire passer son nom à la postérité la plus reculée, il employa un ingénieux artifice pour supprimer le nom du souverain qui avait ordonné ce grand travail, et y substituer le sien, qui sans cela eût été complètement éclipsé. Il fit d'abord graver sur la pierre de la tour, en caractères profondément creusés, cette inscription :

SOSTRATE DE CNIDE, FILS DE DAÉPHANE,
AUX DIEUX SAUVEURS,
EN FAVEUR DE CEUX QUI VONT SUR MER.

Ensuite, il recouvrit cette inscription d'un léger enduit, sur lequel il fit écrire le nom du roi Ptolémée. Au bout de quelques années, l'enduit tomba, comme l'avait prévu Sostrate, et le nom de Ptolémée disparut, laissant à découvert celui de l'astucieux architecte.

On ne sera plus étonné maintenant d'apprendre que les opinions des auteurs anciens diffèrent quant au nom du véritable fondateur de la tour d'Alexandrie !

Quelle est la véritable origine du mot *phare*? On a voulu le faire venir du mot grec, φῶς *lumière*, ou de φάω, *je brille*. C'était chercher bien loin une explication toute naturelle. La tour de Ptolémée s'élevait dans l'île de Pharos ; la tour prit le nom de l'île : on l'appela *Pharos*, et ce mot, devenu plus tard générique, servit à désigner les monuments de ce genre. Il en a été du mot *phare* comme du mot *mausolée*, qui, après avoir servi spécialement à désigner le tombeau élevé par Artémise, au roi Mausole, son époux, fut appliqué ensuite à tous

Fig. 265. — Essai de restauration du phare d'Alexandrie.

les monuments funéraires de quelque importance.

C'est en détournant ce mot de sa première acception, que, dans la langue, encore mal formée de nos premiers écrivains français, on trouve le mot *phare* pris dans le sens de simple feu.

Grégoire de Tours dit quelque part, qu'un *phare de feu* vint fondre sur le roi Clovis. Le même historien emploie ailleurs le mot *phare* comme synonyme d'incendie : « Ils mirent, dit-il, le feu à l'église de Saint-Hilaire, et firent un grand phare. »

Plus tard, on désigna par le même mot les lustres d'église.

Mais arrivons à la description du phare d'Alexandrie.

L'île de Pharos n'était éloignée de la terre d'Égypte que de sept stades (un quart de lieue). Du temps de Strabon, cette île était rattachée au rivage d'Alexandrie par une jetée et un pont. Elle se terminait, du côté de la mer, par un promontoire que battaient incessamment les flots. C'est sur cette pointe de l'île que fut édifiée la tour qui devait signaler aux navigateurs la terre des Pharaons.

On sait que les anciens plaçaient la tour d'Alexandrie parmi les sept merveilles du monde. Elle devait sa célébrité autant à ses dimensions colossales qu'à sa remarquable solidité. D'après Strabon, elle se composait de plusieurs étages. Pline raconte que sa construction coûta huit cents talents. Selon Lucien, elle était de forme carrée, ou polygonale, et de son sommet l'œil pouvait découvrir une étendue de trente lieues en mer.

Edrisi, auteur arabe du XII° siècle, a décrit ce monument, qui était encore debout de son temps. Il nous apprend que toutes les pierres étaient scellées les unes aux autres par du plomb fondu, de sorte que les vagues ne pouvaient rien contre l'ensemble de la construction. L'édifice mesurait, dit Edrisi, cent statures d'homme, chaque taille d'homme étant supposée de trois coudées. A soixante-dix brasses au-dessus du sol, régnait une galerie, prise sur l'épaisseur des murs, de telle façon que le diamètre de la tour se rétrécissait à cet endroit. La diminution continuait, ensuite jusqu'au sommet.

Un escalier intérieur conduisait de la base au sommet du phare. De plus en plus étroit à mesure qu'on s'élevait, l'escalier était percé de fenêtres, pour éclairer les personnes qui s'y aventuraient. Dans la partie inférieure du monument et sous l'escalier même, étaient disposés des logements, destinés sans doute aux hommes de service.

C'est d'après ces données que l'on peut se représenter le célèbre monument égyptien, comme nous l'avons fait dans la figure 265.

Un feu continuel brûlait sur la plate-forme supérieure, et s'apercevait, dit-on, à une distance de cent milles, ce qui équivaut à plus d'une journée de marche des navires de l'antiquité. Pendant le jour, on ne voyait que de la fumée ; mais, le soir venu, le feu ressemblait de loin à une étoile qui serait peu élevée au-dessus de l'horizon.

D'après Montfaucon, cette apparence aurait été fatale à bien des navigateurs, qui, ne reconnaissant pas le phare et croyant faire fausse route, se dirigeaient d'un autre côté, et allaient échouer sur les sables de la Marmarique.

Les auteurs arabes ont débité beaucoup de fables sur le phare d'Alexandrie. C'est d'après ces auteurs que Martin Crusius a prétendu qu'Alexandre le Grand aurait fait placer au sommet de cette tour un miroir tellement puissant et merveilleux qu'il montrait les flottes ennemies à cent lieues de distance. Martin Crusius ajoute qu'après la mort d'Alexandre, ce miroir fut brisé par un Grec, nommé Sodore, qui choisit, pour accomplir cet exploit, le moment du sommeil des soldats commis à la garde de la tour.

Pour croire à ce récit, il faudrait admettre que le phare égyptien était bâti du temps d'Alexandre, ce qui est inexact.

Tous les phares postérieurs à la tour d'Alexandrie, furent construits sur le même plan. On tenait à honneur d'imiter ce parfait modèle. C'est, du moins, ce qui est bien établi pour le phare d'Ostie, véritable port de l'ancienne Rome.

L'empereur Claude fit élever ce phare à l'embouchure du Tibre, et l'historien Suétone en parle en ces termes :

« Claude fit faire au port d'Ostie une très-haute tour sur le modèle du phare d'Alexandrie, afin que les feux qu'on y faisait pussent guider la nuit les navires qui se trouvaient en mer. »

Cette affirmation est corroborée par un passage d'Hérodien. Cet auteur décrivant les catafalques en usage pour les funérailles des empereurs, s'exprime ainsi :

« Au-dessus du premier carré, il y a un autre étage plus petit, orné de même, et qui a des portes ouvertes ; sur celui-là il y en a un autre, et sur celui-ci encore un autre, c'est-à-dire jusqu'à trois ou quatre, dont les plus hauts sont toujours de moindre enceinte que les plus bas ; de sorte que le plus haut est le plus petit de tous. Tout le catafalque est semblable à ces tours qu'on voit dans les ports et qu'on appelle phares, où l'on met des feux pour éclairer les vaisseaux, et leur donner moyen de se retirer en lieu sûr. »

Il ressort de ce passage que, du temps d'Hérodien, les phares se composaient ordinairement de plusieurs étages, d'autant plus étroits qu'ils étaient situés plus haut. On avait ainsi autant de galeries qui permettaient de circuler tout autour de l'édifice, à moins que leur trop peu de largeur ne s'y opposât.

Toutefois, la forme carrée n'était pas la seule adoptée pour les phares, comme pourrait le donner à penser la description d'Hérodien. On en trouve la preuve dans une médaille tirée du cabinet du maréchal d'Estrées, et que Montfaucon a reproduite dans son ouvrage. La figure 266 reproduit l'empreinte de cette médaille. Le phare, comme montre (*fig.* 267) une tour placée sur un rocher, avec la même forme ronde et la même disposition de galeries (1).

Fig. 267. — Phare romain d'après une médaille trouvée en Bithynie.

Fig. 266. — Phare gravé sur une médaille du maréchal d'Estrées.

on le voit, est circulaire et à quatre étages, décroissant en diamètre avec la hauteur.

Une autre médaille, trouvée à Apamée, dans la Bithynie, et qui appartenait, du temps de Montfaucon, à Baudelot de Dairval, nous

Nous verrons, en outre, tout à l'heure, en parlant des phares de Boulogne et de Douvres, que la forme octogonale était également usitée pour ces sortes de constructions.

Ainsi, aucune forme spéciale n'était affectée aux tours qui servaient de phares chez les anciens.

Outre le phare d'Ostie, dont Suétone nous a conservé le souvenir, l'Italie ancienne en possédait quelques-uns, qui méritent d'être signalés. Nous citerons ceux de Ravenne et de Pouzzoles, mentionnés par Pline, — celui de Messine, situé sur le détroit de ce nom, entre l'Italie et la Sicile, près des rochers, tristement célèbres, de Charybde et de Scylla, — enfin celui de l'île de Capri, où l'empereur Tibère s'était retiré, qui s'écroula dans un

(1) Voici la traduction de l'exergue qui entoure cette médaille d'Apamée : *Colonia Augusta Apamea, Colonia Julia Concordia decreto decurionum.*

tremblement de terre, quelques jours avant la mort de cet empereur.

Nous ne suivrons pas l'exemple des auteurs qui, ayant à traiter de l'histoire des phares, ont cru pouvoir ranger parmi ces édifices la *tour Magne* de Nîmes. Ce monument colossal, aujourd'hui en ruines, et d'un aspect si pittoresque, couronne une colline verdoyante, qui domine la promenade publique nommée la *Fontaine*. Mais évidemment la *tour Magne* n'était pas un phare, puisqu'elle est distante de sept à huit lieues de la mer. On a voulu y voir, d'abord un temple, puis un *aerarium*, ou tour des vents; plus tard enfin une *trésorerie*, c'est-à-dire un monument destiné à conserver, sous la domination romaine, le numéraire de la province ou, selon d'autres, le denier de l'impôt qui frappait, au profit des Romains, les habitants de ces contrées. Aujourd'hui, les antiquaires se rangent à cette opinion que la *tour Magne* fut un monument élevé par les Romains, en l'honneur des soldats morts pour la patrie, ou selon l'expression latine, un *septizonium*.

Le mémoire dans lequel le savant antiquaire nîmois, Auguste Pelet, a restitué la véritable destination de la *tour Magne*, est un des plus beaux que compte l'archéologie moderne, et il a coupé court à des discussions qui divisaient les savants depuis des siècles. Nous devons donc écarter complétement de la question des phares, la vieille tour qui dresse ses imposantes ruines sur la colline de la Fontaine de Nîmes.

Si nous passons de l'Europe à l'Asie, nous trouverons qu'il existait un phare très-remarquable à l'embouchure du fleuve Chrysorrhoas, tributaire du Bosphore de Thrace Denys de Byzance nous en a laissé la description suivante :

« Au sommet de la colline au bas de laquelle coule le Chrysorrhoas, dit cet écrivain, on voit la tour Timée, d'une hauteur extraordinaire, d'où l'on découvre une grande plage de mer, et que l'on a bâtie pour la sûreté de ceux qui naviguaient, en allumant des feux à son sommet pour les guider; ce qui était d'autant plus nécessaire que l'un et l'autre bord de cette mer est sans ports, et que les ancres ne sauraient prendre sur son fond. Mais les barbares de la côte allumaient d'autres feux aux endroits les plus élevés des bords de la mer, pour tromper les mariniers et profiter de leur naufrage, lorsque se guidant par ces faux signaux ils allaient se briser sur la côte. A présent, ajoute l'auteur, la tour est à demi ruinée, et l'on n'y met plus de fanal. »

Fig. 268. — La tour d'Ordre de Boulogne-sur-mer (détruite en 1644.)

Un phare qui, pour remonter un peu moins haut que les précédents, n'en est pas

Fig. 269. — Situation respective du phare et de la ville de Boulogne-sur-mer, d'après Montfaucon.

moins un monument de l'antiquité, est celui qui fut élevé sur la côte septentrionale des Gaules. Nous voulons parler de la *tour de Boulogne* (*fig.* 268), dont de beaux restes existaient encore au milieu du XVIIe siècle.

La *tour de Boulogne* servait à éclairer le détroit qui porte aujourd'hui le nom de Pas-de-Calais. D'après les historiens latins, et particulièrement d'après Suétone, voici dans quelles circonstances la tour de Boulogne aurait été construite.

A la suite d'un semblant d'expédition contre les *Bretons* (habitants de l'Angleterre actuelle) l'empereur Caligula, pour perpétuer le souvenir de sa victoire imaginaire, résolut d'édifier un monument gigantesque, près de *Gessoriacum* (Boulogne), lieu ordinaire de l'embarquement des troupes romaines pour la Grande-Bretagne. Il commanda donc à ses soldats de se mettre à l'œuvre ; et bientôt s'éleva sur les falaises qui dominent la ville actuelle de Boulogne, une tour colossale, portant un feu à son sommet. Cette construction ne servit peut-être pas immédiatement pour signaler la côte aux navigateurs, mais on ne tarda guère à lui donner cette destination. C'est ce que prouve une médaille en bronze, du temps de l'empereur Commode, sur laquelle est représentée cette tour, couverte de feux, à côté d'une flotte romaine prête à mettre à la voile.

Tant que dura, dans les Gaules, l'occupation romaine, la tour de Boulogne remplit son office tutélaire. Mais après l'invasion des barbares, elle fut singulièrement négligée. Ce ne fut qu'au commencement du IXe siècle, qu'elle éclaira de nouveau l'entrée du détroit.

En 810, Charlemagne s'était rendu à Boulogne, pour y passer en revue une flotte qu'il rassemblait contre les Normands. Il comprit toute l'importance de cette tour, et comme son sommet s'était effondré, il la fit restaurer. Il ordonna, en même temps, qu'on y entretînt constamment des feux pendant la nuit.

Beaucoup plus tard, c'est-à-dire vers 1340, les Anglais s'étant emparés de Boulogne, flanquèrent le phare de donjons et de créneaux ; de sorte qu'il devint partie intégrante d'une forteresse qui défendait la ville.

Cent ans s'étaient écoulés depuis cette restauration et cette incorporation de la tour d'Ordre à la forteresse de Boulogne, lorsque l'ouvrage tout entier s'écroula, et voici comment.

Les habitants de Boulogne avaient creusé dans la falaise de larges excavations, pour l'exploitation des carrières de pierre qu'elle renfermait. Ils creusèrent tant et si bien, qu'à la fin les flots vinrent battre la base même de la tour, et en miner les fondements. Le résultat était facile à prévoir. En 1640, un premier éboulement se produisit. Il fut suivi, quatre ans après, d'un autre qui compléta la destruction du fort et de la tour.

Les échevins de Boulogne montrèrent dans cette circonstance une négligence impardonnable. Dans l'intervalle des deux chutes, ils ne prirent aucune mesure pour conserver ce qui restait d'un monument si intéressant pour l'histoire. Heureusement on en possédait le dessin, ce qui permit à Montfaucon de le décrire dans son *Antiquité expliquée*, et de le représenter comme nous l'avons fait plus haut (*fig.* 268), en s'aidant de quelques renseignements puisés dans le pays.

La *tour d'Ordre* était de forme octogonale. Selon Bucherius, elle mesurait environ à la base 200 pieds de périmètre, ce qui donne 25 pieds pour chaque côté. Elle se composait de douze parties en retrait les unes sur les autres, mais d'un pied et demi seulement. Les galeries, ainsi formées, étaient donc trop étroites pour qu'on pût s'y promener ; on ne s'y engageait que lorsque l'édifice avait besoin de réparations extérieures. Ce qu'il y avait de curieux, c'est que chaque entablement était pris sur l'épaisseur du mur immédiatement situé au-dessous, de sorte que les fondations devaient avoir une épaisseur considérable. Au sommet était allumé le fanal.

Montfaucon se demande si le feu brûlait en plein air, ou s'il était défendu contre la violence du vent, et il décide que la seconde hypothèse est la seule admissible. Selon lui, le fanal était placé dans une chambre, et n'éclairait qu'à travers les fenêtres ; car, « si on « l'avait mis, dit Montfaucon, sur la plus « haute surface du phare et en plein air, les « tempêtes et les vents qui devaient souffler « d'une horrible force dans un lieu si haut, « auraient tout emporté. »

L'aspect de l'édifice entier n'était pas sans charmes. Pour satisfaire l'œil, on avait mis quelque variété dans la couleur et la disposition des pierres.

« On voyait d'abord, dit Montfaucon, trois rangs d'une pierre de la côte, qui est de couleur de gris de fer ; ensuite deux lits d'une pierre jaune plus molle, et au-dessus de ceux-là deux lits de brique très-rouge et très-ferme, épaisse de deux doigts, longue d'un peu plus d'un pied, et large de plus d'un demi-pied : la fabrique continuait toujours de même. »

On ne sait pas au juste quelle était la hauteur de la tour de Boulogne. D'après une étude sur ce monument, publiée par M. Egger, dans la *Revue archéologique*, elle avait 200 pieds de hauteur, c'est-à-dire autant que de circonférence à sa base. M. Egger ajoute pourtant qu'il trouve ce chiffre exagéré, d'autant plus que le phare se dressait sur une falaise déjà élevée de 100 pieds au-dessus du niveau de la mer. Chaque étage était percé d'une ouverture regardant le midi. Dans les premières années du XVIIe siècle, on pouvait voir encore les trois étages inférieurs formant trois chambres voûtées, mises en communication par un escalier intérieur.

Quelle est l'étymologie du nom *Tour d'Ordre* donné à la *tour de Boulogne*? Il existe une explication assez ingénieuse de ce nom. De *Turris ardens* (tour ardente), on aurait fait *Turris ardans*, qui fut, en effet, l'appellation de l'édifice pendant plusieurs siècles.

Cette dernière expression, traduite en français, aurait produit la dénomination dont on recherche l'origine.

Montfaucon, d'après les études qu'il put faire sur les lieux, a donné le dessin que nous reproduisons plus haut (*fig.* 269, page 421), comme représentant les situations respectives du phare, du port et de la ville de Boulogne.

Il suffit de réfléchir un instant pour se convaincre que, vis-à-vis de la tour de Boulogne, il a dû exister autrefois, sur la côte de la Grande-Bretagne, un second phare, destiné à éclairer les vaisseaux qui, venant des Gaules, voulaient entrer dans les fleuves de la Grande-Bretagne, ou débarquer sur cette côte. Le phare de Boulogne ayant été fondé par les Romains, il est à croire que le phare opposé avait été construit par le même peuple, qui avait, d'ailleurs, le plus grand intérêt à l'établir.

Voilà ce que se dit Montfaucon, au siècle dernier, et pour vérifier ses conjectures, le savant bénédictin alla recueillir en Angleterre des renseignements qui confirmèrent son opinion.

Montfaucon trouva sur la côte de Douvres, un édifice effondré, qui lui parut être ce qu'il cherchait. Il faut avouer, toutefois, que la description qu'il donne de ces ruines, n'inspire pas grande confiance. Un vaste amoncellement de pierres, que l'on appelait, en anglais, la *goutte de malice du diable*, et d'après lequel on dressa, aussi exactement que possible, le plan de l'édifice primitif, voilà l'unique source où le savant antiquaire puisa les détails qu'il nous a transmis sur le phare de Douvres.

D'après la description que donne Montfaucon, la tour de Douvres était à huit pans, comme celle de Boulogne. Elle allait en diminuant de la base au sommet, mais n'offrait point d'étages en retrait les uns sur les autres. Elle avait, d'après cela, la forme d'une pyramide tronquée. Le vide intérieur était quadrangulaire, et d'égal diamètre à toutes les hauteurs. La diminution du périmètre intérieur portait donc exclusivement sur les murs, lesquels avaient une épaisseur considérable en bas, mais beaucoup moindre au sommet. Des ouvertures étaient percées, de distance en distance, sur une même ligne verticale.

Ce qui jette une grande obscurité sur l'histoire de cet édifice, c'est qu'on n'a pas la certitude qu'il soit identique avec l'ancien phare romain. Du temps de Montfaucon, bien des gens estimaient que la tour qui avait dû servir de phare à Douvres, à l'époque romaine et du temps de leurs successeurs, était tout simplement une tour carrée, bâtie au milieu du château de Douvres, et qui mesurait 72 pieds de haut. De cette élévation, en effet, on apercevait les côtes de France, et l'on dominait la mer sur une grande étendue.

Ce qui porte à croire que cette tour était un phare, c'est qu'elle était percée de fenêtres rondes sur les trois faces qui regardaient la mer, tandis que le côté tourné vers la terre était dépourvu de fenêtres.

Montfaucon se fonde sur la forme carrée de cette dernière tour pour prétendre qu'elle n'est pas d'origine romaine. Selon lui, elle n'aurait été utilisée, comme phare, qu'après que la tour octogonale fut tombée en ruines, ou bien lorsqu'on eut jugé sa position meilleure pour le but qu'on voulait atteindre.

On voit, en résumé, qu'il reste des doutes sérieux sur la véritable tour romaine de la côte de Douvres. La question ne peut être tranchée avec confiance ni dans un sens ni dans l'autre.

La figure 270 représente, d'après Montfaucon, la tour octogonale de Douvres, que le savant bénédictin considérait comme le phare romain, et au premier plan la tour carrée enclavée dans les fortifications. Comme nous l'avons dit, cette dernière tour, d'après d'autres écrivains, serait le véritable phare de l'antiquité. Le lecteur choisira entre ces deux versions.

Ajoutons qu'au moyen âge, la *tour carrée*

Fig. 270. — Phare de Douvres, supposé de construction romaine ; et tour carrée du château de Douvres.

de Douvres fut transformée en église, qui prit la forme d'une croix, par l'adjonction de quelques bâtiments.

Au moyen âge, on donnait le nom de *phares* à de petites tourelles que l'on élevait dans les cimetières, et dont quelques-unes subsistent encore ; mais personne, à cette époque, ne s'inquiétait de l'éclairage maritime. Il fallut le grand mouvement du xvi° siècle pour faire revivre sous ce rapport, comme sous tant d'autres, les saines traditions des anciens dont on s'était si malheureusement écarté.

Un monument qui, au moyen âge, eut une grande célébrité, et qui a beaucoup piqué la curiosité des antiquaires, est la tour de Cordouan, qui s'élevait à l'embouchure de la Gironde, pour éclairer l'entrée, toujours dangereuse, de ce fleuve.

Rien n'est plus mystérieux que l'histoire de la tour de Cordouan. Son nom même est une énigme. On s'accorde à penser que ce nom lui fut donné parce que les négociants d'Espagne, en particulier ceux de la ville de Cordoue, qui venaient charger des vins à Bordeaux, et y importer, en échange, des peaux et des cuirs, demandèrent et finirent par obtenir l'établissement de ce phare à l'entrée de la Gironde. De 1362 à 1370, s'éleva, sur un roc solitaire, situé près de la côte du Médoc, une tour qui, d'après beaucoup d'historiens de la province, n'était pas la première, mais remplaçait un autre édifice, encore plus ancien.

Quoi qu'il en soit, la tour de Cordouan fut bâtie au xiv° siècle, par les ordres du prince Noir (Edouard prince de Galles), chef de l'armée anglaise, qui occupait alors la Guyenne et régnait en souverain dans ce pays. Haute de 48 pieds, elle se terminait par une plate-forme sur laquelle on allumait un feu de bois. Un ermite était chargé d'entretenir ce feu. Il percevait, pour sa peine, un droit sur chaque navire qui entrait dans la Gironde.

Fig. 271. — Ancienne tour de Cordouan, à l'embouchure de la Gironde

Le phare bâti par le prince Noir n'était pas tout à fait solitaire sur son roc. Tout auprès était une chapelle, dédiée à la Vierge. Plusieurs maisons, qui furent construites à la même époque, autour de cette chapelle, finirent par former un petit hameau. C'est là qu'habitaient l'ermite et ses aides, accompagnés sans doute de quelques pêcheurs.

Ajoutons, pour amener cette histoire des phares, depuis l'antiquité jusqu'aux temps modernes, que la république de Gênes fit construire, à l'entrée du port de cette ville, un phare, qui est encore rangé aujourd'hui au nombre des plus beaux. Cet édifice se compose de deux tours superposées, dont la hauteur totale atteint 63 mètres environ. Les deux tours sont établies sur un plan carré; la première a 9 mètres de côté et la seconde 7 mètres.

CHAPITRE II.

LES PHARES MODERNES. — PERFECTIONNEMENTS DU SYSTÈME D'ÉCLAIRAGE DES PHARES. — LES RÉFLECTEURS MÉTALLIQUES, OU APPAREILS CATOPTRIQUES. — LE PHARE DE CORDOUAN EST MUNI DE RÉFLECTEURS MÉTALLIQUES. — LES RÉFLECTEURS SPHÉRIQUES, LEURS INCONVÉNIENTS. — INVENTION DES RÉFLECTEURS PARABOLIQUES. — TRAVAUX DE TEULÈRE. — APPLICATION DE LA LAMPE D'ARGAND ET DES RÉFLECTEURS PARABOLIQUES A L'ÉCLAIRAGE DES PHARES. — LES PHARES A ÉCLIPSES. — LEUR ADOPTION À LA FIN DU SIÈCLE DERNIER.

On a vu, dans le précédent chapitre, qu'au point de vue architectural, les phares des anciens n'étaient point inférieurs aux nôtres. On peut même dire qu'ils péchaient quelquefois par trop de magnificence. Mais leur éclairage — le point essentiel dans un phare — laissait beaucoup à désirer. Le moyen âge ne réalisa, sous ce rapport, aucun progrès, et l'on se contenta, jusqu'à la fin du XVIIe siècle, de suivre les errements du passé.

On employait comme combustibles le bois, la houille, les résines, que l'on faisait brûler, soit à l'air, sur la plate-forme de la tour, soit dans une chambre couverte et percée de fenêtres. On cherchait déjà à diversifier les feux, c'est-à-dire à donner des apparences différentes à la série de feux échelonnés le long des côtes, afin de bien renseigner les navigateurs; mais les moyens auxquels on avait recours dans ce but étaient tout à fait insuffisants. Tel phare, par exemple, brûlait du charbon de terre; tel autre, du charbon de bois; un troisième, du bois. C'était aux marins à prononcer, d'après la différence de l'aspect des flammes, sur la position du fanal en vue. On comprend à combien d'erreurs devait conduire une si vicieuse méthode. En premier lieu, les nuances des feux ne se distinguaient qu'à de petites distances. Elles subissaient, en outre, l'influence des circonstances atmosphériques, au point de se transformer complétement dans certains cas. Ainsi, par un brouillard quelque peu intense, la flamme blanche du bois devenait une lueur rougeâtre, analogue à celle de la houille en combustion. De là de nombreuses et fatales erreurs, que l'on s'explique sans peine.

Le premier perfectionnement qui fut apporté dans l'éclairage des phares, consista à substituer aux divers combustibles employés jusqu'alors, un certain nombre de chandelles groupées ensemble. Ces chandelles étaient placées dans une lanterne garnie de vitres de tous les côtés. Ce progrès, bien faible, était pourtant incontestable, car il soustrayait le fanal aux chances d'extinction par le vent et la pluie.

Vers 1780, une amélioration beaucoup plus importante fut réalisée sur divers points du littoral de la France. On remplaça les chandelles par des lampes à huile, et l'on disposa derrière ces lampes, des réflecteurs en métal bien poli, qui renvoyaient la lumière au large.

Les phares des caps de l'Ailly et de la Hève, ceux des îles de Ré et d'Oléron, furent pourvus de ce système perfectionné d'éclairage. En 1782, ce même système de fanaux fut établi sur la tour de Cordouan, située, comme nous l'avons dit, à l'embouchure de la Gironde. L'appareil d'éclairage ne comptait pas moins de quatre-vingts lampes, munies d'autant de *réflecteurs*. La plate-forme qui surmontait alors la tour de Cordouan, fut couronnée elle-même d'une coupole vitrée. Le monument de la côte du Médoc présenta alors l'aspect que retrace la figure 271 (page 425).

L'édifice, comme on le voit, était de forme octogonale. Jusqu'au premier étage, la tour était renforcée par un revêtement extérieur, en pierre. Le tout portait sur un soubassement circulaire. Dans la lanterne vitrée placée au sommet de l'édifice, étaient installées les quatre-vingts lampes à huile, munies de leurs réflecteurs.

Cet éclairage, qui devait être si puissant, en apparence, était pourtant insuffisant, en raison de la très-faible portée de la lumière qui provient de la combustion de l'huile. Pourvues de mèches plates, les lampes donnaient peu de lumière et beaucoup de fumée.

Les navigateurs ayant élevé des plaintes unanimes contre le nouveau système, il fallut en revenir à l'ancien mode d'éclairage, c'est-à-dire à la combustion du charbon de terre.

Peut-être les résultats eussent-ils été moins défavorables, si les réflecteurs eussent présenté une autre forme que la courbure sphérique. Mais ainsi construits, les miroirs ne renvoyaient qu'une faible partie des rayons lumineux, et le phare éclairait encore moins qu'avec les anciens fanaux composés de chandelles.

Les nombreuses réclamations des marins français eurent pour effet de provoquer un examen approfondi de la question. L'ingénieur en chef de la province de Guyenne fut chargé de remédier aux inconvénients du système des réflecteurs métalliques, système qui paraissait, malgré tout, devoir être supérieur à celui dont les marins demandaient le retour. On pensait que des modifications bien entendues apportées à la forme des réflecteurs, permettraient de les conserver.

L'ingénieur en chef de la province de Guyenne, s'appelait Teulère. C'était un homme d'un grand mérite, et il le prouva par le perfectionnement qu'il apporta aux miroirs réfléchissants employés dans les phares.

En 1783, Teulère fit paraître un mémoire très-remarquable, dans lequel il indiquait les principales dispositions qui constituent encore aujourd'hui nos appareils dits *photophores*. Depuis l'apparition du mémoire de Teulère, on n'a presque rien changé à la combinaison proposée par l'ingénieur bordelais : on a donc le droit d'affirmer qu'il est le véritable inventeur de ce système.

Teulère changea la courbure des réflecteurs. Au lieu de la forme sphérique, il leur donna la forme parabolique. La lampe étant placée au foyer du miroir, tous les rayons lumineux étaient réfléchis parallèlement à l'axe de ce miroir. Le cylindre de lumière ainsi formé, était dirigé vers tous les points de l'horizon, au moyen de rouages d'horlogerie, qui imprimaient à l'appareil un mouvement de rotation continu.

Ainsi furent créés par l'ingénieur de Bordeaux, les *phares à éclipses*.

Pour augmenter, quand on le voulait, l'étendue de la zone éclairée, Teulère plaça à côté les uns des autres, et sur une même ligne droite, plusieurs lampes munies de leurs réflecteurs paraboliques. Le faisceau éclairant prit ainsi des proportions assez grandes pour qu'une surface très-étendue de l'horizon fût illuminée.

On a attribué au physicien Borda l'invention de ce système, et cette opinion est exprimée dans beaucoup d'ouvrages. Quelques mots suffiront pour montrer que Borda, physicien d'ailleurs recommandable à bien des titres, n'eut d'autre mérite que d'exécuter ce que Teulère avait inventé.

En 1784, le maréchal de Broglie, ministre de la marine, communiqua le travail de Teulère à Borda, alors professeur à l'école navale, en le chargeant d'appliquer les excellentes idées qui s'y trouvaient exposées. Ce ne fut pas à Cordouan que fut tentée la première expérience des réflecteurs paraboliques et des *phares à éclipses*. Il était question, en ce moment, d'exhausser la tour, et l'on voulut attendre que cette opération fût achevée pour installer au sommet du phare le nouveau système d'éclairage, après l'avoir expérimenté sur un autre point de la côte.

Ce fut dans le port de Dieppe, que Borda plaça le premier appareil à miroirs paraboliques et à éclipses, construit d'après les vues de Teulère. L'appareil était composé de cinq lampes à réflecteurs paraboliques, et tournant autour de l'axe du support. Les résultats de cet essai furent de tous points concluants.

Quelques années plus tard, c'est-à-dire en 1790, la tour de Cordouan ayant été exhaussée par Teulère, — qui s'illustra encore dans ce travail difficile, — on établit au sommet de la tour surélevée, un appareil d'éclairage à réflecteurs paraboliques.

Cet appareil comprenait trois groupes réfléchissants, composés de quatre miroirs chacun, et espacés de 120 degrés, de manière à partager la circonférence en trois parties égales. Le tout recevait un mouvement de rotation par l'effet d'un ressort et de rouages d'horlogerie. Les réflecteurs avaient 812 millimètres d'ouverture (30 pouces en mesures du temps). Les éclats lumineux se succédaient de deux en deux minutes, avec une durée de dix secondes.

Si l'on ne peut accorder à Borda l'invention des miroirs paraboliques, malgré l'opinion émise par Arago, dans sa Notice sur les *Phares* (1), et qui a été reproduite ensuite sans autre examen, par la plupart des auteurs, on ne peut, du moins, refuser au même Borda l'idée d'avoir appliqué à l'éclairage des phares, la lampe à double courant d'air, inventée par Argand, en 1784. Disons, toutefois, qu'après la découverte d'Argand, qui avait révolutionné l'art de l'éclairage en général, cette idée se présentait pour ainsi dire d'elle-même. Il est donc heureux pour Borda, que des travaux plus sérieux en physique et en mécanique, assurent à son nom une gloire non contestable.

Le système d'éclairage au moyen des réflecteurs paraboliques, constituait un progrès considérable dans la science des feux côtiers. Aussi presque tous les peuples maritimes se hâtèrent-ils de l'adopter. L'Angleterre et les autres nations du nord de l'Europe, sont même restées exclusivement fidèles aux ré-

---

(1) *Notices scientifiques*. Tome III, page 4.

flecteurs métalliques, alors que la France était depuis longtemps en possession des appareils lenticulaires, dus au génie de Fresnel.

Aujourd'hui, d'ailleurs, on trouve encore avantage à employer les appareils *catoptriques* (réfléchissants) dans certains cas déterminés, tant à cause de la légèreté de ces appareils, que du peu de frais qu'entraînent leur installation et leur entretien. Ils conviennent, par exemple, pour l'éclairage des passes étroites, — pour former l'un des feux de direction d'un chenal ; — pour renforcer, dans une direction déterminée, un feu dont la portée est suffisante quant au reste de l'horizon maritime ; — pour illuminer les feux flottants ; — pour constituer des appareils d'éclairage provisoires, etc. (1).

La figure 272 représente un appareil *catoptrique*. Il se compose de neuf réflecteurs métalliques A, B, C, disposés par groupes de trois, dans l'ordre triangulaire. Le mouvement de rotation est imprimé par des rouages d'horlogerie enfermés dans la boîte E, et mis en action par un poids attaché au bas de la corde D. On augmente plus ou moins la vitesse de rotation de tout ce système, suivant qu'on désire des éclipses plus ou moins rapprochées. La portée de ce fanal est d'environ 15 milles maritimes.

Pour simplifier l'explication première, nous avons dit que les rayons émanés du foyer lumineux sont tous parallèles à l'axe du miroir parabolique quand ils se sont réfléchis sur ce miroir. Cela serait rigoureusement vrai, si la flamme de la lampe était réduite à un point mathématique ; mais cette condition n'existe pas. Il en résulte qu'une bonne partie des rayons ne partent pas du foyer, et dès lors divergent dans l'espace. Le faisceau renvoyé par le miroir n'est donc pas cylindrique, mais conique, de sorte qu'une portion de la lumière réfléchie va se perdre au-dessus de l'horizon, sans profit pour la visibilité du feu.

Toutefois, il est possible de ne rien perdre de la lumière et de la diriger bien exactement sur la partie de l'espace à éclairer. Cette partie, c'est l'horizon, c'est-à-dire la direction de la vue du navigateur. Il faut diriger le milieu du faisceau réfléchi, c'est-à-dire le point où la lumière est le plus in-

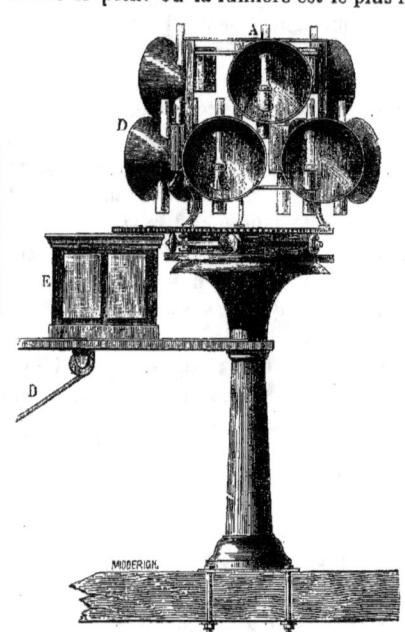

Fig. 272. — Appareil d'éclairage des phares, composé de réflecteurs paraboliques.

tense, tangentiellement à l'horizon. En général, la hauteur des phares est assez grande pour que cette tangente soit sensiblement horizontale. Il suffit donc, pour obtenir l'effet cherché, de placer la portion la plus brillante de la flamme exactement au foyer du miroir. Quand la lanterne est très-élevée, on incline le réflecteur, de manière que son axe soit tangent à l'horizon, et l'on rentre ainsi dans les conditions ordinaires.

---

(1) Léonce Reynaud, *Mémoire sur l'éclairage et le balisage des côtes de France*, in-4. Paris, 1864, Imprimerie Impériale.

Il existe deux sortes de réflecteurs paraboliques : les réflecteurs à une nappe, ou *photophores*, qu'employait Teulère, et qui sont engendrés par la révolution d'un arc de parabole autour de son axe, et ceux à deux nappes, imaginés par Bordier-Marcet, et connus sous le nom d'*appareils sidéraux*. Ces derniers miroirs sont formés par la révolution d'une parabole autour de l'axe vertical passant par son foyer. Ils ont l'avantage d'éclairer, sans aucun mouvement de rotation, la totalité de l'horizon maritime, mais ils ne donnent que des feux de faible portée, et l'on a aujourd'hui complètement renoncé à leur emploi.

Nous représentons ici à part (*fig.* 273) le réflecteur ou *photophore* de Teulère, tel qu'on l'emploie de nos jours. La lampe dont on fait usage est à niveau constant.

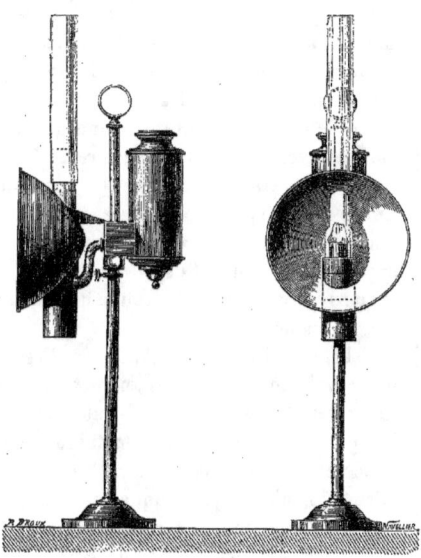

Fig. 273. — Photophore actuel.

Les miroirs paraboliques offrent peu d'avantages, lorsqu'il s'agit d'établir un feu fixe. S'il faut en effet éclairer une zone assez étendue, on est contraint d'en multiplier le nombre outre mesure, et de donner ainsi beaucoup de poids aux appareils. Il faut alors les grouper circulairement à côté les uns des autres, en laissant des intervalles aussi faibles que possible. Ils sont utiles surtout dans les phares flottants à feu fixe, qui doivent, en général, éclairer tout l'horizon. Comme nous le verrons en parlant des phares flottants, l'appareil se compose, dans ce cas, de dix *photophores*, placés dans une lanterne, que le mât du vaisseau traverse en son milieu. On obtient ainsi une lumière équivalente au maximum à trente-huit becs Carcel, et au minimum à dix-huit ; ce qui veut dire que les parties les plus éclairées reçoivent une quantité de lumière qui équivaut à celle que fourniraient trente-huit lampes Carcel, tandis que pour les parties les moins brillantes, le nombre de becs correspondants est de dix-huit seulement. Ce résultat suffit ordinairement au but qu'on poursuit.

Les réflecteurs métalliques sont faits de cuivre argenté. Il faut les polir avec le plus grand soin, car de l'état de leur surface dépend entièrement leur vertu réfléchissante. Aussi est-il nécessaire de les tenir toujours parfaitement brillants, si l'on veut en tirer le maximum d'effet utile. Les gardiens des phares reçoivent, à cet égard, les instructions les plus détaillées.

CHAPITRE III

ORGANISATION DE LA COMMISSION DES PHARES. — SES PREMIERS TRAVAUX. — ARAGO APPELLE FRESNEL DANS CETTE COMMISSION. — VIE ET TRAVAUX D'AUGUSTIN FRESNEL. — INVENTION DES APPAREILS LENTICULAIRES PAR FRESNEL. — SIR DAVID BREWSTER RÉFUTÉ.

Les miroirs réflecteurs, ou *appareils catoptriques*, étaient d'un usage général, en Europe, lorsque, en 1811, le gouvernement français organisa une commission, qui reçut le nom de *Commission permanente des phares*, et qui fut chargée de soumettre au contrôle de la science toutes les questions qui se rattachaient à l'éclairage de notre littoral.

Le premier acte de cette commission fut de réduire considérablement les dimensions des mèches adoptées par Borda. Après des expériences concluantes, on reconnut qu'une mèche de 14 millimètres de diamètre, donne infiniment plus de lumière et dépense beaucoup moins d'huile, que celles de 80 millimètres, qui avaient été employées jusqu'alors. La substitution fut opérée avec grand avantage.

François Arago faisait partie de la *Commission des phares*, et il avait été chargé par ses collègues de diriger les expériences. Mais Arago se laissait absorber par d'autres soins, et le travail avançait peu. En 1819, il chercha un homme capable de l'aider dans ce travail difficile. Son choix tomba sur un jeune ingénieur des ponts et chaussées, qui s'était déjà fait connaître par quelques belles recherches d'optique, mais qui n'occupait qu'une position très-inférieure, en province. Cet ingénieur s'appelait Augustin Fresnel. Arago le fit nommer secrétaire de la commission des phares. Quand nous aurons exposé la grande découverte dont Fresnel a doté la science et l'humanité, on comprendra qu'Arago ait écrit plus tard :

« Je dois regarder comme un des bonheurs de ma vie d'avoir, dans cette circonstance, soupçonné qu'un ingénieur, alors presque inconnu, serait un des hommes dont les découvertes illustreraient notre patrie. »

Augustin-Jean Fresnel était né le 10 mai 1788, à Broglie, près de Bernay (département de l'Eure). Son père, qui était architecte, dirigeait la construction d'un fort, dans la rade de Cherbourg, lorsque la Révolution arriva. Forcé d'abandonner cette entreprise, il se retira, avec toute sa famille, dans une petite propriété, située au village de Mathieu, près de Caen. Dans cette humble retraite, il se voua à l'éducation de ses quatre enfants,

— deux garçons et deux filles. Il fut bien secondé dans cette tâche par sa femme, dont l'esprit était orné et le cœur excellent. Le nom de famille de madame Fresnel était Mérimée. L'écrivain français qui porte ce nom, littérateur officiel sous tous les régimes, et à qui deux volumes de contes et de romans ont valu le Sénat et l'Académie française, appartient à la même souche.

Le jeune Fresnel ne donna pas tout d'abord de grandes espérances. Une constitution faible lui interdisait un travail assidu. Il aimait peu, d'ailleurs, l'étude du latin. Aussi resta-t-il bien loin derrière son frère aîné, dont les progrès, dans la carrière des lettres, étaient rapides.

A huit ans, Augustin Fresnel savait à peine lire. Cependant ce garçon de huit ans, ses petits camarades l'appelaient l'*homme de génie*. Expliquons cette contradiction apparente. Augustin Fresnel avait mérité ce titre, assez plaisant dans la bouche de bambins, par l'étrange perfectionnement qu'il avait apporté à la fabrication des arcs, ainsi qu'à la portée de ces canonnières d'enfants que l'on fabrique avec une branche de sureau. Grâce à notre petit artilleur, ces armes étaient devenues quelque peu dangereuses. Les parents s'en alarmèrent, et après une assemblée solennellement tenue, l'usage de ces engins de guerre fut interdit à la troupe de nos écoliers militants.

A l'âge de treize ans, Augustin Fresnel quitta la maison de son père, pour aller continuer ses études à l'école centrale de Caen. Ses aptitudes pour les mathématiques, commencèrent alors à se révéler. En 1804, il entra à l'École polytechnique, où son frère avait été admis une année auparavant.

Augustin Fresnel eut, peu de temps après, le bonheur de fixer l'attention du mathématicien Legendre. Ayant donné une solution originale d'un problème de géométrie, il reçut les compliments les plus flatteurs de son maître. Dès lors il douta moins de lui-même, et il osa s'avouer tout bas qu'il n'était point sans quelque mérite.

De l'École polytechnique, Fresnel passa à l'École des ponts et chaussées. Au sortir de cette école d'application, il fut envoyé, avec le titre d'ingénieur ordinaire, dans le département de la Vendée, puis dans les départements de la Drôme et d'Ille-et-Villaine.

Les travaux insignifiants qu'il avait à diriger dans ces diverses résidences, ne pouvaient promettre à son avenir de vastes horizons. Plus d'une fois Fresnel dut souffrir d'être condamné à un travail vulgaire, lui qui se sentait capable de reculer, par ses méditations, les bornes du savoir humain. Cependant il s'acquitta toujours de ses devoirs avec une entière conscience. Ayant accepté le poste d'ingénieur de département, il comprenait qu'il devait en remplir les obligations, quel que fût son désir de s'en affranchir et de s'élancer dans les régions élevées de la science.

Un événement politique inattendu, — le retour de Napoléon de l'île d'Elbe, — vint changer le cours de la destinée de Fresnel. Notre jeune savant était partisan du régime des Bourbons : il croyait y voir la satisfaction des légitimes désirs de la France. Le débarquement de l'Empereur à Cannes indigna son cœur royaliste. Il se trouvait alors dans le département de la Drôme, non loin, par conséquent, du théâtre de cet événement si extraordinaire et si brillant de notre histoire nationale. Il partit aussitôt, pour se joindre à la petite armée royaliste envoyée contre le souverain décoronné qui venait réclamer un trône. Fresnel eût mieux fait assurément de se tenir tranquille à son poste d'ingénieur.

On sait ce qui arriva.

Après la marche triomphale de l'Empereur au milieu des populations enthousiasmées, et sa rentrée solennelle dans la capitale de la France, notre pauvre ingénieur, si malheureusement fourvoyé au milieu d'une armée déjà en déroute sans avoir livré bataille, était fort empêché de sa personne. Il revint à Nyons, faible, malade, exténué, et qui plus est, en butte aux outrages des vainqueurs.

Son incartade devait lui coûter plus cher encore, car il ne tarda pas à être destitué, et même à être placé sous la surveillance de la police.

Dans cette situation déplorable, Augustin Fresnel demanda et obtint la permission de se rendre à Paris, pour s'y livrer à des études de science.

Sur ces entrefaites, la seconde restauration bourbonienne arriva. Fresnel aurait pu être réintégré au corps des ingénieurs de l'État. Mais il préféra se fixer à Paris. Il prit ses dispositions pour passer dans la capitale de la France le reste de ses jours, occupé, tout entier, à des travaux scientifiques.

La suite de la vie d'Augustin Fresnel n'est remplie que de ses découvertes et de ses travaux dans la physique expérimentale et mathématique.

Presque toutes ses recherches sont relatives à l'optique, théorique ou appliquée. Son premier mémoire date de 1814 : il roule sur le phénomène connu en astronomie sous le nom d'*aberration annuelle des étoiles*. Fresnel donnait une explication différente de celle généralement adoptée ; mais elle se trouva presque identique à celles de Bradley et de Clairaut, qui lui étaient totalement inconnues. Cette coïncidence le rendit circonspect pour toute la suite de sa carrière. Depuis ce moment, de peur d'être accusé de plagiat, il ne publia rien sans s'être préalablement assuré que telle solution de son cru n'avait pas encore été indiquée.

A partir de 1815, les mémoires de Fresnel sur l'optique, se succèdent avec une rapidité extraordinaire. Ils concernent les phénomènes de la double réfraction, de la diffraction, des interférences et de la polarisation de la lumière. Ce sont là des questions de physique très-délicates, et qui, pour être bien comprises, demanderaient à être traitées avec détail. Nous ne pourrions le faire sans nous écarter considérablement de notre sujet. Force nous est donc de garder le silence sur la part qui revient à Augustin Fresnel dans l'ensemble des faits et des théories qui constituent les diverses branches de l'optique nouvelle.

Ce que nous pouvons dire, toutefois, c'est que les découvertes de Fresnel ont eu pour résultat de mettre fin à une controverse qui depuis longtemps séparait les physiciens en deux camps. Des deux hypothèses imaginées pour expliquer le mode de propagation de la lumière, celle de l'*émission*, soutenue par Newton, et celle des *ondulations*, défendue par Descartes, Huyghens, Euler, Thomas Young, Malus, etc., la dernière a été reconnue la seule admissible, depuis les travaux de Fresnel. La valeur des théories se mesure à la quantité de faits dont elles rendent compte, et celle-là doit être préférée qui en explique un plus grand nombre. Or, les phénomènes de la diffraction et des interférences, par exemple, incompréhensibles dans le système de l'émission, s'expliquent très-bien par la théorie des ondulations. Voilà pourquoi cette dernière a prévalu de nos jours, malgré l'appui que lui prêtait l'autorité de Newton.

Les travaux que nous venons d'énumérer, publiés coup sur coup, et avec une fougue qui tenait un peu de la fièvre, avaient placé Fresnel au rang des premiers physiciens de son temps. Sa renommée s'augmenta encore des belles expériences qu'il fit sur l'éclairage maritime, expériences qui remontent, comme nous l'avons dit, à l'année 1823. Aussi, dès 1823, l'Académie des sciences l'admit-elle dans son sein, à l'unanimité des suffrages : il avait alors trente-cinq ans.

Peu de temps après, la *Société royale de Londres* lui décernait le titre de membre associé.

Le bonheur de Fresnel eût été complet, s'il ne se fût trouvé contraint, pour subvenir à l'achat d'appareils très-coûteux, de se livrer à des occupations fatigantes, qui compromettaient sa santé. Telles étaient, par exemple, les fonctions qu'il exerçait comme examinateur d'entrée à l'École polytechnique. Cet emploi, mal rétribué d'ailleurs, le fatiguait tellement que ses amis conçurent des inquiétudes pour sa vie.

Sur ces entrefaites, la place d'examinateur des élèves de l'École navale, qui était alors l'une des plus enviées dans l'ordre scientifique, devint vacante. Fresnel se porta candidat. Son mérite, aussi bien que de chaudes recommandations, semblaient assurer sa nomination ; mais il échoua, par suite de passions politiques et de mesquines considérations de parti. Lui qui avait perdu sa place d'ingénieur des ponts et chaussées, par son attachement à la famille des Bourbons, ne fut pas jugé assez ami de cette même dynastie, pour obtenir le poste d'examinateur à l'École navale ! Il est vraiment déplorable de voir constamment, dans notre pays, d'inutiles et éphémères questions politiques venir se mêler à l'existence des savants et gêner l'évolution naturelle de leurs idées. Cet épisode de la vie de Fresnel est, d'ailleurs, trop singulier, et en même temps trop triste, pour que nous le passions sous silence.

Avant d'accorder à Fresnel la place qu'il sollicitait, le ministre, de qui dépendait l'emploi vacant, voulut connaître le futur titulaire, et causer avec lui. Dans l'audience qu'il lui accorda, le ministre posa cette question à Fresnel, en l'avertissant qu'il serait, selon sa réponse, agréé ou évincé :

« Monsieur Fresnel, êtes-vous véritablement des nôtres ?

— Si je vous ai bien compris, Monseigneur, répondit le physicien, je vous dirai qu'il n'existe personne qui soit plus dévoué que moi à l'auguste famille de nos rois et aux sages institutions dont la France leur est redevable.

— Tout cela est vague, Monsieur ; nous nous entendrons mieux avec des noms propres. A côté de quels membres de la Chambre siégeriez-vous, si, par hasard, vous deveniez député?

— Monseigneur, répondit Fresnel, à la place de Camille Jordan, si j'en étais digne.

— Grand merci de votre franchise, répliqua le ministre. »

Et au sortir de l'audience, l'intelligent ministre signa la nomination d'un inconnu au poste que Fresnel ambitionnait (1).

Forcé de s'en tenir à ses anciennes fonctions, Fresnel reprit son fatigant métier d'examinateur à l'Ecole polytechnique, et bientôt on reconnut que par l'excès de ses fatigues sa santé était altérée sans retour. A la suite des examens de 1824, il fut forcé de prendre sa retraite, et de se condamner à une inaction presque absolue. Le mal empirant de jour en jour, son médecin lui conseilla, comme dernière ressource, d'aller habiter la campagne. Au mois de juin 1827, il se transporta à Ville-d'Avray, plutôt pour céder aux sollicitations de sa famille que dans l'espoir de guérir.

Huit jours avant le terme fatal, il reçut la visite de François Arago, qui était chargé par la *Société royale de Londres* de lui remettre la médaille de Rumford :

« Je vous remercie, lui dit Fresnel, d'avoir accepté cette mission. Je devine combien elle a dû vous coûter, car vous avez compris que la plus belle couronne est peu de chose, quand il faut la déposer sur la tombe d'un ami. »

Ainsi finit, à l'âge de trente-neuf ans, un savant qui aura des droits éternels à la reconnaissance des nations, car le système d'éclairage qu'il a introduit dans les phares, arrache chaque année des centaines, et peut-être des milliers de créatures humaines, à la plus affreuse mort.

Le moment est venu d'examiner le système de Fresnel pour l'éclairage des phares

(1) Arago, *Notices biographiques. Fresnel*, t. 1ᵉʳ, p. 182.

et les expériences qui en ont amené la réalisation pratique.

Arago et Fresnel portèrent d'abord leur attention sur la source lumineuse. Rumford

Fig. 274. — Augustin Fresnel.

avait essayé d'augmenter la puissance de la lampe d'Argand en y adaptant un bec à plusieurs mèches concentriques. Mais les résultats avaient mal répondu à son attente, par suite de la difficulté de régler ces flammes multiples, et de s'opposer à la rapide carbonisation des mèches ainsi rapprochées les unes des autres. Arago et Fresnel reprirent l'idée de Rumford, et ils parvinrent à la rendre pratique, grâce à l'emploi de la lampe Carcel, alors nouvellement inventée, qui permet d'abreuver la mèche d'une quantité d'huile surabondante, ce qui prévient sa carbonisation. Avec la lampe d'horlogerie de Carcel, le bec, constamment recouvert d'huile, n'est plus en contact avec la flamme, qui se localise à l'extrémité supérieure de la mèche. Dès lors on peut rapprocher, rassembler plusieurs mèches concentriques, et ajouter ainsi considérablement à la puissance de l'éclairage.

Arago et Fresnel déterminèrent ensuite la distance qu'il fallait laisser entre les mèches concentriques, pour obtenir le maximum de lumière. Quelques essais leur suffirent pour régler ce point important.

Restait à s'occuper de la hauteur du verre de la lampe Carcel appliquée aux mèches concentriques. Ce problème reçut également une solution satisfaisante. Une disposition ingénieuse, que nous indiquerons en décrivant les appareils, permit d'allonger à volonté la cheminée de verre.

Telles sont les premières innovations qui furent apportées par Fresnel et Arago, au système d'éclairage des phares. Fresnel n'a donc pas seulement, comme on le dit généralement, substitué les lentilles de verre aux réflecteurs métalliques employés avant lui ; il a encore, ainsi qu'on vient de le voir, perfectionné la source lumineuse. Cette remarque est essentielle ; nous aurons à la rappeler un peu plus loin, pour réduire à leur juste valeur les prétentions d'un savant étranger qui n'a pas craint de revendiquer pour lui-même la priorité des inventions de Fresnel.

Nous avons vu précédemment que tous les rayons lumineux émanés du foyer d'un miroir parabolique, sont réfléchis par ce miroir, en un faisceau parallèle. Le même phénomène se produit quand les rayons d'une source lumineuse traversent une lentille de verre biconvexe. Au sortir de la lentille les rayons sont tous parallèles. Seulement, dans ce cas, les rayons deviennent parallèles par *réfraction* à l'intérieur du verre, et non par *réflexion;* c'est-à-dire qu'après avoir traversé la lentille, ils continuent leur chemin du côté opposé à son foyer, en étant parallèles entre eux.

En réfléchissant sur cette propriété fondamentale des lentilles, Fresnel vit tout le parti qu'on pourrait en tirer pour l'illumination des phares. Il pensa que l'on pourrait remplacer le réflecteur métallique par une lentille biconvexe, en plaçant au foyer de cette lentille une lampe unique, qui se substituerait avec avantage aux nombreuses lumières qui sont indispensables dans l'éclairage par réflexion. De là devait résulter une économie considérable de frais d'entretien et de combustible.

Mais il y avait ici un écueil, c'était l'*aberration de sphéricité des lentilles.*

Les physiciens expriment par *aberration de sphéricité,* mot concis et juste comme un terme d'algèbre, un fait assez compliqué. C'est qu'au delà de certaines dimensions, d'ailleurs fort exiguës, les lentilles biconvexes ne donnent plus que des images vagues et indéterminées. Si l'on fait usage de lentilles de grandes dimensions, tous les rayons qui viennent en frapper parallèlement la surface, ne sortent pas tous exactement parallèles entre eux. Le parallélisme n'est rigoureux que pour les portions de la lentille qui sont voisines du foyer. Plus les lentilles sont grandes, plus l'*aberration de sphéricité* est forte, et plus l'image perd en netteté. On ne pouvait donc songer à introduire les lentilles dans les phares, à moins d'avoir trouvé quelque remède à l'aberration de sphéricité.

Cette difficulté n'était pas la seule. Des lentilles de grandes dimensions, telles que celles que réclame le service des phares, sont nécessairement épaisses en leur milieu. De là doit résulter une absorption notable des rayons lumineux, ou, si l'on veut, une diminution considérable de transparence. Ajoutons qu'une lentille de grande dimension, est d'une construction très-difficile, tant pour assurer la régularité de sa courbure, que pour être certain de l'homogénéité du cristal. Des fabricants habiles sont parvenus aujourd'hui à vaincre en partie cette difficulté ; mais du temps de Fresnel, il fallait compter avec ce défaut. Enfin des lentilles de verre réunies en nombre convenable, auraient donné à tout l'appareil un poids excessif, et il aurait été difficile de manœuvrer et de faire tourner sur son axe tout ce système, avec la régularité nécessaire pour produire les éclipses des feux côtiers.

C'est d'après toutes ces considérations que Fresnel eut l'idée d'appliquer à l'illumination des phares un système particulier de lentilles, dont l'invention est due à Buffon, mais qui avaient été considérées jusqu'alors comme un simple objet de curiosité. Nous voulons parler des *lentilles à échelons*.

Faut-il croire que Fresnel ne connaissait point la description que Buffon a donnée de cet appareil optique, et que le physicien français du xixe siècle a réellement inventé une seconde fois, après Buffon, les lentilles à échelons? Oui, car Fresnel le dit expressément dans son *Mémoire sur un nouveau système d'éclairage des phares*, publié en 1822, et ce serait lui faire injure que de douter de sa parole.

Au reste, Fresnel ne tirait aucune vanité de sa découverte. L'idée des *lentilles à échelons* était, selon lui, très-simple, et elle devait se présenter naturellement à quiconque, s'occupant d'optique, voulait obtenir de puissants effets calorifiques ou lumineux.

Quel est le principe physique qui a présidé à la construction des *lentilles à échelons*? Ce principe, c'est que la position du foyer d'une lentille biconvexe dépend, non de l'épaisseur du verre, mais du degré de sa courbure. Si donc, dans une lentille de dimensions données, on parvient à diminuer cette épaisseur, sans modifier la courbure, la distance focale ne variera pas, et l'effet de la lentille restera le même.

Voici le moyen qu'imagina Buffon pour arriver à ce résultat.

Entaillons profondément un espace circulaire autour du centre d'une lentille biconvexe ou plan-convexe, en d'autres termes, enlevons une partie du verre à sa surface, parallèlement à elle-même, de façon à créer une dépression, *a* (*fig.* 275), au centre de la lentille : la courbure étant toujours la même, le foyer B n'aura point bougé. Répétons la même opération sur des espaces de plus en plus grands en nous approchant des bords de la lentille, le foyer restera toujours fixe; seulement la masse du verre aura beaucoup diminué.

Nous obtiendrons ainsi une série de calottes de verre, *b*, *c*, *d*, dont la figure 275 re-

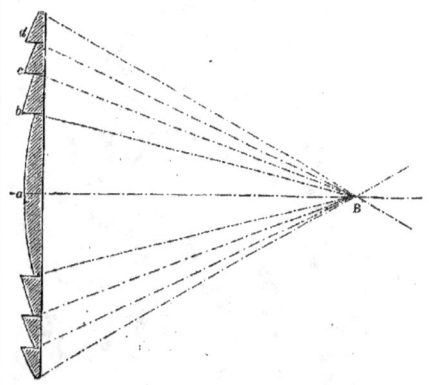

Fig. 275. — Profil d'une lentille à échelons.

présente la coupe verticale. Nous aurons transformé une lourde lentille en une autre beaucoup plus légère, produisant absolument le même effet, et qui ne se composera que d'une partie centrale, entourée d'une série d'anneaux concentriques, échelonnés les uns au-dessus des autres.

Voilà ce qu'avait imaginé Buffon, pour augmenter la puissance calorifique des lentilles; car il ne songeait, en les entaillant d'une manière systématique, qu'à les employer comme *verres ardents*, c'est-à-dire pour fondre et volatiliser à leur foyer, B, certains corps peu fusibles.

Buffon construisait ce genre de lentilles avec une seule masse de verre convenablement entaillée. Mais la fabrication d'une lentille à échelons, ainsi comprise, était tellement difficile, avec les moyens dont l'industrie disposait au xviiie siècle, que Buffon n'avait pu encore en faire exécuter une seule, vingt-cinq ans après qu'il en avait conçu l'idée et publié la description.

C'est Condorcet qui, le premier, indiqua la possibilité de construire ces lentilles en les formant de pièces fabriquées séparément et rapportées ensuite à côté les unes des autres.

Voici comment Condorcet s'exprime à cet

Fig. 276. — Condorcet.

égard, dans son *Éloge de Buffon*, lu en 1788, à l'Académie des sciences :

« On pourrait même composer de plusieurs pièces ces loupes à échelons ; on y gagnerait plus de facilité dans la construction, une grande diminution de dépense, l'avantage de pouvoir leur donner plus d'étendue, et celui d'employer, suivant le besoin, un nombre de cercles plus ou moins grand, et d'obtenir ainsi d'un même instrument divers degrés de force. »

Ce que n avaient vu ni Buffon ni Condorcet, et ce qu'aperçut fort bien Fresnel, c'est la possibilité de corriger, par la disposition en échelons, l'aberration de sphéricité des lentilles. Considérant une lentille terminée par une même surface sphérique, Buffon suppose qu'on déprime celle-ci par échelons, mais de manière que les nouvelles portions de surfaces sphériques demeurent *concentriques* à la première lentille, ce qui ne corrige nullement l'aberration. Il en est autrement si l'on donne un centre particulier à chaque segment ou anneau.

« Le calcul apprend, dit Fresnel, que les arcs générateurs des anneaux, non-seulement ne doivent pas avoir le même centre, mais encore que ces différents centres ne sont pas situés sur l'axe de la lentille, et qu'ils s'en éloignent d'autant plus que les arcs auxquels ils appartiennent sont eux-mêmes plus éloignés du centre de la lentille ; en sorte que ces arcs, en tournant autour de l'axe, n'engendrent pas des portions de surfaces sphériques concentriques, mais des surfaces du genre de celles que les géomètres appellent annulaires (1). »

Il s'agit donc de calculer la courbure des divers segments annulaires, de telle façon que leurs foyers coïncident tous. L'aberration de sphéricité sera ainsi corrigée, à la condition toutefois que les segments soient suffisamment multipliés.

La figure 277 fait comprendre la marche

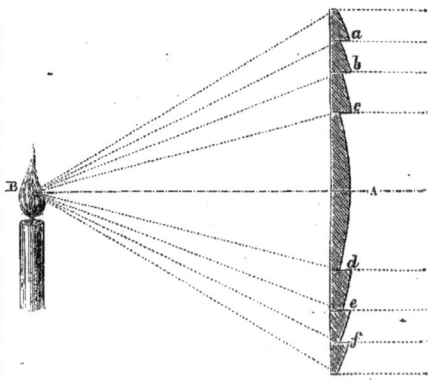

Fig. 277. — Marche des rayons lumineux dans une lentille à échelons du système Fresnel.

des rayons lumineux dans une lentille à échelons dont les centres sont distincts pour chacun des anneaux qui la composent. La lampe

(1) Mémoire de Fresnel.

étant placée au point B, foyer commun de tous les tronçons de lentilles, *a, b, c, d, e, f,* des rayons lumineux se réfractent en traversant ces lames de verre, et sortent de l'autre côté de la lentille, tous parallèles à l'axe AB.

Les lentilles ordinaires ne peuvent pas avoir plus de 10 à 11 degrés d'ouverture, sans que la lumière éprouve, en les traversant, une aberration considérable : avec une lentille à échelons du système Fresnel, on peut donner plus de 40 degrés à l'ouverture, ce qui donne neuf fois plus de lumière.

Voilà l'importante découverte qui appartient, d'une manière incontestable, à Augustin Fresnel, et qui représente l'avantage fondamental de son système. Au lieu des lentilles à échelons telles que Buffon les construisait, c'est-à-dire avec le même foyer pour chaque calotte, Fresnel employait des anneaux séparés, dont les foyers n'étaient pas les mêmes, mais qui venaient tous concourir au même point. A ce foyer commun on plaça la source de lumière.

Fresnel ne réussit pas tout d'abord à réaliser sa pensée d'une manière absolue. Les opticiens n'avaient pas alors le moyen d'exécuter des surfaces de cristal annulaires ; ils ne savaient faire que des surfaces sphériques. Il fut donc contraint, provisoirement, de substituer à chaque surface annulaire un assemblage de petites portions de surfaces sphériques, dont la courbure et l'inclinaison étaient calculées de manière que l'aberration de sphéricité fût la moindre possible dans tous les sens.

Au lieu de faire la lentille biconvexe, c'est-à-dire à double courbure, il la fit plan-convexe, c'est-à-dire plate d'un côté et courbe de l'autre. Cette disposition a été maintenue, car elle simplifie la fabrication, et rend plus facile le collage des différents morceaux de cristal.

L'ensemble des lentilles et tronçons lenticulaires d'un phare, s'appelle le *tambour lenticulaire,* ou plus simplement, le *tambour.*

Le premier appareil d'éclairage ainsi conçu, que Fresnel fit construire par l'opticien Soleil, ne comprenait pas moins de 97 morceaux de cristal, travaillés séparément. On les rapprochait solidement, au moyen de la colle de poisson, substance transparente et dont l'adhérence au verre est considérable.

Les expériences qui furent faites devant la Commission des phares, avec cette lentille à échelons, dont la longueur était de 76 centimètres, mirent si bien en évidence les avantages du nouveau système d'éclairage, que le Directeur général des ponts et chaussées et des mines, Becquey, ordonna aussitôt la construction d'un grand appareil semblable.

C'est alors que Fresnel imagina un procédé mécanique pour exécuter économiquement et facilement les surfaces annulaires. Il communiqua ce procédé à Soleil, qui le mit en pratique avec succès. On put ainsi réduire le nombre des morceaux de cristal dont chaque surface se compose, et qui ont toujours pour effet d'occasionner une petite perte de lumière, en même temps qu'ils nuisent à la solidité de l'appareil.

Cet exposé suffit pour montrer que, si Fresnel n'a point eu la première idée des lentilles à échelons, il est certainement le créateur du système lenticulaire. En effet, il a songé, le premier, à en faire l'application à l'éclairage des phares. En second lieu, il a vu tout le parti qu'on en pouvait tirer pour corriger l'aberration de sphéricité des lentilles. Enfin, il a fait descendre ce système du domaine de la pure théorie dans celui de la pratique, en imaginant des procédés de fabrication sans lesquels l'invention de Buffon fût éternellement demeurée lettre morte.

Cela dit, examinons, pour en faire bonne justice, les prétentions à la même découverte qui furent émises par un physicien anglais, Sir David Brewster.

David Brewster a rendu à la science d'inestimables services, et l'Angleterre le cite avec orgueil parmi ses plus illustres enfants. C'est pour cela qu'on doit lui pardonner moins qu'à tout autre d'avoir tenté de ravir à Fresnel le fruit de ses travaux.

C'est en 1827 que Brewster revendiqua pour lui l'invention des phares lenticulaires, dans une dissertation qu'il lut à la *Société royale d'Edimbourg*, et qui a pour titre, *Account of a new System of illumination for Light Houses* (Description d'un nouveau système d'éclairage des phares). Brewster rappelle qu'il a publié en 1811, dans l'*Encyclopédie écossaise*, un article (*Burning instruments*), où se trouve exposée l'idée de construire par pièces les lentilles à échelons. A cela, il faut répondre que cette idée est de Condorcet, qui l'a émise dans son *Éloge de Buffon*, prononcé vingt-trois ans auparavant. On peut même dire à David Brewster : « Cet *Éloge de Buffon* par Condorcet, vous était connu, puisque vous avez inséré, dans l'*Encyclopédie écossaise*, l'article *Buffon*, qui précède l'article *Burning* selon l'ordre alphabétique, et que l'*Éloge de Buffon* par Condorcet, s'y trouve cité. Donc, vous vous appropriez sciemment une méthode qui ne vous appartient pas. »

Sir David Brewster n'a donc pas inventé les lentilles à échelons, qui avaient été décrites longtemps avant lui. Quant à prétendre qu'il ait inventé le système lenticulaire, appliqué à l'éclairage des phares, ce serait folie. En effet, dans l'article *Burning instruments* le mot phare n'est pas même prononcé. En décrivant son appareil, le savant anglais ne songeait qu'aux effets calorifiques de la lumière solaire concentrée au foyer d'une lentille ; il n'allait pas plus loin que Buffon et n'avait en vue que les applications calorifiques que Buffon avait voulu réaliser. Bien mieux, Brewster, éditeur de l'*Encyclopédie écossaise*, publia dans ce recueil, en 1819, un grand travail de Stevenson sur les phares, et il ne saisit pas cette occasion, toute naturelle, d'affirmer les droits qu'il pouvait avoir à la découverte du système lenticulaire. Une courte note aurait suffi pour consigner cette réclamation. Or, Brewster ne formula aucune prétention de ce genre. Il attendit que le système lenticulaire fût établi et fonctionnât sur nos côtes, pour élever la voix, et réclamer ce que le monde savant tout entier attribuait, à juste titre, à Augustin Fresnel.

Il est un dernier argument qui réfute complétement les prétentions de Brewster. Ce physicien donne à entendre que les appareils lenticulaires ne tirent tous leurs avantages que des lentilles à échelons. Ici nous rappellerons la remarque que nous avons faite en parlant des perfectionnements introduits par Fresnel et Arago dans la source lumineuse, c'est-à-dire les mèches concentriques. Sans cette importante modification de l'appareil d'éclairage, due aux deux savants français, les phares lenticulaires perdraient toute leur supériorité ; il faudrait même leur préférer les phares à simples réflecteurs métalliques. La lampe à mèche concentrique occupe donc dans l'invention des phares modernes, une place considérable. David Brewster l'a-t-il également inventée ? A cette condition seulement, et en admettant que ses réclamations concernant les lentilles fussent fondées, ce qui est inexact, on pourra reconnaître que l'invention des phares lenticulaires lui appartient.

Le tenace amour-propre britannique ne renonce qu'avec peine à faire de Sir David Brewster l'inventeur des lentilles à échelons. Dans les notices biographiques qui ont paru dans les revues anglaises, en 1868, à l'occasion de la mort de ce savant, on n'a pas manqué de le déclarer « le bienfaiteur des marins, » pour son invention des phares lenticulaires. Les Anglais prétendent que Brewster a inventé les lentilles à échelons, parce qu'il a publié, en 1827, le mémoire dont nous avons parlé, *Description d'un nouveau système d'éclairage des phares*. Mais, répétons-le, Brewster ne faisait, dans cet ouvrage, que décrire l'invention que les patients travaux de Fresnel avaient mise au jour en 1822, et proposer l'application de ce système aux côtes de l'Angleterre.

Toutefois, on serait mal venu à prêcher, sur ce point, la vérité à nos voisins. Il n'est pire sourd que celui qui ne veut pas entendre. Jamais un Anglais ne consentira à reconnaître, ce qui est pourtant une vérité démontrée par tous les faits et documents inscrits dans l'histoire des sciences, que sa nation n'a été pour rien dans l'invention du système moderne d'éclairage des phares par les lampes à mèche concentrique et les lentilles à échelons.

CHAPITRE IV

DISPOSITIONS IMAGINÉES PAR FRESNEL POUR UTILISER LES RAYONS SUPÉRIEURS ET INFÉRIEURS DE LA FLAMME. — ANNEAUX CATADIOPTRIQUES. — FABRICATION DES LENTILLES A ÉCHELONS.

Dans un appareil d'éclairage réduit à ce qui vient d'être dit, c'est-à-dire à une portion de lentille centrale, accompagnée de segments disposés sur la même ligne, tous les rayons émanés de la source lumineuse ne sont pas utilisés. Les uns passent au-dessous du *tambour* de cristal, et vont frapper le pied du phare, les autres passent au-dessus, et se répandent dans les régions supérieures de l'atmosphère. Les uns et les autres seraient donc perdus pour l'éclairage maritime, si l'on n'avait pas les moyens de les recueillir et de les envoyer sur l'horizon avec ceux qui traversent le tambour. C'est encore Fresnel qui a imaginé les dispositions à l'aide desquelles on atteint ce but.

L'illustre physicien français n'arriva pas du premier coup à ce résultat d'une manière irréprochable. Il fit d'abord usage de miroirs réflecteurs pour recueillir les rayons lumineux perdus. Dans le premier appareil de grandes dimensions qui fut exécuté d'après ses indications, et que l'on installa sur la tour de Cordouan, les rayons supérieurs étaient rassemblés par huit petites lentilles, placées au-dessus de la lampe, et projetés, en faisceaux parallèles, sur de grands miroirs plans, qui les renvoyaient à l'horizon.

Quant aux rayons inférieurs, Fresnel songea d'abord à les relever au moyen de petites glaces étamées, fixées au-dessous des grandes lentilles, et disposées d'une manière assez analogue aux feuilles d'une jalousie; mais cette idée, appliquée dans quelques appareils, ne produisit pas tout ce qu'en attendait son auteur. C'est pourquoi l'on ne tarda pas à remplacer les petites glaces planes par des zones horizontales, composées de miroirs courbes étamés. Des zones semblables furent également installées au-dessus du tambour, à la place du système de lentilles et de miroirs plans décrit plus haut.

Tous ces miroirs courbes offraient bien des inconvénients. Ils absorbaient beaucoup plus de lumière que les lentilles, même lorsqu'ils n'étaient point ternis par l'usage. On pouvait craindre que les gardiens ne les remissent pas exactement en place, lorsqu'ils les dérangeaient pour les nettoyer. Enfin, ils étaient rarement bien exécutés, à cause des difficultés de leur fabrication.

En approfondissant de nouveau la question, Fresnel parvint à la résoudre de la manière la plus heureuse, grâce à l'invention des *anneaux catadioptriques*, c'est-à-dire des portions de lentilles réfringentes en forme d'anneaux. Mais la disposition qu'il imagina et qui est aujourd'hui adoptée dans tous les phares lenticulaires, ne put être appliquée de son vivant, par suite d'obstacles tout pratiques résultant d'un outillage insuffisant. C'est seulement lorsque l'industrie des phares dioptriques eut pris une grande extension, que les fabricants se déterminèrent à faire les frais nécessaires pour l'exécution des *anneaux catadioptriques*.

Comme l'indique leur nom, ces anneaux agissent à la fois comme réflecteurs et comme lentilles, c'est-à-dire par voie de réfraction et de réflexion totale. C'est ce que nous allons expliquer au moyen de la figure 278.

Soient RST, le profil de l'anneau, et B le foyer de la lentille dont cet anneau fait par-

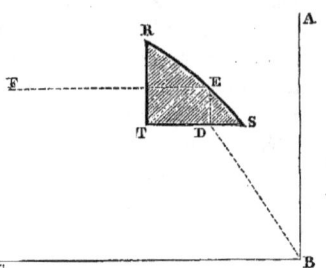

Fig. 278. — Marche des rayons lumineux dans un anneau catadioptrique.

tie. Supposons qu'une lampe allumée soit placée à ce même foyer B. Le rayon BD se réfracte en D, subit sur la surface courbe RS ce que les physiciens appellent une *réflexion totale*, et sort du prisme suivant une direction EF, parallèle à l'axe horizontal CB.

Un appareil d'éclairage des phares étant composé de la réunion d'une lentille à échelons et d'un certain nombre d'anneaux lenticulaires, il est nécessaire d'expliquer la marche, dans un tel assemblage de cristal, de la lumière émanée de la lampe.

On se rendra compte, au moyen de la figure 279, de la marche des rayons lumineux dans un appareil d'éclairage maritime, composé d'une lentille à échelons et d'anneaux catadioptriques. Les rayons lumineux qui émanent de la lampe placée au foyer B, traversant les échelons a, b, c, d, du haut de la lentille, et les échelons e, f, g, du bas de la même lentille, et, grâce au degré convenablement calculé de leur courbure, se réfractant à l'intérieur du cristal, sortent tous de l'appareil parallèles entre eux. Le même effet se produit pour les rayons recueillis par les anneaux catadioptriques m, n, o, p, q, r, s; de sorte que rien n'est perdu de la lumière de la lampe; tous les rayons sont recueillis, et tous sont dirigés vers l'horizon en formant un immense faisceau, une gerbe unique d'une éblouissante clarté.

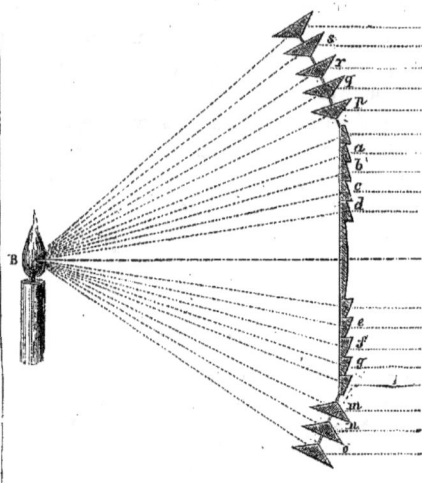

Fig. 279. — Marche des rayons lumineux dans une lentille à échelons et dans les anneaux catadioptriques.

On voit par la figure 279, que le diamètre des anneaux catadioptriques va en diminuant à mesure qu'ils s'éloignent du centre de l'appareil. En outre, la quantité de lumière qui échappe au tambour par en bas, étant bien moins considérable que celle qui passe au-dessus, le nombre des anneaux inférieurs, e, f, g, est toujours moindre que celui des anneaux supérieurs, a, b, c, d.

La figure 280 montre la disposition des lentilles à échelons et des anneaux catadioptriques dans un phare de premier ordre.

La première application importante des anneaux catadioptriques se fit, en 1842, au phare à feu fixe de Gravelines; mais ce n'est qu'en 1852 qu'on les introduisit dans les phares de premier ordre.

Avec les lentilles à échelons et les anneaux catadioptriques, on a le moyen de réunir, sans en perdre un seul, tous les rayons lumineux de la lampe. Mais cela ne suffit pas, il faut encore pouvoir diversifier l'apparence des feux. En effet, le navigateur ne doit jamais être exposé à confondre différents feux qui éclairent la même côte. On a rempli cet important élément du problème de l'éclairage maritime, en créant les *phares à éclipses*, c'est-à-dire en distinguant les feux des côtes en *feux fixes* et en *feux à éclipses*.

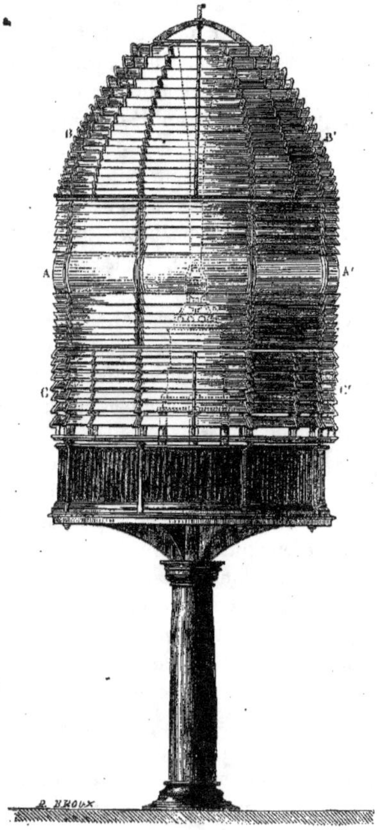

Les *feux fixes* s'obtiennent en faisant usage du système représenté par la figure 280. C'est une lentille de cristal à échelons, AA', qui renvoie parallèlement les rayons émanés de la lampe. Au-dessus de ce segment de lentille sont des anneaux catadioptriques, BB', CC',

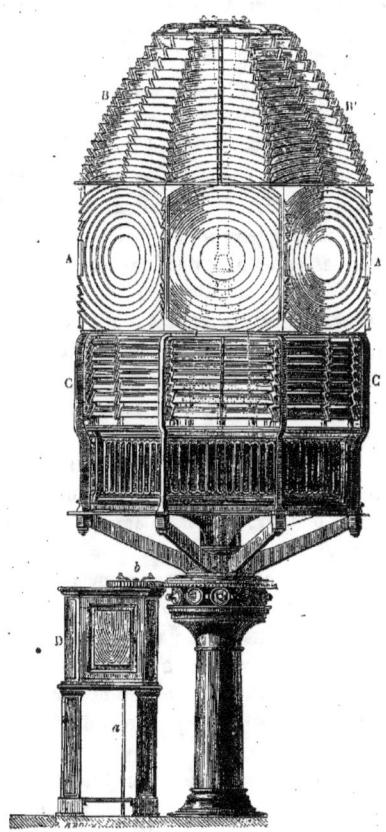

Fig. 280. — Appareil d'éclairage d'un phare de premier ordre, produisant un feu fixe.

Fig. 281. — Appareil d'éclairage d'un phare de premier ordre, produisant un feu à éclipses.

recueillant les rayons de la lampe qui passeraient par-dessus ou par-dessous la lentille.

Pour obtenir des *feux à éclipses*, on prend huit grandes lentilles à échelons, et on en forme un tambour à huit côtés, AA' (*fig.* 281). Ce système envoie parallèlement à l'horizon tous les rayons émanés de la lampe. On ajoute à cet ensemble de lentilles à échelons, des anneaux catadioptriques, BB', CC', par-dessus et par-dessous le tambour octogonal.

Si, maintenant, on imprime à tout cet ensemble un mouvement de rotation autour de la verticale passant par le foyer, on enverra successivement sur tous les points de l'horizon, des faisceaux lumineux recueillis par chaque lentille, et des moments d'obscurité correspondront aux intervalles de deux lentilles consécutives : on aura ainsi un *phare à éclipses*.

La figure 281 représente un phare donnant des éclipses de minute en minute. AA' est la réunion des huit lentilles à échelons, BB', la réunion des anneaux catadioptriques supérieurs, CC', l'ensemble des anneaux catadioptriques inférieurs. D est la boîte qui contient les rouages d'horlogerie, qui déterminent la rotation de tout le système avec le degré de vitesse voulu. Une tige, *a*, transmet à ces rouages l'action du poids moteur, qui se trouve placé à 5 ou 6 mètres plus bas. *b*, est la manivelle au moyen de laquelle on débraye le système moteur, pour faire agir le poids et faire tourner le tambour.

Les éclipses ont lieu, avons-nous dit, pendant l'intervalle du passage de deux faisceaux lumineux successifs au même point. C'est donc en faisant varier la vitesse de rotation du tambour que l'on détermine le temps qui doit séparer les différentes suspensions du feu.

Le lecteur connaît assez bien maintenant les appareils lenticulaires, pour comprendre les raisons de leur supériorité sur les simples réflecteurs métalliques que l'on employait avant les travaux de Fresnel.

En premier lieu, les lentilles à échelons absorbent une bien moins grande quantité de rayons lumineux que les réflecteurs métalliques. Ces derniers se ternissent très-rapidement, surtout par le voisinage de la mer. Pour peu qu'on néglige de les nettoyer, un cinquième au moins de la lumière focale est perdu.

Les rayons divergent beaucoup plus dans les appareils à réflecteurs que dans les appareils à lentilles : de là une nouvelle déperdition de lumière.

Les appareils à miroirs réfléchissants se prêtent fort mal à l'établissement de feux fixes devant éclairer une grande partie ou la totalité de l'horizon maritime ; car il faudrait multiplier à l'excès le nombre des réflecteurs, au préjudice de la stabilité de l'appareil et des frais d'entretien. Rien de plus aisé, au contraire, avec le système lenticulaire.

Enfin, la lumière émise est beaucoup plus intense dans le système *dioptrique* que dans le système *catoptrique*, et les éclats sont beaucoup plus vifs.

On peut alléguer, il est vrai, en faveur des appareils à réflexion, qu'ils coûtent moins cher à établir que les autres. Mais, outre que cet avantage ne saurait compenser les graves inconvénients ci-dessus énoncés, il est balancé par l'augmentation de dépenses annuelles exigée par l'emploi des miroirs, qu'il faut sans cesse nettoyer et polir, pour leur conserver leur puissance réfléchissante.

Il demeure donc certain que les phares lenticulaires sont éminemment supérieurs aux phares à réflecteurs paraboliques, et c'est un honneur pour la France d'avoir marché à la tête des nations, dans cette voie essentiellement humanitaire.

Nous terminerons ce chapitre par quelques renseignements sur le mode de fabrication des lentilles.

Trois maisons françaises se sont fait une réputation de premier ordre dans la construction des appareils lenticulaires. Avec M. Chance, de Birmingham, elles fournissent à peu près exclusivement toutes les contrées maritimes. Ces établissements sont ceux de MM. Henry Lepaute, — Sautter et Cie, — Barbier et Fenestre.

Tout le cristal employé pour la confection des lentilles, provient de la manufacture de Saint-Gobain. Ce cristal est composé de 72 parties de silice, 12 de soude et 16 de chaux, avec des traces d'alumine et d'oxyde de fer. D'après M. Léonce Reynaud, « ce cristal est incolore, dur, homogène, n'absorbe qu'une très-faible partie des rayons qui le traversent, prend un fort beau poli, résiste parfaitement aux actions de l'atmosphère, et ne contient qu'un bien petit nombre de bulles ou de stries. »

Les différentes pièces de cristal qui doivent former une même lentille, sont coulées séparément, dans des moules en fonte, dont la capacité intérieure est un peu exagérée, parce qu'il faut tenir compte du retrait qu'éprouve le verre en se refroidissant, et aussi de la matière qui doit disparaître par le travail subséquent. Elles sont ensuite portées sur le tour, où des ouvriers habiles leur donnent la forme et les dimensions voulues, ainsi qu'un poli irréprochable. Il ne reste plus qu'à les rapprocher par leurs tranches, à les sceller solidement, au moyen d'un mastic transparent, enfin à les réunir dans des cadres en bronze.

Les progrès de la fabrication doivent toujours tendre à diminuer l'épaisseur du verre; mais il y a ici une limite qui n'a pu être dépassée jusqu'à présent, d'abord parce qu'il faut que la lentille conserve une solidité suffisante ; en second lieu, à cause de la difficulté de l'exécution par la méthode que nous venons d'exposer.

C'est ce qui a porté un ingénieur des ponts et chaussées, M. Degrand, à exécuter les lentilles à échelons en verre et non en cristal. Quelques essais ont été tentés dans cette voie. En coulant le verre dans des moules en fonte, construits avec une grande précision, on a obtenu des lentilles qui se sont bien comportées. Cependant l'expérience n'avait été faite que sur une petite échelle. Dès qu'on a voulu appliquer ce procédé à de grands appareils, on n'a obtenu que de médiocres résultats, à cause de l'irrégularité de la surface du verre. On en est donc revenu aux lentilles de cristal.

CHAPITRE V

CLASSIFICATION DES PHARES PAR ORDRES. — DIVERSIFICATION DES FEUX AU MOYEN DES COULEURS. — LES FEUX COLORÉS. — COMMENT ON PRODUIT CES APPARENCES. — PORTÉE DES FEUX.

L'intensité et la portée des feux maritimes varient suivant leur position et suivant le but spécial que l'on veut atteindre. On divise donc les phares où brillent ces feux en quatre groupes : phares de premier, de deuxième, de troisième et de quatrième ordre.

Ce qu'il importe avant tout, c'est de signaler aux navigateurs l'approche des côtes, à la plus grande distance possible. A cet effet, on a placé sur les points les plus avancés du littoral, c'est-à-dire sur les promontoires, des feux, dits de *grand atterrage*, dont la portée varie de 18 à 27 milles marins (1). Ce sont là les *phares de premier ordre*. Leur espacement et leur portée sont calculés de telle sorte qu'il soit impossible d'approcher de la terre sans en apercevoir au moins un, tant que la transparence de l'atmosphère n'est pas troublée par la brume.

Ce premier avertissement étant donné au navigateur, il faut le mettre en garde contre les obstacles qui peuvent se trouver sur sa route, tels que bancs de sable, écueils, îles, caps secondaires, et lui fournir les indications nécessaires pour arriver sans encombre au but de son voyage. On fait alors intervenir les *phares de deuxième* et de *troisième ordre*.

Les *phares de deuxième ordre* illuminent tout l'horizon maritime; les *phares de troisième ordre*, n'ayant pour but que d'éclairer des passes étroites et dangereuses, n'étendent pas leur action au delà d'un espace très-restreint : on les nomme souvent *feux de direction*.

Enfin, l'entrée du port est signalée par les *phares de quatrième ordre*, ou *fanaux*, que

(1) Le mille marin vaut 1852 mètres en nombres ronds. Un degré géographique contient 60 milles.

l'on dispose, soit sur les deux jetées, soit sur une jetée seulement. Quelquefois ces feux ne sont allumés que lorsque la mer a atteint une hauteur assez grande pour permettre l'accès du port aux navires venant du large.

La portée des phares de second, de troisième et de quatrième ordre, varie entre des limites considérables : de 2 milles à 20 milles.

Tous les caps importants ne portent pas des phares de premier ordre. Si un cap se trouve compris entre des points qu'on ne puisse se dispenser de signaler, comme des ports très-fréquentés, il y a intérêt à ne point l'éclairer et à reporter le feu de grand atterrage sur l'un de ces points, ou même à en établir un sur tous les deux. On a procédé de cette façon pour le cap d'Antifer, situé entre le Havre et Fécamp, et pour celui qui existe entre Dunkerque et Gravelines.

On voit par là qu'il est impossible d'établir des règles absolues en ce qui concerne la distribution des phares de différents ordres sur les côtes maritimes. On se conforme, en général, aux principes exposés dans le rapport de la Commission des phares, en date de 1825. Ces principes peuvent se résumer ainsi :

« Signaler l'approche du littoral, aussi loin qu'il est utile, au moyen de phares assez diversifiés pour caractériser nettement les positions qu'ils occupent, et placés de telle sorte que le navigateur ne puisse atterrir sans en avoir au moins un en vue, dans l'état ordinaire de l'atmosphère ; puis allumer entre eux des feux d'apparences variées, dont les portées soient réglées d'après les distances auxquelles il importe d'en prendre connaissance et qui puissent diriger en toute sûreté jusqu'à l'entrée du port (1). »

La diversification des feux, le caractère propre à assigner à chacun, voilà un des éléments les plus importants du problème de l'éclairage maritime.

On le comprend sans peine, d'ailleurs. Si

(1) Léonce Reynaud, *Mémoire sur l'éclairage et le balisage des côtes de France*. Paris, 1864. Imprimerie impériale, in-4.

les marins n'avaient pas les moyens de distinguer, sans erreur possible, chacun des nombreux phares répandus aujourd'hui sur toutes les côtes maritimes des pays civilisés, il en résulterait des malheurs aussi graves que fréquents. Il faut donc que les feux placés dans une même région, présentent des apparences distinctes et bien faciles à saisir. Cela est surtout indispensable pour les phares de grand atterrage, qui se montrent les premiers aux yeux du navigateur. Le marin, avant de s'approcher de la côte, doit pouvoir rectifier les erreurs de son *estime*, et se remettre dans la bonne route. Or, la vue d'un feu bien caractérisé peut seule lui permettre d'éviter une erreur.

Dans le rapport de 1825, dont nous venons de parler, la Commission des phares n'avait proposé que trois caractères pour différencier les phares de premier ordre : le feu fixe, le feu à éclipses se succédant de minute en minute, et le feu à éclipses de demi-minute en demi-minute. Deux feux à éclipses, d'intervalles différents, devaient toujours être séparés par un feu fixe ; de cette façon les feux de même espèce étaient assez espacés pour que le navigateur ne pût se tromper sur leur véritable position.

Mais depuis l'année 1825, les phares se sont tellement multipliés sur notre littoral, qu'il a fallu former des combinaisons nouvelles, et augmenter le nombre des caractères distinctifs. A l'éclipse des feux, on a donc ajouté, comme signes distinctifs, leur coloration. Dès lors les caractères différentiels des phares ont augmenté. Ils sont au nombre de neuf au moins pour les phares de premier ordre, et ils comportent six feux blancs et trois colorés.

Les six feux blancs sont les suivants :

1° Feu fixe (*fig.* 282) ;

2° Feu à éclipses de minute en minute ;

3° Feu à éclipses de demi-minute en demi-minute (*fig.* 283) ;

4° Feu scintillant ;

5° Feu fixe, varié par des éclats ;

6° Deux feux fixes.

Les trois feux colorés sont ceux-ci :

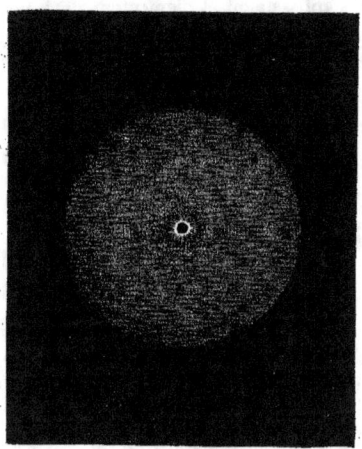

Fig. 282. Forme d'un feu fixe dans un phare de premier ordre.

1° Feu fixe blanc, varié par des éclats rouges :

2° Feu à éclipses, avec éclats alternativement rouges et blancs ;

Fig. 283. — Forme d'un feu à éclipses de demi-minute en demi-minute.

3° Feu à éclipses, avec deux éclats blancs succédant à un éclat rouge.

Ces neuf caractères servent également à différencier les phares de deuxième et de troisième ordre, auxquels on en a adjoint quelques autres, tels que le feu fixe rouge, le feu rouge à éclipses, le feu alternativement blanc et rouge avec ou sans éclipses, le feu alternativement blanc et rouge, blanc et vert.

Les phares de quatrième ordre ne se distinguent ordinairement que par leur position ou leur couleur. Ils sont presque tous fixes, par cette raison que le navigateur, très-rapproché de la terre au moment où il les aperçoit, ne saurait sans danger cesser de les voir, même pendant la courte durée des éclipses.

Il n'est pas nécessaire de fournir des explications sur la façon dont on obtient les trois premiers caractères de feux blancs. Nous avons vu qu'aux phares à feu fixe et aux phares à éclipses correspond un système particulier de lentilles, d'où résultent naturellement ces apparences. Quant à la rapidité plus ou moins grande avec laquelle se succèdent les éclipses, elle dépend de la vitesse de rotation qu'on imprime au tambour dioptrique.

Le *feu scintillant* est celui dans lequel les éclats, ou ce qui revient au même, les éclipses, se succèdent avec une extrême rapidité : il se produit alors une espèce de scintillation très-propre à caractériser un phare placé sur un point important. La Commission des phares a fait construire, il y a quelques années, un appareil de ce genre qui donne des éclipses espacées d'une seconde et demie seulement.

Une disposition inverse de celle-ci, est appliquée aux phares des trois premières classes, principalement à ceux de second et de troisième ordre. Dans ce cas, les éclipses se succèdent à intervalles relativement éloignés, par exemple de trois en trois ou de quatre en quatre minutes seulement (*fig.* 284). Des feux de cette espèce se distinguent fort nettement des feux à éclipses ordinaires.

Le feu fixe varié par des éclats, s'obtient

au moyen d'un *tambour lenticulaire* qui renferme des lentilles cylindriques et des lentilles annulaires. Celles-ci fournissent les

Fig. 284. — Feu fixe varié par des éclats de 4 minutes en 4 minutes.

éclats, tandis que les premières, renforcées des anneaux catadioptriques supérieurs et inférieurs, donnent un feu fixe qui éclaire la totalité de l'horizon maritime. Ce système ne comporte point d'éclipses.

Nous représentons ici (*fig.* 285) l'appareil d'éclairage qui produit ce dernier résultat, c'est-à-dire un feu fixe varié par des éclats à chaque quatre minutes. AA', BB', sont la réunion de lentilles à échelons cylindriques et annulaires ; CC', est l'ensemble des anneaux catadioptriques supérieurs ; DD', la réunion des mêmes anneaux inférieurs. Le tout tourne au moyen de rouages d'horlogerie contenus dans le pied, E, de l'appareil, et produit, non pas des éclipses, mais des éclats. La succession de ces éclats dépend de la rapidité de rotation de l'appareil éclairant.

Quant au caractère distinctif qui consiste à allumer à côté l'un de l'autre deux feux fixes, mais pourtant assez espacés pour qu'ils ne se confondent pas à la limite de leur portée, il est tout à fait simple et d'une application facile, en même temps que bien reconnaissable ; mais comme il entraîne des frais d'établissement et d'entretien deux fois plus considérables que les autres, on l'emploie assez rarement. Les deux phares de la Hève, près du Havre, en sont un exemple.

Ce n'est pas sans hésitation que la Commission des phares a admis la coloration de la lumière comme caractère distinctif. Il y a, en effet, des inconvénients sérieux à l'adoption de cette méthode. En premier lieu, la lumière colorée est beaucoup moins intense que la lumière blanche, et par conséquent, elle a moins de portée. En second lieu, comme les circonstances atmosphériques, et surtout le brouillard, influent beaucoup sur la couleur des feux, il y a lieu quelquefois de craindre des méprises, si la lumière blanche n'est pas la seule usitée. Après des expériences décisives, la Commission des phares crut pourtant pouvoir permettre la coloration en rouge et celle en vert. Voici pourquoi.

Trois couleurs seulement se prêtent, avec le blanc, à un éclairage bien tranché : ce sont le rouge, le vert et le bleu. Mais tandis que le vert et le bleu s'éteignent plus rapidement que le blanc à mesure que la distance augmente, surtout lorsque l'atmosphère est embrumée, le rouge jouit de la propriété contraire : à intensité égale, il porte plus loin que le blanc, principalement par les temps brumeux, — ce qui se conçoit facilement, puisque le brouillard a pour effet de colorer la lumière blanche en rouge. Les feux rouges peuvent donc être employés avec avantage dans l'éclairage maritime.

On objectera peut-être que, les feux blancs devenant rouges sous l'influence du brouillard, le navigateur placé dans ces circonstances, ne saura reconnaître s'il a devant lui un feu blanc ou un feu rouge. Cette remarque serait fondée, si les feux rouges étaient employés isolément ; mais s'il existe des feux fixes blancs dans le voisinage, les premiers resteront bien caractérisés, parce qu'ils seront d'un rouge beaucoup plus accentué que ceux-ci. C'est dans ces conditions seulement qu'on fait usage des feux rouges; aussi aucun feu fixe de premier ordre n'est-il coloré. Donc, point d'incertitude pour le navigateur qui vient du large et qui tombe dans la sphère d'action d'un phare de grand atterrage.

En revanche, il n'y a aucun inconvénient à colorer les phares de premier ordre à éclipses, puisqu'ils sont déjà caractérisés par la durée des intervalles qui séparent les éclipses. Tantôt des éclats blancs et rouges se succèdent alternativement, tantôt un éclat rouge succède à deux éclats blancs. Par les temps de brume, la couleur rouge est toujours reconnaissable, puisqu'elle vient immédiatement après une apparition de lumière blanche.

La coloration rouge est également applicable aux feux fixes variés par des éclats sans éclipses. Comme ces éclats ont pour but de caractériser le phare et non d'augmenter sa puissance, on les remplace avantageusement par des apparitions fréquentes de lumière rouge.

La couleur verte est admise comme moyen de signal dans quelques cas très-rares, mais jamais seule; on la combine avec la couleur rouge. On l'applique exclusivement aux phares de faible portée, parce qu'elle passe au blanc et s'affaiblit très-rapidement sous l'influence du brouillard. La commission a récemment adopté ce caractère pour un phare de troisième ordre, qu'il fallait soustraire à toute erreur d'appréciation possible : feu fixe blanc, avec des éclats alternativement rouges et verts de 20 secondes en 20 secondes.

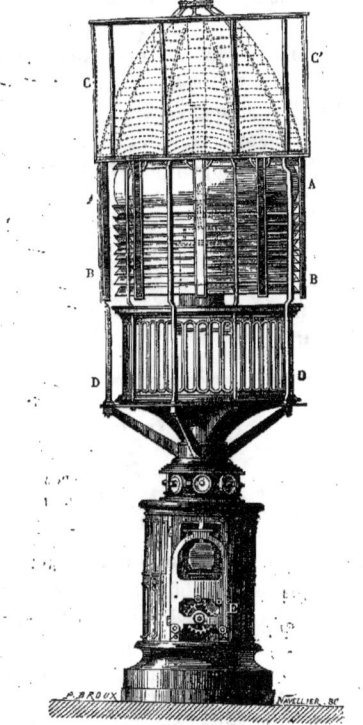

Fig. 285. — Appareil d'éclairage d'un phare de troisième ordre, à feu fixe varié par des éclats.

La coloration de la lumière d'un phare s'obtient d'une manière très-simple, soit en se servant, pour entourer la flamme, d'une cheminée colorée en rouge ou en vert, en d'autres termes en prenant un verre de lampe rouge ou vert, — c'est le procédé employé pour les feux fixes, — soit en plaçant des lames minces de verre coloré devant ou derrière les lentilles qui ont pour mission de fournir les éclats de couleur, — c'est la méthode employée pour les phares à éclipses.

Nous terminerons ces considérations générales, par quelques remarques sur la portée des feux.

La portée de la lumière d'un phare dépend de deux éléments : l'intensité de la source lumineuse, et sa hauteur au-dessus du niveau de la mer. De là deux sortes de portées : la portée lumineuse, et la portée géographique.

L'intensité d'un feu se détermine par des

mesures photométriques; l'unité de mesure adoptée est la lumière d'une lampe Carcel, dont le bec a 20 millimètres de diamètre, et qui brûle 40 grammes d'huile de colza, par heure.

Si les rayons émanés des phares se propageaient dans le vide, il serait facile de calculer la portée d'un feu quelconque. Il suffirait de savoir à quelle distance un feu, d'une intensité donnée, peut être aperçu par une personne douée d'une vue ordinaire, pour évaluer la distance correspondant à un feu d'une intensité différente. Mais l'atmosphère concourant avec la distance à l'affaiblissement des rayons lumineux, et cela plus ou moins suivant la quantité de vapeur d'eau qu'elle contient, l'évaluation de la portée d'un feu devient beaucoup plus difficile. Elle échappe même à toute mesure précise, par suite de l'extrême variabilité de l'atmosphère, combinée avec une variabilité non moins grande de la puissance visuelle chez les différents observateurs.

Par des procédés de calcul et des constructions graphiques qu'il serait oiseux d'approfondir, on est cependant parvenu à dresser un tableau qui donne les intensités lumineuses sur lesquelles on peut compter dans la pratique, et les portées correspondantes, dans trois états de l'atmosphère, définis par des coefficients numériques.

Quant à la portée géographique d'un feu maritime, elle dépend, non-seulement de sa hauteur au-dessus du niveau de la mer, mais encore de la valeur de la réfraction atmosphérique.

A mesure qu'on s'élève dans l'atmosphère, les couches d'air deviennent plus légères. Les rayons lumineux émanés du phare sont donc successivement réfractés : au lieu de se propager en ligne droite, ils décrivent des courbes dont la concavité regarde la terre. Le résultat de cette circonstance, c'est que la portée géographique des rayons est augmentée.

En adoptant une moyenne pour la réfraction atmosphérique et pour le rayon de courbure du méridien sur toute l'étendue de nos côtes, on a déduit d'une formule simple toutes les portées correspondant à des feux élevés depuis 1 jusqu'à 300 mètres au-dessus du niveau de la mer. Ces portées diffèrent suivant l'altitude de l'observateur; elles ont été calculées pour les diverses altitudes de 3, 6, 9, 12, 15 et 20 mètres.

En consultant le tableau dressé à cet effet, on voit, par exemple, que la portée d'un feu situé à 200 mètres au-dessus du niveau de la mer est de 68,551 mètres, ou environ dix-sept lieues, pour un observateur placé à une altitude de 12 mètres. Si celui-ci s'élève à 20 mètres, la portée augmente de près de 4 kilomètres.

CHAPITRE VI

COMBUSTIBLES EN USAGE POUR L'ÉCLAIRAGE DES PHARES. — LES LAMPES A MÈCHES. — APPLICATION DE LA LUMIÈRE ÉLECTRIQUE A L'ILLUMINATION DES PHARES.

Il résulte des expériences qui ont été entreprises en 1851 et 1862, à l'Établissement central des phares, à Paris, que l'huile de colza est le meilleur de tous les combustibles applicables à l'éclairage maritime. Aussi cette huile est-elle en usage dans la plupart des phares français. Ce liquide oléagineux se tire, comme on le sait, du colza (*brassica campestris*), plante cultivée sur une grande échelle dans les départements du Nord, du Calvados, etc. En Angleterre, on se sert pour l'éclairage des phares de l'huile de colza de l'Inde, qui paraît jouir d'excellentes qualités éclairantes, dans les circonstances les plus variées.

Cette dernière mention est essentielle, car les huiles se classent diversement, suivant qu'on les considère par rapport à telle ou telle qualité. L'huile d'olive, par exemple, est préférable à celle de colza, au point de vue de l'intensité de la lumière, dans les lampes à une seule mèche ; mais elle lui est très-inférieure dans les lampes à mèches multiples. L'huile de coco donne une flamme plus belle que l'huile de colza, dans les lampes à une mèche, comme dans les lampes à mèches multiples ; mais elle a l'inconvénient de coûter plus cher et de se congeler à une température beaucoup plus élevée ; elle devient pâteuse à 19°, tandis que l'huile de colza ne se solidifie qu'à 3°. Il faut tenir compte dans la pratique de cette propriété relative.

Au reste, le tableau suivant, donné par M. Léonce Reynaud dans son ouvrage sur l'*Eclairage et le balisage des côtes de France*, indique l'ordre dans lequel les diverses espèces d'huiles doivent être classées, par rapport aux différentes qualités qu'on leur demande pour l'éclairage maritime.

DURÉE DE LA COMBUSTION dans UNE LAMPE A MÈCHE.	INTENSITÉ DANS UNE LAMPE	
	A UNE MÈCHE.	à PLUSIEURS MÈCHES.
Huile de coco.	Huile d'olive.	Huile de coco.
Huile d'arachide.	Huile de coco.	Huile française de colza.
Huile de baleine.	Huile de baleine.	Huile anglaise de colza.
Huile française de colza.	Huile d'arachide.	Blanc de baleine.
Huile d'olive.	Huile française de colza.	Huile d'arachide.
Beurre.	Huile anglaise de colza.	Spermaceti.
	Blanc de baleine.	Huile d'olive.

RÉSISTANCE A LA CONGÉLATION.	ORDRE DE DÉCROISSANCE DU PRIX DES HUILES (en France).
Huile anglaise de colza.	Huile de baleine.
Huile française de colza.	Huile de colza.
Huile de baleine.	Huile de coco.
Huile d'olive.	Huile d'arachide.
Spermaceti.	Huile d'olive.
Huile d'arachide.	Spermaceti.
Huile de coco.	

Ce tableau montre que l'huile de colza, française ou anglaise, est supérieure à toutes les autres, sous le rapport de l'intensité lumineuse, dans les lampes à mèches multiples, — l'huile de coco exceptée, — et sous celui de l'abaissement du point de congélation.

Au point de vue de l'intensité lumineuse et de la durée de la combustion dans les lampes à une mèche, elle occupe une bonne moyenne, et quant au prix d'achat, elle est préférable aux autres, sauf l'huile de baleine, qui doit d'ailleurs être rejetée, à cause du peu de durée de sa combustion.

Depuis quelque temps, les phares de quatrième ordre sont éclairés au moyen d'huiles minérales, soit celle de schiste, soit celle de pétrole, qui présentent certains avantages sur les huiles grasses. Elles sont d'abord moins dispendieuses. Tandis que l'unité de lumière revient à 6 centimes avec l'huile de colza, elle ne coûte que 3 centimes 1/2 avec les huiles minérales. Cela ne tient pas seulement à ce que le prix d'achat de ces huiles est moins élevé ; elles ont cet autre avantage, de donner une flamme plus lumineuse, pour un même poids de combustible consommé.

Un autre mérite des huiles minérales, c'est que la flamme qu'elles fournissent est moins haute que celle de l'huile, et conséquemment, s'écarte moins du foyer théorique.

Elles ont pourtant l'inconvénient de fumer, pour peu que le courant d'air soit trop vif ou trop faible ; de sorte que le réglage des lampes exige des soins très-attentifs.

Nous avons fait connaître précédemment le principe des lampes imaginées par Arago et Fresnel pour l'éclairage des phares. On n'a presque rien changé, depuis leurs travaux, aux dispositions adoptées par ces deux savants.

Les lampes actuelles comportent un nombre variable de mèches concentriques, suivant l'ordre des phares. Celles des phares de premier ordre ont quatre mèches, celles du second ordre en ont trois, celles du troisième ordre ont deux mèches, et celles des fanaux, une seule.

Une longue expérience a montré que la surabondance de l'huile qui vient baigner et refroidir le bec des lampes Carcel employées à l'éclairage des phares, doit atteindre le triple de la consommation. Il est donc prescrit aux gardiens de régler les lampes de façon qu'il passe par bec et par heure :

Dans les phares de 1er ordre..... 3^{kil},04 d'huile
— 2e ordre............ 2 ,00
— 3e ordre { grand modèle. 0 ,70
            { petit modèle.. 0 ,44

Le tableau suivant, extrait de l'ouvrage de M. Léonce Reynaud, *Mémoire sur l'éclairage et le balisage des côtes de France* (1), donne, pour les phares de divers ordres, le nombre et les dimensions des mèches, la consommation d'huile par heure, ainsi que l'intensité et les dimensions de la flamme.

ORDRE DU PHARE.	NOMBRE de MÈCHES.	DIAMÈTRE MOYEN DES MÈCHES EN MILLIMÈTRES.				DIMENSIONS DE LA FLAMME.		INTENSITÉ LUMINEUSE.	CONSOMMATION D'HUILE PAR HEURE.	
		N° 1.	N° 2.	N° 3.	N° 4.	Diamètre.	Hauteur.		Par bec.	Par unité lumineuse.
1er ordre............	4	22	43	64	85	90^{mm}	100^{mm}	23^h,0	760^{gr}	33^{gr},0
2e ordre.............	3	24	46	69	»	75	80	15 ,0	500	33 ,3
3e ordre.. { Grand modèle.	2	19	39	»	»	45	70	5 ,0	175	35 ,0
{ Petit modèle..	2	16	32	»	»	38	65	3 ,0	110	36 ,7
4e ordre.. { Grand modèle.	1	24	»	»	»	30	45	1 ,6	60	37 ,5
{ Petit modèle..	1	21	»	»	»	27	37	1 ,3	50	38 ,5

La comparaison des deux dernières colonnes prouve clairement que les becs à mèches multiples sont relativement plus économiques que les autres, puisqu'en s'élevant progressivement de degré en degré, les consommations croissent moins vite que les intensités lumineuses.

La figure 286 donne une coupe verticale et une élévation de la lampe des phares de premier ordre. A'B' est le tube amenant l'huile du réservoir placé inférieurement ; AB est la coupe verticale de ce même conduit montrant les mèches, soutenues par des tringles de cuivre, et plongeant dans le godet C.

La figure 287 donne une coupe horizontale du porte-mèche de la lampe d'un phare de premier ordre. Les mèches concentriques sont au nombre de 5.

Chaque mèche est traversée par un double courant d'air, qui donne à la combustion toute l'activité possible. L'espacement des mèches été, comme nous l'avons dit, déterminé par Arago et Fresnel, de manière à fournir le maximum de lumière.

Les différentes mèches sont parfaitement indépendantes les unes des autres ; elles peuvent s'élever ou s'abaisser séparément à l'aide d'une crémaillère qui porte l'anneau sur lequel elles sont fixées. La figure 286, qui représente la mèche du bec de la lampe d'un phare de premier ordre en élévation et en coupe, montre cette disposition pour deux mèches seulement.

La cheminée de la lampe est en cristal, et, comme dans les verres ordinaires de nos lampes, elle se rétrécit à une faible hauteur au-dessus du bec, afin d'activer la combustion. Le porte-verre MM est mobile, comme dans nos lampes, afin que le coude puisse être placé dans la position la plus favorable.

Pour faire varier à volonté, suivant les circonstances atmosphériques, la hauteur du verre de la lampe, Arago et Fresnel avaient

(1) Page 131.

imaginé d'adapter à ce verre une rallonge en tôle, composée de deux pièces rentrant l'une

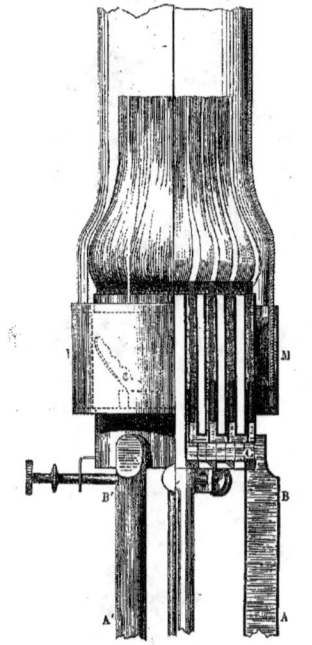

Fig. 286. — Bec de lampe dans les phares de premier ordre.

dans l'autre, et dont l'une était fixe, tandis que la seconde, située au-dessus, était sus-

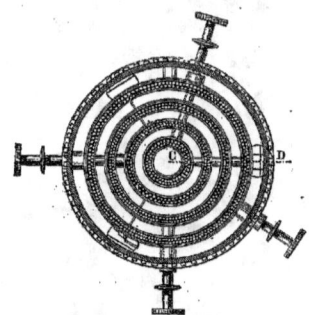

Fig. 287. — Coupe du porte-mèche à cinq mèches concentriques d'une lampe de phare de premier ordre.

ceptible de s'élever ou de s'abaisser à l'aide d'une crémaillère. Mais la partie mobile de la rallonge s'inclinait très-facilement et venait frotter contre la partie fixe. On a complété ce système en plaçant au-dessus du verre de la lampe un obturateur en tôle, qui glisse dans une gaîne de même métal. Cet obturateur, assez semblable à une valve de poêle, active ou modère la combustion de l'huile selon l'inclinaison qu'on lui donne. Les produits de la combustion de l'huile s'échappent par la partie supérieure de cette gaîne, puis se répandent dans l'atmosphère par les ouvertures de la cheminée de la coupole.

Quelquefois la gaîne est fermée par en haut, et les produits de la combustion sont conduits par trois petits tuyaux en tôle dans la cheminée de la coupole. De cette façon, la fumée ne peut se répandre dans la lanterne.

Les lampes qui servent à l'éclairage des phares de premier ordre, sont des lampes mécaniques, dites du *système Wagner*. Ce sont des lampes Carcel réalisées sur une grande échelle, et dans lesquelles le ressort d'horlogerie est remplacé par un poids. Attaché à une longue corde qui s'enroule et se déroule autour d'un treuil, ce poids met en action quatre petites pompes de cuir, qui, selon le système Carcel, aspirent et refoulent constamment l'huile du réservoir, dans un tuyau. Arrivé à une certaine hauteur, ce tuyau se bifurque pour se rendre à la mèche.

La bifurcation du tuyau de l'huile est indiquée dans la figure 286 par les lettres AB, A'B', le premier étant vu en coupe.

Un volant à ailes métalliques régularise le mouvement fourni par la chute du poids. On peut, d'ailleurs, modérer l'arrivée de l'huile dans le bec en tournant une vis placée sur le corps des pompes, et qui, en s'avançant dans cet espace, réduit l'ouverture qui donne accès à l'huile, et par conséquent, diminue son afflux au bec.

Les rouages d'horlogerie qui actionnent cette pompe et tout l'appareil constituant la lampe, sont enfermés dans une boîte en cuivre, de sorte que la lampe, à l'extérieur, ressem-

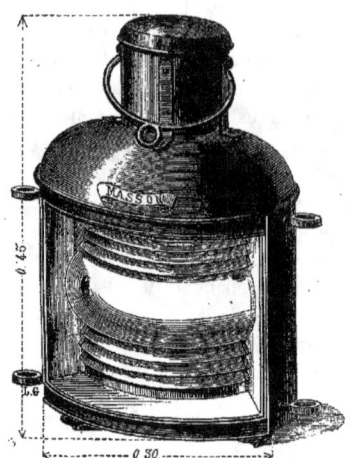 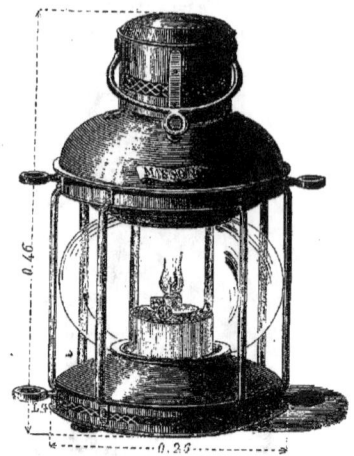

Fig. 288. — Lanterne à verre lenticulaire pour les phares de 4ᵉ ordre.

Fig. 289. — Lanterne à verre lenticulaire pour les phares de 4ᵉ ordre.

ble a une caisse plutôt qu'à un appareil d'éclairage.

Telles sont les lampes destinées aux phares de premier ordre, qui doivent produire l'éclai-

Fig. 290. — Lampe à pétrole pour les fanaux.

Fig. 291. — Coupe de la même lampe.

rage le plus puissant. Pour les phares de deuxième et de troisième ordre, le même système de lampes est employé, seulement l'appareil est plus petit.

Pour les phares de quatrième ordre, c'est-à-dire les fanaux, on se sert de simples lampes Carcel ou à modérateur, prises dans le commerce.

Depuis quelques années, les lampes à huile sont remplacées, pour l'éclairage des fanaux, par des lampes à schiste. Ces dernières lampes présentent cette particularité, qu'elles sont munies d'un verre lenticulaire à échelons reproduisant sur une petite échelle l'appareil optique des phares.

La figure 288 donnera une idée des lampes des fanaux. Ces lampes, que construit à Paris M. Masson, sont munies de verres lenticulaires de 225° d'amplitude. Le combustible est le schiste brûlé au moyen de deux mèches plates concentriques, comme le montre la figure 289, dans laquelle le verre lenticulaire a été enlevé pour laisser voir la lampe à schiste.

Nous ajouterons que le même fanal est employé pour éclairer les navires. On les place au mât, et elles éclairent tout l'horizon.

Les figures 290 et 291 représentent, l'une en élévation, l'autre en coupe, les lampes à pétrole construites par M. Masson pour l'éclairage des fanaux, et en même temps pour l'éclairage des navires.

Ces fanaux sont armés de verres lenticulaires de 5 éléments et de 225° d'amplitude. La lampe brûlant du pétrole, le bec est métallique et la flamme entourée d'un verre. Ce fanal s'éteint seul à heure fixe, quand on y met la quantité de pétrole nécessaire au temps de l'éclairage que l'on veut maintenir.

La portée de ces fanaux est de 6 à 8 milles. Ils suffisent pour indiquer l'entrée d'un fleuve, l'extrémité d'une jetée, etc.

Le schiste est aujourd'hui généralement substitué à l'huile pour l'éclairage des fanaux. Nous avons vu à l'atelier central des Phares de Paris, une lampe nouvelle destinée à l'éclairage des fanaux au moyen du pétrole. Cette lampe a été soumise, en 1868, à de nombreux et longs essais, qui ont donné les meilleurs résultats. Elle offre cette particularité, que le pétrole est envoyé à la mèche par un ressort, comme dans les lampes Carcel. C'est la première fois que nous avons vu le système Carcel appliqué au pétrole.

Depuis quelques années, un nouvel agent d'éclairage a été introduit dans les phares. Nous voulons parler de la lumière électrique, qui tout d'abord semble devoir si bien se prêter à cette application. Le 14 juillet 1863, M. Béhic, ministre du commerce et des travaux publics, ordonna de faire l'essai de l'éclairage par l'électricité, dans un phare de premier ordre, celui du cap de la Hève, près du Havre. Cette décision avait été prise à la suite d'un avis émis par la Commission des phares, et sur un rapport de M. Léonce Reynaud, dont nous allons faire connaître les résultats généraux.

La Commission des phares s'occupait depuis plusieurs années de l'étude de cette question fondamentale. Depuis l'année 1848, jusqu'en 1857, on avait fait dans l'atelier central des Phares, de nombreuses études pratiques sur l'éclairage électrique. L'intensité lumineuse de l'arc éclairant ne laissait rien à désirer, mais on ne connaissait alors que les piles voltaïques, comme moyen de produire de l'électricité. Or, ces appareils nécessitaient des manipulations peu commodes; les courants n'étaient jamais constants, et l'on n'était même pas à l'abri d'une extinction subite. Ces divers inconvénients avaient conduit à abandonner momentanément l'idée de l'éclairage électrique pour les phares de notre littoral. Mais, en 1857, l'idée vint aux physiciens d'appliquer à la production de l'éclairage électrique, les *courants d'induction*, découverts par Faraday, et l'on vit ainsi s'ouvrir une voie nouvelle pour l'éclairage des phares. Dans les premiers mois de 1859, ce nouveau système avait été appliqué, à titre d'essai, en Angleterre, à l'éclairage du phare de South-Foreland.

Les ingénieurs de notre administration des phares, s'empressèrent de suivre cet exemple, et d'expérimenter la *machine magnéto-électrique*, construite à Paris, par la Compagnie *l'Alliance*, qui permet de produire l'électricité et un arc éclairant, sans aucune pile voltaïque, à l'aide des courants d'induction engendrés par le mouvement d'une machine à vapeur.

La *machine magnéto-électrique* qui sert à produire l'électricité éclairante, a été déjà décrite dans ce recueil.

Cet appareil a été construit, avons-nous dit, pour la première fois, par M. Nollet, professeur de physique à l'école militaire de Bruxelles, l'un des descendants du célèbre abbé Nollet, qui a tant contribué, pendant le dernier siècle, aux progrès de l'électricité. Devenue la propriété de la Compagnie *l'Alliance*, cette machine a été perfectionnée par M. Joseph Van Malderen, ancien aide du professeur Nollet, et elle répond aujourd'hui si bien à son objet, qu'on peut la regarder comme la solution du problème de la production industrielle des courants électriques sans piles. La machine proprement dite engendre le courant ; une *lampe électrique*, dans laquelle le régulateur de M. Serrin rend fixe la position relative de deux pointes de charbon, sert à la production de la lumière électrique, la plus vive des lumières artificielles, puisqu'elle peut aller jusqu'à représenter un quarantième de la lumière du soleil.

La machine magnéto-électrique qui fut employée à l'atelier central des Phares, se compose de cinquante-six aimants naturels très-puissants, disposés verticalement, sur les huit arêtes d'un prisme droit, à base octogonale. Entre deux groupes d'aimants sont toujours fixées des bobines, qui sont mises en mouvement par une machine à vapeur de la force de deux chevaux. Les aimants sont distribués de telle sorte, que les pôles voisins ou qui se regardent immédiatement dans le sens horizontal, comme dans le sens vertical, sont de noms contraires. Le nombre des bobines d'induction fixées sur chaque disque, est de seize, c'est-à-dire égal au nombre des pôles contenus dans chaque série verticale de faisceaux aimantés.

Lorsque, dans leur mouvement de rotation, les bobines s'approchent du pôle d'un aimant, il s'établit en elles un courant, qui se renverse lorsqu'elles s'éloignent du même pôle ; par conséquent, seize changements de direction correspondent à chaque révolution de l'axe central. Le maximum d'intensité s'obtient quand la machine exécute de 350 à 400 tours par minute, et dans ce cas, le courant s'intervertit près de 100 fois dans l'espace d'une seconde.

Les courants partiels de même nom se réunissent en un seul, et aboutissent à un conducteur commun, qui va tantôt à l'axe central de la machine, tantôt à un manchon métallique isolé de cet axe. On met, en outre, l'axe et le manchon en communication, par deux gros fils, avec deux tiges courtes et de gros diamètre appelées *bornes*, implantées sur le bâti en fonte, et auxquelles arrivent sans cesse les électricités de noms contraires engendrées par la machine. Ces deux *bornes* forment comme les deux pôles de la pile magnéto-électrique ; elles sont percées de trous dans lesquels s'engagent ou sont fixés, par des vis de pression, les gros fils conducteurs qui vont aboutir à la lampe électrique. Par le jeu de la machine, l'électricité qui arrive aux deux bornes est alternativement positive et négative, mais ce renversement continuel du courant, loin de nuire à l'effet qu'on se propose d'obtenir, a un avantage très-réel, celui d'égaliser l'usure des deux charbons entre lesquels jaillit la lumière (1).

Le *régulateur de la lampe électrique* sert à rapprocher les charbons l'un de l'autre, à mesure qu'ils se consument, sans leur per-

---

(1) Le lecteur est prié de se reporter à la page 722, du tome Ier de cet ouvrage, où nous avons déjà représenté cette machine.

mettre jamais de se toucher, car la lumière s'éteindrait si les deux pôles arrivaient au contact. Le meilleur système de régulateur paraît être celui de M. Serrin. Nous avons décrit cet appareil dans le présent volume (1) nous n'aurons pas, par conséquent, à le décrire de nouveau.

La figure 292 représente la lampe élec-

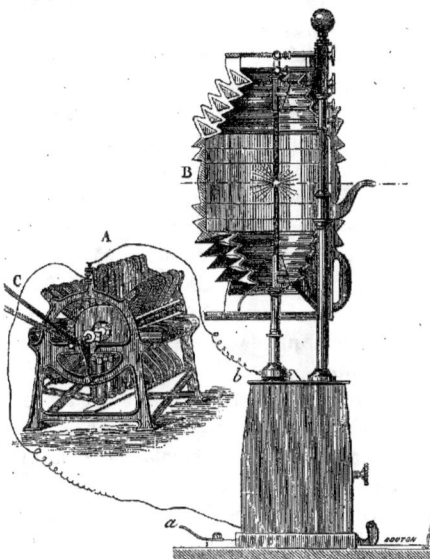

Fig. 292. — Lampe électrique appliquée à l'éclairage des phares.

trique appliquée à l'illumination des phares. Les deux pointes de charbon, guidées par le régulateur Serrin, E, qui forme le pied de l'appareil, sont placées au foyer du système optique BMN, composé d'une lentille à échelons et d'anneaux lenticulaires. La machine *magnéto-électrique*, A, que met en action, par l'intermédiaire de la courroie, C, une machine à vapeur, produit l'électricité d'induction. Le courant électrique, suivant les fils a, b, provoque le jaillissement de l'arc lumineux entre les deux pointes de charbon, que le *régulateur* Serrin se charge lui-même de tenir

(1) Page 221.

au degré d'écartement voulu pour la production de la lumière et pour sa fixité.

Les charbons entre lesquels s'élance l'arc lumineux, sont de forme prismatique et de 6 à 8 millimètres de côté; ils peuvent avoir jusqu'à 60 centimètres de longueur. Leur qualité est un élément de succès très important. Le meilleur charbon pour la confection des pôles de la lampe électrique est le *charbon de cornue de gaz*, qui se forme dans les cornues pendant la distillation de la houille. Celui que fournit le commerce, n'est pas toujours suffisamment pur, et l'on est en droit d'espérer des améliorations sous ce rapport. Il faut, en attendant, se contenter des charbons actuels, dont le défaut d'homogénéité, joint à quelques variations dans leur écartement, et au déplacement continuel de l'arc voltaïque, lequel se porte tantôt d'un côté des pointes, tantôt de l'autre, donne lieu à de petites intermittences de la lumière. Ces intermittences ne sont toutefois sensibles que lorsqu'on regarde le point lumineux, ou lorsqu'on essaye de mesurer l'intensité de l'éclairage au moyen du photomètre.

Pour cette dernière évaluation, on a adopté comme unité de lumière, celle d'une lampe Carcel ayant un bec de 2 centimètres de diamètre, et consommant par heure 40 grammes d'huile de colza. Dans l'état actuel des choses, on peut attribuer à l'intensité de la lumière électrique obtenue à l'atelier central des Phares, une puissance moyenne de 200 becs de Carcel, avec un maximum de 280 et un minimum de 100 becs environ.

La consommation du charbon est d'environ 5 centimètres par pôle, dans l'espace d'une heure. On peut conclure de là que l'éclairage électro-magnétique tel qu'il vient d'être décrit est cinq ou six fois moins cher que l'éclairage à l'huile ou au gaz.

Malgré les grands avantages du nouveau mode d'éclairage, les irrégularités qu'il peut comporter nécessitent quelques précautions spéciales.

Il ne serait pas prudent, selon M. Reynaud, de desservir un phare par une seule machine magnéto-électrique. Il faudra employer deux machines, afin d'éviter les chances d'extinction subite. Il conviendrait même d'avoir deux appareils optiques, afin de pouvoir remédier aux accidents qu'éprouverait une des deux lampes électriques, de pouvoir renouveler les charbons sans interrompre l'éclairage, et même pour pouvoir doubler l'intensité du feu quand le besoin s'en ferait sentir. Un *commutateur*, placé à portée du gardien, permettrait de faire passer instantanément la lumière d'un appareil à l'autre.

Passons maintenant à l'examen particulier des appareils optiques, aux dépenses, à l'intensité lumineuse, à la portée de la lumière électrique et aux chances d'accident.

Ce qu'il y a de frappant dans l'emploi de la nouvelle lumière, c'est qu'elle n'exige qu'un appareil optique de la plus petite dimension, et pour parler avec précision, qu'un appareil optique d'un diamètre six fois moindre que celui de l'appareil éclairé par l'huile de colza. Un appareil à feu fixe, de 30 centimètres, éclairé par une lumière de 160 à 180 becs, donne dans l'axe, une intensité moyenne de 4,000 becs, et à deux degrés au-dessus ou au-dessous de l'axe, encore une intensité de 600 à 700 becs, qui est l'intensité maximum du feu fixe de premier ordre.

Ainsi avec un appareil optique de très petite dimension, et à peine du volume d'un appareil de phare de troisième ordre, on peut remplacer les énormes lanternes de cristal des phares de premier ordre. C'est là l'avantage qui a le plus frappé le vulgaire depuis que le nouveau système fonctionne en France, sous les yeux du public, au Havre et au cap Gris-Nez.

On peut se demander maintenant quel sera l'avantage de la grande intensité lumineuse fournie par le nouveau système de phares. Par une atmosphère ordinaire, la plupart de nos phares de premier ordre portent aussi loin que le permet leur élévation. Un excès de lumière, dit M. Reynaud, dans son rapport adressé, en 1863, au Ministre des travaux publics, ne servirait qu'à éblouir les navires et les empêcherait d'apercevoir les écueils. Mais, par une atmosphère brumeuse, il serait très important de disposer de feux plus puissants, car alors l'absorption atmosphérique diminue considérablement la portée des feux. C'est dans ce dernier cas que la lumière électrique deviendra précieuse.

Pour apprécier la rapidité avec laquelle l'opacité de l'air diminue la portée de la lumière d'un phare, il suffira de dire qu'un feu fixe de premier ordre, qui s'aperçoit à 35 kilomètres, dans les circonstances ordinaires n'éclaire plus qu'à 8 kilomètres et demi en temps de brume. La portée d'un phare à éclipses, à intensité de 25,000 becs Carcel, se réduit de 29 kilomètres à 1,200 mètres, par une brume très-médiocre.

La remarquable intensité de l'éclairage électrique, qui augmente tant sa portée, sera très-utile dans certaines circonstances atmosphériques. Il est même possible que, dans la pratique, cet avantage prenne une grande prépondérance. D'abord, comme le nouveau système convient surtout aux temps brumeux, on pourra diriger le faisceau lumineux un peu au-dessus de l'horizon, de manière à donner plus d'éclat aux rayons plongeants. Cette disposition ne saurait être demandée aux phares actuels, sous peine de réduire leur portée utile dans l'état moyen de l'atmosphère. De plus, l'obligation où l'on se trouve d'employer deux lampes électriques, permettra de doubler, quand il le faudra, l'intensité du feu, sans accroître sensiblement la dépense. Le phare électrique à feu fixe, par exemple, au lieu de ne s'apercevoir qu'à 16 kilomètres, lorsque l'*unité* porte à 4 kilomètres, s'apercevrait encore alors à une distance de 17 kilomètres, tandis qu'un phare ordinaire ne porterait qu'à 13.

Une autre question très-importante pour

Fig. 293. — Les deux phares du cap de la Hève éclairés par la lumière électrique.

les phares, c'est la régularité du service. Sous ce rapport, le mode actuel d'éclairage à l'huile l'emporte, il faut l'avouer, sur l'éclairage électrique. Les machines à vapeur, dit M. Reynaud, sont exposées à éclater ; — la lampe électrique est un appareil fragile et délicat, qu'on osera à peine confier aux gardiens ; — un crayon de charbon peut se briser près de son point d'attache, et un assez long temps s'écouler avant que le mécanisme du régulateur ait rapproché ce fragment de l'autre ; — les charbons s'usent, car, chaque cinq à six heures environ, il faut les renouveler ; — enfin, la position du foyer lumineux n'est pas bien fixe, et l'expérience semble prouver que ce point s'abaisse peu à peu, quand les deux charbons présentent la même résistance.

Tels sont les reproches que l'on est en droit d'adresser à la lumière électrique appliquée à l'éclairage des phares. Ces inconvénients, toutefois, sont plus apparents que réels. Comme la machine à vapeur ne doit fonctionner que pendant la nuit, on pourra, pendant le jour, la visiter et la nettoyer ; la machine de rechange sera toujours prête à la remplacer. Quant aux lampes, on pourra en avoir toujours plusieurs en réserve, et s'il se produit accidentellement une extinction de lumière, le *commutateur* permettra de faire passer le feu au second appareil. Enfin, le déplacement du foyer lumineux n'a pas encore été au delà de 3 millimètres, dans les expériences faites jusqu'ici, ce qui est de peu d'importance pour la direction du faisceau éclairant.

La machine *magnéto-électrique* installée à l'atelier des Phares, à Paris, a marché pendant 104 heures, et le nombre des accidents survenus pendant ce temps n'a été que de 15 ; deux seulement arrivés à la machine à vapeur ont déterminé une extinction prolongée. Disons enfin que, dans les temps de brume, on pourrait faire servir la seconde machine à vapeur à mettre en jeu des sifflets, semblables à ceux des locomotives qui porteraient bien plus loin que les cloches en usage aujourd'hui. Ainsi les inconvénients que l'on peut redouter de l'électricité pour l'éclairage des phares, ont en eux-mêmes peu de gravité. Ses avantages sont, au contraire, de toute évidence.

En résumé, la lumière électrique appliquée à l'illumination des phares, donne une intensité de beaucoup supérieure à celle des appareils à huile; le prix de l'unité de lumière est notablement réduit; les dépenses d'entretien seront peu élevées (30 p. 100 dans les phares de premier ordre), et elles auront pour effet de quintupler au moins l'intensité de l'éclairage. L'intensité considérable de l'arc lumineux sera sans utilité réelle dans les circonstances atmosphériques ordinaires, et dans le cas de brume très-épaisse, mais elle offrira de grands avantages dans les états intermédiaires de l'atmosphère. Sous le rapport de la régularité, l'éclairage électrique n'offre pas pour le service autant de garantie que le système actuel, mais les chances d'extinction ne paraissent pas nombreuses, et il y a lieu de compter sur des perfectionnements à venir.

Telles sont les impartiales conclusions auxquelles s'était arrêtée, en 1863, la Commission des phares, dans le rapport que nous venons d'analyser.

En Angleterre, l'éclairage électrique fonctionnait déjà, depuis plusieurs années, à titre d'essai, au phare de Dungerness, mais les résultats de cette application provisoire n'avaient pas été rendus publics. Il était donc temps de faire, parmi nous, l'essai du nouveau mode d'éclairage. C'est ce qui avait motivé le premier rapport de M. Reynaud dont il vient d'être parlé. Une décision du Ministre des travaux publics, datée du 14 juillet 1863, ordonna l'essai de la lumière électrique dans l'un des phares de premier ordre du cap de la Hève, près du Havre.

C'est à partir du 26 décembre 1863, que la lumière électrique engendrée par des courants d'induction, a été appliquée, à l'un des deux phares de premier ordre à feu fixe, qui signalent le cap de la Hève.

Le choix de cette position a été déterminé par plusieurs motifs. Le Havre est assez près de Paris pour qu'une surveillance assidue puisse être exercée par les ingénieurs et l'administration. L'existence de deux phares voisins au cap de la Hève rend les essais moins périlleux. Grâce au phare alimenté par l'huile, les navigateurs ne devaient pas rester sans guide, en cas d'une extinction momentanée de la lumière électrique. Enfin, il était possible de faire des observations suivies sur les mérites comparatifs des deux systèmes d'éclairage, en observant concurremment les deux phares voisins.

Les phares de la Hève (*fig.* 293) ne sont séparés que par un intervalle d'une centaine de mètres : ils sont situés sur une ligne orientée à peu près du sud au nord. Leurs foyers dominent de 121 mètres le niveau des plus hautes mers. C'est le phare du sud, c'est-à-dire celui qui est le plus rapproché de la côte, qui a été éclairé à la lumière électrique. Voici, en peu de mots, les dispositions qui ont été adoptées pour l'installation de cet éclairage.

Les deux machines magnéto-électriques à quatre disques et seize bobines, qui sont mises en mouvement chacune par une petite machine à vapeur, ont été établies dans un bâtiment construit au pied du phare. Deux petits appareils optiques lenticulaires, portant, au lieu de lampes, le régulateur électrique, ont été superposés dans une lanterne adossée contre l'angle sud-ouest d'un pavillon de forme carrée, de construction spéciale. Tous ces appareils ont été établis en double, pour mettre le service à l'abri d'une interruption accidentelle. De plus, on a ainsi le moyen de doubler à volonté l'intensité de l'éclairage.

En faisant fonctionner une seule des deux machines, on obtint une lumière équivalant à 3,500 becs Carcel. C'était cinq fois et demie l'intensité de la lumière du phare du nord, qui continuait d'être éclairé à l'huile de colza. L'intensité de cette dernière lumière n'est, en effet, que 630 becs de lampe Carcel.

Les principales questions qu'il s'agissait de résoudre par de fréquentes comparaisons des deux phares, portaient sur la régularité de l'éclairage, sur l'influence des temps de brume, et sur les frais d'entretien. A cet effet, les deux feux ont été observés trois fois par nuit, et à la même heure, par les gardiens des phares de Honfleur, de Fatouville et de la pointe de Ver, distants respectivement de 15, de 21 et de 46 kilomètres. D'après les résultats de ces observations comparatives, c'est-à-dire les proportions de visibilité sur 100 observations, pour le feu électrique et le feu à l'huile, on est arrivé aux conclusions suivantes.

A des distances de 15 à 20 kilomètres (8 à 10 milles marins), la visibilité des deux feux est à peu près la même ; la supériorité du feu électrique n'est que de 2 à 4 pour 100. Sur 100 observations faites à Fatouville, le feu à huile a été éteint 23 fois par la brume, le feu électrique 21 fois, et encore les deux machines étaient-elles alors en mouvement, de sorte que l'éclat du phare électrique était de 7,000 becs, tandis que celui de l'autre phare ne s'élevait qu'à 630 becs. A la pointe de Ver, le feu à l'huile a été invisible 67 fois sur 100, tandis que le feu électrique n'a disparu dans la brume que 59 fois. A cette distance, l'avantage est donc plus prononcé.

En résumé, la différence de portée entre les deux feux alimentés par l'huile et par l'électricité, est d'autant plus grande que la distance à laquelle on peut les apercevoir est plus considérable, c'est-à-dire que l'atmosphère est transparente ; c'est surtout au loin que le feu électrique s'est montré plus souvent que l'autre. Quelques navigateurs ont déclaré, en outre, qu'ils ont encore reconnu la position du cap de la Hève à une lueur qui enveloppait le phare électrique, alors que la brume était assez épaisse pour masquer complétement les deux feux.

Auprès des marins, le succès de l'éclairage électrique a été complet. Ils ont déclaré avoir toujours aperçu le phare du sud avant celui du nord. C'est que le feu électrique a toujours une portée supérieure à celle du feu à l'huile.

Quant à la question de la régularité de l'éclairage, il est survenu, pendant une période de quinze mois, dix accidents. Cinq provenaient de la machine à vapeur, et ont amené des extinctions, dont la durée a varié de trois à quinze minutes ; ils étaient dus à un défaut de surveillance de la part d'un des mécaniciens, et ne se sont plus renouvelés qu'une seule fois en huit mois après le remplacement de cet agent. Les appareils magnéto-électriques ont donné lieu, à leur tour, à deux accidents : le premier a causé une extinction de dix minutes, l'autre seulement une légère oscillation de la flamme. Des mesures ont été prises pour en prévenir le retour. Les trois autres accidents ont porté sur les régulateurs et n'ont pas produit d'extinction. Ainsi, malgré la complication des mécanismes, les accidents ont été relativement rares, ce qui est un argument en faveur de la valeur pratique du nouveau mode d'éclairage.

Arrivant à la question des frais d'entretien, M. Reynaud la résout à l'avantage de la lumière électrique.

Les dépenses annuelles du phare électrique, dit M. Léonce Reynaud, dans un second rapport au Ministre, se sont élevées un peu plus haut que celles du phare alimenté à l'huile ; mais l'intensité du premier l'emportant de beaucoup sur celle du second, le prix de l'unité de lumière envoyée à l'horizon s'est trouvé réduit dans une très-forte proportion. »

A la suite des expériences comparatives faites au cap de la Hève, la Commission des phares se prononça en faveur de la nouvelle lumière. Elle proposa d'éclairer définitivement à la lumière électrique les deux phares de la Hève, en employant des machines plus puissantes que celles qui avaient été essayées.

Une décision ministérielle, en date du 23 mars 1865, sanctionna ce projet. Les nouveaux appareils fonctionnent au cap de la Hève, depuis le 2 novembre 1865. L'action motrice est fournie par deux machines à vapeur, de la force de cinq chevaux, qui mettent en mouvement quatre machines *magnéto-électriques* à six disques de seize bobines. Cet appareil est installé dans un bâtiment spécial situé à mi-chemin entre les deux phares. En temps ordinaire, une seule machine à vapeur fonctionne et fait marcher une machine magnéto-électrique pour chaque phare. En temps de brume, tous les appareils sont doublés.

Les régulateurs de la lumière ont été fournis par M. Serrin. L'intensité du faisceau lumineux émané de l'appareil lenticulaire est de près de 5,000 becs Carcel. Deux machines fonctionnant simultanément produisent donc une lumière qui équivaut à l'énorme puissance éclairante de 10,000 becs Carcel ! Cette intensité exceptionnelle sera, dit-on, nécessaire pendant près de 400 heures par an (1/10ᵉ de l'année, en ne comptant que les heures de la nuit).

Les frais de premier établissement des appareils d'éclairage, sont, sans aucun doute, plus considérables pour la lumière électrique que pour les lampes à huile. Il faut deux salles de plus pour établir les machines ; et le personnel est augmenté de deux hommes. L'eau douce, nécessaire pour la machine à vapeur, manquant presque toujours, doit être demandée à de vastes citernes qui recueillent les eaux pluviales. De là des dépenses supplémentaires ; au cap de la Hève, elles se sont élevées à 46,000 francs.

En ce qui concerne les appareils optiques, l'avantage est du côté de la lumière électrique. Pour les deux phares de la Hève, on a dépensé 72,800 fr., tandis qu'on en aurait dépensé 94,000, si l'on y avait installé des lanternes à l'huile. L'économie serait pourtant moins prononcée, s'il s'agissait d'un phare ne comportant qu'un seul feu.

En comptant 3,900 heures d'éclairage utile par an, on trouve, dit M. Reynaud, que l'heure d'éclairage électrique coûte 2 francs 18 centimes pour chacun des deux phares de la Hève, et que l'heure d'éclairage à l'huile coûtait seulement 1 franc 94 centimes. Mais en considérant que l'intensité de la lumière électrique est aujourd'hui huit fois plus grande que celle du feu à l'huile, on trouve que le prix de l'unité de lumière est, toute proportion gardée, sept à huit fois moins élevé lorsqu'on emploie l'électricité.

Le succès de l'éclairage électrique du phare de la Hève a déterminé l'application de ce système à un autre phare de premier ordre. Depuis le mois de décembre 1868, l'éclairage électrique a été installé au phare du cap Gris-Nez sur la côte de la Manche. Dans l'état actuel, nous possédons, on le voit, deux phares importants desservis par la nouvelle source lumineuse.

La lumière électrique n'a encore été employée que dans les phares à feux fixes ; mais des études ont été faites dans le but de l'appliquer également à la production des feux à éclipses. La Commission des phares français, à laquelle les résultats de ces études ont été soumis, est d'avis que le problème est complétement résolu, et la construction d'appareils qui produiront des feux électriques mobiles, est déjà chose décidée.

Toutefois, il faut le dire, l'éclairage électrique ne paraît pas devoir prendre une bien grande extension sur notre littoral. Il n'offre pas d'économie sensible quand les feux doivent être d'un faible éclat, et c'est justement le cas le plus fréquent. D'un autre côté, l'entretien de la lumière électrique est difficile et réclame souvent la main d'un physicien expérimenté. Comment pouvoir songer à établir ce système dans les stations isolées en mer, et peu accessibles ? L'avenir seul pourra nous apprendre à surmonter les difficultés qui s'opposent encore à l'usage général de ce remarquable système d'illumination des phares.

CHAPITRE VII

L'INTÉRIEUR D'UN PHARE. — MÉCANISME. — LANTERNE. — MAGASINS. — LOGEMENTS DES GARDIENS. — RÈGLEMENTS A L'USAGE DES GARDIENS DES PHARES FRANÇAIS.

Les phares modernes ne comportent pas cette richesse d'ornementation qui distinguait les phares anciens et qui en faisait, pour ainsi dire, des œuvres d'art. Ce qu'on recherche surtout aujourd'hui dans ces monuments, c'est la simplicité, la stabilité de la construction, l'harmonie des proportions, et une bonne distribution intérieure. Les phares sont, avant tout, des établissements d'utilité publique, il n'y a donc pas lieu d'en faire des merveilles d'architecture, d'autant plus qu'ils sont généralement situés loin de tout centre de population. M. Léonce Reynaud nous apprend que sur 44 phares de premier ordre allumés sur les côtes de France, le 1ᵉʳ janvier 1864, deux seulement se trouvaient dans des villes: ceux de Dunkerque et de Calais.

Après l'appareil proprement dit, les principales choses à considérer dans un phare, sont : la tour et son escalier, la chambre de l'appareil, les magasins, les logements des gardiens et les pièces affectées aux ingénieurs en surveillance. Nous les passerons successivement en revue.

Les phares devant être, par leur destination même, aussi élevés que possible, on les place ordinairement sur des éminences, des falaises, ce qui permet de maintenir leurs dimensions dans des limites raisonnables. Il est clair, en effet, que plus le sol est bas, plus il faut que l'édifice soit lui-même surélevé. La hauteur de la tour varie, d'ailleurs, avec un autre élément, savoir, la portée qu'on veut attribuer au feu, ou, — ce qui est la même chose, — l'ordre du phare. Le foyer d'un phare de premier ordre, doit être élevé au moins de 40 ou 45 mètres au-dessus du niveau de la haute mer, car cette altitude correspond à une portée de 30 kilomètres seulement. Le phare le plus élevé du littoral français est celui de Cordouan, dont la hauteur n'est pas moindre de 63 mètres.

Lorsque la position d'un phare est telle, qu'il domine suffisamment l'espace maritime, on se borne à lui donner assez de hauteur pour que les glaces de la lanterne n'aient rien à craindre des tentatives malveillantes, ou du choc des pierres que soulèvent les vents tempêtueux. Une hauteur de 12 mètres, mesurée depuis la base jusqu'à la plate-forme supérieure de la tour, suffit, dans la plupart des cas, à prévenir ces accidents; mais l'action du vent se fait quelquefois sentir plus haut.

A l'extérieur, les tours sont carrées, octogonales ou circulaires, selon les circonstances. La forme carrée prévaut pour les tours de faible hauteur, situées en terre ferme. Les deux autres formes sont réservées pour la construction des phares que baigne la mer, et pour les tours de grande hauteur, parce qu'elles offrent moins de prise au choc des vagues et à l'action du vent.

Nous signalerons à ce propos un phénomène très-curieux : c'est l'oscillation des tours, sous l'influence du vent. Cette oscillation se reconnaît facilement dans presque tous les phares dont la hauteur dépasse 40 mètres, car elle se traduit par des effets très-appréciables sur les personnes et les choses. Dû à l'élasticité de la maçonnerie, ce balancement ne nuit en aucune façon à la solidité de l'édifice, vu la grande épaisseur de ses murailles. Cependant, si cette épaisseur était moindre, il pourrait en résulter l'écroulement de la tour. Il serait intéressant de savoir jusqu'à quel point l'épaisseur de la maçonnerie pourrait être réduite, sans que la stabilité de l'édifice fût compromise ; mais ce problème présente certaines difficultés, et d'ailleurs sa solution n'est pas indispensable, puisque nos phares, tels qu'ils sont construits, supportent parfaitement les effets des vents et de la tempête.

La cavité intérieure des tours est généralement cylindrique, et presque toujours égale, en diamètre, à celle de la lanterne. Elle ne mesure jamais moins de $3^m,50$ dans les phares de premier ordre, de 3 mètres dans ceux du second, de $2^m,50$ dans ceux du troisième, et de $1^m,40$ dans ceux du quatrième ordre. Elle dépasse même fréquemment ces limites. Le diamètre intérieur de la tour, qui est de $3^m,70$ dans le phare de Calais, atteint 4 mètres dans celui du cap la Hague et $4^m,20$ dans celui des Héaux de Bréhat.

La tour d'un phare est toujours couronnée par une plate-forme, autour de laquelle règne une balustrade, en fer galvanisé, en bronze, en pierre ou en brique, suivant les dépenses qu'on veut faire et la place dont on dispose. Au milieu de cette plate-forme s'élève une construction cylindrique, dont l'intérieur constitue la chambre de l'appareil, et dans laquelle sont scellés les montants de la lanterne. Autour de ce soubassement reste ainsi ménagée une galerie, plus ou moins large, qui permet aux gardiens de nettoyer extérieurement les glaces de la lanterne.

Il est d'une grande importance que la chambre de l'appareil soit tenue avec la plus rigoureuse propreté, et que la poussière n'y séjourne point. Dans ce but, on emploie le marbre pour former le dallage et les parois de la chambre de l'appareil.

La figure 294 représente la coupe de la lanterne d'un phare de premier ordre.

Dans les phares des trois premiers ordres, les armatures des appareils optiques sont supportées par une colonne creuse en fonte, A, scellée, à son pied, dans la voûte qui soutient la chambre, et terminée, à son extrémité supérieure, par la table de l'appareil, qui est également en fonte. Des montants en fer partent de cette table et vont se réunir au-dessus du *tambour optique*, en un cercle sur lequel reposent les lentilles.

Quant au *tambour optique* lui-même, c'est-à-dire à la réunion des lentilles à échelons et des anneaux lenticulaires, B, C, H, B', C', H', son mouvement de rotation s'opère sur un chariot à galets verticaux, qui roulent entre deux plateaux, l'un supportant l'appareil mobile, l'autre reposant sur le chapiteau de la colonne en fonte. Ce dernier plateau est en acier, et les galets sont en bronze.

Les parties mobiles des appareils optiques reçoivent leur mouvement de rotation d'une machine d'horlogerie M, que met en action un poids de 75 kilogrammes environ, dans les phares de premier ordre. Une corde a se réfléchissant sur deux poulies b, c, transmet aux rouages d'horlogerie l'action de ce poids.

Le mouvement d'horlogerie est ordinairement placé à côté de l'appareil d'éclairage, et communique avec lui par l'intermédiaire d'une roue dentée sur laquelle on agit à volonté au moyen d'une manivelle, m.

La lanterne LL, est toujours polygonale, et le nombre de ses côtés varie suivant l'ordre du phare. On y compte 16 côtés dans les phares du premier ordre, 12 dans ceux du second, 10 dans ceux du troisième, et 8 dans ceux du quatrième ordre.

Les glaces du vitrage ont 8 millimètres d'épaisseur, et cependant elles sont quelque-

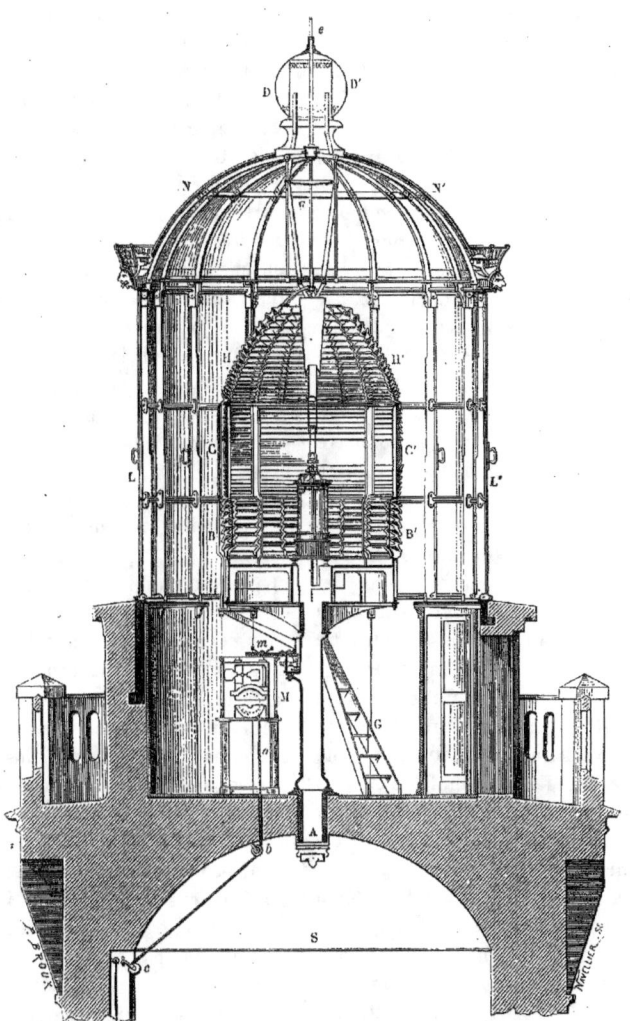

Fig. 294. — Coupe verticale de la lanterne d'un phare de premier ordre.

fois brisées par le choc des oiseaux de mer qu'attire l'éclat de la lumière. Dans une nuit, neuf des glaces du phare du cap Ferret furent mises en pièces. Au phare de Bréhat, comme nous le raconterons plus loin, une oie sauvage vint s'abattre sur la lampe, qu'elle brisa, après avoir passé à travers les glaces de la lanterne.

L'expérience ayant prouvé que certains phares sont plus exposés que d'autres aux attaques des oiseaux de mer, on entoure leur lanterne d'un grillage en fil de laiton, qui a l'inconvénient d'affaiblir l'intensité de la lumière, cependant ce grillage devient inutile au bout de quelques années ; car le nombre des oiseaux dévastateurs décroît progressivement depuis le moment de l'établissement du phare.

La lanterne est surmontée d'une coupole, NN', formée de feuilles de cuivre rouge, assemblées par des boulons. Au sommet de cette coupole est établie une petite cheminée, par laquelle se dégagent l'air qui circule dans la lampe, ainsi que les produits de la combustion ; au-dessus est une sphère DD' traversée par un petit tube d'évacuation e. Cette sphère est elle-même surmontée d'un paratonnerre avec pointe en platine et conducteur en cuivre rouge.

Dans les phares très-élevés, il existe au-dessous de la chambre de l'appareil, une chambre dite *de service*, S, où couche l'un des deux gardiens qui sont de quart pendant la nuit. Si son collègue a besoin de lui à un moment donné, il peut ainsi se rendre immédiatement à son appel. Cette chambre sert également de magasin pour divers objets relatifs à l'éclairage, tels que lampes de rechange, verres, vases à huile, etc. Elle manque dans les phares de quatrième ordre, qui exigent une moins grande surveillance pendant la nuit.

La plupart des phares, construits en terre ferme, sont occupés dans presque toute leur hauteur, par un escalier intérieur. Cet escalier ne part pas toujours de la base du phare, où se trouve quelquefois établi un vestibule ; il ne commence alors qu'au premier étage. Il ne pénètre pas dans la chambre de service, attendu qu'il y prendrait trop de place ; il s'arrête à 2 ou 3 mètres au-dessous, et se prolonge par un petit escalier en fonte, étroit et rapide. Un autre escalier semblable G conduit de la chambre de service, S, dans celle de l'appareil. Des tambours en menuiserie recouvrent les paliers de ces escaliers afin de mettre obstacle à la violente introduction de l'air dans la lanterne.

La disposition de l'escalier n'est pas la même dans les phares qui sont baignés par la mer, ou dans ceux qui s'élèvent sur des rochers isolés. Les chambres, qui s'étagent sur toute la hauteur de la tour, sont quelquefois reliées entre elles par de petits escaliers en fonte. D'autres fois l'escalier est pratiqué dans une tourelle adossée à la tour principale, ou dans une cage cylindrique prise dans l'épaisseur de la maçonnerie.

La salle destinée aux ingénieurs en tournée d'inspection, est parquetée, lambrissée et meublée avec tout le confortable qu'on peut désirer. Elle se trouve à des hauteurs diverses, suivant les dispositions de l'édifice.

Le nombre et les dimensions des magasins varient avec l'importance du phare. Dans les phares du premier et du second ordre, on compte deux pièces réservées pour cette fin ; dans ceux du troisième et du quatrième ordre, il n'y en a qu'une seule. Les huiles sont renfermées dans des caisses en chêne, doublées en fer-blanc. Tous les accessoires des lampes sont rangés dans des armoires vitrées, à l'abri de la poussière et de l'humidité.

Dans les phares qui s'élèvent sur le continent, les magasins se composent souvent de constructions accessoires, qui flanquent la base de la tour. Mais dans les phares isolés en mer, ils sont logés au sein de la tour même, et le peu de place dont on dispose conduit à les faire aussi exigus que possible.

La figure 295, qui montre, grâce à une coupe verticale, l'intérieur de l'un des plus beaux phares français, celui de Bréhat, dont nous parlerons plus loin, permet de comprendre toutes les dispositions que nous venons de décrire concernant l'intérieur d'un phare.

Il y a toujours au moins trois gardiens dans les phares du premier ordre et deux dans ceux du second et du troisième ordre. Un seul suffit pour les fanaux. C'est ordinairement un homme marié, qui est logé avec sa famille dans l'établissement.

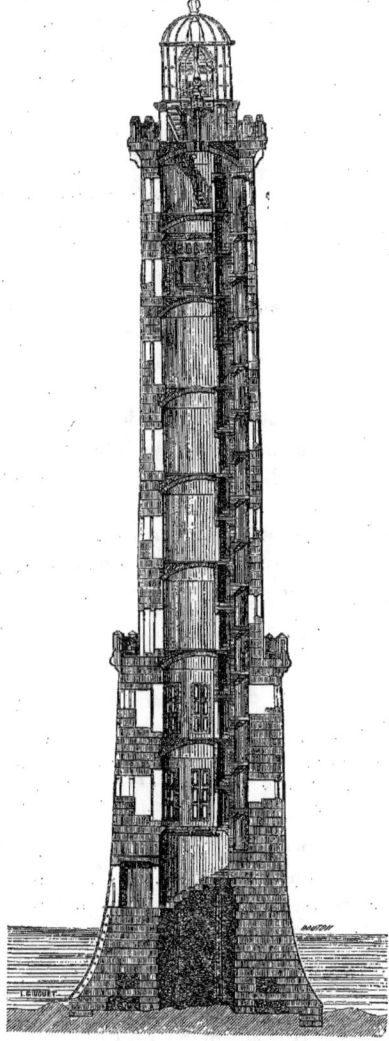

Fig. 295. — Coupe verticale du phare de Bréhat.

Le logement est toujours situé près de la tour, de telle sorte que de l'une des fenêtres on puisse apercevoir la lumière du phare. Quelquefois il y est attenant. Il se compose d'une ou deux pièces avec cheminée, d'un grenier, et dans certains cas, d'un caveau, le tout accompagné d'une cour et d'un petit jardin.

Les familles des gardiens étaient autrefois logées, dans les phares des trois premiers ordres; mais on dut renoncer à cette coutume, à cause des divisions auxquelles elle donnait lieu et des négligences qui en résultaient dans le service. Les logements des gardiens se composèrent donc dorénavant d'une seule chambre et d'une cuisine commune.

Cependant on ne tarda pas à reconnaître les inconvénients de ce système. Il y avait d'ailleurs de la cruauté à séparer de leurs familles des hommes complétement privés de distractions, en même temps que, par ce fait même, on augmentait leurs dépenses. On s'est donc arrêté à ceci : les logements sont situés hors de la tour, et possèdent chacun une entrée spéciale, ce qui les rend tout à fait indépendants les uns des autres. Ils sont adjoints au monument, ou absolument isolés. Aux phares de la Hève, ils sont placés, comme on l'a vu (*fig.* 293, page 457), entre les deux tours.

Chaque logement se compose de deux chambres, avec cheminée, et d'un ou deux cabinets; une petite cour se trouve derrière. Quand cela est possible, on accorde à chaque gardien une portion de terrain, qu'il cultive selon sa convenance. Il se distrait ainsi, et en même temps il améliore ses moyens d'existence.

Le choix de l'exposition d'un phare n'est pas indifférent. On doit s'arranger de façon que les grandes ouvertures soient tournées du côté opposé aux vents régnants, et que les logements reçoivent les rayons du soleil.

En France, les meilleures expositions sont comprises entre le sud et l'est.

Nous terminerons ce chapitre en citant quelques articles du règlement des gardiens des phares et fanaux des côtes de France.

Le personnel des agents du service des phares et fanaux, se compose de maîtres de phare et de gardiens, placés sous les ordres des ingénieurs et conducteurs des ponts et chaussées. Ils sont nommés par le préfet du département, sur la proposition de l'ingénieur en chef.

Le traitement annuel des maîtres de phares est fixé à 1,000 francs.

Il y a six classes de gardiens, auxquelles correspondent les appointements suivants :

1re classe, 850 francs ; 4e classe, 625 francs ;
2e classe, 775 francs ; 5e classe, 550 francs ;
3e classe, 700 francs ; 6e classe, 475 francs.

Il est alloué, en outre, à chaque maître ou gardien, une certaine quantité de bois de chauffage ou de charbon de terre.

Les maîtres et les gardiens des phares isolés en mer, reçoivent des indemnités pour vivres de mer, lesquelles sont fixées par l'Administration suivant les circonstances.

Les maîtres de phares sont chargés de la direction du service de plusieurs phares ou fanaux. Ce titre peut être accordé aux chefs-gardiens qui l'ont mérité par des services exceptionnels.

Les maîtres de phares et les chefs-gardiens sont responsables de l'ensemble du service et de la réception des huiles. Ils sont principalement chargés de la tenue des registres et de la correspondance.

Les gardiens attachés aux phares des trois premiers ordres, sont astreints à surveiller la flamme de l'appareil, pendant toute la durée des nuits. A cet effet, ils sont successivement de quart. Ils sont tenus de rester dans le phare pendant toute la nuit, et il doit toujours y en avoir au moins un dans la chambre de service, pour venir, en cas de besoin, au secours de celui qui est de quart.

L'allumage des lampes doit être commencé un quart d'heure après le coucher du soleil, de manière que la flamme soit en plein effet à la chute du jour.

Durant le jour, les gardiens ne doivent jamais s'absenter du phare tous à la fois. Ils ne peuvent admettre de visiteurs que lorsque le service du matin est complétement terminé, et lorsqu'il doit s'écouler encore une heure au moins avant le coucher du soleil. Ils doivent les accompagner partout, ne point les laisser toucher à l'appareil, et leur faire préalablement inscrire leurs noms et adresses sur un registre spécial. Deux personnes seulement peuvent pénétrer à la fois dans la lanterne.

Les gardiens sont tenus de prêter tous les secours en leur pouvoir aux navigateurs ainsi qu'aux naufragés, et de leur offrir asile en cas de besoin ; mais sans jamais interrompre la surveillance du feu.

En cas de négligence dans le service ou d'actes répréhensibles, les punitions encourues sont : la retenue d'une partie du traitement et la révocation.

Telles sont les principales dispositions réglementaires du service des phares et fanaux des côtes de France.

CHAPITRE VIII

DÉVELOPPEMENT DE L'ÉCLAIRAGE MARITIME CHEZ LES DIVERSES NATIONS EUROPÉENNES ET AUX ÉTATS-UNIS. — DISTRIBUTION GÉOGRAPHIQUE ET CARTE DES PHARES FRANÇAIS.

L'immense développement qu'a pris l'éclairage maritime chez les diverses nations du monde civilisé, ne date guère que de l'année 1830 environ. A cette époque, à l'exception de la Grande-Bretagne, où existaient déjà des phares nombreux, le littoral européen était encore très-imparfaitement éclairé. D'après M. Léonce Reynaud (1), on ne comptait alors en France, que 63 phares, en Espagne 15, en Russie 18, aux États-Unis 130 ;

(1) *Rapports du Jury international de l'Exposition universelle de 1867.* Paris, 1868, in-8. Tome X, page 337, article PHARES.

la Hollande et l'Italie n'en possédaient qu'un nombre fort restreint ; la Turquie n'en avait pas un seul ; en outre, presque tous ces feux étaient de portée médiocre.

A partir de cette époque, la France ayant appliqué sur toute l'étendue de ses côtes, le système lenticulaire, exécuta, dans cette direction, des travaux considérables. Bientôt les autres nations européennes se mirent en devoir de l'imiter. L'activité fut si grande, qu'au 1er janvier 1867, on comptait sur le littoral anglais, 556 phares de divers ordres ; 291 sur le nôtre, l'Algérie non comprise ; 151 en Espagne, 145 en Italie, 115 en Hollande, 103 en Russie, 114 en Turquie et 413 aux États-Unis.

Dans l'espace de cinq années, de 1862 à 1867, le nombre des feux nouvellement installés s'est élevé à 68 pour l'Angleterre, à 37 pour la France, à 58 pour l'Espagne, à 53 pour l'Italie, à 21 pour la Hollande, à 31 pour la Russie et à 55 pour la Turquie.

NOM DE LA PUISSANCE MARITIME.	NOMBRE DE FEUX DE DIVERS ORDRES au 1er janvier 1867.	DÉVELOPPEMENT DU LITTORAL en kilomètres.	ESPACEMENT MOYEN DES FEUX en kilomètres.
France............	291	3,806	13,08
Grande Bretagne .	556	9,204	16,55
Espagne..........	151	3,130	20,73
Italie............	145	5,473	37,74
Hollande [1]......	175	1,685	14,65
Russie d'Europe..	97	11,955	123,24
Russie d'Asie....	6	16,798	2799,61
Turquie d'Europe.	41	4,195	102,31
Turquie d'Asie....	73	6,251	85,62
États-Unis........	413	13,057	31,01

[1] La plupart des feux de la Hollande, éclairant des canaux intérieurs, sont de très-faible portée.

D'après ces chiffres, il semble que le pays le mieux pourvu de phares, ce soit l'Angleterre. Cette illusion disparaîtra, si l'on compare la quantité des feux établis dans l'une et l'autre contrée, avec l'étendue des côtes qu'ils éclairent ; et c'est là évidemment le seul moyen d'apprécier exactement le développement comparatif de l'éclairage maritime chez les différentes nations. On verra par le tableau ci-joint, dressé par M. Léonce Reynaud, que la France occupe, sous ce rapport, le premier rang ; l'Angleterre ne vient qu'en seconde ligne.

Dans son *Mémoire sur l'éclairage et le balisage des côtes de France*, M. Reynaud a donné un état fort détaillé de nos feux maritimes au 1er janvier 1864. Il en résulte qu'à la date indiquée, le nombre de ces feux s'élevait à 275, dont 43 phares de premier ordre, 6 de second ordre, 35 de troisième ordre et 186 de quatrième ordre. Le nombre de 275 était complété par 5 feux flottants ; nous parlerons plus tard des feux de cette espèce.

Nous n'entreprendrons pas l'énumération de ces 275 phares, avec l'indication de leur position, du caractère des feux, de leur portée lumineuse, de la hauteur du foyer au-dessus du sol et des hautes mers, etc. Un pareil travail dépasserait le cadre de cette Notice. Nous nous contenterons de dire comment sont distribués les quarante-trois phares de premier ordre, sur toute l'étendue du littoral français.

En descendant du nord au sud, nous rencontrons d'abord le phare de Dunkerque, dans le département du Nord ; — le phare de Calais, — celui du cap Gris Nez, à 9 milles au nord de Boulogne, — les deux phares de l'embouchure de la Canche (Pas-de-Calais) ; — le phare de l'Ailly, sur le cap de ce nom, — le phare de Fécamp, — les deux phares de la Hève (Seine-Inférieure) ; — le phare de Fatouville (Eure) ; — le phare de la pointe de Barfleur, — celui du cap de la Hague (Manche) ; — le phare du cap Fréhel, — celui des Héaux de Bréhat (Côtes-du-Nord) ; — le phare de l'île de Bar, — celui du Stiff, sur la pointe N.-E. de l'île d'Ouessant, — celui de la pointe de Créac'h, à l'extrémité N.-O. de la même île, — celui de l'île de Sein, celui du bec de Raz de Sein, et celui de Penmarc'h, sur la pointe de ce nom (Finistère) ; — le phare de l'île de Groix (Morbihan) ; — le phare de l'île

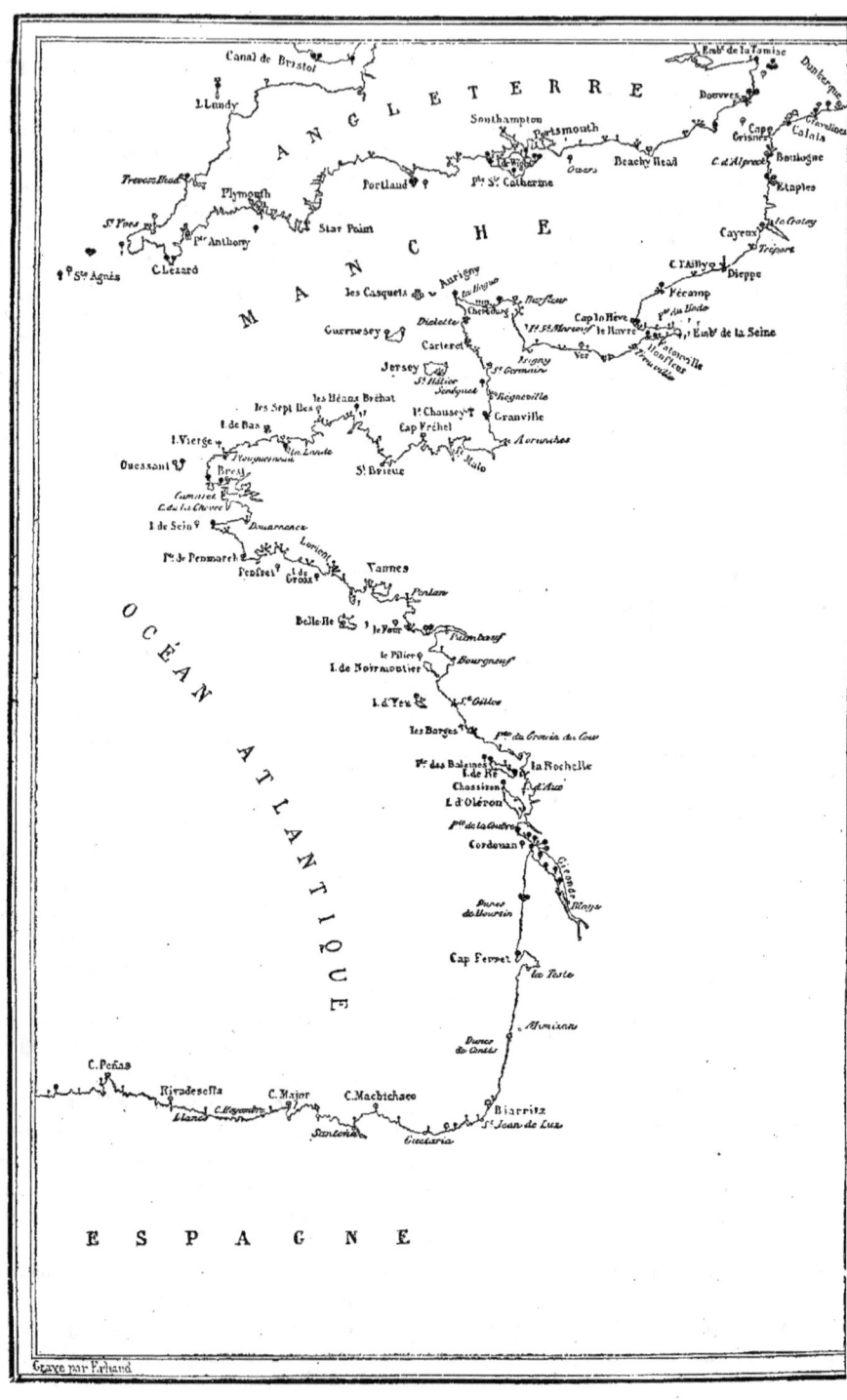

RÉDUCTION
de la
CARTE DES PHARES
DES CÔTES
DE FRANCE
Dressée sous la Direction de
LA COMMISSION DES PHARES

EXPLICATION DES SIGNES.

- Phare à feu fixe.
- Phare à éclipses.
- Phare à feu varié par des éclats.
- Phare à feu fixe blanc varié par des éclats colorés.
- Fanal ou feu de Port.

d'Yeu (Loire-Inférieure) ; — le phare des Baleines, sur la pointe N.-O. de l'île de Ré ; — celui de Chassiron, sur la pointe N.-O. de l'île d'Oléron (Charente-Inférieure) ; — le phare de Cordouan, — les deux phares des dunes de Hourtin, entre l'embouchure de la Gironde et le cap Ferret ; — celui du bassin d'Arcachon, sur le cap Ferret (Gironde) ; — le phare des dunes de Contis, entre le même cap et l'embouchure de l'Adour (Landes) ; le phare de Biarritz (Basses-Pyrénées) ; — le phare du cap Béarn, près Port-Vendres (Pyrénées-Orientales) ; — le phare d'Agde, à 5,200 mètres au N.-E. de l'embouchure de l'Hérault (Hérault) ; — le phare de la Camargue ou de Pharaman, — celui de Planier, à 8 milles S.-O. de l'entrée du port de Marseille ; — celui de l'île de Porquerolles ; — celui du cap Camarat (Bouches-du-Rhône) ; — le phare d'Antibes ou de la Garouppe (Alpes-Maritimes) ; le phare du cap Corse ou de l'île de Giraglia, — celui du golfe de Calvi, celui du golfe d'Ajaccio ou de la grande île Sanguinaire ; — celui du mont Pertusato, à 2 milles S.-E. de Bonifacio, — et celui de Porto-Vecchio, à l'entrée du golfe du même nom (Corse).

La carte qui occupe les deux pages précédentes, est la reproduction de la grande carte publiée en 1864, d'après l'ordre de l'Empereur, par les soins et les études de l'administration des Phares.

CHAPITRE IX

DESCRIPTION DES PRINCIPAUX TYPES DES PHARES FRANÇAIS. — PHARES DES PREMIER, DEUXIÈME ET TROISIÈME ORDRES EN MAÇONNERIE, EN CHARPENTE OU EN FER. — LES PHARES DE CORDOUAN, DE BRÉHAT, DE LA HÈVE, DE TRIAGOZ, — DE PONTAILLA, — DE WALDE. — PHARES DE QUATRIÈME ORDRE OU FANAUX.

Nous pouvons maintenant passer à la description des principaux types des phares français. Cette revue nous permettra de vérifier par des exemples particuliers ce que nous avons précédemment indiqué d'une manière générale, touchant les dispositions intérieures de ces édifices.

Les phares français se divisent en quatre groupes : phares de premier, de deuxième, de troisième et de quatrième ordre. Cette division entre les phares de premier, deuxième et troisième ordre, a moins d'importance qu'elle ne le paraît au premier abord, puisque la différence entre ces types ne tient qu'à la portée de leurs feux, et que pour faire varier cette portée, il suffit de modifier d'une manière très-simple, et d'ailleurs méconnaissable de l'extérieur, l'appareil d'éclairage. Aussi comprendrons-nous dans la même description les phares des premier, deuxième et troisième ordres.

Pour faciliter cet exposé, nous considérerons les phares français selon qu'ils sont construits, 1° en maçonnerie, 2° en charpente de bois, 3° en fer.

Phares en maçonnerie. — Parmi les phares en maçonnerie, nous citerons celui de *Cordouan*, ceux de *la Hève*, celui des *Héaux de Bréhat* et celui de *Triagoz*.

Le phare de Cordouan est situé à l'embouchure de la Gironde, sur un rocher émergeant, que 3 mètres d'eau viennent recouvrir à la haute mer. Au point de vue de l'ampleur des proportions, de la majesté de l'aspect, de la richesse de l'ornementation et de l'excellence de la distribution intérieure, ce phare occupe le premier rang, non-seulement parmi les monuments analogues de la France, mais encore parmi ceux du monde entier.

Commencé sous le règne de Henri III, en 1584, il ne fut terminé qu'en 1610, l'année même de la mort de Henri IV ; mais on l'a restauré et agrandi à diverses reprises.

A l'origine, il se composait, comme on l'a vu (*fig.* 271, page 425) d'une plate-forme circulaire, défendue par un large parapet, au milieu de laquelle s'élevait la tour, divisée elle-même en quatre étages, non compris la lanterne. Un grand vestibule carré et quatre petites chambres servant de logements et de magasins, occupaient la totalité du rez-de-chaussée. On arrivait au premier étage par un vaste escalier placé vis-à-vis de la porte d'entrée, et l'on se trouvait dans une salle semblable au vestibule, décorée, on ne sait trop pourquoi, du titre d'*appartement du roi*. On sortait de cette pièce sur une première galerie extérieure, reproduite au second étage, dont l'emplacement avait été utilisé pour l'installation d'une chapelle. Cette chapelle, de forme circulaire et terminée en dôme, était ornée à l'extérieur, d'élégants pilastres corinthiens et de fines sculptures. Un portail et des entre-colonnements décoraient également la façade et tout le pourtour du rez-de-chaussée.

Quoique ayant été restaurées, ces diverses parties, encore debout aujourd'hui, n'ont pas subi de modifications importantes depuis l'époque de leur construction ; mais le reste de l'édifice a été refait et considérablement augmenté vers la fin du XVIII° siècle, lors de l'exhaussement de la tour par Teulère, inventeur des réflecteurs paraboliques et des appareils à éclipses. Déjà en 1727, sous Louis XV, une lanterne en fer avait été substituée à la lanterne primitive, qui alors était tout entière en maçonnerie, et qui, par cela même, présentait le grave défaut d'intercepter une partie des rayons lumineux. Ce ne fut qu'en 1786 qu'on se décida à augmenter la hauteur de la tour, afin de donner au feu une plus grande portée. L'élévation du foyer au-dessus des plus hautes mers, qui n'était jusqu'alors que de 37 mètres, fut portée ainsi à 63 mètres.

Au point de vue de l'art, le monument y perdit. Comme on peut s'en convaincre par l'inspection de notre gravure (*fig.* 296), il y a discordance entre les anciennes parties de la construction et les nouvelles, et les étages supérieurs de l'édifice contrastent singulièrement, par leur nudité, avec ce qui subsiste au bas de l'édifice, de l'architecture du XVI° siècle. Néanmoins le phare de Cordouan conserve un caractère de grandeur, auquel on ne peut s'empêcher de rendre hommage, lorsque ce magnifique monument surgit du sein de la mer, aux yeux étonnés du spectateur.

Au-dessus de la porte de la chapelle, on a placé le buste de l'architecte Louis de Foix, avec une inscription que nous nous dispenserons de reproduire, car elle n'est qu'un parfait galimatias, digne reflet de la littérature de ce temps.

Dans la figure 296, qui représente l'extérieur du phare actuel, on a supposé la plate-forme inférieure coupée par un plan vertical, afin de laisser à découvert la partie inférieure de la façade de la tour, et de la montrer ici dans toute sa hauteur.

On voit au rez-de-chaussée l'entrée du phare, ou *porte de mer*, précédée d'un large escalier, puis le vestibule. Autour de ce vestibule sont différentes pièces, à savoir : le magasin, la cuisine des gardiens, l'office, les chambres des gardiens, le bûcher, la forge, une chambre d'ouvriers, et des chambres réservées.

Au premier étage est la chambre de service. Un escalier à paliers conduit de là à la chambre de la lanterne.

Le phare de Cordouan a été complétement restauré dans ces dernières années. On l'a doté, en même temps, de caractères qui le distinguent de ses voisins. Il fait briller un feu blanc et rouge, à éclipses de minute en minute, dont la portée est de 27 milles.

Les deux phares de la Hève s'élèvent sur le cap de ce nom, près du Havre. Il n'est pas de touriste parcourant cette partie de la Normandie, qui ne soit allé les visiter. La construction de ces phares remonte à 1774. Tous les systèmes d'éclairage y ont été successivement appliqués. Après y avoir simplement brûlé de la houille, on plaça, en 1781, ainsi que nous l'avons déjà dit dans l'histoire des

Fig. 296. — Le phare de Cordouan.

phares, au sommet de chacun de ces édifices, un appareil d'éclairage, formé de seize réflecteurs sphériques, illuminés par quarante lampes à mèches plates.

En 1811 et 1814, des appareils *sidéraux* de Bordier-Marcet, composés de six réflecteurs, remplacèrent les précédents. En 1819, le nombre des réflecteurs fut porté à dix. En 1845, eut lieu la restauration des deux tours et l'agrandissement de la lanterne, dans laquelle fut installé un appareil de Fresnel. Enfin, tout récemment, en 1863, l'une des tours a été de nouveau modifiée à sa partie supérieure, pour recevoir une lampe électrique. Les phares de la Hève ont ainsi parcouru l'échelle tout entière des perfectionnements qui ont été apportés depuis près d'un siècle, à l'éclairage des côtes maritimes.

Au point de vue architectural, ces phares sont assez remarquables. Ils se composent d'une tour carrée, avec soubassement et élégante balustrade au sommet. Seulement leur distribution intérieure laisse à désirer.

Nous avons déjà représenté, en parlant de l'éclairage des phares par la lumière électrique, l'ensemble des deux phares du cap de la Hève, qui sont reliés l'un à l'autre par le logement des gardiens (*fig.* 293, page 457). La figure 297 représente un de ces phares, pris isolément.

Les deux tours sont distantes l'une de l'autre de 81 mètres; entre elles et un peu en arrière, s'élèvent, complétement indépendants, les logements des gardiens. Chaque gardien a deux chambres à feu, un cabinet, un grenier et un bûcher établi dans une cour de service. Au-devant de l'ensemble des constructions, s'étend une vaste surface, plantée d'arbres et gazonnée.

Les foyers lumineux de chaque phare s'élèvent à 20 mètres au-dessus du sol et à 120 mètres au-dessus des hautes mers. Le feu est fixe, et sa portée est de 20 milles dans la tour éclairée à l'huile, de 27 milles dans celle où l'on a introduit la lumière électrique.

Ajoutons que depuis des siècles, la mer ronge incessamment la falaise qui supporte les deux phares; chaque année, elle avance de 2 mètres environ. Aussi prévoit-on le moment où l'on sera forcé de reconstruire les deux édifices à une certaine distance en arrière.

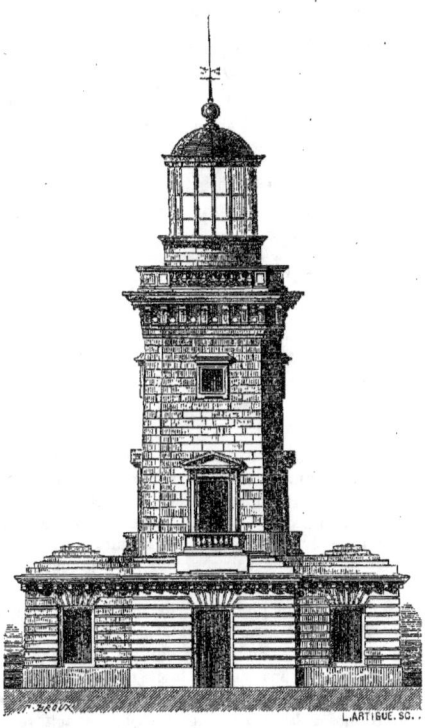

Fig. 297. — L'un des deux phares du cap de la Hève.

Le phare des *Héaux de Bréhat* est l'un de ceux dont l'édification a rencontré le plus de difficultés. A ce titre, il mérite de fixer tout particulièrement notre attention, d'autant plus qu'il présente toute la majesté, toute l'harmonie et tout le comfort désirables.

Le phare de Bréhat se dresse en pleine mer, au nord de la côte de Bretagne, sur un banc de rochers de près de 500 mètres de diamètre, que recouvre presque entièrement l'Océan à la marée haute. Autour de ce plateau de rochers, qui a nom les *Héaux de Bréhat*, les courants de marée atteignent une vitesse de huit nœuds ($4^m,11$ par seconde), et quand les vents soufflent en tempête, les lames y déferlent avec une violence extraordinaire. On comprend que ce ne fut pas chose aisée que d'élever en pareil lieu un monument inébranlable.

Ce sera l'honneur de M. Léonce Reynaud, alors simple ingénieur des ponts et chaussées, aujourd'hui directeur du service des phares, et de l'École des Ponts et Chaussées, d'avoir mené à bonne fin un travail qui fait depuis trente ans l'étonnement du vulgaire et l'admiration des hommes de l'art.

Nous trouvons dans le *Magasin pittoresque*, une lettre qui renferme une description très-intéressante du phare de Bréhat. Nous la reproduirons comme la peinture la plus exacte de ce monument admirable, véritable triomphe du génie de l'homme sur la nature.

« J'avais, écrit l'auteur de l'article du *Magasin pittoresque*, une lettre de recommandation pour M. Bourdeau, conducteur des ponts et chaussées à Tréguier, un de ces hommes modestes, probes, dévoués au devoir, comme nos administrations en cachent tant, et qui, après avoir habité cinq ans sur ces affreux rochers, avec son ingénieur, pour la construction du phare, est demeuré chargé de sa surveillance. Au nom du phare, son regard s'anima, et il voulut lui-même me conduire. Le temps était assez beau; nous descendîmes tranquillement le Tréguier sur un bateau avec le flot de jusant, et arrivâmes à la pointe d'Enfer, à l'embouchure de la rivière. Nous trouvâmes enfin le pilote. La mer commençait à se relever, et le canot échoué sur la plage, allait bientôt se trouver à flot. Le pilote cependant n'avait pas l'air trop en train. Il regardait la mer et ne disait rien. A toutes mes questions : « Mais enfin, n'y a-t-il pas moyen de partir ? Ne pouvons-nous pas atteindre le phare avant la nuit? » il se contentait de répondre des « si fait, si fait, » un peu brefs. Je savais par expérience qu'il ne faut jamais trop presser les pilotes, car il suffit souvent de leur commander une chose pour qu'ils la fassent, dès qu'il n'y a pas impossibilité manifeste qu'elle réussisse. J'allai donc prendre dans les alentours quelques informations, et comme j'appris que le bonhomme faisait en ce moment sa moisson, je m'imaginai que de là venait le peu de faveur que trouvaient près de lui mes goûts nautiques. Je lui dis donc nettement : « Eh bien, s'il y a moyen d'arriver, partons. » Il me demanda la permission de prendre son frère, gaillard robuste, et nous partîmes.

« Une heure et demie après, nous arrivions à la tour. Je n'oublierai jamais ce spectacle. En même temps que le flot, le vent s'était élevé; les courants chargés de grosses vagues se précipitaient entre les rochers comme des cataractes ; les dentelures que l'eau n'avait pas encore recouvertes, frappées de coups terribles, faisaient un fracas à ne pouvoir s'entendre ; tout était en ébullition : il faut que vous sachiez que, sur ce point, le flux, dans ses six heures, fait monter la mer d'environ quarante pieds. Figurez-vous donc, quand le vent s'en mêle, ce qui peut résulter d'un pareil phénomène en présence d'une rangée de rochers qui barrent le passage. Mais le plus extraordinaire, c'était cette tour, qui de loin nous paraissait une aiguille, et qui maintenant nous écrasait sous son énorme masse dont nous contemplions, la tête renversée en arrière, le riche et ferme couronnement. Son pied trempait déjà, et les lames, déferlant contre la base, semblaient ensuite ramper tout du long en la léchant, jusqu'à ce que, parvenues à une certaine hauteur, le vent les projetât en avant par grandes écumes blanches. Les gardiens qui, à notre approche, s'étaient montrés sur la porte avec des rouleaux d'amarres à nous lancer, avaient bientôt été obligés de battre en retraite et de fermer leur panneau de bronze que la mer faisait mine de vouloir enfoncer, tant elle y frappait à chaque fois qu'elle jaillissait jusque-là. Pour le moment il n'y avait pas moyen de songer à entrer. Autant aurait valu essayer d'accoster une de ces horribles dents que nous apercevions autour de nous, et que la mer, dans ses oscillations, couvrait et découvrait alternativement. Notre pauvre barque, si solide qu'elle fût, se serait brisée comme un pot de terre. Au fond, la tour n'était en effet qu'un rocher artificiel. « Pour celui-là, me dit le pilote, il durera, je vous assure, plus longtemps que les autres. » Il disait vrai, car les autres ont toujours quelques fissures dans lesquelles la mer frappe comme un coin, jusqu'à ce qu'elle ébranle enfin toute la masse et la démolisse, tandis que la surface du phare, parfaitement lisse, ne lui laissait à mordre nulle part. Le pilote, qui connaissait toutes les passes de ces parages comme les ruelles d'un quartier, et qui gouvernait à côté des roches dont nous découvrions à chaque instant la pointe noire dans le creux de la vague, au-dessous de nous, avec la même tranquillité qu'un cocher de cabriolet qui tourne une borne au coin de la rue, nous amena dans un petit canal un peu plus abrité que le reste, à une centaine de pas du monument, et nous mouillâmes. Mais son ancre chassait à mesure que l'eau montait, et il me déclara bientôt que la position n'était pas tenable. Mon mécontentement contre cette force majeure était visible. Il me proposa alors de tenter une dernière ressource qui était d'approcher un peu davantage, de manière à pouvoir jeter une amarre sur un poteau qui avait servi, je crois, pour une grue, dans la construction du phare, et qui avait été si bien planté dans le rocher qu'on en voyait encore la tête au-dessus des vagues.

« C'est dans cette position que nous attendîmes environ deux heures le moment où la mer ayant fini de monter, et les courants par conséquent s'apaisant, il nous serait peut-être possible d'accoster, au risque de tomber à l'eau en faisant le saut périlleux. Mais encore eût-il fallu que la brise consentît à mollir, et c'est ce qu'elle ne voulut point. Pour ma part, je m'en consolais sans peine. Le spectacle auquel j'assistais était si nouveau, si imposant, si étrange, que je ne me lassais pas. Je me disais d'ailleurs que peu de curieux en avaient aussi bien joui, et que puisque j'avais tenu à voir le phare, c'était là en définitive le vrai point de vue. La finesse des lignes, l'élégance sévère des corniches, la grâce de l'ensemble se saisissaient encore mieux par l'effet du contraste avec les formes dures et heurtées de l'Océan. Je regrettais de n'être pas poëte : j'aurais fait les plus beaux vers du monde sur cette lutte magnifique entre la puissance de la nature, symbolisée par le sauvage Océan, et celle de l'homme, par cette imprenable forteresse. L'ingénieur, qui a très-bien compris ce qu'il y avait d'artiste dans une telle situation, en a tiré parti d'une main heureuse. La tour qui reçoit les assauts de la mer est construite comme celle d'un château fort, et c'est de sa plate-forme, loin des coups, que s'élance, avec une proportion svelte et hardie, la seconde tour au sommet de laquelle repose la lanterne. Je vous en envoie un croquis fait d'après une esquisse bien tremblée, dans laquelle j'avais cependant réussi à consigner à peu près le sommaire de mes impressions. Mais ce que l'imagination seule peut reproduire, puisque la perspective y échoue, c'est l'effet de cette masse sublime, vue sur le ciel du milieu de la foule des flots accumulée à sa base. C'est une des belles scènes de ma vie, et je ne l'oublierai jamais.

« Mon compagnon, moins enthousiaste que moi, et pour qui d'ailleurs le phare était une ancienne connaissance, était désolé. « Ah! monsieur, me disait-il, quel dommage que nous ne puissions entrer, vous verriez comme tout cela est appareillé! Monsieur l'ingénieur ne voulait pas que je reçusse une pierre qui aurait eu une écaillure de la grosseur de l'ongle. Quel ennui d'être venu, comme ça, pour rien ! Tenez, cependant, regardez un peu, vers le cinquième étage, une grosse pierre un peu plus noire que les autres : c'est celle-là qui nous a donné du mal. » J'abrège son récit : il savait ainsi, pierre par pierre, toute l'histoire de cette tour : à celle-ci, il était arrivé tel événement; à celle-là, il avait eu telle idée ; à telle autre, monsieur l'ingénieur avait dit telle chose. Qu'on se figure ce que c'est que d'avoir passé cinq ans de sa vie à ne voir que l'eau, le ciel et des pierres qu'on met en place : chacune de ces pierres demeure un souvenir. Enfin la nuit venait, il fallut se résigner et partir. Nous avions contre nous vent et marée. Malgré les bordées que nous courions dans l'ombre, entre la lumière du phare qui n'avait pas tardé à s'allumer, et celle du fanal des Sept-Iles, il nous fut impossible de rentrer en rivière, et nous nous estimâmes heureux, lorsqu'à minuit nous reprîmes terre dans une petite anse au delà de la pointe d'Enfer. Nous étions partis de Tréguier à midi : nous y rentrâmes quatorze heures après, trempés encore par l'eau des lames que nous avions embarquées, haletants de notre course de nuit dans les plus abominables chemins creux, et trouvant, je m'en souviens, l'heure du dîner un peu tardive. Notre pilote avait bien prévu que nous aurions du mal; mais, comme il le disait au retour, « avant d'avoir tenté, on ne pouvait pas dire que ce que monsieur voulait fût impossible. »

« J'eus cependant mon dédommagement, mais malheureusement sans le bon M. Bourdeau. Le surlendemain, après une nuit passée à Paimpol, dans la plus affreuse auberge que la géographie pittoresque puisse signaler sur le sol de la Bretagne, je gagnai de bon matin la charmante île de Bréhat. C'est une oasis dans ces rochers. Tous les hommes y sont marins, beaucoup officiers. Ils viennent y passer leurs congés, s'y marient, et plus tard, quand ils ont conquis leur retraite, ils s'y fixent et y achèvent paisiblement leurs jours. Aussi est-on bien étonné de trouver dans cette île si ignorée, si petite, si écartée du reste du monde, la meilleure compagnie. Je ne le fus pourtant pas, j'étais prévenu. Mais comment vous raconter la singularité de l'occasion, sans paraître vous amuser d'un récit fait à plaisir ? J'avais rencontré, près de la baie de débarquement, quelques servantes chargées de paniers, auxquelles je m'étais informé de la maison que je cherchais ; j'y avais été accueilli à merveille, mais avec un embarras visible. « Tenez, me dit après quelques instants le maître de la maison, je vais vous avouer le fait : c'est que nous étions tous au moment de partir. Depuis que le phare est terminé, aucune de ces dames n'est encore allée le visiter. Pouvons-nous, sans cérémonie, vous proposer de vous mettre de la partie ? » Vous devinez ma réponse. Les paniers qui avaient si bien frappé mes yeux en arrivant étaient déjà chargés ; ils cachaient un excellent dîner. La mer était bleue et tranquille comme un beau fleuve ; et, favorisés par le courant, en trois quarts d'heure nous abordâmes au pied du phare. Du reste, nous aurions pu braver tous les éléments déchaînés : nous étions conduits par le premier loup de mer de ces parages, le fameux Gouaster, redevenu pilote, après avoir servi de capitaine de vaisseau à l'ingénieur pendant la plus grande partie des travaux. Dans ce pays-là, se trouver devant la porte, ce n'est pas être entré. Figurez-vous, à une vingtaine de pieds au-dessus de votre tête, une petite ouverture à laquelle il faut monter par une échelle de bronze encastrée dans la muraille : on voit assez que le logis n'a pas été préparé pour les dames. Mais une fois hissé, on rencontre un joli escalier tournant qui donne, d'étage en étage, dans de petites chambrettes, servant de magasin, d'atelier, de cuisine, de chambre à coucher, jusqu'au couronnement où se découvre enfin la majestueuse lampe, logée dans un véritable boudoir, tant il y a de luxe autour d'elle. C'est la déesse du lieu, et l'éclat de son sanctuaire a pour but d'imposer aux gardiens, en l'absence de toute autorité supérieure, en leur rappelant continuellement avec quels égards elle doit être traitée.

« Nous dînâmes au huitième étage. La chambre était petite et la compagnie nombreuse, si bien qu'une partie notable de la salle à manger se prolongeait en forme de queue tournante, je ne sais jusqu'à quelle profondeur, dans l'escalier. Le repas n'en fut que plus gai. Le contraste avec la scène de l'avant-veille était complet, et je manquerais peut-être à la galanterie, si j'osais balancer entre les deux journées. D'ailleurs, du haut du phare, le spectacle était vraiment magnifique. Je vis la mer, s'élevant lentement, noyer peu à peu tout l'archipel, jusqu'à ce qu'enfin je demeurai seul, dans ce vaste déluge, au sommet de cette Babel. L'impression était grande, mais singulièrement triste, et, d'instinct, toute la compagnie était allée retrouver le goût de la conversation dans l'intérieur. Je me suis souvent trouvé en pleine mer à bord d'un vaisseau ; mais ici, ce genre de solitude me semblait tout autre. La nature même de l'édifice en augmentait l'effet ; car il se sent toujours que l'isolement d'un navire n'est que momentané, et que son sillage et ses voiles montrent assez qu'il fait continuellement effort pour en sortir. Mais ici l'isolement est éternel. Nulle part je n'ai mieux compris la majesté de la grande inondation de l'océan que du haut de cette frêle colonne où je m'en voyais si régulièrement enveloppé ! J'apercevais au loin les lignes brumeuses de la terre de France ; à gauche, à l'horizon, l'archipel de Bréhat ; à droite, celui des Sept-Îles ; au large, l'immensité des flots, sur lesquels mon imagination planait jusqu'à la côte d'Angleterre. La mer était silencieuse, et son calme ajoutait encore à sa puissance. Quelle affreuse prison ! me disais-je ; avec toute sa sublimité, elle forcerait bientôt à soupirer après la noirceur des cachots.

« Toutefois les gardiens s'y habituent fort bien, sans doute parce qu'ils sentent qu'au fond ils sont libres. On a pourtant senti la nécessité de leur faire passer, chaque trimestre, un mois parmi les hommes. Ce sont, en général, d'anciens marins, et ils se regardent comme embarqués pour un voyage aux Grandes-Indes. Du reste, sans sortir de leur île, car, de peur des infidélités, toute embarcation leur est absolument interdite, ils ont cependant l'avantage de se procurer les principaux plaisirs de la campagne ; je veux dire la pêche et la chasse. A une certaine hauteur, au-dessous de la porte d'entrée, ils ont eu l'idée de nouer une corde autour de la tour, à laquelle ils ont attaché une cinquantaine de lignes de la longueur du bras : quand la mer monte, le poisson vient rôder le long du mur, il s'attrape, et quand l'eau baisse, on l'aperçoit accroché aux hameçons, à hauteur d'homme, comme une guirlande. Comme il y en a de trop, on le fait sécher. Quant aux produits de la chasse, cette dernière ressource n'existe malheureusement pas, bien que souvent aussi il y ait excès. Il se prend en effet quelquefois une grande quantité d'oiseaux. Éblouis pendant la nuit par le feu du phare, ils viennent se jeter contre la lanterne, comme des papillons, et attendu qu'il était arrivé plusieurs fois que des halbrans ou des oies sauvages en avaient rompu les glaces, on a été obligé de l'entourer d'un grillage à larges mailles, où ils s'attrapent par le cou. Peut-être, si l'ingénieur avait pu prévoir tant de plaisirs, aurait-il cru devoir se dispenser de donner à ses gardiens un promenoir ; mais l'élégance de sa tour y aurait trop perdu.

« J'aurais eu assurément, cette fois, tout le temps d'étudier en détail les délicatesses de la construction ; mais M. Bourdeau me manquait, et je dus me contenter d'admirer en artiste. La perfection d'architecture d'un monument tellement solitaire m'aurait peut-être surpris, si je n'y avais deviné une condition de durée en harmonie avec celle du roc de porphyre sur lequel il repose. Ces pierres, cyclopéennes par leur masse, mais presque polies et d'un granit bleuâtre à pâte fine, qui mériterait de faire ornement dans un salon, étaient ajustées les unes sur les autres avec une précision que je ne saurais mieux comparer qu'à celle d'un ouvrage de marqueterie. On sentait qu'on aurait pu les enlever une à une, pour remonter, sans aucun dommage, l'édifice partout où l'on aurait voulu. Mais, à moins que, dans des siècles lointains, on ne le démonte un jour de la sorte, pour le transporter dans quelque musée comme un échantillon du savoir-faire de notre âge, on ne s'imagine pas quelle cause de ruine pourrait jamais le faire disparaître, et je ne dirai pas de la surface de la terre, mais de celle de l'Océan. C'est qu'il faut pour se rassurer tout à fait sur le sort des malheureux lampistes qui se succéderont sur cette tour jusqu'aux dernières limites de la postérité.

« Voilà, monsieur, tout ce que je suis en état de vous envoyer sur le phare de Bréhat. Je l'ai bien vu à l'intérieur comme à l'extérieur, mais je ne l'ai point vu faire, et n'aurais guère été compétent pour entreprendre, à l'égard de sa construction, les enquêtes nécessaires. C'est néanmoins, je dois le dire, un modèle de construction si remarquable que son histoire mériterait assurément de trouver place dans votre excellent recueil, de préférence à celle que je viens de prendre la liberté de vous écrire : aussi usez en, je vous prie, tout à votre aise avec ma lettre, si, comme je n'en doute pas, vous trouvez

Fig. 298. — Le phare de Bréhat, au moment de la marée haute.

moyen de vous procurer des renseignements plus sérieux (1). »

L'histoire de la difficile construction de ce

(1) *Magasin pittoresque*, 1845, pages 242 et suivantes.

phare fait tant d'honneur à la science française, que nous ne pouvons résister au désir de la retracer ici.

La première difficulté consistait dans le choix de l'emplacement. Il s'agissait de trouver, au milieu des rochers, un point que les navires pussent accoster assez facilement pendant toute la durée de la construction. M. Léonce Reynaud jeta ses vues sur une pointe de rochers située dans une échancrure du bord sud du plateau, et assez bien abritée contre les vents du large. Une plateforme voisine, d'une étendue suffisante, mais malheureusement recouverte de 4^m,50 d'eau à la haute mer, fut désignée pour supporter l'édifice. Après mûr examen, il avait été reconnu que cet emplacement correspondait au minimum de dépenses.

L'île de Bréhat, distante du rocher d'environ 10 kilomètres, fut choisie comme lieu d'embarquement. C'est là qu'on prépara les matériaux, et que furent taillées toutes les pierres de l'édifice. Des bâtiments du port de quarante tonneaux partaient de l'île, de façon à aborder le rocher avant la basse mer. Une grue, solidement fixée au point de débarquement, enlevait les pierres de la cale du bâtiment, et les déposait sur un chemin de fer, qui les conduisait auprès d'autres machines. Grâce à la multiplicité des engins mécaniques, qui devinrent plus nombreux à mesure que les travaux avançaient, la mise en place des matériaux s'effectua très-rapidement.

La partie la plus importante et la plus difficile de l'entreprise, résidait dans la construction du massif plein de la base, sans cesse exposé aux coups de mer. De là dépendait la solidité du monument tout entier. Afin que le pied de la tour ne pût jamais être déchaussé, on l'enfonça jusqu'à une profondeur de 40 ou 50 centimètres, dans la masse du rocher. Une rainure de 11^m,70 de diamètre fut pratiquée dans le porphyre, — opération très-longue à cause de la dureté de cette matière, — et c'est là, à l'abri d'un mur continu et inébranlable de porphyre, que furent déposées les premières assises de la construction.

Ordinairement, lorsqu'il s'agit d'élever des phares en pleine mer, on s'attache à rendre toutes les pierres solidaires, afin qu'elles ne soient entraînées par la mer, ni pendant ni après l'exécution des travaux. Dans les phares d'Eddystone, en Angleterre, et de Bell-Rock, en Écosse, toutes les pierres de la partie submergée sont, comme nous le verrons plus loin, enchevêtrées les unes dans les autres, et maintenues par des goujons en fer ou en bois : de là un surcroît de dépenses considérable. M. Reynaud crut pouvoir l'éviter en se bornant à arrêter solidement par quelques points, la quantité de maçonnerie susceptible d'être mise en place dans le cours d'une marée. L'expérience justifia parfaitement ses prévisions, et le résultat de cette nouvelle méthode fut un travail à la fois plus économique et plus rapide.

Les ouvriers, au nombre de soixante environ, devaient naturellement être logés sur le rocher ; mais la place manquait. Il fallut donc créer une surface artificielle. A cet effet, on construisit, entre deux aiguilles très-élancées, élevées de 6 mètres au-dessus du niveau des hautes mers, un massif, composé de pierres sèches et de gros blocs maçonnés en ciment. Sur la plate-forme de ce massif, située à 4 mètres au-dessus du niveau des hautes mers et d'une superficie de 9 mètres carrés environ, on établit une construction en charpente, qui renfermait une petite forge, des magasins et des chambres pour l'ingénieur, le conducteur des travaux et les ouvriers. Au sommet, se dressait une tourelle qui reçut un appareil d'éclairage provisoire.

Bien que chaque homme n'eût à sa disposition qu'un emplacement très-restreint (0^m,67 sur 2 mètres), la santé des ouvriers resta toujours bonne ; ce qu'il faut attribuer aux excellentes mesures sanitaires prises par l'ingénieur. Dès que la mer découvrait le rocher, les travailleurs se rendaient à l'ouvrage ; ils regagnaient leur asile quand la cloche d'alarme annonçait le retour du flot.

Le phare de Bréhat (*fig.* 298) se compose de deux parties : la première, mesure 13^m,70 de diamètre à la base et 8ᵐ,60 au sommet ; elle est en maçonnerie pleine jusqu'à un mètre au-dessus du niveau des hautes mers, et se termine par une galerie, qui sert de promenoir aux gardiens. La partie supérieure est beaucoup plus svelte et plus légère : la muraille, épaisse de 1ᵐ,30 au bas, n'a plus que 0ᵐ,85 dans le haut. Toute la construction est en granit moins les voûtes, qui sont en briques.

On pénètre dans l'édifice par une porte percée au sud, à 1 mètre au-dessus du niveau des plus hautes mers, et précédée d'une échelle en bronze, enclavée dans la maçonnerie. Après avoir traversé un petit vestibule, on se trouve en face d'un escalier, droit d'abord, puis circulaire, qui monte jusqu'à la chambre de service, et dont la cage est placée, non dans l'axe de la tour, mais le long du mur. On compte neuf étages dans toute la hauteur du phare. Les deux premiers sont réservés à des magasins ; les quatre suivants forment la cuisine et les chambres des gardiens ; au septième, se trouve la chambre des ingénieurs ; au huitième, la chambre de service ; vient enfin la chambre de la lanterne.

Nous avons déjà donné (*fig.* 294, page 465) la coupe verticale du phare de Bréhat, sur laquelle il est facile de reconnaître toutes les dispositions qui viennent d'être indiquées.

Commencé en 1836, après trois années d'études et de travaux préalables, le phare des Héaux de Bréhat fut terminé en 1839. Les dépenses s'élevèrent à 531,679 francs, non compris la lanterne et l'appareil d'éclairage. La hauteur du foyer au-dessus du rocher est de 48ᵐ,50, et la portée du feu de près de 18 milles.

Le phare des Triagoz est établi, comme le précédent, en pleine mer. Il est destiné à signaler l'écueil des *Triagoz*, situé dans la Manche, à l'est des *Sept-Iles*. Le rocher qui lui sert de base, se dresse au-dessus du niveau des plus hautes mers. Les difficultés qu'a rencontrées la construction de ce système, tenaient à la violence de la mer, qui rendait souvent l'accostage impossible aux ouvriers et aux barques qui apportaient les matériaux.

L'édifice se compose d'une plate-forme et d'une tour carrée, dont l'une des faces porte en saillie la cage de l'escalier. On arrive sur la plate-forme par une série d'escaliers qui serpentent sur le rocher, après être partis du point le plus abordable. Au-dessous existent des magasins pour le bois et autres matières ; en arrière de la tour, se trouvent encore des dépendances qu'on voit figurer sur le plan.

Le rez-de-chaussée de la tour est occupé par un vestibule, avec magasin de chaque côté. Trois chambres à feu, dont une pour les ingénieurs, se présentent successivement à mesure qu'on s'élève ; on arrive ensuite à la chambre de service, puis à la lanterne.

La plate-forme qui entoure l'édifice, épouse la forme du rocher. On arrive à cette plate-forme par une série d'escaliers qui se développent sur le flanc de la roche, et ont leur point de départ du côté où l'accostage est le plus facile. Sous sa partie antérieure sont ménagés des magasins pour dépôt de bois et autres matières, et un petit réduit, établi à son extrémité, vient ajouter encore au phare d'utiles dépendances.

Le plateau des Triagoz est très-étendu ; il a près de quatre milles de longueur, de l'est à l'ouest, sur environ un mille de largeur ; mais on n'en voit émerger que des têtes isolées, même par les plus basses mers. Le rocher choisi pour recevoir la construction, est la pointe la plus élevée du côté sud, et limite, par conséquent, vers le nord, le chenal que suit la navigation côtière. Il présente au midi une paroi presque verticale, et il se prolonge, en s'abaissant à l'opposé, de manière à former à mer basse une petite crique ouverte à l'est. C'est par là et pendant trois à quatre heures de mer basse, qu'il est le plus accessible. La profondeur d'eau, qui est de 20 mètres, dans les plus basses mers, au pied du rocher du côté du sud, augmente rapidement à mesure qu'on s'éloigne ; le fond est de roche et les courants de marée sont d'une grande violence sur ce point. Quand on s'occupa des travaux de construction de ce phare, on avait espéré pouvoir maintenir dans ce point un navire au mouillage pendant la belle saison, pour servir au logement des ouvriers ; mais on fut obligé d'y renoncer.

On conçoit les difficultés qu'a dû présenter la construction de ce monument sur la pointe d'un rocher. Nous allons donner une idée de la manière dont les travaux purent s'exécuter.

On installa une cabane dans la partie répondant au vide de la tour, immédiatement après avoir dérasé le sommet de la roche. Elle entourait un mât vertical, placé au centre de la construction et armé d'une corne à sa partie supérieure pour le montage des pierres. Le débarquement des matériaux s'opérait au moyen de mâts de charge semblables installés sur le rocher, l'un à l'entrée de la petite crique du nord, l'autre sur l'extrémité sud-est de la roche. Il s'opérait avec promptitude toutes les fois que l'état de la mer permettait l'accostage.

La construction fut exécutée en moellons avec chaînes, socles, encadrements et corniche en pierres de taille de granit. Les parements de ces pierres présentent de vigoureux bossages rustiqués.

Les moellons de parements entre les angles en pierres de taille sont en granit rouge de Ploumanac'h. La pierre de taille provient de l'Ile-Grande. Elle est d'un gris bleuâtre et d'un grain fin. Ce contraste de couleurs fait ressortir vigoureusement les lignes de la construction que bien peu de personnes sont appelées à voir de près.

Les travaux, commencés en 1861, furent terminés en 1864. Ils présentèrent de sérieuses difficultés, surtout dans la première campagne, où, chaque jour, l'atelier devait être ramené du chantier à terre, à 21 kilomètres de distance.

La violence de la mer est telle que, depuis l'achèvement de l'édifice, les lames ont plusieurs fois couvert en grand toute la plate-forme inférieure et projeté l'embrun jusqu'à la hauteur de la plate-forme supérieure. Néanmoins la construction a pu être terminée sans accident, et sans qu'aucun des ouvriers ait été blessé.

Le phare de Triagoz est de troisième ordre. Nous donnerons plus loin la figure de ce phare que sa situation au haut d'un rocher nu et abrupt rend très-pittoresque.

Phares en charpente. — Comme exemple de phare en charpente, nous citerons celui de Pontaillac, placé à l'entrée de la Gironde, et pour lequel on a adopté ce mode de construction, à cause du mouvement des sables et du déplacement possible de l'édifice.

Le phare de Pontaillac (*fig.* 299) a la forme d'une pyramide quadrangulaire, tronquée à la hauteur de la lanterne, et composée de quatre solides poteaux, que relient des entretoises et des croix de Saint-André. Des boulons en fer assemblent les pièces ; la cage de l'escalier est renfermée entre quatre poteaux verticaux, qui contribuent à la stabilité de l'ensemble. L'échafaudage repose sur un petit mur en maçonnerie, qui lui constitue une base immuable, et en même temps le met à l'abri de l'humidité du sol. La chambre de service est située au-dessous de la lanterne, sur la plate-forme qui couronne le monument.

Le phare de Pontaillac est de troisième ordre ; la hauteur de son foyer au-dessus du sol est de 36 mètres. Il a été exécuté en 1856 et 1857, et les dépenses de construction se sont élevées à 54,067 francs, y compris celles qui correspondent à une maison de gardien, bâtie à proximité du phare.

Phares en fer. — Les phares en fer sont d'invention toute récente. Tout le monde a remarqué, à l'Exposition universelle de 1867, le magnifique phare de fer qui s'élevait en dehors du palais, sur le bord du lac, à peu de distance de la Seine. Il était destiné à signaler l'écueil des Roches-Douvres, situé sur la côte de Bretagne.

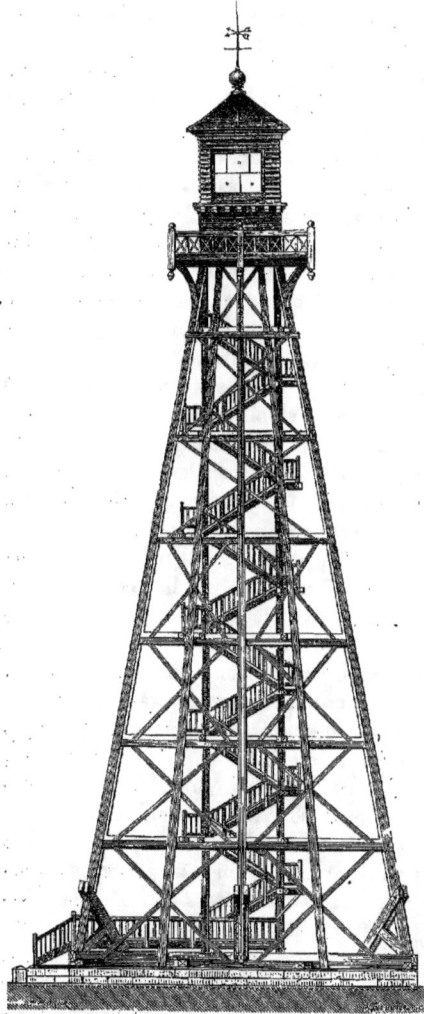

Fig. 299. — Phare de Pontaillac, construit en charpente de bois.

Ce phare se compose d'une carcasse, ou ossature intérieure, recouverte de feuilles de tôle, qui la protégent contre l'oxydation dont les causes sont très-énergiques dans le voisinage de la mer. Seize montants, comprenant chacun quinze panneaux, constituent la carcasse ; ces panneaux, formés de fers à T solidement rivés, se boulonnent les uns sur les autres, et s'appuient sur des entretoises horizontales. Le revêtement en tôle est boulonné à son tour sur les montants et les entretoises. Cet édifice de fer devait reposer sur un massif de maçonnerie, au moyen de boulons de scellement fixés à chacun des montants.

Au centre de la tour, est un escalier en fonte, qu'ont franchi bien des visiteurs, à l'Exposition universelle. Des logements et des magasins en occupent la base. Sa hauteur, comptée à partir du sol jusqu'à la galerie supérieure, était de 48^m,30.

Aujourd'hui le phare de fer que l'on a admiré à l'Exposition de 1867, est installé au banc des Roches-Douvres. Dans cette situation, le foyer lumineux se dresse à 53 mètres au-dessus du niveau des plus hautes mers.

Le plateau des Roches-Douvres est le plus avancé, au nord, des innombrables écueils qui rendent si dangereuse la navigation des côtes de Bretagne. Il est situé à peu près à égale distance entre l'île de Bréhat et l'île de Guernesey, à 27 milles marins environ au large du port de Portrieux.

La nécessité d'établir un phare sur ce point, était reconnue depuis longtemps ; mais la construction d'une haute tour en maçonnerie, dans des parages où la mer est habituellement très-grosse, parce que les courants de marée y sont de grande intensité, devait présenter beaucoup de difficultés. Elle aurait exigé des dépenses considérables, parce qu'on ne pouvait disposer que de bateaux à voile, et que ces bateaux, obligés de prendre par le travers, à l'aller comme au retour, des courants qu'ils n'auraient pu surmonter, eussent été fréquemment condamnés à des voyages infructueux. Les constructions en fer et la navigation paraissaient devoir résoudre le problème, et, sur la proposition de la Commission des phares, le Ministre de l'agriculture, du commerce et des travaux publics, décida que les Roches-Douvres seraient signalées par un phare de premier ordre à feu scintillant et composé entièrement de métal.

C'est en 1868 qu'a été exécuté le travail pour l'édification du phare métallique de l'Exposition sur cet emplacement.

La roche qui a reçu ce monument de fer, est située à peu près au milieu du côté sud du plateau ; elle s'élève au niveau des hautes mers, et le soubassement en maçonnerie de l'édifice a 2^m,16 de hauteur. La tour métallique a 48^m,30 de hauteur depuis son pied jusqu'au niveau de la plate-forme supérieure, et 56^m,15 jusqu'au sommet de la lanterne. Son diamètre, qui est de 11^m,10 à la base pour le cercle inscrit, est réduit à 4 mètres au sommet.

Les figures 300 et 301 montrent l'élévation et la coupe du phare des Roches-Douvres.

Un escalier en fonte occupe le centre de l'édifice, les magasins et logements de gardiens sont distribués au pied de la construction, et sont surmontés de deux galeries intérieures où pourraient être recueillis des naufragés et où coucheront les ouvriers que des circonstances exceptionnelles pourront appeler à passer quelques jours dans le phare.

Les logements se composent d'un vestibule, dans lequel sont arrimées les caisses à eau, d'un magasin, d'une cuisine, de trois chambres de gardiens et d'une chambre réservée pour les ingénieurs en tournée d'inspection.

Une soute à charbon est ménagée dans l'épaisseur du massif, au-dessous de la cage de l'escalier.

La plupart des phares métalliques exécutés jusqu'à présent, sont formés de feuilles de tôle plus ou moins épaisses, qui sont rivées entre elles. Ce système n'a pas paru devoir être adopté ici : en premier lieu, parce qu'il fait reposer la solidité de l'édifice sur une enveloppe qui, grandement exposée à l'oxydation, ne peut être de longue durée, surtout si l'entretien est négligé ; en second lieu, parce que la pose des rivets et le mode de construction exigent des ouvriers spéciaux et des échafaudages difficiles à établir sur une roche de dimensions restreintes. On s'est donné pour conditions :

1° De rendre l'ossature de l'édifice indépendante de l'enveloppe extérieure, de la mettre à l'abri des embruns de mer, qui sont une cause énergique d'oxydation, d'en faciliter la visite et l'entretien, et de réduire autant que possible l'étendue des surfaces qui pourraient retenir l'humidité ;

2° De disposer la construction de telle sorte que la tour pût s'installer sans échafaudages montant de fond, et sans qu'il fût nécessaire de poser un seul rivet sur place.

On s'est attaché d'ailleurs à ne pas admettre de pièces de telles dimensions qu'il en résultât des difficultés d'embarquement, d'arrimage à bord ou de montage.

Seize grands montants, composés chacun de quinze panneaux sur la hauteur, constituent l'ossature de la construction. Chaque panneau est formé de fers à **T**, assemblés, consolidés et rivés de manière à être parfaitement solidaires et à ne pas se prêter à la déformation sous les plus fortes actions qu'on puisse prévoir. Ces panneaux se boulonnent les uns sur les autres, et des entretoises, appliquées tant au dedans qu'au dehors et également boulonnées, maintiennent les montants dans leurs positions. Enfin, sur ces dernières entretoises et sur les faces extérieures des montants, s'appuient les feuilles de tôle constituant l'enveloppe, dont les joints sont couverts par des plates-bandes en fer, et qui sont fixées par des boulons.

Chaque montant porte à son sommet une

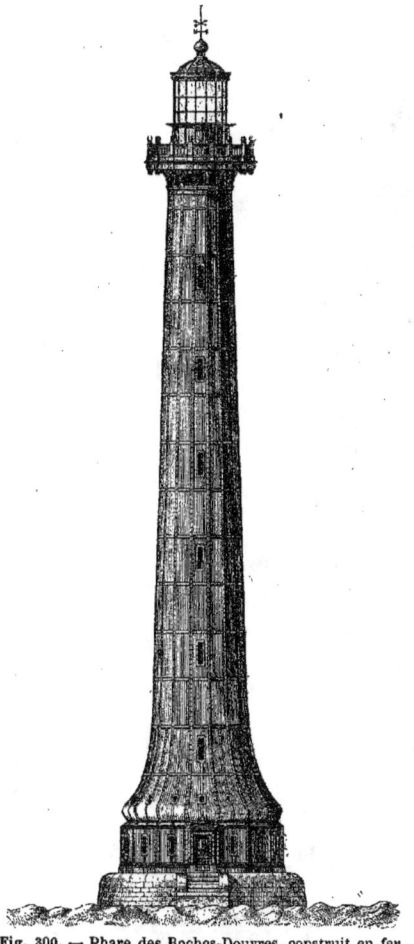

Fig. 300. — Phare des Roches-Douvres, construit en fer (élévation).

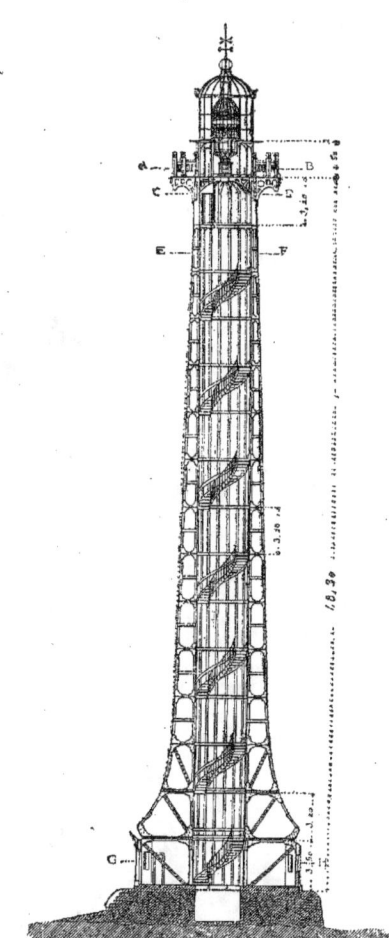

Fig. 301. — Phare des Roches-Douvres, construit en fer (coupe).

console en fonte, au-dessus de laquelle est établie, en encorbellement, la plate-forme qu'exige le service extérieur de la lanterne ; et il repose à son pied sur un grand patin également en fonte, que saisissent six boulons de scellement en fer, noyé dans un massif de béton.

Des cloisons en briques entourent les chambres. Les cloisons de l'extérieur sont tenues à $0^m,05$ de l'enveloppe en tôle, de manière à l'abriter efficacement. Une aire en béton élève le sol de ces chambres à $0^m,40$ au-dessus du couronnement du patin en fonte, et un plancher en maçonnerie, reposant sur de petites solives en fer, forme le plafond.

Une chambre de service est ménagée au sommet de la tour ; elle communique avec la chambre de la lanterne par une échelle en fonte, ainsi qu'il est d'usage.

L'escalier de la tour est en fonte, avec li-

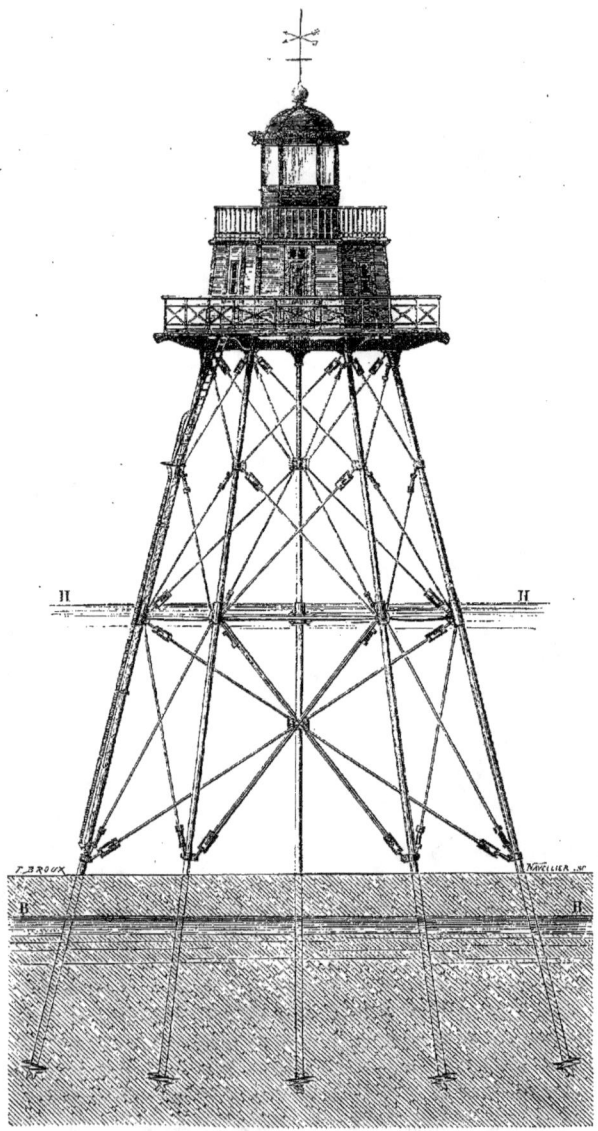

Fig. 302. — Phare de Walde, construit en charpente de fer.

mons en fer. Le limon extérieur est boulonné contre les montants qu'il rencontre et il contribue ainsi à la rigidité du système. La porte d'entrée est en chêne avec ferrements en bronze; tous les châssis des fenêtres sont en fer laminé.

Les fers à T, pliés suivant les angles du polygone, pour former l'arête extérieure des panneaux, ont 0^m,18 sur 0^m,10. Ils pèsent 31 kilogrammes le mètre. Ceux qui constituent les trois autres côtés des panneaux, ont 0^m,20 sur 0^m,10 et pèsent 35 kilogrammes par mètre. Les panneaux des trois premiers rangs ont chacun une écharpe en diagonale, laquelle est composée d'un fer méplat de 0^m,14 sur 0^m,014 assemblé, au moyen de rivets, avec deux fers à T de 0^m,130 sur 0^m,065. Cette écharpe, rivets compris, pèse 44 kilogrammes par mètre.

Les entretoises sont formées de fer méplat de 0^m,080 sur 0^m,016, du poids de 9^k,689 par mètre.

L'épaisseur de la tôle diminue depuis l'étage inférieur, où elle est de 0^m,010, jusqu'au sommet, où elle est réduite à 0^m,007.

Les couvre-joints sont exécutés en fer plat de 0^m,011 d'épaisseur.

Les dépenses de la construction métallique de ce phare, y compris le montage et le démontage dans le Champ-de-Mars, ont été évaluées à 250,000 francs.

M. Léonce Reynaud, directeur du service des phares, et M. Allard, ingénieur en chef des ponts et chaussées, ont été les ingénieurs à qui l'on doit ce beau travail. M. Rigolet a construit l'édifice métallique.

Un autre type de phare en fer est celui dont il existe un spécimen à la pointe de Walde, près de Calais. L'édifice est établi sur un fond de sable constamment couvert par les eaux, et cette particularité nécessitait un mode spécial de construction. On voit par notre gravure (*fig.* 302) qu'il consiste en une plate-forme soutenue par six longs pieux en fer, s'élevant obliquement des sommets d'un hexagone régulier; au centre, est un pieu vertical. Ces piquets sont reliés par des entretoises et des croix de Saint-André, dont les branches sont pourvues de vis de tirage; ils se terminent à leur extrémité inférieure par des vis qui pénètrent profondément dans le sable.

Au centre de la plate-forme se dresse la chambre des gardiens, garnie de tôle au dehors, boisée en chêne au dedans, et divisée en plusieurs compartiments. On y voit un petit vestibule, des cabinets, des magasins pour l'huile, l'eau, les vivres, le charbon, un réduit contenant deux lits qu'on relève et qu'on renferme dans des armoires pendant le jour, enfin un fourneau pour faire la cuisine. Un escalier circulaire en fonte, conduit dans la chambre de la lanterne.

Le foyer du phare de Walde domine de 18 mètres environ la plage environnante, et de 11 mètres le niveau des plus hautes mers. Sa construction date de 1859; il en a coûté, pour l'édifier, 107,665 francs.

Phares de quatrième ordre, ou fanaux. — Les dispositions adoptées pour l'établissement des fanaux, ou phares de quatrième ordre, varient beaucoup, suivant les circonstances et les nécessités qu'il faut satisfaire. Les édifices sont construits tantôt en pierre, tantôt en tôle. Tantôt ils renferment un logement de gardien, tantôt ils n'en comportent pas. Ils sont surmontés, tantôt par une lanterne fixe, tantôt par une lanterne mobile, qui se hisse entre deux tringles directrices. Quelquefois même les phares de quatrième ordre se composent d'un simple candélabre de fonte, ou d'une lanterne portative, suspendue au haut d'une potence.

Nous donnons (*fig.* 303 et 304) l'élévation et la coupe d'un phare de quatrième ordre, ou fanal, qui figurait à l'Exposition universelle de 1867, et qui a été construit par M. Rigolet.

La section est octogonale. Les arêtes ne sont pas formées par des couvre-joints; ce sont les branches convenablement pliées, des fers à T qui les constituent. Les panneaux en tôle sont rivés ou boulonnés sur ces branches de fer.

486   MERVEILLES DE LA SCIENCE.

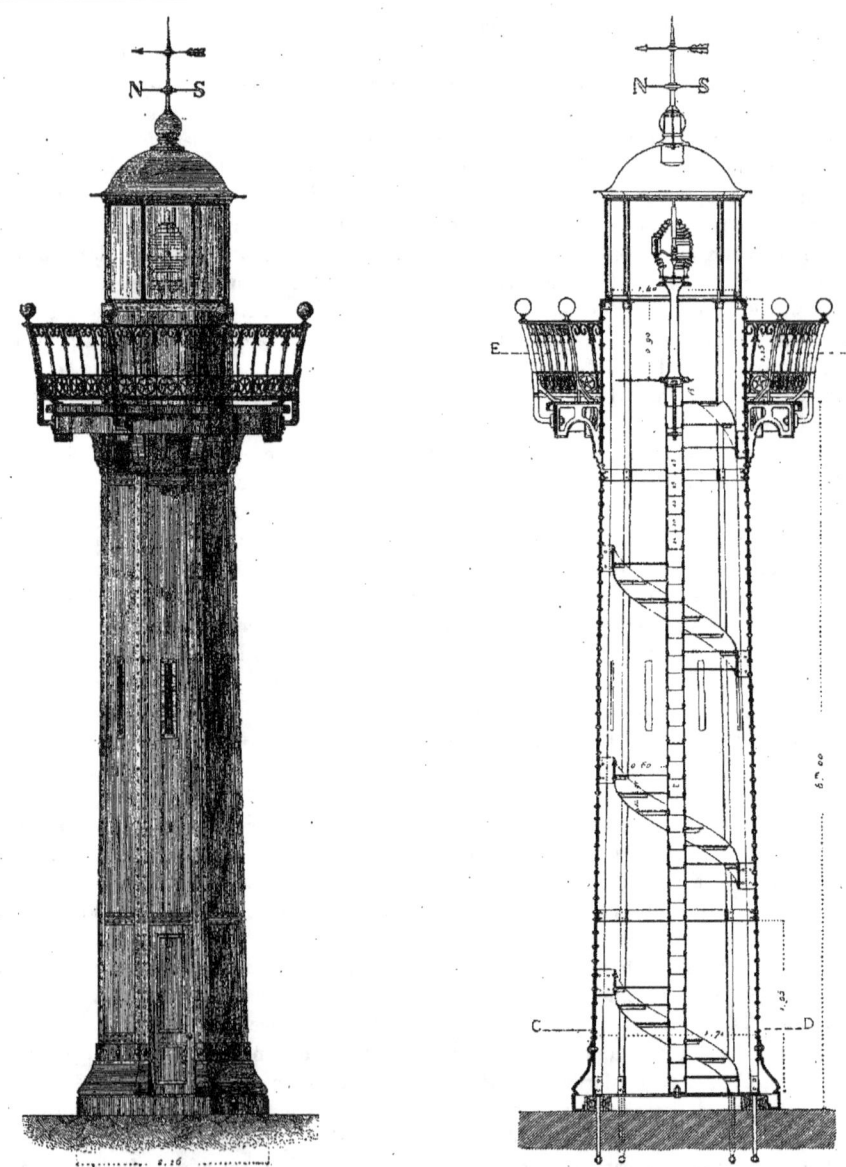

Fig. 303 et 304. — Phare de quatrième ordre, construit en fer (élévation et coupe).

Ces tourelles se posent sur des jetées en maçonnerie ou sur des estacades en char- | pente. Elles ont l'avantage d'y occuper moins de place que les tourelles en maçonnerie, et d'être faciles à transporter, en cas de prolongement des jetées qu'elles signalent.

Les fers à T formant les montants ont 0^m,18 sur 0^m,10, et pèsent 30 kilogrammes par mètre courant. Les feuilles de tôle ont 0^m,006 d'épaisseur.

Le prix d'une construction de ce genre peut être évalué à 10,000 fr., non compris le transport et la mise en place.

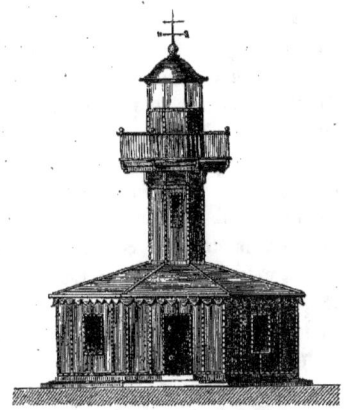

Fig. 305. — Fanal en fer avec logement.

La figure 305 rend compte d'une disposition des phares de quatrième ordre qui a été adoptée pour ceux qui doivent contenir des logements et qu'il faut pourtant élever sur des roches isolées, dominant de plus de 10 mètres le niveau des hautes mers, mais qui sont d'un accès tellement difficile que des constructions en maçonnerie y seraient très-dispendieuses ou exigeraient trop de temps pour leur exécution. L'édifice est tout en fer. Ce mode de construction est analogue, sur une plus petite échelle, à celui du phare de la Nouvelle-Calédonie, dont nous parlerons plus bas (*fig.* 310).

Une ossature intérieure, exécutée en fers T, supporte une enveloppe en feuilles de tôle. Cette enveloppe est accompagnée de couvre-joints qui sont rivés avec elle sur les montants et traverses. Les fers à T occupant les angles du soubassement sont pliés, ainsi que les couvre-joints, de manière que leurs branches s'appliquent sur les faces auxquelles elles appartiennent.

Les logements sont établis au pied de la tour, laquelle est occupée par un escalier circulaire à noyau plein ; ils sont divisés par de grands châssis qui supportent les plafonds et épaulent les montants de la tourelle. Des cloisons, exécutées en briques et mortier de Portland, mettent les chambres à l'abri de l'humidité et des variations de la température extérieure.

Les fers à T de la tour ont 0^m,20 sur 0^m,10 et pèsent 34 kilogrammes le mètre. La tôle du soubassement a 0^m,008 d'épaisseur, et celle de la partie supérieure de la tour est réduite à 0^m,005. Les consoles de la corniche et le socle du soubassement sont exécutés en fonte.

Fig. 306. — Feu d'entrée de port en maçonnerie.

La figure 306 donne le dessin d'un phare de quatrième ordre, ou *fanal* construit en maçonnerie, que l'on place à l'entrée de la plupart de nos ports, et qui ne renferme pas de logements. Le diamètre intérieur est fixé à 1m,40, et l'escalier est disposé comme celui des tourelles accompagnées de logements, dont il a été parlé tout à l'heure.

Les dépenses d'une construction de ce genre varient, suivant les circonstances locales, de 6,000 à 10,000 francs.

Il nous reste à dire, pour terminer ce qui concerne les phares français, que tout ce qui les concerne est concentré dans une administration, parfaitement organisée, qui dépend du Ministère de l'agriculture, du commerce et des travaux publics. Un administrateur supérieur, qui a le titre de *directeur du service des phares et balises*, dirige, sous l'autorité du ministre, tous les travaux qui se rapportent à l'éclairage de nos côtes. M. Léonce Reynaud, inspecteur général des ponts et chaussées, occupe aujourd'hui le poste de directeur du service des phares.

L'établissement central de l'administration des phares, placé sous la direction d'un ingénieur en chef, M. Émile Allard, est établi, depuis l'année 1869, sur les hauteurs de la place du Trocadéro. L'édifice, nouvellement construit, domine le cours de la Seine et le Champ-de-Mars. Une haute et élégante tour, rappelant la forme habituelle des phares, désigne de loin aux regards ce bel établissement national.

CHAPITRE X

LES PHARES ANGLAIS. — HISTOIRE DE LA TRINITY-HOUSE. — LES PHARES D'EDDYSTONE, DE BELL-ROCK, DE SKERRYVORE, DE SMALLS. — LA PROMENADE DU PHARE DE SUNDERLAND.

Si la France a eu la gloire d'inventer les lentilles et échelons, c'est à l'Angleterre que revient l'honneur d'avoir, la première en Europe, garni ses côtes de feux nombreux, et cela dans des circonstances parfois difficiles. L'Angleterre cite avec orgueil les noms de Smeaton, de Robert Stevenson et d'Alan Stevenson. Ces hommes ont, en effet, exécuté avec beaucoup de courage et de patience, des constructions en mer qui présentaient de grandes difficultés. Il ne faut pas oublier pourtant que les Stevenson n'ont fait que mettre en pratique les idées de Fresnel, qui avait inventé les phares à échelons. Sans la découverte du physicien français et les études approfondies de notre administration des Phares, les ingénieurs anglais n'auraient jamais pu mener à bien leur projet de couvrir de feux les côtes maritimes de leur pays.

L'organisation des phares, en Angleterre, est fort différente de celle de notre pays. Elle repose sur des bases étranges, presque excentriques, et qui se ressentent des us et coutumes de la vieille Angleterre.

Trois administrations, correspondant aux trois royaumes d'Angleterre, d'Écosse et d'Irlande, sont chargées de la direction des phares britanniques. La première, qui administre les feux anglais proprement dits, se nomme *Corporation of the Trinity-House of Deptford Strand*; la seconde, celle des feux écossais, a nom *Corporation of the commissionners of Northern Light-Houses*; la troisième, préposée à l'éclairage des côtes d'Irlande, s'appelle *Corporation for preserving and improving the Port of Dublin*.

La *Trinity-House* est de beaucoup la plus importante ; elle exerce même, dans certains cas, un contrôle sur les deux autres. Fondée en 1512, en vertu d'une charte que lui conféra Henri VIII, elle ne constituait, à l'origine, qu'une sorte de confrérie, dont la mission se bornait à prier pour les navigateurs et pour l'âme des naufragés. Mais des chartes d'Élisabeth, de Jacques Ier, de Charles II et de Jacques II, augmentèrent considérablement ses attributions, et lui donnèrent la surveillance de la marine marchande. L'éclairage des côtes rentrait dans cet office. Les phares se multiplièrent alors très-rapidement sur le littoral anglais, d'autant plus qu'ils étaient

Fig. 307. — Phare d'Eddystone enveloppé par les lames.

dus à l'initiative privée, et que les propriétaires frappaient de droits très-élevés tous les navires qui recevaient le bienfait de leur lumière. On commençait par acheter à beaux deniers comptants, de la *Trinity-House*, le privilége d'établir un phare sur un écueil quelconque, puis on réalisait de gros bénéfices en prélevant des droits sur tous les navires qui en approchaient.

Il vint un moment où la couronne éleva la prétention de s'arroger le privilége de la *Trinity-House*, privilége usurpé, disait-elle, et que la loi n'autorisait point. De là, résulta un procès, puis une transaction, d'après laquelle le droit d'élever des phares fut partagé entre la *Trinity-House* et la couronne.

Alors ce fut à qui obtiendrait du roi l'autorisation de bâtir un phare. Un ancien ministre d'État, lord Granville, écrivait cette note sur son journal : « Saisir le moment où le roi sera de bonne humeur, pour lui demander un phare. »

Un pareil régime ne pouvait produire que de fâcheuses conséquences. Les privilégiés songeaient beaucoup plus à gagner de l'argent qu'à guider les navigateurs ; de sorte que l'éclairage des fanaux se faisait très-mal. Enfin, un acte du Parlement, rendu sous Guillaume IV, réduisit les droits de péage, et décida que la couronne abandonnerait ses droits à la *Trinity-House*, moyennant une somme de 7,500,000 francs. Cette compagnie fut également autorisée à racheter tous les phares, ou *light-houses*, possédés par des particuliers. Ces acquisitions lui coûtèrent de fortes sommes. Cependant elle prospéra toujours, grâce aux droits qu'elle continua de prélever et qu'elle prélève encore sur les navigateurs.

La *Trinity-House* comprend deux classes d'associés : les *Frères aînés* (*Elder Brothers*), et les *Frères cadets* (*Younger Brothers*). Ces derniers n'ont pas voix délibérative dans le conseil de la Société ; ils sont choisis sur la proposition d'un des *frères aînés*. Ils sont aujourd'hui au nombre de 360 ; mais le nombre n'en est point limité.

Les *frères aînés*, au nombre de 31, sont pris parmi les *frères cadets*. Pour être admis, ils doivent avoir subi un examen, et servi au moins quatre ans comme capitaine, dans la marine marchande ou dans celle de l'État. Ils se divisent en membres honoraires et en membres actifs. Les premiers sont des hommes étrangers à la navigation, mais qui, par leur naissance ou leur illustration, sont susceptibles de jeter de l'éclat sur la Société. Parmi les plus connus autrefois, nous citerons Guillaume IV, Pitt, Wellington, le prince Albert, lord Palmerston et, de nos jours, lord John Russel et lord Derby. Le conseil de *Trinity-House* se compose de six comités, dont les attributions sont très-diverses ; nous n'entrerons pas dans ce détail.

Si l'on compare l'organisation française pour le service des phares et fanaux, à l'administration anglaise, on ne pourra s'empêcher de conclure que l'avantage est tout entier de notre côté. Exclusivement formée d'hommes spéciaux, et surtout d'ingénieurs des ponts et chaussées, la Commission française des phares traite les questions scientifiquement, fait des expériences, entreprend des essais, et réalise toutes les améliorations qui lui paraissent utiles. Il est probable que sans cette commission scientifique, Fresnel n'eût point doté le monde de lentilles à échelons. La centralisation administrative française, qui a tant d'inconvénients dans la plupart des circonstances, est ici non-seulement justifiée, mais nécessaire. L'autorité confiée à un directeur résidant à Paris, de donner les ordres pour l'exécution de règlements concernant les phares sur toute l'étendue de nos côtes, cette sorte de despotisme administratif, qui n'a d'autre but que d'assurer des existences humaines et de préserver de la destruction des propriétés et des biens, est évidemment bien préférable à l'organisation surannée, divisée et compliquée de la *Trinity-House*.

Jetons maintenant un coup d'œil sur quelques-uns des phares les plus célèbres de la Grande-Bretagne.

Saluons d'abord celui d'Eddystone (*fig*. 307). C'est le premier que l'homme ait élevé en pleine mer, et qui soit resté inébranlable sous les coups de la tempête. Il se dresse dans la baie de Plymouth, sur l'un des nombreux récifs qui surgissent à fleur d'eau en cet endroit. Antérieurement on en avait construit deux sur le même écueil ; mais ils furent détruits, l'un par la mer et les vents, l'autre par le feu (1).

Le premier de ces deux édifices fut bâti

---

(1) L'histoire des phares d'Eddystone a été longuement développée par Smeaton, dans son ouvrage : *A narrative of the building, and a description of the construction of the Eddystone light-house, by John Smeaton, civil engineer*.

par un riche habitant du comté de Sussex, Henri Wistanley, qui possédait une sorte de vocation pour les travaux mécaniques. Élevée en 1696, cette tour était de la forme la plus bizarre. C'était une espèce de pagode chinoise, couverte de clochetons et de toutes sortes d'appendices de fantaisie, couronnée de galeries ouvertes, hérissée d'angles et de saillies à l'aspect fantastique, le tout accompagné de devises et d'inscriptions. L'architecte de ce monument hétéroclite l'a représenté dans une gravure qui nous a été conservée, et qui montre Henri Wistanley pêchant à la ligne du haut de sa tour maritime.

Cette construction bizarre n'avait aucune solidité, quoi qu'en pensât Henri Wistanley, qui se plaisait, dans son orgueil, à appeler et à défier la tempête. On l'entendait souvent s'écrier : « Soufflez, vents ! mer, révolte-toi ! Déchaînez-vous, éléments, et venez mettre à l'épreuve mon ouvrage ! » L'ouragan et la tempête répondirent à ce défi. Le 26 novembre 1703, éclata un orage d'une violence telle qu'on n'avait pas eu depuis longtemps son pareil sur les côtes d'Angleterre. L'édifice d'Eddystone fut balayé par la mer. Henri Wistanley, qui se trouvait en ce moment dans la tour, pour quelques réparations, fut englouti avec les gardiens du phare. Il ne resta de toutes les constructions qu'une chaîne de fer rivée au rocher.

Cependant l'écueil redoutable d'Eddystone ne pouvait plus être privé de ses feux tutélaires. Par suite de l'absence des fanaux qui le signalaient auparavant, un vaisseau de guerre, le *Winchelsea*, se brisa contre les rochers, et la moitié de l'équipage périt. On décida qu'il fallait au plus vite rebâtir le phare emporté.

Celui qui se présenta, en 1706, pour entreprendre cette construction difficile, était un simple marchand de soieries, nommé John Rudyerd. Il n'était pas plus ingénieur que Wistanley; mais il avait, comme lui, le goût de la construction. John Rudyerd se mit à élever une tour en bois sur le récif d'Eddystone. Il donna à cette tour la forme d'un tronc de cône tout uni, solidement fixé sur le rocher, de manière que les vents et les flots n'eussent sur lui aucune prise.

Le second phare d'Eddystone fut inauguré au mois de juillet 1706. Pendant quinze ans, il brilla et protégea la navigation. Une tempête terrible, qui ravagea, en 1744, les côtes d'Angleterre, fut impuissante à ébranler l'édifice.

La tour en bois construite par John Rudyerd, subsisterait peut-être encore de nos jours, sans un événement imprévu et funeste. Dans la nuit du 1ᵉʳ décembre 1755, lorsque tout était calme dans le phare, le gardien, ayant monté pour moucher les chandelles, trouva la lanterne pleine de fumée. Dès qu'il eut ouvert la porte, l'air donnant au feu l'aliment, les flammes firent irruption dans l'escalier. Le gardien appela ses deux compagnons, qui, malheureusement, étaient endormis, et ne purent lui porter secours à temps. Rudyerd chercha à éteindre le feu au moyen d'une provision d'eau qui existait au plus haut étage de la tour ; mais l'eau manqua bientôt, et ses compagnons étant enfin accourus, ne purent la renouveler à temps, parce qu'il fallait descendre et remonter un escalier de 23 mètres de hauteur. Ils se retirèrent d'étage en étage devant l'incendie, qui ne cessait de les gagner, et qui les poursuivit jusqu'au bas de l'édifice. Comme la marée était basse, ils purent se réfugier sous une chaîne de rochers, et assister de là, à la destruction totale de l'édifice.

A la pointe du jour, des pêcheurs aperçurent les dernières lueurs de l'incendie, et vinrent, avec leurs barques, recueillir les malheureux gardiens.

Quant à la tour, comme elle était tout en bois, il n'en resta que quelques débris fumants.

La tempête avait détruit le premier phare d'Eddystone; le feu avait eu raison du second.

Un ingénieur de grand mérite, Smeaton, fut chargé d'ériger un troisième phare sur l'emplacement des précédents. Smeaton construisit le phare qui existe encore de nos jours. La première pierre fut posée le 12 juin 1757, et la dernière le 24 août 1759. Durant cet intervalle, on ne put aborder le rocher que quatre cent vingt et une fois, et l'on ne travailla que pendant cent douze jours. Smeaton surmonta toutes les difficultés. Grâce à la disposition qui consiste à assembler toutes les pierres d'une même assise *à queue d'aronde*, c'est-à-dire à les enchevêtrer les unes dans les autres, ainsi que le représente la figure 308 ; grâce aussi à la précaution de re-

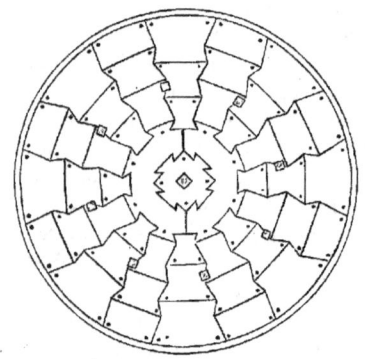

Fig. 308. — Une assise du phare d'Eddystone.

lier les différentes assises par des dés en marbre qui les traversent de part en part, l'édifice fut fait, pour ainsi dire, d'un seul morceau. Il put ainsi braver sans faiblir le choc des vagues, qui, dans certains moments, montent en tourbillonnant à 8 ou 10 mètres au-dessus de la coupole lumineuse. Les chocs sont d'ailleurs amortis par le relief particulier de la tour. Au lieu de se briser contre une surface rectiligne, les flots rencontrent une surface courbe qu'ils remontent en glissant, sans aucun dommage pour l'édifice.

Un fait qui est à l'honneur de Louis XIV, se rattache à l'histoire de ce phare. Pendant que Smeaton le construisait, la guerre existait entre la France et la Grande-Bretagne. Un corsaire français, qui eut connaissance de ce qui se passait sur l'îlot d'Eddystone, y débarqua, s'empara des ouvriers et les emmena prisonniers en France. En apprenant cette capture, Louis XIV montra une grande colère. Il ordonna que les ouvriers fussent délivrés : « Je suis en guerre avec l'Angleterre, dit le roi, mais non avec le genre humain. »

Si le phare d'Eddystone est un monument national dont l'Angleterre s'honore, celui qui s'élève sur le rocher de *Bell-Rock*, en Écosse, est justement célèbre. Aussi le nom de Robert Stevenson, l'ingénieur à qui l'on doit le phare de Bell-Rock, est-il aussi célèbre en Écosse, que l'est en Angleterre celui de Smeaton.

Le rocher de Bell-Rock se dresse en mer, dans une position aussi difficile que celui d'Eddystone. C'est un banc rocailleux, d'environ 130 mètres de long sur 70 de large, qui se trouve sur la côte d'Écosse, dans le Forfashire. On l'appela longtemps le *Rocher de la cloche*, parce que les moines de l'abbaye d'Arbroath, pour le signaler aux navigateurs, y avaient placé une cloche portée sur un radeau. Les flots mettaient cette cloche en branle, au moment de la tempête.

Cependant ce mode d'avertissement était illusoire. Les naufrages succédaient aux naufrages, aux alentours de ce récif dangereux. Un vaisseau de guerre de soixante-quatorze canons, *l'York*, périt avec tout son équipage, en se brisant contre cet écueil. Dès lors la *Commission des phares du Nord* (*Northern Commissionners*) décida qu'il fallait ériger sur le récif de Bell-Rock un phare, construit sur le même principe que celui d'Eddystone. Un ingénieur, encore obscur, mais dont les talents étaient reconnus, Robert Stevenson, fut chargé de ce travail.

Robert Stevenson débarqua avec ses ouvriers sur le rocher désert de Bell-Rock, le 16 août 1807. Le récif est couvert de 4 mètres d'eau à la marée haute ; les hommes ne pouvaient donc travailler que quelques heures chaque jour, entre le flux et le reflux. Au retour de la marée, ils remontaient dans le navire de service, attaché par ses ancres.

Un jour, le navire brisa ses ancres, et Robert Stevenson, avec ses trente-deux maçons, fut entraîné à la dérive. Ils n'échappèrent à la mort que par miracle, un bateau de pêcheur envoyé à leur poursuite ayant réussi à atteindre le navire en détresse.

Nous ne redirons pas les obstacles que Stevenson eut à vaincre, pour mener à bien cette tâche épineuse. Dans les constructions de ce genre, les difficultés et les périls sont toujours les mêmes. Les travaux préparatoires, — création des baraquements destinés aux ouvriers, — creusement du rocher pour y loger les fondations, etc., ne durèrent pas moins d'une année. On utilisait tous les moments où la mer ne couvrait pas le rocher, et l'on travaillait souvent la nuit à la lueur des torches.

La première pierre fut posée, avec solennité, le 10 juillet 1808, et le phare fut allumé le 11 février 1811. Depuis cette époque, il n'a jamais été nécessaire de le réparer.

Le phare de Bell-Rock est un feu de premier ordre ; il est élevé de 35 mètres au-dessus du sol et de 28 mètres au-dessus du niveau des hautes mers. Son appareil est catoptrique, c'est-à-dire composé de simples réflecteurs, et sa lumière porte à 15 milles par les temps clairs.

Le phare de Skerryvore est situé en Écosse, à la hauteur du précédent, sur la côte opposée.

Skerryvore est un banc considérable de récifs polis, que les vagues recouvrent presque entièrement à la marée haute. En 1814, la commission écossaise des phares résolut d'y établir un feu ; mais diverses causes retardèrent ce projet, qui ne fut repris qu'en 1835.

Robert Stevenson était mort ; son fils, Alan Stevenson, fut chargé de construire le phare. Il poussa les travaux avec la plus grande ardeur.

Le 1ᵉʳ septembre 1838, la baraque qu'Alan Stevenson avait fait élever sur le rocher, pour caserner les travailleurs, fut emportée par un coup de mer. Alan ne se découragea pas. Il fit élever une baraque nouvelle, beaucoup plus haute, car elle n'avait pas moins de 9 mètres d'élévation. C'est au haut de ce frêle édifice de bois, que Robert Stevenson et ses trente maçons se tenaient perchés quand la mer arrivait ; c'est là qu'ils passaient les nuits, dans un sommeil qui ne devait pas assurément être toujours paisible. Plus d'une fois, ils furent réveillés par de terribles secousses ; les vagues, s'élançant par-dessus la baraque, inondaient la toiture et pénétraient dans le réduit, qui tremblait sur ses piliers. Quelquefois la mer était si mauvaise que les barques chargées de porter les provisions de bouche, ne pouvaient accoster pendant plusieurs jours ce rocher inhospitalier.

Quatre mois furent employés à creuser la tranchée de fondation, qui n'avait pas moins de 13 mètres de diamètre. Il fallut pour la creuser, extraire un poids de 2,000 tonnes de matériaux. Enfin, le 10 août 1842, on hissa la lanterne sur le sommet de la tour. Le 1ᵉʳ février 1844, le fanal de Skerryvore illuminait l'horizon.

Le phare de Skerryvore forme un bloc de maçonnerie cinq fois plus considérable que celui d'Eddystone. La tour implantée sur le roc, est tout en granit.

Ce magnifique lampadaire de l'Océan est éclairé par un appareil de lentilles à échelons. Son foyer s'élève à 48 mètres au-dessus du sol et à 45 mètres au-dessus du niveau des hautes mers. La portée de sa lumière est de 18 milles.

En 1861, on éleva un beau phare sur les rochers de Smalls, situés au milieu de la mer, en face de l'île Skoner, dans le sud de la principauté de Galles. Ce phare remplaçait une vieille tour, qui remontait au dernier siècle, comme celle d'Eddystone, et dont la construction avait également coûté bien des peines.

Vers la fin du siècle dernier, un philanthrope anglais, nommé Phillips, avait pris la résolution de faire dresser un phare sur les rochers de Smalls, qui étaient le théâtre de fréquents sinistres. La tâche était difficile, car les rochers de Smalls sont complétement submergés à la marée haute, et s'élèvent à 4 mètres au-dessus de l'eau, à la marée basse. Il n'y avait pas alors, comme aujourd'hui, surabondance d'ingénieurs éclairés ; Phillips s'estima heureux de confier le travail de l'édification du phare à un jeune homme, nommé Whiteside, simple luthier de Liverpool, mais qui était doué de quelques talents dans les arts mécaniques.

Un marchand de soieries avait bâti le phare d'Eddystone, un marchand de violons devait édifier celui de Smalls.

Au mois de juillet 1772, Whiteside débarquait sur les rochers de Smalls, accompagné seulement de quelques mineurs de Cornouailles et de deux charpentiers de navire qu'il associait à son entreprise.

Les difficultés qu'ils rencontrèrent tout d'abord furent au moment de les détourner de leur projet.

Les premiers travaux étaient commencés lorsqu'une tempête vint à éclater. Le navire qui avait amené les ouvriers étant forcé de fuir devant l'ouragan, les ouvriers demeurèrent seuls sur l'écueil, presque entièrement recouvert par l'eau. En s'accrochant le mieux qu'ils purent aux éminences des rocs, ils échappèrent à la mort ; mais ils passèrent deux jours et deux nuits dans cette situation navrante.

Les malheurs de ces courageux ouvriers n'étaient pas finis. Le travail était en bonne voie, et tout faisait présager une heureuse issue de l'entreprise hardie de Whiteside et de ses compagnons, quand la tempête emporta le cutter qui leur servait d'asile dans les intervalles du travail. Par suite de la perte du navire et de l'absence de communications avec le continent, les vivres leur manquaient totalement.

Un jour, les pêcheurs de l'île Skoner ramassèrent sur le sable ce que les Anglais appellent un *message de l'abîme*, c'est-à-dire un papier enfermé dans une bouteille soigneusement cachetée, et enveloppée elle-même dans un baril. Sur le baril étaient inscrits ces mots :

« Ouvrez ceci, et vous trouverez une lettre. »

La lettre était ainsi conçue :

Smalls, 1ᵉʳ février 1777.

« Monsieur,

« Nous trouvant en ce moment dans la position la plus critique et la plus dangereuse, nous espérons que la Providence vous fera parvenir cette lettre et que vous viendrez immédiatement à notre secours. Envoyez-nous chercher avant le printemps, ou nous périrons, je le crains ; notre provision d'eau et de bois est presque épuisée, et notre maison est dans l'état le plus triste. Nous ne doutons pas que vous ne veniez nous chercher le plus promptement possible. On peut arriver près de nous à la marée par n'importe quel temps. Je n'ai pas besoin d'en dire davantage, vous comprendrez notre détresse, et je reste votre humble serviteur,

« H. Whiteside. »

Au-dessous de cette signature, on lisait encore ces mots :

« Nous avons été surpris le 23 janvier par une tempête. Depuis ce moment nous n'avons pu allumer le phare provisoire, faute d'huile et de chandelles. Nous craignons qu'on ne nous ait oubliés.

« Ed. Edwards, G. Adams, J. Price.

« *P. S.* Nous ne doutons pas que la personne entre les mains de laquelle ceci tombera, ne soit assez charitable pour le faire envoyer à Th. Williams esq. Trelethin, près de Saint-David, dans le pays de Galles. »

Grâce à ce hasard providentiel, les malheureux ouvriers furent secourus à temps, et ils purent achever leur œuvre.

Du reste, la philanthropie de Phillips, qui avait fait bâtir ce phare sur les rochers de Smalls, fut récompensée dans la personne de ses héritiers. Soixante ans plus tard (en 1827), la *Trinity-House* s'étant fait céder la propriété de ce phare, versa au propriétaire une indemnité de 4,250,000 francs.

Construit sur le même principe que les tours d'Eddystone et de Skerryvore, le nouveau phare de granit qui a été bâti en 1861, sur les roches de Smalls, laisse bien loin la baraque érigée en 1776 par les mineurs de Cornouailles, mais elle ne l'a pas fait oublier.

Nous ne terminerons pas cette revue sommaire des phares anglais, sans parler d'une opération extrêmement curieuse qui fut accomplie en 1841, sur le phare de Sunderland. Sunderland est une ville du nord de l'Angleterre. Le commerce et la population de ce port s'étant notablement accrus depuis le commencement du siècle, on dut, en 1841, y établir une longue jetée, pour remplacer un ancien quai devenu insuffisant. Ce quai supportait un phare construit depuis vingt ans. On pensa d'abord qu'il faudrait nécessairement démolir le phare, en même temps que le quai, et rééditier le monument au bout de la jetée, à une distance de 160 mètres environ de sa première place. Cependant une proposition inattendue vint à surgir. Un ingénieur, John Murray, proposa de transporter le phare, sans le démolir, au nouvel emplacement qu'on lui destinait, avec le seul secours des engins mécaniques. Cette offre fut acceptée.

L'entreprise était hardie; car la tour avait 5 mètres seulement de diamètre à la base, et 25 mètres de hauteur; elle pesait 757,000 livres. En outre, la jetée était plus élevée d'un pied sept pouces que l'ancien quai, et se trouvait dans une direction tout autre. Il fallait donc que l'édifice parcourût une ligne brisée; il fallait en outre le faire pivoter sur lui-même, et le remonter le long d'une pente.

On procéda de la manière suivante, pour arriver à ce résultat extraordinaire. Des ouvertures furent pratiquées dans les murs, à la base de la tour, et l'on y enfonça des poutres, que l'on relia par des traverses, de manière à former une espèce de plate-forme située à une petite distance du sol. Après avoir fixé sous les poutres 144 roues en fonte, creusées d'une gorge, on détruisit la partie inférieure des murs, et l'édifice se trouva assis sur la plate-forme, portée elle-même sur les galets en fonte. De nombreux étais soutenaient la tour dans toute sa hauteur.

Les choses étant ainsi disposées, le colosse fut tiré sur des rails, au moyen de chaînes de fer, que des hommes enroulaient sur des treuils. Afin de réduire la dépense à son minimum, on enlevait les rails à mesure que le monument avançait, et on les portait plus loin. Le trajet dura treize heures, et l'opération s'accomplit sans accident. Elle fut très-économique; car elle ne coûta que 27,000 francs, tandis que la construction d'un nouveau phare aurait entraîné une dépense de 50,000 francs.

CHAPITRE XI

PHARES SITUÉS HORS D'EUROPE. — PHARE DU MAROC. — PHARES DE PONDICHÉRY, DE LA GUYANE, DE LA NOUVELLE-CALÉDONIE, DU JAPON, ETC.

Nous parlerons maintenant de quelques phares situés hors de l'Europe, dans des régions diverses et plus ou moins éloignées.

Sur la côte du Maroc, à l'entrée du détroit de Gibraltar, existe un cap où sont venus se briser de nombreux navires: c'est le cap Spartel. Cette côte dangereuse constituait une source de revenus assez importante pour les Marocains, qui s'appropriaient les épaves rejetées par la mer, et qui, d'ailleurs, n'ayant point de marine, ne redoutaient point pour eux-mêmes les écueils du rivage africain. On ne pouvait donc compter sur les indigènes pour élever un phare dans ces parages.

En 1852, M. Jagerschmidt, gérant de notre consulat à Tanger, proposa d'élever un phare sur ce point de la côte d'Afrique. Il paraissait difficile de demander un travail de cette nature au gouvernement marocain, qui pouvait ne s'y reconnaître aucun intérêt, et même aurait pu se montrer disposé à mal accueillir une mesure dont l'effet devait être de priver ses sujets du bénéfice, fort immoral assurément, mais assez considérable, qu'ils retiraient des épaves roulées sur leurs plages. L'intervention des puissances européennes les plus intéressées dans la question, était nécessaire pour surmonter les résistances prévues, subvenir aux dépenses de l'entreprise, et assurer plus tard l'entretien du feu.

Soumise à la Commission française des phares, cette idée y fut accueillie avec chaleur, et énergiquement appuyée.

Malheureusement le concert préalable qu'il s'agissait d'établir, souleva des difficultés, et le succès paraissait douteux, sinon impossible, lorsqu'en 1860, de nuit et par une grosse mer, la frégate brésilienne, *Doña Isabel*, montée par un nombreux équipage et par les élèves de la marine de l'État du Brésil, vint échouer près du cap Spartel, qu'elle n'avait pu reconnaître. Le navire se brisa, et 250 hommes trouvèrent la mort dans ce sinistre.

Cet événement douloureux émut profondément l'opinion publique, et fit reprendre le projet de l'édification d'un phare sur le cap Spartel.

Grâce aux représentations du gouvernement français, l'empereur du Maroc, non-seulement donna son assentiment au projet de construire ce phare, mais encore il s'engagea à subvenir aux dépenses de la construction, sous la seule condition que la France chargerait un de ses ingénieurs de la direction des travaux.

Cette mission, qui était jugée difficile et devait rencontrer plus d'obstacles encore qu'on ne l'avait prévu, fut confiée à M. Jacquet, conducteur des ponts et chaussées, attaché au service des phares, qui se rendit immédiatement sur les lieux.

Dès le mois de juin 1861, une exploration faite à bord du bâtiment de la marine française, *le Coligny*, avait permis à M. Jacquet de déterminer l'emplacement à assigner au phare. D'accord avec le commandant de ce navire, il fixa son choix sur un petit plateau s'élevant à 70 mètres à pic du côté de la mer, à 500 mètres environ dans le nord-est de la pointe du cap, d'où l'on découvre un horizon étendu, tant du côté du large que dans la direction du détroit, et où l'on n'a point à redouter les brumes intenses qui couronnent parfois le sommet de la montagne.

Le lieu se trouvait offrir quelques ressources en fait de matériaux de construction, et ces ressources furent d'autant plus précieuses que des sentiers abrupts et à peine tracés étant le seul moyen de communiquer avec Tanger, le centre de population le plus rapproché, les transports ne pouvaient s'effectuer qu'à dos d'âne, et n'admettaient pas d'objets d'un poids un peu considérable.

Le plateau est entouré de roches d'un grès fin, d'une dureté suffisante et facile à travailler. A peu de distance au-dessous on découvrit un dépôt calcaire, apte à fournir d'excellente chaux. A proximité encore on a rencontré de l'argile plastique et un amas de sable siliceux; enfin deux sources légèrement ferrugineuses, qui paraissent ne jamais tarir, sortaient de la roche à quelques mètres au-dessus de la plate-forme.

Mais pour tirer parti de ces ressources, il fallait installer, dans ce désert, une exploitation de carrières, une chaufournerie, une briqueterie, des logements pour l'ingénieur et les ouvriers, un service de vivres, etc. Or, l'ingénieur n'avait à sa disposition que des indigènes pris dans la campagne, réunis et retenus de force, fréquemment renouvelés, peu habiles, et surtout peu désireux de concourir au succès d'une œuvre qu'ils ne comprenaient pas, et qui était dirigée par un infidèle, dont les ordres leur étaient transmis par des interprètes sans autorité.

Fig. 309. — Le phare du cap Spartel, au Maroc.

On trouve sans doute au Maroc des maçons qui ne manquent pas d'un certain art, qui exécutent assez habilement cette ornementation pleine de gracieuses fantaisies, d'où l'architecture mauresque tire ses principaux effets ; mais on ne pouvait attendre de ces ouvriers la solidité de construction qu'exigeait un phare exposé à des pluies diluviennes et aux plus violentes tempêtes. Les tailleurs de pierre, à Tanger, ignoraient l'usage de l'équerre et n'admettaient pas qu'on pût mettre en œuvre des morceaux de telle dimension qu'un homme ne pût les transporter. Enfin les charpentiers marocains n'emploient jamais que des madriers, et ils ne se doutent pas de ce qu'est un assemblage.

On aurait pu se procurer des ouvriers en Espagne; mais la main-d'œuvre est à trop bas prix au Maroc, pour que le haut fonctionnaire qui avait les travaux dans ses attributions, pût se résoudre à accorder des salaires comparativement exorbitants.

Le gouvernement français vint au secours de l'ingénieur, en lui envoyant, à la fin de 1861, un appareilleur et un tailleur de pierre, et plus tard deux autres ouvriers.

Enfin, grâce au dévouement et à l'énergie de l'ingénieur, cet important travail, exécuté dans des conditions si défavorables, était complétement terminé en 1864, et le 15 octobre de la même année, un feu fixe, de premier ordre, était allumé au sommet de la tour.

Afin d'assurer la régularité de l'entretien du feu, une convention a été passée entre le Maroc, d'une part, et d'autre part les représentants des puissances, au nombre de dix, qui s'y sont reconnues intéressées, à savoir : la France, l'Angleterre, l'Espagne, l'Italie, l'Autriche, la Belgique, la Hollande, le Portugal, la Suède et les États-Unis d'Amérique.

Ces puissances contribuent aux dépenses, chacune pour 1,500 francs par an. Leurs représentants à Tanger, réunis en commission, statuent sur toutes les mesures à prendre dans l'intérêt du service. Les gardiens du phare sont Européens ; ils ont une garde marocaine, composée de quatre hommes et d'un caïd, et qui est à la solde de la commission consulaire.

L'édifice consiste en une tour carrée au dehors, circulaire au dedans, située sur l'un des côtés d'une cour entourée de portiques, sous lesquels sont ouverts et éclairés les logements et magasins. Ces salles sont voûtées et couvertes en terrasse. Elles ne sont percées au dehors que de très-étroites ouvertures, de sorte que la porte étant fermée, les gardiens sont à l'abri des surprises nocturnes, et pourraient même résister aux attaques des indigènes, de manière à permettre aux secours d'arriver de Tanger en temps utile.

Le phare du Maroc fait le plus grand honneur à la France ; M. Jacquet est l'ingénieur qui en a dirigé tous les travaux.

La figure 309 représente le phare du cap Spartel, d'après une photographie qu'a bien voulu mettre à notre disposition M. Léonce Reynaud, directeur du service des phares français.

Si nous nous transportons maintenant dans l'Inde, sur la côte de Coromandel, nous y rencontrerons un phare de construction plus ancienne, qui a été également dressé par des mains françaises : c'est celui de Pondichéry, bâti en 1836.

La ville de Pondichéry est le chef-lieu des établissements français dans l'Inde. Pondichéry n'a point de port, mais seulement une rade ouverte, où la mer forme un remous continuel, qui rend le débarquement difficile.

La côte de Coromandel est extrêmement basse, parsemée d'écueils et de bancs, qui s'étendent à plusieurs milles au large. L'approche de cette côte est dangereuse. Souvent les navires, dépassant Pondichéry de nuit, et se trouvant trop éloignés, restaient plusieurs jours sous le vent de la rade avant de pouvoir s'en approcher.

C'est pour cette dernière considération que les négociants de Pondichéry demandèrent, en 1834, l'établissement d'un phare.

Le phare qui fut élevé à Pondichéry, est de troisième ordre ; il n'est destiné qu'à indiquer le mouillage aux navires venant du large. Cependant, par sa position élevée et sa blancheur éclatante, il peut fonctionner comme phare d'*atterrage* ou de premier ordre, car on l'aperçoit de 12 à 15 milles de distance en mer.

Cet édifice (*fig.* 310) se compose d'une tour qui s'élève au-dessus d'un soubassement rectangulaire contenant le logement du gardien et les magasins. Sa hauteur au-dessus du sol est de 26 mètres et de 29 mètres au-dessus du niveau de la mer.

Ce phare a été construit en maçonnerie de briques. La promptitude et la simplicité des moyens employés pour sa construction, sont dignes de remarque. Commencés en 1836, les travaux étaient entièrement terminés avant la fin de la même année. Pendant ce temps toute la charpente avait été confectionnée, ainsi que 654 mètres cubes de maçonnerie, pour la construction des neuf puits sur lesquels repose le soubassement de la tour, et des autres parties en élévation. La dépense qu'ont occasionnée ces travaux, en y comprenant les enduits avec stuc, dont les murs sont revêtus, ne s'est élevée qu'à la somme de 7,702 francs.

Ces travaux, dirigés par M. Louis Guerre, chargé, en 1836, du service des ponts et chaussées dans nos établissements de l'Inde, furent exécutés d'après son projet et ses dessins.

Fig. 310. — Phare de Pondichéry.

Un phare en fer, construit à Paris, par M. Rigolet, et tout à fait semblable à celui placé récemment sur l'écueil des Roches-Douvres, dû au même constructeur et dont nous avons donné plus haut le dessin (*fig.* 300), a été transporté, par pièces, à la Nouvelle-Calédonie, sur un îlot de sable, situé en pleine mer, au sud-ouest de Nouméa, à 13 milles de Port-de-France. Sa hauteur totale est de 55 mètres. Sa lumière porte à 22 milles, et son appareil est de premier ordre, à feu fixe blanc.

On ne pouvait songer à élever une construction en maçonnerie sur un îlot désert, dans une colonie dépourvue de ressources. L'installation de la tour métallique a même présenté d'assez grandes difficultés ; mais elles ont été très-habilement surmontées par M. Bertin, conducteur des ponts et chaussées, chargé de la direction du travail. Le nouveau feu, qui est appelé à rendre de grands services à la navigation, a été allumé pour la première fois le 15 novembre 1865.

Pour avoir l'image exacte du phare de la Nouvelle-Calédonie, il suffit de se reporter à la figure 300 (page 483) qui représente celui des Roches-Douvres.

La civilisation pénétrant peu à peu dans les régions océaniennes, nous aurions à signaler la création récente de phares sur les côtes du Japon, de la Cochinchine, etc. Mais ces phares, toujours construits en France ou en Angleterre, et expédiés d'Europe aux rivages de l'Asie, sont en tout semblables à ceux dont nous avons donné la description. Nous nous abstiendrons, en conséquence, d'entrer à ce propos dans des détails qui ne pourraient être que les redites de ce qui précède.

Nous nous bornerons à reproduire ici, (*fig.* 311), d'après une photographie qu'a bien voulu nous confier M. Léonce Reynaud, le phare de Saïgon, en Cochinchine, élevé en 1866. Ce phare est de premier ordre et à feu fixe. La balustrade qui enveloppe la lanterne, a pour but de défendre le vitrage contre les chocs des bandes d'oiseaux de mer.

Un phare de fer, construit sur les mêmes principes que celui de Walde, a été édifié, en 1863, à la Guyane française, sur le roc de l'*Enfant perdu*.

L'*Enfant perdu* est un écueil isolé, qui domine la mer de quelques mètres, et sur lequel les lames déferlent sans cesse. Le père et la mère de cet enfant se voient à l'horizon : ce sont les îles *Rémire*.

Le phare qui se dresse aujourd'hui sur le roc de l'*Enfant perdu*, signale le rivage de Cayenne. Le port de Cayenne n'est pas d'un accès facile ; beaucoup de navires doivent attendre l'heure de la haute mer pour y pénétrer, et une forte barre y ferme souvent le pas-

Fig. 311. — Phare de Saïgon (Cochinchine).

sage. Quand les navires sont d'un fort tonnage, ils ne peuvent même entrer dans le port, qui n'a que 3 mètres de profondeur d'eau. Ils vont alors mouiller à l'*Enfant perdu*, et plus souvent, aujourd'hui, aux îles du Salut.

Depuis que la loi du 8 avril 1852 a placé dans les îles de la Guyane française la résidence des forçats transportés, et a fait de Cayenne, pour la France, ce que *Botany-Bay* est pour l'Angleterre, le port de cette dernière ville a pris une véritable importance, et le phare placé sur les rochers de l'*Enfant perdu* rend de grands services à la navigation. Le transit présente, en effet, une certaine activité dans ces parages, à raison des convois de condamnés qui sont évacués des bagnes de Toulon, de Brest et de Rochefort, dans les îles de la côte de la Guyane, si étrangement découpées, et qui se prêtent si bien à servir de vaste établissement pénitentiaire.

Le phare de l'*Enfant perdu* (*fig.* 312), consiste en pieux de fer qui sont munis de vis en fonte à leur partie inférieure, maintenus par des entre-toises et des croix de Saint-André, et surmontés, à une distance convenable du niveau de la mer, d'un plancher sur lequel s'établit le logement des gardiens. La lanterne couronne cet échafaudage.

Puisque nous parlons du phare de la côte de la Guyane française, nous dirons combien son édification fut difficile.

Fig. 312. — Phare de l'*Enfant perdu*, en vue de la côte de Cayenne (Guyane française).

« Plus d'une fois, écrivait M. Vivian, conducteur des ponts et chaussées à Cayenne, il a fallu, pour établir un va-et-vient de débarquement, que des hommes robustes et courageux se missent résolûment à la mer et portassent une amarre à la nage. Le risque d'être brisé sur les rochers n'était pas le moindre, car les squales abondent dans ces parages. Le ressac et les remous rendaient la navigation très-pénible ; plus d'un de nos hommes en est sorti blessé, et l'on peut dire que tous ont joué leur vie. »

CHAPITRE XII

LA VIE DANS LES PHARES. — LES GARDIENS DES TOURS.

On se figure aisément à quel degré doit être monotone la vie des gardiens des phares. Enfermés dans une tour solitaire, sans cesse occupés des mêmes soins et d'une besogne fastidieuse, combien tristes doivent être leurs journées et tristes leurs nuits ! Nous avons rapporté les règlements des gardiens des ports français ; ce sont à peu près les mêmes qui sont en vigueur chez les autres nations.

Dans les phares situés sur les côtes, les gardiens vivant avec leur famille, logés non dans la tour même, il est vrai, mais aux environs, peuvent se donner quelques distractions. La maison des gardiens est située, comme nous l'avons dit, à proximité du phare, sur le point le plus rapproché du littoral. Elle a une cour, un petit jardin, un caveau. La vie du gardien peut donc participer des douceurs de la vie de famille et du chez soi. Mais les phares situés en mer, ne se composant que d'une tour, ne peuvent recevoir que trois hommes. Les logements des gardiens sont alors établis à une certaine distance, c'est-à-dire dans le port le plus rapproché. C'est de ce port que s'établissent les communications avec les gardiens ; c'est de là qu'on leur amène, avec des barques, les provisions de bouche et l'eau potable. Combien, dans ces stations solitaires, les heures doivent s'écouler longues et monotones ! Les trois gardiens passent le jour et la nuit, enfermés dans un édifice branlant, presque toujours obscurci par un sombre brouillard, ou enveloppé par l'écume des vagues, qui se brisent à ses pieds. Toutes leurs occupations consistent dans le soin et l'entretien des lampes, qu'il faut allumer à l'arrivée de la nuit et éteindre au lever du soleil.

Dans les beaux jours de l'été, les gardiens des phares ont la distraction de la pêche. Si la tour est baignée par la mer, ils nouent autour de l'édifice, une corde circulaire, à laquelle ils attachent une cinquantaine de lignes. Quand la mer monte, le poisson qui rôde autour des murs, se prend aux hameçons, et à la marée basse, on voit toute une guirlande de poissons accrochés aux fils des lignes suspendues autour du phare.

Cependant cette existence, si peu variée qu'elle soit, paraît avoir quelquefois ses charmes. Smeaton raconte, dans son *Histoire de la tour d'Eddystone*, qu'un gardien avait conçu pour sa prison un tel attachement, qu'il y passa quatorze ans sans vouloir demander aucun congé. Enfin, on le pressa tellement qu'il se décida à accepter un congé de deux mois. Mais à terre il se trouva dépaysé. Tout lui manquait : il avait la nostalgie du phare. Pour noyer son chagrin, il se mit à boire outre mesure. On dut le ramener à sa chère résidence ; et il y rentra abattu et comme abruti. Il languit pendant quelques jours, et finit par mourir d'épuisement.

Smeaton cite un mot assez curieux d'un de ces mêmes hommes. C'était un cordonnier de Plymouth, qui s'était engagé comme allumeur de lampes, dans le phare d'Eddystone. Pendant la traversée le patron du bateau lui dit :

« Comment se fait-il, maître Jacob, que vous alliez vous enfermer là, quand sur la côte vous pouvez gagner une demi-couronne ou trois shillings par jour, tandis qu'un *light-keeper* ne reçoit qu'un shilling par jour ?

— A chacun son goût, répondit Jacob. J'ai toujours aimé l'*indépendance*. »

L'indépendance d'un gardien de phare, enfermé nuit et jour dans une tour étroite, et obligé de monter et descendre constamment un escalier de soixante à quatre-vingts marches, au milieu des solitudes de l'Océan, ressemble assez à l'emprisonnement cellulaire. Mais le cordonnier de Plymouth, qui avait passé vingt ans dans son échope, avait, dans sa tour de l'Océan, la liberté morale. Dès qu'une captivité est volontaire, dès que l'isolement est considéré comme une faveur, le morne donjon perd tous ses caractères de servitude, et se colore du prisme joyeux de la liberté.

Il ne faut pas croire pourtant que cette existence se présente toujours sous d'aussi riantes couleurs. Des gardiens de phares sont devenus fous, par suite de la trop constante uniformité de leurs sensations et occupations.

En 1862, un drapeau noir, signal de détresse, flottait en haut du phare de *Long Ship's*. L'un des trois gardiens du phare s'était ouvert la poitrine d'un coup de couteau. Ses camarades avaient essayé d'étancher, avec des morceaux d'étoupe, le sang qui coulait de sa blessure ; puis ils avaient arboré le drapeau noir, pour appeler les secours du port. Mais la mer était si mauvaise, qu'il s'écoula trois jours avant qu'une barque pût parvenir au pied du phare. Lorsqu'une barque arriva enfin, l'agitation de la mer était encore si grande que tout atterrage était impossible. On fut obligé de faire descendre le blessé dans l'embarcation en l'attachant, comme on put, au bout d'une corde. On l'amena ainsi au port, où les soins nécessaires lui furent prodigués ; mais il mourut de sa blessure.

Ce qui ajoute à la tristesse de cet emprisonnement au milieu des flots, c'est qu'il réunit parfois des individus dont les goûts sont loin de s'accorder entre eux. Un jour, des curieux visitant la tour d'Eddystone demandaient à l'un des gardiens s'il se trouvait heureux dans cette retraite.

« Je le serais sans doute, répondit cet homme, si je pouvais avoir le plaisir de la conversation. Mais voilà six semaines que mon camarade et moi, nous n'avons pas échangé un mot! »

La communauté du domicile et l'ennui de la captivité, joints au frottement perpétuel entre certains caractères anguleux, peuvent finir par engendrer des aversions profondes. Il y a quelques années, l'administration du *Trinity-House* eut à se prononcer entre deux gardiens, qui avaient conçu tant de haine l'un pour l'autre qu'ils ne pouvaient se regarder en face. Il fallut, pour mettre d'accord ces deux esclaves rivés à la même chaîne, donner congé à l'un d'eux.

C'est à la suite de quelques divisions de ce genre que le phare de Smalls fut, au siècle dernier, le théâtre d'une sombre tragédie.

Le phare de Smalls était alors desservi par deux gardiens seulement. Un soir, on vit flotter sur la tour un drapeau de détresse. Des barques furent aussitôt envoyées du port, mais elles ne purent s'approcher assez pour parler au gardien, tant la mer était rude. Le mauvais temps continuant, près d'un mois se passa sans qu'on pût songer à débarquer sur le récif. Quand on regardait avec une longue-vue, on croyait voir un homme immobile, dressé, comme un cadavre, contre un des côtés de la lanterne de la tour. On se livrait aux conjectures les plus alarmantes, et l'on ne savait d'ailleurs que penser, car la lumière du phare continuait de briller pendant les nuits.

Lorsqu'on put enfin débarquer sur l'é- cueil, on fut témoin d'un spectacle affreux. Des deux gardiens, un seul était vivant, et presque moribond, si l'on en jugeait à sa pâleur, à son morne silence et à ses membres amaigris.

Qu'était-il arrivé ?

L'un des gardiens était mort. La première idée de son compagnon avait été de jeter le cadavre à la mer, mais au moment de s'y déterminer, il avait été retenu par une réflexion terrible. Ne l'accuserait-on pas d'avoir assassiné son camarade? Dans cette sombre et muette demeure, aucun témoin n'aurait pu déposer en sa faveur. La solitude et le silence de cette tour sans écho, une certaine inimitié qui régnait entre ces deux hommes, pouvaient accuser le survivant. Il s'était donc résigné à vivre en tête-à-tête avec le cadavre. Il avait construit, avec quelques planches, un grossier cercueil, dans lequel il avait couché son compagnon ; et, il avait dressé le triste cénotaphe contre les vitres de la lanterne, la face tournée vers le rivage. Puis il avait continué, seul, à entretenir les chandelles du phare. Les efforts que le malheureux s'était imposés pour continuer son service dans la tour, constamment en face du corps de son camarade, qui remplissait tout l'édifice d'une épouvantable odeur cadavéreuse, l'avaient épuisé.

Quand on trouva ces deux hommes, l'un déjà décomposé par la putréfaction, l'autre hagard et livide, on s'imagina voir un mort gardé par un fantôme.

Le survivant assura que son camarade était mort subitement et naturellement. On le crut; mais à partir de ce moment, il fut décidé qu'il y aurait dans le phare de Smalls, trois gardiens, au lieu de deux, et cette mesure fut ensuite étendue aux autres phares de la Grande-Bretagne.

Faut-il parler enfin des dangers qui menacent les gardiens de ces tours solitaires, exposés à toutes les furies de l'Océan ? Au phare d'Eddystone, au phare de Bréhat, et en général, dans tous les phares bâtis en mer, l'existence des gardiens est souvent exposée. Un jour, dans le phare d'Eddystone, un coup de mer emporta le vitrage supérieur de la lanterne. L'eau y pénétra, éteignit la lampe, et ce ne fut qu'à force de travail et de présence d'esprit qu'on put remettre les choses en état.

Il y a sur le rocher où est bâti ce même phare, une caverne qui s'ouvre à l'extrémité de l'écueil. Par les grosses mers, le bruit produit par l'air s'engouffrant dans cette crevasse, est si violent, que les hommes peuvent à peine dormir. Dans une nuit de tempête, l'un des gardiens de ce phare fut frappé d'une telle frayeur par ce bruit, que ses cheveux blanchirent en quelques heures.

« En 1860, dit M. Esquiros, un phare qui s'élevait sur un point appelé les *Double-Stanners*, entre Lytham et Blackpool, menaçait ruine depuis quelque temps, à cause des envahissements de la vague, qui ronge peu à peu les côtes en cet endroit. Vainement les ouvriers travaillèrent à consolider l'édifice en élevant de nouveaux piliers autour de la base et en fortifiant surtout la partie qui regardait la mer. Les gardiens s'aperçurent une nuit que la tour vibrait encore plus qu'à l'ordinaire. Le lendemain matin, ils découvrirent qu'une portion de la façade s'était écroulée, et que presque tous les fondements du phare étaient minés par les eaux. Ils emportèrent leurs meubles, mais ils laissèrent les instruments nécessaires pour allumer les lampes. Au tomber des ténèbres, la marée haute les enveloppa; le vent soufflait avec une telle violence qu'il y avait très-peu d'espoir que le bâtiment résistât jusqu'à l'aube, et pourtant la lumière ne brilla jamais plus éclatante que cette nuit-là. Le lendemain un coup de vent abattit tout à fait l'édifice, mais les hommes se retiraient avec les honneurs de la guerre : le feu avait brûlé jusqu'au dernier moment (1). »

Nous avons dit, en parlant de la construction des tours, que lorsqu'elles sont très-élevées, toute la maçonnerie plie par l'effort du vent, de sorte que la tour oscille sur sa base, comme un vaisseau secoué par la tempête. Il faut une certaine force d'âme et une grande habitude pour résister à l'impression de terreur causée par ce phénomène.

Une anecdote qui a eu pour théâtre le phare de Bréhat, et qui nous a été racontée par M. Léonce Reynaud, le savant directeur du service des phares français, aura ici naturellement sa place.

C'était par une terrible nuit de tempête. La tour du phare de Bréhat oscillait comme un navire secoué par la fureur des vagues, ainsi qu'il arrive à tous les phares très-élevés. Tout à coup une oie sauvage, sans doute emportée par le tourbillon furieux des vents, brise l'une des glaces de la lanterne, épaisse pourtant de 8 millimètres, passe entre les deux plans de lentilles à échelons, et vient tomber sur la lampe qu'elle fait voler en éclats.

Aussitôt le phare s'éteint !

Le malheureux gardien, au milieu de cette épouvantable furie des éléments, sentant la tour osciller d'une manière effrayante, et voyant la lumière du phare subitement éteinte, crut que l'édifice était emporté par les vagues. Plongé dans ces ténèbres subites, il s'imagina tomber à la mer, avec les débris de l'édifice, et il perdit connaissance.

Lorsque son camarade, après l'apaisement de la tempête, monta dans la lanterne, avec une lampe allumée, il trouva le malheureux gardien encore évanoui. Il essaya de le faire revenir de cet état, et n'y parvint qu'à grand'peine.

Revenu de son évanouissement, le pauvre homme ne pouvait articuler une parole, et il demeura huit heures sans parler. Il raconta alors qu'il s'était cru au fond de la mer; et pendant plusieurs jours il ne put effacer de son esprit l'horrible état dans lequel il était demeuré pendant ce long intervalle.

(1) *L'Angleterre et la Vie anglaise*. Paris, 1869, in-12, p. 298.

Fig. 313. — Phare de Triagoz (voir page 479).

CHAPITRE XIII

LES FEUX FLOTTANTS. — LEUR ORIGINE ET LEUR DESTINATION. — LES FEUX FLOTTANTS EN FRANCE. — ANCRAGE. — AMÉNAGEMENT INTÉRIEUR. — PERSONNEL. — LES FEUX FLOTTANTS EN ANGLETERRE.

Les phares, tels que nous venons de les décrire, ont paru longtemps suffire à tous les besoins de l'éclairage et du relèvement des côtes maritimes. Mais de nos jours on a cru devoir compléter ce système par la création des *phares flottants*, ou *bateaux phares* (*light-vessel*, en anglais), qui ont pour but d'éclairer pendant la nuit certains parages dangereux, dans lesquels il est impossible de construire des édifices de maçonnerie, de fer ou de bois. Tels sont les bancs de sable, les tourbillons sous-marins, et les groupes de petits écueils cachés par les eaux.

L'utilité de ce système n'a pas paru très-évidente en France, ou du moins, nos côtes étant presque partout dans des conditions qui permettent une construction fixe, les phares flottants sont peu nombreux sur notre littoral. En Angleterre, au contraire, ils sont répandus avec une profusion qui touche à la superfluité.

L'idée des *bateaux-phares* est d'ailleurs, il faut le reconnaître, d'origine anglaise. Si l'Angleterre n'a fait que se traîner à la remorque de la France, pour tout ce qui concerne l'invention de l'éclairage par les lentilles à échelons et les anneaux lenticulaires, base fondamentale du système qui a sauvé tant d'existences humaines; si elle n'a fait que copier et reproduire servilement le modèle des phares lenticulaires, dû au génie de Fresnel, il faut reconnaître qu'elle nous a devancés dans l'emploi général, d'ailleurs beaucoup moins important, des *bateaux-phares*, ou *feux flottants*.

D'après M. Esquiros, l'idée des feux flottants appartiendrait à deux Anglais qui vivaient au siècle dernier, Robert Hamlin et David Avery. Le premier était maître d'équipage; le second, d'une condition tout aussi médiocre, rêvait pourtant de grands projets. Ces deux hommes s'entendirent pour installer à l'embouchure de la Tamise, un ponton surmonté d'une lumière ; puis ils frappèrent de certains droits les navires qui passaient dans le voisinage. Mais la *Trinity-House*, atteinte dans ses priviléges, réclama auprès du roi, et les deux associés furent contraints de lui céder le brevet et la propriété du fanal. Comme compensation, la *Trinity-House* leur laissa la jouissance du bail pendant soixante et un ans, sous condition de payer une redevance annuelle de 2,500 francs.

Telle serait, d'après M. Esquiros, l'origine des feux flottants.

Les phares flottants sont assez nombreux dans la Grande-Bretagne ; on en compte jusqu'à 47, tous parfaitement distincts les uns des autres. Les frais de construction et d'équipement d'un bateau-phare varient de 90,000 à 155,000 francs. Les frais d'entretien s'élèvent à 27,575 francs.

L'équipage d'un *light-vessel* se compose d'un maître ou capitaine, d'un aide et de neuf hommes, parmi lesquels trois sont spécialement affectés au service des lampes. Il n'y a jamais que les deux tiers de l'équipage à bord ; l'autre tiers demeure à terre. Ce serait, en effet, un supplice trop cruel, que celui qui consisterait à vivre continuellement sur le même point, au milieu des agitations de la mer et du sifflement des vents. Les marins passent donc alternativement deux mois sur le vaisseau et un mois sur le continent. Le capitaine et l'aide se relayent chaque mois, dans le commandement. Quelquefois l'état de la mer s'oppose, pendant plusieurs semaines, à toute communication avec le rivage, force est bien alors d'attendre patiemment sur le ponton une période de calme.

Un bateau à vapeur, ou un bon voilier, apporte chaque mois les vivres nécessaires à la subsistance de l'équipage. Le mauvais temps peut, il est vrai, retarder sa venue ; mais six semaines ne s'écoulent jamais ainsi, et les provisions des bateaux-phares sont plus que suffisantes pour mettre, pendant ce laps de temps, les équipages à l'abri du besoin.

Dans son ouvrage sur *l'Angleterre et la Vie anglaise* publié en 1869, M. Esquiros a donné la description d'un *bateau-phare* anglais, qui nous fait, pour ainsi dire, assister à la vie des marins logés dans les phares flottants. Nous emprunterons à cet écrivain cet intéressant tableau.

« A première vue et de loin, dit M. Esquiros, un *light-vessel* ressemble beaucoup pendant la journée à un vaisseau ordinaire. Si l'on y regarde de plus près, on trouve entre eux une bien grande différence. Le vaisseau-lumière flotte, mais il ne remue point : ses mâts épais et courts sont dénués de voiles et couronnés de grosses boules. Les autres navires représentent le mouvement, celui-ci représente l'immobilité. Ce qu'on demande d'ordinaire à un bâtiment est d'être sensible au vent, à la mer ; ce qu'on exige du *light-ship* est de résister aux éléments. Qu'arriverait-il, en effet, si, chassé par la tempête, il venait à dériver ? Pareil à un météore, ce fanal errant tromperait les pilotes au lieu de les avertir Un navire qui ne navigue point, un vaisseau-borne, tel est donc l'idéal que se propose le constructeur d'un *light-vessel*, et cet idéal a naturellement exercé dans plus d'un sens l'imagination des architectes nautiques. Les formes varient selon les localités : la coque du navire est plus allongée en Irlande qu'en Angleterre ; mais dans tous les cas on s'est proposé un même but, la résistance à la force des vents et des vagues. On a voulu que par les plus violentes marées, au milieu des eaux les plus bouleversées et dans les situations les plus exposées à la puissance des courants, il chassât sur son ancre en s'agitant le moins possible. Pour qu'il restât par tous les temps dans la même situation maritime, il a été nécessaire de l'attacher. Galérien rivé à une chaîne et à des câbles de fer, il ne peut s'éloigner ni à droite ni à gauche. L'étendue de cette chaîne varie selon les localités : aux Seven-Stones, où le vaisseau repose sur deux cent quarante pieds d'eau, elle mesure un quart de mille de longueur. On y a depuis quelques années ajouté des entraves qui subjuguent les mouvements du navire, et encore a-t-on obtenu que, tout esclave qu'il fût, il pesât les mains possible sur ses amarres. Il y a très-peu d'exemples d'un *light-vessel* ayant rompu ses liens, et il n'y en a point jusqu'ici qui ait fait naufrage. On n'a jamais vu non plus les marins de l'équipage changer volontairement de position, quelle que fût la fureur de la tempête. Si pourtant le vaisseau se trouve déplacé par l'irrésistible force des éléments au point que sa lumière puisse devenir une source d'erreurs pour la navigation, on arbore un signal de couleur rouge, on tire le canon, et généralement il se trouve bientôt réintégré dans sa situation normale. Le danger de dériver et la présence d'esprit qu'exigent en pareil cas les différentes manœuvres proclament néanmoins assez haut le courage des hommes qui vivent toute l'année sous une pareille menace. Comme il faut d'ailleurs tout prévoir, un vaisseau de rechange (*spare-vessel*) se tient prêt dans les quartiers généraux du district à n'importe quelle éventualité ; grâce aux télégraphes établis sur les côtes, la nouvelle est bientôt connue, et souvent, avant le coucher du soleil, le bâtiment de réserve, remorqué à toute vapeur, occupe déjà la place du navire forcé et arraché par la tourmente. Les *light-vessels* de *Trinity-House* sont peints en rouge, ceux d'Irlande sont noirs. On a reconnu que le rouge et le noir étaient les deux couleurs qui contrastaient le mieux avec la nuance générale de la mer. Sur les flancs du vaisseau est écrit son nom en grosses lettres. Un drapeau portant une croix écartelée de quatre navires, flotte contrarié et tordu par la brise : ce sont les armes de la maison de la Trinité.

« L'équipage du *light-vessel* se compose d'un maître ou capitaine (*master*), d'un aide (*mate*) et de neuf hommes.

« Parmi ces neuf hommes, trois sont chargés du service des lampes, tandis que les six autres, parmi lesquels est un habile charpentier, entretiennent l'ordre et la propreté dans le vaisseau fanal. Il ne faudrait d'ailleurs point s'attendre à trouver l'équipage au complet ; deux tiers seulement des marins sont à bord, tandis que leurs camarades vivent pour un temps sur le rivage. L'expérience a démontré que le séjour perpétuel sur un tel vaisseau était au-dessus des forces morales et physiques de la nature humaine. L'écrasante monotonie des mêmes scènes, la vue des mêmes eaux toutes blanches d'écume aussi loin que s'étend le regard, le bruit du sifflement éternel de la brise et le tonnerre des vagues, si retentissant que parfois les hommes ne s'entendent point parler entre eux, tout cela doit exercer sur l'esprit une influence sinistre. J'oubliais l'écueil des Seven-Stones, morne voisin toujours englouti, toujours menaçant, avec ses deux pointes de rochers qui se montrent comme deux dents par la marée basse. Si quelque chose étonne, c'est qu'il se rencontre des hommes pour braver une existence entourée de conditions si sévères ; les Anglais eux-mêmes ont rangé les équipages des *light-vessels* parmi les « curiosités de la civilisation ». Afin d'adoucir néanmoins les rigueurs d'une profession si étrange, on a décidé que les marins passeraient deux mois sur le vaisseau et un mois à terre. Le capitaine et l'aide alternent de mois en mois entre la mer et le rivage. Encore faut-il que l'Océan permette aux hommes de se relever ainsi à tour de rôle : tel n'est pas toujours son bon plaisir. Il arrive assez souvent pendant l'hiver que la tempête et la marée s'opposent à toute espèce de débarquement, et que des semaines s'écoulent sans que les communications puissent être rétablies entre le *light-ship* et les îles Scilly. Les marins à terre sont occupés par l'administration à nettoyer les chaînes, à peindre les bouées, à remplir d'huile les canules (*oil tins*) ou à d'autres ouvrages du même genre. Ceux des Seven-Stones demeurent alors à Tresco.

« Un *light-vessel*, ne l'oublions pas, a deux missions. Il doit signaler un danger et servir de flambeau sur les mers. Le danger ici est l'écueil des Seven-Stones, et le vaisseau a été placé aussi près du récif qu'il pouvait l'être, sans trop exposer la sûreté du bâtiment. Quant au système d'éclairage, il a été déterminé par les conditions mêmes où la lumière est appelée à *vivre*. Si bien enchaîné que soit un navire il remue toujours un peu avec la mer qui s'élève et qui s'abaisse. En pareil cas, on n'a pu se servir de ces grandes lanternes fixes, massives ruches de cristal, que l'on voit souvent dans les phares. L'appareil consiste en lampes dites lampes d'Argand, qui se balancent et sautillent en l'air jusqu'à ce qu'elles aient atteint une position verticale. Tout cela est tenu avec une extrême propreté, et les réflecteurs d'argent sont si bien polis que l'œil n'y découvrirait point la moindre rayure. Les lanternes dans lesquelles se trouvent fixées les lampes entourent le mât; on les descend pendant la journée sur le pont pour les nettoyer et les alimenter d'huile; la nuit, on élève, au moyen d'une corde, cette couronne de lumières. Le vaisseau est en outre pourvu de canons et d'un *gong*. On tire le canon lorsqu'on voit des navires s'approcher inconsidérément de l'écueil des Seven-Stones. Le *gong* est un instrument en cuivre et sonore, sorte de tam-tam sur lequel on frappe durant les temps de brouillard ou dans les tempêtes de neige pour avertir de la présence du péril. Malheureusement les navires étrangers ne comprennent pas toujours ces signaux. Les marins du *light-vessel* n'ont vu que deux naufrages contre le récif : dans le premier cas, ils sauvèrent un homme; dans le second, tous les passagers, à l'exception de la femme d'un missionnaire. Le sauvetage n'entre pourtant point dans leur service, et l'administration admire sans les encourager de tels actes d'héroïsme. Leur devoir est de veiller sur la lumière, et c'est à elle seule qu'ils ont juré de se dévouer. La discipline est sévère, et nul homme ne doit quitter son poste sous quelque prétexte que ce soit. Un marin, ayant appris en 1854 la mort de sa femme, déserta le vaisseau-fanal pour se rendre à Londres, où devait avoir lieu l'enterrement. Il fut réprimandé; mais, en considération du motif pour lequel il s'était absenté, on voulut bien ne pas le destituer.

« La vie des hommes de l'équipage est à peu près la même sur tous les *light-vessels*. Le dimanche, au lever du soleil, on abaisse la lanterne; l'allumeur (*lamplighter*) nettoie et prépare les lampes pour le soir. A 8 heures, tout le monde doit être levé; on suspend les hamacs, et l'on sert le déjeuner. Après cela, les marins font leur toilette et revêtent leur uniforme, dont ils sont fiers, car sur les boutons figurent les armes de *Trinity-House*. A 10 heures et demie, ils se rassemblent dans une cabine pour célébrer le service religieux. Au coucher du soleil, on hisse et arbore la lanterne allumée, véritable étendard du vaisseau, puis on se réunit encore pour prier Dieu et lire la Bible. A part les services du matin et du soir, les autres jours de la semaine ressemblent beaucoup au dimanche. Le mercredi et le vendredi sont les grandes fêtes du nettoyage; il faut alors que le vaisseau reluise de propreté. Surveiller et entretenir les appareils d'éclairage, faire le guet sur le pont, noter sept fois toutes les vingt-quatre heures les conditions du vent et de l'atmosphère, s'assurer aux changements de lune que les chaînes du vaisseau sont en bon état, tel est à peu près le cercle invariable des occupations. Ces travaux laissent néanmoins des moments de loisir, que l'on occupe par la lecture.

« Les marins se livrent, en outre, à toute sorte d'ouvrages de patience et de fantaisie; quelques-uns exercent un état tel que celui de cordonnier ou de menuisier. Certains épisodes de mer viennent parfois interrompre l'effrayante monotonie de cette existence taciturne. De même qu'une chandelle allumée attire les phalènes, la lumière du navire appelle de temps en temps au milieu de la nuit des nuées d'oiseaux. Plusieurs d'entre eux tombent morts sur le pont ou étourdis par le choc, d'autres s'attachent à la lanterne, trop épuisés pour échapper à la main des matelots. On raconte que mille de ces oiseaux furent ainsi pris en une nuit par l'équipage d'un *light-vessel*, et que les hommes en firent un gigantesque pâté de mer (*sea-pie*). Ces marins reçoivent un salaire d'à peu près 55 shillings par mois, qui s'accroît d'ailleurs à mesure qu'on s'élève vers les rangs supérieurs. Le capitaine touche 80 livres sterling (2,000 fr.) par an. Ils sont presque tous mariés et pères de famille. A terre, ils soignent volontiers un petit jardin paré de fleurs et de légumes; sur mer, ils ont le sentiment d'être utiles, et cette conviction n'est point étrangère à l'espèce de courage stoïque avec lequel ils supportent la solitude de l'Océan. Leur destinée ressemble à celle du vaisseau qu'ils habitent durant la plus grande partie de l'année; enchaîné, obligé de résister aux tentations de la vague et de la brise, mordant en quelque sorte son frein, il souffre, mais il éclaire.

« Le Royaume-Uni possède quarante-sept lumières flottantes, dont trente-quatre appartiennent en Angleterre à *Trinity-House*, quatre en Irlande au *Ballast-Board*, et le reste à des autorités locales. La construction et l'équipement d'un de ces vaisseaux coûtent de 3,622 liv. sterl. (90,550 fr.) à 6,224 liv. sterl. (155,600 fr.). L'entretien de chaque bâtiment, en comptant la consommation de l'huile, le salaire, l'habillement et la nourriture des hommes, entraîne pour *Trinity-House* une dépense annuelle de 103 liv. sterl. (27,575 fr.). Les *light-vessels* rendent à coup sûr de grands services. Ils s'adaptent merveilleusement à la configuration d'une partie des côtes britanniques, et cette circonstance explique assez qu'ils aient pris naissance en Angleterre; mais leur lumière ne saurait s'élever à une grande puissance. Aussi leur préfère-t-on de beaucoup le feu des phares dans tous les endroits où la nature a permis d'élever certains ouvrages de maçonnerie.

« L'éclairage des mers par le moyen des vaisseaux est soumis à certaines conditions géologiques. On compte maintenant quarante et une lumières flottantes en Angleterre, tandis qu'il n'en existe qu'une en Écosse et

Fig. 314. — Phare flottant placé à l'entrée du port de Liverpool.

cinq en Irlande. Ne doit-il point y avoir une raison, ou, comme disent les naturalistes, une loi géographique déterminant la distribution des vaisseaux lumineux à la surface de l'Océan ? Cette loi, la voici : les rivages de l'Écosse et de l'Irlande se composent principalement de rochers de granit et de porphyre ;

désagrégées depuis des siècles, ces masses ont bien formé dans certains endroits des accumulations de bancs de sable donnant naissance à des détroits et à des défilés de mer d'un accès dangereux ; mais il reste toujours des blocs solides sur lesquels on peut bâtir des phares. Il n'en est plus du tout de même dans le sud et à l'est de l'Angleterre : là, presque toute la ligne du littoral consiste en falaises de craie ou d'autres roches friables, tandis que le fond de la mer est un lit de sable : dans de telles circonstances, où trouver une base assez ferme pour y jeter les fondements d'une tour destinée à braver le vent, la tempête, quelquefois même les injures des vagues ? C'est dans de pareilles localités que le vaisseau-fanal rend surtout des services. Un des endroits les plus redoutés des marins est, sur les côtes du Kent, ce qu'on appelle les Sables du Goodwin (*Goodwin Sands*), qui ont, s'il faut en croire certains récits, la propriété de dévorer les navires. Différentes tentatives pour y élever un phare ayant échoué, on a établi sur ces sinistres parages trois lumières flottantes qui avertissent les vaisseaux, et qui ont certainement empêché plus d'un naufrage. De semblables signaux sont employés à Yarmouth, dans Lowestoft-Boads et ailleurs, à peu près pour les mêmes causes. enfin le *light-ship*, dans d'autres localités bien différentes, sert à mettre en garde les matelots contre les courants perfides des tourbillons sous-marins et des écueils sournoisement cachés à certaines heures par les grandes eaux. C'est surtout à cette dernière intention que répond la lumière flottante des îles Scilly (1). »

Nous avons représenté plus haut (*fig.* 314) une nouvelle disposition de phare flottant qui a été installée en Angleterre en 1869. Ce nouveau phare, dont l'inventeur est M. A. Freyer, a été placé à l'entrée du port de Liverpool.

L'impossibilité de construire un phare ordinaire en ce point, et la nécessité de signaler les dangers de l'entrée du port de Liverpool, ont décidé l'Amirauté anglaise à se servir de cette disposition particulière. Ici le bateau est supprimé ; ou plutôt il est submergé. Une simple colonne verticale flottante, supporte le fanal à son sommet. Le vide qui se trouve dans le soubassement de la colonne, la fait surnager.

Le feu se trouve à environ 40 mètres au-

(1) *L'Angleterre et la Vie anglaise*, in-12. Paris, 1869, p. 275 et suivantes.

dessus de la mer, et le centre de gravité de tout ce système à environ 10 mètres au-dessous du niveau de la mer, de manière à éviter tout balancement.

Indépendamment des feux, le phare est muni d'une cloche, qu'on met en branle pour guider les navires vers l'entrée du port, lorsque les brouillards sont trop épais.

La France ne possède sur son littoral que cinq feux flottants, car jusqu'à présent l'on n'a pas reconnu la nécessité d'en augmenter le nombre ; ce sont ceux de Ruytingen, au large de Gravelines ; — des Minquiers, dans la Manche ; — de Rochebonne, au large du golfe de Gascogne ; — de Talais, près de l'embouchure de la Gironde ; — de Mapon, à l'intérieur du même fleuve. Ces phares flottants ont coûté à établir, le premier 110,000 francs, le second 155,000 francs, le troisième 265,000, le quatrième 84,000 et le dernier 30,400 francs, non compris les appareils d'éclairage. Le plus petit, celui de Mapon, n'est que de 70 tonneaux ; le plus grand, celui de Rochebonne, est de 350 tonneaux.

Les dimensions des *bateaux-phares* français varient suivant le lieu du mouillage et la hauteur du foyer de l'appareil. Elles sont d'autant plus considérables que la mer est plus profonde et plus furieuse pendant les gros temps, et que le foyer d'éclairage est plus élevé au-dessus de la ligne de flottaison.

La forme des pontons qui portent des feux flottants, n'est pas celle des navires ordinaires. Ils sont très-étroits à leur partie inférieure ; afin d'offrir peu de prise à la lame quand elle arrive debout ; mais ils sont évasés par le haut, de manière à repousser l'eau qui tenterait d'envahir le pont. Enfin ils sont munis de fausses quilles, qui ont pour effet de rendre le roulis moins sensible.

Ils doivent être d'une solidité exceptionnelle, car ils sont destinés à supporter le choc des plus violentes tempêtes. Quelle que soit la force de la mer, il faut qu'ils restent debout, pour faire briller la lumière indicatrice aux yeux des navigateurs en péril. Comparaison faite du fer et du bois, il a été

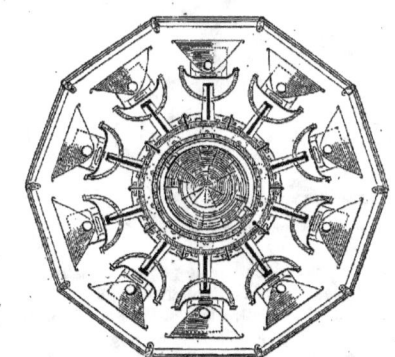

Fig. 315 et 316. — Appareil d'éclairage des feux flottants (élévation et coupe).

reconnu que les coques en bois sont plus avantageuses que celles en fer.

Les bateaux-phares sont maintenus en place, ou par une seule ancre, ou par deux ancres *affourchées*, c'est-à-dire deux ancres à une patte, réunies par une lourde chaîne, dont la longueur atteint, jusqu'à 2 ou 300 mètres. Des bouées et une chaîne flottante complètent le système d'ancrage.

On diversifie les feux flottants de la même manière que les phares proprement dits. Ils sont fixes ou à éclipses, blancs ou colorés. On a encore la ressource d'en varier le nombre, et d'en mettre un ici, deux là, trois même quelquefois, mais rarement.

Nous donnons ici (*fig.* 315 et 316), en élévation et en plan, le dessin de l'appareil d'éclairage des phares flottants français. Il se compose, comme on voit, de dix réflecteurs paraboliques, éclairés chacun par une lampe à niveau constant. Le système de suspension des réflecteurs est tel, que ceux-ci peuvent osciller dans toutes les directions, lorsque le navire s'incline par l'effet des vagues, et garder la position horizontale que leur donne un poids en plomb suspendu sous le godet de chaque lampe.

La lanterne ABCD a dix côtés. Elle mesure $1^m,44$ de diamètre sur 1 mètre de hauteur. Elle est vitrée à sa partie supérieure, et fermée en bas, par des feuilles de cuivre, qui, de deux en deux panneaux, sont percées de portes à double battant. C'est par ces portes qu'on introduit le bras dans la lanterne, pour nettoyer les parois intérieures des glaces. Dans les cinq panneaux qui en sont dépourvus, les glaces peuvent glisser de haut en bas entre des rainures latérales, et ces ouvertures servent à enlever et à replacer les réflecteurs et les lampes.

L'air arrive dans la lanterne par dix ventilateurs fonctionnant dans la paroi du fond, et les produits de la combustion se dégagent par des cheminées, E, E, mises à l'abri d'une rentrée trop impétueuse de l'air extérieur.

Au centre de la lanterne se trouve le mât, MM, sur lequel elle glisse, en appuyant ses quatre montants intérieurs sur quatre tasseaux directeurs. On hisse l'appareil au moyen d'une double chaîne, *cc,* fixée à deux tringles verticales en fer qui sont boulonnées sur le cercle inférieur de la lanterne et la traversent dans toute sa hauteur. L'appareil et la lanterne réunis, pèsent environ 830 kilogrammes.

Il existe ordinairement au pied du mât, une cabane destinée à recevoir la lanterne pendant le jour, et à la protéger contre les intempéries, lorsqu'il est nécessaire d'y toucher, soit pour le nettoyage, soit pour l'allumage.

Dans l'entre-pont sont disposés les logements et les magasins. A l'arrière se trouve le salon, avec quatre cabines, l'une pour le capitaine, une autre pour son second, et les deux dernières pour les ingénieurs qui peuvent se trouver contraints de coucher à bord. A l'avant sont les cabines des matelots; au centre, les divers magasins.

On aura une idée plus exacte de la distribution intérieure d'un ponton de feu flottant par l'inspection des figures 317 et 318 qui représentent celui du Ruytingen. La figure 318 est une élévation latérale du vaisseau ; la figure 317, un plan de l'entre-pont. Voici la légende de ce dernier dessin :

A, salon ; B,B, cabines du capitaine et du second ; C,C, cabines réservées ; D, soute aux biscuits ; E, office ; F, magasin pour le service de l'éclairage ; G, cambuse ; H, magasin ; I, poste de l'équipage ; J, J, cabines des gardiens ; K, magasin pour l'entretien du navire ; L, atelier de charpentier ; M, M, dépôts ; N, machine de rotation ; P, escalier.

Le modèle de ce feu flottant figurait à l'*Exposition universelle* de 1867.

Nous emprunterons la description du *Ruytingen*, véritable type des phares flottants français, à M. Léonce Reynaud. Le savant directeur du service des Phares donne sur ce bateau-phare les détails circonstanciés qui vont suivre, dans le *Catalogue des produits envoyés à l'Exposition universelle de 1867, par le Ministère de l'agriculture, du commerce et des travaux publics.*

« Deux feux flottants, dit M. Léonce Reynaud, sont mouillés dans la rade de Dunkerque : le premier en venant du nord, celui de Mardick, est à feu fixe rouge ; le second, désigné sous le nom de *Ruytingen*,

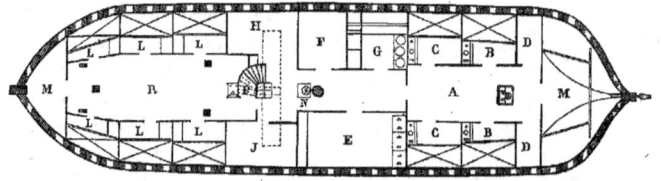

Fig. 317. — Plan de l'entre-pont du phare flottant français le *Ruytingen*.

présente un feu également rouge, mais à éclipses qui se succèdent à des intervalles de 30 secondes. Vus l'un par l'autre, ils donnent le gisement de la rade de Dunkerque, depuis son entrée à l'ouest jusqu'à une certaine distance à l'est du port ; vu par le phare de Dunkerque, le feu de Ruytingen signale aux navigateurs venant de l'ouest la direction à suivre pour arriver à l'entrée de la rade, et vu par celui de Gravelines, il jalonne un chenal large et profond que suivent les navires venant du nord.

« Ces deux feux sont allumés depuis le 15 novembre 1863.

« Le modèle exposé est celui du feu flottant de Ruytingen.

« Les dimensions principales du navire sont :

« Longueur totale sur le pont en dedans de la contre-étrave et des jambettes de l'arrière, 25 mètres ;

« Largeur totale sur le pont, au maître bau, de dedans en dedans de la membrure, 6^m,50 ;

« Creux au maître bau, du dessous du pont à la virure de vaigrage contre la carlingue, 3^m,75 ;

« Hauteur d'entre-pont, 2^m,30.

« Le tonnage est d'environ 150 tonneaux.

« Le bâtiment est mouillé sur fond de sable par 11 mètres d'eau de basse mer.

« On a adopté, pour l'ancrage, le système dit d'affourchage, comme offrant plus de sécurité, vu la station du navire, au droit d'un plateau sous-marin peu profond, où la mer se démonte très-vite dans les gros temps, et comme le plus favorable pour les cas où il s'agit de signaler des directions, attendu que ce mode de mouillage permet de limiter davantage le rayon d'évitement du navire. Il faut en effet allonger la touée dans les gros temps ; et dans ce

Fig. 318. — Phare flottant français, *le Ruytingen*.

système chaque branche d'affourche venant s'y ajouter, il n'est pas nécessaire de donner à la chaîne d'itague autant de développement que si elle était amarrée sur une ancre isolée. Le navire fait ainsi ses manœuvres successives d'évitement, sous l'action alternative des courants de flot et de jusant, en tournant autour de l'émerillon d'affourche sur lequel viennent se réunir, d'une part, la chaîne d'itague, et, d'autre part, les deux branches de l'affourche.

« Les ancres sont à une patte et du poids de 1,200 kilogrammes chacune, placées dans la direction du maximum d'intensité des courants de marée, à 125 brasses de distance l'une de l'autre, et réunies par des chaînes d'affourche de $0^m,038$, de longueur telle que l'on puisse amener l'émerillon à l'écubier du navire et le visiter pendant le temps des basses mers de vives eaux ; la chaîne d'itague, de même calibre, est susceptible d'être filée dans les tempêtes sur 55 à 60 brasses de longueur et d'être abraquée à bord presque tout entière dans les beaux temps, de manière que les évitages se produisent sûrement sur l'émerillon, sans déterminer dans la chaîne des coques compromettantes pour la sûreté du navire ; chaque ancre est empennelée avec un corps mort de bouée mouillé dans le sens et en dehors de l'affourche, à 50 brasses de distance, avec chaîne de $0^m,02$ et surmonté d'une bouée dont la chaîne flottante est de $0^m,03$ sur 18 brasses de longueur.

« La feuille de dessins, jointe au modèle, donne l'ensemble et les détails de ce système d'ancrage, à l'échelle de $0^m,00375$ par mètre pour l'ensemble, et de $0^m,05$ et $0^m,10$ par mètre pour les détails.

« Les formes du navire, un peu allongées, sont combinées de manière à offrir peu de prise quand il est debout à la lame ; à l'avant, très-fines par le bas, elles sont évasées par le haut, de manière à rejeter les eaux qui s'élanceraient sur le pont ; la section au droit du maître couple est presque rectangulaire ; la quille principale, plus saillante que dans les navires ordinaires, et des quilles latérales de petit fond, placées de chaque côté sur la majeure partie de la longueur du navire, ont pour objet de réduire l'amplitude du roulis.

« Les logements et magasins sont établis dans l'entre-pont, qui est disposé de manière à satisfaire convenablement au séjour de l'équipage, à la conservation des approvisionnements du bord, au service du feu et à celui du bâtiment.

« A l'arrière se trouve la corderie, puis le salon, dit carré des officiers, dans lequel donnent l'office, une petite pièce renfermant la pharmacie et les articles de timonerie, quatre cabines, l'une pour le capitaine une autre pour le second et deux pour les ingénieurs et conducteurs, qui peuvent être obligés de coucher à bord suivant les circonstances de temps et de service.

« Au centre sont distribués, de part et d'autre d'un vestibule dans lequel débouche l'escalier, les divers magasins ainsi répartis, savoir :

« A tribord, de l'arrière vers l'avant : la cambuse, une petite salle à manger pour le service ordinaire des officiers, puis le magasin aux approvisionnements de peinture et outils de nettoyage ;

« A bâbord, de l'arrière vers l'avant, la lampisterie, renfermant les caisses à l'huile, balances, armoires et tous ustensiles et approvisionnements nécessaires au service de l'éclairage, puis l'atelier du charpentier.

« Dans le vestibule central, au pied du mât, se trouve la machine de rotation, solidement fixée au point inférieur et aux barrots du pont supérieur, commandant un arbre vertical qui transmet le mouvement à l'appareil d'éclairage hissé vers le haut du mât pendant la nuit.

« A l'avant est le poste de l'équipage sur lequel s'ouvrent les cabines des matelots; puis, dans les formes extrêmes de l'avant, sont arrimés les poulies et apparaux nécessaires aux manœuvres du navire.

« Sur le pont, au pied du mât qui porte la lanterne, est une cabane, qui la reçoit pendant le jour et permet de faire à couvert le service de l'appareil. Une petite écoutille, ménagée dans le pont sous cette cabane, sert à faire arriver les lampes et les réflecteurs du magasin de l'éclairage et du vestibule jusqu'à l'appareil, ou réciproquement, sans passer par l'escalier et sur le pont, de manière à éviter les chances d'avaries dans les temps de pluie ou les coups de mer.

« Le reste du pont est garni, à l'avant, par le vireveau, les écubiers, les orifices des puits à chaînes et les bittes de retenue; au centre, par les pompes, les charniers, le capot de l'escalier ; à l'arrière, par le treuil de hissage de l'appareil d'éclairage, un petit mât d'artimon pour aider, au moyen d'une voile correspondante, à l'orientation du navire dans les mauvais temps, et enfin le gouvernail et sa barre.

« Les bouteilles sont à l'avant, dans des cabanes placées à tribord et à bâbord contre les lisses de batayoles.

« Les puits à chaînes sont à peu près au centre du navire, dans la cale, en dessous de l'entre-pont, l'un à tribord destiné à la chaîne d'itague, l'autre à bâbord destiné à une troisième ancre de sûreté, qui est toujours tenue en veille, amarrée au droit du bossoir de bâbord et toujours prête à mouiller, la chaîne correspondante étant de $0^m,035$ et parée à filer à tout instant par l'écubier de bâbord.

« Les caisses à eau, en tôle, sont arrimées dans la cale, sous l'entre-pont, à l'arrière des puits à chaînes, épousant les formes inférieures du navire. Leur capacité ensemble est de 2,500 litres.

« Le reste de la cale est garni de la quantité de lest nécessaire aux bonnes conditions de stabilité du bâtiment.

« Les quilles principales et latérales, avec les fausses quilles, sont en orme, ainsi que les pièces du bordé extérieur de petit fond et la lisse supérieure de batayoles.

« Les ponts supérieur et inférieur sont en sapin rouge de Riga, ainsi que les menuiseries et les détails de distribution et d'aménagement d'entre-pont.

« Tout le reste de la coque est en chêne.

« L'ensemble de la membrure se compose de trente-cinq couples (non compris le couple d'arcasse), dont sept à l'avant et onze à l'arrière sont dévoyés.

« Les équarrissages des membrures correspondent aux échantillons généralement adoptés, dans les constructions maritimes du commerce, pour des navires de 500 à 600 tonneaux, bien que le tonnage de celui-ci ne soit que de 150 tonneaux.

« Les mailles ont $0^m,60$ d'axe en axe des membrures.

« La coque est doublée en cuivre rouge et feutrée entre bordage et cuivre.

« Tous les clous et chevilles du bordé extérieur, depuis la quille jusqu'un peu au-dessus de la flottaison, sont en cuivre rouge; les clous du pont sont en cuivre jaune fondu; tous les autres clous et chevilles, tant à l'intérieur qu'à l'extérieur, sont en fer galvanisé. Toutes les chevilles frappées de dehors à aller en dedans, sont rivées, savoir : celles qui arrivent dans l'entre-pont, sur plaques, celles qui arrivent dans la cale, sur viroles. Les chevilles à bout perdu sont barbelées.

« Le navire est gournablé en cœur de chêne jusqu'à hauteur des préceintes.

« Le mât a une hauteur totale d'environ 17 mètres au-dessus de la ligne de flottaison ; il est de fortes dimensions, de forme cylindrique pour la partie correspondant à la course de la lanterne, solidement haubanné et étayé.

« L'inventaire du navire comprend une voilure simple en proportion avec la mâture, destinée à l'appareillage en cas d'accidents pour chercher refuge dans les ports voisins ou pousser les navires au plus haut des plages, s'il est jeté à la côte par quelque tempête soufflant du large.

« L'appareil d'éclairage se compose de huit photophores de $0^m,37$ d'ouverture, illuminés par des lampes à niveau constant, consommant 60 grammes d'huile de colza par heure, et dont la flamme est placée au foyer du paraboloïde. Le maximum d'intensité du faisceau lumineux émané d'un de ces appareils peut être évalué à 100 becs dans la pratique; la divergence dans le plan horizontal est de 30 degrés environ. La portée lumineuse dans l'axe est de 14 milles 2/10 dans les circonstances ordinaires de l'atmosphère.

« Chaque lampe repose sur une petite chaise en fer à laquelle elle est assujettie par deux agrafes, et porte son réflecteur qui lui est fixé de la même manière. Elle est disposée de telle sorte que le centre de gravité du réservoir supérieur se trouve sur la même verticale que celui du godet inférieur, lorsque le réflecteur est dans sa position normale. Cette position, c'est-à-dire l'horizontalité de l'axe, est assurée au moyen d'un poids en plomb placé sous le godet. Afin qu'elle se maintienne dans les mouvements du navire, chaque réflecteur est suspendu de manière à pouvoir osciller dans toutes les directions ; la chaise qui le supporte peut tourner autour de deux axes placés dans le même plan, dont l'un est parallèle et l'autre normal à celui du paraboloïde. L'amplitude du mouvement dans l'une ou l'autre direction ne peut pas dépasser 60 degrés.

« Les colliers de suspension des huit appareils sont fixés sur un cercle horizontal en bronze, qui roule au moyen de galets sur un cercle fixe en même matière, dont la section est en forme de cornière. Les frottements latéraux qui tendraient à se produire sont réduits par de petits galets horizontaux. Le cercle fixe est supporté par les quatre montants qui constituent l'ossature de la lanterne du côté du mât. Le cercle mobile est mis en mouvement par une grande roue dentée fixée sur sa face supérieure. Cette roue, dont les dents sont tournées du côté du mât, engrène avec un pignon placé au sommet d'une tringle verticale en fer creux que fait tourner la machine de rotation par l'intermédiaire d'une roue dentée et d'un autre pignon. Cette machine est mue par un poids qui descend à frottement doux entre quatre cornières directrices en fer. Elle est placée sous le pont, au pied du mât, comme il a été dit plus haut.

« La tringle de transmission du mouvement est enveloppée sur toute sa hauteur, à partir du pont, par un demi-cylindre en cuivre rouge, qui est fixé à un tasseau cloué sur le mât. Elle porte à son pied une tige en acier qui tourne sur une pierre d'agate, encastrée au sommet d'un verrin, lequel permet de l'élever ou de l'abaisser d'une petite quantité. Elle est divisée en plusieurs parties sur sa hauteur, et ses fragments sont réunis par des boîtes qui les rendent solidaires, en ce qui est du mouvement de rotation, mais lui permettent de se dilater ou de se contracter, sans qu'il en résulte de modification dans la hauteur totale, et de suivre le mât, sans arrêter le mouvement, quand il se courbe un peu, sous l'action d'une tempête. Une petite porte s'ouvre dans l'enveloppe cylindrique de la tringle, en face de chacune des boîtes de dilatation.

« Lorsqu'on hisse la lanterne, sa roue dentée peut ne pas engrener immédiatement avec le pignon ; cette dernière roue est alors soulevée par la première, et est appuyée sur elle par un ressort à boudin, qui l'oblige à redescendre dès que, par suite du mouvement de la machine, les dents de l'une et de l'autre roue se trouvent en position convenable.

« Il importait de se réserver la faculté de ne pas élever la lanterne à toute hauteur pendant les très-gros temps, et on se l'est assurée de la manière suivante : un pignon semblable à celui du sommet est fixé à mi-hauteur de la tringle, et cette dernière pièce, ainsi que la grande roue dentée de l'appareil, est maintenue dans une position déterminée, quand on veut monter ou descendre la lanterne, de telle sorte que rien ne s'oppose au passage et qu'on peut s'arrêter à l'un ou à l'autre des pignons. On enlève les arrêts avant de mettre la machine en mouvement.

« La lanterne est de forme octogonale ; elle a $0^m,977$ de diamètre, entre deux montants opposés, sur $1^m,64$ de hauteur, la corniche non comprise. Vitrée à sa partie supérieure sur $0^m,48$ de hauteur, elle est formée partout ailleurs en feuilles de cuivre, et, de deux en deux panneaux, elle est ouverte dans le bas par une porte à deux vantaux. Les glaces des panneaux dépourvus de portes peuvent s'abaisser en dehors ; leurs encadrements glissent à cet effet dans des rainures latérales ménagées sur les montants. C'est par les portes que s'effectue le nettoyage intérieur des glaces ; on abaisse une glace pour allumer, enlever ou remettre les réflecteurs et les lampes, etc.

« Le renouvellement de l'air est assuré au moyen de huit ventilateurs pratiqués dans le fond de la lanterne, que des opercules mobiles ouvrent plus ou moins ; le dégagement des produits de la combustion a lieu par des cheminées encapuchonnées, disposées de telle sorte que l'air extérieur ne puisse pénétrer dans la lanterne avec assez d'impétuosité pour nuire à la tenue des flammes. Les capuchons sphéroïdaux de ces cheminées sont, à cet effet, percés de trous, que des opercules annulaires mobiles ouvrent plus ou moins suivant les conditions de l'atmosphère.

« La lanterne glisse sur le mât, en appuyant ses quatre montants intérieurs sur autant de tasseaux directeurs, et deux de ces montants portent des joues qui embrassent le tasseau correspondant. Deux tringles verticales en fer traversent la lanterne ; ces tringles sont maintenues par un écrou sur le cercle inférieur et sont saisies à leur sommet par la chaîne de suspension. La lanterne est entièrement exécutée en bronze, sauf les panneaux qui sont en cuivre rouge.

« Le poids total de l'appareil et de sa lanterne peut être évalué à environ 900 kilogrammes.

« La machine de rotation, qui met en mouvement la partie mobile de l'appareil, est analogue à celles qui sont employées dans les phares à terre ; elle est mue par des poids, et sa marche est régularisée par un volant pendule.

« Les dépenses de premier établissement, y compris

l'appareil d'éclairage et divers frais accessoires, se sont élevées à 125,000 francs.

« Les dépenses annuelles d'entretien sont évaluées 26,500 francs.

« Les travaux de construction et d'établissement ont été dirigés par MM. Gojard, ingénieur en chef, et Plocq, ingénieur ordinaire, rédacteur du projet, et ils ont été surveillés par MM. Brandt et Debacker, conducteurs des ponts et chaussées, et Wittevrenghel, capitaine du navire. Le navire a été exécuté par M. G. Malo, et l'appareil d'éclairage l'a été par M. Henry Lepaute (1). »

Le personnel des feux flottants est plus ou moins nombreux, suivant le tonnage du vaisseau et les difficultés de la position. Ceux de Mapon et Talair, dans la Gironde, ont un capitaine, un second, quatre matelots et un mousse ; celui de Minquier a deux officiers et neuf matelots. Le ponton de Rochebonne, est monté par un capitaine, un second, un lieutenant, seize matelots et deux mousses.

Le service des feux flottants est réglé, comme celui des phares, d'une manière très-détaillée.

Les équipages sont placés sous les ordres des ingénieurs et des conducteurs des ponts et chaussées. Le capitaine est responsable du service, et il a sur son équipage tous les droits qui appartiennent aux capitaines du commerce. Il est chargé de la tenue des registres et de la correspondance. Le second le supplée, lorsqu'il est absent.

Le capitaine et le second ont alternativement quinze jours de service et quinze jours de congé ; les matelots passent alternativement un mois à bord et quinze jours à terre.

Le personnel présent à bord, doit se composer toujours du capitaine ou du second, et des deux tiers au moins du surplus de l'équipage.

Nul ne peut quitter le navire avant l'arrivée de son remplaçant. Tout homme qui, sans motif légitime, ne s'est pas rendu à bord, à l'expiration de son congé, subit une retenue de dix jours de solde, pour la première fois, une retenue double pour la seconde et les suivantes, et il peut être révoqué à la deuxième infraction. Les officiers et matelots ne peuvent quitter sans autorisation le lieu de leur résidence, et ils doivent toujours être à la disposition de l'ingénieur pendant leur séjour à terre.

Il est expressément défendu aux hommes de l'équipage de se servir des canots du bord, soit pour pêcher, soit pour se rendre à terre. Le capitaine peut cependant l'autoriser en cas de force majeure et sous sa responsabilité.

Le capitaine doit venir de tout son pouvoir en aide aux naufragés, mais sans compromettre la vie de ses hommes. Il doit recevoir à bord les naufragés et les soigner.

Il n'est admis de visiteur à bord qu'après l'achèvement du service du matin et jusqu'à une heure avant le coucher du soleil. Sauf les cas de naufrage, aucune personne étrangère au service n'est autorisée à coucher à bord.

CHAPITRE XIV

LE BALISAGE — AMERS, BALISES ET BOUÉES. — SIGNAUX POUR LES TEMPS DE BRUME. — CLOCHES, SIFFLETS ET TROMPETTES. — LES SIGNAUX DE MARÉE.

Nous avons terminé, avec l'étude des phares flottants, tout ce qui se rapportait à l'objet de cette Notice, c'est-à-dire aux phares. Cependant ce travail serait incomplet, si nous n'y adjoignions quelques détails sur le *Balisage*.

Les phares servent à signaler pendant la nuit, la côte ou les écueils, au moyen de feux brillant à de grandes distances. Ils sont surtout pour le navigateur des points de repère, qui guident sa route. Le *balisage* est l'ensemble des moyens qui ser-

---

(1) *Notices sur les modèles, cartes et dessins relatifs aux travaux publics, présentés à l'exposition de 1867 par les soins du Ministère de l'Agriculture, du commerce et des travaux publics*, in-8. Paris, 1867. (Phares et Balises par M. Léonce Reynaud, pages 280 et suivantes.)

Fig. 319, 320 et 321. — Trois différentes formes d'amers en bois.

vent à donner, pendant le jour, aux marins les renseignements sur les points dangereux des mêmes côtes.

Le *balisage* du littoral s'exécute au moyen d'appareils assez nombreux, assez différents, mais que l'on peut ramener à trois types, à savoir : les *amers*, les *balises* et les *bouées*.

Qu'est-ce qu'un *amer?*

On appelle ainsi, tout objet naturel ou artificiel apte à caractériser, pendant le jour, pour le navigateur, telle ou telle partie de la côte. Des clochers, des moulins à vent, de grands arbres, des rochers de forme bizarre, peuvent servir d'*amer* pour le navigateur. Les *amers* sont donc, en général, les points de repère sur lesquels se guident les marins pendant le jour, pour reconnaître ou rectifier leur position géographique.

L'antiquité nous a légué un magnifique amer, qui est encore debout aujourd'hui : c'est la *colonne de Pompée*, à Alexandrie. D'après une inscription que nos savants ont su déchiffrer, cette colonne aurait été élevée à l'em-

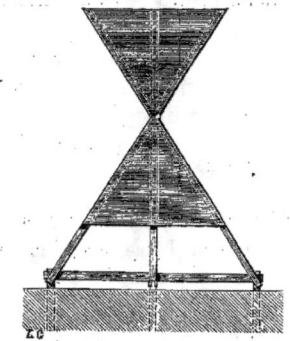

Fig. 322. — Autre forme d'amer en bois.

pereur Dioclétien, par un préfet romain de l'Égypte, nommé Pompée ou Pomponius, en souvenir des bontés de Dioclétien pour la cité d'Alexandrie. Cette colonne ne fut donc nullement érigée pour servir d'*amer ;* seulement elle remplit depuis longtemps cet office, et lorsqu'un navire s'approche de la côte égyptienne, les passagers aperçoivent avant tout autre édifice, la colonne de Pompée. Sa hauteur est de 29 mètres.

Les amers spécialement construits pour être utilisés comme tels, sont ou en charpente ou en maçonnerie. Dans le premier cas, ils présentent des formes très-variées. Ils se composent d'un échafaudage surmonté, tantôt d'un cadre rectangulaire, tantôt d'un disque, tantôt d'une pyramide supportant elle-même un *voyant*, c'est-à-dire une sphère creuse à claire-voie. Nous donnons ici (*fig.* 319, 320, 321, 322) les dessins de quelques-uns de ces amers en bois.

Quant aux amers en maçonnerie, ils consistent, suivant les circonstances, ou en un simple mur, appuyé par derrière à l'aide de contre-forts, ou en un bloc quadrangulaire. La forme cylindrique est rarement employée, parce qu'une partie du monument reste dans l'ombre, et qu'on l'aperçoit plus difficilement.

Pour la coloration des amers, on a adopté la règle suivante, fruit de l'expérience et de la pratique. Tous ceux qui se détachent sur le ciel, ou sur quelque autre fond clair, doivent être peints en noir, ou en couleur foncée. Au contraire, tous ceux qui se détachent sur les terres, c'est-à-dire sur un fond sombre, doivent être peints en blanc.

Après les amers, viennent les *balises*. On nomme ainsi, en langage maritime, des objets destinés à signaler des écueils sous-marins.

Il y en a de différentes sortes : en bois, en fer et en maçonnerie.

Balises en bois. — Les balises en bois sont des gaules, de 25 à 40 centimètres de diamètre. La manière de les fixer est très-variable, elle dépend essentiellement de la nature du fond.

Les balises en bois ont l'avantage de coûter peu à établir ; mais elles ne s'aperçoivent pas de loin, bien qu'elles soient généralement surmontées de ballons ou de *voyants*. Ajoutons qu'elles sont souvent emportées par la mer, ou par les abordages. Aussi ne pose-t-on plus aujourd'hui de balises en bois, et remplace-t-on successivement par des ouvrages plus solides, toutes celles qui existaient autrefois sur quelque point de nos côtes.

On désigne sous le nom de *balises flottantes*, des gaules en bois de sapin, dont l'une des extrémités est fixée, au moyen d'une chaîne en fer, à un poids gisant au fond de la mer, ou *corps mort*, et dont l'autre se dresse au-dessus des flots. Ces balises valent moins encore que les précédentes, et ne présentent quelque opportunité que dans les passes intérieures à fond mobile et dangereux.

Balises en fer. — Les balises en fer sont à une seule tige ou à tiges multiples.

Les premières sont rarement employées, attendu qu'elles ne sont guère supérieures aux balises en bois, si ce n'est sous le rapport de la durée.

Les balises à branches multiples se composent de trois, quatre ou cinq tiges en fer, scellées dans le rocher, et reliées par des entretoises et des croix de Saint-André. Elles sont ordinairement surmontées d'une claire-voie en tôle et d'un voyant. Elles ont le double mérite d'être beaucoup plus visibles et plus durables que les précédentes.

L'une de ces balises est représentée ici (*fig.*323). Elle a été établie au nord de l'île d'Oléron, sur un rocher élevé de $2^m,77$ au-dessus du niveau des plus basses mers et de $3^m,43$ au-dessous de celui des plus hautes. Le sommet de la construction domine le rocher de $13^m,80$. En moins d'un mois, le travail a été terminé, et les dépenses ont atteint la somme de 20,948 francs. L'édifice, peint en rouge, s'aperçoit à une grande distance, et depuis douze ans qu'il est installé, il s'est maintenu intact.

nées par une balustrade. Elles portent des anneaux de sauvetage et des échelles, qui permettent, le cas échéant, aux naufragés, de se réfugier à leur sommet, lorsqu'ils parviennent à s'y accrocher. Il est même des balises en maçonnerie qui sont surmontées d'une petite chambre.

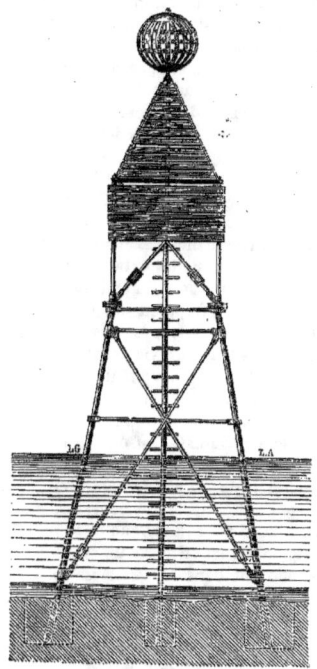

Fig. 323. — Balise en fer, surmontée de son voyant.

Balises en maçonnerie. — Le nombre des *tours-balises*, ou balises en maçonnerie, s'est considérablement multiplié sur notre littoral depuis quelques années. En 1867, à l'époque de l'Exposition, on n'en comptait pas moins de 175. Ce progrès est dû à une transformation capitale qui s'est opérée dans le mode de construction de ces ouvrages.

Autrefois, on les faisait tout entiers en pierres de taille de forme compliquée, maintenues par des armatures en fer, ce qui les rendait fort dispendieuses. Aujourd'hui on emploie simplement de petits moellons maçonnés avec du ciment de Portland, qui a la propriété de durcir très-rapidemet. Il en résulte une notable économie de temps et d'argent.

La plupart des *tours-balises* sont couron-

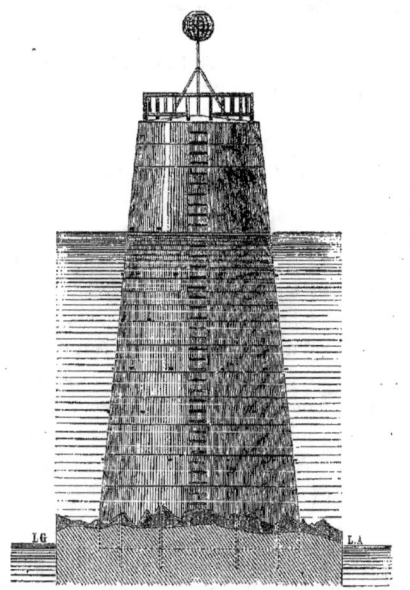

Fig. 324. — Balise en maçonnerie, ou *Tour-balise.*

Les *tours-balises* (*fig.* 324) dominent toujours d'au moins 3 mètres, le niveau des plus hautes mers, et ce minimum est dépassé dans bien des circonstances. Pour leur donner plus de hauteur, on les couronne souvent d'un mât terminé par un voyant, comme le représente la figure ci-dessus. La diversité d'apparence des voyants placés sur ces tourelles sert également à différencier celles qui pourraient prêter à quelque confusion.

Les difficultés, et par conséquent les dépenses de construction des *tours-balises*, dépendent de la position du rocher, de son éloignement de la côte, et surtout de l'état de la mer pendant toute la durée du travail ; elles varient donc entre des limites assez considérables. Le prix du mètre cube de bâtisse coûte depuis 30 francs jusqu'à 200 francs.

Il serait d'une grande utilité qu'on pût être renseigné par les balises, non-seulement pendant le jour, mais aussi pendant la nuit. Pour réaliser ce *desideratum*, on a eu l'idée d'y placer des cloches mises en branle par le mouvement même des flots. Ce n'est plus l'œil qui est averti, c'est l'oreille ; mais le résultat est le même.

On a appliqué ce système à une tourelle construite à l'entrée du port de la Rochelle. Dans la paroi de l'édifice, est scellé un tube vertical, dans lequel un flotteur se meut librement. Ce flotteur agit sur deux leviers coudés qui supportent les battants de la cloche. Les résultats obtenus ont été assez satisfaisants.

Pour donner une idée du mode de construction d'une *tour-balise*, nous rapporterons la description que donne M. Léonce Reynaud, dans le catalogue des objets présentés à l'Exposition universelle de 1867, de la tour-balise de l'île de Noirmoutiers, établie en 1866, pour signaler l'écueil nommé le *Bavard*.

« La tour-balise du *Bavard*, dit M. Léonce Reynaud, commencée le 29 avril 1865 et terminée le 30 août 1866, est située au sud-ouest de la pointe du Devin (île de Noirmoutiers), à 5,600 mètres environ de la côte, à l'extrémité la plus au large du plateau des Bœufs.

« Les courants de marée sont assez forts sur ce point, et leur direction est très-variable par suite de la proximité de l'île d'Yeu, du goulet de Fromantine, de l'îlot du Pilier et de l'entrée de la Loire, qui tendent à modifier les courants principaux de flot et de jusant.

« La mer y est parfois d'une violence extrême, parce que les grandes lames de l'Atlantique arrivent sur le plateau sans avoir rencontré jusque-là aucun obstacle de nature à diminuer leur puissance. On en donnera une idée en citant ce fait que souvent, dans les gros temps, les paquets de mer s'élèvent au-dessus de la coupole du phare du Pilier, qui domine de 32 mètres le niveau des plus hautes mers.

« Aussi le plateau des Bœufs est-il un écueil des plus dangereux sur lequel on a à déplorer chaque année de nombreux sinistres, et il était important d'en signaler la pointe la plus avancée en mer.

« Le niveau moyen de l'aiguille du Bavard sur laquelle on a dû s'établir ne dépasse que de $0^m,30$ les basses mers de vives eaux ordinaires.

« La construction est entièrement exécutée en moellons. Elle est en maçonnerie pleine, a $9^m,25$ de hauteur sur $5^m,60$ de diamètre à la base et $4^m,40$ au sommet, est surmontée d'une balise en fer de $3^m,25$ de hauteur, se terminant par une sphère de $0^m,70$ de diamètre, et porte quatre échelles de sauvetage.

« Elle est munie d'une sonnerie de l'invention de M. Foucault-Gallois, mécanicien à l'île de Ré, qui avait déjà été appliquée avec succès à la tour de Richelieu, à l'entrée du port de La Rochelle et dont le système est très-simple. Voici en quoi il consiste :

« Un flotteur en cuivre porte une longue crémaillère en bois, avec armatures en cuivre, dont les dents ou cames agissent sur les extrémités inférieures de deux bras de levier dont les extrémités supérieures sont des marteaux frappant sur une cloche fixée au sommet de la tour, toutes les fois que les extrémités inférieures des bras de levier sont soustraites à l'influence des cames de la crémaillère.

« Le flotteur, qui se meut dans un puisard ménagé dans les maçonneries et qui est fermé par des portes en forte tôle galvanisée, est mis en mouvement par les ondulations constantes de la mer dont la transmission est facilitée par de nombreuses ouvertures ménagées dans la porte inférieure.

« Le flotteur est cylindrique et terminé par deux calottes sphériques ; il porte un système de trois galets se mouvant dans des glissières de fer galvanisé encastrées dans les maçonneries, et dont un est placé normalement aux deux autres, afin que le frottement de glissement soit toujours remplacé par celui de roulement, quelle que soit la face des glissières avec laquelle ces appendices soient en contact.

« Dans le même but, les dents de la crémaillère sont remplacées par des galets roulant sur ceux que portent aussi les extrémités inférieures des bras de levier marteaux.

« La crémaillère est formée de deux tiges reliées à leurs extrémités par des traverses horizontales et entre lesquelles passe un double système de galets à plans normaux portés par un chariot encastré dans la maçonnerie et destiné à diriger les mouvements de la crémaillère qui, lorsqu'elle s'élève au-dessus de la tour, y est soutenue par une plaque en fer galvanisé munie de galets pour diminuer le plus possible les frottements.

« Pour arrêter le mouvement ascensionnel de la crémaillère, le chariot est muni d'un taquet avec matelas en caoutchouc, placé de manière que le flotteur puisse s'élever à $0^m,95$ au-dessus des plus hautes mers de vives eaux d'équinoxe.

« La cloche, qui complète le système de sonnerie et qui pèse 250 kilogrammes, est supportée par un pied à trois branches scellées dans le couronnement de la tour. Ce pied porte en son milieu un axe autour duquel on peut faire tourner la cloche, afin qu'elle ne soit pas toujours frappée aux mêmes points.

« Conformément aux instructions qui régissent la matière, la tour est peinte en rouge au-dessus du niveau des hautes mers, avec couronne blanche portant le nom de l'écueil.

« Cette tour a été exécutée en régie en même temps que trois autres établies dans la baie de Bourgneuf sur les écueils dits le Grand Sécé, les Pères et Pierre-Moine.

« Le seul point de départ qu'offrit la localité pour l'embarquement des ouvriers et des matériaux était le port de Noirmoutiers, distant du Bavard de près de 50 kilomètres, et la durée du voyage, qui a été souvent de quatre heures et demie, n'a jamais été inférieure à trois heures.

« Le matériel maritime dont on disposait se composait de cinq embarcations du pays, appelées yoles, tenant parfaitement la mer, pouvant porter de cinq à six tonneaux et montées par un matelot et un patron.

« Ces yoles, chargées des matériaux, outils, appareaux et ouvriers nécessaires, étaient remorquées par un petit bateau à vapeur appartenant à l'administration.

« Les rochers sur lesquels devaient être établies les quatre tours ayant des hauteurs différentes par rapport au niveau de la mer, on avait organisé le travail de manière à aller :

« Au Bavard, dans les grandes marées ;

« Au grand Sécé, dans les états intermédiaires de la marée ;

« A Pierre-Moine, pendant les mortes eaux ;

« Et enfin aux Pères, dont l'accès était le plus facile, toutes les fois qu'on ne pouvait pas aller ailleurs.

« Chaque yole a été affectée pendant toute la durée des travaux au même service ; elle portait toujours la même nature de matériaux, les mêmes apparaux et les mêmes ouvriers ; elle occupait enfin toujours la même place dans les convois comme dans les mouillages, si bien que chacun des marins et ouvriers avait été très-promptement au courant de ce qu'il avait à faire et qu'il n'y avait de possible ni confusion, ni perte de temps, chose si précieuse quand on n'a, comme dans l'espèce, que quelques heures au plus pour débarquer, organiser un chantier, travailler, rembarquer personnel et matériel, et enfin partir en temps opportun.

« La tour du Bavard a été construite en quatre-vingts marées et deux cent quarante-cinq heures de travail, soit en moyenne trois heures quatre minutes par marée.

« Les dépenses de construction des quatre tours se sont élevées à 106,000 francs, et l'on estime que celle du Bavard entre environ pour 40,000 fr. dans cette dépense (1). »

(1) Léonce Raynaud, *Notice sur les ouvrages présentés à l'exposition de 1867, par les soins du ministère de l'agriculture, du commerce et des travaux publics*.

Les *bouées* sont des balises flottantes d'une espèce particulière. Leurs formes sont très-variées. Elles consistent essentiellement en un flotteur, plus ou moins volumineux, qui est maintenu en place au moyen d'une chaîne immergée au fond de l'eau, terminée par un poids de fer, que l'on désigne sous le nom de *corps mort*.

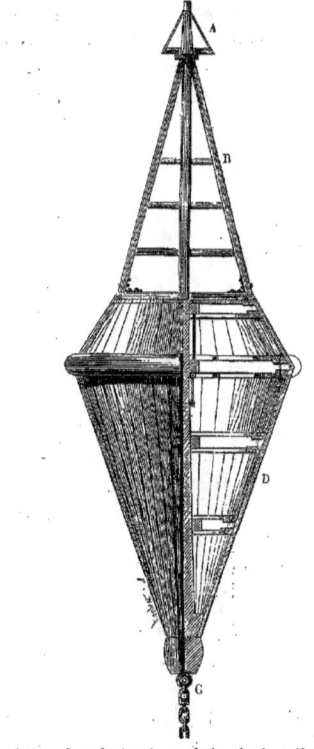

Fig. 325. — Grande bouée en bois placée à l'entrée de la Gironde (coupe et élévation réunies).

Autrefois, les bouées étaient toutes en bois, et il en reste un assez grand nombre sur plusieurs points de nos côtes. Les unes sont munies de voyants, les autres en sont privées.

On voit dans la figure 325, d'un côté l'élévation, et de l'autre la coupe, d'une des grandes bouées placées à l'entrée de la Gironde.

Sur cette figure A, est le *voyant* qui surmonte la bouée ; BB, le corps de la bouée ; C, la chaîne, que termine un *corps mort*, reposant au fond de l'eau, et dont la pesanteur tient tout ce système en équilibre.

Ces bouées ont 2^m,56 de diamètre sur 7^m,47 de longueur. A l'exception de la partie émergeante, qui est en sapin du Nord, elles sont tout entières en bois de chêne, doublé de cuivre au-dessous de la ligne de flottaison, et elles ne s'inclinent jamais au-dessous de 45°. Leurs *corps morts* sont du poids de 1,000 kilogrammes.

sur 2^m,80 de longueur, en faisant abstraction du mât ; il ne coûte que 500 francs. Les *corps morts* qui soutiennent ce genre de bouée pèsent de 400 à 500 kilogrammes.

Ces bouées, cerclées de fer sont quelquefois disposées de façon à servir tout à la fois de balise pour signaler les écueils, et d'amarre pour attacher les vaisseaux ou les embarcations. Dans ce cas, le mât de la balise est remplacé par un anneau, qui fait l'office de boucle d'amarrage. Ces balises sont moins visibles que les précédentes ; mais elles suffisent très-bien pour les passes intérieures.

La figure 327 représente une véritable

Fig. 327. — Petite bouée servant à l'amarrage.

bouée d'amarrage pour les bâtiments de faible tonnage et en petite profondeur d'eau. Elle est de forme carrée, et mesure 1 mètre de côté sur 0^m,80 de hauteur. Une ancre du poids de 300 à 500 kilogrammes, lui sert de *corps mort*.

Sur cette figure, A, est la boucle d'amarrage ; BB, le corps de la bouée ; C, la chaîne, que termine, au fond de l'eau, le *corps mort*. La ligne de flottaison est au-dessus du premier cercle de fer.

Les *voyants* que portent les bouées en général, servent de caractères distinctifs pour les bouées d'une même zone, sans préjudice des autres modes de différentiation. Les formes les plus usitées de ces *voyants* sont celles de

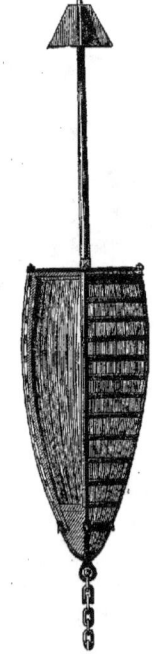

Fig. 326. — Autre forme de bouée (coupe et élévation réunies).

Un autre genre de bouées, très-usité, est celui que représente la figure 326 en coupe et en élévation. Elles sont cerclées de fer.

Ce modèle a 1^m,40 de diamètre au sommet

la sphère, du cône et de rectangles ou triangles pleins ou évidés se croisant de diverses façons. Deux de ces derniers sont représentés ici (*fig.* 328 et 329).

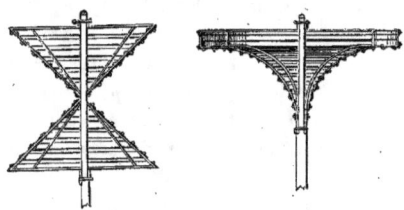

Fig. 328 et 329. — Voyants.

Nous donnons aussi (*fig.* 330 et 331) les dessins de quelques *corps morts*.

Fig. 330 et 331. — Corps morts.

Celui que montre la figure 332, est remarquable par sa grande étendue et sa faible épaisseur. Il est de forme circulaire, et creux en dessous. On a placé de semblables *corps morts* pour soutenir les bouées dans le bassin de Saint-Nazaire, dont le fond est très-plat et où

Fig. 332. — Corps mort, plat de grande dimension.

l'on voulait éviter toute saillie; ils y adhèrent d'une façon étonnante. On évalue leur poids à 5,350 kilogrammes.

Toutes les bouées qui viennent d'être décrites, sont en bois, plus ou moins cerclées de fer. On préfère aujourd'hui les bouées en tôle aux bouées en bois, bien qu'elles coûtent davantage à établir, parce qu'elles durent plus longtemps et qu'elles sont d'un entretien moins dispendieux. Il en existe de différents modèles sur notre littoral.

La forme la plus fréquente est celle de la bouée hémisphérique par le bas et conique dans la partie émergeante, laquelle est surmontée d'un voyant, comme le représente la figure 333.

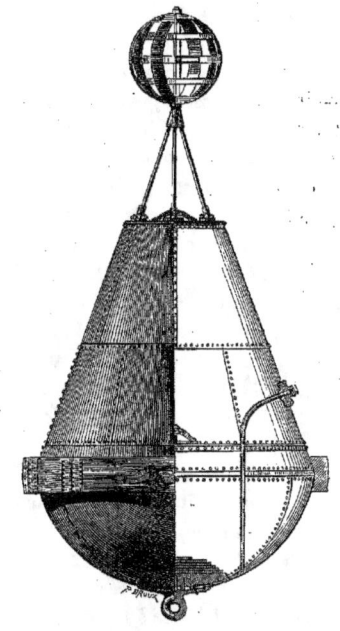

Fig. 333. — Bouée en tôle.

Cette bouée est divisée intérieurement en deux parties, par une cloison étanche, qui l'empêche de couler, lors même qu'elle serait crevée accidentellement, ou qu'elle recevrait des infiltrations d'eau. Un tuyau vertical, fermé en haut par un tampon, permet d'extraire par aspiration, l'eau qui pénétrerait dans le compartiment inférieur. Deux trous d'homme, l'un à la base, l'autre au faîte, sont pratiqués à la surface de la bouée. Elle porte un lest dont le poids varie avec la profondeur d'eau et la force du courant, mais qui ne va jamais au delà de 750 kilogrammes.

Dans les conditions ordinaires, elle se maintient à peu près verticale, et ne s'incline pas au-dessous de 45° dans les circonstances les plus défavorables.

La bouée de ce modèle a 2^m,38 de diamètre sur 3^m,20 de hauteur de coffre ; elle pèse environ 2,000 kilogrammes, lest non compris.

On appelle *bouée à cloche* une bouée qui a la même forme que la précédente ; mais dont la partie supérieure, au lieu d'être pleine, est à claire-voie. Dans l'intérieur de cette claire-voie, est suspendue une cloche en bronze, accompagnée de marteaux mobiles. Le *voyant* de cette bouée est surmonté d'un prisme triangulaire garni de miroirs qui ont pour objet de réfléchir les rayons du soleil ou la lumière des phares voisins.

Certaines *bouées à cloche* affectent la forme d'un bateau. Elles offrent moins de prise aux courants et sont remorquées plus aisément ; mais leur prix de revient est plus élevé.

La figure 334 représente une bouée à cloche qui existe à l'entrée du port de Honfleur.

Pour distinguer les unes des autres, les balises et les bouées situées dans les mêmes parages, on a, outre les *voyants*, la ressource de la coloration. La règle rigoureusement appliquée est celle-ci : Toutes les bouées et balises qui doivent être laissées à tribord, en venant du large, sont peintes en rouge, avec couronne blanche au-dessous du sommet ; celles qui doivent être laissées à bâbord, sont peintes en noir ; enfin celles qui peuvent être indifféremment laissées de l'un ou de l'autre côté, sont peintes en bandes horizontales, alternativement rouges et noires.

Chaque bouée porte le nom du banc ou de l'écueil qu'elle signale, et celles qui appartiennent à une même passe sont numérotées.

Nous terminerons ce chapitre par quelques renseignements sur les signaux en usage par les temps de brume. Pour indiquer aux navigateurs l'entrée d'un port ou l'existence d'un écueil, quand l'état du ciel empêche la visibilité des balises et des bouées, on fait usage de signaux sonores.

Les instruments les plus répandus et qui répondent à cette indication, sont les cloches, les trompettes et les sifflets. On a dû renoncer, après des expériences répétées faites par notre administration des Phares, à faire usage, comme signaux sonores, des armes à feu, des timbres, des *gongs* et d'une sorte de grande crécelle de bois, en usage en Orient. Les cloches, les trompettes et le sifflet sont restés les seuls moyens acoustiques adoptés en France pour les signaux de brume.

Cloches d'alarme. — Sur les jetées de presque tous nos ports, et même dans certains phares isolés en mer, il existe une cloche, que l'on met en branle à des intervalles déterminés, lorsque le brouillard enlève aux feux des fanaux ou des phares toute efficacité pendant la nuit, et annule, pendant le jour, l'utilité des balises et bouées. La portée des sons augmente avec le poids de la cloche et avec la hauteur du ton. On a reconnu qu'une bonne cloche de 100 kilogrammes se fait entendre, par une brise assez forte, à 1200 mètres environ quand le vent est debout, à 2,000 mètres par vent de travers et à 4,000 mètres par vent arrière. En plaçant la cloche au foyer d'un réflecteur parabolique qui renvoie les sons dans une direction donnée, on accroît notablement leur portée.

De même qu'on diversifie les feux du littoral, il a fallu caractériser les sonneries. On a atteint facilement ce but en variant les intervalles des coups et des séries de coups. Par exemple huit coups sont séparés par des intervalles de deux secondes ; puis vient un repos de dix secondes, et la série des huit coups recommence. Ailleurs le groupe sera de dix coups, et le repos de quinze ou vingt secondes, et ainsi de suite. Pour être parfaitement distincts, les sons doivent être espacés d'au moins une seconde.

Fig. 334. — Grande bouée à cloche à l'entrée du port de Honfleur.

Sifflets d'alarme. — Les sifflets ont l'inconvénient de rendre un son aigu, qui peut être confondu avec les mugissements du vent. Les cloches leur sont préférables sous ce rapport, comme sous celui de l'intensité du son.

Trompettes d'alarme. — Les trompettes d'alarme doivent fonctionner, ainsi que les sifflets, par une insufflation d'air comprimé. Ce mode d'avertissement nécessitant une machine qui comprime l'air est très-coûteux, et par conséquent peu répandu. Une trompette à air comprimé a cependant été récemment installée sur la pointe de Dungeness, en Angleterre, et en France, sur le cap de l'île d'Ouessant.

La *trompette d'Ouessant* tourne sur son axe, de manière à porter successivement les sons sur toute l'étendue de l'horizon maritime. Ce mouvement est produit par une machine à vapeur, de la force de 3 chevaux, qui comprime l'air et qui l'insuffle dans l'instrument. Par les temps calmes, la trompette d'Ouessant s'entend à 4 ou 5 milles marins. Elle retentit à des intervalles de dix secondes.

C'est un physicien anglais, M. Holmes, qui depuis longtemps s'occupait de travaux acoustiques, qui a proposé l'adoption de cet instrument après un mûr examen. Notre administration des travaux publics a accueilli cet avis, et a ordonné l'application du nouveau système sur plusieurs points de notre littoral.

Le mécanisme de cet appareil sonore se compose d'une pompe à air, d'un réservoir et de la trompette.

La pompe comprend deux cylindres à deux pistons, qui sont mis en mouvement par des roues dentées, non pas circulaires, mais elliptiques, et tournant autour de l'un de leurs foyers.

Le réservoir d'air comprimé consiste en

deux cylindres verticaux en tôle. Il est muni d'une soupape de sûreté, d'un manomètre et d'un robinet pour l'échappement de l'air dans la trompette. L'air y est comprimé à la pression d'une atmosphère et trois quarts environ.

La trompette a 2 mètres de hauteur, se termine par un pavillon recourbé à angle droit, et est munie d'un vibrateur métallique qu'on règle à volonté entre certaines limites. Elle se place verticalement sur le tube de jonction des deux cylindres, et peut tourner librement autour de son axe. Une chaîne mue par un excentrique, lui imprime un mouvement circulaire de va-et-vient dans un espace angulaire de 180°. Le robinet d'introduction de l'air est alternativement ouvert et fermé par un mécanisme analogue. Dans l'appareil qui figurait à l'Exposition universelle de 1867, la durée du produit était de deux secondes et celle des intervalles silencieux était de dix secondes. La durée de la rotation de la trompette autour de son axe est calculée de manière que l'émission du son se fasse successivement dans diverses directions.

Le mécanisme peut être mis en mouvement par un manége à chevaux ou par une petite machine à vapeur. Dans ce dernier cas, la dépense de combustible s'élève de 5 à 6 kilogrammes par heure.

On a admis des interruptions dans le jeu de la trompette, afin de rendre les sons plus perceptibles, de réduire les dépenses, et de permettre d'adopter des notations assez tranchées pour prévenir les confusions entre les divers points qui auraient des signaux de ce genre.

Dans une expérience qui fut faite, à Paris, en présence de la commission des phares, la trompette à air comprimé fut entendue, par une petite brise de vent debout, à une distance de 6 kilomètres et demi, alors qu'une cloche en acier, du poids de 125 kilogrammes, n'envoyait des sons distincts qu'à 2 kilomètres environ.

Les pêcheurs de l'île de Molène ont affirmé avoir entendu par un temps calme, une trompette de ce genre, qui était essayée sur l'extrémité nord-ouest de l'île d'Ouessant, à près de 15 kilomètres de distance.

La prévoyance des marins ne s'arrête pas au moment où un navire entre dans le port. Il ne suffit pas de lui avoir signalé, à grande distance, par un *phare d'atterrage*, ou phare de premier ordre, l'approche d'un point déterminé de la côte ; — de lui avoir signalé, par un phare de deuxième ordre, le mouillage de la rade, — par un fanal, ou *phare de troisième ordre*, l'entrée du port. — Il ne suffit pas d'avoir semé sur sa route les balises et les feux flottants, les tours-balises, les bouées et les *voyants*. Il ne suffit pas de l'avertir, en temps de brume, par des signaux sonores, par la cloche, par les sifflets ou par la trompette retentissante. Le navigateur est accompagné, à l'entrée même, ou plutôt à l'intérieur du port, par un dernier avertissement. Quand, après avoir franchi les diverses zones éclairées et avoir reconnu le port à son feu, le marin se dispose à y entrer, il peut encore consulter les signaux qui lui sont faits pour lui indiquer la hauteur de l'eau dans le port. Ce sont là les *signaux de marée*.

Il n'est personne ayant passé quelques jours sur une plage de l'Océan, à Dieppe, à Trouville, à Cherbourg, à Brest, etc., qui n'ait vu faire les signaux de marée, au moyen de ballons placés le long d'un mât pourvu d'une vergue. Un ballon placé à l'intersection du mât et de la vergue, signale une profondeur d'eau de 3 mètres, dans tout le passage du chenal. Chaque ballon hissé sur le mât au-dessous du premier, ajoute un mètre à cette hauteur d'eau; placé au-dessus, il en ajoute deux. S'il est placé tout à fait à l'extrémité de la vergue, il indique une profondeur de $0^m,25$, s'il est à gauche du mât, et $0^m,50$ s'il est à droite.

Fig. 335. — Signaux de marée du port du Havre.

Les pavillons servent à confirmer les indications fournies par les ballons. Dès que l'eau atteint 2 mètres dans le chenal, on hisse un pavillon blanc avec croix noire et une flamme noire, en forme de guidon. On laisse la flamme au-dessus du pavillon pendant toute la durée du flot; au moment de la pleine mer, la flamme est amenée; enfin la flamme reste au-dessous du pavillon pendant le flux.

Si la violence de la mer doit interdire, par prudence, l'entrée du port aux vaisseaux, on signale cet état dangereux en remplaçant les signaux ordinaires par un pavillon rouge, que l'on hisse au sommet du mât.

Dans la figure 335, on voit représentés exactement les signaux de marée tels qu'on les exerce sur la tour placée à l'entrée de la jetée du Havre.

Les mêmes signaux se font de nuit; seulement des fanaux sont substitués aux ballons.

Voilà donc le navire escorté, grâce à la continuelle prévoyance d'un art attentif et ingénieux, depuis le moment où il est visible à l'horizon, jusqu'à celui où il jette l'ancre dans le port. Le voilà arrivé au terme de sa course !

Nous aussi, nous arrivons au terme de ce long travail, et nous serons heureux s'il n'a pas ennuyé le lecteur ; s'il laisse dans son esprit quelques notions utiles, quelques renseignements intéressants ; si enfin il lui inspire quelque admiration reconnaissante pour le génie et la patience des hommes qui se sont consacrés à perfectionner tous ces moyens divers de préserver l'existence humaine des périls de la mer.

FIN DES PHARES

LES
PUITS ARTÉSIENS

CHAPITRE PREMIER

LES PUITS FORÉS CHEZ LES ANCIENS ORIENTAUX ET CHEZ LES CHINOIS. — APPARITION EN EUROPE DES PUITS JAILLISSANTS.

L'origine des puits *artésiens* n'est pas aussi récente que pourrait le faire supposer leur nom, tiré de la province d'*Artois*. En France, c'est en effet dans la province d'Artois qu'ont été creusées les premières fontaines jaillissantes, et de là le nom qui a prévalu. Mais bien des siècles avant que la province d'Artois fût constituée, les peuples de l'Orient connaissaient l'art d'aller chercher dans les profondeurs de la terre l'eau des nappes invisibles, et de la faire monter à la surface du sol, où on l'employait pour tous les usages domestiques et pour les besoins de l'agriculture.

Les oasis qui parsèment les déserts de la Syrie, de l'Arabie et de l'Égypte, ne doivent leur fertilité qu'à des sources d'eaux jaillissantes pratiquées par la main de l'homme. Or, quelques-unes de ces oasis étaient déjà célèbres dans les premiers temps de l'ère chrétienne, ce qui fait remonter à une époque assez reculée l'origine des puits forés.

Certains passages d'anciens auteurs lèvent tous les doutes à cet égard.

Diodore, évêque de Tarse, qui vivait au IVe siècle, s'exprime ainsi au sujet de la grande oasis, connue sous le nom de *Thébaïde*, qui servait de retraite aux anachorètes de ce temps :

« Pourquoi la région intérieure de la Thébaïde, qu'on nomme *Oasis*, n'a-t-elle ni rivière ni pluie qui l'arrosent, mais n'est-elle vivifiée que par le courant de fontaines qui sortent de terre, non d'elles-mêmes, non par des eaux pluviales qui pénètrent dans la terre et qui en remontent par ses veines, comme chez nous, mais grâce à un grand travail des habitants ? »

Un autre auteur, un peu moins ancien, cité par Photius et Niebuhr, corrobore la relation de l'évêque de Tarse. Olympiodore, qui florissait dans la savante école d'Alexandrie, vers le milieu du VIe siècle après J.-C., rapporte qu'on creuse dans cette même oasis des puits de 200, 300 et même 500 coudées de profondeur, et que l'eau qui en sort est utilisée par les habitants pour l'irrigation de leurs terres. Diodore ajoute même que ces puits rejettent quelquefois des poissons.

Il existe encore aujourd'hui, dans les déserts de la Syrie et de l'Arabie, des fontaines artificielles qui datent de plusieurs milliers d'années. Leur ancienneté est attestée par leur nom, qui est emprunté au langage biblique. Il faut citer, dans cette catégorie, les fontaines d'*Ismaël*, de *Bethsabée*, de l'*Abondance*, du *Jurement*, de l'*Injustice*.

La mosquée de la Mecque renferme le puits de *Zemzem*, dont les eaux sont en grande vénération parmi les musulmans. Suivant la tradition, cette source jaillissante serait due à la puissante intervention de l'ange Gabriel, qui aurait ainsi apaisé la soif d'Agar et d'Ismaël errants dans le désert. Comblé et ignoré durant une longue suite de siècles, ce puits célèbre fut remis au jour par le grand-père de Mahomet, et c'est probablement à cette circonstance qu'il faut attribuer l'auréole de sainteté dont il est entouré.

Un de nos compatriotes, M. Ayme, directeur général des établissements métallurgiques du pacha d'Égypte, entreprit, vers 1850, de remettre en état les puits jaillissants qui avaient été construits dans les temps bibliques, et qui sont aujourd'hui obstrués par les sables. Nous empruntons à l'excellent ouvrage de MM. Degousée et Ch. Laurent, *le Guide du sondeur*, un fragment intéressant d'une lettre écrite à l'auteur de cet ouvrage, par M. Ayme :

« Les deux oasis de Thèbes et de Gharb sont, on peut s'exprimer ainsi, criblées de puits artésiens ; j'en ai nettoyé plusieurs : j'ai bien réussi, mais les dépenses sont grandes, par suite des quantités de bois dont il faut garnir toutes les ouvertures d'en haut, qui sont d'un carré de 6 à 10 pieds, pour éviter les éboulements. Ces ouvertures ont de 60 à 75 pieds de profondeur ; à ladite profondeur, on rencontre une roche calcaire sous laquelle se trouve une masse d'eau ou courant qui serait capable d'inonder les oasis, si les anciens Égyptiens n'avaient établi des soupapes de sûreté en pierre dure, de la forme d'une poire, armée d'un anneau en fer, pour avoir la facilité de la faire entrer et de la retirer au besoin de l'*algue* de la fontaine. L'*algue*, ainsi appelée par les Arabes, est le trou pratiqué dans le rocher calcaire, qui, suivant la quantité d'eau que l'on veut rendre ascendante, a de 4, 5 et jusqu'à 8 pouces de diamètre. »

M. Ayme a constaté que les anciens Orientaux s'y prenaient de la manière suivante, pour faire jaillir la nappe souterraine à la surface du sol.

Ils creusaient un puits carré, descendant jusqu'à une roche calcaire qui recouvre la masse d'eau souterraine ; puis ils le garnissaient d'un solide revêtement en planches, destiné à maintenir les terres. Ce travail, exécuté à sec, se faisait assez facilement. On procédait ensuite à la perforation de la roche, soit au moyen de tiges de fer, soit à l'aide d'un gros bloc de même métal, attaché à une corde glissant sur une poulie. Cette dernière partie du conduit mesurait ordinairement de 300 à 400 pieds. On atteignait ainsi la nappe souterraine, qui, dans les cas dont il s'agit, se trouve être un véritable cours d'eau ; car on y rencontre du sable semblable à celui du Nil, et l'un des puits nettoyés par M. Ayme lui a fourni du poisson parfaitement mangeable.

L'écueil du système que nous venons de décrire, c'est que le revêtement intérieur du puits exécuté en bois, ne tardait pas à se pourrir, et que les terres latérales, faisant irruption, empêchaient bientôt l'arrivée de l'eau. C'est ainsi que se sont comblées la plupart des anciennes fontaines du désert africain. C'est de la même manière que se tarissent celles qui sont creusées par les Arabes, dans le Sahara algérien, à l'aide de procédés analogues, et sur lesquels nous appellerons l'attention du lecteur, dans l'un des chapitres qui termineront cette Notice.

M. Ayme a complétement transformé la partie de l'Égypte soumise à son administration. Les puits jaillissants qu'il a créés ou ressuscités, — c'est le mot vrai, — sont devenus autant de centres de population, dans lesquels le nom français jouit d'un haut prestige.

On dit communément que les puits artésiens étaient connus en Chine de temps immémorial, et que, sous ce rapport, comme sous bien d'autres, les habitants du Céleste Empire nous ont considérablement devancés. Cette assertion mérite d'être examinée avec soin.

C'est dans un *Voyage pittoresque*, publié à Amsterdam, vers les dernières années du XVIIe siècle, qu'on trouve la première mention des procédés de forage employés par les Chinois. On lit dans cet ouvrage :

« Les Chinois pratiquent des trous dans la terre, à de très-grandes profondeurs, à l'aide d'une corde armée d'une main de fer, laquelle rapporte au jour les détritus du fond. »

Les *Lettres édifiantes* renferment une lettre de l'évêque de Tabrasca, missionnaire en Chine, dans laquelle on remarque ce passage, qui s'applique aux puits forés de Ou-Tong-Kiao :

« Ces puits sont percés à plusieurs centaines de pieds de profondeur, très-étroits et polis comme une glace ; mais je ne vous dirai pas par quel art ils ont été creusés ; ils servent pour l'exploitation des eaux salées. »

Cette lettre, datée du 11 octobre 1704, ne donne aucun renseignement sur l'époque à laquelle on a commencé à creuser les puits chinois ; elle ne résout donc en aucune façon la question d'ancienneté.

Une relation beaucoup plus détaillée de la méthode chinoise, fut donnée en 1827, par un autre missionnaire, l'abbé Imbert. Voici cette description :

« Il y a quelques dizaines de mille de ces puits salants dans un espace d'environ 10 lieues de long sur 4 ou 5 de large. Chaque particulier un peu riche se cherche quelque associé et creuse un ou plusieurs puits. C'est une dépense de 7 à 8,000 francs. Leur manière de creuser ces puits n'est pas la nôtre. Ce peuple vient à bout de ses desseins avec le temps et la patience, et avec bien moins de dépense que nous. Il n'a pas l'art d'ouvrir les rochers par la mine, et tous les puits sont dans le rocher. Ces puits ont ordinairement de 1,500 à 1,800 pieds de profondeur, et n'ont que 5 ou au plus 6 pouces de largeur. Voici leur procédé : on plante en terre un tube de bois creux, surmonté d'une pierre de taille qui a l'orifice désiré de 5 ou 6 pouces ; ensuite on fait jouer dans ce tube un mouton ou tête d'acier, pesant de 300 à 400 livres. Cette tête d'acier est crénelée en couronne, un peu concave par-dessus et ronde par-dessous. Un homme fort, habillé à la légère, monte sur un échafaudage, et danse toute la matinée sur une bascule qui soulève cet éperon à 2 pieds de haut, et le laisse tomber de son poids ; on jette de temps en temps quelques seaux d'eau dans le trou pour pétrir les matières du rocher et les réduire en bouillie. L'éperon ou tête d'acier est suspendu par une bonne corde de rotin, petite comme le doigt, mais forte comme nos cordes de boyau. Cette corde est fixée à la bascule ; on y attache un bois en triangle, et un autre homme est assis à côté de la corde. A mesure que la bascule s'élève, il prend le triangle et lui fait faire un demi-tour, afin que l'éperon tombe dans un sens contraire. A midi, il monte sur l'échafaudage, pour relever son camarade jusqu'au soir. La nuit, deux autres hommes les remplacent. Quand ils ont creusé 3 pouces, on tire cet éperon avec toutes les matières dont il est surchargé (car je vous ai dit qu'il était concave par-dessus), par le moyen d'un grand cylindre qui sert à rouler la corde. De cette façon, ces petits puits ou tubes sont très-perpendiculaires et polis comme une glace. Quelquefois tout n'est pas roche jusqu'à la fin, mais il se rencontre des lits de terre, de charbon, etc.; alors l'opération devient des plus difficiles, et quelquefois infructueuse; car, ces matières n'offrant pas une résistance égale, il arrive que le puits perd sa perpendiculaire ; mais ces cas sont rares. Quelquefois le gros anneau de fer, qui suspend le mouton, vient à casser ; alors il faut cinq ou six mois pour pouvoir, avec l'autre mouton, broyer le premier et le réduire en bouillie. Quand la roche est assez bonne, on avance jusqu'à deux pieds dans les vingt-quatre heures. On reste au moins trois ans pour creuser un puits. Pour tirer l'eau, on descend dans le puits un tube de bambou, long de 24 pieds, au fond duquel il y a une soupape ; lorsqu'il est arrivé au fond du puits, un homme fort s'assied sur la corde et donne des secousses, chaque secousse fait ouvrir la soupape et monter l'eau, le tube étant plein, un grand cylindre, en forme de dévidoir, de 50 pieds de circonférence, sur lequel se roule la corde, est tourné par deux, trois ou quatre buffles ou bœufs, et le tube monte ; cette corde est aussi de rotin. L'eau est très-saumâtre ; elle donne à l'évaporation un cinquième et plus, et quelquefois un quart de sel. Ce sel est très-âcre et contient beaucoup de nitre. »

L'abbé Imbert ajoutait que la plupart de ces puits dégagent de l'*air inflammable*, c'est-à-dire de l'hydrogène carboné, ou du *grisou*, provenant de gisements de houille traversés par le conduit. Quelques-uns de ces puits, appelés *puits de feu* par les Chinois, qui descendaient jusqu'à une profondeur de 3,000 pieds, ne fournissaient même que du gaz inflammable. Le gaz était employé à faire évaporer dans des chaudières de fer les eaux contenant le sel. Nous avons déjà rappelé ce dernier fait dans la *Notice sur l'éclairage* qui fait partie de ce volume.

La relation du missionnaire Imbert fut fort

attaquée par les savants, entre autres par M. Héricart de Thury, ingénieur, qui était alors l'homme le plus compétent sur la matière. M. Héricart de Thury déclara qu'il était impossible de creuser la terre à une profondeur de 3,000 pieds, par le procédé chinois.

Le supérieur de la mission chinoise ayant fait part de ces critiques à l'abbé Imbert, celui-ci se rendit dans la région des puits de sel, pour vérifier l'exactitude de ses chiffres, et voici ce qu'il écrivait dans une seconde lettre :

« J'ai mesuré la circonférence du cylindre en bambou sur lequel s'enroule la corde qui remonte les instruments du fond du puits, j'ai mesuré le nombre de tours de cette corde. Le cylindre a 50 pieds de tours, et le nombre de tours de la corde est de 62. Comptez vous-même si cela ne fait pas 3,100 pieds ; ce cylindre est mis en mouvement par deux bœufs, mis à un manége; la corde n'est pas plus grosse que le doigt, elle est faite en lanières de bambou et ne souffre pas de l'humidité. »

Les Chinois emploient au moins trois ans à creuser un puits, par le procédé qui vient d'être indiqué. Comme le dit l'abbé Imbert, quand la roche est bonne, c'est-à-dire quand elle n'est pas trop mélangée de lits de terre, de charbon ou d'autres matières susceptibles de s'ébouler, le travail avance de 2 pieds par 24 heures.

Les détails que donne l'abbé Imbert sur la manière d'élever l'eau, prouvent surabondamment que les puits à sel des Chinois ne sauraient être assimilés à nos puits artésiens, puisque l'eau n'y jaillit pas, lorsque le forage est terminé.

Ce missionnaire nous apprend, en effet, que, pour amener l'eau à la surface du sol, on descend dans le puits un tube de bambou, de 24 pieds de long, muni d'une soupape à son extrémité inférieure. Le tube étant arrivé au fond du puits, un homme vigoureux donne de violentes secousses à la corde (*fig*. 336). A chaque secousse, la soupape s'ouvre, et l'eau monte dans le tube. Lorsque le tube est plein, on le hisse en faisant tourner par des bœufs un grand cylindre sur lequel s'enroule la corde.

De ce qui précède, il résulte donc : 1° que les puits à sel des Chinois n'ont rien de commun avec nos puits artésiens, si ce n'est leur grande profondeur ; 2° qu'on ne peut fixer avec certitude l'époque à laquelle remonte leur invention.

Ces réserves posées, il faut reconnaître que les procédés de forage des Chinois ne manquent pas de mérite dans leur simplicité; mais nous avons déjà dit et nous aurons occasion de répéter, qu'ils ne sont applicables qu'à une certaine nature de terrains. De là l'insuccès qu'ont éprouvé en Europe plusieurs tentatives faites pour le *sondage à la corde*.

Il est probable que les puits artésiens furent connus en Italie à une époque fort ancienne. En effet, d'après un récit de Bernardini-Ramazzini, les fouilles pratiquées dans la ville antique de Modène, ont plusieurs fois mis à jour des tuyaux de plomb, qui communiquaient avec des puits abandonnés.

« Or, dit Arago dans sa Notice sur les *Puits forés*, quel aurait pu être l'usage de ces tuyaux, si ce n'eût été d'aller chercher à 20 ou 25 mètres de profondeur, c'est-à-dire fort au-dessous des eaux de mauvaise qualité et insalubres, résultant des infiltrations locales, la nappe limpide et pure qui alimente toutes les fontaines de la ville moderne ? »

Au reste, dès le commencement des temps modernes, la ville de Modène avait déjà retrouvé la tradition ancienne, et elle possédait des puits artésiens, comme le prouvent ses armes, composées de deux tarières de fontainier.

Avant de se rendre en France, sur l'invitation de Louis XIV, c'est-à-dire vers le milieu du XVII° siècle, Dominique Cassini avait fait creuser, au fort Urbain, un puits dont l'eau s'élançait jusqu'à 5 mètres au-dessus du sol. Lorsqu'on forçait cette eau à monter dans un tube, elle s'élançait jusqu'au faîte des maisons. Cassini a même laissé une des-

Fig. 336. — Chinois creusant un puits pour l'extraction de l'eau salée.

cription des procédés qui étaient mis en œuvre de son temps, par les habitants du territoire de Modène et de Bologne, pour faire jaillir l'eau des entrailles de la terre. Il dit qu'on applique sur les parois intérieures du trou de sonde « un double revêtement dont on remplit l'entre-deux d'un corroi de glaise bien pétrie. » Lorsqu'on est arrivé à la nappe souterraine, l'eau sort avec impétuosité par l'ouverture qu'a pratiquée la tarière. Elle monte à l'orifice supérieur du puits et sert à arroser les campagnes voisines.

« Peut-être, dit Cassini, ces eaux viennent-elles par des canaux souterrains du haut du mont Apennin qui n'est qu'à 10 milles de ce territoire. »

Cassini ajoute que, dans la Basse-Autriche, au milieu des montagnes de la Styrie, les habitants obtiennent de l'eau par une méthode analogue.

En France, les puits artésiens furent signalés pour la première fois, en 1729, par Belidor, dans son ouvrage intitulé *la Science des ingénieurs*.

« Il se fait, dit cet auteur, une sorte de puits appelés *puits forés*, qui ont cela de particulier que l'eau monte d'elle-même à une certaine hauteur, de sorte qu'il ne se faut donner aucun mouvement pour l'avoir, que la peine de puiser dans un bassin qui la reçoit. Il serait à souhaiter que l'on en pût faire de semblables en toutes sortes d'endroits, ce qui ne paraît pas possible, parce qu'il faut des circonstances du côté du terrain qui ne se rencontrent pas toujours. »

Cependant, à l'époque où Belidor écrivait son ouvrage, les puits forés étaient déjà connus en France depuis plusieurs siècles. Le plus ancien puits foré remonte, dit-on, à 1126. Il est situé à Lilliers (Pas-de-Calais), dans le vieux couvent des Chartreux.

Les sondages se pratiquent dans l'Artois

avec une telle facilité, qu'en certaines localités chaque maison possède une fontaine jaillissante. Il suffit de creuser la terre à 15 ou 20 pieds, pour avoir de l'eau. L'instrument qu'on emploie pour ce travail, est fort grossier : il se compose d'une longue perche, terminée par une sorte de gouge en fer. Il y a loin de là aux forages gigantesques qui ont été exécutés de nos jours, à Paris et ailleurs.

Le premier puits artésien creusé dans le département de la Seine, date de 1824. Il fut percé à Enghien, par Péligot. Depuis cette époque, l'art des sondages a fait d'immenses progrès; de grands perfectionnements ont été introduits dans les engins mécaniques, et les puits artésiens se sont multipliés d'une manière très-rapide.

CHAPITRE II

THÉORIE DES PUITS ARTÉSIENS. — UN PEU DE GÉOLOGIE. — EXPLICATIONS DIVERSES QU'ON A DONNÉES DU PHÉNOMÈNE DES PUITS ARTÉSIENS. — IMMENSES CAVERNES ET VASTES NAPPES D'EAU SOUTERRAINES. — RIVIÈRES QUI SE PERDENT DANS LE SOL.

D'où vient l'eau que débitent les puits artésiens? Comment, le forage étant une fois opéré, l'eau jaillit-elle continuellement à la surface du sol? C'est ce que nous allons examiner. Mais pour que nos explications soient bien comprises, une excursion dans le domaine de la géologie est indispensable.

L'écorce terrestre n'est pas uniforme dans sa composition. Formée à différentes époques, elle résulte de la superposition d'un certain nombre de terrains, qui correspondent chacun à une époque particulière, et qui se distinguent par des caractères bien déterminés. De ces terrains, les uns sont *stratifiés*, c'est-à-dire disposés par couches, qui s'étendent sur une grande surface, avec une épaisseur sensiblement uniforme, ou du moins progressivement variable; les autres constituent, au contraire, des masses considérables, distribuées irrégulièrement. Les premiers terrains sont d'origine *aqueuse*, c'est-à-dire qu'ils se composent surtout de matières terreuses transportées et déposées par les eaux; les seconds sont d'origine *ignée*, ce qui signifie qu'ils proviennent d'un épanchement de la matière centrale, d'abord liquide et incandescente, et qui s'est ensuite refroidie et solidifiée. Ce sont les terrains ignés qui constituent la charpente des grandes chaînes de montagnes et forment tous les reliefs importants du globe.

Les terrains stratifiés sont les seuls qui puissent donner lieu à la création de puits artésiens, parce que la disposition par couches se prête seule à la production du phénomène naturel dont on tire parti pour creuser les puits artésiens.

Ces terrains affectent ordinairement la forme de *bassins*, c'est-à-dire de vastes entonnoirs à fond plat, dont on explique la formation par des mouvements intérieurs de la croûte terrestre, ayant produit une dislocation du sol. Cette dislocation a eu pour résultat de relever, en plusieurs points, des couches qui étaient primitivement horizontales sur toute leur étendue, et de produire une enceinte de collines surplombant les parties non déformées.

Il est arrivé aussi, dans certains cas, que les couches successives de terrains sédimentaires se sont déposées dans un bassin de formation plus ancienne, et qu'elles ont gardé leur horizontalité sur tous les points, jusqu'à leur rencontre avec les bords du bassin. Ce sont là des conditions moins favorables que les précédentes à la création des puits forés, parce que les couches étant d'autant plus étendues qu'elle sont plus élevées, la dernière recouvre toutes les autres, et que l'écoulement des eaux pluviales vers les parties inférieures du bassin, ne peut s'effectuer que par les fissures çà et là disséminées dans la masse des dépôts stratifiés.

Dans les conditions ordinaires, au contraire, c'est-à-dire lorsque le bassin s'est formé par le redressement des couches, les nappes d'eau souterraines se forment avec une assez grande facilité. Remarquons, en effet, que, dans ce cas, les couches se sont déchirées par le fait même du redressement, et que leurs extrémités, ou ce que l'on nomme leurs *affleurements*, viennent aboutir au grand jour, sur les flancs des collines et des montagnes. Or, parmi ces couches, il en est qui se composent de sables ou d'autres matières perméables. Les eaux pluviales ou celles des ruisseaux et des rivières pourront donc y pénétrer par leurs affleurements, et se précipiter le long de la pente qui leur est offerte, pour aller former dans les parties basses, des nappes liquides continues. Si la couche perméable est comprise, comme il arrive presque toujours, entre deux couches suffisamment imperméables, ces amas d'eau ne pourront se perdre dans les terrains avoisinants. On les retrouvera donc, si l'on creuse le sol au-dessus de l'emplacement qu'ils occupent.

On s'explique ainsi que de vastes nappes d'eau puissent se former dans les entrailles de la terre; mais comment cette eau jaillit-elle à la surface du sol, lorsqu'on la met en communication avec le dehors par un puits? C'est ce qu'il nous reste à examiner.

Ici nous rappellerons un principe d'hydrostatique bien connu : celui de l'équilibre d'un liquide dans deux vases communiquants. Chacun sait, pour en avoir été témoin plus d'une fois lui-même, que lorsqu'on verse un liquide dans deux vases communiquant par leur partie inférieure, quelles que soient d'ailleurs les formes respectives de ces deux vases, chacun sait, disons-nous, que le liquide se maintient à la même hauteur dans les deux branches : on dit alors qu'il est *en équilibre*.

Ce principe, connu en physique, sous le nom de *principe des vases communiquants*, se démontre à l'aide de l'appareil que représente la figure 337.

Un vase A, plein d'eau, communique, au moyen d'un tuyau horizontal, M, avec un tube droit, B. On peut remplacer ce tube,

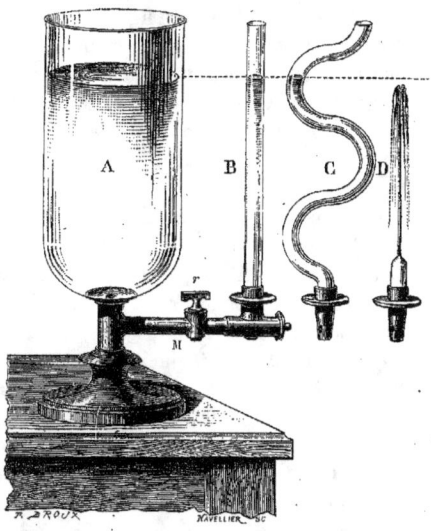

Fig. 337. — Équilibre d'un liquide dans des vases communiquant entre eux.

grâce à des ajutages de cuivre, par le tube sinueux C, ou par quelqu'autre. Or, il est facile, en opérant ces substitutions, de voir que le liquide s'élève à la même hauteur dans chacun de ces tubes, jusqu'à ce qu'il atteigne la hauteur du prolongement de la surface du liquide dans le réservoir.

On peut, avec ce même appareil, faire une expérience qui met parfaitement en évidence le principe physique des puits artésiens.

Au lieu d'un tube droit ou sinueux, mais ayant toute sa longueur, prenons un tube, D, beaucoup plus court, un peu rétréci à son extrémité, et faisons communiquer ce tube effilé avec le réservoir A; puis, ouvrons le robinet *r*. On verra alors l'eau jaillir et s'élever à peu près jusqu'au niveau du liquide contenu dans le vase A. Nous disons à peu près, car le jet n'atteint jamais cette hauteur. Le frottement de l'eau contre les parois, comme aussi le choc des gouttes de liquide qui retombent contre celles qui s'élèvent, diminuent la vitesse ascensionnelle, et empêchent le liquide jaillissant de s'élever exactement à la hauteur du liquide principal.

Ce principe d'hydraulique étant posé, il sera facile de comprendre pourquoi, dans la nature, l'eau des nappes souterraines s'élève jusqu'à une certaine hauteur à la surface du sol, c'est-à-dire plus haut que les issues qu'on lui ouvre.

Pour fixer les idées, concevons un terrain formé de couches superposées (*fig*. 338). L'une de ces couches, AB, est perméable et vient affleurer le sol aux points A et B ; elle est située entre deux couches imperméables G, G', qui opposent un obstacle invincible à la déperdition de l'eau dont est remplie cette même couche AB.

Au point D, si l'on creuse un puits qui descend jusqu'à la rencontre de la couche aquifère, en C, n'est-il pas évident que ce puits et la partie AC de la couche susdite, formeront un système de vases communiquants, et que l'eau devra tendre à s'y mettre en équilibre. Or, le point D est plus bas que le point A ; le liquide jaillira donc à peu près jusqu'en E, c'est-à-dire jusqu'au niveau prolongé du point A, qui est le point d'origine de la couche aquifère. C'est là le principe des jets d'eau.

Voilà ce que la théorie indique. Dans la pratique, les choses se passent un peu différemment.

En premier lieu, le frottement de la colonne liquide, contre les parois du puits, a déterminé des résistances qui diminuent la force d'ascension de l'eau. Il faut remarquer, ensuite, que les divers affleurements de la couche aquifère ne sont jamais situés au même niveau. Ainsi, dans la figure 338, le point B est situé en contre-bas du point A. De plus, la masse d'eau, contenue dans la couche perméable, est rarement immobile ; elle existe à l'état de courant, qui, après être entré par les affleurements supérieurs, s'échappe en partie par les affleurements inférieurs. C'est donc une dérivation partielle que vient produire le puits foré. Il en résulte que la colonne liquide, soit qu'on la laisse s'élancer librement dans l'atmosphère, soit qu'on l'emprisonne dans un tuyau, après qu'elle a atteint la surface du sol, s'arrête à un niveau inférieur au point E. Ce niveau est d'autant moins élevé, que le puits est plus rapproché de l'orifice de sortie du courant souterrain.

C'est à cette circonstance que doivent être attribuées les différences, parfois très-sensibles, que l'on observe, au point de vue de la puissance du jaillissement, entre différents puits qui sont pourtant alimentés par la même nappe d'eau, et situés dans des localités voisines.

Enfin, il est évident que la force ascensionnelle de l'eau varie selon l'altitude du point où le puits a été creusé. Plus ce point sera bas, plus considérable sera la hauteur à laquelle montera le liquide. Si ce même point se trouve à un niveau supérieur, ou seulement égal à celui de l'affleurement dominant, l'eau ne pourra atteindre la surface du sol ; elle se maintiendra à une certaine distance au-dessous, et l'on sera contraint d'aller la puiser avec une pompe ou par tout autre moyen mécanique.

Il résulte de là que les plaines sont les seuls lieux propices au forage des puits artésiens. Là seulement la colonne liquide possède une puissance d'ascension suffisante pour jaillir avec force, et compenser, par l'importance de son débit, les dépenses assez grandes auxquelles entraîne la construction d'un puits artésien.

Quels sont les terrains les plus favorables à la création des puits artésiens ? La géologie va nous l'apprendre.

Les différents terrains qui composent l'é-

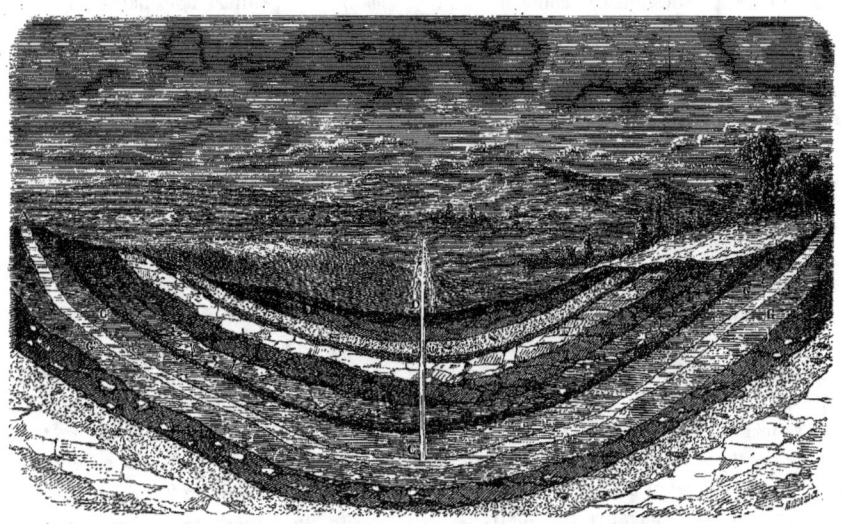

Fig. 338. — Coupe d'un terrain stratifié dans lequel on a creusé un puits artésien.

corce terrestre, ont été classés, suivant leur ancienneté, en *terrains primitifs, terrains de transition, terrains secondaires, terrains tertiaires, terrains quaternaires*, et *terrains modernes*, ou *alluvions*. Pour reconnaître l'aptitude de chacun de ces terrains à fournir de l'eau par voie de forage, il suffit d'examiner quel degré de stratification il présente. C'est là un *criterium* infaillible, puisque nous avons établi que la disposition par couches superposées est la seule qui se prête à la création des puits artésiens.

Les terrains primitifs sont bien rarement stratifiés. Certaines roches granitiques, comme le gneiss, occupant les assises supérieures et moyennes de cette formation, offrent, il est vrai, en dépit de leur nature ignée, une disposition analogue à celle des terrains d'origine sédimentaire, et l'explication de cette particularité a même donné lieu, parmi les géologues, à de nombreuses controverses. Ce n'est là, toutefois, qu'une stratification incomplète, inachevée, et dont la réalité est même niée par quelques auteurs.

Il existe des fissures dans certaines masses granitiques, mais elles sont ordinairement isolées, et ne communiquent pas entre elles, de sorte que les eaux d'infiltration s'y concentrent sur de petits espaces, et constituent, non des nappes souterraines étendues, mais des sources peu abondantes et multipliées, qui sortent du sol à une faible distance de leur point de filtration.

Les puits forés ne peuvent donc fournir qu'exceptionnellement de bons résultats dans les terrains primitifs. On peut en dire autant des terrains de transition (*terrain silurien — vieux grès rouge — calcaire carbonifère* et *terrain houiller — nouveau grès rouge — zechstein — grès des Vosges*).

Ce sont les terrains secondaires qui possèdent toutes les conditions requises pour fournir des fontaines jaillissantes. Les terrains secondaires (*terrain conchylien — terrain saliférien — lias — oolithe — craie*) affectent ordinairement la forme d'immenses bassins, où se rencontrent, à diverses hauteurs, des couches perméables, constamment parcourues, par-dessous ces couches, par de véritables rivières souterraines.

L'étage de la craie, qui termine la série des terrains secondaires, et sur lequel reposent les terrains tertiaires, est littéralement criblé de fissures, qui livrent passage aux eaux d'infiltration, et concourent à la formation d'une immense nappe d'eau, supportée par les argiles qu'on trouve immédiatement au-dessous de la craie. C'est cette nappe qui alimente les puits de Grenelle et de Passy; c'est la même qui alimentera les deux puits qu'on exécute en ce moment à la Butte-aux-Cailles et à la Chapelle-Saint-Denis, près de Paris.

Les terrains tertiaires (*sables inférieurs* et *argile plastique* — *calcaire grossier* — *gypse* — *molasse* — *faluns* et *crag*) ne diffèrent pas sensiblement des terrains secondaires, au point de vue spécial des eaux souterraines. Ils présentent seulement des bassins moins étendus, des couches moins épaisses et plus fréquemment alternantes, c'est-à-dire qu'on y observe une succession moins rare de couches perméables.

La conséquence de tous ces faits, c'est que les eaux artésiennes se rencontrent plus fréquemment et plus facilement dans les terrains secondaires que dans les terrains tertiaires.

Le bassin dont Paris occupe le centre, appartient aux formations tertiaires. Il repose sur la craie et s'étend jusqu'à Beauvais, Compiègne, Laon, Épernay, Montmirail, Montereau. C'est l'un de ceux qui réalisent le mieux la forme en bassin.

Nous ne dirons rien des terrains quaternaires et des alluvions modernes, car, en raison de leur peu de profondeur, ils ne peuvent donner lieu à d'importantes accumulations d'eaux souterraines.

Les terrains secondaires et tertiaires sont donc les seuls qui puissent donner lieu à une exploitation fructueuse.

Les terrains stratifiés présentent souvent, sur un même trajet vertical, différentes nappes liquides, situées à des hauteurs diverses; et la force ascensionnelle de l'eau varie nécessairement, en des points même très-rapprochés, selon qu'elle provient de telle ou telle nappe. Dans sa Notice sur les *Puits forés*, Arago cite plusieurs exemples de nappes d'eau ainsi superposées.

Dans le cours des sondages entrepris aux environs de Dieppe, pour y découvrir des gisements de houille, on rencontra successivement sept nappes d'eau très-abondantes et douées chacune d'une grande puissance ascensionnelle. La première était située à 25 ou 30 mètres de profondeur; la seconde, à 100 mètres; la troisième, de 175 à 180 mètres; la quatrième, de 215 à 220 mètres; la cinquième, à 250 mètres; la sixième, à 287 mètres; la septième enfin, à 333 mètres.

Lors du forage des puits de la gare de Saint-Ouen, MM. Flachat constatèrent la succession de cinq nappes liquides superposées, la première à 36 mètres de profondeur, la seconde à 45 mètres, la troisième à 51 mètres, la quatrième à 59 mètres, et la cinquième à 66 mètres. Des faits semblables se sont produits à Saint-Denis, à Tours et dans d'autres localités de la France et de l'étranger.

Rien ne semble plus simple, plus naturel, que l'explication que nous avons donnée de la formation des nappes d'eau souterraines et du fonctionnement des puits artésiens. Avant de s'arrêter à cette théorie, la science a pourtant épuisé les plus singulières hypothèses. Elle s'est perdue dans des idées bizarres, qui ne devaient s'évanouir que devant la méthode de l'expérience et de l'observation directe. Comme ces hypothèses appartiennent à l'histoire des puits artésiens, nous devons en dire quelques mots.

Suivant Aristote, l'air répandu dans la profondeur de la terre, se change en eau, et cette eau s'élève jusqu'à la surface du sol, sous l'influence de causes diverses. Ces causes ont varié, d'ailleurs, selon la fantaisie des auteurs qui ont développé la théorie d'Aristote.

Aussi longtemps que l'école d'Aristote conserva en Europe, le sceptre des sciences et de la philosophie, la théorie précédente fut admise, plus ou moins modifiée dans les détails, mais, au fond, toujours la même. Descartes, le réformateur de la philosophie scolastique, substitua à la théorie aristotélienne une autre conception, plus compliquée, mais conçue, comme celle d'Aristote, sans la moindre étude du phénomène naturel qu'il fallait expliquer.

Descartes décida que les eaux marines s'infiltrent à l'intérieur des continents, et qu'elles viennent se rassembler dans de vastes cavités situées sous les montagnes. Mais comment les eaux de la mer perdent-elles leur salure, et par quelle force particulière s'élèvent-elles sur les sommets d'où elles s'échapperaient ensuite à l'état de sources ? C'est ce qu'il restait à expliquer.

Descartes, qui n'était jamais en défaut d'explications mécaniques, compara la terre à un vaste alambic, dans lequel la distillation de l'eau salée s'opérerait par l'action du feu central. Le sel, disait-il, se dépose au fond des cavernes souterraines, et l'eau, réduite en vapeurs, monte jusqu'à une certaine hauteur, où elle se condense, et sort du flanc de la montagne.

« Les eaux, dit Descartes, pénètrent par des conduits souterrains, jusqu'au-dessous des montagnes, d'où la chaleur qui est dans la terre, les élevant comme en vapeur vers leurs sommets, elles y vont remplir les sources des fontaines et des rivières. »

Cette théorie était séduisante, comme tout ce qui sortait de l'inépuisable imagination de notre immortel philosophe ; seulement c'était une conception de fantaisie.

D'après un autre physicien, La Hire, qui donna cette explication en 1703, l'eau de l'Océan serait dépouillée de ses principes salins par la terre qui agirait à la manière d'un filtre. Ensuite l'eau s'élèverait par capillarité jusqu'à la surface du sol, à peu près comme s'étend la goutte d'encre sur une feuille de papier buvard.

Dans l'hypothèse de Descartes, comme dans celle de La Hire, la nappe liquide souterraine devrait se trouver sensiblement au même niveau que la mer, dont elle était censée provenir. Or, cette égalité de niveau est contredite par les faits. Il existe des puits qui ne fournissent point d'eau, bien qu'ils descendent à une profondeur plus considérable que le prétendu réservoir commun des eaux de notre globe. On peut, en outre, citer des contrées tout entières dont le niveau est inférieur à celui de la mer la plus proche, et qui ne sont nullement inondées, qui ne sont pas même à l'état de marécages. C'est pourtant là ce qu'on devrait observer, si les eaux marines, par une infiltration sans cesse agissante, s'accumulaient à l'intérieur des continents.

D'autres objections pourraient être présentées à cette théorie, mais il serait sans intérêt de les énumérer. Nous voulons seulement montrer, avant de quitter ce sujet, que c'est en adoptant une erreur des anciens que les physiciens du XVIIe et du XVIIIe siècle avaient été conduits à aller chercher bien loin, c'est-à-dire dans la pénétration des eaux de la mer, une explication que l'on avait, pour ainsi dire, sous la main.

Sénèque assure, dans ses *Questions naturelles*, que la pluie ne pénètre jamais dans la terre végétale à plus de 10 pieds de profondeur. Des mesures subséquentes conduisirent à des évaluations plus faibles encore de la zone de pénétration des eaux fluviales. Voici comment s'exprime Arago à ce sujet :

« D'après les expériences de la plupart des physiciens modernes qui se sont occupés de ce genre de recherches, la perméabilité des terres serait encore inférieure à la limite posée par Sénèque. Ainsi Mariotte admet que les terres labourées ne se laissent pénétrer par les plus fortes pluies d'été que de 16 centimètres (6 pouces) ; ainsi La Hire a reconnu qu'à travers la terre recouverte de quelques herbes, la pénétration n'a jamais lieu que jusqu'à 65 centimètres (2 pieds) ; ainsi, d'après le même observateur, une masse de terre nue de 2^m,60 (8 pieds) d'épaisseur n'avait pas, après une exposition de quinze années à toutes les intempéries atmosphériques, laissé passer une seule goutte d'eau jusqu'à la plaque de plomb qui la supportait; ainsi Buffon ayant examiné dans un jardin un tas de terre de 3 mètres de haut qui était resté intact depuis plusieurs années, reconnut que la pluie n'y avait jamais pénétré au delà de 1^m,30 (4 pieds de profondeur) (1). »

Il est facile de comprendre maintenant comment Descartes et les physiciens de son école furent amenés à faire intervenir les eaux de l'Océan, réduites en vapeurs par l'action du feu central, c'est-à-dire par la chaleur propre du globe, pour expliquer l'existence de certaines sources à de grandes hauteurs au-dessus du niveau de la mer. Puisque les eaux pluviales restent toujours à la surface du sol, il faut bien, disait-on, que les eaux des sources situées dans les lieux élevés, aient une autre origine.

Le vice de ce raisonnement, c'était de supposer que partout la surface du sol est formée de terre végétale. Il n'en est point ainsi. Sur un grand nombre de points, le sable, matière éminemment perméable, et des roches sillonnées de fissures, se montrent à nu. C'est par ces canaux d'écoulement que les eaux pluviales s'infiltrent, et pénètrent dans les profondeurs du sol.

Avec un peu d'observation on serait arrivé sans peine à la véritable théorie des sources naturelles et des puits artésiens. Il eût suffi de remarquer l'étroite connexité qui existe entre les pluies et le débit des sources. Pendant les mois les plus chauds et les plus secs de l'année, le débit des sources et fontaines naturelles, devient moins considérable; souvent même il est réduit à néant. Quand les pluies arrivent, les sources recommencent presque aussitôt à couler avec abondance.

Comment les anciens physiciens ne comprenaient-ils pas la relation, la liaison si simple, si visible, de ces deux phénomènes? Comment n'en concluaient-ils pas que les fontaines naturelles sont alimentées par les eaux pluviales? Pourquoi allaient-ils chercher le feu central, lorsqu'il leur suffisait d'invoquer la pluie? C'est que, dans les sciences, l'explication la plus simple est souvent la dernière à laquelle on songe. C'est que des vues systématiques, ou des théories qui exercent un grand empire sur les esprits, comme celles de Descartes, empêchent souvent de voir ou de comprendre ce qui, pour ainsi dire, tombe sous les sens.

Une des objections les plus spécieuses qu'on ait élevées contre la théorie moderne des puits artésiens, c'est qu'en certains pays, dans l'Artois, par exemple, ces fontaines surgissent au milieu d'immenses plaines, loin de toute colline qui pourrait donner lieu à une prise d'eau dans les conditions nécessaires pour le jaillissement de la nappe liquide intérieure. On résout facilement la difficulté en reconnaissant que le phénomène est susceptible de se produire dans de très-vastes proportions, sur une étendue immense. Il n'y a aucune impossibilité à ce qu'un puits foré soit alimenté par une nappe d'eau dont le point d'absorption serait situé à 20, 40, 60 ou 80 lieues de là, et les cours d'eau souterraine de 100 lieues d'étendue sont peut-être moins rares qu'on ne le suppose. Ne voit-on pas la constitution géologique d'une contrée rester la même sur une pareille superficie?

Au reste, on connaît des faits qui corroborent parfaitement cette explication.

Arago cite l'exemple d'un navire anglais qui rencontra dans les mers de l'Inde, une abondante source d'eau : on était à 36 lieues de la côte la plus voisine. L'eau fournie par cette source était donc amenée du continent, sous le lit de la mer, par des canaux souterrains, mesurant au moins 36 lieues d'étendue en ligne droite. Du moment où de pareilles dimensions sont atteintes, rien ne s'oppose à ce qu'elles soient doublées ou triplées.

Le fait rapporté par Arago n'est pas, d'ail-

---

(1) *Notices scientifiques*, t. III, les Puits forés.

leurs, isolé. On a d'autres exemples de sources d'eau douce jaillissant au milieu de la mer. Dans le golfe de la Spezzia, petit port de la côte occidentale de l'Italie, on voit s'élancer, à environ 50 mètres du rivage, un jet d'eau vertical, composé de plusieurs petits jets, qui sont bien distincts par un temps calme. Cette source d'eau douce s'élance de la mer, avec une telle impétuosité, qu'il est presque impossible à un bateau de se maintenir en son milieu. La partie de la mer soulevée par l'irruption de l'eau douce, mesure environ 25 mètres de diamètre, et forme un petit mamelon de 30 ou 40 centimètres de haut.

Selon de Humboldt, sur la côte méridionale de l'île de Cuba, à deux ou trois milles de terre, plusieurs sources d'eau douce jaillissent du fond de la mer avec assez de violence pour que les petites barques s'abstiennent d'en approcher.

A l'intérieur de la terre, il existe des cours d'eau, ainsi que de véritables lacs, d'une immense étendue. Ce sont ces masses d'eaux qui peuvent fournir au débit des puits artésiens.

Les faits qui prouvent qu'il existe, à l'intérieur de la terre, des fleuves et des lacs, sont surabondants. Nous citerons les plus remarquables.

On voit quelquefois des fleuves entiers s'engouffrer dans le sol, et ne reparaître qu'au bout d'un certain temps. Ce phénomène se trouve mentionné dans les ouvrages des anciens. Pline cite l'Alphée, dans le Péloponèse, le Tigre, dans la Mésopotamie, le Nil même, comme disparaissant, en certains points de leur cours, dans les entrailles de la terre.

Il est peu de contrées où pareil phénomène ne se produise sur une échelle plus ou moins grande. En Espagne, la Guadiana se perd au milieu d'une immense prairie. En France, le Rhône devient tout à coup souterrain sur un parcours de plusieurs lieues. La Meuse disparaît à Bazoilles, pour revenir au jour deux ou trois lieues plus loin. Une petite rivière normande, la Dromme, qui se réunit à l'Aure, dans le département du Calvados, s'évanouit littéralement dans une prairie, au fond d'un trou de 10 à 12 mètres de diamètre, qui est connu sous le nom de *Fosse de Soucy*; encore n'y arrive-t-elle que fort diminuée par des pertes successives résultant de l'absorption de ses eaux par d'autres trous moins importants. Dans la même province, la Rille, l'Iton, l'Aure, etc., se perdent également peu à peu, dans une série de trous, nommés *bétoirs*, situés sur leur parcours (1).

Il existe aux États-Unis, dans l'État de Virginie, une immense voûte naturelle, appelée *Rock-Bridge*, sous laquelle s'engloutit, à 90 mètres de profondeur, la rivière du *Cedar-Creek*.

Du reste, l'existence de cavités souterraines contenant d'immenses réservoirs d'eau, n'est pas contestable, puisque ces rivières, ces fleuves, ces lacs, peuvent être vus et parcourus en plus d'un pays.

De Humboldt a donné la description d'une caverne célèbre, celle du *Guacharo*, située dans la vallée de Caripe, en Amérique. On pénètre par une voûte de 23 mètres de large, percée dans le rocher, à l'intérieur de cet antre, qui conserve ces dimensions sur une longueur de 472 mètres. Devant le refus des Indiens qui l'accompagnaient, de Humboldt dut s'arrêter après un parcours de 800 mètres ; de sorte que les dimensions réelles de la caverne restent encore un mystère.

Ce qu'il y a de certain, c'est qu'un cours d'eau de 10 mètres de large s'épanche sur cet espace de 800 mètres, et continue de couler plus loin.

Dans les États autrichiens, en Carniole, la caverne d'Adelsberg a été explorée par de nombreux curieux, sur une étendue de plus de deux lieues. Les investigations n'ont pu être poussées plus loin, à cause d'un lac, qui est infranchissable sans le secours des barques. La rivière Poick s'engouffre dans la

(1) Arago, *Notices scientifiques*, les Puits forés. Tome III, p. 296.

même caverne ; quelques-unes des chambres de cette caverne présentent les proportions les plus grandioses.

Dans les eaux de cette petite rivière souterraine vit le singulier animal connu sous le nom de *Protée*.

« Au premier abord, dit le chimiste Humphry Davy, dans son intéressant ouvrage, *les Derniers Jours d'un philosophe*, on prendrait cet animal pour un lézard, et il a les mouvements d'un poisson. Sa tête, la partie inférieure de son corps et sa queue lui donnent une grande ressemblance avec l'anguille, mais il n'a pas de nageoires. Ses curieux organes respiratoires ne ressemblent point aux branchies des poissons : ils offrent une structure vasculaire semblable à une houppe, laquelle entoure le cou et peut être supprimée sans que le protée meure, car il est aussi pourvu de poumons, et vit également bien dans l'eau et hors de l'eau. Ses pieds de devant ressemblent à des mains, mais ils n'ont que deux doigts. Les yeux sont deux trous excessivement petits, comme le rat-taupe. Sa chair, blanche et transparente dans son état naturel, noircit à mesure qu'elle est exposée à la lumière et finit par prendre une teinte olive. Ses organes nasaux sont assez grands, et sa bouche, bien garnie de dents, laisse présumer que c'est un animal de proie, quoique, en esclavage, on ne l'ait jamais vu manger, et qu'on l'ait conservé vivant durant des années en changeant simplement de temps à autre l'eau des vases qui le renfermaient. »

Ce même reptile, propre aux rivières coulant au-dessous de la surface du sol, a été plus tard découvert dans les eaux souterraines du Laybach, par le baron Zoïs. Depuis, on l'a trouvé également à Sittich, à 30 milles d'Adelsberg, dans des eaux sortant d'une caverne.

Nous ajouterons, à propos de ces animaux qui habitent ces cours d'eau ténébreux, que, dans les sondages artésiens qui ont été faits dans le Sahara algérien, on a vu l'eau rejeter des poissons d'une espèce particulière.

Dans d'autres rivières souterraines on a découvert des insectes coléoptères. Ces derniers animaux présentaient le caractère extraordinaire d'être privés de l'organe de la vue. Des études anatomiques, faites en 1867, sur ces insectes aveugles, par M. Lespès, professeur à la Faculté des sciences de Marseille, ont mis cette particularité hors de doute.

En explorant ces cavernes souterraines, on y a souvent rencontré des lacs d'une grande étendue.

L'existence des nappes liquides cachées dans les profondeurs de la terre, est prouvée, par tous ces faits, jusqu'à la dernière évidence.

Nous venons de citer le lac que renferme la caverne d'Adelsberg. Dans la même contrée, en Carniole, on en connaît un beaucoup plus remarquable, sur lequel nous donnerons quelques détails : c'est celui de Zirknitz.

Ce lac mesure deux lieues de long sur une lieue de large. Son niveau est variable ; il se compose, pour ainsi dire, de deux lacs superposés, l'un extérieur, l'autre souterrain. Dès qu'arrivent les sécheresses, les eaux du lac supérieur baissent graduellement, et au bout de quelques semaines elles ont complétement disparu. On aperçoit alors très-distinctement, les ouvertures des canaux par lesquels elles se sont retirées dans les cavernes inférieures. Aussitôt que le lit du lac est débarrassé de son contenu, les paysans des alentours s'en emparent, y sèment des céréales ou d'autres végétaux qui poussent rapidement, et ils font la moisson deux ou trois mois plus tard. Après les pluies de l'automne, les eaux reviennent par les mêmes canaux qui leur avaient servi à se retirer, et reprennent leur ancien niveau.

Ce qu'il y a de bizarre, c'est que les eaux ramènent avec elles des poissons de différentes sortes et même des canards. Fait plus curieux encore, telle ouverture ne fournit que de l'eau, telle autre de l'eau contenant des poissons, celle-ci enfin de l'eau avec des canards !

Au moment de leur apparition, ces canards ont les yeux fermés et sont presque nus. Il ne tardent pas à ouvrir les yeux, mais ils ne sont capables de s'envoler qu'au bout de deux ou trois semaines. Valvasor, qui visita le lac de Zirknitz, en 1687, prit lui-même un grand nombre de ces canards; il vit aussi les paysans pêcher des anguilles du poids de 1 à 2 kilogrammes, des tanches de 3 à 4 kilogrammes, et des brochets de 10, 15, 20 kilogrammes.

Il résulte de ces diverses observations, qu'il existe sous le lac de Zirknitz, non pas seulement une vaste nappe d'eau, mais un véritable lac, peuplé de poissons et de canards.

Au pied des coteaux calcaires qui bordent la rivière Verte, dans le Kentucky (Amérique du Nord), à plus de 100 kilomètres au sud de Louisville, se cache, sous les broussailles d'une végétation exubérante, l'entrée de la plus vaste des cavernes connues jusqu'à ce jour : la *Caverne du Mammouth*. On a déjà exploré une dizaine de lieues dans ce dédale, sans en bien connaître tous les replis, qui se noient dans d'épaisses ténèbres. Un voyageur, M. L. Deville, en a donné, en 1862, une intéressante description.

Accompagné de l'un des nombreux guides qui se trouvent à l'entrée de la caverne, pour diriger les touristes, et muni d'une lampe de mineur, notre voyageur descendit d'abord soixante marches. Il se trouva alors dans une galerie, haute et large d'une vingtaine de mètres et longue d'un kilomètre, à laquelle on a donné le nom de *Salle d'Audubon*. Elle aboutit à la *Rotonde*, vaste salle d'où rayonnent de nombreux couloirs. Un de ces couloirs conduit à un carrefour, dont la voûte forme une nef immense, décorée de longues stalactites, et que l'on appelle l'*Église*. Des stalactites calcaires y forment des colonnades, des stalles, et y dessinent même une sorte de chaire, où plus d'un ministre protestant est venu prêcher. En sortant de ce temple naturel, on arrive, par une série de corridors, à la *Chambre des revenants*, où l'on a découvert autrefois une immense quantité de momies indiennes.

Ce vaste cimetière d'une race disparue sert aujourd'hui de buvette ; les femmes des guides y tiennent des rafraîchissements et même des journaux. Quelques malades qui habitent ces souterrains, pour profiter de leur atmosphère salpêtrée, se réunissent dans cette partie de l'immense catacombe.

Si l'on descend le long de plusieurs échelles, et que l'on franchisse un vieux pont de bois, dont l'apparence de vétusté est peu rassurante, on arrive à un étroit sentier, dont la voûte finit par s'abaisser tellement qu'il faut marcher en rampant. Ce couloir a reçu le nom expressif de *Chemin de l'humilité*. Il aboutit à la *Chaire du diable*, sorte de balcon au-dessus d'une ouverture taillée dans le rocher, et conduit à l'*Abîme sans fond*. C'est un noir précipice, dont la profondeur surpasse toute imagination. Des cornets de papier huilé, que l'on y jette enflammés, s'éteignent avant d'arriver au fond. On raconte que deux nègres fugitifs, poursuivis à outrance dans ce sombre labyrinthe par leurs persécuteurs, se sont précipités dans le gouffre effrayant. Une corde de 300 mètres n'atteint pas le fond de cet abîme (1).

En montant et descendant toujours, on arrive sous l'immense *dôme du Mammouth*, dont la coupole, qui a 130 mètres d'élévation, se perd dans les ténèbres. Un sentier qui s'élève en tournoyant, mène presque au sommet de ce dôme, qui consiste en une voûte noire parsemée de cristaux brillants ; c'est la *Chambre étoilée*. Éclairée par une lampe, cette coupole, tout incrustée de brillantes stalactites, scintille comme le ciel d'une nuit d'été. Par une adroite gradation de la lumière, les guides savent imiter le lever de l'aurore ou l'arrivée de la nuit.

Après avoir traversé, à quelque distance de là, un bassin de 8 à 10 mètres, que l'on appelle *Dead sea* (mer Morte), on arrive à un large cours d'eau, qui porte le nom de *Styx*, et qu'il faut traverser en canot.

(1) On dit qu'à Frederickshall, en Suède, il existe une fente dans une roche granitique, dont la profondeur est telle que la chute d'une pierre ne s'y fait entendre qu'au bout d'une minute et demie ou deux minutes, ce qui donne, par un calcul facile à faire, 12 ou 18 kilomètres, deux fois la hauteur des plus hautes montagnes du globe.

« Je monte, dit M. Deville, dans la grossière barque de Caron. Mon noir nautonier pousse quelques cris et les voûtes résonnent au loin; on dirait les gémissements des âmes en peine condamnées à ces ténèbres éternelles. Nos lumières répandent des teintes rougeâtres sur les roches qu'elles profilent d'une façon étrange, pendant que sur l'eau du Styx, tout émaillée de brillants reflets, tranche vigoureusement la silhouette du nègre. Ce spectacle étrange me jetait dans des réflexions singulières, lorsqu'un bruit épouvantable retentit soudain dans la caverne. On eût dit un immense éboulement. Ce n'était toutefois qu'une surprise de mon guide, qui montrait ses dents blanches en riant aux éclats. Tandis qu'absorbé dans mes rêveries, j'oubliais sa présence, il était descendu à terre, et, frappant à coups redoublés sur une pièce d'étoffe, il avait éveillé ce fracas d'échos qui venait interrompre en sursaut le cours de mes réflexions. »

Au bout d'une demi-heure de navigation, on met pied à terre sur un sable fin. A quelque distance on aperçoit une petite source sulfureuse, puis l'*Avenue de Cleveland*, qui mène au *Salon de neige*, dont les murailles sont d'une éclatante blancheur. Des sentiers très-accidentés conduisent de là aux *montagnes Rocheuses*, amas de rochers détachés de la voûte, à travers lesquels on parvient à la *Grotte des fées*, où les stalactites forment des colonnades, des arceaux et des arbres d'un aspect magique. Le bruit des gouttes d'eau qui tombent de toutes parts, donne d'étranges sonorités à ce sombre labyrinthe. Au fond de la salle, est un groupe gracieux qui imite un palmier d'albâtre, au sommet duquel jaillit une source.

Quand on est parvenu à la *Grotte des fées*, on a parcouru quatre lieues. Il faut dix heures pour l'aller et le retour. Aussi, quand on revient de cette longue excursion souterraine, on salue la lumière du jour avec une satisfaction facile à comprendre.

Les grandes cavernes de la vallée de Castleton, en Angleterre, dont l'une a une longueur totale de plus d'un kilomètre, rappellent, sauf leur moindre étendue, les magnificences des grottes souterraines de l'Amérique du Nord, que nous venons de décrire. Elles offrent aussi une suite d'évasements successifs et d'étranglements, des gouffres sans fond, des lacs souterrains qu'il faut traverser en bateau, des piliers immenses, formés de brillantes stalactites, qui supportent la voûte, et étincellent par la réflexion de la clarté des torches ; elles réunissent enfin tout le merveilleux spectacle que présentent les grottes souterraines.

On peut citer d'autres exemples d'immenses réservoirs d'eaux souterraines. Il existe, près de Narbonne, cinq gouffres profonds, qui communiquent avec une nappe souterraine très-poissonneuse. L'eau remonte quelquefois par ces puits naturels, ramenant au jour une grande quantité de poissons, et le sol tremble, dit-on, sous les pas.

Dans le département de la Sarthe, près de Sablé, il existe un gouffre de 6 à 8 mètres de diamètre et d'une profondeur inconnue, désigné sous le nom de *Fontaine sans fond*. De temps à autre, ce gouffre déborde, et alors il en sort une incroyable quantité de poissons, parmi lesquels sont des brochets truités, d'une espèce particulière.

Dans le voisinage de Vesoul (Haute-Saône), une sorte d'entonnoir, nommé *Frais Puits*, se comporte à peu près de la même façon. Lorsqu'il a plu abondamment plusieurs jours de suite, un véritable torrent s'en échappe et inonde les environs. Au bout de quelques heures, les eaux s'étant retirées, on trouve des brochets à la surface des prairies envahies par le flot.

Nous parlerons enfin de la nappe souterraine qui alimente la célèbre fontaine de Vaucluse, près d'Avignon, et qui donne naissance, un peu plus loin, à la rivière de la Sorgue.

Le débit de la fontaine de Vaucluse est très-variable. Limité à 444 mètres cubes d'eau par minute, aux époques les moins favorables, il monte jusqu'à 1330 mètres cubes, au moment des crues les plus hautes. En moyenne, il est de 468 millions de mètres cubes par an, nom-

LES PUITS ARTÉSIENS.

Fig. 339. — La fontaine de Vaucluse.

bre à peu près égal, suivant Arago (1), à la quantité totale de pluie qui tombe annuellement dans cette partie de la France, sur une étendue de 30 lieues carrées. Qu'on s'imagine, d'après cela, le volume de la nappe souterraine formée par cette masse d'eaux pluviales pénétrant à travers les fissures du sol !

Immortalisée par les amours de Pétrarque et de Laure, la fontaine de Vaucluse (*fig.* 339) coule à cinq lieues de la ville d'Avignon. Quand on est arrivé au village de Vaucluse,

(1) *Notices scientifiques*, les Puits forés, t. III, p. 2⁰.

on n'a plus qu'un kilomètre à parcourir pour arriver à la fontaine.

On aperçoit au-dessus du village, des ruines qui portent, sans aucun motif, le nom de *château de Pétrarque*. On entre alors dans un vallon étroit, bordé de rochers escarpés, aboutissant à un mur taillé à pic, par lequel le vallon se ferme brusquement comme un cul-de-sac : c'est de là qu'est venu le nom de Vaucluse (*vallis clausa*).

La source sort au pied de ce mur. On voit jaillir de ce point, une vingtaine de torrents, de la grosseur du corps d'un homme. Ils se précipitent avec fracas, et forment la rivière de la Sorgue. Au-dessous du mur qui ferme le vallon, est un bassin circulaire, de 20 mètres de diamètre, entouré d'énormes blocs de rochers et creusé en entonnoir, dans lequel les eaux de la fontaine se maintiennent à des hauteurs variables. On n'a jamais trouvé le fond de cet abîme. L'excavation du bassin s'étend sous les rochers, et de vastes canaux souterrains y amènent des eaux abondantes. Les blocs entassés en avant du bassin, son couverts d'une mousse d'un vert noirâtre, qui croît sur une terre calcaire blanche, déposée par les eaux.

Sur le bord du bassin, on avait érigé, en 1809, une colonne portant cette inscription : *A Pétrarque*. Bien qu'elle fût taillée sur le modèle de la colonne de Trajan, à Rome, elle parut d'un effet si mesquin, comparée à la grandeur de la scène naturelle qui l'entourait, et aux rochers immenses dont la hauteur la rapetissait d'une façon démesurée, qu'il fallut l'enlever. On la transporta à l'entrée du village, où elle est encore.

On sait que Pétrarque alla chercher dans le vallon solitaire de Vaucluse les charmes du recueillement et de la solitude.

« Cherchant, nous dit Pétrarque, dans son *Épître à la postérité*, une retraite qui me servît d'asile, je trouvai, à quinze milles d'Avignon, un vallon très-étroit, mais solitaire et délicieux, que l'on nomme Vaucluse, et au fond duquel naît la Sorgue, la plus célèbre des fontaines. Épris des charmes de ce lieu, je m'y retirai avec mes livres. Mon récit serait trop long, si je racontais tout ce que j'ai fait dans cette solitude, où j'ai passé un grand nombre d'années. J'en donnerai une idée en disant que de tous les ouvrages qui sont sortis de ma plume, il n'en est aucun qui n'y ait été écrit, commencé ou conçu; et ces ouvrages sont si nombreux que dans un âge avancé ils m'occupent et me fatiguent encore...

« Cette retraite m'a inspiré des réflexions sur la vie solitaire et le repos des cloîtres, dont j'ai fait l'éloge dans deux traités particuliers. C'est enfin sous les ombrages de cette solitude que j'ai cherché à éteindre le feu dévorant qui consumait ma jeunesse ; je m'y retirai comme dans un asile inviolable : imprudent ! ce remède aggravait mes souffrance. Ne trouvant personne, dans une si profonde solitude, pour arrêter les progrès du mal, j'y souffrais davantage. C'est alors que, le feu de mon cœur, s'échappant au dehors, je fis retentir ces vallées de mes tristes accents qui, d'après quelques lecteurs, ont une douce mélodie. »

L'effet tantôt majestueux, tantôt riant et pittoresque, de la fontaine de Vaucluse, s'explique par les alternatives de l'irruption des eaux. Au point précis de la source, un énorme rocher s'élève, tout d'une pièce, à une hauteur de plus de 200 mètres, surplombant d'une façon menaçante la tête du touriste. Si les eaux sont basses, le visiteur voit à ses pieds un précipice horrible, incomplétement rempli d'eau ; si les eaux sont hautes, il a devant lui une cascade jetant sur une série de rochers une masse d'eau effroyable, qui se brise et se réduit en écume avec un fracas épouvantable.

Dans les crues annuelles ordinaires, l'eau se divise par chutes inégales, entre les blocs de rochers ; la cascade offre alors un aspect varié de formes et de couleurs. Mais, après les grandes pluies, par suite de l'abondance de l'eau, c'est une véritable rivière qui sort du gouffre, offrant l'aspect d'un immense manteau aux franges d'écume.

Ainsi ce ne sont pas seulement des lacs, masses d'eau immobiles, ou à peu près, que l'on rencontre dans les entrailles de la terre; ce sont aussi de véritables rivières, qui se sont peu à peu frayé un chemin entre deux couches imperméables, en désagrégeant le terrain originaire et se mettant à sa place. Ces rivières coulent avec une certaine vitesse, absolument comme celles de la terre. Nous ne parlons pas ici des cours d'eau qui s'engouffrent momentanément dans des cavernes ; les rivières auxquelles nous faisons allusion sont essentiellement souterraines.

Il est certain qu'une rivière souterraine circule sous la ville de Tours. On en eut la preuve en 1831. Les eaux du puits artésien qui existe place de la Cathédrale, acquirent subitement une augmentation de vitesse, et se troublèrent. Durant plusieurs heures, le puits rejeta de nombreux débris de végétaux, parmi lesquels des rameaux d'épine noircis par suite de leur séjour dans l'eau, des tiges et des racines de plantes marécageuses, des graines de différentes espèces, paraissant avoir séjourné tout au plus trois ou quatre mois dans l'eau, enfin, des coquilles terrestres et fluviatiles. Tous ces débris, ramenés d'une profondeur de 110 mètres, ressemblaient à ceux que les petites rivières et les ruisseaux laissent sur leurs bords après un débordement. Comme ils ne pouvaient avoir été entraînés par des eaux filtrant à travers des couches de sable, ils démontraient l'existence d'un courant circulant librement dans des canaux souterrains.

La *fontaine* qui fournit la plus grande partie de l'eau potable à la ville de Nîmes, et qui circule au milieu de la charmante promenade de ce nom, est alimentée par une véritable rivière souterraine, et peut-être par plusieurs, si l'on considère son énorme débit.

Par les temps d'extrême sécheresse, le débit de la fontaine de Nîmes descend jusqu'à 1,330 litres par minute; mais, s'il survient une grande pluie dans le nord-ouest, fût-ce même à 10 ou 12 kilomètres de la ville, ce débit s'élève rapidement jusqu'à 10,000 litres par minute, sans que la température de l'eau varie sensiblement. Il faut conclure de là, que l'eau qui alimente la fontaine de Nîmes, est amenée de loin, et qu'en outre, la source souterraine est animée d'une vitesse assez considérable, puisque la crue se manifeste presque immédiatement après la pluie.

Il n'est pas toujours facile, lorsqu'on creuse un puits artésien, de distinguer ces rivières souterraines des nappes tranquilles. Voici cependant quelques exemples d'une constatation péremptoire.

A Paris, près de la barrière Fontainebleau, des ouvriers foraient un puits, quand tout à coup la sonde leur échappe et s'enfonce de 78 mètres. Elle fût probablement tombée plus bas, si la manivelle, placée transversalement dans l'œil de la première tige, n'eût éte trop longue pour glisser dans le trou de forage. Lorsqu'on entreprit de la retirer, on reconnut qu'un courant assez fort l'entraînait latéralement. Peu après, l'eau jaillit.

A la gare Saint-Ouen, MM. Flachat constatèrent également l'existence d'un courant énergique dans la troisième des cinq nappes liquides qu'ils rencontrèrent successivement. Non-seulement la sonde y tomba de $0^m,35$ et se mit à osciller d'une manière significative, mais lorsque la tarière, chargée des débris des couches inférieures, passait à la hauteur de la troisième nappe, tous ces débris étaient emportés, et il devenait complétement inutile de remonter l'instrument jusqu'à la surface du sol.

A Stains, près de Saint-Denis, et à Cormeille (Seine-et-Oise), MM. Mulot et Degousée ont, respectivement, reconnu des signes évidents de courants souterrains.

CHAPITRE III

INSTRUMENTS DE SONDAGE. — TIGES DE SONDE. — OUTILS RODEURS. — OUTILS PERCUTEURS. — DIFFÉRENTS SYSTÈMES POUR PRODUIRE LA CHUTE DE CES DERNIERS. — INSTRUMENTS DE NETTOYAGE ET DE VIDANGE DU TROU.

Nous sommes resté jusqu'à présent, dans le domaine des généralités. Abordons maintenant la partie technique de cette Notice, celle qui a trait à la pratique des sondages, aux différents systèmes employés, à la description des outils, ainsi qu'à l'énumération des procédés mis en œuvre pour réparer les accidents qui se produisent si fréquemment dans les forages un peu profonds.

MM. Degousée et Ch. Laurent ont publié un ouvrage excellent, le *Guide du sondeur* (1),

(1) *Guide du sondeur, ou Traité théorique et pratique des*

dans lequel toutes ces questions sont traitées *ex professo*. Nous y puiserons les principaux éléments de cette partie de notre travail.

Ce qu'il faut dire tout d'abord, c'est que la composition de l'ensemble des engins nécessaires pour exécuter un sondage, varie considérablement selon la nature des terrains qu'il s'agit de traverser, et aussi selon le diamètre et la profondeur du puits à forer. Les mêmes outils ne peuvent être employés indifféremment pour percer un terrain formé de roches très-résistantes et un sol argileux ou sableux. Un entrepreneur de sondages doit donc, avant de commencer son travail, s'attacher à bien connaître la constitution du terrain, afin de s'épargner l'embarras d'un matériel inutile. De plus, il est rare que la nature du terrain ne change pas sur une hauteur un peu importante. Presque toujours les terrains sont alternativement fermes et tendres; les deux séries d'outils sont, dans ce cas, indispensables.

Nous décrirons les engins les plus généralement usités pour ces deux catégories de terrains. Répétons seulement que leur application est subordonnée, non-seulement à la constitution du sol, mais encore au diamètre et à la profondeur du forage. Il est donc impossible d'indiquer dans quelles circonstances précises on emploie les uns à l'exclusion des autres.

Quels que soient la nature et le mode d'action de l'instrument perforateur, on le désigne sous le nom général de *sonde*. Ainsi la *sonde* est l'engin quelconque qui manœuvre au fond du trou, muni des tiges qui le supportent, et par l'intermédiaire desquelles on lui communique le mouvement.

Les *tiges* de sonde (*fig.* 340) sont des barres de fer carrées, quelquefois cylindriques ou octogonales, dont la longueur et la grosseur varient suivant les difficultés du travail, c'est-à-dire selon la dureté du terrain et la profondeur du forage; ces tiges ont rarement moins de 2 mètres de long. Elles se terminent, d'un

Fig. 340. — Tige de sonde.

côté, par un tenon, A, fileté sur la moitié de sa hauteur, et de l'autre, par une douille creuse, B, pourvue d'un pas de vis exactement sem-

---

sondages par MM. Degousée et Ch. Laurent, 2 vol in-8. Deuxième édition. Paris, 1861.

blable à celui du tenon correspondant. En termes techniques, le tenon s'appelle un *mâle*, et la douille une *femelle*.

Les tiges se vissent les unes sur les autres, en nombre suffisant pour atteindre le fond du forage. On les ajoute l'une à l'autre à mesure que la profondeur augmente.

Il est de la plus haute importance qu'il ne se produise point de rupture entre les tiges ; aussi les emmanchements doivent-ils être en fer forgé, d'excellente qualité.

Chaque entrepreneur de sondages a ses types de tiges, classés par numéros, et qui, une fois adoptés, restent constamment semblables à eux-mêmes. Cette fixité dans les types est absolument nécessaire, car les sondeurs expédient souvent des *équipages de sonde* en province et à l'étranger, et lorsque, à un moment donné, les acquéreurs ont besoin de pièces de rechange, il faut qu'ils puissent se les procurer par la simple désignation d'un numéro. Le type qui porte ce numéro n'ayant pas varié, on peut être certain qu'un *mâle* fabriqué il y a vingt ans, s'adaptera parfaitement sur une *femelle* d'exécution toute récente.

Les tiges en fer ont l'inconvénient d'être très-pesantes ; aussi a-t-on cherché à leur en substituer de plus légères. On a d'abord essayé des tiges en fer creux, fixées les unes sur les autres au moyen d'emmanchements à vis, semblables à ceux des tiges ordinaires ; ces emmanchements sont eux-mêmes scellés dans les tubes par deux fortes clavettes rivées. Mais, sous l'influence de chocs réitérés et d'une pression considérable, quand on arrive à une certaine profondeur, ces tiges se fendillent, et l'eau y pénètre. On ne remédie qu'imparfaitement à ce défaut en garnissant l'intérieur des tiges en fer creux, de liége ou de bois de sapin.

On a également tenté de réunir la solidité à la légèreté en associant le bois au fer dans la confection des tiges, soit en plaçant le métal à l'extérieur, soit, au contraire, en interposant des feuilles de tôle entre des madriers rassemblés par de bonnes rivures. Mais dans la pratique, les tiges en fer massif ont été reconnues supérieures à toutes les autres combinaisons.

Il est pourtant certaines circonstances où les tiges en bois présentent de grands avantages : c'est lorsqu'on doit traverser des terrains susceptibles de s'ébouler par le choc des instruments.

M. Kind, l'entrepreneur saxon, à qui l'on doit le puits de Passy, a le premier systématisé l'usage des tiges de bois. Il ne les a pas seulement appliquées dans des cas spéciaux, il a presque complétement abandonné les tiges en fer pour les remplacer par des tiges tout en bois.

Voici dans quelle circonstance fut résolue l'application des tiges en bois aux travaux de sondage.

M. Kind surveillait l'exécution d'un forage, lorsqu'un charpentier vint à laisser tomber son mètre dans le puits rempli d'eau.

« Encore un outil à retirer ! s'écria l'ingénieur Rost, avec humeur.

— Soyez sans inquiétude, répliqua l'ouvrier, mon mètre est en bois ; il remontera. »

En effet, peu de temps après, le mètre reparut, et rentra en possession du charpentier :

« Si nos tiges pouvaient revenir ainsi ! » murmura l'ingénieur.

— Elles reviendraient, si elles étaient en bois, reprit le chef du forage, Kind. »

Dès cet instant il fut convenu entre l'ingénieur Rost et le chef de forage Kind, que l'on substituerait les tiges de bois aux tiges de fer.

Les tiges de bois, avantageuses dans certaines conditions, présentent de sérieux inconvénients dans la pratique ordinaire. Elles n'opposent qu'une faible résistance à la torsion, se déforment facilement à de grandes profondeurs, et augmentent de poids en s'imprégnant d'eau. De plus, elles se détériorent très rapidement en magasin, parce que la dessiccation enlève au bois la plupart de ses qualités. Ajoutons que leur prix de fabrication est relativement assez élevé.

Nous aurons occasion de revenir sur les tiges en bois, lorsque nous parlerons des travaux du puits de Passy.

En général, et pour les forages dont la profondeur dépasse 50 mètres, il est bon que le poids de la sonde aille en décroissant de bas en haut. La lourdeur à la partie inférieure est une qualité ; dans les portions élevées, ce serait un défaut. Les tiges doivent donc être plus fortes au fond du puits que dans le voisinage du sol.

Après ces considérations relatives aux tiges de sonde, nous arrivons à la description des deux classes d'instruments propres au percement des deux grandes catégories de terrains que nous avons établies : ce sont les outils *rodeurs* et les outils *percuteurs*. Les premiers, destinés à manœuvrer dans les terrains tendres, agissent par rotation ; les seconds agissent par percussion, ou par choc, car ils opèrent dans des terrains résistants.

Parmi les outils rodeurs, nous signalerons les *tarières*, les *langues américaines*, les *mèches anglaises*, les *alésoirs* et les *tire-bourre*.

Les *tarières* sont employées pour le forage des argiles, des craies marneuses, etc., mais seulement à de petites profondeurs. Au delà d'une certaine limite, il vaut mieux se servir des instruments de percussion. On applique fréquemment les tarières pour aléser les trous de sonde, ainsi que pour remonter des débris et pêcher les fragments d'outils brisés.

C'est toujours à l'aide de la tarière que l'on commence un sondage dans les couches tendres.

La forme de la tarière varie selon la nature du terrain.

Quand la tarière doit servir à rapporter les débris, en même temps qu'à creuser le sol, elle est pourvue d'un talon qui empêche les matières de retomber pendant l'ascension de l'instrument. C'est ce que représente la figure 341. A, est la partie filetée qui sert à visser l'outil aux tiges de sondage ; B, le talon de l'instrument ; C, le corps de la tarière.

La tarière, longue et toute droite que représente la figure 342 est destinée à agir dans les terrains argileux. Elle en sépare des

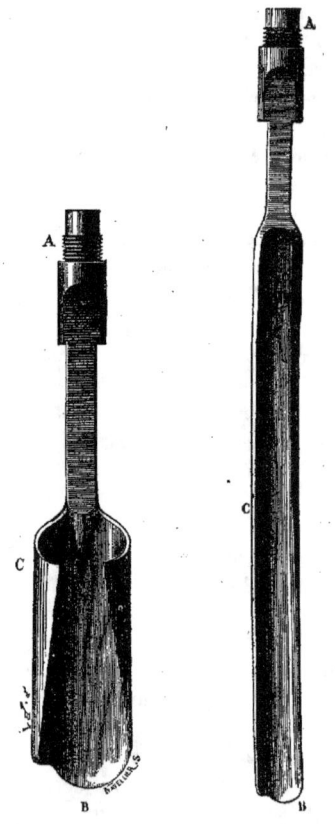

Fig. 341.
Tarière à talon.

Fig. 342.
Tarière longue à talon.

fragments que les sondeurs appellent des *carottes* en raison de leur forme, et elle les remonte à la surface du sol, par simple adhérence de la motte de terre contre la cavité.

Les *langues de serpent*, ou *langues américaines*, donnent à peu près les mêmes résultats que les tarières; on emploie quelquefois alternativement les unes et les autres. Les figures 343 et 344 font voir que les langues américaines consistent en des lames coupantes, plus ou moins allongées et plus ou moins contournées en hélice.

La *mèche anglaise* sert utilement pour le passage d'argiles ou de marnes très-com-

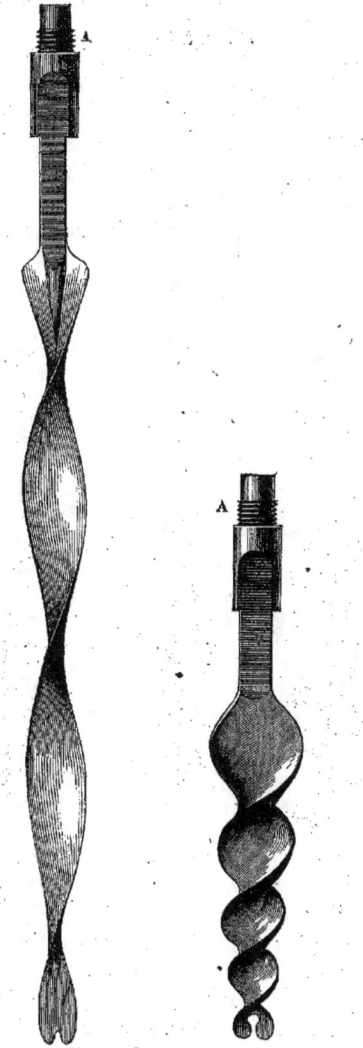

Fig. 343.
Langue américaine.

Fig. 344.
Autre langue américaine.

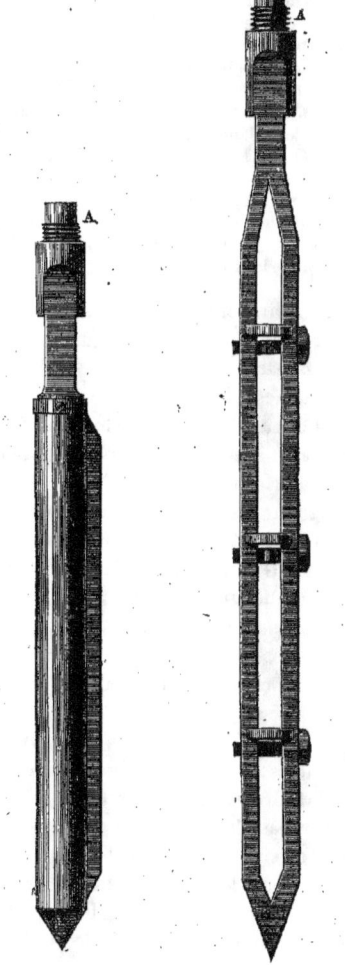

Fig. 345.
Alésoir à une lame.

Fig. 346.
Alésoir à deux lames.

pactes, ainsi que pour traverser certains obstacles qui se rencontrent accidentellement dans des terrains peu résistants.

Les *alésoirs* sont destinés à polir le trou fait par les tarières. MM. Degousée et Ch. Laurent s'expriment ainsi, dans leur ouvrage, au sujet des *alésoirs* :

« Les *tarières* et les *langues de serpent* servent quelquefois comme alésoirs, mais il y a des cas où elles sont insuffisantes ; par exemple, dans les terrains tendres en masse, mais contenant çà et là des plaquettes ou des rognons durs, la tarière ou le trépan qui les a traversés a souvent laissé de côté les parties dures, ou du moins n'a fait que les entamer, de sorte que la distance horizontale qui sépare ces irrégularités, prise à différentes profondeurs, n'est pas égale au diamètre du trou primitivement adopté. Il est nécessaire, pour produire un alésage régulier, d'attaquer à la fois plusieurs de ces parties saillantes, et, pour cela, d'employer des alésoirs d'une grande longueur (1). »

Les alésoirs sont à une ou plusieurs lames. Nous représentons dans la figure 345 l'alésoir à une lame, et dans la figure 346 l'alésoir à deux lames.

Il est des alésoirs à quatre branches, possédant chacune une arête compacte. Ce dernier instrument, qui n'a pas moins de 6 mètres de longueur, est précieux en ce sens qu'on peut facilement augmenter ou diminuer son diamètre. Il a, en outre, l'avantage de ramener beaucoup de débris. Signalons enfin le *trépan-alésoir* à six lames.

On se sert du *tire-bourre* (*fig.* 347) pour retirer des cailloux roulés ou des outils qui se sont brisés par accident, dans le trou de sonde, quelquefois aussi pour traverser certains sables ; mais il est principalement utile pour extraire les gros rognons de silex qui se trouvent dans la craie. C'est un instrument à double ou simple hélice, en fer rond ou plat. Comme tous les autres instruments de ce genre, il est pourvu, à sa partie supérieure, d'un tenon fileté, A, qui s'adapte à la dernière tige du sondage.

Passons aux outils percuteurs, désignés sous les noms de *casse-pierre*, ou *trépan*.

Les outils de cette classe sont spécialement

(1) *Guide du sondeur*, t. II, p. 114.

destinés à l'attaque des roches dures. On les utilise également pour traverser les sables secs ou argileux, les marnes et même certaines couches d'argile. Ils présentent les formes les plus variées.

A l'origine, le trépan consistait en une simple lame biseautée. Puis vint le trépan à deux tranchants perpendiculaires l'un à l'autre. En donnant de la longueur aux arêtes longitudinales, on a fait le *trépan-alésoir* à quatre arêtes (*fig.* 348). En multipliant le nombre des arêtes en les inclinant un peu

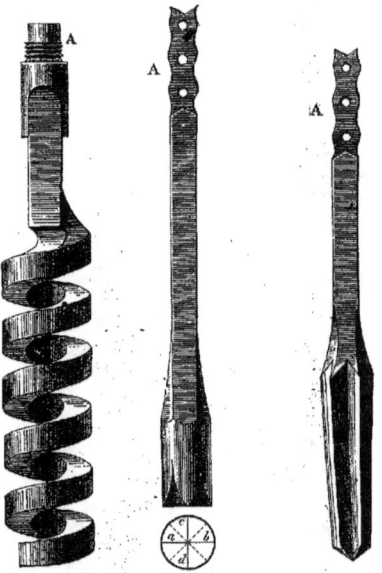

Fig. 347. Tire-bourre.   Fig. 348. Trépan.   Fig. 349. Trépan bonnet de prêtre.

vers le bas, on a obtenu le *bonnet de prêtre*, ou *étoile*, figuré sous le n° 349.

On peut constater par l'inspection de ces deux derniers dessins, que tous ces instruments se fixent sur la maîtresse-tige au moyen de boulons, A. Or, dans le système de la percussion, ce mode d'emmanchement est mauvais ; car sous l'influence de chocs répétés, les écrous se desserrent, et finissent par tomber, avec les boulons, au fond du trou, où il faut aller les reprendre ou les broyer. En outre la rigidité de la sonde est compromise, et le travail se fait dans de mauvaises conditions. C'est pourquoi, dans tous les outils mus par percussion, on a substitué le mode d'assemblage à vis au mode d'assemblage par des boulons.

Le *trépan à oreille simple*, autre forme de même outil, sert à enlever les aspérités qui subsistent dans un forage exécuté à l'aide des instruments qui précèdent, et qui résultent, soit de la nature difficultueuse du terrain, soit de l'inhabileté du sondeur.

Le *trépan à oreilles doubles* ne diffère du précédent qu'en ce qu'il comporte une oreille de plus. Ces oreilles présentent naturellement des arêtes coupantes.

Le *trépan à oreilles doubles* est formé par

d'abord à un certain diamètre, à élargir ensuite le trou avec un outil d'un calibre plus fort.

On voit que le trépan à oreilles doubles remplit parfaitement le but cherché. Il se compose (*fig.* 350) d'une simple lame pourvue d'une saillie, qui accomplit la première partie du travail et d'un fût à oreilles situé au-dessus. Les oreilles A, A' abattent la couronne laissée par le trépan simple et mettent le trou de sonde au diamètre voulu. Elles ont, en même temps, l'avantage d'assurer la verticalité constante de l'outil.

Le *trépan à deux branches* (*fig.* 351) est employé pour aléser un trou de sonde dans des terrains secs et tendres, comme les craies, les

Fig. 350. — Trépan à oreilles doubles.

Fig. 351. — Trépan à deux branches.

la combinaison de deux trépans de diamètres différents. Il est employé pour le percement de roches extrêmement dures, lorsque le trou de sonde doit avoir une grande largeur, parce qu'alors on trouve avantage à forer

schistes houillers, ainsi que pour dégager des débris qui l'entourent, un fragment d'outil resté au fond du puits.

En principe, il est préférable que les instruments perforateurs soient faits d'une

Fig. 352. — Chèvre de sondeur à tambour et encliquetage.

seule pièce ; ils sont plus solides ainsi, et présentent, par conséquent, plus de sécurité. Quand ils atteignent de grandes dimensions, il peut cependant y avoir avantage à se départir de cette règle, et à fabriquer séparément le fût et la lame, qu'on réunit par un boulonnage aussi immuable que possible. De cette façon une infinité de lames de grandeurs et de formes diverses peuvent s'adapter au même fût, ce qui donne à la fois simplicité et économie.

Comment s'opère la manœuvre d'une sonde quelconque, et en particulier, celle des instruments mus par percussion? C'est ce qu nous allons examiner.

Pour un sondage de petit diamètre et de quelques mètres de profondeur seulement, il suffit d'un homme qui agisse directement sur la sonde, au moyen d'un bâton passé transversalement dans la partie supérieure de la tige. Mais dès que le forage atteint 8 mètres, il devient nécessaire d'employer une chèvre toute simple, composée de trois morceaux de bois de 3^m à $3^m,50$ de longueur, réunis à leur sommet, et supportant une poulie, sur laquelle passe une corde, aboutissant, d'un côté, à la sonde, et de l'autre, à la main de l'opérateur.

Le sondage descend-il jusqu'à 15 ou 20 mètres, on emploie une chèvre mieux conditionnée, munie d'un tambour à double manivelle, sur lequel s'enroule la corde après avoir passé sur la poulie.

De 20 mètres à 50 mètres, cette chèvre suffit encore ; mais elle doit être plus solide, les difficultés à vaincre étant plus grandes. On lui donne une hauteur de 5 mètres, ce qui donne l'avantage de pouvoir augmenter la longueur des tiges, de diminuer par conséquent le nombre des emmanchements et de réduire le temps passé à les visser et à les dévisser. Le simple tambour à manivelle est remplacé par un treuil à engrenage, pourvu d'un encliquetage, qui permet de tenir la sonde en suspension, lorsque la nécessité s'en fait sentir.

C'est ce que représente la figure 352. Dans cette figure, B'BB' est le montant de l'échafaudage, D, le treuil qui, au moyen de la manivelle AA', déroule et enroule la corde C, et manœuvre ainsi la tige de sonde, E, dans le trou, H.

Au delà de 50 mètres, on se sert d'une chèvre à quatre montants, dont on règle les dispositions et la grandeur suivant la profondeur du sondage et la résistance du terrain.

Depuis longtemps, on a presque complétement renoncé aux cordages, dans la manœuvre des sondes : on les a remplacés par des chaînes, qui sont moins susceptibles de se briser. Les ruptures de chaînes sont, il est vrai, encore assez fréquentes ; mais, comme elles s'annoncent par des fentes dans la soudure des maillons, on peut les prévoir, si l'on a la précaution de visiter soigneusement les chaînes de temps à autre. Cette inspection est très-essentielle, puisqu'elle peut prévenir de graves accidents.

Nous n'avons pas besoin de dire que la chaîne est toujours manœuvrée, dans les sondages un peu profonds, par un treuil ou cabestan.

Ce treuil est simple ou double, selon l'effort à accomplir ; il se manœuvre directement par des hommes, ou reçoit son mouvement d'une machine à vapeur.

Le treuil est un des engins les plus usités de la mécanique ; tout le monde le connaît. Nous nous dispenserons donc de le décrire. Nous indiquerons seulement les additions qu'on y a apportées, pour produire la chute des outils percuteurs et broyer les roches dures.

Il y a deux systèmes principaux de *battage* pour le forage des puits artésiens : la came et le débrayage.

Dans le premier système, une came à deux ou trois dents est fixée sur le tambour du treuil, et communique un mouvement alternatif à la sonde, par l'intermédiaire d'une bascule, qui se trouve prise et lâchée successivement par chaque dent.

Le *débrayage*, dont le mécanisme ne saurait être compris sans une figure explicative, consiste en ceci. Sur le tambour, R, du treuil, dont S et T sont le pignon et la roue, existe un manchon en fonte, A (*fig.* 353) fixé sur

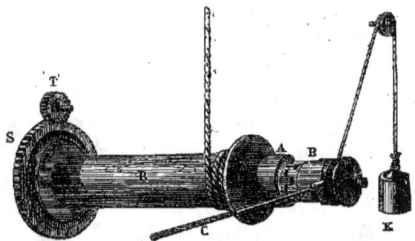

Fig. 353. — Mode de débrayage pour le forage des puits artésiens.

l'arbre et percé dans toute sa longueur de huit ouvertures. Ces ouvertures sont destinées à recevoir les dents d'un autre manchon, mobile sur l'arbre dans le sens de sa longueur, mais tournant avec lui.

Nous représentons à part (*fig.* 354) le disque percé des huit ouvertures, et qui est enfilé sur l'axe de l'arbre R. Les mêmes lettres correspondent, sur cette figure, aux lettres de la figure 353. A est le disque, CC, les trous dont ce disque est percé. La corde de suspension étant solidement fixée au premier manchon, on *embraye* au moyen du levier G (*fig.* 353), c'est-à-dire qu'en tirant horizonta-

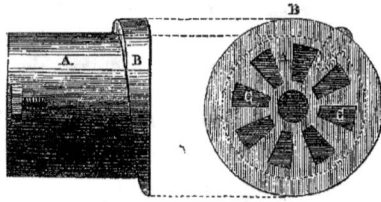

Fig. 354. — Embrayage.

lement ce levier, on rapproche le second manchon, B, du premier, A, de manière à entraîner celui-ci dans le mouvement de rotation du tambour, par le fait des huit dents engagées dans les ouvertures C.

La corde s'enroulant alors sur le manchon, la sonde s'élève. Lorsqu'elle l'est suffisamment, on *débraye*, c'est-à-dire qu'on éloigne les deux manchons, A, B, en tirant en sens contraire au moyen du même levier G (*fig.* 353). Le manchon, devenu libre, est alors entraîné par le poids de la sonde en sens contraire de son mouvement précédent, la corde se déroule et la sonde retombe, par son poids, au fond du puits. Après le choc, on embraye de nouveau, et ainsi de suite.

Ce sont ces chocs répétés de la sonde, continuellement soulevée et retombante, qui creusent le trou du forage.

Pour éviter que le manchon, animé d'une grande vitesse, ne continue à tourner lorsque la chute est terminée et n'enroule la corde au rebours de la première fois, on fait usage d'un contre-poids K (*fig.* 353) de 20 à 25 kilogrammes, qui se balance à l'extrémité d'une corde, également fixée au manchon, et qui est disposée de manière à s'enrouler lorsque la corde principale se déroule, et inversement.

Le système de *débrayage* s'emploie surtout dans les terrains tendres ou médiocrement résistants, et à des profondeurs de 100 ou 200 mètres, lorsque la sonde doit être élevée jusqu'à 1 mètre et même $1^m,50$. La *came* est préférable pour le percement des roches dures, où les chocs doivent être très-multipliés et l'amplitude des oscillations peu considérable.

Les treuils les plus perfectionnés portent à la fois les deux systèmes, disposés de chaque côté du tambour. Le sondeur a ainsi la faculté de varier le mode de percussion suivant la nature des terrains qui se présentent.

Lorsque les outils de forage ont manœuvré quelque temps au fond du trou, ils y ont laissé des débris, provenant, soit de son action directe sur les couches successives, soit du fouettement des tiges contre les parois. Arrive alors l'opération qui consiste à enlever ces débris.

Les instruments de nettoyage et de vidange portent le nom de *cuiller*. Ils se composent d'un cylindre muni, à son extrémité inférieure, d'une soupape. Cette soupape est plane ou sphérique. Les cuillers ont, d'après cela, reçu le nom de *soupape à clapet* ou de *soupape à boulet*.

Ces deux sortes de soupapes sont affectées à des terrains différents. On emploie les premières pour remonter les vases et les débris de roches ou d'autres matériaux fortement unis par la cohésion ; on se sert plus particulièrement des secondes dans les couches sableuses.

La longueur des cuillers varie suivant la profondeur du sondage et la nature des terrains traversés. Quelques-unes mesurent jusqu'à 3 mètres et plus. Disons un mot des plus usitées.

La figure 355 représente une cuiller munie de la soupape à clapet, adoptée pour les petites profondeurs. Une sorte de tarière, B, termine le tuyau. Elle pousse le clapet, EF, quand elle a choqué le fond du trou. Ce clapet, qui est à charnière, est rivé, en F, au tuyau, et est mobile dans sa partie ED, qui peut s'élever et s'abaisser, mais seulement au-dessous de la traverse HH. Lorsque le tuyau s'est chargé de débris, ce clapet se referme par son poids ; des lames de plomb qui le recouvrent, l'aident à se refermer.

La cuiller CB est introduite dans le trou du puits, en fixant au filetage de la sonde, A, un éperon de fer, B, auquel elle est rivée par des boulons.

Les soupapes, une fois ramenées au niveau du sol, se vident par le haut. Il suffit de dévisser la partie filetée, A, et d'incliner le tube au-dessus du tonneau qui sert à recevoir les débris.

Il est extrêmement important que les clapets ferment hermétiquement après la prise des débris. Sans cela la terre rapportée du fond retomberait pendant l'ascension de la soupape, et l'on perdrait son temps en voyages stériles. Dans certains terrains maigres, cette circonstance se présente assez souvent, en dépit des morceaux de plomb dont on a chargé les clapets. C'est pour cela qu'on a imaginé une tige DC (*fig.* 356), qui se visse, d'une part, en *bb*, sur la fourche du tuyau, et de l'autre, vient peser sur les clapets A, A, après avoir passé dans une traverse de fer, E, qui la maintient solidement. Lorsque la cuiller est remplie, il suffit de faire descendre la tige CD pour fermer, sans retour possible, les clapets A, A.

La soupape à boulet est représentée ici (*fig.* 357). Elle sert à l'épuisement des sables.

Le siége du boulet est en fonte ; évidé coniquement en dessous, il a reçu le nom de *coquetier*, à cause de sa forme. Le boulet KL, repose sur l'arête CD ; il peut s'élever jusqu'à la limite marquée par une bride, ou une traverse, K. A la base du tuyau et faisant corps avec le coquetier, est fixée une mèche de tarière, M, ou une langue américaine, très-courte.

La cuiller munie de la soupape à boulet se manœuvre de la façon suivante.

On imprime par le jeu du treuil, à la sonde *a* (*fig.* 357) un mouvement alternatif d'ascension et de descente. Lorsqu'elle monte, les hommes la tournent lentement, en marchant

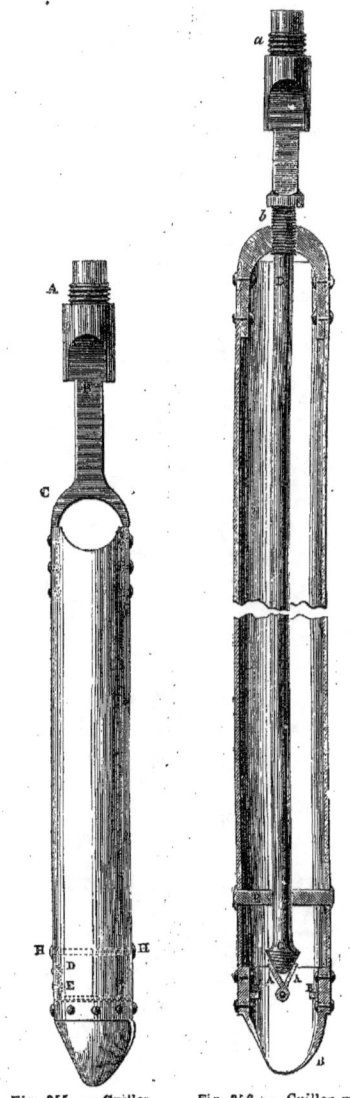

Fig. 355. — Cuiller munie de la soupape à clapet.

Fig. 356. — Cuiller munie d'une soupape à tige intérieure.

au pas ; lorsqu'au contraire elle descend, ils lui communiquent une impulsion très-rapide. De cette façon la cuiller BM se remplit de sable.

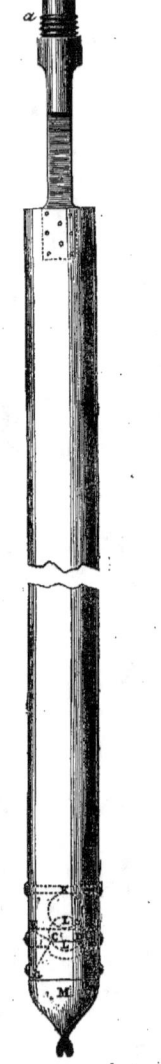

Fig. 357. — Soupape à boulet.

Si l'on se contentait de roder doucement, comme avec les soupapes à clapet, on n'obtiendrait aucun résultat. Le boulet KL est déplacé par l'entrée subite des terres provoquée par le choc de la base de la cuiller ou tarière M contre le fond du trou, et le tube se remplit de terre. Ensuite cette terre pesant sur le boulet, le fait abaisser et replacer sur son siége primitif. Dès lors, la cuiller étant bien fermée à sa base, les terres qui la remplissent ne peuvent plus en sortir, et sont ramenées au haut du trou, avec la cuiller.

Il y a avantage, dans certains sables fluides, à remplacer les tiges de fer qui portent la cuiller, par une corde en fil de fer ou en chanvre goudronné ; la vidange du trou de sonde se fait mieux par cette méthode.

On place quelquefois à la partie supérieure de la cuiller, un second clapet, que l'on relie au premier par une tige rigide, et qui a pour effet d'obliger celui-ci à se fermer, de façon à empêcher la chute ou l'entraînement des débris par l'eau du forage.

Dans quelques cas, on peut avoir recours à un mode d'épuisement plus expéditif. On fait une injection d'eau dans le trou, au moyen d'une pompe aspirante et foulante. Le tuyau de refoulement de l'eau descend jusqu'au bas du forage. On le munit d'une lance, et on le descend à proximité des sables qu'il s'agit de faire remonter à la surface. Par le jeu de la pompe, on envoie dans le fond du puits, un jet d'eau continu. Bientôt cette eau revient au haut du trou de sonde, entraînant les sables avec elle.

Cette méthode réussit toujours quand les matières à déblayer sont sableuses, ce qui malheureusement n'est pas fréquent.

CHAPITRE IV

LES DIFFÉRENTS SYSTÈMES DE FORAGE DU SOL.

Nous venons de décrire le mode de forage le plus usité, ainsi que les instruments qui servent, dans ce système, à attaquer le sol. Mais la méthode que nous venons de décrire n'est pas la seule. Il existe plusieurs autres procédés pour creuser la terre en vue de l'établissement d'un puits artésien. Nous croyons nécessaire, avant d'aller plus loin, de faire connaître et de comparer entre eux ces différents procédés.

Les principaux systèmes de forage qui ont été expérimentés de nos jours, sont, indépendamment du procédé habituel, que nous venons de décrire :

1° Le *système chinois*, ou *sondage à la corde*, qui consiste, comme nous l'avons vu, à faire agir par percussion un poids suspendu au bout d'une corde, et qui produit l'effet mécanique du *mouton* ;

2° Le *système prussien*, dans lequel des tiges en bois ferré sont unies aux tiges en fer, et où l'on fait usage d'un *débrayage* tout particulier ;

3° Le système de *sondage creux*, dans lequel une série de tiges creuses à vis, servent de guide à la corde qui soutient l'instrument percuteur ;

4° Le *système Fauvelle*, qui consiste à ajouter à la sonde creuse une pompe foulante, pour opérer, au moyen d'un courant d'eau, le retrait des débris.

Nous allons examiner sommairement ces diverses méthodes, en mettant en lumière leurs avantages ou leurs inconvénients.

Système chinois, ou *sondage à la corde*. — Lorsqu'on connut en Europe, la relation du père Imbert, d'après laquelle les Chinois creuseraient des puits de 500 à 600 mètres, avec l'unique secours d'un poids en fer suspendu à une corde, bien des personnes furent frappées de la simplicité d'un tel procédé, et se mirent en devoir de l'appliquer dans notre pays. Un assez grand nombre d'essais furent entrepris ; mais ils réussirent peu, et si l'on obtint quelques succès, c'est parce que l'on sut borner l'application de ce système à une nature particulière de terrains. Ce qui ressort, en effet, des essais qui ont été faits du sondage à la corde, c'est qu'il ne saurait être généralisé, sous peine d'aboutir maintes fois à l'insuccès. Si les habitants du Céleste Empire atteignent ainsi des profondeurs de 500 et 600 mètres, c'est que les terrains de la région des puits de sel, en Chine, se prêtent merveilleusement à ce genre de sondage. Prétendre l'appliquer à toutes les formations géologiques, serait ne tenir aucun compte des leçons de l'expérience, et s'exposer à des déboires certains, en supposant même qu'aucun accident ne vînt entraver la marche du travail, et nécessiter l'intervention de la sonde rigide pour réparer le mal.

En 1834, un forage de 45 mètres fut exécuté à Roche-la-Molière, dans le bassin houiller de Saint-Étienne, par le système chinois. M. Grüner, ingénieur des mines, formula ainsi qu'il suit, son jugement sur ce système :

« 1° Les avantages du sondage à la corde sont incontestables pour les terrains que l'on peut traverser au ciseau, et pour les trous ayant au moins 40 ou 50 mètres de profondeur.

2° Le sondage avec des tiges est préférable lorsqu'il s'agit d'une profondeur de 20 à 30 mètres seulement (parce que le fonçage est plus rapide).

« 3° L'engin ordinaire peut très-bien être employé pour le sondage à la corde.

« 4° Au moyen d'une tige suspendue à la corde par un anneau tournant et munie d'un ciseau simple, on peut forer un trou parfaitement cylindrique. »

Un des avantages du sondage à la corde, réside dans l'économie d'outillage qu'il permet de réaliser. Mais cette économie est souvent illusoire, car s'il se produit des accidents, si le câble se rompt, ou si l'outil perforateur reste engagé dans le trou, par suite d'un éboulement, de deux choses l'une : ou bien il faut abandonner le forage commencé, faute de pouvoir réparer l'accident, et alors c'est une perte considérable de temps et d'argent ; ou bien il faut avoir en réserve une sonde rigide, des outils raccrocheurs, en un mot tout le matériel de sondage ordinaire, et alors l'économie qu'on avait en vue disparaît complétement.

L'inconvénient principal du sondage à la corde, c'est de ne permettre que l'emploi des instruments rodeurs. Or, il est une foule de circonstances dans lesquelles il faut pouvoir faire usage des instruments agissant par percussion. C'est précisément parce qu'il permet de faire usage à volonté, et selon les circonstances, des instruments rodeurs ou percuteurs, que le système de forage que nous avons décrit est le plus en usage dans tous les pays.

Le sondage à la corde peut être, en résumé, employé, dans certains cas, avec succès. C'est aux sondeurs qu'il appartient de juger dans quelles circonstances il est susceptible d'être appliqué utilement.

Système prussien. — Le système prussien a pour but de pallier certains inconvénients inhérents à l'emploi de la sonde rigide, dans les forages de grande profondeur.

L'un des plus graves est celui-ci : à mesure que la profondeur du forage augmente, la longueur, et par conséquent le poids de la sonde, augmentent aussi; de sorte qu'il arrive un moment où l'emploi du système percuteur devient extrêmement difficile. On ne peut cependant percer autrement les roches dures, et la sonde est ainsi exposée à se briser fréquemment. En outre, chaque fois qu'elle retombe, elle éprouve, sur toute sa longueur, un mouvement de trépidation qui la fait fouetter violemment contre les parois du sondage. Répété plusieurs milliers de fois par jour, durant l'espace de plusieurs mois, ce mouvement de fouet a nécessairement pour conséquence d'endommager les tuyaux de retenue, ou, si le trou n'est pas tubé, de produire des éboulements qui peuvent retenir l'outil et amener la rupture de la sonde, par suite des efforts tentés pour la retirer.

Il est évident que si l'on parvenait à rendre l'outil perforateur absolument indépendant du reste de la sonde, l'inconvénient que nous venons de signaler disparaîtrait. M. d'OEynhausen, conseiller des mines en Prusse, a résolu le problème par l'invention d'une coulisse qui porte son nom et qui fait le fond du système prussien.

Cette disposition consiste (*fig.* 358) en une

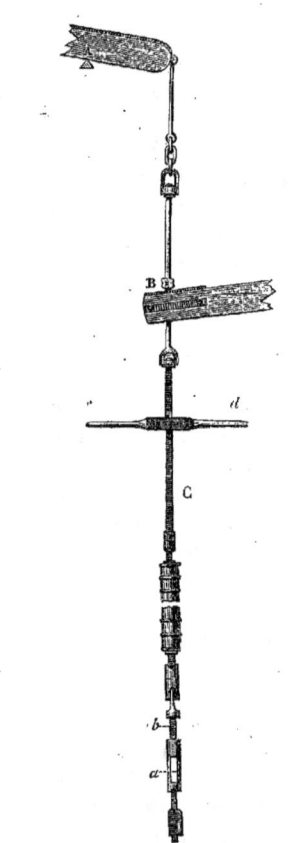

Fig. 358. — Sonde à coulisse d'OEynhausen.

tige de fer carrée, C, de 3 à 4 centimètres de côté, qui s'emmanche à vis avec les tiges supérieures B, et qui peut prendre un mouvement de va-et-vient dans une coulisse *a*, où elle est retenue par deux guides *c*, *d*, qui viennent butter alternativement à chaque extrémité. La longueur de la coulisse *a* est précisément égale à celle de la course de la sonde, ou à la hauteur de chute de l'instrument. Ceci posé, voici comment se fait la manœuvre de la sonde.

Prenons pour point de départ le moment où elle est descendue à fond. Dans cette situation, le haut de la coulisse repose sur les deux guides *c*, *d*, de la tige B, et ce sont ces guides qui supportent toute la partie inférieure de la sonde. Relevons maintenant le système entier. Rien de changé dans les positions respectives des pièces : elles ont remonté d'une certaine quantité, voilà tout. A présent, laissons retomber la partie supérieure de la sonde, que se produit-il ? La tige *b* glisse dans la coulisse *a*, et les deux guides descendent en occuper le fond. Alors la coulisse, n'étant plus retenue par en haut, tombe à son tour, avec l'outil perforateur qu'elle supporte, et son extrémité supérieure vient reposer sur les deux guides : c'est la position première. Ce jeu se continue indéfiniment.

On voit que, dans ce système, la chute de l'outil perforateur se produit indépendamment de celle de toute la partie supérieure de la sonde, celle-ci n'ayant d'autre fonction que de relever la partie inférieure.

L'ensemble des tiges forme un poids considérable, auquel on fait équilibre par un contre-poids suspendu à l'extrémité d'un balancier, A. Cette disposition est indiquée dans la figure.

Dans le but de rendre la sonde aussi légère que possible, on fait en bois ferré toutes les tiges situées au-dessus de la coulisse, et l'on réserve le fer, à l'exclusion de toute autre matière, pour la confection de celles qui se trouvent comprises entre la coulisse et l'instrument perforateur, ces dernières au nombre de six ou huit, tout au plus.

Le système prussien a rendu de grands services dans les sondages profonds; aussi l'applique-t-on fréquemment en France et ailleurs, au moins dans ce qu'il a d'essentiel : la coulisse d'OEynhausen.

Système à sonde creuse et à corde. — Ce système, imaginé par MM. Degousée et Laurent, est fondé sur l'emploi d'une corde descendant à l'intérieur d'une colonne, qui imprime aux instruments un mouvement de rotation.

Une série de tiges creuses enveloppent la

Fig. 359. — Degousée.

corde, et se meuvent dans le forage, comme les tiges ordinaires.

Ce système, disons-le, a trouvé peu de faveur. Comme l'explication de la manœuvre des instruments qu'il nécessite, nous entraînerait dans des détails fort arides, nous nous en abstiendrons, et nous nous bornerons à faire connaître les avantages de cette méthode, selon ses inventeurs, MM. Degousée et Laurent.

En premier lieu, la tige creuse étant suspendue et le travail s'accomplissant dans son intérieur, les parois du trou de sonde sont à l'abri des *coups de fouet*, et les éboulements deviennent très-rares. En outre, la multiplicité des colonnes de garantie ayant pour conséquence de réduire notablement le diamètre du sondage, ainsi que nous le verrons plus loin, l'application de ce système permet de conserver le trou de sonde aussi large que possible, attendu qu'il exige moins de colonnes de garantie. En effet, nombre de terrains n'ont pas besoin d'être soutenus, et ils ne s'éboulent, la plupart du temps, que par le fait des tiges battant les parois du sondage pendant le va-et-vient de l'outil percuteur. Troisièmement, la sonde ne comportant pas plus de 20 ou 25 mètres de tiges rigides, dans les forages d'une grande profondeur, les chances d'accidents sont extrêmement réduites, parce que la faible longueur des tiges permet de leur donner beaucoup d'épaisseur et par conséquent de rendre les ruptures de sondes tout à fait exceptionnelles. Enfin, si l'on brise la corde en voulant dégager un outil pincé au fond du trou, il suffit, pour réparer l'accident, de remonter la sonde avec la tige creuse, dans l'intérieur de laquelle on trouve la corde cassée.

La méthode de forage que nous venons de décrire, avait été imaginée par MM. Degousée et Laurent, comme perfectionnement d'une autre méthode qui avait fait beaucoup de bruit, et qui était de l'invention d'un ingénieur de mérite, M. Freminville. Ici l'on avait voulu maintenir les parois du sondage à mesure que la profondeur augmentait. A cet effet, l'outil restait constamment attaché à la base d'une colonne de garantie, qui descendait avec lui.

Les tentatives faites pour mettre à exécution ce procédé étant restées sans succès, on dut y renoncer, et c'est à cette occasion que MM. Degousée et Laurent imaginèrent la méthode que nous venons de décrire.

La méthode des *sondages creux* de MM. Degousée et Laurent avait été approuvée par Arago, Humboldt et M. Combes. Les inventeurs en eussent généralisé l'emploi, si l'apparition du *trépan à chute libre* ou *déclic*, ne fût venue réaliser un progrès décisif, et détruire d'une façon plus complète les inconvénients de la sonde rigide à de grandes profondeurs.

Système Fauvelle. — Ce système fut beaucoup préconisé par Arago, qui en exposa le principe et les avantages devant l'Académie des sciences, dans la séance du 31 août 1846. Un premier essai fait peu de temps auparavant, sur la place Saint-Dominique, à Perpignan, avait été couronné d'un succès magnifique. Le forage, commencé le 1er juillet et poussé jusqu'à la rencontre d'une nappe jaillissante, située à 170 mètres de profondeur, était terminé le 23 du même mois. Déduction faite de trois dimanches et de six jours consacrés aux travaux d'installation, ce sondage n'avait demandé que 14 journées de 10 heures chacune, soit 140 heures de travail, ce qui représenterait à peu près 1^m,20 de forage par heure. Ce résultat était d'autant plus remarquable qu'un autre forage, également entrepris à Perpignan, et continué jusqu'à la même profondeur, par les procédés ordinaires, avait exigé onze mois de travail.

L'emploi de l'eau, injectée dans une sonde creuse par une pompe foulante, pour ramener à la surface du sol tous les détritus produits par l'instrument perforateur, pour opérer, en un mot, la vidange complète du trou de sonde, voilà ce qui constitue l'originalité et le caractère distinctif du système Fauvelle.

L'appareil se compose d'une sonde creuse, formée de tuyaux vissés bout à bout, et terminée par l'outil rodeur ou percuteur, suivant les cas. Le diamètre de cet outil est plus grand que celui de la sonde, afin qu'il reste, entre les tubes et les parois du trou de sonde, un espace annulaire par lequel puissent remonter l'eau et les débris qu'elle entraîne. L'extrémité supérieure de la sonde communique avec une pompe foulante par quelques mètres de tubes articulés qui suivent la sonde dans tous ses mouvements :

« Lorsqu'on veut faire agir la sonde, dit Arago, on commence toujours par mettre la pompe en mouvement ; on injecte jusqu'au fond du trou, et par l'intérieur de la sonde, une colonne d'eau qui, en remontant dans l'espace annulaire compris entre la sonde et les parois du trou, établit le courant ascensionnel qui doit entraîner les déblais; on fait alors agir la sonde comme une sonde ordinaire, et, à mesure qu'il y a une partie détachée par l'outil, elle est à l'instant entraînée dans un courant ascensionnel. »

Il résulte de cette manière de procéder, qu'il devient inutile de remonter la sonde pour nettoyer le trou, puisque la vidange se fait automatiquement à l'aide de l'eau injectée dans le forage; donc, économie très-notable de temps. Autre avantage important : la base de l'outil perforateur étant constamment dégagée de tous les débris qu'on laisse s'accumuler d'ordinaire pendant un certain temps, les difficultés du travail se trouvent réduites dans une énorme proportion. En outre, il y a peu d'éboulements à craindre, la sonde agit avec la même efficacité aux profondeurs les plus diverses, et, par cela même qu'elle est creuse, elle résiste mieux à la torsion qu'une sonde massive, à volume égal, sa résistance à la traction étant aussi considérable.

Toutes ces considérations militent fortement en faveur du système de M. Fauvelle. Cependant les praticiens ont exprimé contre ce procédé des critiques qui n sont pas sans valeur.

Qu'arrivera-t-il, a-t-on dit à l'inventeur, lorsque vous rencontrerez, dans le cours de votre sondage, un ou plusieurs courants d'eau? Il est évident que, dans ce cas, les déblais seront déviés de la base du forage par la force du courant, qu'ils ne pourront être entraînés jusqu'à la surface du sol, qu'ils s'amasseront dans le trou de sonde et qu'ils paralyseront tous les mouvements de l'outil.

Qu'arrivera-t-il, lui a-t-on dit encore, si vous avez à traverser une nappe ascendante, non jaillissante? L'eau que vous injecterez dans le forage sera absorbée par cette nappe, et les détritus ne parviendront pas en haut du puits. De plus, l'eau injectée dans le trou de sonde devant être animée d'une notable vitesse, pour remonter les débris jusqu'au sol,

il faut absolument donner à toutes les parties de l'appareil de vastes porportions, dès que le sondage atteint seulement 25 ou 26 centimètres de diamètre : de là des dépenses fort élevées.

Ces objections étaient fondées, on en eut bientôt la preuve. M. Fauvelle, ayant commencé un sondage à Paris, près de la gare de Saint-Ouen, ne put le pousser au delà de la première nappe d'eau, située à 20 mètres de profondeur. Et pourtant il avait obtenu, et il obtint plus tard encore, de nombreuses réussites dans le bassin de Perpignan. C'est que les terrains de cette localité, éminemment sableux, se prêtaient parfaitement à l'emploi de cette espèce de lavage continu, tandis que dans d'autres terrains plus profonds, et qui changeaient de composition, cette méthode ne devenait plus applicable.

En faut-il davantage pour démontrer que les modes de sondage doivent varier suivant les formations qu'on exploite, et que tel système, habilement combiné pour donner les meilleurs résultats dans des terrains d'une nature particulière, est condamné à échouer dans des terrains d'une autre texture?

Reprenons notre description de l'établissement d'un puits artésien.

CHAPITRE V

LES ACCIDENTS DES SONDAGES. — OUTILS QU'ON EMPLOIE POUR Y REMÉDIER. — RACCROCHEURS. — ARRACHE-SONDE.

Bien des accidents viennent entraver l'opération des sondages; on n'en finirait point si l'on voulait les énumérer tous. Il en est même qui surviennent en dehors de toutes les prévisions, et qu'il serait conséquemment impossible de consigner d'avance. D'après cela, sans vouloir entreprendre une tâche qui serait oiseuse autant qu'ingrate, nous nous bornerons à donner quelques exemples des accidents les plus fréquents, et à décrire les outils qu'on emploie pour y remédier.

Comme le sondeur ne peut se flatter d'arriver sans encombre à la fin de son travail, il doit prendre ses précautions en prévision des accidents possibles. Il doit noter scrupuleusement les dimensions des moindres pièces qui descendent dans le puits, et en prendre même le dessin coté. S'il n'agit point ainsi, il demeure dans une grande incertitude sur la nature et les proportions de l'instrument qu'il doit employer pour le retrait des tiges ou des outils brisés. Il est même exposé à en laisser des fragments dans le trou de sonde, croyant avoir tout remonté.

Lorsqu'un outil ou une tige se rompt pendant le travail, il est rare que les ouvriers ou les contre-maîtres exercés ne s'en aperçoivent pas immédiatement. Alors on marque sur la sonde, au ras du sol, un trait indiquant la profondeur atteinte au moment de la rupture, et l'on connaît ainsi le point précis où l'on doit descendre l'outil raccrocheur, pour saisir la partie restée dans le trou.

Les deux outils *arrache-sonde* les plus fréquemment employés sont la cloche à vis et la caracole.

La *cloche à vis* (*fig.* 360) est un tronc de cône A, fileté à l'intérieur et évidé en B pour l'expulsion des débris qui pourraient s'y introduire. Plus étroite au sommet que le corps de la tige cassée, elle est plus large à la base que les emmanchements de la même tige. Supposons que l'outil rompu que l'on cherche se tienne à peu près verticalement dans le trou de sonde ; il suffira d'adapter la cloche à vis au bout de la portion retirée, et de la descendre jusqu'à ce qu'elle vienne coiffer la tige brisée. Si l'on imprime alors un mouvement de rotation à cet outil, la partie filetée, A, se vissera fortement sur le bout cherché, et le remontera, quel que soit son poids.

Pour faire descendre jusqu'à l'obstacle cet outil chercheur, on le visse au moyen de la partie filetée, G, à l'extrémité de la première tige de sonde.

Dans le cas où le diamètre du trou de sonde serait beaucoup plus grand que celui de la cloche, il y aurait à craindre que celle-ci

Fig. 360. — Cloche à vis.

ne passât à côté de la tige brisée sans la rencontrer. On y ajoute alors un entonnoir en tôle, représenté dans notre dessin par les lettres CDEF, suffisamment large pour emprisonner la tige, dans quelque endroit du puits qu'elle se trouve. Cet entonnoir est coupé obliquement à sa partie inférieure, de manière à déplacer facilement le morceau en souffrance, s'il est appliqué contre les parois du forage. Si ce morceau est court et incliné dans le trou, l'entonnoir agit encore efficacement pour le redresser et le faire prendre par la cloche.

Lorsque la tige cassée est couchée obliquement dans le trou du forage, et que son extrémité supérieure est engagée dans une excavation latérale, il est impossible de la repêcher directement à l'aide de la cloche à vis ; on se sert alors de la *caracole*.

LES PUITS ARTÉSIENS.

L'instrument que l'on désigne ainsi se compose d'une forte tige, terminée inférieurement par un fer à cheval, qui vient prendre la tige sous l'un de ses épaulements, et la soulève ainsi jusqu'au haut du trou de sonde, si les circonstances sont favorables, c'est-à-dire si la partie située au-dessus de l'épaulement saisi n'offre qu'une médiocre longueur. Dans le cas contraire, il est probable que cette partie butterait contre toutes les saillies des parois, et empêcherait le retrait de la tige. On substitue donc la cloche à vis à la caracole, dès que celle-ci a ramené la tige dans l'axe du trou de sonde.

Nous représentons ici deux modèles de caracole (*fig.* 361 et 362). Cet instrument est

cement facile, la caracole laisse quelquefois échapper l'objet saisi. Aussi ne l'emploie-t-on, dans bien des cas, que pour préparer le travail de la cloche à vis.

Pour retirer une tige qui ne présente aucune saillie, on se sert de la *cloche à deux galets*, dont le principe est celui-ci : deux galets poussés l'un vers l'autre par des ressorts, et laissant entre eux un espace dans lequel s'engage la tige. Lorsqu'on soulève l'instrument, les galets mordent la tige, et l'étreignent d'autant plus vigoureusement qu'elle résiste davantage. La *cloche à deux galets* est utilement employée dans les sondages de grand et de moyen diamètre. Dans la figure

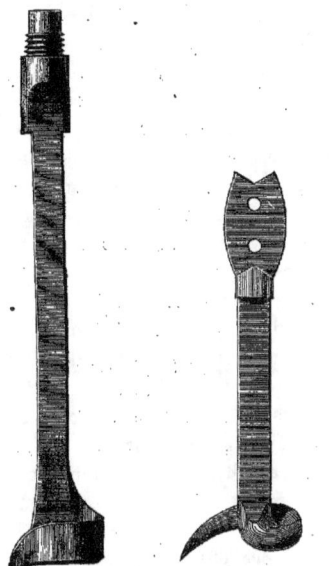 

Fig. 361 et 362. — Caracoles.   Fig. 363. — Cloche à deux galets.

fréquemment employé, à cause de la simplicité de sa construction et de l'avantage qu'il possède de pouvoir être retiré, lorsque la prise a été mal faite. Il est vrai que cet avantage constitue, en même temps, un inconvénient, puisqu'en raison même de son dépla-

qui représente cet outil, les galets sont indiqués par les lettres T, T, et la tige par la lettre R.

La *cloche à clapets* est fondée sur un principe analogue. Au lieu d'être prise entre des galets, la tige se trouve pincée entre deux clapets. Cet instrument doit avoir un grand diamètre pour offrir des conditions suffisantes de solidité.

Pour ramener une cuiller arrêtée au fond du forage, on n'a besoin que d'un crochet simple ou double, attaché, soit à la sonde, soit à une corde.

Si une corde s'est rompue et que l'instrument qu'elle soutient n'ait pas pénétré profondément dans le trou de sonde, on retire facilement le tout, au moyen d'une espèce d'hameçon qui s'accroche dans une boucle du cordage et la retient d'autant plus fortement que la traction exercée est plus considérable (*fig.* 364).

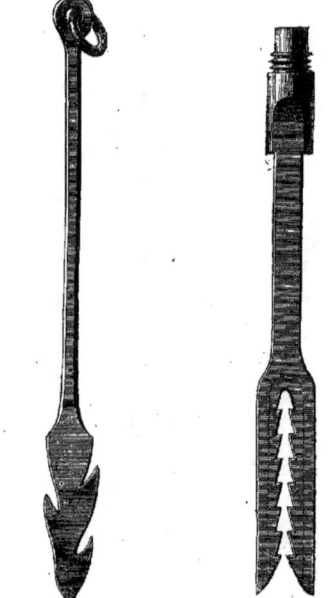

Fig. 364.
Hameçon pour retirer une corde.

Fig. 365.
Gueule de brochet.

Inutile d'insister sur le fonctionnement de la *gueule de brochet* (*fig.* 365) : il est suffisamment expliqué par le dessin. Cet instrument sert pour le retrait des lames de trépan ou autres objets analogues. L'écartement des deux branches dentelées, à l'état de repos, est nécessairement moindre que l'épaisseur de la pièce à remonter : sans quoi le pinçage ne se ferait pas.

Dans la *pince à vis*, une vis se termine inférieurement par un cône, qui appuie en descendant sur une branche pour forcer l'extrémité de cette branche à se rapprocher de l'extrémité de l'autre branche. Il suffit donc de tourner la vis dans un certain sens pour pincer la tige ou l'outil à repêcher. Pendant la descente, un ressort tient écartées les deux branches de l'instrument.

La *pince à vis* est d'une exécution difficile, et, de plus, elle coûte cher à établir ; c'est pourquoi on lui substitue souvent la *pince à encliquetage* (*fig.* 366). Celle-ci se compose de deux tiges de fer faisant ressort et soudées en C à la tige droite, A. Une bague, D, les enserre, et, glissant de haut en bas, comme la virole d'un porte-crayon, les contraint à se rapprocher pour saisir l'objet cherché. Les dentelures qu'on remarque sur les deux branches ont pour but d'empêcher la bague de remonter, lorsque la pièce à retirer oppose une grande résistance.

Le *taraud* est réservé pour les grandes profondeurs, lorsque le diamètre du sondage, devenu trop petit, ne permet plus l'introduction des instruments précédents. On descend alors une mèche, surmontée d'un *taraud*, c'est-à-dire de la pièce d'acier qui est employée dans les ateliers mécaniques pour exécuter les pas de vis femelles. On perce un trou de mèche, dans le bout de la tige ou de l'outil cassé ; ensuite le taraud y pénètre, trace quelques filets, et ramène l'objet.

Dans leur chute au fond du sondage, les tiges et les outils, non-seulement se brisent en plusieurs morceaux, mais se déforment, d'une manière plus ou moins sensible, et les instruments raccrocheurs doivent être modifiés en conséquence. Mais comment connaître les nouvelles formes affectées par les objets perdus? En allant prendre leur empreinte au fond des puits.

Pour exécuter cette opération, on se sert

Fig. 366. — Pince à encliquetage.

de la cloche à vis que nous avons représentée plus haut (*fig.* 360) garnie de son entonnoir, dans lequel on introduit la matière à empreinte. Cette matière se compose, soit de suif, soit d'un mélange de cire et de suif, soit d'argile plastique, pétrie avec du chanvre haché. Les choses étant convenablement disposées et la surface d'empreinte présentant une légère convexité, on descend lentement la cloche; dès qu'un petit contact a eu lieu, on relève la sonde et on examine l'empreinte. Si l'on ne se trouve pas suffisamment renseigné, on recommence jusqu'à ce qu'on ait une connaissance suffisante des modifications subies par les pièces tombées; on peut alors procéder avec assurance à la confection des outils raccrocheurs.

Nous terminerons là le chapitre relatif aux accidents qui se produisent pendant les opérations du sondage. Il y aurait encore beaucoup à dire sur ce sujet; mais nous devons savoir nous renfermer dans les limites que comporte cette Notice.

CHAPITRE VI

LES COLONNES DE RETENUE. — LEUR POSE ET LEUR EXTRACTION.

Pendant l'exécution d'un forage, il est nécessaire, au fur et à mesure du travail, de garnir les parois des puits d'un revêtement résistant, qui prévienne les éboulements et l'obstruction du trou. Les *tuyaux de retenue*, ou *colonnes de garantie*, ont donc pour but de maintenir les terrains sans consistance, et de s'opposer ainsi à l'obstruction du trou de sonde par les éboulements qui arrivent fréquemment dans les couches meubles, les sables, les marnes, les argiles, etc.

Ces tuyaux se font en bois ou en tôle. Les tuyaux de retenue en bois étaient autrefois les seuls en usage. On leur donnait la forme quadrangulaire, ou hexagonale, et on armait la base de la colonne, d'un sabot en fer à quatre ou six branches, rivées solidement sur les faces de la caisse. On chassait ces tubes de bois dans le trou de sonde au moyen du *mouton*.

Les tubes en bois sont aujourd'hui d'un usage très-restreint, comme colonnes de garantie, attendu qu'ils s'enfoncent moins facilement que les tubes en fer. Cependant ils sont encore conservés en certains pays.

On trouvera la description de l'établissement d'une colonne de garantie en bois, dans un ouvrage remarquable, qui fit longtemps autorité sur la matière, dans le *Traité des puits artésiens* de F. Garnier (1), livre qui a longtemps servi de guide aux constructeurs et ingénieurs pour l'art du forage. L'ouvrage de MM. Degousée et Laurent, publié postérieurement, lorsque l'art du sondage a pris de grands développements, a remplacé le traité classique de Garnier, par suite de la marche naturelle du progrès.

Nous ne reproduirons pas les détails dans lesquels F. Garnier entre sur la fabrication des *coffres de bois*, c'est-à-dire de ce que l'on nomme aujourd'hui les *colonnes de garantie*. Les tuyaux de bois ont été conservés pour fabriquer les tubes d'ascension des eaux artésiennes. C'est donc en parlant de l'établissement de ce tubage définitif en bois, que nous entrerons dans quelques détails sur le mode de fabrication et d'enfoncement de ce genre de tuyaux.

C'est avec des tubes de tôle que l'on établit aujourd'hui les colonnes de garantie. La tôle doit être d'excellente qualité, pouvant fléchir ou se bosser, mais non se déchirer. L'épaisseur du métal doit s'accroître proportionnellement au diamètre des tuyaux; elle est calculée de telle sorte que ceux-ci ne se déforment point sous l'effort d'une pression normale.

Les tubes de tôle sont introduits dans le trou du forage par longueurs de 6, 7 et 9 mètres. Il faut raccorder ces diverses fractions les unes avec les autres. Ce raccordement s'accomplit au moyen de manchons également en tôle, et dans lesquels les tubes sont posés bout à bout sur la même ligne verticale, comme le représente la figure 367.

La hauteur des manchons est proportionnée au diamètre des tuyaux; plus elle

(1) *Traité sur les puits artésiens ou sur les différentes espèces de terrains dans lesquels on doit rechercher des eaux souterraines*, par F. Garnier. Paris, 1826, in-4, avec planches.

est grande, plus la jonction est facile et solide. Chaque manchon est rivé par moitié sur

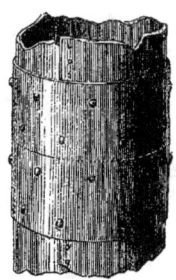

Fig. 367. — Tuyau muni de son manchon

les deux bouts de tuyaux qu'il a pour fonction de réunir, lorsque ceux-ci sont descendus à une petite profondeur dans le sondage. Cette opération s'exécute comme nous allons le décrire.

ABCD (*fig.* 368) est l'excavation par laquelle on a commencé le sondage, et sur laquelle repose la chèvre. EE, est un plancher de manœuvre, sur lequel se tiennent les hommes chargés de la conduite et de la surveillance du travail; HH, un second plancher, soutenu par deux madriers solidement fixés, et situé aussi bas que possible à l'intérieur de l'excavation; enfin TT est un troisième plancher établi dans la chèvre.

On descend un premier bout de tuyau dans le puits, en le prenant par le haut, au moyen d'un collier en fer, ou simplement à l'aide d'un cordage passé sous le manchon, et par lequel on tient le tube suspendu verticalement. Le manchon étant arrivé à 50 ou 60 centimètres du plancher EE, on arrête le tuyau au moyen du collier L, qui le serre comme un étau. Le chef sondeur descend alors sur le plancher inférieur HH, et s'occupe, conjointement avec un ouvrier resté sur le plancher de manœuvre, EE, d'obtenir une parfaite verticalité du tube. A cet effet, il observe attentivement la direction d'un fil à plomb *a* tenu par l'ouvrier, et il indique à celui-ci de quel côté et dans quelle proportion il doit pousser le collier L, pour que le tuyau soit dans un plan le tuyau sur toutes ses faces, ordonne à l'ouvrier de fixer le collier L, à l'aide de quatre tasseaux préparés d'avance.

On procède absolument de la même façon pour poser le second tuyau M qui doit venir s'emboîter dans le manchon K, à la suite du premier ; c'est dans ce but qu'est établi le troisième plancher HH.

Il est important de ne négliger aucune des précautions que nous venons d'indiquer. Si l'on s'en écarte, on court le risque de réunir les bouts de tuyaux obliquement l'un par rapport à l'autre.

La position de deux tubes consécutifs étant parfaitement assurée, il reste à river le manchon sur chacun d'eux, afin de donner à l'ensemble une solidité à toute épreuve. Les trous de jonction, préalablement percés, étant placés bien exactement l'un vis-à-vis de l'autre, on descend successivement les rivets en regard de chaque trou. Ces rivets sont en fer doux, à tête plate, et se terminent par un crochet qui sert à les mettre en place.

Il peut arriver qu'on se trouve contraint d'agrandir le diamètre d'une colonne, lorsqu'il est impossible d'en faire exécuter une neuve, dans le pays où se pratique le sondage. On y parvient aisément en ôtant les rivets de la colonne, et en fermant l'intervalle qui sépare les bords par des bandes de tôle, préalablement cintrées selon la courbure voulue, puis abattues longitudinalement en chanfrein. Pour empêcher les rivets de tomber dans le trou de sonde pendant l'opération du dérivage, on laisse glisser dans l'intérieur du tuyau, au moyen d'une ficelle, un petit panier en corde, dans lequel sautent les rivets chassés par le poinçon.

La descente des colonnes de garantie se fait au fur et à mesure de l'avancement du forage. Elle ne s'exécute pas sans efforts, surtout dans les terrains empâtés, tels que les marnes et les argiles. Pour les forcer à descendre, on agit sur elles par pression ou par rotation, suivant les cas.

Fig. 368. — Tubage d'un puits.

bien vertical. L'opération est ensuite répétée pour une génératrice du tube diamétralement opposée à la première. Le chef sondeur, s'étant ainsi assuré que le fil à plomb A rase

Le premier mode, c'est-à-dire *l'enfoncement*, consiste à faire descendre les tuyaux au moyen d'un mouton en fonte ou en bois, pesant environ 250 kilogrammes, et dont la hauteur de chute est d'environ 2 mètres. Un tampon en bois d'orme D (*fig.* 369) entre

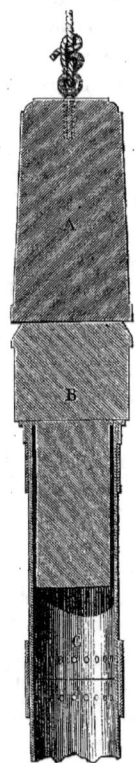

Fig. 369. — Descente d'une colonne de garantie au moyen du mouton.

en partie dans le premier tube C, tandis que son sommet élargi B dépasse le tube. C'est sur cette tête de Turc que frappe le mouton A, qu'on laisse tomber à la manière ordinaire d'une hauteur variable selon la pression qu'il s'agit d'exercer.

On enfonce de cette manière des colonnes d'une longueur médiocre ; mais dès qu'elles sont un peu longues, il faut avoir recours à d'autres moyens. On comprend en effet que, dans ce cas, le choc ne peut plus se transmettre à l'extrémité de la colonne, et qu'il n'ait d'autre résultat que d'ébranler les jonctions, ou de produire çà et là des affaissements fâcheux.

On emploie alors un système de vis de pression qui exercent une action continue, et très-énergique, sur la colonne tout entière. Voici en quelques mots la description de l'appareil.

A l'extrémité supérieure de la colonne est placé un manchon, C, à oreilles (*fig.* 370) qui repose à la fois sur le manchon précédent qui est attenant au tube et sur le tube lui-même. Aux oreilles D, D' sont des écrous supportant par les tringles verticales T, T', deux solides étriers E, E', et ces étriers supportent à leur tour un collier H, qui se compose de deux pièces de bois dur. La colonne de retenue passe dans l'intérieur de ce collier, lequel est relié à deux pièces de bois P, P', solidement fixées sous le plancher de manœuvre, par deux vis filetées, g, g, qui s'adaptent dans les chapes de deux boulons traversant chacune des pièces P, P' de part en part. Les vis F, F, se terminent au-dessus du collier par des écrous i, i qui sont, pour ainsi dire, l'âme de l'appareil.

En effet, si l'on tourne ces écrous à l'aide de clefs, ils appuient sur des plaques en fer forgé qui recouvrent le collier H, et par suite sur le collier lui-même qui s'abaisse nécessairement, les pièces de bois P, P étant immobiles. Mais ce collier est rattaché au manchon C, par les tiges T, T' qui pendent des oreilles, et ce manchon appuie lui-même sur la colonne. Les tuyaux doivent donc être entraînés dans le mouvement de descente du collier, et pénétrer aussi dans le puits en forçant ses parois.

Ce système permet seul de vaincre les grandes résistances. Il a, d'ailleurs, l'avantage de laisser la colonne de tubes complètement libre à l'intérieur pendant la descente. On peut donc y faire manœuvrer les instruments propres à dégager la base des tubes, et par conséquent à accélérer le travail.

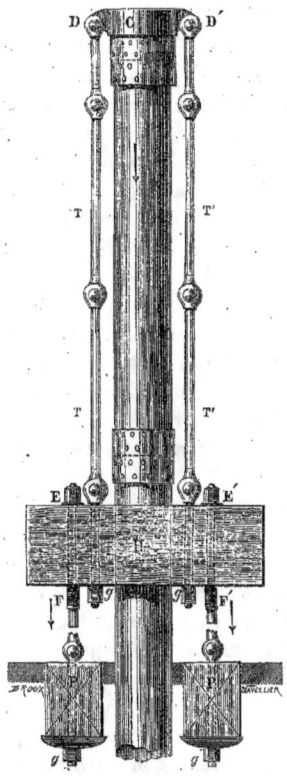

Fig. 310. — Appareil à vis pour enfoncer les tuyaux de retenue.

Malgré tous les efforts, il arrive assez souvent qu'une colonne de garantie refuse de descendre jusqu'à la limite inférieure des terrains qu'elle doit maintenir, quoique le trou de sonde ait été tout fraîchement alésé au calibre voulu. Cela provient, ou de ce que les terres se sont éboulées pendant l'ajustage de la colonne, ou de ce que la colonne elle-même a dégradé les parois du sondage, ou bien de ce qu'elle est arrêtée par un fragment de roche faisant saillie dans l'intérieur du forage. Suivant le cas, on fait manœuvrer la cuiller ou un outil élargisseur, pour déblayer les obstacles qui s'opposent à la descente. Si l'obstacle résulte de l'accumulation de débris non résistants, on nettoie le trou au moyen de la cuiller à soupape ou d'une tarière, et la colonne s'abaisse par son propre poids, à mesure que s'opère l'extraction des matières. Si le débris est, au contraire, très-résistant, on fait descendre un outil élargisseur, qui détruit le fragment solide, cause de l'arrêt de la colonne.

Quand cet obstacle avance beaucoup dans l'intérieur du trou de sonde, on commence par l'entamer avec le trépan, puis l'outil élargisseur achève la besogne.

Il y a deux sortes d'outils élargisseurs : ceux qui agissent par rotation, et ceux qui sont mus par percussion. On réserve les premiers pour les couches très-tendres et peu profondes ; on emploie les seconds dans les terrains solides, ou lorsque les tiges ne peuvent supporter l'effort de la torsion.

Le cadre de cette Notice ne nous permet pas d'entrer dans l'examen des outils élargisseurs ; d'ailleurs ces descriptions n'offriraient qu'un médiocre intérêt. Disons seulement que leurs formes sont variées et appropriées chacune aux circonstances diverses qui se présentent dans les sondages.

Dans les forages profonds, on se trouve souvent en présence de ce fait : La sonde a traversé une longue suite de terrains solides et n'exigeant aucune colonne de garantie, 100 ou 200 mètres, par exemple ; après quoi, elle attaque une couche éboulante, plus ou moins épaisse, donnons-lui 25 mètres pour fixer les idées. En cette circonstance, on a quelquefois recours à un mode de tubage, dit *tubage en colonne perdue*, qui consiste à descendre dans la couche éboulante, une colonne de 25 mètres de long, et à laisser sans tubes de retenue les 200 mètres des terrains supérieurs. On réalise ainsi une notable économie de tuyaux ; mais les colonnes perdues ont tant d'inconvénients, qu'il vaut souvent mieux, même au point de vue de la dépense, descendre dans le forage une colonne entière de 225 mètres.

Pour descendre une *colonne perdue*, on rive à son extrémité supérieure, un manchon aussi épais que possible, qui porte deux entailles longitudinales où viennent se fixer les oreilles d'un outil introduit dans la frette. L'outil et la colonne étant solidement adaptés l'un à l'autre, on laisse filer le tout avec la sonde. Lorsque la colonne est arrivée à destination, on tourne l'outil dans un certain sens pour le dégager des entailles qui le retiennent prisonnier, et on le remonte.

On emploie les *colonnes perdues* dans les argiles, les marnes et les sables très-gras. Elles y descendent très-bien ; et si elles sont arrêtées dans leur mouvement, il suffit de mettre en œuvre une cuiller ou un outil élargisseur, pour qu'elles soient entraînées par leur propre poids.

Toutefois l'opération exige toujours beaucoup d'attention et d'expérience. Dans les sables fluides et remontants, ce mode de tubage doit être absolument écarté, en raison des accidents auxquels il donne lieu, et dont le plus grave est l'arrêt absolu de la colonne par les sables qui s'élèvent dans le sondage et retombent derrière les tuyaux. Dans ce cas, non-seulement la colonne ne peut être chassée plus loin, mais on éprouve les plus grandes difficultés à la retirer. Il y a donc économie réelle à n'employer les colonnes perdues que dans les circonstances où leur descente peut s'effectuer sans difficultés. Ce n'est guère que vers la fin d'un forage, alors que le travail sera terminé dans quelques jours, qu'il convient d'appliquer ce mode de tubage.

Lorsqu'un sondage est terminé, que la nappe jaillissante a été atteinte et qu'il ne s'agit plus de poser le tuyau qui doit servir à l'ascension de l'eau, il faut retirer du puits les tubes de garantie dont il vient d'être parlé. Il serait, en effet, inutile de laisser dans le forage des tubes qui feraient double emploi avec le tuyau d'ascension, et qui peuvent être utilisés ailleurs. On ne conserve que les parties des tubes de retenue qui retiennent des terrains très-éboulants, lesquels pourraient presser la colonne d'ascension et y produire des avaries.

Bien souvent aussi, dans le cours d'un sondage, on se trouve contraint de retirer une colonne de garantie, soit parce qu'elle refuse de descendre et qu'il faut la remplacer par une autre, d'un moindre diamètre, soit par suite de tout autre accident. Cette opération, qu'il nous reste à décrire, offre parfois autant de difficultés que la descente des colonnes.

Pour retirer une colonne de garantie, on agit de différentes façons, suivant la résistance qu'elle oppose à la traction. On la saisit et on la retire par sa partie supérieure, ou par sa base ; ou bien on l'attaque à la fois par le haut et par le bas. Dans les cas les plus difficiles, on se résigne à la couper çà et là, et à l'arracher par morceaux.

Les nombreux engins employés pour accomplir cette besogne, ont reçu le nom d'*arrache-tuyaux* et de *coupe-tuyaux*.

Pour extraire une colonne par son extrémité supérieure, on se contente d'y amarrer solidement des cordages, qu'on tire ensuite au moyen du treuil ou de leviers.

L'*arrache-tuyau* le plus simple, pour prendre une colonne par la base, consiste en un crochet *a* (*fig*. 371), qu'on secoue de façon à l'engager entre la paroi du tuyau et celle du sondage. Il a l'inconvénient de ramener la tôle vers le centre de la colonne par l'effort de la traction, et de le déformer d'une manière fâcheuse.

La figure 372 représente un instrument composé de deux crochets, *c*, *c*, mobiles autour d'un même axe. Lorsqu'il descend, les crochets se relèvent en *bb* ; mais, arrivés au-dessous de la colonne, ils retombent, et en remontant accrochent la tôle. Cet instrument ne doit être employé qu'avec la plus grande réserve; car il ne peut être remonté, si la colonne résiste à la traction.

Le suivant (*fig.* 373) a le même défaut : il consiste, comme on voit, en deux tiges C, D qui, descendues sous la colonne, s'écartent par leur propre élasticité, et saisissent la tôle à l'aide des crochets D D qui les terminent. Lorsque le diamètre de la colonne le permet, on y introduit une bague E, terminée par une tige F. Si la colonne refuse de remonter, on peut néanmoins retirer l'arrache-tuyau, dont on ferme les branches à l'aide de la bague E.

L'outil représenté par la figure 374 est fondé sur le même principe que le précédent : on en comprend aisément la manœuvre. La traverse AB, mobile autour du point B, tient les deux tiges écartées, pour permettre aux crochets a, a' de saisir la base de la colonne.

Lorsqu'on veut les rapprocher et ramener l'instrument au sol, il suffit de tirer la tige CE.

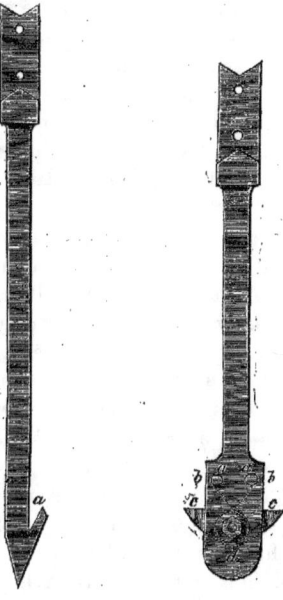

Fig. 371.
Arrache-tuyau.

Fig. 372.
Arrache-tuyau à crochets mobiles.

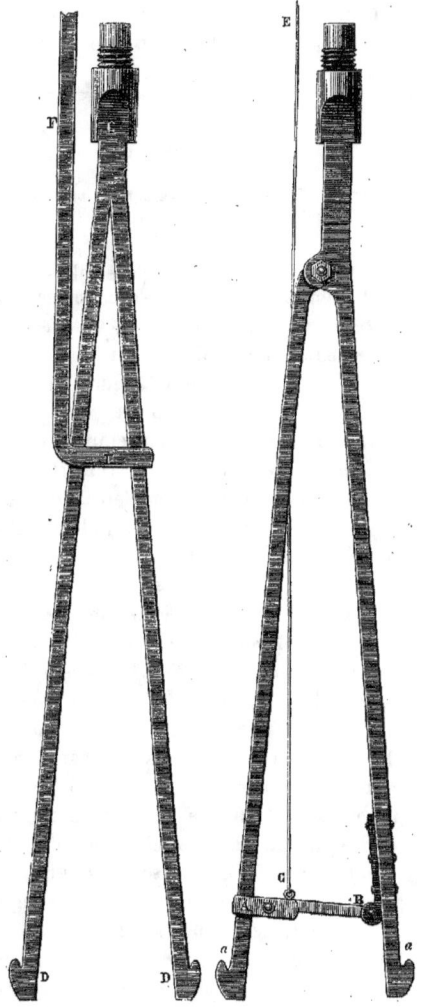

Fig. 373.
Arrache-tuyau à deux branches.

Fig. 374.
Autre arrache-tuyau à deux branches.

Les *coupe-tuyaux* consistent en des tiges terminées par des lames tranchantes ou par une lime en acier. On les emploie lorsque les colonnes opposent à la traction une résistance telle que les instruments ordinaires déchireraient la tôle sans l'arracher. On fait alors un certain nombre de sections dans la colonne, et l'on retire successivement les différentes longueurs de tuyaux.

CHAPITRE VII

LES TUBES D'ASCENSION. — BÉTONNAGE DU TUYAU. — POSE DU TUYAU.

Le forage étant terminé et la nappe jaillissante rencontrée, il faut s'occuper de poser le *tuyau d'ascension* de l'eau, c'est-à-dire le tube définitif destiné à recevoir les eaux artésiennes, et à les conduire à leur niveau d'écoulement, à la surface du sol.

Le cuivre et le bois sont employés à peu près exclusivement pour la confection des tuyaux d'ascension. Ces matières présentent seules les garanties de durée indispensables pour la continuité et la constance de l'écoulement des puits artésiens.

Les tubes en bois se conservent indéfiniment sous l'eau : ils constituent donc les meilleurs tubes d'ascension. Ils doivent être en bois de chêne, d'aune ou d'orme. Ils sont rattachés entre eux par emboîtement, et la ligne de jonction est garantie par un manchon ou irette en tôle, fixée avec des vis à bois, comme le représente la figure 375. Une armure en fer les protége à la base, et facilite leur descente au fond du trou de sonde. Pour les enfoncer, on frappe dessus avec un mouton, ou l'on fait intervenir une forte pression.

Les tubes de cuivre rouge s'assemblent, comme les tuyaux de retenue, au moyen de manchons et de rivets, mais avec de plus grandes précautions : les frettes et les parties correspondantes des tubes sont étamées et soudées après leur réunion. Quelquefois l'emmanchement se fait par des manchons à vis en bronze, mais seulement pour les petits diamètres, à cause du surcroît de dépenses qu'il entraîne. Ces tubes n'ayant à subir aucune pression, puisqu'ils sont protégés par les colonnes de garantie dans les couches éboulantes, on ne leur donne qu'une faible épaisseur (1 millimètre et quart à 2 millimètres), excepté dans les grandes profondeurs, où l'on va jusqu'à 3 millimètres. On tire de là l'avantage de ne pas réduire beaucoup, par le tubage, le diamètre du trou de sonde.

Avant de descendre ce tubage, il est indispensable d'en garnir la base, afin que l'eau de la nappe ascendante ou jaillissante ne puisse s'élever entre les parois du tube et celles du sondage. Il y a là, à cet effet, un espace vide destiné à recevoir une coulée de béton. Le meilleur moyen d'intercepter le liquide en cet endroit, consiste à munir la base de la colonne d'un tronc de cône en métal ou en bois, dont le sommet regarde le fond du forage, et dont la partie supérieure forme autour du tuyau une saillie qui sert d'assise au béton. Si la nature des terrains le permet, on donne à ce tronc de cône une grande longueur, et l'on alèse également en tronc de cône, mais à des dimensions un peu moindres, la base du sondage, de façon que le manchon se rode dans le fond, comme le bouchon à émeri d'un flacon. Si la colonne est en cuivre, on doit bien se garder de la chasser à coups de mouton ; on la fait descendre en tournant à droite ou à gauche, ou bien, ce qui est préférable, au moyen de l'appareil à vis de pression que nous avons représenté plus haut.

La colonne d'ascension étant bien fixée à la place qu'elle doit occuper, on procède au *bétonnage*, la dernière opération et l'une des plus importantes, puisque c'est d'elle surtout que dépend la solidité du tubage.

On jette d'abord dans l'espace annulaire réservé autour de la colonne, quelques litres de petit gravier, et aussitôt après, deux ou trois litres d'un ciment assez liquide, mélangé de limaille de fer ou de fonte. Les ciments romains fabriqués en Champagne et ceux, dits Portland, qu'on tire de Boulogne-sur-mer donnent d'excellents résultats. On peut employer aussi tout simplement de bonne chaux hydraulique.

On continue à verser le ciment, en ajoutant progressivement du sable jusqu'à la proportion des deux tiers environ. Pour faciliter le tassement du mélange, on agite, à la partie supérieure du tubage, une verge de fer plat, de 5 à 6 mètres de long. Au bout de quelques jours, le béton a acquis de la consistance, et, si l'opération a été bien conduite, le débit du puits est supérieur à ce qu'il était lors du premier jaillissement de l'eau, parce que la colonne liquide ne subit aucune perte dans son trajet jusqu'à la surface du sol.

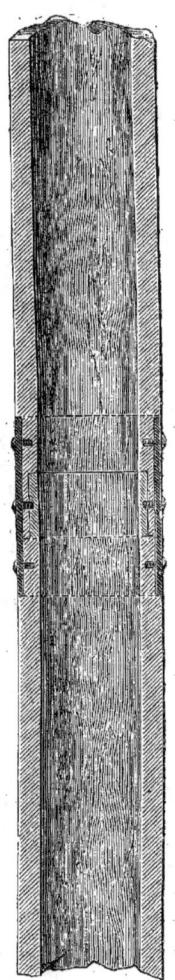

Fig. 375.— Tube de bois pour les eaux des puits artésiens

CHAPITRE VIII

LE PUITS DE GRENELLE.

Après cette description des systèmes de sondage, et des procédés qui sont mis en œuvre pour l'exécution des puits artésiens, nous allons passer en revue les plus intéressantes de ces entreprises. Nous commencerons par le forage qui a le plus vivement excité l'attention publique. Nous voulons parler du puits de Grenelle, qui occupa et passionna pendant sept à huit ans le public parisien et les savants de tous pays. Nous parlerons ensuite de l'œuvre, plus récente, du puits de Passy, qui eut à traverser de moins longues péripéties, mais qui eut l'avantage d'inaugurer un mode nouveau pour l'emploi des outils de sondage. Nous signalerons enfin des puits artésiens qui ont été établis en d'autres pays que la France.

En 1832, la ville de Paris ne possédait encore aucun puits artésien. Seulement il en existait un certain nombre aux alentours de la capitale, à Saint-Denis, Épinay, Stains, etc. Le conseil municipal résolut d'alimenter de la même façon les quartiers de Paris qui étaient les plus mal partagés sous le rapport des eaux. Dans la séance du 28 septembre 1832, fut décidée la création de trois puits artésiens, l'un au Gros-Caillou, le second près de la place de la Madeleine, et le troisième dans le faubourg Saint-Antoine, au carrefour de Reuilly. L'exécution du puits du Gros-Caillou devait être confiée à MM. Flachat frères, celui du carrefour de Reuilly à M. Degousée, et celui de la Madeleine à M. Mulot. Une somme de 6,000 francs seulement était affectée à chacun de ces trois forages.

Cette allocation modique montre bien qu'on ne voulait faire jaillir que les eaux de la nappe qui alimentait les puits artésiens des environs, et qui n'est située qu'à une faible profondeur. Cependant on ne tarda pas à se convaincre que cette nappe peu profonde ne fournirait qu'un débit insignifiant, et que la couche située beaucoup plus bas, c'est-à-dire placée au-dessous de la craie et qui forme la base du bassin géologique de Paris, pourrait seule fournir une eau jaillissante dans les trois points choisis.

M. Mulot, dont la sonde s'était déjà exercée inutilement jusqu'à 170 mètres, à Suresne, chez M. Rothschild; à 250 mètres, à Chartres; à 330 mètres, à Laon, etc., démontra, par sa propre expérience, que si l'on ne se décidait point à descendre jusqu'au-dessous de la craie du terrain secondaire, on n'obtiendrait jamais, à Paris, une source jaillissante de quelque abondance. Il parvint à convaincre de cette vérité M. Emmery, alors ingénieur en chef des eaux de Paris.

Le préfet de la Seine, M. de Bondy, écouta cet avis, et réclama les conseils de la science. Il s'adressa à un ingénieur qui avait une grande autorité dans cette question, M. Héricart de Thury. L'avis de ce savant fut conforme à celui que M. Mulot avait émis comme praticien.

Le préfet de la Seine demanda alors à M. Héricart de Thury, un rapport, que ce dernier s'empressa de rédiger, et dont la conclusion était qu'on ne trouverait d'eau jaillissante dans le bassin géologique de Paris qu'en creusant jusqu'au bout de la craie, jusqu'à 550 mètres environ.

Le projet de M. Héricart de Thury, approuvé par le conseil des mines, rallia les suffrages du conseil municipal de Paris. Il fut décidé seulement qu'au lieu de creuser trois puits, on se bornerait à un forage unique. L'exécution de ce puits fut confiée à M. Mulot.

Les cinq abattoirs, lieux de très-grande consommation d'eau, coûtaient alors à la ville de Paris 34,000 francs environ chaque année, pour leur approvisionnement. Il était donc naturel que l'administration commençât, pour alléger ce chapitre onéreux de dépense, par forer dans l'un des abattoirs le puits projeté. M. de Rambuteau, successeur de M. de Bondy, décida que le puits artésien serait creusé à Grenelle.

Le 29 novembre 1833, les équipages de sonde de M. Mulot furent amenés à Grenelle, et le forage commença le 30 décembre. L'appareil moteur se composait d'une chèvre ordinaire et d'un treuil à deux volants de $3^m,50$ de diamètre, manœuvrés chacun par cinq ou six hommes.

Il s'agissait de traverser une série alternante de couches d'argiles et de sables composant les terrains tertiaires, puis une épaisseur considérable de craie, au-dessous de laquelle se trouvent les sables verts qui renferment la nappe jaillissante. D'après le cahier des charges, le diamètre du sondage à la surface du sol, devait être de 45 centimètres.

On n'avait aucune idée précise de l'épaisseur du banc de craie; mais l'on pensait qu'en partant de 45 centimètres, le diamètre du trou de sonde serait encore assez grand à la base, pour que le débit du puits suffît amplement aux besoins qu'on prétendait satisfaire. Le marché conclu entre la ville et M. Mulot avait été fait en prévision d'un forage de 400 mètres de profondeur.

Fig. 376. — Manége et treuil employés pour le forage du puits de Grenelle.

Les terrains tertiaires et le terrain d'alluvion qui les précèdent, furent percés assez facilement ; ils nécessitèrent la pose de deux colonnes de garantie, l'une du diamètre de 0ᵐ,51, l'autre du diamètre de 0ᵐ,45 ; la première avait 9 mètres de longueur, la seconde 21 mètres, et elles descendaient jusqu'à la profondeur de 28 mètres.

Le passage des terrains tertiaires aux terrains secondaires se fit également sans difficulté. A 42 mètres, on rencontra la craie, d'abord très-friable, puis mélangée, tous les 2 ou 3 mètres, de silex pyromaques noirs, en rognons, vulgairement appelés *pierres à fusil*. Des éboulements devenant imminents, on descendit une troisième colonne de garantie de 0ᵐ,40 de diamètre intérieur et de 31 mètres de longueur. On ne put la faire filer que jusqu'à 42ᵐ,85 de profondeur ; elle était engagée de 1ᵐ,30 dans la craie.

Au bout de quatre mois de travail, on avait poussé le forage à 74 mètres, lorsque les marnes argileuses qui se trouvent au-dessous de l'argile plastique firent irruption dans le tuyau, probablement ébranlé par les mouvements de la sonde, et comblèrent le trou sur une longueur de 30ᵐ,65. On retira tous ces débris, et pour éviter d'autres accidents du même genre, on descendit, jusqu'à 58 mètres de profondeur, une quatrième colonne de garantie de 0ᵐ,35 de diamètre sur 56 mètres de longueur.

Le 17 juin 1834, à la profondeur de 115 mètres, la tarière, qui manœuvrait dans la craie friable, fut arrêtée au fond du trou par un éboulement. On essaya de l'extraire par de grands efforts de traction, mais sans succès. On se résigna alors à percer un trou à côté, et l'on réussit ainsi à la dégager. On était parvenu, préalablement, à faire descendre la quatrième colonne de garantie de 58 à 72 mètres.

Le 26 septembre, à la profondeur de 127

mètres, la sonde se brisa en quatre morceaux : quelques jours suffirent pour réparer cet accident.

A 150 mètres, le premier appareil moteur étant devenu insuffisant, on le remplaça par un manége (*fig*. 376), à l'aide duquel on réalisa une grande économie de temps. Des chevaux faisaient désormais en une heure ce que onze hommes ne faisaient qu'avec beaucoup de peine auparavant.

Pour maintenir la partie supérieure de la craie, qui de temps à autre s'éboulait, on descendit, le 11 mars 1835, une cinquième colonne de garantie de 0^m,31 de diamètre. Son sommet était à 2^m,40 au-dessous du sol, et sa base à 148 mètres ; il avait donc plus de 145 mètres de longueur.

Après la pose de cette colonne, le forage avança plus rapidement, quoique la craie devînt plus dure et renfermât des lits de silex fort difficiles à percer. Le 30 juillet 1835, on était arrivé à 229 mètres, lorsque la sonde se rompit en sept morceaux.

L'extraction des fragments de ces sondes brisées, dura plusieurs mois : elle ne fut terminée que le 11 novembre. Encore ne put-on retirer un bout de sonde, de 0^m,98 de long, que l'on se contenta de ranger contre les parois du trou. Ce n'est qu'au mois de mars 1836, qu'on parvint à le saisir au moyen d'une *cloche à vis*. Il fallut pour cela qu'il tombât accidentellement sur l'instrument perforateur.

A 341 mètres, la sonde atteignait le poids énorme de 8,000 kilogrammes. On ne pouvait dès lors sans inconvénient la faire agir par percussion ; on s'en tint donc à l'emploi des outils rodeurs. Un second manége, tourné par des chevaux, fut installé pour effectuer ce travail, le premier étant mis en œuvre exclusivement pour descendre et remonter la sonde.

Le 10 février 1837, on était arrivé à la profondeur de 393 mètres, lorsqu'un malheur arriva. En remontant la sonde, 320 mètres de tiges tombèrent de 75 mètres de hauteur ; au bout se trouvait une cuiller à soupape.

La *cloche à vis*, descendue deux fois, ramena les tiges fortement tordues et une partie de la cuiller. Restaient encore la moitié de la première tige, ses trois goupilles et la plus grande portion de l'instrument. Après de nombreux tâtonnements, celui-ci fut taraudé énergiquement ; mais il était tellement enfoncé dans la craie, qu'il résistait à tous les efforts de traction. Enfin, après quinze jours de travail et en procédant par petites secousses fréquemment répétées, on réussit à le retirer. Il renfermait la moitié de la tige et les trois goupilles.

Le 21 mars 1837, le marché de l'entrepreneur était arrivé à son terme : on avait atteint la profondeur de 400 mètres, et l'eau n'avait pas été rencontrée. Les travaux continuèrent cependant. Une proposition pour une nouvelle percée de 100 mètres, fut faite au conseil municipal, qui l'approuva, et le 1er septembre un second marché fut signé entre le préfet de la Seine et M. Mulot. Ce dernier s'engageait à exécuter les derniers 100 mètres de forage pour la somme de 52,000 francs, non compris les frais d'alésage et de tubage provisoire.

Le 25 mars 1837, à la profondeur de 407 mètres, un accident extrêmement grave se produisit : 320 mètres de sonde tombèrent, avec la cuiller à soupape, au fond du trou, d'une hauteur de 80 mètres. Le bruit et la commotion furent si forts, que dans le voisinage on crut à un tremblement de terre.

Quelques jours suffirent pour retirer les tiges de sonde, naturellement fort endommagées ; mais les difficultés pour extraire la cuiller à soupape furent prodigieuses. Elles absorbèrent quatorze mois de travail. On ne put extraire que 2^m,30 de ce cylindre, qui mesurait 9^m,43 de longueur totale. Il en restait donc 7^m,13 dans le sondage.

On essaya inutilement, plusieurs fois, de le tarauder ; on résolut alors de le prendre avec une *cloche à vis*. Mais le trou n'avait pas

clapet *ee*, au bas de sa course. Ils sont boulonnés et fixés en leur milieu *ll*, et leur extrémité inférieure *hh* saisit la tête *o* de la tige **LL**, qui supporte elle-même le trépan par le pas de vis *m*.

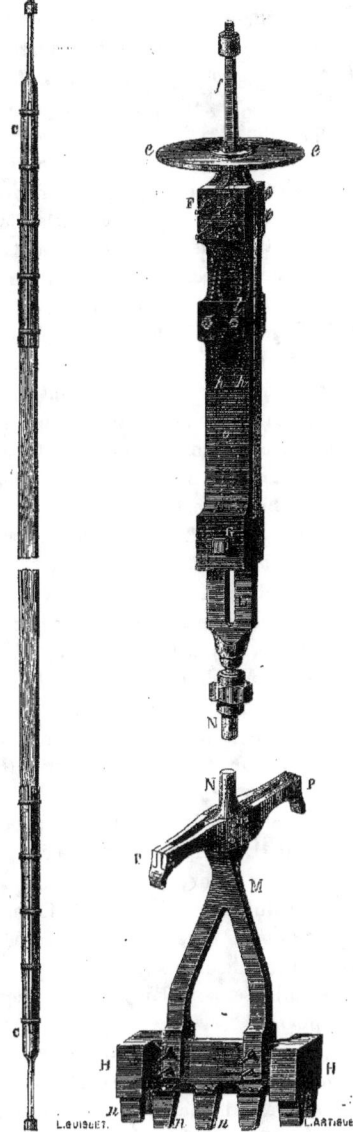

Fig. 382.
Tige de suspension en bois.

Fig. 383.
Trépan avec son déclic.

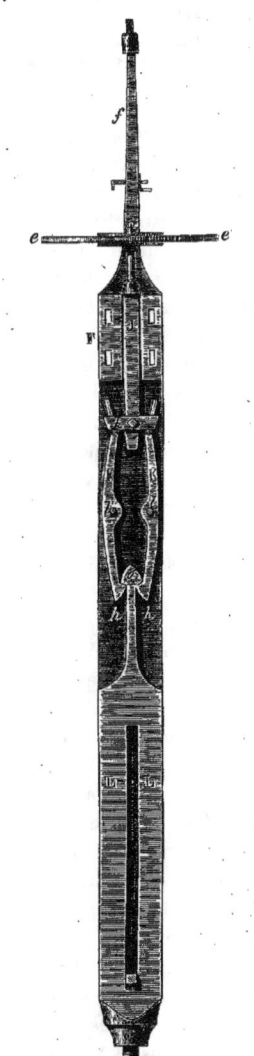

Fig. 384. — Détail de l'appareil du déclic.

Ceci posé, voici comment fonctionne le mécanisme du déclic. Quand la sonde est descendue par son propre poids, la pression de

les eaux à 76ᵐ,49 au-dessus du niveau de la mer hauteur nécessaire aux différents services du bois de Boulogne.

« Les travaux du puits, dont la dépense est évaluée à un chiffre maximum de 350,000 francs, doivent être terminés dans le courant d'une année, à partir du 18 juillet 1845, date de l'acceptation de la soumission de M. Kind. »

Le forage ne commença, en réalité, que le 15 septembre 1855. Jusqu'à cette époque, on s'occupa des travaux d'installation, consistant dans la construction de plusieurs hangars, dont l'un muni d'un tour, et dans l'établissement d'une machine fixe à vapeur au fond d'une excavation de 11 mètres de hauteur, péniblement creusée à bras d'homme. Il fallut aussi régler la marche de la machine et des appareils, et mettre les ouvriers au courant de leur besogne.

La machine à vapeur était de la force de 25 à 30 chevaux et à deux cylindres. La tige du piston de l'un de ces cylindres était reliée à un énorme balancier en bois, garni de fer, dont l'autre extrémité supportait la sonde, par l'intermédiaire d'une grosse chaîne. La vapeur, en agissant sur le piston, relevait le balancier qui, à son tour, soulevait la sonde jusqu'à ce que, l'entrée de la vapeur dans le cylindre étant supprimée, tout le système retombât par son propre poids.

La sonde se composait, comme toujours, d'une série plus ou moins nombreuse de tiges, terminées par l'instrument perforateur qui était un trépan, seulement ces tiges étaient en bois. Au-dessus du trépan, était le déclic, pièce fondamentale du système.

Les tiges en bois de sapin (fig. 382) étaient carrées, et avaient 10 mètres de longueur sur 9 à 10 centimètres de côté ; elles étaient assemblées au moyen de frettes en fer se vissant les unes dans les autres et solidement fixées par des goupilles. Grâce à leur faible poids, qui ne dépassait guère celui de l'eau contenue dans le forage et qui provenait des infiltrations des couches supérieures, ces tiges flottaient en quelque sorte à l'intérieur du puits. Ainsi portée, pour ainsi dire, par l'eau, la sonde n'était plus un obstacle par son poids, arrivée à de grandes profondeurs, ou du moins la force nécessaire pour soulever la sonde augmentait dans une bien moindre proportion que la profondeur du trou, avantage qu'on n'eût pas réalisé en employant des tiges en fer.

Le trépan pesait 1,800 kilogrammes ; il était à oreilles, et armé de sept dents en acier fondu, fixées par des chevilles en fer, ce qui permettait de les retirer facilement dès qu'elles étaient usées ou brisées. Chacune de ces dents avait 0ᵐ,25 de longueur et pesait 8 kilogrammes. Afin que l'outil attaquât le terrain sur tous les points de sa surface, les dents étaient irrégulièrement distribuées dans sa masse ; de cette façon elles frappaient en des endroits différents, à mesure qu'on tournait le trépan dans l'intervalle de deux chutes successives.

La figure 383 représente le trépan, surmonté de son déclic.

Le déclic est formé d'un clapet circulaire ee, ou chapeau, en gutta-percha, de 0ᵐ,60 de diamètre, mobile le long de la tige f, qui glisse entre deux platines en fer, F,F, parallèles entre elles, reliées en haut par les clavettes, en bas par le boulon G. C'est entre ces platines que se trouvent serrées les branches h, h de la *fourche* ou pince à déclic, ainsi que la tête o de la tige LL qui supporte le trépan MHH, par l'intermédiaire de la tige NN.

Portons-nous, pour expliquer le mécanisme du déclic à la figure 384, faite à une plus grande échelle que la précédente, et dans laquelle on a supposé l'une des platines GF enlevée, pour laisser voir l'intérieur de l'appareil.

On voit le clapet en gutta-percha, ee, ainsi que la *fourche* ou pince à déclic KK, entre les branches de laquelle glisse la tige rectiligne J, qui descend le long des plaques F, F. Les bras de la fourche K, K portent, à leur partie supérieure, un renflement k qui arrête le

résidus solides laissés par l'évaporation d'un litre d'eau. Mais elles offrent, quant aux substances dissoutes, un tel désaccord qu'il faut admettre que la composition de l'eau n'était pas la même aux deux époques différentes où ces analyses ont été faites. Il était donc utile de procéder à une nouvelle analyse, pour rechercher si l'eau de ce puits offre la même composition qu'aux premiers temps de son débit. En 1857, M. Péligot a fait une nouvelle analyse, et il est arrivé au résultat suivant :

Eau. = 1 litre.

Carbonate de chaux....................	0^{g},0379
Carbonate de magnésie.................	0,0163
Carbonate de potasse..................	0,0205
Carbonate de protoxyde de fer..........	0,0031
Sulfate de soude......................	0,0161
Hyposulfite de soude..................	0,0091
Chlorure de sodium...................	0,0091
Silice................................	0,0099
	0^{g},1420

On remarquera dans cette analyse de M. Péligot, la présence de l'hyposulfite de soude, substance dont l'existence est assez difficile à expliquer. Quelques sulfures provenant des couches profondes du globe, se sont sans doute transformés en hyposulfites.

CHAPITRE IX

LE PUITS DE PASSY — APPLICATION DU SYSTÈME KIND.

Le succès du forage de Grenelle avait démontré péremptoirement la possibilité d'obtenir des eaux jaillissantes dans l'intérieur même de Paris. Les vues théoriques des géologues avaient reçu, en fait, une éclatante confirmation. La couche perméable de sables verts qui vient affleurer dans les environs de Troyes, à un niveau supérieur au sol de la capitale, doit fournir, en ce dernier lieu, une colonne d'eau jaillissante : voilà ce qu'avait dit la science, et elle ne s'était pas trompée.

Lors donc qu'on eut résolu de transformer le bois de Boulogne en un parc agrémenté de lacs, de rivières et de cascades, on songea à creuser dans son voisinage, un nouveau puits artésien, capable de suffire à cette énorme consommation d'eau.

Sur ces entrefaites, un ingénieur saxon, M. Kind, inventeur d'un système perfectionné de sondage, offrit d'exécuter ce travail dans des proportions beaucoup plus grandioses que celles du puits de Grenelle, et à des conditions fort avantageuses pour la ville. M. Kind promettait de creuser un puits quatre ou cinq fois plus large que le premier, dans le délai d'un an, moyennant la somme de 350,000 francs.

Le système de M. Kind consistait à employer des barres de bois pour remplacer les tiges de fer qui sont habituellement en usage pour opérer le creusement des puits, et à n'agir, à toutes les profondeurs, que par percussion, au moyen d'un trépan, qu'un déclic venait faire tomber au moment voulu, et qui creusait le sol par sa chute. Ce système avait réussi entre les mains de M. Kind dans tous les forages qu'il avait exécutés jusque-là.

Le 14 juillet 1855, sur l'avis favorable d'une commission composée de notabilités scientifiques et d'ingénieurs, un traité, dont voici les principaux articles, fut passé entre le préfet de la Seine et M. Kind :

« Le puits percé d'après les procédés de M. Kind, sous la surveillance de l'ingénieur des ponts et chaussées chargé de la direction du service des promenades et plantations de la ville de Paris, aura dans toute sa profondeur une section minimum de 0^m,60 de diamètre intérieur (0^m,43 de plus que le puits de Grenelle, celui-ci ne mesurant que 0^m,17 à la base).

« Il sera descendu de 25 mètres au moins dans la couche aquifère des grès verts, située, en moyenne, à 460 mètres au-dessous du sol de la plaine de Passy, et devra être garni d'un cuvelage en bois de chêne formant tube de retenue.

« Un tube ascensionnel de 23 mètres de hauteur environ au-dessus du sol de l'orifice du puits élèvera

Fig. 381. — La colonne monumentale du puits de Grenelle, sur la place Breteuil.

L'analyse chimique de l'eau du puits de Grenelle a été faite par M. Payen en 1841, et par MM. Boutron et Henry, en 1848. Voici les résultats des analyses de MM. Boutron et Henry.

Eau = 1 litre.

Bicarbonate de chaux	0g,0292
Bicarbonate de magnésie	0 ,0092
Bicarbonate de potasse	0 ,0100
Sulfate de potasse... Sulfate de soude..... }	0 ,0320
Chlorures de potassium et de sodium	0 ,0579
Silice	0 ,0100
Albumine et oxy de de fer	0 ,0020
Matière organique	traces.
	0g,149

M. Payen est arrivé, en 1841, aux résultats suivants :

Eau = 1 litre.

Carbonate de chaux	0g,0680
Carbonate de magnésie	0 ,0142
Bicarbonate de potasse	0 ,0296
Sulfate de potasse	0 ,0120
Chlorure de potassium	0 ,0109
Silice	0 ,0057
Substance jaune particulière	0 ,0002
Matière organique azotée	0 ,0024
	0 ,1430

Ces deux analyses donnent, on le voit, sensiblement le même chiffre pour le poids des

Depuis l'entier achèvement des travaux, l'eau est toujours restée claire. Le débit du puits est de 2,200 litres par minute, à la surface du sol, et de la moitié seulement, soit 1,100 litres, à la hauteur de 32^m,50.

Au lieu de laisser jaillir l'eau librement à plusieurs mètres au-dessus du sol, on l'a forcée à monter dans un tuyau vertical, de 34 mètres de long, terminé par un réservoir. Grâce à cette disposition, l'intervention des pompes est inutile pour la refouler dans les autres quartiers. Elle descend du réservoir

Fig. 380. — Péligot.

supérieur par un second tuyau, et se répand, sous une charge suffisante, dans les quartiers situés à un niveau plus bas. C'est ainsi qu'elle est amenée dans les réservoirs de la place du Panthéon, d'où elle se distribue dans les fontaines publiques et privées.

Un monument d'aspect élégant, malgré ses vastes proportions (*fig.* 381), a été élevé sur la place Breteuil, pour marquer l'emplacement du puits artésien. C'est une colonne en fonte, qui reçoit, par un aqueduc souterrain, l'eau de la source jaillissante, située dans le voisinage immédiat. Cette colonne, de forme hexagonale, a 42^m,85 de hauteur. Elle repose sur un socle en pierre de taille creusé en forme de bassin, dans lequel s'épanchent 96 gerbes d'eau provenant de quatre vasques étagées de la base au sommet. Un escalier à jour de 150 marches serpente autour du tube ascensionnel, et aboutit à une plate-forme, que domine une lanterne terminée en dôme. L'architecte de ce monument, élégamment brodé et découpé, est M. Delaperche.

Une rente viagère de 3,000 francs a été accordée à M. Mulot, par l'administration municipale de Paris.

L'eau du puits de Grenelle est d'une pureté remarquable; MM. Payen et Pelouze ont constaté qu'elle ne contient pas un atome de sulfate de chaux, et que, par conséquent, elle est éminemment propre à tous les usages domestiques et industriels, à la dissolution du savon, à la teinture, à la cuisson des légumes, et surtout à la boisson.

Sous ce dernier rapport, l'eau du puits de Grenelle reçut un hommage assez singulier et qui paraissait beaucoup flatter les habitants, du quartier du Gros-Caillou. L'ambassadeur de Turquie envoyait tous les deux jours, un de ses domestiques au puits de Grenelle, avec mission de lui apporter une cruche d'eau du puits artésien.

L'absence de toutes matières étrangères, et en particulier de sulfate de chaux (plâtre), rend cette eau précieuse pour les chaudières des machines à vapeur, qui, alimentées avec cette eau, sont moins sujettes à s'encroûter de dépôts terreux.

La quantité de substances solides tenues en dissolution dans l'eau du puits de Grenelle, est plus faible que celle que renferme l'eau de la Seine. En effet, un litre d'eau de Seine renferme, en moyenne, 0^{gr},30 de matières dissoutes, tandis que celle du puits de Grenelle n'en contient que 0,14.

entravée par divers accidents qui en retardèrent l'achèvement.

Les tubes étaient en cuivre rouge ; ils avaient 3 millimètres d'épaisseur, et formaient une seule colonne de trois diamètres différents ($0^m,18$, $0^m,22$ et $0^m,25$) pesant 10,000 kilogrammes. Cette colonne devait être descendue jusqu'à la profondeur de 408 mètres seulement, et là elle devait être vissée sur le dernier tuyau de retenue de $0^m,17$, afin de ne pas abaisser au-dessous de ce chiffre le diamètre du trou de sonde.

Les tuyaux d'ascension furent conduits sans trop de difficulté jusqu'à la profondeur voulue ; mais comme on ne put les fixer solidement, on essaya de les retirer pour les mieux placer : entreprise d'autant plus nécessaire que, depuis plusieurs jours, une accumulation de sables et d'argiles, à l'orifice inférieur du sondage, interceptait fortement le passage de l'eau. On se mit donc en mesure de sortir les tubes ; mais on en avait à peine extrait une cinquantaine de mètres, lorsque l'eau recommença à couler, charriant de grandes masses de sable : il fallut renoncer à retirer les tubes. En attendant, l'espace annulaire compris entre les colonnes de retenue et les tubes d'ascension, se remplissait de sable, et l'eau coulait fort trouble. On décida alors de descendre la colonne de cuivre jusqu'à 548 mètres, contrairement à la première résolution, afin de prévenir tout éboulement de l'argile non tubée ; et l'on fabriqua des tubes de cuivre qui devaient passer dans les tuyaux en fer de $0^m,17$.

Lorsqu'il fallut les introduire dans le sondage, on s'aperçut que ceux déjà en place étaient aplatis en divers endroits, par suite d'un excès de pression extérieure, non prévue.

Ces tubes étaient trop faibles pour résister à la poussée des eaux qui avaient pénétré entre eux et les tuyaux de retenue ; il fallait donc absolument les remplacer, car, en admettant qu'on parvînt à les redresser aux endroits attaqués, de nouveaux aplatissements se produiraient. C'est en effet ce qu'on constata par expérience. Trois accidents de ce genre ayant été réparés à l'aide de cylindres enfoncés dans les tubes, un quatrième se déclara soudainement.

On eut beaucoup de peine à retirer les 358 mètres de tubes de cuivre restés dans le forage, précisément à cause des dépressions qui empêchaient les instruments de manœuvrer.

Une commission nommée par le préfet de la Seine avait décidé que le second tubage serait fait, non en cuivre, mais en tôle galvanisée, de $0^m,005$ d'épaisseur, pouvant supporter une pression de 70 atmosphères. La descente de cette colonne, qui pesait 12,000 kilogrammes, s'accomplit sans difficultés, mais elle s'arrêta à 408 mètres : on avait reconnu que le tube de fer de $0^m,17$ était courbé, ce qui excluait toute possibilité de pousser les tuyaux galvanisés jusqu'à la rencontre de la nappe jaillissante.

Les choses étant en cet état, on s'aperçut qu'il sortait de l'eau par l'espace annulaire. On en rechercha la cause, et l'on constata que le liquide filtrait de l'intérieur du trou de sonde par certaines fissures du tube en fer de $0^m,17$, dans lequel circulait directement la colonne des eaux. Pour obvier à cet inconvénient, on remplit d'abord de chaux hydraulique l'espace compris entre le tube de $0^m,51$ et celui de $0^m,35$; puis on combla avec 20 mètres cubes de sable quartzeux très-fin, les intervalles existant entre les autres tubes et la colonne de tôle galvanisée.

Le 30 novembre 1842, c'est-à-dire au bout de neuf ans, les travaux furent complètement terminés. Le sondage proprement dit avait coûté 262,375 francs, et le tubage 100,057 francs, se décomposant ainsi : 37,000 francs de tuyaux en cuivre, 63,057 francs pour la fourniture et la pose des tuyaux en fer galvanisé. Le prix total de l'exécution du puits de Grenelle jusqu'à la surface du sol fut donc de 362,432 francs.

de millimètres que le sondage a de mètres. Quand ce tube eut été implanté dans un socle, il en couvrit le fond d'un cercle de glace polie, pour figurer la nappe d'eau artésienne. Sur l'eau ainsi représentée, il commença, avec l'aide de M. Mulot, à placer les matières retirées du puits, dans l'ordre inverse à celui de leur extraction, et en donnant exactement à chaque couche l'épaisseur indiquée par les notes de M. Mulot, vérifiées par M. Élie de Beaumont.

Les matières qui se succèdent ainsi à partir de la couche aquifère sont : 1° Du sable vert de la couche aquifère ; 2° des argiles sableuses ; 3° de la craie, et ainsi de suite, en remontant jusqu'au sommet de la colonne transparente, dont la couche supérieure est du sable pris sur le sol même de l'abattoir.

Ce curieux et fragile monument méritait d'être conservé par la gravure. M. Bizet s'y décida, et cet intéressant modèle fut ainsi perpétué.

C'est cette gravure même que nous reproduisons ici (*fig.* 738), en la réduisant.

Les sables verts commencent à la profondeur de 547 mètres; la sonde y étant entrée d'un mètre environ, la profondeur du puits de Grenelle est donc de 548 mètres.

La température de l'eau du puits de Grenelle est de 27°,7 centigrades. Quant à sa pureté, elle fut reconnue supérieure à celle de l'eau de Seine par Pelouze, qui en fit l'analyse immédiatement après le jaillissement. Le débit du puits à la surface du sol, avant le tubage définitif, était d'environ 1 million de litre par heure.

Nous devons dire que les savants avaient parfaitement prédit ce résultat, et l'avaient annoncé avec une précision qui fut pour tout le monde un juste sujet d'étonnement.

Pendant les travaux du puits de Grenelle, le public s'occupait beaucoup de cette importante expérience, et en suivait les phases avec la plus vive curiosité. Arago ne cessait d'affirmer que le succès du puits de l'abattoir était infaillible, si l'on avait assez de persévérance pour traverser toute la couche de craie. Il s'appuyait sur les succès des forages d'Elbeuf pour assurer que, si l'on

Fig. 379. — M. Élie de Beaumont.

rencontrait à Paris la même nappe d'eau, elle jaillirait à la surface du sol. De son côté, M. Élie de Beaumont, l'illustre géologue, ne cessait de prodiguer les conseils de sa haute science aux personnes chargées de ce travail pénible, et de leur prodiguer ses encouragements. C'est, on peut le dire, à la persévérance d'Arago et aux conseils éclairés de M. Élie de Beaumont que l'on dut la réussite de cette entreprise.

Ainsi les prévisions de la science furent confirmées dans toute leur étendue. L'issue des travaux du puits de Grenelle fut un succès des plus brillants et des plus mérités, pour la géologie et l'hydraulique.

La pose des colonnes d'ascension commença le 29 juin 1841. Cette opération fut

LES PUITS ARTÉSIENS.   581

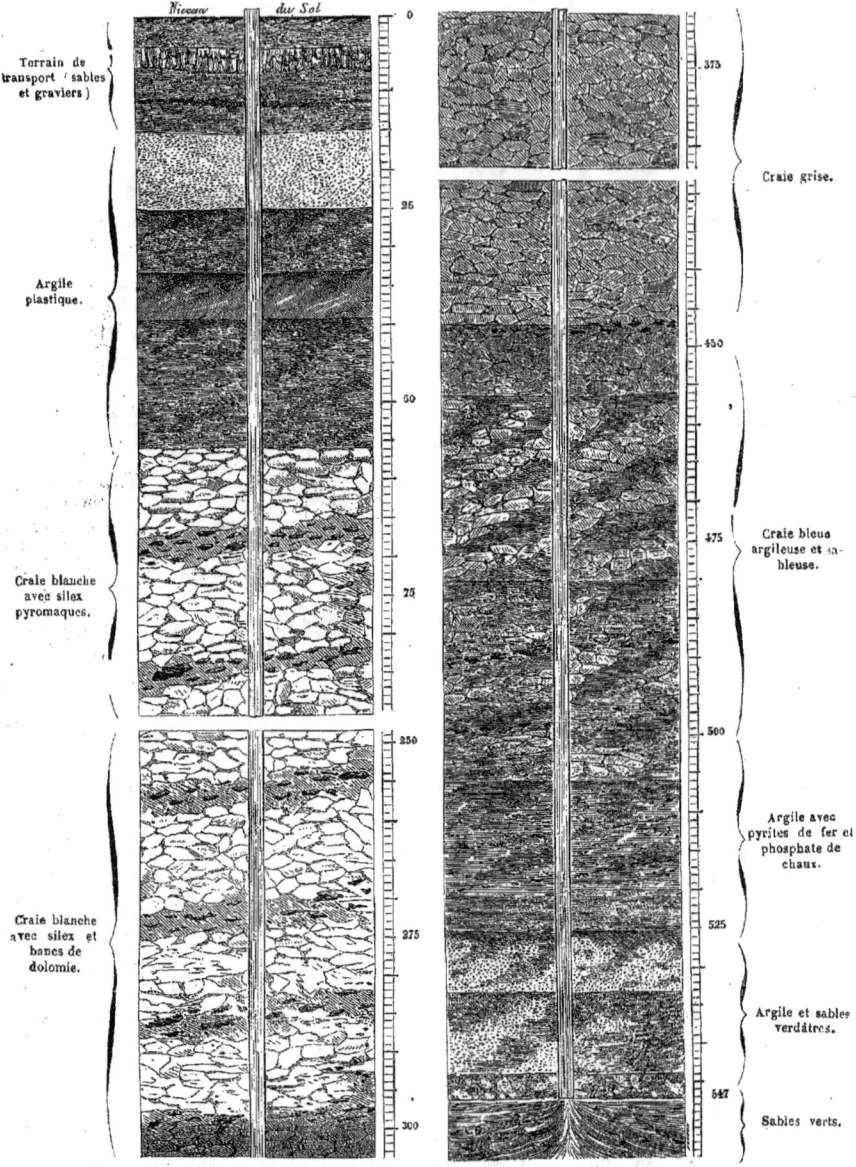

Fig. 378. — Coupe des terrains traversés par le forage du puits de Grenelle.

turel des terrains traversés par la sonde. Il prit un tube de verre cylindrique, ayant la circonférence d'une pièce de 5 francs et haut de 548 millimètres, c'est-à-dire d'autant

La partie inférieure de la craie n'était percée qu'à la largeur de 0ᵐ,13, il fallut l'élargir à 0ᵐ,20, opération peu aisée, vu la dureté du terrain. Jusqu'à 475 mètres, l'agrandissement se fit sans encombre ; mais alors la sonde se rompit, et l'alésoir tomba dans le trou.

Quatre mois et six jours de travail furent nécessaires pour le retirer ; pendant cette extraction, la sonde se cassa 22 fois.

Enfin, on procéda, le 8 septembre, à la pose de la huitième colonne de garantie : elle avait 0ᵐ,185 de diamètre, 129 mètres de longueur, et descendait dans les argiles jusqu'à 514 mètres.

De 531 à 540 mètres de profondeur, la sonde rapporta de nombreux débris de coquilles fossiles. A mesure qu'on creusait, on enfonçait la dernière colonne. A 538 mètres, elle cessa de descendre, quoique le forage fût poussé jusqu'à 545 mètres. Le cas avait été prévu, et un neuvième tube de garantie de 60 mètres de longueur, était préparé.

L'argile devenait de plus en plus dure :

Fig. 377. — M. Mulot.

la tarière n'y entrait que de 10 ou 15 centimètres à chaque manœuvre. A 545 mètres un ciseau descendit de 41 centimètres seulement en cinq heures. Une cuiller à soupape, qui succéda à cet instrument, s'enfonça de 8 centimètres en deux fois, et remonta de gros grains quartzeux, empâtés dans l'argile verdâtre. Dans une autre manœuvre, elle entra de 0ᵐ,28 et revint pleine, contenant à la partie inférieure du sable vert très-argileux. On touchait au but si ardemment poursuivi !

En effet, le lendemain matin, tout le personnel des travaux étant réuni au bord du forage, la soupape remonta, au bout de 3 heures 45 minutes, une charge de sable vert : on avait donc atteint le gîte de la nappe des eaux jaillissantes !

La cuiller fut redescendue immédiatement. Après un trajet de 2 heures, elle arriva au fond du trou, et pénétra dans le fond de 0ᵐ,30. On la souleva légèrement, puis on la laissa retomber : elle entra de nouveau de 0ᵐ,10. On essaya alors de la faire tourner ; les chevaux tiraient à franc collier sans pouvoir entraîner le manége. Enfin, après une secousse qui ébranla tout l'atelier, la machine cessa de résister.

« La sonde est cassée, ou nous avons de l'eau ! » s'écria M. Mulot fils, attentif à toute les péripéties de l'opération.

Peu de temps après, un sifflement vint frapper délicieusement les oreilles de tous les assistants, et l'eau jaillit avec impétuosité.

C'était le 26 février 1841, à 2 heures et demie.

Selon l'usage des ingénieurs-sondeurs, M. Mulot, pendant le travail du forage, avait conservé dans un casier un spécimen de chacune des couches des terres que sa sonde traversait, et dont il avait avec soin constaté la nature et noté l'épaisseur. M. Ch. Bizet, conservateur des abattoirs, eut l'ingénieuse pensée de réunir ces fragments, et en les plaçant les uns sur les autres, dans leur ordre géologique, d'en composer le spécimen na-

assez de largeur pour cet instrument. Il fallut se décider à agrandir le puits et à lui donner, avec l'alésoir, 16 centimètres de diamètre, au lieu de 13.

Ce travail exigea neuf mois. Pendant sa durée, un nouvel accident vint compliquer le premier d'une manière bien fâcheuse. La tige de suspension s'étant cassée, toute la sonde, comprenant les barres et l'alésoir, fut précipitée dans le trou, ainsi qu'une pièce de fer forgé, coudée à angle droit, qui provenait d'un encliquetage destiné à retenir la sonde.

On releva la plupart des barres au moyen de la cloche à vis; mais on n'eut raison de l'alésoir qu'avec une extrême difficulté. On le prit d'abord avec la caracole, puis avec le taraud, et ce n'est qu'à grand'peine qu'on le remonta, attendu que le morceau de fer coudé faisait coin et s'opposait à son extraction.

Quant à l'alésoir, il n'offrait aucune prise aux instruments, et l'on ne réussit, en voulant l'extraire, qu'à le pousser sur la cuiller en permanence dans le trou de sonde. Des galets tombés d'en haut, étant venus s'accumuler au même point, la cuiller fut soustraite à toute tentative d'extraction, et l'on n'eut plus d'autre ressource que de pulvériser tout ce qui se trouvait au-dessus, et, au besoin, une partie de l'instrument lui-même.

Des douilles, taillées à leur base, furent confectionnées pour accomplir cette besogne, qui avança fort lentement, comme on le pense bien.

C'est à cette occasion qu'on descendit une sixième colonne de garantie, pour se débarrasser de la vase que fournissaient continuellement 250 mètres de terrains non tubés. Cette colonne fut mise en place le 14 juin 1838 : elle avait $0^m,265$ de diamètre et $208^m,80$ de longueur, descendait jusqu'à 350 mètres et pesait 6,478 kilogrammes.

Le 1er août 1838, quatorze mois après sa chute, la cuiller fut définitivement retirée du trou de sonde. On n'en ramena que 3 mètres, en très-mauvais état ; le reste, c'est-à-dire $4^m,13$, avait été broyé.

Depuis le 3 août jusqu'au mois de décembre, la sonde se brisa encore, et ce ne fut pas sans difficulté qu'on parvint à l'extraire, attendu qu'elle s'engageait, en remontant, entre les parois de la colonne de garantie et celles du sondage.

On pensa, non sans raison, que les ajustements avaient pu, durant les nombreuses manœuvres de la sonde pour retirer la cuiller brisée, pratiquer dans les couches tendres, une rainure, où venaient se loger les barres ; que celles-ci se courbaient dans l'excavation qui leur était offerte, qu'elles l'agrandissaient en tournant, et que finalement elles cassaient, quel que fût leur diamètre. En conséquence, on résolut de tuber le trou de sonde jusqu'au fond. La septième colonne de garantie fut descendue, le 28 janvier 1839, jusqu'à la profondeur de 400,60 : elle avait $0^m,21$ de diamètre et 340 mètres de longueur.

En 1840, on était arrivé à 500 mètres de profondeur, et l'eau ne paraissait pas ! M. Mulot dut solliciter du conseil municipal une nouvelle autorisation et un supplément d'allocation.

Comme l'allocation demandée se faisait trop attendre, au gré de son impatience, M. Mulot, animé d'un patriotisme, trop rare de nos jours, déclara qu'il poursuivrait le forage à ses frais, et il reprit sa sonde. Il ne lui avait été alloué à grand'peine que 263,000 francs; il en prit 40,000 sur sa propre fortune.

Un nouveau marché intervint alors entre la ville de Paris et M. Mulot, pour une autre percée de 100 mètres, moyennant la somme de 84,000 francs, non compris les frais d'alésage et de tubage provisoire.

A la profondeur de 505 mètres, on entra dans l'argile brune micacée, renfermant des pyrites de fer. D'abord assez compacte, cette argile devint tellement coulante, à la profondeur de 515 mètres, qu'on reconnut l'impossibilité de pousser le forage plus loin sans une huitième colonne de garantie.

LES PUITS ARTÉSIENS.

Fig. 385. — Coupe longitudinale du bâtiment pendant le travail de forage du puits de Passy.

M, chaudière à vapeur et ses accessoires; A, machine à vapeur commandant les divers treuils pour la manœuvre soit du trépan, soit de la cuiller à soupape; B, B', câbles soutenant les outils à employer; C, grand treuil manœuvrant les tiges de sondage; D, autre treuil commandé à volonté par la même machine à vapeur A, et servant à amener le chariot F au-dessus du puits lorsqu'il doit recevoir la cuiller à soupape qui a cessé de fonctionner; E, poulie du chariot F; F, chariot recevant la cuiller lorsqu'elle cesse de servir; G, cuiller prête à descendre dans le puits; H, tige du cylindre à vapeur commandant le balancier K, destiné à imprimer aux tiges de sondage et par suite aux outils qui y sont suspendus, un mouvement de haut en bas alternatif; I, *tourne-à-gauche* pour faire varier à chaque oscillation des tiges la position du trépan; J, orifice du puits dans lequel descendent les tiges de sondage; T T, tiges de rechange prêtes à être ajoutées à mesure que le travail avance.

l'eau, s'exerçant de bas en haut, le chapeau en gutta-percha *ee* est soulevé le long de la tige *f*, et la tige J se dégage de l'extrémité de la fourche KK, qui la retenait par sa partie supérieure k. Dès lors, les deux branches KK sont forcées de se rapprocher par le haut, et nécessairement aussi de s'écarter par le bas, en pivotant autour des boulons l,l. Elles laissent donc échapper la tête o de la tige à coulisse qui porte le trépan, et le trépan, abandonné à lui-même, est précipité au fond du sondage. La sonde venant à redescendre, la pince se trouve de nouveau en contact avec la tête o. Au moment où le balancier de la machine à vapeur relève les tiges, l'eau presse de nouveau sur le chapeau de guttapercha, de haut en bas; les branches de la pince se rapprochent et saisissent la tête o, et le trépan remonte avec les tiges.

Ainsi, cet organe remarquable venait alternativement saisir et relâcher, un énorme trépan pesant 1,800 kilogrammes. Soulevée jusqu'à une hauteur de 60 centimètres, cette masse retombait le long des glissoires, et à chaque oscillation du balancier de la machine à vapeur, elle venait frapper le sol. Aucune roche n'aurait pu résister à ce choc puissant, s'exerçant plusieurs fois par minute.

Dans le système Kind, la chute du trépan s'opère donc tout à fait indépendamment de celle des tiges, et les inconvénients des sondes rigides à de grandes profondeurs disparaissent complétement. Nous avons dit comment M. Mulot, faute d'un procédé de ce genre, avait été contraint de renoncer à la méthode de percussion, dès la profondeur de 341 mètres; dans le forage de Passy, on put se servir du trépan jusqu'à la rencontre de la nappe jaillissante. La coulisse d'OEynhausen, que nous avons décrite plus haut (page 560, figure 358) était un acheminement vers cet appareil; mais elle ne réalisait qu'imparfaitement les conditions de la chute libre, car son emploi ne provoque pas la séparation réelle de l'instrument perforateur et des tiges; M. Kind a donc le premier, résolu complétement ce problème.

Ce n'est pas à dire que son appareil soit sans défauts. Parfait de tous points dans les terrains solides, où l'alésage est régulier et où le chapeau de gutta-percha fonctionne aussi bien qu'un piston dans le cylindre d'une machine à vapeur, il laisse à désirer dans les couches tendres, où le remous de l'eau dégrade les parois du trou de sonde et l'élargit de telle sorte, que l'eau, pouvant se frayer un passage autour du clapet, cesse d'exercer sur celui-ci une pression suffisante pour le soulever et ouvrir la pince à déclic. Il arrive donc assez souvent que la sonde monte et descend sans lâcher le trépan.

Le mécanisme imaginé par M. Kind n'en reste pas moins très-remarquable. Il fonctionne assez rapidement pour que le trépan tombe environ 20 fois par minute, d'une hauteur de $0^m,60$, lorsque le trou de sonde est alésé bien régulièrement; dans le cas contraire, le nombre de coups ne dépasse pas 12 ou 15 (1).

Aussi longtemps que dure le battage, deux ouvriers, placés sur le plancher de manœuvre, sont occupés après chaque coup, l'un à tourner vers le haut la vis qui soutient la sonde, afin d'augmenter la longueur des tiges à mesure que le trou s'approfondit, l'autre à faire tourner cette tige elle-même d'un huitième de circonférence, en agissant sur la barre transversale, afin d'amener les dents du trépan sur tous les points de la roche.

La figure 385, avec sa légende, donnera au lecteur une idée exacte des différentes phases qu'avait à parcourir le travail de la machine et des ouvriers dans le forage du puits de Passy.

La quantité de travail utile accomplie par l'outil perforateur, à Passy, variait nécessairement avec la nature des couches à traverser. Pendant les quatre premiers mois, chaque séance de battage, dont la durée était de six heures environ, produisit un avancement moyen de $1^m,28$; pendant cer-

(1) MM. Degousée et Laurent ont perfectionné ce système de déclic, et l'emploient avec avantage dans leur travaux. Leur appareil étant fondé sur le même principe que celui de l'ingénieur saxon, nous nous dispenserons de le décrire.

tains jours l'on creusa jusqu'à 1ᵐ,50 et même 2 mètres.

Lorsque le trépan avait rempli sa besogne quotidienne, c'est-à-dire travaillé pendant sept à huit heures, on s'occupait d'enlever les débris au moyen d'une *cuiller* au *cylindre à soupape*. Pour cela, il fallait en retirer les tiges et le trépan, puis y introduire une cuiller à soupape, propre à remonter les débris.

Cette double opération s'accomplissait à l'aide de deux câbles plats passant sur deux poulies situées au sommet de la tour du hangar principal (*fig.* 385), et s'enroulant sur un treuil mû par le second cylindre à vapeur. On procédait de la manière suivante.

Le battage étant terminé, on décrochait la chaîne du balancier, et l'on reportait celui-ci en arrière au moyen de rouleaux ; puis on faisait descendre alternativement chacun des câbles plats pour prendre une longueur de tiges qui n'était pas moindre de 30 mètres, ce nombre représentant précisément la hauteur de la tour, au sommet de laquelle se tenait un homme, occupé à détacher le câble après chaque ascension et à mettre les tiges de côté, au fur et à mesure de leur sortie. Quant au trépan, dès qu'il était arrivé à l'orifice du puits, on le suspendait à un chariot mobile sur des rails de fer et spécialement disposé pour ce transport ; puis on l'écartait momentanément.

La *cuiller* employée pour nettoyer le trou de sonde consistait (*fig.* 386), en un tube de tôle T de 0ᵐ,80 de diamètre sur 1 mètre de hauteur, muni à sa partie inférieure de deux soupapes V, V s'ouvrant de dehors en dedans. Elle était amenée au-dessus de l'orifice du puits de la même manière que le trépan, à l'aide d'un chariot roulant sur des rails, puis ancrée à l'extrémité d'un câble rond de 0ᵐ,04 de diamètre, qui passait sur une poulie folle et allait s'enrouler sur un treuil mis en mouvement par le second cylindre à vapeur. On laissait ensuite filer le câble, et la cuiller descendait en vertu de son poids. Au fond du puits, les soupapes s'ouvraient par la résistance de l'eau, le cylindre se remplissait de débris, et, dès qu'on

Fig. 386. — Cuiller du puits de Passy.

le remontait, les soupapes se refermaient par le poids des terres. Revenue à l'orifice du sondage, la cuiller était prise par le chariot et conduite au-dessus d'un canal de déversement, où on la vidait.

D'après le traité passé avec la ville de Paris, le puits de Passy devait être terminé le 18 juillet 1856. Mais on avait compté sans les difficultés de percement des couches éboulantes qui surmontent la craie. On rencontra de tels obstacles dans les sables, et surtout dans les argiles, qu'on dut placer des tuyaux de retenue depuis l'orifice supérieur du puits jusqu'à la craie. Ces tubes étaient en tôle de 5 millimètres d'épaisseur, leur diamètre était de 1ᵐ,10. On eut beaucoup de peine à les enfoncer. Il fallut les charger d'un poids de 32,000 kilogrammes, et mettre en œuvre des outils élargisseurs à la base de la colonne.

Le 31 mars 1857, on avait atteint la profondeur de 528 mètres; et certes, quoique le délai d'un an fût dépassé, c'était là un beau résultat. Encore quelques jours, et l'eau allait jaillir. Tout à coup un accident funeste vint anéantir les espérances légitimes d'un succès prochain. La colonne de garantie qui soutenait les argiles, fut écrasée à 30 mètres seulement au-dessous du sol. Ce sinistre eut des conséquences lamentables. Il retarda de plusieurs années l'achèvement du forage, et augmenta les dépenses de plus du triple.

Fig. 387. — M. Kind.

M. Kind se trouvait dans l'impossibilité de remplir les conditions de son traité. La ville de Paris, usant de son droit strict, annula le marché, et décida de continuer l'opération avec le secours de ses ingénieurs, en laissant toutefois la direction des travaux à M. Kind.

Pour opposer une digue infranchissable à la poussée des argiles, les ingénieurs de la ville de Paris décidèrent de creuser un puits énorme à travers les couches dont l'accident du 31 mars 1857 avait révélé les dangers, c'est-à-dire dans la partie supérieure, composée d'argiles et qui s'était éboulée en écrasant le tube de retenue, et de revêtir ce puits d'une maçonnerie.

On donna à ce puits un diamètre inusité. Il mesurait 3 mètres de diamètre dans les deux premiers tiers, et 1^m,70 dans le dernier. Le 13 décembre 1859, ce puits, long de 57 mètres, était terminé. Il était construit, partie en fonte avec maçonnerie intérieure, et partie en tôle. L'opération fut longue, rebutante, et même si dangereuse, que plus d'une fois les ouvriers refusèrent de continuer le travail. C'est ainsi seulement que l'on put arriver à dégager le tube de retenue qui s'était écrasé à 30 mètres au-dessous du sol.

On procéda ensuite au tubage définitif de toute la partie forée du trou de sonde. La colonne de tubage se composait d'une série de tuyaux en bois, dont les derniers n'avaient pas plus de 0^m,78 de diamètre, le tout se terminant par un tubage en bronze, de 12 mètres, percé de fenêtres sur toute sa longueur, pour faciliter l'entrée de l'eau, dès qu'on aurait atteint la nappe jaillissante.

La colonne de tubage refusa de descendre au delà de 550 mètres, à cause de la résistance des marnes. Comme on savait que l'on était très-rapproché de l'eau, on ne se découragea pas. On pratiqua un sondage d'essai de faible diamètre, et à 577^m,50, on eut le bonheur de rencontrer l'eau. Cette nappe était la même que celle de Grenelle; cependant elle ne jaillit pas; elle s'arrêta à quelques mètres au-dessous du sol.

On voulait un résultat plus complet. On continua donc le sondage, avec la certitude de trouver, un peu plus bas, une ou plusieurs

Fig. 388. — Le puits artésien de Passy

autres nappes jaillissantes. Un dernier tube en tôle, de $0^m,70$ de diamètre, sur 52 mètres de long, fut introduit dans le précédent, et poussé aussi loin que possible : il s'arrêta dans les marnes. On agrandit alors le sondage d'essai au diamètre de $0^m,70$, et on le continua sans interruption.

Enfin, le 24 septembre 1861, à midi, après six ans de travail, la couche des sables verts contenant l'eau jaillissante, fut atteinte, à la profondeur de 586 mètres. Au premier coup de sonde, il sortit 15,000 mètres cubes d'eau par 24 heures. Bientôt le volume de l'eau épanchée chaque jour s'éleva à 20,000 mètres cubes, et il ne descendit pas au-dessous de 17,000, tant que se fit l'écoulement à la surface du sol.

La température de l'eau fournie par le puits artésien de Passy, est de 28 degrés centigrades. Comme celle du puits de Grenelle, elle est parfaitement limpide et propre a tous les usages domestiques.

Le débit du puits de Passy dans les premiers temps fut énorme. Il était en vingt-quatre heures de 20,000 mètres cubes, déversés à fleur du sol. Mais il ne tarda pas, après les travaux définitifs du tubage, à subir une réduction tout aussi énorme. Le puits de Passy ne débite aujourd'hui, par vingt-quatre heures, que 8,000 mètres cubes d'eau. On les réunit aux eaux des réservoirs de Chaillot.

Voici, d'après MM. Poggiale et Lambert la composition de l'eau du puits artésien de Passy, pour un litre d'eau.

GAZ.

Azote..	17^{cc}
Acide carbonique libre ou provenant des bicarbonates...........................	7

PRINCIPES FIXES.	
Carbonate de chaux................	0,064 gr
— de magnésie.............	0,024
— de potasse..............	0,012
— de protoxyde de fer.......	0,001
Sulfate de soude...................	0,015
Chlorure de sodium................	0,009
Acide silicique....................	0,010
Alumine..........................	0,001
Acide sulfhydrique et sulfure alcalin....	0,006
Matières organiques, iodure alcalin, manganèse et perte...............	0,0044
Total......	0,186

Si l'on se reporte à l'analyse de l'eau du puits de Grenelle, que nous avons mentionnée plus haut (page 585), et particulièrement à l'analyse de MM. Boutron et Henry, on verra que le poids du résidu solide est sensiblement le même pour les deux eaux. On peut en dire autant de la proportion de leurs éléments constituants. Il est donc permis de conclure que l'eau du puits de Passy et celle du puits de Grenelle proviennent toutes les deux de la même nappe souterraine.

L'eau du puits de Passy ne contient pas d'oxygène ; elle est alcaline comme l'eau du puits de Grenelle ; enfin, elle renferme moins de sels calcaires et magnésiens que les bonnes eaux.

« La température élevée de l'eau du puits de Passy, dit M. Poggiale, sa saveur forte, l'absence d'air, la faible quantité d'acide carbonique et de carbonate calcaire sont des inconvénients sérieux, si on veut l'employer comme boisson. Il faudrait, pour cet usage, l'aérer et la refroidir. Cette eau est néanmoins préférable à toutes les eaux de sources et de rivières pour la plupart des usages publics, particulièrement pour les générateurs de vapeur, pour l'arrosage des plantes, et très-probablement pour le blanchissage. »

Nous représentons (*fig.* 388) le puits artésien de Passy, tel qu'il existe aujourd'hui. Son aspect est des plus simples. La colonne d'eau n'a pas le caractère jaillissant, et le plus souvent elle se déverse à fleur du sol, comme la plus modeste fontaine. Quand on voit ce faible volume d'eau s'épancher dans le bassin avec si peu d'appareil, on se demande si c'est bien là le puits artésien qui a coûté tant de travaux et d'efforts.

Pour terminer ce chapitre, nous mettrons sous les yeux du lecteur (*fig.* 389) le tableau des terrains qu'a traversés la sonde, dans le forage dont nous venons de raconter les longues péripéties.

En comparant cette coupe avec celle du forage de Grenelle, on observera une identité presque complète quant à la succession des couches, dans les deux localités. La ressemblance était si évidente que M. Élie de Beaumont a pu, sans se tromper, annoncer le jaillissement de l'eau à Passy, quelques heures seulement avant l'événement, par l'inspection des sables verts ramenés du fond du trou de sonde.

CHAPITRE X

LES PUITS ARTÉSIENS DE LA BUTTE-AUX-CAILLES ET DE LA CHAPELLE SAINT-DENIS.

Deux puits artésiens tout aussi importants que ceux de Grenelle et de Passy, sont en ce moment en cours d'exécution, à Paris. L'un, situé à la Butte-aux-Cailles, près de la barrière Fontainebleau, a été entrepris par MM. Saint-Just et Dru, successeurs de M. Mulot; le second, placé à l'autre extrémité de Paris, sur la place Hébert, à la Chapelle Saint-Denis, a été confié à M. Ch. Laurent. Dans les traités passés entre la ville de Paris et ces entrepreneurs, il était dit que l'administration ferait exécuter elle-même deux puits ordinaires de 2 mètres de diamètre, que l'on pousserait, s'il était possible, jusqu'aux premières couches des terrains secondaires, après quoi les concessionnaires du forage auraient à commencer, à cette profondeur, le puits artésien.

Cette clause a été remplie pour le puits de la Butte-aux-Cailles ; un puits a pu être descendu jusque dans la craie, à 80 mètres de profondeur ; alors, MM. Saint-Just et Dru

LES PUITS ARTÉSIENS.

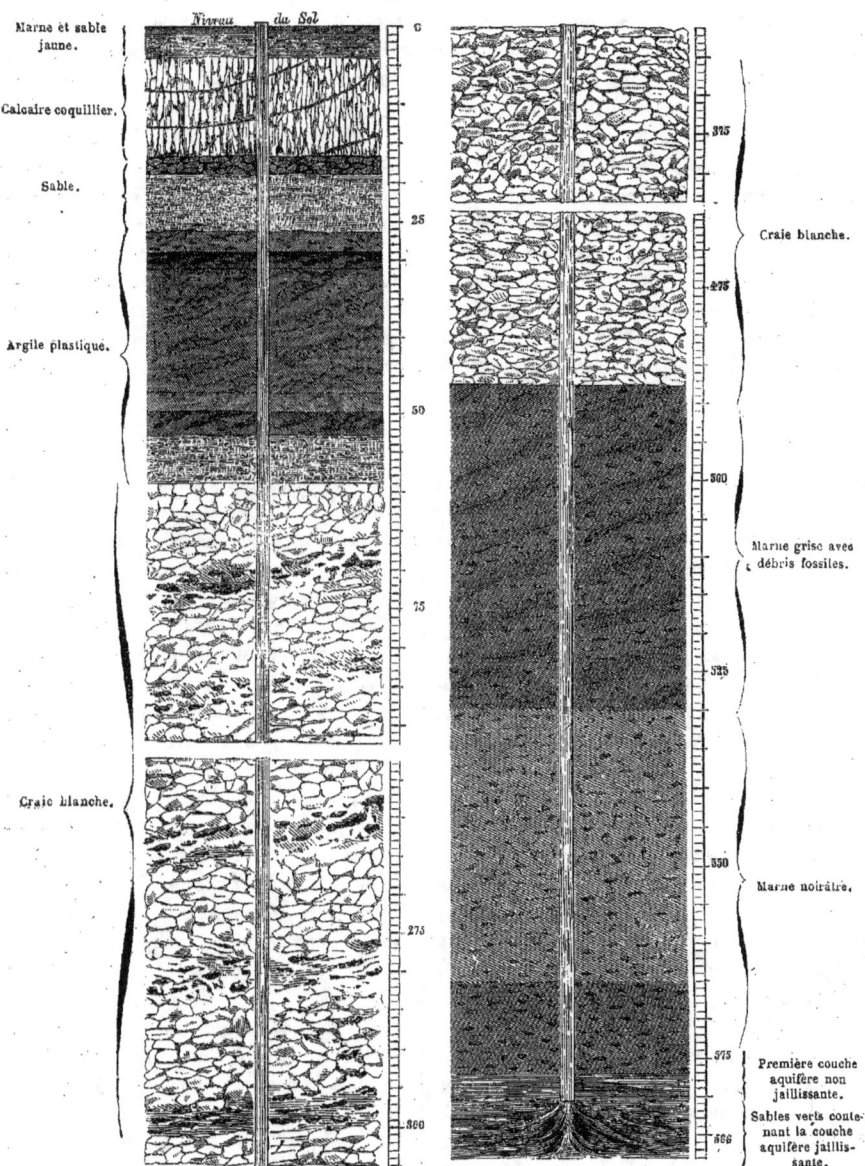

Fig. 389. — Coupe des terrains traversés par le forage du puits artésien de Passy.

s'en sont emparés, et ont commencé le forage, en donnant au trou le diamètre de $1^m,20$.

A la Chapelle Saint-Denis, les choses se sont passées tout différemment. Le puits ordinaire n'a pu être mené, avec beaucoup de peine, qu'à la profondeur de 34 mètres, l'épaisseur des terrains tertiaires étant, en ce lieu de la ville, de 137 mètres; il restait donc 102 mètres à percer pour atteindre la craie. Le 16 décembre 1865, on commença à forer au diamètre de $1^m,70$, et l'on arriva ainsi à la profondeur de 68 mètres, sans employer de colonne de garantie, quoique les marnes et les calcaires traversés fussent de nature ébouleuse. A 68 mètres, on descendit une colonne de $1^m,58$ de diamètre intérieur, et on la poussa jusqu'à 120 mètres dans les sables et les argiles plastiques; malgré tous les efforts, elle refusa d'avancer davantage. On aurait voulu l'amener jusque sur la craie, atteinte le 16 décembre 1866, afin de lui faire intercepter la totalité des terrains ébouleux, et de pouvoir continuer le forage dans la craie au diamètre de $1^m,55$; mais on n'y put réussir. C'est en vain que l'on ajouta à son propre poids, qui n'était pas moindre de 100,000 kilogrammes, une pression considérable; c'est en vain qu'on l'attaqua avec un mouton de 4,000 kilogrammes : elle résista pendant plusieurs mois, et l'on dut la laisser en repos pour ne pas la déformer.

Une seconde colonne de $1^m,39$ de diamètre intérieur fut donc descendue, pour maintenir les sables et les argiles surmontant la craie : le 20 juillet 1867, l'opération était terminée. Trois mois après, le 1er novembre, on atteignait la profondeur de 280 mètres au diamètre de $1^m,35$.

A la Chapelle Saint-Denis, l'outil broyeur est un trépan circulaire du poids de 4,800 kilogrammes et à dimensions variables : son diamètre a été successivement de $1^m,70$, de $1^m,58$ et de $1^m,35$. Celui de la Butte-aux-cailles pèse environ 2,500 kilogrammes, au diamètre de $1^m,20$; il est à lame pleine.

Les colonnes de garantie employées dans le sondage de la place Hébert, ne sont pas confectionnées à la manière ordinaire. Elles consistent en des feuilles de tôle de 1 millimètre d'épaisseur, superposées et à joints croisés; leur épaisseur totale est donc de 2 millimètres. Comme elles sont dépourvues de toute saillie permettant de les saisir pour la descente, il a fallu fixer sur leur pourtour un certain nombre de plaques mobiles, retenant un fort tampon en bois de chêne, introduit dans leur intérieur. Ce tampon est garni d'un joint en caoutchouc qui ferme hermétiquement le tube par en haut, de sorte que l'air situé au-dessous se comprime, et en pressant sur l'eau, produit un allégement du poids du tube.

Les diverses portions de la colonne sont assemblées au moyen de rivets mis à chaud. Dès que l'ensemble atteint un poids considérable, 30 ou 40,000 kilogrammes, par exemple, on se sert, pour la descente, de deux ou quatre vis fixées aux tampons, qui tiennent le dernier tube suspendu dans le forage à l'aide de leurs écrous posant sur un pont solide en charpente. Chaque écrou porte une roue dentée qui engrène avec une vis sans fin munie d'une manivelle. Il suffit d'un homme agissant sur chaque manivelle pour faire descendre les vis, et par suite le tube. Par ce procédé, deux hommes manœuvrent parfaitement une colonne de 50,000 kilogrammes. Pour un poids plus considérable, on emploie quatre vis et quatre hommes. La descente de la colonne qui occupe les 140 premiers mètres du forage de la Chapelle, a exigé un mois entier.

Tels sont les détails que nous avons pu recueillir sur les importants travaux de sondage que fait exécuter en ce moment la ville de Paris.

Ce qui peut faire espérer une bonne réussite, c'est le succès d'un puits artésien, d'une profondeur énorme, qui tout récemment, c'est-à-dire au mois de septembre 1869, a été mené à bon port.

Ce nouveau puits artésien à grande profondeur, qui, avec les puits de Grenelle et de Passy, est le troisième de cette catégorie existant à Paris, a été pratiqué dans la grande raffinerie de sucre de M. Say, située au boulevard de la Gare, près de la barrière d'Italie. M. Say avait donné à MM. Saint-Just et Dru, successeurs de M. Mulot, la mission de faire ce puits artésien. Le succès a été complet. Le trépan a rencontré à 562 mètres (cinq fois la hauteur du dôme des Invalides) une nappe liquide qui a fait jaillir une colonne d'eau, à la température de 28°, fournissant 10,000 litres d'eau par vingt-quatre heures et pouvant s'élever jusqu'à 25 mètres de hauteur. L'opération n'a demandé que quatre ans, et la dépense totale n'a pas dépassé 300,000 francs.

Espérons que les deux puits que la ville de Paris fait creuser en ce moment à la Chapelle Saint-Denis et à la Butte-aux-cailles, réussiront aussi bien que celui de M. Say.

CHAPITRE XI

PRINCIPAUX PUITS ARTÉSIENS CREUSÉS EN FRANCE ET A L'ÉTRANGER. — LEUR PROFONDEUR ET LEUR DÉBIT.

Nous venons de parler des puits artésiens forés à Paris. Ils nous ont servi à donner des applications intéressantes des procédés décrits dans le premier chapitre de cette Notice. Outre les puits forés dont il vient d'être question, il en existe un grand nombre d'autres, sur toute l'étendue de la France. Parmi les départements les plus favorisés sous ce rapport, nous citerons ceux de la Seine, de Seine-et-Oise, de Seine-et-Marne, de l'Oise, de l'Aisne, de l'Orne, de la Manche, du Calvados, de la Seine-Inférieure, de la Somme, du Pas-de-Calais, du Nord, de la Haute-Marne, des Ardennes, de la Moselle, du Bas-Rhin, de la Haute-Saône, de Saône-et-Loire, de la Loire, de l'Allier, de l'Yonne, de l'Eure, d'Eure-et-Loir, du Loiret, d'Indre-et-Loire, de Maine-et-Loire, de la Sarthe, du Var, de l'Hérault, des Pyrénées-Orientales.

Parmi les pays étrangers, l'Angleterre, la Belgique, l'Allemagne et l'Italie, sont ceux où l'art des sondages a fait le plus de progrès.

Malgré leur audace et leur esprit d'initiative, les Américains des États-Unis ne sont pas très-avancés sous ce rapport ; et pourtant cette partie du Nouveau-Monde est placée dans d'excellentes conditions, au point de vue des richesses aquifères intérieures.

Les travaux des mines ont beaucoup contribué et contribueront toujours beaucoup, à la multiplication des puits artésiens. Il arrive souvent qu'en sondant le sol, pour y découvrir des gisements de houille, de sel gemme ou de toute autre substance, on rencontre une ou plusieurs nappes d'eaux jaillissantes, qu'on exploite ou qu'on laisse de côté, suivant la position du puits par rapport aux centres de population. Mais on en conclut que le pays est propice à la création de fontaines artésiennes.

Les puits de Grenelle, de Passy et du boulevard de la Gare, dont nous avons parlé dans le chapitre précédent, son les plus profonds que possède le département de la Seine et la France entière.

Dans la Seine-Inférieure, des recherches de houille faites près de Saint-Nicolas-d'Aliermont, à 15 kilomètres de Dieppe, ont amené la découverte de sept nappes ascendantes, dont la plus profonde était située à 333 mètres. Leur abondance était telle qu'en trente-six heures tous les travaux de mines furent inondés. L'eau n'étant pas, dans ce cas, le but des recherches, on se vit contraint d'abandonner l'exploration.

A Sotteville, près Rouen, un forage entrepris pour le compte d'une société houillère, a été poussé jusqu'à 320 mètres par MM. Degousée et Laurent. A 254 mètres, on trouva une source salée très-abondante, d'une température de 25°, et qui jaillit au-dessus du sol. La ville de Rouen n'ayant pas voulu l'utiliser, comme on le lui proposait, pour un établissement de bains destiné à sa nombreuse population ouvrière, le puits a été rebouché.

A Tours et aux environs de cette ville, MM. Degousée et Laurent ont fait, de 1830 à 1837, seize sondages, à une profondeur moyenne de 150 mètres. Le puits de la Ville-aux-Dames, près Tours, ne descend qu'à 105 mètres, mais le débit en est très-remarquable : 5,000 litres d'eau par minute. Un autre puits, creusé à Tours par M. Mulot vers 1839, mesure 213 mètres de profondeur et fournit par minute 4,000 litres d'eau qui sont employés à faire tourner une roue hydraulique.

A Saumur (Maine-et-Loire), un sondage poussé à la profondeur de 110 mètres, a rencontré des eaux qui se sont élevées jusqu'à $1^m,50$ en contre-bas du sol de la place Saint-Pierre, situé à 14 mètres au-dessus de la Loire. Après avoir creusé jusqu'à 136 mètres, sans rencontrer une seconde nappe, on abandonna les travaux. Pratiqué sur un point moins élevé de la ville, le forage eût fourni une eau jaillissante.

En 1833, MM. Degousée et Laurent ont foré un puits chez M. le marquis de Boisgelin, au château de Saint-Fargeau (Yonne). Descendu jusqu'à 203 mètres de profondeur, le sondage rencontra deux nappes ascendantes dans les grès verts inférieurs.

Dans le jardin de la Pépinière de Moulins (Allier), des eaux sulfureuses jaillissantes ont été obtenues à la profondeur de 66 mètres. Dans le même département, un second sondage a été arrêté à la profondeur de 90 mètres sans avoir donné de résultat ; mais deux nappes jaillissantes ont été rencontrées à 29 mètres et 46 mètres dans le château du comte de Ballore, près Moulins.

A Luxeuil (Haute-Saône), sur la place de la Mairie, on a trouvé des eaux ascendantes provenant de la base des grès rouges, à 102 mètres de profondeur. Le sol de la place de la Mairie étant situé à une vingtaine de mètres au-dessus de la vallée, la colonne liquide n'a pu l'atteindre : elle s'est maintenue à $7^m,30$ au-dessous.

Dans le Pas-de-Calais, terre classique des puits artésiens, le forage le plus profond descend jusqu'à 150 mètres, et ses eaux jaillissent à $2^m,60$ du sol. Un autre puits situé près de Lillers, et profond de 40 mètres seulement, débite 700 litres d'eau par minute.

A Bager, près de Perpignan (Pyrénées-Orientales), dans une propriété de M. Durand, existe une fontaine artésienne dont le produit n'est pas moindre de 2,000 litres d'eau par minute.

Depuis 1850, un grand nombre de sondages ont été exécutés dans le département de la Moselle, par MM. Mulot, Kind et Laurent et Degousée, pour reconnaître le prolongement du bassin houiller de la Sarre, qui nous a été ravi à la suite des traités de 1815. Ces sondages, poussés jusqu'à des profondeurs de 400 ou 500 mètres, ont presque tous donné issue à des nappes jaillissantes, qui ont entravé les travaux de recherches, et créé de grandes difficultés pour l'établissement des puits d'exploitation.

En 1837, la ville d'Haguenau (Bas-Rhin) a fait exécuter un forage à travers des argiles et des grès. A 289 mètres de profondeur, on a trouvé une nappe minérale jaillissante, que la ville a refusé d'exploiter.

Vers le même temps, de nombreuses recherches d'asphaltes et d'huile de pétrole ayant été entreprises dans ce département, deux puits creusés à Schwabweiller ont fourni des eaux jaillissantes, fort riches en huile minnérale et venant d'une profondeur de 25 à 35 mètres.

En Angleterre, comme en France, les puits artésiens sont très-nombreux. L'un des plus importants, sous le rapport du débit, est celui que renferme la fabrique de cuivre laminé de Merton, dans le comté de Surrey : il donne 900 litres d'eau par minute. Un autre, situé dans le parc du duc de Northumberland, à Chewick, a 189 mètres de profondeur, et la colonne liquide jaillit à plus d'un mètre au-dessus du sol.

Les terrains de la Belgique ont une grande analogie, au point de vue géologique, avec ceux de nos départements du Nord. On y rencontre donc également des eaux ascendantes et jaillissantes, et les puits artésiens y sont d'autant plus multipliés qu'on y exécute très-fréquemment des sondages pour la recherche des nouveaux gisements houillers.

A Mondorff (grand-duché de Luxembourg), M. Kind a creusé un puits qui a jusqu'à 730 mètres de profondeur totale. Il en sort une grande quantité d'eau minérale jaillissante, que l'on exploite dans un établissement thermal. L'épaisseur de la nappe est très-considérable, car on commence à trouver de l'eau à 502 mètres, et l'on ne cesse d'en rencontrer qu'à la profondeur de 720 mètres ; la nappe liquide a donc 218 mètres de hauteur.

Le forage de Mondorff avait été entrepris pour la recherche du sel gemme et des eaux salifères ; mais aucun résultat ne fut obtenu à la profondeur de 730 mètres, et l'on ne jugea pas à propos de pousser plus loin les travaux. Les eaux jaillissantes ayant alors été analysées, on reconnut leurs qualités, et un établissement thermal se fonda à Mondorff. Ce puits foré est le plus profond de tous ceux qui existent au monde.

Un autre puits également très-profond, c'est celui de Neu-Salzwerk, en Westphalie : il descend jusqu'à 644 mètres, et fournit par minute 1,683 litres d'une eau qui renferme 4 pour 100 de sel.

MM. Laurent et Degousée ont fait pour les bains de Hombourg, en Allemagne, sept sondages, qui ont amené la découverte de quatre sources thermales, l'une sulfureuse, l'autre ferrugineuse, la troisième d'eau saumâtre, et la quatrième d'eau douce. La dernière est située à une profondeur de 448 mètres. Plus tard, M. Kind a obtenu des eaux thermales jaillissantes à 500 mètres.

En Italie, différents sondages ont été exécutés à Naples, Bologne, Modène, Venise et sur d'autre points secondaires.

Les deux sondages de Naples ont été couronnés d'un plein succès: l'un a été entrepris dans le jardin du Palais-Royal ; l'autre, sur la place de la Villa Reale. Le premier a 465 mètres de profondeur. Deux nappes liquides ont été atteintes, l'une à 265 mètres, la seconde au fond du puits, fortement chargée d'acide carbonique et douée d'une plus grande puissance ascensionnelle que la précédente. L'eau s'élève dans une belle fontaine située au milieu du jardin du Palais ; il en sort près de 2,000 litres par minute. Le puits de la place de la Villa Reale mesure 281^m,50, et l'eau en jaillit à 2^m,50 au-dessus du sol.

Jusqu'en 1844, la ville de Venise n'avait été alimentée en eaux potables que par les eaux de pluie, que l'on recueillait dans plus de deux mille citernes, publiques ou privées, et par l'eau du canal d'eau douce nommé la *Seriole* (dérivation de la Brenta). De nombreuses tentatives de sondages furent faites, de 1815 à 1830, par le gouvernement autrichien ; mais elles échouèrent constamment, par suite de la présence de sables fluides dans les terrains à perforer. On avait perdu tout espoir, lorsque M. Degousée traita avec la municipalité de Venise, et, fort des études qu'il avait faites sur les lieux, se chargea de l'opération à ses risques et périls. Le traité fut conclu le 1er février 1846.

Au mois d'août, un sondage était commencé sur la place Santa-Maria-Formosa. Six mois plus tard, on atteignait une nappe liquide à la profondeur de 61 mètres, et l'eau jaillissait au-dessus du sol.

Quelque temps après, un autre puits,

creusé sur la place Saint-Paul, à la même profondeur, débitait par minute 250 litres d'eau jaillissant à 4 mètres au-dessus du sol.

Divers autres forages, exécutés avec le même succès, portèrent bientôt à 1,656 mètres cubes, la quantité d'eau quotidiennement fournie à Venise par les fontaines artésiennes.

Il y eut quelques déceptions. Certaines nappes étaient tellement chargées de gaz qu'elles sortaient du sol sous forme de flots boueux, puis soudain cessaient de s'élever. On vit une fois la boue jaillir jusqu'à 14 mètres au-dessus du sol. Il fut impossible de régulariser l'écoulement de ces nappes et d'en tirer quelque profit.

CHAPITRE XII

LES PUITS ARTÉSIENS DANS L'AFRIQUE FRANÇAISE.

Les déserts du nord de l'Afrique sont éminemment propres à la création des puits artésiens. C'est ce qui a été reconnu, bien qu'un peu tard. Les essais faits pour la création des puits artésiens, dans le Sahara, ont donné les résultats les plus heureux.

C'est en 1856, et par l'initiative du général Desvaux, que fut inaugurée, au désert, par nos ingénieurs et nos soldats, cette ère nouvelle de travaux, qui amènera sans doute un changement bien désirable dans les mœurs et les habitudes des nomades habitants du Sahara. Le général Desvaux a raconté comme il suit les circonstances dans lesquelles son attention fut attirée sur l'opportunité de tenter des sondages artésiens sous les sables du désert.

« En 1854, dit le général Desvaux dans un de ses rapports au gouverneur de l'Algérie, me trouvant à Sidi-Rached, au nord de Touggourt, le hasard m'avait conduit au sommet d'un mamelon de sable qui domine l'oasis entière. Vous dire l'impression que me causa la vue de cet oasis est impossible : à ma droite, les palmiers verdoyants, les jardins cultivés, la vie en un mot, à ma gauche, la stérilité, la désolation, la mort ! Je fis appeler le cheik et les habitants, et l'on m'apprit que ces différences tenaient à ce que les puits du nord étaient comblés par le sable, et que les eaux parasites empêchaient de creuser de nouveaux puits. Encore quelques jours, et cette population devait se disperser... Je compris en ce moment les féconds résultats que pourraient donner dans cette contrée les travaux artésiens, et, grâce à vous, monsieur le gouverneur général, qui avez bien voulu, accueillir mes propositions, leur donner un appui, la vie sera rendue à plusieurs oasis de l'Oued-R'ir, et l'avenir renferme les espérances les plus magnifiques. »

Et, comme nous le verrons bientôt, l'avenir n'a pas démenti ces espérances.

Touggourt, l'Oued-Souf et l'Oued-R'ir, dans le Sahara oriental, venaient d'être soumis par nos armes. En 1855, six colonnes dirigées simultanément vers le sud, parcouraient ces régions, naguère ennemies et remuantes, alors tranquilles et comprenant les bienfaits de la paix. Avec ces colonnes marchait un ingénieur, M. Charles Laurent, gendre et associé de M. Degousée, mort en 1862. A l'instigation du général Desvaux, M. Laurent étudiait le pays, pour tenter d'y creuser des puits artésiens.

Les Arabes suivaient avec surprise, et non sans montrer quelque dédain, cette tentative de la science européenne.

Les habitants du Sahara ne sont pas tout à fait étrangers à l'art de creuser les puits, pour obtenir des eaux jaillissantes. Dans quelques régions, par exemple, dans l'Oued-R'ir, à Ouargla, des puits artésiens ont de tout temps existé. C'est ce que prouvent les légendes populaires et les témoignages des auteurs anciens.

Les moyens employés dans la partie orientale du Sahara algérien, pour le creusement des puits, sont, toutefois, vraiment barbares. Tout le travail se fait à la main, ou avec les outils les plus grossiers, qui se réduisent à une petite pioche au manche court, pour creuser la terre, et à un panier fixé à une corde, pour remonter les déblais. Avec des moyens de travail si élémentaires, les Arabes sont pourtant parvenus à creuser des puits atteignant jusqu'à 80 mètres de profondeur. Seulement, ce n'est qu'au prix des plus grands efforts et des plus sérieux dangers qu'ils descendent à de telles profondeurs.

Fig. 300. — M. Ch. Laurent.

Les puisatiers forment, parmi les Arabes de l'Oued-R'ir, une corporation particulière, qui jouit de certains priviléges et d'une considération qui les attache à leur pénible métier. L'impossibilité d'épuiser les eaux d'infiltration les contraint à travailler fréquemment sous l'eau, et souvent sous des colonnes de 40 à 50 mètres de hauteur. Quelques-uns périssent par suffocation ; les autres meurent de phthisie pulmonaire au bout de peu d'années. Chaque plongeur reste de deux à trois minutes sous l'eau, et il ne fait, dans la journée, que quatre immersions. Le résultat de ce travail, quand le puits est à environ 40 mètres de profondeur, est l'extraction de 30 à 40 litres de déblais.

Le creusement d'un puits opéré dans des conditions si anormales, doit nécessairement marcher avec une lenteur excessive. Plusieurs puits creusés par les indigènes ont exigé jusqu'à quatre et cinq années de travail, et pour celui de Tamerna, on payait aux ouvriers une mesure de blé par mesure de terre extraite.

M. Ch. Laurent, qui a vu les *R'tass* à l'œuvre, donne la description suivante de la manière dont les puisatiers arabes procèdent à leur pénible travail :

« Près de l'ouverture du puits, dit M. Ch. Laurent, se trouve un feu assez vif où ces plongeurs, la plupart phthisiques et abrutis par l'abus du kif (espèce de chanvre indien qu'ils fument), se chauffent fortement et avec le plus grand soin tout le corps, avant d'entreprendre leur descente. Leurs cheveux sont rasés, et leurs oreilles sont bouchées avec du coton imprégné de graisse de chèvre.

« Ainsi chauffé et préparé, l'homme dont le tour de faire le plongeon est arrivé, descend dans le puits et entre dans l'eau jusqu'au-dessus des épaules. Assujetti dans cette position au moyen des pieds, qu'il fixe aux boisages, il fait ses ablutions, quelques prières, puis tousse, crache, éternue, se mouche, amène sa bouche au niveau de l'eau, fait une série d'aspirations et d'expirations assez bruyantes, et enfin, tous ces préparatifs terminés (ils durent au moins devant les étrangers une dizaine de minutes), il saisit la corde et semble se laisser glisser. Arrivé au fond, à l'aide des mains, ou plutôt d'une main, il remplit le panier qui l'y a précédé. L'opération faite, il ressaisit sa corde des deux mains et remonte. Il est probable que souvent il est obligé de se servir de cette corde ou du poids qui y est fixé pour se maintenir au fond, ayant à vaincre une force ascensionnelle qui tend à le ramener à la surface.

« Quelquefois il arrive que le plongeur est suffoqué, soit avant d'arriver au fond, soit pendant son travail, soit pendant qu'il accomplit son ascension pour revenir au jour. Un de ses camarades, qui, tout le temps que dure son opération, tient attentivement la corde servant de direction et de signal, averti, par quelques mouvements et secousses imprimés à la corde, du danger que court le patient, se précipite à son secours, tandis qu'un autre le remplace à son poste d'observation, qu'il quitte aussi à un nouveau signal pour aller au secours de ses deux confrères, ainsi que je l'ai vu. Trois plongeurs se trouvaient donc ensemble ; deux ayant réclamé du secours dans ce puits de dimensions si restreintes, cette grappe humaine est revenue à la surface, le premier descendu en dessus et le dernier en dessous.

« Le premier mouvement de ceux qui ont été secourus est d'embrasser le sommet de la tête de leur sauveur en signe de reconnaissance. Il est à remarquer que ceux qui plongent au secours de leurs confrères le font instantanément, sans se préoccuper des préparatifs minutieux pratiqués par le premier descendu.

« Sur six plongeurs successifs réunis autour de ce puits, la durée de chaque immersion a varié entre deux minutes, la plus prompte, et deux minutes quarante secondes, la plus longue. Plusieurs officiers supérieurs qui étaient présents avec moi à l'opération m'ont affirmé en avoir vu, l'année précédente, rester trois minutes. On remarquera que la profondeur du puits n'était à ce moment que de 45 mètres ; que l'eau était dormante ; que, sur six plongeurs, deux ont réclamé le secours, et que le résultat de leur travail fut deux *coufins* de sable, pouvant contenir 8 à 10 litres. Que doit-il donc se passer, lorsque le puits a 80 mètres et que l'eau a un écoulement, quelque léger qu'il soit (1). »

Il est facile de comprendre que les plus légères difficultés arrêtent et paralysent totalement le travail des *R'tass*. Dès les premières nappes jaillissantes, la force ascensionnelle de l'eau empêche les plongeurs de forer le sol plus avant. Une couche de terre un peu dure, rencontrée à une certaine profondeur, leur oppose un obstacle insurmontable. Enfin, l'invasion fréquente des sables dans le puits, nécessite de nouveaux forages, pénibles, et souvent infructueux. Aussi, beaucoup de puits creusés par les indigènes sont-ils demeurés inachevés, lorsqu'ils avaient atteint 40 et 50 mètres de profondeur, et au moment où il ne restait plus que quelques mètres à creuser pour arriver à la nappe jaillissante.

Les puits creusés par les *R'tass* sont carrés ; ils sont toujours d'une faible largeur, qui varie de 0^m,60 à 0^m,90 de côté. Pour tout revêtement, on se borne à placer

(1) *Mémoires sur le Sahara, au point de vue de l'établissement des puits artésiens*, in-8. Paris, 1859.

dans les parties exposées aux éboulements, un coffrage grossièrement fabriqué en bois de palmier. Aussi l'existence de ces puits est-elle fort éphémère. Le boisage pourrit, et finit par céder à la pression des terres ; les sables font irruption, l'écoulement de l'eau s'arrête, et si les plongeurs ne parviennent pas à réparer ces désastres, à la place du puits qui répandait la fécondité dans la contrée, il ne reste qu'un trou rempli d'une eau corrompue ou d'une boue infecte, formée par les débris macérés des feuilles de palmier.

Pendant la visite d'exploration qu'il faisait, en 1855, à la suite de nos colonnes, M. Charles Laurent excita singulièrement la curiosité des Arabes, en faisant fonctionner devant eux la *soupape à boulet*, qui sert à désensabler les puits. Il leur prouva que cet instrument, d'une construction très-simple, pourrait dispenser les R'tass de leurs périlleux voyages, car il ramène, en une demi-heure, plus de terre et de déblais qu'un plongeur arabe n'en peut extraire en un jour.

Avant de passer en revue les études de M. Charles Laurent, puis la mise en pratique de ses idées sur la situation de la couche de terrain aquifère, nous allons jeter un coup d'œil rapide sur la constitution orographique et géologique des districts de l'Algérie où s'accomplissent maintenant de grands travaux de sondage artésien.

La partie septentrionale, nommée le *Tell algérien*, est une région montagneuse, coupée de vallées, de vastes plateaux, de sommités plus ou moins abruptes. Cette zone accidentée n'a pas partout la même largeur ; elle est à son maximum sous la longitude de Constantine, où elle s'étend sur un espace de 250 kilomètres. Les couches qui constituent ce terrain sont très-tourmentées et très-variées. Ce sont d'abord, sur la frontière, des roches schisteuses anciennes, auxquelles succèdent en allant vers le sud, des grès triasiques. Dans le massif même, les roches calcaires des terrains crétacés dominent d'abord et sont jointes à des calcaires de la période jurassique et de l'étage nummulitique. Entre ces roches et ces plateaux, à Smendou, au sud de Constantine et à El-Outaïa, par exemple, on rencontre de petits bassins et des lambeaux de terrains tertiaires moyens.

Le Sahara commence au pied du versant méridional de cette région accidentée. Des hauteurs des monts Aurès, l'immense désert apparaît comme une plaine sans limites et sans ondulations sensibles à l'œil. L'horizon, effacé par la distance, ne trace aucune limite entre le ciel et cette mer de sable. La monotonie ou plutôt la désolation d'un tel spectacle, n'est interrompue que par l'aspect de rares bouquets de palmiers, dénotant l'emplacement d'une oasis. La vue se repose alors sur ces points verts disséminés dans la plaine aride, et l'imagination, frappée par le contraste de la sécheresse, de l'aridité et de l'ardeur brûlante du désert, avec la fraîcheur et la fertilité de l'oasis, se plaît à multiplier ces heureux séjours, retraites précieuses pour les caravanes et les voyageurs.

Pour accomplir ce rêve de l'imagination, que faut-il? Une source naturelle, ou, à son défaut, un puits creusé par l'industrie des hommes.

En quelques années, les Français ont accompli ce bienfait que les Arabes, avec leur apathie naturelle, avaient attendu pendant des siècles. A M. Charles Laurent revient l'honneur d'avoir appelé l'attention sur cette question et d'avoir entrepris les premiers travaux.

Cet ingénieur croit que le Sahara n'est qu'un ancien golfe, dont l'ouverture aurait été située vers Gabès, dans la régence de Tunis, de sorte que pendant la période géologique quaternaire le Tell aurait formé une grande presqu'île s'avançant dans la Méditerranée, de l'ouest vers l'est, ou peut-être séparant deux vastes mers. Les renseignements peu précis que l'on possède sur ces limites méridionales du grand désert, tendent à établir qu'il est borné, vers le sud comme vers le nord, par des montagnes.

Le Sahara est, en effet, une énorme dépression, qui a été comblée probablement à l'époque quaternaire. Le sol de ce désert qui, vers l'ouest, a une altitude de 5 à 600 mètres au-dessus du niveau de la mer, s'abaisse vers l'est, au point de descendre, dans la partie marécageuse du Sahara oriental, jusqu'à 86 mètres au-dessous du niveau de la mer. Des terrasses alignées dans un sens parallèle à la ligne des monts Aurès indiquent les anciens rivages du golfe, dont les contours sont du reste marqués par des dépôts de sables identiques à ceux que rejette actuellement la Méditerranée, et mélangés comme eux, sur beaucoup de points, d'une coquille qui pullule encore dans cette mer, le *cardium edule*.

D'énormes masses de *poudingues*, composés en grande partie de débris calcaires entraînés violemment des massifs crétacés qui forment les montagnes voisines, et roulés par les torrents diluviens à l'époque quaternaire, ont d'abord comblé peu à peu ce vaste bassin. Partout on les voit apparaître, aussi bien vers la lisière septentrionale du Sahara, où ils recouvrent les roches secondaires et tertiaires, que vers le sud, où ils sont, au contraire, recouverts par des masses plus récentes. A mesure que ces *poudingues* se sont éloignés des points d'où ils ont été entraînés, on les retrouve de plus en plus désagrégés. Ainsi, tandis qu'ils sont à l'état de blocs énormes vers le nord, on les voit réduits à l'état de sable fin vers le sud. Il semble que, tandis que ce transport s'effectuait, une force souterraine ait soulevé la partie occidentale du bassin, pendant que la partie orientale s'abaissait. C'est ce que prouve du moins l'allure des dépôts de marne, de sable et de limon plus ou moins agglutinés par des infiltrations gypseuses, et entremêlés de cristaux de chaux qui recouvrent ces *poudingues* et forment le sol du désert.

C'est à Biskra que commence le Sahara oriental, dans lequel ont été exécutés les travaux que nous avons à mentionner.

M. Ch. Laurent, en explorant en 1855, à la suite de nos colonnes expéditionnaires victorieuses, le sol de cette contrée, s'efforça de deviner les allures de la nappe d'eau souterraine.

Après avoir reconnu que la constitution géologique du sol était telle que nous venons de l'indiquer, M. Ch. Laurent conclut que, contrairement à l'opinion généralement admise chez les Arabes, les eaux s'infiltrent surtout le pourtour du bassin saharien, dans les couches de poudingues inférieurs formant la lisière de ce bassin, et qui deviennent dès lors la couche aquifère. La direction du courant d'eau doit donc aller du nord au sud. C'est ce que l'on vérifie par l'inspection des puits et des sources. La nappe suit dès lors les ondulations du sol, tantôt en formant une série de bassins étagés se déversant les uns dans les autres, tantôt remontant sous l'action de la pression due à l'altitude des points d'infiltration, jusqu'à des hauteurs supérieures au niveau de la mer, toujours se maintenant à une distance de la surface de la terre comprise entre 50 et 100 mètres.

Parfois cette nappe se divise en plusieurs couches superposées ; en sorte qu'elle fournit à la sonde des sources qui jaillissent à différentes profondeurs.

Ces données positives une fois établies, le forage d'un certain nombre de puits artésiens dans le Sahara fut décidé par le gouvernement français. Une période de conquêtes venait de soumettre par force les Arabes, dans le Chott-Melr'ir, l'Oued-R'ir, l'Oued-Souf et les Zibans, provinces qui composent le Sahara oriental. On jugea que des travaux utiles devaient nous attacher les indigènes par la reconnaissance.

Le travail du forage du premier puits artésien, dans le Sahara, commença, au printemps de 1856, à Tamerna, dans l'Oued-R'ir,

grâce à un matériel de sondage envoyé par la maison Degousée, et qui, débarqué à Philippeville, fut amené, non sans les plus grandes difficultés, à travers les sables, jusqu'au lieu du travail. Dirigé par M. Jus, ingénieur civil, qui avait été envoyé par la maison Degousée, le forage, poussé, en quarante jours, jusqu'à 60 mètres, atteignit bientôt une nappe jaillissante qui fournit 4,500 litres d'eau par minute, c'est-à-dire cinq à six fois plus d'eau que n'en débite notre puits de Grenelle.

Pendant la durée des travaux, les indigènes avaient passé par des émotions bien diverses. S'ils éprouvaient le secret désir de nous voir mortifiés par un insuccès, ils n'en calculaient pas moins les avantages qu'ils devaient retirer de la réussite.

L'enthousiasme et la joie des habitants de l'Oued-R'ir furent immenses à la vue de l'abondante rivière qui s'élançait des profondeurs du sol. Cette nouvelle s'étant rapidement propagée dans le sud du Sahara, les Arabes se rendirent en foule à Tamerna, pour admirer cette merveille. On organisa une fête solennelle, pendant laquelle la nouvelle fontaine fut bénite par le marabout, qui lui donna le nom de *Fontaine de la Paix*.

Interrompus pendant l'été, les travaux furent repris en décembre 1856, sous la direction de M. Jus, secondé par le sous-lieutenant Lehaut. Dans cette campagne, cinq puits jaillissants furent forés : deux au midi de Touggourt, dotaient de 155 litres d'eau par minute l'oasis de Temacin. Un autre, donnant 4,300 litres d'eau par minute, rendait la vie à l'oasis expirante de Sidi-Rached. Enfin, dans les Zibans, deux forages créaient dans le désert de Morrian des sources autour desquelles venaient se fixer des fractions de tribus nomades, l'une au pied du Coudiat-el-Dehos, à Oum-el-Thiour, donnant 180 litres, l'autre à Chegga, débitant 90 litres par minute. Ces deux puits, en abrégeant les étapes entre Biskra et l'Oued-R'ir, faisaient naître des oasis dans un espace auparavant désert. En

LES PUITS ARTÉSIENS.

Fig. 391. — Joie des Arabes à la vue du jaillissement de l'eau du puits artésien de Sidi-Rached.

résumé, la campagne de 1856-1857 enrichit le Sahara d'un tribut constant de 9,125 litres d'eau par minute, c'est-à-dire d'un volume d'eau égal à celui d'une petite rivière.

Pendant l'exécution de ces divers travaux, les Arabes n'avaient cessé de donner les témoignages de leur profonde reconnaissance pour une œuvre qui les rattachait plus solidement à la France que toutes les preuves qu'elle avait pu leur donner de sa puissance militaire. Après le sondage entrepris dans l'oasis de Tamerna, le marabout, comme nous le disions plus haut, offrit une fête à nos soldats ; il les remercia devant toute la population de Temacin, et voulut les accompagner jusqu'aux dernières limites de l'oasis.

L'éruption de l'eau dans le puits artésien de Sidi-Rached, ancienne oasis ruinée par la sécheresse, donna lieu à des scènes touchantes. Dès que les cris de nos soldats eurent annoncé que l'eau venait de jaillir, les indigènes accoururent en foule, se précipitant sur cette rivière merveilleuse arrachée aux profondeurs du sol. Les mères y baignaient leurs enfants. A la vue de cette onde qui rendait la vie à sa famille, à l'oasis de ses pères, le vieux cheik de Sidi-Rached ne put maîtriser son émotion, et, tombant à genoux, il éleva ses mains vers le ciel, remerciant Dieu et les Français (*fig.* 391).

Cette source, qui vient de la profondeur de 54 mètres, fournit 4,300 litres d'eau par minute.

Le puits creusé à Oum-el-Thiour donna immédiatement des résultats précieux pour les tribus nomades. Dans la prévision du succès, on avait déjà tout préparé à Oum-el-Thiour, pour tirer parti, sans perdre de temps, de la richesse qui était attendue. Lorsque l'eau eut jailli, une fraction de la tribu des Selmia et son cheik Aïssa-Ben-Sbâ, commencèrent la construction d'un village, y plantèrent 1,200 dattiers, et, renonçant à la vie nomade pour se fixer au sol, y établirent leur résidence permanente.

Une autre campagne eut lieu l'année suivante. Un nouvel équipage de sondes, qui avait été acquis, permit de créer un deuxième atelier, dont la direction fut confiée au lieutenant Lehaut, M. Jus restant à la tête du premier. Dans cette campagne, neuf puits artésiens furent forés; mais ils ne donnèrent pas tous des résultats satisfaisants : cinq seulement réussirent complétement. Leur ensemble eut pour résultat de verser sur le Sahara oriental 9,886 litres d'eau par minute.

La campagne de 1858-1859 fut un peu contrariée par l'envoi en Italie des soldats qui composaient les ateliers. Deux nouveaux puits furent pourtant ouverts dans le Hodna, et un deuxième à Chegga. Dans l'Oued-R'ir, six forages amenaient au jour des eaux jaillissantes. Sur ces six sondages, deux seulement, au nord de Tamerna, rencontraient des nappes d'une grande richesse, l'une à Djama, donnant 4,600 litres, l'autre à Sidi-Amram débitant 4,800 litres par minute. Dans cette dernière période, les R'tass s'associèrent aux travaux. Le général Desvaux les avait déjà, en 1856, réunis en corporation, et leur avait laissé le privilége d'extraire les sables aux mêmes conditions que par le passé; un petit équipage de sonde fut même confié aux R'tass, sous la direction d'un caporal et de deux soldats français; mais, jusqu'en 1858, ils s'étaient montrés hostiles et s'étaient tenus à l'écart.

Dans l'automne de 1859, les travaux recommencèrent avec une nouvelle activité. L'atelier du Hodna, dirigé par M. Jus, creusait quatre puits, dont trois donnaient ensemble 425 litres par minute. La profondeur de ces puits varie de 133 à 160 mètres. Le quatrième puits, ouvert dans les parties hautes de la plaine, près des montagnes, fut surtout un puits d'essai. Poussé jusqu'à une profondeur de 164 mètres, il ne donna que des eaux ascendantes, de sorte qu'il ne put être utilisé que comme puits ordinaire. Dans les Zibans, l'atelier forait à Chegga un troisième et un quatrième puits, qui fournissaient ensemble 700 litres, et un troisième à Oum-el-Thiour, donnant 180 litres.

Ce puits fut le dernier creusé par le lieutenant Lehaut. Au mois de mai 1860, cet officier actif et dévoué mourait à Batna. M. le lieutenant d'artillerie Zickel prit la direction des travaux, et alla inaugurer à Ourlana, dans l'Oued-R'ir, une nouvelle série de sondages.

Pour terminer l'histoire de la campagne de 1859-1860, nous avons encore à mentionner les travaux d'achèvement et de curage exécutés dans dix-huit puits inachevés ou obstrués des oasis de Touggourt, par un petit atelier muni d'un appareil léger de sondage. Cet atelier était manœuvré par des ouvriers indigènes. Une grande abondance d'eau fut ainsi acquise à l'Oued-R-ir.

En résumé, dans l'intervalle des cinq années qui s'écoulèrent depuis le commencement des travaux jusqu'à la fin de la campagne de 1860, cinquante puits furent forés dans le Sahara oriental, donnant ensemble 36,761 litres d'eau par minute, ou 52,923 mètres cubes par vingt-quatre heures, ce qui représente le débit de plusieurs rivières. La dépense totale, qui avait été de 298,000 fr., fut couverte par les centimes additionnels et par les contributions des Arabes.

La pureté des eaux des puits artésiens du Sahara laisse, malheureusement, beaucoup à désirer. Quelques-unes renferment une proportion de matières dissoutes supérieure à celles qui constituent les bonnes eaux potables. Les eaux du Hodna sont les plus pures; elles ne renferment que $1^{gr},18$ à 2^{gr} de sels par litre. Dans les Zibans et dans l'Oued-R'ir, elles sont beaucoup plus chargées de sels : la quantité minimum de ces sels est déjà de $4^{gr}.2$ par litre pour le puits de Djama ; elle s'élève jusqu'à 12 grammes, dans les eaux du forage de Bram. Les chlorures de sodium et de magnésium, les sulfates de soude, de magnésie et de chaux, sont les sels dominants ; ils donnent à l'eau une saveur fortement salée et amère.

De telles eaux seraient dédaignées par des Européens ; mais les Arabes s'en contentent, et elles sont loin de nuire aux palmiers et aux autres végétaux des oasis. Il est à remarquer, du reste, que les puits ordinaires fournissent, sur certains points, des eaux moins chargées de matières salines, et par conséquent plus potables que celles qui coulent des puits artésiens.

Est-il nécessaire de dire maintenant qu'en dotant les déserts du Sahara de sources d'eau plus ou moins pures, on a fait naître l'activité et la vie dans des régions jusque-là mornes et arides ? Dans les cinq années qui se sont écoulées depuis le commencement des travaux jusqu'à l'année 1860, 30,000 palmiers et 1,000 arbres fruitiers furent plantés ; de nombreuses oasis se relevèrent de leurs ruines et deux villages furent créés dans le désert.

La plupart des oasis du Sahara ne doivent, en effet, leur existence qu'aux puits creusés par les indigènes, ou à quelques sources qui s'échappent naturellement du sol. Sans eau, la vie est impossible au désert ; quand une source tarit, un centre de population disparaît. « Le palmier, disent les Arabes, *vit le pied dans l'eau et la tête dans le feu.* » Privé d'eau, cet arbre périt, et il entraîne avec lui des cultures qui ne sont possibles que sous son ombre. Les ruines éparses dans le Sahara attestent l'existence de villages, et même de villes importantes, dont la destruction n'eut pas d'autre cause que l'arrêt accidentel des sources qui les alimentaient autrefois.

M. le général Desvaux s'exprime ainsi, dans le rapport que nous avons déjà cité, au sujet de l'influence qu'a exercée sur la civilisation des tribus nomades, le forage de quelques puits dans le Sahara oriental :

« Les forages artésiens ont donné lieu à un fait des plus importants, à une révolution remarquable dans la constitution de la société arabe. La fraction des Selmia, les nomades par excellence, se fixant à Oum-el-Thiour, témoigne des idées nouvelles introduites dans l'esprit des tribus du Sahara et de la possibilité de leur transformation. Le développement de la race européenne dans le Tell forcera un jour à restreindre ces émigrations périodiques des nomades qui, traînant à leur suite famille et troupeaux, causent sur leur passage une véritable perturbation ; on pourra alors les établir dans les oasis nouvelles. Depuis la conquête de l'Afrique, ces grandes tribus arabes avaient conservé avec pureté la langue et les mœurs de leurs ancêtres ; rien n'avait pu les faire renoncer aux habitudes de la vie de pasteur ; il a suffi de quelques années de la domination française, de quelques puits artésiens pour faire brèche à une civilisation séculaire, aux instincts d'une race immuable, malgré ses déplacements fréquents. Le progrès matériel a été suivi du progrès moral. »

Dans son mémoire sur les *Sondages artésiens du Sahara*, publié en 1859, et que nous avons cité plus haut, M. Charles Laurent parlait du fait singulier de l'existence de certains poissons dans les eaux lancées par les puits artésiens du désert. M. le lieutenant Zickel a recueilli et envoyé à la *Société industrielle de Mulhouse*, plusieurs de ces poissons provenant d'un puits foré à 12 kilomètres au nord de Touggourt, et qui, venant d'une profondeur de 45 mètres, fournit 2,800 litres d'eau par minute. Ces poissons sont longs de 4 à 5 centimètres.

Comment des eaux souterraines peuvent-elles renfermer de tels habitants ? Dans les nappes profondes qui alimentent ces puits, existe-t-il des canaux assez vastes et assez bien aérés pour que les poissons puissent y vivre ? Est-ce à l'état de frai que l'eau les rejette, et leur reproduction ne se ferait-elle que dans l'eau parvenue dans notre atmosphère ? Les renseignements manquent sur ce point curieux et nouveau de l'histoire de l'intérieur de notre globe. Tout ce que nous dit M. Zickel, c'est que les yeux de ces poissons sont bien développés, ce qui exclurait l'idée d'une longue existence souterraine.

CHAPITRE XIII

CONSIDÉRATIONS GÉNÉRALES SUR LES PUITS FORÉS. — EFFETS DES MARÉES SUR CERTAINS PUITS ARTÉSIENS. — PARTICULARITÉS QUE PRÉSENTENT CERTAINS PUITS ARTÉSIENS. — PEUVENT-ILS TARIR ? — TEMPÉRATURE DES EAUX FOURNIES PAR LES PUITS ARTÉSIENS. — USAGES DE CES EAUX.

Nous terminerons cette Notice par quelques considérations générales sur les puits artésiens, s'appliquant à l'ensemble des sources jaillissantes aujourd'hui connues.

Disons d'abord que le régime de certains puits artésiens est lié au phénomène des marées, c'est-à-dire que leur débit s'accroît ou diminue selon le flux ou le reflux de la mer.

Ce fait est parfaitement constaté, pour quelques localités voisines de la mer ; on remarque que le niveau des fontaines artésiennes monte et baisse avec la marée. La ville de Noyelle-sur-mer (Somme), et toute la contrée aux alentours d'Abbeville, en ont fourni des exemples.

A Fulham, près de la Tamise, un puits de 97 mètres de profondeur, débite 273 ou 363 litres d'eau, selon que la marée est basse ou haute.

Il existe sur la côte occidentale d'Islande, des sources d'eau douce dont le produit augmente et diminue avec le flux et le reflux de la mer. Certaines sources thermales haussent même complétement aux époques des plus basses marées.

Arago a le premier donné l'explication de ce phénomène.

Supposons qu'un puits artésien soit alimenté par une rivière souterraine, qui va déboucher dans la mer ou dans un fleuve où se fasse sentir l'influence des marées. N'est-il pas évident que lorsque la haute mer arrivera sur l'orifice de sortie de cette rivière, elle diminuera son débit par l'effet d'une augmentation de pression sur le courant souterrain qui cherche à s'échapper, et que ce courant refluera sur tous les points où il ne trouvera pas d'obstacle à son mouvement ? Le niveau de l'eau montera donc dans les puits artésiens alimentés par la rivière que nous considérons. Un effet contraire se produira à la marée basse.

Cette théorie a été confirmée par des observations faites avec soin sur un puits creusé en 1840 à l'hôpital militaire de Lille. Ce puits éprouvant toutes les vingt-quatre heures des variations de débit, le capitaine du génie Bailly fut chargé, sur la demande d'Arago, de tenir note exacte de ces variations, ainsi que des heures où elles se produisaient. Des observations de M. Bailly, il résulta que les variations les plus considérables coïncidaient avec les syzygies lunaires, et les moins grandes avec les quadratures lunaires : indice certain qu'elles dépendaient du phénomène des marées. En comparant l'heure de la pleine mer, sur la côte la plus voisine, avec celle à laquelle se produisait le débit maximum du puits de Lille, on constata une différence de huit heures ; d'où l'on peut conclure que la pression exercée par la haute mer sur l'orifice de sortie de la rivière souterraine, emploie huit heures à se propager jusqu'à Lille.

Certains puits artésiens fonctionnent d'une manière irrégulière. Ils présentent des anomalies dont quelques-unes s'expliquent facilement, mais dont les autres restent enveloppées de mystère.

Il n'est pas rare, par exemple, de voir plusieurs sondages accomplis dans les mêmes conditions, poussés jusqu'à la même profondeur et dans le même terrain, aboutir à des résultats tout différents. Dans un cas on obtiendra une source abondante ; dans l'autre, rien. A quoi cela tient-il ? Tout simplement à ce qu'on n'a pas atteint une nappe véritable, comprise entre deux couches voisines, mais seulement un filet d'eau retenu dans l'épaisseur d'une couche perméable, à un endroit où existent des fissures. De pareilles crevasses n'existant point dans le massif le plus proche de la même couche, on ne doit point s'étonner de n'y pas rencontrer d'eau. Il suffirait de pousser le forage plus loin pour que le liquide jaillît en toute certitude.

Dans certaines localités, on peut rapprocher impunément les puits forés sans amoindrir leur débit; mais il en est d'autres où l'on ne perce un puits nouveau qu'au détriment des anciens, soit que leur niveau baisse, soit que leur produit diminue. Quelle est la raison de ces différences?

Elle gît tout entière dans l'étendue de la nappe souterraine, comparée au diamètre des puits. Si cette nappe est très-vaste, la pression de l'eau ne variera pas sur les orifices inférieurs des différents puits, quel qu'en soit le nombre; dans le cas contraire, la pression diminuera en chaque point, et chaque puits donnera moins d'eau, ou bien son niveau baissera, à mesure qu'on exécutera un nouveau forage.

Des oscillations fort bizarres ont été observées dans un puits artésien creusé à la Rochelle, près du bord de la mer, et dont la profondeur est de 190 mètres. La colonne liquide n'ayant pas jailli à la surface du sol, mais se maintenant 7 mètres plus bas, on tenta, en 1833, après une période de quatre années, de pousser le forage un peu plus avant, dans l'espérance d'arriver à un succès complet. C'est alors que se produisirent des variations considérables dans le niveau de l'eau.

Le 1ᵉʳ septembre, abaissement de 48 mètres; le 2, nouvel abaissement de 3 mètres; le 3, l'eau commence à remonter; le 2 octobre, elle a repris son ancien niveau; le 3, elle redescend; le 4, elle a baissé de 10 mètres; du 5 au 14, elle remonte de 3 mètres; du 14 au 18, baisse énorme de 47 mètres; du 19 octobre au 13 novembre, ascension de 38 mètres; du 14 novembre au 16, abaissement de 5 mètres; du 16 novembre au 15 décembre, ascension de 11 mètres.

On se perd en conjectures sur la cause de ces oscillations aussi subites qu'irrégulières.

Un phénomène qu'on n'a pas expliqué davantage, c'est celui qui a été observé près de Coulommiers, en 1827, à une époque d'extrême sécheresse. Bien que la plupart des sources fussent taries, le niveau de l'eau monta de 60 centimètres dans deux puits artésiens appartenant à une papeterie, et cette élévation se maintint durant plusieurs jours; après quoi, la colonne liquide redescendit à son niveau normal.

Sans pousser plus loin l'examen des faits de ce genre, nous aborderons cette question, que se posent bien des personnes : Doit-on craindre de voir les puits artésiens tarir à la longue?

A cela nous répondrons, avec Arago, que le puits de Lillers, en Artois, dont la construction remonte à plus de sept cents ans, a constamment fourni la même quantité d'eau depuis cette époque, et qu'il jaillit toujours à la même hauteur.

Un autre puits, situé dans le monastère de Saint-André et observé par Bélidor, il y a plus d'un siècle, n'a pas davantage présenté de variations dans le volume d'eau qu'il débite, ni dans la puissance de son jet.

Ces exemples doivent rassurer les personnes qui conçoivent des craintes au sujet de l'épuisement possible des fontaines artésiennes.

Ces craintes pourraient cependant devenir fondées, dans le cas où l'on creuserait un trop grand nombre de puits sur le même point; mais, nous l'avons déjà dit, le résultat final dépendrait de l'étendue et de la masse de la nappe souterraine. Or ces éléments échappent complètement à notre appréciation. Nul ne peut donc dire à quel moment est atteinte la limite où l'on ne peut multiplier davantage les puits dans le même lieu ; on en est donc réduit, à cet égard, à des tâtonnements.

Il est un principe aujourd'hui bien constaté, et sur ce principe même reposent, on peut le dire, toutes les théories des géologues. Ce principe, c'est que la température s'élève à mesure que l'on descend à l'intérieur de notre globe. Il résulte d'expériences nombreuses et diverses faites dans les mines, que l'élévation de température serait, en moyenne, de 1 degré par 33 mètres d'abaissement à l'intérieur de la terre.

On comprend, d'après cela, que les eaux fournies par les puits artésiens, doivent avoir une température d'autant plus élevée qu'elles proviennent d'une plus grande profondeur dans le sol.

Il serait trop long de signaler la température des eaux des principaux puits artésiens. Nous nous bornerons à quelques chiffres particuliers aux puits de la ville de Paris.

Les observations faites à diverses profondeurs, dans le puits de Grenelle, ont fourni les résultats suivants :

A 248 mètres		20°
299	—	22,2
400	—	23,75
505	—	26,43
548	—	27,7

En partant des caves de l'Observatoire, dont la température constante est de 11°,7, on trouve que l'accroissement moyen jusqu'au fond du puits de Grenelle est de 1 degré pour 32^m,5.

Dans un puits foré à l'École militaire, la température de l'eau a été trouvée de 16°,4 à 173 mètres de profondeur.

A la gare de Saint-Ouen, la profondeur du puits étant de 66 mètres, le thermomètre marqua 12°,9.

Enfin, à Alfort, un puits profond de 54 mètres, a fourni de l'eau à 14°. Dans un puits ordinaire, le plus profond des environs, la température de l'eau n'était que de 11°,7.

Arago, dans sa Notice sur les *puits forés*, a démontré que la température de l'eau des puits artésiens se maintient toujours constante. Il cite de nombreuses fontaines des départements du Nord et du Pas-de-Calais, qui n'ont pas varié d'un degré pendant des années entières. Des observations ultérieures sont venues confirmer ces premières données.

Outre leurs applications aux usages domestiques, à la salubrité publique et à l'irrigation des champs, les eaux artésiennes rendent d'utiles services à l'industrie.

Elles constituent, en premier lieu, une force motrice plus ou moins considérable, qu'on emploie, soit à faire tourner les meules d'un moulin, soit à mettre en mouvement les différentes machines d'une manufacture, par l'intermédiaire d'une roue hydraulique, soit à actionner une pompe qui doit élever de l'eau ou d'autres liquides à de grandes hauteurs. Elles ont même sur les eaux courantes un avantage considérable : celui de posséder, en tout temps, une température assez élevée, et par conséquent, de ne point arrêter les travaux par les froids les plus rigoureux. C'est pourquoi elles sont recherchées comme force motrice, même dans les contrées où les cours d'eau ne manquent pas.

Une application fort heureuse des eaux artésiennes venant des grandes profondeurs, est celle qui consiste à les faire circuler dans des tuyaux métalliques, et à les faire servir au chauffage des serres, des hôpitaux, des prisons, des grands ateliers, etc. Dans le Wurtemberg, M. Bruckmann a maintenu à + 8° la température de ses ateliers, au moyen d'un courant d'eau à + 12°, alors que la température extérieure descendait jusqu'à 18° au-dessous de zéro.

Les eaux artésiennes sont employées avec avantage dans les papeteries, à cause de leur limpidité constante. En effet, l'eau des rivières est toujours trouble après les grandes pluies, et l'on est contraint d'arrêter les travaux. Avec les puits forés, on n'a pas à redouter de chômages de cette nature.

Les qualités particulières des eaux artésiennes les ont fait également adopter dans nos départements du Nord, pour le rouissage des lins de choix destinés à la fabrication des batistes, des dentelles, etc.

CHAPITRE XIV

LES PUITS INSTANTANÉS.

Nous terminerons cette Notice en signalant une invention qui a fait un certain bruit en 1868. Nous voulons parler des puits dits *instantanés*. Cette invention n'a, il est vrai, rien de commun avec les puits artésiens, car, pour le dire tout de suite, elle ne procure de l'eau qu'à la profondeur de 8 à 9 mètres, et le jet n'est pas jaillissant. C'est donc tout simplement une manière de percer un puits ordinaire rapidement, mais à une très-faible profondeur, et, comme nous allons le voir, seulement dans les terrains faciles à entamer et exempts de roches.

On voit que, vue de près, l'invention des puits instantanés se réduit à peu de chose. Cependant, comme elle a occupé l'attention publique en 1868, comme elle peut rendre, dans quelques cas particuliers, certains services, nous en dirons quelques mots.

Cette invention repose sur le principe du *baromètre à eau*, comme on l'appelle en physique. C'est ce que l'on va comprendre.

Un puits, en général, est un trou plus ou moins profond, alimenté par une nappe d'eau souterraine ou par des courants qui s'infiltrent dans le sol. Toute la surface de la couche aquifère, aussi profonde qu'on la suppose, est soumise à l'action de la pression atmosphérique, et l'on ne peut en douter, car si l'eau a pu s'introduire dans le sol par infiltration, à plus forte raison l'air doit-il y pénétrer. Si donc on enfonce en terre, jusqu'à la rencontre de cette couche ou de l'un de ses nombreux canaux, un tuyau d'un faible diamètre, et que, par le jeu d'une pompe aspirante, on purge complétement d'air l'intérieur de ce tube, il est évident que la pression atmosphérique s'exerçant sur le réservoir d'eau souterraine, soulèvera dans le tube vide d'air, une colonne d'eau, capable de lui faire équilibre, c'est-à-dire de 10 mètres environ. Si la nappe est jaillissante, la pompe deviendra inutile, et l'ascension du liquide se fera par le seul effet du principe de l'équilibre des fluides dans deux vases communiquants, et il ne sera pas nécessaire de faire agir la pompe pour amener l'eau au dehors.

On voit déjà que cette méthode n'est pas susceptible de s'appliquer à des couches d'eau dépassant la profondeur de 9 à 10 mètres, puisque l'eau ne peut être élevée, par l'action des pompes, au delà de 10 mètres. Nous verrons tout à l'heure que la même méthode n'est d'un emploi certain que dans les terrains exempts de roches dures et de toute matière difficile à perforer.

L'appareil pour le percement du sol, est simple, peu embarrassant, peu coûteux, et c'est ce qui fait le principal mérite de ce procédé. Il se compose, en premier lieu, d'une série de tuyaux de fer de 3 mètres de long à peu près, sur 4 à 5 centimètres de diamètre intérieur, et de 8 à 10 millimètres d'épaisseur. Ces tuyaux sont taraudés aux deux bouts, extérieurement et intérieurement, de manière à pouvoir se visser les uns aux autres, et à constituer un tube métallique continu. Celui qui est destiné à pénétrer le premier dans le sol, se termine par une pointe d'acier, solidement trempée et à arêtes vives. Près de la pointe d'acier et sur une largeur de 60 à 80 centimètres, sont percés une infinité de petits trous, qui servent à laisser entrer l'eau dans le tube.

Ce tube est placé au-dessous d'un gros cylindre en fer, du poids de 50 kilogrammes, qui s'élève et retombe sans cesse à l'aide de cordes glissant sur des poulies; c'est ce qu'en termes techniques on appelle un *mouton*.

Le tube est muni à cet effet, à environ 50 centimètres du sol, d'un large collier de fer, solidement fixé par des boulons. Le mouton tombe et retombe à coups pressés sur ce collier, et enfonce ainsi le tube dans le sol, avec une grande force de pénétration. Quand le collier vient toucher le sol, on le dévisse, on le revisse sur un autre tuyau; on ajoute ainsi autant de tuyaux qu'il en faut pour atteindre la couche aquifère.

De temps à autre, on fait descendre dans le tube une ficelle terminée par un lingot de plomb, afin de reconnaître si l'on a atteint la nappe d'eau. Lorsqu'on l'a rencontrée, on arrête le forage, on adapte à l'extrémité du tuyau une petite pompe aspirante, et au bout de quelques coups de piston, on voit sortir par l'extrémité du tube une eau abondante, qui, boueuse dans le premier moment, ne tarde pas à devenir d'une limpidité parfaite.

A partir de ce moment, on peut, dès qu'on le désire, se procurer de l'eau : il suffit, pour la faire arriver, de faire agir la pompe pendant quelques secondes.

Certains de ces puits bien situés fournissent jusqu'à 2,000 et 3,000 litres d'eau par heure.

Nous représentons dans la figure 392 la manière d'établir un puits instantané.

Comme nous venons de le dire, pour établir un de ces puits, on se sert d'un long tube en fer forgé, terminé en cône à sa partie inférieure, qui doit pénétrer dans le sol à la façon d'un pilotis. Cette partie conique est en outre percée d'un grand nombre de trous, par lesquels l'eau pénétrera dans l'intérieur du tube.

On enfonce ce tube par le moyen suivant : Une forte bride en fer, C, glisse le long du tuyau T, et le serre fortement lorsqu'on la fixe à la hauteur voulue. Au-dessus de ce collier ou bride, on fait descendre une masse en fonte assez lourde, P, suspendue par des anneaux. On établit alors une chèvre au-dessus de l'endroit choisi pour y tenter le forage, et, soulevant l'espèce de mouton, P, à l'aide d'une poulie et de palans, on le laisse retomber de tout son poids sur le collier C. Ce collier, étant fixe, reçoit l'effort, et par suite fait enfoncer le tube à chaque battage. Quand le collier C est arrivé près de terre par suite de l'enfoncement du tube, on le remonte, on l'assujetit bien et on recommence de nouveau le battage. Le bout du tube opposé à la partie conique, est fileté de façon à permettre d'ajouter un autre tube au premier lorsqu'il est enfoncé, et d'arriver ainsi à la longueur utile, en ajoutant successivement des tubes qui se vissent sur ceux qui sont déjà dans le sol.

Une petite pompe disposée *ad hoc*, sert à s'assurer, de temps en temps, si la couche aquifère a été rencontrée. Dans les premiers moments la pompe aspire du gravier, de la boue, etc., etc.; mais au bout d'une heure de repos, une excavation s'est faite à l'extrémité, c'est-à-dire autour du cône percé formant crépine, et bientôt l'eau arrive parfaitement claire.

L'eau ainsi puisée est très-fraîche, et le puits une fois bien établi pourrait fonctionner très-longtemps, si l'oxydation ne finissait par user les tubes.

La pose d'un puits instantané, dans l'hypothèse d'un terrain où l'on ne rencontre pas d'assises rocheuses à traverser, peut s'établir en deux heures.

Dans une expérience qui eut lieu, en 1868, sur la route de la Révolte, près du village Levallois, la nappe d'eau, située à une profondeur de 3 mètres environ, fut atteinte en une heure. Trois quarts d'heure après, elle donnait une eau potable.

L'utilité de ce curieux système, c'est de permettre, dans quelques circonstances, de se procurer de l'eau en peu de temps et à peu de frais. Dans tous les terrains d'allu-

Fig. 392. — Forage d'un puits instantané.

vion, dans les sols argileux, argilo-siliceux, sableux, qui sont de beaucoup les plus répandus, on peut, en quelques heures, introduire des tubes en fer et créer des *puits instantanés*. Il est facile de les établir dans les plaines basses et sur un très-grand nombre de plateaux.

L'agriculture est appelée à retirer quelques services de cette méthode nouvelle. Elle ne serait pas moins utile aux armées en campagne, principalement dans les contrées arides et relativement désertes, comme certaines parties de l'Algérie. Aussi notre corps d'occupation a-t-il été pourvu de ces nouveaux appareils de sondage. Dans l'expédition d'Abyssinie, l'armée anglaise en avait emporté un certain nombre.

On doit comprendre maintenant que ce faible et fragile appareil ne puisse trouver son emploi dans les terrains résistants, contre lesquels il faut faire usage des plus puissants outils de sondage. Ce n'est qu'à la condition de transformer presque complétement son outillage que ce système pourrait s'étendre à cette nature de terrains.

On avait d'abord attribué exclusivement l'invention des *puits instantanés* à un Anglais, M. Norton, qui a pris un brevet d'invention pour l'exploitation de ce système, en France, en Angleterre et en Amérique. Mais un membre de *l'Association scientifique de France*, M. Morel Rathsamhausen, lieutenant de vaisseau en retraite, à Bordeaux, a réclamé dans une lettre adressée au président de l'Association scientifique (1), la priorité

(1) *Bulletin de l'Association scientifique de France* du 12 juillet 1868.

de cette idée. L'auteur appuyait son dire d'un brevet pris par lui à Bordeaux, en 1864.

L'exécution des puits par voie d'enfoncement ne constitue pas le système, dit M. Rathsamhausem ; ce n'est qu'un moyen expéditif de l'appliquer. Or, le procédé que M. Rathsamhausen faisait breveter le 15 avril 1864, ne diffère que par cette particularité de celui de M. Norton. L'ancien lieutenant de vaisseau en a fait l'application, depuis plusieurs années, à Bordeaux et aux environs de cette ville. Il ajoute que, dégoûté de l'œuvre par les nombreux désagréments qu'il a essuyés, il a laissé périr son brevet, et qu'ainsi chacun a le droit d'appliquer cette méthode.

Une autre revendication s'est produite contre l'inventeur anglais. M. Donnet, ingénieur civil à Paris, a voulu établir que le système de M. Norton n'a rien de nouveau, car plusieurs puits ont été déjà creusés par ce même système, en Algérie et en France. Selon M. Donnet, en 1845, le maréchal de logis du génie Vuillemain aurait foré un puits par ce procédé, à Mers-el-Kébir, près d'Oran, en 1847 (1).

En définitive l'idée des puits instantanés a dû venir à plusieurs personnes en même temps; seulement M. Norton l'a rendue pratique.

Nous n'en dirons pas davantage de cette discussion de priorité. Nous avons voulu seulement faire connaître une méthode de forage des puits ordinaires qui peut devenir la source d'applications utiles pour la petite propriété.

CHAPITRE XV

CONCLUSION. — LA SOCIÉTÉ DU TROU.

Nous avons passé en revue, dans cette Notice, les principes scientifiques sur lesquels reposent les puits artésiens, et nous avons décrit les procédés pratiques qui servent à

(1) Voir la *Science pour tous* du mois d'août 1868.

effectuer les forages à de grandes profondeurs. L'avenir du travail industriel et social est intéressé plus qu'on ne le croit, à la question que nous venons de traiter. C'est ce que nous allons essayer d'établir.

L'eau du puits de Grenelle nous arrive, avec la température de 27°; celle du puits de Passy avec la température de 24°. Mais nous savons que la chaleur s'élève à l'intérieur du globe, de 1° par chaque 33 mètres de profondeur. Dès lors, si l'on exécutait un forage plus de quatre ou cinq fois plus profond que celui de Grenelle, un puits ayant 2,500 mètres au lieu de 548 mètres, qui est la profondeur exacte de celui de Grenelle, l'eau nous arriverait avec la température de 100°.

Comprend-on bien de quelle importance il serait pour l'industrie, pour l'économie domestique, pour la société même, d'avoir, sans frais, de l'eau à 100°, de l'eau bouillante qui ne coûterait rien ? Ce serait une véritable révolution industrielle. La question du chauffage domestique, question capitale et si mal résolue encore, comme nous l'avons vu dans la Notice sur le chauffage, serait immédiatement tranchée par l'application du système de circulation d'eau chaude. Avec cette eau chaude qui ne coûterait rien, le chauffage des ateliers, celui des bains publics, etc., seraient également réalisés sans aucuns frais.

Déjà un industriel du Wurtemberg, M. Bruckmann, utilisant l'eau à 12 degrés que lui fournit un puits artésien de peu d'importance, sait maintenir à 8 degrés pendant tout l'hiver, la chaleur de ses ateliers, même alors qu'au dehors il fait un froid de — 18 degrés.

La question du chauffage domestique ne serait pas la seule dont les puits artésiens à grande profondeur fourniraient une solution économique aussi brillante. L'eau bouillante fournie à bas prix, ce serait de la vapeur à bas prix, par conséquent des machines à vapeur marchant presque sans dépense. Or, une machine à vapeur marchant sans dépense, ce serait une révolution dans toute l'industrie moderne ; ce serait presque le mouvement perpétuel, tant cherché par la tourbe des rêveurs de la mécanique.

On voit donc de quelle importance il serait d'entreprendre des forages à des profondeurs inusitées, de pousser les sondes artésiennes jusqu'à deux mille mètres au-dessous du sol, pour en faire jaillir des torrents d'eau bouillante.

Quelques hommes d'imagination ont essayé de transformer en réalité ce rêve des puits artésiens faisant jaillir des fleuves bouillants, mais leurs efforts se sont arrêtés devant l'apathie, l'indifférence universelle, qui est le signe caractéristique de la société de nos jours. Le spirituel Jobard avait voulu créer une société financière ayant pour but de creuser la terre jusqu'à 1,000 mètres de profondeur. Chaque membre de la société se serait engagé à fournir les fonds pour le forage d'un mètre de ce gigantesque puits. La société se serait appelée la *Société du trou !*

Hélas ! la Société n'est pas sortie de son trou !

FIN DES PUITS ARTÉSIENS.

LA CLOCHE A PLONGEUR

ET LE SCAPHANDRE

CHAPITRE PREMIER

LES PLONGEURS A NU; LEURS EXPLOITS DANS L'ANTIQUITÉ. — LES PLONGEURS EMPLOYÉS DANS LES GUERRES NAVALES ET DANS LES SIÉGES DES PORTS. — LES PLONGEURS MODERNES. — LA PÊCHE DES PERLES, DES ÉPONGES ET DU CORAIL.

L'Océan est un domaine mystérieux, qui a excité de tout temps la curiosité des hommes. Étudier dans son propre élément la nature sous-marine, la surprendre sur le fait, pour ainsi dire, en pénétrer tous les secrets, en dénombrer les incalculables richesses, et se les approprier, il y avait là de quoi tenter les imaginations vives et les esprits aventureux. Ajoutons que l'homme est essentiellement dominateur. Il veut régner en maître sur tout ce qui l'entoure. Son orgueil s'irrite des obstacles et des résistances. Il a entrepris contre la nature une lutte persévérante, indomptable, énergique; il prétend l'asservir et en faire son esclave. Il a voulu connaître les replis les plus cachés de la planète qui lui est assignée pour demeure. Déjà de brillantes victoires sont venues encourager ses efforts; mais son ambition n'est pas satisfaite encore. Il a étendu son empire à la surface de la terre et au milieu des airs, comme dans les plus grandes profondeurs du globe. On l'a vu tour à tour parcourir les hauteurs de l'atmosphère et descendre dans les entrailles de la terre. Il a voulu en outre visiter et interroger les espaces cachés à ses yeux par l'immense nappe des eaux qui couvrent les trois quarts de notre globe.

C'est cette dernière partie des heureux efforts de l'industrie de l'homme, c'est-à-dire l'art des voyages et des recherches sous-marines, que nous allons étudier dans la présente Notice.

L'art de plonger et d'aller chercher, sans appareil d'aucune sorte, les objets cachés sous les eaux, est aussi vieux que le monde. Mais, chose curieuse, les applications que l'on fit de cet art, aux premiers temps des sociétés humaines, ne se rattachaient point aux tranquilles besoins de la paix. L'art de plonger sous l'eau eut pour premier mobile l'esprit de conquête et de destruction; la guerre en fut la première application. Les premiers plongeurs, organisés d'une manière un peu systématique, les plongeurs de l'antiquité,

Fig. 393. — Marc Antoine et Cléopâtre ou le mystificateur mystifié.

étaient des auxiliaires attachés aux flottes militaires, pour l'entretien des coques des navires, et la surveillance des câbles qui les fixaient au mouillage. En cas de guerre, ils opéraient contre les flottes ennemies. C'est ce que rapportent plusieurs poëtes et historiens anciens, notamment Homère, Aristote, Hérodote, Tite-Live, Pline, Lucain, Arrien, etc.

L'un de ces plongeurs, Scyllis de Sicyone, accomplit une action d'éclat, qui porta son nom à la postérité. La flotte de Xerxès ayant été assaillie par une violente tempête, près du mont Pélion, Scyllis, accompagné de sa fille Cyané, alla couper les câbles de plusieurs vaisseaux perses, qu'il livra ainsi aux caprices des flots. Par là, il contribua puissamment à la défaite du conquérant. En récompense de cet exploit, le conseil des Amphictyons plaça à Delphes la statue du hardi plongeur et celle de sa fille. Ces faits sont racontés par Pausanias et par Pline le Naturaliste.

Plus tard, les Athéniens étant venus mettre le siége devant Syracuse, les habitants de cette cité fermèrent leur port, au moyen d'une estacade, ou digue en bois, formée de pieux. Mais des plongeurs, envoyés par les assiégeants, sapèrent cet ouvrage par la base, et la ville eût succombé sans l'intervention des Lacédémoniens, qui arrivèrent fort à propos pour leur porter secours et contraindre les Athéniens à la retraite.

La même chose se passa au siége de Tyr par Alexandre le Grand ; mais les plongeurs appartenaient cette fois au peuple assiégé. Alexandre avait ordonné l'exécution d'une digue immense, qui reliait la côte asiatique à une île voisine; mais d'habiles plongeurs phéniciens, armés de longs crochets, empêchèrent absolument la réalisation de ce projet. A mesure que le travail avançait, ils entraînaient les arbres et les pierres amoncelés, et désagrégeaient de telle sorte les entassements péniblement formés, que le moindre coup de mer suffisait pour tout enlever. Ils coupèrent aussi les câbles des vaisseaux ennemis, et forcèrent Alexandre à les remplacer par des chaînes.

Dionysius Cassius rapporte que les Byzantins usèrent d'un stratagème analogue pour porter le trouble dans la flotte de Septime Sévère, qui bloquait la capitale de l'Empire d'Orient. Des plongeurs, dirigés par l'ingénieur Priscus, allèrent trancher les câbles des galères romaines ; puis ils attachèrent aux mêmes navires d'autres câbles, sur lesquels agissait la population de Byzance, assiégée pour les amener au rivage, « en sorte, dit l'historien, que ces bâtiments semblaient déserter d'eux-mêmes la flotte de l'empereur. » De là, grande frayeur parmi les soldats romains.

Les plongeurs ne furent pas toujours employés à des exercices aussi périlleux. Plutarque nous a transmis le récit d'une scène dans laquelle ils jouèrent un rôle assez comique. C'est un des nombreux épisodes de la liaison du triumvir Antoine avec la séduisante Cléopâtre.

Il paraît que le général romain avait quelque penchant pour la pêche à la ligne et qu'il se livrait parfois à ce passe-temps bourgeois, en compagnie de la souveraine de l'Égypte. Malheureusement, le sort ne le favorisait pas plus que les simples mortels, et il lui arrivait, à peu près régulièrement, de ne rien prendre, ce dont il était « fort despit et marry », dit Amyot, traducteur de Plutarque.

C'est alors que Marc Antoine eut l'idée de corriger la fortune par l'ingénieux moyen que voici. Chaque fois qu'il jetait la ligne, il envoyait un de ses plongeurs attacher un beau poisson à son hameçon, et il fit ainsi plusieurs prises superbes en présence de Cléopâtre. Celle-ci découvrit immédiatement l'artifice ; mais, femme et reine, elle avait depuis longtemps appris l'art de dissimuler. Elle ne laissa donc rien paraître, et complimenta Antoine sur son habileté. En revanche, elle conta la chose à ses courtisans, et les invita à revenir le lendemain, pour être témoins de la surprise qu'elle préparait au général romain.

Personne n'eut garde de manquer au rendez-vous.

Antoine ayant jeté sa ligne, Cléopâtre ordonna à l'un de ses esclaves de se précipiter dans le Nil avant le plongeur de son amant, et d'attacher à l'hameçon flottant dans l'eau un vieux poisson salé. Antoine tira sa ligne, se croyant sûr de son fait. Mais au lieu d'un poisson fraîchement extrait des ondes, il n'amena au bout de son fil qu'un poisson de conserve (*fig.* 393).

« Et adonc, comme on peut penser, poursuit Amyot, tous les assistants se prirent bien fort à rire, et Cléopâtre en riant lui dit : « Laisse-nous, seigneur, à nous autres Égyptiens, habitants de Pharos et de Canobus, laisse-nous la ligne ; ce n'est pas ton métier ; ta chasse est de prendre et conquérir villes et cités, pays et royaumes. »

Au 1ᵉʳ siècle de l'ère chrétienne, nous voyons les plongeurs encore fort appréciés pour les besoins de la guerre, dans les pays du Nord. Un vieux recueil raconte que, sous le règne de Frothon III, roi de Danemark, une flotte fut envoyée par le roi de Suède contre le pirate Oddo, le plus fameux marin danois de l'époque, et dont l'habileté était telle qu'il passait pour un magicien commandant aux vents et aux flots. Pour conjurer le maléfice, Éric, amiral de la flotte suédoise, appela la ruse à son aide : il fit percer, par de hardis plongeurs, tous les vaisseaux d'Oddo pendant la nuit.

« Le matin, comme ils commençaient à couler bas et que l'équipage ne songeait plus qu'à vider l'eau qui envahissait leurs navires, Éric les attaqua. Les Danois, occupés à se garantir du naufrage, ne purent soutenir en même temps l'assaut de leur ennemi et périrent tous avec leur flotte (1). »

Dans des temps moins éloignés de nous, les plongeurs gardent leur importance comme auxiliaires des flottes de guerre. Au commencement du XIV° siècle, ils sauvent le port de Bonifacio (île de Corse) de l'invasion espagnole, en coupant les câbles de plusieurs vaisseaux de la flotte d'Alphonse, roi d'Aragon, qui bloquait la ville. A la faveur du désordre qui en résulte, une escadre génoise force les lignes espagnoles et pénètre dans la place.

En 1372, des bateaux chargés de matières inflammables, viennent porter la dévastation dans une flotte anglaise, placée sous le commandement de lord Pembroke. Ces bateaux ont des allures mystérieuses ; on ne leur voit ni voiles ni rames, et cependant ils avancent droit au but. C'est qu'ils sont remorqués par des hommes habiles à nager sous l'eau ; voilà tout le secret.

Dans les guerres navales du moyen âge, chacun des belligérants ayant sa compagnie de plongeurs, il arrivait quelquefois que les deux compagnies se trouvaient en présence au sein de l'onde ; il en résultait des luttes dramatiques. L'un de ces combats entre deux eaux eut lieu au siège de Malte, par Mustapha-Pacha, en 1565. M. Jal le rapporte comme il suit, dans son *Glossaire nautique*.

Le grand-maître de Malte, La Valette, crai-

(1) *Recueil historique de faits pour servir à l'histoire de la marine*. Paris, 1777.

gnant une attaque des Turcs contre la Sanglea, avait fait établir une palissade dans le voisinage de ce point. A l'abri de ce rempart, se trouvaient des arbalétriers et des arquebusiers, qui empêchaient les barques ennemies d'approcher. Mustapha dépêcha alors ses plongeurs, avec mission d'accomplir la même besogne que les Syracusains d'autrefois ; mais les Turcs rencontrèrent en route des plongeurs maltais, fort habiles en leur art, qui les attaquèrent à l'improviste. Un combat terrible s'engagea dans la mer, chacun des soldats se soutenant d'une main sur l'eau, et frappant de l'autre avec la hache ou l'épée.

« La lutte dura plusieurs minutes, dit M. Jal, au bout desquelles les Turcs furent contraints de prendre la fuite, ayant perdu la moitié des leurs et laissant le champ de bataille aux Maltais que, du haut des fortifications, La Valette et de Monte, l'amiral des galères de la Religion, virent rentrer dans le port, emportant les blessés ou aidant à nager ceux que les armes turques n'avaient pas réduits à l'impossibilité de faire quelques mouvements. »

A mesure qu'on s'avance dans les temps modernes, le rôle des plongeurs s'efface de plus en plus. L'invention de la poudre, en révolutionnant l'art de la guerre sur mer comme sur terre, est venue jeter sur eux un discrédit dont ils ne se relèveront pas. Les derniers plongeurs officiellement reconnus appartenaient, en France, à la marine de Louis XIII ; ils avaient rang d'officiers et portaient le titre de *mourgons*. Leur unique fonction, essentiellement pacifique, consistait à visiter les carènes des navires. Enfin, ils disparaissent tout à fait.

« En 1793, dit un officier de marine, Montgéry, les calfats étaient quelquefois assez bons plongeurs ; mais cela n'a plus lieu. Les Espagnols ont moins perdu que nous sous ce rapport ; j'ai vu employer leurs plongeurs pour le service de nos vaisseaux à Brest, en 1779, et à Cadix, après le combat de Trafalgar. »

A partir du XVIII° siècle, la profession de plongeur change de nature. Ce n'est plus aux besoins de la guerre qu'elle est consacrée, mais uniquement aux usages de l'industrie et du commerce. Dans les profondeurs de la mer se rencontrent des substances précieuses à divers titres, des objets d'ornement, ou des substances alimentaires. L'art du plongeur aura donc pour but désormais la recherche de l'huître perlière, du corail, de l'éponge. C'est pour alimenter de ces produits les contrées civilisées que des hommes se précipiteront au fond de la mer, au péril de leur vie. Une grande transformation sera donc opérée chez le plongeur. Au lieu d'être un agent de destruction, il sera un agent de production, et lorsque la science l'aura pourvu d'appareils perfectionnés, il rendra au commerce, à l'industrie, à la marine, des services considérables.

Quelle triste et pénible condition que celle des pêcheurs de perles, d'éponges ou de corail! C'est que l'homme n'est pas fait pour vivre sous l'eau ; sa constitution s'oppose à une existence subaquatique. Il faut que l'air arrive à ses poumons incessamment, régulièrement. Si, par une pratique de tous les jours, certains individus peuvent suspendre, pendant quelque temps, l'exercice de la fonction respiratoire, ils ne tardent pas à atteindre la limite de leurs efforts. Il est à peu près avéré aujourd'hui que l'homme ne peut rester sans respirer au delà de deux minutes ; encore tout le monde ne le ferait-il pas. Un tempérament robuste et surtout une longue habitude, telles sont les conditions d'une telle victoire remportée sur la nature. Il faut donc se tenir en garde contre les récits de certains voyageurs qui affirment avoir vu des plongeurs séjourner quatre ou cinq minutes sous l'eau.

De ce nombre est un officier de la marine britannique, Percival, qui, dans son *Voyage à Ceylan*, cite un jeune Cafre, pêcheur de perles, qui aurait accompli pareil exploit. « On ne connaît personne, ajoute Percival, qui ait passé sous l'eau un plus long espace de temps qu'un plongeur qui vint d'Anjango en 1797, et qui s'y tint cinq minutes. »

Un romancier français qui s'était attaché à peindre la vie américaine, Gabriel Ferry, parle également de pêcheurs de perles restant quatre minutes sous l'eau. Il y a là évidemment appréciation inexacte, ou exagération.

Les plus habiles plongeurs sont les naturels des îles de la mer du Sud. Ils vont chercher au fond de l'eau, et en rapportent des objets du plus mince volume.

Les plus renommés sont ceux de l'île de Ceylan, qui pêchent l'huître à perles. On les a vus descendre sous l'eau jusqu'à quarante et cinquante fois dans un seul jour. Quelquefois le travail est si pénible pour eux, qu'en revenant à la surface, ils rendent, par la bouche, le nez et les oreilles, de l'eau mêlée de sang.

Voici comment opèrent les pêcheurs qui exploitent les bancs d'huîtres perlières du golfe de Bengale.

Chacun est muni d'une grosse pierre, destinée à l'entraîner au fond de l'eau, et percée d'un trou, dans lequel passe une corde. Lorsqu'il est sur le point de descendre, le plongeur, qui a appris à se servir des doigts de ses pieds comme de ceux de ses mains, saisit avec le pied droit, la corde fixée à la pierre ; tandis que du pied gauche, il prend le filet qui doit recevoir sa récolte. Il prend ensuite, de la main droite, une longue corde attachée au bateau, et se bouchant les narines de la main gauche, pour ne pas laisser s'échapper l'air qu'il a aspiré fortement, aussi bien que pour empêcher l'accès de l'eau dans les fosses nasales, il cède au poids qui le sollicite en bas, et descend rapidement dans la mer. (*fig.* 394). Arrivé au fond, il passe à son cou la corde du filet, de manière à rabattre celui-ci sur sa poitrine, et il ramasse, aussi promptement que possible, une quantité d'huîtres qui atteint souvent jusqu'à la cen-

Fig. 394. — Pêche des huîtres perlières sur la côte de l'île de Ceylan.

taine pendant les deux minutes qu'il reste sous l'eau. Tirant alors la corde qu'il tient de la main droite, il donne le signal, et se fait hisser à la surface.

Selon Percival, quelques plongeurs se frottent le corps avec de l'huile, et se bouchent, avec du chanvre, le nez et les oreilles, pour empêcher l'eau d'y pénétrer. Mais d'autres négligent toutes ces précautions.

En général, les pêcheurs de perles vivent peu. Les inégalités de pression qu'ils doivent supporter, provoquent la rupture de vaisseaux internes. Ils sont frappés d'apoplexie au sortir de l'eau. Chez d'autres, la vue s'affaiblit rapidement au contact incessant de l'onde salée. Ils ont encore à redouter la terrible dent du requin. Ce vorace poisson est le plus sérieux des dangers qui les menacent. Aussi est-il fort redouté de ces malheureux.

En résumé, c'est une triste profession que celle de plongeur à la recherche des huîtres perlières.

Voici maintenant comment s'achève la récolte des perles, commencée par le travail des plongeurs.

Les coquilles à perles rapportées par chaque pêcheur, sont déposées sur des nattes de sparterie, dans des espaces carrés, entourés de palissades. Elles meurent bientôt, et se putréfient. On cherche alors dans les coquilles ouvertes, les perles qu'elles peuvent contenir. Puis on fait bouillir la matière animale, et on la passe au tamis, pour retrouver les perles libres qui occupaient l'intérieur du corps, où elles étaient enveloppées entre les plis du manteau du mollusque.

Des nègres sont chargés de percer et d'enfiler les perles libres. Ils détachent celles qui adhèrent au coquillage, les nettoient et les polissent avec de la poudre de perles ou de nacre.

Pour classer les perles selon leur grosseur, on les fait passer dans divers cribles, à treillis de cuivre, de différentes dimensions. Chaque tamis est percé d'un nombre de trous, qui détermine la grosseur des perles, et leur donne un numéro commercial. Les cribles percés de vingt trous portent le numéro 20. Ceux qui sont percés de 30, 50, 80 trous portent des numéros correspondants.

Toutes les perles qui restent au fond des cribles de ces dernières catégories, sont de premier ordre. Celles qui traversent les cribles numéros 100 à 800, sont de second ordre; celles qui traversent le crible numéro 1000, sont de troisième ordre ; on les vend à la mesure ou au poids.

La nacre n'est autre chose que la lame interne des coquilles des huîtres perlières. L'industrie de la récolte de la nacre se confond, par conséquent, avec celle de la pêche des huîtres perlières.

Dès que la recherche des perles dans les huîtres rapportées du fond de la mer par les pêcheurs, est achevée, on s'occupe de récolter la nacre de ces mêmes coquilles. On choisit les coquilles qui, par leur dimension, leur épaisseur ou leur éclat, paraissent devoir fournir la plus belle nacre, et on en détache les lames internes qui, bien nettoyées et polies, sont expédiées en Turquie, sous le nom de nacre.

La pêche des perles et de la nacre, dont nous venons de parler, commence à l'île de Ceylan, aux mois de février ou de mars, et ne dure qu'un mois.

La même pêche se fait encore sur les côtes du golfe de Bengale, dans les mers de la Chine, du Japon et de l'archipel Indien, enfin dans les colonies hollandaises et Espagnoles des parages asiatiques. Les *Pintadines perlières* sont également exploitées dans le sud de l'Amérique.

Sur les côtes opposées à la Perse, sur celles de l'Arabie, à Ouarden, à Bahrein, à Gildwin, à Dalmy, à Catifa, jusqu'à Maskate et à la mer Rouge, la pêche et le trafic des perles et de la nacre se font d'une manière assez active.

Dans ce dernier pays, la pêche n'a lieu qu'en juillet et août, la mer n'étant pas assez calme dans les autres mois de l'année. Arrivés sur les bancs de *Pintadines* (huîtres perlières), les pêcheurs mettent leurs barques à quelque distance l'une de l'autre, et jettent l'ancre, à une profondeur de 5 ou 6 mètres. Les plongeurs se passent sous les aisselles une corde, dont l'extrémité communique à une sonnette placée dans la barque. Après avoir placé du coton dans leurs oreilles, et sur le nez une pince en bois ou en corne, ils ferment les yeux et la bouche, et se laissent glisser, à l'aide d'une grosse pierre attachée à leurs pieds. Arrivés au fond de l'eau, ils ramassent indistinctement tous les coquillages qui se trouvent à leur portée, et les mettent dans un sac suspendu au-dessus des hanches. Dès qu'ils ont besoin de reprendre haleine, ils tirent la sonnette. Aussitôt on les aide à remonter.

Les parages qui fournissent aujourd'hui les perles dans les mers de l'Amérique du Sud, sont situés dans les golfes de Panama et de la Californie; mais, en l'absence de règlements conservateurs, difficiles à établir, à cause des troubles qui agitent constamment ces contrées, les bancs, exploités sans prévision, commencent à s'épuiser. Aussi l'importance des pêcheries de perles dans l'Amérique du Sud n'est-elle plus évaluée qu'à la somme approximative de un million et demi de francs. C'est là, du moins, ce qui résulte du rapport d'un lieutenant de la marine royale, auquel le gouvernement anglais donna, il y a quelques années, la mission d'étudier l'état des pêcheries dans ce pays. Le rapport ajoutait que les plongeurs devenaient chaque jour plus rares, les nègres et les Indiens renonçant au métier, par la peur que leur inspirent les requins qui infestent les eaux de ces parages.

Il y a, du reste, une grande inertie chez les hommes voués à ces rudes et dangereux labeurs. Il faut avouer que ce n'est pas l'appât du gain qui peut les stimuler beaucoup, car à Panama, par exemple, ils ne reçoivent qu'un dollar par semaine. Ils sont nourris avec un mauvais morceau de morue salée ou de *taso* (bœuf séché au soleil), et n'ont pour tout vêtement qu'une pièce de cotonnade, qui leur passe entre les jambes et vient se nouer autour des reins. D'autres fois, les plongeurs ne sont loués que pour la pêche du jour, et reçoivent alors une paye d'environ 5 centimes par huître perlière.

Ils ont coutume de se lancer à la mer sans corde d'appel, ni sac, et pendant les vingt-cinq ou trente secondes qu'ils demeurent sous l'eau, ils ne peuvent arracher que deux ou trois huîtres. Ils renouvellent leur descente douze ou quinze fois; mais il leur arrive souvent de plonger sans réussite, ou de rapporter des huîtres qui ne contiennent aucune perle.

Passons à la pêche des éponges exécutée par les simples plongeurs, selon les anciens errements.

Les pêcheurs d'éponges procèdent à peu près de la même façon que les pêcheurs de perles, et leur industrie offre les mêmes dangers.

De nos jours, la pêche des éponges se fait principalement dans la mer de l'Archipel ottoman et sur le littoral de l'Afrique, depuis l'Égypte jusqu'à la côte de Tunis. Les pêcheurs, qui sont des habitants des nombreuses îles de l'Archipel ottoman, vendent le produit de leur pêche aux Occidentaux. Ce commerce a pris une grande extension depuis que l'usage des éponges s'est généralement répandu, soit pour la toilette, soit pour les nettoyages domestiques et industriels.

La pêche commence ordinairement vers les premiers jours de juin, et finit en octobre. Mais les mois de juillet et d'août sont particulièrement favorables à la récolte des éponges. Antakieh (Syrie) lui fournit environ 10 bateaux, Tripoli 25 à 30, Karki 50; Symi en expédie jusqu'à 170 et 180 et Kalimnos plus de 209.

Voici comment se fait la récolte des éponges sur les côtes de Syrie (fig. 395).

Des bateaux, montés par 4 ou 5 hommes, se dispersent sur les côtes, et vont chercher leur butin à 2 ou 7 kilomètres au large, sous les bancs de roches. Les éponges de qualité inférieure sont recueillies dans les eaux basses. Les plus belles ne se rencontrent qu'à la profondeur de 12 à 22 brasses. Pour les premières, on se sert de harpons à trois dents, à l'aide desquels on les arrache, non sans les détériorer plus ou moins. Quant aux secondes, ou aux éponges fines, d'habiles plongeurs descendent au fond de la mer, et à l'aide d'un couteau, ils les détachent avec précaution. Aussi le prix d'une éponge *plongée* est-il beaucoup plus considérable que celui d'une éponge *harponnée*.

Parmi les plongeurs, ceux de Kalimnos et de Psara sont particulièrement renommés. Ils descendent jusqu'à 25 brasses de profondeur, restent moins longtemps sous l'eau que les Syriens, et font cependant des pêches plus abondantes

La pêche de l'Archipel ottoman fournit au commerce peu d'éponges fines, mais une grande quantité d'éponges communes. **La pêche de Syrie fournit, en éponges fines, celles qui conviennent le mieux pour la France. Elles** sont de taille moyenne. Au contraire, celles que fournit la pêche de la côte de Barbarie, sont de fortes dimensions et d'un tissu fin. Elles sont très-recherchées par l'Angleterre.

Si, partant du golfe de la Syrte, c'est-à-dire des côtes orientales de la Tunisie, on se dirige en suivant les côtes d'Afrique, vers Alexandrie, que de là on remonte les côtes de Syrie, pour contourner celles de l'Asie Mineure ; si l'on parcourt encore les côtes des îles et de la Grèce baignées par la mer de l'Archipel et celles de Candie et de Chypre, on aura figuré l'immense développement des parages où s'exerce l'industrie du plongeur d'éponges.

Nous trouvons dans un mémoire rédigé à Rhodes, par M. P. Aublé, des détails très-intéressants sur l'industrie de la pêche des éponges qui est mise en pratique par les habitants des îles de l'Archipel ottoman.

« Les îles de l'Archipel ottoman qui s'occupent de la pêche des éponges, dit M. P. Aublé, sont : Calimnos, Symi, Karki, Psara, Rhodes, Lero et Stampalie. Calimnos, Symi et Karki plus spécialement que toutes les autres ; ce sont les trois points importants de cette industrie.

« Au mois d'avril, les pêcheurs commencent à s'apprêter pour le départ ; déjà, vers la fin du mois de mars, les équipages se forment ; chaque capitaine choisit son monde et fait ses conventions.

« En général, les barques sont montées par sept hommes chacune, quelquefois par huit. Sur ce nombre, il y a quatre plongeurs qui se partagent le produit de la pêche ; les autres sont des manœuvres qui reçoivent de 280 à 350 francs l'un, pour toute la durée de la campagne, outre la nourriture qui leur est fournie.

« C'est surtout à cette époque que les plongeurs demandent de l'argent, des vivres, des vêtements à leurs patrons. Ils doivent en effet faire des provisions pour trois à quatre mois, laisser quelque argent à leur famille, en prendre pour eux-mêmes, pour parer aux nécessités d'une longue absence. Avec ce qu'ils doivent déjà, c'est une affaire de 15 à 20 mille piastres (3,500 à 4,000 fr.) par barque en moyenne.

«Quand enfin ils sont parés, un beau matin, à l'aurore, ils partent, rarement seuls, presque toujours en compagnie de quatre ou cinq barques. Puis, avant de prendre leur direction définitive, ils vont à quelque monastère renommé, faire leurs vœux et leurs prières pour que leur pêche soit heureuse.

« Vers le milieu du mois de mai, tous les bateaux de pêche sont loin, et les îles ne sont plus habitées que par les femmes, les jeunes enfants, les vieillards et quelques malades. C'est d'une solitude affreuse au milieu d'une sécheresse horrible.

« La construction toute spéciale de ces barques qui peuvent porter six à sept tonneaux, leur permet de se rendre à des points très-éloignés. Elles ont, en effet, avec une voilure énorme, de grandes qualités nautiques ; elles vont vite, serrent bien le vent et tiennent admirablement la mer. Aussi il est très-rare qu'elles se perdent en mer, à ce point qu'on peut dire que cela n'arrive jamais. Elles sont d'une construction semblable à celle du fameux schoner américain « *America*, » vainqueur dans toutes les courses mémorables qu'il a engagées. — Il est curieux de rencontrer une construction aussi habile dans des îles où l'on travaille par routine, à vue d'œil, sans aucune notion précise de l'art des constructions navales et de la voir correspondre au résultat le plus parfait d'études, d'essais faits par des navigateurs renommés les plus capables d'entre tous.

« Les meilleures barques vont exploiter la côte d'Afrique depuis le golfe de la grande Syrte jusqu'aux abords d'Alexandrie d'Égypte et sur cette étendue deux points principaux : Benghazy et Mandrouka.

« Pour s'y rendre, elles passent d'abord à Candie, et, de là, traversent jusqu'en Afrique ; elles tombent ainsi exactement sur Mandrouka. Pour aller jusqu'à Benghazy, il ne leur convient point de côtoyer l'immense étendue des côtes qui séparent ces deux points ; le plus souvent elles y sont portées par de gros navires qui les ramènent également à la fin de la pêche. Dans ces parages où les Arabes leur donnent la chasse quand ils s'aventurent sur terre, le navire est leur point de ralliement. Les barques lui payent un droit de 20 pour 100 sur leur pêche, à charge par lui de payer les frais de navigation et les droits de pêche.

« Il n'y a guère que vingt ans que l'on a découvert et commencé à exploiter le banc de Mandrouka. D'autres barques vont à Chypre ; un beaucoup plus grand nombre s'y rendraient sans les fièvres et les maladies qui y règnent et qui en éloignent les plongeurs.

« Les côtes de Candie sont exploitées plus spécialement par les pêcheurs de Karki ; toutes les barques de cette île, à part cinq ou six, vont là. Il est encore des barques qui se rendent sur la côte de Caramanie et de Syrie jusqu'à Alexandrette. Les barques de Château-Rouge exploitent de préférence ces côtes où d'ailleurs, leur île fait le commerce des bois qu'elle envoie à Alexandrie.

« Les côtes d'Afrique, Benghazy, Mandrouka, sont visitées plus spécialement par les Calimniotes et les Symiotes qui ont assez de barques pour en envoyer à presque tous les lieux de pêche.

« Enfin, un nombre assez considérable se rend dans

Fig. 395. — Pêche des éponges sur la côte d'Afrique.

les îles de l'Archipel, dans les golfes et les îles de la Grèce.

« Le nombre des bateaux de pêche se rendant à ces différents points varie chaque année. Les pêcheurs savent tenir compte des espaces de temps nécessaires pour que les bancs se remplissent de bonnes éponges de grosseur convenable. Ils prétendent que ce n'est guère qu'au bout de trois ans qu'une éponge a acquis un développement satisfaisant; mais d'autre part l'étendue des gisements est pour ainsi dire indéfinie, de sorte qu'on peut toujours y trouver des éponges assez grosses.

« On pêchait aussi autrefois dans la mer Rouge ; depuis longtemps on a abandonné cette pêche soit à cause des chaleurs insupportables, soit à cause de la grande quantité de requins qui se trouvent dans cette mer. Encore dernièrement on a essayé, mais sans succès, d'exploiter ces parages.

« Du reste, chaque année, on découvre naturellement de nouveaux gisements plus ou moins considérables. Si l'on se reporte à soixante-dix et quatre-vingts ans, on voit qu'à cette époque il n'y avait guère qu'en Syrie que l'on faisait la pêche des éponges : on ne connaissait que celles de cette provenance, c'étaient les seules qui fussent alors articles de commerce.

« En examinant dans le bassin de la Méditerranée, la position de ces lieux de production, on est conduit naturellement à penser qu'il doit y avoir des éponges sur les côtes d'Algérie, du Maroc, d'Espagne, de Sicile et sur les côtes du sud de l'Italie.

« Sur toutes ces côtes, les profondeurs auxquelles

on trouve des éponges, sont variables; les pêcheurs plongent donc plus ou moins profondément, suivant leur habileté. C'est sur les côtes d'Afrique et sur celles de Caramanie que l'on descend le plus bas; c'est là aussi que se rendent les meilleurs plongeurs.

« En général, on pêche de 15 à 25 brasses (25 à 40 mètres), mais il en est qui vont à 30, 35 et même 40 brasses (70 mètres) et qui restent de 3 à 4 minutes sous l'eau.

« Après avoir jeté de l'huile ou du lait d'éponge sur la surface de la mer pour voir le fond, ils piquent une tête en tenant entre leurs mains une pierre (scandali) fixée à une corde de signal. Cette pierre les entraîne rapidement. Une autre corde attachée à la corde de signal et à leur corps, permet de retourner à celle-ci qu'ils abandonnent arrivés en bas.

« Tandis qu'ils sont au fond de la mer, ils ramassent dans le rayon de cette deuxième corde, avec une légèreté, une vitesse et une adresse remarquables, les éponges qui s'y trouvent. Ils les placent dans un sac qui leur tombe devant la poitrine, et quelquefois, quand ils ont fait une abondante récolte, que le sac est rempli, ils en mettent entre leurs jambes et jusque sous leurs bras. Dès qu'ils veulent remonter, ils font le signal convenu; on les ramène très-promptement à la surface. S'ils sont descendus à de grandes profondeurs, ils saignent pas les oreilles, par le nez, par la bouche, conséquence de la compression qu'ils subissent.

« Grâce à l'habitude et à une pratique qui commence dès leur bas âge, ils n'éprouvent pas d'accidents plus fâcheux, comme cela arrive fréquemment en Europe chez les ouvriers travaillant dans l'air comprimé. Mais, dans ces conditions, ils ne peuvent faire au plus que cinq à six descentes par jour. On les voit, pour s'apprêter à plonger, aspirer à pleins poumons et remplir d'air tous les pores intérieurs.

« Comme on le pense bien, ces hommes perdent rapidement l'ouïe, prennent des maladies aiguës; leur jeunesse, leur santé s'usent rapidement.

« Mais ce n'est pas tout, car ils courent de graves dangers.

« Au pied des éponges se trouve quelquefois une espèce d'ampoule verdâtre, grosse comme une noix et remplie de liquide; les plongeurs l'appellent *fusca*. En prenant l'éponge, ils enlèvent aussi cette fusca, et, en la pressant contre eux au moment où ils remontent, elle crève. Le liquide qu'elle contient les brûle, forme une plaie hideuse, un chancre qui dévore la chair avec une rapidité effrayante et qui tue en quelques jours sans qu'aucun remède ait pu l'arrêter. Ce terrible poison ne pardonne pas.

« D'autres fois, c'est le requin qui a aperçu le plongeur et qui fond sur lui avec la rapidité de la flèche. L'homme a beau se faire hisser immédiatement, dès qu'il l'a aperçu ou entendu, c'en est fait de lui, l'animal le poursuit et, se retournant brusquement sur le dos quand il va l'atteindre, ouvre sa gueule énorme, et le coupe en deux. On en a vu s'accrocher ainsi par leurs crocs à la chair humaine, être amenés avec le plongeur jusqu'à la surface de l'eau, et là, malgré les coups de harpon, de piques, ne pas lâcher prise qu'ils n'aient emporté le morceau. Ce monstre est la terreur du plongeur, il l'appelle skilo, psuri (poisson ou chien).

« Il est encore un poisson qu'il craint beaucoup, l'anguille aveugle, que l'odorat seul, paraît-il, dirige. Elle se précipite sur le pêcheur et lui fait une morsure fort douloureuse. Ils disent que cet animal naît de l'anguille de mer et du serpent terrestre.

« On rapporte aussi quelques malheurs arrivés par des pieuvres énormes (octapode qui a huit pieds) dans des cavernes sous-marines. Cet animal immonde arrive parfois à des proportions colossales, et malheur à qui l'approche : se tenant cramponné par deux bras à un rocher, il se lance, en se déployant, sur sa proie, frappe comme une balle sur la poitrine et s'y colle, tandis que ses autres bras l'enlacent et l'étreignent comme pour la forcer à respirer : le malheureux se noie. Ceci est arrivé dernièrement sur les côtes de Candie. Il arrive enfin que le plongeur, attiré trop loin de sa corde de signal par l'appât d'un bon butin, ne retrouve plus sa pierre (les bons plongeurs négligent quelquefois de se rattacher à la corde de signal); impuissant à remonter, sans force, il périt atrocement.

« On peut donc dire que le métier est pénible, dangereux; que le plongeur joue continuellement sa vie, pour ne pas gagner grand'chose en définitive. Et si l'on songeait à toutes les difficultés, à toutes les misères de cette existence, on s'étonnerait vraiment que cette marchandise n'ait pas un tout autre prix.

« Quelques barques montées par de vieux plongeurs, incapables désormais de descendre au fond de la mer, pêchent les éponges avec un harpon fixé au bout d'une longue perche. Cette perche, faite de plusieurs morceaux liés entre eux, atteint jusqu'à dix brasses (16 mètres). Cette manière de procéder déchire l'éponge et la fait beaucoup déprécier. Plus rarement encore, on emploie des dragues, dans le genre de celles employées à la pêche du corail. Ces dragues sont formées par une poche, à l'ouverture de laquelle se trouve une lourde barre transversale, reposant sur le sol sous-marin, tandis que la poche ouverte est prête à recevoir tout ce qui sera détaché par cette barre. La drague, tirée par des barques marchant à la voile, racle le fond de la mer jusqu'à 90 et 100 brasses de profondeur (145 à 160 mètres). On ramène de ces abîmes des éponges énormes d'un bon usage.

« Sur les côtes de Tunisie, c'est l'île de Gerbeh qui est le point central.

« Là aussi la pêche se fait au harpon et commence

vers les derniers mois de l'hiver ; en été, la végétation sous-marine, très-abondante, empêche complétement la recherche des éponges. Contrairement aux éponges des Antilles dont le tissu est pour ainsi dire brûlé et qui se déchire facilement, les éponges de Tunisie sont d'une bonne qualité ordinaire, d'un tissu fort et résistant.

« La pêche n'offre là rien de particulier, si ce n'est les droits de dîme qui sont exorbitants. Chaque soir les barques de retour vendent leurs éponges, payent pour la dîme un tiers de leur pêche au choix du préposé qui désigne la part qu'il prend parmi les trois parts égales qu'on en fait. Ce droit appartient au gouvernement qui ne le vend pas. »

Sur les bancs de Bahama, dans l'océan Atlantique, les éponges croissent à de faibles profondeurs. Les pêcheurs espagnols, américains, anglais, après avoir enfoncé dans l'eau une longue perche, amarrée près du bateau, se laissent glisser sur les éponges, dont ils font une récolte facile.

Dans les Antilles, la pêche des éponges est entre les mains des nègres, qui font cette pêche sur les côtes des îles de cet archipel. Ils se servent généralement de harpons. Le travail se fait toute l'année, et n'est sujet à aucun retard.

Nassan (île de Bahama) est le centre du commerce des éponges américaines. C'est une possession anglaise. Les éponges passent par l'Angleterre pour arriver en France.

Les éponges des Antilles sont, en général, de qualité inférieure.

Nous venons de tracer avec quelque détail l'industrie du plongeur à nu, qui se limite à la recherche des huîtres perlières et des éponges. Nous verrons, à la fin de cette Notice, quelle révolution doit apporter dans cette industrie l'emploi des appareils qui permettent à l'homme de demeurer sous l'eau plusieurs heures, pour s'y livrer à un travail continu et tranquille. Mais nous pouvons faire remarquer, sans anticiper sur ce qui sera dit à cette occasion, combien la pratique du plongeur à nu est regrettable, en ce qui concerne la multiplication des huîtres perlières et des éponges. La nécessité de faire la récolte dans le court espace de temps où l'homme peut rester sous l'eau, oblige le plongeur à draguer, à détacher brutalement huîtres perlières et éponges, au lieu de les recueillir à la main. Cette pratique a le grave défaut de détruire, sans utilité, une énorme quantité de jeunes individus, qui sont ainsi perdus pour la reproduction. On doit se féliciter hautement, à ce point de vue, des progrès qui ont été récemment réalisés dans la fabrication des appareils plongeurs. Désormais, comme nous le verrons à la fin de cette Notice, au lieu de plonger pour chercher les huîtres perlières, le pêcheur jouira de la faculté de se promener longuement et librement dans les plaines sous-marines. Il pourra choisir tout à son aise les individus parvenus à maturité, et laisser grandir en paix ceux qui ont pour mission d'assurer la perpétuité de l'espèce.

CHAPITRE II.

LA CLOCHE A PLONGEUR. — SON PRINCIPE. — EXPÉRIENCES FAITES AU XVIe SIÈCLE. — WILLIAM PHIPPS. — LA CLOCHE DE HALLEY. — CELLE DE TRIEWALD. — PERFECTIONNEMENTS DE SPALDING, SMEATON ET RENNIE. — LES PLONGEURS A LA CLOCHE EN ANGLETERRE.

L'impossibilité de rester sous l'eau au delà d'un temps très-court, étant de bonne heure bien constatée, on dut naturellement chercher à vaincre ou à tourner cet obstacle opposé aux investigations humaines. De là la *cloche à plongeur*.

Le principe du premier appareil de ce genre que la science ait possédé repose sur un fait dont nous sommes chaque jour témoins. Prenons un verre, plongeons-le tout entier dans l'eau, en ayant soin de le tenir verticalement, et retirons-le de même ; nous constaterons que le haut du verre est absolument sec. D'où cela vient-il ? De ce que l'air contenu dans le verre, peu à peu comprimé par le liquide qui monte, atteint, à un moment donné, la limite de sa compression, et se trouve réduit à une couche très-mince, qui protége le haut du vase contre le contact de l'eau. Cette expérience peut être faite par tout le monde.

Pour la rendre plus saisissante, on suspend au haut du verre une bougie allumée, et l'on constate que, bien que le verre soit tout entier immergé dans l'eau, la bougie continue de brûler, c'est-à-dire que l'eau arrêtée par la pression de l'air comprimé contenu dans le haut du verre, ne s'élève pas jusqu'à ce point, pour noyer la bougie. C'est ce que représente la figure 396.

Fig. 396. — Principe de la cloche à plongeur de l'antiquité.

Donnons maintenant à notre verre des dimensions assez grandes pour qu'un ou plusieurs hommes puissent y trouver place, et nous aurons construit une cloche à plongeur, c'est-à-dire un espace dans lequel des hommes pourront respirer et vivre, bien qu'ils soient enveloppés par l'eau de toutes parts.

Telle est la cloche à plongeur dont parle Aristote dans ses *Problèmes* :

« On procure aux plongeurs, dit le célèbre philosophe grec, la faculté de respirer, en faisant descendre dans l'eau une chaudière ou cuve d'airain. Elle ne se remplit pas d'eau et conserve l'air, si on la force à s'enfoncer perpendiculairement ; mais si on l'incline, l'eau y pénètre. »

Ce passage d'Aristote prouve que la cloche à plongeur, avec la disposition élémentaire que nous venons de signaler, était déjà employée chez les anciens. Cependant le même passage exige une explication. Il semble, en effet, donner à entendre que, dans aucun cas, la cloche ne se remplit d'eau, pourvu qu'on la maintienne parfaitement verticale. Cette assertion ne saurait être exacte pour tous les cas pratiques de l'emploi de cet appareil.

Lorsque l'air contenu dans la cloche est à la pression ordinaire, l'eau commence à envahir le récipient, dès qu'elle en touche les bords ; car la pression du liquide s'ajoute alors à la pression atmosphérique pour refouler l'air intérieur. A mesure que la cloche descend, la hauteur de la colonne d'eau intérieure augmente, et par conséquent aussi sa pression ; l'air est donc de plus en plus condensé dans la cloche. A la profondeur de $10^m,33$, l'eau occupe déjà la moitié de la cloche ; car la pression exercée sur l'air intérieur est égale à 2 atmosphères (on sait, en effet, que le poids d'une colonne d'eau de $10^m,33$ équivaut à la pression atmosphérique). A 21 mètres, les deux tiers de la cloche sont remplis d'eau ; à 32 mètres, les trois quarts. Il arrive enfin un moment où l'air est tellement comprimé qu'il n'occupe plus qu'un espace insignifiant, alors l'individu qui serait placé dans la cloche serait infailliblement submergé.

Ainsi construite, la cloche à plongeur serait fort imparfaite, puisqu'elle ne permettrait de descendre qu'à une profondeur très-restreinte. Ajoutons que l'air qu'elle contient, n'étant pas renouvelé, se vicierait promptement, par la respiration des plongeurs. En outre, cet air s'échaufferait de manière à affecter péniblement les organes. Il en résulte que l'appareil devrait être fréquemment remonté, sous peine d'asphyxie pour ceux qu'il renferme. Il va sans dire néanmoins, que le temps de séjour au fond de l'eau, pourrait être prolongé, si la capacité de l'appareil était considérable.

Il paraît que, déjà du temps d'Aristote, on avait introduit dans la cloche à plongeur un premier perfectionnement, consistant à y renouveler l'air de temps à autre. On se servait dans ce but, d'un tuyau, que le philosophe de Stagire compare à la trompe de l'éléphant; et si l'on en croit un illustre physicien du moyen âge, Roger Bacon, Alexandre le Grand lui-même se serait servi de machines « avec lesquelles on marchait sous l'eau, sans péril de son corps, ce qui permit à ce prince d'observer les secrets de la mer. »

En dépit de ces quelques mentions faites par les auteurs, on peut assurer que la cloche à plongeur ne rendit que fort peu de services dans l'antiquité.

La cloche à plongeur disparaît pendant tout le moyen âge. Ce n'est qu'au xvi° siècle qu'elle commence à revoir le jour. On procède à des expériences avec cet appareil en Espagne et en Italie.

En 1538, sous les yeux de Charles-Quint et de plusieurs milliers de personnes, deux Grecs descendirent au fond du Tage, à Tolède. Ils s'étaient placés dans une grande chaudière renversée, la véritable cloche à plongeur de l'antiquité. Ils en sortirent au bout de quelque temps, sans même être mouillés. Ce qui occasionna une grande surprise, c'est qu'une lumière qu'ils avaient emportée avec eux, continuait de brûler. On a vu dans l'expérience que représente la figure 396, l'explication physique de ce fait.

En 1552, quelques pêcheurs de l'Adriatique firent également des expériences devant le doge de Venise et un certain nombre de sénateurs. Leur appareil consistait en une sorte de cuve, de près de 5 mètres de haut sur 3 mètres de large. L'un des pêcheurs séjourna dans l'eau de la lagune environ deux heures.

On a publié à Venise, dans les premières années du xvii° siècle, un ouvrage sur *l'art de marcher et de travailler dans l'eau en y respirant facilement*. Respirait-on réellement avec facilité dans les machines alors en usage? L'ouvrage le dit; mais il est permis de suspecter sa véracité, car l'appareil de Venise, connu sous le nom de *Cornemuse, ou capuchon de plongeur*, laissait beaucoup à désirer. Il se composait d'une grande cuve retournée, dont le sommet recevait des tuyaux flexibles appelés *trompes d'éléphant* (réminiscence d'Aristote), ou *cornemuses*. L'un de ces tuyaux aboutissait à la tête du plongeur, qu'il coiffait entièrement, d'où le nom de *capuchon du plongeur*. Des personnes placées sur le rivage, insufflaient de l'air dans les tuyaux, au moyen d'énormes soufflets à main.

Quelque imparfait que fût cet appareil, il établit l'existence, au xvii° siècle, d'une véritable cloche à plongeur, perfectionnée et rendue pratique.

En 1653, un Anglais nommé William Phipps, fils d'un forgeron, imagina un appareil pour aller chercher au fond de la mer les débris d'un vaisseau espagnol qui s'était récemment perdu sur la côte d'Hispaniola (île de Saint-Domingue, ou d'Haïti, dans les Antilles). Aucun détail ne nous est parvenu sur cette invention. Tout ce que l'on sait, c'est que le roi d'Angleterre, Charles II, s'intéressa à l'entreprise du forgeron, et lui proposa, à titre d'essai, de repêcher un vieux navire. William Phipps échoua complètement.

Après son insuccès, il revint à son premier métier, ou plutôt il tomba dans une profonde misère. Néanmoins, il ne se découragea pas. Il ouvrit une souscription publique, à laquelle le duc d'Albemarle contribua largement.

En 1667, William Phipps frète un navire de 200 tonneaux, pour aller repêcher les richesses sous-marines qui lui avaient été si-

Fig. 397. — Cloche de Halley.

gnalées dans les parages de Saint-Domingue. Après bien des peines et des déboires, Phipps réussit à retirer le trésor du fond des eaux, et il revint en Angleterre, à la tête de 200,000 livres sterling (5 millions de francs). Il préleva 20,000 livres sterling pour lui, et en abandonna 90,000 au duc d'Albemarle.

Nommé chevalier par le roi, l'humble fils du forgeron devint la soûche de la noble famille de Mulgrave, qui jouit d'un certain renom dans l'histoire d'Angleterre.

Cependant ce ne fut qu'au commencement du xviii° siècle que fut inventée une cloche à plongeur véritablement digne de ce nom. Elle fut construite par l'astronome anglais Halley. C'est ce savant qui, le premier, imagina un moyen pratique de renouveler constamment l'air à l'intérieur de l'appareil, et de l'y condenser suffisamment pour empêcher l'introduction de l'eau, à quelque profondeur qu'on descende. Voici les dispositions de la cloche de Halley, que représente la figure 397.

La cloche ABCD a la forme d'un cône tronqué. Elle est en bois et recouverte d'un manteau de plomb assez lourd pour l'entraîner au fond de l'eau. A la partie supérieure, AB, se trouve encastré un verre épais, par lequel arrive la lumière. En R est un robinet qui sert à expulser de temps en temps l'air vicié. Au-dessous de la cloche est une plateforme, GH, suspendue au moyen de trois cordes tendues par des poids G, H. C'est sur cette plate-forme que se tient le plongeur pour travailler, lorsqu'il est parvenu sur le bas-fond.

Le renouvellement de l'air est obtenu à l'aide d'un baril, E, doublé de plomb, que l'on fait descendre à côté de la cloche, et que l'on remplace par un autre, quand son contenu est épuisé. Ce baril est rempli d'air comprimé. Il est percé de deux ouvertures, l'une en haut, l'autre en bas. A celle du haut est adapté un tuyau, *d*, de cuir flexible, garni intérieurement d'une spirale métallique, qui a pour mission de réagir contre la pression de l'eau. L'ouverture du bas n'est point bouchée; néanmoins l'eau ne pénètre pas dans le baril, parce qu'il renferme de l'air fortement comprimé, et dont la pression est supérieure à celle qu'exerce l'eau dans laquelle le baril est immergé : le liquide, exerçant une pression plus faible que celle de l'air comprimé contenu dans le baril, ne peut forcer l'air à s'échapper pour prendre sa place.

Lorsqu'un des barils est arrivé à la hauteur de la cloche, le plongeur, qui se tient debout sur la plate-forme, saisit le bout du tuyau, l'introduit sous la cloche et ouvre un robinet qui termine ce même tuyau. L'eau fait alors irruption dans le baril par l'orifice inférieur et chasse dans la cloche l'air qu'il contient.

On comprend aisément pourquoi l'eau ne pénètre pas dans la cloche : c'est le même motif qui s'oppose à son introduction dans le baril pendant le trajet du rivage à l'appareil. La colonne d'eau qui presse sur la cloche a moins de pression que l'air comprimé qui remplit cette cloche, et dès lors elle ne peut s'introduire dans cet espace.

L'air expiré par les personnes qui séjournent dans la cloche, étant plus chaud, et par conséquent plus léger que le reste de l'air, gagne le sommet du récipient; et lorsqu'on ouvre le robinet R, il s'échappe avec une telle impétuosité, que la surface de la mer se couvre d'écume.

A mesure que chaque baril se vide d'air comprimé, qui passe dans la cloche, on le remplace par un autre, et ainsi de suite.

En 1721, Halley expérimenta lui-même son appareil. Il descendit, avec quatre personnes, à une dizaine de mètres sous l'eau, et il y resta environ une heure et demie. Pour descendre, il fallut introduire dans la cloche, sept à huit barils d'air comprimé. Une fois arrivé au fond, l'expérimentateur s'attacha à faire sortir par le robinet d'expulsion, une quantité d'air équivalente à celle qui était fournie par chaque baril.

Le plongeur ainsi confiné sur la plate-forme de la cloche, ne pouvait travailler que dans un bien petit rayon. Pour permettre au plongeur de s'éloigner de l'appareil, Halley imagina la disposition que représente une partie de la figure 397.

Le plongeur X porte sur ses épaules une petite cloche ou chapeau, en tôle, reliée à l'intérieur de la grande cloche par un tube flexible, *a*, de longueur variable, que tient à la main, un autre homme resté dans la cloche. Celui qui en sort est lesté de plomb, afin d'opposer, par son poids, une résistance suffisante à la poussée de l'eau.

Cette disposition, hâtons-nous de le dire, était très-défectueuse et très-dangereuse. L'homme ne pouvait accomplir aucun travail utile, vu l'obligation qui lui était imposée de tenir toujours la tête parfaitement horizontale. S'il l'inclinait à droite ou à gauche, l'eau pénétrait dans le chapeau en tôle, et asphyxiait le malheureux. Cette combinaison était donc excessivement imparfaite.

Un ingénieur suédois, nommé Triewald, modifia légèrement l'appareil de Halley. Il suspendit la plate-forme à une telle distance de la cloche, que la tête du plongeur pût surgir immédiatement au-dessus du niveau de l'eau, où l'air est plus frais qu'à la partie supérieure du récipient. L'appareil était en cuivre étamé intérieurement. Il recevait la lumière par deux lentilles de verre encastrées sur ses côtés, et descendait au moyen de poids accrochés sous ses bords.

La cloche de Halley présentait un grave inconvénient. Comme elle était très-lourde, et par conséquent fort difficile à manœuvrer, il suffisait du moindre dérangement dans l'un quelconque de ses organes, pour mettre la vie des plongeurs en danger, car il fallait un temps assez long pour la remonter.

Pour faire disparaître ce défaut, Spalding, d'Édimbourg, supprima l'armature métallique de la cloche, qu'il construisit tout en bois.

La figure 398 représente la cloche de Spalding. Pour faire descendre l'appareil, il attacha à sa partie inférieure, deux poids, A, A', retenus par les crochets e, e'. Un troisième poids, B, était suspendu au centre de la cloche, et pouvait s'élever et s'abaisser à volonté, au moyen d'une poulie à moufle, C. Le plongeur agissait lui-même sur ce poids, en tirant la corde, D, qui le supportait. Lorsqu'on laissait tomber ce poids jusqu'au fond de l'eau, la cloche, devenue plus légère, remontait automatiquement; dans le cas contraire, elle s'abaissait. En laissant filer la corde d'une quantité convenable, le plongeur pouvait donc se transporter à telle profondeur qu'il désirait, et l'appareil se trouvait en équilibre au milieu de l'eau, dans des conditions de stabilité qui manquaient complétement à l'ancienne cloche de Halley.

Spalding avait compris que la rupture de la corde, ou un autre accident, pourrait enlever toute efficacité à son ingénieux système d'élévation et d'abaissement au milieu du liquide. Aussi avait-il adjoint aux organes qui viennent d'être décrits, une autre disposition, destinée à suppléer à la première, en cas de malheur.

La cloche était divisée en deux parties, par un plancher horizontal, EF, qui formait une chambre GHEF, indépendante de celle du bas. Une ouverture, I, pratiquée à la partie supérieure de la première chambre, laissait entrer l'eau dans cette chambre GHEF, mais seulement pendant la descente, et l'air intérieur était expulsé au dehors. L'eau, ayant rempli cette chambre, faisait descendre tout l'appareil. Mais on pouvait le faire remonter par la disposition inverse, c'est-à-dire en chassant l'eau de cette cavité au moyen de l'air comprimé qui existait dans la chambre inférieure EFAA'. Pour introduire dans cette chambre supérieure l'air comprimé contenu dans la chambre inférieure, il suffisait de tourner un robinet R, qui mettait en communication les deux capacités. Ouvrait-on le robinet, l'air comprimé se précipitait de bas en haut, chassait en tout ou en partie l'eau contenue dans la chambre supérieure, suivant la quantité qu'on en laissait passer, et rendait la cloche plus légère de tout le poids de l'eau déplacée. On pouvait ainsi diminuer la rapidité de la descente, ou s'arrêter à une certaine hauteur, ou bien remonter à la surface, en variant avec discernement l'afflux d'air de la base vers le sommet.

Une fenêtre vitrée, H, éclairait l'intérieur de la cloche.

Grâce à ces modifications, la cloche à plongeur acquit une grande facilité d'évolution. Pour la déplacer sous l'eau, il suffisait de quelques hommes placés dans une barque et qui la poussaient avec la main.

Spalding, l'inventeur de ce perfectionnement de la cloche de Halley, finit tristement au sein même de sa machine. Étant descendu dans la mer, en 1785, pour recueillir les épaves d'un vaisseau naufragé sur les côtes d'Irlande, il souffrit du manque d'air, et en revenant à la surface de l'eau, il fut frappé d'une attaque d'apoplexie, à laquelle il succomba.

En 1786, l'ingénieur Smeaton, qui s'était rendu célèbre, en Angleterre, par la construction du phare d'Eddystone, perfectionna beaucoup la cloche à plongeur, en remplaçant les barils pleins d'air comprimé, dont on faisait usage depuis Halley, par une pompe foulante, qui envoyait dans la cloche, avec régularité, l'air nécessaire à la respiration des plongeurs.

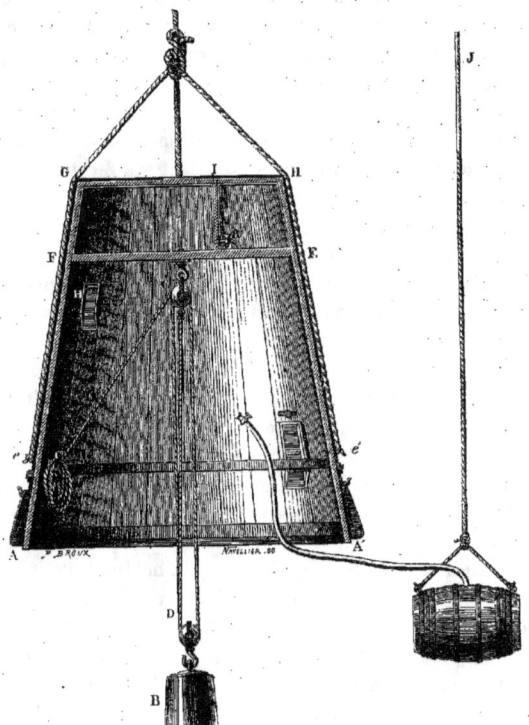

Fig. 398. — Cloche de Spalding.

Les hommes furent dès lors débarrassés de la nécessité de pourvoir eux-mêmes à leur provision d'air; la pompe se chargea de cet office.

Smeaton construisit la cloche à plongeur en fonte, et appliqua le premier cet appareil aux constructions sous-marines.

Vers 1812, un autre ingénieur anglais, Rennie, apporta dans la construction et la manœuvre de la cloche, quelques perfectionnements, qui lui donnèrent sa physionomie définitive. Il rejeta la forme de cône tronqué, pour adopter celle de parallélipipède, qui lui parut plus convenable. Mettant à profit l'idée de Smeaton, il s'en tint à l'emploi exclusif de la fonte, dont il calcula l'épaisseur de telle sorte que la machine pût s'enfoncer sans l'aide d'aucun poids additionnel. Enfin il imagina un appareil pour transporter facilement la cloche dans tous les sens, sans la retirer de l'eau. Cet appareil consistait en une plate-forme mobile sur deux rails de fer par l'intermédiaire de quatre roues. Les rails étaient fixés sur une autre plate-forme, également mobile, mais dans une direction perpendiculaire à la première. Sur la plate-forme supérieure s'élevait une potence, terminée par une poulie qui recevait la chaîne de suspension de la cloche.

D'après cet exposé historique, on voit que la cloche à plongeur est presque tout entière l'œuvre des Anglais. On ne doit point s'en étonner, si l'on songe à la position de l'Angleterre au milieu de l'Océan, ainsi qu'à l'importance du rôle de la marine chez cette nation. Dans un pays que tant d'intérêts attachent aux choses de la mer, les services que peut rendre la cloche à plongeur devaient être vivement appréciés. Aussi, dès que cet appareil fut suffisamment perfectionné, reçut-il en Angleterre des applications assez nombreuses.

Pour connaître les faits et gestes du plongeur à la cloche, — profession qui ne tardera pas à disparaître, — nous résumerons quelques pages d'un article intéressant sur les *Plongeurs à la cloche*, que l'on trouve dans un récent ouvrage de M. Alphonse Esquiros, *l'Angleterre et la Vie anglaise* (1).

M. Esquiros a vu fonctionner la cloche à plongeur dans les eaux de Plymouth, où quelques ouvriers travaillaient encore, il y a quelques années, à la construction d'un brise-lame. Un vieux bâtiment démâté, recouvert d'une espèce de toit, servait de demeure à ces hommes-poissons. Au-dessus de la mer s'élevait un échafaudage, appuyé sur deux grosses poutres, dont la base s'enfonçait sous les vagues. Cet échafaudage supportait, outre la pompe à air, manœuvrée par quatre hommes, l'appareil destiné à déplacer la cloche, verticalement ou latéralement.

Le moment étant venu, dit M. Esquiros de ramener les travailleurs au grand jour, le contre-maître donna le signal de remonter l'appareil. Aussitôt les chaînes s'enroulèrent sur le cabestan, et la cloche, s'élevant avec une solennelle lenteur, apparut à la surface, au-dessus de laquelle elle resta suspendue à une distance d'un diamètre environ. Un petit bateau, mené par un rameur, se glissa alors sous la boîte de fonte, et recueillit les hommes qu'elle contenait. Ces ouvriers, chaussés de grandes bottes molles, étaient mouillés jusqu'à mi-corps et couverts de boue; ils semblaient fatigués, et une vive coloration marquait, chez eux, les pommettes et le tour du front. Pendant six heures consécutives, ils avaient vécu sous l'eau, et ils venaient prendre leur repas.

(1) 1 vol. in-12. Paris, 1869, pages 188-192.

Au bout d'une heure, ils se disposèrent à redescendre. La même barque qui les avait amenés vers le ponton, les reconduisit au-dessous de la cloche, toujours suspendue entre le ciel et l'eau. L'un après l'autre, ils descendirent dans la cloche, en s'aidant d'un anneau de fer fixé au plafond, et s'assirent sur des bancs de bois placés à une certaine hauteur le long des parois. Ceci fait, le bateau s'éloigna, et le signal de la descente fut donné. La cloche commença alors à s'abaisser lentement, bien lentement, condition essentielle pour que la pression exercée sur les organes respiratoires des plongeurs, augmente graduellement et non d'un brusque saut, ce qui provoquerait mort d'homme. Elle gardait en même temps une verticalité parfaite, condition également indispensable pour que l'eau ne pénètre pas à l'intérieur. Elle arriva ainsi sans encombre au fond de la mer.

Les habitants de la cloche dépendant absolument et uniquement de leurs collègues d'en haut, il faut qu'ils puissent communiquer avec la surface, pour indiquer leurs désirs. De là un certain nombre de signaux de différentes sortes. Le plus usité est celui qui consiste à frapper un ou plusieurs coups, sur les parois du récipient, à l'aide d'un marteau qui est suspendu par une corde à portée des travailleurs. L'eau conduit très-bien le son; aussi les signaux de cette nature sont-ils parfaitement distincts pour les hommes du dehors, tandis que les plongeurs n'en perçoivent aucun. Le sens du signal varie selon le nombre de coups. Un seul coup veut dire : « Plus d'air! » ou « Pompez plus fort. » Deux coups signifient : « Tenez ferme! » trois coups : « Hissez! » quatre coups : « Abaissez! » etc.

Une corde qui relie la cloche à l'extérieur, et de petites bouées qu'on envoie à la surface et qui contiennent des messages écrits, sont des moyens de correspondance également employés. Les plongeurs s'en servent quelquefois pour se distraire. « Nos compliments à nos amis d'au-dessus de l'eau, » tel était, dit M. Esquiros, le texte d'un de ces messages, auquel il fut repondu en moins de trois minutes : « Santé et prospérité aux gentlemen habitant la région des poissons ! » On écrit la dépêche soit sur un morceau de papier à la plume, soit sur une planche avec la craie.

La lumière du soleil pénètre dans l'intérieur de la cloche, par une douzaine d'épaisses lentilles, encastrées dans des cercles de cuivre, et protégées, dans certains cas, contre les chocs par un treillis en fer. La clarté est, d'ailleurs, plus ou moins vive, suivant la profondeur à laquelle on descend et suivant la limpidité de l'eau. En général, on voit assez clair au sein de l'appareil pour y pouvoir lire un journal imprimé en petit texte. On a même conservé le souvenir d'une lady qui écrivit une lettre, et la data ainsi : « 16 juin 18.., du fond de la mer. » Les plongeurs, émerveillés, lui décernèrent le titre de *Diving-belle* (la belle plongeuse), expression qui cache un jeu de mots résultant de ce que la cloche à plongeur se dit en anglais *Diving-bell* (1).

On pourrait croire que la profession de plongeur rémunère assez largement celui qui l'exerce pour qu'il consente à affronter des dangers, heureusement rares, mais terribles. Il n'en est rien. Les ouvriers que M. Esquiros a vus à Plymouth, ne gagnaient pas plus de 20 à 25 shillings par semaine, soit 25 francs 30 centimes à 31 francs 60 centimes; encore y avait-il des moments où ils ne pouvaient travailler, par exemple lorsque la mer était très houleuse. En été, ils faisaient quotidiennement sous l'eau, deux séances, de cinq heures chacune, et ils ne s'en trouvaient point incommodés; ils y prenaient au contraire, un grand appétit.

Les plongeurs novices ressentent ordinairement de violents maux de tête et des bourdonnements d'oreilles; mais ces effets disparaissent après la seconde ou la troisième descente. Les hommes vieillis dans le métier assurent même que, bien loin de nuire à la délicatesse de l'ouïe, l'air comprimé constitue un remède excellent contre la surdité. Les seules infirmités auxquelles soient exposés les plongeurs, sont celles qui doivent résulter de leur piétinement continuel dans l'eau et la vase.

CHAPITRE III

LES SCAPHANDRES.—APPAREIL DE LETHBRIDGE. — L'HOMME BATEAU DE L'ABBÉ DE LACHAPELLE. — SCAPHANDRES DE KLINGERT, DE SIEBE ET DE CABIROL. — LE SCAPHANDRE EN AMÉRIQUE. — L'EXPLORATEUR JOBARD.— SIGNAUX A L'USAGE DES SCAPHANDRIERS. — ÉCLAIRAGE SOUS-MARIN. — CE QUE RESSENT UN AMATEUR DESCENDANT AU FOND DE L'EAU REVÊTU DU SCAPHANDRE.

Certes, la cloche à plongeur a rendu des services, et elle en rendra peut-être encore dans des cas déterminés; mais qui ne voit les inconvénients d'un tel appareil? Enfermé dans une étroite prison, l'ouvrier sous-marin doit borner ses investigations à un espace très restreint. Il ne peut se transporter librement dans tous les sens. Enfin, déplacer la lourde machine, est toute une affaire, en raison de la difficulté qu'on trouve à l'amener juste au point désiré.

Il est donc naturel qu'on ait cherché à construire un appareil moins embarrassant que la cloche, et qui laissât au plongeur une plus grande liberté d'allures. Des efforts qui furent tentés, dans cette direction, à différentes époques, sortit le *scaphandre*.

A qui faut-il attribuer le mérite de l'invention du scaphandre? C'est ce qu'on ne saurait établir d'une manière précise. En 1721, un certain John Lethbridge imagine un appareil en forme de tonneau, avec deux trous pour passer les bras, et un œil de verre pour voir dans l'eau. Cette sorte de vêtement était fort incommode, vu l'obligation où se

---

(1) *L'Angleterre et la Vie anglaise*, p. 192.

trouvait le plongeur de se coucher sur la poitrine, pour travailler, et la nécessité de le remonter fréquemment à la surface, pour qu'il pût absorber de l'air frais.

Après l'appareil de Lethbridge, il faut en citer plusieurs autres, qui avaient plutôt pour but de soutenir l'homme sur l'eau, que de lui ouvrir les profondeurs sous-marines. C'est dans cette catégorie qu'il faut ranger le scaphandre (du grec σκάφος, bateau, ανήρ, άνδρός, homme), qui fut inventé vers 1769, par un Français, l'abbé de Lachapelle.

L'appareil de l'abbé de Lachapelle n'était, à proprement parler, qu'une ceinture de sauvetage. Il consistait en un gilet de coutil ou de toile, fait en gros chanvre doublé de liége, avec deux échancrures pour les bras. L'inventeur y voyait le moyen de soustraire à la mort beaucoup de victimes des naufrages, parce qu'il permettrait au premier venu de se soutenir sur l'eau, en y plongeant jusqu'aux aisselles.

L'abbé de Lachapelle avait trouvé une autre application assez singulière du scaphandre. Il proposait aux officiers du génie militaire, de le revêtir, pour aller reconnaître les places fortes entourées de fossés. Dans ce cas, le plastron de liége aurait servi, non-seulement comme engin de natation, mais encore comme moyen de défense, en amortissant les coups de sabre ou de fusil. Naïf abbé ! L'inventeur complétait cet équipage protecteur par un casque en liége recouvert de fer-blanc, dans lequel on déposait des munitions.

Là ne se bornaient pas les applications de cet appareil à mille fins. Dans l'ouvrage qu'il publia sur ce sujet, *le Scaphandre*, Lachapelle ajoute que son appareil peut également être utilisé « pour l'amusement de l'un et de l'autre sexe, pour la santé des hommes et des femmes, pour la chasse et la pêche, pour apprendre à nager tout seul, etc. »

C'était s'exagérer beaucoup la portée de son invention ; mais combien sont excusables les élans de l'imagination chez un homme de bien, qui ne se propose que d'être utile à ses semblables !

Certains auteurs ont voulu voir dans le plastron en liége de l'abbé de Lachapelle, et sa ceinture de sauvetage, le germe du scaphandre actuel, et ils n'hésitent pas à déclarer qu'on doit à cet excellent homme une grande reconnaissance pour avoir, le premier, abordé un ordre d'idées qui devaient conduire aux plus brillants résultats. Malgré toute notre bonne volonté, nous ne saurions souscrire à ce jugement. L'abbé de Lachapelle a inventé le nom de *scaphandre*, c'est quelque chose, mais c'est là tout ce qu'on peut lui accorder. Qu'y a-t-il de commun, en effet, entre la ceinture de sauvetage de l'abbé de Lachapelle et le scaphandre de nos jours ? L'une sert à se soutenir à la surface de l'eau, l'autre à plonger dans ses profondeurs. Dans l'appareil moderne, l'air comprimé joue le rôle principal ; dans la ceinture de sauvetage de l'abbé, il n'est aucunement question d'air comprimé. Cela se conçoit, puisque l'homme qui en est revêtu respire tout à son aise, à l'air libre.

Le premier appareil qui constitue un essai dans la direction du *scaphandre* proprement dit, date de l'année 1797. Il fut inventé en Allemagne, par un certain Klingert, de Breslau.

Il se composait (*fig.* 399), d'un épais cylindre en fer-blanc, arrondi en dôme au sommet, qui recouvrait complètement la tête et le torse du plongeur, sauf les bras, qui sortaient par des ouvertures. Une jaquette à manches s'arrêtant aux coudes et un caleçon de cuir, descendant jusqu'aux genoux, protégeaient contre la pression de l'eau, les quatre membres du plongeur, à l'exception des jambes et des avant-bras, qui, jusqu'à la profondeur de 6 ou 7 mètres, peuvent parfaitement supporter cette pression. Toutes les pièces de l'appareil étaient imperméables, et les joints, faits avec soin, empêchaient l'irruption du liquide. Deux trous, B, garnis de verres et percés à la hauteur des yeux, donnaient accès à la lumière. Un peu au-dessous, c'est-à-dire en C, venait aboutir un tuyau, communiquant avec l'extérieur, et par lequel arrivait l'air frais au moyen du tube a, tandis que par un autre tuyau, d, l'air vicié était expulsé. Une sorte de réservoir, D, recevait l'eau qui, à la longue, s'introduisait dans ce tuyau, et aurait nui à la respiration. Enfin deux poids en plomb, E, E, suspendus au cylindre contre les hanches du plongeur, le mettaient dans un état d'équilibre stable.

Le 23 juin 1797, en présence d'un grand nombre de curieux, un certain Frédéric-Guillaume Joachim, se jeta dans l'Oder, revêtu de cet appareil, et alla scier un tronc d'arbre au fond du fleuve.

Il suffit d'examiner un instant le dessin que nous donnons du scaphandre de Klingert, pour se rendre compte des imperfections d'un semblable attirail et du peu de secours qu'on en pouvait tirer pour séjourner au fond de l'eau. Cette invention ne fit donc pas fortune ; seulement elle mit sur la voie des expériences et des tentatives pratiques.

Après les essais du docteur Mhurr, en France, il faut arriver jusqu'en 1829 pour trouver un scaphandre susceptible de rendre de véritables services. C'est celui que construisait M. Siebe, de Londres.

Jusqu'en 1857, M. Siebe jouit du privilège de fournir des appareils plongeurs à la marine militaire française ; mais à cette époque, un de nos compatriotes, M. Cabirol, fit accepter le scaphandre qui porte son nom et qui était déjà connu par d'honorables succès.

L'appareil de M. Cabirol ne différant pas essentiellement de celui de M. Siebe, il nous paraît inutile de décrire l'appareil anglais qui l'a précédé, et nous arriverons tout de suite au scaphandre français, qui a sur l'appareil similaire anglais, l'avantage de perfectionnements utiles et méritoires.

Le *scaphandre Cabirol* se compose de deux parties essentielles : 1° l'ensemble d'objets destinés à revêtir le plongeur, 2° la pompe chargée de lui envoyer l'air nécessaire à sa respiration.

La première partie comprend, d'une part le casque et la pèlerine de métal, qui lui fait suite ; d'autre part le vêtement imperméable.

Le casque (*fig.* 400) est en cuivre étamé. Il porte quatre lunettes en verre à la partie antérieure : l'une au milieu, deux par côté et la quatrième en haut. Ces diverses fenêtres sont protégées contre les chocs par un fort treillis en fil de cuivre. A l'arrière vient aboutir le tuyau de conduite d'air, A. En face, de l'autre côté, se trouve placée la soupape, B, qui donne issue à l'air expiré et à celui fourni en excès par la pompe. Cette soupape repose sur son siége au moyen d'un ressort à boudin ; le plongeur a la faculté de l'ouvrir plus ou moins, au moyen de la manivelle m, de

Fig. 399. — Appareil de Klingert.

manière à emmagasiner dans le casque et le vêtement une quantité d'air plus ou moins grande, selon ses besoins.

Il peut se faire cependant que l'air subsiste encore en trop grande abondance, quoique la soupape soit complétement ouverte. C'est pourquoi le robinet m placé sur le devant du

Fig. 400. — Casque du scaphandrier.

casque, vis-à-vis de la bouche du plongeur, permet à celui-ci d'en laisser évacuer le volume qui lui convient. Ce robinet est utile dans un grand nombre de circonstances. Si le plongeur, par exemple, veut remonter rapidement à la surface, il diminue l'ouverture de la soupape et ferme entièrement le robinet ; son vêtement se gonfle, et il s'élève immédiatement, parce qu'il déplace un volume d'eau plus lourd que son propre poids. Si, au contraire, il est entraîné vers le haut malgré lui, en raison d'un afflux trop grand de fluide respirable, il lui suffit d'ouvrir le robinet pour reprendre son aplomb au fond de l'eau.

La pèlerine est munie de crochets a, b, destinés à suspendre les poids nécessaires à la stabilité du plongeur. Elle se termine à la partie supérieure, par quelques filets de vis, qui s'engagent dans la partie inférieure du casque ; et pour qu'il ne puisse y avoir disjonction entre ces deux pièces, dans le cas où le casque se dévisserait, deux petites pattes sont fixées de part et d'autre, portant des trous qui se correspondent lorsque le casque est bien vissé, et dans lesquels on introduit des chevilles en cuivre qui s'opposent à toute séparation.

Fait soit de coton croisé, soit de forte toile doublée d'une couche épaisse de caoutchouc, le vêtement est d'une seule pièce depuis le haut jusqu'en bas. Il s'attache à la pèlerine de métal au moyen d'un morceau de cuir percé de trous, dans lesquels passent des broches en cuivre qui s'engagent, en outre, dans des brides ou segments de même métal ; le tout est serré fortement par des écrous. Des manchettes et des lanières en caoutchouc vulcanisé, ferment hermétiquement le vêtement aux poignets.

L'accoutrement est complété par une paire de brodequins à semelles de plomb, et par une ceinture de cuir portant un fourreau en cuivre, dans lequel se place un poignard, arme ou outil indispensable au plongeur pour trancher ce qui pourrait faire obstacle à ses mouvements, et au besoin, pour le défendre contre les agressions de quelque vorace habitant des mers.

C'est également à la ceinture que s'attache la corde par laquelle le plongeur communique avec la surface de l'eau.

Les figures 401 et 402 représentent un plongeur revêtu du scaphandre Cabirol. La légende qui accompagne cette figure explique l'usage de chaque partie de l'appareil.

Le vêtement imperméable ne dispense pas

Fig. 401. — Plongeur revêtu de l'appareil Cabirol, vu de face.

A, lunette du milieu mobile; B, B, lunette de côté; C, lunette frontale; E, prise d'air de la pompe au casque; D, robinet de secours; F, tube à air; G, plastron en plomb; H, collerette en cuivre; I, corde des signaux.

l'ouvrier sous-marin d'un second costume, appliqué immédiatement sur la peau. Un bonnet, un caleçon, un gilet, des chaussettes de laine, lui sont tout à fait nécessaires pour absorber la sueur due à la transpiration, et qui, sans cette précaution, se refroidirait sur le corps, au grand préjudice de sa santé et du travail qu'il exécute.

Parmi les accessoires du vêtement, on peut ranger un coussin rembourré qui se place sur les épaules et qui a pour but de rendre la pèlerine moins gênante sur le dos, ainsi que des *ouvre-manchettes* en cuivre, qui sont fort utiles au plongeur pour s'habiller ou se déshabiller.

La figure 403 représente un *ouvre-manchettes*. Cet instrument a pour objet de maintenir la manche ouverte pendant que le plongeur revêt son habit imperméable. Deux ouvre-manchettes juxtaposés, et tenus par un aide, sont nécessaires pour permettre au bras du plongeur de passer malgré le fort retrait du caoutchouc. Le poing une fois passé, les ouvre-manchettes sont retirés.

Passons maintenant à la pompe atmosphé-

Fig. 402. — Plongeur revêtu de l'appareil Cabirol, vu de dos.

F, tuyau de prise d'air ; G, plastron en plomb ; J, soupape d'échappement d'air ; I, corde des signaux.

rique destinée à envoyer au plongeur, pendant son séjour sous l'eau, l'air nécessaire à

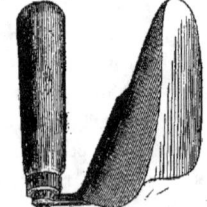

Fig. 403. — Ouvre-manchettes.

sa respiration. La figure 404 représente cette pompe.

L'appareil se compose, comme on le voit, de quatre cylindres : trois d'un même diamètre A, B, C et un plus petit, D. Les trois premiers sont employés à l'aspiration et au refoulement de l'air. Leurs pistons, en cuivre et garnis de cuir, sont menés par le même arbre, ils alternent régulièrement dans leurs mouvements d'ascension et de descente. L'intérieur de l'un de ces cylindres est mis à découvert dans la figure 404, afin de montrer la disposition des soupapes et du piston.

B est la tige qui conduit le piston, P ce piston. L'air, aspiré par le haut du cylindre

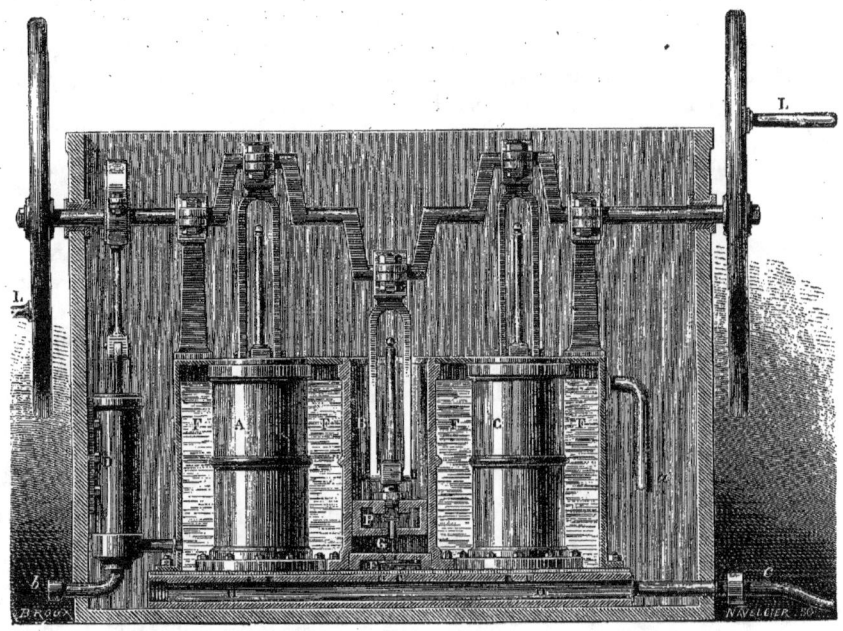

Fig. 404. — Pompe à air (système Cabirol).

au moyen des soupapes E, G, placées sous le piston, est refoulé dans un conduit commun HH, par les soupapes situées au fond des corps de pompe. Sur ce conduit se visse le tube qui va rejoindre le plongeur, tube que l'on a protégé très-soigneusement contre toutes les chances d'aplatissement ou de déchirement.

Le quatrième corps de pompe, D, a pour mission d'aspirer de l'eau froide dans la rivière ou un cours d'eau quelconque et de l'envoyer dans le bassin F,F,F,F, qui entoure les trois corps de pompe à air. On cherche ainsi à empêcher l'air refoulé de s'échauffer, lorsqu'on en vient à le comprimer à plusieurs atmosphères; mais ce résultat n'est souvent qu'imparfaitement atteint.

Le scaphandre Cabirol, malgré des défauts que nous aurons occasion de signaler plus loin, a constitué un progrès important dans l'art de séjourner sous l'eau. Depuis l'année 1857, il a été le seul employé dans la série des travaux sous-marins exécutés en France. Il fut l'objet à l'Exposition universelle de Londres, en 1862, d'une distinction ainsi justifiée par le rapport du jury international : « Pour perfectionnement et économie. » Il faut aussi reconnaître que M. Cabirol a largement contribué à la vulgarisation du scaphandre dans toutes les parties du monde.

Les appareils plongeurs américains diffèrent peu de ceux usités en France et en Angleterre. Nous dirons cependant quelques mots de celui qu'avait envoyé à l'Exposition universelle, en 1867, la *Compagnie sous-marine* de New-York, parce qu'il constitue une transition assez heureuse entre le scaphandre

Cabirol et le scaphandre Rouquayrol-Denayrousse, le dernier venu.

Le scaphandre américain (*fig.* 405) comprend, comme celui de M. Cabirol, un casque métallique et un vêtement imperméable. Le plongeur porte, en outre, sur le dos, un réservoir, A, rempli d'air comprimé à 17 atmosphères ; c'est-à-dire en quantité suffisante pour faire respirer pendant trois heures un homme descendu à la profondeur de 20 mètres. Ce réservoir, A, en métal comme le casque, est mis en communication avec celui-ci par un tuyau, B, muni d'une soupape. L'air expiré est évacué au dehors par le tuyau C. Deux petites bouées en caoutchouc, D, D, sont reliées au réservoir A, par le tuyau E et la soupape H. Elles ont pour but de faire remonter

Fig. 405. — Scaphandre américain.

le plongeur lorsque celui-ci les ayant remplies d'air emprunté au réservoir A, a augmenté leur volume, et déplacé ainsi une certaine quantité d'eau qui le rend plus léger. Ces espèces de vessies laissent dégager, quand on le veut, l'air comprimé qu'elles renferment, au moyen du tube O, terminé par une soupape, ou robinet, K, que le plongeur ouvre ou ferme à volonté.

Pour les grandes profondeurs, l'appareil est complété par un *protecteur extérieur*, consistant en une série d'anneaux en bois, au nombre de trente-cinq, articulés les uns avec les autres, et qui composent une espèce de cuirasse en bois placée au devant du vêtement imperméable. Ce protecteur, qui n'est pas représenté sur la figure ci-jointe, annule les mauvais effets de la pression directe de l'eau sur le corps, et donne au plongeur une plus grande liberté de mouvements.

On voit que, dans ce système, le travailleur sous-marin porte avec lui sa provision d'air, qu'aucune pompe atmosphérique ne lui envoie, comme dans les appareils Siebe et Cabirol, le fluide respirable. Le plongeur est complétement indépendant de ce qui se passe à la surface. C'est là un avantage ou un inconvénient selon le point de vue auquel on se place. Mais ce qui est certain, c'est que la pression de l'air contenu dans le réservoir, ne peut varier d'elle-même, avec la profondeur et dans la proportion voulue. Tel est le perfectionnement capital qu'ont réalisé dans le scaphandre, MM. Rouquayrol et Denayrouse.

Avant de parler en détail de ce nouvel appareil, dernier perfectionnement réalisé dans l'art de plonger, nous dirons un mot d'une machine bizarre, qui fut proposée en 1855, par Jobard, de Bruxelles, pour l'exploration du lit des rivières, des fleuves et des mers et qui nous paraît une réminiscence de l'appareil de John Lethbridge, dont nous avons parlé dans le troisième chapitre de cette Notice (page 635). L'inventeur le désignait sous le nom d'*explorateur sous-marin*.

Cet *explorateur* n'est ni une cloche à plongeur, ni un scaphandre. Il n'a rien de commun avec les appareils que nous avons passés

Fig. 406. — Explorateur sous-marin de Jobard.

en revue, ou qu'il nous reste à décrire, et si nous le signalons, c'est plutôt à titre de curiosité qu'à cause des services qu'il peut rendre, car il est conçu en dehors de toute idée pratique.

Il consiste (*fig.* 406) en un long tuyau de tôle, que termine une chambre en fonte, assez grande pour loger un homme couché à plat ventre sur un matelas, et suffisamment lourde pour se maintenir au fond de l'eau. La partie supérieure de ce tuyau est fixée au bordage d'une barque, et communique librement avec l'air extérieur. L'homme étendu sur le matelas, se trouve donc comme au fond d'un puits. Il ne perd jamais le ciel de vue, et n'a rien à craindre de la pression de l'eau, à quelque profondeur qu'il descende. Il passe ses bras dans des manches en caoutchouc, terminées par des mitaines, et garnies intérieurement d'anneaux métalliques, pour protéger ses membres contre la pression de l'eau. Il regarde autour de lui à travers d'épaisses lunettes, et fait main basse sur les objets qui lui paraissent bons à prendre. Du fond de son habitation, il commande aux matelots placés dans la barque, de le transporter dans telle ou telle direction. Une collection de crochets et autres engins préhensiles, est appendue au dehors du tube, à portée du plongeur ; celui-ci y attache tout ce qu'il recueille, et le butin est enlevé par les gens de l'embarcation. L'air se renouvelle constamment, grâce à un petit tuyau qui monte jusqu'au sommet du tube, et qui forme comme la cheminée d'une lampe destinée à l'éclairage des eaux troubles ou profondes (1).

(1) *La Science pour tous*, année 1856, page 16, et le *Cosmos* tome VII, page 289.

Tel est l'*explorateur sous-marin* de Jobard. Ce puits portatif aurait pu présenter quelques avantages ; cependant il ne parut pas répondre aux besoins de la pratique, et les expériences que l'on fit dans la Seine, à Paris, en 1856, ne menèrent à rien de sérieux.

Nous nous dispenserons d'après cela d'examiner la question de priorité qui concerne l'*explorateur sous-marin*, et de décider si M. Espiard de Colonge, qui éleva une réclamation contre Jobard, dont il revendiquait l'invention, était, ou non, fondé dans ses dires. Si cette polémique intéresse quelques lecteurs, ils la trouveront dans *la Science pour tous* (1).

Avec le scaphandre comme avec la cloche à plongeur, il est indispensable que les hommes descendus sous l'eau puissent à tout instant communiquer avec ceux qui sont restés à la surface. Il a donc fallu créer, à leur usage, un vocabulaire spécial, composé de signaux aussi simples et aussi clairs que possible. Ces signaux se transmettent au moyen de la corde attachée à la ceinture du plongeur. Comme il est d'une grande importance, au point de vue de l'existence de ce dernier, qu'ils soient recueillis religieusement et exécutés de même, on doit s'attacher à ce que la plus grande harmonie règne entre le travailleur sous-marin et son correspondant, qui tient sa vie entre ses mains. La plus légère mésintelligence entre deux hommes pourrait entraîner les plus graves conséquences.

Voici la liste des signaux employés, sinon dans les travaux de toute l'industrie sous-marine, au moins à l'école navale de Brest.

Si le plongeur travaille sur le fond, un coup donné sur la corde, par l'homme de la surface, signifie : « Le plongeur est-il bien ? »

Le plongeur répond immédiatement par un autre coup. C'est, d'ailleurs, une règle générale que celui qui reçoit un signal, doit toujours le répéter, pour faire savoir qu'il a compris. Toutes les deux ou trois minutes, la question précédente est adressée au plongeur. Si trois appels successifs restent sans réponse, on le remonte aussitôt, à l'aide de la corde de communication.

Deux coups donnés par le plongeur veulent dire : « Donnez-moi plus d'air ; » — trois coups : « Donnez-moi moins d'air ; » — cinq coups : « Je ne puis plus rester, remontez-moi. »

Si le plongeur travaille contre les flancs ou contre le fond d'un navire, il se tient ordinairement sur les degrés d'une échelle de corde, qui suit les formes de la coque, et qui peut être déplacée à la volonté de l'ouvrier. Dans ce cas, les signaux sont différents :

Un coup sur la corde donné par le plongeur, signifie : « L'échelle est assez près. Amarrez ; » deux coups : « Rapprochez l'échelle du navire ; » — trois coups : « Écartez l'échelle du navire ; » — quatre coups : « Portez l'échelle sur l'avant ; » — cinq coups : « Portez l'échelle sur l'arrière ; » — six coups : « Je me trouve mal, remontez-moi. » Un coup sur le tuyau de conduite d'air donné par l'homme de la surface, veut dire : « Le plongeur est-il bien ? » deux coups sur le tuyau donnés par le plongeur signifient : « Donnez-moi plus d'air ; » trois coups : « Donnez-moi moins d'air. »

Quant aux demandes de cordes, d'outils ou autres objets nécessaires pour l'exécution ou la fin du travail qui s'exécute, elles se font au moyen de signaux convenus sur le moment, et d'ailleurs très-variables, selon la fantaisie des correspondants et la nature de la besogne qui incombe au plongeur.

Une question qui mérite d'être considérée, c'est celle de l'éclairage sous-marin. L'intensité de la lumière solaire varie, sous l'eau, suivant la profondeur qu'affronte le plongeur, suivant la nature du fond et la limpidité de l'onde, et l'on pourrait ajouter suivant l'éclat

(1) 1856, pages 37 et 56.

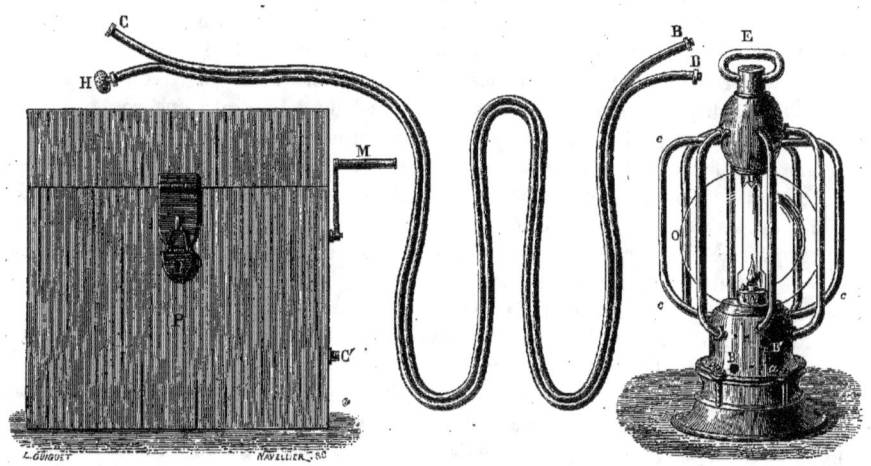

Fig. 407. — Lampe sous-marine de Cabirol.

du ciel. Sur les côtes d'Italie, et sur des fonds de sable ou de roche, les plongeurs peuvent y voir jusqu'à 40 mètres de profondeur d'eau; mais dans les ports vaseux de la France et de l'Angleterre, l'obscurité règne à partir de 5 ou 6 mètres. Une telle obscurité est un grand obstacle aux divers travaux qui s'exécutent sous l'eau. Il a donc fallu imaginer une lanterne qui permît au plongeur de travailler avec certitude et célérité, quelque épaisses que fussent les ténèbres environnantes.

Bien des essais ont été tentés pour construire de bonnes lampes sous-marines; ce n'est que dans ces derniers temps que l'on a obtenu des résultats à peu près satisfaisants.

On se servit d'abord de lampes à huile ou à esprit-de-vin, dans lesquelles l'air nécessaire à la combustion était envoyé par une pompe, au moyen d'un tube flexible, comme on le fait pour fournir au plongeur sa provision d'air respirable. Les produits de la combustion se dégageaient par un second tuyau remontant à la surface. Mais ces lanternes présentaient de grands inconvénients. L'air arrivant trop rare ou trop abondant, les mèches se charbonnaient, la flamme vacillait, et la lumière ne tardait pas à s'éteindre, après avoir brillé très-faiblement. En outre, le tube de décharge était exposé à brûler par la chaleur de la flamme; enfin, le double tuyau qui surmontait la lampe, en rendait la manœuvre assez incommode.

Quelques inventeurs réussirent à pallier une partie de ces inconvénients, en substituant des tubes métalliques rigides aux tubes flexibles. Mais la rigidité même du métal constitue, à un autre point de vue, un défaut tout aussi grave. Elle empêche de glisser la lampe dans tous les recoins, dans toutes les anfractuosités du domaine sous-marin où pénètre le plongeur. Il en résulte que l'appareil perd toute son efficacité dans un grand nombre de circonstances.

M. Cabirol a construit une lanterne sous-marine qui lui valut, à l'Exposition universelle de Londres, en 1862, une médaille: « pour son moyen ingénieux et sa complète réussite de lampe sous-marine. »

La lampe sous-marine de M. Cabirol consiste en une lampe ordinaire, Carcel ou modérateur, enfermée dans un globe en cristal. Un tuyau en caoutchouc et une pompe aspirante permettent de renouveler constamment l'air indispensable à la combustion de l'huile, à quelque profondeur que se trouve la lampe. Cette lampe brûle dix heures avec un bel éclat; elle est très-portative, et peut être emportée partout par le plongeur.

La figure 407 représente la lampe sous-marine de M. Cabirol. Le conduit qui doit amener l'air pour l'entretien de la lampe, et évacuer au dehors l'air vicié par la combustion, se compose de deux tubes appliqués l'un contre l'autre dans presque toute leur étendue et se séparant seulement à leurs extrémités. La partie C de ce tuyau vient se visser sur le raccord C' de la pompe à air, contenue dans la caisse P, pompe que met en mouvement la manivelle M. Les autres extrémités B, B, du même double tube viennent s'appliquer sur les orifices B', B', de la lampe. L'extrémité H, qui laisse dégager au dehors l'air vicié, se termine par une crépine ou pomme d'arrosoir; *a,a* sont les boulons pour le démontage et le remontage de la lampe; D est un cercle ou anneau de métal qui isole de l'eau environnante le verre de la lampe à modérateur A. Un globe de verre, O, entoure cette lampe. *c,c* sont des tringles en cuivre, qui forment un grillage autour du globe de verre pour le mettre à l'abri des chocs extérieurs.

Voici maintenant la manière de se servir de cette lampe sous-marine. Dévisser les boulons *a,a*, retirer la lampe A, la garnir d'huile, la monter et l'allumer; appliquer les tuyaux B, B, sur le corps de la lampe aux orifices B', B', et le tuyau C, qui termine le tube par un de ses bouts, à un raccord du tuyau C' de la pompe; — faire agir la pompe à air qui alimente la lampe; replacer la lampe A dans sa gaîne à baïonnette; saisir et écarter un peu la partie supérieure du verre de la lampe pour le placer verticalement, afin qu'il entre bien dans l'anneau isolateur D; visser avec la clef les boulons *a, a*, afin de fermer hermétiquement la lampe.

Il est essentiel que la lampe soit toujours placée verticalement. A cet effet, on la suspend du dehors par une corde attachée à l'anneau E.

Quand on retire la lampe de l'eau, il faut la laisser éteindre et refroidir avant de la dévisser; car quelques gouttes d'eau venant à tomber sur le verre encore chaud, pourraient le faire éclater.

MM. Rouquayrol et Denayrouse ont eu, de leur côté, l'idée de recourir à une source de lumière fort à la mode aujourd'hui : ils ont construit une lampe électrique sous-marine.

Cette lampe se compose d'un récipient en fer ou en fonte, parfaitement étanche, dans lequel est placé un régulateur de la lumière électrique, système Serrin. (Voir la Notice sur l'éclairage, page 221, figure 128.) Les fils conducteurs de l'électricité sont renfermés dans un tuyau de caoutchouc, qui pénètre dans la lampe à travers un presse-étoupe. La source d'électricité est une pile de 50 éléments. L'étincelle jaillit entre les charbons du régulateur et donne une lumière égale en intensité à celle de 2,000 becs Carcel. Les produits de la combustion s'échappent par une petite soupape située près du presse-étoupe. Cette lampe fonctionne pendant trois heures sous l'eau, sans que la lumière faiblisse un seul instant. Mais, au bout de ce temps, il est nécessaire de changer les charbons; ce qui amène une interruption d'un quart d'heure, à laquelle on peut remédier, il est vrai, en ayant deux lampes qu'on substitue l'une à l'autre lorsqu'elles ont fait leur service complet.

L'éclairage électrique sous-marin a l'avantage de permettre de supprimer tout tuyau destiné à alimenter d'air la lampe sous-marine. En effet, la lumière est produite ici par l'écoulement de l'électricité voltaïque. Par conséquent, elle brille dans tous les espaces privés d'air. C'est là un avantage considérable.

Les expériences faites par MM. Rouquayrol et Denayrouse n'ont mis en évidence aucun inconvénient particulier; aucune difficulté grave pour l'application de la lampe électrique à l'éclairage des eaux profondes. Il est donc probable que ce système sera le seul employé à l'avenir, c'est-à-dire quand on aura appris à se familiariser davantage avec l'emploi de l'éclairage électrique.

En 1868, deux élèves de l'École polytechnique, MM. Léauté et Denoyel, ont construit une lampe brûlant à l'abri du contact de l'air, qui paraît appelée à rendre de véritables services pour l'éclairage de la profondeur des eaux fluviales et maritimes.

Chacun sait que tout corps en ignition ne peut brûler qu'au contact de l'air, composé d'oxygène et d'azote. Le premier de ces gaz étant seul comburant, il est possible de tenir allumé un corps à l'abri du contact de l'air, pourvu qu'on alimente ce foyer d'un courant d'oxygène, d'une façon régulière et continue.

C'est sur ce principe qu'est basée la lampe de MM. Léauté et Denoyel.

L'appareil se compose de trois parties : 1° une lampe modérateur; 2° une enveloppe en verre mettant cette lampe à l'abri du contact de l'air; 3° un réservoir de gaz oxygène.

L'oxygène s'échappe du réservoir par un petit tube qui le conduit à la mèche de la lampe, où il se sépare en deux courants : l'un se rend à une couronne métallique extérieure, percée de petits trous à ras de la flamme; l'autre aboutit au cylindre intérieur de la mèche, de façon à établir ainsi le double courant nécessaire à une bonne combustion.

La modification de la hauteur de la mèche, l'introduction et le règlement d'admission du gaz, dont la pression est indiquée par un manomètre, se font à l'extérieur de la lampe, sans donner en rien accès à l'air extérieur.

La lampe, une fois allumée, est placée sur un disque en cuivre, dont le pourtour est garni d'un cuir graissé, sur lequel vient se poser un tube-enveloppe en verre épais et bien dressé, fermé à sa partie supérieure par un autre disque en cuivre, assujetti par l'intermédiaire de tiges boulonnées à l'ensemble de l'appareil. Ici la fermeture est obtenue à l'aide de l'interposition de carton graissé, moins impressionnable que le cuir, à l'influence de la chaleur.

Le disque inférieur porte un petit tuyau muni d'une soupape mobile à volonté, permettant l'échappement de la vapeur d'eau et de l'acide carbonique, qui résulte de la combustion de la lampe.

On a remarqué que la fermeture de la soupape et la présence d'une certaine quantité d'acide carbonique, ne nuisaient en rien à la marche de la lampe, tant qu'elle était alimentée par l'oxygène, et cela jusqu'à une certaine pression des gaz à l'intérieur du cylindre.

Une expérience décisive a été faite en 1868, avec cette lampe, dans la Seine, près de l'écluse de la Monnaie. Par une nuit très-obscure, un homme, revêtu d'un costume de plongeur est descendu dans l'eau, à une profondeur de 2^m,58. La lampe étant éloignée de lui de 2 mètres environ, et brûlant parfaitement au sein du fleuve, il a pu écrire avec un diamant, sur une glace, la date et l'heure de l'expérience. Au bout de trois quarts d'heure, la lampe fut retirée de l'eau tout allumée.

Nous dirons cependant que, pour l'usage courant de l'industrie qui nous occupe, la lampe de M. Cabirol est encore la seule employée aujourd'hui.

CHAPITRE IV

LES SENSATIONS DU PLONGEUR.

Quelles sont les sensations de l'homme qui descend, pour la première fois, au fond de la mer, revêtu du scaphandre ? Voilà une question toute naturelle, et qui a dû inspirer à bien des personnes le désir de se faire une opinion à cet égard en se prenant elles-mêmes comme sujet d'expérience ? M. Esquiros a eu ce désir, et il a raconté les péripéties de sa courte excursion dans les profondeurs sous-marines. S'étant rendu sur un point de la côte anglaise où opérait une troupe de scaphandriers, il se fit habiller de pied en cap, à l'instar de ces braves gens, et descendit à une dizaine de mètres sous l'eau. Mais cédons la parole à M. Esquiros (on vient de fermer par une glace la seule ouverture par laquelle il communiquât encore avec le monde extérieur, ouverture placée en face de la bouche) :

« A peine avait-on fixé cette glace sur le devant du casque (*front glass*), que les pompes commencèrent à jouer et à m'envoyer de l'air ; autrement j'aurais été étouffé. Je n'avais plus en effet que les mains qui fussent en contact avec l'atmosphère, et ce n'est point par là que j'aurais su respirer. Cette fonction dépendait entièrement du tube à air ; mais si ce tube était venu à se rompre ? On m'avait expliqué que dans ce cas-là une soupape se fermerait d'elle-même pour arrêter l'invasion des eaux, et qu'il me resterait encore assez d'air dans mes habits de plongeur pour vivre quelques instants, juste le temps d'être secouru. C'était du moins une consolation. Je ne pouvais plus ni parler, ni entendre ; mais je pouvais encore très-bien voir : n'avais-je point trois yeux de verre ? On me fit signe de me diriger vers une échelle qui descendait du bateau dans la mer. La difficulté était de me mouvoir. Il me semblait être soudé à la planche par mes semelles de plomb ; les poids me chargeaient le dos et la poitrine ; je me sentais d'ailleurs raide et gêné dans ma robe de gomme élastique comme si j'avais été cousu dans la peau de quelque monstre marin. Je fis pourtant de mon mieux et j'atteignis enfin les premiers degrés de l'échelle de corde qui, tendue à l'extrémité inférieure par un poids considérable, contournait d'abord à l'air nu les flancs du bateau, puis disparaissait entièrement sous les vagues.

« Les braves marins aidaient et dirigeaient d'ailleurs tous mes mouvements ; ils m'apprirent à passer le tube à air sous le bras gauche, tandis que la corde d'appel (*signal line*), liée autour du corps, filait le long de l'épaule droite. Ce tube et cette corde étaient tenus à l'extrémité supérieure par deux hommes qui étaient dès lors mes deux *attendants*, sans compter un troisième qui m'accompagnait en me frayant la route. L'échelle me parut bien longue, quoiqu'il y eût à peine huit ou dix pieds entre le bord du bateau et la mer ; mais le moment terrible est celui où l'on touche la surface des vagues : quoique l'Océan fût calme ce jour-là comme un lac, je me trouvais battu et soulevé, malgré mes poids de plomb, par le mouvement naturel des eaux roulant les unes sur les autres. Ce fut bien pis lorsque j'eus la tête sous les lames et que je les sentis danser au-dessus du casque. Avais-je trop d'air dans l'appareil ou n'en avais-je pas assez ? Il me serait bien difficile de le dire : le fait est que je suffoquais. En même temps je sentis comme une tempête dans mes oreilles, et mes deux tempes semblaient serrées dans les vis d'un étau. J'avais en vérité la plus grande envie de remonter ; mais la honte fut plus forte que la peur, et je descendis lentement, trop lentement à mon gré, cet escalier de l'abîme qui me semblait bien ne devoir finir jamais : il n'y avait pourtant que trente ou trente-deux pieds d'eau en cet endroit-là. A peine avais-je assez de présence d'esprit pour observer autour de moi les dégradations de la lumière : c'était une clarté douteuse et livide qui me parut beaucoup ressembler à celle du ciel de Londres par les brouillards de novembre. Je crus voir flotter çà et là quelques formes vivantes sans pouvoir dire exactement ce qu'elles étaient ; enfin, après quelques minutes qui me parurent un siècle d'efforts et de tourments, je sentis mes pieds reposer sur une surface à peu près solide. Si je m'exprime ainsi, c'est que le fond de la mer lui-même n'est pas une base très-rassurante, on se sent à chaque instant soulevé par la masse d'eau, et pour ne point être renversé je fus obligé de saisir l'échelle avec les mains.

« Il me manquait d'ailleurs un instrument essentiel : les plongeurs, pour assurer leur marche dans l'Océan, se servent volontiers d'un levier (*crow-bar*), sur lequel ils s'appuient comme sur une canne ; mais n'étais-je point assez encombré déjà sans cette barre de fer, qui ne m'eût d'ailleurs été d'aucune utilité ? Mon intention n'était nullement de me promener, j'étais bien trop consterné par l'effrayant silence et la morne solitude de ces eaux où je me trouvais comme perdu. La lumière me parut d'ailleurs beaucoup plus vive qu'à moitié chemin, et mes douleurs cessèrent comme par enchantement. Voulant remporter une preuve et un souvenir de mon excursion, je me baissai pour ramasser un caillou au fond de la mer. J'allais le mettre dans la poche de mon habit, quand je m'aperçus que je n'avais point de poche et qu'il me fallait le serrer dans ma ceinture. Ceci fait, je donnai le signal qu'on me hissât à la surface.

« Avec quel sentiment de bonheur je rentrai dans mon élément ! Il me fallut pourtant encore regagner et remonter le haut de l'échelle. Une fois dans le bateau, on m'enleva d'abord la visière, puis le casque tout entier, puis enfin mon équipement de plongeur. Je m'aperçus seulement qu'il était plus facile d'entrer dans cet habit que d'en sortir ;

l'extrémité des manches était si étroitement collée sur la peau qu'il fallut faire usage d'un instrument, *cuff expander* (dilatateur des poignets), pour distendre l'étoffe. Mes vêtements de dessous n'étaient nullement mouillés, et je dus reconnaître que la toile du *diving-dress* (habit de plongeur) méritait bien le titre de *waterproof* qui lui est donné par les inventeurs. Les bons marins me félicitèrent de mon retour à la vie, tout en riant de mon équipée. Selon eux, j'avais été faire un plongeon de canard au fond de la mer; en vérité, ma courte descente n'avait guère été autre chose, et pourtant mon but ne se trouvait-il point atteint? Je connaissais maintenant les méthodes essentielles des plongeurs, et surtout j'avais pu admirer de près le courage, la nature particulière de ces hommes qui, non contents de séjourner quelques minutes sous l'eau, s'y montrent capables d'exécuter pendant des heures entières toutes sortes de travaux pénibles (1). »

CHAPITRE V

DERNIERS PERFECTIONNEMENTS DU SCAPHANDRE. — APPAREIL DE MM. ROUQUAYROL ET DENAYROUSE.

Nous avons montré les avantages du scaphandre Cabirol, qui représentait, il y a peu d'années encore, le dernier mot de la science et de l'art en ces matières. Il nous reste à signaler les défauts de cet appareil, et à faire connaître le progrès qu'est venu réaliser dans l'art du plongeur, un système nouveau, dû à MM. Rouquayrol et Denayrouse.

Deux conditions sont indispensables pour que l'homme puisse séjourner plusieurs heures dans l'eau, sans danger ni malaise. Il faut d'abord qu'il ait la faculté de respirer aisément. En second lieu, il faut que la pression de l'air qu'il respire, varie proportionnellement à la hauteur de la colonne d'eau qui pèse sur lui; en d'autres termes, la pression de l'air envoyé au plongeur doit varier selon la profondeur à laquelle il se trouve. C'est ce que l'on va comprendre. Dans les conditions normales, dans la respiration à l'air libre, un homme de taille ordinaire supporte sur la surface entière de son corps, une pression de 15 à 16,000 kilogrammes, par le fait du poids de l'atmosphère. S'il résiste parfaitement à une si énorme pression, c'est que l'air et les gaz qui circulent à l'intérieur de ses organes, ont la même pression que l'air extérieur, puisqu'ils sont en communication constante avec cet air, par le jeu des poumons, par la transpiration, par la circulation continuelle et l'échange constant qui se fait entre les gaz exhalés du corps et l'air inspiré. Les gaz internes réagissent donc contre la pression du dehors, et ces deux forces égales et contraires se détruisant, s'équilibrant, l'homme ne ressent aucun malaise. Mais s'il vient à descendre dans l'eau à 10, 20 ou 30 mètres de profondeur, la pression qu'exerce sur lui l'atmosphère, s'augmente alors de tout le poids de la colonne d'eau située au-dessus de lui ; l'équilibre est rompu entre les pressions intérieure et extérieure, et si l'air envoyé dans ses poumons n'est pas comprimé au degré suffisant, n'a pas exactement la pression totale qui pèse sur son corps, il y aura écrasement de sa poitrine. Si, au contraire, la compression de l'air qu'on lui envoie est trop forte, il y aura déchirement et rupture des parois de la poitrine, en sens inverse, c'est-à-dire de l'intérieur du corps à l'extérieur.

Autre considération. Si, pour les besoins de son travail, le plongeur monte et descend fréquemment, il subira, en un instant, des variations brusques de pression, et ces variations auront pour lui les effets les plus désastreux. Le sang refluera violemment de la surface du corps aux parties profondes, puis de celles-ci aux régions superficielles. Les vaisseaux capillaires se rompront, et le sang jaillira par le nez, la bouche ou les oreilles. C'est ce qu'on observe, comme nous l'avons déjà dit, chez les pêcheurs de perles et d'éponges qui plongent à nu et qui passent rapidement des grandes profondeurs sous-marines à la surface de l'eau, et réciproquement. Les accidents sont moins graves chez les sca-

(1) *L'Angleterre et la Vie anglaise*, in-12. Paris, 1860, p. 220-224.

phandriers, mais il se produit dans leurs organes une sorte de trépidation, qui use très-promptement l'existence des hommes voués à ce rude métier.

Cela posé, on aperçoit le défaut du scaphandre Siebe, du scaphandre Cabirol et de tous ceux du même genre. Ces appareils envoient très-régulièrement de l'air comprimé dans les poumons ; mais la pression de cet air est-elle constamment et parfaitement proportionnelle au poids de la colonne d'eau, augmenté de la pression atmosphérique? Non ; elle est tantôt plus grande, tantôt plus petite, et ce défaut d'équilibre produit dans l'organisme les désordres que nous avons signalés.

D'autres inconvénients sont attachés aux anciens scaphandres. Le plongeur, recevant sa ration de fluide respirable au moyen d'une pompe atmosphérique foulante placée à la surface, est dans la dépendance complète de cette machine. Si elle cesse accidentellement de fonctionner, et qu'on ne s'en aperçoive pas immédiatement, ou si le tuyau vient à se rompre, le plongeur ne reçoit plus d'air, et meurt asphyxié.

Il faut encore faire remarquer que les mouvements sont rendus très-difficiles aux plongeurs placés au fond de l'eau, par le fait du vêtement qui les enveloppe tout entiers. En effet, ils triomphent d'autant moins aisément de la poussée du liquide, qu'ils en déplacent un volume plus considérable. Or, l'injection de l'air dans le scaphandre, a précisément pour effet d'augmenter ce volume.

Il restait donc à créer un appareil qui fût exempt de ces inconvénients. Cet appareil, MM. Rouquayrol et Denayrouse sont parvenus à le combiner de la manière la plus heureuse.

C'est en appliquant à l'exploration sous-marine un appareil inventé pour l'exploration des mines, que le nouveau scaphandre a été réalisé. Expliquons-nous.

M. Rouquayrol, ingénieur des mines, avait eu l'idée et avait mis cette idée en pratique, de placer sur les épaules du mineur, un réservoir métallique, contenant de l'air comprimé, air que l'individu aspirait au moyen d'un tube, en renvoyant, par un autre tube, l'air expiré. Cette ingénieuse disposition, qui avait paru efficace pour pénétrer à l'intérieur des mines, dans les galeries infestées par le gaz grisou, M. Denayrouse, lieutenant de vaisseau, trouva qu'elle s'appliquerait merveilleusement aux appareils plongeurs. Les deux inventeurs s'entendirent, et mirent cette idée à exécution.

L'appareil que MM. Rouquayrol et Denayrouse ont combiné, c'est-à-dire le nouveau scaphandre, présente les avantages suivants :

1° L'ouvrier puisant l'air nécessaire à sa respiration dans un réservoir qu'il porte sur son dos, et qu'alimente une pompe d'un effet certain, peut, en cas d'accident, se séparer du tuyau d'air et remonter à la surface avant que l'air lui manque totalement.

2° A l'aide d'une disposition introduite à l'intérieur du réservoir d'air comprimé, c'est le poumon lui-même qui règle la pression de l'air, contenu dans ce réservoir. Il y a donc proportionnalité constante entre la pression qui s'exerce à l'extérieur et celle qu'on lui oppose à l'intérieur du corps.

3° La pompe à air est construite de telle façon que la compression peut être poussée très-loin sans crainte de fuites, et que l'air reste toujours frais.

4° Le vêtement est bien plus souple et plus léger que celui des anciens appareils. Pour les immersions de courte durée et dans les cas pressants, il peut être supprimé complétement. Le plongeur descend alors sous l'eau, simplement muni du réservoir à air.

5° Cet engin est, en outre, peu embarrassant. Par la simplicité de son fonctionnement et la liberté d'allures qu'il laisse au plongeur, il permet de réaliser une économie très-notable sur le prix de revient de certains travaux.

Passons maintenant à la description détaillée de l'appareil, afin de justifier les proposi-

LA CLOCHE A PLONGEUR.

tions qui précèdent, et d'établir que ce nouveau scaphandre constitue réellement un progrès dans l'art de plonger sous l'eau.

Le *réservoir-régulateur* (*fig.* 408) est un véritable poumon artificiel que le plongeur porte sur son dos.

Il se compose de deux parties : le *réservoir d'air* et la *chambre à air*.

Le *réservoir d'air* proprement dit, A, a une capacité de 8 litres environ ; il est construit en tôle de fer ou d'acier de 6 millimètres d'épaisseur, et étamé à l'intérieur pour prévenir

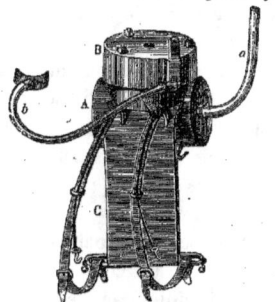

Fig. 408. — Appareil Rouquayrol-Denayrouse ; réservoir-régulateur, vue extérieure.

l'oxydation. Il reçoit directement l'air de la pompe par le tuyau *a*, et porte à la base du tuyau de conduite une soupape de retenue qui se ferme sous l'influence de la pression intérieure en cas de rupture du tuyau. De cette façon, l'eau n'y peut rentrer.

La *chambre à air* B est soudée sur le réservoir ; également étamée à l'intérieur, elle est faite en tôle plus légère. C'est là que le plongeur aspire l'air nécessaire à l'entretien de son existence, à l'aide d'un tube flexible *b* qui aboutit à la bouche.

Le tuyau de respiration *b* est muni, sur un point quelconque de sa longueur, d'une soupape qui se prête à l'expulsion, mais s'oppose à la rentrée de l'air.

La chambre à air B est située au-dessus du réservoir d'air A ; elle est fermée au-dessus par un plateau d'un diamètre moindre que le diamètre intérieur de la chambre et recouvert d'une feuille de caoutchouc qui, d'une surface plus grande que celle du plateau, le relie hermétiquement aux parois centrales de la chambre.

On voit donc qu'il est susceptible de céder à une pression soit intérieure, soit extérieure, et de s'élever dans le premier cas et de s'abaisser dans le second.

Des bretelles et un tablier de cuir C servent à porter cet appareil sur le dos.

La figure 409, qui donne une coupe verticale du *réservoir-régulateur*, fera comprendre le jeu de ce véritable poumon artificiel.

La chambre à air est fermée au-dessus par un plateau en bois ou en métal C, d'un diamètre un peu inférieur à celui de la chambre elle-même ; et ce plateau est lui-même recouvert d'une feuille en caoutchouc, qui s'applique hermétiquement sur les parois extérieures de la chambre, au moyen d'un cercle en cuivre, de manière à empêcher toute intro-

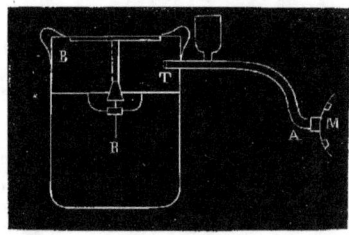

Fig. 409. — Coupe verticale intérieure du réservoir-régulateur.

duction de l'eau. En raison de l'extensibilité du caoutchouc, ce système, — le plateau et sa calotte, — peut s'élever ou s'abaisser de quelques millimètres sous l'influence d'un excès de pression intérieure, et il transmet ces mouvements à la soupape à l'aide d'une tige verticale, *t*, fixée en son milieu, dans le prolongement de la tige du clapet. Il y a donc solidarité intime entre les mouvements du plateau et ceux de la soupape, et c'est là ce qui constitue l'originalité de l'appareil.

La *chambre à air*, B, et le *réservoir d'air*, R, communiquent au moyen d'une petite soupape, *s*, qui joue un grand rôle dans l'appareil; c'est la *soupape de distribution d'air*. Elle est à clapet conique, s'ouvre de haut en bas, et a quelques millimètres d'ouverture seulement; la moindre poussée suffit pour l'écarter de son siége.

Les figures 410, 411 et 412 représentent la soupape de distribution d'air, le clapet et la

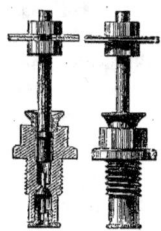

Fig. 410. — Soupape de distribution d'air.

tige, qui sont vus en coupe dans la figure 409.

Voyons maintenant fonctionner le *poumon*

Fig. 411. — Clapet conique.

artificiel. On sait qu'une atmosphère correspond, en poids, à une colonne d'eau de 10

Fig. 412. — Plateau et sa tige.

mètres environ. Si donc le plongeur est descendu à 30 mètres, par exemple, il aura à supporter une pression de 4 atmosphères, se décomposant ainsi : la pression atmosphérique d'une part, et de l'autre la pression d'une colonne d'eau de 30 mètres représentant 3 atmosphères. Le manomètre de la pompe ne devra donc jamais marquer moins de 5 atmosphères.

Supposons cette condition remplie; voici le plongeur descendu avec l'appareil. Il arrive alors que l'eau presse sur la calotte en caoutchouc C (*fig*. 409), et par suite sur le plateau que ne soutient aucune pression intérieure, puisque la chambre à air, B, est vide. Le plateau descend donc d'une certaine quantité, et la tige centrale, C, vient butter contre la soupape, qui s'ouvre et laisse pénétrer l'air du réservoir, R, dans la chambre supérieure. Cet afflux se continue jusqu'à ce que le fluide ait acquis dans cette chambre une pression suffisante pour contre-balancer celle du liquide; il force alors le plateau à remonter, et l'équilibre s'établit.

N'est-il pas évident maintenant que si le plongeur aspire l'air contenu dans la chambre B, il l'introduira dans ses poumons à une pression égale à celle que supporte le plateau, et par conséquent aussi à celle qui s'exerce extérieurement sur la poitrine? Mais, l'aspiration ayant pour effet de diminuer la pression dans la chambre, l'équilibre est aussitôt détruit; le plateau redescend, la soupape s'ouvre de nouveau, et l'air comprimé passe du réservoir R dans la chambre B jusqu'à ce que la pression extérieure soit atteinte. Une autre aspiration est suivie des mêmes phénomènes, et ainsi de suite. Après chaque aspiration, l'équilibre est donc rétabli dans la chambre à air, et dès que cesse la dilatation des poumons, la soupape se ferme instantanément par l'excès de pression du réservoir d'air.

Ainsi l'appareil fournit automatiquement au plongeur sa ration d'air à la pression voulue; les poumons règlent eux-mêmes l'introduction dans la poitrine du fluide respirable, en agissant indirectement sur la soupape de distribution. Rien de plus ingénieux ni de plus exact.

L'efficacité de ce mécanisme est telle que, bien loin d'éprouver un malaise quelconque, le plongeur éprouve une sensation de bien-être, qui s'accroît jusqu'à une certaine limite avec la profondeur. Cette sensation est une conséquence de la compression de l'air, compression qui devient de plus en plus grande à mesure que descend l'ouvrier sous-marin. A 10 ou 15 mètres, la respiration s'accomplit à peu près dans les mêmes conditions qu'au milieu de l'air des montagnes.

La sortie de l'air expiré se fait par une soupape dont la position peut varier sur le tube d'aspiration, mais que les inventeurs se sont décidés en dernier lieu à placer sous le plateau C (*fig.* 409). Cette soupape, que l'on voit ici (*fig.* 413), se compose de deux feuilles

Fig. 413. — Soupape d'expiration.

minces de caoutchouc, collées aux extrémités, dans le sens de la longueur, et que la pression de l'eau applique fortement l'une contre l'autre lorsque se produisent les aspirations, mais qui s'entr'ouvrent pour laisser sortir une partie de l'air expiré. Nous disons à dessein *une partie*, car tout l'air expiré n'est pas perdu ; une certaine portion retourne dans la chambre à air et peut être absorbée une seconde fois sans inconvénient. En effet, la proportion d'acide carbonique que renferme l'air rejeté par les poumons n'est pas assez considérable pour le rendre impropre à la respiration, après qu'il a été se revivifier par une addition d'air pur.

Fig. 414. — Ferme-bouche avec son bec.

MM. Rouquayrol et Denayrouse ont pu supprimer le casque, sans que l'eau s'introduisît dans la bouche et les narines ; ils l'ont remplacé avantageusement par un ferme-bouche et un pince-nez (*fig.* 414 et 415).

Le ferme-bouche est fixé sur un bec métallique qui termine le tuyau d'aspiration ; il se place entre les lèvres et les dents. Il est en caoutchouc vulcanisé. A droite et à gauche du trou central se trouvent deux appendices, également en caoutchouc, qui sont saisis par les dents. Au moment de l'aspiration, l'eau ne peut pénétrer dans la bouche, car la pression que cette eau exerce a pour effet d'appliquer énergiquement le caoutchouc sur les dents et de produire une fermeture hermétique. Dans le mouvement d'expiration, il n'y a pas non plus à craindre l'accès du liquide, car le ferme-bouche, maintenu entre les gencives et les lèvres et, de plus, par les dents mordant sur les appendices, ne peut s'échapper. Les plongeurs novices ouvrent les lèvres lorsqu'ils aspirent, et l'eau rentre alors dans la bouche, en plus ou moins grande quantité ; un exercice préalable, plusieurs fois répété, leur fait bientôt perdre cette fâcheuse habitude. Le ferme-bouche est d'un emploi très-sûr, ainsi que le prouve une pratique de plusieurs années.

Le pince-nez (*fig.* 415) consiste simplement

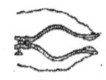

Fig. 415. — Pince-nez.

en deux petites lames terminées par des pelotes recouvertes en caoutchouc, et réunies à l'autre bout par une vis de pression, qui permet de régler le serrage à la volonté du plongeur. Pour surcroît de précaution, le pince-nez est noué derrière la tête par deux cordons.

La figure 416 représente le plongeur portant les accessoires qui viennent d'être décrits.

Nanti du réservoir-régulateur, du ferme-

Fig. 416. — Plongeur muni du réservoir-régulateur et du pince-nez.

bouche et du pince-nez, un plongeur peut être envoyé instantanément, sans autres accessoires, sous la carène d'un navire, pour faire une réparation urgente, ou pour quelque autre travail de courte durée. Mais s'il doit rester plusieurs heures sous l'eau, il est indispensable de le protéger par un vêtement imperméable contre le froid qui le gagnerait infailliblement à la longue. En outre, l'eau salée, qui exerce sur les yeux une action fortifiante dans une immersion peu prolongée, finit par les irriter lorsqu'on dépasse certaines limites. La nécessité d'un masque et d'un habit se font donc sentir.

L'habit est fait de deux toiles, séparées par une feuille de caoutchouc laminé de 5 millimètres d'épaisseur. Il se termine, à la partie supérieure, par une collerette élastique, qui permet à l'homme de s'y introduire facile-

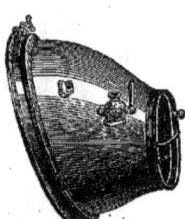

Fig. 417. — Masque.

ment et qui se fixe, à l'aide d'un cercle de serrage, dans une gorge placée à la base du

Fig. 418. — Plongeur revêtu de l'habit en caoutchouc et du réservoir-régulateur.

masque. Cette gorge étant remplie d'une garniture en caoutchouc pur, le joint est absolument hermétique..

Avec ce costume, des plongeurs sont restés sous l'eau durant six heures consécutives, sans éprouver le moindre malaise. Sans habit, la durée maximum de l'immersion est d'une heure et demie.

La figure 418 représente le plongeur armé de tous les accessoires nouveaux que nous allons décrire.

Le masque (*fig.* 417) est en cuivre embouti et garni intérieurement d'une feuille épaisse de coutchouc, destinée à protéger la tête contre les chocs. Il porte sur le devant une glace pour la vision, et rien n'empêche d'en ajouter d'autres sur les côtés et au sommet. Il est percé d'un trou pour le passage du tuyau d'aspiration. De l'autre côté, est placé un robinet qui permet au plongeur de garder dans le vêtement la quantité d'air nécessaire pour ne pas souffrir de la pression extérieure, car l'homme peut lâcher dans le masque son air d'expiration ou le faire évacuer par ledit robinet. Le plongeur possède donc la faculté d'augmenter et de diminuer son volume, et par conséquent de se mouvoir avec aisance de haut en bas, de bas en haut ou latéralement.

L'emploi de l'habit exige un excédant de lest, qui se compose de poids en plomb accrochés à la tête et sur les côtés (*fig.* 419 et 420). Pour se maintenir au fond de l'eau, le plongeur est, en outre, chaussé d'une paire de souliers en cuir souple (*fig.* 421), portant des semelles de plomb du poids de 8 kilogrammes. Ces semelles sont fixées au moyen d'une talonnière

Fig. 419. — Plomb de tête.   Fig. 420. — Plomb de côté.

à ressort, et l'ouvrier peut s'en débarrasser instantanément en appuyant sur la pédale avec un pied.

Fig. 421 — Soulier à semelle de plomb.

Nous n'avons encore rien dit de la pompe à air. Elle est basée sur un principe très-original. Dans les pompes ordinaires, le corps de pompe est fixe, et le piston est mobile: ici, c'est tout le contraire ; le piston est fixe, et le corps mobile.

La pompe à air (*fig.* 422) est à deux corps ;

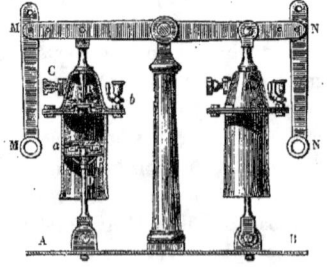

Fig. 422.—Pompe à air de MM. Rouquayrol et Denayrouse.

nous n'en considérerons qu'un pour le moment. Le piston P est fixé sur la plaque de fondation AB au moyen d'une chape et d'un boulon. Il porte la soupape d'aspiration, *a*, qui s'ouvre de bas en haut et est recouverte d'une couche d'eau. Le cylindre D, dans lequel joue ce piston, est mobile ; il monte et descend verticalement autour du piston même, par le jeu du balancier MN. Ce cylindre se termine en haut par un réservoir d'eau, R, qui communique avec le corps de pompe proprement dit, par une soupape de refoulement, *b*, s'ouvrant aussi de bas en haut et recouverte d'eau comme la première. Le raccord C est destiné à recevoir le tuyau qui aboutit au réservoir d'air comprimé, placé sur le dos du plongeur.

Supposons maintenant que le cylindre D descende par le jeu du balancier MN. L'air compris entre le piston et le réservoir supérieur, se comprime ; il presse l'eau qui recouvre la surface d'aspiration, et il la presse d'autant plus qu'il est plus comprimé. L'eau, à son tour, appuie fortement contre les parois du cylindre D et la garniture en cuir du piston P, de sorte que toute fuite est rendue impossible. Et, chose remarquable, l'impossibilité est d'autant plus radicale, que la compression est poussée plus loin. MM. Rouquayrol et Denayrouse ont donc tourné l'écueil qui empêchait jusqu'ici de comprimer de l'air à une pression élevée. Au moyen de la fermeture hydraulique, ils évitent les fuites entre le corps de pompe et le piston. L'air, pressé entre le piston et la cloison qui porte la soupape de refoulement, soulève cette soupape et passe dans le réservoir d'air condensé, R.

Lorsque le cylindre remonte, l'air contenu dans ce réservoir agit sur la soupape *b* comme il a agi précédemment sur le piston et, grâce à la couche d'eau qui la recouvre, produit une fermeture hermétique. Donc, de ce côté non plus, pas de fuites à redouter. Le vide se fait dans le corps de pompe ; la pression atmosphérique, qui s'exerce librement sous le piston, soulève la soupape d'aspiration, et une certaine quantité d'air passe au-dessus du piston pour être introduite dans le réser-

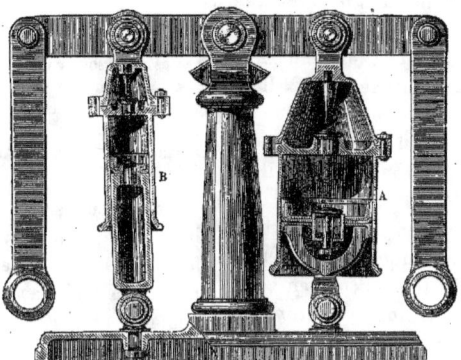

Fig. 423. — Compresseur compensateur à deux corps.

voir lorsque le cylindre redescendra, et ainsi de suite indéfiniment.

On remarquera, qu'avant d'être refoulé dans le réservoir, l'air est toujours comprimé entre deux couches d'eau, qui l'empêchent de s'échauffer. De là, cet autre avantage très-important : l'air est constamment frais, et il ne contracte aucune odeur désagréable.

Voilà pour ce qui concerne la pompe destinée à envoyer aux plongeurs leur provision d'air respirable, pendant leur séjour sous l'eau. Pour comprimer l'air dans le réservoir que le plongeur porte sur le dos, MM. Rouquayrol et Denayrouze font usage d'une pompe de compression un peu différente de la pompe à air, et que représente la figure 423.

On emploie deux corps de pompe, communiquant entre eux. Ils sont inégaux de grandeur, et dans des rapports de volumes convenablement choisis. La disposition des soupapes, des pistons et du balancier est d'ailleurs la même que celle que nous avons décrite dans la pompe à air.

L'emploi d'un grand corps de pompe et d'un plus petit distribue aussi également que possible le travail sur chacun des balanciers de la pompe, et donne une résistance environ six fois plus petite que si l'on voulait porter directement l'air à 25 atmosphères de pression.

Le principe du piston fixe et constamment noyé, comme dans la pompe à air que représente la figure 422, annule les fuites et empêche le développement de chaleur.

Avec ce genre de pompe, il est très-facile de remplir en un quart d'heure, sans fuite ni augmentation sensible de chaleur, un réservoir d'air de 30 litres, à 30 atmosphères de pression.

Chaque machine de compression se compose (*fig.* 423) de deux corps de pompe, A, B, placés côte à côte, et mus par le même balancier, à bras d'hommes. Tandis que l'air est aspiré d'un côté par le corps de pompe A, il est comprimé de l'autre par le corps de pompe B.

Cette pompe est très-solide, très-simple et peu encombrante ; de plus, on peut la visiter facilement dans toutes ses parties. Elle pèse de 70 à 90 kilogrammes, suivant le modèle adopté. Avec des pistons de 100 millimètres de diamètre et de 150 millimètres de course, on obtient en quelques coups une pression de 8 à 10 atmosphères. Si l'on donne de 35 à 40 coups de piston, la pompe débite par minute de 85 à 100 litres d'air. Ce débit est bien suffisant; car, dans l'atmosphère, un homme adulte consomme environ 12 litres d'air par minute. A 10 mètres de profondeur, il en consommera 12 litres à la pression de 2 atmosphères ou 24 litres à la pression ordinaire ; à 20 mètres, 12 litres à 3 atmosphères ou 36 litres à la pression ordinaire, etc. De là à 80 ou 100 litres, il y a de la marge.

Les résultats précédents sont déjà très-remarquables ; MM. Rouquayrol et Denayrouze sont allés plus loin encore en construisant un appareil dit *compresseur-compensateur*, qui, composé de quatre corps de pompe, permet de comprimer l'air, sans chaleur ni fuite, à une pression de 40 atmosphères.

Cependant cet appareil n'a pas donné de bons résultats, et l'on ne se sert dans la pratique que de la pompe à compression que nous venons de décrire, c'est-à-dire le compresseur à deux corps de pompe, qui permet de remplir un réservoir de 25 litres d'air à 16 atmosphères en 6 minutes. Cette provision d'air suffirait pour faire vivre un marin sous l'eau pendant 15 à 20 minutes.

De nombreuses expériences ont été faites avec les appareils Rouquayrol-Denayrouze. Elles ont constamment donné des résultats satisfaisants, et diverses commissions nommées, tant dans les ports militaires français qu'en Angleterre, dans les Pays-Bas et en Italie, ont conclu à l'adoption de ces appareils. Il est évident que ce nouveau scaphandre augmente la puissance de l'homme dans les milieux irrespirables. On lui reproche seulement la difficulté qu'ont les ouvriers à s'en servir. Un exercice préalable, une certaine habitude sont nécessaires pour que les plongeurs puissent confier leur vie avec assurance au nouvel appareil.

CHAPITRE VI

LES BATEAUX SOUS-MARINS. — ESSAIS DE VAN DREBBEL. — APPAREIL DU PÈRE MERSENNE, DE BUSHNELL, DE FULTON ET DES FRÈRES COESSIN. — BATEAUX PLONGEURS DE M. PAYERNE, DE M. VILLEROI ET DE M. LE CONTRE-AMIRAL BOURGOIS. — NAUTILE DE M. SAMUEL HALLET.

Nous venons de décrire deux inventions bien connues et arrivées à une véritable perfection. Il nous reste à parler d'un appareil beaucoup moins avancé dans son perfectionnement, et sur lequel les renseignements précis manquent, ce qui est l'indice d'un état d'enfance de ces appareils. Nous voulons parler des *bateaux sous-marins*.

La cloche à plongeur et le scaphandre sont des appareils fixes, ou peu s'en faut. Cela est absolument vrai pour la cloche à plongeur ; quant au scaphandre, il ne permet guère à l'explorateur sous-marin que de faire une douzaine de pas dans toutes les directions. Le plongeur ne peut parcourir sous l'eau, une distance horizontale un peu considérable, sans être accompagné de l'embarcation qui porte la pompe à air, et qui doit le recueillir en cas d'accident. Il dépend donc forcément de volontés autres que la sienne ; il est subordonné à certains faits extérieurs. C'est là un inconvénient sérieux, auquel on s'est efforcé, depuis longtemps, de porter remède, en créant un bateau susceptible de naviguer sous les eaux.

Quelle merveille ne serait pas un appareil de cet ordre, en supposant qu'il eût toute la perfection désirable ! Avec cet engin nouveau, plus d'obstacles à la curiosité de l'homme ! Dirigeant son esquif à son gré, le plongeur parcourt dans tous les sens les profondeurs sous-marines. Il est son maître, il est le seul juge de l'opportunité de ses manœuvres. Il n'est plus surpris par l'imprévu, et il n'en est plus réduit à attendre de la surface des services, qui arrivent souvent trop tard, parce que les communications sont lentes et difficiles.

LA CLOCHE A PLONGEUR.

Il existe un animal aquatique, un mollusque céphalopode, qui a été connu des anciens et qui a, de tout temps, excité la curiosité des naturalistes : c'est le *Nautile*, ou *Argonaute*.

Ce mollusque est renfermé dans une coquille qui a quelque ressemblance avec la carcasse d'un navire. Il est pourvu de bras palmés, qui enveloppent cette coquille et à l'aide desquels il nage avec rapidité. En aspirant et refoulant l'eau dans un *tube locomoteur*, il peut s'élever jusqu'à la surface de la mer. Mais si un danger le menace, il rentre dans sa coquille, qui, par ce seul fait, bascule et l'entraîne au fond de l'eau. Il est probable que ce curieux mollusque a servi de modèle aux esprits chercheurs qui, les premiers, s'efforcèrent de résoudre le problème de la navigation sous-marine.

Les premiers essais de navigation sous-marine ne datent que du xvii° siècle. Corneille van Drebbel, médecin hollandais, l'un des savants à qui l'on attribue l'invention du thermomètre, construisit, vers 1620, un bateau plongeur, dont un écrivain de l'époque, Harsdoffer, parle en ces termes :

« Un jour qu'il se promenait sur la Tamise, dit cet écrivain, Drebbel vit des marins qui traînaient derrière leur barque des paniers remplis de poissons ; il observa que les barques enfonçaient considérablement dans l'eau, mais qu'elles se relevaient un peu lorsque les paniers tendaient avec moins de force le cordage auquel ils étaient attachés. Cette observation lui fit penser qu'un navire pouvait être tenu sous l'eau par un système semblable et être mis en mouvement par des rames et des perches. Quelque temps après, il fit construire deux petits navires de cette nature, mais de différentes grandeurs, qui étaient bien fermés avec du cuir gras, et le roi lui-même (Jacques Ier) navigua à bord de l'un d'eux dans la Tamise. »

D'après la relation que nous a laissée de cette expérience le chimiste anglais Robert Boyle, il y avait dans cette embarcation sous-marine douze rameurs, outre les passagers. Elle vogua parfaitement entre deux eaux jusqu'à la profondeur de 12 ou 15 pieds, et le voyage dura plusieurs heures.

« Drebbel avait découvert, dit son gendre, le docteur Keiffer, que l'air contient un fluide qui sert particulièrement à la respiration, et il avait composé une sorte de liqueur qu'il appelait *quintessence d'air*. Il suffisait de répandre quelques gouttes de cette liqueur pour donner aux personnes renfermées dans une atmosphère corrompue la faculté de respirer aussi agréablement que si elles se fussent transportées sur la plus belle colline. »

Nous sommes assez de l'avis de l'abbé de Hautefeuille, lorsqu'il dit, dans sa brochure intitulée *Manière de respirer sous l'eau*, publiée en 1680 :

« Le secret de Drebbel devait être la machine que j'ai imaginée et qui consiste en un soufflet, deux soupapes et deux tuyaux aboutissant à la surface de l'eau, l'un apportant l'air, et l'autre le renvoyant. En parlant d'une essence volatile qui rétablissait les parties nitreuses consumées par la respiration, Drebbel voulait évidemment déguiser son invention et empêcher qu'on ne la découvrît. »

Dans les *questions théologiques, physiques, morales et mathématiques*, publiées en 1634 par le P. Mersenne, religieux de l'ordre des Minimes, l'ami et le correspondant de Descartes, on trouve la description, très-détaillée, d'une autre embarcation sous-marine. Sa coque était en cuivre, et elle était en forme de poisson. On la destinait à défoncer, en temps de guerre, la carène des vaisseaux ennemis. De gros canons, appelés *colombiades*, étaient placés en face de sabords, garnis d'une soupape, pour empêcher l'introduction de l'eau. Pour tirer, on les amenait près de l'ouverture, et l'on soulevait la soupape ; le coup parti, celle-ci retombait automatiquement par l'effet du recul de l'arme.

La machine, décrite par Mersenne, conception de pure fantaisie, ne pouvait être sérieusement réalisée. Seulement quelques-unes de ses dispositions ont été mises en pratique par les inventeurs qui vinrent plus tard.

Nous ne mentionnerons pas les nombreux écrits relatifs à la navigation sous-marine, que produisirent le xvii° et le xviii° siècle. Nous dirons seulement qu'en 1727, le gouvernement anglais avait déjà délivré quatorze patentes pour le perfectionnement des machines à plonger.

En 1776, un Américain, David Bushnell, simple ouvrier de l'État de Connecticut, fit connaître un bateau sous-marin, qui fut mis en expérience pendant la guerre de l'Indépendance. Ce bâtiment remontait ou descendait par le moyen d'outres qui se remplissaient facultativement d'air ou d'eau. On facilitait encore l'ascension en coupant un fil de fer qui retenait des poids en plomb fixés sous la carène. Une rame en forme de spirale, placée horizontalement sous l'embarcation, lui communiquait un mouvement en avant et en arrière, suivant qu'on la tournait dans tel ou tel sens. Une seconde rame, également en spirale et placée perpendiculairement à la première, servait à régler la profondeur des submersions. Sur la poupe était installée une caisse contenant 150 livres de poudre et destinée à être vissée sous la carène d'un vaisseau.

Au mois d'août 1776, Bushnell se présenta devant le général Parsons, lui expliqua le mécanisme de sa machine, et lui demanda trois hommes, pour la pousser contre les navires anglais, ancrés au nord de l'île de Staten. Parsons le mit en rapport avec un homme résolu, Ezra Lee, sergent d'infanterie. Après avoir pris connaissance de l'engin, le sergent convint avec Bushnell d'en faire l'essai pendant la première nuit où la mer serait tranquille.

Remorquée par deux canots aussi près que possible de la flotte anglaise, la machine fut ensuite abandonnée à Lee et à ses deux compagnons. Le sergent entra dans le bateau, le submergea, et manœuvra pour descendre sous un vaisseau ennemi. Il y réussit très-bien, mais il ne parvint pas à percer les planches doublées de cuivre, entre lesquelles il s'agissait de loger un coffre rempli de matières combustibles qui devaient faire sauter le bâtiment. Le jour étant venu, il fut aperçu dans un moment où il revenait à la surface, et ce ne fut qu'au milieu des balles qu'il put regagner les lignes américaines.

Si cet essai ne réussit pas, ce ne fut donc point par un défaut inhérent à l'appareil.

Le célèbre ingénieur américain Robert Fulton reprit l'idée de Bushnell. Il y apporta quelques modifications, et construisit un bateau sous-marin, qu'il proposa au gouvernement français. Repoussé par le gouvernement du Directoire, qui rejeta ses plans après les avoir d'abord accueillis, repoussé ensuite par la Hollande, Fulton se présenta devant le premier consul, qui lui fit accorder des fonds pour continuer ses expériences.

Une commission, composée de Volney, Monge et Laplace, approuva ses idées, et en 1800, Fulton produisit un bateau sous-marin, qui fut expérimenté à Rouen et au Havre, mais qui ne réalisa point ce qu'on en attendait. L'inventeur réussit mieux à Brest : il s'enfonça jusqu'à 80 mètres sous l'eau, y demeura vingt minutes, et revint à la surface, après avoir parcouru une assez grande distance ; puis, disparaissant de nouveau, il regagna son point de départ.

Cependant Bonaparte fut bientôt dégoûté des expériences de Fulton, et il congédia l'inventeur et l'invention.

On ne sait presque rien des dispositions du bateau dont Fulton faisait usage. Nous avons fait connaître dans la Notice sur les *Bateaux à vapeur*, qui fait partie de cet ouvrage, tout ce que l'on sait sur cette question.

Les essais de Fulton pour la construction des bateaux sous-marins et des torpilles sous-marines, eurent pour résultat d'attirer l'attention des divers savants et mécaniciens français sur la navigation sub-aquatique. On se rappela alors qu'en 1796, le gouvernement avait reçu d'un ingénieur français, nommé Castéra, le projet d'un bateau sous-marin, que l'auteur présentait comme propre à détruire les navires anglais qui croisaient sur nos côtes. A cette époque, le public n'avait vu dans l'annonce de la découverte de Castéra qu'une utopie sans fondement. Il revint alors de son impression première, et, allant même plus loin qu'il ne le fallait, il prétendit que Fulton n'avait fait qu'imiter le plan de Castéra, grâce à quelque indiscrétion des bureaux du ministère de la guerre. Mais la comparaison des deux systèmes, à laquelle fit procéder le gouvernement, prouva qu'il n'y avait entre eux aucune similitude, et que les deux inventeurs avaient eu en même temps la même idée, sans s'être rien emprunté l'un à l'autre. Castéra faisait usage d'avirons, tandis que Fulton avait adapté une hélice à l'arrière de son *Nautilus*. L'appareil de Fulton l'emportait encore sur celui de son prédécesseur en ce qu'on pouvait, à volonté, le convertir en bateau ordinaire à mât et à voile. De plus, Fulton pouvait apprécier la distance qui séparait de la surface de l'eau l'embarcation submergée.

Mais, nous le répétons, on ne saurait rien indiquer de précis, ni fournir aucun dessin géométrique du *Nautilus* de Fulton. L'auteur ne paraît avoir laissé aucun plan de son bateau. Un ingénieur allemand, M. Eyber, mort en 1866, ayant construit lui-même un bateau sous-marin, qu'il supposait semblable à celui de Fulton, a fouillé les archives d'État de l'Amérique, de l'Angleterre, de la France et de l'Allemagne, sans retrouver aucune trace des plans de Fulton, sinon le manuscrit de son mémoire, déjà connu, intitulé : *Essai de navigation sous-marine*.

Fulton ne trouva dans son pays aucune occasion de reprendre et de perfectionner son bateau sous-marin ni ses *torpilles* ou machines infernales sous-marines ; il mourut en 1815, au milieu d'une période de paix pour les États-Unis.

En France, la guerre se prolongeant, entretenait les idées concernant l'emploi des bateaux sous-marins comme moyen d'attaque des navires ou des ouvrages de défense maritime. Il faut citer comme auteurs de projets de ce genre les noms de Brizé-Fradin, de d'Aubusson de la Feuillade, et des frères Coëssin.

Ces derniers, plus heureux que Fulton, réussirent à attirer sérieusement sur leur projet l'attention de Napoléon Ier. En 1809, un ordre vint d'essayer au Havre l'invention des frères Coëssin.

Ce bateau sous-marin, qui différait peu de celui de l'Américain Bushnell, était long de 8 mètres et demi et pouvait contenir 9 ou 10 hommes. Deux tuyaux de cuir, soutenus à la surface de l'eau par un flotteur de liége, envoyaient dans le bateau l'air du dehors. Des avirons le dirigeaient. Dans l'expérience qui fut faite au Havre, on constata une vitesse d'une demi-lieue à l'heure. Cette vitesse parut insuffisante.

D'ailleurs l'embarcation marchait difficilement, en raison de l'imperfection des rames comme moyen de se diriger sous l'eau. Le flotteur qui retenait à la surface de la mer, les tuyaux de cuir, permettait de reconnaître le lieu où se trouvait le bateau sous-marin, et de le saisir. Enfin la respiration des hommes se faisait très-mal par l'intermédiaire de ces tuyaux de cuir.

Ces imperfections étaient tellement évidentes, et le bateau sous-marin des frères Coëssin tellement dangereux, que les inventeurs faillirent périr dans leur *Nautile* pendant une expérience.

Malgré ses défauts, le *Nautile* des frères Coëssin méritait d'être encouragé. Aussi une commission de l'Institut qui avait été nommée pour apprécier cette invention, formula-t-elle un jugement favorable à son égard. Carnot, rapporteur de cette commission, composée de Monge, Biot et Sané, disait, après avoir énuméré les défauts de l'appareil :

« Cependant, il faut distinguer de pareilles inventions, dans lesquelles l'expérience a prouvé que les plus grandes difficultés ont été prévues, de celles qui ne sont souvent que des projets informes, et dont l'épreuve pourrait être très-périlleuse. Il n'y a plus de doute maintenant qu'on ne puisse établir une navigation sous marine très-expéditivement et à peu de frais; et nous croyons que MM. Coëssin ont établi ce fait par des expériences certaines. »

Plus tard, c'est-à-dire vers 1840, un autre inventeur essayait au Havre un bateau sous-marin. Mais la plus triste fin était réservée à cette tentative. Le bateau, après s'être abaissé, avec l'inventeur, dans les profondeurs de l'eau, en rade du Havre, ne reparut point. On ne saurait imaginer de critique plus funeste de cette invention.

En 1844, un autre bateau sous-marin, celui du docteur Payerne, fut expérimenté sur la Seine, avec un certain succès.

Le premier bateau sous-marin du docteur Payerne avait la forme d'une énorme caisse, dont la base ne mesurait pas moins de 64 mètres de superficie et dont la hauteur atteignait jusqu'à 6 mètres. Il ne constituait au fond qu'une monstrueuse cloche à plongeur, capable de renfermer trente hommes dans ses flancs, et susceptible d'être coulée à fond ou ramenée à la surface par les travailleurs sous-marins eux-mêmes. Plus tard l'appareil prit une véritable forme de bateau, et l'inventeur le compléta par un appareil propulseur qui devait lui permettre de se mouvoir rapidement sous les eaux.

Le principe de cette machine est celui-ci : Introduire préalablement dans le bateau une quantité d'air comprimé, dont la pression varie selon la profondeur qu'on veut atteindre ; — aspirer de l'eau dans des compartiments spéciaux lorsqu'on désire descendre, et cela à l'aide d'une pompe placée au sein de la machine elle-même ; — puis, refouler cette eau, au moyen de la même pompe, pour remonter. En un mot, substituer l'air à l'eau, et réciproquement, dans certains compartiments qui communiquent ensemble par des robinets, et modifier ainsi à volonté la densité de l'appareil : voilà le système du bateau de Payerne.

L'air contenu dans la machine se viciant rapidement par le fait de la respiration des ouvriers, il fallait trouver le moyen de rendre cet air respirable jusqu'à extinction presque complète de l'oxygène. M. Payerne débarrassait l'air respiré de l'acide carbonique qui le surchargeait, en faisant usage d'un artifice assez grossier, mais qui avait le mérite de la nouveauté. Il forçait l'air à traverser une dissolution de potasse par l'intermédiaire d'un fort soufflet dont la tuyère se terminait par une pomme d'arrosoir.

La figure 424 représente l'appareil primitif, ou *hydrostat sous-marin* de M. Payerne, qui n'était, comme on le voit, qu'une vaste cloche à plongeur. C'était une caisse pleine d'air comprimé reposant sur le fond de la mer. Dans le compartiment du bas (A), des hommes exécutent divers travaux ; quelques-uns restés dans celui du haut, montent les matériaux extraits et manœuvrent en cas de besoin la pompe, P. Tous sont plongés dans l'air comprimé. Le compartiment du milieu (DD') est rempli d'eau. Un espace est ménagé dans le compartiment, pour laisser une corde destinée à remonter les déblais ou autres objets dans le compartiment supérieur (C). Il va sans dire que la caisse est ouverte par la base, et qu'à l'aide d'une pompe à compression placée sur le rivage ou dans l'intérieur du bateau, on envoie aux travailleurs, de l'air comprimé pour maintenir tout le système dans le même équilibre.

Dans un ouvrage récent, M. Sonrel a décrit, comme il suit, l'*hydrostat sous-marin*, ou le premier appareil du docteur Payerne.

« L'hydrostat sous-marin a extérieurement la forme d'une grande caisse rectangulaire surmontée d'une autre un peu plus petite. Le tout peut se fermer hermétiquement, sauf par-dessous, où l'on a laissé une large ouverture.

« L'hydrostat renferme trois compartiments principaux. L'inférieur, ou la *cale*, est ouvert par le bas, et communique par une large cheminée ou *bure* avec le compartiment supérieur ou *entre-pont*. Entre eux est un troisième compartiment, ou *faux-pont*, qui ne communique avec ses voisins que par des

Fig. 424. — Hydrostat sous-marin de M. Payerne.

A, cale; B, cheminée ou bure; C, entre-pont; D, faux-pont; EE', galerie; FF', galerie lest; P, pompe pour remplir ou vider à volonté l'eau d'un compartiment.

robinets. Tout autour de la *cale* et du *faux-pont* règne une *galerie* hermétiquement fermée et reliée à ces deux compartiments seulement par d'excellents robinets. La partie inférieure de cette *galerie* renferme des matières pesantes destinées à lester l'appareil; sa partie supérieure se remplit à volonté d'air ou d'eau.

« Quand l'hydrostat flotte, la *cale* et une partie de la *bure* sont pleines d'eau; le *faux-pont*, sa *galerie* et l'*entre-pont* sont pleins d'air. Une pompe aspirante et foulante est placée dans ce dernier, où se tiennent alors les ouvriers.

« Quand on veut faire descendre l'hydrostat, on ferme hermétiquement une écoutille de l'*entre-pont* et la porte de la *bure*. On manœuvre la pompe de manière à puiser de l'eau à l'extérieur et à la faire pénétrer dans le *faux-pont* et sa *galerie*. Un tube muni d'un robinet fait communiquer la partie supérieure du *faux-pont* avec la *cale*. On ouvre ce robinet, l'air comprimé dans la partie supérieure du *faux-pont* descend dans la *cale*. En même temps que cette dernière se remplit d'air comprimé, l'appareil se charge d'eau, devient plus lourd et descend au fond de la mer. L'eau qui était dans la *cale* est, il est vrai, sortie; mais le volume de ce compartiment est égal à celui du faux-pont. La *cale* était pleine d'eau; actuellement ce sont le *faux-pont* et sa *galerie*. Les ouvriers ouvrent alors la porte de la *bure* et descendent dans la *cale*. Quelques aides restent dans l'*entre-pont* pour y arrimer les matériaux extraits et pour manœuvrer la pompe en cas de besoin.

« Lorsqu'on veut revenir à la surface, les travailleurs remontent à l'*entre-pont* par la *bure*, qu'ils ferment ensuite hermétiquement. La pompe est manœuvrée de manière à aspirer l'air de la *cale*, à le refouler dans le *faux-pont*, et de là dans la *galerie*. L'eau s'échappe par un conduit communiquant avec l'extérieur. L'*hydrostat* reprend sa légèreté en même temps que la *cale* se remplit d'eau, et bientôt il flotte comme primitivement. C'est alors qu'on ouvre *l'écoutille de l'entre-pont* et qu'on ramène, au moyen d'un treuil et de câbles, l'hydrostat au lieu de son débarquement, ou qu'on l'amarre à des bouées près du lieu de travail.

« La *cale* est carrée. Elle mesure 8 mètres de côté sur 2 mètres de hauteur. Le *faux-pont* a les mêmes dimensions. L'*entre-pont* a la même hauteur, mais il n'a que 5 mètres de côté. L'*hydrostat* a donc 6 mètres de hauteur, et sa base, qui a pour plancher le fond de la mer, a 64 mètres carrés de surface. Nous avons déjà dit qu'une galerie complétement fermée entoure les deux étages inférieurs. Elle est, comme le faux-pont, divisée en plusieurs compartiments plus petits qu'on peut faire communiquer entre eux ou rendre indépendants les uns des autres au moyen de robinets.

« L'*hydrostat sous-marin* de M. Payerne résout donc à la fois plusieurs difficultés. Une manœuvre intérieure le submerge et le transforme en une cloche à plongeur; puis elle le ramène à la surface ou le transforme en un radeau qui se déplace à volonté (1). »

Depuis l'année 1855, M. Payerne a beaucoup perfectionné son appareil sous-marin. Il en a fait un véritable bateau, du moins par la forme; car, dans le fond, il ne diffère point de la machine précédente, ne pouvant naviguer sous les eaux. M. Payerne avait eu l'idée de le pourvoir d'une hélice et d'une machine à vapeur, pour lui donner le mouvement. Mais aucun artifice n'ayant permis d'arriver à entretenir un courant d'air dans le foyer ainsi submergé, et contenu dans une enveloppe en tôle, il fallut chercher un combustible qui fût oxygéné par lui-même.

M. Payerne essaya, dans ce but, l'azotate de soude ou de potasse. Mais ce sel présentait de réels dangers d'explosion, et l'on y renonça.

M. Payerne n'a donc pu réussir à créer un véritable bateau sous-marin. Il est resté dans l'ancienne donnée de la cloche à plongeur, et cette fois encore, on peut le dire, le bateau sous-marin est tombé dans l'eau.

(1) *Le Fond de la mer*, in-12. Paris, 1868, page 228.

Quoique réduit à l'état de simple cloche à plongeur, l'appareil du docteur Payerne a pourtant rendu quelques services. Il est propre surtout aux travaux et constructions sous-marines. En 1847, on l'a employé à Brest, pour débarrasser le chenal d'une roche très-dure, qui s'opposait au lancement d'un des plus beaux bâtiments de notre marine, *le Valmy*. Il a fait le même office à Cherbourg, et c'est grâce à lui qu'on a pu désobstruer le port de Fécamp, encombré par des galets qui empêchaient l'entrée de tous les navires d'un fort tonnage. A Paris, il a servi à enlever la pile d'un pont et à extraire les débris de toutes sortes qui encombraient le lit du fleuve.

Le journal *la Science pour tous* a décrit en ces termes, l'invention du docteur Payerne, en émettant sur cet essai un espoir que l'avenir n'a pas confirmé.

« Le bateau a une forme ovoïde; il est en tôle assemblée et solidement rivée; des lentilles de verre, placées au milieu de la paroi, y laissent pénétrer un jour abondant. Il est divisé en plusieurs chambres ou compartiments, et le plus vaste, celui du milieu, qu'on appelle la chambre du travail, est muni d'un plomb mobile qu'on relève au moment où l'on veut établir le contact entre l'eau ou le fond et l'intérieur du bateau. Celui-ci, avant le départ, est d'abord rempli d'air comprimé à une pression déterminée par la profondeur à laquelle on se propose de descendre; puis on laisse pénétrer au moyen de robinets, dans les compartiments spéciaux, une quantité d'eau telle que la densité du bateau soit un peu supérieure à celle du volume d'eau qu'il déplace; il gagne alors le fond, et, d'après cela, on conçoit aisément que, se trouvant, grâce à l'air qu'il contient, posséder une aise, si, au bout de quelques heures, l'air se trouvait vicié, il suffirait de le mettre en contact avec des substances capables d'absorber l'acide carbonique, ce qui, d'ailleurs, a lieu avec la plus grande facilité, en faisant passer l'air d'un compartiment dans un autre, et lui faisant alors traverser une solution de potasse (1). »

La figure 425 donne, d'après le journal qui vient de nous fournir cette description, le plan du bateau sous-marin du docteur Payerne.

(1) Année 1857.

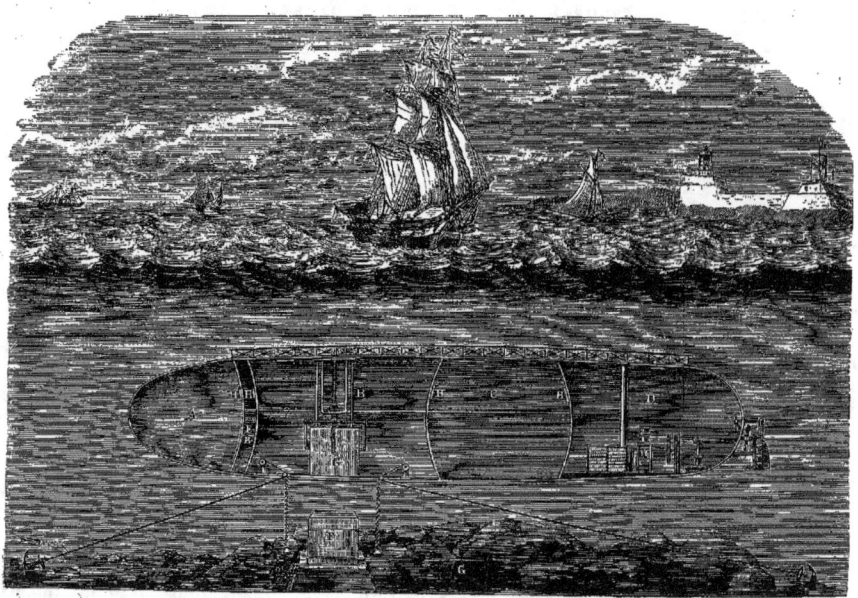

Fig. 425. — Plan du bateau sous-marin de M. Payerne.

A, chambre de l'avant; B, chambre de travail; C, chambre de l'équipage; D, chambre des machines; HEB, chambre intermédiaire; F, jetée en construction; G, bloc à mettre en place.

La légende qui accompagne cette figure en explique les différentes parties.

Du reste, le bateau du docteur Payerne n'est plus à l'état de projet. Il a souvent fonctionné, comme il vient d'être dit, entre les mains de l'inventeur ou de son associé, M. Lamiral.

Ce qui est encore à l'état de projet, c'est l'adaptation d'un propulseur à ce bateau. Il n'y a là rien d'impossible peut-être au moyen du combustible oxygéné que propose M. Payerne, pour l'entretien du foyer. Cependant, tant que l'expérience n'aura pas parlé, on devra s'abstenir.

Il nous reste, pour terminer l'examen des bateaux sous-marins, ou plutôt des tentatives faites pour les réaliser, à décrire quelques appareils qui sont tous, d'ailleurs, fondés sur le même principe que celui du docteur Payerne. On provoque la descente du bateau par l'introduction d'une certaine quantité d'eau dans un compartiment spécial, et l'on remonte en chassant cette eau par de l'air comprimé.

Le *Nautile*, de M. Samuel Hallet, de New-York, qui figura à l'Exposition universelle de 1867, ne différait véritablement de l'appareil du docteur Payerne, qu'en ce que l'évacuation de l'eau par l'air comprimé se faisait d'une manière plus simple. Grâce à un robinet, la pompe était supprimée. Le *Nautile* n'était, en réalité, qu'une vaste cloche à plongeur.

On ne peut en dire autant du bateau qui a été expérimenté, en 1862, à Philadelphie, par un ingénieur français, M. Villeroi (de Nantes). Cet appareil, qui était désigné sous le nom de *bateau-cigare*, offre, en effet, la forme d'un cigare. En d'autres termes, c'est un long cylindre, terminé par deux cônes. Il est hermétiquement fermé, et éclairé intérieurement par un grand nombre de fenêtres circulaires. Il est pourvu d'une écoutille permettant d'y entrer et d'en sortir. Pour s'enfoncer, il suffit de remplir d'eau, au moyen d'une pompe, des tubes en guttapercha placés à l'intérieur et communiquant avec l'extérieur par un conduit à robinet; pour s'élever, on vide ces mêmes tubes. L'appareil propulseur consiste en une hélice mue par une machine sur laquelle nous ne possédons aucun détail. Le diamètre du bâtiment est de 1^m,11, et sa longueur de 11^m,55.

La figure 426 représente le *bateau-cigare* de M. Villeroi.

Fig. 426. — Navire sous-marin de M. Villeroi, ou bateau-cigare.

On s'accorde à reconnaître que l'appareil de notre compatriote constitue l'une des tentatives les mieux conçues dans le domaine, si difficile et si peu exploré, de la navigation sous-marine.

Avant d'être proposé en Amérique, le bateau de notre compatriote, M. Villeroi, avait été essayé à Noirmoutiers. Un journal du temps, *le Navigateur*, publiait, à propos de cette expérience, l'article suivant :

« A 4 heures, la mer étant dans son plein, M. Villeroi est entré dans sa machine et l'a poussée au large. Le bateau à vapeur sous-marin a d'abord couru à fleur d'eau pendant une demi-heure, ensuite il a plongé dans 15 ou 18 pieds d'eau, où il a enlevé du fond des cailloux et a recueilli quelques coquillages. Il a couru ensuite en divers sens pendant cette submersion, pour tromper une partie des canots qui l'avaient entouré depuis le commencement de l'expérience. M. Villeroi, remontant ensuite, a reparu à quelque distance, se dirigeant à fleur d'eau dans diverses directions, et après cette navigation, qui a duré en totalité cinq quarts d'heure, il a ouvert son panneau et s'est montré au public, qui l'a accueilli d'un vif intérêt et de ses suffrages. »

Il a été essayé en 1862, à Barcelone, un bateau sous-marin, que l'inventeur, M. Narciso Monturiol, appelait *El Ictineo*. L'auteur de *l'Espagne contemporaine*, publiée en 1862, dit que cette embarcation sub-aquatique fut expérimentée au moins une soixantaine de fois.

Un journal de Paris écrivait ce qui suit, au sujet du bateau-poisson expérimenté à Barcelone en 1862 :

« J'ai vu l'*Ictineo*. Il manœuvre à 12 mètres
« sous l'eau avec la même facilité qu'à la super-
« ficie. Quand l'oxygène manque, un appareil le
« produit à mesure que le besoin s'en fait sentir,
« et pendant cinq heures un équipage de dix
« hommes est resté sous l'eau sans communication
« avec l'air supérieur. Ce n'est pas tout : le navire
« est armé de canons et fait la manœuvre de cette
« arme avec autant de justesse qu'à terre ou à bord
« d'un autre navire; les coups sont dirigés de bas en
« haut contre la partie vulnérable de la coque des
« navires blindés. L'*Ictineo* est, en outre, armé d'une
« puissante tarière mue par la vapeur et propre à
« percer la coque des navires. L'invention mérite
« d'attirer les regards des marins et des soldats. »

Nous devons également une mention très-honorable au bateau *le Plongeur* du contre-amiral Bourgeois.

Ce bateau fut lancé à Rochefort en 1863. Mesurant 44 mètres de long, il a la forme d'un cigare légèrement aplati. Il est mû par une machine à air comprimé, de la force de

80 chevaux, qui pousse la compression de l'air jusqu'à 12 atmosphères. Il est divisé, dans le sens de sa longueur, en deux compartiments, renfermant, l'un la machine, l'autre de vastes réservoirs destinés à emmagasiner l'air comprimé. Au-dessous de ces réservoirs, s'en trouvent d'autres, dans lesquels on introduit de l'eau quand il s'agit de s'enfoncer. Pour remonter on met ces mêmes réservoirs en communication avec les premiers, on chasse l'eau par l'air comprimé, et le bâtiment remonte à la surface. A l'arrière sont placés une hélice, un gouvernail vertical et deux gouvernails horizontaux qui aident à la descente ou à l'ascension, suivant l'inclinaison qu'on leur donne. Un mécanisme spécial permet, en outre, à la partie supérieure de la carapace de se détacher et de se transformer en canot pouvant recevoir les douze hommes de l'équipage, en cas d'accident.

Ce navire sous-marin pèche par le défaut de stabilité quand il flotte entre deux eaux; à tous les autres égards il est parfaitement conçu. A la suite des expériences de 1863, M. Bourgois a repris ses études, il y a tout lieu d'espérer que le *Plongeur*, convenablement perfectionné, deviendra un excellent type pour des essais postérieurs dans la même direction.

Pour faire mieux connaître le *Plongeur* du contre-amiral Bourgois, nous emprunterons une page à un ouvrage publié en 1868, le *Fond de la mer*, par M. Léon Renard, bibliothécaire du Dépôt des cartes et plans de la marine.

« Si le problème n'a pas été résolu avec ce bateau, on peut affirmer que, de tous ceux qui ont été imaginés, c'est celui qui a touché de plus près la vérité. Et d'abord le principe sur lequel il repose est tout nouveau ; son moteur est l'air comprimé. Les dimensions fixées par M. Bourgeois, de concert avec le constructeur du bateau, M. Brun, ingénieur de la marine, sont de 44 mètres. Il a la forme d'un cigare (1) qui serait aplati sur le tiers de sa circonfé-

(1) Cette forme nouvelle est appelée, croyons-nous, à un grand avenir, par suite de la stabilité qu'elle donne sur l'eau.
En passant à la remorque de la *Vigie*, devant le canal qui

rence. Son arrière est évidé de manière à contenir une hélice, un gouvernail vertical et deux gouvernails horizontaux, qui servent, suivant l'inclinaison qu'on leur donne, à faciliter l'immersion du bateau ou son retour à la surface. Intérieurement, on remarque une cursive courant de l'avant à l'arrière et divisant ainsi le bateau en deux parties qui renferment : la première, une machine à air comprimé, de 80 chevaux ; la seconde, de vastes réservoirs en forme de tubes dans lesquels s'emmagasine cet air, qui est comprimé à 12 atmosphères. Immédiatement au-dessous de ces compartiments, on en a placé d'autres chargés de recevoir l'eau qui sert de lest au bateau et aide à son immersion. Pour chasser cette eau et rendre au bâtiment sa légèreté, il suffit de mettre ces tubes en communication avec ceux qui contiennent l'air comprimé. Ajoutons que le *Plongeur* est doué en outre d'un mécanisme particulier, à l'aide duquel sa carapace supérieure peut se détacher et du même coup se transformer en canot de sauvetage pour l'équipage, lequel est de douze hommes.

« Lancé en mai 1863, ce bâtiment devint aussitôt l'objet d'une série d'expériences sur la Charente, dans le bassin de Rochefort et en pleine mer, sous la direction de MM. Bourgois et Brun. Ces expériences ont permis de constater que la construction du navire ne laissait rien à désirer en ce qui avait été prévu. Restait la question de stabilité, d'équilibre entre deux eaux. Celle-ci n'a malheureusement pas donné les résultats qu'on espérait, et M. Bourgois a dû reprendre ses études dans ce sens.

« Deux faits d'une haute importance restent en tout cas acquis à la pratique : la possibilité de l'emploi de l'air comprimé comme moteur, et celle de faire vivre sans inconvénient douze hommes sous l'eau pendant un espace de temps suffisamment considérable. Le reste sera trouvé plus tard, et, dès aujourd'hui, on doit savoir gré à M. Bourgois d'avoir ramené d'un seul coup les esprits qui s'égaraient et de leur avoir montré le seul chemin où ils aient désormais quelque chance de réussite. « Tel quel, le

sépare l'île de Ré de celle d'Oléron, nous disait un officier témoin des expériences du *Plongeur*, la mer était creuse et le remorqueur roulait de manière à ne pas permettre de marcher sans appui sur le pont. Le *Plongeur*, au contraire, dont les compartiments étaient vides, et qui, par suite, s'élevait d'un pied au-dessus de l'eau, ne bougeait pas, la lame passait par-dessus, et l'équipage se promenait dans l'intérieur comme en terre ferme. »
Le fait frappa les Américains. En 1864, l'un d'eux, M. Winam, a lancé sur la Tamise un bateau long de 78 mètres, qui a tout à fait la forme du *Plongeur*. A chacune de ses extrémités, il a une hélice : celle de l'arrière, pour refouler l'eau ; celle de l'avant, pour l'attirer et s'y visser en quelque sorte. Son inventeur assure qu'il se comporte très-bien à la mer, soit que la vague déferle sur sa carapace, comme sur celle d'une baleine, soit qu'il saute dessus comme un marsouin.

Plongeur, comme le remarquait très-justement *le Moniteur de la flotte*, offrirait à un petit nombre d'hommes intelligents et résolus les moyens d'attaquer avec succès des bâtiments d'une grande puissance et d'une grande valeur, et de renouveler ainsi les exploits de ces audacieux constructeurs de brûlots qui, au siècle dernier, ont illustré la marine française. »

« Un des épisodes de la guerre américaine confirme cette opinion. C'était en 1863. Les Confédérés possédaient un petit bateau sous-marin qui était loin d'avoir une aussi bonne installation que celui de M. Bourgois. Construit pour les travaux de port, il renfermait un mécanisme mû à la main qui faisait évoluer une hélice. Immergé, il recevait l'air par le moyen élémentaire d'un long tuyau maintenu à la surface de l'eau par un flotteur. Depuis Fulton, on le voit, la navigation sous-marine avait fait en Amérique peu de progrès. Les Confédérés n'en tentèrent pas moins avec cet engin incertain la destruction de l'*Hoosatonic*, navire amiral de l'escadre qui bloquait Charleston. Ayant placé une torpille à l'avant du bateau, son commandant, profitant de la nuit, se dirigea entre deux eaux sur l'escadre fédérale. Il l'atteignit sans encombre et fixa facilement la torpille sous le navire. Un moment après, l'arrière de l'*Hoosatonic* sautait et le bâtiment tout entier s'affaissait dans les flots. Le petit bateau n'eut pas un sort plus heureux : comme il rentrait à Charleston, il se brisa sur la barre de la rivière.

« En pourvoyant leur bateau sous-marin d'une machine infernale, les Américains suivaient en cela les plans de M. Bourgois. A l'avant du *Plongeur*, celui-ci a placé un large éperon en forme de tube conique. Cet éperon renferme une cartouche capable de contenir de la poudre ou une bombe incendiaire. Étant donné un bâtiment à détruire, le *Plongeur* s'en approche et le frappe de son dard, qui ouvre à 3 mètres au-dessous de la ligne de flottaison une large blessure où, comme l'abeille, il laisse son aiguillon meurtrier ; puis, faisant mouvoir sa machine en arrière, il se retire promptement en déroulant un fil métallique avec lequel il peut, à la distance qui lui convient, déterminer l'explosion.

CHAPITRE VII

APPLICATIONS DIVERSES DES APPAREILS PLONGEURS. — RECHERCHE DES RICHES ÉPAVES. — NETTOYAGE DES CARÈNES DE NAVIRE. — CONSTRUCTIONS SOUS-MARINES. — MISE A FLOT DES BATIMENTS. — PÊCHE DU CORAIL ET DES ÉPONGES.

Les applications des appareils plongeurs sont nombreuses et variées : nous les passerons rapidement en revue, pour terminer cette Notice.

Recherche des richesses englouties au fond de l'eau. — Le scaphandre est un engin des plus précieux pour la recherche des riches épaves. Maintes fois déjà, il a montré ce qu'on pouvait attendre d'un pareil instrument de découvertes.

Il y a quelques années, deux paquebots, *le Gange* et *l'Impératrice*, s'abordèrent dans l'avant-port de Marseille, et une caisse rem-

Fig. 427. — Plongeurs trouvant une caisse pleine d'or dans le port de Marseille.

plie d'or fut précipitée du second de ces navires dans la vase, qui forme une couche épaisse au fond de l'eau de l'avant-port. Le lendemain, on s'occupa de rechercher le précieux colis. Un gros plomb de 60 kilogrammes fut descendu approximativement au lieu de l'abordage. Ce plomb portait deux cordes divisées par mètres à l'aide de nœuds. Deux plongeurs revêtus du scaphandre tendi-

Fig. 428. — Constructions sous-marines exécutées par des ouvriers revêtus du scaphandre.

rent en sens contraire ces cordes, et, passant successivement d'un nœud à l'autre, ils décrivirent des cercles concentriques, examinant et tâtant eux-mêmes le fond à chaque pas.

Après trois heures de ce manége, la caisse fut retrouvée (fig. 427) et rendue à son propriétaire.

Les recherches étaient dirigées par M. Barbotin, — un nom prédestiné ! — entrepreneur de travaux sous-marins à Marseille.

Mais c'est surtout en Angleterre que le scaphandre a été appliqué à ces sortes d'explorations, et l'on se figure difficilement les sommes énormes qu'on a ainsi retirées du fond de la mer.

En 1850, le bateau à vapeur *Columbia*, qui portait lord Elgin aux Indes, sombra dans le voisinage de la pointe de Galles. Des plongeurs furent envoyés sur le lieu du sinistre. Revêtus de l'appareil de Siebe, ils repêchèrent non-seulement l'argent, mais encore les papiers du noble lord.

En 1860, un autre bâtiment, *le Malabar*, portant la somme de 280,000 livres sterling (7 millions de francs), échoua sur les côtes d'Angleterre. Plusieurs mois après le naufrage, on se décida à faire descendre des plongeurs au fond de l'abîme, dans l'espérance de retrouver la somme. L'expédition réussit complétement.

En 1865, un steamer d'un mécanisme très-coûteux, se perdit près de l'île Lundy. Un ingénieur de Portsmouth, M. Mac-Duff, alla lui-même, revêtu du scaphandre, démonter toutes les pièces des machines, et parvint à les ramener à la surface.

La troupe de plongeurs que visita M. Esquiros, lorsqu'il voulut descendre au fond de la mer, équipé en scaphandrier, a retiré des débris de la *Lady-Charlotte*, la somme de 100,000 liv. sterl. (2,500,000 francs). Sur les côtes d'Irlande, elle découvrit un gros amas de dollars, primitivement contenus dans un tonneau, et qui en avaient gardé la forme après la pourriture du bois. Cet argent provenait d'un navire espagnol. Les heureux plongeurs l'ont employé à construire dans leur village une rue qui porte le nom de *Dollar-Row*.

En 1844, on alla même jusqu'à tenter d'arracher à l'abîme les épaves d'un vaisseau englouti en 1782, c'est-à-dire depuis 62 ans. Il s'agissait du *Royal-Georges*, vaisseau de 104 canons, naufragé à Spithead par 90 pieds d'eau. Bien que le bâtiment fût très-chargé et portât plus de mille passagers, on tenta l'aventure. On retrouva peu d'argent ; mais on ramena à la surface 23 pièces de canon.

« J'ai vu chez M. Siebe, dit M. Esquiros, de sombres et intéressantes reliques arrachées dans cette occasion au lit de la mer : le tibia d'un marin, un moulin à café, une tasse, une cuiller d'argent, un foulard, une vieille pipe, une bouteille de vin à laquelle s'étaient incrustées des écailles d'huîtres, etc.; mais ce qui me frappa le plus, c'est une crosse de mousquet rongée par les vagues. Voilà ce que fait la mer des armes sur lesquelles l'homme compte pour sa défense ! »

Lorsqu'un navire a sombré sur la côte anglaise, une grande compagnie d'assurances maritimes fait procéder, pour son propre compte, à une première exploration des eaux. Dès que le gros du butin est enlevé, elle vend les débris restants à une seconde compagnie, moyennant une somme fixe qui peut naturellement être trop élevée, mais qui se trouve aussi quelquefois de beaucoup inférieure à la valeur réelle des épaves gisant encore au fond de la mer.

En 1863, une compagnie acheta 1,000 liv. sterl. (25,000 francs), le champ du naufrage du *Royal-Charter*, et elle fit une excellente spéculation. A plusieurs reprises, les plongeurs recueillirent des sommes assez fortes, entre autres un coffre contenant à lui seul 75,000 francs ; ils trouvèrent également une barre d'or pur pesant neuf livres et demie.

Écoutons à ce sujet, l'auteur des *Scènes de la vie anglaise*, M. Esquiros :

« Des différents travailleurs qui sont en commerce avec la mer, le plongeur est peut-être celui qui assiste aux scènes les plus mélancoliques. Un *diver* qui avait exploré en 1865 les débris d'un vaisseau naufragé près des côtes de l'Écosse, *le Dalhousie*, racontait un sombre épisode de l'histoire de l'abîme. Chaque fois qu'il descendait dans la grande cabine, il trouvait une mère à genoux dans l'attitude de la prière et serrant ses deux enfants entre ses bras, tandis que d'autres cadavres étaient restés accrochés avec les ongles aux poutres du plafond. Ces tristes spectacles ne sont pas rares dans la vie du plongeur. Un autre de ces ouvriers sous-marins qui avait été occupé à fouiller un navire échoué sur les côtes de l'Irlande, disait à M. Siebe qu'il entrait souvent dans une cabine et s'arrêtait à regarder dans une des cases (*berths*), une jeune femme aux longs cheveux dénoués, que le mouvement des eaux faisait flotter comme des algues. « Je me serais bien gardé, « ajoutait-il, de la troubler dans son sommeil, ni de « la déranger de sa couche ; où aurait-elle pu trou-« ver une plus paisible tombe ? »

Constructions sous-marines. — Extraction des roches du fond de la mer. — Les appareils plongeurs sont d'un grand secours pour les travaux d'architecture sous-marine, et le plus imparfait d'entre eux, la cloche à plongeur, a été utilisé de cette façon depuis fort longtemps déjà. Dès 1779, l'ingénieur anglais Smeaton, le même qui avait introduit d'importants perfectionnements dans la cloche à plongeur de Halley, s'en servit pour réparer, au nord de l'Angleterre, les piles du pont de Hexham, dont les fondements menaçaient ruine. Vers 1813, Rennie en fit également usage pour poser les premières assises de la jetée qu'il construisit dans le port de Ramsgate. Enfin, le même appareil joua un rôle important dans l'édification des brise-lames de Douvres et de Plymouth.

La cloche à plongeur a été appliquée, en France, aux travaux de la digue de Cherbourg par Cachin, inspecteur des ponts et chaussées, en 1820. A Brest, on l'a employée pour exécuter certains ouvrages dans l'arsenal et le port de commerce. Lors de la construction du tunnel qui passe sous la Tamise, elle fut très-utile à l'ingénieur Brunel, en lui permettant de juger, par ses propres yeux, de l'étendue d'une brèche creusée dans la voûte par l'eau du fleuve.

Mieux encore que la cloche, le scaphandre se prête à de pareils travaux. Le nouveau pont de Westminster, à Londres, a été édifié par des hommes revêtus de l'appareil de M. Heinke, peu différent de celui de M. Siebe.

Rien de plus simple que la méthode adoptée pour l'exécution des ouvrages d'architecture sous-marine. Les pierres sont taillées et numérotées à terre, puis descendues, à l'aide de grues, au fond de la mer où les ouvriers revêtus de scaphandre et recevant de l'air par le moyen des pompes placées sur le quai, les entassent méthodiquement les unes sur les autres, et les réunissent par un ciment hydraulique.

Dans certaines passes étroites, il existe des roches énormes qui entravent la navigation. On s'en débarrasse aujourd'hui sans beaucoup de peine. Des plongeurs se laissent couler, pratiquent un trou dans le rocher, et y déposent une cartouche en fer-blanc remplie de poudre ou de nitro-glycérine. L'ayant recouverte de ciment, ils s'éloignent, et l'enflamment, soit à l'aide d'un long tube dans lequel ils précipitent un fer rouge, soit à l'aide d'une mèche brûlant dans l'eau, soit par l'électricité.

C'est ainsi qu'on a fait disparaître de *Menay-Strait* (défilé de Menay), entre Holyhead et l'île d'Anglesey, deux écueils redoutables nommés la Vache (*cow*) et le Veau (*calf*). Le même moyen a été employé pour déraser la roche Rose, écueil situé à l'entrée du port militaire de Brest. Le travail n'avait pas duré moins de quatre ans; il a coûté 70,000 francs, et les 2,500 mètres cubes de roc déblayés ont exigé une dépense de 26,000 kilogrammes de poudre.

La figure 428 représente la manière d'exécuter, avec le scaphandre, les constructions sous-marines.

Nettoyage des carènes. Réparation des avaries dans la coque des navires. — Au bout de quelques semaines de navigation, la coque des navires se recouvre, surtout dans les pays chauds, d'une grande quantité de corps étrangers, tels que mollusques, zoophytes et herbes de toutes sortes, qui nuisent beaucoup à la marche du bâtiment, en diminuant le poli des surfaces immergées, et augmentant ainsi la résistance du liquide au glissement de la masse flottante. Il résulte des calculs exécutés par des hommes compétents que cet amas d'aspérités suffit pour amoindrir, dans la proportion d'un quart la vitesse d'un bâtiment en marche. Ainsi, nos navires cuirassés perdent 2 nœuds au moins de vitesse, dans l'intervalle d'une année qui s'écoule entre deux passages consécutifs au bassin, et cependant ils brûlent proportionnellement beaucoup plus de charbon à la fin de la campagne qu'au commencement. Le mauvais état de la carène augmente la dépense de combustible de 400 francs par jour, en allant doucement, et de 720 francs en marchant à toute vapeur. Pour les grands paquebots transatlantiques, la différence est encore plus considérable, et les compagnies réaliseraient d'énormes économies en faisant nettoyer dans chaque point de relâche les carènes des bâtiments, au lieu d'attendre leur retour au bassin.

Rien de plus facile avec l'appareil Rouquayrol-Denayrouze. Des plongeurs descendent sous la carène, et travaillent là, sous l'eau, aussi facilement que dans la mâture, en pleine mer (*fig.* 429).

Quant au prix de revient de chaque nettoyage exécuté par ce procédé, il est bien moins élevé que celui du grattage dans le bassin ; de sorte que pour la même somme dépensée annuellement, on peut entretenir la

Fig. 429. — Nettoyage de la carène d'un navire, en mer au moyen du scaphandre.

carène d'un navire dans un état de propreté constante, en renouvelant plus souvent le nettoyage. On bénéficie donc de toute l'économie réalisée ainsi sur la dépense de combustible.

Le scaphandre Rouquayrol est également très-précieux pour dégager l'hélice qui peut être embarrassée dans de longues herbes, et pour exécuter dans la coque du navire, des réparations urgentes, qui exigeraient la rentrée au bassin, sans le secours de cet auxiliaire Une voie d'eau se déclare-t-elle : un homme descend immédiatement le long de la carène, et la bouche sur-le-champ. Pour repêcher une ancre et des chaînes perdues, le scaphandrier fonctionne encore utilement.

Nous emprunterons à un mémoire publié par M. Denayrouze sur le *Nettoyage des carènes de navires en cours de campagne*, quelques pages, qui montreront l'application pratique des principes que nous venons de faire connaître.

M. Denayrouze donne, en ces termes, le détail des opérations qu'il fit exécuter pour le nettoyage du garde-côte cuirassé *le Taureau*, ainsi que de la frégate *l'Invincible*. Les opérations, bien entendu, s'exécutèrent en mer, et sans que le navire dût rentrer au bassin de radoub, car c'est là l'intérêt de l'opération.

« Le garde-côte cuirassé *le Taureau*, dit M. Denayrouze, est un navire de 2,500 tonneaux de déplacement, à deux machines jumelles de 250 chevaux, faisant mouvoir deux hélices à deux branches.

« Le navire était sorti du bassin le 17 novembre 1865. Quatre mois après, le 15 mars 1866, on remarquait près de la flottaison, sur la partie immergée de la cuirasse, des herbes d'une longueur de 0^m,15. Une première visite avec l'appareil fit reconnaître qu'il se formait, sur le cuivre, des végétations assez semblables à de petits bouquets de bruyères. Ces végétations étaient chargées d'un grand nombre de petites moules ; sur les formes du bâtiment se trouvaient un très-grand nombre de toutes petites coquilles de la grosseur d'une tête d'épingle. La cuirasse était couverte d'un limon vert, assez long et assez épais.

« Par ordre du vice-amiral préfet maritime à Toulon, j'entrepris, à titre d'essai, le nettoyage de la carène du *Taureau*.

« J'avais d'abord à former des plongeurs. Parmi l'équipage, un seul homme, dans les matelots que j'ai employés, savait se servir de l'appareil : les matelots-mécaniciens avaient plongé dans le scaphandre ; les matelots-canonniers, timoniers, n'avaient jamais plongé dans aucun appareil. Le travail a été interrompu plusieurs fois par les exigences du service. Le *Taureau* a fait trois sorties à la mer pour des expériences de machine et un voyage à Saint-Tropez.

« La principale difficulté consistait pour moi dans le mode d'envoi des plongeurs sur tous les points de la carène. Elle a été très-heureusement et très-simplement résolue par le mode de fonctionnement de l'appareil, qui se prête *d'une manière toute particulière* à ce genre de travail.

« J'ai cintré le navire avec une échelle en corde, à barreaux en bois, semblable aux échelles de tangon. Cette échelle était roidie des deux côtés et marchait sur l'avant ou sur l'arrière, suivant les signaux du plongeur. Ce dernier emportait avec lui un barreau en fer tenu horizontal par une patte d'oie terminée par un crochet. Le plongeur se tenait debout ou assis sur ce marchepied.

LE SCAPHANDRE.

Fig. 430. — Des ouvriers revêtus du scaphandre remettent à flot un bâtiment échoué (page 675).

« Les parties verticales et planes du navire n'offraient pas de difficultés; le plongeur les nettoyait debout sur son marchepied.

« Sous la quille et dans les formes rentrantes, il gonflait son habit d'air, il changeait ainsi son déplacement et se *collait* contre le navire, étendu sur son marchepied presque horizontalement.

« Une pareille manœuvre faite avec le scaphandre serait très-dangereuse ; on serait exposé à voir le plongeur remonter, entraîné les pieds en l'air.

« La séparation absolue de l'appareil respiratoire et de l'habit protecteur du froid permet d'accoster tous les points de la carène et résout la plus grande difficulté d'un entretien constant des parties immergées dans un état parfait de propreté.

« L'habit en caoutchouc sert, à proprement parler, au plongeur, de vessie qu'il gonfle et dégonfle à volonté, dont il peut changer le déplacement à un demi-litre près, sans que ces manœuvres influent en rien sur le règlement de sa respiration. De là la surprenante facilité du travail sous les flancs des navires.

« Les matelots prennent très-vite l'habitude de ces travaux. Des canonniers, des timoniers, entièrement étrangers au métier de plongeur, étaient arrivés en quelques jours à faire sept heures de travail sous l'eau. J'aurais diminué ce nombre d'heures, mais, après 3 heures 30 minutes de séjour dans l'eau le matin, ils remontaient sans aucune fatigue, avec la figure naturelle, le pouls très-normal, et ils demandaient à redescendre l'après-midi. Les bras seuls étaient fatigués le soir par le mouvement continu de la brosse.

« Cette facilité de mouvement sous la carène permettra une propreté absolue de la carène des navires en cours de campagne.

« Il n'y a, en effet, aucune disposition particulière à prendre, et difficile à installer à la mer, telle que : échelles en bois, plates-formes, etc. Quel que soit l'état de la mer, avec l'échelle de corde, la tringle en fer servant de marchepied, la pompe dans la batterie ou sur le pont, on peut plonger sous la carène.

« Il a venté, dans le cours du nettoyage du *Taureau*, à deux reprises différentes, une forte brise de N.-O. J'ai tenu à faire continuer le travail. Dès que les plongeurs étaient à 1^m,50 sous l'eau, ils ne ressentaient plus l'effet de la lame et travaillaient comme les jours de calme.

« Pour embarquer à bord, ils se gonflaient d'air et flottaient au-dessus de l'eau, toujours dans une position verticale : il devenait très-facile de s'écarter du bord et de les faire monter dans une embarcation qui portait ordinairement la pompe. Lorsqu'il y avait trop de mer, on pompait sur le pont du navire.

« Les plongeurs enlevaient les herbes et les petites moules avec des brosses rectangulaires en fil de laiton. Les balais et les brosses en crin étaient insuffisants pour enlever les végétations après quatre mois de séjour hors du bassin.

« Le nettoyage du *Taureau* a coûté 109 h. 9 minutes de travail. Un matelot, après deux jours d'exercice de l'appareil, peut travailler cinq à six heures par jour sous l'eau.

« J'ai perdu environ une quinzaine d'heures à l'apprentissage et à l'installation de ce travail tout nouveau ; mais sans en tenir compte, et en considérant 15 heures comme travail effectif, on voit qu'il représente 20 journées de travail à un seul plongeur.

« Ce travail a paru à tous les officiers très-suffisamment rapide pour le but que je me proposais d'atteindre. En effet, les plus grands navires cuirassés, tels que le *Solferino*, ou le grand paquebot anglais l'*Himalaya*, n'ont qu'une surface de carène double de celle du *Taureau*. Leur nettoyage complet, tous les trois ou quatre mois, demanderait 220 heures de plonge.

« Avec deux plongeurs, il suffirait de 20 journées pour nettoyer les plus grands navires. De plus, ce nettoyage entrant dans la pratique des bâtiments et ayant lieu tous les deux mois, la carène serait beaucoup moins sale et la durée du travail considérablement diminuée.

« On peut donc considérer cette limite de 20 jours comme une limite maximum pour les plus grands navires. »

M. Denayrouze passe ensuite aux opérations qu'il a fait exécuter à bord de la frégate cuirassée *l'Invincible*.

« Cette frégate n'avait pas passé au bassin depuis dix mois. J'ai fait nettoyer pendant 6 heures la partie comprise entre le neuvième et le dixième sabord à bâbord. La frégate est entrée au bassin le lendemain. Sa carène était dans un état surprenant ; le cuivre était couvert d'une couche épaisse de végétations sous-marines, une sorte de corail blanc ; des coquillages d'espèces diverses formaient une couche qui cachait complétement le doublage et qui avait 5 centimètres d'épaisseur en certains endroits. Il y avait, en outre, de distance en distance, des huîtres très adhérentes. Je n'estime pas à moins de 10 tonneaux le poids des végétations que la gratte a détachées du cuivre de cette frégate.

« La cuirasse, beaucoup plus propre que le cuivre, était couverte d'une herbe verte de 15 à 20 centimètres de longueur très-adhérente. Des bancs de moules, d'une longueur, de 2 mètres sur une largeur de 15 à 20 centimètres, étaient semés çà et là sur la cuirasse, plus particulièrement près des endroits où les plaques de blindage étaient piquées.

« La partie que l'on avait brossée la veille en rade a été trouvée parfaitement nettoyée. Un rapport officiel l'a constaté. Le cuivre était absolument comme s'il venait d'être gratté au bassin. Les coquillages très-adhérents, les huîtres, avaient été brisés avec une gratte pesante, et les plongeurs avaient brossé par-dessus. Les parties avoisinant la quille, la quille elle-même, étaient au moins aussi propres que les parties nettoyées près de la cuirasse.

« Il ressort de cet essai que l'on aurait pu très-bien, en y employant suffisamment de monde, débarrasser complétement le cuivre de cette frégate de toutes ces végétations.

« On a mesuré exactement à bord l'espace nettoyé ; il était de 45 mètres carrés ; un seul homme avait été employé à ce travail pendant 6 heures consécutives.

« On peut donc prendre pour base de l'évaluation du travail des matelots sous la carène 6 mètres carrés de surface par homme et par heure.

« A bord du *Taureau*, j'ai eu souvent 10 mètres carrés par heure et par homme ; mais ce navire était beaucoup moins sale que l'*Invincible*. Je ne pense pas qu'il passe souvent au bassin des bâtiments ayant une carène plus sale que celle de cette frégate. Le chiffre de 6 mètres carrés peut être considéré comme un minimum de travail. Suivant l'état de propreté du navire, un plongeur doit nettoyer de 6 à 12 mètres carrés de surface par heure.

« Quant aux conséquences de l'état des carènes, j'extrais des journaux du bord et des rapports faits sur l'*Invincible* les notes suivantes :

« La frégate l'*Invincible* a atteint dans ses premiers essais, en 1862, une vitesse mesurée sur les bases des îles d'Hyères, de 13 nœuds 5, en marchant à toute vapeur ; elle donnait de 53 à 54 tours d'hélice.

« L'année dernière, après sa sortie du bassin, elle a recommencé ses expériences sur les mêmes bases, et a obtenu de 13 nœuds à 13 nœuds 2. Elle donnait, à toute vapeur, 53 tours d'hélice. Dans un voyage à Saint-Tropez au mois d'avril, c'est-à-dire dix mois après sa sortie du bassin, la frégate a chauffé à toute vapeur. Par un temps calme et une mer unie, avec de très-bon charbon et 65 à 66 centimètres de vide au condenseur, la machine donnait 51 tours 5. La plus grande vitesse obtenue a été de 9 nœuds 8.

« Ces chiffres dispensent de tout commentaire.

« Les dispositions de détail à prendre pour travailler commodément sous la carène sont les suivantes :

« Cintrer le navire avec l'échelle en corde. Cette échelle porte des barreaux en bois de 80 centimètres de longueur et à 30 centimètres de distance les uns des autres. A l'extrémité de l'échelle près de la flottaison, les barreaux ne sont qu'à $0^m,20$ les uns des autres, pour faciliter l'ascension du plongeur.

« L'échelle doit avoir $1^m,20$ hors de l'eau, et au premier barreau se trouvent deux tire-veilles qui servent au plongeur pour se hisser commodément.

« La pompe est placée sur le pont, ou dans la batterie, ou sur l'avant d'un canot de service.

« Le plongeur s'habille dans la chambre du canot, il s'assied sur la fargue du canot soit pour entrer dans l'eau, soit pour en sortir. On peut faciliter ce mouvement en crochant sur le bord du canot une marche en bois soutenue en patte d'oie par deux bouts de filin. Le plongeur s'assied sur cette marche en remontant de l'eau.

« Le marchepied est une barre en fer de 1 mètre de longueur. La hauteur du crochet au-dessus du marchepied est environ de 1 mètre. Le croc doit être assez large pour crocher aisément dans les marches de l'échelle.

« Pour entretenir la carène d'un bâtiment sortant du bassin, des brosses dures ou des balais en bois à poignée lestée en plomb suffisent. Le balai ou brosse est attaché au poignet par une petite chaîne métallique. Lorsqu'on laisse accumuler les végétations, il faut employer les brosses rectangulaires métalliques en laiton. Ces dernières sont préférables aux brosses en fil de fer, qui pourraient rayer le cuivre.

« Lorsque le navire n'a pas été nettoyé depuis longtemps, il y a, sur la carène, des coquillages très-durs. Ainsi la frégate *l'Invincible* a, sur ses flancs, des huîtres aussi grosses que des huîtres d'Ostende, après un an de séjour hors du bassin. Les navires en fer portent plus particulièrement des moules; il faut, pour les enlever, se servir de *grattes* en fer d'environ 0^m,15 de largeur.

Renflouage des vaisseaux échoués. Destruction des navires ennemis en temps de guerre. — Le scaphandre permet également, dans certains cas, de remettre à flot des navires échoués. Des plongeurs soulèvent d'une certaine quantité le bâtiment au moyen de crics (*fig.* 430). Ils passent ensuite dessous, soit de fortes chaînes, soit de grandes bouées remplies d'air comprimé, et ils le font haler par un autre bâtiment voguant à la surface. Ces bouées ont pour objet d'augmenter sa surface ascensionnelle.

Pisciculture, pêche du corail, des éponges, des perles et de la nacre. — Il est facile de comprendre toute l'extension que prendrait le commerce de ces produits, si l'on utilisait le scaphandre pour les recueillir.

Les opérations nombreuses et variées exigées par l'élevage des poissons dans les étangs, dans les petits cours d'eau et les rivières d'eau douce ou salée, réclament fréquemment une connaissance précise, un aménagement rationnel du fond des eaux. La nature des plantes, la disposition des abris dont le poisson peut avoir besoin, ont, en effet, une grande influence sur le succès des entreprises de pisciculture. Sans nul doute, un appareil qui permet de descendre sous l'eau, d'y travailler librement et de s'y déplacer comme on le veut, doit rendre, dans ces diverses opérations, des services réels, surtout lorsqu'il s'agira d'empoissonnements un peu considérables et dont les produits pourront facilement compenser les dépenses de l'entreprise.

Rien de plus imparfait que les procédés suivis actuellement dans la pêche des huîtres comestibles. La drague dévaste aveuglément les bancs dont la nature a peuplé nos parages. Aucun choix n'est possible entre les jeunes et les adultes; enfin, bon nombre de ces mollusques sont brisés et perdus. Cette pêche, d'ailleurs, est d'un produit incertain; en tout cas, on peut la considérer comme beaucoup moins productive que ne le serait une récolte à la main, faite par un équipage submergé dans le bateau plongeur, suivant à son gré le banc d'huîtres au fond de la mer, épargnant les jeunes pour l'avenir, et ne perdant pas, s'il le veut, un seul animal. Un autre point de vue mérite d'être signalé à ce propos.

Grâce à l'art admirable de *l'ostréiculture*, dont nous avons décrit les pratiques dans la Notice sur la *Pisciculture* (1), on sait aujourd'hui ensemencer d'huîtres les rivages où ces animaux n'existent pas. Le scaphandre serait très-propre à établir sans peine, et dans les lieux choisis d'avance, des bancs d'huîtres qui, en peu d'années, seraient d'un bon rapport et enrichiraient nos pays maritimes.

Le même système appliqué aux huîtres perlières, permettrait de régénérer les pêches des perles et de la nacre, et de prévenir l'é-

(1) Tome III.

puisement des bancs, en fournissant les moyens de reproduire ces huîtres perlières par un ensemencement artificiel semblable à celui qui s'exécute aujourd'hui sur tant de rivages pour l'huître comestible.

On comprend aisément combien il serait avantageux de pouvoir substituer aux plongeurs à nu, pour la recherche des huîtres perlières et de la nacre, les plongeurs revêtus du scaphandre. Les hommes ainsi préservés de l'attaque des animaux sous-marins, et pouvant prolonger selon leurs désirs, leur séjour dans l'eau, procéderaient à des récoltes sûres et abondantes.

Quant au corail, il ne serait pas moins précieux de substituer les scaphandres au système de pêche barbare en usage sur les côtes de l'Italie, et en général dans tous les parages de la Méditerranée et de l'océan Indien où l'on récolte le corail. Le filet muni de crocs, nommés *fauberts*, qui sert à cette pêche, agissant au hasard, à travers les profondeurs de la mer, laboure les rochers coralliers, brise et détruit le naissain de zoophytes, aussi bien que le corail le plus ancien. Ce mode de récolte détruit tout, au fond de la mer, au grand préjudice des exploitations futures.

Les pêcheurs de corail ont été frappés de ces avantages, alors qu'on ne connaissait encore que l'appareil Cabirol. On cite des pêcheurs de corail de la côte de Catalogne qui ont réalisé, avec le scaphandre, de très-beaux bénéfices. Cet exemple a été d'ailleurs suivi par d'autres pêcheurs, surtout depuis l'invention du scaphandre Rouquayrol.

Au mois de mars 1856, M. Ad. Focillon, dans un rapport présenté à la *Société d'acclimatation*, à propos de questions sur la pêche du corail algérien, qui avaient été adressées à cette société par le Ministre de la guerre, démontrait que les moyens les plus efficaces pour ramener en des mains françaises la pêche et l'industrie du corail algérien seraient : 1° l'exploitation méthodique des bancs naturels ; 2° la création de bancs artificiels dans des conditions favorables à leur exploitation ultérieure.

Le scaphandre semble devoir résoudre mieux qu'aucun autre procédé ce double problème. Ses avantages paraîtront considérables, si l'on songe qu'il permet de faire la pêche sûrement, avec une supériorité évidente, et sans ravager les bancs coralliens. A l'emploi de la drague, qui brise, arrache et ramène très-incomplètement les débris qu'elle a faits, les scaphandres substituent une cueillette à la main, où chaque morceau de corail peut être choisi, où l'état des bancs peut être constaté, à chaque saison, où les jeunes pousses de coraux peuvent être épargnées, tandis qu'on enlève, sans préjudice pour les bancs, et avec un grand profit industriel, les vieux troncs que la drague abandonne trop souvent (*fig.* 431). La pêche du corail opérée avec les appareils plongeurs sera aussi productive qu'une récolte à la surface du sol, et on sera en mesure d'offrir le corail ainsi récolté aux étrangers, qui nous l'enlèvent aujourd'hui, sans que la France en retire aucun bénéfice. On pourrait même, grâce à ce procédé, combiner l'ensemencement du corail avec sa pêche méthodique. En effet, dans les eaux qu'il habite naturellement, ce zoophyte croît partout où on le pose, et la production de nouveaux bancs, l'extension, l'aménagement rationnel des bancs existants, paraissent ne devoir plus dépendre que de l'emploi rationnel des scaphandres.

Il est donc à désirer que l'on fasse l'essai des scaphandres pour la pêche du corail de l'Algérie. Lorsque la main de l'homme pourra récolter directement ce que la drague dévaste aujourd'hui, on trouvera dans ce procédé les moyens les plus efficaces de rapatrier cette pêche, jadis toute française. On ne peut guère prévoir comment les moyens grossiers des pêcheurs actuels pourraient soutenir la concurrence avec une méthode qui, récoltant facilement le corail propre à

Fig. 431. — Récolte du corail au moyen du scaphandre.

l'industrie, livrerait sans peine, sur les marchés algériens, une marchandise abondante et mieux choisie. On trouverait là, en même temps, les moyens de ménager et d'accroître ces gisements coralliens de l'Algérie qui ne connaissent pas de rivaux, et qui devraient être une des richesses de notre colonie d'Afrique.

L'introduction des machines à plongeurs dans la pêche des éponges, était, pour ainsi dire, indiquée d'avance. On devait y trouver des avantages évidents : travail moins pénible et rendement plus considérable, joints à la possibilité de descendre dans la mer à toutes les époques. Les plongeurs revêtus du scaphandre, pénétrant à des profondeurs beaucoup plus considérables que les plongeurs à nu, devaient faire une récolte d'éponges bien supérieure en qualité et en quantité. En effet, la beauté et la finesse des éponges s'accroissent avec la profondeur jusqu'à 40 ou 50 mètres.

On ne sera donc pas surpris d'apprendre que les appareils plongeurs aient été adoptés depuis peu d'années dans les pays de l'Orient qui se livrent à cette industrie.

Ce n'est pas cependant sans des difficultés qui avaient fini par amener des troubles assez graves, que l'introduction de ces appareils a pu se réaliser au milieu des populations de l'Orient, animées de tous les vieux préjugés contre ce qui est neuf et insolite.

Nous trouvons dans le mémoire de M. P. Aublé, que nous avons déjà cité, le récit historique des premiers essais de l'emploi des scaphandres sur les côtes de l'Archipel ottoman, et des singulières oppositions qu'elle rencontra. Comme ce récit nous paraît devoir intéresser nos lecteurs, nous laisserons la parole à l'auteur de ce mémoire.

« La première machine, dit M. Aublé, qui travailla pour la pêche des éponges, fut amenée en Syrie par M. A. Coulombel, de la maison Coulombel frères et Devismes de Paris, il y a dix ans. Il avait avec lui un plongeur de Toulon qui devait enseigner aux pêcheurs d'éponges à se servir de l'appareil.

« Il fit donc la campagne lui-même avec son équipage ; mais un beau jour le plongeur français mourut, après des douleurs assez mal définies qui le prirent au fond de la mer. On eut le temps de le retirer ; il ne survécut que quelques heures. Cet essai en resta là et découragea profondément celui qui l'avait tenté. Plus tard, le bruit très-vraisemblable se produisit que ce plongeur avait été empoisonné.

« On n'entendit plus parler de cette malheureuse expédition, et personne ne songeait à courir la responsabilité d'un nouvel essai, lorsqu'en 1860, un plongeur de Symi revint des Indes avec un scaphandre. Il avait travaillé avec des Anglais dans des machines permettant de descendre jusqu'à 30 brasses (49^m,50). Ce fut pour le récompenser que ses maîtres lui donnèrent un appareil à plonger, lorsqu'il partit. Il s'en servit pour la pêche des éponges et en tira un excellent profit. Il fut seul jusqu'en 1865. A cette époque, on apprit tout à coup qu'un scaphandre appartenant à une maison française de Constantinople et exploité par des gens de l'île de Calimnos venait d'être brisé par la population de cette île. On voulut faire un mauvais parti aux scaphandriers ; ils purent heureusement s'échapper. Nécessairement cela amena des menaces, des récriminations, des procès qui n'ont encore abouti à aucun résultat réel.

« L'élan était donné. Aussitôt on arma, pour la campagne de 1866, 2 scaphandres à Rhodes. Bientôt après, il y en avait 5 à Symi et une nouvelle à Calimnos même.

« Dans les îles, ce fut une révolution. La population, surexcitée, soulevée, menaça de briser tous les scaphandres, d'exiler, de tuer ceux qui s'en servaient. On alla jusqu'à prêcher en pleine église la mort contre tout traître à la patrie (c'est ainsi qu'on appela ceux qui se servaient des machines). Ces menaces n'eurent pas de suite, mais à la rentrée des bateaux de pêche, au mois de septembre 1866, les troubles recommencèrent. Calimnos se mit à la tête, on y brisa le scaphandre qui s'y trouvait ; deux jours après les Symiotes brisaient tous ceux de leurs compatriotes. L'exaltation de ces gens était telle, que les enfants de dix ans venaient en troupe sommer les propriétaires de scaphandre de leur donner la clef de leur magasin et les y forçaient. En face d'un pareil état de choses, les deux machines de Rhodes furent envoyées immédiatement à Symi : c'était vouloir résoudre la question carrément ; on n'osa pas y toucher.

« Les Européens se demandaient s'il serait désormais possible de traiter avec une pareille population ; à Karki, on ne brisait pas de machines, mais on refusait de laisser partir des éponges achetées et payées.

« Ce fut un trouble général, la négation de toute espèce de droit, d'autorité ; les Européens demandaient une satisfaction pour empêcher le retour de semblables violences et assurer la sécurité de leurs transactions. Les insulaires, comprenant tous leurs torts et voulant les pallier, consentirent à payer une indemnité aux propriétaires des machines brisées ; c'était un dédommagement bien minime et illusoire, parce qu'on exigea en même temps une renonciation formelle aux machines à plongeur, sous peine d'exil et de confiscation de tous les biens. »

L'esprit turbulent et arriéré des populations des îles de l'Archipel, explique cette excitation extraordinaire. Il faut dire aussi que l'insurrection de l'île de Candie avait échauffé les têtes, et que les insulaires trouvaient dans ces événements une occasion de faire des démonstrations hostiles à la Turquie.

Hâtons-nous de dire que cette affaire fut complétement résolue en 1867, par les soins réunis des gouvernements français et ottoman. Le navire de guerre français *le Forban*, et une frégate turque portant le gouverneur de Rhodes, mirent fin à tous ces troubles, et l'on décréta la complète liberté de la pêche des éponges au moyen des scaphandres.

Depuis ce moment, ceux qui avaient poussé aux violences populaires, furent les premiers à se procurer des machines, et à procéder, avec ces engins nouveaux, à la pêche des éponges.

D'après le mémoire qui nous a fourni les détails précédents, le commerce total des éponges pêchées par les barques du littoral syrien et de l'Archipel ottoman (Symi, Calimnos, Rhodes, Smyrne, Hydra) a été, en 1866, de 161,000 francs pour 11 machines ; ce qui fait une moyenne de 14,600 francs pour une machine, c'est-à-dire plus du double du rendement des meilleures barques ordinaires. Il est prouvé qu'une machine à plongeur rapporte au moins trois fois le produit de la meilleure barque de pêche ordinaire.

Aussi voit-on, en ce moment, cette industrie se développer à Rhodes et à Smyrne, où l'on ne s'en occupait pas jusqu'ici.

Dans la campagne de 1867, il y avait 15 à 18 machines à plongeur occupées à cette pêche. Ce mouvement ne s'arrêtera pas, car il est de toute évidence que l'introduction des scaphandres réalisera toute une révolution dans l'industrie qui vient de nous occuper.

L'inventeur du bateau sous-marin que nous avons décrit et figuré dans cette Notice (page 665), M. le docteur Payerne, assisté de M. Lamiral, qui s'était associé à son entreprise, avait proposé, en 1856, non une pêche régulière des éponges au moyen du bateau sous-marin, mais une naturalisation de ce zoophyte sur nos côtes d'Algérie. MM. Payerne et Lamiral, comptant sur l'identité probable des eaux de la Méditerranée dans ses divers parages, et sur l'analogie des climats, voulaient transporter les éponges syriennes sur les côtes de notre colonie d'Afrique, et ils indiquaient, à cet effet, un moyen aussi simple que rationnel.

Les bateaux sous-marins, disaient MM. Payerne et Lamiral, iraient sous les eaux de Tripoli, de Beyrouth ou de Seïda, choisir, parmi les éponges vivantes, celles qui paraîtraient préférables pour ces essais ; on ferait éclater et on enlèverait les parties de rochers qui les portent. Cette récolte vivante serait placée dans des caisses perméables à l'eau, qu'on pourrait faire flotter à telle profondeur qu'il serait nécessaire. Les caisses seraient remorquées vers l'Algérie, et enfoncées au fond de la mer, où les éponges seraient disposées par l'équipage du bateau sous-marin dans des conditions aussi semblables que possible à celles de leurs contrées natales. Il semble, quand on considère la fécondité et la vitalité énergique des zoophytes, qu'en peu d'années on aurait à récolter sur nos côtes africaines un nouveau produit, que l'emploi des scaphandres permettrait d'exploiter avec méthode et discernement. Pour des tentatives de ce genre, l'impossibilité du travail sous-marin était l'obstacle à peu près unique, car les animaux inférieurs croissent et se reproduisent en général avec une simplicité qui ne semble laisser à craindre aucune difficulté sérieuse pour leur transplantation sous d'autres rivages maritimes.

Le peu de succès pratique qu'a obtenu le bateau sous-marin de M. Payerne a empêché de donner suite à ce projet ; mais il serait facile de le reprendre au moyen du nouveau scaphandre de MM. Rouquayrol et Denayrouze.

Nous terminerons cette Notice en disant que les appareils plongeurs se prêtent encore à d'autres applications que nous avons dû passer sous silence. Il est tout d'abord bien évident que le scaphandre Rouquayrol et Denayrouze peut servir à pénétrer dans tout lieu rempli de gaz méphitiques ou irrespirables, tels que les soutes à charbon situées dans la cale des navires, les fosses d'aisances, les égouts, etc. En cas d'incendie, il permettrait de pénétrer dans une chambre envahie par la fumée. Il est enfin des circonstances particulières, placées en dehors de toutes prévisions, où le scaphandre sera employé avec succès. Cet appareil a donc un grand avenir, et il figure au nombre des plus intéressantes inventions de notre temps.

L'appareil de M. Galibert, que l'on a vu fonctionner à l'Exposition de 1867, sur le bord de la Seine, n'est qu'une application intéressante du principe du scaphandre Rouquayrol et Denayrouze.

Les *tubes respiratoires* de M. Galibert permettent de pénétrer sans danger au milieu d'un espace rempli de gaz irrespirables, dans une pièce contenant du gaz acide carbonique, dans une chambre pleine de fumée, etc.

L'appareil de M. Galibert, qui a été récompensé deux fois par l'Académie des sciences (1866, 1869) consiste en un sac de cuir, ou réservoir à air, de la capacité de 110 litres, qui permet de séjourner 20 à 25 minutes dans un gaz asphyxiant. Deux tubes qui partent de ce réservoir, aboutissent à une pièce en corne, qui se fixe dans la bouche par une légère pression des dents. On porte ce réservoir sur le dos comme un havre-sac, on protége les yeux par une paire de lunettes et les narines par un pince-nez, qui sont les accessoires de l'appareil. En mettant dans la bouche la pièce en corne, on peut descendre dans la cave, la fosse, le puisard, etc., où il y a un travail à exécuter. On aspire par les deux tubes à la fois, et l'on renvoie lentement l'air aspiré, dans le réservoir, par les mêmes tubes.

Avec cet appareil, qui ne pèse que $1^{kil},60$, l'ouvrier est complétement libre de ses mouvements : il porte son air avec lui.

FIN DE LA CLOCHE A PLONGEUR ET DU SCAPHANDRE.

LE
MOTEUR A GAZ

On apprit pour la première fois, au mois de juin 1860, l'existence d'un appareil tout nouveau, présenté par l'inventeur comme devant se substituer à la force motrice de la vapeur, pour la production des petites forces. Depuis cette époque cet appareil, ayant répondu aux besoins de la pratique, est entré dans les habitudes de l'industrie, pour les travaux qui n'exigent qu'un faible développement de force, tels que les *monte-charge* et *monte-matériaux* de construction, pour les pompes à eau de faible débit, etc., etc. Le moteur à gaz a trouvé là une application régulière. Nous ne pouvons donc passer cette invention sous silence dans les dernières parties de cet ouvrage.

Et d'abord, en quoi consiste la *machine* ou *moteur à gaz?* sur quel principe repose sa construction? Il sera nécessaire, pour bien établir ce principe, de remonter un peu en arrière dans l'histoire de la science.

Vers 1660, l'illustre mécanicien hollandais Christian Huyghens s'était rendu en France sur les instances de Colbert. Huyghens, l'inventeur du balancier et du ressort en spirale pour l'horlogerie, ne pouvait négliger le problème qui préoccupait tous les physiciens du XVIIᵉ siècle. Il s'agissait de créer ce qui avait jusque-là manqué à l'industrie, c'est-à-dire un moteur puissant et d'un emploi universel. Huyghens crut avoir trouvé ce moteur dans la poudre à canon, qui, enflammée, accomplit de prodigieux effets mécaniques. Ce terrible agent, qui n'avait servi jusque-là qu'à la destruction de l'homme, à la ruine de ses œuvres et de ses travaux, le savant hollandais méditait d'en faire un instrument de travail et de richesse universelle. C'était une belle pensée; malheureusement, la science de cette époque ne fournissait pas les moyens de la réaliser.

Dans un cylindre parcouru par un piston, Huyghens enfermait une certaine quantité de poudre à canon, qu'il enflammait au moyen d'une mèche d'amadou allumée. Comme la poudre donne, en brûlant, huit mille fois son volume de gaz, il y avait, dans cette subite transformation d'un corps solide en produits aériformes, de quoi produire une action mécanique d'une prodigieuse intensité. C'était l'effet de la mine ou de la pièce d'artillerie heureusement transporté dans le domaine de la mécanique industrielle.

L'idée du cylindre parcouru par un piston mobile était à elle seule un trait de génie. Elle ne devait pas périr : l'invention de Huyghens est encore aujourd'hui le moyen pratique fondamental de nos machines à vapeur.

Malheureusement, rien, dans la science rudimentaire de cette époque, ne permettait de mettre à profit l'expansion subite des gaz pour obtenir une action motrice. Comment enflammer la poudre à canon dans un cylindre sans communication avec l'extérieur? A cette époque, l'électricité était à peine connue de nom. Il fallut donc renoncer à ce système.

Notre immortel Denis Papin, l'ami et le collaborateur de Huyghens, qui avait vécu quelques années auprès de lui, lorsque l'illustre Hollandais logeait à la Bibliothèque royale, avait été extrêmement frappé des effets de cet appareil. Il s'appliqua longtemps, mais sans aucun succès, à le perfectionner. C'est alors que, par un autre trait de génie qui valait celui de Huyghens, Denis Papin, tout en conservant le cylindre de Huyghens et son piston mobile, remplaça la poudre à canon par la vapeur d'eau. Et c'est ainsi que fut créée, vers 1690, la première machine à vapeur.

Il est bien intéressant de remarquer que le moteur à gaz qui fit son entrée dans la science en 1860, n'est autre chose que la restauration, faite à deux siècles d'intervalle, de l'idée primitive de Huyghens. Le physicien hollandais enfermait dans un cylindre de la poudre à canon qu'il enflammait, et les produits de cette combustion, dilatés par la chaleur, constituaient l'agent moteur. Aujourd'hui, on enferme dans le même cylindre une autre espèce de poudre à canon, une autre espèce de combustible : le gaz de l'éclairage. Car le gaz de l'éclairage n'est autre chose qu'un corps combustible; c'est de la poudre à canon assouplie par la science, rendue essentiellement mobile et transportable, et se prêtant merveilleusement, par sa forme physique, aux emplois que Huyghens avait rêvés pour son agent moteur. Au lieu d'enflammer ce combustible par une simple mèche d'amadou, moyen grossier, procédé qui garde le cachet de la science rudimentaire de cette époque, on fait usage dans l'appareil moderne, c'est-à-dire le moteur à gaz, du plus subtil des artifices imaginés par les physiciens de nos jours. Un mince fil de platine est disposé à l'intérieur du mélange explosif; on ménage une faible distance entre ses deux extrémités, et grâce à l'électricité soudainement envoyée dans ce fil métallique par une machine de Ruhmkorff, une étincelle jaillissant entre les deux extrémités disjointes du fil, enflamme le mélange gazeux.

Sauf le progrès des temps et les perfectionnements introduits par les ressources infinies de la science moderne, il nous semble donc vrai de dire que, par sa belle invention, M. Lenoir n'a fait que revenir, sans le savoir, à la pensée primitive de Huyghens, à l'idée qui se fit jour au début de notre période industrielle, et que l'imperfection des moyens scientifiques empêcha de réaliser au XVIIe siècle.

Il est bien entendu qu'il ne s'agit ici que d'un simple rapprochement historique, et que nous ne songeons guère à diminuer en cela le mérite de M. Lenoir, l'inventeur de la machine à gaz dont nous avons à parler et dont nous allons d'abord donner la description.

Au premier aspect, le *moteur à gaz* que représente, vu dans son ensemble, la figure 433 offre une entière ressemblance avec une machine à vapeur horizontale. Un cylindre tout à fait pareil à celui des machines à vapeur, est couché horizontalement sur un massif de maçonnerie. Une bielle à coulisse fait tourner la manivelle d'un arbre moteur; un volant circulaire accumule la force produite. Tout cela rappelle, par l'apparence extérieure, une machine à vapeur; mais l'analogie s'arrête là.

Le cylindre du *moteur à gaz* est pourvu de deux tiroirs : l'un est destiné à recevoir le mélange d'air et de gaz d'éclairage, l'autre sert à donner issue aux produits de la combustion de ce gaz. Quand le mélange, qui

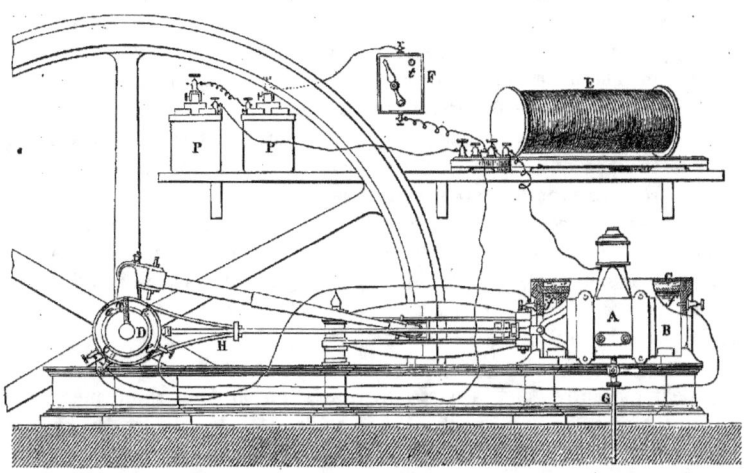

Fig. 432. — Coupe verticale du moteur à gaz, montrant la distribution de l'électricité dans le cylindre.

consiste en 95 parties d'air pour 5 parties de gaz, a pénétré dans le cylindre, le tiroir se ferme et arrête toute communication avec l'extérieur. Aussitôt une étincelle électrique éclate à l'intérieur du cylindre. Elle provient d'une machine d'induction de Ruhmkorff mise en action au moment voulu, et grâce au mouvement calculé de la machine elle-même. Cette étincelle enflamme le mélange détonant. Une énorme dilatation, résultant de la chaleur dégagée par cette combustion, s'opère dans les gaz qui remplissent ce cylindre, et la subite expansion de ces gaz lance en avant le piston, dont la tige vient imprimer un mouvement à l'arbre moteur. Quand le piston est arrivé à l'extrémité de sa course, les produits de la combustion s'échappent au dehors par le second tiroir. Bientôt, un nouveau mélange de gaz et d'air s'étant introduit dans le cylindre, une nouvelle étincelle électrique l'enflamme, et par la continuité de ces mêmes effets, un mouvement continu se trouve imprimé a l'arbre moteur de la machine.

La machine Lenoir est disposée comme une machine à vapeur ordinaire, à cette différence près qu'au lieu de vapeur, le piston est mis en mouvement par un mélange d'air atmosphérique et de gaz dilaté par l'inflammation de ce mélange au moyen d'une étincelle électrique. Il fallait seulement trouver le moyen d'enflammer le gaz tantôt en avant, tantôt en arrière du piston. C'est ce moyen que M. Lenoir a obtenu d'une façon très-ingénieuse, comme nous allons le voir.

Le courant électrique venant d'une pile électrique, P (*fig.* 432), est amené dans une bobine de Ruhmkorff, E, où il se multiplie jusqu'à acquérir la tension suffisante pour produire une étincelle. Des deux fils partant de cette bobine, l'un arrive au cylindre de la machine, et l'autre à l'appareil distributeur, D. Le circuit est donc fermé; mais pour arriver à déterminer l'inflammation, il faut alternativement l'interrompre et le refermer. C'est dans ce but que le distributeur, D, porte une touche, T, qui frotte sur un rebord en cuivre interrompu aux points e, e, e, e. Du disque fixe D partent deux fils arrivant, en *f*, *f*, à deux boutons vissés sur chaque fond du cylindre B, et dépassant un peu dans l'intérieur. Ces boutons, *f*, nommés *inflammateurs*, reçoivent le courant de l'un des pôles de la pile, tandis que la machine elle-même reçoit le courant de l'autre pôle.

Voici maintenant ce qui se passe : la machine étant au repos, comme le suppose notre dessin, on fait passer le courant de la bobine en amenant l'aiguille du commutateur F sur la touche *t*. Le courant passe alors dans tout l'ensemble de l'appareil sans déterminer l'étincelle. On fait faire un demi-tour au volant en le tournant à la main, et la touche *t*, mise en mouvement, rencontre l'un des vides *e* du distributeur, ce qui interrompt momentanément le courant ; puis, retrouvant le rebord sur lequel elle frotte, elle envoie aussitôt ce courant à l'un des inflammateurs *f*, par des fils partant du disque, soit en avant, soit en arrière du piston, suivant qu'elle rencontre les vides du bas ou du haut du disque distributeur.

On conçoit aisément ce qui arrive alors dans l'intérieur du cylindre B. Comme l'une des électricités, neutre par exemple, circule dans la machine, tandis que la positive arrive par les boutons *f*, aussitôt que le piston s'approche de l'*inflammateur* auquel arrive celle-ci, il y a reformation du circuit, et une étincelle jaillit entre le bouton *f* et le piston. Cette étincelle enflamme le mélange de gaz et d'air qui est entré dans le cylindre, B, par le tiroir, A, qui distribue ce mélange en avant et en arrière du piston, absolument comme la vapeur dans une machine à vapeur.

Le gaz de l'éclairage, emprunté à la conduite de la rue, arrive par le tuyau G, muni d'un robinet qu'on ouvre avant de mettre la machine en mouvement.

Comme il se produit un très-grand échauffement dans le cylindre à chaque inflammation du gaz dont la dilatation doit repousser le piston, on a le soin de faire circuler un courant d'eau froide dans une double enveloppe, C, dont le cylindre est entouré.

Un excentrique, H, manœuvre le tiroir, A, de façon à régler l'introduction du gaz et de l'air dans des proportions convenables, et afin de correspondre à la production de l'étincelle. Enfin, le résultat de la combustion s'échappe à l'air libre après avoir chaque fois produit son effet mécanique sur le piston.

Il est important de faire remarquer qu'aucun mélange intime n'est préparé d'avance entre l'air et le gaz, de manière à constituer un *mélange détonant* dans le sens que les chimistes attachent à ce mot. On fait arriver dans le cylindre plein d'air, des veines de gaz, qui brûlent simultanément dès leur entrée dans le cylindre, en produisant une série de petites explosions successives, tellement multipliées et d'une si faible amplitude, que l'oreille ne peut les saisir. La force mécanique engendrée par cette combustion n'est donc pas instantanée, brutale pour ainsi dire ; c'est une série de petites impulsions qui s'ajoutent sans trop de secousses. Ce n'est pas sans doute l'action douce, graduelle et docile de la vapeur, mais ce n'est pas non plus l'action brusque et violente d'une force brisante, produite instantanément, comme celle qui résulterait de l'inflammation d'un amas de poudre.

Par suite de la chaleur que développe la combustion du gaz à l'intérieur du cylindre, les parois de ce cylindre finiraient par atteindre une température élevée qui altérerait le métal, *gripperait* et déformerait le cylindre et le piston. Pour éviter cet inconvénient, le cylindre est, comme nous l'avons dit, enveloppé d'un manchon de fonte C que l'on fait parcourir par un courant d'eau suffisant pour le refroidir. Dans les machines que l'on construit aujourd'hui, ce courant d'eau froide est fort ingénieusement disposé. Un réservoir d'assez médiocres dimensions dirige, au moyen d'un tube, l'eau froide dans le manchon entourant le cylindre ; l'eau échauffée,

Fig. 433. — Le moteur à gaz.

et rendue ainsi plus légère, retourne au réservoir par sa seule différence de densité. C'est donc la même eau qui, par une circulation continue, sert à refroidir le cylindre.

La consommation du nouveau moteur est d'un mètre cube de gaz pour produire, pendant une heure, la force d'un cheval. Or, un mètre cube de gaz d'éclairage vaut 30 centimes. C'est donc 30 centimes seulement que cette machine dépenserait par heure et par force de cheval : 3 francs par journée de 10 heures de travail, telle serait la dépense d'une machine de cette force. D'après ce chiffre, il y aurait une certaine économie réalisée sur la machine à vapeur; une machine à vapeur de construction médiocre consomme, en effet, 5 à 6 kilogrammes de houille par heure et par force de cheval.

Telles sont les dispositions principales du *moteur à gaz* de M. Lenoir. Ce qui doit frapper, tout d'abord, c'est que cette machine a résolu, par un certain côté, le problème des *machines à air chaud*, tant cherché, tant tourné et retourné depuis vingt ans, et dont la *machine calorique Ericsson* a fourni la solution la moins imparfaite jusqu'ici.

Depuis une vingtaine d'années, en effet, par suite de l'esprit de perfectionnement et de progrès propre à notre époque, on a fini par considérer la machine à vapeur, si parfaite qu'elle soit, comme un peu au-dessous de nos besoins économiques, et de tous les côtés, c'est une émulation générale pour réformer ou détrôner entièrement, si on le peut, le moteur qui a fait tant de prodiges et excité une si juste admiration depuis le commencement de notre siècle. On a trouvé que perdre la vapeur quand elle a produit son action, la rejeter dans l'air, comme dans les machines *sans condenseur*, ou liquéfier cette vapeur, pour jeter à la rivière l'eau chaude résultant de sa condensation, était un contre-sens physique, et l'on s'est mis à chercher un succédané à ce classique et héroïque moteur.

Un moment l'électricité a paru devoir prendre la place de la vapeur; mais on n'a pas tardé à reconnaître le peu de fondement d'un tel espoir, en voyant l'insignifiance des effets mécaniques développés par l'électromagnétisme.

On a songé ensuite à utiliser l'explosion de la subite conversion de certains liquides, ou gaz, comme l'acide carbonique et le chlorure de carbone, ou la combustion de la poudre-coton sous un cylindre, selon le principe de Huyghens. Puis, sont venues les *machines à vapeurs combinées*, dans lesquelles, au lieu de perdre, en la rejetant dans l'air, la vapeur sortant du cylindre, on emploie cette vapeur, encore chaude, à volatiliser de l'éther, dont la vapeur produit une action mécanique, qui vient s'ajouter à l'effet de la vapeur d'eau. Toutes ces tentatives n'ont laissé, en définitive, rien de sérieux dans la pratique. Après quelques essais, plus ou moins heureux, les machines reposant sur ces principes ont été abandonnées. Seules, les *machines à air chaud* ont été plus heureuses. Grâce à la persévérance de l'ingénieur américain Ericsson, la machine à air chaud a surnagé, dans ce déluge d'inventions qui sont apparues avec la prétention de se substituer à la machine à vapeur. En France, divers essais de machines à air chaud ont été poursuivis et le sont encore tous les jours. Nous pourrions citer les noms de vingt mécaniciens qui se sont consacrés à la solution de ce problème et qui s'en occupent encore avec ardeur.

Le moteur à gaz de M. Lenoir est venu, nous le répétons, résoudre le problème des machines à air chaud, et cela par un artifice et un détour bien inattendus. Dans les machines à air chaud d'Ericsson et d'autres ingénieurs français, l'air est dilaté dans un cylindre muni d'un piston, au moyen d'un foyer qui chauffe ce cylindre à l'extérieur. Ici, l'air est chauffé directement à l'intérieur du cylindre, par l'inflammation d'un gaz combustible.

C'est là, d'ailleurs, un avantage immense. Le vice capital des machines à air chaud, c'était l'action directe du foyer sur le cylindre à vapeur. Le feu appliqué à nu sur un cylindre métallique, voilà une disposition désastreuse; le métal est oxydé, déformé, *grippé* par le feu, et bientôt l'appareil est hors d'état d'agir. C'est par là qu'ont échoué toutes les machines à air chaud. Or, dans le moteur à gaz, l'altération du cylindre par le feu n'est plus à craindre. En effet, la température du gaz qui brûle à l'intérieur du cylindre n'est jamais considérable, et le courant d'eau qui le parcourt à l'extérieur, s'empare à chaque instant de cet excès de calorique. Nous avons vu un cylindre de ce moteur à gaz qui, après avoir fonctionné deux mois, était aussi intact que s'il sortait du tour d'alésage.

Ainsi le moteur à gaz nous paraît une solution aussi heureuse qu'inattendue du problème, tant poursuivi, des machines à air chaud. Mais quels sont les avantages particuliers, la destination propre de ce nouveau moteur? que faut-il attendre de ses services pour l'avenir de l'industrie? C'est ce qu'il convient maintenant d'examiner.

L'avantage essentiel du moteur à gaz réside dans la suppression de tout foyer. Cette machine n'est assurément pas économique, mais de nombreux avantages pratiques doivent résulter de la suppression de la chaudière et du foyer, moyens qui ont paru jusqu'ici indissolublement liés à l'emploi d'un moteur. Supprimer la chaudière à vapeur dans une usine, c'est simplifier, dans une mesure extraordinaire, tout ce qui concerne le service mécanique de cette usine. Nous ne dirons pas, avec quelques-uns de ceux qui ont écrit sur le moteur à gaz, qu'avec cette nouvelle machine motrice les explosions ne seront plus à craindre. Il ne nous est pas démontré que l'introduction, en proportions convenables, de l'air et du gaz inflammable, soit toujours assez rigoureusement assurée pour qu'il ne se forme pas accidentellement, à l'intérieur du cylindre, un mélange détonant qui fasse sauter l'appareil. Mais les malheurs résultant de l'explosion possible d'un moteur à gaz seraient hors de proportion avec les désastres qu'occasionne toujours la rupture d'une chaudière à vapeur. Quand un générateur à vapeur éclate, on voit se produire des phénomènes de projection mécanique d'une violence effroyable, et dont on peut se faire une idée en considérant la prodigieuse quantité de vapeur qui doit s'élancer en un instant de l'énorme volume d'eau accumulé dans la chaudière. Dans l'explosion d'un *moteur à gaz*, tout se réduirait à la fracture du cylindre, ce qui n'occasionnerait qu'un désastre local. Il y aurait ici la différence qui existe entre les effets comparés de l'explosion d'une mine et d'un canon : la mine emporte tout, le canon ne tue que l'artilleur servant la pièce.

Un avantage certain de l'adoption du nouveau moteur, c'est le peu d'espace que demande son installation. On n'a plus à se préoccuper de l'emplacement considérable qu'exige l'établissement de vastes foyers et de cheminées, aussi bien que de l'emmagasinement du combustible. Si cette considération est quelquefois d'une importance secondaire pour les ateliers et les usines, elle est fort sérieuse, au contraire, quand il s'agit des bateaux à vapeur, dans lesquels l'emplacement exigé pour les chaudières et la provision de houille absorbe quelquefois les deux tiers du navire, et diminue dans une très-grande proportion les bénéfices du fret.

Une autre conséquence de la suppression de la chaudière et du foyer, c'est la disparition de la fumée, cet ennemi tant poursuivi, surtout dans les usines installées au milieu des villes. Depuis vingt ans, on s'occupe de la question des *foyers fumivores*, et de tous les moyens proposés, tant en Angleterre qu'en France, aucun n'a été définitivement admis dans la pratique ; si bien que les règlements d'administration qui, à Paris et à Londres, enjoignent aux usines de brûler leur fumée, n'ont pu recevoir leur application, en l'absence constatée de moyens propres à atteindre économiquement ce but. Le problème de la fumivorité serait ici résolu : on supprimerait la fumée des combustibles, puisqu'on supprimerait la cheminée et le foyer.

La simplicité de ce nouveau moteur est peut-être sa qualité principale. Pour distribuer la force dans un atelier mécanique, pour mettre en action sur l'heure les machines et les outils, que faut-il faire ? Tourner un robinet, le robinet du gaz d'éclairage qui traverse la rue. On n'a pas à s'inquiéter de cet agent moteur, il circule sous le pavé, il est à notre porte, il entre ou s'arrête à notre commandement ; il agit ou s'interrompt, comme on allume ou comme on éteint une bougie. Bien plus, au moyen du compteur, il se mesure lui-même ; le volume dépensé est enregistré tout aussitôt. Ajoutons que cet agent moteur si commode, si peu embarrassant pour la mise en train du travail, n'est pas plus gênant une fois le travail accompli. Après avoir exercé son action mécanique, il disparaît sans laisser de traces, sans occasionner d'encombrement ou d'embarras : de l'acide carbonique et de la vapeur d'eau, voilà tous les résidus que laisse cet agent moteur, qui, entré dans l'atelier à l'état de gaz, en sort sous la même forme.

Il est vraiment impossible d'imaginer une force motrice plus commode dans son emploi, plus simple dans la pratique. C'est l'idéal du moteur qui entre dans l'usine pour y accomplir un travail, et qui s'en échappe sans laisser sur son passage d'autres traces que l'impulsion dont il a animé l'atelier. Nous insistons sur cette particularité, car c'est là, à nos yeux, ce qui domine parmi les avantages du moteur à gaz.

En résumé, avec le moteur à gaz, aucune chaudière, aucun foyer, aucun approvisionnement de combustible à faire, pas une minute à perdre pour la mise en train, aucun temps d'arrêt, et, avantage bien rare, aucune dépense pendant l'inaction de l'appareil.

Dans l'énumération des qualités de la machine Lenoir, il a été émis un aperçu inexact, que nous nous permettrons de rectifier en passant. On a dit que cette machine supprimerait le combustible. *Plus de charbon, plus de combustible!* s'est-on écrié à ce propos; et l'on n'a pas manqué de faire remarquer quelle influence heureuse cette circonstance devait exercer sur l'industrie moderne, en assurant la conservation de nos houillères, ce grand réservoir de notre activité manufacturière, cette mine précieuse dont on redoute l'appauvrissement. On oubliait, dans cette naïve considération, que le combustible n'est point, tant s'en faut, supprimé par la machine Lenoir. C'est avec la houille qu'est obtenu le gaz de l'éclairage, et ce qui est pire, avec de la houille employée tout à la fois et comme combustible et comme source du gaz. La conservation de nos houillères n'est donc pas un argument à invoquer en faveur de cette machine. Si quelque chose, au contraire, doit hâter l'épuisement de nos gisements houillers, c'est certainement cette nouvelle machine, en la supposant adoptée dans les deux mondes. Le *moteur à gaz* se recommande par des avantages assez réels pour qu'on n'aille pas invoquer en sa faveur des considérations erronées. Ce qu'il fallait dire, ce qui est seul vrai, c'est que le point de consommation de la houille sera déplacé. Au lieu de brûler du charbon dans le foyer d'une chaudière à vapeur, on en brûlera à peu près la même quantité sous les cornues servant à la préparation du gaz. Le propriétaire du moteur n'aura pas, il est vrai, à s'embarrasser de brûler du charbon; c'est l'usine à gaz qui se chargera de cet office; mais, pour être déplacée quant au lieu de l'opération, la consommation de la houille ne diminuera pas pour cela; elle augmentera, au contraire, puisqu'il faudra consacrer à la préparation du gaz hydrogène bicarboné de prodigieuses quantités de charbon de terre, si jamais le moteur à gaz se substitue partout à la machine à vapeur. L'axiome *ex nihilo nihil* est aussi vrai pour les sciences physiques que pour la philosophie. C'est là une considération qu'il est peut-être superflu de rappeler à beaucoup de nos lecteurs; mais l'esprit public prend si aisément le change en de telles questions, que l'on nous excusera de rappeler des principes élémentaires.

La pratique pendant dix années du moteur Lenoir a donné une solution avantageuse du problème de la distribution des petites forces à domicile. Aujourd'hui, la petite industrie est très-mal partagée quant à la main-d'œuvre. La machine à vapeur, qui rend tant de services dans les grandes usines, ne peut seconder le travail du petit industriel, de l'ouvrier à domicile. C'est en vain que l'on a essayé de mettre à la disposition des petites industries et des ateliers fournis d'un très-faible personnel, un agent moteur susceptible d'être fractionné. On a espéré un moment que l'électricité, c'est-à-dire les machines électro-magnétiques, permettraient d'envoyer à domicile ces fractions de force, qui suppléeraient avec avantage à l'insuffisance ou aux embarras du travail manuel. On a également songé à utiliser, dans le même but, la force mécanique résidant dans l'air comprimé. Tout le long du faubourg Saint-Antoine, à Paris, par exemple, on aurait établi un long canal métallique rempli d'air comprimé. Des prises faites, au moyen d'un tuyau, sur le conduit principal, auraient introduit chez chaque fabricant, et aux divers étages de chaque maison, un certain volume d'air comprimé, représentant la quantité de force réclamée pour le travail à accomplir. Ce projet était séduisant, mais on a reculé devant la difficulté d'une canalisation spéciale et pleine de difficulté, car l'air comprimé tendrait à fuir par les plus faibles disjonctions des tuyaux de conduite. Il a encore été question, dans les grandes villes où le mode de distribution des eaux potables permet de les élever au plus haut des maisons, de consacrer la pression de ces colonnes d'eau à créer de petites forces, que l'on mettrait à la disposition des ateliers. Mais ici encore il s'agirait d'une canalisation particulière, assez difficile d'ailleurs, car, en raison de la différence des niveaux, on ne pourrait alimenter tous les lieux sous une même pression.

Ce défaut de canalisation, qui a empêché l'exécution des projets intéressants que nous venons de rappeler, ne peut plus arrêter dès qu'il s'agit du moteur à gaz. Cette canalisation, qui était un empêchement décisif quand il s'agissait de l'air comprimé ou de la pression de l'eau, est toute faite grâce à l'immense et multiple réseau qui, sous le pavé des rues, distribue le gaz dans tous les points et à toutes les hauteurs des villes.

Il est donc certain, grâce à la canalisation qui est depuis longtemps établie dans l'intérieur des villes pour le transport du gaz, que le problème de la distribution de la force à domicile a été résolu par la machine Lenoir. Toutes les industries qui, à Paris ou dans les grandes villes, se trouveraient bien de remplacer par un petit moteur le travail manuel,

de substituer aux quatre ou cinq ouvriers servant de manœuvres, une force mécanique ; — tous les établissements qui ont besoin d'un

Fig. 434. — M. Lenoir.

moteur d'une certaine puissance, mais qui ne l'emploient que pendant un court intervalle ou à certains moments déterminés, et qui ne peuvent dès lors recourir à l'office trop dispendieux de la vapeur ; — enfin beaucoup d'industries spéciales qui n'ont point aujourd'hui recours aux machines à vapeur, en raison des prescriptions sévères auxquelles les règlements d'administration soumettent ces appareils ; — dans tous ces cas, le moteur à gaz aura son application toute trouvée.

A l'apparition de la machine Lenoir, on conçut tout de suite une très-haute idée de ce moteur nouveau, et on parlait de faire un moteur universel, applicable immédiatement aux chemins de fer, aux locomobiles, voire même à la navigation acrienne (1). Voici à peu près comment on entendait procéder dans ces diverses applications.

Pour remplacer la vapeur dans les machines à navigation, on préparerait, à bord, le gaz inflammable, destiné à animer le moteur. On prendrait, dans ce cas, le gaz hydrogène pur, qui développe, en brûlant, une quantité de chaleur bien supérieure à celle qui résulte de la combustion du gaz de l'éclairage, et qu'il est, d'ailleurs, très-facile d'obtenir sur le pont d'un navire, sans autres matières premières que de l'acide sulfurique et de la ferraille, sans autres appareils que deux ou trois tonneaux défoncés pour la production et le lavage du gaz. Quant aux locomotives, c'est autre chose. On ne préparerait pas le gaz pendant la marche ; on se servirait du gaz de l'éclairage, comprimé à 12 ou 15 atmosphères. On a même conçu l'espoir de rendre inutile l'énorme poids des locomotives, qui est aujourd'hui indispensable pour assurer l'adhérence du convoi sur les rails et la progression des roues. On croyait qu'en distribuant cinq ou six appareils moteurs sur toute l'étendue du convoi, afin de répartir uniformément la charge, on obtiendrait une adhérence suffisante pour éviter la rotation des roues sur place et assurer leur progression.

En ce qui concerne les locomobiles, les idées étaient un peu plus précises, et elles nous semblent plus rationnelles ; il est vrai que c'est là le plus petit côté de l'emploi général de la vapeur. On fait remarquer que la difficulté de manier une chaudière à vapeur, l'appréhension des incendies, l'obligation de débarrasser les chaudières des incrustations terreuses résultant de l'évaporation de l'eau, enfin la difficulté de transporter, à travers les sentiers et les chemins vicinaux, cette machine nécessairement lourde quand elle est puissante, empêchent trop souvent les cultivateurs d'avoir recours à la locomobile. Toutes ces difficultés disparaissent évidemment avec le moteur à gaz, et si l'on objecte qu'il est malaisé de se procurer, en pleine campagne, du gaz d'éclairage, on répond qu'il ne serait pas difficile de faire, à la ville prochaine, un approvisionnement de gaz comprimé. M. Lenoir ajoute que l'on pourrait, dans ce cas, remplacer le gaz par des huiles volatiles ou des carbures d'hydrogène liquides, aujourd'hui à très-bas prix dans le commerce, et qui, réduits en vapeur, rempliraient l'office du gaz. Une fois la machine en train, la chaleur en excès que développe la combustion, et que l'on est obligé de soustraire par un courant d'eau froide, suffirait à volatiliser ces carbures d'hydrogène liquides pour envoyer leur vapeur se brûler dans le cylindre. D'après M. Lenoir, l'appareil servant à alimenter de vapeur inflammable une machine de la force de quatre chevaux, tiendrait dans un chapeau d'homme.

A ces projets séduisants, à ces belles perspectives, il n'y a rien à répondre, sinon que ce sont là des vues prématurées. Contentons-

---

(1) Nous avons reçu d'un de nos lecteurs, M. E. Abadie, une lettre où cette question est soulevée :

« Dans l'application de la machine à gaz, nous écrivait M. Abadie, on n'aurait plus, comme dans la machine de MM. Giffard, David et Sciama, à emporter des appareils d'un poids considérable. La provision de gaz combustible produirait en se consumant, une perte de force ascensionnelle qui serait compensée par du lest, et la réduction en vapeur de la petite quantité d'eau qui entoure le cylindre ; enfin, plus de crainte au sujet de l'inflammation de l'aérostat.

« L'emploi de cet appareil, joint à celui de pièces très-légères, aujourd'hui en acier, plus tard en aluminium, permettrait, à égalité de force motrice, de réduire de beaucoup les dimensions de l'aérostat, et par suite d'augmenter la vitesse, de façon à pouvoir effectuer toutes les manœuvres nécessaires et pour atteindre la couche d'air où règne un vent favorable. Enfin, en essayant de retrouver la composition du vernis de Fortin, pour enduire le taffetas de façon à le rendre presque complètement imperméable, on arrivera, je crois, à faire faire un grand pas à cette belle question, qui, reléguée parmi les chimères par quelques savants et beaucoup trop discréditée par les essais infructueux d'un grand nombre d'inventeurs qui ignorent souvent les premiers principes de physique et de mécanique, arrivera probablement à une solution complète par l'emploi de moteurs plus puissants que ceux que nous connaissons aujourd'hui. »

L'application à la navigation aérienne d'une machine relativement légère, et qui fonctionne sans aucun foyer, est une idée toute naturelle, et qui, pour ainsi dire, va de soi. Avis aux aéronautes.

nous d'enregistrer les faits présentement établis ; ils sont assez importants pour que, même limitée à son état actuel, la découverte de M. Lenoir tienne un rang très-honorable parmi les inventions de notre siècle. Il est constant que nous possédons aujourd'hui une machine qui a résolu le problème d'exécuter un travail mécanique en supprimant la chaudière et le foyer des machines-à vapeur ; qu'elle n'est pas trop dispendieuse et qu'elle est surtout d'une simplicité et d'une facilité d'emploi qui surpassent toute imagination. Quant à son effet mécanique, on a déjà construit une machine de la force de sept ou huit chevaux-vapeur. Enregistrons ces faits, et quant aux applications à venir, évitons de jeter dans le public un espoir ou une défaveur qui seraient également mal fondés.

FIN DU MOTEUR A GAZ.

L'ALUMINIUM

ET LE BRONZE D'ALUMINIUM

CHAPITRE PREMIER

HISTORIQUE DE LA DÉCOUVERTE DE L'ALUMINIUM. — SES DIFFÉRENTES PROPRIÉTÉS. — MÉTHODES ET PROCÉDÉS EN USAGE POUR SON EXTRACTION ET SA PRÉPARATION.

L'attention du public fut vivement excitée, en 1855, par l'annonce d'une découverte bien digne, en effet, d'éveiller un intérêt unanime. De la simple argile de nos terrains, de la marne des champs, on avait, disait-on, retiré un métal que ses caractères chimiques rangent tout à côté des métaux précieux, et capable de résister, comme l'or, le platine et l'argent, à l'action des causes extérieures d'altération. A ces premiers caractères ce métal joignait la singulière propriété d'être plus léger que le verre, et d'être fusible à une température modérée, ce qui permettait de le mouler sous toutes les formes.

Ces diverses assertions, qui excitèrent à bon droit beaucoup de surprise, n'avaient pourtant rien d'exagéré, et nous allons nous attacher à exposer brièvement les faits sur lesquels elles reposent.

C'est une des vues les plus remarquables de Lavoisier, d'avoir annoncé que, dans les substances minérales désignées sous le nom commun de *terres* et d'*alcalis*, il existe de véritables métaux. Par une prévision de son génie, dont on devait plus tard comprendre toute la portée, l'illustre créateur de la chimie moderne avança que les alcalis fixes, et les terres depuis longtemps désignées sous le nom de chaux, de magnésie, d'alumine, de baryte, de strontiane, etc., ne sont autre chose que des oxydes d'un métal particulier. Vingt années après, Humphry Davy, appliquant à l'analyse de ces composés la pile de Volta, justifia avec éclat cette prévision de Lavoisier. Il sépara, grâce à l'action décomposante du fluide électrique, l'oxygène et le métal qui constituent, par leur union, les alcalis et les terres.

En agissant de la même manière sur la potasse et la soude, Davy isola leurs radicaux métalliques, le potassium et le sodium. Peu de temps après, en opérant sur la baryte, la strontiane et la chaux, il retira de ces terres leurs radicaux métalliques, le baryum, le strontium et le calcium. Mais, en raison de la faible conductibilité électrique des composés terreux, Davy ne put parvenir à réduire, au moyen de la pile, le reste des bases terreuses, c'est-à-dire l'alumine, la glycine, l'yttria et la zircone.

Plusieurs chimistes, entre autres Berzelius et OErstedt, échouèrent dans la même tentative, et pendant vingt ans ce ne fut que par une vue théorique, fondée sur l'analogie, que l'on put considérer ces substances comme des oxydes métalliques. Ce n'est qu'en 1827 qu'un chimiste allemand, M. Wöhler, parvint à les réduire.

M. Wöhler eut la pensée de substituer un puissant effet chimique à l'action de la pile de Volta, pour l'extraction des métaux terreux. Le potassium et le sodium, radicaux métalliques de la potasse et de la soude, sont, de tous les métaux, ceux qui présentent les plus énergiques affinités chimiques. On pouvait donc espérer qu'en soumettant à l'action du potassium ou du sodium l'un des composés terreux qu'il s'agissait de réduire, le potassium détruirait cette combinaison, et rendrait libre le métal nouveau que l'on cherchait à isoler.

Fig. 435. — M. Wöhler.

L'expérience justifia cette prévision. Pour obtenir l'aluminium métallique, M. Wöhler s'adressa au composé qui résulte de l'union de ce métal avec le chlore, c'est-à-dire au chlorure d'aluminium. Au fond d'un creuset de porcelaine il mit quelques fragments de potassium, et par-dessus, un volume à peu près égal de chlorure d'aluminium. Le creuset fut placé sur une lampe à esprit-de-vin à double courant d'air, pour favoriser la réaction par l'intervention de la chaleur rouge.

Placé dans ces conditions, le chlorure d'aluminium fut entièrement décomposé ; par suite de son affinité supérieure, le potassium, chassant l'aluminium de sa combinaison avec le chlore, s'empara de ce dernier corps, pour produire du chlorure de potassium, pendant que l'aluminium demeurait libre à l'état métallique. Comme le chlorure de potassium est un sel soluble dans l'eau, il suffisait pour le dissoudre de plonger dans l'eau le creuset ; l'aluminium apparut alors à l'état de liberté.

Le métal ainsi isolé constituait une poussière grise, susceptible de prendre par le frottement l'éclat métallique ; mais, selon M. Wöhler, cette substance ne pouvait entrer en fusion, même à la température la plus élevée, et elle était éminemment oxydable.

L'aluminium ne fut point le seul métal isolé par ce procédé. Par l'emploi des mêmes moyens, M. Wöhler obtint le glycium et l'yttrium.

Peu de temps après, un de nos savants chimistes, M. Bussy, professeur à l'École de pharmacie de Paris, décomposa par le même procédé la magnésie, et en retira son radical métallique, le magnésium.

Si l'on place dans un creuset un mélange de chlorure de magnésium et de sodium, et qu'on chauffe ce mélange au rouge pendant un quart d'heure, on trouve au bout de ce temps, dans le creuset, du chlorure de sodium et du magnésium. M. Bussy étudia et fit connaître les propriétés particulières du métal extrait des sels magnésiens.

Les divers corps isolés de cette manière présentaient d'ailleurs des propriétés entièrement analogues à celles que l'on attribuait à l'aluminium. C'étaient toujours des poudres noires ou grises, n'offrant qu'à un faible degré, on le croyait du moins, les caractères qui distinguent les métaux. Infusibles, très-altérables par l'influence de l'air ou des agents chimiques, très-oxydables, ils semblaient, à ce titre, condamnés à vieillir obscurément dans le cadre de la théorie, sans jamais recevoir la moindre application dans la pratique.

Dans les sciences d'observation, les méthodes générales constituent de précieux instruments de recherche ; mais ces méthodes, qui sont la richesse et l'orgueil d'une science, ont quelquefois plus d'éclat que d'utilité, car elles apportent souvent de graves obstacles à la découverte de faits nouveaux. C'est par suite d'une méthode et d'une vue générales que les chimistes, dans les premiers temps, s'étaient accordés à confondre dans un

Fig. 436. — M. Bussy.

même groupe tous les métaux terreux. Modelant sur celles du magnésium, du baryum, du calcium et du strontium, les propriétés chimiques de tous les métaux terreux, ils considéraient l'aluminium et tous ses congénères comme des substances éminemment oxydables et dépourvues de tout caractère métallique proprement dit. Or, c'était là une grave erreur. Ces divers métaux n'offraient alors entre eux, on peut le dire, d'autre caractère commun que celui d'être inconnus.

En 1854, M. Henri Sainte-Claire-Deville, professeur de chimie à l'École normale, ayant soumis à une étude attentive l'aluminium, que M. Wöhler n'avait fait qu'entrevoir, reconnut avec surprise que ce métal jouit de propriétés fort différentes de celles qu'on lui attribuait, d'après M. Wöhler. Ces propriétés sont si remarquables, qu'elles ont tout de suite donné l'idée la plus élevée de l'avenir réservé à ce métal nouveau. Voici, en effet, les propriétés que M. Deville a reconnues au métal qui fait partie de l'argile (1).

L'aluminium est d'un blanc éclatant ; sa couleur est intermédiaire entre celles de l'argent et du platine. Il est plus léger que le verre ; sa densité est représentée par le chiffre 2,56. Sa ténacité est considérable. On le travaille au marteau avec la plus grande facilité ; on l'étire en fils d'une finesse extrême. Enfin il entre en fusion à une température inférieure à celle de la fusion de l'argent.

Voilà déjà une série de caractères qui permettent de placer ce corps simple au rang des métaux qui trouvent dans les arts les plus nombreux emplois. Mais ses propriétés chimiques contribuent surtout à le rendre précieux.

L'aluminium est un métal complétement inaltérable à l'air. Il séjourne, sans se ternir, dans l'air sec ou chargé d'humidité, et tandis que nos métaux usuels, tels que l'étain, le plomb ou le zinc, fraîchement coupés, perdent promptement leur éclat quand on les expose à l'air humide, l'aluminium, dans les mêmes conditions, demeure aussi brillant que l'or, le platine ou l'argent. Il l'emporte même sur le dernier de ces métaux quant à sa résistance à l'action de l'air. Exposé, en effet, à l'action du gaz hydrogène sulfuré, l'argent est attaqué par ce gaz et noircit subitement ; aussi, par une exposition prolongée à l'air atmosphérique, les objets d'argent finissent-ils par s'altérer sous l'influence des faibles quantités d'hydrogène sulfuré qui se rencontrent accidentellement dans l'atmosphère. L'aluminium, au contraire, résiste parfaitement à l'action du gaz sulfhydrique ; sous ce rapport, il a donc sur l'argent une supériorité notable. Enfin l'aluminium op-

(1) L'argile renferme de 20 à 25 pour 100 d'aluminium.

pose une résistance très-prononcée à l'action des acides. L'acide azotique, l'acide sulfurique, employés à froid, n'exercent sur lui aucune action, et l'on peut conserver dans les acides azotique ou sulfurique des lames de ce métal sans qu'il éprouve ni dissolution ni altération.

L'acide chlorhydrique seul l'attaque et le dissout à froid.

Tout le monde comprend les avantages que doit présenter au point de vue de ses applications, un métal blanc et inaltérable comme l'argent, — qui ne noircit pas malgré son séjour prolongé dans l'air, — qui est fusible à une température modérée, et peut, dès lors, se plier à toutes les formes désirables ; — qui se travaille au marteau avec facilité ; — qui s'étire en fils jouissant d'une ténacité remarquable, — et qui présente enfin la propriété, singulière et inattendue, d'être plus léger que le verre. Ce métal nouveau parut donc tout de suite appelé à prendre une place importante parmi les matières premières de l'industrie.

On a dit, que l'aluminium pourrait entrer un jour dans nos alliages précieux, et remplacer l'or et l'argent dans les monnaies et les bijoux. C'était une erreur. En effet, ce qui contribue surtout à donner à l'argent et à l'or les caractères de métal précieux, ce qui a décidé leur adoption sous ce rapport, c'est la facilité avec laquelle on retire ces métaux des alliages, des mélanges ou des combinaisons diverses où ils se trouvent engagés. Par des opérations chimiques fort simples, l'or et l'argent sont extraits sans peine de tous les composés qui les renferment. L'aluminium est dépourvu de ce privilège. On ne pourrait, comme l'or et l'argent, le séparer, à l'état métallique, de ses divers composés. Au lieu d'aluminium, on n'en retirerait que de l'alumine, c'est-à-dire la base de l'argile, matière sans valeur. Tel est le motif qui empêchera d'adopter l'aluminium comme auxiliaire, dans nos monnaies, de l'argent et de l'or. D'ailleurs, un métal d'un gisement aussi commun, une substance faisant partie de l'argile que nous foulons à nos pieds, et dont la valeur serait variable par toutes sortes de circonstances, ne saurait être acceptée, dans aucun cas, comme signe représentatif des richesses.

L'aluminium doit donc être exclusivement réservé aux besoins de l'industrie. On peut le consacrer à la confection des vases et d'instruments de toute nature dans lesquels la résistance à l'action de l'air et des agents chimiques est une condition nécessaire. Il rend, dans ce genre d'applications, des services réels.

Un autre emploi important de l'aluminium, se trouve dans l'ornement et le décor extérieur. L'argent est souvent rejeté comme objet d'ornement, en raison de sa prompte altération par les émanations sulfureuses, et l'on est contraint de se priver ainsi de l'éclat et de la riche teinte de ce métal, dans beaucoup de cas où ils auraient produit les plus heureux effets. L'aluminium suppléera ici l'argent avec beaucoup d'avantages.

Il est bon, toutefois, quand on parle des applications que pourra recevoir le métal de l'argile, de distinguer entre ses applications immédiates et ses applications à venir. Par applications immédiates de l'aluminium, nous entendons celles qu'il pourrait recevoir au prix assez élevé auquel il se trouve aujourd'hui dans le commerce ; par applications à venir celles qui lui sont réservées lorsque les progrès ultérieurs de la fabrication en auront notablement abaissé le prix.

Dans le premier cas, l'aluminium est dès aujourd'hui très-utile, en raison de son inaltérabilité, de sa ténacité et de sa légèreté, pour construire ces instruments de précision dans lesquels le travail de l'artiste est tout, et le prix de la matière presque rien. Citons, par exemple, les balances de précision, l'horlogerie, les instruments d'astronomie et de géodésie. Par son innocuité complète sur nos organes, il joue encore un assez grand rôle dans la confection des instruments de chirurgie

Dans le second cas, c'est-à-dire lorsque le prix de l'aluminium permettra de le faire entrer en concurrence avec le cuivre et l'étain, comment hésiter un instant entre le nouveau métal et le cuivre? D'un côté, un métal oxydable, d'une odeur désagréable, dont tous les composés sont vénéneux; de l'autre, un métal inaltérable, trois fois plus léger, sans odeur et sans la moindre influence nuisible sur l'économie.

Il ne faut pas, d'ailleurs, perdre de vue l'avantage capital que présentera, au point de vue de ses applications, la faible densité de l'aluminium. En admettant qu'à poids égal l'aluminium coûtât quatre fois plus cher que l'argent, il ne serait pourtant pas plus cher que ce métal, puisque, en raison de sa densité, un kilogramme d'aluminium occupe quatre fois plus de volume qu'un kilogramme d'argent. Il pourra donc servir à fabriquer quatre fois plus d'objets, sa ténacité, sa résistance étant supérieures, même à volume égal, à celles de l'argent.

Malheureusement l'aluminium est encore à un prix trop élevé dans le commerce pour que l'on puisse se flatter de le faire entrer dans les usages habituels de la vie. Le procédé métallurgique qui sert à préparer ce métal s'environne encore de beaucoup de difficultés, et ce n'est que dans des usines spéciales, comme celles de MM. Tissier frères, à Rouen, de M. Morin, à Nanterre et à Alais, que l'on peut se flatter d'obtenir, à coup sûr et avec quelque économie, ce métal précieux. L'intervention du sodium est nécessaire pour obtenir l'aluminium; or, le sodium est un produit difficile à obtenir. Dès lors la préparation de l'aluminium n'est pas sans difficultés.

Ces difficultés pourtant ont été vaincues par une poursuite attentive et constante. Le moment est venu pour nous de faire connaître les différentes méthodes qui sont aujourd'hui en usage pour la préparation du métal tiré de l'argile.

L'aluminium s'obtient en traitant le chlorure d'aluminium par le sodium. Ce dernier corps, aux affinités chimiques très-énergiques, décompose le chlorure d'aluminium, en formant du chlorure de sodium, et l'aluminium devient libre.

La fabrication industrielle du nouveau métal comprend, d'après cela, les trois opérations suivantes :

1° Préparation du chlorure d'aluminium ;

2° Préparation économique du sodium ;

3° Décomposition du chlorure d'aluminium par le sodium.

De ces trois opérations, les deux premières ont seules reçu une solution satisfaisante; la troisième présente d'assez grandes difficultés. Voici, d'ailleurs, comment on les exécute dans les usines déjà mentionnées.

Le chlorure d'aluminium se prépare en dirigeant un courant de chlore gazeux sur de l'alumine mélangée à du goudron. Cette alumine a été obtenue en décomposant par la chaleur l'alun ammoniacal, qui, calciné, laisse pour résidu l'alumine pure, et susceptible, dès lors, de fournir l'aluminium à un grand état de pureté.

Le traitement de l'alumine par le chlore se fait dans une de ces cornues de terre qui servent à la fabrication du gaz de l'éclairage. L'absorption du chlore est toujours complète, et marche avec la plus grande régularité. Comme la cornue est fortement chauffée, et que le chlorure d'aluminium est volatil, ce composé distille à mesure qu'il prend naissance, et vient se condenser dans une chambre en maçonnerie, revêtue de faïence à l'intérieur.

Ainsi obtenu, le chlorure d'aluminium constitue une matière compacte, d'une densité considérable, et composée d'une agglomération de cristaux de couleur jaune.

Comme l'alun ammoniacal, qui sert à la préparation du chlorure d'aluminium, renferme des impuretés, et particulièrement de de l'oxide fer, qui passe dans l'aluminium ob-

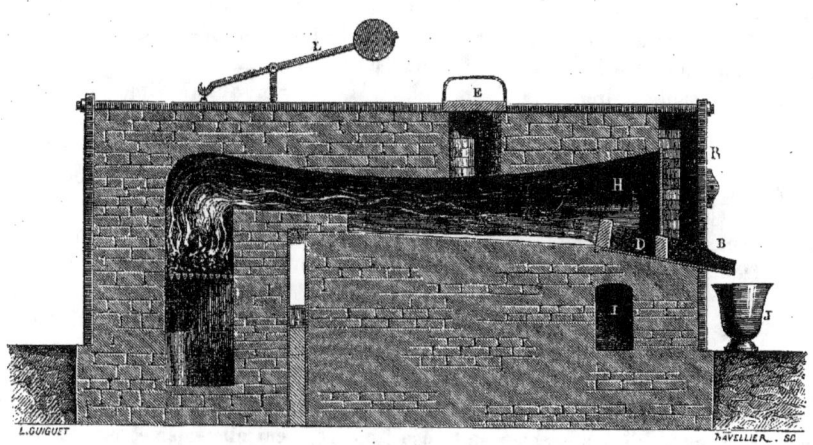

Fig. 437. — Four pour la préparation de l'aluminium.

L, contre-poids pour soulever la porte du foyer; E, orifice d'introduction du mélange de chlorure d'aluminium et de sodium; H, orifice de la cheminée I; A, sole du four; B, rigole en fonte; C et D, briques qu'on enlève pour laisser écouler d'abord les scories, ensuite l'aluminium; R, registre de la cheminée; J, vase où tombe l'aluminium; F, foyer du four.

tenu, on essaya, en 1857, de substituer au chlorure d'aluminium, pour l'extraction de l'aluminium, un minéral naturel, la *cryolithe*, qui est un fluorure double d'aluminium et de sodium. Ce minéral, qui était autrefois excessivement rare, ayant été découvert au Groënland en 1855 par gisements immenses, put être transporté en France, et on essaya de le faire servir à la préparation de l'aluminium.

En effet, la cryolithe, traitée par le sodium dans un creuset porté au rouge, se décompose : le sodium remplace l'alumine, il se fait du fluorure de sodium, et l'aluminium reste à l'état métallique.

MM. Tissier frères essayèrent ce procédé dans l'usine d'Amfreville-la-Mi-voie, près de Rouen, qu'ils avaient fondée pour la préparation de l'aluminium, pendant que M. Paul Morin, ancien préparateur des cours de chimie de M. Dumas, créait à Nanterre, près de Paris, une usine semblable.

Mais la préparation de l'aluminium par la cryolithe seule n'a pas donné de bons résultats. Il paraît que ce minéral est sujet à renfermer des phosphates, dont le phosphore ne peut jamais être entièrement chassé, et qui, venant se joindre à l'aluminium, en altère les propriétés.

La préparation de l'aluminium par la cryolithe seule a donc été abandonnée. Cependant nous ne devons pas manquer de dire que ce minéral est aujourd'hui employé dans la préparation de l'aluminium, comme fondant ou comme auxiliaire utile, à quelque titre que ce soit. On l'emploie dans la proportion que nous indiquerons.

Nous allons décrire la préparation de l'aluminium par le mélange de chlorure d'aluminium, de sodium et de cryolithe, tel qu'il s'exécute à l'usine de M. Paul Morin, à Nanterre, ou pour mieux dire à l'usine de MM. Merle, à Alais. En effet, le chlore et le carbonate de soude, qui interviennent dans la préparation de l'aluminium, sont fort chers à Paris, tandis qu'ils sont à bas prix en Provence, par suite du voisinage des fabriques de soude artificielle de Marseille. C'est cette circonstance qui a déterminé M. Paul Morin à faire fabriquer à l'usine de MM. Merle, à Alais, l'aluminium par le procédé que nous allons maintenant décrire.

On prend 110 kilogrammes de chlorure d'aluminium et 40 kilogrammes de cryolithe. On pulvérise bien exactement ce mélange, auquel on ajoute 35 kilogrammes de sodium, préalablement coupé en morceaux au moyen du couteau.

Ce mélange opéré, on commence par chauffer le four. Ce four, que représente la figure 437, consiste en une longue cavité à voûte surbaissée, A, que la flamme du foyer, F, peut parcourir dans toute son étendue, avant de s'échapper avec la fumée par l'orifice, H, qui est l'entrée du tuyau de cheminée. Ce tuyau n'est pas entièrement visible sur notre dessin, parce qu'il se recourbe de haut en bas, comme dans beaucoup de cheminées d'usines, dites *cheminées traînantes*. On voit en I la partie descendante de ce tuyau de cheminée.

Quand le four est bien chaud et que la flamme remplit toute sa capacité, on y projette le mélange de chlorure d'aluminium, de cryolithe et de sodium, par le trou E, lequel est fermé par un tampon métallique que l'on peut promptement déplacer et replacer. Le mélange n'étant pas exposé au contact de l'air, puisqu'il tombe aussitôt dans la flamme du four, le sodium ne s'oxyde pas. Dès qu'il est tombé sur la sole du four le mélange fond, et la réaction entre le chlorure d'aluminium et le sodium commence. Elle se traduit au dehors par une série de petites explosions, qui annoncent la décomposition graduelle du chlorure et la mise en liberté de l'aluminium.

A mesure qu'il est mis en liberté, l'aluminium entre en fusion et occupe le bas de la sole du four. Le chlorure de sodium résultant de la réaction, ainsi que le fluorure de la cryolithe, fondent également, et forment au-dessus du métal fondu, une couche qui le préserve de l'oxydation. Cependant une partie du métal se trouve brûlée, ce qui occasionne toujours des pertes.

L'opération dure environ trois heures et demie. Au bout de ce temps, tout le chlorure d'aluminium est décomposé. Alors on enlève la première brique, C, qui ferme le four, à l'opposé du foyer. Les parties les plus légères du mélange liquéfié par la chaleur, s'écoulent au dehors par cette ouverture, en suivant la rigole de fonte, B. Ce sont les scories, c'est-à-dire le mélange de chlorure et de fluorure de sodium provenant de la réaction ainsi que du fondant. On les reçoit dans une caisse de tôle, portée sur un chariot à roues qui reposent elles-mêmes sur les rails d'un petit chemin de fer.

Quand la caisse est pleine de ces scories liquides et brûlantes, on retire le chariot, et on le remplace immédiatement par un vase de fonte, J. Retirant alors la seconde brique, D, on laisse couler l'aluminium fondu dans ce vase. Sans le laisser refroidir, on verse aussitôt le métal fondu dans des lingotières.

Avec les proportions indiquées ci-dessus, une opération fournit 10 kilogrammes d'aluminium.

On voit que la préparation de l'aluminium exige l'intervention du sodium. Le sodium, indispensable à cette fabrication, se prépare dans les mêmes usines qui servent à l'extraction de l'aluminium. Comme la préparation du sodium donne le curieux exemple d'une opération de laboratoire transportée sans modifications dans le domaine de l'industrie, nous croyons devoir en dire ici quelques mots.

Il n'y a pas bien longtemps, le sodium était un produit exclusif des laboratoires de chimie. On ne l'avait jamais obtenu qu'en quantités très-faibles, et seulement comme échantillon pour les cours et les collections de chimie. On le payait alors 800 francs ou 1,000 francs le kilogramme. Grâce aux modifications que

Fig. 438. — Four pour l'extraction du sodium.

M. H. Sainte-Claire-Deville a introduites dans l'extraction de ce métal, le sodium ne revient aujourd'hui qu'à 10 francs le kilogramme. Sa préparation marche avec une facilité et une régularité surprenantes ; elle est aussi facile que celle du zinc, aussi régulière que celle du gaz de l'éclairage.

Pour préparer industriellement le sodium, on suit le procédé qui se trouve décrit dans les ouvrages de chimie, c'est-à-dire que l'on se sert du procédé dit *de Brunner*, qui consiste à décomposer le carbonate de soude par le charbon, à une température très-élevée.

Le perfectionnement introduit par M. Deville dans la préparation industrielle du sodium, a consisté à ajouter de la craie au mélange de carbonate de soude et de charbon.

Cette craie (carbonate de chaux), en se décomposant, fournit du gaz acide carbonique, qui, venant se joindre à l'acide carbonique provenant du carbonate de soude, facilite la volatilisation du sodium, en renouvelant constamment l'espace dans lequel ses vapeurs peuvent se répandre.

Les proportions employées dans l'usine de Nanterre, et aujourd'hui dans l'usine d'Alais, pour la préparation du sodium, sont les suivantes :

Carbonate de soude sec........ 40 kilogr.
Craie......................... 7 —
Houille de Charleroi en poudre. 18 —

Le mélange de ces matières étant opéré, on l'introduit dans des cylindres de tôle rivée, qui sont fermés à leurs deux extrémités par des bouchons de fonte à vis. L'un de ces bouchons est percé d'un trou qui donne passage à un tube de fer.

Le cylindre de fer, B (*fig.* 438), plein de ce mélange, est introduit dans un four et disposé horizontalement.

Au tube G que porte ce cylindre de fer, on ajoute alors le *récipient* A dans lequel doit venir se condenser le sodium rendu libre, car le sodium, étant volatil, distille comme un liquide. Ce récipient A'G', que l'on voit représenté à part dans la figure 438, est une sorte de large flacon aplati, formé par la réunion de deux demi-boîtes pareilles en fer, et qui laissent entre elles une cavité.

L'opération dure environ deux heures; le charbon, décomposant la soude du carbonate de soude, fournit de l'acide carbonique, qui se dégage avec celui qui provient de la décomposition de la craie, et le sodium rendu libre distille. Ce sodium vient se condenser dans la boîte de fer, A, qui sert de réfrigérant, et que l'on a remplie en partie d'huile de schiste.

Quand l'opération est terminée, on ouvre la boîte A en séparant les deux plaques de fer mobiles qui la constituent, et on en détache le sodium. On opère cette séparation dans l'huile de schiste, pour ne pas laisser le métal s'oxyder à l'air.

Pour conserver le sodium, on place les masses ou lingots de ce métal oxydable, dans des vases de zinc, pleins d'huile de schiste, et fermés par-dessus au moyen d'une fermeture hydraulique d'huile de schiste. Ces vases ne sont pas pleins d'huile de schiste, mais les lingots de sodium, aussitôt après leur moulage, ont été trempés dans cette huile, laquelle, en s'oxydant, a laissé à l'extérieur du métal, une sorte de vernis jaune, qui le préserve de l'action de l'air. On peut, en soulevant le couvercle de ces seaux de zinc contenant le sodium, examiner à l'air ces masses de sodium, qu'il était autrefois si difficile et si dangereux de manier. Pourvu que l'on évite tout contact avec l'eau, on peut le toucher, comme si c'était de l'étain ou du plomb.

Le sodium ne présente, dans son maniement, aucune des difficultés ou des dangers auxquels on pouvait s'attendre, quand on réfléchit aux propriétés bien connues du potassium, son analogue. On sait que le potassium décompose l'eau à la température ordinaire, avec production de flamme, par suite de l'inflammation du gaz hydrogène dégagé. En outre, dès qu'on élève sa température, il brûle au contact de l'air. Le sodium ne présente aucune de ces propriétés dangereuses, qui auraient apporté un obstacle insurmontable à sa préparation et à son emploi comme agent industriel. Il demeure, sans s'enflammer au contact de l'air, en pleine fusion; et s'il décompose l'eau comme le potassium, le gaz dégagé ne s'enflamme pas spontanément.

CHAPITRE II

APPLICATIONS INDUSTRIELLES DE L'ALUMINIUM. — LE BRONZE D'ALUMINIUM.

Quand on a parlé pour la première fois de l'aluminium, une certaine exagération, d'ailleurs inévitable, s'était mêlée aux appréciations concernant l'avenir de ce curieux produit. Mais depuis cette époque, cette question a été examinée à loisir, et l'on a pu la juger avec maturité. L'auteur de la découverte du nouvel aluminium, M. H. Sainte-Claire-Deville, a publié un mémoire où toutes les questions qui se rattachent à cet objet sont exposées avec beaucoup de soin et de réserve. Nous ne saurions mieux faire, pour exposer l'état réel de cette question au moment où nous écrivons ces lignes, que de mettre sous les yeux du lecteur le passage du mémoire de M. Deville concernant les applications futures de l'aluminium :

« Je ne doute pas aujourd'hui, dit M. Deville, que l'aluminium ne devienne tôt ou tard un métal usuel. Depuis que j'en ai manié des quantités considérables, j'ai pu vérifier l'exactitude de toutes les assertions rapportées dans le premier Mémoire que j'ai publié sur ce sujet. Bien plus, son inaltérabilité et son innocuité parfaites ont pu être expérimentées, et l'aluminium a subi ces épreuves mieux encore que je ne pouvais le prévoir. Ainsi, on peut fondre ce métal dans le nitre, chauffer les deux matières au contact jusqu'au rouge vif, température à laquelle le sel est en pleine décomposition, et, au milieu de ce dégagement d'oxygène, l'aluminium ne s'altère pas; il peut être également fondu dans le soufre, dans le sulfure de potassium, sans s'attaquer sensiblement (1). Résistant parfaitement bien à l'action de l'acide nitrique, de l'acide sulfhydrique, et en cela supérieur même à l'argent, il se rapproche de l'étain, quand on le met au contact de l'acide chlorhydrique et des chlorures. Mais son innocuité absolue en permettra l'emploi dans une foule de cas où l'étain présente des inconvénients, à cause de la facilité avec laquelle ce métal est dissous par les acides organiques. Du reste, on a peu étudié le degré de résistance qu'opposait à nos agents les plus communs les métaux que nous employons le plus fréquemment. Ainsi, lorsque l'on fait bouillir pendant quelques instants une solution de sel marin dans un creuset d'argent, on dissout de ce métal des quantités assez fortes pour que l'eau salée devienne alcaline et bleuisse fortement la teinture rouge de tournesol. Si l'on prend de l'étain laminé, du *paillon* d'étain, qu'on le fasse chauffer pendant quelques minutes dans une dissolution de sel marin acidulée avec de l'acide acétique, on pourra constater, en décantant la liqueur claire et en la traitant par l'hydrogène sulfuré, qu'il s'est dissous des quantités considérables d'étain. Tel sera l'effet constant d'un mélange de sel et de vinaigre sur les vases de cuisine. Mais l'étain n'ayant pas, il paraît, d'action notable sur l'économie et la saveur de ses sels étant très-peu prononcée, quoique désagréable, la présence de l'étain dans nos aliments passe inaperçue.

« Toutes les propriétés chimiques que j'ai attribuées à l'aluminium se trouvent en outre confirmées par les expériences que M. Wheatstone, à Londres, et M. Hulot, à Paris, ont tentées pour déterminer le rang électrique de ce métal.

« J'ai pu étudier, sur des échantillons volumineux, les propriétés physiques de l'aluminium, et j'ai constaté qu'on pouvait le laminer comme l'argent ou l'étain, et le tirer aussi fin que l'argent et le cuivre. Enfin, une propriété curieuse, qu'il manifeste avec d'autant plus d'intensité qu'il est plus pur, c'est une sonorité excessive, qui fait qu'un lingot d'aluminium suspendu à un fil et frappé d'un coup sec, produit le son d'une cloche de cristal. M. Lissajous, qui a constaté avec moi cette sonorité,

(1) L'or ne résiste pas à ces deux agents d'oxydation et de sulfuration.

en a profité pour construire en aluminium des diapasons qui vibrent très-bien. Beaucoup d'usages spéciaux lui sont, en outre, réservés à coup sûr, à cause de son excessive légèreté; et depuis que l'aluminium est dans le commerce, plusieurs essais d'application ont été déjà tentés avec succès.

« Pourtant ces qualités ne sont pas suffisantes pour faire préférer, dans la plupart des cas, l'aluminium aux métaux précieux à égalité de prix. La condition pour que ce métal devienne d'un emploi général est donc sa production à un prix notable-

Fig. 439. — H. Sainte-Claire Deville.

ment inférieur à celui de l'argent. Il est vrai qu'à cause de la différence de leurs densités, l'aluminium et l'argent ayant la même valeur, le premier serait, en réalité, quatre fois moins cher que le second à volume égal; et à volume égal l'aluminium possède une rigidité plus grande que l'argent.

« Le problème de la fabrication économique de l'aluminium me paraît de nature à être résolu, d'un jour à l'autre, par l'industrie, d'une manière satisfaisante, parce que les matériaux avec lesquels on peut le produire, même avec les procédés actuels, sont tous à bas prix. Ainsi, théoriquement, pour obtenir 2 équivalents ou 28 kilogrammes d'aluminium, il faut :

3 éq. de chlore, 108 kilog., à 60 fr. les 100 kilog.	64 80
1 éq. d'alumine, 52 kilog., à 30 fr. les 100 kilog.	15 80
3 éq. de carb. de soude, 159 kil., à 36 fr. les 100 kil.	63 60
2 éq. d'aluminium, 28 kilogr.	144 20

« Ce qui porte à 5^{fr},15 centimes le prix des matières rigoureusement nécessaires à la production de 1 kilogramme d'aluminium. »

Les lignes qui précèdent exposent nettement l'état actuel de la question qui vient de nous occuper. M. Deville ne présente point l'aluminium comme destiné à remplacer l'or et l'argent dans leurs précieux usages. A ses yeux, il tient un rang intermédiaire entre les métaux précieux et les métaux oxydables, tels que le cuivre et l'étain. Mais il est certain que, même réduit à ce rôle intermédiaire, l'aluminium, s'il était à bas prix, serait encore une acquisition des plus précieuses pour l'industrie et l'économie domestique, et qu'il nous rendrait, dans une foule de cas, de très-importants services.

Arrivons aux applications industrielles de l'aluminium. L'Angleterre parut un moment vouloir s'en accommoder. Le peu de dureté de l'aluminium, la facilité avec laquelle on le travaille, la possibilité de mélanger sa nuance propre avec celle de l'or, parurent devoir assurer son introduction dans l'orfévrerie, chez nos voisins. Cependant cette faveur fut de courte durée ; l'orfévrerie anglaise ne tarda pas à abandonner le nouveau métal. L'orfévrerie française ne l'avait jamais sérieusement adopté. Aujourd'hui l'aluminium ne sert plus que pour certains cas très-limités, par exemple pour former les corps de lorgnettes, qu'il faut légers et solides, ou des instruments de précision, et surtout pour les divisions du gramme. Sa légèreté permet de fabriquer un centigramme sous la forme d'un cylindre surmonté d'un bouton.

L'activité des chercheurs ne fut point lassée par l'échec qu'avaient éprouvé les applications de l'aluminium. Elle se tourna vers les alliages de ce métal.

Ce fut l'alliage d'aluminium et de cuivre qui prévalut. Cependant les premiers essais furent infructueux, l'alliage était trop dur et paraissait trop difficile à travailler. C'est à M. Paul Morin que revient l'honneur d'avoir résolu les problèmes qu'offraient la fabrication industrielle du bronze d'aluminium et ses applications à l'industrie.

On a pu voir, à l'Exposition universelle de 1867, dans deux magnifiques vitrines de M. Paul Morin, les plus beaux spécimens de bijouterie, d'orfévrerie religieuse et de table, d'objets de fantaisie et de création d'art.

C'est à l'usine d'Alais que s'effectue la préparation du bronze d'aluminium. L'opération est fort simple ; elle se réduit à mélanger par la fusion, dans un creuset, les deux métaux purs. Dans le cuivre fondu, on jette des lingots d'aluminium ; on agite la masse avec un *ringard*, et on la coule dans des lingotières.

Le *bronze d'aluminium*, tel est le titre que cet alliage a reçu dans l'industrie, peut être fabriqué à des titres divers, suivant les usages auxquels on le destine. Mais le meilleur, par l'ensemble de ses propriétés, est composé de 90 parties de cuivre et de 10 parties d'aluminium. Les vases sacrés, l'orfévrerie de table et la bijouterie sont aujourd'hui exclusivement fabriqués avec cet alliage, qui est le plus dur, le plus rigide, le plus tenace et le moins altérable.

Cet alliage offre un grain extrêmement fin, qui se prête à un poli remarquable et aussi agréable que la dorure.

Le bronze d'aluminium présente une grande homogénéité, qualité assez rare dans les alliages. On sait que le bronze des canons, par exemple, laisse écouler une partie de son étain longtemps avant que la masse entière entre en fusion : c'est ce qu'on nomme *liquation*. Le bronze d'aluminium ne présente pas ce phénomène fâcheux ; ses éléments constituants ne se séparent jamais par la fusion.

La malléabilité et la ductilité du bronze d'aluminium sont considérables. Il se forge à froid, en se récrouissant fortement sous l'action du marteau, ce qui lui donne la dureté et l'élasticité. A chaud il se forge

Fig. 440. — Modèles d'objets d'église en aluminium, fabriqués par M. Paul Morin.

aussi bien, et peut-être mieux que le fer.

Cette malléabilité à chaud et à froid le rend propre au laminage. On le tire à la filière en fils de toute grosseur; il se tire également en tubes de toute dimension. On peut le façonner à froid, au marteau, comme font les orfévres pour l'or et l'argent.

Sa résistance à la traction et au choc est des plus grandes. Simplement fondu, il ne rompt que sous l'effort d'un poids de 65 à 70 kilogrammes par millimètre de section. Réduit en fils, il supporte jusqu'à 90 kilogrammes par millimètre avant rupture, c'est-à-dire trois fois plus que le fer.

Le tableau comparatif suivant fait connaître les résistances comparatives du bronze d'aluminium et d'autres alliages ou métaux;

Bronze des canons	28
Fer	30
Acier fondu de Krupp	53
Bronze d'aluminium à 10 0/0	65

Son élasticité a été constatée par une seule expérience au Conservatoire des arts et mé-

Fig. 411. — Modèles d'objets d'église en aluminium, fabriqués par M. Paul Morin.

tiers. Simplement fondu à l'état brut, son coefficient d'élasticité est égal à la moitié de celui du meilleur fer *forgé*; il est quadruple de celui du bronze des canons, également à l'état brut ou simplement fondu.

A la fonte, le bronze d'aluminium se comporte comme le meilleur métal fusible ; il n'est pas de pièce, si petite ou si grosse qu'elle soit, qu'on ne puisse réussir. La fonte au sable réussit parfaitement.

Le bronze d'aluminium n'empâte pas la lime, il se prête avec la plus grande facilité au tranchant des outils.

Il se repousse au tour, s'emboutit au balancier, s'étampe au mouton, se prête, en un mot, docilement à toutes les manipulations.

Mais une propriété qui en fait par-dessus tout un métal précieux, c'est son inaltérabilité relative. Il résiste, sans s'oxyder, aux corps gras ; il se ternit beaucoup moins vite à l'air que l'argent, le laiton, le bronze d'étain et les autres alliages cuivreux, à plus forte raison que le fer et l'acier ; il n'a de supérieurs, sous ce rapport, que l'aluminium pur, l'or et le platine.

Du reste un simple frottement suffit à faire disparaître l'irisation très-superficielle que lui fait éprouver l'action de l'atmosphère. Les

Fig. 442. — Modèles d'objets d'église en aluminium, fabriqués par M. Paul Morin.

jus acides des fruits ne l'attaquent pas. Le vinaigre, surtout additionné de sel, a plus d'action, mais l'argent lui-même se laisse attaquer facilement dans le même cas.

Le bronze d'aluminium résiste plus que tout autre métal aux graves inconvénients de la sulfuration, ce qui le rend propre à la confection des armes à feu.

La densité du bronze d'aluminium contenant 10 pour 100 d'aluminium est de 7,7, à peu près celle du fer et un peu moindre que celle du bronze à canon.

Un objet fait en bronze d'aluminium à 10 pour 100, pèserait donc 14 pour 100 de moins que le même objet fait en bronze à canon, condition très-importante à observer dans les évaluations de poids et de prix.

C'est en raison de ces différentes qualités, qui répondent toutes à des besoins pratiques de l'industrie, que le bronze d'aluminium a conquis rapidement la place que l'on avait crue d'abord réservée au métal pur. Pour donner la nomenclature de toutes les applications de cet alliage qui ont été réalisées, ou qui sont possibles, il faudrait passer en revue tous les objets d'orfèvrerie, de bijouterie, de quincaillerie, de service de table, d'horlogerie, d'optique, d'harnachement, d'orne-

Fig. 443. — Modèles d'objets d'église en aluminium, fabriqués par M. Paul Morin.

ments, de musique, de mécanique, grosse et petite, de matériel de chemin de fer, de guerre, de marine, etc.

Il est une application particulière du bronze d'aluminium, qui prend depuis quelques années une extension considérable. C'est la fabrication des boîtes de montres. Tout le monde a vu ces montres nouvelles, dans lesquelles la boîte d'or ou d'argent est remplacée par une boîte d'une teinte rappelant assez celle de l'or : elles sont en bronze d'aluminium. Dans ces montres, que la nouvelle matière formant la boîte, réduit à un prix minime, le cadran est très-petit. Le métal enveloppe presque totalement les rouages, ce qui assure une meilleure résistance et une plus longue conservation aux organes mécaniques.

Mais où l'alliage d'aluminium a pris une extension vraiment remarquable, c'est dans l'orfévrerie religieuse. A l'Exposition universelle de 1867, dans les vitrines de M. Paul Morin, une grande quantité de vases et objets d'orfévrerie religieuse, calices, ciboires, ostensoirs, flambeaux d'autel, candélabres, lampes de chœur, bénitiers et burettes, en bronze d'aluminium, attiraient les regards par l'éclat, le brillant du métal et le volume des pièces. Le nouvel alliage a trouvé là un débouché considérable. La confection des vases d'église absorbe aujourd'hui une bonne partie de l'aluminium qui se fabrique en France.

Il y avait toutefois une difficulté à l'introduction de la nouvelle matière dans les usages religieux, les rites catholiques ne permettant que l'argent et l'or pour les cérémonies du culte. Il était donc nécessaire de décider l'Église catholique à accepter l'adjonction du nouveau métal aux deux seuls qui soient tolérés depuis des siècles.

Un digne prélat français comprit de quelle importance pouvait être pour le clergé pauvre, pour les petites paroisses, l'emploi d'un métal solide, brillant, inaltérable, économique, réunissant toutes les qualités de l'or et de l'argent, sans en avoir la valeur élevée. Il fit plaider auprès du Saint-Père, à Rome, la cause de la nouvelle métallurgie, et obtint pour M. Paul Morin une audience du Souverain Pontife.

Le Saint-Père, après s'être fait rendre compte par Mgr Regnani, savant professeur de chimie romain, des qualités exceptionnelles du bronze d'aluminium, des avantages qu'il présentait par sa solidité, son éclat et son prix modeste, autorisa, par un rescrit en date du 6 décembre 1866, l'emploi du bronze d'aluminium pour la fabrication des coupes de calice et des patènes.

Cependant la *Congrégation des rites*, conservatrice née des usages traditionnels, ne se rendit pas entièrement. Elle voulut que l'on conservât au moins l'apparence, l'extérieur. Expliquons-nous. Elle exigea que tout en fabriquant en bronze d'aluminium les vases sacrés, on dorât leur surface intérieure. Ainsi, pour tout vase sacré, la dorure est obligatoire : l'intérieur des coupes et leurs bords extérieurs, ainsi que l'intérieur des patènes doivent être dorés.

L'Église, on le voit, a tenu bon pour le principe. Elle s'est, toutefois, montrée accommodante; elle n'a pas exigé le fond des choses : une pellicule l'a contentée. C'est peu de chose qu'une pellicule d'or ; mais ici elle a maintenu le principe et sauvegardé les apparences.

Grâce à ce *mezzo termine* qui a tout arrangé, il n'est si modeste paroisse qui ne puisse avoir ses vases sacrés et son orfévrerie, en matière solide et belle ; pas d'humble vicaire qui ne puisse posséder en propre son calice, à l'abri des atteintes du temps, de la profanation et de la cupidité.

FIN DE L'ALUMINIUM ET DU BRONZE D'ALUMINIUM.

LA PLANÈTE NEPTUNE

La science, comme la guerre, a ses actions d'éclat. L'histoire des travaux de l'esprit humain nous fournit quelques exemples de ces sortes de hauts faits scientifiques dans lesquels la grandeur de la découverte, l'imprévu de ses résultats, l'étendue de ses conséquences, les difficultés qui l'environnaient, tout semble se réunir pour confondre l'esprit du vulgaire et arracher à l'homme éclairé un cri d'enthousiasme. Telle fut l'impression que produisirent en 1687 les recherches de Newton, résumées dans son immortel ouvrage, *Principes mathématiques de philosophie naturelle*. Lorsque, étendant les lois de la gravitation à toutes les particules matérielles de l'univers, Newton démontra pour la première fois que les astres circulent dans leur orbite et que les corps qui tombent à la surface de la terre obéissent à une commune loi, ce fut, selon l'expression de Biot, avec une admiration qui tenait de la stupeur, que l'on vit de tels sujets et en si grand nombre, soumis au calcul par un seul homme. C'est avec un sentiment à peu près semblable qu'a été accueillie, de nos jours, la découverte de l'*éthérisation*, qui réalisa en un moment le rêve de vingt siècles.

De tels triomphes sont utiles et presque nécessaires pour entretenir la juste considération que l'on doit aux sciences. Nous sommes très-disposés, sans doute, à confesser l'importance des recherches scientifiques, mais il n'est pas hors de propos que, par intervalles, quelques faits éclatants viennent justifier cette confiance en quelque sorte instinctive, et nous fournir un témoignage visible de l'utilité de certains travaux dont les applications sont difficiles à saisir au premier aperçu. Rien n'a mieux servi à ce titre les intérêts et l'honneur des sciences que la découverte de la planète Neptune. L'histoire conserve avec orgueil les noms de quelques astronomes heureux qui reconnurent dans le ciel l'existence de planètes jusqu'alors ignorées; mais ces découvertes n'avaient en elles-mêmes rien d'inusité ni d'insolite, elles ne sortaient pas du cadre de nos moyens habituels d'exploration; le perfectionnement des instruments d'optique y joua le premier et quelquefois l'unique rôle. Les planètes Uranus, Cérès, Pallas, Vesta, Junon, Astrée, ont été reconnues en étudiant avec le télescope les diverses plages célestes. C'est par une méthode différente et bien autrement remarquable que M. Le Verrier a procédé. Il n'a pas eu besoin de lever les yeux vers le ciel. Sans autre secours que le calcul, sans autre instrument que sa plume, il a annoncé l'existence d'une planète nouvelle qui circule aux confins de notre univers, à douze cents millions de lieues du soleil. Non-seulement il a constaté son existence, mais il a déterminé sa situation absolue et les dimensions de son orbite, évalué sa masse, réglé son mouvement et assigné sa position à une époque déterminée; de telle sorte que, sans avoir une seule fois mis l'œil à une lunette, sans avoir jamais observé lui-même, il a pu dire aux astronomes : « A tel jour, à telle heure, braquez vos télescopes vers telle région du ciel, vous apercevrez une planète nouvelle. Aucun œil humain ne l'a encore aperçue, mais je la vois avec les yeux infaillibles du calcul. » Et l'astre fut reconnu précisément à la place indiquée par cette prophétie extraordinaire. Voilà ce qui fait la grandeur et l'originalité admirable de cette découverte positivement unique dans l'histoire des sciences.

Mais ce n'est pas seulement comme un moyen de grandir aux yeux du monde l'autorité des sciences, que la découverte de M. Le Verrier se recommande à notre attention. Elle est appelée à exercer sur l'avenir de l'astronomie une influence positive, et nous nous attacherons à faire comprendre la direction particulière qu'elle doit imprimer à ses travaux. Personne n'ignore, d'ailleurs, que la découverte de notre compatriote a soulevé en Angleterre une discussion assez vive de priorité. La publication du travail original de l'astronome anglais a permis de résoudre cette question d'internationalité scientifique, qui a sérieusement occupé les savants des deux côtés du détroit.

Ajoutons, enfin, qu'il n'est pas hors de propos d'examiner et de réduire à leur juste valeur certaines critiques que le travail de M. Le Verrier a provoquées parmi nous. Il est si facile, en ces matières, de surprendre et d'égarer l'opinion publique, que, sur la foi des petits journaux, bien des personnes s'imaginent aujourd'hui que la découverte de M. Le Verrier s'est évanouie entre ses mains, et que sa planète a disparu du ciel. On est presque honteux d'avoir de telles présomptions à combattre ; cependant il importe à l'honneur scientifique de notre pays de couper court sans retard à une erreur si grossière. L'histoire de cette découverte et des moyens qui ont servi à l'accomplir suffira à rétablir la vérité.

CHAPITRE PREMIER

HISTOIRE DE LA DÉCOUVERTE DE LA PLANÈTE NEPTUNE

L'observation attentive du ciel fait reconnaître l'existence de deux sortes d'astres. Les uns, en multitude innombrable, sont invariablement fixés à la voûte céleste, et conservent entre eux des relations constantes de position, ce sont les étoiles; les autres, en très-petit nombre, se montrent toujours errants dans le ciel, ce sont les planètes. Le déplacement n'est pas le seul moyen qui permette de distinguer les planètes des étoiles. En général, les planètes se reconnaissent à une lumière, quelquefois moins vive, mais tranquille et non vacillante; elles ne scintillent pas comme les étoiles; enfin, à l'aide des instruments, on leur reconnaît un disque ou un diamètre sensible, tandis que les étoiles ne se présentent dans nos lunettes que comme des points sans dimension appréciable.

On compte aujourd'hui environ cinquante planètes. Cinq ont été connues de toute antiquité; ce sont Mercure, Vénus, Mars, Jupiter et Saturne. Les autres ne peuvent s'apercevoir qu'à l'aide du télescope; aussi leur découverte est-elle postérieure à l'époque de la construction et du perfectionnement des instruments d'optique. Lorsque William Herschell eut construit, à la fin du XVIIIe siècle, ses gigantesques télescopes, il put pénétrer dans l'espace à des profondeurs jusque-là inaccessibles aux yeux des hommes; la première découverte importante qu'il réalisa par ce moyen fut celle de la planète Uranus.

Le 13 mars 1781, Herschell étudiait les étoiles des *Gémeaux*, lorsqu'il remarqua que l'une des étoiles de cette constellation, moins brillante que ses voisines, paraissait offrir un diamètre sensible. Deux jours après l'astre avait changé de place. Herschell ne s'arrêta pas d'abord à l'idée que cet astre nouveau pourrait être une planète; il le prit simplement pour une comète, et il l'annonça sous ce titre aux astronomes. On sait que l'orbite que les comètes décrivent est en général une parabole, tandis que les planètes parcourent une ellipse presque circulaire dans leur révolution autour du soleil. Après quelques semaines d'observation on se mit à calculer l'orbite suivie par la prétendue comète; mais l'astre s'écartait rapidement de chaque parabole à laquelle on prétendait l'assujettir. Enfin, quelques mois après, un Français, amateur d'astronomie, le président de Saron, reconnut le premier que le nouvel astre était situé bien au delà de Saturne, et que son orbite était sensiblement circulaire. Dès lors il n'y avait pas à hésiter, ce n'était pas une comète, c'était bien réellement une planète circulant autour du soleil à une distance à peu près double du rayon de l'orbite de Saturne.

Dès que l'existence de la nouvelle planète fut bien constatée, on s'occupa de déterminer avec précision les éléments de son orbite. Avec les moyens dont l'astronomie dispose de nos jours, l'orbite d'Uranus aurait été calculée quelques jours après sa découverte, et avec très-peu d'erreur. Mais les méthodes mathématiques étaient loin de permettre encore de procéder avec autant de sûreté et de promptitude. Ce ne fut qu'un an plus tard que Lalande put la calculer au moyen d'une méthode dont il était l'auteur.

Cependant l'observation de la marche d'Uranus montra bientôt que cet astre était loin de suivre l'orbite assignée par Lalande. On chercha donc à corriger les erreurs introduites dans les calculs de Lalande, en tenant compte des actions que l'on désigne sous le nom de *perturbations planétaires*.

Les lois de Képler permettent de fixer d'avance l'orbite d'un astre quand on a déterminé, un petit nombre de fois, sa position dans le ciel. Cependant les lois de Képler ne sont pas exactes d'une manière absolue; elles ne le seraient que si le soleil agissait seul sur les planètes. Or, la gravitation est universelle, c'est-à-dire que chaque planète est constamment écartée de la route que lui tracent les lois de Képler, par les attractions qu'exercent sur elle toutes les autres planètes. Ces écarts constituent ce que les astronomes désignent sous le nom de *perturbations planétaires*. Leur petitesse fait qu'elles ne deviennent sensibles que par des mesures très-délicates, mais les perfectionnements des moyens d'observation les ont rendues, depuis Képler, très-facilement appréciables. Dès les premiers temps de la découverte d'Uranus, on reconnut l'influence qu'exerçaient sur cet astre les perturbations de Saturne et de Jupiter, et grâce aux progrès de la mécanique des corps célestes, créée par Newton, grâce aux travaux de ses successeurs, Euler, Clairault, d'Alembert, Lagrange et Laplace, on put calculer les mouvements d'Uranus, en ayant égard non-seulement à l'action prépondérante du soleil, mais encore aux influences perturbatrices des autres planètes. On put ainsi construire l'*éphéméride* d'Uranus, c'est-à-dire l'indication des positions successives que cet astre devait occuper dans le ciel.

L'Académie des sciences proposa cette question pour sujet de prix, en 1790. Delambre, appliquant les théories de Laplace au calcul de l'orbite d'Uranus, construisit les tables de cette planète. Mais l'inexactitude des tables de Delambre ne tarda pas à être démontrée par l'observation directe, et il fallut en construire de nouvelles. Ce travail fut exécuté en 1821 par Bouvard.

En dépit de ces nouvelles corrections, Uranus continua de s'écarter de la voie que lui assignait la théorie. L'erreur allait tous les jours grandissant; enfin la *planète rebelle*, comme on l'appela, n'avait pas encore terminé une de ses révolutions, que l'on perdait tout espoir de représenter ses mouvements par une formule rigoureuse.

Les astronomes ne sont pas habitués à de pareils mécomptes : cette discordance les préoccupa vivement. Pour une science aussi sûre dans ses procédés, c'était là un fait d'une gravité extraordinaire. Aussi eut-on recours, pour l'expliquer, à toutes les hypothèses possibles. On songea à l'existence d'un certain fluide, l'éther que l'on croit répandu dans l'espace, et qui troublerait, par sa résistance, les mouvements d'Uranus. On parla d'un gros satellite qui le suivrait, ou bien d'une planète encore inconnue dont l'action perturbatrice produirait les variations observées; on alla même jusqu'à supposer qu'à la distance énorme du soleil (près de sept cents millions de lieues où se trouve Uranus, la loi de la gravitation universelle pourrait perdre quelque chose de sa rigueur; enfin, une comète n'aurait-elle pu troubler brusquement la marche d'Uranus? Mais ces diverses hypothèses n'étaient appuyées d'aucune considération sérieuse, et personne ne songea à les soumettre au calcul. En cela, du reste, chacun suivait le penchant de son imagination, sans invoquer d'arguments bien positifs. On ne pouvait penser sérieusement à entreprendre un travail mathématique dont les difficultés étaient immenses, dont l'utilité n'était pas établie, et dont on ne possédait même pas les éléments essentiels. C'est en cet état que M. Le Verrier trouva la question.

M. Le Verrier n'était alors qu'un jeune savant assez obscur; il était simple répétiteur d'astronomie à l'École polytechnique. Cependant son habileté dans les hauts calculs était connue des géomètres, et les recherches qu'il avait publiées en 1840 sur les perturbations et les conditions de stabilité de notre système planétaire, avaient donné une haute opinion de son aptitude à manier l'analyse mathématique. C'est sur cette assurance qu'Arago conseilla, en 1845, au jeune astronome d'attaquer par le calcul la question des perturbations d'Uranus. C'était là un travail effrayant par ses difficultés et son étendue; une partie de la vie de Bouvard s'y était consumée sans résultat. Mais l'astronomie est aujourd'hui une science si avancée et si parfaite, qu'elle n'offre qu'un bien petit nombre de ces grands problèmes capables de séduire l'imagination et d'entraîner les jeunes esprits; il y avait au contraire au bout de celui-ci une perspective toute brillante de gloire : M. Le Verrier se décida à l'entreprendre.

La première chose à faire, c'était de reprendre dans son entier le travail de Bouvard, afin de reconnaître s'il n'était pas entaché d'erreurs. Il fallait s'assurer, en remaniant les formules, en poussant plus loin les approximations, en considérant quelques termes nouveaux, négligés jusque-là, si l'on ne pourrait pas réconcilier l'observation avec la théorie, et expliquer, à l'aide de ces éléments rectifiés, les mouvements d'Uranus par les seules influences du soleil et des planètes agissant conformément au principe de la gravitation universelle. Telle fut la première partie du travail accompli par M. Le Verrier; elle fut l'objet d'un mémoire étendu qui fut présenté à l'Académie des sciences le 10 novembre 1845. L'habile géomètre établissait, par un calcul rigoureux et définitif, quelles étaient la forme et la grandeur des termes que les actions perturbatrices de Jupiter et de Saturne introduisent dans l'expression algébrique de la position d'Uranus. Il résultait déjà de cette révision analytique qu'on avait négligé dans les calculs antérieurs des termes nombreux et très-notables, dont l'omission devait rendre impossible la représentation exacte des mouvements de la planète. M. Le Verrier reconnut ainsi que les tables données par Bouvard étaient entachées d'erreurs qui viciaient l'ellipse théorique d'Uranus, à tel point que, par cela seul, et indépendamment de toute autre cause, les tables construites avec des éléments aussi imparfaits ne pouvaient en aucune manière concorder avec l'observation. Ainsi furent mises en évidence les inexactitudes qui affectent les calculs de Bouvard.

Cette révélation, pour le dire en passant, étonna beaucoup les astronomes; mais peut-être a-t-on trop insisté à cette époque sur les erreurs de Bouvard. Pour juger le travail de ce géomètre, il faut se reporter à l'époque où il fut exécuté, et considérer surtout que les méthodes perfectionnées dont on se sert aujourd'hui étaient encore à découvrir. Ainsi que le remarque M. Biot, Bouvard a fait tout ce que l'on pouvait faire de son temps : « On « fait mieux maintenant, dit M. Biot, ces « calculs après lui, mais, sans lui, on n'aurait « pas seulement à les perfectionner : le sujet « manquerait; car, sans l'assistance de Bou- « vard, Laplace n'aurait jamais pu étendre « si loin les développements de ses profondes « théories. »

Les personnes qui, vers l'année 1840, fréquentaient les séances de l'Institut, ne manquaient pas de remarquer un petit vieillard négligemment vêtu, et qui, toujours assis à la même place, passait tout l'intervalle de la séance courbé sur un cahier couvert de chiffres : c'était Bouvard, qui, selon l'expression d'Arago, renouvelée d'un passage de Con-

Fig. 444. — Bouvard.

dorcet dans son *Éloge d'Euler*, « ne cessa de calculer qu'en cessant de vivre. » Venu à Paris du fond de la Savoie, sans éducation et sans ressources, le hasard l'avait rendu témoin des travaux de l'Observatoire, et dès ce moment une véritable passion s'était développée en lui pour l'astronomie et les mathématiques. Il s'occupait d'études de ce genre avec une ardeur extraordinaire et sans trop savoir où elles le conduiraient, lorsqu'il eut l'occasion d'être mis en rapport avec Laplace. Le grand géomètre, retiré alors à la campagne, dans les environs de Melun, travaillait à la composition de sa *Mécanique céleste*. Mais il ne pouvait suffire seul aux calculs et aux déductions numériques que nécessitait cette œuvre immense. Il trouva un secours d'une valeur inestimable dans l'assistance de Bouvard, qui, dès ce moment, se dévoua à ses travaux avec une docilité et une patience infatigables. C'est grâce à l'abnégation de Bouvard et par sa collaboration assidue, qui se prolongea durant sa vie entière, que Laplace put mener à fin cette œuvre de génie, dont les géomètres de notre temps recueillent les bénéfices. Ainsi, sans les travaux de Bouvard, les méthodes abrégées de calcul dont nos astronomes tirent un si grand parti, seraient encore à créer aujourd'hui; il y aurait donc injustice à lui reprocher avec amertume des erreurs qui ont été le fait moins de son esprit que de son temps.

Les erreurs de Bouvard une fois constatées, M. Le Verrier corrigea les formules qui avaient présidé à la composition des tables de cet astronome. Il en construisit de nouvelles, et compara les nombres ainsi rectifiés avec les données de l'observation directe.

Malgré cette correction, ces tables restèrent en désaccord avec les mouvements d'Uranus. M. Le Verrier put donc conclure, mais cette fois avec toute la rigueur d'une démonstration mathématique, que la seule influence du soleil et des planètes connues était insuffisante pour expliquer les mouvements de cet astre, et que l'on ne parviendrait jamais à représenter sa marche, si l'on n'avait égard à d'autres causes. Ainsi ce n'était plus désormais dans les erreurs des géomètres, mais bien dans le ciel même qu'il fallait chercher la clef des anomalies d'Uranus. Une carrière nouvelle s'ouvrait donc devant M. Le Verrier ; il s'y engagea sans retard, et le 1er juin 1846 il exposait à l'Académie des sciences le résultat de ses admirables calculs.

Nous avons déjà vu que, pour expliquer les perturbations d'Uranus, les astronomes avaient mis en avant un grand nombre d'hypothèses. On avait songé à la résistance de l'éther, à un satellite invisible, à une planète encore inconnue ; enfin on était allé jusqu'à redouter qu'à la distance énorme de cette planète, la loi de la gravitation ne perdît quelque chose de sa rigueur. Au début de son mémoire, M. Le Verrier passe en revue chacune de ces hypothèses, et il montre que la seule idée à laquelle on puisse logiquement s'attacher, c'est l'existence dans le ciel d'une planète encore inconnue.

« Je ne m'arrêterai pas, dit M. Le Verrier, à cette idée que les lois de la gravitation pourraient cesser d'être rigoureuses, à la distance du soleil où circule Uranus. Ce n'est pas la première fois que, pour expliquer les anomalies dont on ne pouvait se rendre compte, on s'en est pris au principe de la gravitation. Mais on sait aussi que ces hypothèses ont toujours été anéanties par un examen plus profond des faits. L'altération des lois de la gravitation serait une dernière ressource à laquelle il ne serait permis d'avoir recours qu'après avoir épuisé les autres causes, et les avoir reconnues impuissantes à produire les effets observés.

« Je ne saurais croire davantage à la résistance de l'éther, résistance dont on a à peine entrevu les traces dans le mouvement des corps dont la densité est la plus faible, c'est-à-dire dans les circonstances qui seraient les plus propres à manifester l'action de ce fluide.

« Les inégalités particulières d'Uranus seraient-elles dues à un gros satellite qui accompagnerait la planète ? Ces inégalités affecteraient alors une très-courte période ; et c'est précisément le contraire qui résulte des observations. D'ailleurs le satellite dont on suppose l'existence devrait être très-gros et n'aurait pu échapper aux observateurs.

« Serait-ce donc une comète qui aurait, à une certaine époque, changé brusquement l'orbite d'Uranus ? Mais alors la période des observations de cette planète de 1781 à 1820 pourrait se lier naturellement, soit à la série des observations antérieures, soit à la série des observations postérieures ; or, elle est incompatible avec l'une et l'autre.

« Il ne nous reste ainsi d'autre hypothèse à essayer que celle d'un corps agissant d'une manière continue sur Uranus, et changeant son mouvement d'une manière très-lente. Ce corps, d'après ce que nous connaissons de la constitution de notre système solaire, ne saurait être qu'une planète encore ignorée. »

M. Le Verrier démontre, dans la suite de son mémoire, que cette hypothèse explique numériquement tous les résultats de l'observation, et il établit, d'une manière irrécusable, l'existence d'une planète, jusqu'alors inconnue, et qui trouble, par son attraction, les mouvements d'Uranus. Mais par quels moyens M. Le Verrier a-t-il été conduit à un résultat si remarquable, et sur quels faits a-t-il appuyé ses calculs ?

Il ne savait rien sur la masse de la planète perturbatrice, ni sur l'orbite qu'elle décrivait ; il était donc nécessaire d'établir quelque hypothèse qui pût servir de point de départ au calcul. Pour donner à la planète inconnue une place approximative, M. Le Verrier eut recours à une loi célèbre en astronomie. On sait que les distances des planètes au soleil sont à peu près doubles les unes des autres ; cette relation purement empirique, et dont la cause physique est d'ailleurs inconnue, porte le nom de *loi de Bode* ou *de Titius*. Képler avait déjà signalé, entre les distances des planètes au soleil, un rapport de ce genre, et il avait été amené, par cette remarque, à indiquer entre Mars et Jupiter l'existence d'une lacune ou de ce qu'il nommait un *hiatus*. La patience et la sagacité des astronomes modernes ont confirmé cette conjecture hardie, en faisant découvrir dans cet espace, et aux places indiquées par la loi de

Bode, les planètes Cérès, Pallas, Junon, Vesta et toute la série des petites planètes télescopiques, aujourd'hui au nombre de plus de cent et dont la liste s'augmente sans cesse. Comme Uranus est deux fois plus éloigné du soleil que Saturne, M. Le Verrier pensa que la nouvelle planète serait elle-même deux fois plus éloignée du soleil qu'Uranus. Cette hypothèse lui fournit donc une évaluation approximative de la distance de l'astre inconnu, qu'il savait d'ailleurs se mouvoir à peu près dans l'écliptique.

Ce premier résultat obtenu, il restait à fixer la position actuelle de l'astre dans son orbite, avec assez de précision pour que l'on pût se mettre à sa recherche. Si la position et la masse de la planète avaient été connues, on aurait pu en déduire les perturbations qu'elle fait subir à Uranus; mais ici le problème se trouvait renversé : les perturbations étaient connues, il fallait déterminer avec cet élément la position que la planète occupait dans le ciel, évaluer sa masse, trouver la forme et la position de son orbite, et expliquer par son action les inégalités d'Uranus.

Il nous est impossible d'entrer dans aucun détail sur la méthode mathématique suivie par M. Le Verrier, sur les calculs immenses qu'elle a nécessités, les obstacles de tout genre que cet astronome dut rencontrer, et l'habileté prodigieuse avec laquelle il les surmonta. Nous donnerons cependant une idée suffisante des difficultés que présentait l'exécution de ce travail, en disant que ces petits déplacements d'Uranus, ces perturbations, qui étaient les seules données du problème, ne dépassent guère en grandeur $\frac{1}{60}$ de degré, c'est-à-dire, par exemple, le diamètre apparent de la planète Vénus, quand elle est le plus près de la terre. Bien plus, ce n'étaient pas ces perturbations mêmes qui étaient les éléments du calcul, mais leurs irrégularités, c'est-à-dire des quantités encore plus petites et entachées naturellement des erreurs d'observation. Ajoutons enfin que les vrais éléments de l'orbite d'Uranus ne pouvaient être considérés eux-mêmes comme connus avec exactitude, puisqu'on les avait calculés sans tenir compte des perturbations de la planète qu'il s'agissait de chercher.

M. Le Verrier triompha de toutes ces difficultés. Le 1ᵉʳ juin 1846, il annonçait publiquement à l'Académie des sciences ce résultat formel : *La planète qui trouble Uranus existe. Sa longitude au 1ᵉʳ janvier 1847 sera de 325 degrés, sans qu'il puisse y avoir une erreur de 10 degrés sur cette évaluation.*

Cependant, pour assurer la découverte matérielle de la nouvelle planète, pour en hâter l'instant, il ne suffisait pas d'avoir mathématiquement démontré son existence, et d'avoir assigné, avec une certaine approximation, sa position actuelle. Comme elle avait, jusqu'à ce moment, échappé aux observateurs, il était évident qu'elle devait offrir dans les lunettes l'apparence d'une étoile et se confondre avec elles. Il fallait donc déterminer avec plus de rigueur sa position à un jour donné, c'est-à-dire le lieu du ciel vers lequel il fallait diriger le télescope pour l'apercevoir. M. Le Verrier entreprit cette nouvelle tâche. Trois mois lui suffirent pour exécuter le travail immense qu'elle nécessitait, et le 31 août 1846, il en présentait les résultats à l'Académie des sciences. Dans ce second mémoire il donnait des valeurs plus rapprochées des éléments de la planète ; il fixait sa longitude à 326 degrés 1/2 au lieu de 325, et sa distance actuelle à trente-trois fois la distance de la terre au soleil au lieu de trente-neuf, comme l'exigeait la loi empirique de Bode.

On a peine à comprendre comment une telle masse de calculs si compliqués put être exécutée dans un si court intervalle. Mais M. Le Verrier avait intérêt à terminer son travail avant la prochaine apparition de la planète, qui devait arriver vers le 18 ou le 19 août. C'était la situation la plus favorable pour l'observer, car ensuite elle serait projetée sur des points de l'écliptique de plus en plus rapprochés du soleil, et elle aurait alors disparu pendant plusieurs mois dans l'éclat de ses rayons; la recherche aurait dû être renvoyée à l'année suivante. Malgré cette hâte excessive, M. Le Verrier n'omit aucun des détails qui devaient inspirer la confiance aux astronomes, et les exciter à rechercher l'astre nouveau dans la place du ciel qu'il désignait. Il annonça que la masse de sa planète surpasserait celle d'Uranus, que son diamètre apparent et son éclat seraient seulement un peu moindres, de telle sorte que non-seulement on pourrait l'apercevoir avec une bonne lunette, mais encore qu'on la distinguerait sans peine des étoiles voisines, grâce à son disque sensible; il ajoutait enfin que pour la découvrir, il fallait la chercher à 5 degrés à l'est de l'étoile δ du Capricorne.

Dès ce moment, et de l'aveu de tous les astronomes, la planète était trouvée. En effet, sa découverte physique ne se fit pas attendre. Le 18 septembre 1846, M. Le Verrier annonçait ses derniers résultats à l'observatoire de Berlin. L'un des astronomes, M. Galle, reçut la lettre le 23. Par une coïncidence bien singulière, M. Galle avait sous les yeux une carte très-précise de la région du ciel que parcourait la planète. Cette carte, qui fait partie de la grande publication entreprise sous les auspices de l'Académie de Berlin, sortait le jour même de la presse, par le fait d'un hasard heureux, et ne se trouvait encore dans aucun autre observatoire. M. Galle mit aussitôt l'œil à la lunette, la dirigea vers le point indiqué, et reconnut à cette place une petite étoile qui se distinguait par son aspect des étoiles environnantes, et qui n'était pas marquée sur la carte de cette région du ciel, que venait de publier l'Académie de Berlin. Il fixa aussitôt sa position. Le lendemain, cette position se trouvait changée, et le déplacement s'était opéré dans le sens prédit: c'était donc la planète.

M. Galle s'empressa d'annoncer ce fait à M. Le Verrier, qui, le 5 octobre, donna connaissance à l'Académie de l'observation de M. Galle.

Pour juger de la précision avec laquelle M. Le Verrier avait fixé la position de cet astre, il suffit de comparer deux nombres empruntés à ses calculs.

La longitude héliocentrique conclue des observations de M. Galle, le 1er octobre, est.................................... 327° 24'
La longitude héliocentrique calculée d'avance par M. Le Verrier, et annoncée le 21 août, est.................. 326° 32'

Différence............ 0° 52'

Ainsi, la position de la planète avait été prévue *à moins d'un degré près.*

En présence d'un tel résultat, et quand on considère les immenses difficultés du problème, on ne peut s'empêcher d'admirer la certitude et la puissance de l'analyse mathématique. Quels étaient, en effet, les éléments du calcul de M. Le Verrier? Quelques oscillations d'une planète observée seulement depuis un demi-siècle, des déplacements à peine sensibles dont l'amplitude ne dépassait guère $\frac{1}{60}$ de degré, ou, pour mieux dire, les seules différences de ces déplacements. Quelles étaient, au contraire, les inconnues à dégager? La place, la grandeur et tous les éléments d'un astre situé bien au delà des limites de notre système planétaire, d'un corps éloigné de plus de douze cents millions de lieues du soleil, et qui tourne autour de lui dans un intervalle de cent soixante-six ans. Or, ces nombres immenses sortent du calcul avec une valeur très-rapprochée, et le résultat de l'observation ne démontre pas une erreur de un degré dans la détermination théorique.

On se rappelle la sensation que produisit dans le public l'annonce de cet événement scientifique. Sans doute, peu de personnes, même parmi les savants, pouvaient apprécier la véritable importance et la nature des difficultés du travail de M. Le Verrier; cependant tout le monde comprenait ce qu'il y avait de merveilleux à avoir constaté *à priori*, et sans autre secours que le calcul, l'existence d'une planète que nul œil humain n'avait encore aperçue. Aussi les témoignages de l'admiration publique ne manquèrent pas à M. Le Verrier.

Le roi Louis-Philippe voulut recevoir en audience particulière le jeune astronome, le féliciter de sa brillante découverte et lui annoncer lui-même les brillantes récompenses qu'elle devait mériter à son auteur.

La place de professeur d'astronomie à la Sorbonne, suivie bientôt de toutes sortes de hauts emplois dans l'enseignement, fut accordée à l'auteur de la découverte de l'astre nouveau. Jamais, on peut le dire, travail scientifique ne fut plus largement honoré par la reconnaissance publique.

On s'est demandé à cette époque comment M. Le Verrier n'avait pas essayé de chercher lui-même dans le ciel la planète dont il avait théoriquement reconnu l'existence, et comment, après avoir fixé, avec une si étonnante précision, sa position absolue, il ne s'était pas empressé de diriger une lunette vers la région qu'il indiquait, afin de vérifier lui-même sa prophétie, de s'assurer de cette manière l'honneur tout entier de sa découverte. M. Le Verrier ne procéda point lui-même à cette recherche, parce qu'il n'était pas observateur. Les travaux astronomiques embrassent, en effet, deux parties très-différentes : le calcul et l'observation ; les astronomes suivent d'une manière à peu près exclusive l'une ou l'autre de ces deux carrières, qui exigent chacune des études et des qualités spéciales. Quand on jette les yeux sur les instruments de l'Observatoire de Paris, cet équatorial gigantesque, ces télescopes à vingt pieds de foyer, ces cercles divisés avec une précision merveilleuse, ces lunettes dont les réticules sont formés de fils plus fins que ceux de l'araignée, ces pendules dont la marche rivalise d'uniformité avec le mouvement diurne de la voûte céleste, etc., on comprend aisément que la pratique de l'observation astronomique ne soit pas à la portée de chacun.

CHAPITRE II

DÉCLAMATION DE M. ADAMS CONCERNANT LA DÉCOUVERTE DE LA PLANÈTE NEPTUNE. — OBJECTIONS DE M. BABINET. — CRITIQUES DIRIGÉES CONTRE LES RÉSULTATS OBTENUS PAR M. LE VERRIER. — INFLUENCE DE LA DÉCOUVERTE DE NEPTUNE SUR L'AVENIR DES TRAVAUX ASTRONOMIQUES.

On n'était pas encore revenu de l'admiration et de la surprise qu'avait excitées en France la découverte de M. Le Verrier, lorsqu'un incident inattendu vint ajouter à la question un intérêt nouveau. Dix jours à peine après l'observation de M. Galle, les journaux anglais annoncèrent qu'un astronome de Cambridge avait fait la même découverte que M. Le Verrier. Un jeune mathématicien, M. Adams, agrégé du collège de Saint-Jean, à Cambridge, avait exécuté, disait-on, un travail analogue à celui de notre compatriote, et il était arrivé à des résultats presque identiques. Les calculs de M. Adams n'avaient pas été publiés, mais on affirmait qu'ils étaient connus de plusieurs savants.

Exprimé même en ces termes, ce fait ne pouvait porter aucune atteinte aux droits publiquement établis de M. Le Verrier ; cependant il souleva une vive controverse et amena des débats très-irritants. La publication des calculs de l'astronome anglais a mis un terme à ces discussions regrettables, et permis de rétablir la vérité. Le travail de M. Adams a été produit dans la séance du 13 novembre 1846, devant la Société astronomique de Londres, qui en a ordonné l'impression et la distribution au monde savant.

Il résulte de l'*Exposé* publié par M. Adams et des lettres qui l'accompagnent, que, dès l'année 1844, cet astronome, alors élève à l'université de Cambridge, s'occupait de la théorie d'Uranus, et cherchait à rectifier les mouvements de cette planète par l'hypothèse

Fig. 445. — M. Le Verrier reçu par le roi Louis-Philippe, au palais des Tuileries, à l'occasion de sa découverte de la planète Neptune.

d'un astre perturbateur. Ce n'était pas d'ailleurs la première fois que cette pensée se présentait à l'esprit des astronomes. On voit dans l'introduction des tables de Bouvard que ce géomètre, désespérant de représenter le mouvement d'Uranus par une formule rigoureuse, s'arrête vaguement à l'idée d'une planète perturbatrice. D'après le témoignage de sir John Herschell, le célèbre astronome allemand Bessel aurait exprimé cette opinion d'une manière beaucoup plus formelle. En examinant attentivement les observations d'Uranus, Bessel avait reconnu que ses écarts excédaient de beaucoup les erreurs possibles de l'observation, et il attribuait ces différences à l'action d'une planète inconnue, les erreurs étant systématiques et telles qu'elles pourraient être produites par une planète extérieure. Cependant cet astronome ne soumit jamais cette vue au contrôle du calcul. M. Adams prit le problème plus au sérieux, puisqu'il en fit le sujet d'un travail particulier

Comme M. Le Verrier, l'astronome anglais avait eu recours à la loi de Bode pour obtenir d'abord une distance approximative du nouvel astre. Vers la fin de 1845, il connaissait à peu près la position de la planète qu'il supposait d'une masse triple de celle d'Uranus. Au mois de septembre 1845, il fit part de ses résultats au directeur de l'observatoire de Cambridge, M. Challis, qui l'engagea à se rendre à Greenwich pour les communiquer à l'astronome royal, M. Airy. M. Adams se rendit en effet à Greenwich, mais l'astronome royal était alors à Paris. Dans les premiers jours d'octobre 1845, M. Adams se présenta de nouveau à Greenwich, mais M. Airy était encore absent, et il dut se borner à lui laisser une note dans laquelle il fixait les divers éléments de sa planète hypothétique. Il annonçait, dans cette note, que la longitude moyenne de sa planète serait de 323° 2', le 1er octobre 1846. Il avait calculé que sa masse serait triple de celle d'Uranus; que, par conséquent, l'astre nouveau jouirait du même éclat qu'une étoile de 9ᵉ grandeur, ce qui permettrait de la voir facilement; il espérait que, sur ces indications, l'astronome royal voudrait bien faire entreprendre sa recherche. Mais M. Airy ne semble pas avoir pris au sérieux le travail de M. Adams, car il ne fit pas exécuter cette recherche; il avait fait à l'auteur une objection qui était demeurée sans réponse, et sa conviction ne se forma qu'après la lecture du mémoire bien autrement décisif de M. Le Verrier. Quant à M. Adams, il n'ajoutait pas sans doute une grande foi à ses propres calculs, car il se refusa à les publier et ne les adressa à aucune société savante; il ne chercha pas même à prendre date pour son travail, bien qu'il fût informé par la publication du premier mémoire de M. Le Verrier, qu'un autre mathématicien s'occupait du même sujet. Il attendit, pour parler de ses calculs, que M. Galle eût constaté par l'observation directe l'existence de la planète. Disons d'ailleurs que M. Adams, plus équitable en cela et plus sincère que ses amis, n'a pas hésité à reconnaître lui-même le peu de fondement de ses réclamations. Il s'exprime ainsi dans le préambule de son *Exposé :*

« Je ne mentionne ces recherches que pour montrer que mes résultats ont été obtenus indépendamment et avant la publication de ceux auxquels M. Le Verrier est parvenu. Je n'ai nulle intention d'intervenir dans ses justes droits aux honneurs de la découverte, car il n'est pas douteux que ses recherches n'aient été communiquées les premières au monde savant, et que ce sont elles qui ont amené la découverte de la planète par M. Galle. Les faits que j'ai établis ne peuvent donc porter la moindre atteinte aux mérites qu'on lui attribue (1). »

Si maintenant et indépendamment de la question de priorité, qui ne saurait être douteuse en faveur du savant français, on compare le travail mathématique des deux astronomes, il est facile de reconnaître que celui de M. Adams n'était qu'un premier aperçu, une simple tentative à laquelle les deux astronomes anglais qui en eurent communication, et probablement aussi l'auteur lui-même, n'accordaient que peu de confiance (2). M. Adams n'a donné qu'une analyse de ses recherches, mais il en a dit

(1) *Transactions de la Société royale d'astronomie de Londres.*
(2) Une lettre citée par Arago dans le cahier du 19 octobre 1846 des *Comptes rendus de l'Académie des sciences*, montre que le directeur de l'observatoire de Greenwich n'ajoutait aucune confiance aux résultats annoncés par M. Adams. Depuis l'année 1845, M. Airy avait entre les mains le travail de M. Adams qui contenait les éléments de sa planète hypothétique; cependant il accordait si peu de crédit à ces données, qu'au mois de juin 1846, c'est-à-dire après la publication du premier mémoire de M. Le Verrier, il ne croyait pas encore à l'existence d'une planète étrangère qui troublât les mouvements d'Uranus. Voici en effet ce qu'il écrivait le 26 juin à M. Le Verrier, en lui présentant des objections contre les conclusions de son mémoire :
« Il paraît, d'après l'ensemble des dernières observations d'Uranus faites à Greenwich (lesquelles sont complètement décrites dans nos recueils annuels, de manière à rendre manifestes les erreurs des tables, soit qu'elles affectent les longitudes héliocentriques ou les rayons vecteurs); il paraît dis-je, que les rayons vecteurs donnés par les tables d'Uranus sont considérablement trop petits. Je désire savoir de vous si ce fait est une conséquence des perturbations produites par une planète extérieure, placée dans la position que vous lui avez assignée.
« J'imagine qu'il n'en sera pas ainsi, car le principal

assez pour que les mathématiciens aient pu constater que la méthode qu'il a suivie n'était qu'une sorte de tâtonnement empirique, un essai de nombres plutôt qu'un calcul méthodique et rigoureux.

Dans les premiers temps de la découverte, Arago proposa de donner à l'astre nouveau le nom de *Planète Le Verrier;* il pensait qu'il était bon d'inscrire ce nom dans le ciel pour rappeler le géomètre qui avait si admirablement étendu les bornes de nos moyens d'exploration. Cependant le nom de *Neptune* a prévalu, et il est aujourd'hui définitivement adopté, pour ne pas rompre l'uniformité des dénominations astronomiques.

Nous n'avons pas besoin de dire que tous les astronomes, et notamment ceux qui possédaient de puissantes lunettes, s'empressèrent d'observer Neptune et d'étudier sa marche. Aussi l'on ne tarda pas à annoncer que cette planète est accompagnée d'un satellite; il avait été découvert par M. Lassell, riche fabricant de Liverpool, qui consacre ses loisirs et sa fortune à des observations astronomiques. C'est avec un télescope dont le miroir a deux pieds d'ouverture et vingt pieds de longueur focale, et qu'il a construit de ses mains, que M. Lassell a observé ce nouveau corps qui circule autour de la planète dans un intervalle d'environ six jours.

D'après les données les plus récentes de l'observation, le diamètre de Neptune est de dix-sept mille trois cents lieues. Son volume est donc environ deux cents fois celui de la terre, et il peut être vu avec un télescope d'une force très-médiocre. Sa vitesse moyenne, de quatre mille huit cents lieues par heure, est six fois moindre que celle de la terre. Il décrit autour du soleil une ellipse presque circulaire avec une vitesse linéaire d'une lieue et un tiers par seconde; la durée de sa révolution est d'environ cent soixante-six ans, et sa distance moyenne au soleil est trente fois plus grande que celle de la terre, c'est-à-dire de douze cents millions de lieues. Enfin, il est, dit-on, pourvu, comme Saturne, d'un anneau; mais l'existence de cet anneau est problématique; il se pourrait que ce ne fût là qu'une pure illusion d'optique dont les meilleurs télescopes ne sont pas toujours exempts.

Ici se terminerait l'histoire de la découverte mémorable qui vient de nous occuper si, vers la fin de l'année 1848, un académicien n'était venu soulever, au sein de l'Institut, une discussion, nullement sérieuse au fond, mais qui, mal comprise ou défigurée, jeta inopinément dans le public, sur la découverte de l'astronome français, certains doutes qu'explique aisément l'ignorance générale en pareille matière. Voici quelle fut l'origine de cette controverse.

Dès que la planète Neptune fut signalée aux astronomes, on s'occupa de l'observer et de fixer ses éléments par l'observation directe. On ne surprendra personne en disant que l'orbite de la planète nouvelle ayant été calculée d'après l'observation, ses éléments présentèrent quelques désaccords avec ceux que M. Le Verrier avait déduits *à priori* du calcul avant que l'astre fût aperçu. Ce désaccord était d'ailleurs assez faible et infiniment au-dessous de la limite des erreurs auxquelles on pouvait s'attendre. Cependant M. Babinet crut pouvoir se fonder sur ces différences pour admettre que la planète nouvelle ne suffisait pas pour rendre compte des anomalies d'Uranus. Il recherche si l'on ne pourrait pas les expliquer, non plus par la seule influence de Neptune, mais par l'action de cette planète réunie à celle d'une seconde

---

terme de l'inégalité sera probablement analogue à celui qui représente la *variation* de la lune, c'est-à-dire dépendra de sin (V — V')….»

insi, l'un des astronomes les plus habiles de l'Europe, quoique en possession du travail de M. Adams, ne croyait pas qu'une planète extérieure pût expliquer les anomalies d'Uranus. « En faut-il davantage, dit Arago, pour établir que le travail en question ne pouvait être qu'un premier aperçu, qu'un essai informe, auquel l'auteur lui-même, pressé par la difficulté de M. Airy, n'accordait aucune confiance? »

planète hypothétique encore plus éloignée, et que, par une prévision qu'il est permis de trouver anticipée, il désigna sous le nom d'*Hypérion*. Il n'y avait rien dans cette idée qui pût éveiller de grands débats ; c'était une simple vue de l'esprit qu'à tout prendre on pouvait discuter, bien que, pour le dire en passant, la plupart de nos géomètres s'accordent à repousser comme théoriquement inadmissible l'hypothèse de M. Babinet, car l'action de deux planètes ne saurait être remplacée par celle d'une troisième située à leur *centre de gravité*, comme il le dit en termes formels. Le travail de M. Babinet aurait donc passé sans exciter d'émotion particulière, si les termes qu'il employa dans son mémoire n'étaient venus donner le change à l'esprit du public. Voici, en effet, comment débute le mémoire de M. Babinet :

« L'identité de la planète Neptune avec la planète théorique, qui rend compte si admirablement des perturbations d'Uranus, d'après les travaux de MM. Le Verrier et Adams, mais surtout d'après ceux de l'astronome français, *n'étant plus admise par personne* depuis les énormes différences constatées entre l'astre réel et l'astre théorique, quant à la masse, à la durée de la révolution, à la distance au soleil, à l'excentricité et même à la longitude, on est conduit à chercher si les perturbations d'Uranus se prêteraient à l'indication d'un second corps planétaire voisin de Neptune.... »

Si M. Babinet se fût borné à constater les désaccords qui existent entre la masse, la distance et l'orbite de Neptune, fournis par l'observation directe, et ces mêmes éléments déduits du calcul par M. Le Verrier, il n'aurait fait que rappeler des faits incontestables. Mais l'ambiguïté de sa rédaction donna lieu aux interprétations les plus fâcheuses, et sur la foi de sa grave autorité, des critiques sans fin contre la découverte de M. Le Verrier firent tout d'un coup irruption. Nous ne nous arrêterons pas à la niaiserie de certains journaux qui ont tout bonnement prétendu que la planète Neptune n'existe pas. Mais il importe d'examiner en quelques mots les critiques plus sérieuses et mieux fondées en apparence, qui ont été dirigées, à cette occasion, contre le travail de M. Le Verrier.

On ne peut nier qu'il n'existe une différence entre la position vraie de Neptune et celle que le calcul lui avait assignée. Mais pouvait-il en être autrement ? M. Le Verrier a découvert cette planète par un moyen détourné et sans l'avoir vue ; il était donc impossible qu'il fixât sa place avec la précision de l'observation directe ; tout ce qu'il a prétendu faire et tout ce qu'on pouvait espérer, c'était de déterminer sa situation dans le ciel avec assez d'exactitude pour qu'on pût la chercher et la découvrir. Demander en pareille matière une précision absolue, c'est évidemment exiger l'impossible : « Dirigez l'instrument vers tel point du ciel, a dit M. Le Verrier, la planète sera dans le champ du télescope. » Elle s'y est trouvée ; que demander de plus ?

Mais, ajoute-t-on, M. Le Verrier s'est trompé sur la distance de Neptune, puisque, au lieu d'être actuellement, comme il l'a dit, de trente-trois fois la distance de la terre au soleil, elle n'est que trente fois cette distance. Est-ce là une erreur bien notable ? Sans doute, si, dans le but de frapper l'imagination, on exprime cette différence en lieues ou en kilomètres, on arrivera à un nombre effrayant ; mais cette manière d'argumenter manque évidemment de bonne foi. Comme l'étendue de notre système solaire est immense relativement à notre globe, et relativement à la petitesse des unités adoptées pour nos mesures linéaires, la moindre erreur dans leur évaluation se traduit par des nombres énormes, de telle sorte que le reproche qu'on fait pour Neptune pourrait s'appliquer à tous les travaux astronomiques qui ont eu pour objet la détermination de la distance des astres. Considérons, par exemple, la distance de la terre au soleil, dont la détermination a coûté de si longues recherches. La mesure de cet élément fondamental a présenté, entre les mains

LA PLANÈTE NEPTUNE.

Fig. 446. — Observatoire de Paris.

des plus grands astronomes, des discordances supérieures à celles qu'on reproche à M. Le Verrier. En 1750, on s'accordait à admettre, pour cette distance, trente-deux millions de lieues. Vingt ans après, on la portait à plus de trente-huit millions de lieues; la différence de ces deux résultats dépasse six millions de lieues, ou la cinquième partie du premier, tandis que l'erreur reprochée à M. Le Verrier ne serait que d'un dixième, c'est-à-dire deux fois moindre. Et cependant, d'une part, il s'agissait du soleil, l'astre le plus important de notre monde, l'objet des observations quotidiennes des astronomes depuis deux mille ans; d'autre part, c'était un astre jusqu'alors inaperçu, et qui ne devait se dévoiler aux yeux de l'esprit que par les faibles écarts qu'il produit chez une planète connue seulement depuis un demi-siècle.

On accuse encore M. Le Verrier d'avoir attribué à sa planète une masse plus considérable que celle qu'elle a réellement. A cela il suffit de répondre que les astronomes ne s'accordent pas même sur la grandeur des masses de plusieurs planètes anciennement connues, et notamment sur celle d'Uranus même. On conçoit, d'ailleurs, que si M. Le Verrier a placé Neptune un peu trop loin, il a dû, par compensation, le faire un peu trop gros. Ainsi l'incertitude sur la masse de la planète résultait nécessairement de celle de sa distance. C'est ce dont conviennent tous les astronomes. Sir John Herschell, dans une lettre à M. Le Verrier relative à cette discussion, n'a pas hésité à connaître que l'incertitude des données de la question entraînait forcément celle des éléments de l'orbite de Neptune. Ces éléments n'étaient, du reste, qu'une partie accessoire du problème : « L'objet direct de vos efforts, ajoute M. Her-« schell, était de dire où était placé le corps « troublant à l'époque de la recherche, et « où il s'était trouvé pendant les quarante ou « cinquante années précédentes. Or c'est ce « que vous avez fait connaître avec une par-« faite exactitude. »

Après un tel témoignage, auquel on pourrait joindre celui de bien d'autres astronomes étrangers, et celui de nos illustres compatriotes, MM. Biot, Cauchy, Faye, etc., on voit quel cas il faut faire des singulières assertions dont la découverte de M. Le Verrier a été l'objet. Grâce aux commentaires des petits journaux, une bonne partie du public s'imagine encore aujourd'hui que la planète de M. Le Verrier a disparu du champ des télescopes, tandis qu'au contraire, depuis le jour de sa découverte, elle a si bien suivi la route que l'astronome français lui avait assignée, que chacun peut maintenant, à l'aide de ses indications, l'observer dans le ciel, s'il est muni d'une lunette fort ordinaire. En résumé, le *Neptune* trouvé par M. Galle, comme la planète calculée par M. Le Verrier, rendent parfaitement compte des perturbations d'Uranus, et leur identité ne saurait être contestée par aucun savant de bonne foi.

Telle est, réduite à ses termes les plus simples, l'histoire de cette découverte extraordinaire, qui occupera une si grande place dans les annales de la science contemporaine. Ce qui a frappé surtout et ce qui devait frapper en elle, c'est la confirmation merveilleuse qu'elle a fournie de la certitude des méthodes mathématiques qui servent à calculer les mouvements des corps célestes. Elle nous a appris comment l'intelligence, aidée de ce précieux instrument qu'on appelle le calcul, peut en quelque sorte suppléer à nos sens, et nous dévoiler des faits qui semblaient jusque-là inaccessibles à l'esprit.

Mais ce qui a été moins remarqué, c'est la confirmation éclatante que cette découverte a apportée à la loi de l'attraction universelle. Les anomalies d'Uranus avaient fait craindre à quelques astronomes que, à la distance énorme de cette planète, la loi de l'attraction ne perdît une partie de sa rigueur : la découverte de Neptune est venue nous rassurer sur l'exactitude de la loi générale qui règle les mouvements célestes. Cependant, dans son bel exposé du travail mathématique de M. Le Verrier, imprimé en 1846 dans le *Journal des savants*, M. Biot assure que cette confirmation était loin d'être nécessaire; et que la loi de Newton n'était nullement mise en péril par les irrégularités d'Uranus. Il cite à ce propos une série de faits astronomiques, tous fondés sur la loi de l'attraction et dont la précision et la concordance suffisaient, selon lui, pour établir la certitude absolue de cette loi. Les preuves invoquées par M. Biot sont sans réplique ; que l'on nous permette cependant de faire remarquer que tous les exemples invoqués par l'illustre astronome se passent tous, si l'on en excepte le fait emprunté à la réapparition des comètes, dans un rayon d'une étendue *relativement* médiocre. Au contraire, la planète Neptune est placée aux confins du monde solaire. Or la considération de la distance n'est pas ici un élément à dédaigner. Il n'est pas rare, en effet, de voir certaines lois physiques commencer à perdre une partie de leur rigueur quand on les prend dans des conditions extrêmes. C'est ainsi que les belles recherches de M. Regnault ont démontré que les lois de la compression et de la dilatation des gaz se modifient quand on les considère au moment où les gaz se rapprochent de leur point de liquéfaction. N'était-il pas à craindre, d'après cela, que la loi elle-même de l'attraction ne pût subir une altération de ce genre, qui ne deviendrait sensible qu'à partir de certaines limites? Dans un moment où, d'après les résultats des recherches les plus récentes de nos physiciens, on remarque une tendance marquée à tenir en suspicion plusieurs grandes lois dont le crédit était resté longtemps inébranlable, cette confirmation du principe de l'attraction universelle a paru à beaucoup d'esprits sérieux un témoignage utile à enregistrer. La plupart des astronomes n'ont pas hésité à porter ce jugement, et M. Enke a proclamé la découverte de M. Le Verrier *la plus brillante preuve qu'on puisse imaginer de l'attraction universelle.*

Une autre conséquence découle de la découverte de M. Le Verrier, conséquence plus lointaine, et qui a dû frapper moins vivement les esprits, bien qu'elle mérite de fixer toute l'attention des savants. M. Le Verrier termine son travail par la réflexion suivante : « Ce succès doit nous laisser espérer qu'après « trente ou quarante années d'observations « de la nouvelle planète, on pourra l'em« ployer à son tour à la découverte de celle « qui la suit dans l'ordre des distances au « soleil. » Ainsi la planète qui nous a révélé son existence par les irrégularités du mouvement d'Uranus n'est probablement pas la dernière de notre système solaire. Celle qui la suivra se décèlera de même par les perturbations qu'elle imprimera à Neptune, et à son tour celle-ci en décèlera d'autres plus éloignées encore, par la perturbation qu'elle en éprouvera. Placés à des distances énormes ces astres finiront par n'être plus appréciables à nos instruments ; mais, alors même qu'ils échapperont à notre vue, leur force attractive pourra se faire sentir encore. Or la marche suivie par M. Le Verrier nous donne les moyens de découvrir ces astres nouveaux sans qu'il soit nécessaire de les apercevoir. Il pourra donc venir un temps où les astronomes, se fondant sur certains dérangements observés dans la marche des planètes visibles, en découvriront d'autres qui ne le seront pas, et en suivront la marche dans les cieux. Ainsi sera créée cette nouvelle science qu'il faudra nommer *l'astronomie des invisibles;* et alors les savants, justement orgueilleux de cette merveilleuse extension de leur domaine, prononceront avec respect et avec reconnaissance le nom du géomètre qui assura à l'astronomie une destinée si brillante.

FIN DES MERVEILLES DE LA SCIENCE.

TABLE DES MATIÈRES

L'ART DE L'ÉCLAIRAGE.

CHAPITRE PREMIER

L'éclairage par les corps gras liquides. — L'éclairage chez les anciens et au Moyen âge. — Les lanternes. — Histoire de l'éclairage en France depuis le Moyen âge jusqu'à l'année 1783. — L'invention des réverbères en 1783. ... 2

CHAPITRE II

Découverte de la lampe à double courant d'air par Argand. — Vie et travaux de ce physicien. — Recherches faites antérieurement par le capitaine du génie Meunier sur la lampe à courant d'air 14

CHAPITRE III

Quinquet dispute à Argand la découverte des lampes à double courant d'air. — Lange et Quinquet. — Infortunes d'Argand. — Sa mort 19

CHAPITRE IV

Perfectionnements apportés à la lampe d'Argand. — La crémaillère. — Le porte-mèche. — Nouvelle disposition des lampes à bec d'Argand. — La lampe sinombre. — La lampe Astrale 27

CHAPITRE V

Guillaume Carcel invente la lampe à mouvement d'horlogerie. — Vie et travaux de Carcel. — La lampe à pompe du midi de la France sert de prélude à l'invention de Carcel. — Description de cette lampe 32

CHAPITRE VI

Modification apportée à la lampe Carcel par Gagneau 39

CHAPITRE VII

Lampe mécanique de Philippe de Girard. — Les lampes hydrostatiques. — Lampe de Keir, de Lange et Verzi. — Lampe de Thilorier au sulfate de zinc 41

CHAPITRE VIII

La lampe à modérateur 47

CHAPITRE IX

La lampe solaire. — La lampe Jobard ou lampe du pauvre 54

CHAPITRE X

L'éclairage par les corps gras solides. — Les chandelles et leur fabrication. — Extraction des suifs. — Fabrication des chandelles par la fonte à feu nu et par l'acide ou l'alcali. — Moulage des chandelles. — Fabrication des chandelles à la baguette 58

CHAPITRE XI

La bougie stéarique. — Théorie de la fabrication des acides gras destinés à l'éclairage. — Histoire des travaux chimiques qui ont amené à la découverte des acides gras. — Recherches de Braconnot et de Chevreul 64

CHAPITRE XII

M. de Milly crée l'industrie de la fabrication des acides gras. — Procédés imaginés par M. de Milly pour la préparation de l'acide stéarique... 72

CHAPITRE XIII

Procédés actuellement suivis pour la préparation des acides gras destinés à l'éclairage. — La saponification calcaire................ 75

CHAPITRE XIV

Préparation des acides gras par la distillation. — Histoire de cette découverte. — Procédé pratique de la préparation des acides gras par la distillation. — Procédé par l'acide sulfurique solide. — Procédé par l'eau seule.... 79

CHAPITRE XV

Préparation des bougies stéariques. — Moulage. — Blanchiment. — Rognage, etc........... 88

CHAPITRE XVI

Les bougies de blanc de baleine et de paraffine.................................... 91

CHAPITRE XVII

L'éclairage au gaz. — Les effluves gazeuses naturelles. — Les sources de feu en Asie, en Amérique, en Europe. — Observations scientifiques de ce même phénomène faites en Angleterre. — James Hales et Clayton. — Philippe Lebon crée en 1798 l'éclairage par le gaz retiré du bois calciné. — Le thermolampe. — Travaux de Philippe Lebon. — Sa vie et sa mort........................... 93

CHAPITRE XVIII

William Murdoch crée en Angleterre l'éclairage par le gaz extrait de la houille. — L'éclairage au gaz dans l'usine de Watt à Soho et dans la filature de MM. Phillips et Lée à Manchester. — Progrès de l'éclairage au gaz extrait de la houille en Angleterre. — Winsor popularise cette invention. — Luttes que soutient en Angleterre la nouvelle industrie. 109

CHAPITRE XIX

Winsor importe en France l'éclairage au gaz extrait de la houille. — Opposition générale contre ce nouveau système d'éclairage. — Luttes et progrès de la nouvelle industrie... 221

CHAPITRE XX

L'éclairage au gaz en Allemagne............ 132

CHAPITRE XXI

Description des procédés employés pour la préparation et l'épuration du gaz de l'éclairage extrait de la houille...................... 134

CHAPITRE XXII

Préparation du gaz de l'éclairage au moyen de l'huile et des résines. — Le gaz hydrogène extrait de l'eau et son emploi dans l'éclairage....................................... 148

CHAPITRE XXIII

Le gaz portatif............................ 152

CHAPITRE XXIV

Combustion du gaz. — Les becs. — Becs à simple fente et becs à double courant d'air. — Les becs pour l'éclairage des rues et les becs d'appartements. — Les compteurs à gaz. — Avantages divers du gaz de l'éclairage..... 156

CHAPITRE XXV

L'éclairage par les hydrocarbures liquides. — Le gaz liquide ou l'éclairage Robert..... 169

CHAPITRE XXVI

Gisements d'asphalte pétrolifère connus dans l'antiquité. — La mer Morte et les sources d'huiles minérales anciennement connues. — Les gisements d'asphalte en Amérique. — L'huile de schiste exploitée en Amérique et en Europe. — Le bitume d'Asie ou asphalte de Rangoun. — Découverte accidentelle, faite dans l'Amérique du Nord, en 1858, des sources jaillissantes d'huile de pétrole.. 175

CHAPITRE XXVII

Origine géologique des huiles minérales de pétrole................................... 184

CHAPITRE XXVIII

Procédés pour l'extraction du pétrole. — Le sondage à la corde et le sondage au derrick. 187

TABLE DES MATIÈRES.

CHAPITRE XXIX

Mode d'exploitation des sources de pétrole. — Transport et fret.................... 193

CHAPITRE XXX

Procédés de purification des huiles brutes de pétrole.................... 194

CHAPITRE XXXI

Les lampes pour l'éclairage au pétrole....... 199

CHAPITRE XXXII

Emploi du pétrole comme combustible. — Essais faits en Amérique pour l'emploi du pétrole comme combustible. — Expérience faite sur la Seine en 1868, avec le yacht *le Puebla*, pour le chauffage des chaudières des machines à vapeur au moyen du pétrole. — Forme et disposition de la chaudière. — Avantages du pétrole comme agent de chauffage sur les navires à vapeur. — Emploi du pétrole comme combustible dans les locomotives... 205

CHAPITRE XXXIII

Tableau des gisements actuellement connus dans les deux mondes, de l'huile minérale de pétrole.................... 208

CHAPITRE XXXIV

Les lumières éblouissantes. — L'éclairage électrique. — Expérience de Humphry Davy. — Le régulateur de Foucault pour la lampe électrique. — Les régulateurs de Duboscq, Serrin et Gaiffe.................... 214

CHAPITRE XXXV

Appréciation et avenir de la lumière électrique.................... 226

CHAPITRE XXXVI

L'éclairage au magnésium. — Propriétés de ce métal. — Lampe pour l'éclairage au magnésium. — Application spéciale à la photographie.................... 228

CHAPITRE XXXVII

L'éclairage oxy-hydrique. — La lumière Drummond. — Perfectionnements de ce système d'illumination. — Travaux de MM. Archereau, Rousseau, Carlevaris, etc. — Préparation économique du gaz oxygène. — Procédé de M. Boussingault par la baryte. — Procédé de M. Tessié du Motay par le manganate de soude. — Expériences faites en 1868 sur la place de l'Hôtel-de-ville de Paris, et en 1869, dans la cour des Tuileries. — Disposition des becs. — Avenir de ce nouveau mode d'éclairage. — Production de la lumière Drummond sans l'emploi du gaz oxygène....... 230

L'ART DU CHAUFFAGE.

CHAPITRE PREMIER

Le chauffage chez les anciens habitants de l'Europe méridionale. — Le trépied grec. — Le foculus romain conservé dans l'Italie et le midi de l'Europe. — Le brasero. — Le chauffage chez les anciens habitants du nord de l'Europe et de l'Asie. — Les chalets suisses reproduisent le système primitif de chauffage des habitations chez les anciens peuples de l'Asie du nord et de l'Europe.......... 241

CHAPITRE II

Invention de la cheminée au Moyen âge. — Ses perfectionnements. — Travaux de Serlio, Keslar, Savot, Franklin, Gauger, etc........ 247

CHAPITRE III

Travaux du physicien Rumford sur le chauffage au moyen des cheminées. — Travaux de Péclet sur les divers modes de chauffage. 256

CHAPITRE IV

Construction des cheminées modernes. — Composition de tuyau. — Forme du foyer. — Conduits de la fumée. — Cheminée dite de Rumford. — Tablier mobile de Lhomond. — Cheminée à la Franklin. — Foyer mobile de Bronzac. — Cheminées anglaises pour brûler la houille. — Foyers à flamme renversée.................... 261

CHAPITRE V

Les cheminées ventilatrices. — Avantages et rendement calorifique. — Appareil Leras. — Appareils à tubes verticaux ou horizontaux. — Cheminée Fondet. — Cheminée de M. Ch. Joly.................... 265

CHAPITRE VI

Pourquoi les cheminées fument. — Action de la nature et de la forme du foyer et du tuyau. — De la suie. — Des branchements. — Du vent. — Du défaut de ventilation. — De la pression barométrique. — De la température. — De l'humidité. — De l'électricité atmosphérique. — Du soleil, etc.............. 271

CHAPITRE VII

Poêles. — Leur histoire et leur origine. — Le poêle allemand. — Avantages et inconvénients des poêles. — Défaut de ventilation et dessèchement de l'air. — Danger des poêles de fonte pour la santé. — Expérience de M. le docteur Carret, de Chambéry. — Rapport de M. le général Morin à l'Académie des sciences. 278

CHAPITRE VIII

Description des différentes variétés de poêles. — Poêle d'antichambre. — Poêle d'atelier. — Détermination exacte de la surface de chauffe que doit présenter un poêle. — Poêles allemands et russes. — Poêles perfectionnés. — Appareil de Walker, Martin, Hurey, Arnot. — Les cheminées-poêles. — Cheminée à la prussienne. — Cheminée à la Désarnod. 289

CHAPITRE IX

Les calorifères employés dans l'antiquité pour le chauffage des bains publics. — L'hypocaustum. — Les thermes chauffés par l'hypocaustum. — Le calorifère à air chaud chez les Romains...................... 295

CHAPITRE X

Utilité des calorifères. — Mouvement de l'air dans les calorifères à air chaud. — Tuyaux, joints, nature des matériaux employés. — Les divers systèmes de calorifères........ 297

CHAPITRE XI

Principe du chauffage par les calorifères à vapeur. — Avantages de ce système. — Générateurs, tuyaux, joints, soupapes, reniflard, souffleur, compensateurs. — Retour de l'eau à la chaudière. — Poêle à vapeur. — Pourquoi ce mode de chauffage n'a pas pris grande extension................. 306

CHAPITRE XII

L'invention de Bonnemain. — Principe du calorifère à circulation d'eau chaude. — Calorifère à air libre. — Appareil de M. Léon Duvoir. — Appareils Perkins à haute pression. — Qualités et défauts de ce dernier mode de chauffage.............................. 314

CHAPITRE XIII

Méthode de chauffage mixte, par la vapeur et par l'eau. — Application de cette méthode au chauffage de la prison Mazas et de l'hôpital Lariboisière à Paris.................. 324

CHAPITRE XIV

Conclusion. — Choix du calorifère selon le lieu à chauffer.............................. 333

CHAPITRE XV

Origine du chauffage par le gaz. — Appareil Robison. — Qualités et défauts du chauffage par le gaz d'éclairage. — Cheminées et poêles à gaz. — Appareils divers pour le chauffage par le gaz. — Fourneaux de cuisine, rôtissoires, etc. — Fourneaux des pharmaciens, des coiffeurs, fers à souder. — Utilité spéciale du chauffage au gaz. — La cherté excessive du gaz empêche son application générale au chauffage des appartements............ 336

CHAPITRE XVI

Le chauffage au gaz hydrogène pur. — Solution du chauffage domestique par l'emploi du gaz hydrogène pur.................. 344

LA VENTILATION

CHAPITRE PREMIER

Vues générales. — Nécessité d'un air pur. — Causes diverses de la viciation de l'air. — Exemples à l'appui...................... 350

CHAPITRE II

Ce que c'est que l'air pur. — Composition de l'air vicié. — Effets nuisibles de l'acide carbonique, des matières animales volatiles et des ferments putrides.................... 356

TABLE DES MATIÈRES.

CHAPITRE III

Histoire de la ventilation. — L'aération des mines au xviie siècle. — Origine de la ventilation par appel. — Les ventilateurs naturels. — Les appareils de Watson, de Mackinnell, de Muir, etc. — Les manches à vent. — Travaux de Darcet, Combes et Morin. — Découverte de la ventilation renversée..........

CHAPITRE IV

La ventilation par aspiration et la ventilation par refoulement. — Étude de la ventilation par appel. — Cheminées d'appel. — Leurs proportions. — Leur foyer. — Divers moyens d'échauffer l'air ascendant. — Température et vitesse du courant d'air. — Sens de l'appel. — Avantages de l'appel exécuté par en bas.................................... 366

CHAPITRE V

La ventilation par refoulement. — Rendement considérable des ventilateurs mécaniques. — Nombreux cas où ils sont préférables aux cheminées d'appel...................... 369

CHAPITRE VI

Comparaison entre les deux système de ventilation par appel et de ventilation par refoulement d'air. — Supériorité du système par refoulement. — Mauvais effets de l'air aspiré; bons effets de l'air insufflé. — Réfutation de l'opinion de M. le général Morin.... 370

CHAPITRE VII

La ventilation renversée. — Ses avantages sur la méthode dite naturelle................. 374

CHAPITRE VIII

Ventilation des salles de bal, de concerts, de réunions. — Effet des toitures vitrées. — Les salons des Tuileries et de l'Hôtel-de-Ville. — Ventilation du grand amphithéâtre du Conservatoire des arts et métiers. — Ventilation des écoles. — Ventilation des théâtres. — Le Théâtre-Lyrique à Paris. — Le théâtre de la Gaîté et celui du Châtelet. — Le théâtre du Vaudeville........................ 376

CHAPITRE IX

Ventilation des églises. — Ventilation des maisons particulières. — Ventilation des cuisines, des cours, des lieux d'aisances. — Les lycées, les casernes, les ateliers............ 391

CHAPITRE X

Ventilation des prisons et des hôpitaux. — Différence entre l'air libre du dehors et l'air artificiellement chauffé servant à la ventilation. — Ce que doit être la ventilation dans les prisons. — Système établi à la prison Mazas à Paris. — La ventilation des hôpitaux. — L'atmosphère des hôpitaux. — La ventilation naturelle en Angleterre. — Systèmes de ventilation appliqués dans les hôpitaux de Paris. — Ventilation par appel de M. L. Duvoir. — Ventilation par refoulement de MM. Thomas et Laurens. — Système de Van Hecke.................................. 395

CHAPITRE XI

Moyens de rafraîchir l'air en été dans les habitations et les édifices publics. — Méthodes proposées jusqu'ici. — Appareil de Péclet. — Expériences de M. le général Morin. — Nouveaux procédés...................... 406

LES PHARES

CHAPITRE PREMIER

Les phares dans l'antiquité. — Leur construction et leur mode d'éclairage. — Le phare d'Alexandrie. — La tour d'Ordre, à Boulogne. — La tour de Douvres. — Les phares au Moyen âge. — La tour de Cordouan. — Le phare de Gênes...................... 415

CHAPITRE II

Les phares modernes. — Perfectionnements du système d'éclairage des phares. — Les réflecteurs métalliques, ou appareils catoptriques. — Le phare de Cordouan est muni de réflecteurs métalliques. — Les réflecteurs sphériques, leurs inconvénients. — Invention des réflecteurs paraboliques. — Travaux de Teulère. — Application de la lampe d'Argand et des réflecteurs paraboliques à l'éclairage des phares. — Les phares à éclipses. — Leur adoption à la fin du siècle dernier.... 425

CHAPITRE III

Organisation de la commission des phares. — Ses premiers travaux. — Arago appelle Fresnel dans cette commission. — Vie et travaux d'Augustin Fresnel. — Invention des appareils lenticulaires par Fresnel. — Sir David Brewster réfuté........................ 429

CHAPITRE IV

Dispositions imaginées par Fresnel pour utiliser les rayons supérieurs et inférieurs de la flamme. — Anneaux catadioptriques. — Fabrication des lentilles à échelons 439

CHAPITRE V

Classification des phares par ordres. — Diversification des feux au moyen des couleurs. — Les feux colorés. — Comment on produit ces apparences. — Portée des feux........ 443

CHAPITRE VI

Combustibles en usage pour l'éclairage des phares. — Les lampes à mèches. — Application de la lumière électrique à l'illumination des phares............................ 448

CHAPITRE VII

L'intérieur d'un phare. — Mécanisme, — Lanterne. — Magasins. — Logements des gardiens. — Règlements à l'usage des gardiens des phares français..................... 461

CHAPITRE VIII

Développement de l'éclairage maritime chez les diverses nations européennes et aux États-Unis. — Distribution géographique et carte des phares français..................... 466

CHAPITRE IX

Description des principaux types des phares français. — Phares des premier, deuxième et troisième ordres en maçonnerie, en charpente ou en fer. — Les phares de Cordouan, de Bréhat, de la Hève, de Triagoz, — de Pontailla, — de Walde. — Phares de quatrième ordre ou *fanaux*.................... 470

CHAPITRE X

Les phares anglais. — Histoire de la Trinity-House. — Les phares d'Eddystone, de Bell-Rock, de Skerryvore, de Smalls. — La promenade du phare de Sunderland.......... 488

CHAPITRE XI

Phares situés hors d'Europe. — Phare du Maroc. — Phares de Pondichéry, de la Guyane, de la Nouvelle-Calédonie, du Japon, etc.... 495

CHAPITRE XII

La vie dans les phares. — Les gardiens des tours...................................... 501

CHAPITRE XIII

Les feux flottants. — Leur origine et leur destination. — Les feux flottants en France. — Ancrage. — Aménagement intérieur. — Personnel. — Les feux flottants en Angleterre. 505

CHAPITRE XIV

Le balisage. — Amers, balises et bouées. — Signaux pour les temps de brume. — Cloches, sifflets et trompettes. — Les signaux de marée..................................... 516

LES PUITS ARTÉSIENS

CHAPITRE PREMIER

Les puits forés chez les anciens Orientaux et chez les Chinois. — Apparition en Europe des puits jaillissants..................... 529

CHAPITRE II

Théorie des puits artésiens. — Un peu de géologie. — Explications diverses qu'on a données du phénomène des puits artésiens. — Immenses cavernes et vastes nappes d'eau souterraines. — Rivières qui se perdent dans le sol.............................. 534

CHAPITRE III

Instruments de sondage. — Tige de sonde. — Outils rodeurs. — Outils percuteurs. — Différents systèmes pour produire la chute de ces derniers. — Instruments de nettoyage et de vidange du trou.................... 547

CHAPITRE IV

Les différents systèmes de forage du sol....... 558

TABLE DES MATIÈRES.

CHAPITRE V

Les accidents des sondages. — Outils qu'on emploie pour y remédier. — Raccrocheur. — Arrache-sonde........................ 563

CHAPITRE VI

Les colonnes de retenue. — Leur pose et leur extraction........................ 567

CHAPITRE VII

Les tubes d'ascension. — Bétonnage du tuyau. Pose du tuyau........................ 574

CHAPITRE VIII

Le puits de Grenelle........................ 575

CHAPITRE IX

Le puits de Passy. — Application du système Kind........................ 586

CHAPITRE X

Les puits artésiens de la Butte-aux-Cailles et de la Chapelle-Saint-Denis........................ 594

CHAPITRE XI

Principaux puits artésiens creusés en France et à l'étranger. — Leur profondeur et leur débit........................ 597

CHAPITRE XII

Les puits artésiens dans l'Afrique française... 600

CHAPITRE XIII

Considérations générales sur les puits forés. — Effets des marées sur certains puits artésiens. — Particularités que présentent certains puits artésiens. — Peuvent-ils tarir ? — Températures des eaux fournies par les puits artésiens. — Usages de ces eaux............ 608

CHAPITRE XIV

Les puits instantanés........................ 611

CHAPITRE XV

Conclusion. — La *Société du trou*............ 614

LA CLOCHE A PLONGEUR ET LE SCAPHANDRE

CHAPITRE PREMIER

Les plongeurs à nu ; leurs exploits dans l'antiquité. — Les plongeurs employés dans les guerres navales et dans les siéges des ports. — Les plongeurs modernes. — La pêche des perles, des éponges et du corail............ 616

CHAPITRE II

La cloche à plongeur. — Son principe. — Expériences faites au XVIᵉ siècle. — William Phipps. — La cloche de Halley. — Celle de Triewald. — Perfectionnements de Spalding, Smeaton et Rennie. — Les plongeurs à la cloche en Angleterre........................ 627

CHAPITRE III

Les scaphandres. — Appareil de Lethbridge. — L'homme bateau de l'abbé de Lachapelle. — Scaphandres de Klingert, de Siebe et de Cabirol. — Le scaphandre en Amérique. — L'explorateur Jobard. — Signaux à l'usage des scaphandriers. — Éclairage sous-marin. — Ce que ressent un amateur descendant au fond de l'eau revêtu du scaphandre........ 635

CHAPITRE IV

Les sensations du plongeur................... 647

CHAPITRE V

Derniers perfectionnements du scaphandre. — Appareil de MM. Rouquayrol et Denayrouse. 649

CHAPITRE VI

Les bateaux sous-marins. — Essais de van Drebbel. — Appareil du père Mersenne, de Bushnell, de Fulton et des frères Coëssin. — Bateaux plongeurs de M. Payerne, de M. Villeroi et de M. le contre-amiral Bourgeois. — Nautile de M. Samuel Hallet................ 658

CHAPITRE VII

Applications diverses des appareils plongeurs. — Recherche des riches épaves. — Nettoyage des carènes de navires. — Constructions sous-marines. — Mise à flot des bâtiments. — Pêche du corail et des éponges............ 668

LE MOTEUR A GAZ (Page 681).

L'ALUMINIUM

CHAPITRE PREMIER

Historique de la découverte de l'aluminium. — Ses différentes propriétés. — Méthodes et procédés en usage pour son extraction et sa préparation..................................... 692

CHAPITRE II

Applications industrielles de l'aluminium. — Le bronze d'aluminium........................ 700

LA PLANÈTE NEPTUNE

CHAPITRE PREMIER

Histoire de la découverte de la planète Neptune. 709

CHAPITRE II

Réclamation de Adams concernant la découverte de la planète **Neptune**. — Objections de M. Babinet. — Critiques dirigées contre les résultats obtenus par M. Le Verrier. — Influence de la découverte de **Neptune** sur l'avenir des travaux astronomiques........ 781

FIN DE LA TABLE DES MATIÈRES.

INDEX ALPHABÉTIQUE

DES PRINCIPAUX NOMS CITÉS DANS CET OUVRAGE.

A

Abadie, IV, 690.
Abbadie (d'), III, 162.
Abeille (Paul), IV, 20.
Abel, III, 290.
Abou-Yousouf, III, 233.
Abro, II, 59.
Accum, IV, 116, 117.
Achard, IV, 80-81.
Adams, I, 452.
Adams, IV, 717 et suiv.
Æneas, II, 3-5 ; III, 210.
Agathias, I, 6.
Agricola (Georges), IV, 360.
Aguado, III, 178.
Agudio, I, 379.
Ayme, IV, 530.
Airy, II, 180, 198, 416 ; III, 154 ; IV, 718 et suiv.
Aix (Albert d'), III, 225.
Alard, II, 518.
Alban, II, 483.
Alberti, IV, 251, 278.
Albert (prince), IV, 490.
Albert le Grand, III, 230.
Aldini, I, 612, 618, 647 et suiv. 661, 710 ; II, 102.
Aldrovande, I, 508.
Alembert (d'), II, 91.
Alexander, II, 100.
Alger, III, 449.
Alguarno (d'), II, 69.
Allaman, I, 462.
Allan, II, 620.
Allard, IV, 51, 52, 54.
Allard, IV, 485.
Allen, II, 399.
Almeida (Ch. d'), III, 204.
Alphand, II, 378.

Amontons, I, 75, 77 ; II, 11.
Ampère, I, 706, 714, 716 et suiv., 726 ; II, 103.
Amyot (le père), III, 212.
Anderson, II, 262.
Andraud, I, 379.
Andreoli, II, 547-550.
Andriel, I, 209, 210.
Andrieux, I, 201.
Anez, IV, 306.
Anquetil, III, 510.
Anthony, III, 79.
Antoine, IV, 618.
Arago, I, 7, 12, 17, 299, 602, 605, 637, 719 ; II, 103, 123, 609 ; III, 3, 42, 43, 193, 484 ; IV, 427, 433, 539, 562, 582, 608.
Arban, II, 553, 554.
Arbogast, II, 28.
Arcet (d'), III, 675 ; IV, 60, 107, 108, 149, 361, 382, 384, 392.
Archer, III, 66.
Archereau, IV, 216.
Architas, II, 511.
Argand (Ami), IV, 15-26, 158.
Argand (Jean), IV, 15, 16.
Aribert, IV, 363.
Aristote, IV, 538, 628.
Arlandes (le marquis d'), II, 436-440, 447.
Armengaud, II, 392 ; IV, 51.
Armstrong, I, 488 ; III, 449-453.
Arnaud, I, 226.
Arnim (Louis d'), I, 697.
Arnoldt, II, 15.
Arnott, II, 691.
Arnoux, I, 378.
Asser, III, 140.
Assoucy (d'), IV, 7.
Aubert, III, 267.

Aublé, IV, 624, 678.
Aubry, II, 66, 67.
Audenet, III, 534.
Audouin, IV, 157.
Aüer, II, 328.
Auxiron (Joseph d'), I, 156 et suiv.
Avery (David), IV, 506.
Azeglio (marquis d'), III, 172.

B

Babinet, I, 717 ; II, 229, 284, 599-601 ; IV, 720 et suiv.
Bachaumont, I, 264.
Bacon (François), I, 10.
Bacon (Roger), II, 8, 512 ; III, 228-231.
Bailey, II, 231.
Baillet, I, 2.
Bailly, IV, 608.
Bain, II, 116, 152, 408, 412.
Baird, II, 334.
Balard, I, 293 ; II, 687 ; IV, 87.
Baldus, III, 98, 135-137, 144, 178.
Ballaison, I, 421.
Balmat (Jacques), IV, 387.
Banks (Joseph), I, 622, 625 ; IV, 118.
Baqueville (marquis de), II, 518.
Barberet, I, 511.
Barbeu-Dubourg, I, 596 ; IV, 256.
Barbier, III, 643.
Barbotin, IV, 669.
Barlow, IV, 133.
Baron, I, 492 ; II, 133, 177.
Barral, II, 602 et suiv., 623, 584 ; III, 591, 593, 607, 624, 638.
Barral (Georges), II, 571.
Barrat, I, 417.
Barreswill, III, 92, 295.
Barrier, II, 684.

INDEX ALPHABÉTIQUE.

Bartlett, I, 341.
Basse, II, 102.
Bâtissier, IV, 296.
Baude, III, 739.
Baudu, I, 226.
Bayard, III, 56, 58, 59.
Bayeu, III, 473.
Beaumont (Élie de), I, 343; IV, 184, 582, 594.
Beaunier, I, 292.
Beauvais, II, 95.
Beccaria, I, 530, 553 et suiv., 557.
Béchamp, III, 285.
Becher, II, 10.
Becquerel (Edm.), I, 542, 677, 679, 684, 731; II, 348, 401; III, 71-73, 76, 149, 193.
Becquey, IV, 437.
Beddoes, II, 638.
Béhic, IV, 453.
Beighton, I, 74.
Bélidor, IV, 533.
Bell (Henry), I, 204 et suiv.
Bellay (du), III, 468.
Bellery, I, 159.
Beneden (Van), III, 722.
Benoît, III, 162.
Benton, III, 508.
Bérard (Paul), IV, 157.
Béraud, I, 453.
Bergstrasser, II, 18, 59.
Bernard, II, 372; III, 295.
Bernard (Claude), IV, 286.
Bernardini-Ramazzini, IV, 532.
Bernouilli, I, 153, 180, 236; III, 407.
Berrymann, II, 230, 231.
Berthollet, I, 667, 670; II, 490, 533, 539; III, 238-240, 473.
Bertholon, I, 555, 567, 571, 576; II, 522, 586.
Berthot, III, 679.
Berthoud (Henry), I, 20.
Bertin, IV, 499.
Berton, II, 70.
Bertsch, III, 123, 166 et suiv.
Berzélius, I, 662, 701; II, 338, 642.
Bessemer, III, 429.
Betbèze, II, 694.
Bettancourt, II, 49, 92.
Bevis, I, 471.
Bichat (Xavier), I, 644.
Bièvre (de), II, 484.
Bigelow, II, 651, 688.
Bigeon, I, 477 et suiv.
Bilordeaux, III, 173.
Binet, IV, 77, 90.
Bingham, III, 174.

Biot, I, 543, 635, 638, 699; II, 15, 533 et suiv.; III, 194; IV, 722.
Biringuccio, III, 235.
Bittorf, II, 551.
Bixio, II, 602 et suiv., 623.
Bizet (Ch.), IV, 580.
Black (Joseph), I, 74, 79.
Blackett, I, 272.
Blackwell, II, 152.
Blakely, III, 437, 443.
Blanchard, II, 471, 472-476, 488, 519, 523.
Blanchard (madame), II, 544-546.
Blanquart-Évrard, III, 54 et suiv., 62.
Blasco de Garay, I, 150.
Blandin, II, 634.
Blavier, II, 208.
Blenkinsop, I, 271.
Blight (Walter), III, 582.
Blochmann, IV, 132.
Blondel, IV, 252, 404.
Boccius, III, 667.
Bockmann, II, 634.
Bocquillon, II, 292.
Bœmer, II, 632.
Boerhaave, I, 492.
Boëssière (La), I, 500.
Boha-Eddin, III, 225, 226.
Boileau, IV, 3.
Boital, IV, 202.
Bonaparte, I, 191, 264, 633, 636, 670; II, 43, 44, 46, 491, 511.
Bond, III, 150.
Bondy (de), IV, 576.
Bonelli, II, 135, 148 et suiv., 208.
Bongars, III, 224.
Bonnaric (Amédée), I, 293.
Bonnemain, IV, 315.
Bonnet (Amédée), I, 293; II, 657.
Boot, II, 652.
Booth, I, 282.
Booth, IV, 199.
Borda, IV, 427.
Bordier-Marcet, IV, 31, 429, 473.
Bory de Saint-Vincent, IV, 178.
Bossut (l'abbé), II, 428.
Bostock, I, 697.
Böttger, II, 338.
Bouchacourt, II, 657.
Boucherœder, II, 19.
Bouchery, I, 424.
Bouët-Willaumez, III, 537, 546.
Bouilhet (Henri), II, 310, 312, 354, 366.
Bouisson, II, 628, 657, 659, 664 et suiv., et 674.
Boulduc (Pierre), III, 473.
Boulton, I, 88; II, 612.

Bourbouze, II, 394; IV, 239.
Bourdeau, IV, 474.
Bourdilliat, II, 694.
Bourdon, I, 122.
Bourgeois de Châteaublanc, IV, 12-14.
Bourgois, IV, 666.
Boussingault, III, 590; IV, 232.
Boutigny, I, 146.
Bouton, III, 23.
Boutron, IV, 585, 594.
Bouvard, IV, 710 et suiv.
Bouyon, IV, 157.
Bovie, I, 197.
Boyer, III, 271.
Boyle (Robert), I, 43.
Boze, I, 447.
Braconnot, III, 276; IV, 65 et suiv., 75.
Brainville, II, 208.
Braithwaite, I, 286, 289.
Brame (Jules), I, 395.
Branca (Giovanni), I, 22.
Branson, II, 327.
Braun, III, 171.
Bréguet, I, 727; II, 23, 49, 139, 146.
Bréguet (L.), II, 124, 410, 417.
Brémont (de), I, 435.
Brett (Jacob), II, 188.
Brett (John-Watkins), II, 204, 208.
Brewer, IV, 182.
Brewster (David), III, 192, 199; IV, 437-439.
Brianchon, III, 272.
Bridgewater (duc de), I, 196, 284.
Bright (Ch.), II, 219, 224, 228.
Brindley, I, 75, 284.
Brisson, II, 428.
Brissot de Warville, I, 177, 180.
Brongniart, III, 642.
Bronzac, IV, 264.
Brooke, II, 231, 232; III, 145.
Brosses (de), III, 654.
Brown (Charles), I, 198; III, 408.
Brücke, III, 195.
Bruckmann, IV, 610.
Bruges (Pierre de), III, 322.
Brugnatelli, I, 664; II, 287, 335.
Bruneil, III, 483.
Brunel, I, 188, 228; II, 255; III, 553.
Brunton, I, 272, 301.
Bryas (de), III, 578, 587.
Buchanan (Franklin), III, 562.
Buchanan (James), II, 248.
Bucherius, IV, 422.
Buchholz, I, 697.
Buffon, I, 520, 524; IV, 435.
Bullard, III, 155.

INDEX ALPHABÉTIQUE.

Bunsen, I, 679, 690; III, 271; IV, 216, 228.
Bureau (les frères), III, 327.
Burnier, III, 430.
Burstall, I, 286, 290.
Bushnell, I, 237; IV, 660.
Bussy, IV, 228-285, 693 et suiv.

C

Cabirol, IV, 637-647.
Cadet, II, 428.
Cadet de Vaux, IV, 14.
Cadiat, I, 226.
Cahours, II, 637 ; IV, 197.
Caillet, I, 333.
Caldesi, III, 176.
Calla, I, 401 et suiv.
Callaud, I, 687.
Calonne (de), I, 166; II, 478, 479.
Cambacérès (Jules de), IV, 68-75.
Cambier (Ernest), II, 571.
Cambon, II, 39.
Canappe, II, 632.
Cange (du), III, 319.
Canning (Samuel), II, 215, 216, 217, 228, 262, 263, 264.
Canton, I, 527.
Carcel (Guillaume), IV, 32-41.
Cardan (Jérôme), IV, 251.
Carlevaris, IV, 231.
Carlisle (Anthony), I, 626 et suiv., 663.
Carnot, II, 39, 47, 490; III, 6; IV, 661.
Caron, III, 693.
Carpue, I, 630.
Carreau, IV, 33-39.
Carret, IV, 282 et suiv.
Carrette, II, 66, 67.
Carsenac, I, 226.
Carslund, I, 259.
Carteman, III, 458.
Carton de Wiart, I, 396.
Casal, II, 403.
Caselli (l'abbé), II, 132, 152 et suiv.
Casiri, III, 234.
Cassini, I, 526; IV, 532.
Castarède-Labarthe, IV, 252.
Castelhaz, III, 300.
Castelli, I, 29.
Castéra, IV, 660.
Cavaillon (de), IV, 142.
Cavalli, III, 430, 447.
Cavallo (Tibère), I, 452 ; II, 471, 573.
Cavé, I, 134, 212, 224, 226, 234.
Cavendish, II, 638.
Caventou, IV, 81.

Cawley, I, 68.
Cazenave, II, 674.
Celsius, I, 78.
César, II, 6.
Chabannes (de), III, 303.
Chabannes (marquis de), IV, 316, 361.
Chabanon, II, 69.
Chailly (Honoré), II, 659.
Chalvet, III, 237.
Chambert, II, 659.
Champagny (de), I, 194.
Chanal, II, 489.
Chanal, III, 432.
Chancourtois, IV, 84.
Chanterau, III, 700.
Chapelain, II, 635.
Chapman (Edward), I, 271.
Chapman (William), I, 271.
Chappe (Abraham), II, 38, 45.
Chappe (Claude), II, 10, 20-24 et suiv., 36, 39, 43, 44.
Chappe (Ignace), II, 23, 50, 58.
Chappe (René), II, 50.
Chappé, II, 343.
Chaptal, II, 93, 94; III, 267; IV, 16.
Charles, I, 538, 576 ; II, 429, 441 et suiv., 491 ; III, 3.
Charles VIII, III, 352.
Charles-le-Téméraire, III, 348 et suiv.
Charles-Quint, III, 353 et suiv.
Chartres (duc de), II, 468-471.
Chasseloup-Laubat (de), II, 80.
Chassepot, III, 499-507.
Chatau, II, 57, 60.
Châtelain (Hippolyte), IV, 39.
Chatterton, II, 194.
Chesneau (Ernest), I, 655.
Chevalier (Charles), III, 19 et suiv., 27 et suiv., 46, 103.
Chevalier (Michel), I, 297.
Chevallier, III, 160-163.
Chevallier, III, 238.
Chevreul, III, 300 ; IV, 67-71, 74.
Children, I, 672.
Chouin, II, 12.
Christofle, II, 303, 304, 310, 312, 345-348, 365.
Churstin, IV, 134.
Civiale, III, 163.
Clapeyron, I, 300.
Clark, I, 721.
Clarke (G.), IV, 83.
Clarke (Latimer), I, 389; II, 220.
Claudet, III, 47, 203.
Clay, III, 449.
Clayton, I, 406.

Clayton (J.), IV, 96.
Clegg (S.), I, 382; IV, 109, 113, 117-122, 165.
Cléopâtre, IV, 618.
Clèves (Philippe de), III, 367.
Clifford, II, 262, 280.
Cloquet (Jules), II, 635; III, 707, 720.
Coblence, II, 318 et suiv.
Cochon, II, 94.
Cocking, II, 529.
Coëssin (les frères), IV, 661.
Cogniet, IV, 92.
Coleridge, II, 640.
Coles (Cooper), III, 557, 558, 565.
Coley (William), IV, 83.
Colin, II, 411.
Colladon, I, 340.
Collinson, I, 475, 519.
Colt (Samuel), III, 511.
Columelle, III, 580, 652.
Combes, III, 292 ; IV, 285, 365.
Conde, III, 310.
Condorcet, II, 428 ; IV, 436.
Confévron (de), II, 684.
Constantin (Porphyrogénète), III, 214.
Conté (Jacques), II, 491 et suiv., 506, 510.
Cook, I, 575.
Cooke, II, 118, 133.
Cope (David), IV, 194.
Cornette, IV, 80.
Corrady, I, 226.
Corvisart, I, 637.
Costaz (Anthelme), I, 192.
Costaz (Louis), I, 191.
Coste, III, 648, 652, 659-662, 666, 672-683, 692-744.
Coste (Léon), I, 296.
Cotte, I, 493, 709.
Cotugno, I, 642.
Coulier, IV, 288.
Coulomb, I, 635, 638.
Courbet, III, 183.
Courtivron (de), I, 506.
Courty, II, 669 ; IV, 405.
Coutelle, II, 490 et suiv. 506 et suiv., 510.
Coxwell, II, 611-614, 623.
Crampton, I, 323 ; II, 188, 190, 254.
Cresskill, IV, 133.
Crèvecœur (St-Jean de), I, 179.
Crookes, III, 93, 150.
Cruikshank, I, 630, 639, 681 ; II, 335.
Crusius (Martin), IV, 418.
Ctésias de Cnide, I, 502.
Cugnot (Joseph), I, 263-286.

INDEX ALPHABÉTIQUE.

Curling, II, 675.
Cutter (Ephraïm), II, 688.
Cuvier, III, 676.

D

Dagron, III, 125-129.
Daguerre, III, 2, 21-44, 53.
Dahlgren, III, 445.
Dalibard, I, 520 et suiv., 546.
Dallery (Charles), I, 237-242, 282.
Dallery (Chopin), I, 240.
Dalli, IV, 39.
Dallmeyer, III, 105, 156.
Daniell, I, 684; II, 288, 290.
Dante (J.-B), II, 513.
Darcet, II, 334.
Darçon, III, 524.
D'Arnoult, II, 564.
Dartois (Camille), II, 570.
Darwin, I, 99, 100, 102.
Daubrée, IV, 212.
Daunou, II, 28.
Davainne, IV, 357.
Davanne, III, 92, 475.
Davelourt (Daniel), III, 235.
Davidson, II, 390.
Davy (Humphry), I, 627, 631, 640, 663 et suiv., 672, 700; II, 539, 637 et suiv.; III, 4, 55; IV, 18, 118, 215, 542, 692.
Dawson, I, 206.
Daymann, II, 230.
Deane, II, 280.
Decker, III, 520.
Decotte, IV, 256.
Decrès, I, 193.
Deghen (Jacob), II, 589.
Degousée, IV, 176, 547 et suiv., 561 et suiv., 597 et suiv.
Degrand, IV, 443.
Delamarche, II, 207.
Delamarne, II, 593.
Delambre, II, 95; IV, 710.
Delaperche, IV, 584.
Delaunay (Léon), II, 23.
Delaunay, II, 495, 506.
Delavacherie, II, 676.
Delessert (Edouard), III, 119, 178.
Deleuil, IV, 216, 218.
Delezenne, I, 674.
Delisle, I, 242, 243.
Delor, I, 521, 524.
Delorme (Philibert), I, 278 ; IV, 251.
Delpech, II, 674 ; III, 674-679.
Deluc, I, 674.
Delvigne (Gustave), III, 478, 480-489.

Demarquay, II, 690, 691, 694.
Demptos, III, 678.
Denayrouse, IV, 642, 649-658.
Deneux, II, 634.
Denis (Von), I, 309.
Denoyel, IV, 647.
Denys de Byzance, IV, 420.
Deqoubert, III, 477.
Derby (lord), IV, 490.
Désaguliers, I, 71.
Désarnod, IV, 294.
Desault, II, 674.
Desblancs, I, 189, 233.
Desbrière, I, 374, 378.
Descartes, I, 10, 492, 708 ; II, 69 ; IV, 539.
Deschamps (Émile), II, 551.
Deschamps (Louis), II, 558.
Deschanel, II, 206.
Deschard, II, 506.
Desforges (l'abbé), II, 518.
Désignolle, III, 300-303.
Deslon, II, 634.
Desmarets, II, 428.
Desmartis, II, 691.
Desmé, III, 701.
Desormes (Clément), IV, 122 et suiv.
Despretz, III, 58, 93.
Desroche (V.), III, 112, 114.
Dessau (de), III, 473.
Desternod, IV, 7.
Desvaux, IV, 600, 607.
Detouche, II, 415.
Detzem, III, 679.
Deutsch, IV, 195.
Devergie, II, 686.
Deville (L.), IV, 543.
Devisme, III, 511.
Didion, I, 302.
Didion, III, 431.
Dietz, I, 423.
Digney, II, 139.
Diller, IV, 96.
Diodore, IV, 529.
Dioscoride, II, 630.
Dodonée, II, 630.
Donné, III, 130, 165 ; IV, 216.
Donnet, IV, 614.
Dood, I, 275.
Double, I, 293.
Doyen, I, 343.
Drake, IV, 182.
Draper, III, 149.
Drouet, II, 523.
Drebbel (Cornélius), I, 76 ; IV, 659.
Dreyse, III, 494-496.
Drivet, III, 137.
Dru (Léon), IV, 594.

Dubois (Paul), II, 659, 690.
Du Bois Raymond, I, 661.
Duboscq (J.), III, 93, 192, 199, 201 ; IV, 218.
Dubroni, III, 116.
Dubrunfaut, IV, 83.
Duchâtel, (II, 578, 587.
Duchemin, I, 692.
Duchenne, I, 654.
Duchoul, I, 500.
Ducrest, I, 160.
Dufay, I, 444.
Dufour, III, 338.
Dufresne, II, 362.
Duhalde (J.-B.), III, 648.
Duhamel du Monceau, III, 663 ; IV, 360, 363.
Dulong, IV, 386.
Dumas, I, 727, 730, 734 ; II, 344, 345, 354, 624 ; III, 300 ; IV, 152, 157 et suiv., 159.
Duméril, I, 643 ; III, 671.
Dumont d'Urville, I, 301.
Dunal (Pierre), I, 301.
Dundas (lord), I, 197.
Dundonald (lord), IV, 96.
Dupin (Charles), I, 244.
Duplessis, IV, 388, 390.
Duportal, II, 338.
Dupré, III, 237.
Dupré, III, 527.
Dupuis-Delcourt, II, 484, 551, 590, 602, 615-619.
Dupuy de Lôme, I, 226, 250 ; III, 522, 529 et suiv., 539 et suiv., 567 ; IV, 206.
Dupuytren, II, 674 ; III, 677.
Duquesnoy, II, 491.
Duquet, I, 164.
Durand, II, 50.
Dureau de la Malle, III, 651.
Dutilh (Mathieu), I, 531.
Duvette, III, 171.
Duvoir (René), IV, 302.
Duvoir-Leblanc (Léon), IV, 317, 327-333, 380 et suiv., 399 et suiv., 408.
Dymon, III, 478.

E

Eddy, II, 652.
Edrisi, IV, 418.
Edwards (Francis), II, 188.
Egger, IV, 422.
Eggs (Joseph), III, 477.
Élipertius (Optatus), III, 651.
Elkington (Henri), II, 338 et suiv., 341.

INDEX ALPHABÉTIQUE.

Elkington (Richard), II, 338 et suiv., 340, 344.
Elkington, III, 582.
Elliot, III, 191, 202.
Elliott, II, 211, 216, 234, 241, 255.
Ellsworth (Miss), II, 110.
Elssner, II, 338 ; IV, 338, 339.
Emmery, IV, 576.
Endelerantz, II, 58.
Enfield, III, 504.
Engerth, I, 326.
Enke, IV, 723.
Erhardt, III, 298.
Éricsson, I, 140, 243, 371 ; III, 552, 557, 558 ; IV, 686.
Ermann, I, 702 ; II, 102.
Eschrickt, III, 722.
Espiard de Colonge, IV, 644.
Esquiros, IV, 504, 506, 634, 648, 670.
Etzel (Charles), I, 310.
Eubriot, II, 591.
Euclide, III, 190.
Euler, III, 407, 415, 416.
Eustathius, I, 495.
Évans (Olivier), I, 109, 266.
Évrard, IV, 61.
Éyber, IV, 661.
Eymeric (Nicolas), II, 631.
Eyrinis (d'), IV, 210.

F

Fabre, II, 399.
Fabricius, III, 3.
Fabroni, I, 615, 696.
Fadéieff, III, 270.
Fahrenheit (Gabriel), I, 78.
Fairbairn, II, 259.
Faraday, I, 488, 702 et suiv., 720, 726 ; II, 252, 293, 643 ; IV, 152.
Fargier, III, 140.
Faujas de Saint-Fond, II, 429, 514.
Fauvelle, IV, 559, 562.
Favé, III, 210 et suiv., 232 et suiv., 312, 315, 326, 327, 331 et suiv., 349 et suiv., 356 et suiv., 526, 532.
Favre, I, 706.
Faye, III, 159, 205.
Fechner, I, 700.
Feimingre (Laurent), IV, 8.
Fell, I, 373.
Felten, II, 210.
Ferrier, III, 115, 200.
Ferry, II, 649.
Field (Cyrus), II, 227, 229, 241, 246-248, 254, 275, 280, 282.
Fierlants, III, 175.

Figuier (Pierre), III, 474.
Firle, IV, 133.
Fishbourne, III, 454.
Fitch, I, 175-180.
Fitz-Gérald, I, 75.
Fizeau, I, 730 ; III, 48, 130, 143, 148.
Flachat (Eugène), I, 300.
Flachat (Stéphane), I, 300.
Flaminius Strada, II, 86.
Flandin, IV, 176.
Flaud, II, 581.
Flocon (Ferdinand), II, 50, 65, 128.
Florent de Vallière, III, 390.
Flourens, II, 659 et suiv., 690, 696 ; III, 674.
Flurance Rivault (David), I, 7.
Focillon, IV, 676.
Folckes (Martin), I, 468.
Follenai (de), I, 157, 207.
Fondet, IV, 267.
Fontana, I, 612.
Fontenay (de), II, 347.
Fontenelle, II, 11.
Forsith, III, 476.
Forster, I, 574.
Fossé, IV, 256.
Fothergill, I, 519.
Foucault (Léon), I, 729, 731 ; II, 402 ; III, 148, 150, 165 ; IV, 216 et suiv.
Foucault Gallois, IV, 520.
Foucou, IV, 267.
Fouque (Victor), III, 7, 8, 9, 29, 30, 31.
Fourcroy, I, 635 ; II, 490, 492 ; III, 473 ; IV, 99.
Fourier, I, 677.
Fowler, I, 414, 618, 623, 624.
Fox, III, 564.
Foy (Alphonse), II, 63, 65, 123, 125.
Francesco di Giorgio, III, 372.
Franchot, I, 142 ; IV, 51-54.
François Ier, III, 356.
Frankland, IV, 199.
Franklin, I, 175, 180, 472, 474-487, 514-519, 540-546, 555, 557, 562 et suiv. ; II, 16, 438 ; IV, 255.
Franklin (Guillaume), I, 540.
Franqueville (de), II, 347.
Frédérick, II, 570.
Freeman Dana, II, 106.
Frémy, I, 731.
Freke (Jean), I, 510.
Fréminville, IV, 562.
Frémy, IV, 80.
Frères-Jean, I, 165.
Fresnel (Augustin), IV, 430 et suiv., 439 et suiv.

Freyer (A.), IV, 510.
Froissart, III, 235, 319, 326.
Froment (Gustave), II, 393 et suiv., 401, 413, 415.
Fromman, II, 631.
Fry, III, 623.
Fulton (Robert), I, 183-203, 233 ; III, 524 ; IV, 660.
Fynes Moryson, I, 507.

G

Gâche, I, 227.
Gagneau, IV, 27, 39.
Gaiffe, I, 733 ; II, 404 ; IV, 223-226.
Gale, III, 270.
Gale (George), II, 552.
Galibert, IV, 680.
Galien, III, 190.
Galien (le père), II, 514.
Galilée, I, 10, 30 ; III, 405.
Galle, IV, 716, 717.
Galliot de Genouillac, III, 347.
Gallitzin, I, 555.
Galton (Douglas), IV, 267.
Galvani (Aloysius), I, 602-611, 613 et suiv.
Galvani (Lucia), I, 603.
Galy-Cazalat, IV, 231.
Gancel, II, 506.
Garde (de la), I, 530.
Garella, III, 109.
Garnerin, II, 511, 523 et suiv., 543.
Garnerin (Élisa), II, 527, 528.
Garnier, III, 99, 100, 137.
Garnier, III, 526.
Garnier (Paul), II, 411, 416, 417.
Garnier (F.), IV, 568.
Garret, IV, 199.
Gastine-Renette, III, 490.
Gatling, III, 516.
Gaudry, IV, 102, 106.
Gauger, IV, 252-255.
Gaugler (de), II, 622.
Gauss, II, 100.
Gautherot, I, 696.
Gauthey (dom), II, 14.
Gauthier, I, 226.
Gauthier (abbé), I, 154.
Gavarret, I, 610, 611.
Gay-Lussac, I, 576 et suiv., 670, 701 ; II, 533 et suiv., 539, 623 ; III, 43 ; IV, 68-72.
Géhin, III, 670-672, 691, 699.
Geissler, I, 732.
Genet (Edmond), II, 590.
Genevois, I, 156.
Genneti, IV, 360.

T. IV.

INDEX ALPHABÉTIQUE.

George III, I, 557.
Georges (le docteur), II, 688.
Gerbe, III, 683.
Gerbert, I, 503.
Gerdy, II, 659.
Gerspach, II, 46, 54, 64, 66, 93.
Gévelot, III, 491, 492.
Ghiberti (Bonaccorso), III, 358.
Giffard (Henry), II, 575 et suiv., 581-585, 593-598, 625.
Gilbert (Guillaume), I, 431.
Gillard, II, 581 ; IV, 150.
Giraldès, II, 688.
Girard, I, 380 ; IV, 92.
Girard (Philippe de), IV, 42.
Gisborne, II, 209, 226.
Giulo, I, 646.
Glaisher, II, 611-614, 623.
Glass, II, 211, 216, 234, 241, 255.
Godard (Eugène), II, 558, 560.
Godard (Louis), II, 558, 560.
Golstein (comte de), III, 663.
Gomer, III, 399.
Gooch, II, 280, 282.
Gordon, I, 451.
Gorré, II, 681.
Gossain, II, 39.
Gotha (Abraham de), I, 502.
Gotten, IV, 39, 40.
Gould, II, 651.
Gourlier, IV, 261.
Goy (André de), I, 262.
Gozlan (Léon), I, 214.
Graham, IV, 283.
Grœchus (Marcus), III, 217, 220, 228-231.
Grahl (Otto), III, 266.
Grandis, I, 341.
Granet, II, 39.
Granier (de Cassagnac), II, 669.
Granville (lord), IV, 489.
Grassetti, II, 547-550.
Grassi (le docteur), IV, 400 et suiv.
Grattone, I, 341.
Grégoire de Tours, IV, 417.
Green, II, 529, 555, 556, 571.
Greener (Hannah), II, 678.
Greener, III, 487.
Grey, I, 437 et suiv., 510.
Gribeauval, I, 263 ; III, 389, 394-400.
Gros (baron), III, 171.
Grouvelle, IV, 309, 314, 324-333, 367, 383, 399.
Grove, I, 688 ; II, 324.
Grün, III, 111.
Gruner, I, 634, 710.
Grüner, IV, 559.

Gudin de la Grenellerie, II, 448.
Gubler, IV, 372.
Guéneau, I, 508.
Guérard, II, 690.
Guérin, II, 554.
Guérin (Jules), II, 682.
Guérin, IV, 391.
Guéronnière (vicomte de la), I, 20.
Guerre (Louis), IV, 498.
Guilbert (Davis), II, 637.
Guillaume, II, 210.
Guillaume IV, IV, 490.
Guise (duc de), III, 373.
Gumery, II, 310.
Gurney, IV, 292.
Gustave-Adolphe, III, 473.
Guyesse, III, 526.
Guyot (Jules), II, 57, 123.
Guyton de Morveau, I, 567, 576, 635 ; II, 468, 490, 492, 586 ; IV, 279.
Gwinne (G.), IV, 82.

H

Hackworth, I, 278.
Haddam, III, 437.
Hadrot, IV, 54.
Haldat (de), III, 191.
Hales, IV, 96.
Hallé, I, 618, 635, 638.
Haller, II, 634.
Hallet (Samuel), IV, 665.
Halley, IV, 630.
Hamelin, II, 79 ; III, 528.
Hamilton, II, 280.
Hamilton, IV, 183.
Hamlin (Robert), IV, 506.
Hamoir (Gustave), III, 582, 624.
Hardy, II, 690.
Hare (Robert), I, 674, 683.
Harmer, I, 223.
Harris, I, 571, 593 ; II, 550.
Harrison, I, 286.
Hartnup, III, 150.
Hassenfratz, II, 15.
Hatham, II, 198.
Haüsen, I, 448.
Haussman (Michel), III, 300.
Haussmann, II, 379.
Hautefeuille (Jean de), I, 28, 50.
Hauksbée, I, 434.
Haüy (Valentin), II, 60, 328.
Haxo, III, 668, 671.
Hayes, I, 223.
Hayward (Georges), II, 644.
Heimand, I, 698.

Helmholtz, III, 202.
Hemmer, I, 572.
Henley, II, 215.
Hennel, III, 478.
Hennequin, III, 728-731.
Henry, I, 292, 299, 300 ; II, 347.
Henry, IV, 585, 594.
Héricart de Thury, IV, 532, 576.
Hermann, III, 511.
Hermolaus Barbarus, I, 508.
Hérodien, IV, 418.
Héron, I, 1 ; IV, 42.
Herrera, I, 507.
Herschell (John), III, 60, 72, 100, 149.
Herschell (William), IV, 709.
Hervé-Mangon, I, 414 ; III, 586, 595-600, 604, 613, 617, 618, 628-631, 634, 639, 642-645.
Hickman, I, 636.
Hill, III, 76-79.
Hipp, II, 415.
Hippocrate, II, 627.
Hippolytus, II, 631.
Hoche, II, 509.
Hochstadter, III, 298.
Hodgson, III, 150.
Holland, II, 556.
Holley, III, 443, 446.
Holmes, IV, 525.
Holtz, I, 489.
Hooke (Robert), I, 52, 64, 68 ; II, 10.
Horsfall, II, 260.
Hosley, III, 298.
Houdin (Robert), II, 415.
Houdins (Henri), III, 374, 376, 462.
House, II, 116.
Houzeau-Muiron, IV, 152.
Howard, I, 416.
Howard, III, 474.
Hudson-Turner, IV, 248.
Hughes, II, 131, 141.
Hugon, IV, 155.
Hugueny, IV, 338.
Hulls (Jonathan), I, 152.
Hulot, II, 316, 320 et suiv.
Humboldt (Alexandre de), I, 618, 645 ; II, 623 ; IV, 177, 541.
Humphry Potter, I, 74.
Hunt, III, 72, 100.
Hurey, IV, 294.
Hurliman, III, 142-144.
Huskisson, I, 292.
Hutton, III, 425.
Huyghens, I, 43, 51 ; III, 406 ; IV, 681.

INDEX ALPHABÉTIQUE.

I

Ibn-Alatir, III, 225.
Imbert (abbé), IV, 531.
Izarn (Joseph), I, 710.

J

Jac, IV, 54.
Jacobi, II, 289-294, 388.
Jacobi (Charles-Jacques), II, 294.
Jacobi, III, 663-666.
Jackson, II, 106, 628, 644 et suiv.
Jacquet, IV, 496.
Jæger, I, 701.
Jagerschmidt, IV, 495.
Jahelger (de), III, 672.
Jallabert, I, 515.
Janinet, II, 486.
Jarre, III, 514.
Jean Alexandre, II, 93 et suiv., 97.
Jeanrenaud, III, 171.
Jefferies, II, 472-476.
Jessop, I, 270.
Joanne, IV, 51, 54.
Jobard, IV, 56-58; IV, 642.
Jobert de Lamballe, II, 653.
Joël Barlow, I, 186.
Johanneau (Éloy), II, 630.
Joinville, II, 226.
Joly (Ch.), IV, 269-271, 303, 323, 361, 381.
Josèphe, I, 501.
Jouanne, IV, 343, 345.
Jouart, III, 162.
Joubert (de), IV, 15.
Jouffroy (Achille), I, 232, 370.
Jouffroy-d'Abbans (Claude-Dorothée), I, 149 et suiv., 160-169, 207-209.
Joule, I, 706.
Jourdan, II, 491, 499, 501.
Jove (Paul), III, 352.
Jullien (Adolphe), I, 302.
Jurien de la Gravière, III, 537.
Jus, IV, 604.
Juvénal, III, 651.

K

Kaiser, III, 111.
Keir, IV, 44, 45.
Kell, II, 250.
Kellner, IV, 134.
Képler, IV, 710.
Keslar (François), IV, 251, 255, 278, 281.
Kessler (François), II, 9.

Khondémir, I, 496.
Kielmann, III, 638.
Kind, IV, 549 et suiv., 586 et suiv.
Kinnersley, I, 485, 555.
Kircher, I, 24; II, 8.
Kirsch, II, 554.
Klingert, IV, 637.
Knabb, IV, 83.
Knoblauch, IV, 132.
Koltz, III, 666.
Komhard, IV, 133.
Kopp, IV, 197.
Kotter (Auguste), III, 478.
Kravogl, II, 403.
Krupp, III, 423, 456-458.
Kühnell, IV, 133.
Kühnoltz, II, 636.
Kunemann, II, 399.
Küper, II, 190.

L

Labbé, II, 692.
Laborde (l'abbé), III, 140.
Lacabane, III, 211.
Lacépède, I, 709; III, 683.
Lachapelle (de), IV, 636.
Lacordaire, I, 394.
Lafon de Camarsac, III, 70, 110 et suiv.
Lafont, I, 140.
La Fontaine, IV, 4.
Laforest, I, 182.
La Hire, IV, 539.
Lair (César), II, 64.
Laird, III, 562, 565, 571.
Lakanal, II, 21, 28, 33.
Lakerbauer, III, 169.
Lalande, II, 520, 586.
Lalanne (Léon), I, 6.
Lalanne (Ludovic), III, 211, 227.
Lambert, IV, 593.
Lamé, I, 300.
Lamiral, IV, 662 et suiv., 679.
Lamming, IV, 143.
Lamoricière (de), III, 675.
Lana, II, 514.
Landelle (G. de la), II, 561 et suiv., 598.
Lange, IV, 20-26, 44, 45.
Laplace, I, 635, 638; II, 533; III, 404.
Lardner (Dionysius), I, 220.
La Reynie, IV, 7.
La Rive (Auguste de), I, 702, 714; II, 288, 289, 336 et suiv.
Larkins, II, 81 et suiv.
Larmenjeat, II, 398, 401.

Larrey, I, 643; II, 633, 691; IV, 286.
Lasteyrie (de), III, 8.
Laudati, IV, 7.
Laugier, II, 654.
Launay (de), II, 475.
Laurens, III, 250; IV, 331, 399, 402.
Laurent, III, 300.
Laurent (Ch.), IV, 547 et suiv., 561 et suiv., 594, 597 et suiv., 600 et suiv.
Laussedat, III, 161.
Lavin, II, 524.
Lavoisier, I, 663, 667; II, 428, 490, 638; IV, 12, 16, 17, 692.
Lawrence, I, 207.
Laws, II, 223.
Léauté, IV, 647.
Le Besnier, II, 517.
Lebœuf, IV, 206.
Lebon (Philippe), IV, 93, 97-109, 336.
Lebon d'Embrout, IV, 97.
Lebon (Mme), IV, 102, 106.
Leclerc, III, 592, 606, 607, 608, 616, 627, 641.
Lée, IV, 111, 112.
Lefaucheux, III, 491.
Lefèvre, IV, 206.
Le Fort (Léon), IV, 398, 406.
Lefranc de Pompignan, IV, 130.
Legavrian, I, 133.
Legendre, III, 408.
Legrand, IV, 342.
Le Gray (Gustave), III, 66, 96.
Lehaut, IV, 604, 606.
Le Hir, I, 394.
Leibnitz, I, 56, 62; II, 69.
Lemaître, III, 18, 28.
Le Mat, III, 513, 514.
Lemery (Nicolas), III, 473.
Lemonnier, I, 466, 525.
Lenk, III, 284, 294, 440-442.
Lennox (de), II, 590.
Lennox (H.), III, 567.
Lenoir, II, 307; IV, 682-691.
Lenoir, IV, 14, 19.
Lenormand (Sébastien), II, 521 et suiv.
Lenormand, III, 511.
Léon le Philosophe, III, 216.
Léopold, I, 307.
Lepage, III, 490.
Leras, IV, 267.
Lerebours, III, 144.
Leroy, I, 567, 576; II, 428.
Leroy (Julien), III, 475, 490.
Lesage (Georges-Louis), II, 90.

INDEX ALPHABÉTIQUE.

Le Sage, IV, 14.
Lespès, IV, 542.
Lethbridge, IV, 635.
Letort, III, 240.
Leuchtemberg (duc de), II, 292, 362.
Leupold, I, 108.
Leurechon, II, 87.
Levasseur, IV, 39.
Le Verrier, II, 180 ; IV, 708-723.
Leydoldt, II, 327.
Lhomond, II, 506, 508, 510.
Lhomond, IV, 263.
Liais, II, 413.
Libri, II, 514 ; III, 310.
Linguet, II, 17, 438.
Lissajous, II, 75.
Lister, IV, 11.
Liston, II, 652.
Livingstone (Robert), I, 187, 194, 195, 199.
Lobineau, III, 319.
Lochard (Félix), III, 115.
Loiseau, II, 398 ; IV, 218.
Lomond, II, 91.
Longet, II, 659, 690.
Longridge, III, 438.
Longuet, II, 634.
Lord, II, 628.
Lotz, I, 406, 424.
Louis XIII, III, 360-362.
Louis XV, IV, 492.
Lourenço (Barthélemy), II, 515.
Lowe, II, 620.
Loysel, II, 635.
Lucullus, III, 650.
Luër, II, 692.
Lunardi (Vincent), II, 471-472, 485.
Lund (C. F.), III, 663.

M

Maccaud, IV, 164.
Mac-Intyre (James), II, 647, 648.
Mackay, III, 472.
Mackinnell, IV, 362.
Maffei, I, 325 ; III, 369.
Magendie, II, 657.
Mahomet II, III, 236.
Maisonfort (de), II, 482.
Malam, IV, 133.
Malatesta (Sigismond), III, 321.
Malderen (Joseph Van), IV, 454.
Malgaigne, II, 653, 667, 674, 678 et suiv., 681 et suiv. ; III, 295.
Mallebouche, IV, 51, 54.
Mallet, I, 384.

Mallet, III, 438.
Mallet, IV, 142, 173.
Malmesbury (Olivier de), II, 513.
Malouin, II, 370.
Malthus, III, 377, 380, 409.
Manby, IV, 133.
Manceaux, III, 494.
Mandslay, I, 110, 261.
Mannoury-Dectot, I, 278.
Marat, I, 708 ; II, 448.
Marcel (Guillaume), II, 12.
Marchal, II, 50.
Marcus, I, 679.
Maréchal, III, 115 ; IV, 234.
Marestier, I, 223.
Maret, I, 576.
Margat, II, 620.
Margry, I, 182.
Marianus Jacobus, III, 312, 321.
Marié-Davy, I, 692 ; II, 130.
Mariette, III, 514.
Marmet, IV, 201.
Marryatt, II, 78.
Marshall, II, 90.
Martens, III, 109.
Martial, III, 650.
Martin, II, 670.
Martin (Henri), I, 495, 499.
Martin, IV, 294.
Martin de Brettes, IV, 230.
Martinelli, III, 578.
Martines Péry, II, 213.
Martini (Giorgio), III, 351.
Marum (Van), I, 454, 638.
Masse, IV, 83.
Masson, I, 727 ; II, 125.
Masson, IV, 453.
Mathésius, I, 7.
Matteucci, I, 606 ; II, 135.
Maudslay, III, 572.
Maurey, III, 258, 288.
Maury, II, 227, 229.
Mauss, I, 340.
Maxwell Lyte, III, 93.
Maynard, III, 295.
Mayo (H.), III, 191.
Mazeline, I, 226.
Mazen (Maxime), II, 558.
Médail, I, 340.
Medhurst, I, 381.
Meggisson, II, 679.
Méhu, IV, 368.
Mellet, I, 292, 299, 300 ; II, 347.
Melsens, IV, 88.
Mergey, I, 538.
Mergez, III, 638.
Merle, II, 516 ; IV, 337.
Mersenne, I, 31 ; IV, 659.

Mesmer, II, 634.
Meunier, II, 468, 586 et suiv. ; IV, 16 et suiv.
Meynier, III, 281.
Mézières (de), III, 286.
Mezzofanti, II, 76.
Michaëlis, I, 501.
Michaud, III, 410.
Mille, IV, 203.
Miller (Patrick), I, 169, 172.
Millet, III, 679, 680, 689 et suiv., 728-731, 742.
Millet, IV, 265, 274.
Milly (de), IV, 72-75, 78.
Milne-Edwards, III, 671.
Minié, III, 484-489.
Minotto, I, 688.
Miollan, II, 485-488.
Miot, II, 26.
Mitchell, II, 642, 645.
Moigno (abbé), III, 192-194.
Moisson, III, 115.
Moitrel d'Elément, IV, 9.
Molard, I, 264.
Molin (comte de), II, 396.
Moll, I, 226.
Molluet de Souhey, IV, 80.
Moncel (du), I, 690, 731, 733 ; II, 401 ; IV, 224.
Monckhoven (Van), III, 60, 70, 121-123, 156.
Monge, I, 635, 664 ; II, 490, 492, 586-588.
Monk-Mason, II, 556.
Monnaie (La), IV, 7.
Mons (Van), II, 333.
Montagu (de), III, 701.
Montalembert (marquis de), IV, 256.
Montalivet (de), IV, 107.
Montechi, III, 176.
Monteil (Alexis), III, 335.
Montfaucon, IV, 416, 422, 423.
Montgaudry (de), III, 663.
Montgery (de), I, 223.
Montgolfier (E.), I, 282 ; II, 424-434.
Montgolfier (J.), II, 424-434.
Montigny, III, 446.
Montjoie, II, 470.
Montreuil (de), III, 623.
Montricher, II, 347.
Monturiol (Narciso), IV, 666.
Moquin-Tandon, IV, 178.
Morel-Rathsamhausen, IV, 613.
Morin, III, 278, 420 ; IV, 262, 279, 285 et suiv., 292, 354, 364 et suiv., 372-374, 385, 409-414.

INDEX ALPHABÉTIQUE.

Morin (Paul), IV, 696, 697, 702 et suiv.
Morse (Samuel), II, 104-118, 137, 228.
Mortimer, I, 442.
Morton (W.), II, 106, 629, 643 et suiv., 652.
Moser, III, 102, 149.
Moses Rogers, I, 218.
Mosment, II, 551.
Motard, IV, 72.
Motte, IV, 378.
Mouger (l'abbé), II, 513.
Mountain (La), II, 620.
Muir, IV, 363.
Müller (Charles), 143, 144.
Mulot, IV, 576 et suiv., 580 et suiv.
Muncke, I, 683, 710.
Murdoch (W.), IV, 93, 109 et suiv., 116.
Murray (John), IV, 495.
Musschenbroek, I, 452, 460, 554.

N

Nadar (Félix Tournachon), II, 560 et suiv., 598.
Nadaud, II, 68.
Nairne, I, 455.
Napier (R.), III, 574.
Napier (William), I, 592.
Napoléon III, III, 421, 526, 532, 539, 541.
Nasmyth, III, 159.
Nègre, III, 135, 178.
Neilson, III, 628.
Nélaton, II, 690.
Nepveu, I, 407.
Nessler, III, 488.
Neuburger, IV, 54.
Newall, II, 198, 199, 200, 203, 207, 210, 213, 234.
Newcomen, I, 63, 68.
Newton, I, 77; III, 406, 426, IV, 708.
Neyt, III, 169.
Nicholson, I, 627 et suiv., 663; II, 335.
Nicklès, II, 398; IV, 66.
Nicolas, II, 62, 388.
Nicolay (Gaston de), II, 558.
Niel, III, 501, 502.
Niépce (Claude), III, 5 et suiv., 30.
Niépce (Isidore), III, 40 et suiv.
Niépce (Joseph-Nicéphore), I, 145; III, 5 et suiv., 27-39, 132.
Niépce de Saint-Victor, III, 63 et suiv., 73-75, 94, 100, 132-135.

Noailles (duc de), III, 701.
Nobel (A.), III, 304-306.
Nobili, I, 678.
Nodier (Charles), II, 69; IV, 128-130.
Noël (Étienne), I, 32.
Nolet, II, 416, 418.
Nollet (l'abbé), I, 446, 450, 462, 471, 558 et suiv., 722.
Nollet, IV, 454.
Normand, I, 224.
Norris, III, 93.
Norton, IV, 613, 614.
Nugent, IV, 178.
Nunnely, II, 687, 690.
Nysten, I, 646.

O

Œpinus, I, 477.
Œrsted, I, 676, 707 et suiv., 712 et suiv.; II, 99.
Œynhausen, IV, 560.
Ohm, I, 700.
Olympiodore, IV, 529.
Olivari, II, 551.
Orata (Sergius), III, 652-654.
Orfila, II, 641.
Otto de Guéricke, I, 37 et suiv., 432 et suiv.
Oudry (Léopold), II, 311 et suiv., 375, 376 et suiv.
Ozanam, II, 688.

P

Packington, III, 548.
Page, II, 391.
Paine (Elijah), II, 391.
Paixhans, III, 524 et suiv., 417-421.
Palissy (Bernard), III, 20.
Palladius, III, 581.
Palmerston (lord), IV, 490.
Papin (Isaac), I, 49.
Papin (Denis), I, 28, 42-63; II, 632, IV, 682.
Parker, IV, 232.
Parkes, III, 590, 592, 593.
Parrot, I, 698.
Pascal (Blaise), I, 31, 34.
Pascal (de Lyon), I, 143.
Pasquier, II, 630.
Patterson, II, 390.
Paucton, I, 236.
Paul, III, 624.
Pauly, II, 590; III, 476, 490.
Pauwels, IV, 147.

Payen, III, 290; IV, 142, 143, 288, 337, 584, 585.
Payerne, IV, 662 et suiv., 679.
Peabody (Joseph), II, 646.
Péclet (E.), IV, 107, 260, 265, 266 et suiv., 268, 298, 314, 321, 367, 391, 408.
Pecqœur, I, 135.
Pedemontanus (Alexis), II, 327.
Peel (Robert), I, 292, 584.
Pegna (Fr.), II, 631.
Pelet (Auguste), IV, 420.
Péligot, IV, 534, 584, 586.
Pélissier, IV, 352.
Pelletan, I, 278.
Pelletier, II, 338.
Pelouze, II, 379; III, 277, 295; IV, 197, 582, 584.
Penaud, III, 538.
Penn (Joseph), I, 225; III, 555, 571.
Pepys, I, 639.
Perchardière, III, 111.
Perdonnet (Auguste), I, 295; II, 254.
Pereira (Rodriguez), I, 296.
Péreire (Émile), I, 296.
Périer, I, 34.
Périer (les frères), I, 150, 161, 167.
Perkins, II, 322; IV, 317, 322.
Perrault, IV, 251.
Perrot, I, 594-596; II, 340.
Pétiet (Jules), I, 303.
Petin, II, 391, 592.
Pétrarque, III, 316; IV, 546.
Pfaff, I, 631, 638, 699; II, 642.
Philips, IV, 31.
Phillips, II, 674.
Phillips, IV, 111, 112.
Phillips, IV, 494.
Phipps (William), IV, 629.
Piazzi-Smith, IV, 229.
Pichot (Amédée), IV, 128-130.
Pictet, I, 508.
Pierre de Navarre, III, 372.
Pilâtre de Rozier, II, 434-440, 447, 476-484.
Pinchon (dom), III, 647, 663.
Pinel, III, 111.
Pinet (Antoine du), II, 631.
Piobert, III, 270, 278, 302, 426, 520.
Pisan (Christine de), III, 318, 343.
Pitt, IV, 490.
Pixii, I, 721.
Plazanet, II, 506, 510.
Pline, I, 498, 505; II, 630; III, 654.
Ploennies (de), III, 497.
Plutarque, I, 505, 507.
Poggiale, IV, 593, 594.

Poisson, I, 478.
Poitevin, II, 489; III, 67-70, 75, 99, 100, 110 et suiv., 114, 134.
Pollion (Vadius), III, 651.
Polonceau, I, 304.
Polybe, II, 5.
Pommereul, II, 95.
Poncelet (abbé), I, 564.
Pontcharra (de), III, 482.
Pontin, I, 668.
Ponton d'Amécourt, II, 561 et suiv., 598-601.
Porta, I, 18; II, 8; III, 1, 191.
Potain, II, 484.
Pouillet, I, 577, 589, 679; II, 123, 387; III, 193.
Poyard, III, 111.
Pradez, IV, 412, 413.
Prechtl, I, 702.
Préterre (A.), II, 695.
Préterre, II, 695.
Pretsch, III, 140.
Price, IV, 317.
Priestley, I, 442, 666, 697; II, 427, 638.
Proust, II, 338, 641; III, 275; IV, 28.

Q

Quatrefages (de), III, 647, 667-668, 672.
Quet (du), I, 236, 730.
Quinet, III, 204.
Quinquet, IV, 20-26, 29.

R

Rabelais, III, 330.
Rambuteau (de), IV, 576.
Rammel, I, 291.
Ramsden, I, 453.
Randell, III, 638.
Rastrick, I, 286.
Raulet, I, 523.
Raymond (Xavier), III, 451.
Read (Ch.), I, 14, 21.
Réaumur, I, 78.
Régnault, I, 148; III, 99, 194, 498, 701; IV, 157, 282, 285, 411-414.
Regnier, II, 590.
Reed, III, 552, 553, 554, 556.
Reid, II, 188.
Reid, IV, 353, 361, 363.
Reidinger, IV, 133.
Reil, I, 612.
Reinaud, III, 210 et suiv.; 232 et suiv.

Reinhold, I, 619.
Reiser, II, 91.
Rémusat (Abel), III, 212.
Remy (Joseph), III, 668-672, 689, 691, 699.
Renaldini, I, 77.
Renaud, I, 406.
Rennie, I, 244; III, 571.
Ressel (Joseph), I, 242.
Réveillon, II, 432, 435.
Rey (Jean), I, 30.
Reynaud (Léonce), IV, 443, 456 et suiv., 512 et suiv., 520.
Reynold de Chauvancy, II, 79 et suiv., 83.
Reynolds (William), I, 184, 270.
Richard (Tom), I, 125.
Richardson, II, 692.
Richerand, II, 634, 637.
Richet, II, 694.
Richmann, I, 527 et suiv.
Richtie, II, 100.
Rigault de Genouilly, IV, 206.
Rigolet, IV, 485, 499.
Rimberg, IV, 39.
Rittenhouse, I, 176, 178.
Ritter, I, 619, 697, 709.
Robert (le docteur), II, 681, 685.
Robert (les frères), II, 430, 440 et suiv., 468.
Robert, III, 493.
Robert, IV, 171.
Robertson, I, 634; II, 511, 530 et suiv.
Robespierre (de), I, 566.
Robins, III, 273, 406, 409, 410-416.
Robinson, t. I, 312, 652; II, 680.
Robiquet, I, 479; III, 93.
Robison, IV, 337.
Rœbling, I, 347.
Rœbuck, I, 87.
Rogier, I, 308.
Rollmann, III, 205.
Romagnosi, I, 710.
Romain (Pierre), II, 477-484.
Roman, III, 98.
Romas (de) I, 511, 526, 532, 534 et suiv., 542, 544-552.
Romme, II, 26.
Ronald (Francis), III, 146.
Roseleur, II, 298, 303, 304, 340, 350, 353, 358-360, 369, 370 et suiv.
Rossi, I, 646.
Rost, IV, 549.
Rosthorn, III, 422.
Rote (de), II, 570.

Rouher, III, 586.
Rouquairol, IV, 642 et suiv., 649-658.
Rousseau (E.), IV, 232.
Rousseau (L.), III, 164, 165.
Rousseau (J. J.), II, 69.
Roux, II, 398, 401, 654, 676, 690.
Rozier (abbé), IV, 16.
Rudyerd (John), IV, 491.
Ruhmkorff, I, 679, 727 et suiv.
Rumford (Benjamin de), III, 272; IV, 256 et suiv., 433.
Rumsey (James), I, 175, 178, 180.
Ruolz (Henri de), II, 340-348, 372.
Russel (lord John), IV, 490.
Russel, II, 262, 266, 284.
Russell, III, 94.
Rutherford, III, 154.
Rützky (Andréas), III, 266, 269.
Ryss-Poncelet, IV, 108.

S

Saccharoff, II, 533.
Sacchi, III, 175.
Sadler, II, 551.
Saint-Aouën, IV, 104.
Sainte-Claire-Deville (Henri), III, 272, 302; IV, 206, 207, 228, 283 et suiv. IV, 694, 698 et suiv.
Saint-Haouen (de), II, 47.
Saint-Just, IV, 594.
Saint-Priest (vicomte de), IV, 16, 18.
Saint-Remy, III, 469.
Salder, II, 472.
Sales-Girons, II, 692.
Sallandrouze de Lamornaix, II, 81.
Salleron, IV, 198.
Salmon, III, 99, 100.
Salomon, IV, 229.
Salomon de Caus, I, 2, 12 et suiv.
Salva (François), II, 92.
Salvandy (de), I, 227.
Salverte (Eusèbe), I, 496.
Salves (marquis de), I, 408.
Samuda, I, 382.
Sanctinus (Paulus), III, 313, 339, 462.
Sanders, II, 264.
Sarroti, I, 47.
Sartine (de), IV, 12-14.
Sartorius, III, 550.
Sassard, II, 632.
Saunders, III, 638.

INDEX ALPHABÉTIQUE. 743

Saussure (Th. de), I, 566; II, 427, 539, 623.
Saussure (Bénédict de), IV, 15.
Sautter, IV, 208.
Sauvage, I, 304.
Sauvage (Frédéric), I, 243, 244.
Savart (Félix), III, 193.
Savery, I, 28, 64, 124.
Savot, IV, 251, 252.
Saward (George), II, 255, 284.
Say, IV, 597.
Schaüffelen, IV, 133.
Schauste, IV, 133.
Schèele, III, 3.
Schenkl, III, 429.
Schiele, IV, 132.
Schilling, II, 100; IV, 109, 157, 169.
Schischkoff, III, 271.
Schmidt, III, 154.
Scholle, II, 416.
Scholz, I, 701.
Schönbein, III, 276-280.
Schott (Gaspard), II, 10.
Schott, IV, 43.
Schultze (E.), III, 299.
Schweigger, I, 718; II, 99.
Scorbitt (Samuel), I, 183.
Scott, III, 555.
Scott de Martinville, II, 590.
Scott-Russel, II, 256; III, 527, 558.
Scyllis de Sicyone, IV, 617.
Secchi (le père), III, 150, 154, 159.
Secrétan, III, 152.
Sédillot, II, 657, 659, 666, 667, 689.
Seebeck, I, 676; III, 72.
Séguier (baron), I, 244, 370, 371, 423; III, 293, 498.
Séguin (Marc), I, 146, 276, 282.
Selle de Beauchamp, II, 495, 498, 501, 506, 508, 510.
Selligue, IV, 150, 172.
Senefelder, III, 8.
Sénèque, III, 650; IV, 297, 539.
Senfftenberg, III, 363, 364, 377-379.
Serlio, IV, 251.
Serr, IV, 404.
Serres, II, 659, 690.
Serres (Olivier de), III, 581.
Serres, IV, 180.
Serrin, IV, 220-223, 454.
Servius, I, 495.
Sestier, I, 543.
Sévastianoff (de), III, 174.
S'Gravesande, I, 436.
Shadbolt. III, 93.
Schaffner, II, 107, 202.
Shœburyness, I, 252.

Shakespeare, II, 283.
Shaw (John), III, 669; IV, 191.
Sheldon, II, 472.
Shirley (Thomas), IV, 95.
Shuttleworth, I, 406.
Siebe, IV, 637.
Siemens, I, 146; II, 195, 208, 217-219.
Sigaud de Lafond, I, 453, 464.
Silliman, IV, 182.
Silvy (C.), III, 110, 172.
Simon de Samarie, II, 511.
Simonnin, II, 670.
Simonnin (F.), IV, 66.
Simons (Pierre), I, 307.
Simpson, II, 659 et suiv., 674, 690, 696.
Singer, I, 593.
Sloane, I, 60.
Smeaton, IV, 632.
Smeaton, I, 75; IV, 492, 502.
Smée, II, 294, 323.
Smith, I, 236, 244; III, 583, 592, 593, 602.
Snider, III, 504.
Snow, II, 687.
Sobrero (Ascanio), III, 305.
Sœmmerring, II, 98.
Soleil, III, 192; IV, 437.
Solokow, I, 528.
Sommeiller, I, 341, 342.
Sonntag, IV, 133.
Sorel, II, 370.
Sostrate de Cnide, IV, 416.
Soubeiran (Léon), III, 730.
Souchu de Tournefort, II, 68.
Soulier, III, 115.
Sourel, IV, 662.
Southey, II, 640.
Soyer, II, 303.
Spalding, IV, 632.
Spencer, II, 293.
Spencer, III, 509.
Spiller, III, 93.
Spreng, IV, 133.
Spreng (E.), IV, 134.
Staib, IV, 302.
Staite, IV, 218.
Stanhope (le comte de), I, 183.
Stapfer, IV, 208.
Steel, I, 213.
Steinheil, II, 101, 408; III, 150.
Stephenson (George), I, 270, 273 et suiv., 279-280, 350.
Stephenson (Robert), I, 273, 280, 345.
Sterckx, II, 570.
Stevens, III, 420, 568.

Stevenson (Alan), IV, 488, 493.
Stevenson (Robert), IV, 488, 492.
Stewart, II, 220.
Stolz, II, 659.
Storer, II, 416.
Strabon, II, 69.
Strozzi (Philippe de) III, 468.
Stuard (Robert), I, 24, 27, 206.
Sturgeon, II, 387.
Sudre (François), II, 69-76.
Sue (J. J.), I, 643.
Suétone, IV, 418.
Sultzer, I, 642.
Surirey de Saint-Remy, III, 383, 388.
Sutten, IV, 363.
Suzane, III, 286.
Surell, I, 306.
Swammerdam, I, 643.
Swinden (Van), I, 555, 709.
Symington (William), I, 171, 195.

T

Taboureau (Étienne), II, 631.
Talabot (Paulin), I, 296-305.
Talabot, IV, 301.
Talbot (Fox), III, 55 et suiv., 132.
Tamerlan, II, 7.
Tamisier, III, 430, 484-489.
Tartaglia, III, 354, 364, 365, 409.
Taupenot, III, 67, 93.
Taylor (James), I, 170 et suiv.; II, 390.
Telle, I, 395.
Temnler, III, 319.
Terrasson (abbé), IV, 4.
Tessié du Motay, III, 115, 138-140; IV, 232 et suiv.
Testu-Brissy, II, 488.
Teulère, IV, 426, 429.
Thackeray, III, 585.
Thénard, I, 670, 701; II, 641; IV, 288.
Théodoric, II, 631.
Thielaw (de), I, 507.
Thiers, I, 298.
Thiéry, III, 483.
Thiessen, III, 164.
Thilorier, IV, 44, 46.
Thomas, III, 250; IV, 331, 399, 402.
Thomson, II, 253, 258, 262, 280.
Thornton, I, 176.
Thouvenin, III, 484.
Tibère, IV, 419.
Tilgman, IV, 87.
Tillet, II, 428.
Timmerhaus, III, 429.
Tissier, IV, 696, 697.

INDEX ALPHABÉTIQUE.

Tissot, I, 140.
Tite-Live, I, 498.
Toaldo (abbé), I, 571.
Tomlinson, IV, 248.
Topham, II, 635.
Töpler, I, 489.
Torré, III, 237.
Torricelli, I, 29 ; III, 405.
Tourdes, II, 688.
Tourneux (Prosper), I, 364.
Tourtille-Segrain, IV, 13.
Trayers, II, 674.
Tredgold, IV, 279, 281, 307, 309, 334.
Trélat (Émile), IV, 389.
Tremblay (du), I, 139.
Tresca, I, 426; II, 401.
Trève (Auguste), I, 733.
Treuille de Beaulieu, III, 432, 492.
Treviranus, I, 619.
Trevithick, I, 110, 267, 270.
Tribouillet, IV, 83.
Triewald, IV, 631.
Troost, IV, 283 et suiv.
Trouvé (le baron), III, 341.
Turgan (Julien), II, 381, 515, 568.

U

Ufano (Diégo), III, 381.
Unrunch, IV, 133.
Urbain, IV, 286.
Ure (Andrew), I, 651-654.

V

Valenciennes, III, 671.
Vallance, I, 382.
Valle (de la), III, 371.
Vallet, II, 483, 685.
Valli (Eusèbe), I, 612-618.
Vallot, III, 657.
Valturius (Robert), I, 163 ; III, 311, 321, 463.
Van Hecke, IV, 403 et suiv.
Varley, II, 250, 253, 262, 264, 277.
Varron, III, 651.
Vassali-Endi, I, 646.
Vasselieu, III, 360.
Vauban, III, 387, 471.
Vauquelin, II, 641 ; III, 473.
Végèce, III, 335.
Velpeau, II, 637, 652 et suiv., 691.
Vergennes (Mme de), II, 470.
Vergnaud, III, 251, 267.
Vérité, I, 687 ; II, 411, 414.

Verneuil, IV, 399.
Verpilleux, I, 225.
Verzi, IV, 44, 45.
Vianne, I, 411.
Vieillard, III, 494.
Vigier (le comte), III, 98.
Villani, III, 318.
Villeroi, IV, 665.
Vincent, III, 172.
Vinci (Léonard de), II, 513 ; III, 190, 405.
Violette, III, 250.
Viollet-Leduc, IV, 247, 248, 249.
Virenque, III, 475.
Visseri de Boisvallé, I, 566.
Vitart, III, 587.
Vivens (de), I, 531.
Vivian, I, 267, 270.
Vivian, IV, 501.
Viviani (Vincent), I, 31.
Volque, II, 60.
Volta, I, 598, 613-622 et suiv., 680, 694, 698 ; II, 287.
Voltaire, IV, 130.
Vougy (de), II, 66, 133.
Vuillemain, IV, 614.

W

Wahrendorff, III, 448.
Walker, I, 286.
Walker, III, 549, 551.
Walker (Thomas), IV, 293, 294.
Wall, I, 509.
Walton, III, 732-738.
Warren (Charles), II, 644, 650.
Warren de la Rue, III, 150, 154, 160.
Wasbrough, I, 94.
Washered, I, 146.
Washington, I, 175.
Watson, I, 448, 458, 539 ; II, 102 ; IV, 96, 362.
Watt (James), I, 80-103, 128 ; II, 638 ; III, 5 ; IV, 109 et suiv.
Watts, III, 548, 551.
Way, IV, 220.
Webb, III, 543.
Weber, II, 100.
Webster, III, 260.
Wedgwood, III, 2-5, 55.
Wehler, I, 437 et suiv.
Welkenstein, II, 327.
Wellington (duc de), I, 292; IV, 490.
Wels (Horace), II, 643-644, 658.

Welsh, II, p. 610.
Welter, III, 300, 301.
West, I, 556 ; II, p. 105.
Wey (Francis), III, 183.
Wheatstone, II, 100, 109, 118, 133, 143, 160, 258, 401, 408 ; III, 191, 196.
Whitehouse, II, 228, 229, 252.
Whiteside, IV, 494.
Whitworth, II, 258 ; III, 426, 437-440, 454, 480.
Wiard (Normann), III, 446.
Wilde, I, 723-726.
Wilkins (Jean), I, 24.
Wilkinson, I, 697.
William, IV, 183.
Willoughby Smith, II, 280.
Wilson, IV, 83, 88.
Wilson Philip, I, 661.
Winchester, III, 810.
Winckler, I, 448, 462.
Winsor (F.-A.), IV, 114-122.
Wistanley (Henri), IV, 491.
Wöhler, IV, 692 et suiv.
Wolf, I, 104, 106, 133.
Wollaston, I, 632, 672 et suiv., 681, 697 ; II, 188.
Wood (Nicolas), I, 287 ; II, 347.
Woodbury, III, 140.
Woodcroft, I, 199, 204.
Woodward, III, 120.
Worcester (marquis de), I, 7, 25.
Worden, III, 562.
Worring, II, 327.
Wray, II, 194.
Wright, II, 347.
Würzer, II, 642.

Y

Youle-Hind, IV, 204.
Young (Arthur), I, 284 ; I, 91 ; III, 101.
Young, IV, 179.

Z

Zambeccari (comte), II, 471, 546-550.
Zamboni, I, 674.
Zantedeschi, I, 711.
Zenner, I, 59.
Zickel, IV, 606, 607.
Ziégler, III, 93.
Zinelli, III, 205.
Zollner (Gaspard), III, 478.

FIN DE L'INDEX ALPHABÉTIQUE.